Die 32 Kristallklassen (Punktgruppen)

Nr.	*Kristallsystem* Bezeichnung	Symbol international	SCHOENFLIES	Allgemeine Form n	Bild
	triklin				
1	triklin-pedial	1	C_1	1	
2	triklin-pinakoidal	$\bar{1}$	C_i	2	1.46
	monoklin				
3	monoklin-sphenoidisch	2	C_2	2	1.42
4	monoklin-domatisch	m	C_s	2	1.45
5	monoklin-prismatisch	$2/m$	C_{2h}	4	1.54
	rhombisch				
6	rhombisch-disphenoidisch	222	D_2	4	1.65
7	rhombisch-pyramidal	$mm2$	C_{2v}	4	1.67
8	rhombisch-dipyramidal	mmm	D_{2h}	8	1.70
	tetragonal				
9	tetragonal-pyramidal	4	C_4	4	1.43
10	tetragonal-disphenoidisch	$\bar{4}$	S_4	4	1.48
11	tetragonal-dipyramidal	$4/m$	C_{4h}	8	1.76
12	tetragonal-trapezoedrisch	422	D_4	8	1.78
13	ditetragonal-pyramidal	$4mm$	C_{4v}	8	1.80
14	tetragonal-skalenoedrisch	$\bar{4}2m$	D_{2d}	8	1.82
15	ditetragonal-dipyramidal	$4/mmm$	D_{4h}	16	1.84
	trigonal				
16	trigonal-pyramidal	3	C_3	3	1.43
17	rhomboedrisch	$\bar{3}$	C_{3i}	6	1.49
18	trigonal-trapezoedrisch	32	D_3	6	1.89
19	ditrigonal-pyramidal	$3m$	C_{3v}	6	1.91
20	ditrigonal-skalenoedrisch	$\bar{3}m$	D_{3d}	12	1.94
	hexagonal				
21	hexagonal-pyramidal	6	C_6	6	1.43
22	trigonal-dipyramidal	$\bar{6}$	C_{3h}	6	1.50
23	hexagonal-dipyramidal	$6/m$	C_{6h}	12	1.98
24	hexagonal-trapezoedrisch	622	D_6	12	1.10
25	dihexagonal-pyramidal	$6mm$	C_{6v}	12	1.10
26	ditrigonal-dipyramidal	$\bar{6}m2$	D_{3h}	12	1.10
27	dihexagonal-dipyramidal	$6/mmm$	D_{6h}	24	1.10
	kubisch				
28	tetraedisch-pentagondodekaedrisch	23	T	12	1.10
29	disdodekaedrisch	$m\bar{3}$	T_h	24	1.10
30	pentagon-ikositetraedrisch	432	O	24	1.10
31	hexakistetraedrisch	$\bar{4}3m$	T_d	24	1.10
32	hexakisoktaedrisch	$m\bar{3}m$	O_h	48	1.10

erungen nach dem Inhaltsverzeichnis)

metrieelemente	Inversions-zentrum	Enantio-morphie	Pyro-elektri-zität	Optische Aktivität	Piezo-elektri-zität
	–	+	+	+	+
	+	–	–	–	–
	–	+	+	+	+
	–	–	+	+	+
n	+	–	–	–	–
⬮ + ⬮	–	+	–	+	+
m + *m*	–	–	+	+	+
m) + (⬮ + *m*) + (⬮ + *m*)	+	–	–	–	–
	–	+	+	+	+
	–	–	–	+	+
m	+	–	–	–	–
2⬮ + 2⬮	–	+	–	+	+
+ 2*m* + 2*m*	–	–	+	–	+
2⬮ + 2*m*	–	–	–	+	+
+ *m*) + 2(⬮ + *m*) + 2(⬮ + *m*)	+	–	–	–	–
	–	+	+	+	+
(≡ ▲ + ∘)	+	–	–	–	–
+ 3⬮$_p$	–	+	–	+	+
+ 3*m*	–	–	+	–	+
+ 3(⬮ + *m*)	+	–	–	–	–
	–	+	+	+	+
(≡ ▲ + *m*)	–	–	–	–	+
m	+	–	–	–	–
3⬮ + 3⬮	–	+	–	+	+
+ 3*m* + 3*m*	–	–	+	–	+
+ 3⬮$_p$ + 3*m*	–	–	–	–	+
+ *m*) + 3(⬮ + *m*) + 3(⬮ + *m*)	+	–	–	–	–
4▲$_p$	–	+	–	+	+
+ *m*) + 4◬	+	–	–	–	–
+ 4▲ + 6⬮	–	+	–	+	–
+ 4▲$_p$ + 6*m*	–	–	–	–	+
⬮ + *m*) + 4◬ + 6(⬮ + *m*)	+	–	–	–	–
	11	**11**	**10**	**15**	**20**

Einführung in die Kristallographie

von
Will Kleber,
Hans-Joachim Bautsch,
Joachim Bohm

Bearbeitet von
Joachim Bohm und Detlef Klimm

19., verbesserte Auflage

Oldenbourg Verlag München

Prof. Dr. Will Kleber (1906 – 1970) hat als Direktor des Mineralogisch-Petrographischen Instituts und Museums der Humboldt-Universität zu Berlin maßgeblich zur Entwicklung der modernen Kristallographie beigetragen.

Prof. Dr. Hans-Joachim Bautsch (1929 – 2005) wurde 1970 Nachfolger von Will Kleber als Ordentlicher Professor für Kristallographie und Direktor des Mineralogischen Museums der HU Berlin.

Prof. Dr. Joachim Bohm (geb. 1935) studierte bei Prof. Kleber Mineralogie und Kristallographie. Er befasste sich vor allem mit der Züchtung von Kristallen, lehrte an verschiedenen Hochschulen und lebt jetzt im Ruhestand.

Dr. habil. Detlef Klimm (geb. 1957) studierte an der Universität Leipzig Kristallographie. Er arbeitete über Kristallzüchtung, Kristallbaufehler und Phasendiagramme und erhielt Lehraufträge von verschiedenen Universitäten und Fachhochschulen. Derzeit ist er am Leibniz-Institut für Kristallzüchtung in Berlin tätig.

Zum Titelbild:
(201)-Ebene eines monoklinen β-Ga_2O_3-Kristalls in atomarer Auflösung mit darüber projizierter Kristallstruktur (Ga-Atome grün, O-Atome rot). Der Abstand benachbarter Ga-Atome beträgt in dieser Projektion ca. 3 Å.
Die Autoren danken dem Leibniz-Institut für Kristallzüchtung (Berlin) für die Herstellung des Einkristalls und der elektronenmikroskopischen Abbildung.

Bibliografische Information der Deutschen Nationalbibliothek

Die Deutsche Nationalbibliothek verzeichnet diese Publikation in der Deutschen Nationalbibliografie; detaillierte bibliografische Daten sind im Internet über <http://dnb.d-nb.de> abrufbar.

Rosenheimer Straße 145, D-81671 München
Telefon: (089) 45051-0
oldenbourg.de

Lektorat: Kristin Berber-Nerlinger
Herstellung: Anna Grosser
Coverentwurf: Kochan & Partner, München
Gedruckt auf säure- und chlorfreiem Papier
Gesamtherstellung: Grafik + Druck GmbH, München

ISBN 978-3-486-59075-3

Vorwort

Vor über fünfzig Jahren schrieb WILL KLEBER im Vorwort zur 1. Auflage, dass die Kristallographie die gesamte Erscheinungswelt des kristallisierten Zustandes (Phänomenologie, Struktur, Physik, Chemie) umfasst. Historisch hervorgegangen aus der Mineralogie, hat sich die Kristallographie zu einer modernen, wichtigen und selbständigen Wissenschaftsdisziplin entwickelt, die durch intensive und lebendige wechselseitige Beziehungen eng mit den Nachbardisziplinen verbunden ist. Wir dürfen aber nicht nur die wissenschaftliche Situation sehen; die Extension der Kristallographie ist im wesentlichen Maß das Ergebnis der Wechselbeziehungen zur modernen Technik: Bergbau und Aufbereitung, Metallurgie und Baustoffindustrie, keramische und chemische Industrie, Elektronik und Datenverarbeitung sowie wissenschaftlicher Gerätebau einschließlich optischer Industrie befassen sich in breitem und wachsendem Umfang mit kristallographischen Problemen. Der interdisziplinäre Charakter der Kristallographie ist besonders ausgeprägt.

Eine Einführung in die Kristallographie muss deshalb nicht nur dem „Hauptfach“, sondern auch den mit ihr verflochtenen Nachbardisziplinen dienlich sein.

Das Studium der Kristallographie stellt an den Anfänger einige Anforderungen an das Raumvorstellungsvermögen und benutzt mathematisch-analytische Hilfsmittel, die nicht jedem vertraut sein werden. Dabei ist zu berücksichtigen, dass die allgemein bildenden Schulen nur eine geringe Vorkenntnis dieses Fachgebietes vermitteln. Ein Selbststudium allein anhand dieses Buches kann – bei allem Bemühen der Autoren um Verständlichkeit – nicht empfohlen werden. Wesentlich sind der immer wiederholte Umgang mit dem Gegenständlichen – einschließlich Modellen –, die erläuternde Diskussion und das Studium am Objekt.

Bestimmung und Konzeption des Buches sind durch eine rasche Folge von bisher achtzehn Auflagen bestätigt worden. Bis zur 11. Auflage wurden sie von WILL KLEBER besorgt. Er war bis zu seinem viel zu frühen Tode 1970 ständig bemüht, die aktuellen Entwicklungen des Faches zu berücksichtigen. Das Buch wurde dann von HANS-JOACHIM BAUTSCH† und JOACHIM BOHM weitergeführt. Bei den gebotenen Überarbeitungen war das Bestreben darauf gerichtet, den didaktisch vorbildlichen Stil von WILL KLEBER zu bewahren. Zuletzt wurde die vorangegangene 18. Auflage grundlegend überarbeitet und eine Anzahl von Bildern erneuert.

Im Abschnitt 1. „Kristallstrukturlehre und Kristallmorphologie“ wurde bereits in der 17. Auflage die Einführung des Gitterbegriffes neu dargestellt, die analytische Beschreibung der Symmetrieoperationen vertieft, und die Kristallklassen erfuhren eine übersichtlichere Beschreibung. Bereits seit der 15. Auflage werden durchweg die Nomenklatur und Symbolik der neuen *International Tables for Crystallography* verwendet.

Im Abschnitt 2. „Kristallchemie“ werden die Grundzüge der Kristallstrukturen aus den Prinzipien der Kugelpackungen und der Bindungszustände entwickelt. Dem schließt sich eine Beschreibung der wichtigsten Kristallstrukturen an.

Im Abschnitt 3. „Physikalisch-chemische Kristallographie“ finden vor allem die Realstrukturen von Kristallen sowie die Kristallisation und Kristallzüchtung eine systematische Darstellung, wobei u. a. die technisch wichtige Kristallisation in Mehrstoffsystemen eine Vertiefung erfahren hat.

Im Abschnitt 4. „Kristallphysik“ werden anhand der thermischen Ausdehnung und der Wärmeleitung der Tensorformalismus anwendungsbezogen eingeführt und die Symmetrieprinzipien von

NEUMANN und CURIE diskutiert. Die Abschnitte über die elektrischen und magnetischen Eigenschaften von Kristallen tragen neueren Entwicklungen auf diesen Gebieten Rechnung, wobei auch auf Antisymmetriegruppen eingegangen ist. Dem in sich geschlossenen Abschnitt „Kristalloptik“ folgt ein eigener Abschnitt über die nichtlineare Optik. Eine moderne Darstellung erfuhr auch die Kristallplastizität.

Im Abschnitt 5. „Kristallstrukturanalyse“ wird bei der Behandlung des reziproken Gitters in stärkerem Maße vom Vektorkalkül Gebrauch gemacht, und es wird auch auf die direkten Methoden zur Strukturbestimmung hingewiesen. Neu aufgenommen wurde eine Übersicht über andere physikalische Methoden zur Untersuchung der Struktur von Kristallen.

Das Literaturverzeichnis enthält eine Auswahl von vorzugsweise deutschsprachigen Lehrbüchern der Kristallographie und Allgemeinen Mineralogie sowie, nach Abschnitten und Themenkreisen geordnet, weiterführende und ergänzende Literatur. Zitierte spezielle Publikationen sind durch eine Nummer in eckiger Klammer kenntlich.

Die Autoren danken für die freundliche Aufnahme, die das Buch bislang in der Fachwelt gefunden hat und in vielen sehr positiven Rezensionen zum Ausdruck gekommen ist – oft auch im Verein mit wertvollen Hinweisen. Unterstützung bzw. Hinweise für die Gestaltung einzelner Abschnitte gaben dankenswerterweise Dr. MARTIN BOHM, Prof. Dr. STOYAN BUDUROV†, Dr. RANDOLF FISCHER†, Prof. Dr. PETER GÖRNERT, Dr. MANFRED JURISCH, Dr. WOLFGANG KELLER, Prof. Dr. KLAUS MEYER, Prof. Dr. HERMANN NEELS†, Prof. Dr. WOLFGANG NEUMANN, Prof. Dr. PETER PAUFLER, DR. PETER REICHE, Prof. Dr. MANFRED SCHENK†, Dr. WERNER SCHOENBORN, Prof. Dr. WINFRIED SCHRÖDER, Dr. DIETRICH SCHULTZE, Prof. Dr. URSEL STEINIKE, Prof. Dr. HEINER VOLLSTÄDT, Dr. habil KLAUS-THOMAS WILKE†, Prof. Dr. HANS WONDRATSCHEK und DR. REINHARD UECKER. Besonderer Dank für ihre langjährige Mitwirkung und die Initiative zur Fortsetzung des Werkes gebührt Frau Dr. IRMGARD KLEBER† sowie Frau REGINA SOOPE für ihre sorgfältigen Arbeiten am Manuskript. Besondere Anerkennung gilt dem Verlag Technik, bei dem das Buch bis zur 18. Auflage erschien, vor allem dem langjährigen Lektor Herrn Obering. MANFRED NEUMANN† und Herrn MATTHIAS ZSCHUNKE. Nun ist es leider so, dass bei einem Buch, das seit 1956 in über 50 Jahren inzwischen in 19. Auflage erscheint, ein Teil der in dieser Zeitspanne mitwirkenden Kollegen schon nicht mehr leben. Wir wollen uns stets dankbar ihrer erinnern.

Dankbar sei auch die jeweilige Unterstützung durch das Museum für Naturkunde der Humboldt-Universität zu Berlin, das Institut für Mineralogie der TU Bergakademie Freiberg/Sa. und das Leibniz-Institut für Kristallzüchtung Berlin hervorgehoben. Nun unter der Obhut des OLDENBOURG-Verlages und der Lektorin Frau KATHRIN MÖNCH wurde das Buch digital erfasst und soll als 19., verbesserte Auflage den Lesern als elementare und trotzdem umfassende Einführung in das Fach zur Verfügung stehen.

Berlin 2010 *Joachim Bohm und Detlef Klimm*

Inhaltsverzeichnis

Vorderes Vorsatzpapier:
Die 32 Kristallklassen (Punktgruppen)

Hinteres Vorsatzpapier:
Periodensystem der Elemente

Beilagen:
Doppelbrechung und Interferenzfarbe
Das WULFFsche Netz
Das SCHMIDTsche Netz

Erläuterungen zum vorderen Vorsatzpapier
(Erläuterungen zum hinteren Vorsatzpapier siehe S. 468)
Kristallklassen (Punktgruppen) in der Reihenfolge der *International Tables for Crystallography*
n Zähligkeit (Flächenzahl) der allgemeinen Form bzw. Ordnung der Punktgruppe
Symbole der Symmetrieelemente:

○	Inversionszentrum
m	Spiegelebene
❙▲◆⬢	2-, 3-, 4-, 6-zählige Drehachse (Index p polare Drehachse)
▲◈⬢	$\overline{3}$ -, $\overline{4}$ -, $\overline{6}$ -Drehinversionsachse

Die Kristallklassen mit Inversionszentrum entsprechen den LAUE-Klassen.

Enantiomorphie:	Nichtverschwinden von pseudoskalaren Eigenschaften
Pyroelektrizität:	Nichtverschwinden von Komponenten eines polaren Tensors 1. Stufe (Vektor)
Optische Aktivität :	Nichtverschwinden von Komponenten eines axialen Tensors 2. Stufe (Gyrationstensor)
Piezoelektrizität:	Nichtverschwinden von Komponenten eines polaren Tensors 3. Stufe

Einleitung

Die *Kristallographie* ist die Lehre von den Kristallen, von ihren Erscheinungsformen und Eigenschaften, von ihrem inneren Aufbau und Entstehen, von den an ihnen ablaufenden Vorgängen und ihrer Wechselwirkung mit anderer Materie. Das Wort „Kristall" hat seine Wurzel im Griechischen: „κρύσταλλος", dessen ursprüngliche Bedeutung „Eis" war, wurde zunächst die Bezeichnung für eine spezielle Mineralart, den Bergkristall (Quarz). Unser heutiger Kristallbegriff hat sich im Rahmen der Entwicklung der modernen Naturwissenschaften mit dem Erkennen des Wesens des kristallisierten Zustandes herausgebildet, vor allem durch die Erforschung des atomaren Aufbaus der Kristalle, der *Kristallstruktur*. Damit wurde auch die umfassende Verbreitung des kristallisierten Zustandes bekannt: Fast alle festen Körper sind kristallisiert, d. h., sie bestehen aus Kristallen, mag es sich dabei um künstlich erzeugte oder um natürlich vorkommende Stoffe (Minerale) handeln.

Bild 1. *Angeschliffene Oberfläche eines Granits, bestehend aus Feldspat, Quarz und Glimmer.*

Foto: Harre.

Ein Gestein, z. B. der Granit, erscheint schon dem unbewaffneten Auge aus einzelnen Körnern zusammengesetzt (Bild 1). Jedes Korn für sich erweist sich hinsichtlich seiner Eigenschaften als eine Einheit, als *homogen*, und stellt einen Kristall dar (beim Granit lassen sich drei Kristallarten, die Minerale Feldspat, Quarz und Glimmer, unterscheiden). Das Gestein im Ganzen hingegen ist stofflich und physikalisch nicht einheitlich und gleichmäßig, es ist *heterogen*. Wohl könnte man einwenden, dass von einem bestimmten Standpunkt aus – sagen wir, in einem hinreichenden Abstand – auch der Granit ein einheitliches, gleichsam homogenes Material zu sein scheint. Eine solche Feststellung ist, wie man sieht, summarisch und relativ. Doch sind eine gewisse Vorsicht und eine Abgrenzung des Geltungsbereichs bei der Verwendung der Begriffe heterogen und homogen geboten. Das zeigt sich noch deutlicher, wenn etwa der dichte, dem bloßen Auge völlig gleichförmig erscheinende Basalt betrachtet wird. Erst unter dem Mikroskop ist zu beobachten, dass er aus vielen kleinen Kristallen (Feldspat, Pyroxen u. a.) zusammengesetzt ist (Bild 2). Entsprechendes gilt auch für Kalkstein, Marmor, Sandstein etc.

Aber nicht nur die natürlichen Gesteine sind aus einzelnen Kristallen zusammengesetzt, ebenso heterogen sind keramische Produkte wie Porzellan und Steingut, ferner Zement bzw. Beton, Ziegel, Klinker etc.; sie alle sind Aggregate aus mikroskopisch kleinen Kristallen. Von praktischer Bedeutung ist weiterhin die Tatsache, dass auch die Böden vorwiegend aus kleinen bis kleinsten Kristallen zusammengesetzt sind. Das gleiche gilt für den Ton, dessen außerordentlich feine Kristalle Abmessungen noch unter 0,002 mm haben.

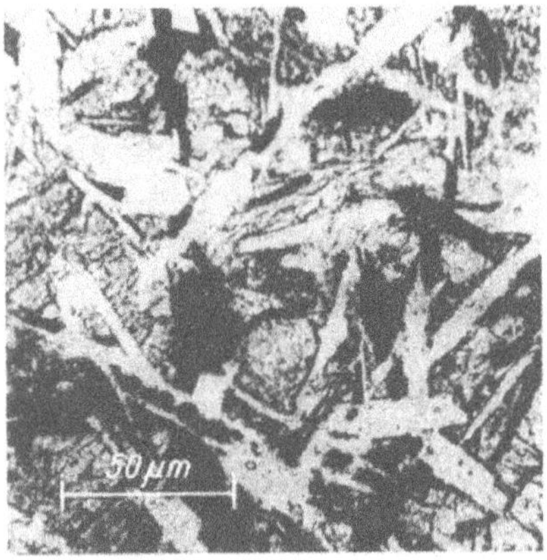

Bild 2. *Basalt bei stärkerer Vergrößerung.*

Mikroskopische Dünnschliffaufnahme einer Gesteinsprobe vom Mond; Expedition Luna 24; hell: Feldspatkristalle; grau: Pyroxenkristalle; schwarz: Ilmenitkristalle.

Bild 3. *Kristalle von Antimonit (Antimonglanz)* Sb_2S_3.

Shikoku, Japan.

Besonders schön ausgebildete natürliche Kristalle sind in den mineralogischen Museen und Sammlungen zusammengetragen worden (Bilder 3 und 4). Auch die Erze stellen, wie nahezu alle anderen Minerale, Kristalle oder Aggregate von Kristallen dar. Schließlich sind die metallischen Werkstoffe selbst, so einheitlich sie zunächst dem unbefangenen Beobachter erscheinen mögen, gleichfalls aus Kristallen zusammengesetzt: Ätzt man beispielsweise eine angeschliffene und polierte Aluminiumplatte an, so sind die einzelnen Metallkörner in der Platte deutlich zu erkennen (Bild 5). Auch diese Körner sind Kristalle, in diesem Fall Aluminiumkristalle. Andere Gebrauchsgüter unseres täglichen Lebens, beispielsweise Kochsalz (mineralogisch Halit oder Steinsalz) auch Chemikalien aller Art, sind gleichfalls kristallisiert.

Bild 4. *Quarzkristalle.*

Dauphiné, Frankreich.
Foto: STÖCKER.

Bild 5. *Angeschliffene und geätzte Oberfläche eines Gussstückes aus Aluminium.*

Man erkennt deutlich größere gestreckte Aluminiumkristalle am Rand, von welchem die Abkühlung ausgegangen ist, und kleinere Aluminiumkristalle im Inneren. Foto: ZEDLITZ.

Eine große technische Bedeutung hat die Herstellung bzw. „Züchtung" einzelner größerer Kristalle von bestimmten Stoffen, die dann als Ausgangsmaterial für die Erzeugung nicht nur von Schmuck, sondern vor allem von elektronischen, optischen u. a. Bauelementen dienen (Bild 6). Man bezeichnet solche größeren Kristalle, die gewissermaßen aus einem einzigen Korn bestehen, als „Einkristalle".

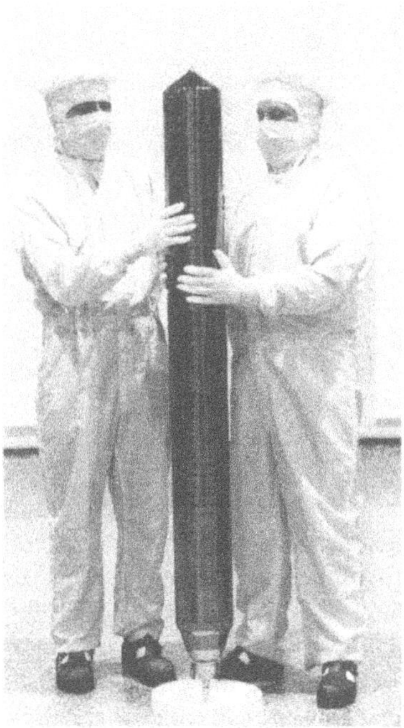

Bild 6. *Einkristall aus Silicium. 150 mm Durchmesser (6 Zoll), gezogen nach dem Czochralski-Verfahren im Werk Freiberg der Wacker Siltronic AG.*

FOTO: KORB.

Jedem bekannt sind ferner die Schneesterne, die durch ihre eigenartigen sechsgliedrigen Formen auffallen (Bild 7). Aber auch das Eis der Gletscher setzt sich aus diesen Kristallen zusammen. Erwähnt sei ferner, dass Graphit und Ruß kristallisiert sind und dass Zähne und Knochen zahlreiche, äußerst feine Kriställchen von Apatit enthalten. Nun wäre es aber verfehlt zu glauben, dass nur anorganische Substanzen kristallisiert auftreten können. Auch die meisten festen Stoffe der organischen Chemie, wie sie als Naturprodukte gefunden oder von der betreffenden Industrie hergestellt werden, sind kristallin. Zucker zeigt in seinen groben Formen fast ideal entwickelte Kriställchen. Weitere Substanzen, die mehr oder weniger kristallisiert erscheinen, sind unter vielen anderen Seignettesalz, Naphthalen, Anthracen, Campher, Alkaloide, Vitamine, Eiweiße und sogar Viren.

Bild 7. *Schneekristalle.*

Aus VICTOR GOLDSCHMIDT Atlas der Kristallformen.

Was aber ist nun ein Kristall? Eine regelmäßige Form, wie bei den Schneesternen, oder eine von mehr oder weniger ebenen Flächen begrenzte Gestalt, wie beim Quarzkristall, genügen als allgemeingültige Kennzeichnung keinesfalls, da sie z. B. für die Quarzkörner im Granit oder die Kristallkörner eines Metalls nicht zutreffen. Man kann auch nicht einfach sämtliche festen Substanzen zu den Kristallen rechnen, denn es existieren feste Stoffe, die nicht kristallin sind, so die Gläser. Sie werden als *amorph* bezeichnet.

Zum Wesen des Kristalls gehört zunächst, dass er homogen, d. h. stofflich und physikalisch einheitlich ist. Das gilt jedoch gleichermaßen für Gase, Flüssigkeiten und amorphe Körper. Zu einer Abgrenzung der Kristalle von anderen homogenen Körpern können wir gelangen, wenn wir physikalische Eigenschaften betrachten, die sich auf eine Richtung beziehen. Zu solchen Eigenschaften gehören Wärmeleitfähigkeit, elektrische Leitfähigkeit, Lichtgeschwindigkeit (im Kristall), Absorptionsvermögen, magnetische Suszeptibilität, Ritzhärte etc. Alle diese Eigenschaften werden entlang irgendwelchen Richtungen gemessen. Hierbei ergeben sich zwei Möglichkeiten:

a) Die physikalischen Eigenschaften sind in allen Richtungen gleich. Dieses Verhalten wird als *isotrop* bezeichnet.
b) Die physikalischen Eigenschaften variieren mit der Richtung, in der sie gemessen werden. Dieses Verhalten wird als *anisotrop* bezeichnet.

Es ist ein Wesensmerkmal der Kristalle, dass sie sich anisotrop verhalten. Diese Anisotropie muss nicht für alle einschlägigen Eigenschaften gleichermaßen ausgeprägt sein; prinzipiell lassen sich aber für jede Kristallart Eigenschaften angeben, die anisotrop sind. Eine Folge der Anisotropie der Kristalle ist auch das augenfällige Merkmal, bei unbehindertem Wachstum ebenflächig begrenzte Polyeder auszubilden; d. h., auch das Wachstum zeigt ein anisotropes Verhalten, denn wäre es isotrop, so müsste eine Kugel entstehen. Demnach können wir feststellen: *Kristalle sind homogene, anisotrope Körper.*

Den eigentlichen Schlüssel zum Verständnis des kristallisierten Zustandes liefert die Betrachtung des atomaren Aufbaus der Kristalle. Die Anordnung der Atome in einem Kristall wird durch bestimmte grundlegende Gesetzmäßigkeiten gekennzeichnet, die im folgenden Abschnitt behandelt werden sollen.

1. Kristallstrukturlehre und Kristallmorphologie

Die Eigenschaften der Kristalle sind ein Ausdruck ihres atomaren Aufbaus, d. h. ihrer Struktur. Grundsätzlich sollte sich die Struktur eines Kristalls – wie der Zustand eines jeglichen Stoffes – aus den Eigenschaften der ihn zusammensetzenden Atome, den atomphysikalischen Gesetzen für die Wechselwirkungen zwischen den Atomen und den Zustandsparametern, wie Druck und Temperatur, herleiten lassen. Diese Aufgabe ist seitens der theoretischen Festkörperphysik erst für wenige einfache Strukturmodelle in Angriff genommen worden. Die Schwierigkeit besteht dabei u. a. darin, dass eine solche auf „ersten Grundlagen" fußende Theorie des kristallisierten Zustandes die Wechselwirkungen zwischen sehr vielen Atomen erfassen muss.

Wir gehen hier von der Tatsache aus, dass die Gesetzmäßigkeiten des atomaren Aufbaus der Kristalle als Ergebnis einer längeren wissenschaftlichen Entwicklung empirisch geklärt worden sind. Im Laufe dieser Entwicklung wurden die Strukturen von vielen tausend Kristallen – ihre *Kristallstruktur* – z. T. bis in feine Details bestimmt. Die grundlegenden Eigenschaften der Kristallstrukturen sowie die Methoden ihrer Beschreibung sind der Gegenstand der *Kristallstrukturlehre*. In engem Zusammenhang damit lassen sich auch die grundlegenden phänomenologischen Eigenschaften der Kristalle ableiten, die den Gegenstand der *Kristallmorphologie* bilden.

1.1. Gitterbau der Kristalle

1.1.1. Das Raumgitter

Wie sich gezeigt hat, sind die Strukturen aller Kristalle durch eine bestimmte, regelmäßige Anordnung der sie zusammensetzenden Atome gekennzeichnet. Welches ist nun das Merkmal einer solchen regelmäßigen Anordnung von Atomen in einer Kristallstruktur? Betrachten wir als leicht überschaubares Beispiel die Struktur von Halit (Steinsalz) mit der chemischen Formel NaCl (Natriumchlorid; Bild 1.1): Die atomaren Bausteine des Kristalls sind in diesem Fall Ionen, nämlich positiv geladene Natriumionen und negativ geladene Chlorionen, die sich so aneinanderlagern, dass eine abwechselnde Folge beider Ionenarten in drei zueinander senkrechten Richtungen (entsprechend den Kanten des im Bild 1.1 eingezeichneten Würfels) entsteht. Der Zusammenhalt des Kristalls wird dabei im wesentlichen durch die elektrostatischen Anziehungskräfte zwischen den entgegengesetzt geladenen Ionen bewirkt, und eben diese Struktur stellt hinsichtlich der elektrostatischen Kräfte – unter Berücksichtigung auch der Abstoßungskräfte zwischen gleichen Ionen und des Größenverhältnisses der beiden Ionenarten – die energetisch günstigste Möglichkeit für die Anordnung der Ionen dar.

Oft ist es übersichtlicher, bei der Abbildung einer Kristallstruktur die Atome bzw. Ionen nicht (wie im Bild 1.1) maßstäblich zu zeichnen, sondern nur die Positionen ihrer Mittelpunkte darzustellen (Bild 1.2). Allerdings gehen bei dieser Darstellungsweise Informationen über die Größenverhältnisse der beteiligten Atome bzw. Ionen, ihre Berührungspunkte, die Raumausfüllung und andere Einzelheiten verloren.

Man muss sich auch stets der Kleinheit der Atome und der dazu relativ großen Ausdehnung einer Kristallstruktur bewusst sein, befinden sich doch in 1 cm^3 eines Kristalls bereits rund 10^{23} Atome! Für die meisten Betrachtungen kann man deshalb annehmen, dass sich eine Kristallstruktur, wie sie in den Bildern 1.1 und 1.2 ausschnittweise dargestellt ist, unbegrenzt weit fortsetzt.

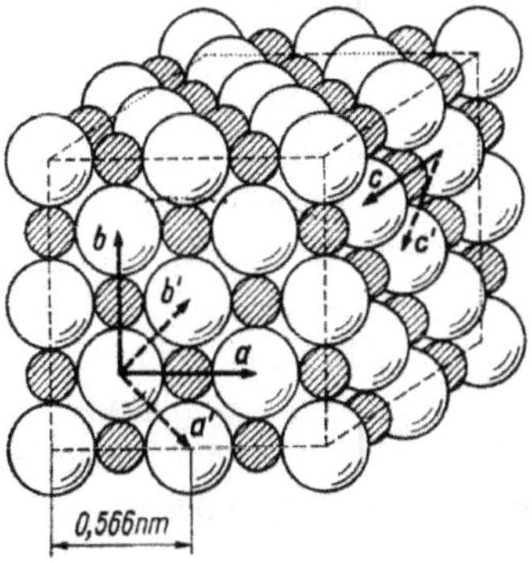

Bild 1.1. *Ausschnitt der* NaCl-*Struktur.*

Cl-Ionen weiß (Ionenradius 0,181 nm); Na-Ionen schraffiert (Ionenradius 0,102 nm). Die Vektorpfeile werden im Text erläutert.

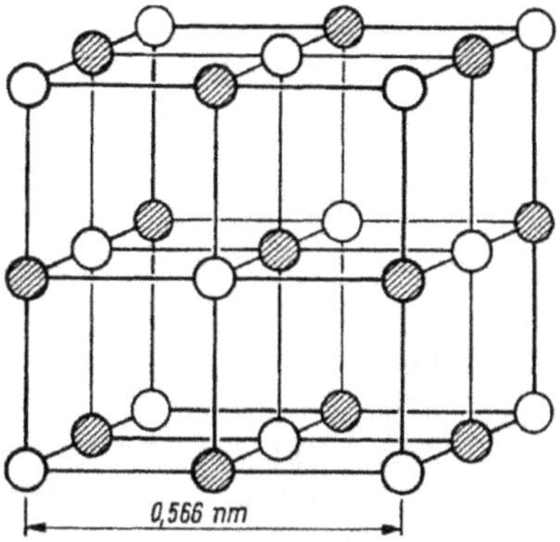

Bild 1.2. NaCl-*Struktur, schematisch.*

Der dargestellte Bildausschnitt ist in jeder Richtung halb so groß, sein Volumen 1/8 so groß wie im Bild 1.1 (kubisch flächenzentrierte Elementarzelle, vgl. Abschn. 1.1.2.).

Stellen wir uns nun vor, die NaCl-Struktur werde als Ganzes um eine bestimmte, dem horizontalen Pfeil im Bild 1.1 entsprechende Strecke verschoben. Die Struktur kommt dadurch – da sie als unbegrenzt angenommen werden kann – wieder in genau dieselbe Position wie vor der Verschiebung; man sagt, sie kommt mit sich zur Deckung. Eine solche Verschiebung wird als *Translation* bezeichnet. Da es sowohl auf den Betrag der Verschiebung als auch auf ihre Richtung ankommt, stellt die Translation einen *Vektor* dar.

Es ist völlig unwesentlich, an welcher Stelle der Struktur wir den Pfeil, der die Translation der Struktur angibt, einzeichnen. Auf Bild 1.1 beginnt und endet er zufällig im Mittelpunkt eines Cl-Ions. Ebenso hätte der Pfeil aber auch so eingezeichnet werden können, dass er von irgendeinem anderen Cl-Ion, von irgendeinem der Na-Ionen oder von einer beliebigen anderen Stelle der Struktur ausgeht – wenn nur Betrag und Richtung beibehalten werden. Wo immer wir den Pfeil einzeichnen, er verbindet zwei Punkte, die sich hinsichtlich ihrer Position und Bedeutung in der Struktur völlig gleich verhalten. Anders ausgedrückt, von jedem der beiden Punkte aus betrachtet sieht die Struktur vollkommen gleich aus, und man kann keine Unterschiede in den Umgebungen dieser Punkte feststellen; wir können sie also nicht unterscheiden. Punkte einer Struktur, die untereinander in einer solchen durch eine Translation bedingten Beziehung stehen, nennt man *identische Punkte* (präziser wäre die Benennung „translatorisch gleichwertige Punkte").

Nun ist die bisher betrachtete Translation nicht die einzige, die die Struktur mit sich zur Deckung bringt. Bezeichnen wir diese Translation (als Vektor) mit $\boldsymbol{a}$, so ist leicht zu sehen, dass auch die Translationen $2\boldsymbol{a}$, $3\boldsymbol{a}$, ..., allgemein $m\boldsymbol{a}$ (mit m als beliebiger ganzer Zahl), die Struktur mit sich zur Deckung bringen. Alle diese Translationen beziehen jeweils eine ganze Kette identischer Punkte aufeinander, die einen Abstand $|\boldsymbol{a}| = a$ voneinander haben. Wir sagen, die Struktur ist *periodisch*.

Damit ist jedoch die Menge der Translationen, die die Struktur mit sich zur Deckung bringen, noch nicht erschöpft: Das leistet offenbar auch die in Bild 1.1 durch einen vertikalen Pfeil gekennzeichnete Translation, die wir als $\boldsymbol{b}$ bezeichnen wollen, und mithin alle Translationen $n\boldsymbol{b}$ (mit n als beliebiger ganzer Zahl). Darüber hinaus bringen aber auch alle Kombinationen von Translationen der Art $m\boldsymbol{a} + n\boldsymbol{b}$ (vektorielle Addition) die Struktur mit sich zur Deckung. Die identischen

Punkte, die sich auf diese Weise ergeben, liegen alle in einer Ebene (Bild 1.3, leere Punkte). Eine solche Anordnung von Punkten ist in zwei Dimensionen periodisch und wird als *zweidimensionales Gitter* oder *Netzebene* bezeichnet.

Schließlich gibt es in der NaCl-Struktur noch Translationen, die aus dieser Ebene heraus in die dritte Dimension führen. Eine solche Translation ist im Bild 1.1 durch den von hinten nach vorn gerichteten Pfeil angedeutet und sei mit ***c*** bezeichnet. Analog bringen dann auch alle Translationen *p**c*** (mit *p* als beliebiger ganzer Zahl) und des weiteren alle Translationen *m**a*** + *n**b*** + *p**c*** die Struktur mit sich zur Deckung. Die identischen Punkte, die sich auf diese Weise ergeben, bilden eine in drei Dimensionen periodische Anordnung, die als *Raumgitter* oder auch einfach nur als *dreidimensionales Gitter* bezeichnet wird. Aufgrund seiner Herleitung spricht man auch vom *Translationsgitter* der Struktur. Die Menge aller Translationen, die eine Struktur mit sich zur Deckung bringen, bildet im mathematischen Sinne eine Gruppe, die *Translationsgruppe* der Struktur. Um diese Menge vollständig zu erzeugen, muss man die Ausgangsvektoren oder *Basisvektoren* so wählen, dass keine identischen Punkte ausgelassen bzw. übersprungen werden, sondern dass mit ihrer Hilfe ein vollständiger Satz identischer Punkte gebildet werden kann. Das können die im Bild 1.1 gewählten drei Vektoren ***a***, ***b*** und ***c*** jedoch nicht leisten: Wie aus Bild 1.3 hervorgeht, kann man z. B. mit Hilfe der Vektoren ***a*** und ***b*** nur die leer dargestellten Gitterpunkte der betreffenden Netzebenen erzeugen. Wie man sich anhand von Bild 1.1 überzeugt, kommt die NaCl-Struktur aber auch bei einer Verschiebung um den Vektor ***a'*** in diagonaler Richtung mit sich zur Deckung. Gleiches gilt für eine Verschiebung um den Vektor ***b'*** in der anderen Diagonalrichtung: Das heißt, auch die im Bild 1.3 mit einem Kreuz gekennzeichneten Gitterpunkte stellen identische Punkte dar. Letztere können jedoch mit Hilfe der Vektoren ***a*** und ***b*** nicht erzeugt werden. Hingegen kann man mit den beiden Vektoren ***a'*** und ***b'*** sämtliche Gitterpunkte der Netzebene erzeugen, sowohl die mit einem Kreuz gekennzeichneten als auch die leeren; denn es gilt: ***a*** = ***a'*** + ***b'*** sowie ***b*** = ***a'*** – ***b'*** (vektorielle Addition). Betrachtet man in dieser Hinsicht die ganze NaCl-Struktur (Bild 1.1), so lässt sich mit den drei zueinander senkrechten Vektoren ***a***, ***b*** und ***c*** offensichtlich keine der diagonalen Translationen darstellen. Hingegen bilden die Vektoren ***a'***, ***b'*** und ***c'***, wie man sich anhand von Bild 1.1 überzeugt, ein System von Basisvektoren, mit dem man alle identischen Punkte der NaCl-Struktur erzeugen und mithin deren vollständige Translationsgruppe darstellen kann.

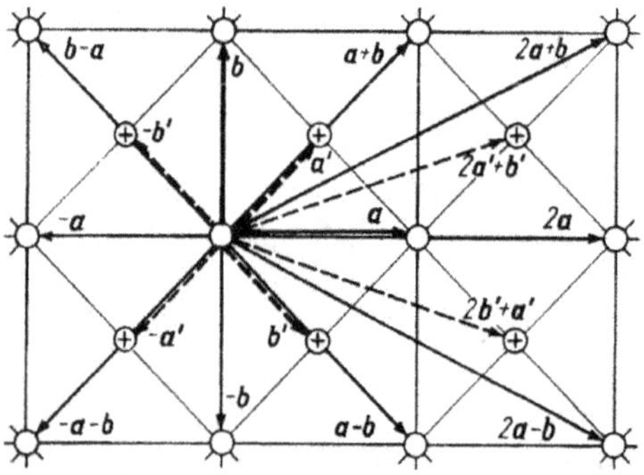

Bild 1.3. *Netzebene der* NaCl-*Struktur.*

Der Bildausschnitt entspricht in ***a***-Richtung dem Anderthalbfachen von Bild 1.1, Erläuterungen im Text.

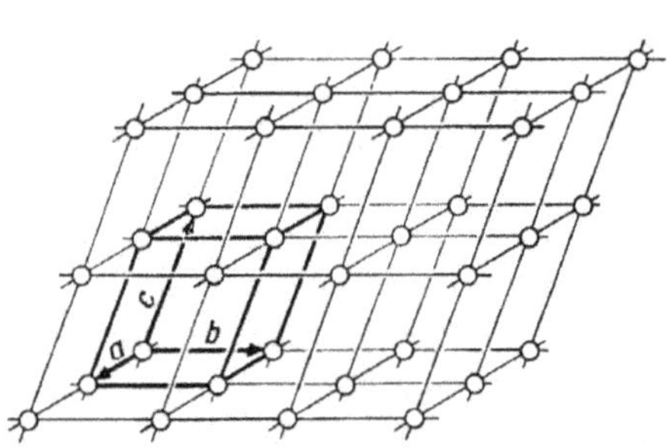

Bild 1.4. *Dreidimensionales Gitter (Raumgitter).*

Das dargestellte Raumgitter mit den Basisvektoren ***a***, ***b***, ***c*** entspricht nicht dem Translationsgitter der NaCl-Struktur.

Das Translationsgitter der NaCl-Struktur ist auf Bild 1.6 als Gittertyp *cF* wiedergegeben, worauf noch zurückzukommen sein wird. Dieses Gitter lässt sich übrigens nicht nur mit den Basisvektoren ***a'***, ***b'***, ***c'*** erzeugen, sondern man kann aus der Menge der Translationsvektoren noch beliebig viele andere Systeme von Basisvektoren auswählen, die dasselbe leisten, z. B. die Vektortripel ***a***, ***b'***, ***c'*** oder ***a'***, ***c***, ***c'*** etc. Wie man sieht, stehen diese Basisvektoren nicht alle senkrecht zueinander und haben z. T. unterschiedliche Längen.

Im allgemeinen (nicht nur auf das Beispiel der NaCl-Struktur beschränkten) Fall wird also ein Raumgitter durch drei Basisvektoren ***a***, ***b***, ***c***, kurz *Basis* genannt, erzeugt, die von verschiedener Länge sein können und beliebige Winkel miteinander einschließen (Bild 1.4). Um ein Raumgitter aufspannen zu können, dürfen die Basisvektoren allerdings nicht alle drei in einer Ebene liegen, d. h., sie müssen im mathematischen Sinne linear unabhängig sein. Die Längen (Beträge) der Basisvektoren, $|\boldsymbol{a}| = a$, $|\boldsymbol{b}| = b$, $|\boldsymbol{c}| = c$, werden als *Gitterkonstanten* bezeichnet. Durch Angabe der Gitterkonstanten a, b, c sowie der von den Basisvektoren eingeschlossenen Winkel α, β, γ ist das Gitter bestimmt, wobei α üblicherweise zwischen den Basisvektoren ***b*** und ***c***, β zwischen ***c*** und ***a*** und γ zwischen ***a*** und ***b*** angenommen werden. Somit haben wir insgesamt sechs Bestimmungsgrößen (sog. *Gitterparameter)* für ein Raumgitter.

Wie nun die Erfahrung lehrt, haben die Strukturen aller Kristalle die Eigenschaft, durch Translationen mit sich zur Deckung zu kommen, deren Menge ein Raumgitter bildet. Es ist das entscheidende Wesensmerkmal des kristallisierten Zustandes. Damit kommen wir zu der Aussage: *Ein Kristall ist eine dreidimensional periodische Anordnung von Atomen* (bzw. von Ionen oder Molekülen).

Das Konzept des Raumgitters enthält implizit bereits alle wesentlichen Merkmale eines Kristalls. Die dreidimensional periodische Folge von identischen Punkten gewährleistet seine Homogenität. Darüber hinaus befinden sich alle Bereiche oder Strukturteile eines Kristalls, mögen sie beliebig weit voneinander entfernt sein, in einer wohldefinierten Lage bzw. Orientierung zueinander. Diese für die Festkörperphysik außerordentlich bedeutsame Eigenschaft wird als *Fernordnung* bezeichnet. Ein Raumgitter ist stets *anisotrop*; denn in den verschiedenen Richtungen folgen identische Punkte in unterschiedlichen Abständen aufeinander. Auch die anderen Grundgesetze der Kristallographie – das Gesetz der Winkelkonstanz, das Rationalitätsgesetz, die Komplikationsregel und die Symmetrieeigenschaften – folgen, wie noch erläutert wird, aus dem Prinzip des Raumgitters.

Begrifflich unterscheiden muss man zwischen dem Gitter der identischen Punkte, d. h. dem Translationsgitter einer Kristallstruktur, und der dreidimensional periodischen Anordnung der Atome in der Kristallstruktur selbst. Das Translationsgitter stellt als solches keine Atome dar, sondern eben einen Satz identischer Punkte bzw. die Translationsvektoren, und bedeutet eine Abstraktion. Vergleicht man beispielsweise die NaCl-Struktur (Bild 1.1 bzw. 1.2) mit ihrem Translationsgitter im Bild 1.6, Gittertyp *cF*, so wird deutlich, dass die Cl-Ionen für sich allein (bzw. genauer: deren Mittelpunkte) einen Satz identischer Punkte bilden und so das Translationsgitter der NaCl-Struktur darstellen. Doch auch die Na-Ionen bilden, für sich allein betrachtet, eine völlig gleichwertige Darstellung des Translationsgitters der NaCl-Struktur. Aber erst beide Ionenarten zusammen ergeben die NaCl-Struktur als solche. Zur Beschreibung einer Kristallstruktur hat man also sowohl deren Translationsgitter als auch die Positionen der verschiedenen Atome (bzw. Ionen) in der Struktur anzugeben. In der Literatur wird allerdings häufig auch die konkrete Anordnung der Atome bzw. die Kristallstruktur selbst als „Gitter" bezeichnet, und man trifft auf Ausdrücke wie „NaCl-Gitter", „Ionengitter", „Metallgitter" etc., was zu einer gewissen begrifflichen Verwirrung führt. Im Interesse terminologischer Klarheit ist es deshalb zweckmäßig, den Gebrauch des Begriffs „Gitter" auf die (abstrakte) Bedeutung des Translationsgitters einer Kristallstruktur zu beschränken.

1.1.2. Elementarzellen, Gittertypen, Achsensysteme

Ein Ausschnitt eines Raumgitters, wie er im Bild 1.4 stärker hervorgehoben ist und von den drei Basisvektoren ***a***, ***b***, ***c*** aufgespannt wird, heißt *Elementarzelle* oder *Einheitszelle*. Sie hat geometrisch die Form eines Parallelepipeds. Das ist ein Polyeder, welches aus drei Paaren paralleler Flächen besteht; diese haben ihrerseits die Form von Parallelogrammen. Auch ein entsprechender

Ausschnitt der Kristallstruktur wird als Elementarzelle bezeichnet. Um eine Struktur zu beschreiben, genügt die Kenntnis einer Elementarzelle: Man erhält das ganze unbegrenzt ausgedehnte Raumgitter bzw. die Kristallstruktur, indem man solche Elementarzellen fortlaufend in Richtung der Basisvektoren aneinanderfügt; d. h., der Kristall erscheint mosaikartig aus lauter untereinander gleichen Elementarzellen zusammengesetzt.

Wie schon bei der Diskussion der NaCl-Struktur angemerkt, gibt es unbegrenzt viele verschiedene Möglichkeiten, um für ein gegebenes Gitter aus der Menge der Translationsvektoren eine Basis auszuwählen. Entsprechend gibt es unbegrenzt viele verschiedene Möglichkeiten zur Wahl einer Elementarzelle, was Bild 1.5 für das Beispiel eines zweidimensionalen Gitters veranschaulicht. Das Gitter ließe sich mit seinen sämtlichen Gitterpunkten jeweils aus jeder dieser Elementarzellen aufbauen. Sie haben alle den gleichen Flächeninhalt (bzw. im Falle eines dreidimensionalen Gitters das gleiche Volumen). Zur Beschreibung von Kristallstrukturen wird meist eine Elementarzelle ausgewählt, die von möglichst kurzen Basisvektoren aufgespannt wird – das wäre z. B. im Bild 1.5 die Elementarzelle in der linken unteren Ecke des Bildausschnitts.

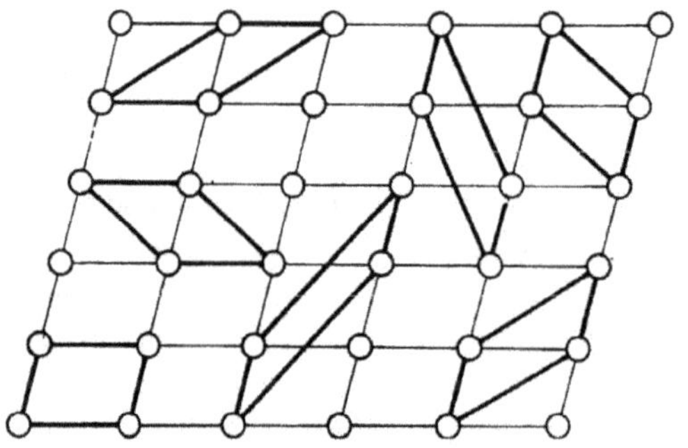

Bild 1.5. *Verschiedene Elementarzellen („Elementarmaschen") in einem zweidimensionalen Gitter.*

Vielen Kristallstrukturen sind neben ihrer Periodizität weitere Regelmäßigkeiten und Symmetrien eigen (worauf noch ausführlich zurückzukommen sein wird), die sich auch in ihren Translationsgittern widerspiegeln. So gibt es Translationsgitter, in denen zwei der Gitterkonstanten oder auch deren alle drei einander gleich sind; außerdem können die Winkel zwischen den Basisvektoren rechte Winkel sein oder bestimmte andere Werte annehmen.

Wie BRAVAIS (1850) zeigte, lassen sich aufgrund ihrer Symmetrie 14 Typen von Translationsgittern unterscheiden, die als *BRAVAIS-Typen* oder *BRAVAIS-Gitter* bezeichnet werden (Bild 1.6). Auf diesem Bild sind die mit einem *P* symbolisierten Gittertypen nach dem bisher Gesagten ohne weiteres verständlich. Bei den anderen Gittertypen sind Ausschnitte des Gitters dargestellt, die größer sind als eine „einfache" Elementarzelle und die deshalb neben den Eckpunkten noch weitere, zusätzliche Gitterpunkte als sog. *Zentrierungen* enthalten. Hiermit hat es folgende Bewandtnis: Wie oben ausgeführt, lässt sich beispielsweise das Translationsgitter der NaCl-Struktur mit den Basisvektoren $\boldsymbol{a}'$, $\boldsymbol{b}'$, $\boldsymbol{c}'$ erzeugen (vgl. Bild 1.1). Diese Vektoren sind gleich lang und schließen miteinander die Winkel von 90°, 60° und 120° ein. Damit repräsentieren sie einen bestimmten BRAVAIS-Typ und geben auch die dem Gitter der NaCl-Struktur innewohnende Metrik und Symmetrie korrekt wieder. Offensichtlich werden jedoch die Metrik und Symmetrie dieses Gitters viel deutlicher zum Ausdruck gebracht, wenn man es mit Hilfe der zueinander senkrechten Translationsvektoren $\boldsymbol{a}$, $\boldsymbol{b}$, $\boldsymbol{c}$ beschreibt. Deshalb benutzt man lieber die letzteren als Basis und nimmt dabei in Kauf, dass nicht mehr alle Punkte des Translationsgitters durch diese orthogonalen Basisvektoren erzeugt werden: Man erhält so eine würfelförmige Elementarzelle, die neben ihren Eckpunkten noch weitere Gitterpunkte in den Zentren der Würfelflächen enthält und damit dem Typ *cF* im Bild 1.6 entspricht. Wegen dieser Darstellungsweise mit einer würfelförmigen, flächenzentrierten Elementarzelle bezeichnet man das

Gitter bzw. den betreffenden Gittertyp als *kubisch flächenzentriert* – obwohl man, wie gesagt, statt dessen auch eine einfache, nicht zentrierte Elementarzelle benutzen könnte, die jedoch nicht orthogonal ist. Bild 1.2 zeigt einen Ausschnitt der NaCl-Struktur, der einer kubisch flächenzentrierten Elementarzelle entspricht.

Aus analogen Gründen werden auch bei einer Reihe weiterer Gittertypen zentrierte Elementarzellen benutzt. Neben den flächenzentrierten Gittertypen, die mit *F* symbolisiert werden, hat man die *innen-* oder *raumzentrierten* Gittertypen, symbolisiert mit *I*, und die *basisflächenzentrierten* Gittertypen; letztere werden mit *C* symbolisiert, wenn die *a*–*b*-Flächen wie im Bild 1.6 zentriert sind; daneben gibt es noch die Symbole *A*, wenn die *b*–*c*-Flächen, und *B*, wenn die *c*–*a*-Flächen zentriert sind. Die einfachen, nicht zentrierten Gittertypen, bei denen nur die Eckpunkte der Elementarzellen mit Gitterpunkten besetzt sind, werden in diesem Zusammenhang als *primitiv* bezeichnet und mit *P* symbolisiert. Der Gittertyp *hR* hat eine Elementarzelle mit einer speziellen Zentrierung durch zwei zusätzliche Gitterpunkte im Innern und wird als *rhomboedrisch* (symbolisiert mit *R*) bezeichnet weil sich für dieses Gitter auch eine einfache (primitive) rhomboederförmige Elementarzelle angeben lässt; letztere ist im Bild 1.6 gestrichelt eingezeichnet. Bei den beiden hexagonalen Gittertypen *hP* und *hR* ist ein Ausschnitt des Gitters mit der Größe von drei Elementarzellen abgebildet, um die hexagonale Metrik dieses Gitters besser zu veranschaulichen. Übrigens lässt sich auch für den Gittertyp *cF* eine einfache (primitive) rhomboederförmige Elementarzelle angeben, deren Basisvektoren Winkel von 60° einschließen; sie ist im Bild 1.6 gleichfalls gestrichelt eingezeichnet. Bei den Gittertypen *aP* und *mP* wurde zur Verdeutlichung der schiefen Winkel jeweils noch eine rechtwinklige quaderförmige Zelle eingezeichnet.

Die allseitig flächenzentrierten Elementarzellen haben das vierfache Volumen einer einfach primitiven Elementarzelle des betreffenden Gitters, die basiszentrierten und innenzentrierten Elementarzellen das doppelte Volumen einer einfach primitiven Elementarzelle. Die hexagonale Elementarzelle des rhomboedrischen Gitters hat das dreifache Volumen der betreffenden primitiven rhomboedrischen Elementarzelle. Mit diesen Volumenverhältnissen korrespondiert die Anzahl der Gitterpunkte in den betreffenden Elementarzellen: Eine (einfach) primitive Elementarzelle repräsentiert bzw. enthält genau einen Gitterpunkt; denn jeder der acht Gitterpunkte an den Ecken der Elementarzelle gehört gleichzeitig zu allen acht Elementarzellen, die an der betreffenden Ecke zusammenstoßen, d. h., ein Eckpunkt gehört der betreffenden Elementarzelle nur zu einem Achtel. Man kann sich diesen Zusammenhang auch so veranschaulichen, dass man im Bild 1.4 das Gefüge der Elementarzellen in Gedanken um ein kleines Stück in Richtung der Raumdiagonalen verschiebt, die Gitterpunkte jedoch unverrückt stehen lässt. Jede der verschobenen Elementarzellen behält dann nur noch einen Gitterpunkt in ihrem Inneren. Aus analogen Gründen enthalten die innenzentrierten sowie die basisflächenzentrierten Elementarzellen je zwei Gitterpunkte und die allseitig flächenzentrierten Elementarzellen je vier Gitterpunkte, denn ein Gitterpunkt im Zentrum einer Fläche gehört gleichzeitig zu zwei Elementarzellen. Eine hexagonale Elementarzelle des rhomboedrischen Gitters enthält drei Gitterpunkte.

Die Einführung der zentrierten Elementarzellen gestattet eine rationelle und anschauliche Beschreibung der betreffenden Gitter – man muss sich nur dessen bewusst bleiben, dass es sich auch bei den Zentrierungen um Gitterpunkte handelt, die den Eckpunkten völlig äquivalent sind. Darüber hinaus kommt durch diese Darstellungsweise die Verwandtschaft zwischen den einzelnen Gittertypen deutlich zum Ausdruck: Aufgrund der metrischen Eigenschaften ihrer Elementarzellen, wie sie zum Bild 1.6 angemerkt sind, lassen sich die 14 BRAVAIS-Typen zu sechs *Kristallfamilien* zusammenfassen, die folgendermaßen bezeichnet werden:

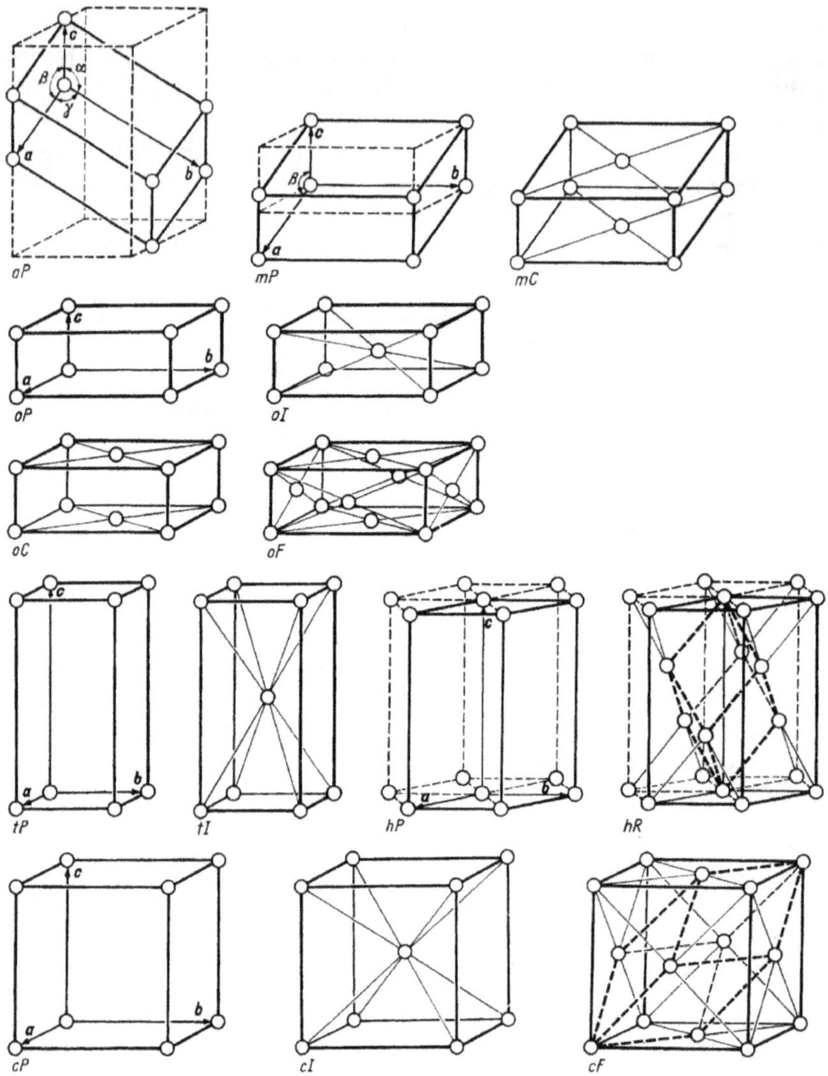

Bild 1.6. *Elementarzellen der 14 Bravais-Gitter.*

aP	triklin primitives Gitter	$\boldsymbol{a} \neq \boldsymbol{b} \neq \boldsymbol{c}$; $\alpha \neq \beta \neq \gamma$
mP	monoklin primitives Gitter	$\boldsymbol{a} \neq \boldsymbol{b} \neq \boldsymbol{c}$;
mC	monoklin basisflächenzentriertes Gitter	$\alpha = \gamma = 90°$; $\beta \neq 90°$
oP	rhombisch primitives Gitter	
oI	rhombisch innenzentriertes Gitter	$\boldsymbol{a} \neq \boldsymbol{b} \neq \boldsymbol{c}$;
oC	rhombisch basisflächenzentriertes Gitter	$\alpha = \beta = \gamma = 90°$
oF	rhombisch flächenzentriertes Gitter	
tP	tetragonal primitives Gitter	$\boldsymbol{a} = \boldsymbol{b} \neq \boldsymbol{c}$ ($\boldsymbol{a} \equiv \boldsymbol{a}_1$; $\boldsymbol{b} \equiv \boldsymbol{a}_2$);
tI	tetragonal innenzentriertes Gitter	$\alpha = \beta = \gamma = 90°$
hP	hexagonal primitives Gitter	$\boldsymbol{a} = \boldsymbol{b} \neq \boldsymbol{c}$ ($\boldsymbol{a} \equiv \boldsymbol{a}_1$; $\boldsymbol{b} \equiv \boldsymbol{a}_2$);
hR	hexagonal rhomboedrisches Gitter	$\alpha = \beta = 90°$; $\gamma = 120°$
cP	kubisch primitives Gitter	$\boldsymbol{a} = \boldsymbol{b} = \boldsymbol{c}$;
cI	kubisch innenzentriertes Gitter	$\alpha = \beta = \gamma = 90°$;
cF	kubisch flächenzentriertes Gitter	($\boldsymbol{a} \equiv \boldsymbol{a}_1$; $\boldsymbol{b} \equiv \boldsymbol{a}_2$; $\boldsymbol{c} \equiv \boldsymbol{a}_3$)

triklin („dreifach geneigt") oder *anorthisch*, abgekürzt *a*;
monoklin („einfach geneigt"), abgekürzt *m*;
rhombisch oder *orthorhombisch*, abgekürzt *o*;
tetragonal, abgekürzt *t*;
hexagonal, abgekürzt *h*;
kubisch, abgekürzt *c*.

Diese Einteilung ist im Wesentlichen gleichbedeutend mit der geläufigeren Einteilung der Kristalle in *Kristallsysteme*, die auf morphologischen Kriterien beruht. Hierbei wird lediglich die hexagonale Kristallfamilie noch einmal unterteilt, und zwar in das trigonale und das hexagonale Kristallsystem (vgl. Abschn. 1.6.5.), so dass es insgesamt sieben Kristallsysteme gibt. Das kubische Kristallsystem wird in der älteren Literatur auch als reguläres oder als tesserales Kristallsystem bezeichnet.

Man könnte nun fragen, warum nicht in jedem Kristallsystem jeweils alle Typen von Zentrierungen als BRAVAIS-Typen erscheinen, so wie im rhombischen Kristallsystem. Die nähere Betrachtung zeigt jedoch, dass sich die vermeintlich fehlenden Gittertypen auf einen der unter den 14 BRAVAIS-Gittern bereits vorhandenen Gittertyp zurückführen lassen. Beispielsweise fehlt unter den 14 BRAVAIS-Gittern ein tetragonal basisflächenzentriertes Gitter. Interpretieren wir in diesem Zusammenhang einmal Bild 1.3 als eine tetragonale Netzebene, so wird durch die Basisvektoren $\boldsymbol{a}$ und $\boldsymbol{b}$ sowie einem Vektor $\boldsymbol{c}$ senkrecht zur Zeichenebene eine basisflächenzentrierte tetragonale Elementarzelle aufgespannt; dasselbe Gitter erhält man jedoch auch mit Hilfe der Vektoren $\boldsymbol{a}'$, $\boldsymbol{b}'$ und $\boldsymbol{c}$, die eine primitive tetragonale Elementarzelle aufspannen. Das primitive tetragonale Gitter *tP* ist jedoch unter den 14 BRAVAIS-Gittern bereits vorhanden.

Betont sei noch einmal, dass die Unterscheidung von 14 BRAVAIS-Gittern mit der sie kennzeichnenden Metrik aufgrund ihrer Symmetrie erfolgt (worauf später noch näher eingegangen wird). Rein geometrisch könnte man freilich noch beliebig viele weitere Gittertypen definieren, doch wären diese nicht aus der Symmetrie eines Translationsgitters ableitbar und würden insofern willkürlich sein. Bemerkenswerterweise stellt auch das „bikline" Gitter mit nur einem rechten Winkel zwischen den Basisvektoren (z. B. $\gamma = 90°$; $\alpha \neq \beta \neq 90°$) keinen besonderen Gittertyp dar.

Kurz erwähnt sei noch eine grundsätzlich andere Methode, um ein Gitter in identische Elementarbereiche aufzuteilen: Hierbei wird jedem Gitterpunkt ein ihn umgebender Volumenbereich dergestalt zugeordnet, dass er alle Punkte enthält, die näher zu diesem Gitterpunkt liegen als zu irgendeinem anderen Gitterpunkt. Man erhält diesen Bereich, indem man jeweils in die Mitte zwischen zwei benachbarten Gitterpunkten eine zur Verbindungslinie senkrechte Fläche legt. Diese Flächen fügen sich zu einem Polyeder zusammen, in dessen Zentrum sich der betreffende Gitterpunkt befindet (Bild 1.7). Diese Polyeder haben demnach nicht notwendig die Form eines Parallelepipeds und werden als *Wirkungsbereich, Einflussbereich, DIRICHLET-Bereich, VORONOI-Bereich* oder *WIGNER-SEITZ-Zelle* bezeichnet. Im Gegensatz zur Aufteilung eines Gitters in Elementarzellen ist die Aufteilung in Wirkungsbereiche eindeutig.

Um Kristalle bzw. Kristallstrukturen analytisch zu beschreiben, bezieht man sie auf ein Koordinatensystem, das aus den drei Basisvektoren $\boldsymbol{a}$, $\boldsymbol{b}$, $\boldsymbol{c}$ des betreffenden Gitters gebildet wird. Somit hat man für jede Kristallart ein eigenes, spezifisches Koordinatensystem, das als *Achsensystem* bezeichnet wird. Im Gegensatz zu den sonst üblichen kartesischen Koordinatensystemen sind die kristallographischen Achsensysteme im allgemeinen schiefwinklig, und die Einheiten auf den Achsen haben unterschiedliche Längen entsprechend den betreffenden Gitterkonstanten a, b, c. Zusammen mit den Winkeln α, β, γ zwischen den Basisvektoren hat ein solches Achsensystem sechs Parameter – genau wie eine entsprechende Elementarzelle. Für eine gegebene Kristallart stellen diese Parameter Materialkonstanten dar, die von den thermodynamischen Zustandsgrößen (wie Druck und Temperatur) abhängig sind.

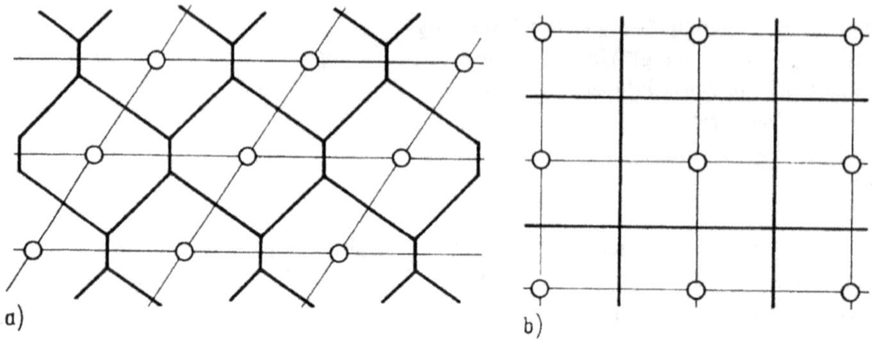

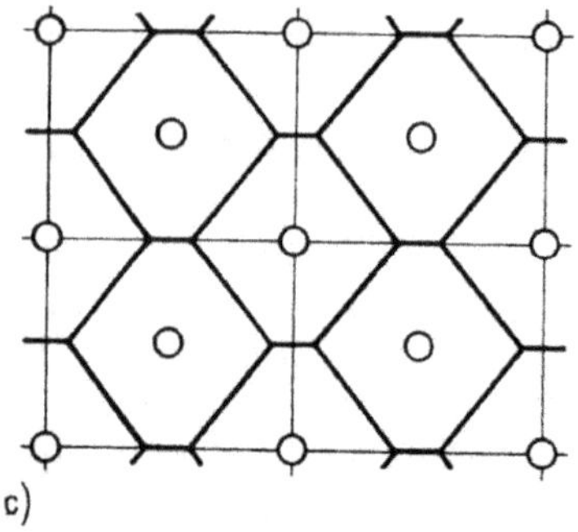

Bild 1.7. *Wirkungsbereiche in zweidimensionalen Gittern.*

a) monoklines Gitter; b) primitives rhombisches (bzw. rechtwinkliges) Gitter; c) flächenzentriertes rhombisches (bzw. rechtwinkliges) Gitter.

In den einzelnen Kristallfamilien bzw. Kristallsystemen wird allerdings ein Teil dieser Parameter durch die Symmetrie der Gitter festgelegt und ist invariant. In Übereinstimmung mit der Einteilung in Kristallfamilien und der Metrik der betreffenden, im Bild 1.6 dargestellten Elementarzellen haben wir die folgenden sechs Arten von Achsensystemen: Ein *triklines Achsensystem* ist schiefwinklig, hat auf allen drei Achsen verschiedene Maßeinheiten und stellt den allgemeinen Fall dar (sechs freie Parameter a, b, c, α, β, γ). Ein *monoklines Achsensystem* hat gleichfalls auf allen drei Achsen verschiedene Maßeinheiten, aber nur einen schiefen Winkel (vier freie Parameter a, b, c, β). Ein *rhombisches Achsensystem* ist rechtwinklig mit verschiedenen Maßeinheiten auf allen drei Achsen (drei freie Parameter a, b, c). Ein *tetragonales Achsensystem* ist rechtwinklig; zwei Achsen haben gleiche Maßeinheiten und werden als a_1- und a_2-Achse bezeichnet; die dritte Achse (c-Achse) hat eine davon verschiedene Maßeinheit (zwei freie Parameter a, c). Ein *hexagonales Achsensystem* hat gleichfalls zwei Achsen mit gleichen Maßeinheiten, bezeichnet als a_1- und a_2-Achse, die sich unter einem Winkel von 120° schneiden; senkrecht zu beiden steht die c-Achse mit einer eigenen, von der auf den a-Achsen verschiedenen Maßeinheit (zwei freie Parameter a, c). Ein *kubisches Achsensystem* ist rechtwinklig mit gleichen Maßeinheiten auf allen drei Achsen (bezeichnet als a_1-, a_2- und a_3-Achse) und entspricht einem gewöhnlichen kartesischen Koordinatensystem; es hat nur einen freien Parameter (die Gitterkonstante a als Maßeinheit). Schließlich wird im trigonalen Kristallsystem neben dem genannten hexagonalen Achsensystem auch ein *rhomboedrisches Achsensystem* benutzt, das der rhomboedrischen Elementarzelle des hR-Gitters entspricht (Bild 1.6); es besteht aus drei Achsen (a_1-, a_2-, a_3-Achse) mit gleichen Maßeinheiten, die sich unter dem gleichen, jedoch von 90° verschiedenen Winkel α schneiden (zwei freie Parameter a, α). Einige Besonderheiten des hexagonalen und des rhomboedrischen Achsensystems und ihre gegenseitige Transformation werden im Abschn. 1.3.3. erläutert.

Bei der makroskopischen Beschreibung von Kristallen, bei der es, wie wir noch sehen werden, nur auf Winkelbeziehungen ankommt, wird anstelle der Gitterkonstanten a, b, c nur das Achsenverhältnis $a : b : c$ angegeben. Es wird in der Form $a/b : 1 : c/b$ ausgedrückt. Zusammen mit den Winkeln α, β, γ benötigt man dann nur fünf Parameter für ein triklines Achsensystem. Für ein monoklines Achsensystem verbleiben drei Parameter (a/b, c/b, β), für ein rhombisches Achsensystem zwei Parameter (a/b, c/b) und für ein tetragonales und ein hexagonales Achsensystem jeweils ein Parameter (ausgedrückt durch das Achsenverhältnis c/a). Beim rhomboedrischen Achsensystem tritt an dessen Stelle der Winkel α. Für das kubische Achsensystem benötigt man in diesem Fall keinen Parameter.

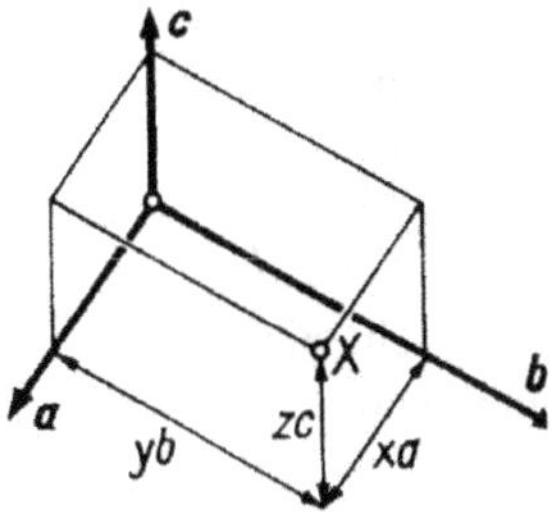

Bild 1.8. *Koordinaten eines Punktes X.*

In einem Achsensystem, das aus den Basisvektoren $\boldsymbol{a}$, $\boldsymbol{b}$, $\boldsymbol{c}$ eines Gitters gebildet wird, hat ein Punkt X die Koordinaten xa, yb, zc (Bild 1.8). Setzt man die Parameter des Achsensystems als bekannt voraus, dann genügt zur analytischen Fixierung des Punktes X die Angabe der Maßzahlen x, y, z, die gleichfalls als Koordinaten bezeichnet werden. Beispielsweise ergibt sich so für den Ursprung des Achsensystems das Koordinatentripel 0, 0, 0 und für das Zentrum der Elementarzelle das Tripel 1/2, 1/2, 1/2. Ein *I*-Gitter ist demnach durch die beiden Koordinatentripel 0, 0, 0 und 1/2, 1/2, 1/2 gekennzeichnet, ein *F*-Gitter durch die Tripel 0, 0, 0; 1/2, 1/2, 0; 1/2, 0, 1/2; 0, 1/2, 1/2 (vgl. Bild 1.6).

Für die Positionen der Atome bzw. Ionen in der NaCl-Struktur erhalten wir folgende Koordinatentripel (vgl. Bild 1.2):

Cl in 0, 0, 0; 1/2, 1/2, 0; 1/2, 0, 1/2; 0, 1/2, 1/2;
Na in 1/2, 0, 0; 0, 1/2, 0; 0, 0, 1/2; 1/2, 1/2, 1/2.

Wegen der Periodizität einer Kristallstruktur genügt es, die Koordinaten der Atome innerhalb einer Elementarzelle anzugeben; sie haben dementsprechend Werte kleiner 1. Während in der NaCl-Struktur die Atome (bzw. Ionen) bestimmte Positionen in der Elementarzelle mit invarianten rationalen Koordinaten besetzen, können in komplizierteren Strukturen die Atome auch Positionen mit beliebigen Koordinaten einnehmen, die von den thermodynamischen Zustandsgrößen abhängig sind (vgl. z. B. Bild 1.128).

1.2. Beschreibung von Kristallen

1.2.1. Gesetz der Winkelkonstanz

Es ist ein kennzeichnendes Merkmal vieler (wenn auch bei weitem nicht aller) Kristalle, dass sie die Gestalt von Polyedern haben, die aus z. T. erstaunlich glatten, ebenen Flächen gebildet werden. Diese Flächen schließen miteinander bestimmte Winkel ein, welche für die einzelnen Kristallarten charakteristisch sind: Bei verschiedenen Individuen derselben Kristallart sind die Winkel zwischen entsprechenden Flächen stets wieder dieselben. Das ist das *Gesetz der Winkelkonstanz.*

Die Feststellung von NICOLAUS STENO (1669), dass die Winkel zwischen den Flächen von (verzerrten) Quarzkristallen wegen deren schichtweisen Wachstums konstant sind, wird von vielen Autoren als Entdeckung des Gesetzes der Winkelkonstanz und damit als Beginn der Entwicklung der wissenschaftlichen Kristallographie gewertet. In seiner allgemeingültigen Formulierung wurde das Gesetz erst später von GUGLIELMINI (1705) und vor allem von ROMÉ DE L'ISLE (1783) etabliert. Was zum Begriff der *Kristallform* führte, zu dessen Ausprägung auch ABRAHAM GOTTLIEB WERNER beigetragen hat. Wir können heute das Gesetz der Winkelkonstanz sehr einfach und unmittelbar aus dem Gitterbau der Kristalle erklären: Es ist plausibel, anzunehmen, dass eine Kristallfläche, mit der eine Kristallstruktur nach außen abbricht, durch eine relativ stabile Schicht von möglichst fest gebundenen Atomen gebildet wird. Eine solche Atomschicht, wie immer ihre Struktur im Einzelnen aussehen mag, ist jeweils einer bestimmten Netzebene parallel. Wegen der durch den Gitterbau bedingten Fernordnung bilden entsprechende Netzebenen stets dieselben Winkel miteinander, unabhängig davon, wie weit sie vom Zentrum des Kristallkörpers entfernt sind oder an welchem Kristallindividuum derselben Art (d. h. mit demselben Gitter) wir die Winkel messen. Das wird durch Bild 1.9 für ein zweidimensionales Gitter veranschaulicht.

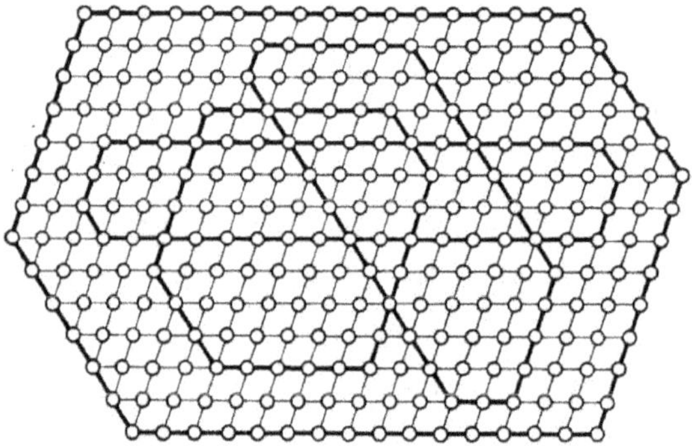

Bild 1.9. *Winkelkonstanz zwischen den Begrenzungen eines zweidimensionalen Gitters.*

Das Gesetz der Winkelkonstanz belegt eine erste wichtige Beziehung zwischen der Gestalt der Kristalle und ihrem Gitterbau: Die Flächen eines Kristalls entsprechen den Netzebenen seines Gitters. Im Laufe der weiteren Ausführungen werden sich noch wiederholt solche Beziehungen zwischen Gestalt und Gitterbau ergeben. Es besteht eine enge Korrespondenz zwischen der morphologischen Erscheinung und der Struktur von Kristallen (*Korrespondenzprinzip*). Die Korrespondenz zwischen Kristallflächen und Netzebenen ist eine erste Bestätigung dieses Prinzips.

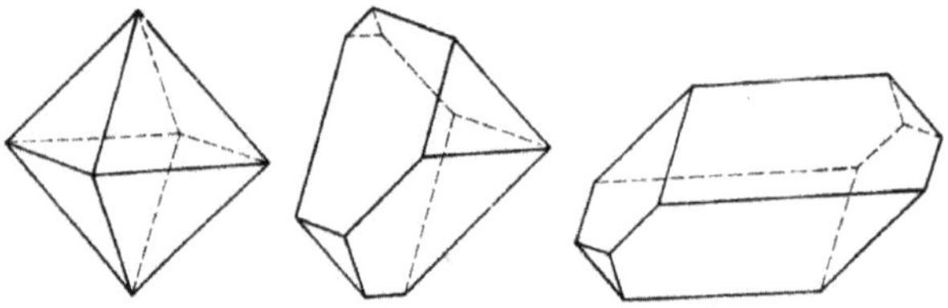

Bild 1.10. *Idealgestalt und Verzerrungen eines Oktaeders.*

Selten sind Kristalle dergestalt ideal ausgebildet, dass alle Flächen den gleichen Abstand vom Zentrum des Kristallkörpers besitzen. Die Gestalten der realen Kristalle weichen meist mehr oder weniger stark von einer solchen Idealgestalt ab, was man als *Verzerrung* bezeichnet (Bild 1.10). Auf diesem Bild haben die Flächen der verzerrten Oktaeder zwar verschiedene Abstände vom Zentrum des Kristallkörpers, bleiben aber stets parallel zu denselben Netzebenen. Gleichgültig, wie stark ein Kristall verzerrt sein mag, die Winkel zwischen entsprechenden Flächen bleiben unverändert. Bei einem Oktaeder bilden die Flächen stets Winkel von 70°32′ bzw. 109°28′ miteinander. Diese Winkel bestimmen sich aus der Geometrie des Oktaeders und sind invariant, d. h. unabhängig von der Art des betreffenden Kristalls. Das gilt allgemein für die Winkel zwischen Netzebenen kubischer Gitter;

sie sind geometrisch von vornherein bestimmt und sämtlich invariant. Anders jedoch bei den übrigen nichtkubischen Gittern (z. B. im Fall von Bild 1.9). Hier hängen die Winkel zwischen den Netzebenen von den Gitterparametern ab. Letztere stellen Materialkonstanten dar, welche mit den thermodynamischen Zustandsgrößen (Druck, Temperatur) variieren. Entsprechend sind auch die Winkel zwischen den Kristallflächen Materialkonstanten und können zur Diagnostik von Kristallen verwendet werden. Mittels Winkelmessungen lassen sich sowohl die Kristalle als solche als auch die an ihnen vorkommenden Flächen identifizieren und die morphologischen Gitterparameter (Achsenverhältnisse, Winkel zwischen den Basisvektoren) bestimmen.

1.2.2. Winkelmessung

Die Winkel zwischen Kristallflächen werden mit einem Goniometer gemessen. Meist wird dabei nicht der Winkel σ zwischen den Kristallflächen selbst, sondern der Winkel ρ zwischen ihren *Flächennormalen* angegeben (Bild 1.11); es gilt $\sigma + \rho = 180°$.

Zur Winkelmessung an größeren Kristallen bedient man sich eines Anlegegoniometers, welches erstmals von CARANGEOT (1783) konstruiert und in seiner heute gebräuchlichen Form von PENFIELD (1900) eingeführt wurde. Es besteht aus zwei Teilen, dem „Winkel“ und dem Teilkreis (Bild 1.12). Der „Winkel“ wird aus zwei drehbar verbundenen, scherenartigen Schenkeln gebildet, die an die beiden Kristallflächen – möglichst genau senkrecht zu ihrer Kante – angelegt werden. Dann wird der „Winkel“ auf den Teilkreis gelegt und der eingestellte Wert abgelesen; doch sind die so gewonnenen Ergebnisse recht ungenau.

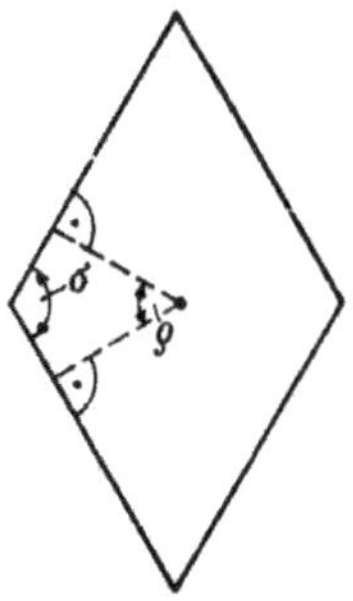

Bild 1.11. *Flächenwinkel σ und Flächennormalenwinkel ρ eines Flächenpaares.*

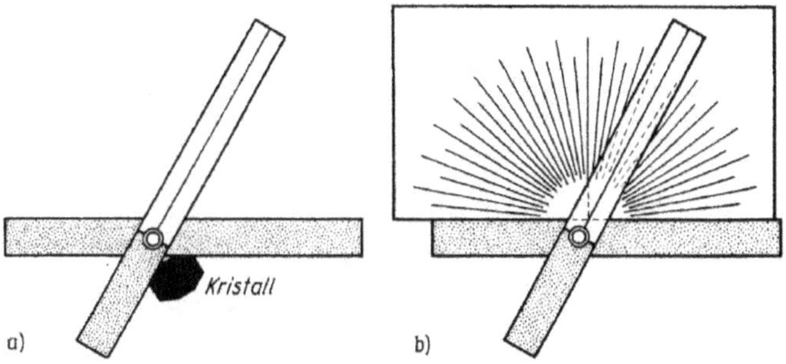

Bild 1.12. Anlegegoniometer.

a) Anlegen des „Winkels“ an den Kristall; b) Ablesen auf der Winkelgradteilung.

Genauere Messungen werden mit lichtoptischen Reflexionsgoniometern ausgeführt. Deren Prinzip beruht darauf, dass die zu messenden Flächen nacheinander durch Drehen des Kristalls in Reflexionsstellung für einen Lichtstrahl gebracht und die betreffenden Drehwinkel abgelesen werden. Es gibt einkreisige und zweikreisige Reflexionsgoniometer. Das einkreisige Reflexionsgoniometer (Bild 1.13), das von WOLLASTON (1809) entwickelt wurde, hat einen drehbaren Tisch, der eine Kreisscheibe mit einer 360°-Teilung trägt. Der Kristall wird auf einem Goniometerkopf in der Mitte des Tisches befestigt und so justiert, dass die Schnittkante der beiden zu messenden Flächen mit der Drehachse des Tisches zusammenfällt. Mit Hilfe eines Kollimators wird ein Lichtbündel auf eine Kristallfläche gerichtet, dort reflektiert und mit einem Fernrohr beobachtet. Eine Fläche befindet sich dann in Reflexionsstellung, wenn ihre Flächennormale mit der Winkelhalbierenden zwischen Kollimator- und Fernrohrachse zusammenfällt. Durch Drehen des Tisches samt Kristall werden beide Flächen nacheinander in Reflexionsstellung gebracht; die Differenz

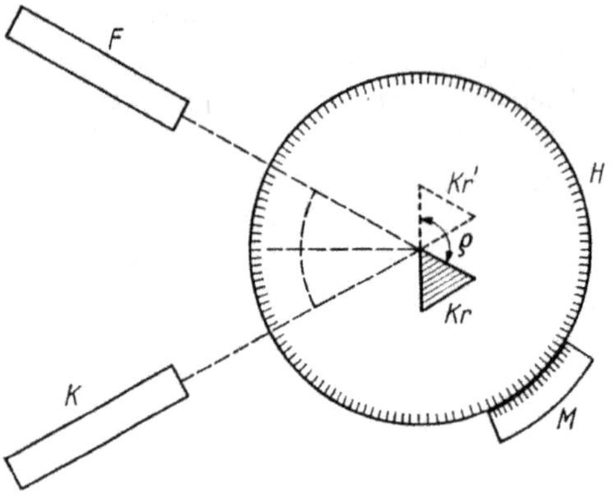

Bild 1.13. *Prinzip des einkreisigen Reflexionsgoniometers.*

K Kollimator mit Lichtquelle; *F* Fernrohr; *H* horizontaler Goniometertisch mit Teilkreis; *M* Messmarke mit Nonius; *Kr* Kristall in Reflexionsstellung; *Kr'* Kristall nach Drehung um den Flächennormalenwinkel $\tilde{\rho}$.

der abgelesenen Winkelwerte ergibt den Flächennormalenwinkel ρ. Mit einer Messreihe können jeweils die Winkel zwischen allen jenen Flächen erfasst werden, die sich in zueinander parallelen Kanten schneiden; für die übrigen Kantenrichtungen muss der Kristall jeweils neu befestigt und justiert werden, was Messfehler begünstigt. Deren Minimierung dient die Anwendung verschieden geformter Reflexe, von denen sich die spezielle Reflexform des sog. WEBSKYschen Spaltes besonders bewährt hat.

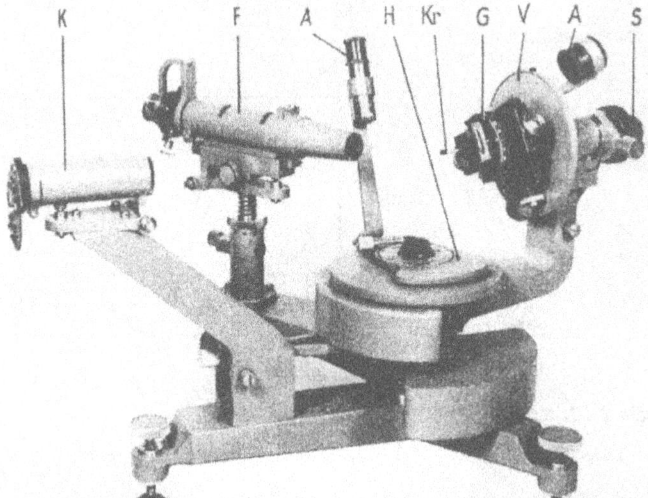

Bild 1.14. *Zweikreisiges Reflexionsgoniometer (Freiberger Präzisionsmechanik).*

K Kollimator; *F* Fernrohr; *A* Ablesevorrichtung; *H* horizontaler Teilkreis; *Kr* Kristall; *G* Goniometerkopf mit Kreuzschlitten zur Zentrierung und Wiegeschlitten zur Justierung des Kristalls; *V* vertikaler Teilkreis; *S* Stellschraube zur axialen Verschiebung des Goniometerkopfes.

Das zweikreisige Reflexionsgoniometer, das auf FEDOROV und GOLDSCHMIDT (1892) zurückgeht, hat zwei Teilkreise, die senkrecht zueinander stehen. Der auf dem Goniometerkopf befestigte Kristall kann um die Achsen beider Teilkreise gedreht werden. Dadurch wird es möglich, alle Flächen des Kristalls nacheinander in Reflexionsstellung zu drehen, ohne ihn zwischendurch neu befestigen und justieren zu müssen.

Bild 1.14 zeigt eine ältere Ausführung des zweikreisigen Reflexionsgoniometers, die seinen Aufbau deutlich erkennen lässt. Inzwischen gibt es kompaktere Konstruktionen, die von einer Reihe einschlägiger Firmen als optische Präzisionsgeräte in Serien produziert und angeboten werden.

Die an den beiden Teilkreisen abgelesenen Winkelwerte bestimmen die Lage der betreffenden Flächennormalen bezüglich der Achsen des Goniometers, welche durch die Winkelkoordinaten φ (*Azimut* [Vertikalkreis]) und ρ (*Poldistanz* [Horizontalkreis]) ausgedrückt wird (vgl. Bild 1.15). Für eine entsprechende Winkelmessung wird der Kristall auf dem Goniometerkopf zweckmäßigerweise so befestigt und justiert, dass die Normale einer wichtigen Kristallfläche mit der Achse des Vertikalkreises zusammenfällt. Die Winkelkoordinaten verstehen sich dann bezüglich dieser Flächennormalen.

1.2.3. Kristallprojektionen

Wenden wir uns nun der Aufgabe zu, die Flächen eines Kristalls darzustellen. Wie wir gesehen haben, kommt es nur auf die Winkelbeziehungen zwischen den Flächen an, nicht auf ihren Abstand vom Zentrum des Kristallkörpers und ihre dadurch bedingten Ausmaße. Wir können deshalb anstelle einer Kristallfläche deren Flächennormale und anstelle des Kristallpolyeders die Gesamtheit der Flächennormalen betrachten. Dieses Flächennormalenbündel offenbart uns die morphologischen Eigenschaften von Kristallen viel reiner als die Kristallpolyeder selbst mit ihren vielfältigen und zufälligen Verzerrungen.

Zur Darstellung des Flächennormalenbündels eines Kristalls fällt man von einem Punkt im Innern des Kristallpolyeders die Normalen auf die einzelnen Flächen. Derselbe Punkt sei gleichzeitig der Mittelpunkt einer Kugel, deren Oberfläche von den Flächennormalen durchstoßen wird. Auf diese Weise erhält man eine Projektion der Flächen des Kristalls als Punkte auf der Oberfläche einer Kugel, der Polkugel (Bild 1.15). Die Schnittpunkte (Durchstoßpunkte) der Flächennormalen mit der Oberfläche der Polkugel sind die Pole der betreffenden Kristallflächen. Zeichnet man den Pol einer wichtigen Fläche als „Nordpol" N aus und benutzt den „Meridian" durch N und einen weiteren wichtigen Flächenpol M als Nullmeridian ($N\ M\ A\ S\ B$ im Bild 1.15), so hat man damit kristallographische Bezugselemente für die Winkelkoordinaten φ und ρ des Pols P einer beliebigen Fläche.

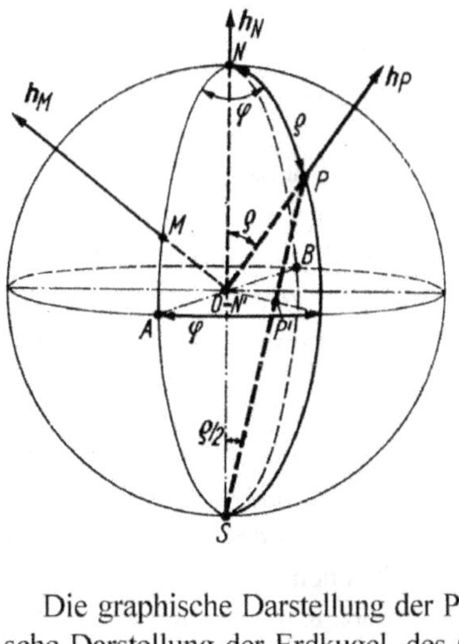

Bild 1.15. *Polkugel mit stereographischer Projektion P' eines Flächenpols P.*
h_M, h_N, h_P Flächennormalen.

Die graphische Darstellung der Polkugel in der Ebene bereitet dieselben Probleme wie die graphische Darstellung der Erdkugel, des Globus. Es sind verschiedene Methoden bekannt, eine Kugel auf eine Ebene zu projizieren, die jeweils ihre Vorzüge und ihre Nachteile haben. In der Kristallographie sind zwei Projektionen gebräuchlich, die *stereographische Projektion* und die *gnomonische Projektion*.

Stereographische Projektion

Bei der stereographischen Projektion wird die Polkugel von ihrem „Südpol" S aus auf ihre „Äquatorebene" projiziert (Bild 1.15). Hierzu verbinden wir den Punkt S als Augpunkt der Projektion mit dem Flächenpol P auf der Polkugel. Dort, wo die Gerade $S\,P$ die Äquatorebene durchstößt, erhalten wir den Punkt P' als Projektion des Flächenpols P. Auf diese Weise entsteht in der Äquatorebene ein *Stereogramm*, dessen Mittelpunkt die Projektion N' des „Nordpols" N der Polkugel bildet (Bild 1.16). Der „Äquator" der Polkugel heißt Grundkreis des Stereogramms. Die Projektion P' eines Flächenpols P mit den Winkelkoordinaten φ und ρ wird in folgender Weise in das Stereogramm eingetragen: Der Azimutwinkel φ bleibt unverändert, und die Poldistanz ρ wird vom Mittelpunkt N' als eine Strecke $\rho' = R\tan(\rho/2)$ (mit R als Radius der Polkugel) abgetragen.

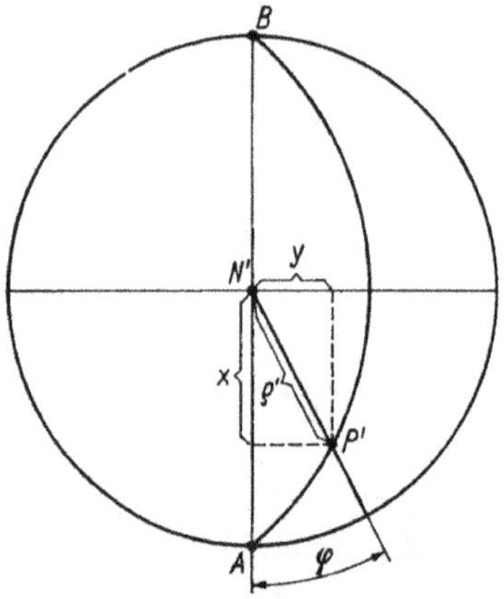

Bild 1.16. *Auftragen eines Flächenpols P' in einem Stereogramm.*

Das Eintragen des Punktes P' in ein Stereogramm kann auch mit Hilfe von kartesischen Koordinaten (z. B. auf Millimeterpapier) vorgenommen werden. Die Winkelkoordinaten φ, ρ und die kartesischen Koordinaten x, y rechnen sich wie folgt ineinander um:

$$x = \rho'\cos\varphi = R\tan(\rho/2)\cos\varphi \qquad \varphi = \arctan(y/x)$$

$$y = \rho'\sin\varphi = R\tan(\rho/2)\sin\varphi \qquad \rho' = \sqrt{x^2 + y^2} = R\tan(\rho/2)$$

$$\rho = 2\arctan(\sqrt{x^2 + y^2}/R).$$

Die Punkte der oberen Hälfte der Polkugel bilden sich bei der stereographischen Projektion innerhalb des Grundkreises ab; die Punkte der unteren Hälfte der Polkugel würden sich außerhalb des Grundkreises abbilden. In der Kristallographie ist es jedoch üblich, die untere Hälfte der Polkugel nicht vom „Südpol" S, sondern vom „Nordpol" N (als Augpunkt) zu projizieren und die Projektion der betreffenden Flächenpole zur Unterscheidung als leere Punkte zu zeichnen (Bild 1.17). Durch dieses Verfahren lassen sich sämtliche Flächenpole eines Kristallpolyeders innerhalb des Grundkreises darstellen. Auf der Peripherie des Grundkreises liegen die Pole der Flächen mit einer Poldistanz $\rho = 90°$.

Ohne Beweis vermerken wir folgende Eigenschaften der stereographischen Projektion: Sie ist *winkeltreu*, d. h., die Winkel auf der Kugeloberfläche sind den entsprechenden Winkeln in der Projektion gleich. Kreise auf der Kugel bilden sich in der stereographischen Projektion wieder als Kreise ab, allerdings mit einem anderen Durchmesser. Eine besondere Rolle spielen die *Großkreise*; das sind Kreise, deren gemeinsamer Mittelpunkt der Kugelmittelpunkt ist, so dass ihr Durchmesser zugleich einen Kugeldurchmesser darstellt. Ein Großkreis ist die Schnittspur einer Ebene durch den Mittelpunkt der Polkugel. Damit ist ein Großkreis der geometrische Ort der Pole

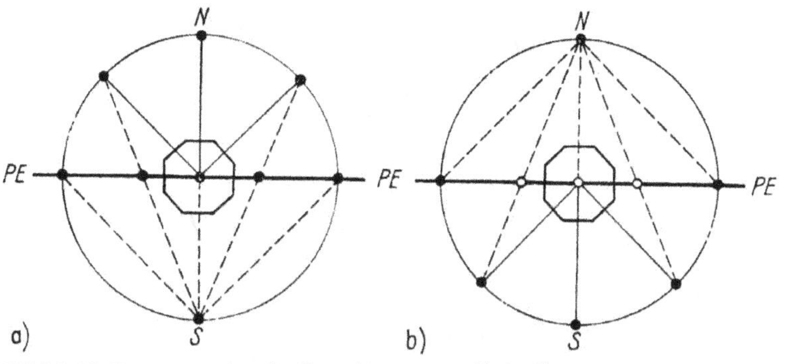

Bild 1.17. *Stereographische Projektion eines Kristalls.*
a) Oberseite (Augpunkt *S*), b) Unterseite (Augpunkt *N*); *PE* Projektionsebene.

aller Flächen, deren Normalen in der Ebene des Großkreises liegen. Die Menge dieser Flächen bezeichnet man als eine *Zone*; Flächen, die einer gemeinsamen Zone angehören, nennt man *tautozonal*. Tautozonale Flächen schneiden sich in parallelen Kanten, die die Richtung der Zonenachse senkrecht zur Ebene der Flächennormalen bezeichnen. Daraus folgt umgekehrt, dass die Pole tautozonaler Flächen stets auf Großkreisen liegen.

Um das Arbeiten mit der stereographischen Projektion zu erleichtern, verwendet man, ähnlich wie in der Geographie, ein Netz aus „Meridianen" und „Breitenkreisen". Im Gegensatz zur Geographie wird jedoch ein Gradnetz verwendet, das seine Pole nicht am „Nordpol" *N* und „Südpol" *S* hat, sondern die Pole des Netzes liegen auf dem Grundkreis in den Punkten *A* und *B* (vgl. Bilder 1.15 und 1.16).Nach WULFF wird die stereographische Projektion dieses Gradnetzes als *WULFFsches Netz* bezeichnet (s. Beilage). Die „Meridiane" stellen Großkreise dar, die „Breitenkreise" bezeichnen Kleinkreise.

Mit dem WULFFschen Netz arbeitet man in folgender Weise. Auf das Netz legt man ein Transparentpapier, welches mit dem Mittelpunkt des Netzes durch einen Stift verbunden wird und somit leicht über dem Netz gedreht werden kann. Es ist dann einfach, einen Pol P' mit den Winkelkoordinaten φ und ρ einzuzeichnen: φ wird auf dem Grundkreis und ρ vom Mittelpunkt des Netzes aus längs eines Durchmessers abgetragen. Will man den Winkel zwischen zwei Polen P'_1 und P'_2 bestimmen (Flächennormalenwinkel), so dreht man das Transparentpapier so lange, bis beide Pole auf denselben Großkreis („Meridian") des WULFFschen Netzes fallen. Dann zählt man die Teilstriche zwischen den beiden Polen ab. Ohne weiteres gewinnt man außerdem den zugehörigen Zonenpol Z', indem man auf dem zum Zonenkreis senkrecht stehenden Durchmesser von dessen Schnittpunkt mit dem Zonenkreis 90° abträgt (Bild 1.18). Z' bezeichnet zugleich die den beiden Flächen gemeinsame Richtung ihrer Schnittkante. Umgekehrt gelangt man ebenso einfach von einem vorgegebenen Zonenpol Z' zu dem zugehörigen Zonenkreis durch P'_1 und P'_2

Eine weitere Aufgabe, die sich mit Hilfe des WULFFschen Netzes lösen lässt, ist die Frage nach dem von zwei Zonenkreisen eingeschlossenen Winkel α. Hierzu zeichnet man die zu den beiden Zonenkreisen gehörenden Zonenpole Z'_1 und Z'_2 nach dem Vorgehen von Bild 1.18 und zählt deren Winkelabstand auf einem Meridian des WULFFschen Netzes aus (Bild 1.19). Der Schnittpunkt P' bezeichnet zugleich den Pol der beiden Zonen gemeinsamen Fläche. – Einen Kleinkreis um einen Pol P' im Winkelabstand ρ_P kann man zeichnen, indem man einen Durchmesser des WULFFschen Netzes durch den Punkt P' legt und auf diesem den Winkelbetrag ρ_P nach beiden Seiten abzählt. Damit hat man den Durchmesser des gesuchten Kleinkreises, den man nun mit einem Zirkel ausziehen kann. Man beachte, dass der Mittelpunkt dieses Kreises im Allgemeinen nicht mit der Projektion P' des Mittelpunktes des Kleinkreises der Polkugel zusammenfällt!

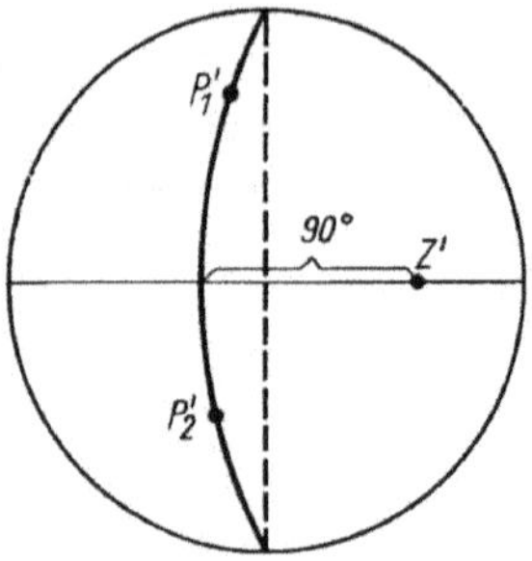

Bild 1.18. *Zonenkreis (Großkreis) durch zwei Flächenpole P'_1 und P'_2 und zugehöriger Zonenpol Z' in der stereographischen Projektion.*

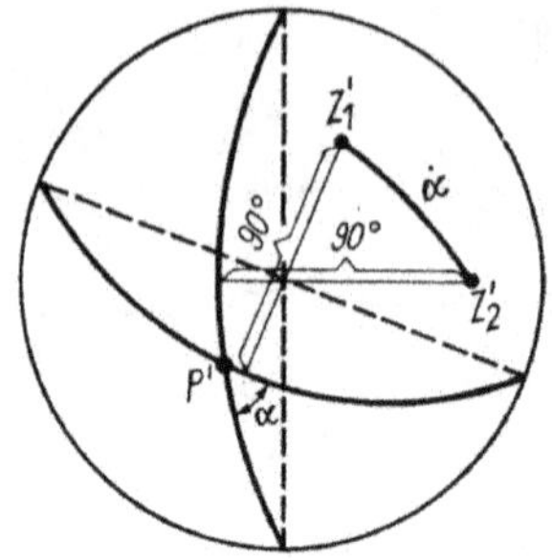

Bild 1.19. *Winkel α zwischen zwei Zonenkreisen (Großkreisen) in der stereographischen Projektion.*

Die angeführten sowie weitere einschlägige Aufgaben lassen sich auch ohne WULFFsches Netz durch geometrische Konstruktion nur mit Zirkel und Lineal oder – ohne Bezug auf eine Projektion – rein rechnerisch lösen (vgl. die weiterführende Literatur, z. B. E. FISCHER; H. TERTSCH; M. J. BUERGER; S. HAUSSÜHL; ferner BOHM und WADEWITZ [1.1] sowie WHITTAKER [1.2]). Die Berechnung von Winkelbeziehungen erfolgt mit den Methoden der sphärischen Trigonometrie: Drei sich schneidende Großkreise auf der Polkugel bilden ein sphärisches Dreieck, bestehend aus den drei Seiten a, b, c und den ihnen jeweils gegenüberliegenden Winkeln α, β, γ (Bild 1.20). Durch je drei dieser sechs Stücke, die nicht mit den vorn genannten Gitterparametern zu verwechseln sind, werden ein sphärisches Dreieck und damit dessen übrige Stücke bestimmt. Je nachdem, um welche der Stücke es sich dabei handelt, lassen sie sich nach folgenden allgemeinen Formeln berechnen:

$$\sin a/\sin\alpha = \sin b/\sin\beta = \sin c/\sin\gamma \qquad \text{(Sinussatz)}$$

$$\cos a = \cos b \cos c + \sin b \sin c \cos\alpha$$
$$\cos b = \cos c \cos a + \sin c \sin a \cos\beta \qquad \text{(Seitenkosinussatz)}$$
$$\cos c = \cos a \cos b + \sin a \sin b \cos\gamma$$

$$\cos\alpha = -\cos\beta \cos\gamma + \sin\beta \sin\gamma \cos a$$
$$\cos\beta = -\cos\gamma \cos\alpha + \sin\gamma \sin\alpha \cos b \qquad \text{(Winkelkosinussatz)}$$
$$\cos\gamma = -\cos\alpha \cos\beta + \sin\alpha \sin\beta \cos c$$

Zu ihrer Herleitung und der weiteren Ausführung von Methoden der sphärischen Trigonometrie sei auf die mathematische Standardliteratur verwiesen.

Interpretiert man im Bild 1.20 die Punkte A, B, C als Pole dreier Flächen, die sich in einer körperlichen Ecke schneiden, so sind die Dreieckseiten a, b, c die Winkel zwischen den betreffenden Flächennormalen. A, B, Γ bezeichnen die Richtungen der an der Ecke zusammenlaufenden Kanten; mithin erhält man die Winkel zwischen diesen Kanten als Supplemente der Winkel α, β, γ.

Die stereographische Projektion ist besonders für Übersichtsdarstellungen der ganzen Polkugel sehr zweckmäßig und wird deshalb im folgenden bevorzugt benutzt.

Neben der winkeltreuen stereographischen Projektion wird für spezielle Zwecke eine *flächentreue* Abbildung der Polkugel auf die Äquatorebene verwendet. Diese Projektion geht auf LAMBERT (1772) zurück und wurde von SCHMIDT [1.3] weiterentwickelt. Ein Pol P mit der Poldistanz ρ wird in dieser Abbildung in einer Distanz $\rho'' = R\sqrt{2}\,\sin(\rho/2)$ vom Mittelpunkt N' (mit R als Radius der Polkugel) eingetragen. Die kartesischen Koordinaten der Abbildung P'' eines Pols P (vgl. Bild 1.16) lauten:

$$x = \rho'' \cos\varphi = R\sqrt{2}\,\sin(\rho/2)\cos\varphi, \quad y = \rho'' \sin\varphi = R\sqrt{2}\,\sin(\rho/2)\sin\varphi$$

mit φ als Azimut des Pols P. Als Analogon zum WULFFschen Netz wird das flächentreue SCHMIDTsche Netz dann benutzt, wenn flächenhafte Gebiete oder Verteilungen auf der Polkugel zu vergleichen sind, unter anderem bei der Darstellung von Gesteinsgefügen.

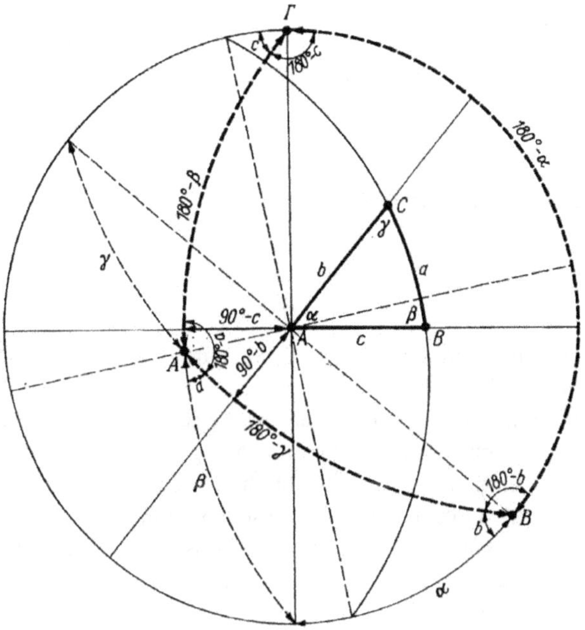

Bild 1.20. *Sphärisches Dreieck ABC (Poldreieck) und Polardreieck ABΓ.*

Zur Veranschaulichung der Winkelbeziehungen wurde der Pol A in den Mittelpunkt gelegt. $AB\Gamma$ sind die Zonenpole der Dreieckseiten (Großkreise) a, b, c. Stereogramm.

Gnomonische Projektion

Bei der gnomonischen Projektion wird die Polkugel von ihrem Mittelpunkt aus auf die durch den „Nordpol" N verlaufende Tangentialebene projiziert (Bild 1.21). Die Projektion P' eines Flächenpols P auf der Polkugel mit der Poldistanz ρ erhält dabei einen Abstand $\rho' = R \tan\rho$ vom Mittelpunkt N des Gnomonogramms (R Radius der Polkugel).

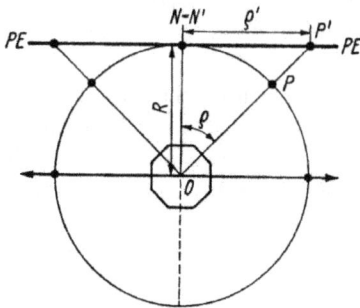

Bild 1.21. *Gnomonische Projektion.*

Die kartesischen Koordinaten der gnomonischen Projektion P' eines Pols P lauten:

$$x = \rho'\cos\varphi = R \tan\rho \cos\varphi,$$
$$y = \rho'\sin\varphi = R \tan\rho \sin\varphi.$$

Die gnomonische Projektion ist weder flächen- noch winkeltreu. Sie hat den weiteren Nachteil, dass mit Annäherung der Poldistanz ρ an 90° die Entfernung der Projektionspunkte vom Mittelpunkt gegen unendlich geht. Die Positionen der Pole von Flächen mit ρ = 90° werden deshalb durch Pfeile angedeutet. Beispiele für gnomonische Projektionen sind die Bilder 1.26 und 1.28. Ein wesentlicher Vorteil einer gnomonischen Projektion besteht darin, dass die Pole tautozonaler Flächen jeweils auf einer Geraden (als Projektion eines Großkreises) abgebildet werden. Das heißt, dass die Zonen als das charakteristische Merkmal einer Kristallgestalt im Gnomonogramm einfach mit dem Lineal festgestellt und ausgezogen werden können, während man im Stereogramm Kreise mit z. T. unbequem großem Radius aufsuchen und zeichnen muss. Deshalb wird für graphische Auswertungen die gnomonische Projektion bevorzugt.

1.3. Grundgesetze der Kristallmorphologie

1.3.1. MILLERsche Indizes

Wie im vorangegangenen Abschnitt ausgeführt, wird eine Kristallfläche durch die Winkelkoordinaten ihrer Flächennormalen auf der Polkugel beschrieben. Eine andere Möglichkeit zur Beschreibung einer Kristallfläche besteht darin, ihre Lage in bezug auf ein Achsensystem anzugeben.

Sei ein Achsensystem durch drei (linear unabhängige) Vektoren $\boldsymbol{a}$, $\boldsymbol{b}$, $\boldsymbol{c}$ gegeben, so wird eine Ebene durch ihre Schnittpunkte A, B, C mit den drei Achsen bzw. durch die betreffenden Achsenabschnitte OA, OB, OC bestimmt (Bild 1.22). Drückt man die Achsenabschnitte OA, OB, OC durch die Längen a, b, c der Vektoren aus: $OA = ma$; $OB = nb$; $OC = pc$, so ist die Ebene in einem gegebenen Achsensystem auch durch das Maßzahlentripel m, n, p festgelegt, die auch als *WEIßsche Indizes* bezeichnet werden. Nach den Sätzen der analytischen Geometrie genügen alle Punkte X der Ebene mit den Koordinaten x, y, z der Bedingung (Ebenengleichung):

$$x/m + y/n + z/p = hx + ky + lz = 1$$

mit den reziproken Maßzahlen der Achsenabschnitte $h = 1/m$; $k = 1/n$; $l = 1/p$, den sog. Indizes der Fläche. Bei einer Kristallfläche kommt es, wie gesagt, nur auf die Richtung ihrer Flächennormalen an, während ihr Abstand zum Ursprung des Achsensystems unwesentlich ist. Offensichtlich ändert sich die Flächennormale nicht, wenn wir die Fläche parallel zu sich verschieben, d. h., wenn wir die Achsenabschnitte alle proportional um den gleichen Faktor vergrößern oder verkleinern. Zur Beschreibung einer Kristallfläche benötigt man deshalb nicht die Achsenabschnitte als solche, sondern es genügt, das Verhältnis der Achsenabschnitte $OA : OB : OC = ma : nb : pc$ bzw. auch nur das Verhältnis der Maßzahlen $m : n : p$ oder der Indizes $h : k : l$ anzugeben. Jedes dieser Verhältnisse bestimmt eineindeutig die Richtung der Flächennormalen (in einem gegebenen Achsensystem): Ist die Flächennormale beispielsweise durch die Winkel ρ_a, ρ_b, ρ_c gegeben, die sie mit den Achsen einschließt (vgl. Bild 1.22), so gilt in den beziehentlichen Dreiecken AOM, BOM bzw. COM (wegen der rechten Winkel beim Fußpunkt M):

$$\cos\rho_a = OM/OA;\ \cos\rho_b = OM/OB;\ \cos\rho_c = OM/OC;$$

und man erhält als Verhältnis dieser Richtungskosinus das reziproke Verhältnis der Achsenabschnitte:

$$\cos\rho_a : \cos\rho_b : \cos\rho_c = \frac{1}{OA} : \frac{1}{OB} : \frac{1}{OC} = \frac{1}{ma} : \frac{1}{nb} : \frac{1}{pc} = \frac{h}{a} : \frac{k}{b} : \frac{l}{c}.$$

Gehen wir davon aus, dass Kristallflächen mit Netzebenen korrespondieren, so haben wir es bei der morphologischen Beschreibung von Kristallen nicht mit irgendwelchen beliebigen Flächen zu

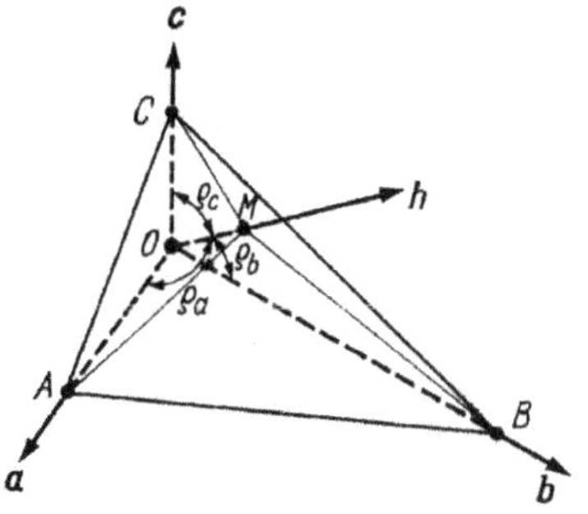

Bild 1.22. *Achsenabschnitte einer Fläche.*
h Flächennormale; *M* Fußpunkt auf der Fläche.

tun, sondern wir haben Flächen zu betrachten, die zu Netzebenen parallel sind. Dazu wählen wir die Vektoren ***a***, ***b***, ***c*** des Achsensystems so, daß sie eine Basis des Gitters des betreffenden Kristalls darstellen (d. h., wir wählen ein dem Kristall angepaßtes „kristallographisches" Achsensystem). In einem solchen Achsensystem haben alle Gitterpunkte X ganzzahlige Koordinaten, welche mit u, v, w (anstelle von x, y, z) bezeichnet werden sollen, um ihren ganzzahligen Charakter hervorzuheben. Eine Netzebene wird durch drei Gitterpunkte X_1, X_2, X_3 bestimmt. Sei diese Netzebene durch die Indizes h, k, l gekennzeichnet, so genügt jeder dieser drei Punkte mit seinen Koordinaten u_i, v_i, w_i der betreffenden Ebenengleichung:

$$hu_1 + kv_1 + lw_1 = 1$$
$$hu_2 + kv_2 + lw_2 = 1$$
$$hu_3 + kv_3 + lw_3 = 1.$$

Hiermit haben wir ein lineares Gleichungssystem für die Indizes h, k, l. Lösen wir es auf (was hier nicht explizit ausgeführt wird), so erhalten wir – da die Koordinaten u_i, v_i, w_i, alle ganzzahlig sind – für die Indizes h, k, l einer Netzebene stets rationale Zahlen. Dementsprechend sind auch die Maßzahlen $m = 1/h$; $n = 1/k$; $p = 1/l$ der Achsenabschnitte einer Netzebene rational. Die Maßzahlen einer zur Netzebene parallelen Kristallfläche erhält man daraus durch Multiplikation mit einer beliebigen (also u. U. auch irrationalen) Zahl, so daß diese Maßzahlen nicht von vornherein rational zu sein brauchen. Hingegen bleibt ihr Verhältnis $m : n : p$ stets rational, so daß in diesem Sinne eine Kristallfläche durch ein Tripel rationaler Maßzahlen beschrieben wird – vorausgesetzt, man bezieht sich auf ein dem Gitter angepasstes kristallographisches Achsensystem. Multipliziert man die Maßzahlen mit dem kleinsten gemeinsamen Vielfachen ihrer Nenner (wodurch sich ihr Verhältnis nicht ändert), so läßt sich das Maßzahlentripel $m : n : p$ als ein Verhältnis zwischen ganzen, teilerfremden Zahlen ausdrücken. Besonders hervorgehoben sei noch einmal, daß nur das Verhältnis $m : n : p$ der Maßzahlen der Achsenabschnitte einer Kristallfläche rational ist, nicht jedoch das Verhältnis $ma : nb : pc$ der Achsenabschnitte selbst. Auch das Achsenverhältnis $a : b : c = a/b : 1 : c/b$ eines Kristalls ist im allgemeinen nicht rational.

Rational ist hingegen wieder das Verhältnis der reziproken Maßzahlen der Achsenabschnitte $1/m : 1/n : 1/p = h : k : l$, d. h. das Verhältnis der Indizes einer Kristallfläche. Die gemeinsame Multiplikation mit dem kleinsten gemeinschaftlichen Vielfachen ihrer Nenner ändert nichts an ihrem Verhältnis, so dass auch das Indextripel $h : k : l$ ganzzahlig und teilerfremd angegeben werden kann. In dieser Form bezeichnen wir sie als *MILLERsche Indizes* einer Kristallfläche und schließen sie als Flächensymbol (hkl) in runde Klammern ein.

Für den Umgang mit solchen Flächensymbolen präge man sich ein: Die MILLERschen Indizes beruhen auf dem Verhältnis der *reziproken* Achsenabschnitte! Einige Beispiele: Bild 1.23 zeigt eine von den Basisvektoren ***b*** und ***c*** aufgespannte Netzebene mit den Spuren (Schnittlinien) I, II, III und III' einiger weiterer Netzebenen (der Basisvektor ***a*** weise nach vorn aus der Zeichenebene heraus). Die Fläche (Netzebene) I bildet die Achsenabschnitte $3b$ und $3c$, folglich gilt $n : p = 1 : 1$ sowie $k : l = 1 : 1$. Bei der Fläche (Netzebene) II haben wir entsprechend $2b$ und $1c$; $n : p = 2 : 1$; $k : l = 1 : 2$, und bei der Fläche (Netzebene) III haben wir $3b$ und $2c$; $n : p = 3 : 2$; $k : l = 2 : 3$. Die Fläche (Netzebene) III', die zu III parallel ist, bildet die Achsenabschnitte $b/2$ und $c/3$ (was wir aus der Ähnlichkeit der Dreiecke BOC und $B'O'C'$ schlussfolgern können); das führt gleichfalls auf $n : p = 3 : 2$ sowie $k : l = 2 : 3$ (wie für III). Mithin erhalten wir die folgenden Flächensymbole:

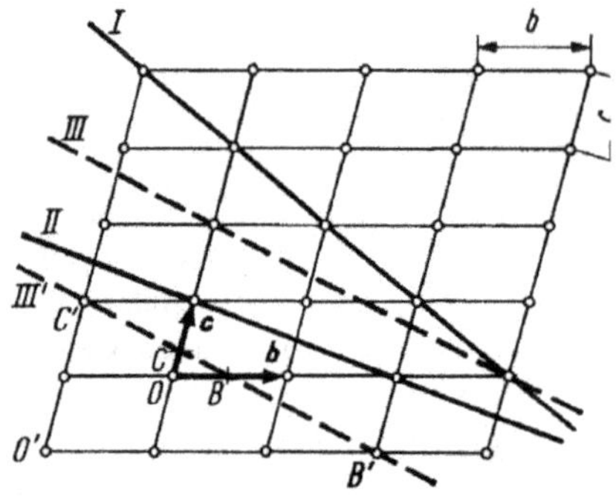

Bild 1.23. *Zur Indizierung von Netzebenen.*
I ... (h11), II ... (h12), III sowie III' ... (h23).

Der Index h bleibt hier unbestimmt, da die Abschnitte auf der a-Achse aus Bild 1.23 nicht hervorgehen. Nehmen wir noch ein weiteres Beispiel: Eine Fläche (Netzebene) bilde die Achsenabschnitte $3a$, $6b$ und $8c$. Dann gilt:

$$h:k:l = \frac{1}{3}:\frac{1}{6}:\frac{1}{8} = 8:4:3.$$

Mit diesen MILLERschen Indizes erhalten wir das Flächensymbol (843) (sprich: „acht – vier – drei"; bzw. sprich für (111): „eins – eins – eins", nicht etwa „hundertelf"!).

Verläuft eine Fläche parallel zu einer Achse und schneidet sie nicht, so setzt man bezüglich dieser Achse den Index 0 (null), und die Flächensymbole haben die Form (0kl) für die Flächen parallel zur a-Achse, (h0l) für Flächen parallel zur b-Achse und (hk0) für Flächen parallel zur c-Achse. Schließlich kann eine Fläche auch nur eine Achse schneiden und parallel zu den beiden übrigen verlaufen. Man erhält dann das Symbol (100) – anstelle (h00) – für eine Fläche, die nur die a-Achse schneidet, das Symbol (010) für eine Fläche, die nur die b-Achse schneidet, und das Symbol (001) für eine Fläche, die nur die c-Achse schneidet.

Betrachten wir nun als Beispiel für die Indizierung der Flächen eines Kristallpolyeders den im Bild 1.24 dargestellten Schwefelkristall. Die Kristalle gehören zum rhombischen Kristallsystem, bei dem die Achsen senkrecht zueinander stehen. Aus den Gitterkonstanten a = 1,04 nm, b = 1,284 nm, c = 2,437 nm folgt ein Achsenverhältnis $a : b : c = 0{,}813 : 1 : 1{,}897$. Die mit p gekennzeichnete Fläche schneidet die a-Achse und würde bei einer Verlängerung die b-Achse und die c-Achse so schneiden, dass sich die Achsenabschnitte wie $1a : 1b : 1c$ verhalten. Das Flächensymbol lautet demnach (111). Die Fläche p' bildet Achsenabschnitte von gleicher Länge wie die Fläche p, nur wird die b-Achse auf ihrer negativen Seite geschnitten. Deshalb erhalten wir einen negativen Index $k = -1$. Im Symbol wird das Minuszeichen über den betreffenden Index gesetzt, und es lautet ($1\bar{1}1$) (sprich: „eins – minus eins – eins"!). Entsprechend gestalten sich die Indizes der übrigen p-Flächen, wobei die auf der Rückseite des Kristalls liegenden Flächen negative Indizes für h erhalten. Die Menge aller p-Flächen, deren korrespondierende Achsenabschnitte dem Betrag nach untereinander gleich sind, wird als *Form* bezeichnet (eine strengere Definition der Form wird im Abschn. 1.5.6. gegeben). Man symbolisiert eine Form, indem die Indizes der Ausgangsfläche in geschweifte Klammern eingeschlossen werden, also $\{hkl\}$ bzw. in unserem Fall $\{111\}$.

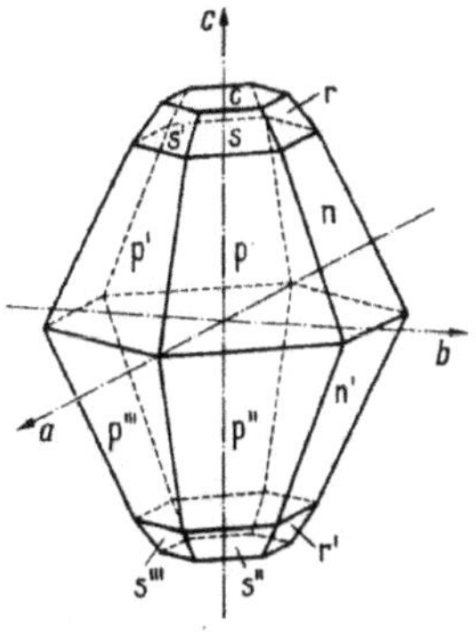

Bild 1.24. *Kristall des rhombischen Schwefels.*

Flächen an der Vorderseite des Kristalls: p(111); p′($1\bar{1}1$); p″($11\bar{1}$); p‴($1\bar{1}\bar{1}$); s(113); s′($1\bar{1}3$); s″($11\bar{3}$); s‴($1\bar{1}\bar{3}$); n(011); n′($01\bar{1}$); r(013); r′($01\bar{3}$); c(001).

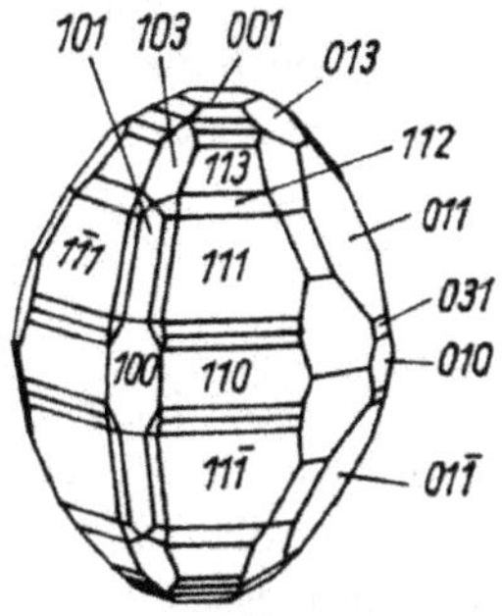

Bild 1.25. *Flächenreicher Kristall von Schwefel.*

Nach F. C. PHILLIPS.

Am dargestellten Schwefelkristall sind noch weitere Formen vorhanden. So würde die Fläche s (bei ihrer Verlängerung) Achsenabschnitte bilden, die sich wie $3a : 3b : 1c$ verhalten; demgemäß lautet das Symbol (113) (falsch wäre 331; nicht die Bildung der Kehrwerte vergessen!). Außerdem gibt es die Fläche n, die Achsenabschnitte im Verhältnis $1b : 1c$ bildet und die a-Achse (auch bei Verlängerung) nicht schneiden würde; sie erhält das Symbol (011). Schließlich schneidet die Fläche c nur die c-Achse und erhält (001).

Während sich die Indizierung an einfachen Kristallpolyedern, wie im Bild 1.24, noch anschaulich durchführen läßt, muß in komplizierteren Fällen, wie im Bild 1.25, eine goniometrische Messung (vgl. Abschn. 1.3.2.) vorgenommen werden. Die so ermittelten Winkelkoordinaten der Flächenpole werden am zweckmäßigsten in einer gnomonischen Projektion (vgl. Bild 1.21) dargestellt. Da die Pole tautozonaler Flächen bei einer gnomonischen Projektion auf Geraden projiziert werden, kann man im betreffenden Gnomonogramm sehr einfach mit einem Lineal die wichtigsten Zonen aufsuchen und einzeichnen (Bild 1.26). Dabei ergibt sich ein äquidistantes Vierecknetz, anhand dessen die Indizes der Flächenpole ohne weiteres angeschrieben werden können: die Flächenpole (hkl) bilden gewissermaßen ein zweidimensionales Gitter.

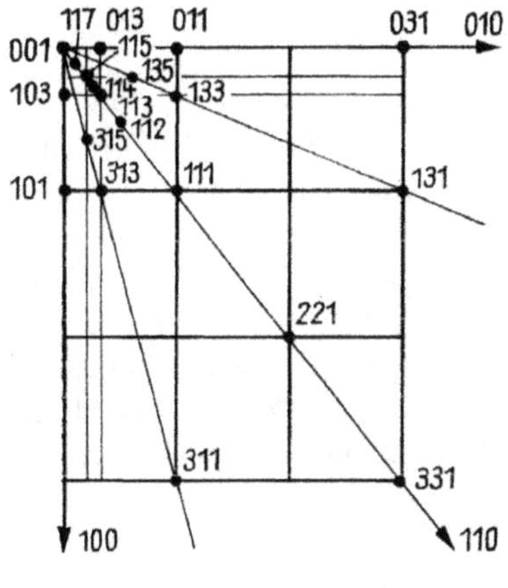

Bild 1.26. *Gnomonogramm des auf Bild 1.25 dargestellten Schwefelkristalls.*

Es ist nur ein Quadrant der gesamten Projektion dargestellt.

Diese wichtige Eigenschaft der gnomonischen Projektion wird aus Bild 1.27a ersichtlich, das einen Schnitt durch die Ebene der a- und der c-Achse eines rhombischen Kristalls darstellt. Es sind die Spuren der Flächen (001); (101); (201); (301) bzw. allgemein (h01) eingetragen, welche mit der c-Achse den Abschnitt 1c und mit der a-Achse die Abschnitte a/h bilden. Die Normalen auf diese Flächenspuren ergeben die Pole P_0; P_1; ... P_h dieser Flächen im Gnomonogramm. Wegen der Ähnlichkeit der betreffenden Dreiecke A_hOC und OP_0P_h gilt jeweils

$$\frac{P_0P_h}{OC}=\frac{OP_0}{A_hO} \quad \text{bzw.} \quad \frac{P_h}{c}=\frac{R}{a/h} \quad \text{sowie} \quad p_h = hRc/a,$$

d. h., die Distanzen p_h sind proportional zum Index h, und die Pole P_h der Flächen (h01) haben im Gnomonogramm untereinander den gleichen Abstand p_1. Nun bestimmt jede Fläche (h01) mit der Fläche (010) jeweils eine Zone, die alle im Gnomonogramm zueinander parallele Geraden ergeben; nach dem Vorherigen müssen diese Geraden auch äquidistant sein. – Legen wir hingegen einen zum Bild 1.27a senkrechten Schnitt durch die Ebene der b- und der c-Achse, so gilt eine analoge Betrachtung für die Serie der Flächenpole (001); (011); (021) bzw. allgemein (0k1). Sie bestimmen im Gnomonogramm gleichfalls eine Schar paralleler, äquidistanter Geraden, diesmal als Zonen der Flächenpaare (0k1) und (100). Beide Geradenscharen stehen zueinander senkrecht und bilden das für die Indizierung maßgebliche Rechtecknetz.

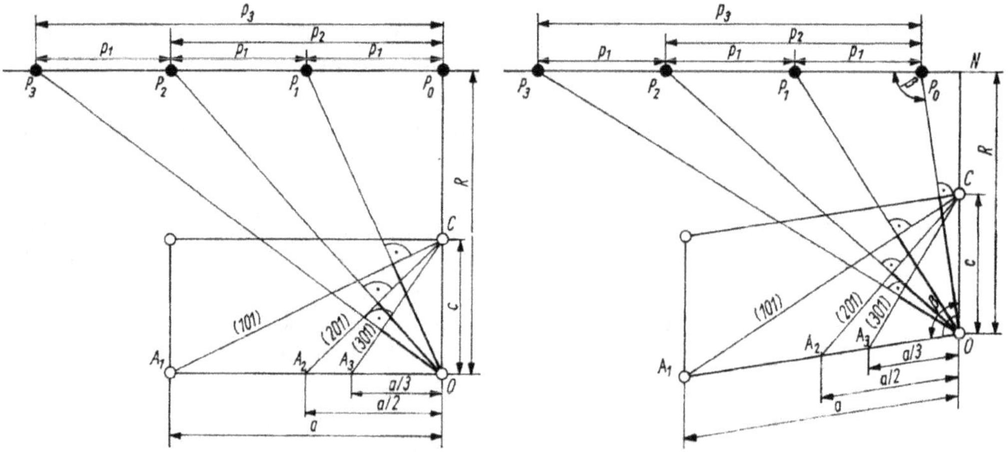

Bild 1.27. *Zur Indizierung eines Gnomonogramms.*
Links: rhombisches Kristallsystem; rechts: monoklines bzw. triklines Kristallsystem.

Die bisherige Betrachtung gilt für rechtwinklige Achsensysteme. Bei den schiefwinkligen (monoklinen und triklinen) Achsensystemen fällt die Flächennormale der Fläche (001) nicht mit der c-Achse zusammen, letztere wird aber trotzdem als Mittelpunkt N des Gnomonogramms beibehalten. Damit projizieren sich die Flächenpole (010) und (100) wie bei den anderen Achsensystemen ins Unendliche, und sowohl alle Zonen mit der Fläche (010) als auch alle Zonen mit der Fläche (100) bilden je eine Schar paralleler Geraden. Bild 1.27b zeigt zunächst für einen monoklinen Kristall wieder einen Schnitt durch die Ebene der a- und der c-Achse (die jetzt miteinander den „monoklinen“ Winkel β einschließen) sowie die Spuren und Pole der Flächen (001); (101); (201) ... bzw. allgemein (h01). Auch hier sind jeweils die Dreiecke A_hOC und OP_0P_h ähnlich, und es gilt

$$\frac{P_0P_h}{OC}=\frac{OP_0}{A_hO} \quad \text{bzw.} \quad \frac{p_h}{c}=\frac{R/\sin\beta}{a/h} \quad \text{sowie} \quad p_h = hRc/a\sin\beta.$$

Die Distanzen p_h sind also gleichfalls proportional zum Index h, so daß sich im Gnomonogramm wieder eine Schar äquidistanter, paralleler Geraden ergibt (Bild 1.28a). Allerdings liegt der Mittelpunkt N des Gnomonogramms nicht auf einer solchen Geraden.

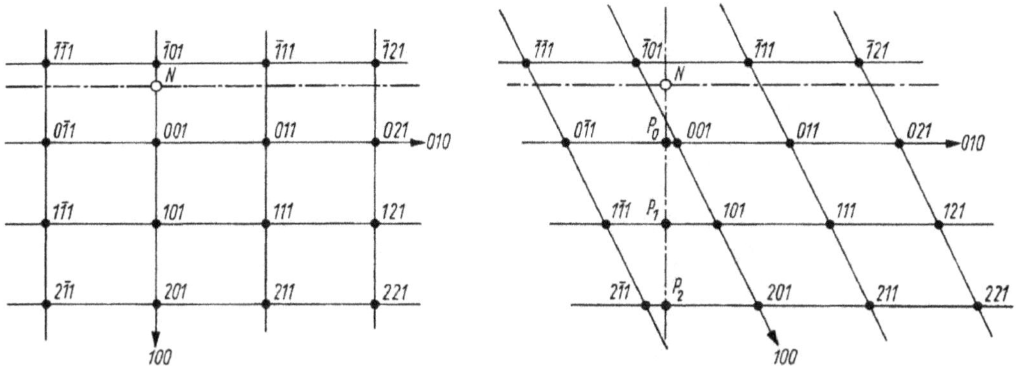

Bild 1.28. *Netz der Flächenpole im Gnomonogramm.*

Links: für einen monoklinen Kristall; rechts: für einen triklinen Kristall; N Mittelpunkt des Gnomonogramms (Position der c-Achse).

Interpretieren wir nun Bild 1.27b für einen triklinen Kristall als einen Schnitt durch die c-Achse parallel zur Fläche (010). Im triklinen Kristallsystem steht die b-Achse nicht senkrecht zur a- und c-Achse, so daß die im Bild 1.27 b dargestellten Flächenpole P_1, P_2 ... jetzt Flächen darstellen, die auch die b-Achse schneiden würden, allerdings mit im allgemeinen nichtrationalen Achsenabschnittsverhältnissen. Solche nichtrationalen Flächen korrespondieren zwar mit keiner Gitterebene und treten deshalb am Kristall auch nicht auf, sie gehören aber gleichfalls zur betreffen den Zone mit (010). Damit bilden sich also auch im triklinen System die betreffenden Zonen im Gnomonogramm als Scharen äquidistanter Geraden ab. Die zweite Schar äquidistanter Geraden ergibt sich analog aus einem Schnitt durch die c-Achse parallel zur Fläche (100). Beide Scharen von Geraden (Zonen) bilden ein im allgemeinen schiefwinkliges Netz, auf welchem die Flächenpole angeordnet sind (Bild 1.28b). – Schon hier sei auf die Analogie des gnomonischen Netzes mit dem reziproken Gitter (s. Abschn. 5.1.4.) hingewiesen.

1.3.2. Zonen und Flächen

Zwei Flächen eines Kristalls bestimmen mit ihren Polen einen Großkreis auf der Polkugel und somit eine Zone. Gekennzeichnet wird eine Zone durch ihre Zonenachse, die senkrecht auf der Ebene des Großkreises, d. h. auch senkrecht zu den beiden Flächennormalen steht. Somit verläuft die Zonenachse parallel zu beiden Flächen und bezeichnet gleichzeitig die Richtung der Kante, in der sich die beiden Flächen am Kristall schneiden (vgl. Bild 1.18).

Die Symbole der beiden Flächen seien $(h_1k_1l_1)$ und $(h_2k_2l_2)$. Legen wir beide Flächen durch den Ursprung des entsprechenden kristallographischen Achsensystems, so lauten die betreffenden Ebenengleichungen:

$$h_1x + k_1y + l_1z = 0$$
$$h_2x + k_2y + l_2z = 0.$$

Die Schnittkante der beiden Flächen ist dann eine gleichfalls durch den Ursprung verlaufende Gerade, die mit der Zonenachse zusammenfällt. Die Punkte X dieser Geraden mit den Koordinaten x, y, z müssen beide Ebenengleichungen simultan erfüllen. Diesen Bedingungen genügen, wie man leicht nachprüft, alle Punkte X mit den Koordinaten:

$$x = t(k_1 l_2 - k_2 l_1);\ y = t(l_1 h_2 - l_2 h_1);\ z = t(h_1 k_2 - h_2 k_1)$$

mit t als einer beliebigen Zahl. Nun sind die h_i, k_i, l_i (für Kristallflächen) alle ganzzahlig. Setzen wir $t = 1$, so erhalten wir daher einen Punkt X_1 der Geraden, dessen Koordinaten gleichfalls alle ganzzahlig sind, d. h., es handelt sich um einen Gitterpunkt. Seine Koordinaten wollen wir deshalb mit u, v, w bezeichnen:

$$u = k_1 l_2 - k_2 l_1;\ v = l_1 h_2 - l_2 h_1;\ w = h_1 k_2 - h_2 k_1.$$

Diese Beziehungen lassen sich leicht nach folgendem Schema merken:

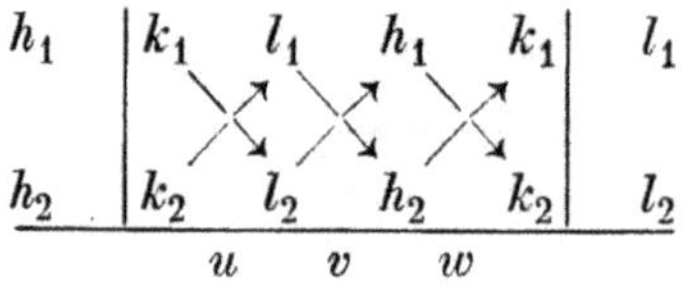

Die betreffende Gerade ist zu zeichnen, indem man den Ursprung des Achsensystems mit dem Gitterpunkt X_1 verbindet (Bild 1.29). Mit dem Gitterpunkt X_1 liegen auch alle Gitterpunkte X_ν mit den Koordinaten νu, νv, νw und ν als einer beliebigen ganzen Zahl auf dieser Geraden, d. h., es handelt sich um eine Gittergerade. Sofern die nach dem obigen Schema ermittelten Koordinaten noch einen gemeinsamen ganzzahligen Faktor enthalten, kann man sie durch diesen Faktor dividieren und erhält so die Koordinaten des dem Ursprung zunächstgelegenen Gitterpunktes der Gittergeraden. In dieser ganzzahligen, teilerfremden Form bezeichnet man das Koordinatentripel u, v, w als Indizes einer Richtung (Gittergeraden) bzw. auch als Indizes einer Zone oder einer Kante und schließt sie als Symbol $[uvw]$ in eckige Klammern ein.

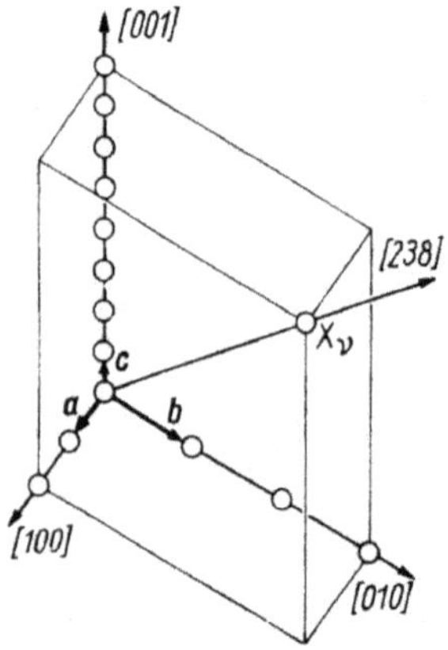

Bild 1.29. *Koordinaten eines Gitterpunktes* X_ν *(Zonen- bzw. Richtungssymbol).*

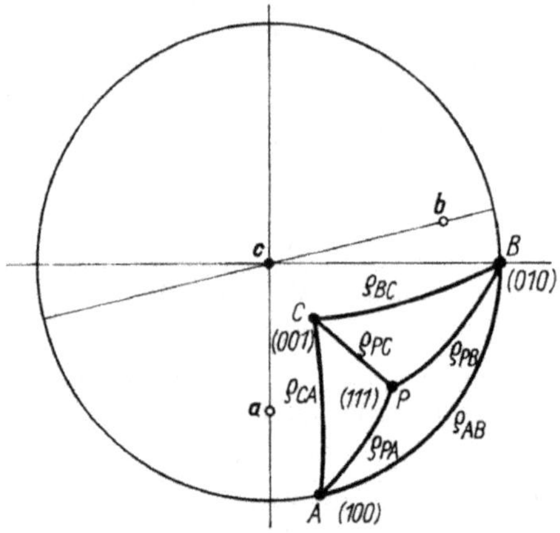

Bild 1.30. *Winkel zwischen vier Flächenpolen.*

Die Achsen (Basisvektoren) a, b, c bezeichnen das Polardreieck zum Poldreieck ABC. Ihre Anordnung entspricht der konventionellen Aufstellung im triklinen Kristallsystem. Stereogramm.

Wie bei den MILLERschen Indizes kommt es also auch bei den Richtungsindizes nur auf das Verhältnis der Koordinaten $u : v : w$ an, welches demnach für die Punkte einer Kristallkante bzw. einer Zonenachse gleichfalls rational ist – vorausgesetzt, man bezieht sich wie dort auf ein dem Gitter angepasstes kristallographisches Achsensystem. Im Gegensatz zu den MILLERschen Indizes werden bei der Herleitung der Richtungsindizes keine Kehrwerte gebildet, sondern es wird direkt das Verhältnis der Koordinaten eines Punktes der betreffenden Geraden angegeben. Allerdings werden in praxi an einem Kristallpolyeder weder Kanten noch Richtungen vermessen, sondern ausschließlich die Winkel zwischen den Kristallflächen bzw. deren Winkelkoordinaten. Aus den letzteren leitet man die Indizes der Flächen und aus diesen wiederum (nach obigem Schema) die Indizes der von ihnen gebildeten Kanten und Zonen ab.

Bei Richtungen, die nicht in allen drei Achsenrichtungen Komponenten haben, erscheint bezüglich der betreffenden Achse der Index 0 (null). So erhält z. B. die *a*-Achse selbst das Symbol [100], die *b*-Achse das Symbol [010] und die *c*-Achse das Symbol [001]. Auch negative Indizes können sich ergeben. Man beachte, dass ein Richtungssymbol [*uvw*] im Allgemeinen *nicht* das Symbol der Flächennormalen der Fläche (*uvw*) mit gleichlautenden Indizes darstellt. Eine solche Beziehung besteht nur für kartesische Koordinaten, d. h. bei einem kubischen Achsensystem.

Wie wir gesehen haben, bestimmen zwei Flächen $(h_1k_1l_1)$ und $(h_2k_2l_2)$ eine Richtung bzw. Zone [*uvw*]. Umgekehrt bestimmen zwei Zonen bzw. Richtungen $[u_1v_1w_1]$ und $[u_2v_2w_2]$ eine beiden gemeinsame Fläche (*hkl*). Aus der Ebenengleichung folgen die Bedingungen:

$$hu_1 + kv_1 + lw_1 = 0$$
$$hu_2 + kv_2 + lw_2 = 0,$$

und man erhält:

$$h : k : l = (v_1w_2 - v_2w_1) : (w_1u_2 - w_2u_1) : (u_1v_2 - u_2v_1).$$

Auch hierfür gibt es ein analoges, einfaches Merkschema:

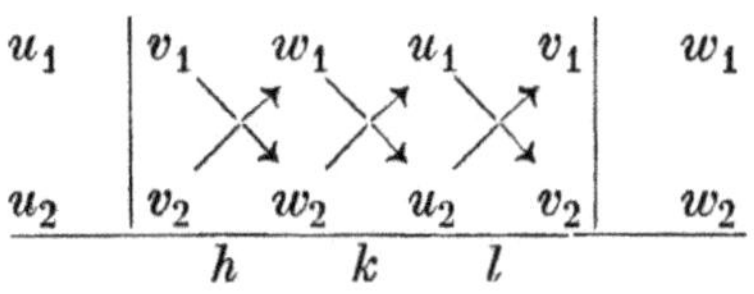

Das gewonnene Indextripel *h, k, l* ist gegebenenfalls noch teilerfremd zu machen und stellt so das gesuchte Flächensymbol (*hkl*) dar.

Übrigens liefert die übersichtliche Darstellung der Beziehungen zwischen Flächen und Zonen wie auch bereits das einfache Indizierungsschema für Flächenpole in einem Gnomonogramm eine Rechtfertigung dafür, dass bei der Formulierung der Flächenindizes (*hkl*) durch die Bildung von Kehrwerten der Maßzahlen der Achsenabschnitte zunächst etwas umständlich verfahren wurde.

Es ist das grundlegende phänomenologische Merkmal der Kristalle, dass sich sowohl ihre Flächen als auch ihre Zonen bzw. Kanten durch *rationale* Indizes bzw. durch Verhältnisse zwischen ganzen Zahlen darstellen lassen. Wesentlich ist, dass es sich dabei – zumindest für die Indizes der wichtigsten (d. h. der größten und häufigsten) Kristallflächen und Zonen – um kleine ganze Zahlen handelt. Durch hinreichend große ganze Zahlen könnte man nämlich jedes Verhältnis beliebig genau approximieren; darin läge keine Besonderheit. Diese morphologische Gesetzmäßigkeit wird als *Rationalitätsgesetz*, gelegentlich auch als *Rationalitätsregel* oder *Rationalitätsprinzip* bezeichnet, denn genaue Winkelmessungen ergeben in vielen Fällen aus verschiedenen Gründen Abweichungen von den theoretischen Werten. Zuweilen findet man für das auf HAÜY (1784) zurückgehende Rationalitätsgesetz auch die Bezeichnungen „Gesetz der rationalen Indizes“ sowie – irreführenderweise – „Gesetz der rationalen Achsenabschnitte“, denn die letzteren bzw. deren Verhältnis $ma : nb : pc = a/h : b/k : c/l$ brauchen keineswegs rational zu sein – genauso wenig wie das kristallographische Achsenverhältnis $a : b : c = a/h : b/k : c/l$, welches für die einzelnen Kristallarten spezifisch ist und mit dem Rationalitätsprinzip nichts zu tun hat.

Seien an einem Kristall zwei Flächen $(h_1k_1l_1)$ und $(h_2k_2l_2)$ gegeben, die – wie oben ausgeführt – eine Zone $[uvw]$ bestimmen, so kann man durch Berechnung der Indizes u, v, w nach dem obigen Schema leicht nachweisen, dass auch die Fläche $(h_3k_3l_3)$, gegeben durch:

$$h_3 = h_1 + h_2;\ k_3 = k_1 + k_2;\ l_3 = l_1 + l_2,$$

zur selben Zone gehört. Dasselbe gilt auch für alle Flächen $(h_3k_3l_3)$, die durch:

$$h_3 = \lambda_1 h_1 + \lambda_2 h_2;\ k_3 = \lambda_1 k_1 + \lambda_2 k_2;\ l_3 = \lambda_1 l_1 + \lambda_2 l_2,$$

mit λ_1 und λ_2 als beliebigen ganzen Zahlen gegeben werden. Das bedeutet, dass man aus zwei Kristallflächen durch wiederholte Addition ihrer Indizes alle weiteren Kristallflächen dieser Zone ableiten kann, was nach GOLDSCHMIDT (1897) als *Komplikationsgesetz* (*Komplikationsregel*) bezeichnet wird.

Die allgemeine Bedingung, dass drei Kristallflächen bzw. Ebenen $(h_1k_1l_1)$, $(h_2k_2l_2)$ und $(h_3k_3l_3)$ derselben Zone angehören, d. h. tautozonal sind, lautet:

$$h_3\,(k_1l_2 - k_2l_1) + k_3\,(l_1h_2 - l_2h_1) + l_3\,(h_1k_2 - h_2k_1) = 0.$$

Man kann sie durch Einsetzen von h_3, k_3, l_3 gemäß der vorigen Beziehung leicht nachprüfen. Schließlich sei ohne Ableitung noch die analoge Bedingung dafür genannt, dass drei Geraden $[u_1v_1w_1]$, $[u_2v_2w_2]$ und $[u_3v_3w_3]$ komplanar sind, d. h., dass die betreffenden Zonen eine Fläche gemeinsam haben; sie lautet:

$$u_3\,(v_1w_2 - v_2w_1) + v_3\,(w_1u_2 - w_2u_1) + w_3\,(u_1v_2 - u_2v_1) = 0.$$

Beide Bedingungen lassen sich am übersichtlichsten in Form einer Determinanten schreiben:

$$\begin{vmatrix} h_1 & k_1 & l_1 \\ h_2 & k_2 & l_2 \\ h_3 & k_3 & l_3 \end{vmatrix} = 0 \qquad \begin{vmatrix} u_1 & v_1 & w_1 \\ u_2 & v_2 & w_2 \\ u_3 & v_3 & w_3 \end{vmatrix} = 0$$

Seien an einem Kristall vier Flächen, bezeichnet mit A, B, C und P, gegeben, so kann man zwischen diesen Flächen sechs Winkel messen, die allerdings nicht alle voneinander unabhängig sind. Gehören jeweils keine drei der Flächen derselben Zone an, so sind fünf der Winkel voneinander unabhängig, während sich der sechste Winkel konstruieren oder mit den Methoden der sphärischen Trigonometrie berechnen lässt (Bild 1.30). Mithin hat man durch vier derartige Kristallflächen fünf Bestimmungsstücke, durch welche der Kristall morphologisch vollständig bestimmt ist – entsprechend den fünf morphologischen Parametern α, β, γ, a/b, c/b eines Achsensystems. Um ein solches Achsensystem zu bestimmen bzw. um den Kristall, wie man sagt, „aufzustellen", geht man folgendermaßen vor: Den betreffenden Flächen werden (willkürlich) Symbole, z. B. A–(100), B–(010) und C–(001) zugeordnet. Damit legt man die Richtung der a-Achse senkrecht zur Zone BC, die der b-Achse senkrecht zur Zone CA und die der c-Achse senkrecht zur Zone AB fest. Zugleich hat man die Winkel α, β, γ zwischen den Achsen. Schließlich ordnet man der vierten Fläche P (gleichfalls willkürlich) z. B. das Symbol (111) zu, womit man das Achsenverhältnis erhält: Aus den Winkeln ρ_{PA}, ρ_{PB}, ρ_{PC}, welche die Flächennormale von P mit den Achsen einschließt, erhält man in diesem Fall:

$$\cos\rho_{PB}/\cos\rho_{PA} = a/b \quad \text{und} \quad \cos\rho_{PB}/\cos\rho_{PC} = c/b.$$

Damit ist das Achsensystem mit seinen Parametern in bezug auf den Kristall festgelegt, und die Indizes aller weiteren Flächen und Zonen sind bestimmt. Die metrischen Parameter eines Kristalls werden heute nur noch selten auf diese klassische Weise durch Winkelmessungen gewonnen, sondern durchweg mittels röntgenographischer Methoden bestimmt.

Man kann auch eine andere Zuordnung von Flächensymbolen treffen und damit ein Achsensystem mit anderen Parametern bzw. eine andere „Aufstellung" des Kristalls wählen.

Im allgemeinen Fall eines triklinen Kristalls wird die Aufstellung üblicherweise wie im Bild 1.30 so vorgenommen, dass die *c*-Achse vertikal nach oben und die Normale auf die *a*-*c*-Ebene, d. h. auf die (010)-Fläche, horizontal nach rechts gerichtet sind. Außerdem werden $\alpha > 90°$ und $\beta > 90°$ gewählt, so dass die *a*-Achse nach vorn unten, die *b*-Achse nach rechts hinten unten gerichtet erscheinen und im Stereogramm als leere Kreise darzustellen sind. Schließlich wird die Fläche (111) so angenommen, dass Achsenverhältnisse $c/b < a/b < 1$ entstehen.

Geht man an einem Kristall von vier Flächen aus, von denen keine drei derselben Zone angehören dürfen, so lässt sich aus je zwei dieser Flächen eine Zone ableiten. Je zwei Zonen bestimmen ihrerseits weitere Flächen, diese wieder weitere Zonen usf. Auf diesem Wege lassen sich alle Flächen mit rationalen Indizes ableiten, d. h. alle Flächen, die am Kristall vorkommen bzw. vorkommen können; man sagt, die Flächen stehen miteinander im Zonenverband. Dieses *Zonenverbandsgesetz* wurde erstmals von CHRISTIAN SAMUEL WEIß (1819) ausgesprochen. Demnach weisen auch sehr flächenreiche Kristalle nur wenige Scharen paralleler Kanten auf. Polyeder, die im Kristallreich nicht vorkommen, d. h., die sich nicht durch rationale Indizes beschreiben lassen, haben diese Eigenschaften des Zonenverbandes nicht – auch dann nicht, wenn sie flächenreich und regelmäßig sind, wie z. B. das reguläre Ikosaeder. Zonenverband und Rationalität sind letztlich Ausdruck derselben Gesetzmäßigkeit in der Morphologie der Kristalle und beruhen auf deren Gitterbau. Das gilt auch für das Gesetz der Winkelkonstanz, das zuerst gefundene Grundgesetz der Kristallmorphologie.

Wir haben aus dem Gitterbau der Kristalle auf relativ einfache Weise die morphologischen Grundgesetze ableiten und erklären können, zu denen sich noch das Symmetrieprinzip gesellt, das im Abschn. 1.5. behandelt wird. Die wissenschaftliche Entwicklung musste den umgekehrten Weg gehen: Die grundlegenden Gesetze wurden aus dem Studium des Phänomens Kristall, durch Untersuchungen der Morphologie erschlossen und daraus Vorstellungen über den Gitterbau der Kristalle entwickelt. Diese Vorstellungen wurden durch die Entdeckung der Röntgeninterferenzen an Kristallen durch v. LAUE, FRIEDRICH und KNIPPING (1912) eindrucksvoll bestätigt, womit sich der Weg zu einer experimentellen Bestimmung der atomaren Struktur der Kristalle öffnete, von deren Kenntnis wir heute ausgehen können.

1.3.3. Indizierung im trigonalen und hexagonalen Kristallsystem

Im trigonalen und hexagonalen Kristallsystem, die zusammen die hexagonale Kristallfamilie bilden (zur Definition vgl. Abschn. 1.6.5.), gibt es bei der Indizierung von Flächen und Richtungen (Zonen) einige Besonderheiten. Gewöhnlich bezieht man sich auf ein hexagonales Achsensystem, wie es durch die Basisvektoren ***a***, ***b***, ***c*** eines primitiven hexagonalen Gitters *hP* (vgl. Bild 1.6) gegeben wird und durch die Gitterkonstanten $a = b \neq c$ sowie die Winkel $\alpha = \beta = 90°$; $\gamma = 120°$ gekennzeichnet ist. Um die Indizes sowohl für die Flächensymbole (*hkl*) als auch für die Richtungssymbole (Zonensymbole) [*uvw*] bezüglich dieser Achsen zu bilden, wird genauso verfahren, wie es bei den anderen Achsensystemen und in den vorangegangenen Abschnitten ausgeführt ist. Insofern bieten weder die Flächensymbole (*hkl*) noch die Richtungssymbole [*uvw*] eine Besonderheit und sollten vorzugsweise dann in dieser normalen dreigliedrigen Form benutzt werden, wenn man sie in Rechnungen einbeziehen will.

Die beiden gleich langen, sich unter 120° schneidenden Basisvektoren ***a*** und ***b***, bezeichnet man auch als $\boldsymbol{a}_1$ und $\boldsymbol{a}_2$. Betrachtet man eine Gitterebene, die von diesen Basisvektoren $\boldsymbol{a}_1$ und $\boldsymbol{a}_2$ aufgespannt wird (Bild 1.31), so ist ersichtlich, dass man dasselbe Gitter genauso mit den Vektoren $\boldsymbol{a}_2$ und $\boldsymbol{a}_3$ oder auch mit $\boldsymbol{a}_3$ und $\boldsymbol{a}_1$ hätte aufspannen können: Die Gittervektoren $\boldsymbol{a}_1$, $\boldsymbol{a}_2$ und

$\boldsymbol{a}_3 = -(\boldsymbol{a}_1 + \boldsymbol{a}_2)$ sind gleichwertig, und es gilt: $\boldsymbol{a}_1 + \boldsymbol{a}_2 + \boldsymbol{a}_3 = 0$ (Vektoraddition). Um diese Gleichwertigkeit (und damit die diesem Gitter innewohnende Symmetrie) zum Ausdruck zu bringen, führte BRAVAIS (1866) für das hexagonale Achsensystem die zusätzliche (und eigentlich überflüssige) a_3-Achse ein. Bei der Bildung der Flächenindizes werden auch die reziproken Achsenabschnitte auf der a_3-Achse berücksichtigt und ein zusätzlicher Index i an die dritte Stelle im Symbol ($hkil$) gesetzt. Man spricht dann von *BRAVAISschen Indizes*. Beispielsweise bildet die im Bild 1.31 eingezeichnete, durch die Punkte A_1, A_3 und A_2 verlaufende Flächenspur die Achsenabschnitte $OA_1 = a$; $OA_2 = 2a$ und $OA_3 = -2a/3$ (die a_3-Achse wird auf ihrer negativen Seite geschnitten). Die Bildung der Kehrwerte der Maßzahlen und deren Multiplikation mit 2 liefern das Symbol $(21\bar{3}l)$ der Fläche (der Achsenabschnitt auf der senkrecht zur Zeichenebene stehenden c-Achse und damit der Index l bleiben hier unbestimmt).

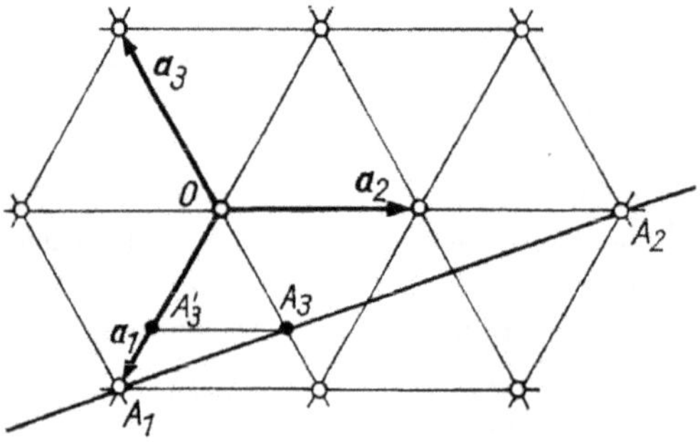

Bild 1.31. *Ausschnitt einer hexagonalen Netzebene mit Spur einer Fläche.*

Der zusätzliche Index i ist zur Kennzeichnung der Fläche nicht erforderlich und wird bereits durch h und k bestimmt: Für die Achsenabschnitte $OA_1 = ma$; $OA_2 = na$; $OA_3 = oa$ einer beliebigen Fläche gilt wegen der Ähnlichkeit der Dreiecke A_1OA_2 und $A_1A'_3A_3$ sowie $A'_3A_3 = OA'_3 = OA_3$ (gleichseitiges Dreieck):

$$OA_1 : OA_2 = (OA_1 - OA_3)/OA_3 \text{ bzw.: } ma/na = (ma - pa)/pa$$

und man erhält für $h = 1/m$; $k = 1/n$; $i = -1/p$ (da die a_3-Achse negativ geschnitten wird):

$$h + k + i = 0 \text{ bzw. } i = -(h + k).$$

Wenn h und k gegeben sind, kann man also nach dieser einfachen Beziehung den Index i sofort dazuschreiben.

Man beachte jedoch, dass dieser Algorithmus nicht für die Richtungsindizes gilt! Für die Richtungsindizes bleibt es am zweckmäßigsten, nur die a_1-, a_2- und die c-Achse zu berücksichtigen und keinen vierten Index anzugeben. Zum Zeichen, dass es sich um das hexagonale Achsensystem handelt und noch eine gleichwertige a_3-Achse vorhanden ist, wird bei den Richtungsindizes an die dritte Stelle des Symbols oft ein Punkt $[uv.w]$ gesetzt, der die Bedeutung von 0 hat. Für Berechnungen (z. B. einer Zone aus zwei Flächen oder einer Fläche aus zwei Richtungen) benutzt man sowohl bezüglich der Flächen als auch der Richtungen stets nur die dreigliedrigen Symbole.

Der Vollständigkeit halber sei vermerkt, dass man auch viergliedrige Richtungssymbole $[u'v't'w]$ einführen kann, doch hat dann der die a_3-Achse betreffende Index t' eine selbständige Bedeutung als zusätzliche Vektorkomponente, so dass beim Umschreiben von dreigliedrigen in viergliedrige Richtungssymbole auch die beiden ersten Indizes u und v zu verändern sind. Trivialerweise bedeutet $[uv.w] = [uv0w]$. Für ein hexagonales Achsensystem gilt mit $\boldsymbol{a}_1 + \boldsymbol{a}_2 + \boldsymbol{a}_3 = 0$ (Vektoraddition) auch: $t'\boldsymbol{a}_1 + t'\boldsymbol{a}_2 + t'\boldsymbol{a}_3 = 0$ (Nullvektor; t' beliebige Zahl) und damit für die Vektorkomponenten eines Richtungsvektors:

$[uv.w] = [uv0w] = [u + t'; v + t'; t'; w] = [u'v't'w]$.

Verlangt man analog zu $h + k + i = 0$ auch $u' + v' + t' = 0$, so ergeben sich:

$u' = (2u - v)/3$, $v' = (2v - u)/3$ und $t' = -(u + v)/3$

Umgekehrt erhält man:

$u = (2u' + v') = u' - t'$ und $v = (2v' + u') = v' - t'$.

Die c-Achse und die sie betreffenden Indizes l und w bleiben unverändert. Sofern $u + v \neq 3n$ erhält man ganzzahlige Indizes durch Multiplizieren aller vier Indizes mit 3:

$[3u';3v';3t';3w]$.

Im Vorgriff auf Abschn. 5.1.4. (Reziprokes Gitter) sei noch angeführt, dass man ergänzend zu den „gewöhnlichen" reziproken Vektoren $\boldsymbol{a}_1^*$ und $\boldsymbol{a}_2^*$ auch „symmetriegerechte" reziproke Vektoren $\boldsymbol{a'}_1^*$; $\boldsymbol{a'}_2^*$; $\boldsymbol{a'}_3^*$ mit $\boldsymbol{a'}_1^* + \boldsymbol{a'}_2^* + \boldsymbol{a'}_3^* = 0$ einführen kann. Analog ergeben sich:

$\boldsymbol{a'}_1^* = (2\boldsymbol{a}_1^* - \boldsymbol{a}_2^*)/3$, $\boldsymbol{a'}_2^* = (2\boldsymbol{a}_2^* - \boldsymbol{a}_1^*)/3$ und $\boldsymbol{a'}_3^* = -(\boldsymbol{a}_1^* + \boldsymbol{a}_2^*)/3$ bzw.:
$\boldsymbol{a}_1^* = 2\boldsymbol{a'}_1^* + \boldsymbol{a'}_2^* = \boldsymbol{a'}_1^* - \boldsymbol{a'}_3^*$ und $\boldsymbol{a}_2^* = 2\boldsymbol{a'}_2^* + \boldsymbol{a'}_1^* = \boldsymbol{a'}_1^* - \boldsymbol{a'}_3^*$.

Die Vektoren $\boldsymbol{a'}_1^*$; $\boldsymbol{a'}_2^*$; $\boldsymbol{a'}_3^*$ und $\boldsymbol{a}_1$; $\boldsymbol{a}_2$; $\boldsymbol{a}_3$ sind jeweils zueinander parallel. Für das innere Produkt $\boldsymbol{h} \cdot \boldsymbol{r}$ eines reziproken Vektors:

$\boldsymbol{h} = h\boldsymbol{a}_1^* + k\boldsymbol{a}_2^* + l\boldsymbol{c}^* = h\boldsymbol{a'}_1^* + k\boldsymbol{a'}_2^* + i\boldsymbol{a'}_3^* + l\boldsymbol{c}^*$

mit einem direkten Vektor:

$\boldsymbol{r} = u\boldsymbol{a}_1 + v\boldsymbol{a}_2 + w\boldsymbol{c} = u'\boldsymbol{a}_1 + v'\boldsymbol{a}_2 + t'\boldsymbol{a}_3 + w\boldsymbol{c}$ gilt:
$\boldsymbol{h} \cdot \boldsymbol{r} = hu + kv + lw = hu' + kv' + it' + lw$

Das hexagonal rhomboedrische Gitter hR (vgl. Bild 1.6), welches in seiner (hexagonalen) Elementarzelle zwei zusätzliche Gitterpunkte in den Positionen 2/3, 1/3, . , 1/3 und 1/3, 2/3, . , 2/3 enthält, lässt sich auch durch eine primitive rhomboedrische Elementarzelle beschreiben (s. Abschn. 1.2.). Der Bezug zwischen beiden Elementarzellen geht aus Bild 1.32 hervor und wird durch die Relation $\boldsymbol{a}_1^{\mathrm{r}} = (2/3)\,\boldsymbol{a}_1^{\mathrm{h}} + (1/3)\,\boldsymbol{a}_2^{\mathrm{h}} + (1/3)\,\boldsymbol{c}^{\mathrm{h}}$ (Vektoraddition) zwischen den betreffenden Basisvektoren festgelegt (Index h für die hexagonale, Index r für die rhomboedrische Elementarzelle). Neben dieser meist bevorzugten *obversen Aufstellung* wird gelegentlich noch die *reverse Aufstellung* angewendet, für welche eine hexagonale Elementarzelle benutzt wird, die gegenüber der hexagonalen Elementarzelle der obversen Aufstellung um 60° gedreht ist. Die hexagonale Elementarzelle der reversen Aufstellung enthält die zusätzlichen Gitterpunkte in den Positionen 1/3, 2/3, . , 1/3 und 2/3, 1/3, . , 2/3, und es besteht die Relation $\boldsymbol{a}_1^{\mathrm{r}} = (1/3)\boldsymbol{a}_1^{\prime\mathrm{h}} + (2/3)\boldsymbol{a}_2^{\prime\mathrm{h}} + (1/3)\boldsymbol{c}^{\mathrm{h}}$ (vgl. Bild 1.32). Für beide Aufstellungen rechnen sich die Parameter a_{h} und c_{h} der hexagonalen Elementarzelle sowie a_{r} und α_{r} der rhomboedrischen Elementarzelle folgendermaßen ineinander um (vgl. *International Tables for Crystallography*):

$$a_{\mathrm{r}} = \sqrt{\frac{3a_{\mathrm{h}}^2 + c_{\mathrm{h}}^2}{3}}\,;\quad \sin\frac{\alpha_{\mathrm{r}}}{2} = \frac{3}{2\sqrt{3 + (c_{\mathrm{h}}/a_{\mathrm{h}})2}} \quad \text{oder} \quad \cos\alpha_{\mathrm{r}} = \frac{(c_{\mathrm{h}}/a_{\mathrm{h}})^2 - 3/2}{(c_{\mathrm{h}}/a_{\mathrm{h}})^2 + 3}$$

$$a_{\mathrm{h}} = a_{\mathrm{r}}\sqrt{2 - 2\cos\alpha_{\mathrm{r}}} = 2a_{\mathrm{r}}\sin(\alpha_{\mathrm{r}}/2);\quad c_{\mathrm{h}} = a_{\mathrm{r}}\sqrt{3 + 6\cos\alpha_{\mathrm{r}}}$$

$$c_{\mathrm{h}}/a_{\mathrm{h}} = \sqrt{\frac{3 + 6\cos\alpha_{\mathrm{r}}}{2 - 2\cos\alpha_{\mathrm{r}}}} = \sqrt{\frac{9}{4\sin^2(\alpha_{\mathrm{r}}/2)} - 3}\,.$$

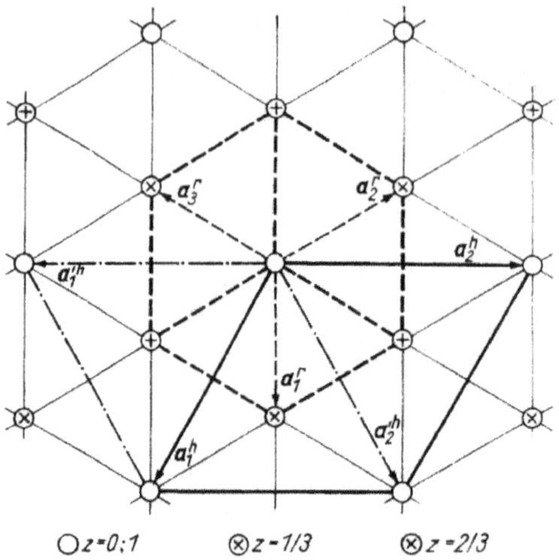

***Bild 1.32.** Ausschnitt des hexagonal rhomboedrischen Gitters.*

Stark umrandet: hexagonale Elementarzelle, obverse Aufstellung; strichpunktiert: reverse Aufstellung; gestrichelt: rhomboedrische Elementarzelle (vgl. Gittertyp *hR* im Bild 1.6).

Der rhomboedrische Winkel α_r wird nur durch das hexagonale Achsenverhältnis c_h/a_h bestimmt und umgekehrt.

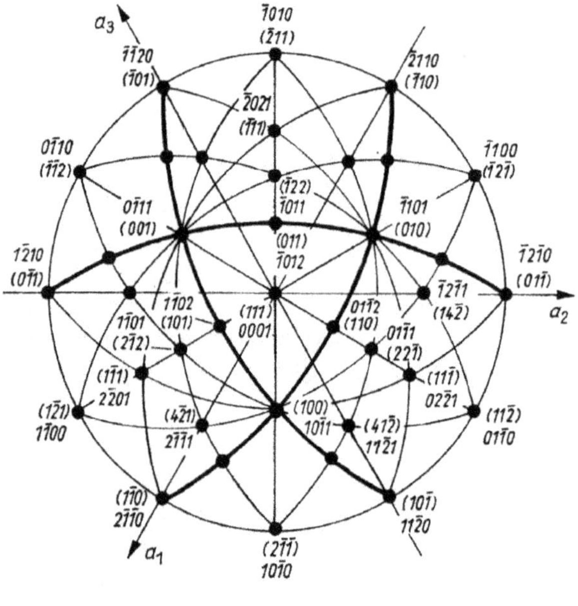

***Bild 1.33.** Indizierung im trigonalen und hexagonalen Kristallsystem.*

In Klammern: MILLERsche Indizes (dreigliedrig); ohne Klammern: BRAVAISsche Indizes (viergliedrig). Stereogramm.

Die Indizierung von Flächen sowie von Richtungen bzw. Zonen kann sowohl unter Bezug auf ein hexagonales als auch auf ein rhomboedrisches Achsensystem erfolgen. Im ersten Fall erhält man viergliedrige Symbole (BRAVAISsche Indizes); im zweiten Fall erhält man wie üblich dreigliedrige Symbole, die wieder als *MILLERsche Indizes* bezeichnet werden (und sich im trigonalen und hexagonalen Kristallsystem ausdrücklich auf ein rhomboedrisches Achsensystem beziehen). Aus den geometrischen Beziehungen zwischen beiden Achsensystemen ergeben sich die folgenden Umrechnungsformeln für die Indizes der Flächen (obverse Aufstellung):

$(h'k'l')$ MILLER ≙ $(hkil)$ BRAVAIS

$h' = h - i + l;\ k' = k - h + l;\ l' = i - k + l$

$h = h' - k';\ k = k' - l';\ i = l' - h';\ l = h' + k' + l'.$

So bekommt z. B. die obere vordere Fläche der rhomboedrischen Elementarzelle die Indizes (100)/MILLER oder $(10\bar{1}1)$/BRAVAIS – wie man anhand der Achsenabschnitte direkt nachprüfen kann. Weitere Beispiele sind dem Bild 1.33 zu entnehmen. Für die Indizes von Zonen (Richtungen) gelten folgende Umrechnungsformeln:

$[u'v'w']$ MILLER ≙ $[uv.w]$ BRAVAIS (dreigliedrig)

$u' = u + w;\ v' = -u + v + w;\ w' = -v + w$

$u = 2u' - v' - w';\ v = u' + v' - 2w';\ w = u' + v' + w'.$

Das rhomboedrische Achsensystem und die betreffenden MILLERschen Indizes werden allerdings nur selten und fast ausschließlich für trigonale Kristalle benutzt. Trifft man jedoch bezüglich trigonaler oder hexagonaler Kristalle auf dreigliedrige Symbole, so kann man nicht von vornherein voraussetzen, dass es sich um (rhomboedrische) MILLERsche Indizes handelt, sondern man sollte sich vergewissern, ob es sich um (hexagonale) BRAVAISsche Indizes handelt, deren vierter (bzw. in der Reihenfolge dritter) Index *i* nicht mitgeschrieben wurde.

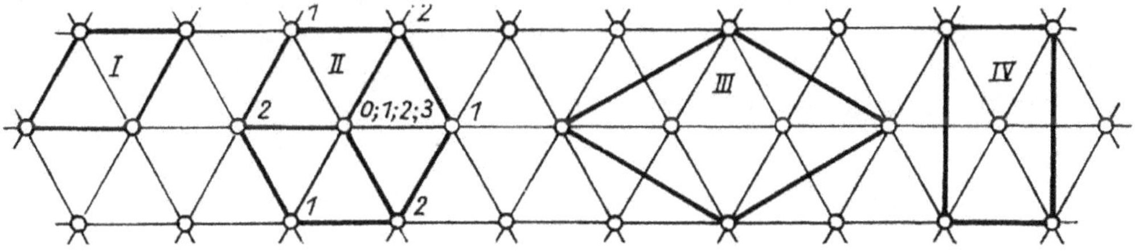

Bild 1.34. *Elementarzellen für ein hexagonal primitives Gitter hP.*

I hexagonal primitive Elementarzelle; *II* rhomboedrische Elementarzelle (die Zahlen bedeuten die *z*-Koordinaten der zur Elementarzelle gehörenden Gitterpunkte); *III* gedrehte hexagonale Elementarzelle (*H*-Gitter); *IV* orthohexagonale Elementarzelle (*C*-Gitter).

Wie aus Bild 1.34 hervorgeht, lässt sich auch das hexagonal primitive Gitter *hP* durch eine rhomboedrische Elementarzelle (*II*) beschreiben; sie hat eine Höhe (bzw. Länge ihrer vertikal gestellten Raumdiagonalen) von $3c_h$ und enthält in ihrem Innern zwei zusätzliche Gitterpunkte in den Positionen 1/3, 1/3, 1/3 und 2/3, 2/3, 2/3 der rhomboedrischen Elementarzelle. In der älteren Literatur wird gelegentlich noch eine hexagonale Elementarzelle (*III*) benutzt, die gegenüber der primitiven hexagonalen Elementarzelle (*I*) um 30° gedreht ist und die dreifache Größe sowie zwei zusätzliche Gitterpunkte auf ihrer Basisfläche besitzt; das betreffende Gitter wird dann mit *H* bezeichnet. Schließlich lässt sich das hexagonal primitive Gitter noch durch eine rechtwinklige „orthohexagonale" Elementarzelle (*IV*) beschreiben. Sie stellt gewissermaßen den Spezialfall einer rhombisch basisflächenzentrierten Elementarzelle (des Gittertyps *oC* – vgl. Bild 1.6) dar, und in der älteren Literatur wird deshalb das hexagonal primitive Gitter auch mit *C* symbolisiert. – Für weitere Einzelheiten, wie die Umrechnung von Indizes für die auf den verschiedenen Elementarzellen beruhenden Aufstellungen, sei auf die ergänzende Literatur, z. B. F. C. PHILLIPS sowie auf NICHOLAS [1.4], [1.5] verwiesen.

1.4. Zeichnen von Kristallen

Die zeichnerische Darstellung von Kristallen erfolgt ausschließlich durch Parallelprojektionen. Perspektivische Ansichten (d. h. Zentralprojektionen) sind in der Kristallographie nicht üblich und werden höchstens gelegentlich zur Herstellung von Stereobildpaaren herangezogen. In einer Parallelprojektion erscheinen parallele Kanten des Kristalls auch auf der Zeichnung parallel, so dass die Zonenverbände klar zum Ausdruck kommen. Deshalb sollte man schon bei Skizzen, die beiläufig und mit geringer Sorgfalt gefertigt werden, jedenfalls darauf achten, dass parallele Kanten als Parallelen dargestellt werden.

Bei einer *Parallelprojektion* wird der darzustellende Körper mittels paralleler Strahlen auf eine Bildebene projiziert (Bild 1.35). Diese Ebene kann senkrecht zu den Projektionsstrahlen stehen (*orthographische Projektion*) oder zu ihnen geneigt sein (*klinographische Projektion*). Beide Projektionen sind in der Kristallographie gebräuchlich; zu den Methoden ihrer Ausführung sei folgende ergänzende Literatur genannt: R. L. PARKER, V. GOLDSCHMIDT et al., F. C. PHILLIPS, H. TERTSCH.

Eine häufig benutzte Darstellung ist die orthographische Projektion des Kristalls parallel zu seiner (vertikal gestellten) c-Achse, welche eine Ansicht des Kristalls „von oben", ein *Kopfbild* liefert. Für einen Punkt X mit den Koordinaten x, y, z bleiben bei dieser Projektion die Koordinaten x und y ungeändert, während die Koordinate z nicht dargestellt wird. Zur Behandlung von Kristallprojektionen bezieht man sich der Einfachheit halber generell auf kartesische Koordinaten. Die kartesischen Achsen werden im allgemeinen Fall eines triklinen Kristalls meist so angenommen, dass die z-Achse mit der kristallographischen c-Achse und die y-Achse mit der Flächennormalen auf (010) zusammenfallen; die x-Achse steht dann senkrecht zu beiden.

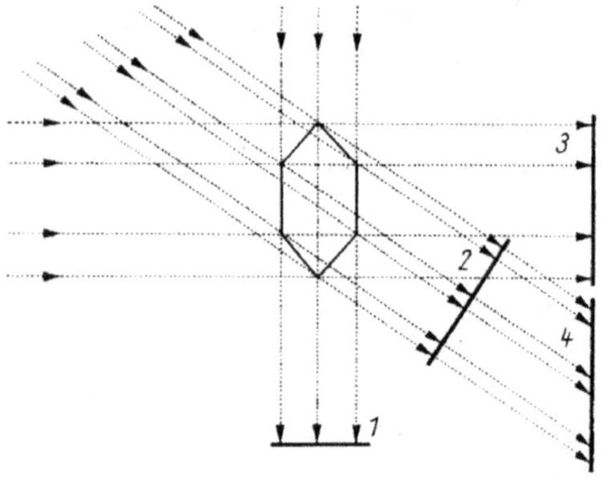

Bild 1.35. *Parallelprojektion.*
1 Kopfbild; 2 und 3 orthographische Projektion; 4 klinographische Projektion.

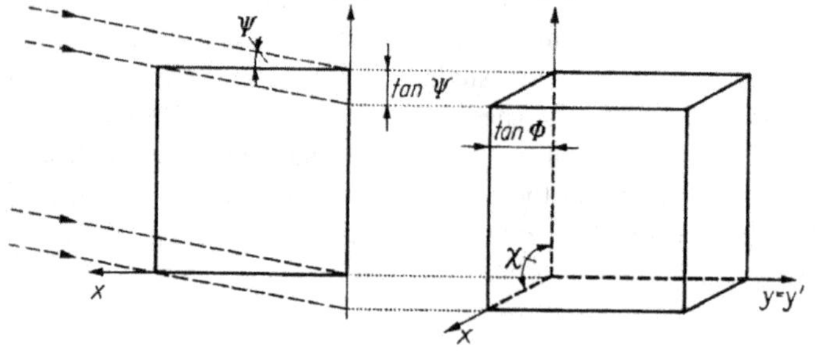

Bild 1.36. *Klinographische Projektion des Einheitswürfels.*
$\Phi = 18°26'$; $\Psi = 9°28'$; $\chi = 116°34'$.

Neben dem Kopfbild ist noch eine andere Ansicht üblich, die den Kristall von „vorn rechts oben" zeigt: Die Projektionsrichtung weist hierbei gegenüber der x-Achse um einen Winkel Φ = 18 ... 20° nach rechts und um einen Winkel Ψ = 6 ... 10° nach oben. Zur Darstellung dieser Ansicht bedient man sich häufig einer klinographischen Projektion auf die y-z-Ebene (Bild 1.36). Diese lässt sich relativ einfach zeichnen, da Flächen, die parallel zur Bildebene (also zur

y-z-Ebene) liegen, unverzerrt abgebildet werden. Ein Punkt X mit den Koordinaten x, y, z hat in der klinographischen Projektion die Koordinaten:

$$y' = y - x\tan\Phi;\ z' = z - x\tan\Psi,$$

und der (rechte) Winkel zwischen der z-Achse und der x-Achse erscheint als ein Winkel χ = arctan (– $\tan\Phi/\tan\Psi$). Vorzugsweise wählt man Φ = 18°26′ (somit tan Φ = 1/3) und Ψ = 9°28′ (somit tanΨ = 1/6) und hat dann $y' = y - x/3$ und $z' = z - x/6$ sowie χ = 116°34′. Für einen kubischen Kristall entspricht das einer Projektion aus der Richtung [621]. Bild 1.36 sowie die Darstellungen der BRAVAIS-Gitter im Bild 1.6 sind in dieser Weise ausgegeführt. In älteren Werken trifft man auch auf Projektionen mit Ψ = 6°20′ bzw. tan Ψ = 1/9. Die vielen bekannte sog. *Kavalierperspektive* ist eine klinographische Projektion mit $\Phi = \Psi$ = 19°28′, mithin tan Φ = tanΨ = 0,354 und χ = 135° bzw. 180° – χ = 45°, und die nach vorn gerichtete Kante des Einheitswürfels erscheint in der Länge 1/2.

Der Vorteil der klinographischen Projektion – die unverzerrte Abbildung bestimmter Netzebenen – kommt vor allem bei der Darstellung von Kristallstrukturen zur Geltung. Ein Nachteil dieser Projektion ist eine gewisse Verzerrung des dargestellten Körpers im Ganzen – so wird beispielsweise eine Kugel als Ellipse abgebildet. Dem optischen Eindruck beim Betrachten eines Kristalls entspricht am ehesten die orthographische Projektion. Eine solche Projektion in einer wie oben durch die Winkel Φ und Ψ gekennzeichneten Richtung lässt sich erzeugen, indem man den Kristall um die z-Achse im Uhrzeigersinn (d. h. von der y-Achse auf die x-Achse zu) um den Winkel Φ dreht, dann nach vorn (d. h. von der z-Achse auf die x'-Achse zu) um den Winkel Ψ neigt und so von vorn (d. h. parallel zur x'-Achse) projiziert (Bild 1.37).

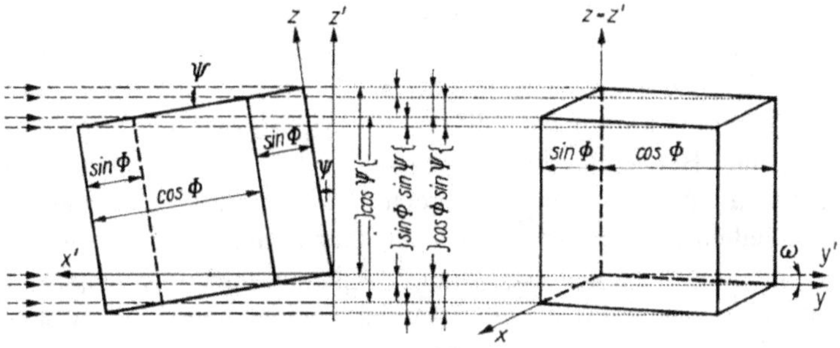

Bild 1.37. *Orthographische Projektion des Einheitswürfels.*
Φ = 18°26′; Ψ = 9°28′; ω = 3°8′.

Ein Punkt X mit den Koordinaten x, y, z hat in der orthographischen Projektion die Koordinaten

$$y' = y\cos\Phi - x\sin\Phi;\ z' = z\cos\Psi - x\cos\Phi\ \sin\Psi - y\sin\Phi\ \sin\Psi.$$

Im Allgemeinen werden sämtliche Kanten des Einheitswürfels verkürzt abgebildet, so die vertikalen Kanten mit einer Länge cos Ψ. Die y-Achse erscheint gegenüber der Horizontalen (d. h. der y'-Achse) um einen Winkel ω = arctan(tanΦ sinΨ) geneigt. In diesem Buch sind die meisten Bilder von Kristallpolyedern orthographische Projektionen unter den Winkeln Φ = 18°26′ und Ψ = 9°28′ entsprechend der Projektionsrichtung [621] in einem kubischen Achsensystem sowie einem relativ kleinen Winkel ω = 3°8′.

Um einen gegebenen Kristall mit den Flächen (h_i, k_i, l_i) darzustellen, hat man die Koordinaten x, y, z seiner Eckpunkte zu bestimmen und entsprechend der gewählten Projektion in die Bildkoordinaten y' und z' umzurechnen. Die relative Größe der einzelnen Kristallflächen wird durch das Verhältnis ihrer Abstände d_i vom Mittelpunkt des Kristalls (d. h. vom Ursprung des Koordinatensystems) bestimmt. Die Grundform einer Kristallgestalt wird von den größten Flächen (mit den kleinsten d_i) geprägt und als *Habitus* bezeichnet. Für kartesische Koordinaten gilt:

$$d_i = a/\sqrt{h_i^2 + k_i^2 + l_i^2}$$

mit a als Maßeinheit des Koordinatensystems. Führt man d_i in die Ebenengleichung ein, so erhält sie für kartesische Koordinaten die Form:

$$h_i x + k_i y + l_i z = 1 = d_i/d_i = (d_i/a)\ \sqrt{h_i^2 + k_i^2 + l_i^2}\ ,$$

von der man zur Berechnung der Koordinaten x, y, z der Eckpunkte ausgeht. Die letzteren bestimmen sich als Schnittpunkte von jeweils drei der Kristallflächen. Die betreffenden Rechnungen führt man zweckmäßigerweise mit Hilfe eines Computers aus, insbesondere bei flächenreichen Kristallen. Hierfür gibt es Programme, die bei Eingabe der Formen $\{h_ik_il_i\}$, ihrer Mittelpunktsabstände d_i und der morphologischen bzw. Gitterparameter des Kristalls die komplette bildliche Darstellung des Kristalls in der gewünschten Ansicht liefern (z. B. Programme CRYSCOMP-CRYSDRAW [1.6] und SHAPE [1.7]).

Wenden wir uns noch kurz der Aufgabe zu, einen Kristall nicht mit Hilfe berechneter Koordinaten, sondern auf dem Wege geometrischer Konstruktionen zu zeichnen: Das Wesentliche einer exakten Zeichnung besteht darin, dass die Scharen paralleler Kanten in der richtigen Lage erscheinen, d. h. sich unter den korrekten, von der Projektionsrichtung abhängigen Winkeln schneiden. Für die Konstruktion einer Zeichnung müssen deshalb die Winkel zwischen den Flächen bzw. deren Winkelkoordinaten bekannt sein oder zuvor gemessen werden.

Wir wollen nur auf eine Methode ausführlicher eingehen, und zwar auf die Konstruktion einer orthographischen Projektion anhand eines Gnomonogramms des Kristalls. Dieses enthält alle Informationen über die Winkelbeziehungen und ist für zeichnerische Arbeiten am praktischsten. Zunächst wird das Kopfbild des Kristalls gefertigt; das ist eine orthographische Projektion auf die Ebene der gnomonischen Projektion (vgl. Bilder 1.21 und 1.35). Die Ausführung ist einfach: Die Richtung der zu einer Zone gehörenden parallelen Kanten findet man als Senkrechte auf die Gerade, die im Gnomonogramm die betreffende Zone darstellt (Bild 1.38). Mit diesen Kantenrichtungen zeichnet man das Kopfbild unter Benutzung von Dreieck und Lineal zum Ziehen der Parallelen, die gleich aus dem Gnomonogramm abgenommen werden. Der gegenseitige Abstand der Kanten, d. h. die Größe der dargestellten Flächen, ist dabei mehr oder weniger willkürlich und richtet sich nach dem Objekt, an dem man sich auch vergewissert, welche Kanten überhaupt auftreten. Es erscheint nur die Fläche, deren Pol mit dem Mittelpunkt des Gnomonogramms zusammenfällt, in unveränderter Gestalt; die anderen Flächen erscheinen entsprechend ihrer Poldistanz ρ um einen Faktor $\cos\rho$ schmaler.

Etwas komplizierter ist das Zeichnen der Ansicht schräg von „vorn rechts oben" unter den betreffenden Winkeln Φ und Ψ:

Die gewählte Projektionsrichtung wird im Gnomonogramm als Punkt V mit den Winkelkoordinaten $\varphi_V' = \Phi = 18...20°$ und $\rho_V = 90° - \Psi = 80...84°$ eingetragen (letzteres geschieht durch Abtragen der Distanz $\rho_V' = R \tan\rho_V = R \cot\Psi$ vom Mittelpunkt N des Gnomonogramms; R Radius der Polkugel – vgl. Bild 1.21). Die Spur der Projektionsebene ist die „Zone" zum „Pol" V; sie ist als Senkrechte zur Geraden VN in einer Distanz $NS = R \tan(90° - \rho_V) = R \tan\Psi$ zum Mittelpunkt N zu zeichnen und wird Leitlinie genannt. Flächen, deren Pole auf oder nahe der Leitlinie liegen, projizieren sich als Strich, was oft nicht schön ist. Man hat es dann in der Hand, die Lage von V und der Leitlinie etwas zu variieren, um eine günstigere Projektionsrichtung zu finden. Die Gerade VS gibt bereits die Richtung der senkrechten Kanten des Kristalls in der Zeichnung an, weshalb das Gnomonogramm im Bild 1.38 so gedreht ist, dass VS vertikal verläuft. Um die Kanten der übrigen Zonen zu finden, müssen wir auf der Geraden VS den Winkelpunkt W aufsuchen; wir finden W durch Abtragen der Strecke $SW = R$ oder $NW = R \tan(\rho_V/2)$. (Der Winkelpunkt hat die Eigenschaft, daß die Verbindungslinien von *W* zu zwei beliebigen Punkten auf der Leitlinie untereinander einen Winkel einschließen, der dem wirklichen Winkel zwischen den durch die beiden Punkte repräsentierten Richtungen entspricht; der Winkelpunkt wird normalerweise benutzt, um den Winkel zwischen zwei Polen in einem Gnomonogramm zu messen.) Nunmehr wird der Schnittpunkt *L* der Leitlinie mit derjenigen Zone, deren Kantenrichtung wir bestimmen wollen, ermittelt und *L* mit *W* verbunden. Errichten wir auf *WL* die Senkrechte, so haben wir bereits die gesuchte Richtung der betreffenden Kantenschar. Das ist im Bild 1.38 für eine Zone durchgeführt; die Richtungen der übrigen Kantenscharen werden auf analoge Weise konstruiert. Will man den Kristall so wiedergeben, dass er genau mit dem Kopfbild korrespondiert, so projiziert man die Eckpunkte aus dem Kopfbild vertikal, also parallel zu *VN*, auf die betreffenden Kanten und findet so ihre Endpunkte bzw. ihre richtige Länge.

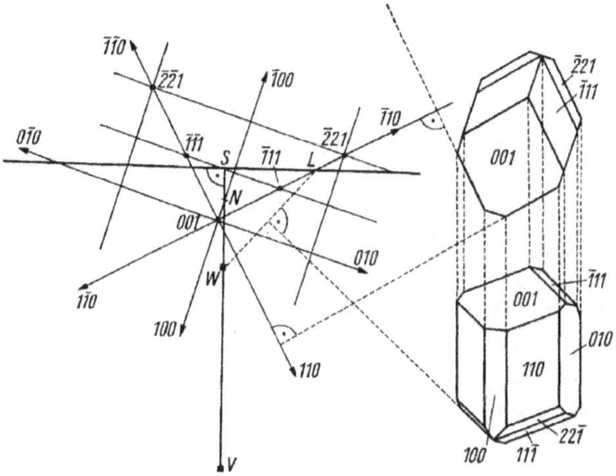

Bild 1.38. *Zeichnen eines Kristalls von Borax aus dem Gnomonogramm (orthographische Projektion).*

Borax $Na_2B_4O_7 \cdot 10\,H_2O$ ist monoklin; Achsenverhältnis $a : b : c = 1{,}099 : 1 : 0{,}563$, $\beta = 106°41'$. Nach F. C. PHILLIPS.

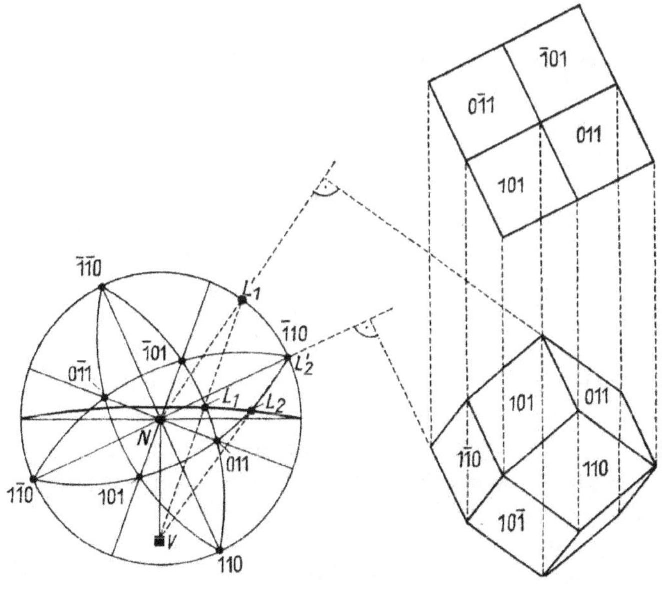

Bild 1.39. *Zeichnen eines Rhombendodekaeders aus dem Stereogramm (orthographische Projektion).*

Der Punkt L_2' und der Pol ($\bar{1}10$) fallen in der Zeichnung zusammen.

Die Zeichnung einer orthographischen Projektion anhand eines Stereogramms verläuft weitgehend ähnlich (Bild 1.39). Die Kantenrichtungen für das Kopfbild erhält man als Tangenten an den Grundkreis des Stereogramms im Schnittpunkt der jeweiligen Zone mit dem Grundkreis. Bei der

Schrägansicht entfällt die Konstruktion eines besonderen Winkelpunktes: V und W sind in einer stereographischen Projektion identisch. Man bestimmt den Schnittpunkt L der Spur der Projektionsebene mit der zu zeichnenden Zone und zeichnet die Gerade VL, die den Grundkreis in L' schneidet; die Senkrechte auf der Geraden NL' ist die gesuchte Kantenrichtung. Alles weitere verläuft dann analog der Zeichnung aus einem Gnomonogramm.

1.5. Symmetrie von Kristallen

Zu den Wesensmerkmalen der Kristalle, wie sie durch ihren Gitterbau bedingt sind, gehören ganz charakteristische Symmetrieeigenschaften, deren Beschreibung und Darstellung einen wichtigen Bestandteil der Kristallographie bilden. Im allgemeinen physikalischen Sinne versteht man unter Symmetrie eine Invarianz gegenüber bestimmten Transformationen (und zwar nicht nur von Raumkoordinaten). In der Kristallographie werden jedoch nur räumliche, geometrische Symmetrien betrachtet, und wir verstehen anschaulich unter Symmetrie die regelmäßige Wiederholung eines Ausschnitts der Kristallstruktur, aber auch einer von der Struktur getragenen Eigenschaft im Raum. Eine geometrische Operation (Transformation), die diese Wiederholung erzeugt, wird als *Symmetrieoperation* oder *Deckoperation* bezeichnet.

Eine Deckoperation, die *Translation*, haben wir bereits kennen gelernt. Die Translationssymmetrie ist eine grundsätzliche Eigenschaft aller Kristallstrukturen. Darüber hinaus gibt es aber noch eine Reihe weiterer Deckoperationen, die die Symmetrie von Kristallen beschreiben. Unterscheiden muss man dabei zwischen der Symmetrie der Kristallstruktur, also einer Symmetrie auf atomarer Skala, und der makroskopischen Symmetrie eines Kristalls, wie sie in seinen phänomenologischen Eigenschaften zum Ausdruck kommt – wobei zwischen beiden selbstverständlich eine enge Korrespondenz besteht.

Die Translationssymmetrie kommt nur auf atomarer Skala, also bezüglich der Kristallstruktur, zur Geltung. Im Folgenden wollen wir uns solchen Symmetrieoperationen zuwenden, die sowohl für die Struktur als auch für die makroskopischen Eigenschaften von Kristallen relevant sind.

1.5.1. Drehachsen

Betrachten wir noch einmal die in den Bildern 1.1 und 1.2 dargestellte NaCl-Struktur: Drehen wir diese Struktur um 90° um eine Achse, die parallel zu einer Kante der würfelförmigen Elementarzelle durch den Mittelpunkt eines Ions verläuft, so kommt diese Struktur wieder in die gleiche räumliche Position bzw. mit sich zur Deckung. Eine solche Drehung ist also eine Symmetrieoperation. Das gleiche ergeben offenbar auch Drehungen um 180°, 270° und 360°, so dass die Struktur bei einer vollen Drehung um 360° viermal mit sich zur Deckung kommt. Wir sagen, der Kristall besitzt eine *Drehachse (Gyre)* mit einer bestimmten Zähligkeit, in diesem Fall also vier. Zwischen der Zähligkeit n und dem kleinsten Drehwinkel α besteht die einfache Beziehung $\alpha = 360°/n$. Dieser vierzähligen Symmetrie der Struktur müssen auch die makroskopischen Eigenschaften eines NaCl-Kristalls folgen, und sofern eine polyederförmige Kristallgestalt ausgebildet ist, finden wir die Symmetrie auch dort: NaCl bildet würfelförmige Kristalle, und die betreffende vierzählige Drehachse verläuft vom Mittelpunkt einer Würfelfläche zum Mittelpunkt der gegenüberliegenden Fläche (an einem Würfel gibt es drei solcher Drehachsen, die aufeinander senkrecht stehen). Allerdings kommt die Symmetrie eines Kristallpolyeders nur dann deutlich zum Ausdruck, wenn dieses ideal ausgebildet und nicht verzerrt ist. Verlässliche

Aussagen über die Symmetrie eines Kristallpolyeders erhält man durch Messen der Winkel zwischen den Kristallflächen: Die Symmetrie kommt in der Verteilung der Flächenpole auf der Polkugel oder in einem entsprechenden Stereogramm auch dann zum Ausdruck, wenn das Polyeder verzerrt ist.

Tabelle 1.1. *Die Drehachsen.*

Zähligkeit[1])	Drehwinkel	Benennung der Achse		Symbol
2	180°, 360°,	Digyre	digonal	⬮
3	120°, 240°, 360°,	Trigyre	trigonal	▲
4	90°, 180°, 270°, 360°,	Tetragyre	tetragonal	◆
6	60°, 120°, 180°, 240°, 300°, 360°	Hexagyre	hexagonal	⬢

[1]) gleichzeitig Schriftsymbol für die betreffenden Drehachsen

Außer vierzähligen Drehachsen findet man an Kristallen noch zwei-, drei- und sechszählige Drehachsen (Tab. 1.1). Neben den in der Tabelle dargestellten figürlichen Symbolen werden im Schriftsatz für die Drehachsen einfach ihre Zähligkeit als sog. *Internationale Symbole* angegeben, also 2, 3, 4 oder 6 für die betreffenden Achsen. Wenn keine Drehachse vorhanden ist, wird das mit 1 symbolisiert; man kann dieses Symbol als eine Drehung um 360° oder auch um 0° interpretieren, die trivialerweise immer eine Deckoperation vorstellt und als *Identität* bezeichnet wird.

Es ist bemerkenswert, dass fünfzählige Drehachsen und Drehachsen mit Zähligkeiten größer als sechs an Kristallen nicht auftreten können. Das hängt damit zusammen, dass es nicht möglich ist, eine Ebene lückenlos mit gleichseitigen Polygonen der betreffenden Zähligkeit zu bedecken. Das gelingt nur mit Polygonen der „kristallographischen“ Zähligkeiten (Bild 1.40).

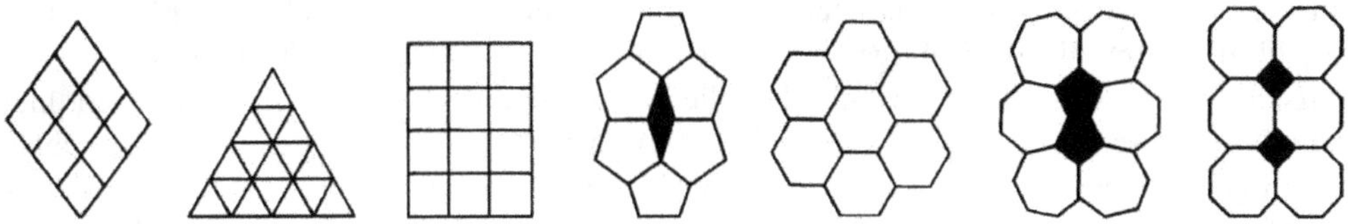

Bild 1.40. *Bedeckung der Ebene mit gleichseitigen Polygonen.*

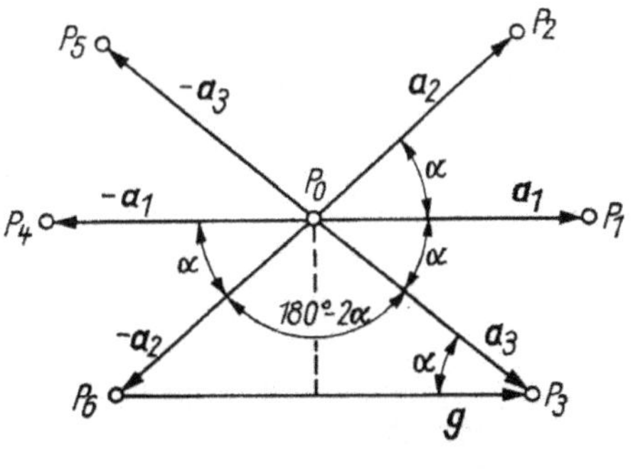

Bild 1.41. *Zur Zähligkeit von kristallographischen Drehachsen.*

Der Beweis, dass an Kristallen nur Drehachsen der genannten Zähligkeiten auftreten können, lässt sich auf folgende Weise führen:

Existiert in einem Gitter eine Drehachse, so muss es zu jedem nicht auf der Drehachse liegenden Gitterpunkt einen ihrer Zähligkeit n entsprechenden Satz weiterer Gitterpunkte geben, die alle in einer Ebene senkrecht zur Drehachse liegen und eo ipso eine Gitterebene (Netzebene) bestimmen. Diese Ebene sei im Bild 1.41 mit dem Durchstoßpunkt P_0 der Drehachse dargestellt. Da es sich um eine Netzebene handelt, muss es auf ihr weitere zu P_0 identische Punkte, z. B. einen dem Punkt P_0 nächstgelegenen identischen Punkt P_1 geben, zu welchem der Gittervektor $\boldsymbol{a}_1$ führen möge. Dreht man diesen Vektor $\boldsymbol{a}_1$ um den der Drehachse entsprechenden Winkel $\alpha = 360°/n$, so muss der so entstehende Vektor $\boldsymbol{a}_2$ gleichfalls zu einem identischen Punkt P_2 führen. Gleiches gilt für eine Drehung um den Winkel $-\alpha$ (bzw. $360° - \alpha$), welche zum identischen Punkt P_3 führt. Schließlich müssen in einem Gitter auch Translationen um die negativen Gittervektoren $-\boldsymbol{a}_1$, $-\boldsymbol{a}_2$ und $-\boldsymbol{a}_3$ zu identischen Punkten P_4, P_5 und P_6 führen. Die Punkte P_6 und P_3 werden durch einen Gittervektor $\boldsymbol{g}$ verbunden, der parallel zum Vektor $\boldsymbol{a}_1$ ist; d. h., in der Richtung von $\boldsymbol{a}_1$ wie auch von $\boldsymbol{g}$ müssen identische Punkte im Abstand a, der Länge des Vektors $\boldsymbol{a}_1$, aufeinanderfolgen. Die Länge des Vektors $\boldsymbol{g}$ kann nur ein ganzzahliges Vielfaches von a sein: $|\boldsymbol{g}| = ma$ (mit m als einer ganzen Zahl). Aus Bild 1.41 folgt $ma = 2a\cos\alpha$ bzw. $\cos\alpha = m/2$. Da $\cos\alpha$ nur Werte zwischen -1 und $+1$ annehmen kann, sind für m nur die ganzen Zahlen 0, ± 1 oder ± 2 möglich. Das bedeutet, dass als Deckoperationen eines Gitters nur Drehungen von 0°, 60°, 90°, 120°, 180°, 240°, 270°, 300° oder 360° möglich sind, was zu beweisen war.

Wenden wir uns nun den morphologischen Eigenschaften der Kristalle zu, die durch die verschiedenen Drehachsen bedingt sind. Hierzu betrachten wir die idealen, unverzerrten Kristallgestalten und untersuchen die zufolge der Drehachsen bestehenden Beziehungen zwischen den einzelnen Kristallflächen.

Wenn ein Kristall eine zweizählige Drehachse hat, dann muss zu jeder beliebigen Fläche, die nicht senkrecht auf dieser Achse steht, am Kristall noch eine andere Fläche vorhanden sein, die mit der ersten durch eine Drehung um 180° um diese Achse zur Deckung gebracht wird. Beide Flächen schneiden sich (sofern sie nicht parallel sind und man sich alle übrigen Flächen des Kristalls fortgelassen denkt) in einer Kante, welche zur zweizähligen Drehachse senkrecht steht (Bild 1.42 a). Ein solches Flächenpaar heißt *Sphenoid* (griech. σφην: Keil).

Auf der Polkugel bzw. in einem Stereogramm wird ein Sphenoid durch zwei Flächenpole dargestellt, die durch die zweizählige Drehachse einander zugeordnet sind. Üblicherweise wird die Aufstellung des Kristalls so gewählt, dass die zweizählige Drehachse horizontal angeordnet ist und mit der *b*-Achse zusammenfällt (Bild 1.42 b). Dann liegen ein Flächenpol auf der Oberseite (voll gezeichnet) und der andere Flächenpol auf der Unterseite (leer gezeichnet) der Projektionsebene des Stereogramms. Das Symbol für die zweizählige Drehachse wird im Stereogramm sowohl rechts als auch links an den beiden Punkten eingezeichnet, an denen die Drehachse die Polkugel durchsticht.

Gelegentlich wird die zweizählige Drehachse auch senkrecht aufgestellt, so dass sie mit der *c*-Achse zusammenfällt (Bild 1.42 c). In diesem Fall liegen beide Flächenpole auf einer Seite des Stereogramms, also entweder beide auf der Oberseite (Bild 1.42 d) oder beide auf der Unterseite. Das Symbol für die zweizählige Drehachse erscheint dann im Zentrum des Stereogramms (in welches hier außerdem die Spuren der Achsenebenen eingezeichnet sind).

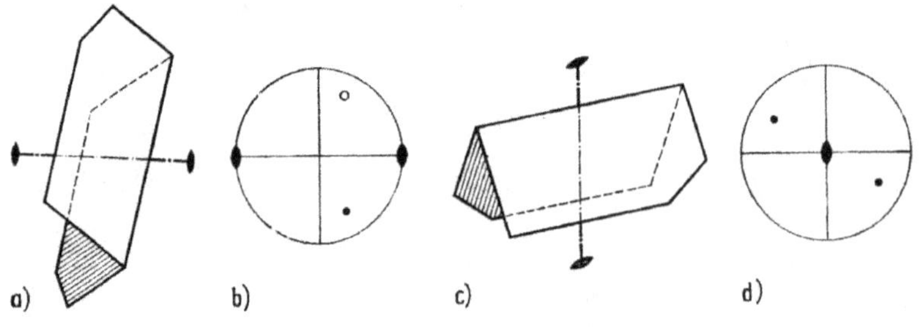

Bild 1.42. *Die zweizählige Drehachse.*

a) Sphenoid; b) Stereogramm (Drehachse horizontal); c) Sphenoid; d) Stereogramm (Drehachse vertikal).

Besondere Fälle sind dann gegeben, wenn die Flächen eine spezielle Lage zur Drehachse einnehmen: Wenn eine Fläche parallel zur Achse angeordnet ist, muss das auch die zugeordnete zweite Fläche sein, d. h., wir haben ein Paar paralleler Flächen, ein *Pinakoid* (griech. πιναкоς: Tafel) oder *Paralleloeder* (Parallelflächner). Die Pole derartiger Pinakoide würden im Stereogramm, Bild 1.42 b, auf der Spur des vertikalen Großkreises (*a*-*c*-Ebene) und im Stereogramm, Bild 1.42d, auf dem Grundkreis des Stereogramms (*a*-*b*-Ebene) liegen. Man kann ein Pinakoid auch als Grenzfall eines Sphenoides (mit einem Keilwinkel von 0°) auffassen. Hingegen kommt eine Fläche, die senkrecht zur Drehachse steht, durch die Drehung nur wieder mit sich selbst zur Deckung; die Fläche bleibt am Kristall einzeln und wird *Pedion* (griech. πεδιον: Ebene) oder Monoeder (Einflächner) genannt. In diesem Fall trägt die Fläche die Symmetrie einer zweizähligen Drehung in sich selbst und hat insofern eine andere Qualität als die übrigen Kristallflächen.

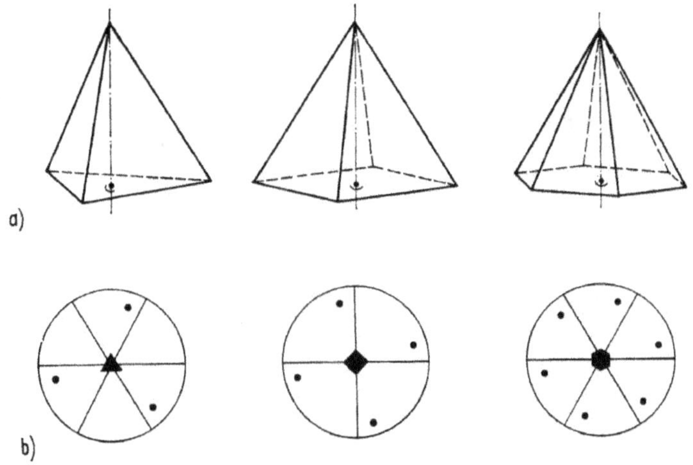

Bild 1.43. *Die dreizählige, vierzählige und sechszählige Drehachse.*

a) trigonale, tetragonale und hexagonale Pyramide; b) zugehörige Stereogramme.

Die höherzähligen Drehachsen werden gewöhnlich vertikal als *c*-Achse aufgestellt (Bild 1.43). Bei einer dreizähligen Drehachse müssen zu einer beliebigen Fläche am Kristall noch zwei weitere Flächen vorhanden sein, die sich miteinander (alle übrigen Flächen des Kristalls fortgelassen) zu einer dreiseitigen Pyramide zusammenfügen. Entsprechend wird eine vierzählige Drehachse durch eine vierseitige Pyramide und eine sechszählige Drehachse durch eine sechsseitige Pyramide gekennzeichnet, wie es im Bild 1.43 mit den zugehörigen Stereogrammen dargestellt ist. (Die Basisflächen der Pyramiden gehören selbstverständlich nicht dazu.) Sofern die Ausgangsfläche parallel zur *c*-Achse angeordnet ist, haben wir ein trigonales, ein tetragonales oder ein hexagonales Prisma, die gewissermaßen den Grenzfall der betreffenden Pyramiden darstellen. Wenn die Ausgangsfläche senkrecht zur *c*-Achse angeordnet ist, kann keine Pyramide entstehen, sondern die Fläche stellt ein einzelnes Pedion dar, welches in diesen Fällen als *Basisfläche* oder kurz *Basis* bezeichnet wird, welche in sich die betreffende Symmetrie enthält.

1.5.2. Analytische Darstellung von Drehungen

Durch eine Drehung werde ein Punkt X mit den Koordinaten x, y, z mit einem Punkt X' mit den Koordinaten x', y', z' zur Deckung gebracht. Diese Symmetrieoperation lässt sich analytisch durch eine lineare Transformation der Koordinaten darstellen, die für eine durch den Ursprung des Koordinatensystems verlaufende Drehachse in der folgenden allgemeinen Form geschrieben werden kann:

$$x' = s_{11}x + s_{12}y + s_{13}z$$
$$y' = s_{21}x + s_{22}y + s_{23}z$$
$$z' = s_{31}x + s_{32}y + s_{33}z.$$

Die Koeffizienten s_{ij} dieses homogenen linearen Gleichungssystems kann man zu einer Matrix zusammenstellen, durch welche die Symmetrieoperation beschrieben bzw. repräsentiert wird:

$$\begin{pmatrix} s_{11} & s_{12} & s_{13} \\ s_{21} & s_{22} & s_{23} \\ s_{31} & s_{32} & s_{33} \end{pmatrix}.$$

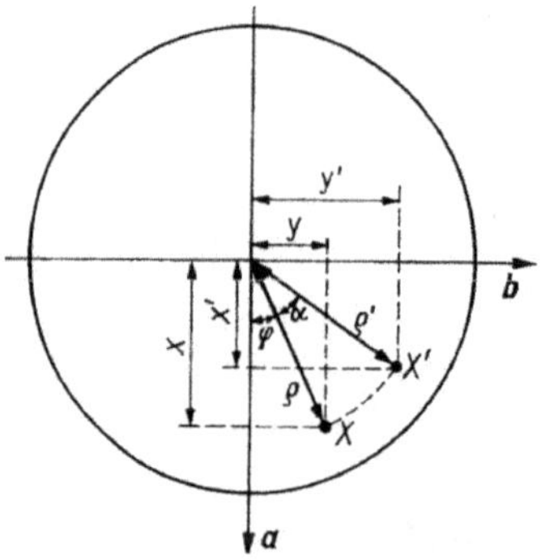

Bild 1.44. *Drehung um einen Winkel α um die c-Achse.*

Bei einer Drehung um einen Winkel α um die c-Achse (z-Achse) gelten für die Koordinaten der Punkte X und X' in einem kartesischen Koordinatensystem die Beziehungen (Bild 1.44):

$$x = \rho \cos \varphi; \qquad x' = \rho' \cos (\varphi + \alpha)$$
$$y = \rho \sin \varphi; \qquad y' = \rho' \sin (\varphi + \alpha).$$

(Die Punkte X und X' können sowohl als Punkte eines Kristalls bzw. einer Kristallstruktur mit dem Abstand ρ bzw. ρ' vom Ursprung als auch als Pole von Kristallflächen auf der Polkugel mit dem Polabstand ρ bzw. ρ' interpretiert werden.) Bei einer Drehung um den Ursprung hat man $\rho = \rho'$, und unter Anwendung der Additionstheoreme erhält man:

$$x' = x \cos \alpha - y \sin \alpha$$
$$y' = x \sin \alpha + y \cos \alpha$$
$$z' = z$$

(die z-Koordinate bleibt ungeändert). Mithin hat die diese Drehung darstellende Matrix folgendes Aussehen:

$$\begin{pmatrix} \cos \alpha & -\sin \alpha & 0 \\ \sin \alpha & \cos \alpha & 0 \\ 0 & 0 & 1 \end{pmatrix}.$$

Für den, der mit der Matrizenrechnung näher vertraut ist, sei angemerkt, dass sich die Determinante dieser Matrix stets zu $\cos^2\alpha + \sin^2\alpha = 1$ berechnet. Da die Determinante gegenüber einer Transformation des Achsensystems invariant ist, folgt, dass die Determinante einer eine Drehung darstellenden Matrix stets den Wert 1 hat. Ihre Spur beträgt $1 + 2\cos\alpha$ und ist gleichfalls invariant.

Beispielsweise hat für eine Drehung um den Winkel $\alpha = 90°$ (entsprechend einer vierzähligen Drehachse) die Matrix nach Einsetzen der betreffenden Werte der Winkelfunktionen die Gestalt

$$\begin{pmatrix} 0 & -1 & 0 \\ 1 & 0 & 0 \\ 0 & 0 & 1 \end{pmatrix} \quad \text{mit der Bedeutung} \quad \begin{array}{l} x' = -y \\ y' = x \\ z' = z. \end{array}$$

Die Matrixschreibweise hat den Vorteil, dass sich die Aufeinanderfolge (Verknüpfung) von Symmetrieoperationen sehr übersichtlich durchführen lässt: Werden durch eine Symmetrieoperation der Punkt X mit dem Punkt X' und durch eine weitere Symmetrieoperation der Punkt X' mit einem Punkt X'' zur Deckung gebracht, so entspricht das zusammen einer Symmetrieoperation, die den Punkt X unmittelbar mit dem Punkt X'' zur Deckung bringt. Man erhält die Matrix dieser resultierenden Symmetrieoperation, indem man die Matrizen der ersten beiden Symmetrieoperationen miteinander multipliziert. Die Multiplikation zweier Matrizen ist auf folgende Weise definiert:

$$\begin{pmatrix} t_{11} & t_{12} & t_{13} \\ t_{21} & t_{22} & t_{23} \\ t_{31} & t_{32} & t_{33} \end{pmatrix} \bullet \begin{pmatrix} s_{11} & s_{12} & s_{13} \\ s_{21} & s_{22} & s_{23} \\ s_{31} & s_{32} & s_{33} \end{pmatrix} = \begin{pmatrix} r_{11} & r_{12} & r_{13} \\ r_{21} & r_{22} & r_{23} \\ r_{31} & r_{32} & r_{33} \end{pmatrix} \quad \text{mit } r_{ik} = \sum_{j=1}^{3} t_{ij} s_{jk}.$$

In das Kalkül der Matrixmultiplikation können auch die Koordinaten einbezogen werden, indem man sie als Spaltenmatrix schreibt:

$$\begin{pmatrix} x'' \\ y'' \\ z'' \end{pmatrix} = \begin{pmatrix} t_{11} & t_{12} & t_{13} \\ t_{21} & t_{22} & t_{23} \\ t_{31} & t_{32} & t_{33} \end{pmatrix} \bullet \begin{pmatrix} x' \\ y' \\ z' \end{pmatrix} = \begin{pmatrix} t_{11} & t_{12} & t_{13} \\ t_{21} & t_{22} & t_{23} \\ t_{31} & t_{32} & t_{33} \end{pmatrix} \bullet \begin{pmatrix} s_{11} & s_{12} & s_{13} \\ s_{21} & s_{22} & s_{23} \\ s_{31} & s_{32} & s_{33} \end{pmatrix} \bullet \begin{pmatrix} x \\ y \\ z \end{pmatrix} = \begin{pmatrix} r_{11} & r_{12} & r_{13} \\ r_{21} & r_{22} & r_{23} \\ r_{31} & r_{32} & r_{33} \end{pmatrix} \bullet \begin{pmatrix} x \\ y \\ z \end{pmatrix}$$

bzw. $x''_i = \sum_j t_{ij} x'_j = \sum_{j,k} t_{ij}\, s_{jk}\, x_k = \sum_k r_{ik} x_k$

(mit $x_2 \equiv y$; $x_3 \equiv z$; $x'_2 \equiv y'$; $x'_3 \equiv z'$; $x_2'' \equiv y''$; $x_3'' \equiv z''$).

Die Multiplikation von Matrizen ist im Allgemeinen nicht kommutativ, d. h., die Reihenfolge der Matrizen in einem Produkt ist im allgemeinen nicht vertauschbar. Leider ist die Schreibweise der Reihenfolge bei den verschiedenen Autoren nicht einheitlich. Am zweckmäßigsten ist es, die Matrix der zuerst auszuführenden Symmetrieoperation nach rechts zu setzen, d. h., die Matrix (s_{jk}) (für die Transformation $X \rightarrow X'$) kommt zuerst zur Anwendung, dann folgt die Matrix (t_{ij}) (für $X' \rightarrow X''$). Es können auch mehr als zwei Symmetrieoperationen aufeinanderfolgen und dementsprechend mehr als zwei Matrizen miteinander multipliziert werden. Die Multiplikation von Matrizen ist assoziativ, d. h., das Ergebnis ist unabhängig von der Reihenfolge der Ausführung der einzelnen Multiplikationen.

Entsprechend ergeben zwei (oder mehrere) Drehungen, führt man sie nacheinander aus, als resultierende Symmetrieoperation wieder eine Drehung, die im Allgemeinen von der Reihenfolge, in der man die einzelnen Drehungen ausführt, abhängig ist. Lediglich bei Drehungen um dieselbe Achse spielt deren Reihenfolge keine Rolle, solche Drehungen sind kommutativ.

Die Matrix einer Drehung um 180° um die c-Achse (entsprechend einer zweizähligen Drehachse) kann man mithin gewinnen, indem man entweder in die obige Matrix für eine Drehung um die c-Achse den Winkel $\alpha = 180°$ einsetzt oder zwei Drehungen um 90° aufeinanderfolgen lässt:

$$\begin{pmatrix} 0 & \bar{1} & 0 \\ 1 & 0 & 0 \\ 0 & 0 & 1 \end{pmatrix} \bullet \begin{pmatrix} 0 & \bar{1} & 0 \\ 1 & 0 & 0 \\ 0 & 0 & 1 \end{pmatrix} = \begin{pmatrix} \bar{1} & 0 & 0 \\ 0 & \bar{1} & 0 \\ 0 & 0 & 1 \end{pmatrix}$$

(Aus Platzgründen werden Minuszeichen über die betreffenden Koeffizienten gesetzt.)

Zu einer vierzähligen Achse gehören insgesamt vier Symmetrieoperationen, nämlich Drehungen um $\alpha = 90°$, $180°$, $270°$ und $360°$, deren Matrizen sich gleichfalls entweder durch Einsetzen des betreffenden Winkels α oder durch Aufeinanderfolge (also die Multiplikation der Matrizen) von Drehungen um 90° gewinnen lassen:

$$\begin{pmatrix} 0 & \bar{1} & 0 \\ 1 & 0 & 0 \\ 0 & 0 & 1 \end{pmatrix} \text{für } 90°; \begin{pmatrix} \bar{1} & 0 & 0 \\ 0 & \bar{1} & 0 \\ 0 & 0 & 1 \end{pmatrix} \text{für } 180°; \begin{pmatrix} 0 & 1 & 0 \\ \bar{1} & 0 & 0 \\ 0 & 0 & 1 \end{pmatrix} \text{für } 270°; \begin{pmatrix} 1 & 0 & 0 \\ 0 & 1 & 0 \\ 0 & 0 & 1 \end{pmatrix} \text{für } 360° .$$

Bisher wurden Drehungen um die *c*-Achse bzw. [001] betrachtet. Für Drehungen um die *a*-Achse bzw. [100] oder um die *b*-Achse bzw. [010] hat man die Koeffizienten in den Matrizen entsprechend zu vertauschen und erhält

$$\begin{pmatrix} 1 & 0 & 0 \\ 0 & \cos\alpha & -\sin\alpha \\ 0 & \sin\alpha & \cos\alpha \end{pmatrix} \text{für [100], sowie} \begin{pmatrix} \cos\alpha & 0 & \sin\alpha \\ 0 & 1 & 0 \\ -\sin\alpha & 0 & \cos\alpha \end{pmatrix} \text{für [010]}$$

als Drehachsen. In Tab. 1.3 (S. 64) sind die Matrizen der erzeugenden Drehungen für alle kristallographischen Drehachsen (unter Berücksichtigung auch von diagonalen Achsenrichtungen) aufgeführt. Aus ihnen kann man die Matrizen für die Drehungen um die zugehörigen größeren Drehwinkel durch wiederholte Multiplikation der erzeugenden Matrizen miteinander leicht selbst herleiten. Die Matrizen für weitere Achsenrichtungen erhält man durch entsprechende Vertauschungen der Koordinatenachsen bzw. der betreffenden Koeffizienten in den Matrizen.

Wird durch eine Symmetrieoperation ein Punkt X mit dem Punkt X' zur Deckung gebracht, so gibt es auch eine inverse Symmetrieoperation, die umgekehrt den Punkt X' mit dem Punkt X zur Deckung bringt. Die inverse Symmetrieoperation einer Drehung um einen Winkel α ist die Drehung um den Winkel $-\alpha$ (bzw. $360° - \alpha$). Vergleicht man die Matrizen beider Drehungen,

$$\begin{pmatrix} \cos\alpha & -\sin\alpha & 0 \\ \sin\alpha & \cos\alpha & 0 \\ 0 & 0 & 1 \end{pmatrix} \text{für } \alpha, \text{ sowie} \begin{pmatrix} \cos\alpha & \sin\alpha & 0 \\ -\sin\alpha & \cos\alpha & 0 \\ 0 & 0 & 1 \end{pmatrix} \text{für } -\alpha,$$

so stellt man fest, dass die inverse Matrix mit der transponierten Matrix übereinstimmt, die aus der ursprünglichen Matrix durch Vertauschen von Zeilen und Spalten entsteht. Matrizen mit dieser Eigenschaft werden als orthogonal bezeichnet. Allgemein erfolgt die Bildung einer inversen Matrix nach dem Schema zur Bildung reziproker Tensoren (vgl. Abschn. 4.3.1). Das Produkt einer Matrix mit ihrer inversen Matrix ergibt die Einheitsmatrix, bestehend aus $s_{ij} = 1$ für $i = j$ sowie $s_{ij} = 0$ für $i \neq j$. Die Matrizen der kristallographischen Symmetrieoperationen sind jedoch (bezüglich der kristallographischen Achsensysteme) durchweg orthogonal, so dass sich die Matrix einer inversen Symmetrieoperation sofort in Gestalt der transponierten Matrix hinschreiben lässt. Lediglich die Matrizen für die Darstellung von Symmetrieoperationen in einem hexagonalen Achsensystem sind hiervon ausgenommen; diese Matrizen sind im Allgemeinen nicht orthogonal.

1.5.3. Spiegelebene und Inversionszentrum

Die Symmetrieoperation der Spiegelung an einer Spiegelebene dürfte von der täglichen Anschauung eines Spiegels her jedem bekannt sein. Eine Spiegelebene bewirkt, dass zu jeder Fläche am Kristall, die nicht senkrecht zur Spiegelebene steht, eine zweite spiegelbildliche Fläche existiert (Bild 1.45; die spiegelbildliche Fläche ist natürlich real, im Gegensatz zum virtuellen Spiegelbild eines Spiegels). Beide Flächen schneiden sich in einer Kante, die in der Spiegelebene verläuft; das Flächenpaar heißt *Doma* (griech. δῶμα : Haus, Dach). Vergleicht man das Doma mit dem Sphenoid (Bild 1.42), so gibt es zwischen ihnen metrisch keinen Unterschied, weshalb man beide Formen auch unter der gemeinsamen Bezeichnung *Dieder* (Zweiflächner) zusammenfasst. Die gegenseitige Relation der beiden Flächen ist beim Doma jedoch grundsätzlich anders als beim Sphenoid, was auf den Bildern durch die abgeschnittenen Ecken angedeutet wird.

Die beiden Flächen eines Sphenoids werden durch eine Drehung, also durch eine reale Bewegung miteinander zur Deckung gebracht. Das ist jedoch bei den Flächen eines Domas (sofern Außen- und Innenseite nicht vertauscht werden dürfen) nicht möglich. Man kann deren Relation mit der Beziehung zwischen der rechten und der linken Hand vergleichen. Spiegelbildliche Objekte lassen sich nicht durch eine reale Bewegung miteinander zur Deckung bringen. Sie sind nicht im strengen Sinne kongruent, sondern nur spiegelgleich.

Wenn im speziellen Fall die Ausgangsfläche parallel zur Spiegelebene liegt, entsteht ein paralleles Flächenpaar, d. h. ein *Pinakoid*. Eine Fläche, die senkrecht zur Spiegelebene steht, wird durch die Spiegelung nur mit sich selbst zur Deckung gebracht und bleibt am Kristall einzeln als Pedion. Eine solche Fläche ist in diesem Fall in sich spiegelsymmetrisch.

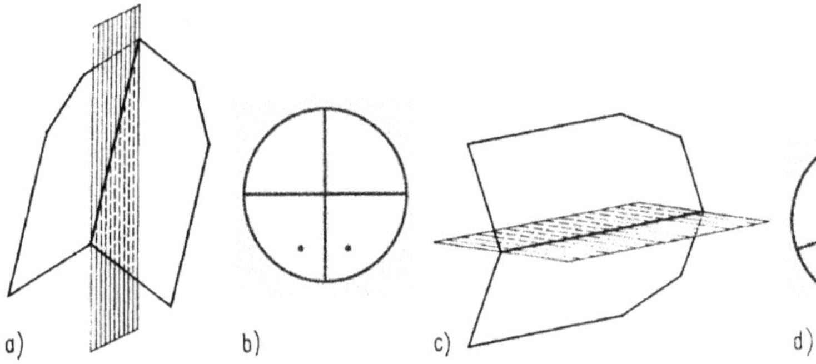

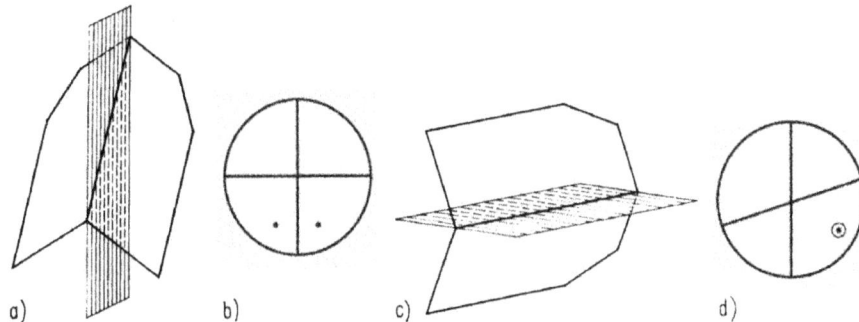

Bild 1.45*. Die Spiegelebene.*

a) Doma; b) Stereogramm (Spiegelebene vertikal); c) Doma; d) Stereogramm (Spiegelebene horizontal).

Im Stereogramm wird eine Spiegelebene dargestellt, indem man ihre Spur als fett gedruckte Linie hervorhebt; eine horizontale Spiegelebene (senkrecht zur *c*-Achse) wird durch eine Verstärkung des Grundkreises des Stereogramms angedeutet (Bild 1.45). Das Schriftsymbol für eine Spiegelebene ist *m*. Analytisch bedeutet eine Spiegelung die Umkehr der auf der Spiegelebene senkrechten Koordinate, so dass – wenn es sich um die Achsen handelt – die betreffenden Matrizen unmittelbar hingeschrieben werden können:

$$\begin{pmatrix} \bar{1} & 0 & 0 \\ 0 & 1 & 0 \\ 0 & 0 & 1 \end{pmatrix} \text{für } m \perp \boldsymbol{a} \text{ bzw. in } (100) \quad \begin{pmatrix} 1 & 0 & 0 \\ 0 & \bar{1} & 0 \\ 0 & 0 & 1 \end{pmatrix} \text{für } m \perp \boldsymbol{b} \text{ bzw. in } (010) \quad \begin{pmatrix} 1 & 0 & 0 \\ 0 & 1 & 0 \\ 0 & 0 & \bar{1} \end{pmatrix} \text{für } m \perp \boldsymbol{c} \text{ bzw. in } (001).$$

Matrizen für Spiegelebenen in anderer Lage sind in Tab. 1.3 enthalten. Die Determinanten der eine Spiegelung darstellenden Matrizen haben stets den Wert −1, worin die spiegelbildliche Vertauschung der Orientierung der Koordinaten zum Ausdruck kommt.

Die *Inversion* ist eine Operation, bei der sämtliche Koordinaten umgekehrt werden, d. h., die darstellende Matrix hat folgende einfache Gestalt:

$$\begin{pmatrix} \bar{1} & 0 & 0 \\ 0 & \bar{1} & 0 \\ 0 & 0 & \bar{1} \end{pmatrix} \quad \text{mit der Bedeutung} \quad \begin{aligned} x' &= -x \\ y' &= -y \\ z' &= -z. \end{aligned}$$

Anschaulich kann man eine Inversion als eine Projektion durch einen Punkt, nämlich den Ursprung des Koordinatensystems, deuten, der in dieser Eigenschaft als *Inversionszentrum, Symmetriezentrum* oder kurz als *Zentrum* bezeichnet wird. Morphologisch erkennt man an einem Kristallpolyeder das Vorliegen eines Inversionszentrums daran, dass zu jeder Fläche eine parallele Gegenfläche auf der gegenüberliegenden Seite des Kristallpolyeders vorhanden ist (Bild 1.46). Die einander zugeordneten Flächen können (sofern Außen- und Innenseite nicht vertauscht werden dürfen) nicht durch eine reale Bewegung miteinander zur Deckung gebracht werden; sie sind wie bei einer Spiegelebene nicht kongruent, sondern spiegelgleich. Die Determinante der Inversionsmatrix hat den Wert −1. Das Schriftsymbol für das Inversionszentrum ist $\bar{1}$ (sprich: „eins quer"); als bildliches Symbol wird ein kleiner Kreis gezeichnet.

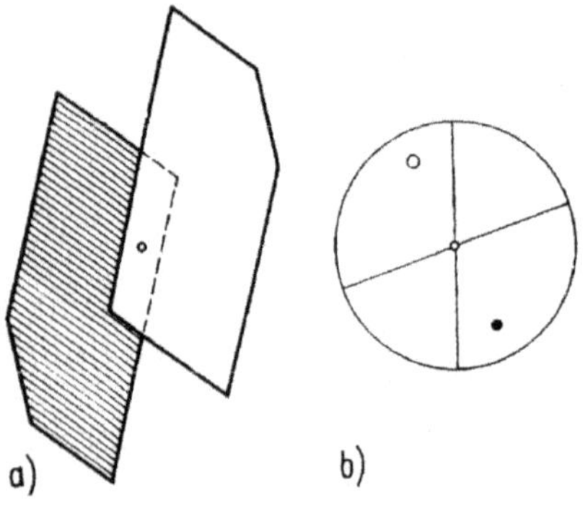

Bild 1.46. *Das Inversionszentrum.*
a) Parallelflächenpaar (Pinakoid); b) Stereogramm.

1.5.4. Drehinversionsachsen und Drehspiegelachsen

Neben den Drehungen, der Spiegelung und der Inversion gibt es an Kristallen noch etwas kompliziertere Symmetrieoperationen, die Drehinversionen und die Drehspiegelungen. Eine Drehinversion (oder Inversionsdrehung) ist eine Symmetrieoperation, bei der eine Drehung und die Inversion gleichzeitig ausgeführt werden; die betreffende Achse wird als *Drehinversionsachse, Inversionsdrehachse* oder *Gyroide* bezeichnet. Zur Beschreibung dieser Symmetrieoperationen geht man am besten von der Matrixdarstellung aus: Man gewinnt die Matrix einer Drehinversion, indem man die Matrix einer gewöhnlichen Drehung um den betreffenden Winkel α (um die c-Achse) mit der Inversionsmatrix multipliziert:

$$\begin{pmatrix} \bar{1} & 0 & 0 \\ 0 & \bar{1} & 0 \\ 0 & 0 & \bar{1} \end{pmatrix} \bullet \begin{pmatrix} \cos\alpha & -\sin\alpha & 0 \\ \sin\alpha & \cos\alpha & 0 \\ 0 & 0 & 1 \end{pmatrix} = \begin{pmatrix} -\cos\alpha & \sin\alpha & 0 \\ -\sin\alpha & -\cos\alpha & 0 \\ 0 & 0 & \bar{1} \end{pmatrix}$$

mit der Bedeutung: $x' = -x\cos\alpha + y\sin\alpha$
$y' = -x\sin\alpha - y\cos\alpha$
$z' = -z.$

(Die Determinante der Matrix einer Drehinversion berechnet sich demnach stets zu $-\cos^2\alpha - \sin^2\alpha = -1$ und ihre Spur zu $-2\cos\alpha - 1$.) Geht man beispielsweise von der Matrix für eine Drehung um den Winkel $\alpha = 90°$ aus, so erhält man

$$\begin{pmatrix} \bar{1} & 0 & 0 \\ 0 & \bar{1} & 0 \\ 0 & 0 & \bar{1} \end{pmatrix} \bullet \begin{pmatrix} 0 & \bar{1} & 0 \\ 1 & 0 & 0 \\ 0 & 0 & 1 \end{pmatrix} = \begin{pmatrix} 0 & 1 & 0 \\ \bar{1} & 0 & 0 \\ 0 & 0 & \bar{1} \end{pmatrix} \quad \text{mit der Bedeutung:} \quad \begin{aligned} x' &= y \\ y' &= -x \\ z' &= -z. \end{aligned}$$

Die betreffende Drehinversionsachse wird mit $\bar{4}$ (sprich: „vier quer") symbolisiert.

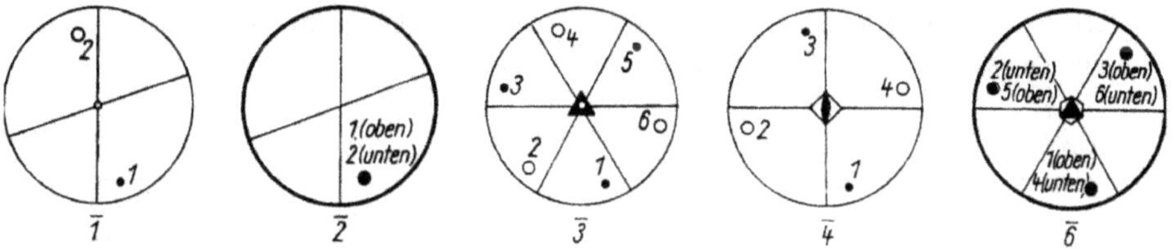

Bild 1.47. *Die Drehinversionsachsen (Stereogramm).*

Die Zahlen an den Polen geben die Reihenfolge ihrer Entstehung aus dem ersten Pol bei fortgesetzter Aufeinanderfolge der betreffenden Symmetrieoperationen an.

Für eine anschauliche Deutung einer solchen Drehinversion kann man sich zunächst die betreffende Drehung und anschließend die Inversion ausgeführt denken. Dieser Vorgang lässt sich am besten anhand des Stereogramms für $\bar{4}$ im Bild 1.47 verfolgen. Ausgehend von einem Flächenpol 1 (oben) gelangt man durch eine Drehung um 90° zunächst zur Position 4 (jedoch oben) und erhält dann durch die Inversion den Flächenpol 2 (unten). Wiederholen wir die Operation, so gelangt man vom Flächenpol 2 zum Flächenpol 3 (oben), bei nochmaliger Wiederholung vom Flächenpol 3 zum Flächenpol 4 (unten) und schließlich bei abermaliger Wiederholung vom Flächenpol 4 wieder zum Flächenpol 1. Übrigens liefert die umgekehrte Reihenfolge der Operationen (erst Inversion, dann Drehung) jeweils dieselbe Drehinversion, so dass auch die Bezeichnungen Inversionsdrehung bzw. Inversionsdrehachse zutreffend sind. Man beachte jedoch, dass bei einer $\bar{4}$-Achse nur Drehinversionen (Inversionsdrehungen) als solche, also die gekoppelten Operationen von Drehung und Inversion als Symmetrieoperationen auftreten; am betreffenden Kristall sind einzeln weder eine vierzählige Drehachse noch ein Inversionszentrum vorhanden. Allerdings enthält die $\bar{4}$-Achse, wie aus dem Stereogramm deutlich wird, noch eine gewöhnliche zweizählige Drehachse. Die beiden durch die zweizählige Drehachse aufeinander bezogenen Flächenpole auf der Oberseite bilden für sich ein Sphenoid. Entsprechend bilden die beiden Flächenpole auf der Unterseite ein (um 90° versetztes) Sphenoid. Beide Sphenoide schließen sich zu einem (aus vier Flächen bestehenden) tetragonalen Disphenoid zusammen (Bild 1.48); ein Körper, der uns im Alltag als Verpackungsform für Flüssigkeiten bekannt ist.

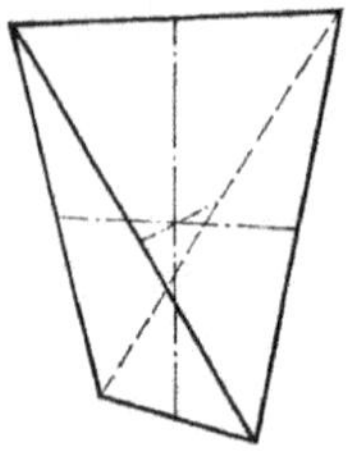

Bild 1.48. *Tetragonales Disphenoid.*

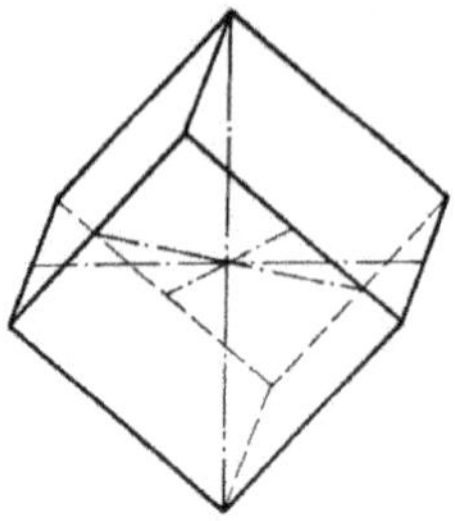

Bild 1.49. *Rhomboeder.*

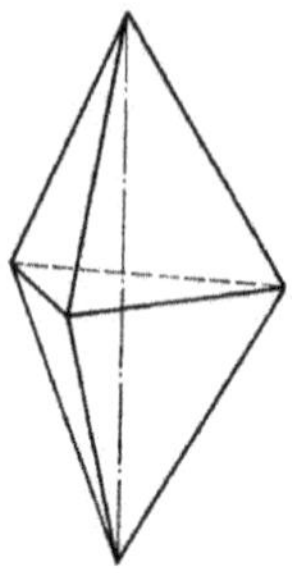

Bild 1.50. *Trigonale Dipyramide.*

Betrachten wir noch kurz die anderen Drehinversionsachsen (Tab. 1.2): Man erhält sie wie die $\bar{4}$-Achse durch die Kopplung der entsprechenden (kristallographischen) Drehungen mit der Inversion und gelangt so zu den Drehinversionsachsen $\bar{2}$, $\bar{3}$ und $\bar{6}$, deren erzeugende Matrizen in Tab. 1.3 (S. 64) aufgeführt sind. In diese Reihe kann auch noch die Inversion $\bar{1}$ als Produkt der Einheitsmatrix („einzählige" Drehung) mit der Inversionsmatrix aufgenommen werden. Betrachten wir die betreffenden Stereogramme (Bild 1.47), so erweist sich die Drehinversionsachse $\bar{2}$ als identisch mit einer Spiegelebene m senkrecht zu dieser Achse.

Tabelle 1.2. *Die Drehinversionsachsen.*

	$\bar{1}$	$\bar{2} = m$	$\bar{3}$	$\bar{4}$	$\bar{6}$
Symbole	○	▬	△	◆	▲
Enthaltene Symmetrieelemente			3; $\bar{1}$	2	3; m
Äquivalente Drehspiegelachsen	S_2	S_1	S_6	S_4	S_3

Die Drehinversionsachse $\bar{3}$ bedingt drei Flächenpole auf der Oberseite, die für sich eine trigonale Pyramide bilden (vgl. Bild 1.43), sowie drei Flächenpole auf der Unterseite, die gleichfalls eine (um 60° versetzte) trigonale Pyramide bilden, deren Spitze nach unten weist. Beide Pyramiden schließen sich zu einem (aus sechs Flächen bestehenden) Rhomboeder zusammen (Bild 1.49). Die $\bar{3}$-Achse ist also sechszählig; sie enthält zugleich eine dreizählige Drehachse und ein Inversionszentrum.

Die Drehinversionsachse $\bar{6}$ bedingt je drei Pole auf der Oberseite und auf der Unterseite, die für sich jeweils trigonale Pyramiden darstellen und mit ihren Grundflächen aufeinander passen. Es entsteht eine trigonale Dipyramide (Bild 1.50). Eine $\bar{6}$-Achse enthält zugleich eine dreizählige Achse und eine $\bar{2}$-Achse, d. h., es ist eine horizontale Spiegelebene vorhanden.

Wie bei den normalen Drehachsen gibt es auch bei den Drehinversionsachsen spezielle Fälle, bei denen die Flächen spezielle Lagen zur Drehinversionsachse einnehmen. Ist die Ausgangsfläche senkrecht zur Drehinversionsachse angeordnet, entsteht in allen Fällen ein Basisflächenpaar (Pinakoid); ist die Ausgangsfläche parallel zur Drehinversionsachse angeordnet, entstehen Prismen, und zwar ein sechsseitiges bei $\bar{3}$ (!), ein vierseitiges bei $\bar{4}$ und ein dreiseitiges bei $\bar{6}$ (!).

Die durch die Drehinversionsachsen vermittelten Symmetrieoperationen lassen sich auch in der Weise erzeugen, dass eine Drehung mit einer Spiegelung an der zur Drehachse senkrechten Ebene gekoppelt wird. Solche Symmetrieoperationen werden als Drehspiegelungen und die betreffenden Achsen als Drehspiegelachsen bezeichnet. Durch Multiplikation der betreffenden Matrizen oder anhand der Stereogramme lässt sich leicht zeigen, dass auf diese Weise dieselben Symmetrieoperationen entstehen wie bei den Drehinversionsachsen, nur in einer etwas anderen Reihenfolge. Nach einer älteren Symbolik werden die Drehspiegelachsen entsprechend der Zähligkeit der zugrunde liegenden Drehung mit S_1, S_2, S_3, S_4 und S_6 bezeichnet. S_1 entspricht einer Spiegelebene m und S_2 einem Inversionszentrum $\overline{1}$; außerdem sind S_3 und $\overline{6}$, S_4 und $\overline{4}$ sowie S_6 und $\overline{3}$ einander äquivalent.

1.5.5. Symmetrieelemente und Kristallklassen

Drehachsen und Drehinversionsachsen (einschließlich Spiegelebenen und Inversionszentrum) werden zusammenfassend als *Symmetrieelemente* bezeichnet. Zu einem Symmetrieelement gehört jeweils eine bestimmte Anzahl von Symmetrieoperationen, zu einer vierzähligen Drehachse z. B. Drehungen um 90°, 180°, 270° und 360°. Die zu einem Symmetrieelement gehörenden Symmetrieoperationen gehen aus einer erzeugenden Symmetrieoperation (im Beispiel einer vierzähligen Drehung um 90°) durch deren fortgesetzte Wiederholung hervor und bilden im mathematischen Sinne eine zyklische Gruppe. Geometrisch anschaulich ist ein Symmetrieelement (als Achse oder als Ebene) ein Unterraum des dreidimensionalen Raumes, der durch die betreffenden Symmetrieoperationen mit sich selbst zur Deckung gebracht wird bzw. (bis auf eine Vorzeichenumkehr bei den Drehinversionsachsen) invariant bleibt. Alle genannten Symmetrieelemente lassen mindestens einen Punkt, nämlich den Ursprung des Koordinatensystems, invariant, weshalb man sie als *Punktsymmetrieelemente* bezeichnet.

Tabelle 1.3 gibt eine Zusammenstellung der Matrizen für die erzeugenden Symmetrieoperationen der kristallographischen Punktsymmetrieelemente in verschiedenen Lagen bezüglich des Achsensystems. Die Matrizen der übrigen, durch Wiederholung entstehenden Symmetrieoperationen erhält man durch wiederholte Multiplikation der erzeugenden Matrizen miteinander; die Matrizen für evtl. nicht berücksichtigte andere Lagen eines Symmetrieelements bezüglich des Achsensystems erhält man durch entsprechende Vertauschungen der Matrixelemente.

Nach den Sätzen der Matrizenrechnung sind sowohl die Determinante als auch die Spur einer Matrix gegenüber einer Transformation des Achsensystems invariant, d. h., ihre Werte bleiben für eine bestimmte Symmetrieoperation stets dieselben – unabhängig von der Wahl des Achsensystems oder von der Lage des Symmetrieelements. In Tab. 1.4 sind die betreffenden Werte für die kristallographischen Symmetrieoperationen zusammengestellt. Wie man sieht, kommt jede Wertekombination von Determinante und Spur nur einmal vor, d. h., man kann an dieser Wertekombination bei einer in analytischer Form gegebenen Symmetrieoperation das betreffende Symmetrieelement sofort erkennen.

Kristallographische Symmetrieoperationen müssen der Bedingung genügen, daß sie ein Gitter mit sich zur Deckung bringen. Das bedeutet, daß in einem dem Gitter angepaßten Achsensystem, in welchem die Gitterpunkte ganzzahlige Koordinaten haben, auch die Koeffizienten der Symmetrieoperationen, d. h. die Elemente der betreffenden Matrizen, ganzzahlig sein müssen. Infolgedessen muß auch die Spur dieser Matrizen ganzzahlig sein. Die Spur der Matrix für eine Drehung um den Winkel α hat den Wert $2\cos\alpha + 1$; die Spur der Matrix für eine Drehinversion hat den Wert $-2\cos\alpha - 1$. Beides führt auf die Bedingung: $\cos\alpha = n/2$ mit n als einer ganzen Zahl. Da $\cos\alpha$ nur Werte von -1 bis $+1$ annehmen kann, sind für n nur die ganzen Zahlen 0, ± 1 und ± 2 möglich, und der Winkel α kann nur die Werte 0°, 60°, 90°, 120°, 180°, 240°, 270°, 300° oder 360° annehmen. Diese einfache algebraische Betrachtung entspricht dem vorn geführten Beweis zur Beschränkung der Zähligkeit von (kristallographischen) Drehachsen und ist auch für die Drehinversionsachsen zutreffend: Bezüglich der makroskopischen Eigenschaften von Kristallen können also zufolge ihres Gitterbaus nur die bisher genannten zehn Arten von Symmetrieelementen 1, 2, 3, 4, 6, $\overline{1}$, $\overline{2}$, $\overline{3}$, $\overline{4}$, $\overline{6}$ vorkommen.

Tabelle 1.3. *Matrizen zur Darstellung kristallographischer Symmetrieoperationen (Auswahl).*

1	$\begin{pmatrix}1&0&0\\0&1&0\\0&0&1\end{pmatrix}$	Einheitsmatrix		$\bar{1}$	$\begin{pmatrix}\bar{1}&0&0\\0&\bar{1}&0\\0&0&\bar{1}\end{pmatrix}$	Inversion	
m_x (100)	$\begin{pmatrix}\bar{1}&0&0\\0&1&0\\0&0&1\end{pmatrix}$	m_y (010)	$\begin{pmatrix}1&0&0\\0&\bar{1}&0\\0&0&1\end{pmatrix}$	m_z (001)	$\begin{pmatrix}1&0&0\\0&1&0\\0&0&\bar{1}\end{pmatrix}$	m_{xy} (110)	$\begin{pmatrix}0&\bar{1}&0\\\bar{1}&0&0\\0&0&1\end{pmatrix}$
m_x^h $(2\bar{1}\bar{1}0)$	$\begin{pmatrix}\bar{1}&1&0\\0&1&0\\0&0&1\end{pmatrix}$	m_y^h $(\bar{1}2\bar{1}0)$	$\begin{pmatrix}1&0&0\\1&\bar{1}&0\\0&0&1\end{pmatrix}$	m_{2xy}^h $(10\bar{1}0)$	$\begin{pmatrix}\bar{1}&0&0\\\bar{1}&1&0\\0&0&1\end{pmatrix}$	m_{x2y}^h $(01\bar{1}0)$	$\begin{pmatrix}1&\bar{1}&0\\0&\bar{1}&0\\0&0&1\end{pmatrix}$
2_x [100]	$\begin{pmatrix}1&0&0\\0&\bar{1}&0\\0&0&\bar{1}\end{pmatrix}$	2_y [010]	$\begin{pmatrix}\bar{1}&0&0\\0&1&0\\0&0&\bar{1}\end{pmatrix}$	2_z [001]	$\begin{pmatrix}\bar{1}&0&0\\0&\bar{1}&0\\0&0&1\end{pmatrix}$	2_{xy} [110]	$\begin{pmatrix}0&1&0\\1&0&0\\0&0&\bar{1}\end{pmatrix}$
2_x^h [10.0]	$\begin{pmatrix}1&\bar{1}&0\\0&\bar{1}&0\\0&0&\bar{1}\end{pmatrix}$	2_y^h [01.0]	$\begin{pmatrix}\bar{1}&0&0\\\bar{1}&1&0\\0&0&\bar{1}\end{pmatrix}$	2_{2xy}^h [21.0]	$\begin{pmatrix}1&0&0\\1&\bar{1}&0\\0&0&\bar{1}\end{pmatrix}$	2_{x2y}^h [12.0]	$\begin{pmatrix}\bar{1}&1&0\\0&1&0\\0&0&\bar{1}\end{pmatrix}$
3_z^h [00.1]	$\begin{pmatrix}0&\bar{1}&0\\1&\bar{1}&0\\0&0&1\end{pmatrix}$	3_z^o [001]	$\begin{pmatrix}-1/2&-\sqrt{3}/2&0\\\sqrt{3}/2&-1/2&0\\0&0&1\end{pmatrix}$	3_{xyz} [111]	$\begin{pmatrix}0&0&1\\1&0&0\\0&1&0\end{pmatrix}$	$3_{x\bar{y}z}$ $[1\bar{1}1]$	$\begin{pmatrix}0&\bar{1}&0\\0&0&\bar{1}\\1&0&0\end{pmatrix}$
$\bar{3}_z^h$ [00.1]	$\begin{pmatrix}0&1&0\\\bar{1}&1&0\\0&0&\bar{1}\end{pmatrix}$	$\bar{3}_z^o$ [001]	$\begin{pmatrix}1/2&\sqrt{3}/2&0\\-\sqrt{3}/2&1/2&0\\0&0&1\end{pmatrix}$	$\bar{3}_{xyz}$ [111]	$\begin{pmatrix}0&0&\bar{1}\\\bar{1}&0&0\\0&\bar{1}&0\end{pmatrix}$	$\bar{3}_{x\bar{y}z}$ $[1\bar{1}1]$	$\begin{pmatrix}0&1&0\\0&0&1\\\bar{1}&0&0\end{pmatrix}$
4_x [100]	$\begin{pmatrix}1&0&0\\0&0&\bar{1}\\0&1&0\end{pmatrix}$	4_z [001]	$\begin{pmatrix}0&\bar{1}&0\\1&0&0\\0&0&1\end{pmatrix}$	$\bar{4}_x$ [100]	$\begin{pmatrix}\bar{1}&0&0\\0&0&1\\0&\bar{1}&0\end{pmatrix}$	$\bar{4}_z$ [001]	$\begin{pmatrix}0&1&0\\\bar{1}&0&0\\0&0&\bar{1}\end{pmatrix}$
6_z^h [00.1]	$\begin{pmatrix}1&\bar{1}&0\\1&0&0\\0&0&1\end{pmatrix}$	6_z^o [00.1]	$\begin{pmatrix}1/2&-\sqrt{3}/2&0\\\sqrt{3}/2&1/2&0\\0&0&1\end{pmatrix}$	$\bar{6}_z^h$ [00.1]	$\begin{pmatrix}\bar{1}&1&0\\\bar{1}&0&0\\0&0&\bar{1}\end{pmatrix}$	$\bar{6}_z^o$ [001]	$\begin{pmatrix}-1/2&\sqrt{3}/2&0\\-\sqrt{3}/2&-1/2&0\\0&0&\bar{1}\end{pmatrix}$

Tabelle 1.4. *Matrixinvarianten der erzeugenden Symmetrieoperationen.*

Symmetrieelement	1	2	3	4	6	$\bar{1}$	$\bar{2}$	$\bar{3}$	$\bar{4}$	$\bar{6}$
Drehwinkel α der erzeugenden Symmetrie-operation	360°	180°	120° 240°	90° 270°	60° 300°	360°	180°	120° 240°	90° 270°	60° 300°
Determinante	1	1	1	1	1	–1	–1	–1	–1	–1
Spur	3	–1	0	1	2	–3	1	0	–1	–2

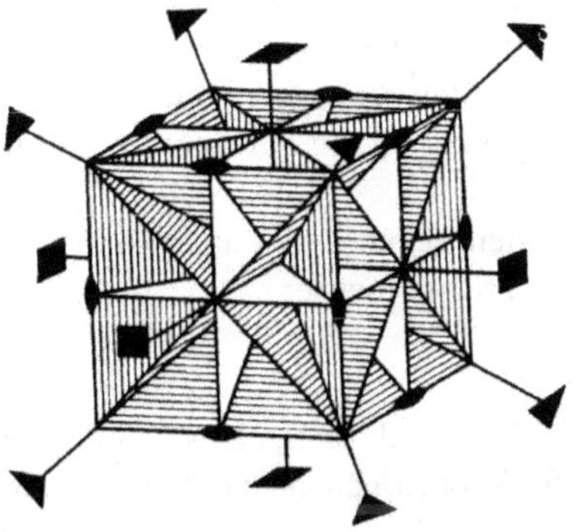

Bild 1.51. *Drehachsen und Spiegelebenen des Würfels.*

An einem Kristall können jedoch mehrere dieser Symmetrieelemente gleichzeitig vorhanden sein. Betrachten wir als Beispiel den Würfel. Er ist ein hochsymmetrischer Körper und besitzt eine ganze Anzahl von Symmetrieelementen (Bild 1.51). So finden wir am Würfel drei vierzählige Achsen (parallel zu den Würfelkanten durch seinen Mittelpunkt), vier dreizählige Achsen (von Ecke zu Ecke entlang der Raumdiagonalen, es sind zugleich Drehinversionsachsen $\bar{3}$) und sechs zweizählige Achsen (von Kantenmitte zu Kantenmitte parallel zu den Flächendiagonalen).

Daneben besitzt der Würfel insgesamt neun Spiegelebenen, und zwar senkrecht zu den vierzähligen und senkrecht zu den zweizähligen Drehachsen; außerdem hat er ein Inversionszentrum. So viele Symmetrieelemente wie der Würfel weisen allerdings nur einige Kristallarten auf.

Nun können Symmetrieelemente jedoch nicht willkürlich miteinander kombiniert werden, sondern es treten an Kristallen nur solche Kombinationen auf, die mit einem Gitter verträglich sind. Betrachten wir in dieser Hinsicht die Kombination irgend zweier Drehungen um eine Achse D und eine andere Achse E. Führt man zunächst eine Drehung um einen Winkel δ um die Achse D und anschließend eine Drehung um einen Winkel ε um die Achse E aus, so ist das Ergebnis eine (einfache) Drehung um eine dritte Achse F um einen gewissen Winkel φ. Die Achse F und den Drehwinkel φ findet man mit Hilfe der *EULERschen Konstruktion* (Bild 1.52):

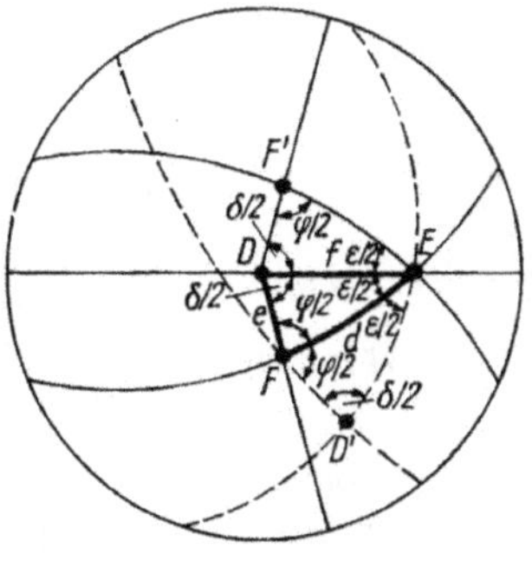

Bild 1.52. *Eulersche Konstruktion.*

Man verbinde D mit E auf der Polkugel bzw. im Stereogramm durch einen Großkreis. Dann zeichne man durch D je einen Großkreis im Winkel $+\delta/2$ und $-\delta/2$ und durch E je einen Großkreis im Winkel $+\varepsilon/2$ und $-\varepsilon/2$ zum Großkreis DE. Diese Großkreise schneiden sich in F und F' unter einem Winkel $\varphi/2$. Außerdem werde noch durch E ein Großkreis im Winkel $\varepsilon/2$ und durch F ein Großkreis im Winkel $-\varphi/2$ zum Großkreis EF gezeichnet, die sich beide in D' schneiden. Führen wir um D eine Drehung um den Winkel δ aus, so gelangt F in die Position F'. Führen wir anschließend um E eine Drehung um den Winkel ε aus, so gelangen wir wieder in die Position F zurück. Offensichtlich bleibt F durch die Kombination beider Drehungen unverändert, d. h., wir haben in F die gesuchte Achse der resultierenden Drehung gefunden. D bleibt durch die erste Drehung unverändert und gelangt durch die zweite Drehung um den Drehwinkel ε um die Achse E in die Position D'. Diese aus beiden Drehungen resultierende Bewegung von D nach D' erhält man jedoch offensichtlich auch durch eine Drehung um den Winkel $-\varphi$ um die Achse F, der mithin den gesuchten resultierenden Drehwinkel darstellt.

In dem durch D, E, F gebildeten sphärischen Dreieck mit den Seiten d, e, f und den Winkeln, $\delta/2$, $\varepsilon/2$, $\varphi/2$ gilt nach dem Winkelkosinussatz der sphärischen Trigonometrie:

$$\cos f = [\cos(\varphi/2) + \cos(\delta/2)\cos(\varepsilon/2)] \,/\, [\sin(\delta/2)\sin(\varepsilon/2)]\,.$$

Analoge Ausdrücke gelten für die Seiten d und e (vgl. S. 31). Nun sind als Deckoperationen eines Gitters sowohl für δ und ε als auch für φ nur Drehungen um die oben genannten „kristallographischen" Drehwinkel zulässig, so daß es für die Winkel d, e, f zwischen den Achsen nur eine begrenzte Anzahl von Werten geben kann. Untersucht man systematisch alle möglichen Fälle und scheidet triviale Lösungen (wie $\cos f = 1$, also $f = 0°$) und unmögliche Werte (wie $\cos f > 1$) aus, so gelangt man zu dem Ergebnis, daß es in einem Gitter, d. h. an Kristallen, nur die auf Bild 1.53 dargestellten sechs nichttrivialen Kombinationen von jeweils drei Drehachsen geben kann.

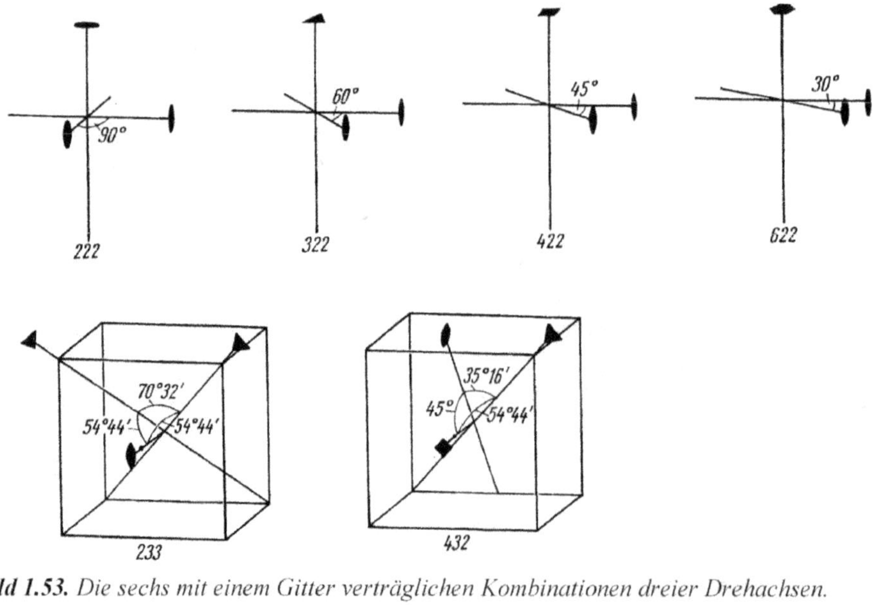

Bild 1.53. *Die sechs mit einem Gitter verträglichen Kombinationen dreier Drehachsen.*

Die nicht ganzzahligen Winkel folgen aus der Geometrie des Würfels: $\arctan\sqrt{2} \approx 54°44'$; $\arcsin 1/\sqrt{3} \approx 35°16'$ etc.

Analoge Beschränkungen gelten für eine Kombination von Drehinversionen miteinander oder mit Drehungen, was hier nicht im einzelnen ausgeführt wird. Eine Drehinversion erzeugt von einem Objekt ein spiegelgleiches Bild; eine zweite Drehinversion erzeugt aus dem letzteren wieder ein kongruentes Bild; d. h., das Resultat der Kombination zweier Drehinversionen ist eine gewöhnliche Drehung. Analog ist das Resultat der Kombination einer Drehinversion mit einer Drehung wieder eine Drehinversion.

Die erörterten Bedingungen für die Kombination von Drehungen bzw. Drehinversionen bedeuten eine drastische Beschränkung der Kombinationsmöglichkeiten von Symmetrieelementen an Kristallen.

Die systematische Untersuchung zeigt, dass es nur 32 verschiedene Kombinationen von Symmetrieelementen gibt, die diese Bedingungen einhalten; sie werden als *Kristallklassen* oder *Punktgruppen* bezeichnet (Tab. 1.5) und stellen im mathematischen Sinne eine Gruppe (Symmetriegruppe) dar. Hierbei sind die zehn verschiedenen Fälle schon mitgezählt, in denen nur ein einzelnes Symmetrieelement vorhanden ist. Diese erstmals von HESSEL (1830) abgeleiteten 32 Kristallklassen beschreiben die makroskopische Symmetrie der Kristalle (vgl. vorderes Vorsatzpapier).

Gemäß Tab. 1.5 gibt es zunächst die Kristallklassen mit einer einzelnen Drehachse n ($n = 1, 2, 3, 4, 6$) sowie jene mit einer einzelnen Drehinversionsachse $\overline{n}$. Die Kombination einer Drehachse n mit einer zu ihr senkrechten Spiegelebene m ergibt die Kristallklassen n/m, nämlich $2/m$, $4/m$ und $6/m$ (sprich: „zwei über m" usw.; der Bruchstrich kann auch horizontal geschrieben werden). Bemerkenswerterweise liefert $3/m = \overline{6}$ keine neue Kristallklasse, desgleichen nicht die Kombinationen $\overline{n}/m$ ($\overline{2}/m = m$; $\overline{3}/m = 6/m$; $\overline{4}/m = 4/m$; $\overline{6}/m = \overline{6}$). Aus der Kombination einer Drehachse bzw. einer Drehinversionsachse mit einer zu ihr parallelen Spiegelebene erhält man die Kristallklassen nm bzw. $\overline{n}m$. Die Kombination einer Drehachse mit einer zu ihr senkrechten zweizähligen Achse ergibt die Kristallklassen $n2$ (vgl. Bild 1.53), und die Hinzunahme einer Spiegelebene senkrecht zu einer dieser Drehachsen führt auf die Kristallklassen n/mm. Schließlich gibt es noch die fünf kubischen Kristallklassen, die aus einer Kombination von Drehachsen gemäß 233 und 432 im Bild 1.53 (die man am besten auf einen Würfel bezieht) hervorgehen; zu diesen Anordnungen können dann noch auf dreierlei Weise Spiegelebenen hinzugefügt werden.

In Tab. 1.5 ist zu jeder Kristallklasse (Punktgruppe) ein Satz erzeugender Symmetrieoperationen in der Notation der Tab. 1.3 angegeben. Ihre Hintereinanderausführung (fortgesetzte Multiplikation mit sich selbst) ergibt die erzeugenden Symmetrieelemente. Deren Kombination (fortgesetzte Multiplikation der Matrizen untereinander) liefert sämtliche Symmetrieoperationen, die den Kristall mit sich zur Deckung bringen. Diese Symmetrieoperationen bilden im Sinne der Mathematik eine Gruppe endlicher Ordnung. Die Ordnung wird durch die Anzahl der zugehörigen Symmetrieoperationen (bis zu 48 in der Punktgruppe $m\overline{3}m$) gegeben und ist gleichfalls in Tab. 1.5 aufgeführt.

In manchen Fällen kann man einen Satz erzeugender Symmetrieoperationen auf verschiedene Weise aus der Menge der Symmetrieoperationen einer Punktgruppe auswählen; d. h., man kann von unterschiedlichen Kombinationen von Symmetrieelementen ausgehen und gelangt trotzdem zur selben Kristallklasse. In solchen Fällen entstehen aus einer Kombination bestimmter Symmetrieelemente automatisch noch weitere Symmetrieelemente, die man gleichfalls als erzeugendes Symmetrieelement hätte wählen können. So ist schon anschaulich klar, dass bei einer Kombination einer dreizähligen Drehachse mit einer zweizähligen Drehachse sich letztere insgesamt dreimal wiederholen muss, um die dreizählige Symmetrie zu gewährleisten. Die zahlreichen Symmetrieelemente des Würfels (Punktgruppe $m\overline{3}m$) folgen bereits alle aus einer Kombination einer vierzähligen Drehachse mit einer Drehinversionsachse $\overline{3}$ unter einem Winkel von 54°44′ (vgl. Bild 1.53).

Tabelle 1.5. *Die 32 Kristallklassen (Punktgruppen).*
Vollständige Internationale Symbole nach HERMANN/MAUGUIN, geordnet nach Kristallsystemen.
Hinter dem Symbol (an erster Stelle) sind (in Klammern) ein Satz erzeugender Symmetrieoperationen (Matrizen in der Benennung der Tabelle 1.3) sowie an dritter Stelle die Ordnung der Punktgruppen angegeben.

Erzeugende Symmetrie-elemente	Triklin	Monoklin (oben) Rhombisch (unten)	Tetragonal	Trigonal	Hexagonal	Kubisch
n	$1\ (1)\ 1$	$2\quad (2_y)\quad 2$	$4\quad (4_z)\quad 4$	$3\quad (3_z)\quad 3$	$6\quad (6_z)\quad 6$	$23\quad (2_x)\,(3_{xyz})\quad 12$
$\bar{n}$	$\bar{1}\ (\bar{1})\ 2$	$m \equiv \bar{2}\quad (m_y)\quad 2$	$\bar{4}\quad (\bar{4}_z)\quad 4$	$\bar{3}\quad (\bar{3}_z)\quad 6$	$\bar{6}\quad (\bar{6}_z)\quad 6$	–
$\frac{n}{m}$		$\frac{2}{m}\quad (2_y)\,(m_y)\quad 4$	$\frac{4}{m}\quad (4_z)\,(m_z)\quad 8$	–	$\frac{6}{m}\quad (6_z)\,(m_z)\quad 12$	$\frac{2}{m}\bar{3}\quad (2_x)\,(\bar{3}_{xyz})\quad 24$
$n2$		$222\quad (2_x)\,(2_y)\quad 4$	$422\quad (4_z)\,(2_x)\quad 8$	$32\quad (3_z)\,(2_x)\quad 6$	$622\quad (6_z)\,(2_x)\quad 12$	$432\quad (4_x)\,(3_{xyz})\quad 24$
nm		$mm2\quad (2_z)\,(m_x)\quad 4$	$4mm\quad (4_z)\,(m_x)\quad 8$	$3m\quad (2_z)\,(m_x)\quad 6$	$6mm\quad (6_z)\,(m_x)\quad 12$	–
$\bar{n}m$		–	$\bar{4}2m\quad (\bar{4}_z)\,(m_{xy})\quad 8$	$\bar{3}\frac{2}{m}\quad (\bar{3}_z)\,(m_x)\quad 12$	$\bar{6}m2\quad (\bar{6}_z)\,(m_x)\quad 12$	$\bar{4}3m\quad (\bar{4}_x)\,(3_{xyz})\quad 24$
$\frac{n}{m}m$		$\frac{2}{m}\frac{2}{m}\frac{2}{m}\quad (2_z)\,(m_x)\,(m_y)\quad 8$	$\frac{4}{m}\frac{2}{m}\frac{2}{m}\quad (4_z)\,(m_z)\,(m_x)\quad 16$	–	$\frac{6}{m}\frac{2}{m}\frac{2}{m}\quad (6_z)(m_z)(m_x)\quad 24$	$\frac{4}{m}\bar{3}\frac{2}{m}\quad (4_x)\,(\bar{3}_{xyz})\quad 48$

Abgekürzte Symbole sind für folgende Kristallklassen gebräuchlich:
$2/m\ 2/m\ 2/m = mmm$; $4/m\ 2/m\ 2/m = 4/mmm$; $\bar{3}2/m = \bar{3}m$; $6/m\ 2/m\ 2/m = 6/mmm$; $2/m\bar{3} = m\bar{3}$; $4/m\ \bar{3}2/m = m\bar{3}m$.

Diese Zusammenhänge sollen am übersichtlichen Beispiel der Punktgruppe (Kristallklasse) $2/m$ (Ordnung 4) noch einmal erläutert werden (Bild 1.54): Gehen wir von irgendeiner Fläche (1) aus, so muss es wegen der zweizähligen Drehachse (b-Achse) auch eine Fläche (2) geben. Die zur b-Achse senkrechte Spiegelebene m bedingt eine weitere Fläche (3). Die zweizählige Drehachse verlangt nun wieder, dass zu (3) auch noch eine Fläche (4) existiert, bzw. auch die Spiegelebene verlangt die Existenz von (4) bezüglich der Fläche (2). Weitere Flächen werden durch diese Symmetrieelemente nicht erzeugt. Nun stehen aber die Flächen (1) und (4) sowie die Flächen (2) und (3) zueinander in der Relation gemäß dem Inversionszentrum. Dieses Symmetrieelement wird also automatisch von der Kombination der beiden anderen erzeugt. Genauso gut hätte man von der Kombination einer zweizähligen Drehachse mit dem Inversionszentrum oder von der Kombination einer Spiegelebene mit dem Inversionszentrum ausgehen können, um die Kristallklasse $2/m$ zu erhalten.

Die auf HERMANN (1928) und MAUGUIN (1931) zurückgehenden sog. Internationalen Symbole für die Kristallklassen (Punktgruppen) geben jeweils die in bestimmten „Blickrichtungen" vorhandenen Symmetrieelemente an. Im triklinen Kristallsystem gibt es keine besondere Blickrichtung; im monoklinen Kristallsystem dient die b-Achse als Blickrichtung; im rhombischen Kristallsystem sind es die a-, b- und c-Achse. Im tetragonalen, trigonalen und hexagonalen Kristallsystem sind die c-Achse, eine a-Achse und eine Winkelhalbierende zwischen zwei a-Achsen in dieser Reihenfolge die Blickrichtungen, und im kubischen Kristallsystem sind es eine a-Achse, eine Raumdiagonale (des als Bezug benutzten Würfels) und eine Winkelhalbierende zwischen zwei a-Achsen. So bedeutet das Symbol $\frac{2}{m}\frac{2}{m}\frac{2}{m}$, auch als $2/m\ 2/m\ 2/m$ zu schreiben, dass es in jeder der drei Achsenrichtungen eine zweizählige Drehachse gibt, zu welcher senkrecht jeweils eine Spiegelebene steht. In manchen Fällen wird das Symbol auch gekürzt, z. B. im vorliegenden Fall auf mmm, wobei auch aus der gekürzten Form alle Symmetrieelemente der betreffenden Kristallklasse abgeleitet werden können. Neben den Internationalen Symbolen gibt es für die Kristallklassen (Punktgruppen) noch eine ältere Symbolik nach SCHOENFLIES (1891) (vgl. vorderes Vorsatzpapier).

1.5.6. Formen

Das Stereogramm im Bild 1.54 repräsentiert vier Flächen, die sich in parallelen Kanten schneiden: Sie bilden damit eine Säule oder ein Prisma, und zwar ein monoklines Prisma (so bezeichnet, weil es der monoklinen Kristallklasse $2/m$ zugehört); sein Querschnitt hat die Gestalt eines Rhombus, so dass es geometrisch keinen Unterschied zu einem rhombischen Prisma gibt, welches in den rhombischen Kristallklassen auftritt. Die Endflächen der Säule gehören selbstverständlich nicht zu diesem Prisma, es ist in seiner Länge unbegrenzt oder „offen". Entsprechend der Symmetrie der Kristallklasse $2/m$ gehören also zu einer beliebigen Ausgangsfläche mit den Indizes (hkl) stets noch die Flächen $(\bar{h}k\bar{l})$, $(h\bar{k}l)$ und $(\bar{h}\bar{k}\bar{l})$, die alle vier zusammen die „Form" eines Prismas bilden. Eine *Form* ist in der Kristallographie die Menge aller Flächen, die – ausgehend von einer Fläche – durch die Symmetrieelemente der jeweiligen Kristallklasse aufeinander bezogen sind. Sie wird durch die Indizes der betreffenden Ausgangsfläche symbolisiert, die in geschweifte Klammern eingeschlossen werden: $\{hkl\}$.

Wie man sich anhand von Bild 1.54 verdeutlicht, kann der Pol (1) der Ausgangsfläche (hkl) auf der Polkugel bzw. im Stereogramm in irgendeiner beliebigen oder allgemeinen Lage angenommen werden (also überall mit Ausnahme einer Position auf der Spiegelebene oder der zweizähligen Achse): stets entsteht die Form eines monoklinen Prismas (allerdings mit entsprechend verschiedenen Kantenwinkeln), die deshalb als *allgemeine Form* bezeichnet wird. Die allgemeine

Form ist für die einzelnen Kristallklassen typisch und gibt ihnen den Namen (vgl. vorderes Vorsatzpapier). Entsprechend den Möglichkeiten, den Pol der Ausgangsfläche (*hkl*) auf der Fläche der Polkugel bzw. im Stereogramm zu verschieben, gibt es in jeder Kristallklasse eine zweidimensionale Mannigfaltigkeit von allgemeinen Formen {*hkl*}. Der Begriff der Form wird sowohl im konkreten Sinn (z. B. gibt es die Form {321}) als auch zur Kennzeichnung entsprechender Mannigfaltigkeiten verwendet.

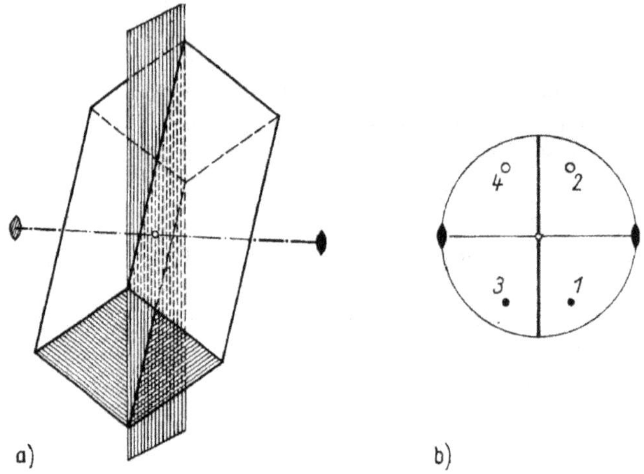

Bild 1.54. *Kristallklasse 2/m.*
a) Monoklines „rhombisches" Prisma;
b) Stereogramm.

Wenn die Ausgangsfläche eine spezielle Lage zu den Symmetrieelementen einnimmt, entstehen *spezielle Formen*. In der Kristallklasse 2/*m* haben alle Flächen (*h*0*l*) eine solche spezielle Lage, nämlich senkrecht zur Spiegelebene. Die spezielle Form {*h*0*l*} ist in diesem Fall ein paralleles Flächenpaar (Pinakoid) senkrecht zur Spiegelebene bzw. parallel zur *b*-Achse, bestehend aus den Flächen (*h*0*l*) und ($\bar{h}0l$). Gegenüber der aus vier Flächen bestehenden allgemeinen Form des Prismas hat also diese spezielle Form infolge der speziellen Lage der Flächenpole in der Spiegelebene eine verminderte Anzahl von Flächen. Dafür sind aber die Flächen als solche (d. h. in sich selbst) spiegelsymmetrisch – im Gegensatz zu den Flächen der allgemeinen Form. Von den Pinakoiden {*h*0*l*} gibt es eine eindimensionale Mannigfaltigkeit. – Eine weitere spezielle Lage hat eine Fläche senkrecht zur zweizähligen Achse, also zur *b*-Achse; auch hier entsteht als spezielle Form ein Parallelflächenpaar, das Pinakoid {010}, bestehend aus den Flächen (010) und ($0\bar{1}0$). Es gibt senkrecht zur *b*-Achse nur dieses eine Parallelflächenpaar; diese spezielle Form ist also invariant. Als Eigensymmetrie besitzen die Flächen dieses Pinakoids {010} eine zweizählige Rotationssymmetrie. Weitere spezielle Formen gibt es in der Kristallklasse 2/*m* nicht.

Von den speziellen Formen sind noch die *Grenzformen* zu unterscheiden, die eine Zwischenstellung zwischen den allgemeinen und speziellen Formen einnehmen. Ein Beispiel: In der Kristallklasse 3 haben wir als allgemeine Form die trigonale Pyramide (vgl. Bild 1.43). Verschieben wir im Stereogramm die Flächenpole dieser Pyramide nach außen auf den Grundkreis zu, so wird diese Pyramide immer spitzer, bis sie schließlich, wenn die Flächenpole auf dem Grundkreis liegen, in ein trigonales Prisma (eine Dreiecksäule) übergeht, das die Grenzform einer trigonalen Pyramide darstellt. Die Flächen haben jetzt zwar eine besondere Position, nämlich parallel zur dreizähligen Achse, doch ändert sich nichts an ihrer Anzahl und Symmetrie – zum Unterschied von den „echten" speziellen Formen.

Die Entwicklung der Formen ist für die einzelnen Kristallklassen und oft auch für die speziellen Kristallarten typisch und gehört zu den wichtigsten äußeren Kennzeichen der Kristalle (sofern überhaupt Kristallflächen ausgebildet sind). Meist zeigen die Kristalle eine Kombination von mehreren Formen gleichzeitig. Die Gesamtheit der an einem Kristall auftretenden Formen wird als seine *Tracht* bezeichnet. Zum Unterschied von solchen Formenkombinationen bezeichnet man die einzelne Form für sich auch als *einfache Form*. In den höhersymmetrischen Kristallklassen kann man, wie später noch ausgeführt wird, jeweils sieben Sorten einfacher Formen unterscheiden. In geometrischer Hinsicht gibt es insgesamt 47 Sorten kristallographischer Formen (A. NIGGLI [1.8]), davon 17 offene und 30 geschlossene. Teils handelt es sich um allgemein bekannte und wie üblich bezeichnete geometrische Formen (Polyeder), z. B. Pyramiden, Prismen (Säulen), Würfel (Hexaeder), Oktaeder, Tetraeder, Rhomboeder, teils sind die Formen und ihre Bezeichnungen außerhalb der Kristallographie weniger geläufig und werden bei der Besprechung der 32 Kristallklassen (Abschn. 1.6) vorgestellt. Die Bezeichnungen der Pyramiden und Prismen gehen aus Bild 1.55 hervor.

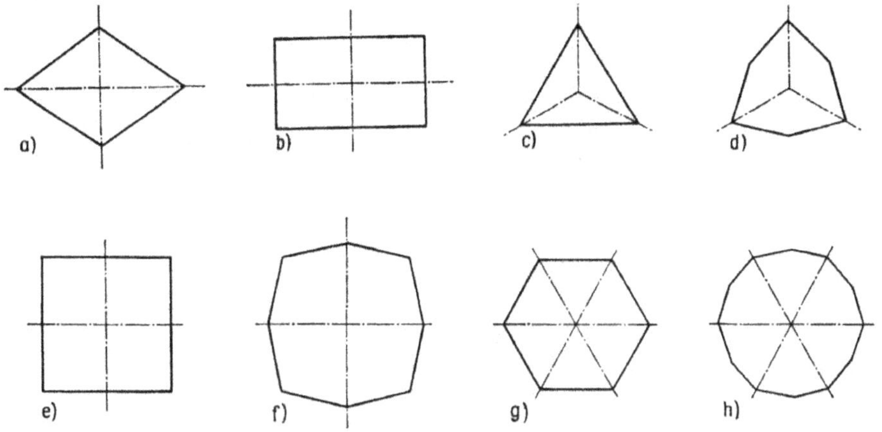

Bild 1.55. *Grundflächen von Prismen bzw. Pyramiden.*

a) Rhombisches Prisma bzw. rhombische Pyramide (auch das monokline Prisma – Bild 1.54 – hat als Grundfläche einen Rhombus); b) Rechtecksäule bzw. Rechteckpyramide treten nicht als einheitliche Form auf, sondern müssen jeweils aus zwei speziellen Formen zusammengesetzt werden; c) trigonales Prisma bzw. trigonale Pyramide; d) ditrigonales Prisma bzw. ditrigonale Pyramide; e) tetragonales Prisma bzw. tetragonale Pyramide; f) ditetragonales Prisma bzw. ditetragonale Pyramide; g) hexagonales Prisma bzw. hexagonale Pyramide; h) dihexagonales Prisma bzw. dihexagonale Pyramide.

Die Symmetrie der Kristalle, die eine Folge ihres Gitterbaus ist, kommt aber nicht nur in der Entwicklung der Kristallflächen und Formen zum Ausdruck, sondern bezieht sich selbstverständlich auf alle Eigenschaften. So lassen sich z. B. bezüglich einer Richtung $[uvw]$ in einem Kristall alle diejenigen Richtungen angeben, die zufolge der Symmetrieelemente der jeweiligen Kristallklasse zur ersten Richtung gleichwertig (äquivalent) sind. Eine solche Menge äquivalenter Richtungen, die also einer kristallographischen Form analog ist, wird mit $\langle uvw \rangle$ symbolisiert.

1.6. Die 32 Kristallklassen

Die Kristalle lassen sich nach ihrer makroskopischen Symmetrie den 32 Kristallklassen (Punktgruppen) zuordnen (vgl. Tab. 1.5 und das vordere Vorsatzpapier). Das die allgemeine Form darstellende Polyeder gibt – nach einer nicht ganz einheitlichen, auf GROTH (1876) zurückgehenden Bezeichnungsweise – der Kristallklasse den Namen.

Die 32 Kristallklassen (auch als geometrische Kristallklassen bezeichnet) gliedern sich in sieben Kristallsysteme: das trikline, monokline, rhombische, tetragonale, trigonale, hexagonale und kubische Kristallsystem, welch erstere beiden 1824 von NAUMANN den bis dahin schon länger bekannten anderen hinzugefügt wurden. Diese Einteilung richtet sich nach der Symmetrie der mit den Kristallklassen korrespondierenden Translationsgitter (wie sie auch in den zutreffenden kristallographischen Achsensystemen zum Ausdruck kommt): Ein Kristallsystem ist durch die Punktsymmetrie gekennzeichnet, die den Gitterpunkten der betreffenden Translationsgitter zukommt; das ist die Symmetrie der höchstsymmetrischen Kristallklasse des betreffenden Kristallsystems. Diese Kristallklasse wird als *Holoedrie* (eines Kristallsystems) bezeichnet (griech. ολος: ganz), weil ihre allgemeine Form die „volle" Flächenzahl entwickelt. (Auf einige besondere Gesichtspunkte bei der Abgrenzung des trigonalen und des hexagonalen Kristallsystems, die beide zusammen die hexagonale Kristallfamilie bilden, wird im Abschn. 1.6.5. zurückzukommen sein).

Tabelle 1.6. *Die Meroedrien in den sieben Kristallsystemen.*

Kristallsystem	Triklin	Monoklin	Rhombisch	Tetragonal	Trigonal	Hexagonal	Kubisch
Holoedrie	$\bar{1}$	$2/m$	mmm	$4/mmm$	$\bar{3}m$	$6/mmm$	$m\bar{3}m$
Hemimorphie	–	–	$mm2$	$4mm$	$3m$	$6mm$	–
Paramorphie	–	–	–	$4/m$	$\bar{3}$	$6/m$	$m\bar{3}$
Enantiomorphie	1	2	222	422	32	622	432
Hemiedrie II	–	m	–	$\bar{4}2m$	–	$\bar{6}m2$	$\bar{4}3m$
Tetartoedrie	–	–	–	4	3	6	23
Tetartoedrie II	–	–	–	$\bar{4}$	–	$\bar{6}$	–

Neben der Holoedrie werden in den einzelnen Kristallsystemen die Kristallklassen mit geringerer Symmetrie (und entsprechend verminderter Flächenzahl der allgemeinen Formen) als *Meroedrie* (griech. μερος: Teil) bezeichnet, darunter die Kristallklassen mit einer halb so großen Flächenanzahl als *Hemiedrie* (griech. ημι: halb). Außerdem gibt es für die einzelnen Meroedrien noch weitere Bezeichnungen, die nicht immer einheitlich und vorwiegend in der älteren Literatur benutzt werden (Tab. 1.6).

Die anschließende Besprechung der einzelnen Kristallklassen wird in der Reihenfolge der *International Tables for Crystallography* vorgenommen, wonach die Holoedrie als jeweils letzte Kristallklasse eines Kristallsystems erscheint. Nach der gleichen Vorlage werden die allgemeinen und die speziellen Formen (einer Kristallklasse) durch Buchstaben gekennzeichnet, wonach die allgemeine Form den in der alphabetischen Reihenfolge jeweils letzten Buchstaben erhält. Jeder Kristallklasse sind ein Stereogramm seiner allgemeinen Form (Flächenpole auf der Oberseite: Vollkreise; auf der Unterseite: Leerkreise) und ein Stereogramm seines Symmetriegerüstes vorangestellt. Im letzteren Stereogramm sind außerdem die Flächenlagen der verschiedenen Formen bezüglich der Symmetrieelemente angemerkt (*WYCKOFF-Positionen* oder besser: *WYCKOFF-Lagen*).

1.6.1. Triklines Kristallsystem

Das trikline oder anorthische Kristallsystem umfasst die Kristallklassen 1 und $\bar{1}$. Die drei schiefwinkligen kristallographischen Achsen sind nicht durch Symmetrieelemente ausgezeichnet und werden parallel zu drei wichtigen Kristallkanten bzw. zu drei kürzesten Gittervektoren angenommen und üblicherweise so gewählt, dass man $c < a < b$ und $\alpha, \beta > 90°$ hat. Der Kristall wird gewöhnlich so aufgestellt, dass die c-Achse vertikal steht und die Flächennormale auf (010) horizontal nach rechts gerichtet ist (vgl. Bild 1.30). Die Fläche (001) ist dann nach vorn rechts geneigt (Bild 1.57). Die Achsenverhältnisse a/b und c/b sowie die Winkel α, β, γ zwischen den Achsen sind Materialkonstanten.

Kristallklasse 1. Triklin-pediale Klasse

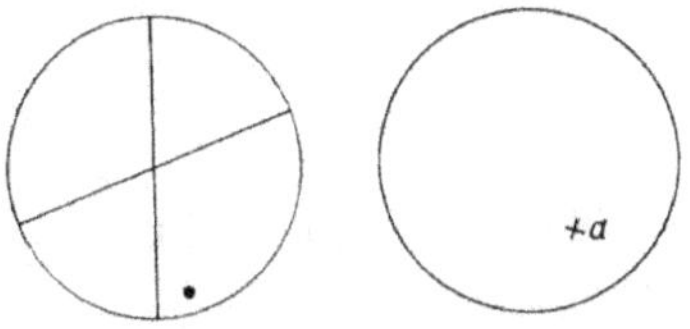

Allgemeine Form: a (*hkl*) Pedion (Monoeder).
Spezielle Formen: keine.
Beispiel: Calciumthiosulfat $CaS_2O_3 \cdot 6H_2O$ (Bild 1.56). – Da es keine Symmetrieelemente gibt, besteht jede Form {*hkl*} aus der einzelnen Fläche (*hkl*) (Pedion), so dass mindestens vier verschiedene Formen nötig sind, um einen geschlossenen Körper zu bilden. Im Bild 1.56 zählt man 19 verschiedene Formen. Zur Kristallklasse 1 gehören nur wenige Kristallarten, und ihre Unterscheidung gegenüber der Kristallklasse $\bar{1}$ ist oft problematisch.

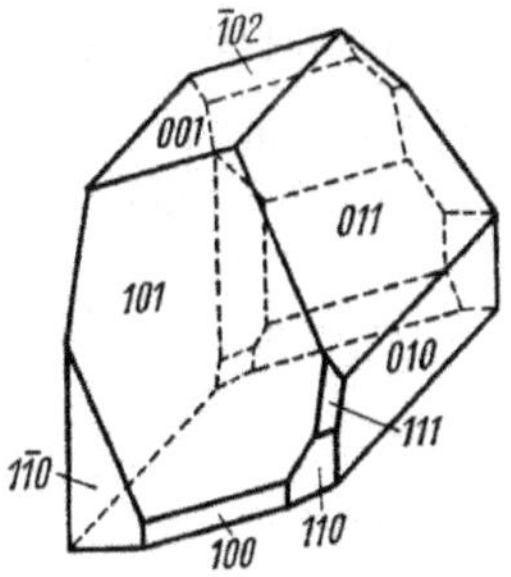

Bild 1.56. *Kristall von Calciumthiosulfat.*

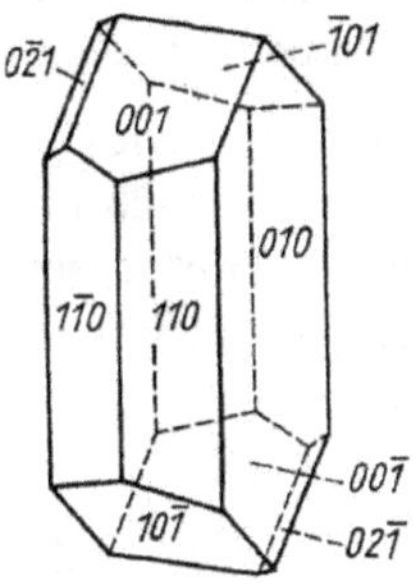

Bild 1.57. *Kristall von Albit.*

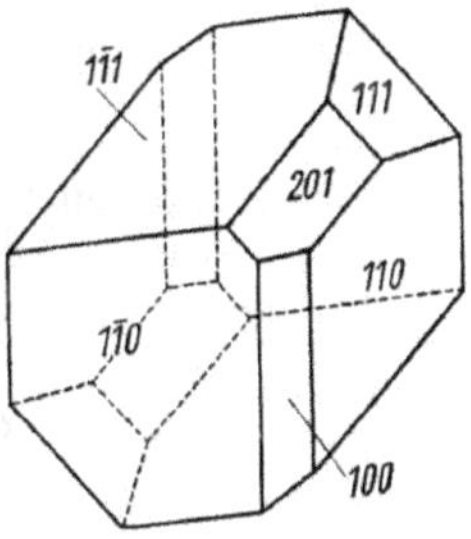

Bild 1.58. *Kristall von Axinit.*

Kristallklasse $\bar{1}$. Triklin-pinakoidale Klasse

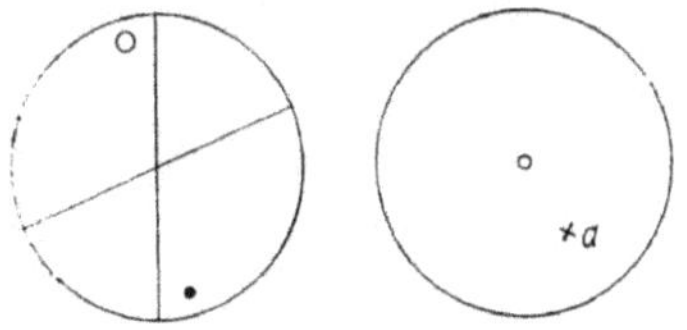

Allgemeine Form: a {*hkl*} Pinakoid (Paralleloeder; Bild 1.46).
Spezielle Formen: keine.
Beispiele: Kupfervitriol $CuSO_4 \cdot 5H_2O$, Plagioklase (Kalknatronfeldspäte), darunter Albit Na $[AlSi_3O_8]$ (Bild 1.57), Kyanit (Disthen) $Al_2[O|SiO_4]$, Axinit (Bild 1.58). – Wegen des Inversionszentrums gibt es an den Kristallen zu jeder Fläche eine parallele Gegenfläche. Die Kristallklasse $\bar{1}$ findet sich sowohl unter den Mineralen als auch unter den Kristallen synthetischer organischer Stoffe relativ häufig.

1.6.2. Monoklines Kristallsystem

Das monokline Kristallsystem umfasst die Kristallklassen 2, m und $2/m$. Die zweizählige Drehachse bzw. die Normale der Spiegelebene m (Drehinversionsachse $\bar{2}$) wird gewöhnlich als b-Achse gewählt. Diesen Symmetrieelementen zufolge gibt es Kanten am Kristall, die senkrecht zur b-Achse verlaufen. Zwei dieser Kanten werden als a- und als c-Achse gewählt; sie schließen untereinander den schiefen „monoklinen“ Winkel β ein. Üblicherweise werden $c < a$ und $\beta > 90°$ gewählt. Die *c*-Achse wird vertikal aufgestellt, so dass die *b*-Achse horizontal nach rechts und die *a*-Achse nach vorn unten weisen; die Fläche (001) ist dann nach vorn geneigt (vgl. Bild 1.64). Die Achsenverhältnisse *a*/*b* und *c*/*b* sowie der Winkel β sind Materialkonstanten. – In einer anderen Aufstellung wird die zweizählige Drehachse bzw. die Normale der Spiegelebene als (vertikal gestellte) *c*-Achse gewählt; dann ist γ der schiefe „monokline" Winkel (vgl. Bild 1.45).

Es ist bemerkenswert, dass es kein „biklines" Kristallsystem gibt, welches durch nur einen rechten Winkel $\alpha = 90°$ und zwei schiefe Winkel β, $\gamma \neq 90°$ gekennzeichnet wäre: Ein Inversionszentrum ist noch mit einem triklinen Gitter, also α, β, $\gamma \neq 90°$, verträglich; eine zweizählige Drehachse oder eine Spiegelebene bedingen sofort ein monoklines Gitter mit $\alpha = \gamma = 90°$; $\beta \neq 90°$.

Kristallklasse 2. Monoklin-sphenoidische Klasse

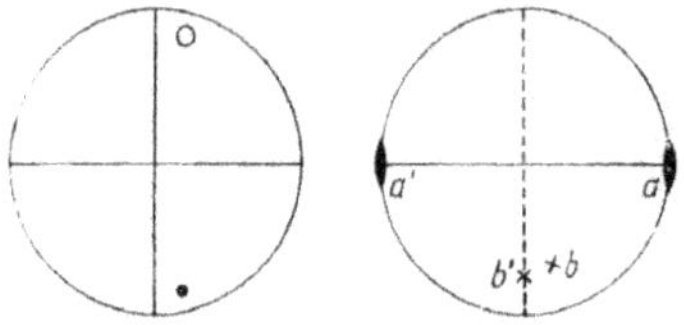

Allgemeine Form: *b* {*hkl*} Sphenoid (Dieder; Bild 1.42).
Grenzform: *b'* {*h0l*} Pinakoid (Paralleloeder).
Spezielle Formen: *a* (010) und *a'* ($0\bar{1}0$) Pedien.
Beispiele: Weinsäure C4H6O6 (Bild 1.59), Zucker (insbesondere Kandiszucker, Bild 1.60), Ethylammoniumiodid $NH_3C_2H_5I$. – Einziges Symmetrieelement ist eine zweizählige Achse. Die Kanten der an den Kristallen auftretenden Sphenoide stehen senkrecht zu dieser Achse (*b*-Achse). Die beiden Flächen (010) und ($0\bar{1}0$) stellen jede für sich eine eigene Form dar, d. h., Richtung und Gegenrichtung der zweizähligen Drehachse sind symmetrisch nicht gleichwertig. Eine solche Drehachse nennt man *polar*. Man erkennt polare Drehachsen daran, dass die Kristalle in der betreffenden Richtung und Gegenrichtung die Flächen unterschiedlich entwickeln, also ein anderes Aussehen haben.

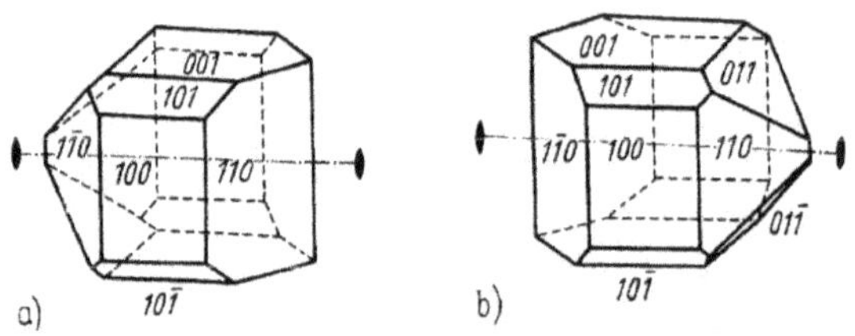

Bild 1.59. *Kristalle von Weinsäure.*
a) Linksweinsäure; b) Rechtsweinsäure.

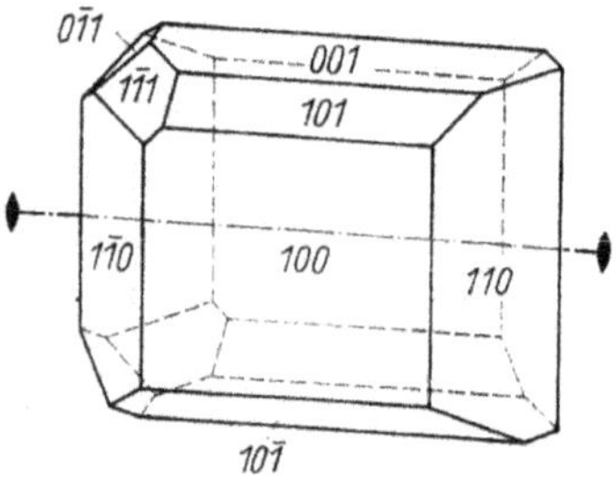

Bild 1.60. *Kristall von Rohrzucker.*

Die Kristalle von Rechts- und Linksweinsäure zeigen eine weitere interessante morphologische Beziehung: Die Polyeder verhalten sich spiegelbildlich zueinander, d. h. wie die rechte zur linken Hand. Eine solche Relation bezeichnet man als *Enantiomorphie*; die Rechts- und Linksformen sind *enantiomorph* (griech. εναντιος: entgegengesetzt). Enantiomorphie tritt nur in solchen Kristallklassen auf, in denen als Symmetrieoperationen ausschließlich Drehungen vorkommen. Es gelingt nicht, die Rechts- mit der Linksform des Kristalls durch eine reelle Bewegung (etwa durch eine Drehung um eine Achse parallel zur *c*-Achse) zur Deckung zu bringen. Das wird im Bild 1.59 nicht ganz deutlich; man gehe bei der Betrachtung der beiden Kristalle davon aus, dass die Fläche (001) zur *c*-Achse (also zu den vertikalen Kanten) nicht senkrecht steht. – Allgemein wird durch die Konvention $a > c$ in einem rechtshändigen Achsensystem die (positive) Richtung der *b*-Achse festgelegt, und man kann unter dieser Voraussetzung (nach E. SOMMERFELDT) die Sphenoide {*hkl*} mit $k > 0$ (willkürlich) als rechte und jene mit $k < 0$ als linke bezeichnen.

Kristallklasse *m*. Monoklin-domatische Klasse

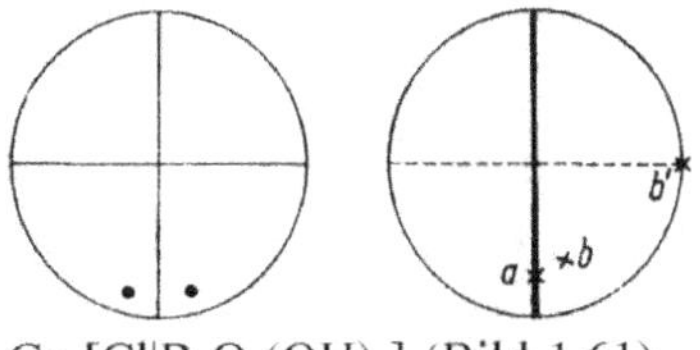

Allgemeine Form: b {*hkl*} Doma (Dieder; Bild 1.45).
Grenzform: b' {010} Pinakoid.
Spezielle Form: a {h0l} Pedion.
Beispiele: Kaliumtetrathionat $K_2S_4O_6$, Klinoedrit $Ca_2Zn_2[(OH)_2|Si_2O_7]\ H_2O$, Skolezit $Ca[Al_2Si_3O_{10}]\cdot 3H_2O$, Hilgardit $Ca_2[Cl|B_5O_8(OH)_2]$ (Bild 1.61). – Einziges Symmetrieelement ist eine Spiegelebene. Die Kanten der an den Kristallen auftretenden Domen verlaufen parallel zur Spiegelebene bzw. senkrecht zur *b*-Achse. Als isoliertes Flächenpaar ist ein Doma von einem Sphenoid nicht zu unterscheiden (weshalb beide als Dieder bezeichnet werden), wohl aber durch die Flächenentwicklung des ganzen Kristalls. Man beachte auf Bild 1.61 auch die Entwicklung der hinteren Flächen und vergegenwärtige sich, dass außer der Spiegelebene tatsächlich keine weiteren Symmetrieelemente vorhanden sind!

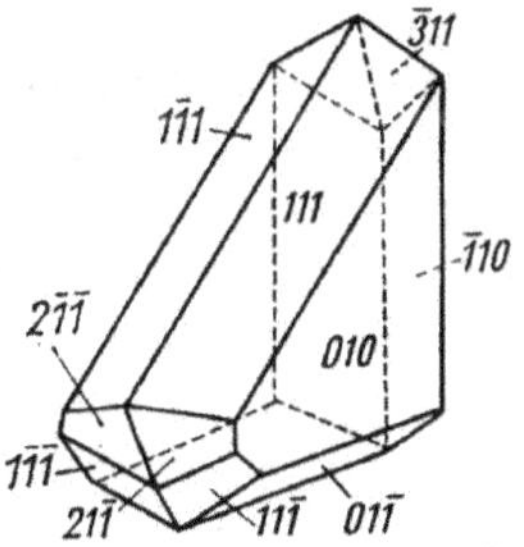

***Bild 1.61.** Kristall von Hilgardit.*

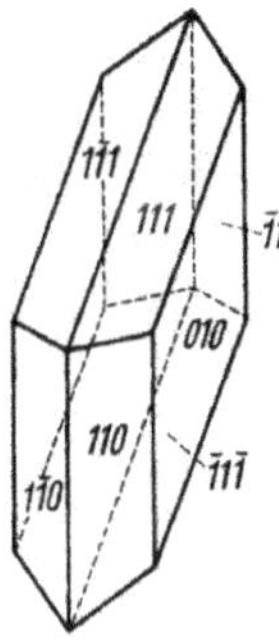

***Bild 1.62.** Kristall von Gips.*

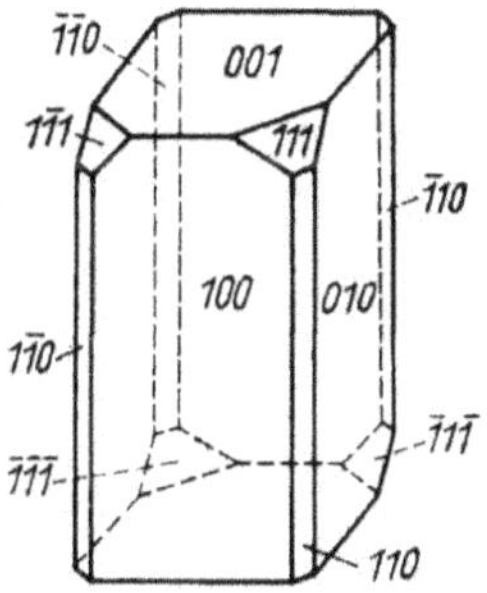

***Bild 1.63.** Kristall von Diopsid.*

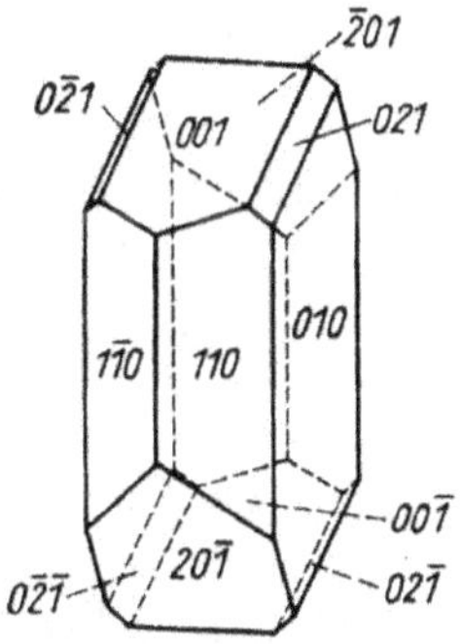

***Bild 1.64.** Kristall von Orthoklas.*

Kristallklasse 2/*m*. Monoklin-prismatische Klasse

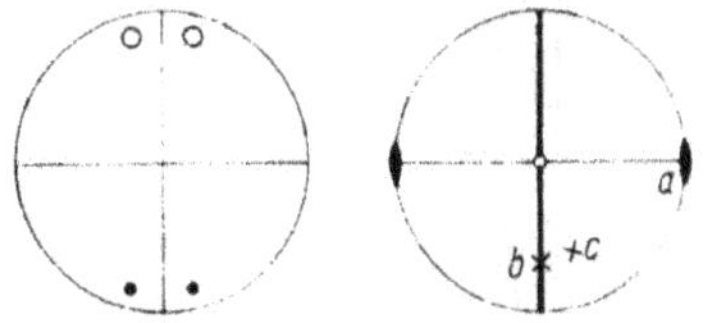

Allgemeine Form: c {*hkl*} monoklines Prisma (Bild 1.54.).
Spezielle Formen: b {h0l}, a {010} Pinakoide.
Beispiele: Gips $CaSO_4\cdot 2H_2O$ (Bild 1.62), Diopsid Ca(Mg, Fe)$[Si_2O_6]$ (Bild 1.63), Orthoklas (Kalifeldspat) $K[AlSi_3O_8]$ (Bild 1.64), Natriumcarbonat-Dekahydrat (Soda) $Na_2CO_3\cdot 10H_2O$, Oxalsäure $C_2O_4\cdot 2H_2O$, Chinon $C_6H_4O_2$, Naphthalen $C_{10}H_8$, Anthracen $C_{14}H_{10}$. – Die Kristallklasse 2/*m* wurde bereits anhand von Bild 1.54 besprochen und besitzt neben der zweizähligen Drehachse und der Spiegelebene ein Inversionszentrum. Die zweizählige Drehachse (*b*-Achse) ist zufolge der Spiegelebene nicht polar, die Flächenentwicklung ist in Richtung und Gegenrichtung dieser Achse die gleiche. Man beachte die Unterschiede in der sich weitgehend entsprechenden Formenentwicklung zwischen dem triklinen Plagioklas (Bild 1.57) und dem monoklinen Orthoklas (Bild 1.64). – Die Kristallklasse 2/*m* ist sowohl unter den Mineralen als auch unter den synthetischen Kristallen weit verbreitet und die mit Abstand häufigste Kristallklasse.

1.6.3. Rhombisches Kristallsystem

Das rhombische oder orthorhombische Kristallsystem umfasst die Kristallklassen 222, *mm*2 und *mmm*. Interpretiert man die Spiegelebenen $m \equiv \bar{2}$ als Drehinversionsachsen, so gibt es in diesen Kristallklassen drei zueinander senkrecht stehende Symmetrieachsen, die zugleich das (orthogonale) kristallographische Achsensystem bilden. Allerdings gelten auf den drei Achsen unterschiedliche Maßeinheiten. Üblicherweise wählt man $c < a < b$. Die Achsenverhältnisse a/b und c/b sind Materialkonstanten.

Kristallklasse 222. Rhombisch-disphenoidische Klasse

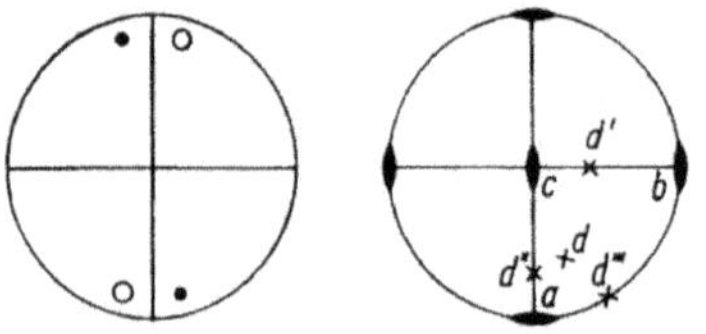

Allgemeine Form: d $\{hkl\}$ rhombisches Disphenoid (rhombisches Tetraeder; Bild 1.65).
Grenzformen: d' $\{hk0\}$, d'' $\{h0l\}$, d''' $\{0kl\}$ rhombische Prismen.
Spezielle Formen: c $\{001\}$, b $\{010\}$, a $\{100\}$ Pinakoide.

Beispiele: Epsomit (Bittersalz) $MgSO_4{\cdot}7H_2O$ (Bild 1.66), Goslarit (Zinkvitriol) $ZnSO_4{\cdot}7H_2O$, Seignettesalz $KNaC_4H_4O_6{\cdot}4H_2O$, Glycerol $C_3H_8O_3$, Asparagin $C_4H_8O_3N_2{\cdot}H_2O$. – Die drei zueinander senkrechten zweizähligen Drehachsen sind nicht polar und symmetrisch nicht äquivalent. Die durch die Achsen verbundenen Kantenpaare der Disphenoide sind zueinander nicht rechtwinklig (also auch nicht die Ober- und Unterkante im Bild 1.66). Da als Symmetrieelemente nur Drehachsen vorhanden sind, besteht Enantiomorphie. Durch die Konvention $b > a > c$ wird (in einem rechtshändigen Achsensystem) die Anordnung der Achsen festgelegt, und man kann unter dieser Voraussetzung (nach E. SOMMERFELDT) die Disphenoide $\{hkl\}$ mit $h, k, l > 0$ (willkürlich) als rechte und die Disphenoide $\{h\bar{k}l\}$ als linke bezeichnen.

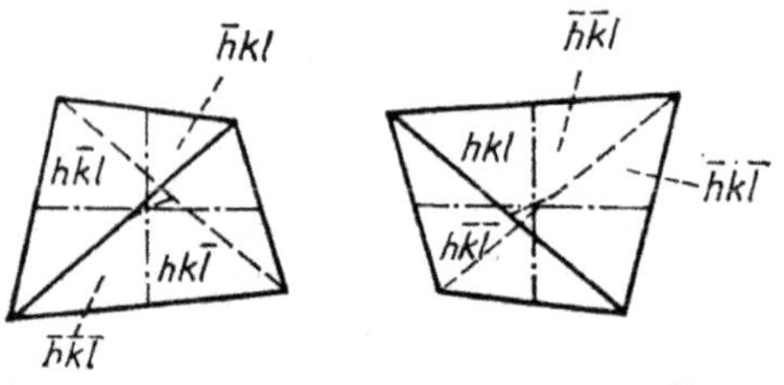

Bild 1.65. *Rhombisches Disphenoid.*

Links- und Rechtsform.

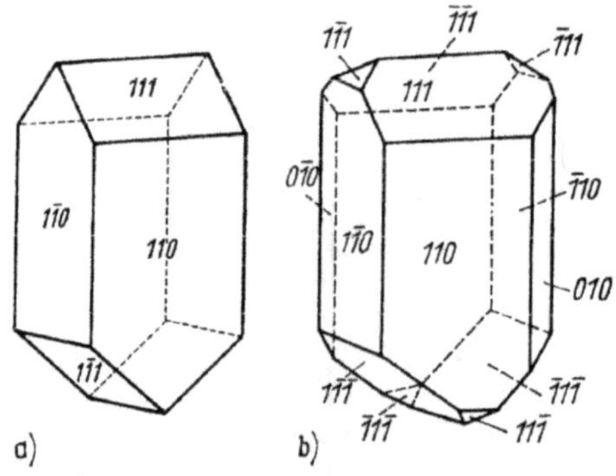

Bild 1.66. *Kristalle von Epsomit (Bittersalz).*

a) Kombination des Prismas $\{110\}$ mit dem rechten Disphenoid $\{111\}$; b) Kombination von Prisma $\{110\}$, Pinakoid $\{010\}$, rechtem Disphenoid $\{111\}$ und linkem Disphenoid $\{1\bar{1}1\}$.

Kristallklasse *mm*2. Rhombisch pyramidale Klasse

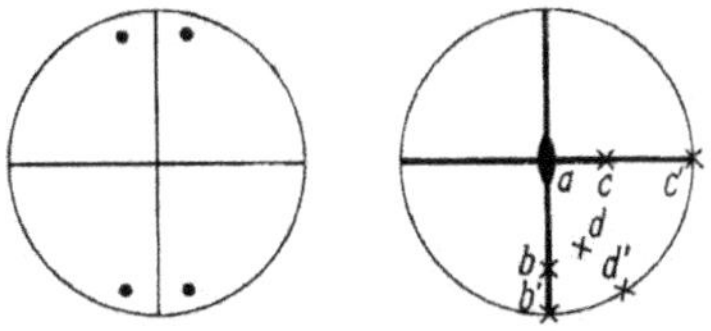

Allgemeine Form: *d* {*hkl*} rhombische Pyramide (Bild 1.67).
Grenzform: *d'* {*hk*0} rhombisches Prisma.
Spezielle Formen: *c* {0*kl*}, *b* {*h*0*l*} Domen; *c'* {010}, *b'* {100} Pinakoide; *a* (001) und $00\overline{1}$) Pedien.
Beispiele: Hemimorphit (Kieselzinkerz) $Zn_4[(OH)_2|Si_2O_7]\cdot H_2O$ (Bild 1.68), Struvit $MgNH_4[PO_4]\cdot 6H_2O$ (Bild 1.69), Resorzin $C_6H_4(OH)_2$, Triphenylmethan $CH(C_6H_5)_3$, Pikrinsäure $C_6H_2(NO_2)_3OH$. – Die beiden aufeinander senkrecht stehenden Spiegelebenen bedingen eine polare zweizählige Drehachse in ihrer Schnittlinie, die als *c*-Achse aufgestellt wird. Die abgebildeten Kristalle zeigen eine typisch hemimorphe Entwicklung.

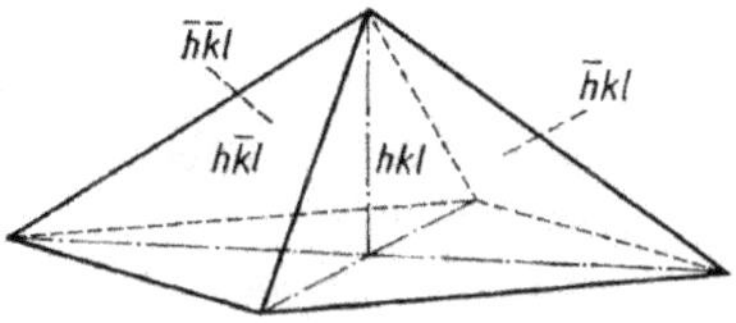

Bild 1.67. *Rhombische Pyramide.*

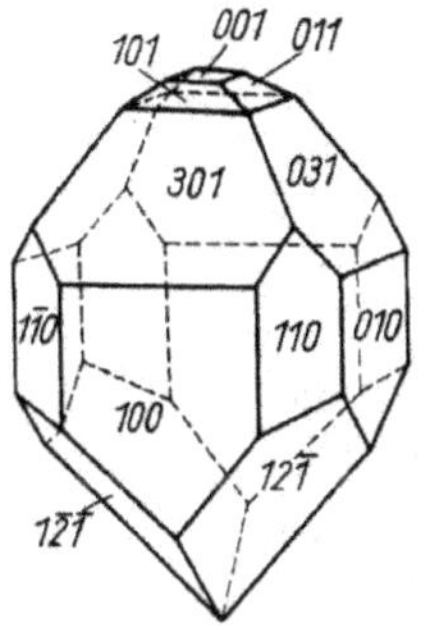

Bild 1.68. *Kristall von Hemimorphit.*

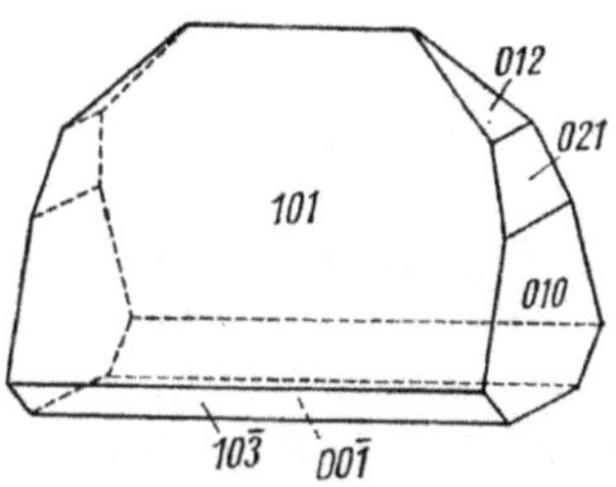

Bild 1.69. *Kristall von Struvit.*

Kristallklasse *mmm*. Rhombisch-dipyramidale Klasse

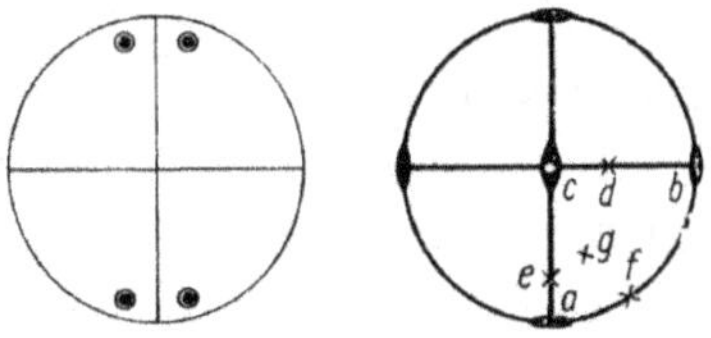

Allgemeine Form: *g* {*hkl*} rhombische Dipyramide (Bild 1.70).
Spezielle Formen: *f* {*hk*0}, *e* {*h*0*l*}, *d* {0*kl*} rhombische Prismen (Bild 1.55); *c* {001}, *b* {010}, *a* {100} Pinakoide.
Beispiele: Schwefel (Bilder 1.24 und 1.25), Aragonit $CaCO_3$, Anhydrit $CaSO_4$, Baryt $BaSO_4$, Anglesit $PbSO_4$, Topas $Al_2[F_2|SiO_4]$ (Bild 1.71), Olivin $(Mg,Fe)_2SiO_4$ (Bild 1.72), Benzen (Benzol) C_6H_6. – Das vollständige Symbol lautet 2/*m* 2/*m* 2/*m*; durch die drei zueinander senkrechten Spiegelebenen entstehen gleichzeitig in deren Schnittlinien drei zueinander senkrechte zweizählige Drehachsen, die untereinander symmetrisch nicht äquivalent sind, sowie ein Inversionszentrum. Die Kristallklasse *mmm* ist unter den Mineralen häufig. Beim Vergleich der Formen der Kristalle von Topas und Olivin beachte man deren unterschiedliche Achsenverhältnisse von $a : b : c = 0{,}5285 : 1 : 0{,}9539$ (Topas) und $0.464 : 1 : 0{,}584$ (Olivin). Wie bei manchen anderen Mineralen auch, sind beim Olivin verschiedene „Aufstellungen" gebräuchlich, z. B. noch eine solche mit $a' = c$, $b' = a$, $c' = b$ sowie $a' : b' : c' = 1{,}257 : 1 : 2{,}155$.

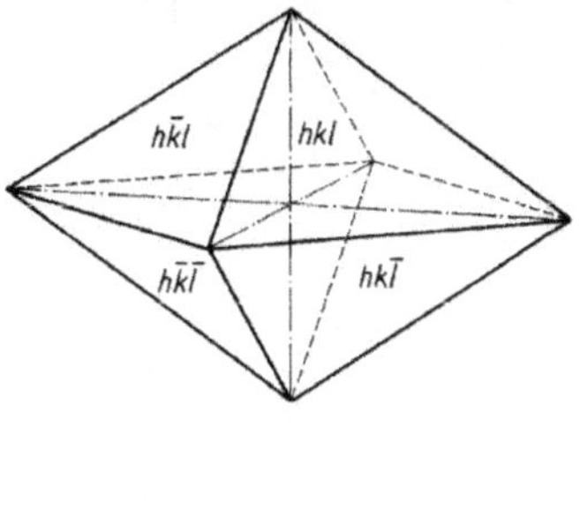

Bild 1.70. *Rhombische Dipyramide.*

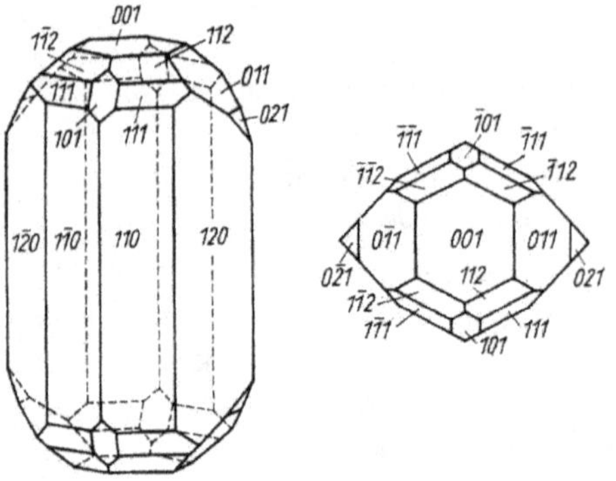

Bild 1.71. *Kristall von Topas.*
Rechts: Kopfbild.

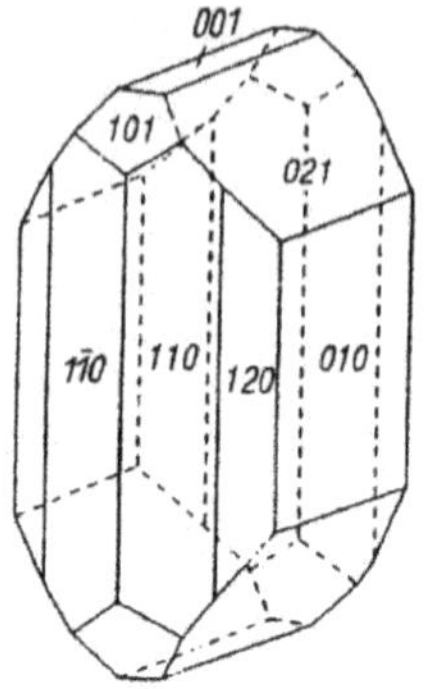

Bild 1.72. *Kristall von Olivin*

1.6.4. Tetragonales Kristallsystem

Das tetragonale Kristallsystem umfasst die Kristallklassen 4, $\bar{4}$, $4/m$, 422, $4mm$, $\bar{4}2m$ und $4/mmm$. Die vierzählige Drehachse bzw. Drehinversionsachse wird stets vertikal als c-Achse aufgestellt, senkrecht dazu verlaufen zwei gleichfalls zueinander senkrechte, gleichwertige a-Achsen, weshalb auch die Bezeichnung „quadratisches Kristallsystem" vorkommt. Abgesehen von den Kristallklassen 4 und $\bar{4}$ dienen die 2- bzw. $\bar{2}$-Achsen als a-Achsen. Einzige (makroskopische) Materialkonstante ist das Achsenverhältnis c/a.

Kristallklasse 4. Tetragonal-pyramidale Klasse

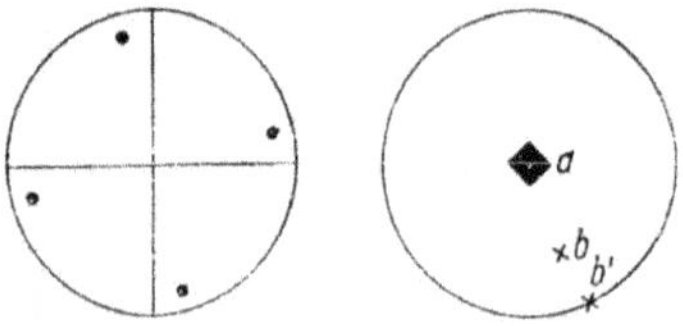

Allgemeine Form: b $\{hkl\}$ tetragonale Pyramide (Bild 1.43a).
Grenzform: b' $\{hk0\}$ tetragonales Prisma.
Spezielle Formen: a (001) und $(00\bar{1})$ Pedien.
Beispiel: Iodsuccinimid $(CH_2CO)_2NI$ (Bild 1.73).
– Einziges Symmetrieelement ist eine polare vierzählige Drehachse. Es besteht Enantiomorphie. Allerdings treten auf Bild 1.73 ausschließlich Pyramiden derselben Stellung auf, so dass der Kristall rein äußerlich eine höhere Symmetrie zeigt (Scheinsymmetrie), nämlich die der Kristallklasse $4mm$. Kristalle mit tetragonal-pyramidaler Symmetrie bildet hingegen der Wulfenit $PbMoO_4$ aus (Bild 1.74), der seiner Struktur nach jedoch zur Kristallklasse $4/m$ gehört. Diese Erscheinung, dass die Kristallgestalt eine niedrigere Symmetrie als die Struktur aufweist, wird als *Hypomorphie* bezeichnet (KLEBER [1.9.]).

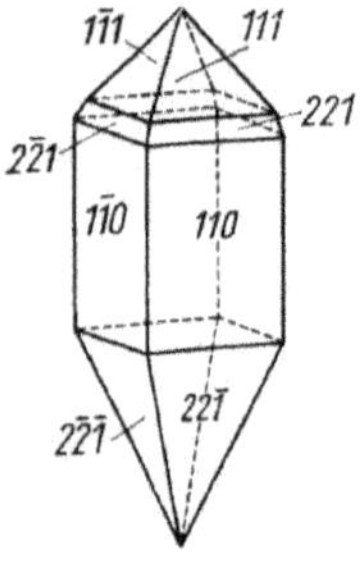

Bild 1.73. *Kristall von Iodsuccinimid.*

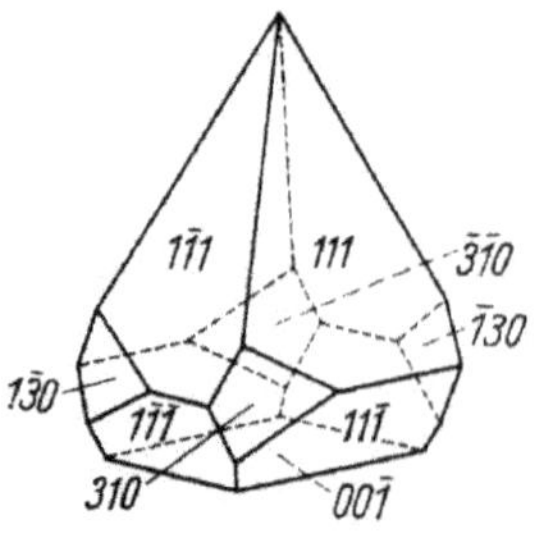

Bild 1.74. *Kristall von Wulfenit.*

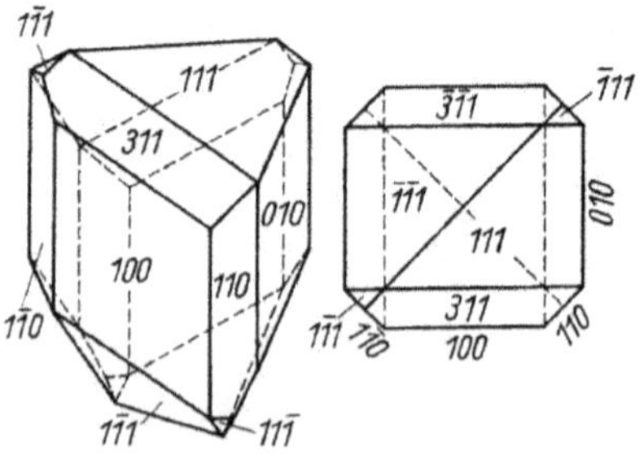

Bild 1.75. *Kristall von Cahnit.*
Rechts: Kopfbild.

Allgemein bezeichnet man im tetragonalen Kristallsystem Pyramiden $\{10\,l\}$ als solche I. Stellung, Pyramiden $\{11\,l\}$ als solche II. Stellung und Pyramiden $\{hkl\}$ mit $h \neq k \neq 0$ als solche III. Stellung. Analoges gilt für die entsprechenden tetragonalen Prismen und in den betreffenden Kristallklassen für tetragonale Dipyramiden (manchenorts auch als Bipyramiden bezeichnet). In den pyramidalen Kristallklassen 4 und 4*mm* mit polarer vierzähliger Drehachse unterscheidet man außerdem zwischen oberen ($l > 0$) und unteren ($l < 0$) Pyramiden.

Kristallklasse $\bar{4}$. Tetragonal-disphenoidische Klasse

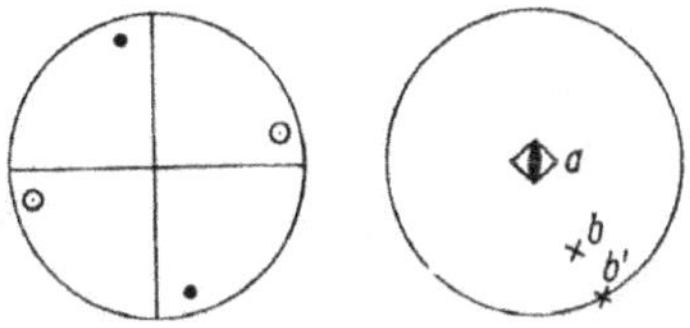

Allgemeine Form: b $\{hkl\}$ tetragonales Disphenoid (tetragonales Tetraeder, s. Bild 1.48).
Grenzform: b' $\{hk0\}$ tetragonales Prisma.
Spezielle Form: *a* $\{001\}$ Pinakoid.
Beispiele: Cahnit $Ca_2[AsO_4|B(OH)_4]$ (Bild 1.75), Pentaerythrit $C(CH_2OH)_4$. – Die vierzählige Drehinversionsachse ist zugleich zweizählige Drehachse; ein Inversionszentrum gibt es nicht!

In der älteren Literatur werden die tetragonalen Disphenoide $\{hkl\}$ mit $h > k > 0$, $l > 0$ als positive direkte (oder „linke"), $\{khl\}$ als positive inverse (oder „rechte"), $\{h\bar{k}l\} \equiv \{khl\}$ als negative direkte (oder „rechte") und $\{\{\bar{h}k\bar{l}\} \equiv \{k\bar{h}l\}\}$ als negative inverse (oder „linke") bezeichnet, obwohl es in der Kristallklasse $\bar{4}$ keine Enantiomorphie gibt.

Kristallklasse 4/*m*. Tetragonal-dipyramidale Klasse

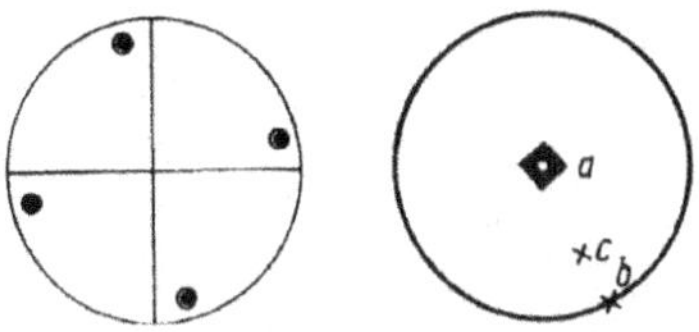

Allgemeine Form: c $\{hkl\}$ tetragonale Dipyramide (Bild 1.76).
Spezielle Formen: b $\{hk0\}$ tetragonales Prisma; *a* $\{001\}$ Pinakoid.
Beispiele: Scheelit $CaWO_4$, Natriumperiodat $NaIO_4$, Fergusonit $YNbO_4$ (Bild 1.77). – Aus der vierzähligen Drehachse und der dazu senkrechten Spiegelebene resultiert das Inversionszentrum.

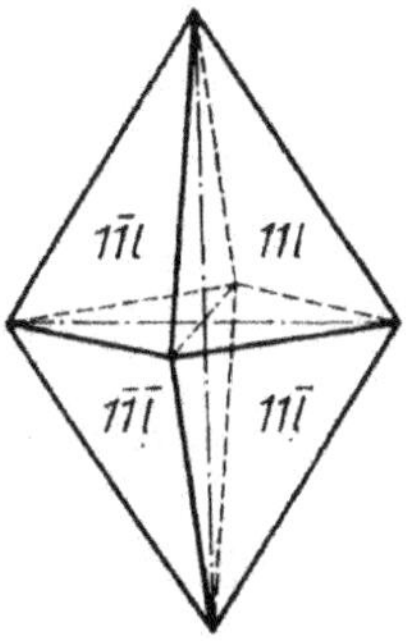

Bild 1.76. *Tetragonale Dipyramide II. Stellung.*

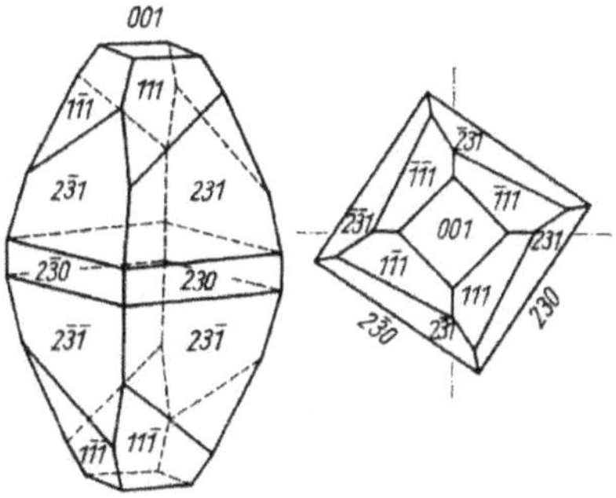

Bild 1.77. *Kristall von Fergusonit.* Rechts: Kopfbild.

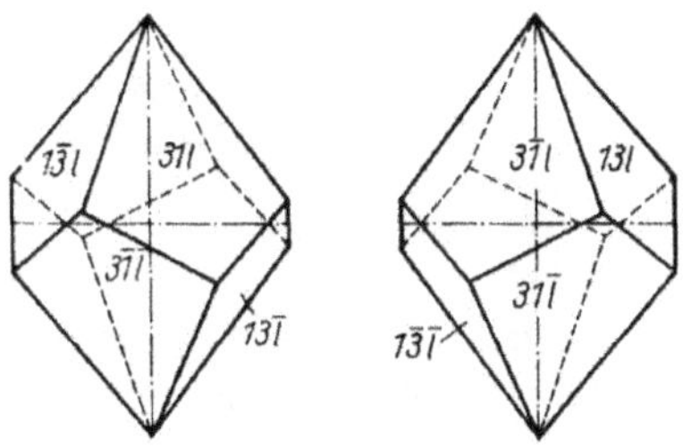

Bild 1.78. *Tetragonales Trapezoeder.* Links- und Rechtsform; Ansicht von „vorn oben".

Kristallklasse 422. Tetragonal-trapezoedrische Klasse

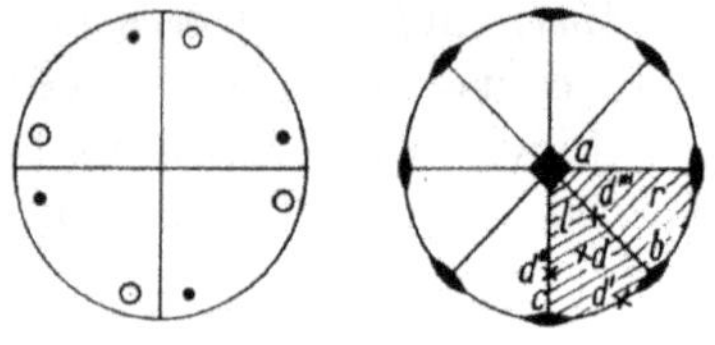

Allgemeine Form: d $\{hkl\}$ tetragonales Trapezoeder (l linkes Trapezoeder, r rechtes Trapezoeder; Bild 1.78). *Grenzformen:* d' $\{hk0\}$ ditetragonales Prisma; d'' $\{h0l\}$, d''' $\{hhl\}$ tetragonale Dipyramiden. *Spezielle Formen:* c $\{100\}$, b $\{110\}$ tetragonale Prismen; a $\{001\}$ Pinakoid. – *Beispiele:* Methylammoniumiodid $NH_3(CH_3)I$ (Bild 1.79), Retgersit $NiSO_4 \cdot 6H_2O$. – Aus der Kombination einer vierzähligen Drehachse (c-Achse) mit einer zu ihr senkrechten zweizähligen Drehachse (a_1-Achse) resultieren eine weitere, gleichwertige zweizählige Drehachse unter einem Winkel von 90° (a_2-Achse) sowie ein Paar weiterer zweizähliger Drehachsen unter Winkeln von 45° zu den a-Achsen, was im Klassensymbol 422 durch die letzte 2 (für die diagonale Blickrichtung) zum Ausdruck gebracht wird. Da nur Drehachsen vorhanden sind, besteht Enantiomorphie. Bezeichnet man nach E. Sommerfeldt die Formen $\{hkl\}$ mit $h > k > 0$ und $l > 0$ (linkes schraffiertes Feld) als linke Trapezoeder, dann stellen die Formen $\{hkl\} \equiv \{khl\}$ (rechtes schraffiertes Feld) die korrelaten rechten Trapezoeder dar (vgl. die betreffenden Ausführungen zur Kristallklasse 32).

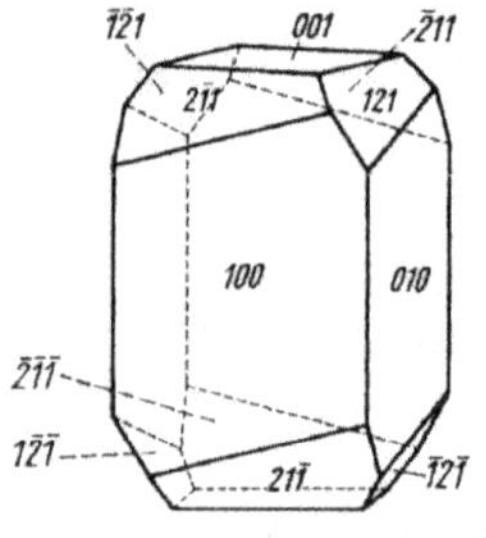

Bild 1.79. *Kristall von Methylammoniumiodid.* Rechtsform.

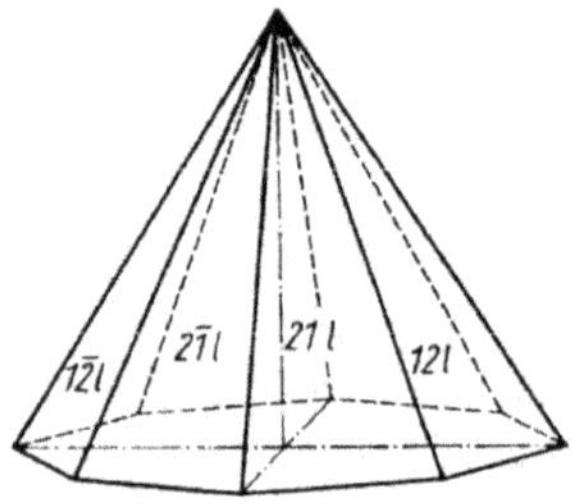

Bild 1.80. *Ditetragonale Pyramide.*

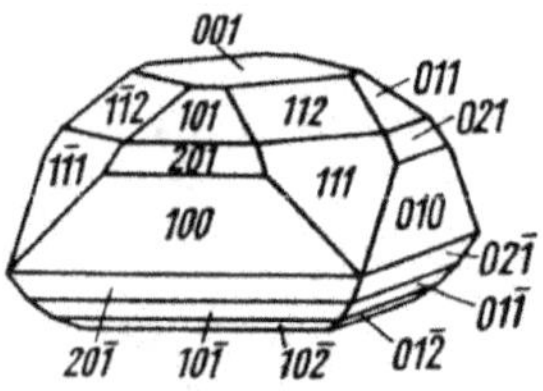

Bild 1.81. *Kristall von Diaboleit.*

Kristallklasse 4*mm*. Ditetragonal-pyramidale Klasse

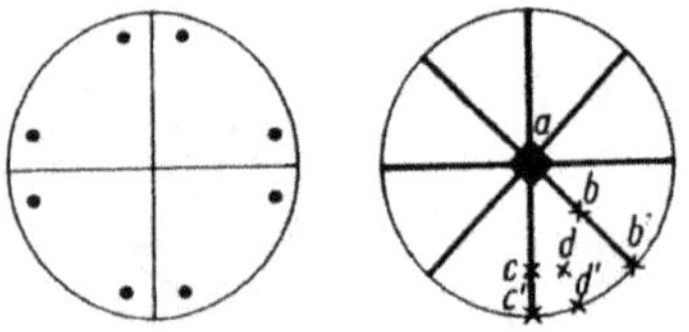

Allgemeine Form: d $\{hkl\}$ ditetragonale Pyramide (Bild 1.80). *Grenzform:* d' $\{hk0\}$ ditetragonales Prisma. *Spezielle Formen:* c $\{h0l\}$, b $\{hhl\}$ tetragonale Pyramiden; c' $\{100\}$, b' $\{110\}$ tetragonale Prismen; a (001) und ($00\bar{1}$) Pedien. – *Beispiele:* Diaboleit $2Pb(OH)_2 \cdot CuCl_2$ (Bild 1.81; allerdings zeigt das Bild nur spezielle Formen). – Parallel zur polaren vierzähligen Drehachse (c-Achse) gibt es zwei Paare von Spiegelebenen, ein Paar senkrecht und ein Paar diagonal zu den a-Achsen, was durch das Klassensymbol 4*mm* zum Ausdruck gebracht wird.

Kristallklasse $\bar{4}2m$. Tetragonal-skalenoedrische Klasse

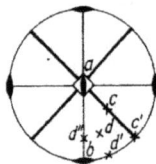

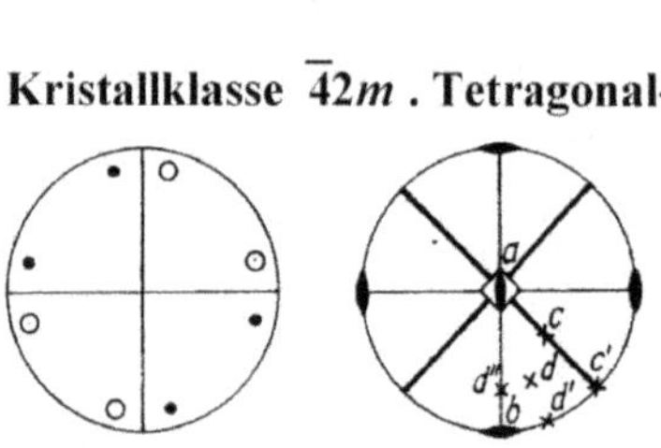

Allgemeine Form: d $\{hkl\}$ tetragonales Skalenoeder (griech. σκαληνος: uneben; Bild 1.82). *Grenzformen:* d' $\{hk0\}$ ditetragonales Prisma; d'' $\{h0l\}$ tetragonale Dipyramide. *Spezielle Formen:* c $\{hhl\}$ tetragonales Disphenoid; c' $\{110\}$, b $\{100\}$ tetragonale Prismen; a $\{001\}$ Pinakoid. – *Beispiele:* Chalkopyrit (Kupferkies) $CuFeS_2$ (Bild 1.83), Kaliumdihydrogenphosphat KH_2PO_4, Harnstoff $CO(NH_2)_2$. – Parallel zur Drehinversionsachse $\bar{4}$ verlaufen zwei zueinander senkrechte Spiegelebenen; diagonal zu den Spiegelebenen gibt es außerdem zwei zweizählige Drehachsen, die normalerweise als *a*-Achsen gewählt werden. In einer anderen Aufstellung werden die Normalen auf die Spiegelebenen (also die $\bar{2}$-Achsen) als *a*-Achsen gewählt, was durch ein verändertes Klassensymbol $\bar{4}m2$ (die letzte Stelle jeweils für die diagonale Blickrichtung) zum Ausdruck gebracht wird.

In der Kristallmorphologie unterscheidet man nach ihrer Stellung positive tetragonale Skalenoeder $\{hkl\}$ mit $h, k, l > 0$ und negative tetragonale Skalenoeder $\{hk\bar{l}\}$.

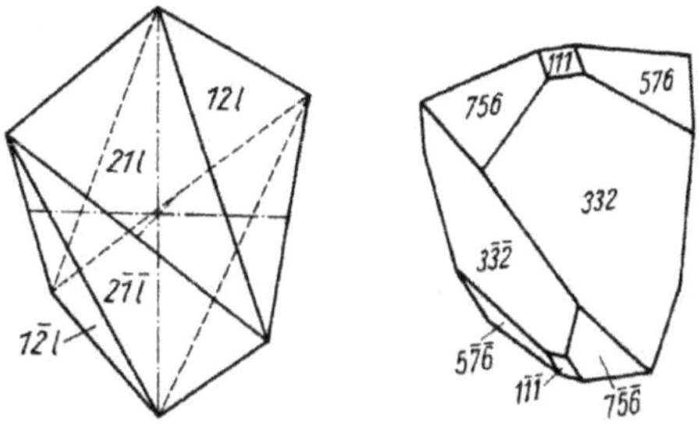

Bild 1.82. *Tetragonales Skalenoeder.*

Bild 1.83. *Kristall von Chalkopyrit (Kupferkies).*

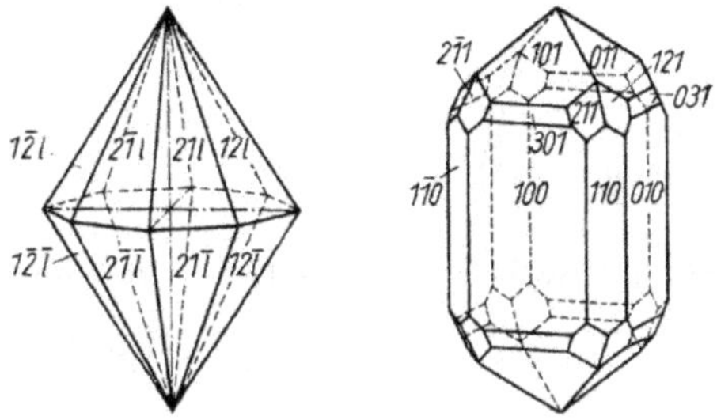

Bild 1.84. *Ditetragonale Dipyramide.*

Bild 1.85. *Kristall von Zirkon.*

Kristallklasse 4/*mmm*. Ditetragonal-dipyramidale Klasse

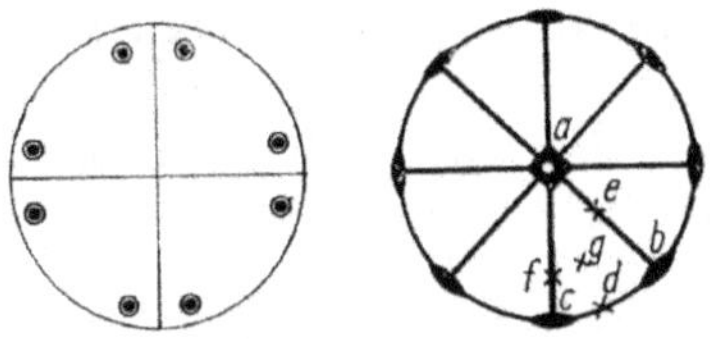

Allgemeine Form: *g* $\{hkl\}$ ditetragonale Dipyramide (Bild 1.84).
Spezielle Formen: *f* $\{h0l\}$, *e* $\{hhl\}$ tetragonale Dipyramiden; *d* $\{hk0\}$ ditetragonales Prisma; *c* $\{100\}$, *b* $\{110\}$ tetragonale Prismen; *a* $\{001\}$ Pinakoid. – *Beispiele*: Kassiterit (Zinnstein) SnO_2, Rutil TiO_2, Zirkon $ZrSiO_4$ (Bild 1.85). – Das vollständige Symbol der Kristallklasse ist $4/m\ 2/m\ 2/m$ (tetragonale Holoedrie): Senkrecht zur vierzähligen Drehachse gibt es zwei Paare zweizähliger Drehachsen, des weiteren eine horizontale und zwei Paare vertikaler Spiegelebenen sowie ein Inversionszentrum.

1.6.5. Trigonales Kristallsystem

Zum trigonalen Kristallsystem gehören die Kristallklassen 3, $\bar{3}$, $3m$, 32 und $\bar{3}m$. Zwischen dem trigonalen und dem hexagonalen Kristallsystem besteht eine enge Beziehung (vgl. Abschn. 1.3.3.), so dass sie beide zur hexagonalen Kristallfamilie zusammengefasst werden. Das trigonale Kristallsystem ist dadurch gekennzeichnet, dass in den fünf zugehörigen Kristallklassen sowohl das hexagonal rhomboedrische Gitter *hR* als auch das hexagonal primitive Gitter *hP* auftreten (vgl. Bild 1.6), während es im hexagonalen Kristallsystem allein das hexagonal primitive Gitter *hP* gibt. Die Gitterpunkte des hexagonal rhomboedrischen Gitters *hR* haben die Punktsymmetrie $\bar{3}m$ entsprechend der trigonalen Holoedrie. Die Gitterpunkte des hexagonal primitiven Gitters *hP* haben die Punktsymmetrie $6/mmm$ entsprechend der hexagonalen Holoedrie, so dass in diesen Fällen die trigonalen Kristallklassen auch als Meroedrien des hexagonalen Kristallsystems anzusprechen sind. Früher zählte man nach rein morphologischen Gesichtspunkten noch die Kristallklasse $\bar{6}$ unter der Bezeichnung $3/m$ und die Kristallklasse $\bar{6}m2$ als

$3/mm$ zum trigonalen Kristallsystem, doch gibt es in diesen Kristallklassen allein das hexagonal primitive Gitter *hP*, so dass sie nach obiger Definition zum hexagonalen Kristallsystem gehören.

Wie im Abschn. 1.3.3. ausgeführt, können im trigonalen (wie auch im hexagonalen) Kristallsystem sowohl ein hexagonales als auch ein rhomboedrisches Achsensystem verwendet werden. Wir benutzen im Folgenden nur das hexagonale Achsensystem mit der viergliedrigen BRAVAIS-schen Indizierung und der vertikal gestellten dreizähligen Drehachse 3 bzw. der Drehinversionsachse $\bar{3}$ als *c*-Achse. Es gibt nur eine makroskopische Materialkonstante, das Achsenverhältnis c/a (im Fall eines rhomboedrischen Achsensystems tritt an dessen Stelle der Achsenwinkel α).

In den Kristallklassen 3 und 32, die durch Enantiomorphie und optische Aktivität ausgezeichnet sind, sind die *a*-Achsen polar, und es bedarf einer Konvention über die positive Richtung der *X*-Achse. Diese wird beim Quarz heute allgemein so festgelegt, dass bei einem *Rechtsquarz* (s.u. Kristallklasse 32!) der piezoelektrische Modul $d_{111} = d_{11} > 0$, also positiv wird (s. Abschn. 4.3.3!)

Kristallklasse 3. Trigonal-pyramidale Klasse

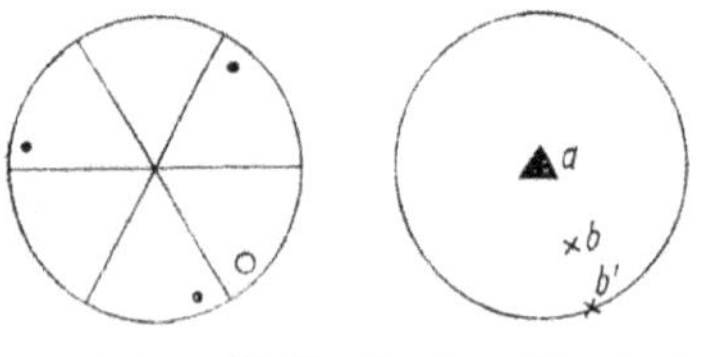

Allgemeine Form: b $\{hkil\}$ trigonale Pyramide (Bild 1.43a).
Grenzform: b' $\{hki0\}$ trigonales Prisma.
Spezielle Formen: a (0001) und ($000\bar{1}$) Pedien.
Beispiele sind selten: Natriumperiodat-Trihydrat $NaIO_4{\cdot}3H_2O$ (Bild 1.86), Carlinit TlS_2, Bleigermanat $Pb_5Ge_3O_{11}$ (Tieftemperaturmodikfikation). – Die dreizählige Drehachse ist polar, es besteht Enantiomorphie.

Allgemein bezeichnet man im trigonalen wie auch im hexagonalen Kristallsystem Pyramiden $\{10\bar{1}l\}$ als solche I. Stellung, Pyramiden $\{11\bar{2}l\}$ als solche II. Stellung und Pyramiden $\{hkil\}$ mit $h \neq k \neq 0$ als solche III. Stellung. Analoges gilt für die entsprechenden Prismen und in den betreffenden Kristallklassen für Rhomboeder und für Dipyramiden (manchenorts auch als Bipyramiden bezeichnet). In den pyramidalen Kristallklassen mit polarer dreizähliger bzw. sechszähliger Drehachse unterscheidet man außerdem zwischen oberen ($l > 0$) und unteren ($l < 0$) Pyramiden.

Kristallklasse $\bar{3}$. Rhomboedrische Klasse

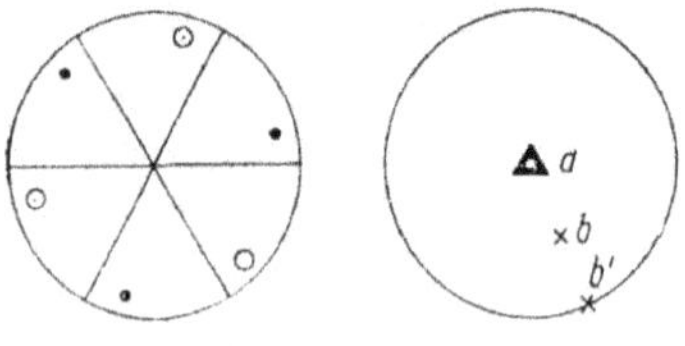

Allgemeine Form: b $\{hkil\}$ Rhomboeder (Bild 1.49).
Grenzform: b' $\{hki0\}$ hexagonales Prisma.
Spezielle Form: a $\{0001\}$ Pinakoid.
Beispiele: Dolomit $CaMg[CO_3]_2$ (Bild 1.87), Dioptas $Cu_6[Si_6O_{18}]{\cdot}6H_2O$ (Bild 1.88). – Die Drehinversionsachse $\bar{3}$ ist sechszählig und stellt zugleich eine dreizählige Drehachse und ein Inversionszentrum dar.

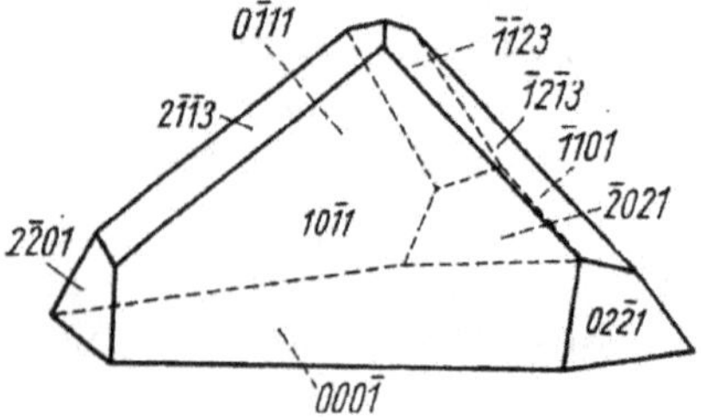

Bild 1.86. *Kristall von Natriumperiodat-Trihydrat.*

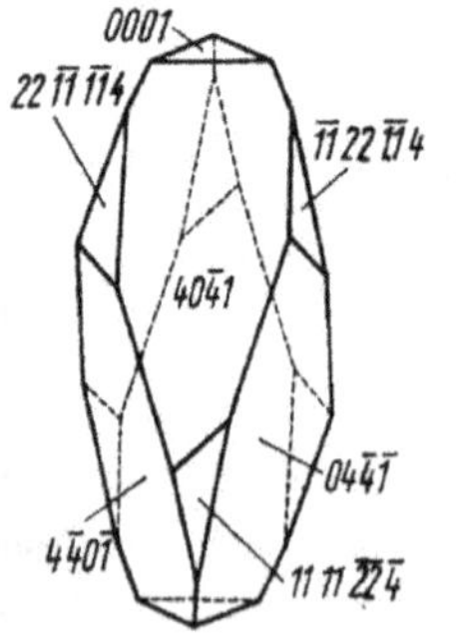

Bild 1.87. *Kristall von Dolomit.*

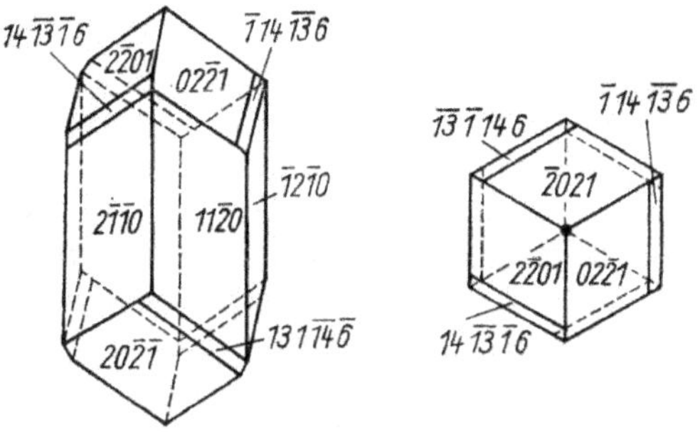

Bild 1.88. *Kristall von Dioptas.*
Rechts: Kopfbild.

Kristallklasse 32. Trigonal-trapezoedrische Klasse

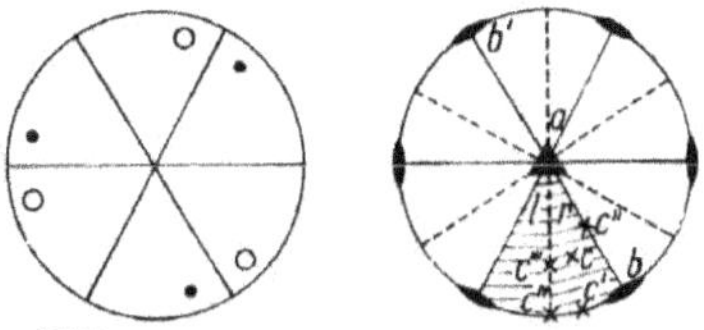

Allgemeine Form: c $\{hkil\}$ trigonales Trapezoeder (l linke Trapezoeder, r rechte Trapezoeder; Bild 1.89) *Grenzformen*: c' $\{hki0\}$ ditrigonales Prisma; c'' $\{hh\overline{2h}l\}$ trigonale Dipyramide; c''' $\{h0\bar{h}l\}$ Rhomboeder; c^{IV} $\{10\bar{1}0\}$ hexagonales Prisma. – Spezielle Formen: b $\{11\bar{2}0\}$ und b' $\{\bar{1}\bar{1}20\}$ trigonale Prismen; a $\{0001\}$ Pinakoid. – *Beispiele*: Cinnabarit (Zinnober) HgS, Quarz SiO_2 (Tieftemperaturmodifikation, Bild 1.90). – Die Flächen eines Trapezoeders haben bei einer einfachen Form (Bild 1.89) keine parallelen Kanten. Erst im Zonenverband mit anderen Flächen entstehen parallele Kanten, und die Trapezoederflächen erscheinen als trapezförmig im üblichen Sinne, wie z. B. beim Quarz (Bild 1.90). Man beachte beim letzteren die in dieser Kristallklasse (es gibt nur Drehachsen) bestehende Enantiomorphie! Dementsprechend lassen sich rechte und linke Kristalle, also „Linksquarz" und „Rechtsquarz", unterscheiden.

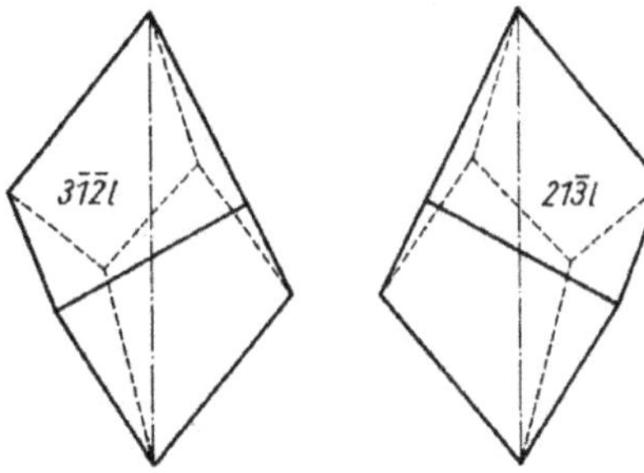

Bild 1.89. *Trigonale Trapezoeder.*
Links- und Rechtsform; Ansicht von „vorn oben".

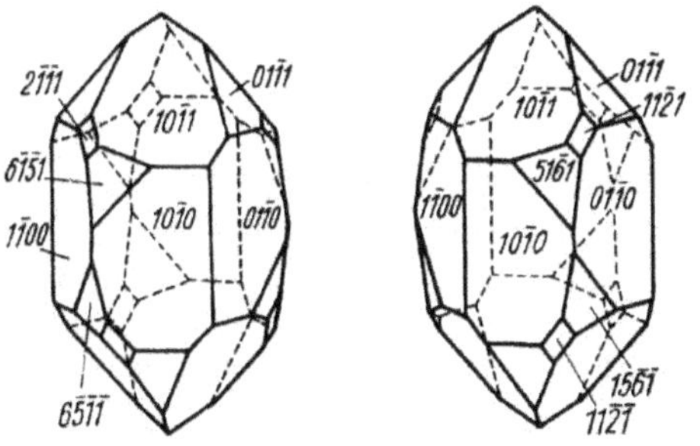

Bild 1.90. *Kristall von Quarz (Tiefquarz).*
Links- und Rechtsform.

Allerdings erfolgt die (an sich willkürliche) Benennung als Rechts- oder Linksform in der Literatur nicht einheitlich (vgl. weiterführende Literatur). Wir folgen hier der Bezeichnungsweise von E. SOMMERFELDT (1906), welcher den Bereich der Polkugel zwischen der c-Achse, der a_1-Achse und der negativen a_3-Achse (willkürlich) in ein linkes (waagerecht schraffiertes) Feld und ein rechtes (schräg schraffiertes) Feld unterteilte. Hiernach bezeichnet man die Formen $\{hkil\}$ mit $h > k > 0$ und $l > 0$ (also z. B. $\{21\bar{3}1\}$) als rechte (positive) Trapezoeder und die Formen $\{\overline{ikhl}\}$ (also z. B. $\{3\bar{1}\bar{2}1\}$) als linke (positive) Trapezoeder. Die zusätzliche Bezeichnung beider Formen als „positiv" bezieht sich auf $l > 0$. Kehrt man das Vorzeichen von l um, so erhält man die korrelaten negativen Formen, wobei sich gleichzeitig auch die Benennung rechts-links vertauscht: So bezeichnen die Formen $\{hki\bar{l}\} \equiv \{khil\}$ (z. B. $\{21\bar{3}\bar{1}\} \equiv \{12\bar{3}1\}$) linke negative Trapezoeder; die Formen $\{i\bar{k}\bar{h}\bar{l}\} \equiv \{i\bar{h}\bar{k}\bar{l}\}$ (z. B. $\{3\bar{1}\bar{2}\bar{1}\} \equiv \{3\bar{2}\bar{1}1\}$) rechte negative Trapezoeder. Ein rechtes positives Trapezoeder lässt sich mit dem korrelaten rechten negativen Trapezoeder durch eine reale Bewegung (z. B. durch eine Drehung um 60° um die *c*-Achse) zur Deckung bringen. Gleiches gilt für linke positive und linke negative Trapezoeder; d. h., die Festlegung von positiv-negativ ist nur eine Frage der Aufstellung – im Gegensatz zur Definition von rechts-links.

Die Aufstellung der Quarzkristalle (hinsichtlich positiv-negativ) wird in der Literatur allerdings nicht in einheitlicher Weise vorgenommen. In der mineralogischen Literatur wird jene Aufstellung bevorzugt, in der $\{10\bar{1}1\}$ das große Rhomboeder darstellt (vgl. Bild 1.90). Man kann einen Rechtsquarz daran erkennen (vgl. HEANEY et al. [2.5]), dass in einer Ansicht von vorn auf die Prismenfläche $(10\bar{1}0)$ die (rechte) Trapezoederfläche $(51\bar{6}1)$ oben rechts erscheint. Bei einem Linksquarz hingegen erscheint die (linke) Trapezoederfläche $(6\bar{1}\bar{5}1)$ oben links. Allerdings lässt sich eine solche Unterscheidung nur treffen, wenn am betreffenden Kristall eine hinreichende Vielfalt von Formen entwickelt ist. Anderenfalls muss man andere Kriterien, wie die Richtung des optischen Drehvermögens (Abschn. 4.5.9.), heranziehen, um zwischen Rechts- und Linksquarz zu unterscheiden: Rechtsquarz ist rechtsdrehend und Linksquarz ist linksdrehend, was in diesem Zusammenhang rein zufällig ist.

Gewöhnlich werden in der Kristallklasse 32 (auch als 321 bezeichnet) die drei gleichwertigen, polaren zweizähligen Achsen als *a*-Achsen (eines hexagonalen Achsensystems) aufgestellt. In einer anderen Aufstellung verwendet man als (hexagonale) *a*-Achsen die Winkelhalbierenden zwischen den zweizähligen Drehachsen und symbolisiert die Kristallklasse dann mit 312; in dieser Aufstellung tragen die Rhomboeder (als Grenzformen) das Symbol $\{hh\bar{2}hl\}$.

Kristallklasse 3*m*. Ditrigonal-pyramidale Klasse

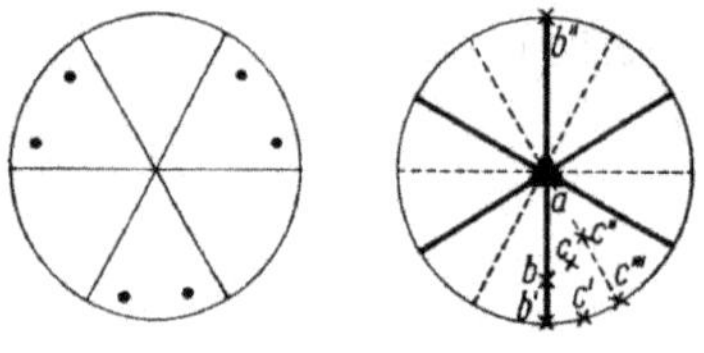

Allgemeine Form: *c* $\{hkil\}$ ditrigonale Pyramide (Bild 1.91). *Grenzformen*: *c'* $\{hki0\}$ ditrigonales Prisma; *c''* $\{hh\overline{2h}l\}$ hexagonale Pyramide; *c'''* $\{11\bar{2}0\}$ hexagonales Prisma. – *Spezielle Formen*: *b* $\{h0\bar{h}l\}$ trigonale Pyramide; *b'* $\{10\bar{1}0\}$ und *b''* $\{\bar{1}010\}$ trigonale Prismen; *a* (0001) und $(000\bar{1})$ Pedien. – *Beispiele:* Turmalin (Bild 1.92), Proustit Ag_3AsS_3, Pyrargyrit Ag_3SbS_3 (Bild 1.93), Gratonit $Pb_9As_4S_{15}$, Lithiumniobat $LiNbO_3$ (Tieftemperaturmodifikation). – Trotz der relativ hohen Symmetrie ist die dreizählige Drehachse (*c*-Achse) polar: Der Turmalin ist ein Demonstrationsbeispiel für die an eine unikale polare Achse gebundene Pyroelektrizität (Abschn. 4.3.2.). Als (hexagonale) *a*-Achsen werden gewöhnlich die Normalen auf die drei gleichwertigen vertikalen Spiegelebenen benutzt. In einer anderen Aufstellung verwendet man als *a*-Achsen jedoch die (in den Spiegelebenen verlaufenden) Winkelhalbierenden zwischen den Normalen und symbolisiert die Kristallklasse dann mit 31*m*.

Bild 1.91. *Ditrigonale Pyramide.*

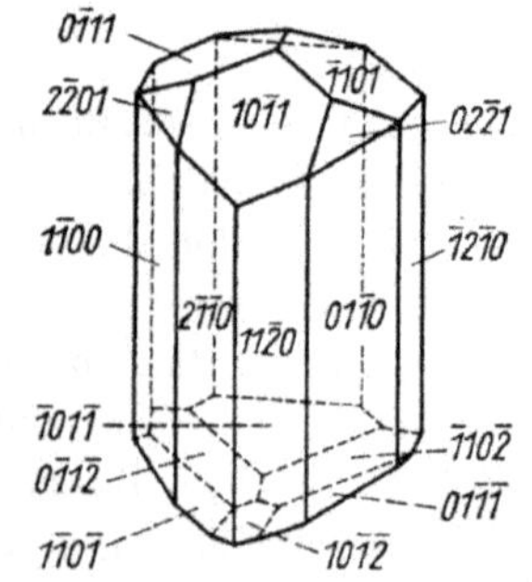

Bild 1.92. *Kristall von Turmalin*

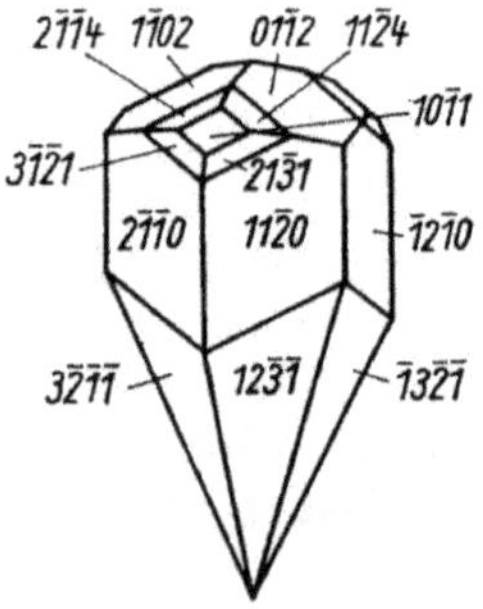

Bild 1.93. *Kristall von Pyrargyrit.*

Kristallklasse $\bar{3}m$. Ditrigonal-skalenoedrische Klasse

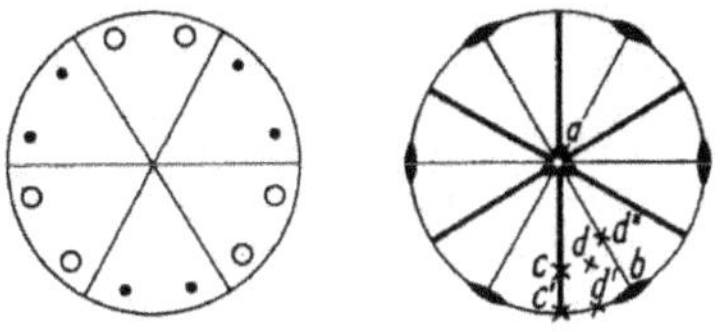

Allgemeine Form: d $\{hkil\}$ ditrigonales Skalenoeder (Bild 1.94).
Grenzformen: d' $\{hki0\}$ dihexagonales Prisma; d'' $\{hh\overline{2h}l\}$ hexagonale Dipyramide.
Spezielle Formen: c $\{h0\bar{h}l\}$ Rhomboeder; c' $\{10\bar{1}0\}$, b $\{11\bar{2}0\}$ hexagonale Prismen; a $\{0001\}$ Pinakoid. – *Beispiele:* Calcit (Kalkspat) $CaCO_3$ (Bild 1.95), Korund Al_2O_3, Hämatit Fe_2O_3 (Bild 1.96), Lithiumniobat $LiNbO_3$ (Hochtemperaturmodifikation). – Das vollständige Symbol der Kristallklasse ist $\bar{3}2/m$ (trigonale Holoedrie). In der Inversionsdrehachse $\bar{3}$ (c-Achse) schneiden sich drei (gleichwertige) vertikale Spiegelebenen, zu denen senkrecht drei (gleichwertige) zweizählige Drehachsen stehen, die gewöhnlich als (hexagonale) a-Achsen benutzt werden. Außerdem gibt es ein Inversionszentrum. In einer anderen Aufstellung verwendet man als a-Achsen die (in den Spiegelebenen verlaufenden) Winkelhalbierenden zwischen den zweizähligen Drehachsen und symbolisiert die Kristallklasse dann mit $\bar{3}1m$ oder $\bar{3}12/m$.

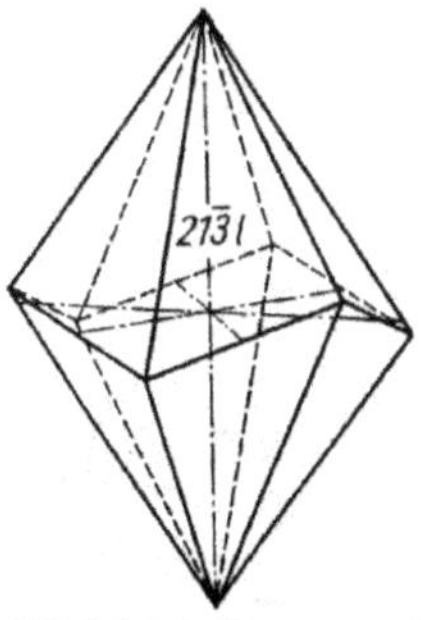

Bild 1.94. *Ditrigonales Skalenoeder.*

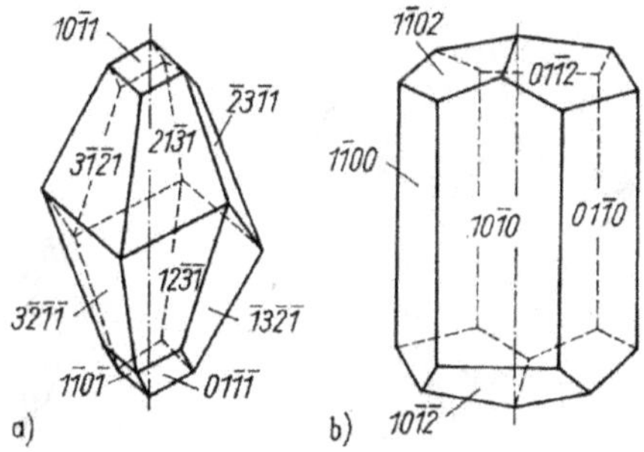

Bild 1.95. *Kristalle von Calcit.*

a) Kombination des Skalenoeders $\{21\bar{3}1\}$ mit dem Rhomboeder $\{10\bar{1}1\}$;
b) Kombination des Prismas $\{10\bar{1}0\}$ mit dem Rhomboeder $\{01\bar{1}2\}$.

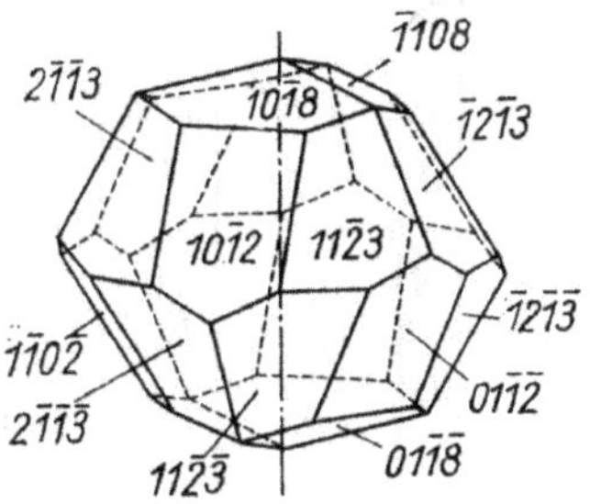

Bild 1.96. *Kristall von Hämatit.*

1.6.6. Hexagonales Kristallsystem

Zum hexagonalen Kristallsystem gehören die Klassen 6, $\bar{6}$, $6/m$, 622, $6mm$, $\bar{6}m2$ und $6/mmm$ (zur Definition des hexagonalen Kristallsystems vgl. Abschn. 1.6.5.). Die sechszählige Drehachse bzw. die Drehinversionsachse $\bar{6}$ wird als c-Achse vertikal aufgestellt. Es gibt nur eine (makroskopische) Materialkonstante c/a.

Kristallklasse 6. Hexagonal-pyramidale Klasse

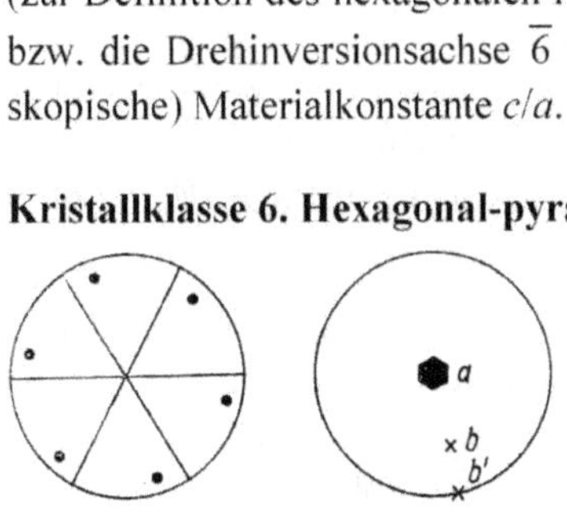

Allgemeine Form: b $\{hkil\}$ hexagonale Pyramide (Bild 1.43 a).
Grenzform: b' $\{hki0\}$ hexagonales Prisma.
Spezielle Formen: a (0001) und (000$\bar{1}$) Pedien.
Beispiele: Lithiumiodat α-$LiIO_3$, Nephelin $KNa_3[AlSiO_4]_4$ (Bild 1.97). – Einziges Symmetrieelement ist eine polare

sechszählige Drehachse; es besteht Enantiomorphie. Die Kristallgestalt im Bild 1.97 zeigt keine allgemeine Form, so dass eine höhere Symmetrie (*Scheinsymmetrie*) vorgetäuscht wird. Man kann anhand der asymmetrischen Ausbildung von Ätzfiguren auf den Prismenflächen die wirkliche Symmetrie erkennen. Die Bezeichnung von Pyramiden und Prismen als solche I., II. und III. Stellung erfolgt im hexagonalen Kristallsystem in der gleichen Weise wie im trigonalen Kristallsystem (vgl. die Ausführungen zur Kristallklasse 3).

Kristallklasse $\bar{6}$. Trigonal-dipyramidale Klasse

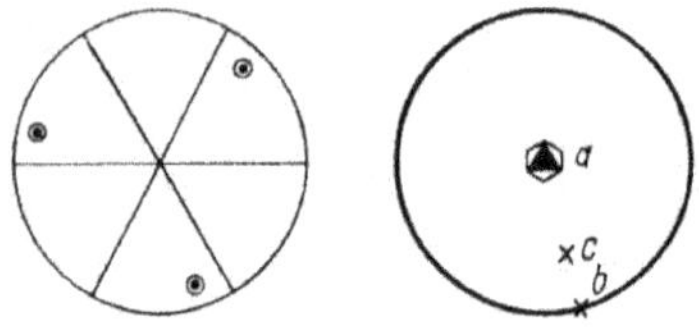

Allgemeine Form: *c* {*hkil*} trigonale Dipyramide (Bild 1.50). *Spezielle Formen*: *b* {*hki*0} trigonales Prisma; *a* {0001} Pinakoid. – *Beispiele* sind sehr selten: Bleigermanat $Pb_5Ge_3O_{11}$ (Hochtemperaturmodifikation). – Die Drehinversionsachse $\bar{6}$ stellt zugleich eine dreizählige Drehachse und eine horizontale Spiegelebene dar; ein Inversionszentrum gibt es nicht!

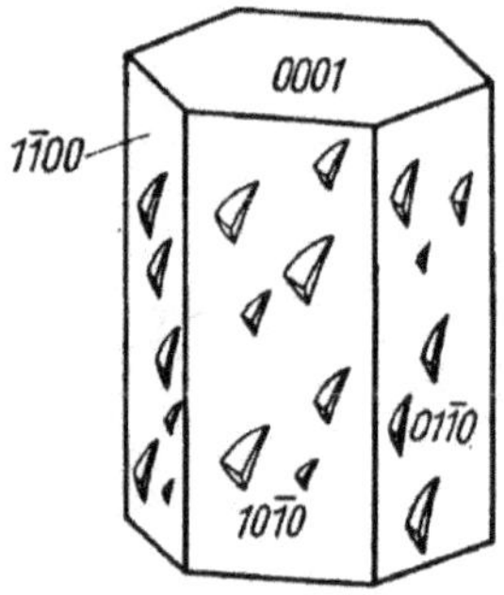

Bild 1.97. *Kristall von Nephelin mit Ätzfiguren.*

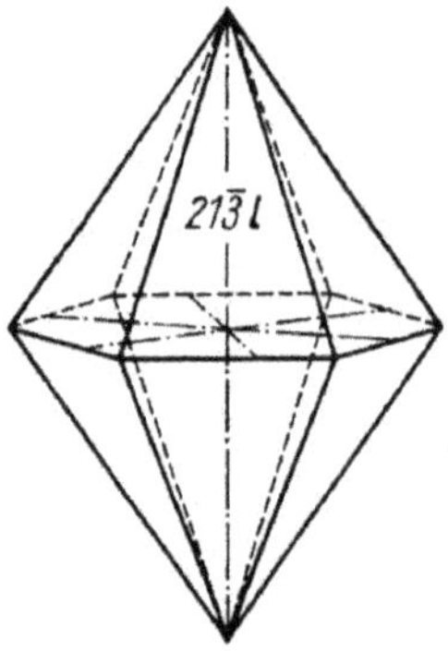

Bild 1.98. *Hexagonale Dipyramide.*

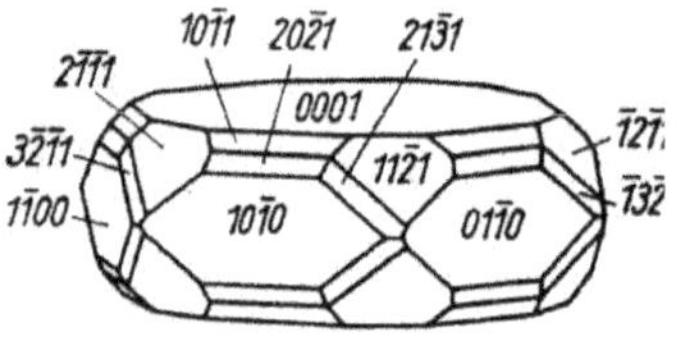

Bild 1.99. *Kristall von Apatit.*

Kristallklasse 6/*m*. Hexagonal-dipyramidale Klasse

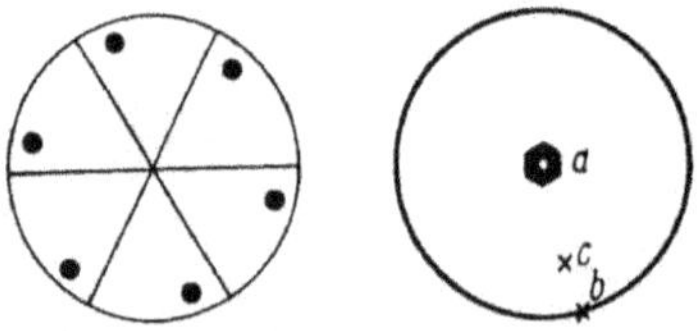

Allgemeine Form: *c* {*hkil*} hexagonale Dipyramide (Bild 1.98).

Spezielle Formen: *b* {*hki*0} hexagonales Prisma; *a* {0001} Pinakoid.

Beispiel: Apatit $Ca_5[(F,Cl,OH)|(PO_4)_3]$ (Bild 1.99). – Die sechszählige Drehachse und die horizontale Spiegelebene bedingen ein Inversionszentrum.

Kristallklasse 622. Hexagonal-trapezoedrische Klasse

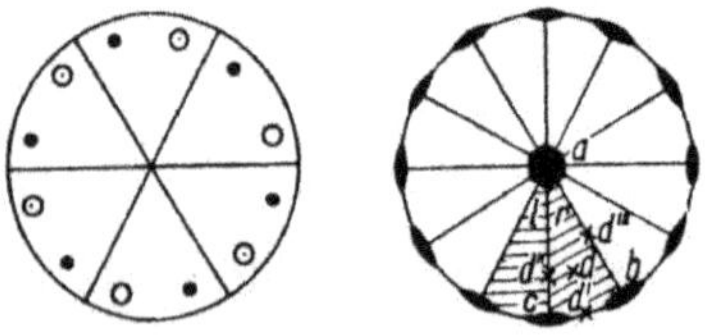

Allgemeine Form: *d* {*hkil*} hexagonales Trapezoeder (l linkes Trapezoeder, r rechtes Trapezoeder; Bild 1.100).

Grenzformen: *d'* {*hki*0} dihexagonales Prisma; *d''* { $h0\bar{h}l$ }, *d'''* { $hh\overline{2h}l$ } hexagonale Dipyramiden.

Spezielle Formen: *c* { $10\bar{1}0$ }, *b* { $11\bar{2}0$ } hexagonale Prismen; *a* {0001} Pinakoid. – *Beispiel*: Hochquarz (SiO_2, Hochtemperaturmodifikation). – Senkrecht zur sechszähligen Drehachse (*c*-Achse) stehen sechs zweizählige Drehachsen, von denen je drei und drei gleichwertig sind und wahlweise als *a*-Achsen benutzt werden. Es besteht Enantiomorphie.

Bezeichnet man nach E. SOMMERFELDT die Formen $\{hkil\}$ mit $h > k > 0$ und $l > 0$ (schräg schraffiertes Feld, z. B. $\{21\bar{3}1\}$) als rechte Trapezoeder, dann stellen die Formen $\{i\bar{k}\bar{h}l\}$ (waagerecht schraffiertes Feld, z. B. $\{3\bar{1}\bar{2}1\}$) die korrelaten linken Trapezoeder dar (vgl. die betreffenden Ausführungen zur Kristallklasse 32).

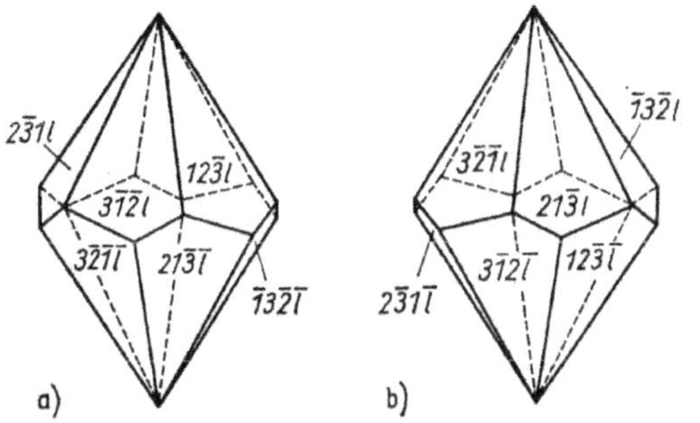

Bild 1.100. *Hexagonales Trapezoeder.*
Links- und Rechtsform; Ansicht von „vorn oben".

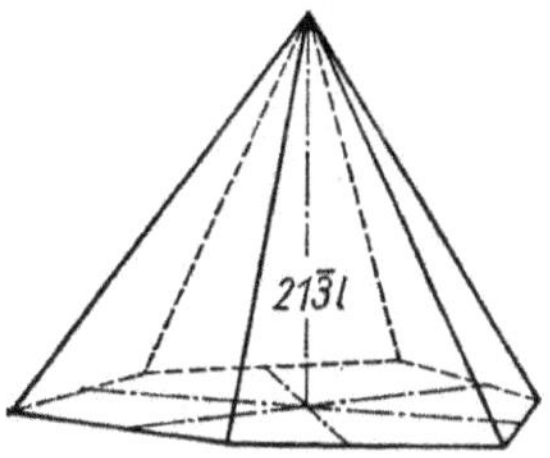

Bild 1.101. *Dihexagonale Pyramide.*

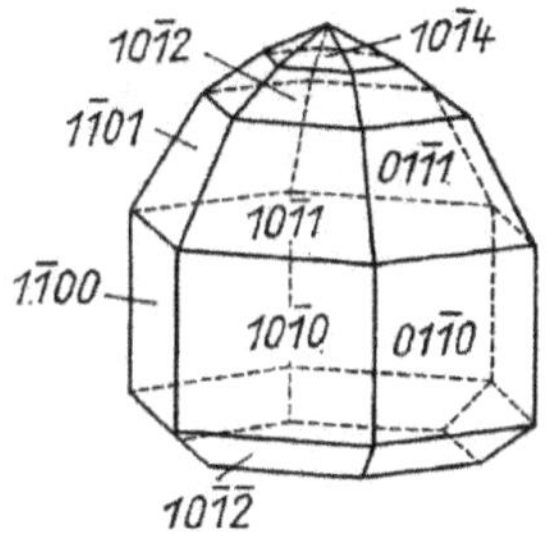

Bild 1.102. *Kristall von Wurtzit.*

Kristallklasse 6*mm*. Dihexagonal-pyramidale Klasse

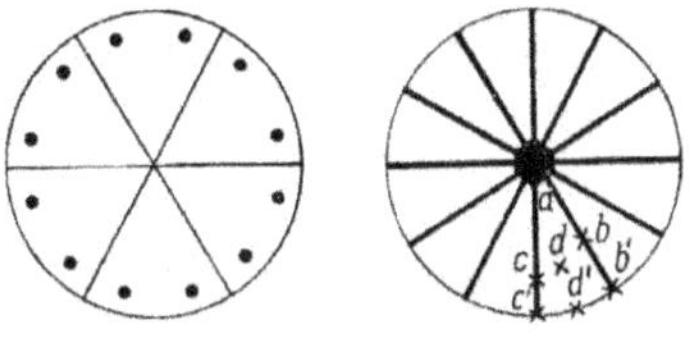

Allgemeine Form: *d* $\{hkil\}$ dihexagonale Pyramide (Bild 1.101).
Grenzform: *d'* $\{hki0\}$ dihexagonales Prisma.
Spezielle Formen: *c* $\{h0\bar{h}l\}$, *b* $\{hh\bar{2h}l\}$ hexagonale Pyramiden; *c'* $\{10\bar{1}0\}$, *b'* $\{11\bar{2}0\}$ hexagonale Prismen; *a* (0001) und $(000\bar{1})$ Pedien. – *Beispiele*: Wurtzit ZnS (Bild 1.102), Greenockit CdS, Zinkit ZnO. – In der polaren sechszähligen Drehachse schneiden sich sechs vertikale Spiegelebenen, von denen je drei und drei gleichwertig sind. Die Normalen auf einer dieser Scharen von Spiegelebenen werden wahlweise als *a*-Achsen benutzt.

Kristallklasse $\bar{6}m2$. Ditrigonal-dipyramidale Klasse

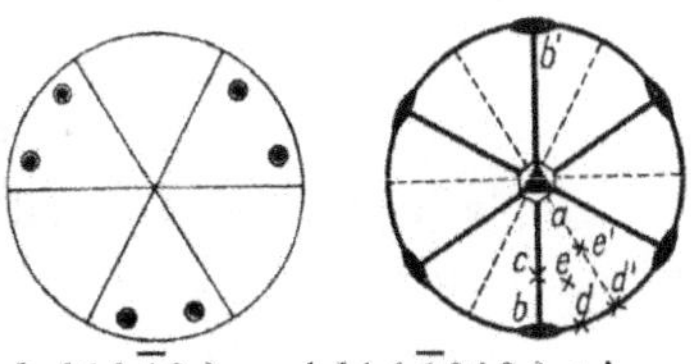

Allgemeine Form: *e* $\{hkil\}$ ditrigonale Dipyramide (Bild 1.103).
Grenzform: *e'* $\{hh\bar{2h}l\}$ hexagonale Dipyramide.
Spezielle Formen: *d* $\{hki0\}$ ditrigonales Prisma; *d'* $\{11\bar{2}0\}$ hexagonales Prisma; *c* $\{h0\bar{h}l\}$ trigonale Dipyramide; *b* $\{10\bar{1}0\}$ und *b'* $\{\bar{1}010\}$ trigonale Prismen; *a* $\{0001\}$ Pinakoid. – *Beispiel:* Benitoit $BaTi[Si_3O_9]$ (Bild 1.104). – In der Drehinversionsachse $\bar{6}$ (*c*-Achse) schneiden sich drei vertikale Spiegelebenen, deren Normalen gewöhnlich als *a*-Achsen benutzt werden. Außerdem gibt es eine horizontale Spiegelebene und drei zweizählige Drehachsen als Winkelhalbierende zwischen den *a*-Achsen. Trotz der hohen Symmetrie gibt es kein Inversionszentrum, und die Morphologie der Kristalle ist trigonal. – In

einer anderen Aufstellung werden die zweizähligen Drehachsen als *a*-Achsen verwendet, und die Kristallklasse wird dann mit $\bar{6}2m$ symbolisiert.

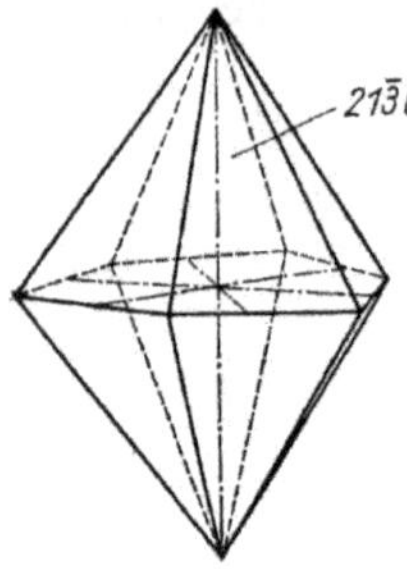

Bild 1.103. *Ditrigonale Dipyramide.*

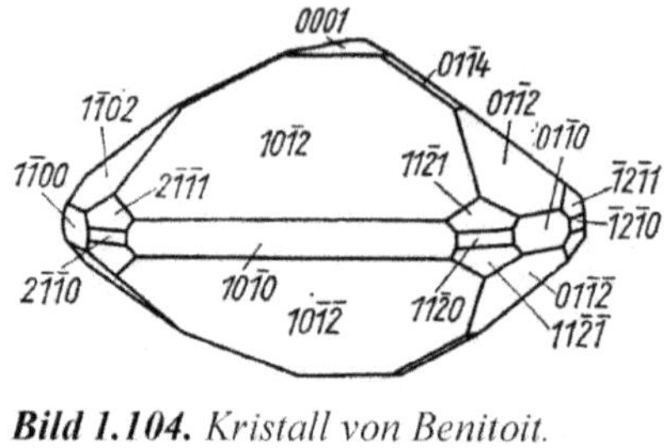

Bild 1.104. *Kristall von Benitoit.*

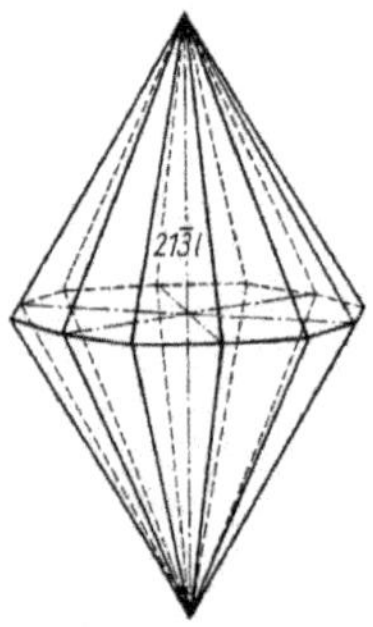

Bild 1.105. *Dihexagonale Dipyramide.*

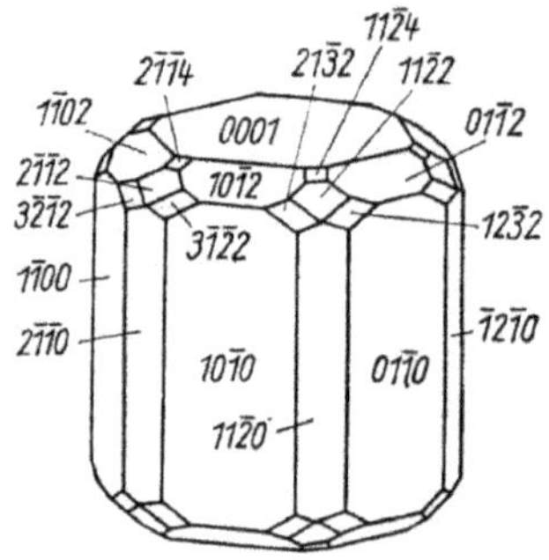

Bild 1.106. *Kristall von Beryll.*

Kristallklasse 6/*mmm*. Dihexagonal-dipyramidale Klasse

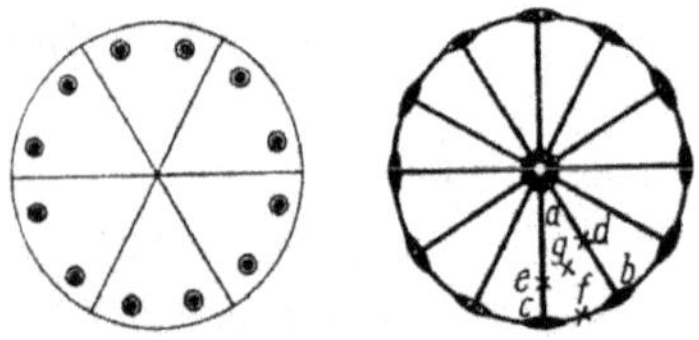

Allgemeine Form: *g* $\{hkil\}$ dihexagonale Dipyramide (Bild 1.105).

Spezielle Formen: *f* $\{hki0\}$ dihexagonales Prisma; *e* $\{h0\bar{h}l\}$, *d* $\{hh\overline{2h}l\}$ hexagonale Dipyramiden; *c* $\{10\bar{1}0\}$, *b* $\{11\bar{2}0\}$ hexagonale Prismen; *a* $\{0001\}$ Pinakoid. – *Beispiele:* Beryll $Al_2Be_3[Si_6O_{18}]$ (Bild 1.106), Graphit, Magnesium, Zink. – Das vollständige Symbol der Kristallklasse ist 6/*m* 2/*m* 2/*m* (hexagonale Holoedrie): Senkrecht zur sechszähligen Drehachse gibt es zweimal drei zweizählige Drehachsen, des weiteren zweimal drei vertikale und eine horizontale Spiegelebene sowie ein Inversionszentrum.

1.6.7. Kubisches Kristallsystem

Zum kubischen Kristallsystem gehören die Kristallklassen 23, $m\bar{3}$, 432, $\bar{4}3m$ und $m\bar{3}m$. Sie sind durch eine Kombination einer zweizähligen bzw. vierzähligen Drehachse mit einer dreizähligen Drehachse unter einem Winkel von $54°44'8'' = \arctan\sqrt{2}$ gekennzeichnet, wie er zwischen einer Kante und einer Raumdiagonalen des Würfels eingeschlossen wird (vgl. Bild 1.53). Das kubische Kristallsystem wird auch noch als „reguläres" oder als „tesserales" Kristallsystem bezeichnet. Das kubische Achsensystem besteht aus drei gleichwertigen, zueinander senkrechten Achsen und entspricht einem gewöhnlichen kartesischen Koordinatensystem. Eine morphologische Materialkonstante gibt es nicht; jede

Fläche bzw. Form ist bereits durch ihre Indizes eindeutig festgelegt. In allen Kristallklassen des kubischen Kristallsystems (wie auch bei einer Reihe anderer Kristallklassen) treten sieben Sorten von Formen auf: die allgemeinen Formen $\{hkl\}$ und jeweils sechs Sorten von speziellen Formen bzw. Grenzformen. Die Flächenlagen dieser sieben einfachen Formen lassen sich auf einem Ausschnitt der Polkugel darstellen, der 1/48 ihrer Oberfläche beträgt (Bild 1.107). Die allgemeinen und speziellen Formen des kubischen Kristallsystems sind im Bild 1.108 und in Tab. 1.7 zusammengestellt.

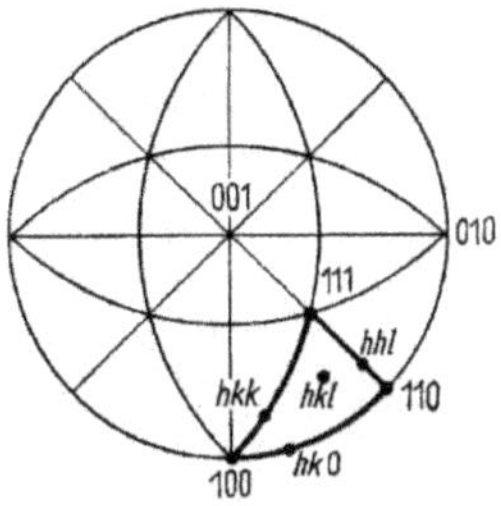

Bild 1.107. *Flächenlagen der Formen im kubischen Kristallsystem.*

Kristallklasse 23. Tetraedrisch-pentagondodekaedrische Klasse

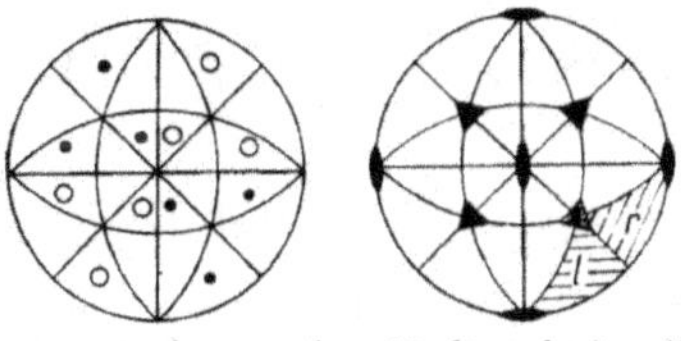

Allgemeine Form: c $\{hkl\}$ tetraedrisches Pentagondodekaeder (Pentagontritetraeder, Tetartoid; l linke, r rechte Pentagondodekaeder).

Grenzformen: c' $\{hkk\}$ ($|h| > |k|$) Tristetraeder (Triakistetraeder, Trigontritetraeder); c'' $\{hhl\}$ ($|h| > |l|$) Deltoiddodekaeder (Tetragontritetraeder, Deltoeder); c''' $\{hk0\}$ Pentagondodekaeder; (Dihexaeder, Pyritoeder); c^{IV} $\{110\}$ Rhombendodekaeder. – *Spezielle Formen*: b $\{100\}$ Würfel (Hexaeder); a $\{111\}$ und $\{\bar{1}\bar{1}\bar{1}\}$ Tetraeder. – *Beispiele:* Natriumchlorat $CaClO_3$ (Bild 1.109), Ullmannit NiSbS, Wismutgermanat $Bi_{12}GeO_{20}$. – Die vier dreizähligen Drehachsen sind polar, die drei zweizähligen Drehachsen sind nicht polar; es besteht Enantiomorphie.

Bei der Ableitung der Kristallklassen sind wir bisher so verfahren, dass zu den Kristallklassen mit nur einem Symmetrieelement weitere Symmetrieelemente (unter Beachtung der für Gitter geltenden Beschränkungen) hinzugefügt wurden (vgl. Tab. 1.5). Man kann die einzelnen Kristallklassen aber auch erhalten, indem man umgekehrt von der Holoedrie, also der höchstsymmetrischen Kristallklasse des jeweiligen Kristallsystems, ausgeht und sukzessive Symmetrieelemente weglässt. Man gelangt so zu den verschiedenen Meroedrien des betreffenden Kristallsystems (vgl. Tab. 1.6). Die in der Holoedrie zu einer Form $\{hkl\}$ gehörende Menge von Kristallflächen zerfällt beim Weglassen von Symmetrieelementen in Untermengen, deren Flächen von den verbleibenden Symmetrieelementen nurmehr innerhalb der jeweiligen Untermenge aufeinander bezogen sind: Die betreffenden Untermengen stellen (in den Meroedrien) selbständige Formen dar, die als *korrelate Formen* bezeichnet werden. Man unterscheidet die korrelaten Formen bei den Paramorphien und Hemimorphien als positive und negative, bei den Enantiomorphien als rechte und linke (wobei die Benennung willkürlich ist und in der Literatur nicht einheitlich erfolgt.)

Die Kristallklasse 23 ist die Tetratoedrie der kubischen Holoedrie (Kristallklasse $m\bar{3}m$), und es gibt als allgemeine Formen $\{hkl\}$ jeweils vier korrelate tetraedrische Pentagondodekaeder. Sei $h > k > l > 0$, so bezeichnet man nach E. SOMMERFELDT die Formen

$\{hkl\}$ als linke positive tetraedrische Pentagondodekaeder (Bild 1.108 a)
$\{khl\}$ als rechte positive tetraedrische Pentagondodekaeder (Bild 1.108 b)
$\{khl\}$ als linke negative tetraedrische Pentagondodekaeder
$\{hkl\}$ als rechte negative tetraedrische Pentagondodekaeder.

Tabelle 1.7. *Formen im kubischen Kristallsystem.*

Form	Kristallklasse				
$\|h\| > \|k\| > \|l\|$	23	$m\overline{3}$	432	$\overline{4}3m$	$m\overline{3}m$
$\{hkl\}$	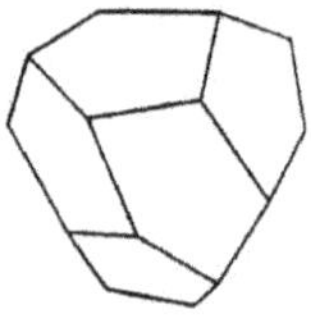	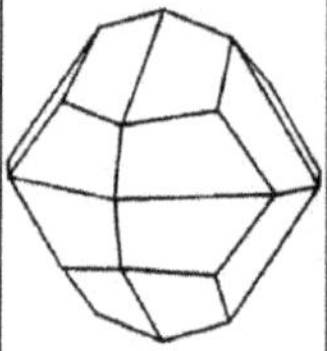	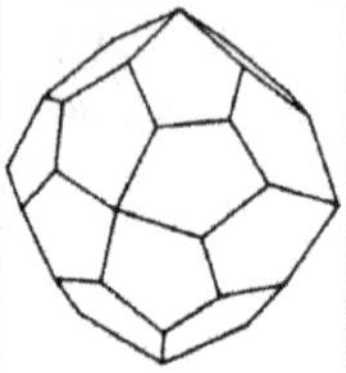	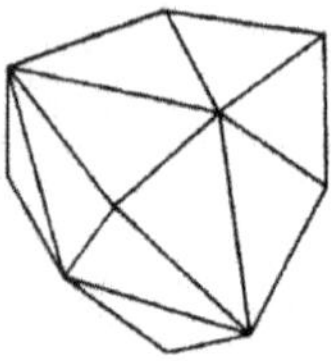	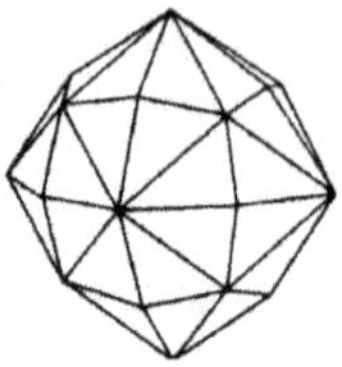
$\{hhl\}$	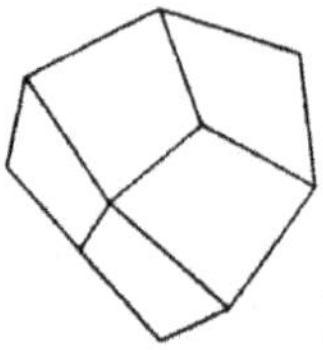	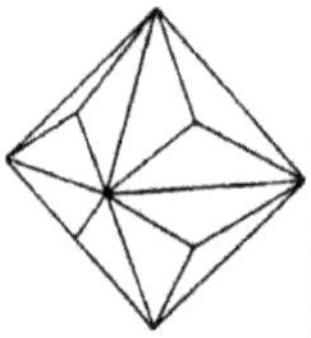	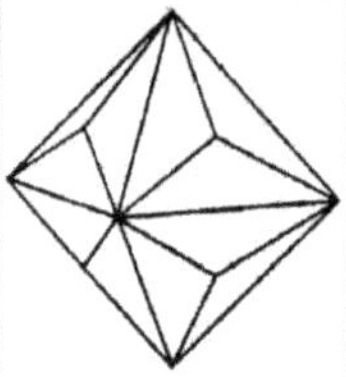	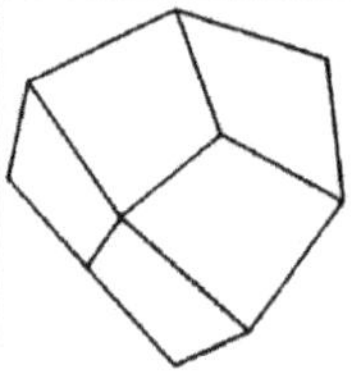	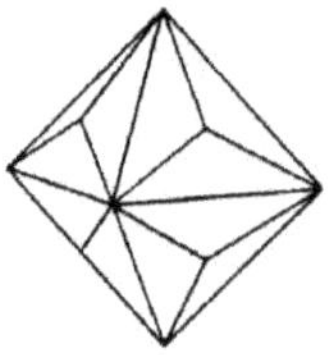
$\{hkk\}$	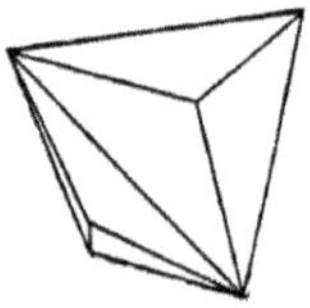	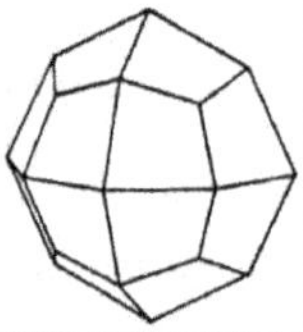	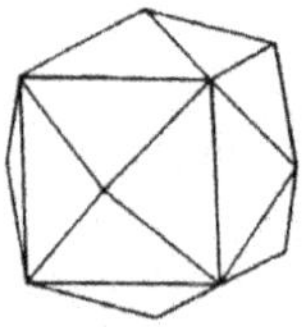	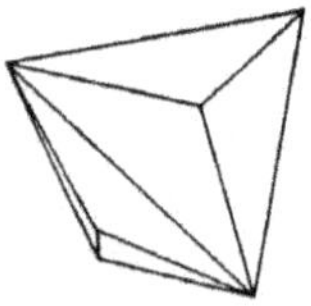	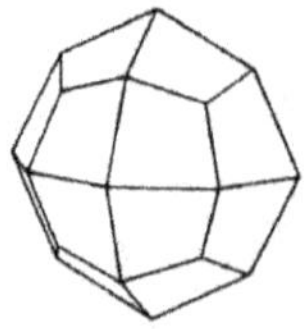
$\{hk0\}$	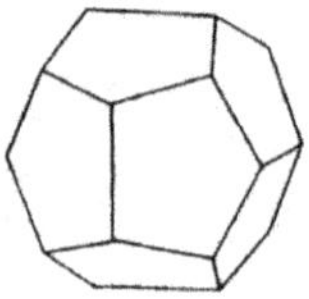	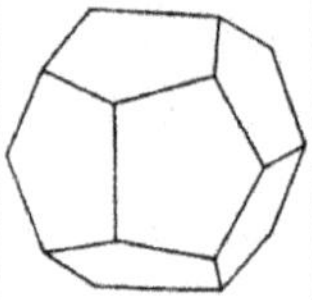	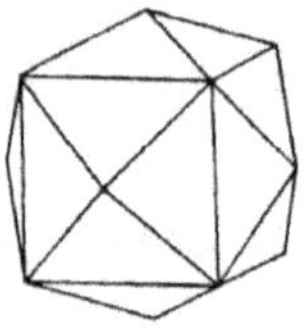	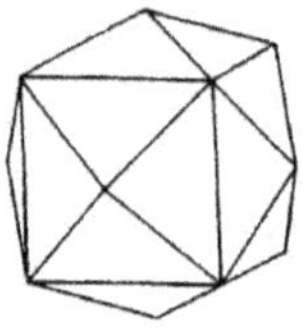	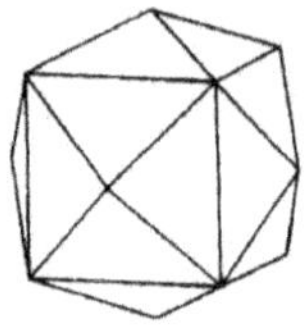
$\{111\}$	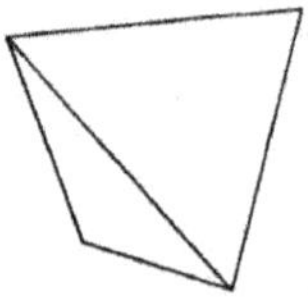	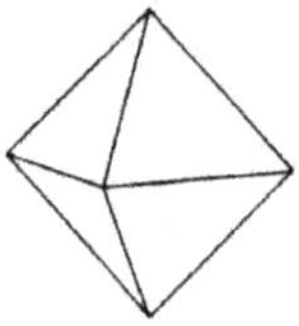	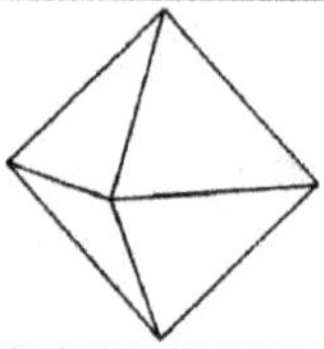	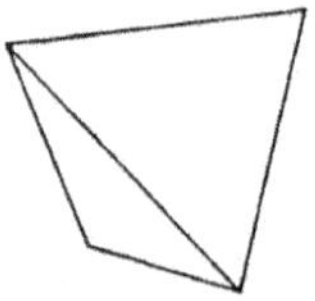	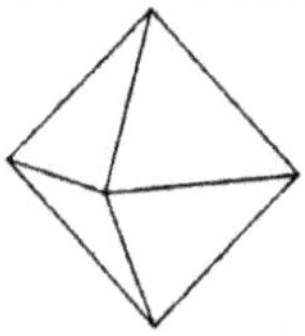
$\{110\}$	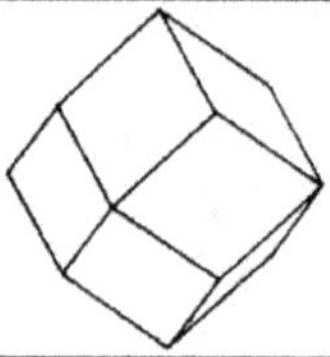	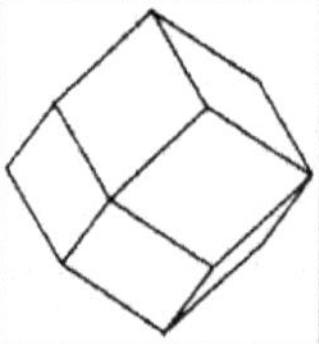	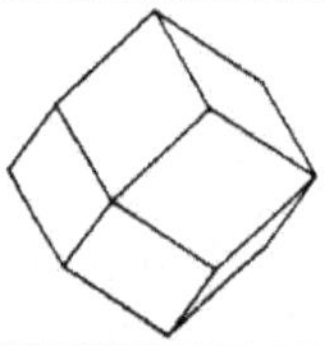	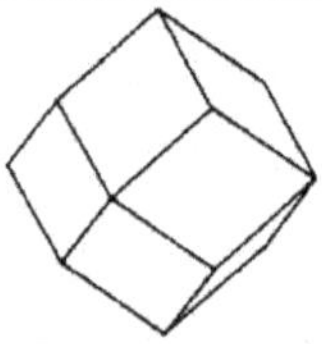	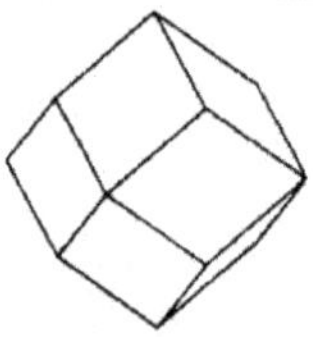
$\{100\}$	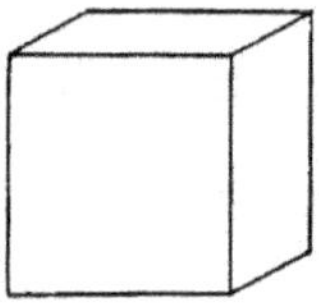	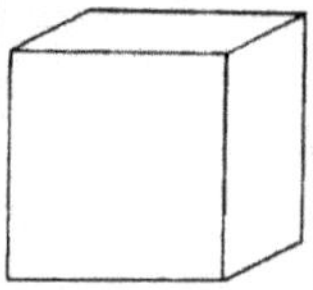	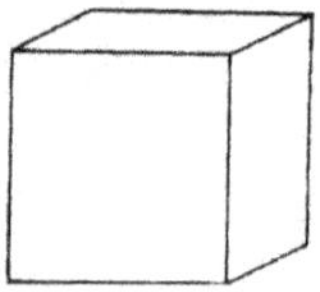	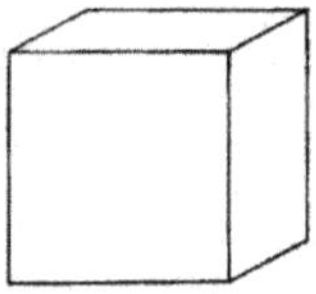	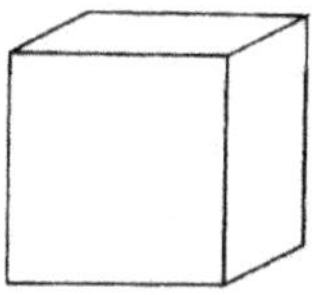

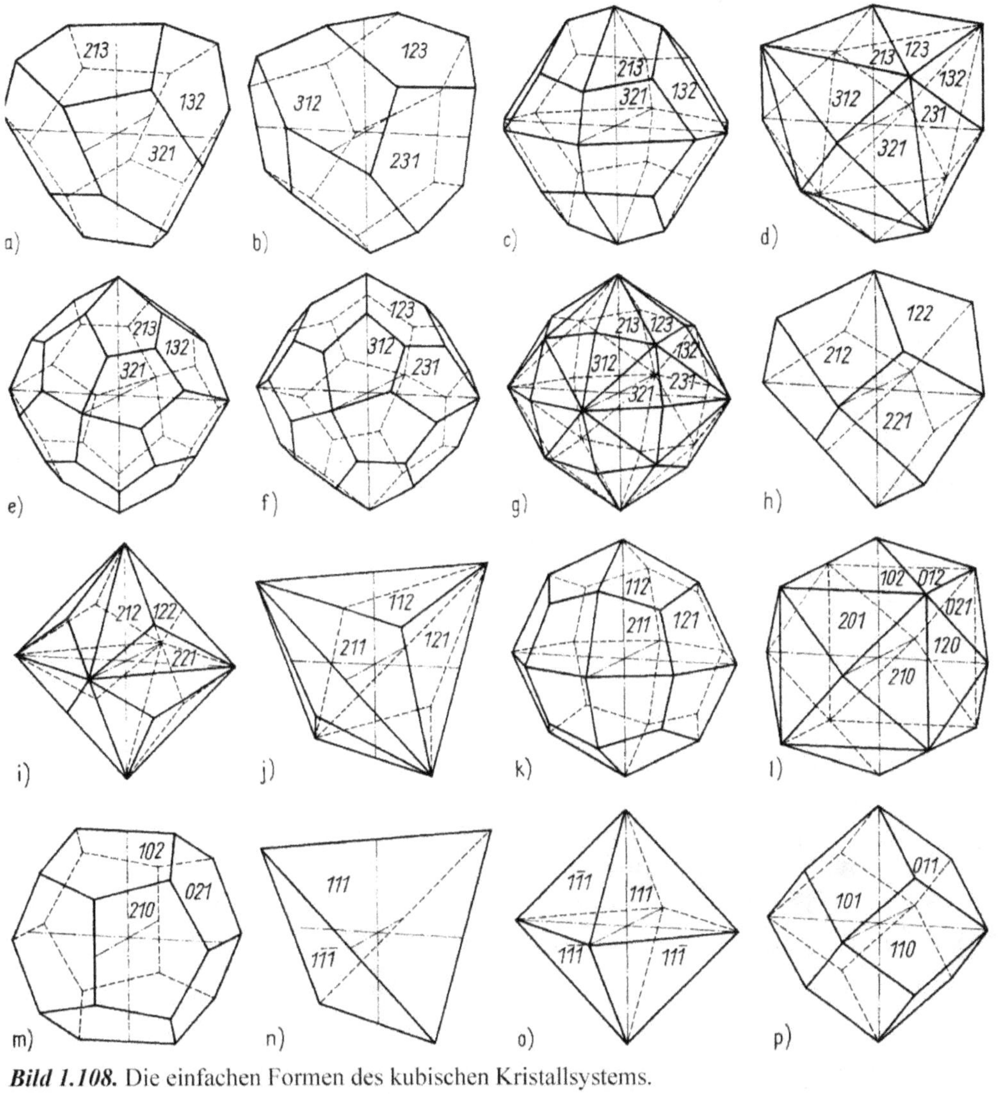

Bild 1.108. Die einfachen Formen des kubischen Kristallsystems.

a) Tetraedrisches Pentagondodekaeder (Tetartoid), Linksform; b) Rechtsform; c) Disdodekaeder (Dyakisdodekaeder); d) Hexakistetraeder; e) Pentagonikositetraeder (Gyroid), Linksform; f) Rechtsform; g) Hexakisoktaeder; h) Deltoiddodekaeder; i) Trisoktaeder (Triakisoktaeder); j) Tristetraeder (Triakistetraeder); k) Deltoidikositetraeder; l) Tetrakishexaeder; m) Pentagondodekaeder; n) Tetraeder; o) Oktaeder; p) Rhombendodekaeder. Ein Würfel (Hexaeder) ist nicht dargestellt.

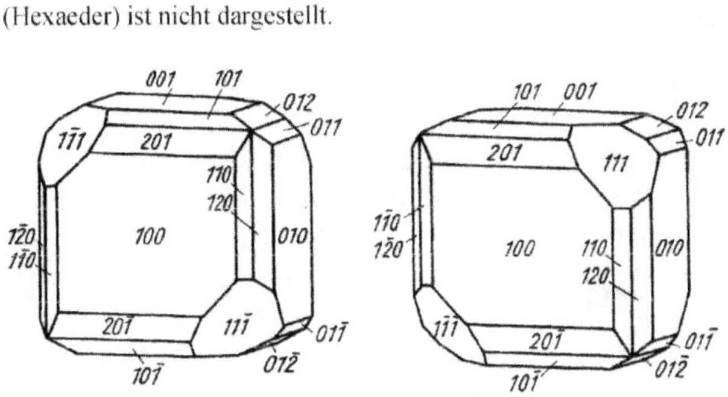

Bild 1.109. *Kristalle von Natriumchlorat.*

Kristallklasse $m\bar{3}$. Disdodekaedrische Klasse

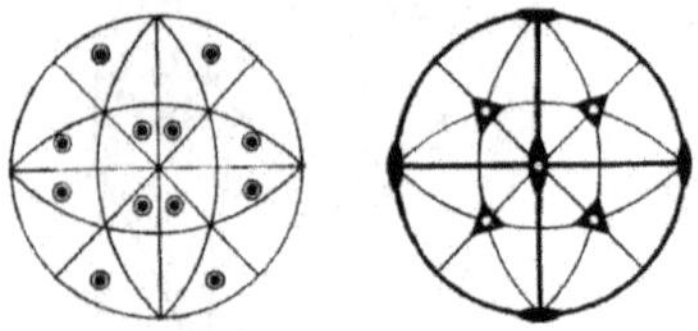

Allgemeine Form: *d* {*hkl*} Disdodekaeder (Dyakisdodekaeder, Didodekaeder, Diploid).
Grenzformen: *d'* {*hkk*} ($|h| > |k|$) Deltoidikositetraeder (Ikositetraeder, Tetragontrioktaeder, Trapezoeder); *d''* {*hhl*} ($|h| > |l|$) Trisoktaeder.
Spezielle Formen: *c* {*hk*0} Pentagondodekaeder; *c'* {110} Rhombendodekaeder; *b* {111} Oktaeder; *a* {100} Würfel. – *Beispiele:* Pyrit FeS_2 (Bild 1.110), Cobaltin CoAsS, Alaune, z. B. $KAl[SO_4]_2 \cdot 12H_2O$. – In der Kristallklasse $m\bar{3}$ (früher als *m*3 bezeichnet; vollständiges Symbol $2/m\bar{3}$) treten zu den Drehachsen der Kristallklasse 23 noch drei Spiegelebenen senkrecht zu den zweizähligen Drehachsen, wodurch ein Inversionszentrum entsteht und die dreizähligen Drehachsen zu Drehinversionsachsen $\bar{3}$ werden.

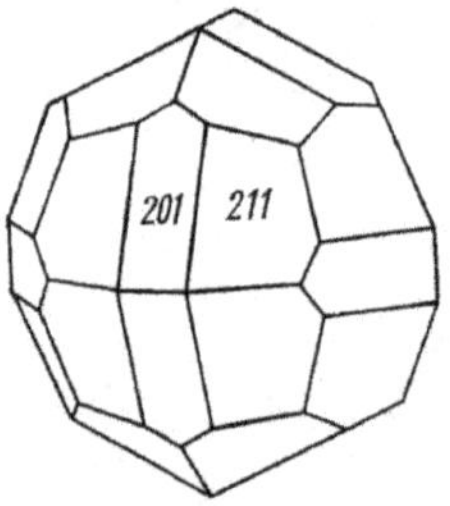

Bild 1.110. *Kristall von Pyrit (Schwefelkies).*

Kristallklasse 432. Pentagonikositetraedrische Klasse

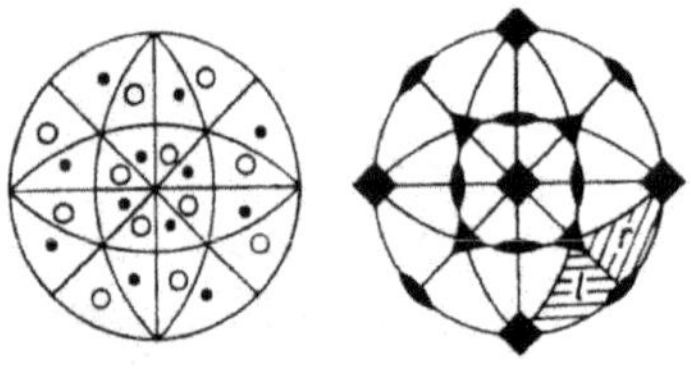

Allgemeine Form: *d* {*hkl*} Pentagonikositetraeder (Pentagontrioktaeder, Gyroid, Plagieder; l linke, r rechte Pentagonikositetraeder).
Grenzformen: *d'* {*hkk*} ($|h| > |k|$) Deltoidikositetraeder; *d''* {*hhl*} ($|h| > |l|$) Trisoktaeder; *d'''* {*hk*0} Tetrakishexaeder (Tetrahexaeder). – *Spezielle Formen*: *c* {110} Rhombendodekaeder; *b* {111} Oktaeder; *a* {100} Würfel. – *Beispiele* sind sehr selten: Kaliumpraseodymnitrat $K_3Pr_2(NO_3)_9$ [1.10] (früher wurde Cuprit Cu_2O als pentagonikositetraedrisch betrachtet, doch gehört es der Struktur nach zu $m\bar{3}m$, so dass es sich um einen Fall von Hypomorphie handelt). – Die Kristallklasse 432 vereinigt drei vierzählige, vier dreizählige und sechs zweizählige Drehachsen. Es besteht Enantiomorphie. Man bezeichnet nach E. SOMMERFELDT die Pentagonikositetraeder {*hkl*} mit $h > k > l > 0$ (willkürlich) als linke und die Pentagonikositetraeder {*khl*} als rechte.

Kristallklasse $\bar{4}3m$. Hexakistetraedrische Klasse

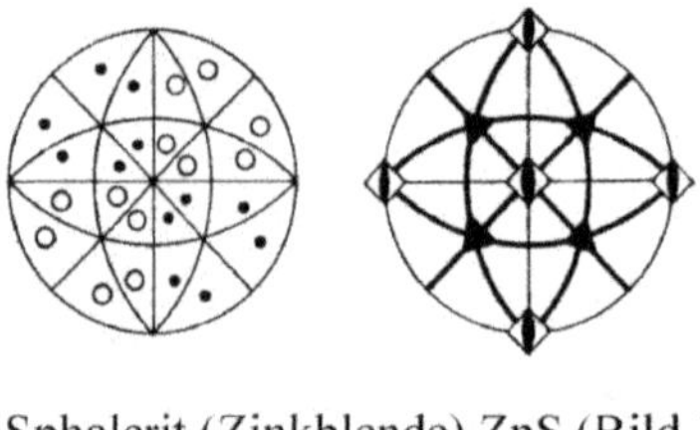

Allgemeine Form: *d* {*hkl*} Hexakistetraeder (Hexatetraeder, Hex'tetraeder).
Grenzform: *d'* {*hk*0} Tetrakishexaeder.
Spezielle Formen: *c* {*hkk*} ($|h| > |k|$) Tristetraeder; *c'* {*hhl*} ($|h| > |l|$) Deltoiddodekaeder; *c''* {110} Rhombendodekaeder; *b* {100} Würfel; *a* {111} und { $\bar{1}\bar{1}\bar{1}$ } Tetraeder. *Beispiele:* Sphalerit (Zinkblende) ZnS (Bild 1.111), Fahlerze: Tennantit $Cu_3AsS_{3,25}$ und Tetraedrit $Cu_3SbS_{3,25}$, GaAs, InSb, CuCl, CuBr, CuI; Boracit $Mg_3[Cl|B_7O_{13}]$ (Hochtemperaturform, Bild 1.112), Eulytin $Bi_4[SiO_4]_3$. – Die Kristallklasse $\bar{4}3m$ besitzt drei vierzählige Drehinversionsachsen $\bar{4}$, vier

polare dreizählige Drehachsen und sechs Spiegelebenen senkrecht zu den Flächendiagonalen (des Würfels {100}). Bemerkenswerterweise gibt es in dieser hochsymmetrischen Kristallklasse weder Spiegelebenen senkrecht zu den *a*-Achsen ($\bar{4}$-Achsen) noch ein Inversionszentrum, und die dreizähligen Drehachsen sind polar.

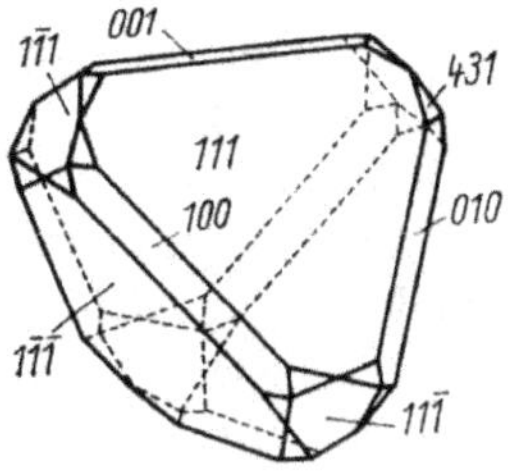

Bild 1.111. *Kristall von Sphalerit (Zinkblende).*

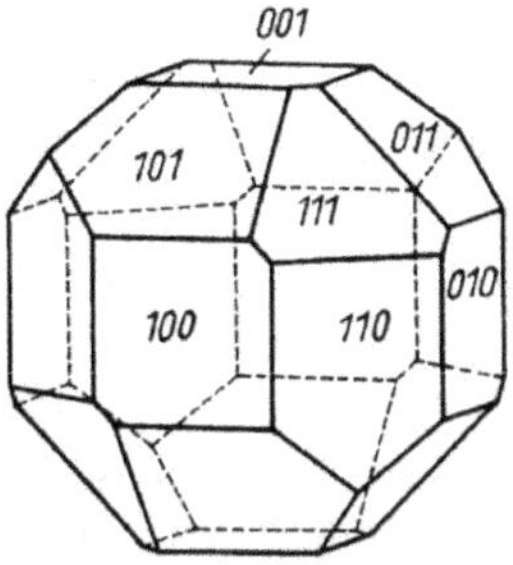

Bild 1.112. *Kristall von Boracit (Paramorphose nach der Hochtemperaturform).*

Kristallklasse $m\bar{3}m$. Hexakisoktraedrische Klasse

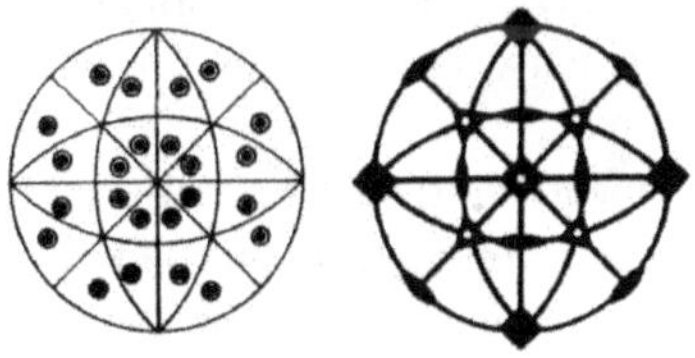

Allgemeine Form: *f* {*hkl*} Hexakisoktaeder (Hexaoktaeder, Hex'oktaeder).
Spezielle Formen: *e* {*hkk*} (|*h*| > |*k*|) Deltoidikositetraeder; *e'* {*hhl*} (|*h*| > |*l*|) Trisoktaeder; *d* {*hk*0} Tetrakishexaeder; *c* {110} Rhombendodekaeder; *b* {111} Oktaeder; *a* {100} Würfel. – *Beispiele*: Metalle Au, Ag, Cu, Pt, Pb, Fe; Halit (Steinsalz) NaCl, Galenit (Bleiglanz) PbS (Bild 1.113), Fluorit (Flußspat) CaF_2 (Bild 1.114), Spinell $MgAl_2O_4$, Magnetit Fe_3O_4, Granate $R_3^{II}R_2^{III}[SiO_4]_3$ (R^{II} und R^{III} als zwei- bzw. dreiwertige Ionen metallischer Elemente; Bild 1.115). – Die höchstsymmetrische Kristallklasse $m\bar{3}m$ (früher als *m*3*m* bezeichnet) hat das vollständige Symbol $4/m\bar{3}2/m$ (kubische Holoedrie). Sie vereinigt als Symmetrieelemente die Drehachsen der Kristallklasse 432 mit insgesamt neun Spiegelebenen, drei senkrecht zu den vierzähligen und sechs senkrecht zu den zweizähligen Drehachsen, so dass auch ein Inversionszentrum entsteht.

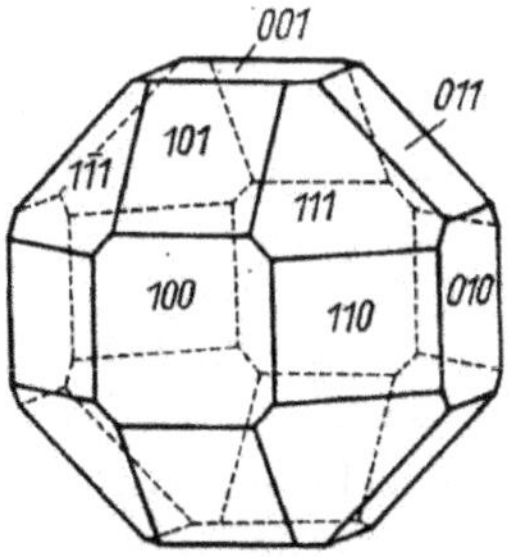

Bild 1.113. *Kristall von Galenit (Bleiglanz).*

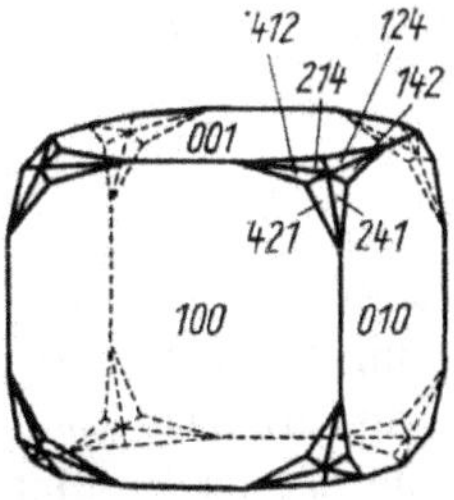

Bild 1.114. *Kristall von Fluorit (Flußspat).*

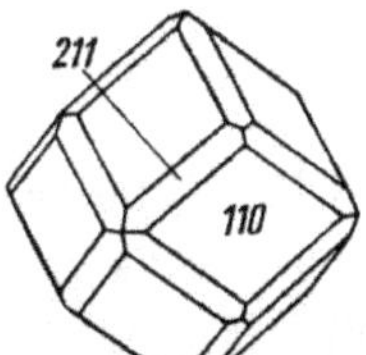

Bild 1.115. *Kristall von Granat.*

1.7. Symmetriebestimmung, Scheinsymmetrie, Flächensymmetrie

Einen Kristall anhand seiner Flächenentwicklung einer bestimmten Kristallklasse zuzuordnen, ist selbstverständlich nur möglich, wenn man eine hinreichende Menge von Formen am Kristall vorfindet. Am günstigsten ist es, wenn allgemeine Formen entwickelt sind, doch ist es nicht Bedingung: Bild 1.109 gibt ein Beispiel, dass aus der Kombination der speziellen Formen Tetraeder {111}, Rhombendodekaeder {110} und Pentagondodekaeder {120} eindeutig auf die Kristallklasse 23 geschlossen werden kann (vgl. Tab. 1.7). Andererseits kann man z. B. anhand einer einzelnen tetragonalen Pyramide (vgl. Bild 1.43 a), die in der Klasse 4 als allgemeine Form, aber auch in der Klasse 4*mm* als spezielle Form vorkommt, nicht ohne weiteres entscheiden, ob der betreffende Kristall nun zur Klasse 4 oder 4*mm* gehört. Eine einzelne Pyramide zeigt für sich allein auch in der Klasse 4 als Scheinsymmetrie noch Spiegelebenen, wie sie der Klasse 4*mm* zukämen. Diese scheinbare Symmetrie entspricht jedoch nicht der Struktur und wäre bei einer reicheren Formenentwicklung auch nicht vorhanden (vgl. Bilder 1.73 und 1.74).

Besondere Schwierigkeiten bereitet mitunter die Entscheidung, ob ein Symmetriezentrum vorhanden ist oder nicht, nämlich dann, wenn zu einer Form {*hkl*} jeweils immer die korrelate Form $\{\bar{h}\bar{k}\bar{l}\}$ in gleicher Weise entwickelt ist. In derartigen Fällen, in denen ein Kristall systematisch die korrelaten Formen in gleicher Weise entwickelt und so eine höhere Symmetrie vortäuscht, spricht man von *Hypermorphie*. Wenn im Gegensatz dazu die Formenentwicklung eines Kristalls eine geringere Symmetrie vortäuscht, spricht man von *Hypomorphie*.

Die speziellen Formen sind bezüglich ihrer Symmetrie meistens mehrdeutig. Das beste Beispiel ist der Würfel {100}, der in allen kubischen Kristallklassen als spezielle Form vorkommt und dem dabei in jedem Fall eine andere Symmetrie zukommt. Infolge ihrer besonderen Lage zu den Symmetrieelementen besitzen die Flächen von speziellen Formen – im Gegensatz zu den Flächen von allgemeinen Formen und von Grenzformen – eine bestimmte Flächensymmetrie, die z. B. für die Würfelflächen in den verschiedenen kubischen Kristallklassen unterschiedlich ist (Bild 1.116).

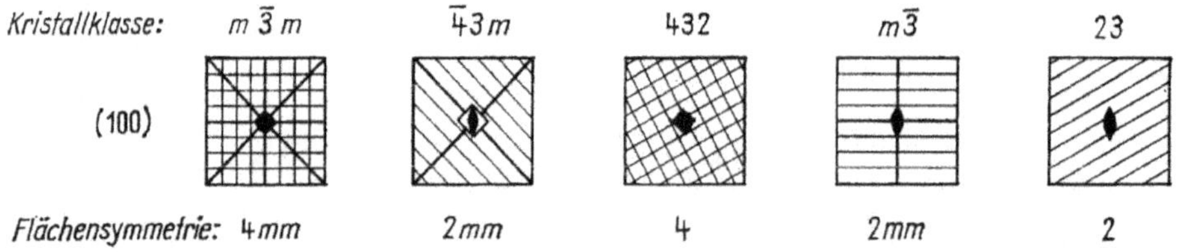

Bild 1.116. *Die Flächensymmetrien des Würfels in den kubischen Kristallklassen.*

Stark ausgezogen: Spiegelebenen. In der Kristallklasse $\bar{4}3m$ ist für die Flächensymmetrie nur die in der $\bar{4}$-Achse enthaltene zweizählige Drehachse relevant.

Wenn auf Kristallflächen Ätzfiguren entwickelt werden (s. Abschn. 3.2.5.) oder die Flächen vom Wachstum her irgendwelche Unregelmäßigkeiten aufweisen (z. B. Unebenheiten, Streifungen, Vicinalflächen, Ansätze von Subindividuen), dann kommt in diesen Unregelmäßigkeiten die Flächensymmetrie zum Ausdruck und kann bei der Bestimmung der Kristallsymmetrie berücksichtigt werden.

Untersucht man systematisch, welche Flächensymmetrien bei Kristallflächen vorkommen können, so gelangt man zu den zehn zweidimensionalen (kristallographischen) Punktgruppen (Tab. 1.8). Sie stellen das zweidimensionale Analogon zu den 32 dreidimensionalen kristallographischen Punktgruppen (Kristallklassen) dar.

Tabelle 1.8. *Die zweidimensionalen Punktgruppen.*

Spitzwinklig	Rechtwinklig	Quadratisch	Trigonal	Hexagonal
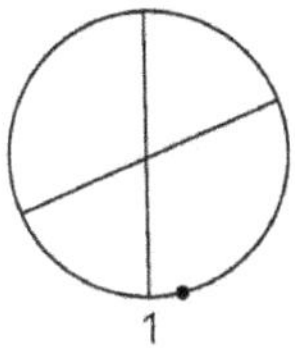 1	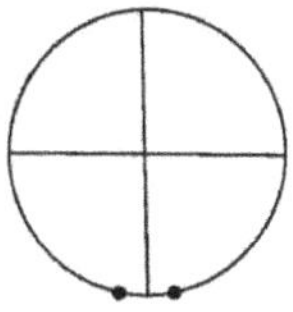 m	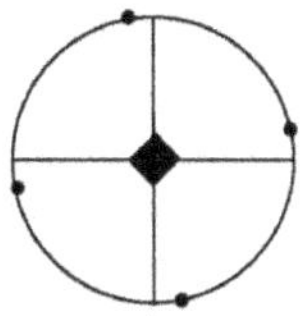 4	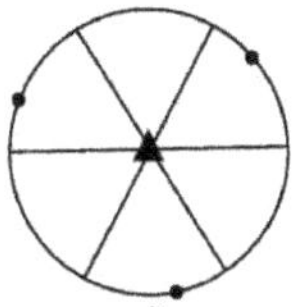 3	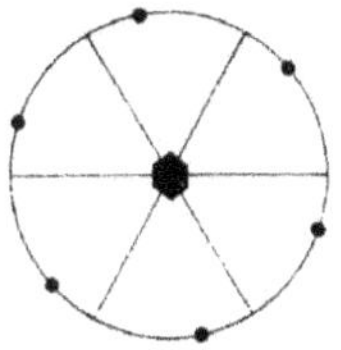 6
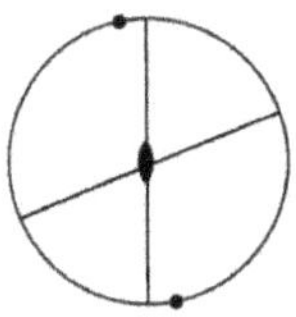 2	 $2mm$	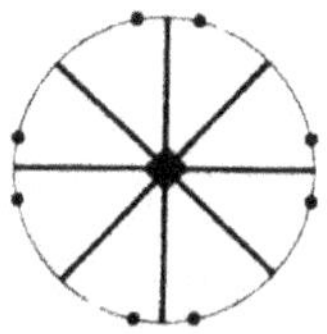 $4mm$	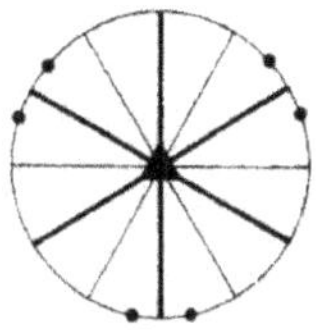 $3m$	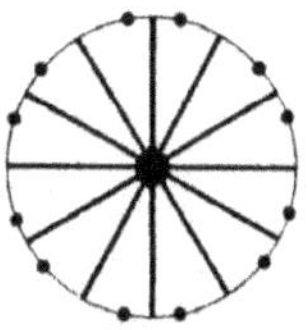 $6mm$

Wenn die Symmetrie nach morphologischen Merkmalen nicht eindeutig bestimmt werden kann, gibt es die Möglichkeit, bestimmte kristallphysikalische Effekte zur Entscheidung heranzuziehen. So können Pyroelektrizität, Ferroelektrizität, Piezoelektrizität, optische Aktivität, bestimmte polarisationsoptische Eigenschaften oder die Generation von optischen Harmonischen nur in gewissen Kristallklassen auftreten (vgl. vorderes Vorsatzpapier). Selbstverständlich wird mit einer vollständigen Strukturbestimmung auch die Frage nach der Kristallklasse entschieden, jedoch bedeutet es gerade eine wesentliche Erleichterung, wenn bei einer Strukturbestimmung von der Kenntnis der Kristallklasse ausgegangen werden kann.

1.8. Kristallverwachsungen, Zwillinge

Bei der morphologischen Untersuchung von Kristallen und ihrer Symmetrie trifft man häufig auf Erscheinungen, die daraus resultieren, dass Kristalle zusammengewachsen sind. Von besonderer Bedeutung sind dabei Verwachsungen, die nach bestimmten Gesetzmäßigkeiten entstanden sind. Da gibt es zunächst die *Parallelverwachsungen*, bei denen die einzelnen Kristallindividuen in paralleler Orientierung zusammenhängen (Bild 1.117). Sämtliche Kanten und Flächen verlaufen parallel zueinander, so dass die Parallelverwachsungen am besten den Verzerrungen (vgl. Bild 1.10) zur Seite zu stellen sind.

Zum Unterschied davon gibt es *Zwillinge*, bei denen die zusammenhängenden Kristallindividuen (es können auch mehr als zwei sein) eine unterschiedliche, jedoch genau festliegende Orientierung haben. Die Beziehung der einzelnen Zwillingsindividuen zueinander kann dabei verschiedenen Gesetzmäßigkeiten folgen, die nicht allgemein definiert oder abgegrenzt sind. Wir wollen im Hinblick auf die zu vor abgehandelten Kristallklassen auf einige Zwillingsgesetze eingehen, die auf kristallographischen Symmetrieoperationen beruhen.

So können die beiden Zwillingspartner durch eine Spiegelebene aufeinander bezogen werden, die einer bestimmten (rationalen) Fläche (hkl) entspricht. Man bezeichnet diese Spiegelebene als *Zwillingsebene* und spricht von einem „Zwilling nach (hkl)“. Ein Beispiel ist das Spinellgesetz, das in der Klasse $m\bar{3}m$ auftritt und bei dem die (111)-Ebene die Zwillingsebene ist (Bilder 1.118 und 1.119).

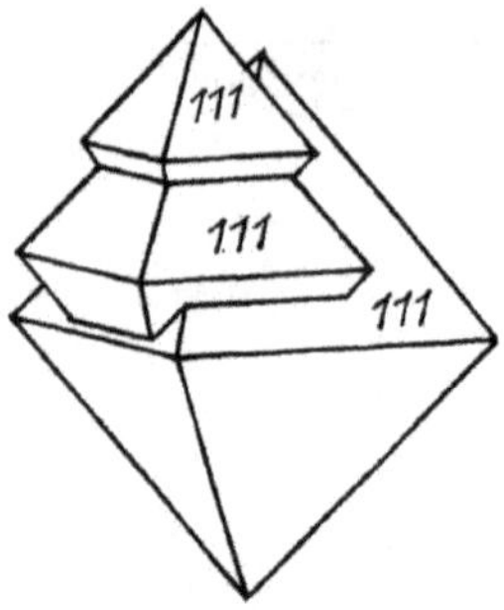

Bild 1.117. *Parallelverwachsung von Oktaedern (Spinell).*
Nach F. C. PHILLIPS.

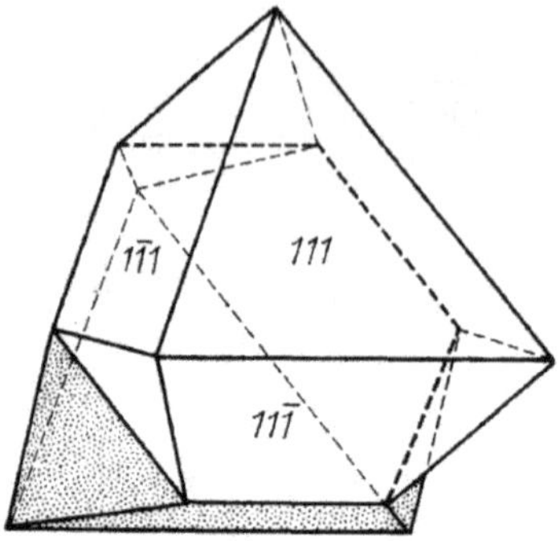

Bild 1.118. *Spinell, Zwilling nach (111) (Spinellgesetz).*

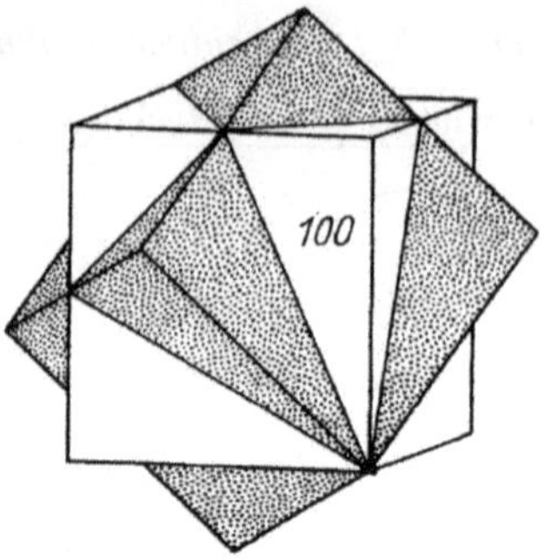

Bild 1.119. *Fluorit (Flußspat), Zwilling nach (111) (Spinellgesetz).*

Durch die Zwillingsebene bzw. das Zwillingsgesetz wird wohlgemerkt nur die Orientierung der Zwillingspartner zueinander beschrieben. In Bild 1.118 ist die Zwillingsebene zugleich die Verwachsungsfläche, und man spricht in solchen Fällen von *Berührungs-* oder *Kontaktzwillingen.* Das braucht jedoch nicht zwangsläufig so zu sein, sondern die Zwillingspartner können sich wie im Bild 1.119 gegenseitig durchdringen, wobei die Verwachsungsfläche ganz unregelmäßig verlaufen kann: Man spricht dann von *Durchwachsungs-* oder *Penetrationszwillingen.* Auch im Fall von Bild 1.119 wird die Orientierung der beiden Zwillingspartner entsprechend dem Spinellgesetz durch eine Spiegelung an (111) aufeinander bezogen. Die Zwillingsbildung kann sich auch mehrfach wiederholen (Bild 1.120) und bis zu einer Ausbildung mikroskopisch feiner Zwillingslamellen führen; in solchen Fällen spricht man von *polysynthetischer Verzwillingung.* Geeignete Viellingsbildungen können sich auch zu ring- oder sternartigen Körpern zusammenfügen. Zwillings- und Viellingsgebilde täuschen oft eine höhere Symmetrie vor, als in der betreffenden Kristallklasse vorliegt. Grundsätzlich sind die das Zwillingsgesetz beschreibenden Symmetrieelemente in der betreffenden Kristallklasse nicht vorhanden, sondern treten bei der Zwillingsbildung zusätzlich in Erscheinung. Charakteristisch für Zwillingsbildungen sind einspringende Winkel, doch müssen sie nicht unbedingt auftreten.

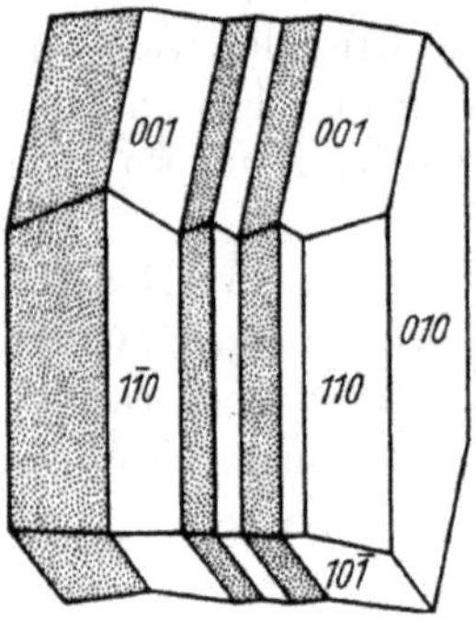

Bild 1.120. *Albit, polysynthetische Verzwillingung nach (010) (Albitgesetz).*

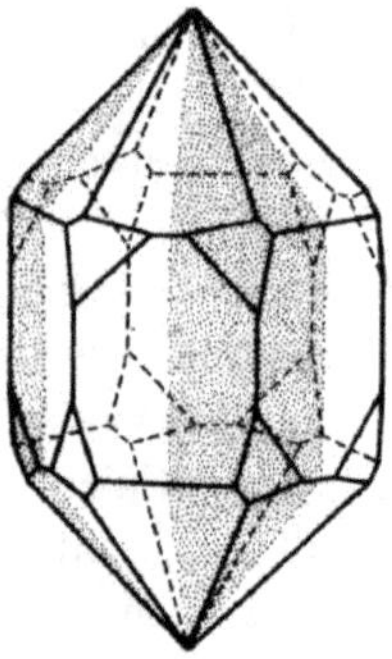

Bild 1.121. *Quarz, Zwilling nach (11$\bar{2}$0) (Brasilianer Gesetz).*

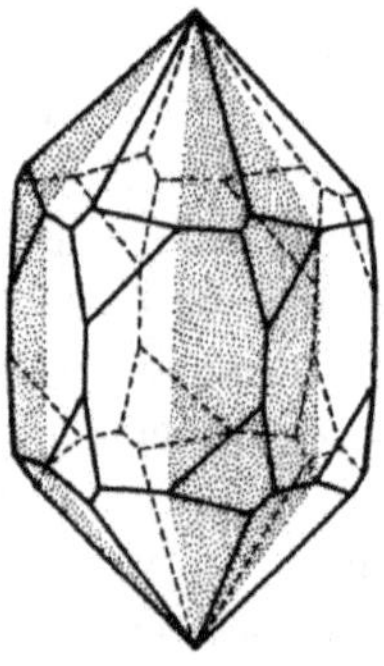

Bild 1.122. *Quarz, Zwilling nach [00.1] (Dauphinéer Gesetz, Linksform).*

Neben den durch eine Zwillingsebene bestimmten Zwillingsgesetzen gibt es Zwillingsbildungen, Zwillingsbildung bei denen die Orientierung der Zwillingspartner durch Drehung um eine Achse (um 180°) aufeinander bezogen wird. Man bezeichnet diese Achse als *Zwillingsachse* und spricht von einem „Zwilling nach [*uvw*]". In den Bildern 1.121 und 1.122 sind zwei äußerlich sehr ähnliche Verzwillingungen von Quarz, einmal nach einer Ebene, zum anderen nach einer Achse gegenübergestellt; man erkennt den Unterschied an der Verteilung der Trapezoederflächen (vgl. Bild 1.90). Es gibt sogar Quarzkristalle, die nach beiden Gesetzen gleichzeitig verzwillingt sind, wie allgemein an Viellingsgebilden verschiedene Zwillingsgesetze gleichzeitig wirksam sein können. In den Lehrbüchern der Mineralogie werden viele weitere Zwillingsgesetze mit Beispielen behandelt.

1.9. Symmetrie von Kristallstrukturen

Die makroskopische Symmetrie der Kristalle, wie wir sie in den vorangegangenen Abschnitten kennen gelernt haben, wird durch die Symmetrie ihres atomaren Aufbaus, d. h. durch die Symmetrie der Kristallstruktur, bedingt. Zwischen beiden Symmetrien besteht eine enge Korrespondenz, doch gibt es einen wesentlichen Unterschied: Die makroskopische Symmetrie, die durch die 32 Kristallklassen (Punktgruppen) beschrieben wird, bezieht sich auf die Äquivalenz von Richtungen hinsichtlich der anisotropen physikalischen Eigenschaften eines Kristalls. Das gilt auch für die Kristallflächen, die gleichfalls nur durch ihre Richtungen bzw. ihre Flächennormalen festgelegt sind. Deshalb sind auch die Symmetrieelemente eines Kristalls immer nur bestimmten Richtungen zugeordnet, und sie können durch jeden beliebigen Punkt des Kristalls gelegt werden. Zweckmäßigerweise wählt man hierfür den Mittelpunkt der idealisierten Kristallgestalt bzw. den Ursprung des Koordinatensystems.

Hingegen bezieht sich die Symmetrie einer Kristallstruktur unmittelbar auf die Anordnung der Atome, d. h. auf ihre Position in der Struktur. Die Lage der einzelnen Symmetrieelemente in der Struktur ist dann sehr wohl wesentlich, und im Allgemeinen verlaufen die verschiedenen Symmetrieelemente auch nicht mehr alle durch einen gemeinsamen Punkt. Da eine (dreidimensional periodische) Kristallstruktur aus miteinander identischen Elementarzellen zusammengesetzt ist, interessiert letztlich nur die Lage der Symmetrieelemente in einer Elementarzelle. Diese Symmetrieelemente müssen sich in allen Elementarzellen wiederholen, so dass wir es stets mit Scharen paralleler Symmetrieelemente zu tun haben. Bild 1.123 zeigt als einfaches Beispiel eine Kristallstruktur mit einer zweizähligen Drehachse (die Kristallstruktur sei hier nur durch einen Punkt x, y, z und dessen symmetriebedingte Wiederholungen dargestellt). Diese zweizählige Drehachse wiederholt sich im Abstand der Gittertranslationen, wodurch die im Bild 1.123 schwarz gezeichnete Schar von parallelen zweizähligen Drehachsen entsteht. Wie man sieht, entstehen aber gleichzeitig durch Kombination der Gittertranslationen mit den schwarz gezeichneten Drehachsen noch weitere Scharen (hier grau gezeichneter) zweizähliger Drehachsen, die alle parallel sind. Schwarz

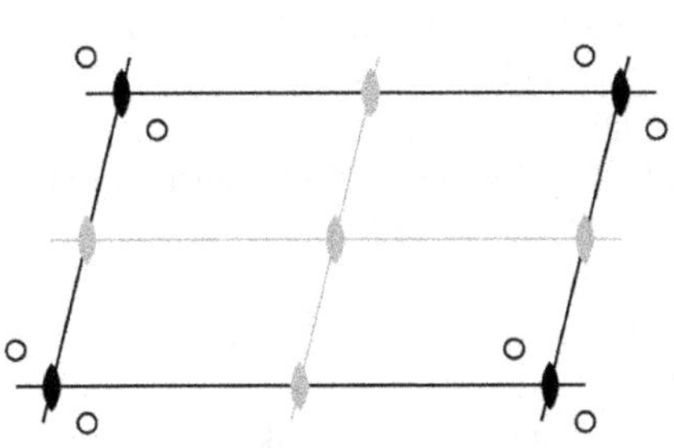

Bild 1.123. *Raumgruppe P*2.
Projektion in Richtung der *b*-Achse.

und grau dargestellte Drehachsen sind untereinander äquivalent. Schon bei diesem einfachen Beispiel ist also in einer Elementarzelle eine ganze Reihe von Symmetrieelementen vorhanden.

Betrachtet man Bild 1.123 im Einzelnen, so zeigt sich, dass man zur vollständigen Beschreibung der Struktur jetzt nicht mehr die Kenntnis einer ganzen Elementarzelle benötigt: Hierzu genügt in diesem Fall die Angabe nur einer Hälfte der Elementarzelle, wie sie z. B. durch $0 \leqq x < 1/2$; $0 \leqq y < 1$; $0 \leqq z < 1$ gekennzeichnet ist. Ein solcher Teilbereich einer Elementarzelle, der zur Beschreibung einer Kristallstruktur minimal erforderlich ist, wird als *asymmetrische Einheit* bezeichnet.

1.9.1. Schraubenachsen und Gleitspiegelebenen

Neben den uns schon bekannten Symmetrieelementen – den Drehachsen 2, 3, 4, 6 und den Drehinversionsachsen $\bar{1}$ (Inversionszentrum), $\bar{2} \equiv m$ (Spiegelebene), $\bar{3}, \bar{4}, \bar{6}$ – gibt es bei den Kristallstrukturen noch weitere, neuartige Symmetrieelemente, die aus einer Kopplung der bereits bekannten Symmetrieoperationen mit einer Translation hervorgehen. Die Kopplung einer Drehung mit einer Translation ergibt eine *Schraubung*, die Kopplung einer Spiegelung mit einer Translation ergibt eine *Gleitspiegelung*. Die zugehörigen Symmetrieelemente werden als *Schraubenachse* bzw. als *Gleitspiegelebene* bezeichnet.

Eine *Schraubung* besteht aus einer Drehung und einer gleichzeitigen Verschiebung um eine bestimmte Distanz in Richtung der Achse der Drehung, d. h. der Schraubenachse. Da im Abstand einer Gitterkonstante in Richtung der Schraubenachse bereits wieder ein identischer Punkt folgen muss, kann diese Verschiebung nur einen mit der Zähligkeit der Drehung korrespondierenden Bruchteil der betreffenden Gitterkonstante betragen. Sei c die Gitterkonstante in Richtung der Schraubenachse und n die Zähligkeit der Drehung (n = 2, 3, 4 oder 6), so sind nur Verschiebungen um Beträge pc/n mit $p = 1, 2, ..., (n - 1)$ möglich. Die Schraubenachsen werden dann mit dem Symbol n_p gekennzeichnet. Die gewöhnlichen Drehachsen werden in diesem Zusammenhang auch mit n_0 gekennzeichnet (Bild 1.124).

Dementsprechend symbolisiert 2_0 eine gewöhnliche zweizählige Drehachse, die im Bild 1.124 lediglich mit einer Translation um die volle Gitterkonstante c kombiniert erscheint: Ein Punkt wiederholt sich sowohl bei einer Drehung um 180° als auch bei einer Parallelverschiebung um c. Bei einer Schraubenachse 2_1 ist eine Drehung um 180° hingegen gleichzeitig mit einer Parallelverschiebung um $c/2$ gekoppelt. Eine Wiederholung dieser Operation führt dann wieder auf einen (um die Gitterkonstante c zum Ausgangspunkt verschobenen) identischen Punkt.

Mit 3_0 wird eine gewöhnliche dreizählige Drehachse symbolisiert. Bei einer Schraubenachse 3_1 wird eine Drehung um 120° mit einer Parallelverschiebung um $c/3$ gekoppelt. Eine Wiederholung dieser Operation führt auf einen weiteren Punkt, der gegenüber dem Ausgangspunkt um 240° gedreht und um $2c/3$ verschoben ist, und eine abermalige Wiederholung führt (im dritten Schritt) wieder zu einem identischen Punkt (verschoben um c). Nun gibt es aber auch noch die Möglichkeit, mit einer Drehung um 120° in der umgekehrten Richtung (d. h. mit einer Drehung um 240° in der positiven Richtung) und einer Verschiebung um $c/3$ zu beginnen. Das führt auf eine entsprechende linksläufige Schraubung, die zu der ersten enantiomorph ist. Man bezeichnet diese Schraubenachse mit 3_2, was eine etwas umständlichere Ableitung impliziert: Eine (positive) Drehung von 120° wird mit einer Verschiebung $2c/3$ gekoppelt. Der nächste Punkt folgt dann nach abermaliger Drehung im Abstand $4c/3$ und schließlich nach nochmaliger Drehung wieder ein identischer Punkt, jedoch im Abstand $2c$. Da der Identitätsabstand hingegen c betragen soll, folgen aus dieser Translation die dazwischenliegenden Punkte im Abstand $c/3$ und $5c/3$, so dass sich insgesamt die zuerst beschriebene linksläufige Schraubung mit der Translationskomponente $c/3$ ergibt.

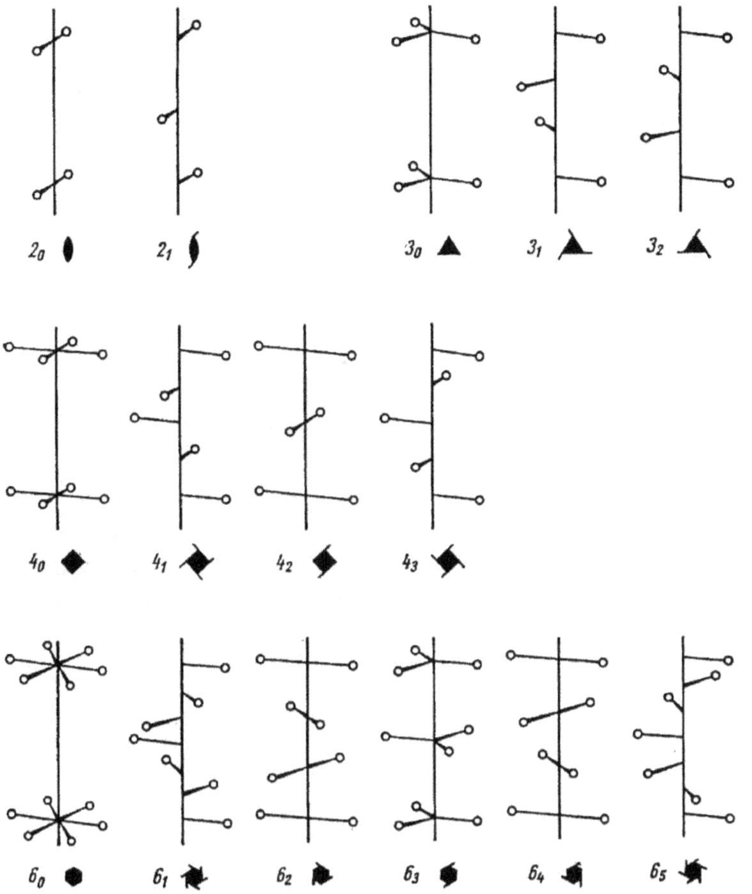

Bild 1.124. *Die Symmetrieachsen der Kristallstrukturen.*

In analoger Weise erklären sich die vierzähligen Achsen 4_0, 4_1, 4_2 und 4_3 sowie die sechszähligen Achsen 6_0, 6_1, 6_2, 6_3, 6_4 und 6_5. Die Schraubenachsen 4_1 und 4_3, 6_1 und 6_5 sowie 6_2 und 6_4 haben jeweils entgegengesetzten Windungssinn und sind zueinander enantiomorph. Nach der üblichen Konvention über die Händigkeit, den Windungssinn und die Benennung von Rechts- und Linksschrauben windet sich eine Rechtsschraube im Uhrzeigersinn vom Betrachter weg und entgegen dem Uhrzeigersinn auf den Betrachter zu und umgekehrt. Demnach sind 3_1, 4_1, 6_1 und 6_2 rechte Schraubenachsen, hingegen 3_2, 4_3, 6_4 und 6_5 linke Schraubenachsen. Die übrigen Schraubenachsen sind nicht enantiomorph.

Wie aus Bild 1.124 hervorgeht, enthalten die Schraubenachsen 4_1 und 4_3 jeweils auch eine zweizählige Schraubenachse 2_1. Die Schraubenachse 4_2 enthält eine gewöhnliche zweizählige Drehachse 2_0. Die Schraubenachsen 6_1 und 6_5 enthalten gleichzeitig eine zweizählige Schraubenachse 2_1 sowie eine dreizählige Schraubenachse 3_1 bzw. 3_2. Die Schraubenachsen 6_2 und 6_4 enthalten gleichzeitig sowohl eine zweizählige Drehachse 2_0 als auch eine dreizählige Schraubenachse 3_2 bzw. 3_1. Die Schraubenachse 6_3 enthält gleichzeitig eine zweizählige Schraubenachse 2_1 und eine dreizählige Drehachse 3_0.

Eine *Gleitspiegelung* entsteht durch die Kopplung einer Spiegelung mit einer Verschiebung um den halben Identitätsabstand (also z. B. um $c/2$) parallel zur betreffenden Gleitspiegelebene (Bild 1.125). Auf den ersten Blick könnte es scheinen, als ob eine Gleitspiegelebene und eine zweizählige Schraubenachse 2_1 gleichwertig wären. Aber das ist keineswegs der Fall! Punktmengen, die durch eine Schraubung ineinander überführt werden, sind kongruent (wie bei einer gewöhnlichen Drehung). Hingegen sind Punktmengen, die durch eine Gleitspiegelung aufeinander bezogen werden, im Allgemeinen nur spiegelgleich oder enantiomorph (wie bei einer gewöhnlichen Spiegelung). Das wird anschaulicher, wenn man als Strukturmotiv anstelle von Punkten unsymmetrische Dreiecke verwendet, denen noch eine Orientierung in der dritten Dimension zugeordnet wird (Bild 1.126).

Erfolgt bei einer Gleitspiegelung die Verschiebung um $c/2$ (also in Richtung der c-Achse wie im Bild 1.125, wobei wir gleichzeitig zur vektoriellen Schreibweise übergehen), so erhält die Gleitspiegelebene das Symbol c. Entsprechend gibt es Gleitspiegelebenen a und b. Eine Gleitspiegelebene a kann nur parallel einer Fläche (010), (001), (011) oder $(0\bar{1}1)$ liegen, eine Gleitspiegelebene b nur parallel (100), (001), (101) oder $(\bar{1}01)$, eine Gleitspiegelebene c nur parallel (100), (010), (110) oder $(\bar{1}10)$. Bei rhomboedrischen Achsen bedeutet c auch eine Gleitspiegelebene mit der Gleitkomponente $(\boldsymbol{a}_1^r + \boldsymbol{a}_2^r + \boldsymbol{a}_3^r)/2$. Das Symbol n bedeutet eine Gleitkomponente in diagonaler Richtung, also $(\boldsymbol{a} + \boldsymbol{b})/2$, wenn die Gleitspiegelebene || (001) liegt, $(\boldsymbol{b} + \boldsymbol{c})/2$ für eine Gleitspiegelebene || (100) und $(\boldsymbol{c} + \boldsymbol{a})/2$ für eine Gleitspiegelebene || (010). Im tetragonalen und im kubischen System tritt n auch mit der Gleitkomponente $(\boldsymbol{a} + \boldsymbol{b} + \boldsymbol{c})/2$ auf. Mit d werden Gleitspiegelebenen gekennzeichnet, die die Gleitkomponenten $(\boldsymbol{a} + \boldsymbol{b})/4$, $(\boldsymbol{b} + \boldsymbol{c})/4$ oder $(\boldsymbol{c} + \boldsymbol{a})/4$ besitzen. Außerdem kommen im tetragonalen und im kubischen Kristallsystem Gleitspiegelebenen d mit der Gleitkomponente $(\boldsymbol{a} + \boldsymbol{b} + \boldsymbol{c})/4$ vor.

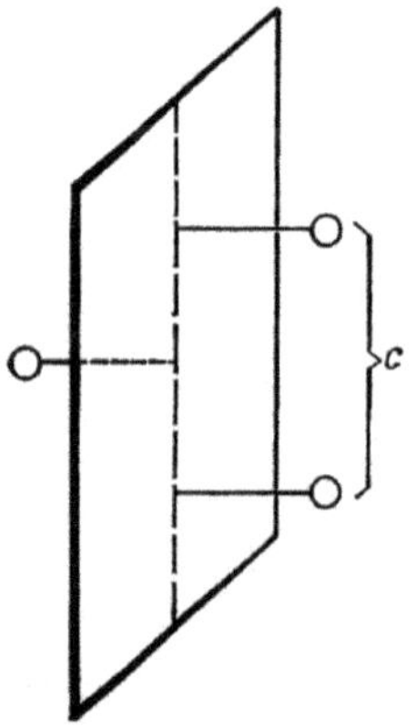

Bild 1.125. *Gleitspiegelebene* (010) *mit Gleitkomponente c/2.*

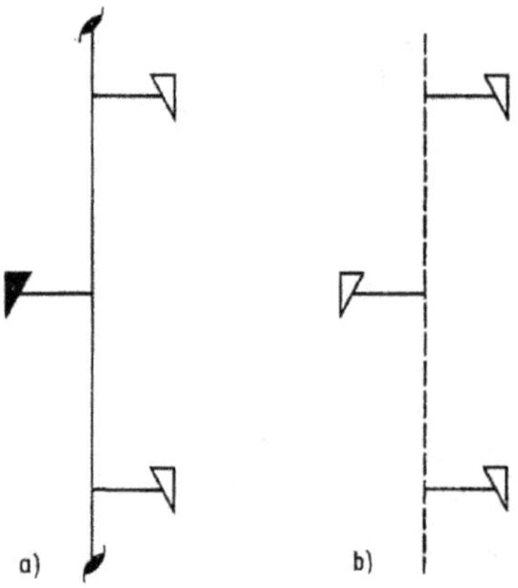

Bild 1.126. 2_1*-Schraubenachse (a) und Gleitspiegelebene (b).*

Bei den Dreiecken werden Vorderseite (weiß) und Rückseite (schwarz) unterschieden.

1.9.2. Analytische Darstellung von strukturellen Symmetrieoperationen

Eine Symmetrieoperation lässt sich allgemein als eine Drehung bzw. Drehinversion um den Ursprung des Koordinatensystems mit einer anschließenden Translation beschreiben. Durch die Symmetrieoperation werde ein Punkt X mit den Koordinaten x, y, z in einen Punkt X' mit den Koordinaten x', y', z' überführt. Wie im Abschn. 1.5.2. dargelegt, wird eine Symmetrieoperation, die den Koordinatenursprung invariant lässt, durch ein homogenes lineares Gleichungssystem dargestellt. Durch eine anschließende Translation wird auch der Punkt des Koordinatenursprungs verschoben, und man erhält ein inhomogenes lineares Gleichungssystem:

$$x'=s_{11}x+s_{12}y+s_{13}z+t_1$$
$$y'=s_{21}x+s_{22}y+s_{23}z+t_2$$
$$z'=s_{31}x+s_{32}y+s_{33}z+t_3.$$

Die Koeffizienten s_{ij}, die in bekannter Weise in Form einer quadratischen Matrix geschrieben werden können, stellen die betreffende Drehung (bzw. Drehinversion) dar, und die absoluten Glieder t_1, t_2, t_3 sind die Komponenten der Translation. Durch letztere werden einmal die Schraub- und Gleitkomponenten von Schraubenachsen bzw. Gleitspiegelebenen dargestellt, zum anderen treten sie auch auf, wenn ein Symmetrieelement nicht durch den Koordinatenursprung verläuft. Beispielsweise lautet das Gleichungssystem für die erzeugende Symmetrieoperation einer Schraubenachse 4_1, die als *c*-Achse durch den Ursprung verläuft:

$$x' = -y; \quad y' = x; \quad z' = z + 1/4.$$

Für die im Bild 1.123 als *b*-Achse durch den Ursprung verlaufende zweizählige Drehachse lautet das (in diesem Fall homogene) Gleichungssystem:

$$x' = -x; \quad y' = y; \quad z' = -z.$$

Hingegen lautet für die parallel durch den Mittelpunkt der Elementarzelle verlaufende zweizählige Drehachse das (in diesem Fall inhomogene) Gleichungssystem:

$$x' = -x + 1; \quad y' = y; \quad z' = z + 1.$$

Man kann diese inhomogenen Gleichungssysteme auch durch eine quadratische Matrix mit vier Zeilen und Spalten darstellen: In die vierte Spalte werden die Translationskomponenten geschrieben, und in die vierte Zeile werden Nullen und an letzter Stelle eine Eins gesetzt, also:

$$\begin{pmatrix} s_{11} & s_{12} & s_{13} & t_1 \\ s_{21} & s_{22} & s_{23} & t_2 \\ s_{31} & s_{32} & s_{33} & t_3 \\ 0 & 0 & 0 & 1 \end{pmatrix}. \text{ So erhält man z. B. } \begin{pmatrix} 0 & \bar{1} & 0 & 0 \\ 1 & 0 & 0 & 0 \\ 0 & 0 & 1 & \frac{1}{4} \\ 0 & 0 & 0 & 1 \end{pmatrix}$$

als vierreihige Matrix für die erzeugende Symmetrieoperation der oben angeführten Schraubenachse 4_1. Diese Matrixschreibweise hat den Vorteil, dass sich das (im Abschn. 1.5.2. ausgeführte) Kalkül der Matrixmultiplikation anwenden lässt, um die Verknüpfung von zwei oder mehr Symmetrieoperationen oder deren Transformation in andere Positionen darzustellen (vgl. WONDRATSCHEK und NEUBÜSER [1.11]).

1.9.3. Raumgruppen

Die Symmetrie der Kristallstrukturen wird durch Kombinationen der besprochenen strukturellen Symmetrieelemente (Drehachsen, Drehinversionsachsen inkl. Inversionszentrum und Spiegelebenen, Schraubenachsen, Gleitspiegelebenen) mit den 14 Translationsgittern (BRAVAIS-Gittern) beschrieben. Nachdem SOHNCKE schon 1879 die sog. *Bewegungsgruppen* abgeleitet hatte, die nur Drehungen und Schraubungen enthalten (es gibt deren 65), führte die systematische Untersuchung unter Berücksichtigung auch der Spiegelungen und Drehspiegelungen durch SCHOENFLIES (1891) sowie FEDOROV (1891) auf insgesamt 230 verschiedene mögliche Kombinationen solcher Symmetrieelemente mit Translationsgittern, die als *Raumgruppen* bezeichnet werden. Dementsprechend lassen sich die Kristallstrukturen nach ihrer Symmetrie in 230 Klassen, eben die 230 Raumgruppen, einteilen (Tab. 1.9). Eine Raumgruppe besteht aus einer unbegrenzten Menge von Symmetrieoperationen, da sich sowohl die Gittertranslationen als auch die Symmetrieelemente unbegrenzt oft wiederholen.

Tabelle 1.9. *Die Raumgruppen.*

Nach *International Tables for Crystallography.*

Nr.	Inter-nationales Symbol (gekürzt)	Vollständiges Symbol nach HERMANN/MAUGUIN	Symbol nach SCHOENFLIES	Nr.	Inter-nationales Symbol (gekürzt)	Vollständiges Symbol nach HERMANN/MAUGUIN	Symbol nach SCHOENFLIES
1	$P1$	$P1$	C_1^1	41	$Aba2$	$Aba2$	C_{2v}^{17}
2	$P\bar{1}$	$P\bar{1}$	C_i^1, S_2^1	42	$Fmm2$	$Fmm2$	C_{2v}^{18}
3	$P2$	$P121$	C_2^1	43	$Fdd2$	$Fdd2$	C_{2v}^{19}
4	$P2_1$	$P12_11$	C_2^2	44	$Imm2$	$Imm2$	C_{2v}^{20}
5	$C2$	$C121$	C_2^3	45	$Iba2$	$Iba2$	C_{2v}^{21}
6	Pm	$P1m1$	C_s^1, C_{1h}^1	46	$Ima2$	$Ima2$	C_{2v}^{22}
7	Pc	$P1c1$	C_s^2, C_{1h}^2	47	$Pmmm$	$P2/m2/m2/m$	D_{2h}^1, V_h^1
8	Cm	$C1m1$	C_s^3, C_{1h}^3	48	$Pnnn$	$P2/n2/n2/n$	D_{2h}^2, V_h^2
9	Cc	$C1c1$	C_s^4, C_{1h}^4	49	$Pccm$	$P2/c2/c2/m$	D_{2h}^3, V_h^3
10	$P2/m$	$P12/m1$	C_{2h}^1	50	$Pban$	$P2/b2/a2/n$	D_{2h}^4, V_h^4
11	$P2_1/m$	$P12_1/m1$	C_{2h}^2	51	$Pmma$	$P2_1/m2/m2/a$	D_{2h}^5, V_h^5
12	$C2/m$	$C12/m1$	C_{2h}^3	52	$Pnna$	$P2/n2_1/n2/a$	D_{2h}^6, V_h^6
13	$P2/c$	$P12/c1$	C_{2h}^4	53	$Pmna$	$P2/m2/n2_1/a$	D_{2h}^7, V_h^7
14	$P2_1/c$	$P12_1/c1$	C_{2h}^5	54	$Pcca$	$P2_1/c2/c2/a$	D_{2h}^8, V_h^8
15	$C2/c$	$C12/c1$	C_{2h}^6	55	$Pbam$	$P2_1/b2_1/a2/m$	D_{2h}^9, V_h^9
16	$P222$	$P222$	D_2^1, V^1	56	$Pccn$	$P2_1/c2_1/c2/n$	D_{2h}^{10}, V_h^{10}
17	$P222_1$	$P222_1$	D_2^2, V^2	57	$Pbcm$	$P2/b2_1/c2_1/m$	D_{2h}^{11}, V_h^{11}
18	$P2_12_12$	$P2_12_12$	D_2^3, V^3	58	$Pnnm$	$P2_1/n2_1/n2/m$	D_{2h}^{12}, V_h^{12}
19	$P2_12_12_1$	$P2_12_12_1$	D_2^4, V^4	59	$Pmmn$	$P2_1/m2_1/m2/n$	D_{2h}^{13}, V_h^{13}
20	$C222_1$	$C222_1$	D_2^5, V^5	60	$Pbcn$	$P2_1/b2/c2_1/n$	D_{2h}^{14}, V_h^{14}
21	$C222$	$C222$	D_2^6, V^6	61	$Pbca$	$P2_1/b2_1/c2_1/a$	D_{2h}^{15}, V_h^{15}
22	$F222$	$F222$	D_2^7, V^7	62	$Pnma$	$P2_1/n2_1/m2_1/a$	D_{2h}^{16}, V_h^{16}
23	$I222$	$I222$	D_2^8, V^8	63	$Cmcm$	$C2/m2/c2_1/m$	D_{2h}^{17}, V_h^{17}
24	$I2_12_12_1$	$I2_12_12_1$	D_2^9, V^9	64	$Cmca$	$C2/m2/c2_1/a$	D_{2h}^{18}, V_h^{18}
25	$Pmm2$	$Pmm2$	C_{2v}^1	65	$Cmmm$	$C2/m2/m2/m$	D_{2h}^{19}, V_h^{19}
26	$Pmc2_1$	$Pmc2_1$	C_{2v}^2	66	$Cccm$	$C2/c2/c2/m$	D_{2h}^{20}, V_h^{20}
27	$Pcc2$	$Pcc2$	C_{2v}^3	67	$Cmma$	$C2/m2/m2/a$	D_{2h}^{21}, V_h^{21}
28	$Pma2$	$Pma2$	C_{2v}^4	68	$Ccca$	$C2/c2/c2/a$	D_{2h}^{22}, V_h^{22}
29	$Pca2_1$	$Pca2_1$	C_{2v}^5	69	$Fmmm$	$F2/m2/m2/m$	D_{2h}^{23}, V_h^{23}
30	$Pnc2$	$Pnc2$	C_{2v}^6	70	$Fddd$	$F2/d2/d2/d$	D_{2h}^{24}, V_h^{24}
31	$Pmn2_1$	$Pmn2_1$	C_{2v}^7	71	$Immm$	$I2/m2/m2/m$	D_{2h}^{25}, V_h^{25}
32	$Pba2$	$Pba2$	C_{2v}^8	72	$Ibam$	$I2/b2/a2/m$	D_{2h}^{26}, V_h^{26}
33	$Pna2_1$	$Pna2_1$	C_{2v}^9	73	$Ibca$	$I2_1/b2_1/c2_1/a$	D_{2h}^{27}, V_h^{27}
34	$Pnn2$	$Pnn2$	C_{2v}^{10}	74	$Imma$	$I2_1/m2_1/m2_1/a$	D_{2h}^{28}, V_h^{28}
35	$Cmm2$	$Cmm2$	C_{2v}^{11}	75	$P4$	$P4$	C_4^1
36	$Cmc2_1$	$Cmc2_1$	C_{2v}^{12}	76	$P4_1$	$P4_1$	C_4^2
37	$Ccc2$	$Ccc2$	C_{2v}^{13}	77	$P4_2$	$P4_2$	C_4^3
38	$Amm2$	$Amm2$	C_{2v}^{14}	78	$P4_3$	$P4_3$	C_4^4
39	$Abm2$	$Abm2$	C_{2v}^{15}	79	$I4$	$I4$	C_4^5
40	$Ama2$	$Ama2$	C_{2v}^{16}	80	$I4_1$	$I4_1$	C_4^6

Tabelle 1.9. *(Fortsetzung)*

Nr.	Internationales Symbol (gekürzt)	Vollständiges Symbol nach Hermann/Mauguin	Symbol nach Schoenflies	Nr.	Internationales Symbol (gekürzt)	Vollständiges Symbol nach Hermann/Mauguin	Symbol nach Schoenflies
81	$P\bar{4}$	$P\bar{4}$	S_4^1	121	$I\bar{4}2m$	$I\bar{4}2m$	D_{2d}^{11}, V_d^{11}
82	$I\bar{4}$	$I\bar{4}$	S_4^2	122	$I\bar{4}2d$	$I\bar{4}2d$	D_{2d}^{12}, V_d^{12}
83	$P4/m$	$P4/m$	C_{4h}^1	123	$P4/mmm$	$P4/m2/m2/m$	D_{4h}^1
84	$P4_2/m$	$P4_2/m$	C_{4h}^2	124	$P4/mcc$	$P4/m2/c2/c$	D_{4h}^2
85	$P4/n$	$P4/n$	C_{4h}^3	125	$P4/nbm$	$P4/n2/b2/m$	D_{4h}^3
86	$P4_2/n$	$P4_2/n$	C_{4h}^4	126	$P4/nnc$	$P4/n2/n2/c$	D_{4h}^4
87	$I4/m$	$I4/m$	C_{4h}^5	127	$P4/mbm$	$P4/m2_1/b2/m$	D_{4h}^5
88	$I4_1/a$	$I4_1/a$	C_{4h}^6	128	$P4/mnc$	$P4/m2_1/n2/c$	D_{4h}^6
89	$P422$	$P422$	D_4^1	129	$P4/nmm$	$P4/n2_1/m2/m$	D_{4h}^7
90	$P42_12$	$P42_12$	D_4^2	130	$P4/ncc$	$P4/n2_1/c2/c$	D_{4h}^8
91	$P4_122$	$P4_122$	D_4^3	131	$P4_2/mmc$	$P4_2/m2/m2/c$	D_{4h}^9
92	$P4_12_12$	$P4_12_12$	D_4^4	132	$P4_2/mcm$	$P4_2/m2/c2/m$	D_{4h}^{10}
93	$P4_222$	$P4_222$	D_4^5	133	$P4_2/nbc$	$P4_2/n2/b2/c$	D_{4h}^{11}
94	$P4_22_12$	$P4_22_12$	D_4^6	134	$P4_2/nnm$	$P4_2/n2/n2/m$	D_{4h}^{12}
95	$P4_322$	$P4_322$	D_4^7	135	$P4_2/mbc$	$P4_2/m2_1/b2/c$	D_{4h}^{13}
96	$P4_32_12$	$P4_32_12$	D_4^8	136	$P4_2/mnm$	$P4_2/m2_1/n2/m$	D_{4h}^{14}
97	$I422$	$I422$	D_4^9	137	$P4_2/nmc$	$P4_2/n2_1/m2/c$	D_{4h}^{15}
98	$I4_122$	$I4_122$	D_4^{10}	138	$P4_2/ncm$	$P4_2/n2_1/c2/m$	D_{4h}^{16}
99	$P4mm$	$P4mm$	C_{4v}^1	139	$I4/mmm$	$I4/m2/m2/m$	D_{4h}^{17}
100	$P4bm$	$P4bm$	C_{4v}^2	140	$I4/mcm$	$I4/m2/c2/m$	D_{4h}^{18}
101	$P4_2cm$	$P4_2cm$	C_{4v}^3	141	$I4_1/amd$	$I4_1/a2/m2/d$	D_{4h}^{19}
102	$P4_2nm$	$P4_2nm$	C_{4v}^4	142	$I4_1/acd$	$I4_1/a2/c2/d$	D_{4h}^{20}
103	$P4cc$	$P4cc$	C_{4v}^5	143	$P3$	$P3$	C_3^1
104	$P4nc$	$P4nc$	C_{4v}^6	144	$P3_1$	$P3_1$	C_3^2
105	$P4_2mc$	$P4_2mc$	C_{4v}^7	145	$P3_2$	$P3_2$	C_3^3
106	$P4_2bc$	$P4_2bc$	C_{4v}^8	146	$R3$	$R3$	C_3^4
107	$I4mm$	$I4mm$	C_{4v}^9	147	$P\bar{3}$	$P\bar{3}$	C_{3i}^1, S_6^1
108	$I4cm$	$I4cm$	C_{4v}^{10}	148	$R\bar{3}$	$R\bar{3}$	C_{3i}^2, S_6^2
109	$I4_1md$	$I4_1md$	C_{4v}^{11}	149	$P312$	$P312$	D_3^1
110	$I4_1cd$	$I4_1cd$	C_{4v}^{12}	150	$P321$	$P321$	D_3^2
111	$P\bar{4}2m$	$P\bar{4}2m$	D_{2d}^1, V_d^1	151	$P3_112$	$P3_112$	D_3^3
112	$P\bar{4}2c$	$P\bar{4}2c$	D_{2d}^2, V_d^2	152	$P3_121$	$P3_121$	D_3^4
113	$P\bar{4}2_1m$	$P\bar{4}2_1m$	D_{2d}^3, V_d^3	153	$P3_212$	$P3_212$	D_3^5
114	$P\bar{4}2_1c$	$P\bar{4}2_1c$	D_{2d}^4, V_d^4	154	$P3_221$	$P3_221$	D_3^6
115	$P\bar{4}m2$	$P\bar{4}m2$	D_{2d}^5, V_d^5	155	$R32$	$R32$	D_3^7
116	$P\bar{4}c2$	$P\bar{4}c2$	D_{2d}^6, V_d^6	156	$P3m1$	$P3m1$	C_{3v}^1
117	$P\bar{4}b2$	$P\bar{4}b2$	D_{2d}^7, V_d^7	157	$P31m$	$P31m$	C_{3v}^2
118	$P\bar{4}n2$	$P\bar{4}n2$	D_{2d}^8, V_d^8	158	$P3c1$	$P3c1$	C_{3v}^3
119	$I\bar{4}m2$	$I\bar{4}m2$	D_{2d}^9, V_d^9	159	$P31c$	$P31c$	C_{3v}^4
120	$I\bar{4}c2$	$I\bar{4}c2$	D_{2d}^{10}, V_d^{10}	160	$R3m$	$R3m$	C_{3v}^5

Tabelle 1.9. *(Fortsetzung)*

Nr.	Internationales Symbol (gekürzt)	Vollständiges Symbol nach HERMANN/MAUGUIN	Symbol nach SCHOENFLIES
161	$R3c$	$R3c$	C_{3v}^{6}
162	$P\bar{3}1m$	$P\bar{3}12/m$	D_{3d}^{1}
163	$P\bar{3}1c$	$P\bar{3}12/c$	D_{3d}^{2}
164	$P\bar{3}m1$	$P\bar{3}2/m1$	D_{3d}^{3}
165	$P\bar{3}c1$	$P\bar{3}2/c1$	D_{3d}^{4}
166	$R\bar{3}m$	$R\bar{3}2/m$	D_{3d}^{5}
167	$R\bar{3}/c$	$R\bar{3}2/c$	D_{3d}^{6}
168	$P6$	$P6$	C_{6}^{1}
169	$P6_1$	$P6_1$	C_{6}^{2}
170	$P6_5$	$P6_5$	C_{6}^{3}
171	$P6_2$	$P6_2$	C_{6}^{4}
172	$P6_4$	$P6_4$	C_{6}^{5}
173	$P6_3$	$P6_3$	C_{6}^{6}
174	$P\bar{6}$	$P\bar{6}$	C_{3h}^{1}
175	$P6/m$	$P6/m$	C_{6h}^{1}
176	$P6_3/m$	$P6_3/m$	C_{6h}^{2}
177	$P622$	$P622$	D_{6}^{1}
178	$P6_122$	$P6_122$	D_{6}^{2}
179	$P6_522$	$P6_522$	D_{6}^{3}
180	$P6_222$	$P6_222$	D_{6}^{4}
181	$P6_422$	$P6_422$	D_{6}^{5}
182	$P6_322$	$P6_322$	D_{6}^{6}
183	$P6mm$	$P6mm$	C_{6v}^{1}
184	$P6cc$	$P6cc$	C_{6v}^{2}
185	$P6_3cm$	$P6_3cm$	C_{6v}^{3}
186	$P6_3mc$	$P6_3mc$	C_{6v}^{4}
187	$P\bar{6}m2$	$P\bar{6}m2$	D_{3h}^{1}
188	$P\bar{6}c2$	$P\bar{6}c2$	D_{3h}^{2}
189	$P\bar{6}2m$	$P\bar{6}2m$	D_{3h}^{3}
190	$P\bar{6}2c$	$P\bar{6}2c$	D_{3h}^{4}
191	$P6/mmm$	$P6/m2/m2/m$	D_{6h}^{1}
192	$P6/mcc$	$P6/m2/c2/c$	D_{6h}^{2}
193	$P6_3/mcm$	$P6_3/m2/c2/m$	D_{6h}^{3}
194	$P6_3/mmc$	$P6_3/m2/m2/c$	D_{6h}^{4}

Nr.	Internationales Symbol (gekürzt)	Vollständiges Symbol nach HERMANN/MAUGUIN	Symbol nach SCHOENFLIES
195	$P23$	$P23$	T^{1}
196	$F23$	$F23$	T^{2}
197	$I23$	$I23$	T^{3}
198	$P2_13$	$P2_13$	T^{4}
199	$I2_13$	$I2_13$	T^{5}
200	$Pm\bar{3}$	$P2/m\bar{3}$	T_{h}^{1}
201	$Pn\bar{3}$	$P2/n\bar{3}$	T_{h}^{2}
202	$Fm\bar{3}$	$F2/m\bar{3}$	T_{h}^{3}
203	$Fd\bar{3}$	$F2/d\bar{3}$	T_{h}^{4}
204	$Im\bar{3}$	$I2/m\bar{3}$	T_{h}^{5}
205	$Pa\bar{3}$	$P2_1/a\bar{3}$	T_{h}^{6}
206	$Ia\bar{3}$	$I2_1/a\bar{3}$	T_{h}^{7}
207	$P432$	$P432$	O^{1}
208	$P4_232$	$P4_232$	O^{2}
209	$F432$	$F432$	O^{3}
210	$F4_132$	$F4_132$	O^{4}
211	$I432$	$I432$	O^{5}
212	$P4_332$	$P4_332$	O^{6}
213	$P4_132$	$P4_132$	O^{7}
214	$I4_132$	$I4_132$	O^{8}
215	$P\bar{4}3m$	$P\bar{4}3m$	T_{d}^{1}
216	$F\bar{4}3m$	$F\bar{4}3m$	T_{d}^{2}
217	$I\bar{4}3m$	$I\bar{4}3m$	T_{d}^{3}
218	$P\bar{4}3n$	$P\bar{4}3n$	T_{d}^{4}
219	$F\bar{4}3c$	$F\bar{4}3c$	T_{d}^{5}
220	$I\bar{4}3d$	$I\bar{4}3d$	T_{d}^{6}
221	$Pm\bar{3}m$	$P4/m\bar{3}2/m$	O_{h}^{1}
222	$Pn\bar{3}n$	$P4/n\bar{3}2/n$	O_{h}^{2}
223	$Pm\bar{3}n$	$P4_2/m\bar{3}2/n$	O_{h}^{3}
224	$Pn\bar{3}m$	$P4_2/n\bar{3}2/m$	O_{h}^{4}
225	$Fm\bar{3}m$	$F4/m\bar{3}2/m$	O_{h}^{5}
226	$Fm\bar{3}c$	$F4/m\bar{3}2/c$	O_{h}^{6}
227	$Fd\bar{3}m$	$F4_1/d\bar{3}2/m$	O_{h}^{7}
228	$Fd\bar{3}c$	$F4_1/d\bar{3}2/c$	O_{h}^{8}
229	$Im\bar{3}m$	$I4/m\bar{3}2/m$	O_{h}^{9}
230	$Ia\bar{3}d$	$I4_1/a\bar{3}2/d$	O_{h}^{10}

Als sog. *Internationales Symbol* für die Raumgruppen werden dem Symbol der Gittermode (Großbuchstaben *P* für primitiv, *F* für flächenzentriert, *I* für innenzentriert etc.; vgl. Bild 1.6) die Symbole der erzeugenden bzw. kennzeichnenden Symmetrieelemente in der Reihenfolge der „Blickrichtungen " hinzugefügt. In vielen Fällen gibt es ein sog. vollständiges sowie ein gekürztes Symbol; aus beiden lassen sich u. a. sowohl das betreffende Kristallsystem als auch die Kristallklasse ablesen (worauf noch zurückzukommen sein wird). Daneben gibt es noch eine ältere Symbolik nach Schoenflies, bei der die Raumgruppen einer Kristallklasse jeweils nur durchnummeriert werden.

Die einzelnen Raumgruppen sind in den *International Tables for Crystallography*, einem umfangreichen Tabellenwerk, zusammengestellt, welches sowohl bildliche als auch algebraische Darstellungen der Raumgruppen sowie vielfältige weitere Informationen zur Symmetrie der Kristallstrukturen bzw. Kristalle enthält.

Da sich die Betrachtung der makroskopischen Symmetrie von Kristallen nur auf Richtungen bzw. Vektoren bezieht, für welche Translationen keine Rolle spielen, erhält man die Kristallklasse, der eine Raumgruppe zugehört, folgendermaßen: Von den Symmetrieoperationen der Raumgruppe bleiben die Translationskomponenten t_1, t_2, t_3 unberücksichtigt, und es werden nur die durch die dreireihigen Matrizen (s_{ij}) dargestellten homogenen Bestandteile betrachtet. Die Menge dieser Matrizen (s_{ij}) bzw. der durch sie dargestellten Symmetrieoperationen ist jeweils endlich und bildet die Punktgruppe (Kristallklasse) einer Raumgruppe.

Gedanklich kann man die Zuordnung einer Raumgruppe zur betreffenden Punktgruppe in der Weise vollziehen, dass man die Elementarzelle zu einem Punkt zusammenschrumpfen lässt, so dass alle Symmetrieelemente durch diesen einen Punkt als Ursprung des Koordinatensystems verlaufen und sämtliche Translationskomponenten verschwinden. Schraubenachsen und Gleitspiegelebenen wandeln sich dabei in gewöhnliche Drehachsen bzw. Spiegelebenen um. Raumgruppen, die weder Schraubenachse noch Gleitspiegelebenen enthalten, sondern nur die gleichen Symmetrieelemente wie ihre Punktgruppen, werden als *symmorph* bezeichnet.

Formell erhält man das Symbol der Punktgruppe (Kristallklasse) aus dem Raumgruppensymbol, indem man einfach den Großbuchstaben für die Gittermode fortlässt und nur die nachfolgenden Symbole der Symmetrieelemente hinschreibt, wobei man gegebenenfalls bei den Symbolen von Schraubenachsen deren Indizes fortzulassen und anstelle der verschiedenen Symbole von Gleitspiegelebenen das Symbol *m* einer gewöhnlichen Spiegelebene zu setzen hat. In Tab. 1.9 sind die Raumgruppen nach Kristallklassen unterteilt; das Symbol der jeweils ersten Raumgruppe ist ohne den Großbuchstaben *P* zugleich das Symbol der Kristallklasse. Wie man sieht, sind die Mengen der den einzelnen Kristallklassen zugeordneten Raumgruppen verschieden groß.

Als Beispiel wollen wir uns etwas näher mit den zur Punktgruppe (Kristallklasse) *m* gehörenden vier Raumgruppen *Pm*, *Pc*, *Cm* und *Cc* beschäftigen. Die monokline Punktgruppe *m* enthält eine Spiegelebene, die bei der üblichen Aufstellung parallel (010) liegt. Im monoklinen Kristallsystem gibt es die Gittermoden *P* (primitiv) und *C* (basisflächenzentriert), deren Kombination mit *m* die Raumgruppen *Pm* und *Cm* ergibt. In einer Raumgruppe kann anstelle einer Spiegelebene *m* aber auch eine Gleitspiegelebene *a* oder *c* treten. Beide Fälle unterscheiden sich lediglich in der Aufstellung, so dass man jeweils nur einen von ihnen zu berücksichtigen braucht, wofür man üblicherweise die Gleitspiegelebene *c* wählt: Hiermit erhält man die Punktgruppen *Pc* und *Cc*. Im Bild 1.127 sind die vier Raumgruppen dargestellt, wobei jeweils eine Elementarzelle abgebildet ist:

Raumgruppe *Pm* (Bild 1.127 a): Nehmen wir irgendeinen Punkt *X* mit den Koordinaten x, y, z in einer allgemeinen Lage an, so geht durch Spiegelung an einer Spiegelebene *m*, die durch den Ursprung des Koordinatensystems ($y = 0$) gelegt sei, aus diesem Punkt ein weiterer Punkt mit den Koordinaten $x, \overline{y}, z$ hervor. Dieser Punkt ist zum ersten spiegelbildlich äquivalent, was (nach dem Muster der *International Tables for Crystallography*) im Bild 1.127 durch ein Kommazeichen gekennzeichnet ist. Der Punkt x, $\bar{y}$, z liegt zwar außerhalb der Elementarzelle, doch reproduziert er sich infolge der Translationssymmetrie als identischer Punkt x, $1-y$, z auch innerhalb der Elementarzelle. Ganzzahlige Komponenten sind deshalb nicht relevant und werden üblicherweise nicht mitgeschrieben. Ebenso reproduziert sich auch die Spiegelebene in den Positionen $y = \pm1, \pm2, \ldots$ usf. Ferner erkennt man, dass jeweils in der Mitte zwischen zwei identischen Spiegelebenen, also in den Positionen $y = 1/2$, $1/2 \pm 1$, $1/2 \pm 2$, ... usf., von selbst eine Schar weiterer Spiegelebenen vorhanden ist. Neue äquivalente Punkte erzeugen diese Spiegelebenen jedoch nicht, die allgemeine Punktlage ist deshalb (in der Raumgruppe *Pm*) nur zweizählig. Wenn hingegen ein Punkt eine spezielle Punktlage auf einer der Spiegelebenen einnimmt, dann wird kein weiterer äquivalenter Punkt erzeugt, diese speziellen Punktlagen sind „einzählig". Dafür ist aber der Punkt selbst bzw. korrekter: seine Position in der Struktur, spiegelsymmetrisch (Lagensymmetrie, engl. site symmetry). Diese Lagensymmetrie wird (wie die Kristallklassen) durch die 32 kristallographischen Punktgruppen beschrieben. Im Gegensatz zur makroskopischen Symmetrie der Kristalle bezieht sich diese Lagensymmetrie jedoch nicht nur auf Richtungen bzw. Vektoren, sondern auf den Punktraum, d. h. konkret auf die Anordnung der Atome um diese Positionen. Die allgemeine Punktlage ist stets unsymmetrisch (Punktgruppe 1). Entsprechend den zwei Scharen von Spiegelebenen gibt es in der Raumgruppe *Pm* zwei spezielle Punktlagen (nämlich auf diesen Spiegelebenen), gegeben durch x, 0, z sowie x, 1/2, z. Die Punktlagen einer Kristallklasse werden durch kleine Buchstaben (WYCKOFF-Buchstaben) symbolisiert, wobei die allgemeine Punktlage den in der alphabetischen Reihenfolge letzten Buchstaben erhält. Für die Raumgruppe *Pm* (vollständiges Symbol *P*1*m*1) hat man also die

– allgemeine Punktlage	*c*	x, y, z;	$x, \bar{y}, z$	zweizählig	(1)
– speziellen Punktlagen	*b*	x, 1/2, z		einzählig	(*m*)
	a	x, 0, z		einzählig	(*m*)

(in Klammern: Lagensymmetrie).

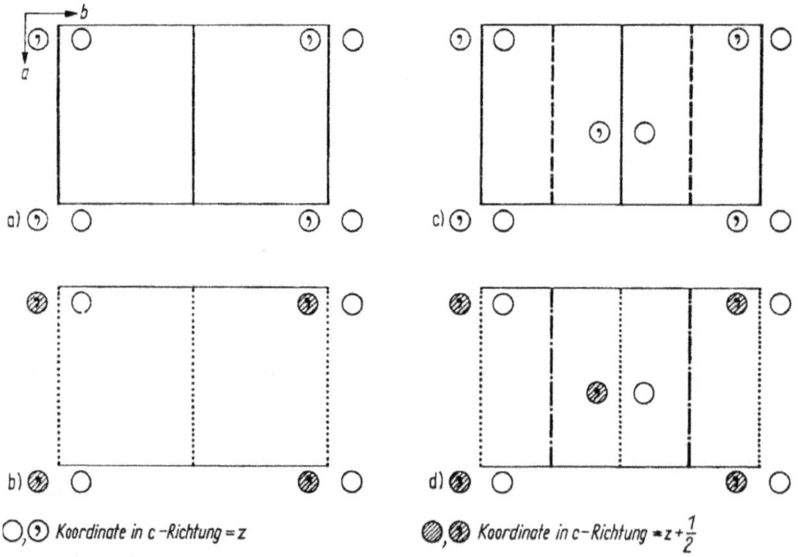

Bild 1.127. *Die zur Punktgruppe m gehörenden Raumgruppen.*

a) *Pm*; b) *Pc*; c) *Cm*; d) *Cc*.
Projektionen in Richtung der *c*-Achse (die *c*-Achse steht nicht senkrecht auf der Zeichenebene, sondern schließt mit der *a*-Achse den „monoklinen" Winkel β ein); spiegelbildlich äquivalente Punkte sind durch ein Komma gekennzeichnet.

Raumgruppe *Pc* (Bild 1.127 b): Wird die (punktiert gezeichnete) Gleitspiegelebene *c* in $y = 0$ angenommen, so wird durch sie einem Punkt x, y, z ein spiegelbildlich äquivalenter Punkt $x, \bar{y}, z + 1/2$ zugeordnet. Es ergibt sich eine zweite Schar von Gleitspiegelebenen in $y = 1/2$, $1/2 \pm 1$, ... usw. Bemerkenswerterweise gibt es keine speziellen Punktlagen mit einer besonderen Lagensymmetrie, denn auch für einen Punkt $x, 0, z$ auf der Gleitspiegelebene existiert ein spiegelbildlich äquivalenter Punkt $x, 0, z + 1/2$. Demnach hat man für die Raumgruppe *Pc* bzw. *P*1*c*1 nur die

– allgemeine Punktlage	*a*	$x, y, z;\ \ x, \bar{y}, z + 1/2$	zweizählig	(1).

Raumgruppe *Cm* (Bild 1.127 c): Die basisflächenzentrierte Gittermode *C* bedingt zu jedem Punkt x, y, z einen weiteren identischen Punkt $x + 1/2, y + 1/2, z$. Man schreibt diese Translationssymmetrie in der Form x, y, z + (0, 0, 0); (1/2, 1/2, 0). Infolge der Spiegelebene *m* (in $y = 0$) kommen dazu die beiden spiegelbildlich äquivalenten Punkte

$x, \bar{y}, z$ + (0, 0, 0); (1/2, 1/2, 0). Die Spiegelebene *m* wiederholt sich wegen der Basisflächenzentrierung bereits identisch in $y = 1/2$ usw. Außerdem entsteht noch eine Schar von Gleitspiegelebenen *a* (mit den Gleitkomponenten ***a***/2 bzw. [1/2, 0, 0]; gestrichelt gezeichnet) in $y = 1/4$ und $y = 3/4$ usw. Es gibt nur eine spezielle Punktlage, nämlich auf den Spiegelebenen, und wir haben für die Raumgruppe *Cm* bzw. *C*1*m*1 die

– allgemeine Punktlage	b	$x, y, z;\ \ x, \bar{y}, z$:	+ (0, 0, 0); (1/2, 1/2, 0)	vierzählig	(1)
– spezielle Punktlage	a	$x, 0, z$	+ (0, 0, 0); (1/2, 1/2, 0)	zweizählig	(*m*)

Raumgruppe *Cc* (Bild 1.127 d): Die basisflächenzentrierte Gittermode *C* bedingt wieder die Translationssymmetrie x, y, z + (0, 0, 0); (1/2, 1/2, 0), die nun mit der Gleitspiegelebene *c* (punktiert gezeichnet) zu kombinieren ist, die durch den Punkt $x, \bar{y}, z + 1/2$ repräsentiert wird. Die Gleitspiegelebene *c* wiederholt sich identisch in $y = 1/2$ usw. Außerdem entsteht noch eine weitere Schar von Gleitspiegelebenen *n* mit den Gleitkomponenten (***a*** + ***c***)/2 bzw. [1/2, 0, 1/2] in $y = 1/4$ und $y = 3/4$ usw. (strichpunktiert gezeichnet), die durch den Punkt $(x, \bar{y}, z + 1/2) + (1/2, 1/2, 0) = x + 1/2, 1/2 - y, z + 1/2$ repräsentiert wird. Spezielle Punktlagen gibt es nicht (auch nicht auf den Gleitspiegelebenen). Somit haben wir für die Raumgruppe *Cc* bzw. *C*1*c*1 nur die

– allgemeine Punktlage	*a*	$x, y, z;\ \ x, \bar{y}, z + 1/2 + (0,\ 0,\ 0); + (1/2, 1/2, 0)$	vierzählig	(1).

Wie aus diesen Ausführungen deutlich wird, kann eine Raumgruppe sowohl durch ihre Symmetrieelemente als auch durch die aus einem Punkt x, y, z der allgemeinen Punktlage hervorgehenden Punkte dargestellt werden. Letzteres ist offensichtlich gleichbedeutend mit der analytischen Darstellung, denn man kann vermöge dieser Punktkoordinaten sofort die (inhomogenen) linearen Gleichungssysteme bzw. die entsprechenden vierreihigen Matrizen für die betreffenden Symmetrieoperationen hinschreiben (vgl. Abschn. 1.9.2.). Die (unbegrenzte) Menge aller Punkte, die aus einem gegebenen Punkt x, y, z (einer allgemeinen oder speziellen Punktlage) durch die Anwendung aller Symmetrieoperationen einer Raumgruppe (einschließlich der Gittertranslationen) hervorgehen, wird als *Gitterkomplex* bezeichnet (HELLNER [1.12]; DONNAY et al. [1.13]). Ein Gitterkomplex stellt das Analogon zum Begriff der Form bei den Punktgruppen (Kristallklassen) dar. Da die Koordinaten x, y, z des Ausgangspunktes innerhalb gewisser Bereiche beliebig variiert werden können, repräsentiert ein Gitterkomplex jeweils eine entsprechende Mannigfaltigkeit solcher symmetriebezogenen Punktmengen, die im Einzelnen als *Orbit* bezeichnet werden (WONDRATSCHEK [1.14]). Außerdem wird der Begriff des Gitterkomplexes auch ohne Bezug auf eine bestimmte Raumgruppe verwendet, wie es auch z. B. die Form des Oktaeders unabhängig vom Bezug auf eine bestimmte Kristallklasse gibt.

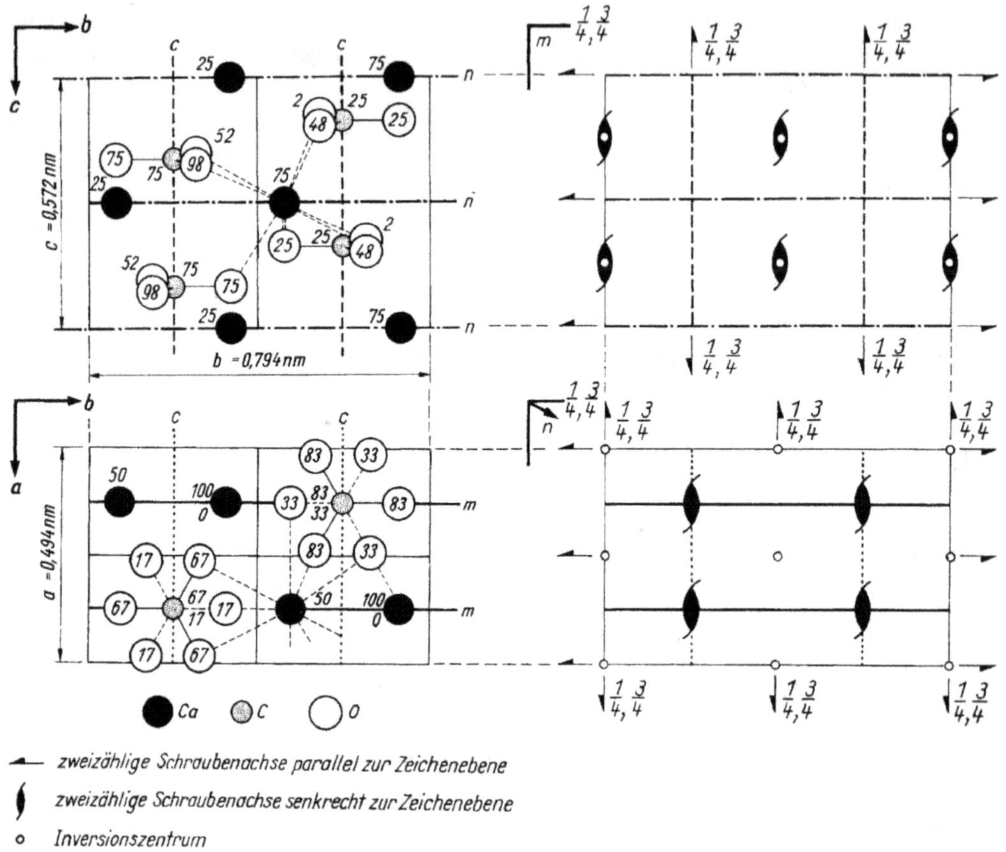

Bild 1.128. *Struktur von Aragonit.*

Oben: Projektion auf (100); unten: Projektion auf (001); links: Koordinaten der Atome (Ionen) nebst Spiegelebenen; rechts: Symmetrieelemente der Raumgruppe *Pmcn*. Die angeschriebenen Zahlen bedeuten jeweils die dritte Koordinate *x* bzw. *z*, angegeben in Prozent der Gitterkonstanten. Nach STRUNZ.

Auf eine Elementarzelle entfällt eine bestimmte (endliche) Anzahl von Punkten eines Gitterkomplexes. Diese Zähligkeit eines Gitterkomplexes der allgemeinen Punktlage stimmt bei den primitiven Raumgruppen (Gittermode *P*) mit der Zähligkeit der allgemeinen Form der zugehörigen Punktgruppe (Kristallklasse) überein. Bei den zentrierten Gittermoden ist diese Zähligkeit entsprechend zu vermehrfachen. Somit resultieren als mögliche Zähligkeiten für Gitterkomplexe die „kristallographischen" Zahlen 1, 2, 3, 4, 6, 8, 9, 12, 16, 18, 24, 32, 36, 48, 64, 96 und 192.

Die Zähligkeiten der Gitterkomplexe aus speziellen Punktlagen sowie deren Variationsmöglichkeiten sind entsprechend geringer; es gibt auch invariante Gitterkomplexe (z. B. wenn der Ausgangspunkt in einem Symmetriezentrum liegt).

Wie schon gesagt, kommt den Punkten der speziellen Gitterkomplexe – und damit den auf diesen Punkten angeordneten Atomen einer Struktur – eine bestimmte Lagensymmetrie (engl. *site symmetry*) zu, je nach den Symmetrieelementen, auf welchen sie sich befinden.

Als konkretes Beispiel sei schließlich die Struktur des Minerals Aragonit, einer Modifikation des Calciumcarbonats $CaCO_3$, angeführt (Bild 1.128). Diese Struktur gehört zur Raumgruppe *Pmcn* (die eine andere Aufstellung der konventionellen Raumgruppe *Pnma* darstellt). Man diskutiere anhand des Bildes die die Raumgruppe erzeugenden Spiegel- bzw. Gleitspiegelebenen *m* || (100); *c* || (010); *n* || (001)! Die je vier Ca- und C-Atome (bzw. -Ionen) sowie vier der

O-Atome (bzw. -Ionen) besetzen eine spezielle Punktlage auf den Spiegelebenen; die restlichen acht O-Atome (bzw. -Ionen) besetzen die allgemeine Punktlage. Das vollständige Symbol dieser Raumgruppe lautet $P2_1/m\ 2_1/c\ 2_1/n$; d. h., es gibt noch drei Scharen von zweizähligen Schraubenachsen jeweils senkrecht zu den Spiegel- bzw. Gleitspiegelebenen. Außerdem gibt es noch Inversionszentren (acht je Elementarzelle). Man versuche, auch diese Symmetrieelemente in der Struktur (d. h. im linken Teil von Bild 1.128) zu erkennen, wozu man sich am besten einen etwas größeren Ausschnitt der Struktur und gegebenenfalls auch eine Projektion auf die *a*-*c*-Ebene bzw. auf die Fläche (010) skizzieren sollte!

1.9.4. Korrespondenz zwischen Struktur und Habitus

Bei der Erörterung des Gesetzes der Winkelkonstanz (Abschn. 1.2.1.) sind wir zu der These geführt worden, dass die Flächen eines Kristalls mit bestimmten Ebenen seines Gitters (Netzebenen) korrespondieren. Die zu einer Fläche (*hkl*) symmetrisch äquivalenten Flächen bilden zusammen eine Form {*hkl*} und treten an einem Kristall (sieht man von zufälligen Verzerrungen und Unregelmäßigkeiten ab) miteinander gleichberechtigt in Erscheinung. Wie die Erfahrung lehrt, weisen die Kristalle meist nur eine geringe Anzahl verschiedener Formen auf. Weiterhin zeigt es sich, dass es zwischen den Formen einer Kristallart auch noch eine (mehr oder weniger deutliche) Rangordnung gibt: Formen mit „einfachen" Symbolen (d. h. kleinen Indizes) kommen häufig vor, sind meistens groß entwickelt und bestimmen den Habitus; Formen mit „komplizierteren" Symbolen (d. h. größeren Indizes) sind seltener und dann meistens nur klein entwickelt.

Es erhebt sich die Frage, inwieweit man diese Erscheinung, die offenbar mit grundlegenden Eigenschaften des strukturellen Aufbaus zusammenhängt, einer exakteren Betrachtung zugänglich machen kann. Die Gestalt eines Kristalls ist ein Ergebnis seines Wachstums, also eines physikalisch-chemischen Vorgangs. Die Parameter, die die Wachstumskinetik der Kristalle bestimmen, gehören in den Bereich der Kristallchemie, der Thermodynamik und der Reaktionskinetik. Trotz der Vielfältigkeit dieser Parameter setzt sich das besagte Phänomen immer wieder durch, so dass wir seine Begründung in der Struktur suchen müssen.

Zugang zu diesem Problem verschafft uns die These, dass an einem Kristall diejenigen Flächen hervortreten werden, die besonders dicht mit Bausteinen (Atomen, Ionen, Molekülen) besetzt sind. Diese Besetzungsdichte lässt sich prinzipiell aus der Struktur ermitteln, und bestimmte Grundzüge lassen sich bereits ohne Kenntnis der konkreten Kristallstruktur nur aus der Raumgruppe ableiten.

Betrachten wir ein zweidimensionales, rechtwinkliges, primitives Gitter (Bild 1.129), so wird ohne weiteres deutlich, dass die Netzebenen (bzw. hier die Gittergeraden) mit den kleinsten Indizes die größten Besetzungsdichten aufweisen.

Um einen Überblick über die Verhältnisse in einem dreidimensionalen Gitter zu gewinnen, definieren wir die Belastungsdichte (oder Belastung) L_{hkl} einer Netzebene als Anzahl der Gitterpunkte je Flächeneinheit dieser Netzebene. Im Fall eines primitiven Gitters ist L_{hkl} gleich dem reziproken Wert des Flächeninhalts S_{hkl} einer Elementarmasche der Netzebene (vgl. Bild 1.5):

$$L_{hkl} = 1/S_{hkl}.$$

Das Volumen V einer Elementarzelle des (dreidimensionalen) Gitters ist gleich dem Produkt aus dem Flächeninhalt S_{hkl} der Elementarmasche einer Netzebene (*hkl*) mit dem Netzebenenabstand d_{hkl} der betreffenden Netzebenenschar (gemessen senkrecht zu den Netzebenen):

$$V = S_{hkl} d_{hkl} = d_{hkl}/L_{hkl} \quad \text{bzw.} \quad L_{hkl} = d_{hkl}/V.$$

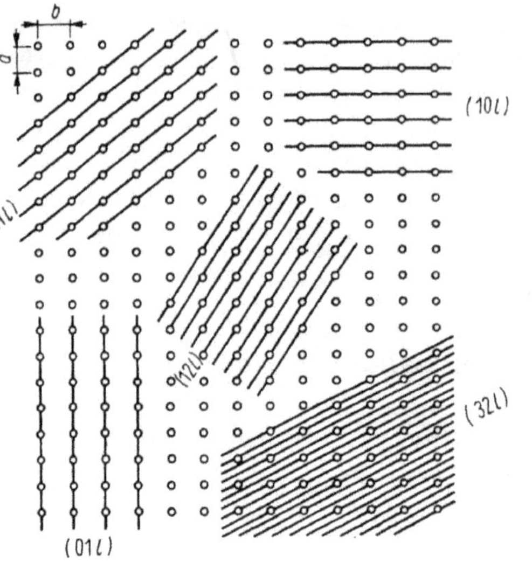

Bild 1.129. *Zusammenhang zwischen Millerschen Indizes (hkl) und Besetzungsdichte von Netzebenenscharen.*

Zweidimensional, der dritte Index l ist unbestimmt.

Das Volumen V der Elementarzelle eines gegebenen Gitters ist eine Konstante, die nicht von h, k, l abhängt. Hieraus folgt, dass die Belastung L_{hkl} einer Netzebene (hkl) proportional zum Netzebenenabstand d_{hkl} ist. Da die Besetzungsdichte einer Kristallfläche mit der Belastung der betreffenden Netzebenen korrespondiert, kann man schlussfolgern, dass eine Kristallfläche umso mehr hervortritt, je größer der betreffende Netzebenenabstand d_{hkl} ist.

Um den Netzebenenabstand d_{hkl} als Funktion der Indizes h, k, l zu bestimmen, betrachten wir noch einmal Bild 1.22 (S. 35) und interpretieren die Distanz OM als Netzebenenabstand d_{hkl}. Aus den Erörterungen zu diesem Bild folgt

$$\cos\rho_a = hd_{hkl}/a; \qquad \cos\rho_b = kd_{hkl}/b; \qquad \cos\rho_c = ld_{hkl}/c.$$

Für rechtwinklige Achsensysteme (rhombisches, tetragonales und kubisches Achsensystem) gilt

$$\cos^2\rho_a + \cos^2\rho_b + \cos^2\rho_c = 1,$$

und man erhält durch Einsetzen der Kosinus:

$$1/d_{hkl}^2 = (h/a)^2 + (k/b)^2 + (l/c)^2 \quad \text{bzw.} \quad d_{hkl} = 1/\sqrt{(h/a)^2 + (k/b)^2 + (l/c)^2}\,.$$

Bei den nichtorthogonalen Achsensystemen sind die Ausdrücke komplizierter. Wie im Abschn. 5.1.4. abgeleitet wird, gilt in einem triklinen Achsensystem die folgende Beziehung zwischen dem Netzebenenabstand d_{hkl} bzw. der häufiger benötigten Größe $1/d_{hkl}^2$ und den Gitterparametern $a, b, c, \alpha, \beta, \gamma$:

triklin:

$$\begin{aligned}1/d_{hkl}^2 = {} & [b^2c^2\sin^2\alpha\; h^2 + c^2a^2\sin^2\beta\; k^2 + a^2b^2\sin^2\gamma\; l^2 + 2abc^2(\cos\alpha\cos\beta - \cos\gamma)\; hk \\ & + 2ab^2c(\cos\alpha\cos\gamma - \cos\beta)\; hl + 2a^2bc(\cos\beta\cos\gamma - \cos\alpha)\; kl]/ \\ & [a^2b^2c^2(1 - \cos^2\alpha - \cos^2\beta - \cos^2\gamma + 2\cos\alpha\cos\beta\cos\gamma)].\end{aligned}$$

Für die übrigen kristallographischen Achsensysteme erhält man hieraus durch Spezifizierung der betreffenden Gitterparameter:

monoklin ($\alpha = \gamma = 90°$):

$$\frac{1}{d_{hkl}^2} = \frac{h^2}{a^2 \sin^2\beta} + \frac{k^2}{b^2} + \frac{l^2}{c^2 \sin^2\beta} - \frac{2hl\cos\beta}{ac\sin^2\beta}$$

rhombisch ($\alpha = \beta = \gamma = 90°$):

$$\frac{1}{d_{hkl}^2} = \frac{h^2}{a^2} + \frac{k^2}{b^2} + \frac{l^2}{c^2}$$

tetragonal ($a = b;\ \alpha = \beta = \gamma = 90°$):

$$\frac{1}{d_{hkl}^2} = \frac{h^2 + k^2}{a^2} + \frac{l^2}{c^2}$$

rhomboedrisch ($a = b = c;\ \alpha = \beta = \gamma$):

$$\frac{1}{d_{hkl}^2} = \frac{(h^2 + k^2 + l^2)\sin^2\alpha + 2(kl + lh + hk)(\cos^2\alpha - \cos\alpha)}{a^2(1 - 3\cos^2\alpha + 2\cos^3\alpha)}$$

hexagonal ($a = b;\ \alpha = \beta = 90°;\ \gamma = 120°$):

$$\frac{1}{d_{hkl}^2} = \frac{4}{3} \cdot \frac{h^2 + k^2 + hk}{a^2} + \frac{l^2}{c^2}$$

kubisch ($a = b = c;\ \alpha = \beta = \gamma = 90°$):

$$\frac{1}{d_{hkl}^2} = \frac{h^2 + k^2 + l^2}{a^2}.$$

Die Netzebenenabstände d_{hkl} lassen sich beiläufig auch aus einer gnomonischen Projektion ermitteln: Im rechten Teil von Bild 1.27 (S. 106) stellt die Distanz zwischen dem Ursprung O und dem jeweiligen Fußpunkt der Flächennormalen offenbar den betreffenden Netzebenenabstand d_{hk1} dar. Aus den geometrischen Beziehungen auf Bild 1.27 b berechnet sich:

$$1/d_{hk1}^2 = (1 + \rho_{hk1}'^2/R^2)/c^2$$

mit ρ'_{hk1} als Distanz zwischen den Punkten N und P_h, d. h. als der Poldistanz im Gnomonogramm (vgl. Bild 1.21). Eine Fläche (hkl) erzeugt auf der c-Achse den Achsenabschnitt c/l, und man erhält entsprechend:

$$1/d_{hkl}^2 = (1 + \rho_{hkl}'^2/R^2)l^2/c^2 .$$

Die Poldistanz ρ'_{hkl} des betreffenden Flächenpols kann im Gnomonogramm gemessen und zur Ermittlung d_{hkl} herangezogen werden.

Um die morphologische Wichtigkeit der verschiedenen Formen $\{hkl\}$ bzw. deren Reihenfolge zu diskutieren, bildet man zweckmäßigerweise den Ausdruck:

$$h^2 + k^2 + l^2 = g_{hkl}^2 .$$

Betrachten wir der Einfachheit halber das kubische Kristallsystem, so sind nach den obigen Ausführungen die Netzebenenabstände d_{hkl} und damit (in einem primitiven Gitter) die Belastungsdichten L_{hkl} umgekehrt proportional zu g_{hkl}. Eine Form $\{hkl\}$ ist demnach umso wichtiger, je kleiner g_{hkl} sowie g^2_{hkl} sind, so dass Tab. 1.10 die Rangfolge der Formen für ein kubisch primitives Gitter wiedergibt.

Tabelle 1.10. *Werte von* g^2_{hkl} *für ein primitives Gitter.*

hkl	100	110	111	210	211	221	310	311	320	321	410	322	411
g^2	1	2	3	5	6	9	10	11	13	14	17	17	18

Diese Situation verändert sich jedoch, wenn anstelle eines primitiven Gitters ein zentriertes Gitter vorliegt. So hat im Fall eines innenzentrierten Gitters ein Teil der Netzebenen – z. B. (100) – die gleiche Belastung wie ein primitives Gitter, während andere Netzebenen – z. B. (110) – infolge der Zentrierung der Elementarzelle die doppelte Belastung aufweisen. Welche Netzebenen sind dies? Für eine Netzebene (*hkl*) durch den Koordinatenursprung gilt die Bedingung (Ebenengleichung):

$$hx + ky + lz = 0.$$

Die durch die Zentrierung entstehenden zusätzlichen Gitterpunkte befinden sich in den Positionen $u_1/2$, $u_2/2$, $u_3/2$ mit u_1, u_2, u_3 als ungeraden ganzen Zahlen. Die Belastung verdoppelt sich für alle diejenigen Netzebenen, die solche Punkte enthalten, also die folgende Bedingung erfüllen:

$$hu_1 + ku_2 + lu_3 = 0.$$

Man erkennt, dass diese Bedingung immer dann nicht erfüllt sein kann, wenn $h + k + l$ eine ungerade Zahl ergibt. Für Netzebenen *hkl* mit $h + k + l = 2n$ (geradzahlig) lassen sich stets Wertetripel u_1, u_2, u_3 finden, die die Ebenengleichung erfüllen.

Diese Netzebenen haben also in einem innenzentrierten Gitter die (gegenüber einem primitiven Gitter) doppelte Belastung. Zur Diskussion der Rangfolge der Formen können wir so verfahren, dass wir vor der Bildung der Werte von g^2_{hkl} alle diejenigen Indizes *hkl* verdoppeln, für die $h + k + l$ ungerade ist (Tab. 1.11). Wir finden demnach für das innenzentrierte Gitter die Rangordnung {110}, {100}, {211}, {310}, {111} usw., die sich also von der in Tab. 1.10 gegebenen Rangordnung des primitiven Gitters: {100}, {110}, {111}, {210} usw. unterscheidet.

Tabelle 1.11. *Werte von* g^2_{hkl} *für ein innenzentriertes Gitter.*

hkl	200	110	222	420	211	442	310	622	640	321	411	332	431
g^2	4	2	12	20	6	36	10	44	52	14	18	22	26

Tabelle 1.12. *Werte von* g^2_{hkl} *für ein flächenzentriertes Gitter.*

hkl	200	220	111	420	422	442	620	311	640	642	331	511	531
g^2	4	8	3	20	24	36	40	11	52	56	19	27	35

In einem flächenzentrierten Gitter ist die Belastung (gegenüber dem primitiven Gitter) für einen Teil der Netzebenen – z. B. (100) – verdoppelt, während sie sich für den anderen Teil der Netzebenen – z. B. (111) – vervierfacht. Die Diskussion (die hier nicht ausgeführt wird) ergibt, dass die vierfache Belastung für solche und nur solche Netzebenen (*hkl*) zutrifft, deren Indizes *h*, *k*, *l* entweder alle geradzahlig oder alle ungeradzahlig sind. Hingegen ist die Belastung derjenigen

Netzebenen (*hkl*) mit „gemischten" Indizes *h, k, l* nur verdoppelt, was letztere in der Rangordnung der Formen zurücksetzt: Vor der Bildung der Werte von g_{hkl}^2 hat man also „gemischte" Indizes zu verdoppeln (Tab. 1.12). Somit erhält man für das flächenzentrierte Gitter die Rangordnung {111}, {100}, {110}, {311}, {331}, {210} usw., die sich sowohl von der des primitiven Gitters als auch von der des innenzentrierten Gitters unterscheidet. – Die Korrespondenz einer solchen Rangordnung der Formen mit den einzelnen Gittertypen wird als *BRAVAISsches Prinzip* bezeichnet.

Diese Betrachtung lässt sich noch vertiefen, indem man nicht nur die Belastung der Netzebenen mit (identischen) Gitterpunkten, sondern deren Belastung mit symmetrisch äquivalenten Punkten diskutiert, wie sie durch die Symmetrieelemente einer Raumgruppe bedingt werden. Beispielsweise verdoppelt eine zweizählige Drehachse die Belastung der Netzebenen senkrecht zu dieser Achse (vgl. Bild 1.124), was die morphologische Bedeutung der betreffenden Kristallfläche verstärkt. Hingegen gibt es bei einer zweizähligen Schraubenachse diese Verdoppelung der Belastung nicht, und die morphologische Bedeutung der Fläche senkrecht zur Schraubenachse ist geringer. Das gilt allgemein für alle Schraubenachsen. Ein bekanntes Beispiel ist der Quarz, der zur Raumgruppe $P3_12$ gehört: Die dreizähligen Schraubenachsen (parallel zur *c*-Achse) bewirken, dass an Quarzkristallen die Basisflächen {0001} nur äußerst selten zu beobachten sind.

Einen analogen Einfluss haben Gleitspiegelebenen. Liegt beispielsweise eine Gleitspiegelebene *c* parallel (010) mit einer Gleitkomponente *c*/2 vor (vgl. Bild 1.125), so wird durch sie die Belastung der Netzebenen (*h*0*l*) mit $l = 2n$ (gerade) verdoppelt. Zur Diskussion der Flächen (*h*0*l*), welche miteinander die Zone [010] bilden, hat man also zunächst die Indizes der Flächen mit einem ungeraden Index *l* zu verdoppeln und kann dann die g^2-Werte der Flächen bilden sowie deren Rangfolge feststellen. (Es sei darauf aufmerksam gemacht, dass diese Regeln genau den Auslöschungsgesetzen entsprechen, die im Abschn. 5.1.5. behandelt werden.)

Man kann auf diese Weise für jede Raumgruppe eine Rangordnung der Formen aufstellen, die nach DONNAY und HARKER [1.15] als *morphologischer Aspekt* bezeichnet wird. Für einige Raumgruppen stimmen sie überein, so dass insgesamt 97 morphologische Aspekte zu unterscheiden sind. Die morphologischen Aspekte gestatten es, aus den an einem Kristall beobachteten Formen Rückschlüsse auf seine Raumgruppe zu ziehen.

Eine andere Betrachtungsweise der Korrespondenz zwischen Struktur und Habitus wurde von NIGGLI [1.16] eingeführt. Hiernach korrespondieren dichtbesetzte Gittergeraden mit wichtigen Zonen am Kristall. Beide Betrachtungsweisen hängen eng miteinander zusammen, denn die dichtbesetzten Gittergeraden bestimmen auch die dichtbesetzten Netzebenen, und die wichtigen Flächen eines Kristalls bestimmen dessen wichtige Zonen.

An diese Betrachtung wichtiger Gitterrichtungen schließen sich Überlegungen an, die die Kenntnis der konkreten Kristallstruktur voraussetzen. So diskutierte KLEBER [1.17] die Potentiale von Ionenketten in der Struktur von Ionenkristallen. Eine Verallgemeinerung dieser Methode wurde von HARTMANN und PERDOK [1.18] vorgeschlagen: In einer gegebenen, konkreten Struktur werden die intensivsten Bindungen aufgesucht und daraufhin betrachtet, inwieweit sie sich zu ununterbrochenen Ketten in der Struktur zusammenfügen. Solche Ketten, die wie das Gitter periodisch sind, werden unter Angabe ihrer resultierenden Richtung als *PBC-Vektoren* (engl. *periodic bond chain vector*) bezeichnet. Es zeigt sich nun, dass die morphologisch wichtigen Zonen parallel zu PBC-Vektoren verlaufen. Die morphologisch wichtigen Flächen enthalten zwei oder mehr PBC-Vektoren. Hingegen treten Flächen, die nur einen oder gar keinen PBC-Vektor enthalten, in ihrer Bedeutung zurück. – Diese Betrachtungen setzen allerdings schon die vollständige Kenntnis der betreffenden Struktur voraus und führen uns damit bereits in das Gebiet der Kristallchemie.

2. Kristallchemie

Nach den Worten des Begründers der modernen Kristallchemie, VICTOR MORITZ GOLDSCHMIDT (1927), ist es die Aufgabe der Kristallchemie, „festzustellen, welche gesetzmäßigen Beziehungen zwischen der chemischen Zusammensetzung und den physikalischen Eigenschaften kristalliner Stoffe existieren und in welcher Weise die Kristallstruktur – die Anordnung der Atome im Kristall – von der chemischen Zusammensetzung abhängt" [2.1]. Er bezeichnete es seinerzeit als Grundgesetz der Kristallchemie, dass die Struktur eines Kristalls durch a) die Mengenverhältnisse, b) die Größenverhältnisse und c) die Polarisationseigenschaften seiner Bausteine bedingt ist, und begründete damit ein Programm, das bis heute noch nicht voll aufgearbeitet ist.

Bereits die von NICOLAUS STENO (1669) beobachtete Konstanz der Winkel zwischen den Flächen einer Kristallart – später von ROME DE L'ISLE (1772) als Gesetz der Winkelkonstanz formuliert – stellte eine erste gesetzmäßige Beziehung zwischen der Zusammensetzung und den äußeren Eigenschaften eines Kristalls her. GUGLIELMINI (1688) entwickelte Vorstellungen über den Zusammenhang von Form und Substanz bei Salzen, und HAÜY (1784) formulierte als allgemeingültige Erkenntnis, dass jedem chemischen Stoff ganz bestimmte, für ihn charakteristische Kristallgestalten zukommen. Dieser Erkenntnis schienen später die Entdeckungen der Isomorphie und der Polymorphie durch FUCHS (1815) MITSCHERLICH (1819) und ROSE sowie der Mischkristallbildung durch BEUDANT (1818) zu widersprechen, führten aber im weiteren zu einer vertieften Einsicht in die kristallchemischen Gesetzmäßigkeiten. Ein sehr eindrucksvolles Beispiel für die Beziehungen zwischen chemischer Konstitution und Eigenschaften waren die Beobachtungen von PASTEUR (1860) über die optische Aktivität der Weinsäure (vgl. Abschn. 4.5.9.): Rechtsweinsäure (d-Weinsäure) und Linksweinsäure (l-Weinsäure) drehen die Schwingungsebene von polarisiertem Licht zwar um den gleichen Betrag, doch in entgegengesetzter Richtung, während sich ihre chemischen und physikalischen Eigenschaften völlig gleichen; entsprechend bilden die beiden Weinsäuren enantiomorphe Kristallformen (Kristallklasse 2), die zueinander spiegelbildlich sind (Bild 1.59) und so die Spiegelbildisomerie ihrer Struktur zum Ausdruck bringen.

Die Entwicklung des Reflexionsgoniometers durch WOLLASTON (1809) schuf die Voraussetzung für exakte morphologische Untersuchungen und führte zur Sammlung einer großen Fülle von Daten an Mineralen sowie künstlichen Kristallen anorganischer und organischer Verbindungen. Diese Daten wurden von GROTH in einem mehrbändigen Werk „Chemische Kristallographie" (erschienen 1906–1919) zusammengefasst, das Angaben von über 7 000 kristallinen Substanzen enthält. Vorstellungen über den konkreten Aufbau von Kristallstrukturen aus Atomen wurden erst relativ spät von BARLOW und POPE (1888) sowie von GROTH (1906) entwickelt.

Einen entscheidenden Fortschritt für die gesamte Kristallographie brachte die Entdeckung der Röntgenbeugung an Kristallen durch v. LAUE, FRIEDRICH und KNIPPING (1912), der schon bald die ersten röntgenographischen Strukturbestimmungen durch W. H. BRAGG und W. L. BRAGG (1913) folgten. Als erste wurden die Strukturen von Halit (Steinsalz) NaCl, Diamant C, Fluorit CaF_2, Pyrit FeS_2 und Calcit (Kalkspat) $CaCO_3$ bestimmt. Heute sind die Kristallstrukturen von vielen tausend Verbindungen bekannt, womit ein breites und sicheres Fundament geschaffen wurde, von dem aus die allgemeinen Prinzipien der Kristallstrukturlehre und Kristallchemie entwickelt werden konnten.

2.1. Grundkonzepte der Kristallchemie

Die Kristallchemie hat die Frage zu beantworten, warum ein gegebener Stoff diese oder jene Kristallstruktur bildet, warum er unter gewissen Bedingungen eben diese und keine andere, gleichfalls denkbare Kristallstruktur annimmt, wie sie etwa von einer analogen Verbindung mit der gleichen Stöchiometrie bekannt ist.

Im Prinzip sollten sich alle Strukturen aus den physikalischen Eigenschaften der sie zusammensetzenden Atome herleiten lassen, insbesondere aus den quantenchemischen Eigenschaften ihrer Elektronenhülle. Ein derartiges rigoroses Konzept lässt sich wegen der ihm innewohnenden Schwierigkeiten in absehbarer Zeit nicht durchführen. Die Kristallchemie stützt sich stattdessen auf empirische Konzepte, die leichter zu überschauen und zu handhaben sind.

Als erstes gehört hierzu das Konzept einer konkreten Größe der Kristallbausteine, wie es in der Angabe von Radien für Atome oder Ionen zum Ausdruck kommt. Dem steht allerdings entgegen, dass die quantenmechanische Wellenfunktion eines Atoms mit zunehmender Entfernung vom Atomkern nur asymptotisch gegen Null geht, ein Atom also physikalisch nicht definitiv begrenzt ist. Trotzdem hat sich das Konzept bewährt, den Atomen bzw. Ionen in einer Kristallstruktur eine gewisse Größe zuzuordnen, die sich immer wieder in den gegenseitigen Abständen manifestiert, die benachbarte Kristallbausteine zueinander einhalten. Den Atom- bzw. Ionenradien kommt deshalb keine absolute, definitive Bedeutung zu, und man kann ihre Werte nicht beliebig präzisieren. Sie variieren vielmehr mit der Methode, nach der sie abgeleitet wurden, und hängen auch von der Art der Wechselwirkung zwischen den Kristallbausteinen ab, so dass man beispielsweise zwischen den Radien in Ionenkristallen, in kovalenten Kristallen, in Metallen oder in Molekülkristallen unterscheiden muss.

Die Angabe von Radien für Atome bzw. Ionen impliziert zugleich das kristallchemische Grundkonzept der Kugelpackungen. Nach diesem Konzept werden die Atome bzw. Ionen als (näherungsweise) starre Kugeln betrachtet, die sich zu Kugelpackungen aneinanderlagern, welche sich nach rein geometrischen Gesichtspunkten beschreiben lassen. Dieses vor allem von V. M. GOLDSCHMIDT ausgebaute Konzept wurde von LAVES [2.2] als Raumerfüllungspostulat erweitert und verallgemeinert; es umfasst drei Prinzipien:

1. *Raumprinzip.* Die Bausteine ordnen sich in einer Kristallstruktur so an, dass der Raum am effektivsten ausgefüllt wird (Prinzip der dichten Packung).
2. *Symmetrieprinzip.* Die Anordnung der Bausteine strebt nach einer möglichst hohen Symmetrie.
3. *Wechselwirkungsprinzip.* Die Anordnung erfolgt so, dass die einzelnen Bausteine mit möglichst vielen anderen Bausteinen in Wechselwirkung stehen (d. h. benachbart sind).

Diese Prinzipien sind am deutlichen bei den Strukturen von Ionenkristallen, von Metallen und Metall-Legierungen ausgeprägt, in denen die Näherung kugelförmiger Bausteine weitgehend zutrifft. Bei Molekülkristallen ist stattdessen von anderen geometrischen Formen (z. B. von Kalottenmodellen) der Moleküle auszugehen. Obwohl die Moleküle organischer Verbindungen vielfältige und häufig recht komplizierte Formen haben, sind auch bei Molekülkristallen vor allem das Prinzip der dichten Packung und das Symmetrieprinzip weitgehend verwirklicht, was von KITAIGORODSKI mit vielen Beispielen belegt worden ist. Weniger gut erfüllt sind die Prinzipien hingegen bei Kristallstrukturen mit kovalenter Bindung, insbesondere nicht das Prinzip der dichten Packung. Die Erklärung hierfür folgt aus den Eigenarten der kovalenten Bindung, insbesondere aus deren Lokalisation an den einzelnen Atomen.

Diese Bemerkung führt uns zum nächsten Grundkonzept der Kristallchemie, dem Konzept der kristallchemischen Bindungen. Eine kristallchemische Bindung ist nichts anderes als eine chemische Bindung, d. h. eine durch quantenmechanische Wechselwirkungen der äußeren Elektronen bewirkte Kohäsion der Atome. Gegenüber der chemischen Bindung schlechthin ist eine kristallchemische Bindung nur dadurch gekennzeichnet, dass sie den Zusammenhalt einer Kristallstruktur bewirkt. Die Diskussion der chemischen Bindungseigenschaften hat von den Elektronenkonfigurationen der Atome auszugehen, wie sie sich auch im Periodensystem der Elemente niederschlägt (Tabelle auf dem hinteren Vorsatzpapier). Die komplexen quantenmechanischen Gegebenheiten einer chemischen Bindung werden überschaubar, wenn man von vier Grenztypen der chemischen Bindung ausgeht. Es sind:

a) die ionare (elektrovalente, heteropolare oder polare) Bindung,
b) die kovalente (homöopolare) Bindung,
c) die metallische Bindung und
d) die VAN-DER-WAALS-Bindung oder Restbindung.

Sie werden in den folgenden Abschnitten beschrieben. Diese vier Bindungstypen sind Grenztypen und treten nur selten in reiner Form auf. Meist haben wir es mit „gemischten" Bindungszuständen zu tun, wobei allerdings häufig der eine oder der andere Typ überwiegt. Zuweilen werden auch die konkreten Anteile der Bindungstypen an einem Bindungszustand (z. B. in Prozent) angegeben. Von dieser Mischung der Bindungstypen ist der Umstand zu unterscheiden, dass in bestimmten Kristallstrukturen zwischen verschiedenen Teilen der Struktur unterschiedliche Bindungszustände wirksam sein können. In manchen Strukturen lässt sich eine ganze Hierarchie verschieden starker Bindungen feststellen, wobei für die kristallchemische Stabilität einer Kristallstruktur die jeweils schwächste Bindung den Ausschlag gibt. Strukturen, in denen hauptsächlich ein Bindungstyp wirksam ist, werden als *homodesmisch*, solche, in denen mehrere Bindungstypen wesentlich sind, werden als *heterodesmisch* bezeichnet.

Die kristallchemischen Grundkonzepte werden in den nächsten Abschnitten näher ausgeführt. Eine weitere Aufgabe der Kristallchemie ist es dann, die Kristallstrukturen systematisierend zu beschreiben und zu interpretieren; von dieser außerordentlich umfangreichen Thematik kann im Folgenden nur ein kleiner Ausschnitt behandelt werden.

2.2. Kugelpackungen

Eine Kristallstruktur wird durch die Angabe der Positionen ihrer Bausteine (Atome, Ionen, Moleküle), d. h. durch deren Koordinaten in der Elementarzelle, beschrieben (vgl. Abschn. 1.2.). Betrachten wir die Struktur eines Halitkristalls (Bild 1.2): Sie besteht aus Natriumionen und aus Chlorionen im Mengenverhältnis 1:1, wobei jede Ionensorte für sich die Positionen eines kubisch flächenzentrierten Gitters (vgl. *cF* im Bild 1.6) besetzt. Jedes Natriumion hat als nächste Nachbarn sechs Chlorionen in gleichem Abstand, und jedes Chlorion hat als nächste Nachbarn sechs Natriumionen. Die Anzahl der nächsten Nachbarn eines Kristallbausteins wird als seine *Koordinationszahl* bezeichnet (im Schriftsatz wird sie in eckige Klammern eingeschlossen: $Na^{[6]}Cl^{[6]}$). Denken wir uns die Mittelpunkte der Nachbarionen durch Geraden verbunden, so entsteht ein Polyeder, das *Koordinationspolyeder*. Im Beispiel der NaCl-Struktur besetzen die einem Na-Ion benachbarten sechs Cl-Ionen jeweils die Ecken eines Oktaeders, dessen Mittelpunkt das betreffende Na-Ion einnimmt; man spricht deshalb von einer oktaedrischen Koordination. Umgekehrt werden auch die Cl-Ionen von den sechs Natriumionen oktaedrisch umgeben – beide Ionenarten haben in diesem Fall also die gleichen Koordinationspolyeder. Das muss nicht in allen Fällen so sein, z. B. haben in der NiAs-Struktur (Bild 2.24) die beiden Ionenarten die gleiche Koordinationszahl, aber verschiedene Koordinationspolyeder. In bestimmten Kristallstrukturen kann ein und dieselbe Ionenart auch auf Positionen mit unterschiedlichen Koordinationspolyedern verteilt sein. Kristallstrukturen, die wir, wie im Beispiel der NaCl-Struktur, mittels sich gegenseitig durchdringender Koordinationspolyeder beschreiben können, bezeichnen wir als *Koordinationsstrukturen*.

Bis soweit ist es noch nicht nötig, irgendwelche Annahmen über die Form und die Eigenschaften der Ionen zu machen. Wie sich gezeigt hat, kann man eine weitgehende Einsicht in die Bauprinzipien der Kristallstrukturen gewinnen, wenn man von der Voraussetzung ausgeht, dass sich die Ionen bzw. Atome in einer Kristallstruktur wie starre Kugeln verhalten, die sich gegenseitig berühren. Man gelangt so zu der im Bild 1.1 wiedergegebenen Modellvorstellung von der NaCl-Struktur. Diese Interpretation der Kristallstrukturen als Kugelpackungen gestattet es, ihren Aufbau auf geometrisch anschauliche Weise zu diskutieren.

Der Einfachheit halber betrachten wir zunächst Kugelpackungen aus nur einer Sorte von (gleich großen) Kugeln (für einen Ionenkristall werden freilich mindestens zwei Sorten von Kugeln benötigt). Sei d der Abstand zwischen den Mittelpunkten zweier sich berührender Kugeln, so ist ihr Radius $R_K = d/2$. Befinden sich in einer Elementarzelle Z Atomkugeln, so nehmen sie zusammen ein Volumen $V_K = Z4\pi R_K^3/3 = Z\pi d^3/6$ ein. Das Verhältnis dieses Volumens zum Volumen V der Elementarzelle ist die *Packungsdichte* $P = V_K/V$. Bei einer Kugelpackung, in der die Kugeln die Positionen der Gitterpunkte eines kubisch primitiven Gitters (cP im Bild 1.6) einnehmen, ist der Abstand d mit der Gitterkonstante identisch, und das Volumen der Elementarzelle beträgt $V = d^3 = 8R_K^3$. Die Elementarzelle enthält eine Kugel (denn die an den acht Ecken der Elementarzelle befindlichen Kugeln gehören nur zu je 1/8 in die betreffende Zelle), und wir erhalten für die Packungsdichte $P = V_K/V = (4/3)\pi R_K^3/8R_K^3 = 0{,}524$. Somit werden also 52,4 %, das ist nur die reichliche Hälfte des Volumens, von den Kugeln eingenommen. Jede Kugel berührt sechs Nachbarkugeln, die sie oktaedrisch umgeben (das entspricht der Koordination in der NaCl-Struktur, deren Packungsdichte jedoch wegen der beiden unterschiedlichen Kugelradien größer ist).

Bei einer Kugelpackung, in der die Kugeln die Positionen der Gitterpunkte eines kubisch innenzentrierten Gitters (cI im Bild 1.6) einnehmen, wird jede Kugel von acht Nachbarkugeln (entlang der Raumdiagonalen) berührt, und das Koordinationspolyeder ist ein Würfel. Die kubische Elementarzelle enthält zwei Kugeln, und die Packungsdichte berechnet sich zu $P = 0{,}68$; sie ist damit deutlich größer als die einer dem kubisch primitiven Gitter entsprechende Kugelpackung.

Es erhebt sich die Frage, welche aller denkbaren Packungen gleich großer Kugeln die größte Packungsdichte hat, d. h. die dichteste Kugelpackung darstellt. Packt man die Kugeln zunächst in einer Ebene als einzelne Schicht, so hat offenbar die Anordnung gemäß Bild 2.1a die größte Packungsdichte. Die Kugeln sind „auf Lücke" gepackt und berühren jeweils sechs Nachbarkugeln. Wie ersichtlich, ist die dichteste Kugelschicht durch eine hexagonale Symmetrie ausgezeichnet. Wird nun eine zweite derartige Kugelschicht auf die erste gepackt, so entsteht eine dichteste Packung dann, wenn die Kugeln der zweiten Schicht in die Vertiefungen (Zwickel) zwischen jeweils drei Kugeln der ersten Schicht zu liegen kommen (Bild 2.1b). Es zeigt sich, dass die zweite Schicht gegenüber der ersten um einen Betrag von $(2/3)R_K\sqrt{3}$ parallel zur Stapelebene verschoben ist. Doch gibt es für die Lage der zweiten Schicht zwei Möglichkeiten: Bezeichnen wir die Lage der ersten Schicht mit A, so kann die zweite Schicht die Lage B oder C einnehmen (Bild 2.1c). Besetzt die zweite Schicht die Lage B, so kann die dritte Schicht entweder die Lage C oder wieder die Lage A einnehmen usw.

Es gibt also beliebig viele verschiedene Stapelfolgen, die eine dichteste Kugelpackung ergeben. Vom kristallographischen Gesichtspunkt interessieren dabei vor allem die periodischen Sta-

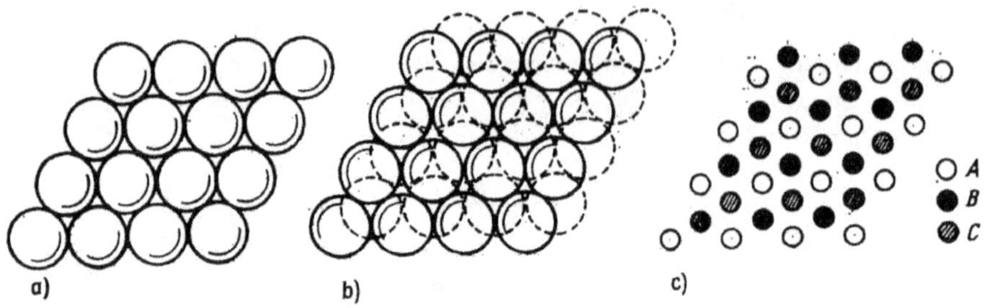

Bild 2.1 *Dichteste Packung kongruenter Kugeln.*

a) Dichteste Anordnung von Kugeln in einer Schicht; b) zwei dicht übereinander gepackte Kugelschichten (bei Wiederholung der Stapelfolge ABAB... entsteht die hexagonal dichteste Kugelpackung); c) drei Lagen von dicht gepackten Kugelschichten (Skizzierung der Kugelmittelpunkte; bei Wiederholung der Stapelfolge ABCABC... entsteht die kubisch dichteste Kugelpackung).

pelfolgen, von denen sich gleichfalls beliebig viele konstruieren lassen. Zwei dieser dichtesten Kugelpackungen verdienen besondere Beachtung:

1. Die Kugelschichten haben die Reihenfolge ABABAB ... (oder ACACAC ...). Bei dieser Anordnung nimmt die jeweils übernächste Schicht wieder die Lage der Ausgangsschicht ein. Die hierbei entstehende Struktur zeigt hexagonale Symmetrie, wobei die hexagonale Achse – eine sechszählige Schraubenachse 6_3 (vgl. Bild 1.124) – senkrecht auf den Kugelschichten steht. Diese Struktur wird als *hexagonal dichteste Kugelpackung* bezeichnet. Aus der Darstellung ihrer Elementarzelle im Bild 2.2 (entsprechend einer Folge ABAB ... nach Bild 2.1) ist zu sehen, dass diese in den Positionen 0, 0, 0 und 2/3, 1/3, 1/2 zwei Kugeln enthält (gleichberechtigt wäre eine Anordnung der packenden Kugeln in 0, 0, 0 und 1/3, 2/3, 1/2 entsprechend der Folge ACAC ...). Zwischen den Gitterkonstanten einer idealen, unverzerrten hexagonal dichtesten Kugelpackung besteht die Beziehung $(c/2)^2 = 2a^2/3$, woraus sich ein Achsenverhältnis von $c/a = 1{,}633$ errechnet. Die hexagonal dichteste Kugelpackung ist diejenige mit der kleinsten Periode bezüglich der Stapelfolge, sie umfasst nur zwei Schichten.

2. Die Kugelschichten haben die Reihenfolge ABCABC ... (oder ACBACB ...). Diese Struktur hat eine Periode von drei Schichten, und erst die jeweils vierte Schicht nimmt wieder die Lage der ersten Schicht ein. Durch diese Stapelfolge entsteht eine Struktur, in der die Kugeln die Positionen der Gitterpunkte eines kubisch flächenzentrierten Gitters (*cF* im Bild 1.6) einnehmen, weshalb sie als *kubisch dichteste Kugelpackung* bezeichnet wird. Die am dichtesten gepackten Ebenen entsprechen den {111}-Netzebenen des kubisch flächenzentrierten Gitters (Bild 2.3). Die Achse senkrecht zu den am dichtesten gepackten Schichten ist jetzt nur noch dreizählig, d. h., genauer handelt es sich um eine $\bar{3}$-Achse; eine solche Achse ist entsprechend den vier Raumdiagonalen des Elementarwürfels viermal vorhanden, wie es in dieser Struktur auch vier dicht gepackte {111}-Netzebenenscharen gibt, die morphologisch den Oktaederflächen entsprechen.

Eine Stapelfolge mit einer Periode von vier Schichten ist z. B. ABACABAC ..., mit einer Periode von fünf Schichten ABCABABCAB ... usw. Die Packungsdichte *P* ist bei allen dichtesten Kugelpackungen gleich und beträgt $P = 0{,}74$. Auch die Koordinationszahl stimmt bei allen dichtesten Kugelpackungen überein und beträgt einheitlich 12. Zu den sechs nächsten Nachbarkugeln in einer Schicht gesellen sich je drei Kugeln in der Schicht darüber und in der Schicht darunter, mit denen eine Kugel jeweils in Kontakt steht. Auch die Anzahl der übernächsten Nachbarn (zweite Koordinationssphäre) stimmt bei allen dichtesten Kugelpackungen überein und beträgt einheitlich 6. Erst in der dritten Koordinationssphäre (Anzahl der drittnächsten Nachbarn) gibt es dann Unterschiede (Tab. 2.1).

Jedoch bestehen bereits in der ersten Koordinationssphäre Unterschiede in der Gestalt und Symmetrie der Koordinationspolyeder: Bei der kubisch dichtesten Kugelpackung ist das Koordinationspolyeder ein Kubooktaeder (Bild 2.4 a), ein Polyeder mit zwölf Ecken, das eine Kombination von Oktaeder und Würfel darstellt und die Symmetrie $m\bar{3}m$ besitzt. Bei der hexagonal dichtesten Kugelpackung besteht das Koordinationspolyeder zwar gleichfalls aus acht gleichseitigen Dreiecken und sechs Quadraten (Bild 2.4 b), jedoch sind sie anders angeordnet und resultieren aus einer Kombination von zwei unterschiedlich steil stehenden trigonalen Dipyramiden und einem Basispinakoid; es hat die Symmetrie $\bar{6}m2$.

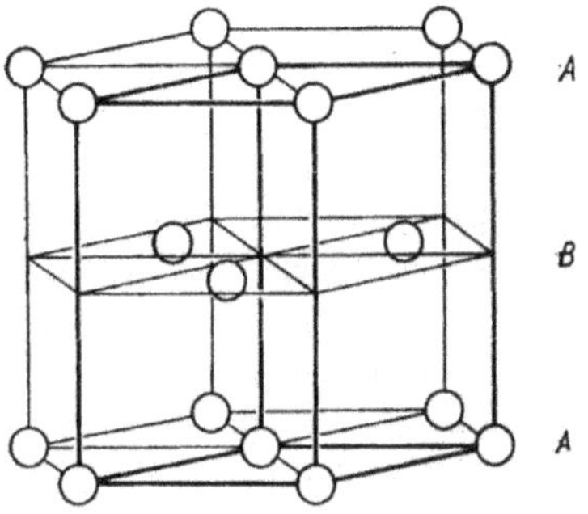

Bild 2.2. *Hexagonal dichteste Kugelpackung.*
Dreifache Elementarzelle.

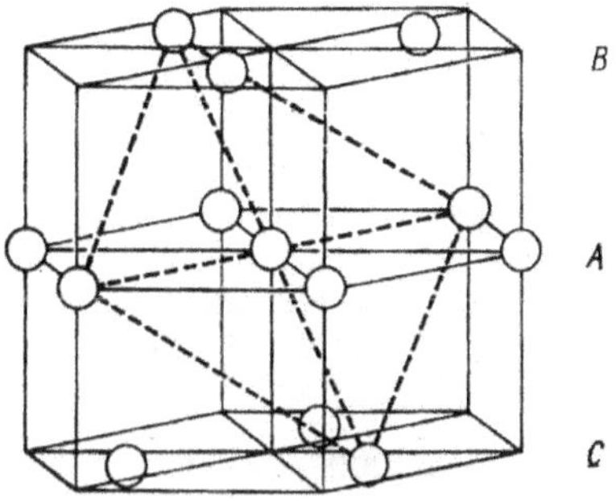

Bild 2.3. *Kubisch dichteste Kugelpackung.*
Schichtenfolge senkrecht zu [111]; eine Grundfläche der kubisch flächenzentrierten Elementarzelle ist hervorgehoben.

Tabelle 2.1. *Koordination in Kugelpackungen.*

Kugelpackung (KP)	Packungsdichte P	Koordinationszahl 1.	2	3.	4.	Relative Abstände der Koordinationssphären[2]) d_2/d_1	d_3/d_1	d_4/d_1
		Koordinationssphäre [1])						
Kubisch primitive KP	0,52	6	12	8	6	1,41	1,73	2
Kubisch innenzentrierte KP	0,68	8	6	12	8	1,15	1,63	1,91
Kubisch dichteste KP	0,74	12	6	24	12	1,41	1,73	2
Hexagonal dichteste KP	0,74	12	6	8	24	1,41	1,63	1,73

[1]) Zur Veranschaulichung der Koordination kann man für die kubisch primitive KP das Bild 1.2, für die kubisch innenzentrierte KP das Bild 2.17 und für die kubisch dichteste KP das Bild 2.15 benutzen, ohne auf diesen Bildern zwischen den schwarzen und weißen Kugeln zu unterscheiden.

[2]) d_1 Abstand zwischen den Kugelmittelpunkten nächster Nachbarn; d_2 zwischen denen zweitnächster; d_3 zwischen denen drittnächster; d_4 zwischen denen viertnächster Nachbarn.

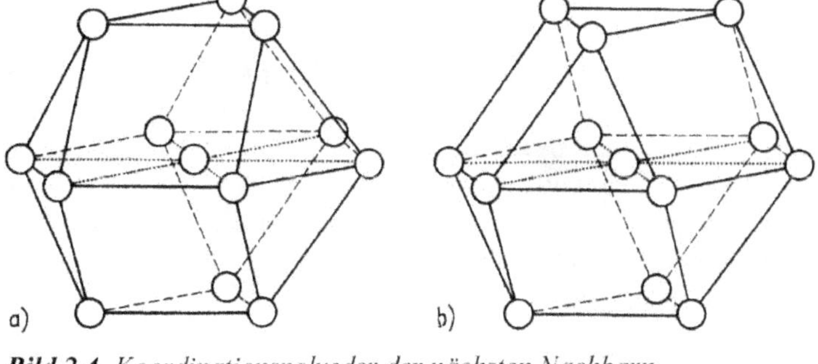

Bild 2.4. *Koordinationspolyeder der nächsten Nachbarn.*
a) In der hexagonal dichtesten Kugelpackung; b) in der kubisch dichtesten Kugelpackung.

Wir wollen nun die Hohlräume oder Lücken betrachten, die in den einzelnen Kugelpackungen zwischen den Kugeln verbleiben: Ihr Anteil beträgt bei den dichtesten Kugelpackungen 26 % (ungefähr ein Viertel des Volumens), bei der kubisch innenzentrierten Kugelpackung 32 % (knapp ein Drittel) und bei der kubisch primitiven Kugelpackung 48 %, (also nahezu die Hälfte des Gesamtvolumens). Diese Lücken können nun je nach Art und Größe mit kleineren Kugeln, also mit kleineren Atomen bzw. Ionen, besetzt werden. Auf diese Weise lassen sich aus den einfachen Kugelpackungen viele weitere Kristallstrukturen ableiten. Dabei ist wesentlich, dass es verschiedene Arten von Lücken zwischen den Kugeln gibt:

In den dichtesten Kugelpackungen sind drei Arten von Lücken zu unterscheiden: a) innerhalb einer Schicht zwischen jeweils drei Kugeln, b) zwischen zwei Schichten mit vier nächsten Nachbarn und c) zwischen zwei Schichten mit sechs nächsten Nachbarn. Betrachten wir zuerst die letzteren. Bei der kubisch dichtesten Kugelpackung (vgl. *cF* im Bild 1.6 oder Bild 2.16) liegt in der Mitte der Elementarzelle ein größerer Hohlraum, der von sechs Kugeln (in den Flächenmitten) umgeben ist (Koordinationszahl [6]). Da die sechs benachbarten Kugeln die Ecken eines Oktaeders besetzen, bezeichnet man sie als oktaedrische Lücke. Solche Lücken befinden sich außerdem noch in den Kantenmitten der Elementarzelle; d. h., es gibt insgesamt vier oktaedrische Lücken pro Elementarzelle mit den Koordinaten 1/2, 1/2, 1/2; 1/2, 0, 0; 0, 1/2, 0 und 0, 0, 1/2. Je Kugel existiert somit eine oktaedrische Lücke.

Bei der hexagonal dichtesten Kugelpackung mit den packenden Kugeln in 0, 0, 0 und 2/3, 1/3, 1/2 befinden sich die oktaedrischen Lücken auf den Positionen 1/3, 2/3, 1/4 und 1/3, 2/3, 3/4 (Bild 2.5); sie liegen also in Richtung der hexagonalen Achse übereinander. Je Kugel existiert auch hier eine oktaedrische Lücke, was generell für alle dichtesten Kugelpackungen gilt.

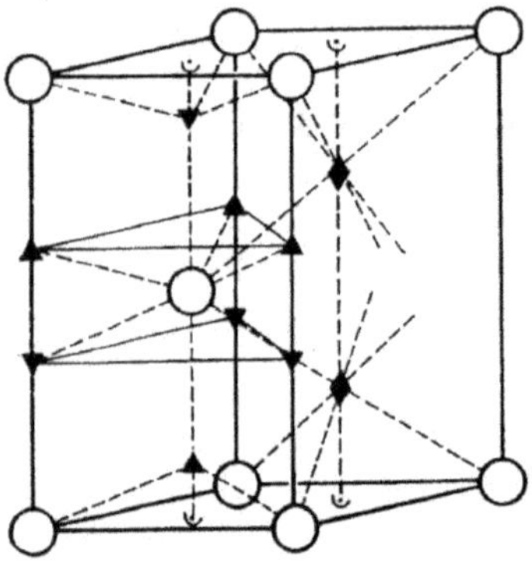

Bild 2.5. *Positionen der Lücken in der Elementarzelle der hexagonal dichtesten Kugelpackung.*

Die zweite Art von Lücken befindet sich bei der kubisch dichtesten Kugelpackung in den Mitten der Achtelwürfel. Jede Lücke ist von jeweils vier Kugeln umgeben (Koordinationszahl [4]), die die Ecken eines Tetraeders besetzen; man bezeichnet sie deshalb als tetraedrische Lücken. In der Elementarzelle gibt es acht solcher Lücken mit den Koordinaten 1/4, 1/4, 1/4; 1/4, 1/4, 3/4; 1/4, 3/4, 1/4; 1/4, 3/4, 3/4; 3/4, 1/4, 1/4; 3/4, 3/4, 1/4; und 3/4, 3/4, 3/4. In der hexagonal dichtesten Kugelpackung haben die tetraedrischen Lücken die Koordinaten 0, 0, 3/8; 0, 0, 5/8; 2/3, 1/3, 1/8; und 2/3, 1/3, 7/8. (Bild 2.5). In beiden Fällen – und das gilt auch für die anderen dichtesten Kugelpackungen – sind je Kugel zwei tetraedrische Lücken vorhanden. Allerdings gibt es Unterschiede in der Anordnung der tetraedrischen Lücken: In der kubisch dichtesten Kugelpackung sind die Tetraeder über alle vier Kanten miteinander verknüpft. In der hexagonal dichtesten Kugelpackung sind die Tetraeder abwechselnd über eine Fläche und eine Ecke miteinander verbunden.

Die Anordnung der oktaedrischen und der tetraedrischen Lücken um eine einzelne Kugel ist nochmals im Bild 2.6 dargestellt. Wir sehen, dass in der kubisch dichtesten Kugelpackung

(Bild 2.6 b) die oktaedrischen Lücken die Kugel ihrerseits gleichfalls in Form eines oktaedrischen Koordinationspolyeders umgeben; die tetraedrischen Lücken umgeben die Kugel hingegen in Form eines Hexaeders (Koordinationszahl [8]). In der hexagonal dichtesten Kugelpackung (Bild 2.6 a) bilden die sechs oktaedrischen Lücken ein trigonales Prisma und die acht tetraedrischen Lücken ein trigonales Prisma mit aufgesetzter Dipyramide.

Die dritte Art von Lücken befindet sich innerhalb einer Schicht zwischen jeweils drei Kugeln, die ein gleichseitiges Dreieck bilden (Koordinationszahl [3]). Streng genommen handelt es sich dabei nicht um selbständige Lücken, sondern um die jeweils engste Stelle der Verbindungen zwischen zwei der zuerst betrachteten beiden größeren Arten von Lücken. Wie aus Bild 2.4 zu erkennen ist (man verbinde die mittlere Kugel mit den 12 Ecken), stoßen an jeder Kugel 24 solcher Dreiecke zusammen. Je Kugel sind in den dichtesten Kugelpackungen acht dieser trigonalen Lücken vorhanden.

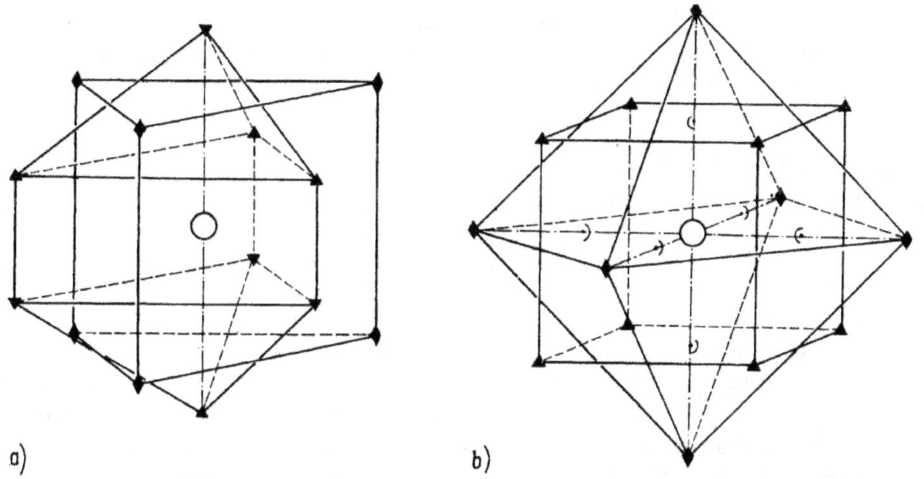

Bild 2.6. *Anordnung der oktaedrischen und tetraedrischen Lücken um eine Kugel.*

a) In der hexagonal dichtesten Kugelpackung; b) in der kubisch dichtesten Kugelpackung. Doppelter Maßstab gegenüber Bild 2.5.

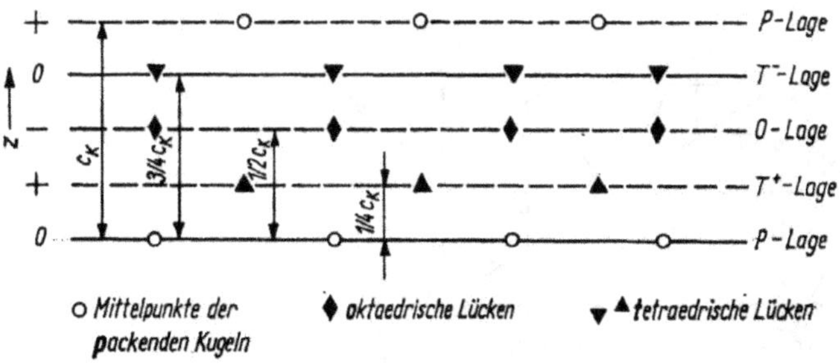

Bild 2.7. *Seitenansicht von zwei dichtest gepackten Kugelschichten mit den dazwischenliegenden oktaedrischen und tetraedrischen Lücken.*

+ Position über der Zeichenebene; 0 Position in der Zeichenebene; – Position unter der Zeichenebene; c_K Abstand zweier Kugelschichten.

Da die Lücken als mögliche Positionen für eine Besetzung durch andere (kleinere) Atome bzw. Ionen eine wichtige kristallchemische Rolle spielen, sei die Anordnung der oktaedrischen und der tetraedrischen Lücken in den dichtesten Kugelpackungen noch in einer weiteren Darstellungsweise veranschaulicht (Bild 2.7). Das Bild zeigt in seitlicher Projektion zwei Kugelschichten (deren Anordnung für alle dichtesten Kugelpackungen übereinstimmt). Die oktaedrischen Lücken sind dann in einer Ebene in der Mitte zwischen den beiden Kugelschichten angeordnet, und die tetraedrischen Lücken befinden sich auf zwei Ebenen jeweils in der Mitte zwischen der Kugelebene und der Ebene der oktaedrischen Lücken. Nach einer Nomenklatur von HO und DOUGLAS [2.3] werden die einzelnen Ebenen als P-Lage (für die packenden Kugeln), O-Lage (für die oktaedrischen Lücken) und als T^+- bzw. T^--Lage (für die tetraedrischen Lücken) bezeichnet, wobei in der T^+-Lage die Tetraederspitzen nach oben und in der T^--Lage nach unten weisen. Innerhalb ihrer Ebene bilden die Lücken jeweils dasselbe hexagonale Muster wie die dichtest gepackten Kugeln (Bild 2.1a), nur dass ihr Ursprung entsprechend verschoben ist.

Sollen nun in die Lücken einer Kugelpackung zusätzlich andere (kleinere) Kugeln eingebaut werden, dann dürfen sie eine gewisse Größe relativ zu den „packenden" Kugeln nicht überschreiten, um in die Lücken hineinzupassen. Wenn die Kugel in der Lücke alle Nachbarkugeln, die die Lücke koordinieren, eben berührt, wenn also die Kugel genau passt, dann hat der Radienquotient R_L/R_K einen bestimmten, für jede Art von Lücken charakteristischen Wert (R_L Radius der Kugel in der Lücke; R_K Radius der packenden Kugel). Dieser Radienquotient ist aus den geometrischen Gegebenheiten leicht zu berechnen und beträgt für die

– oktaedrischen Lücken $R_L^{\text{okt}}/R_K = \sqrt{2} - 1 = 0,414$,
– tetraedrischen Lücken $R_L^{\text{tetr}}/R_K = \sqrt{3/2} - 1 = 0,225$,
– trigonalen Lücken $R_L^{\text{tri}}/R_K = \sqrt{4/3} - 1 = 0,155$.

Betrachten wir noch kurz die Lücken in den anderen kubischen Kugelpackungen: In der kubisch primitiven Kugelpackung (die einem kubisch primitiven Gitter entspricht – vgl. *cP* im Bild 1.6) gibt es eine große Lücke in der Mitte der Elementarzelle, die von den acht Kugeln an den Würfelecken umgeben wird (hexaedrische Koordination, Koordinationszahl [8]). Sie hat einen Radienquotienten $R_L^{\text{hex}}/R_K = \sqrt{3} - 1 = 0,732$. Ferner gibt es in den Flächenmitten der Elementarzelle Lücken mit einer quadratischen Koordination durch vier Kugeln (Koordinationszahl [4]) und dem Radienquotienten $R_L^{\text{qua}}/R_K = 0,414$ (der mit der oktaedrischen Koordination übereinstimmt). Auch hierbei handelt es sich nicht um selbständige Lücken, sondern um die jeweils engste Stelle der Verbindungen zwischen zwei hexaedrischen Lücken. Je Kugel gibt es eine hexaedrische und drei quadratische Lücken.

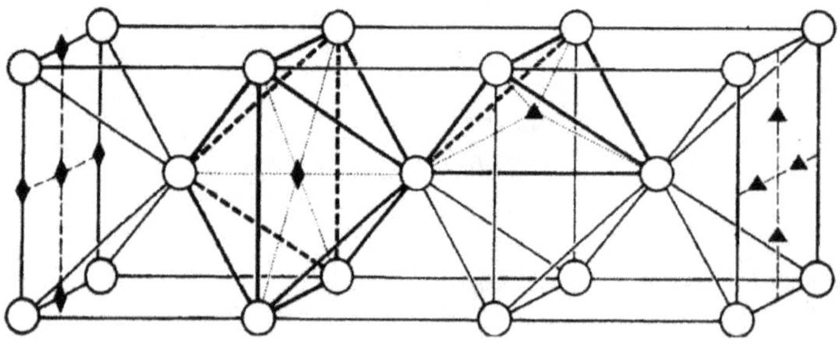

Bild 2.8. *Kubisch innenzentrierte Kugelpackung mit den Positionen eines Teils der sechsfach koordinierten „oktaedrischen" und der vierfach koordinierten „tetraedrischen" Lücken.*
Dargestellt sind drei Elementarzellen und je ein Koordinationspolyeder als tetragonale Dipyramide und tetragonales Disphenoid.

In der kubisch innenzentrierten Kugelpackung (die dem kubisch innenzentrierten Gitter entspricht – vgl. *cI* im Bild 1.6) gibt es sowohl in den Flächenmitten als auch in den Kantenmitten der Elementarzelle sechsfach koordinierte Lücken (Bild 2.8). Jedoch haben zwei der benachbarten

Kugeln einen kürzeren Abstand als die übrigen vier. Das Koordinationspolyeder ist deshalb streng genommen kein Oktaeder, sondern eine (etwas gestauchte) tetragonale Dipyramide, und es resultiert ein Radienquotient $R_L^{dp}/R_K = 0{,}154$. Je Kugel sind drei dieser Lücken vorhanden. Außerdem gibt es je Kugel noch sechs Lücken mit einer vierfachen Koordination. Das Koordinationspolyeder ist ein verzerrtes Tetraeder (tetragonales Disphenoid); der Radienquotient beträgt $R_L^{td}/R_K = 0{,}291$. Hieraus wird deutlich, dass die zuerst genannte dipyramidale Lücke wieder keine selbständige Lücke, sondern nur die jeweils engste Stelle der Verbindungen zwischen vier tetraedrischen Lücken darstellt. Es ist bemerkenswert, dass die kubisch innenzentrierte Kugelpackung trotz ihrer kleineren Packungsdichte relativ kleinere Lücken aufweist als die kubisch dichteste Kugelpackung, so dass die letztere die besseren Voraussetzungen zum Einbau zusätzlicher (kleinerer) Kugeln bietet.

Im Allgemeinen besteht der Trend, dass die Lücken umso größer sind, je größer ihre Koordinationszahl ist. Wenn die in einer Lücke befindliche Kugel (bzw. das Atom oder Ion) größer ist, als es dem charakteristischen Radienquotienten entspricht, dann werden die „packenden" Kugeln etwas auseinandergedrückt, so dass sie sich nicht mehr berühren. So beträgt z. B. im NaCl der Radienquotient $R^{Na^+}/R^{Cl^-} = 0{,}564 > 0{,}414$, und die größeren Cl-Ionen, die die Rolle der „packenden" Kugeln übernehmen, berühren sich gegenseitig nicht (vgl. Bild 1.1). Wenn hingegen die in einer Lücke befindliche Kugel kleiner ist, als es dem charakteristischen Radienquotienten entspricht, dann kann sie die Lücke nicht richtig ausfüllen und nur asymmetrisch in einen „Winkel" der Lücke eingelagert werden, wobei sie nur einen Teil der koordinierenden Kugeln berührt. Meist wird dann eine andere Struktur bevorzugt, in der das betreffende Atom (Ion) in eine kleinere Lücke eintreten kann.

Als Beispiel sei eine Auswahl von Kristallstrukturen angeführt, die sich aus den dichtesten Kugelpackungen ableiten lassen:

Kristallstrukturen, die selbst eine dichteste Kugelpackung darstellen.

Cu	Kupfer	kubisch dichteste Kugelpackung (Bild 2.3)
Mg	Magnesium	hexagonal dichteste Kugelpackung (Bild 2.2)
La	Lanthan	dichteste Kugelpackung mit einer Periode von vier Schichten – Stapelfolge ABAC ...

Kristallstrukturen, die sich von der kubisch dichtesten Kugelpackung ableiten.

Die größeren „packenden" Ionen stehen jeweils an letzter Stelle der chemischen Formel.

MgO	Periklas	Besetzung aller oktaedrischen Lücken (analog der NaCl-Struktur, Bild 1.2)
Li_2O		Besetzung aller tetraedrischen Lücken (analog der CaF_2-Struktur, Bild 2.40)
Li_3Bi		Besetzung aller oktaedrischen und aller tetraedrischen Lücken
$CdCl_2$		Besetzung der Hälfte der oktaedrischen Lücken
$CrCl_3$		Besetzung eines Drittels der oktaedrischen Lücken
ZnS	Sphalerit	Besetzung der Hälfte der tetraedrischen Lücken (Bild 2.33)
Al_2MgO_4	Spinell	Besetzung der Hälfte der oktaedrischen und eines Achtels der tetraedrischen Lücken (Bild 2.45).

Kristallstrukturen, die sich von der hexagonal dichtesten Kugelpackung ableiten.

Die größeren „packenden" Ionen stehen jeweils an letzter Stelle der chemischen Formel.

FeS	Troilit	Besetzung aller oktaedrischen Lücken (Bild 2.25)
Al_2O_3	Korund	Besetzung von zwei Dritteln der oktaedrischen Lücken

CdI_2		Besetzung der Hälfte der oktaedrischen Lücken (Bild 2.27)
BiI_3		Besetzung eines Drittels der oktaedrischen Lücken
ZnS	Wurtzit	Besetzung der Hälfte der tetraedrischen Lücken
Mg_2SiO_4	Forsterit	Besetzung der Hälfte der oktaedrischen und eines Achtels der tetraedrischen Lücken (analog der Olivinstruktur, Bild 2.56).

2.3. Bindungszustände

Der Aufbau einer Kristallstruktur aus Atomen wird neben den geometrischen Prinzipien ihrer Packung von den zwischenatomaren Kräften, d. h. von den kristallchemischen Bindungskräften bestimmt. Sie sind Ausdruck der quantenphysikalischen Wechselwirkungen zwischen den Atomen. Zugang zum Verständnis der Phänomene der chemischen Bindung verschafft eine Betrachtung ihrer schon genannten Grenztypen – der ionaren, der kovalenten, der metallischen und der VAN-DER-WAALS-Bindung.

2.3.1. Ionare Bindung

Die ionare Bindung (auch als elektrovalente, heteropolare oder polare Bindung bezeichnet) ist physikalisch am einfachsten zu beschreiben. Sie bildet sich ausschließlich zwischen verschiedenartigen Atomen aus. Bei diesem Bindungstyp führt die quantenmechanische Wechselwirkung zwischen den Atomen dazu, dass die eine Art der Atome Elektronen abgibt, welche von der anderen Art der Atome aufgenommen werden. Die ersteren Atome verwandeln sich dadurch in positiv geladene Kationen, die letzteren in negativ geladene Anionen. Die Bindungskraft resultiert dann aus der elektrostatischen Anziehung zwischen den entgegengesetzt geladenen Ionen. Zum Verständnis der ionaren Bindung ist es deshalb nicht nötig, die quantenmechanischen Wechselwirkungen, die zur Umverteilung der äußeren Elektronen führen, zu erörtern; es genügt ein System, aus dem hervorgeht, wie viel Elektronen die verschiedenen Atomarten abgeben bzw. aufnehmen. Das leistet weitgehend das Periodensystem der Elemente (vgl. hinteres Vorsatzpapier), ergänzt durch die Vorstellung vom Schalenbau der Elektronenhülle. Im Periodensystem beginnen und enden die einzelnen Perioden jeweils mit einem Element aus der Gruppe der Edelgase. Die Edelgase besitzen gegenüber allen anderen Atomen die stabilste Elektronenkonfiguration, gekennzeichnet durch eine abgeschlossene äußere Elektronenschale; sie nehmen deshalb normalerweise weder an elektronischen Austauschvorgängen noch an chemischen Reaktionen teil. Die Elemente der im Periodensystem auf die Edelgase folgenden Gruppen beginnen mit dem Aufbau einer neuen Schale; solche Elektronenkonfigurationen sind energetisch ungünstig und wenig stabil. In einer Ionisierungsreaktion geben sie die Elektronen der äußeren Schale relativ leicht ab und erreichen so eine stabile Edelgaskonfiguration; sie verwandeln sich dadurch in ein Kation mit der Ladungszahl $z_i = z - z_E$ (z Ordnungszahl; z_E Ordnungszahl des im Periodensystem vorangehenden Edelgases); die Ladung eines Ions beträgt $z_i e$ (mit der Elementarladung $e = 1{,}6 \cdot 10^{-19}$ Coulomb). Entgegengesetzt verhält es sich mit den Elementen, die im Periodensystem den Edelgasen vorangehen: sie erreichen eine stabile Edelgaskonfiguration ihrer Elektronenhülle dadurch, dass sie Elektronen aufnehmen und sich in ein Anion verwandeln, das die (negative) Ladungszahl $z_j = z - z_{E'}$ trägt ($z_{E'}$ Ordnungszahl des im Periodensystem folgenden Edelgases). Der maßgebliche physikalische Parameter für die Abgabe von Elektronen ist die Ionisierungsenergie, der für die Aufnahme von Elektronen die Elektronenaffinität der Elemente.

Etwas weniger übersichtlich ist die Situation bei den Übergangselementen (Übergangsmetallen). Bei ihnen werden nicht nur die äußere, sondern auch innere Schalen (sog. Unterschalen) weiter mit Elektronen aufgefüllt. Das hat verschiedene Konsequenzen:

- In der äußeren Schale befinden sich weniger als $z - z_E$ Elektronen (meist sind es nur 1...3), die bei der Bildung von Ionen abgegeben werden.
- Es gibt auch innerhalb der Perioden relativ stabile Elektronenkonfigurationen, worauf die Existenz der Edelmetalle hinweist.
- Die Elemente können selbst verschiedene Elektronenkonfigurationen einnehmen, die sich energetisch nur wenig unterscheiden; sie können infolgedessen in verschiedenen Ionisierungszuständen, d. h. als Kationen mit unterschiedlicher Ladung, auftreten.

Für die Kristallchemie sind folgende Eigenschaften der ionaren Bindung wesentlich: Die stabilen, edelgasartigen Elektronenkonfigurationen der Ionen sind weitgehend kugelsymmetrisch, so dass die Beschreibung der Ionen als geladene Kugeln eine gute Näherung ist. Die elektrostatischen Kräfte sind ungerichtet. Jedes Ion ist bestrebt, möglichst viele entgegengesetzt geladene Ionen um sich zu scharen, d. h. eine möglichst hohe Koordination zu erreichen. Dem wirkt die Abstoßung zwischen den gleichartig geladenen Ionen entgegen, die so weit wie möglich auseinanderrücken möchten, was zu zentrosymmetrischen Anordnungen führt. So ist z. B. eine oktaedrische [6]-Koordination elektrostatisch günstiger als eine [6]-Koordination in Form eines dreiseitigen Prismas. Die Struktur insgesamt muss die Bedingung der elektrischen Neutralität gewährleisten: die gesamte Ladung aller Kationen muss der gesamten Ladung aller Anionen entsprechen. Das Verhältnis der Koordinationszahlen von Kationen und Anionen entspricht daher deren stöchiometrischem Verhältnis.

Die quantitative Behandlung der ionaren Bindung geht vom COULOMBschen Gesetz aus, wonach zwei geladene Kugeln (Ionen) i und j, deren Mittelpunkte den Abstand d_{ij} voneinander haben, eine Kraft

$$K_{ij} = z_i z_j e^2 / d_{ij}^2$$

aufeinander ausüben (e Elementarladung); negatives Vorzeichen bedeutet Anziehung, positives Vorzeichen Abstoßung. Wenn sich beide Kugeln berühren, ist $d_{ij} = R_i + R_j$ die Summe der Ionenradien. Die Bindungskraft ist demnach umso größer, je kleiner die Abstände zwischen den Ionen und je höher ihre Ladungen sind. Das kommt in den in Tab. 2.2 aufgeführten Eigenschaften deutlich zum Ausdruck.

Tabelle 2.2. *Einfluss des Abstandes d12 zwischen benachbarten Ionen und des Produktes ihrer Ladungszahlen z_1z_2 auf einige physikalische Eigenschaften von Ionenkristallen.*

	NaF	NaCl	NaBr	NaI	MgO	CaO
d_{12}/nm	0,231	0,279	0,294	0,318	0,211	0,241
z_1z_2	– 1	– 1	– 1	– 1	– 4	– 4
Schmelzpunkt/°C	988	801	740	660	2852	2614
Siedepunkt/°C	1695	1441	1393	1300	3600	2850
Härte nach MOHS	3	2	1,5	1	6	4,5

Ein Paar zweier Ionen i und j verkörpert eine elektrostatische potentielle Energie (Potential)

$$u_{ij}^e = z_i z_j e^2 / d_{ij} .$$

Bei Ionen entgegengesetzten Vorzeichens, die sich also anziehen, hat dieses Potential einen negativen Wert. Die Ionen können sich einander so weit nähern, bis sie sich berühren. Physikalisch ist das so zu interpretieren, dass die Elektronenhüllen der beiden Ionen einer weiteren Annäherung eine steil ansteigende Abstoßungskraft entgegensetzen (die letztlich auch quantenmechanisch zu begründen ist). Zu ihrer Beschreibung führte BORN (1923) ein Abstoßungspotential in der Form $u_{ij}^{\mathrm{B}} = b/d_{ij}^{m}$ ein; b ist eine Konstante und m der Abstoßungsexponent. Er lässt sich aus der Kompressibilität des betreffenden Kristalls ermitteln. Bei den meisten Alkalihalogeniden findet man $m \approx 9$, bei anderen Kristallen $m = 5 \ldots 9$. In neueren Ansätzen wird das Abstoßungspotential als Exponentialfunktion mit einem Abstoßungsexponenten ρ formuliert:

$$u_{ij}^{\mathrm{B}} = b \exp\left(-d_{ij}/\rho\right).$$

Das Potential eines Ionenpaares stellt sich dann insgesamt dar als:

$$u_{ij} = u_{ij}^{\mathrm{c}} + u_{ij}^{\mathrm{B}} = z_i z_j e^2 / d_{ij} + b \exp(-d_{ij}/\rho).$$

Das Potential u_{g} eines Ions i in einer Kristallstruktur erhält man, indem man die einzelnen Potentiale, die das Ion i bezüglich aller anderen Ionen j hat, summiert, was zu dem Ausdruck

$$u_{\mathrm{g}} = \sum_j u_{ij} = a z_1 z_2 e^2 / d_{12} + B \exp(-d_{12}/\rho) = u_{\mathrm{g}}^{\mathrm{c}} + u_{\mathrm{g}}^{\mathrm{B}}$$

führt, der für alle Ionen übereinstimmt, so dass für u_{g} der Index i nicht geschrieben werden muss. d_{12} ist der Abstand zwischen benachbarten Ionen. Für den Exponentialterm mit der Konstanten B braucht man nur diesen kürzesten vorkommenden Abstand zu berücksichtigen, da alle größeren Abstände vernachlässigbar kleine Beiträge liefern; α ist eine aus der Summation der elektrostatischen Potentiale folgende, nach MADELUNG (1931) benannte Konstante, die für den jeweiligen Strukturtyp kennzeichnend ist (Tab. 2.3). Beispielsweise wird in der NaCl-Struktur (Bild 1.2) ein Na^+-Ion von sechs Cl^--Ionen oktaedrisch umgeben. Das bedeutet einen elektrostatischen Potentialbeitrag von $-6e^2/d_{12}$. Die übernächsten Nachbarn sind zwölf Na^+-Ionen im Abstand $d_{12}\sqrt{2}$, die einen Potentialbeitrag von $+12e^2/d_{12}\sqrt{2}$ ergeben. Es folgt dann wieder eine Sphäre von acht Cl^--Ionen im Abstand $d_{12}\sqrt{3}$ mit einem Potentialbeitrag von $-8e^2/d_{12}\sqrt{3}$ usw., und wir erhalten als Potential eines Ions in der NaCl-Struktur:

$$u_{\mathrm{g}}^{\mathrm{c}} = -\left(6 - 12/\sqrt{2} + 8/\sqrt{3} - 6/\sqrt{4} + 24/\sqrt{5} - \ldots\right) e^2/d_{12}.$$

Der Ausdruck in der Klammer ist die *MADELUNG-Konstante α*. Allerdings stößt die Summation der Reihe in dieser Form auf mathematische Schwierigkeiten, so dass zur Berechnung von α spezielle Verfahren entwickelt wurden. Tabelle 2.3 weist aus, dass die MADELUNG-Konstanten der Strukturtypen mit gleicher Stöchiometrie jeweils ungefähr übereinstimmen, während es zwischen den Strukturtypen mit verschiedener Stöchiometrie markante Unterschiede gibt.

Tabelle 2.3. *Madelung-Konstanten α für einige Strukturtypen.*

Strukturtyp	Stöchio-metrie	α	Strukturtyp	Stöchio-metrie	α
Halit (Steinsalz) NaCl	AB	1,74756	Fluorit CaF_2	AB_2	5,0387
Caesiumchlorid CsCl	AB	1,76267	Rutil TiO_2	AB_2	4,816
Sphalerit ZnS	AB	1,63806	Cadmiumiodid CdI_2	AB_2	4,383
Wurtzit ZnS	AB	1,64132	Korund Al_2O_3	A_2B_3	25,031

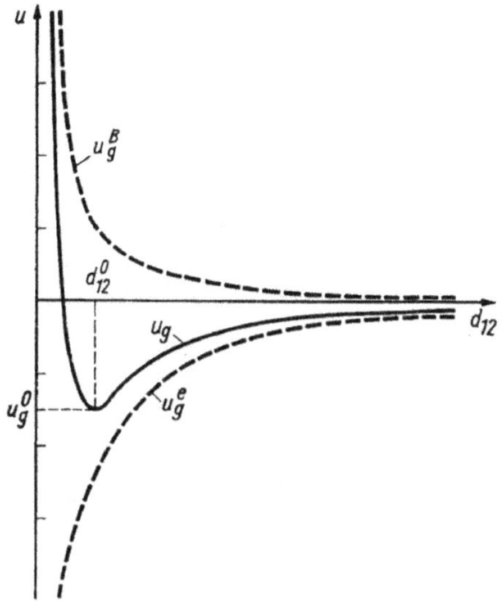

Bild 2.9. *Verlauf des Potentials* $u_g = u_g^c + u_g^B$ *in Abhängigkeit vom Ionenabstand* d_{12}.

Im Bild 2.9 ist der Verlauf der Potentialterme u_g^c und u_g^B sowie des resultierenden Potentials u_g in Abhängigkeit von der Distanz d_{12} benachbarter Ionen dargestellt. In der Struktur stellt sich ein Abstand $d_{12} = d_{12}^0$ ein, der dem minimalen Potential u_g^0 entspricht. Der mit kleiner werdendem Abstand steile exponentielle Anstieg des Abstoßungspotentials rechtfertigt die Modellvorstellung von starren Kugeln für die Ionen. Das Minimum der Potentialfunktion $u_g(d_{12})$ erhält man durch Differenzieren:

$$du_g / dd_{12} = -az_1z_2e^2 / d_{12}^2 - (B/\rho)\exp(-d_{12}/\rho) = 0.$$

Hieraus ergibt sich

$$B = -az_1z_2e^2\rho\exp(d_{12}^0/\rho) / d_{12}^{02}$$

und durch Einsetzen in den obigen Ausdruck für u_g:

$$u_g^0 = az_1z_2e^2 / d_{12}^0 (1 - \rho/d_{12}^0).$$

Da eine der Ladungszahlen z_1 oder z_2 benachbarter Ionen negativ ist, hat das Potential u_g^0 einen negativen Wert. Sein Betrag ist die Energie, die aufgewendet werden muss, um ein Ion von seinem Platz zu entfernen und in einen unbegrenzt weiten Abstand zu bringen. Multipliziert man u_g^0 mit der LOSCHMIDTschen Zahl N_L, so erhält man die Energie, die aufgewendet werden muss, um 1 Mol eines Kristalls in die einzelnen Ionen zu zerlegen; sie wird als *Gitterenergie* bezeichnet, wobei das Vorzeichen gegenüber u_g^0 umgekehrt wird, um einen positiven Wert zu erhalten (im Gegensatz zu der in der Thermodynamik üblichen Notierung):

$$U_g = -u_g^0 N_L.$$

Die Gitterenergie U_g von Ionenkristallen kann mit experimentell zugänglichen Daten verglichen werden, was durch ein als *BORN-HABERscher Kreisprozess* genanntes Schema ermöglicht wird, das sich für das Beispiel eines NaCl-Kristalls wie folgt darstellt:

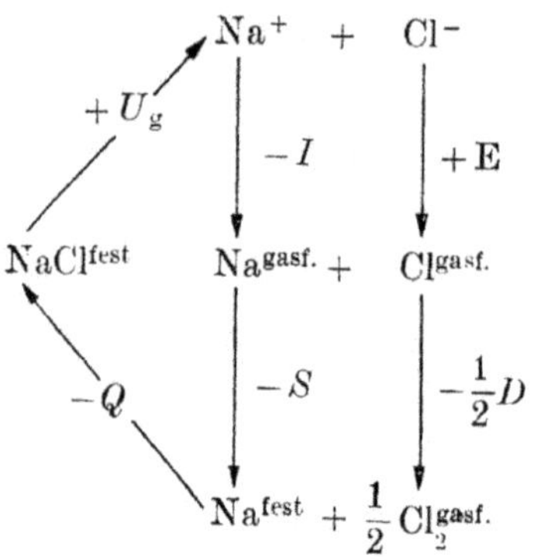

Das Schema soll folgendes bedeuten: 1 Mol eines NaCl-Kristalls (fest) werde unter Aufwendung der Gitterenergie U_g in einzelne Ionen Na^+ und Cl^- zerlegt. Diese werden nun in neutrale Atome verwandelt, wobei man die Ionisierungsenergie I der Na-Atome gewinnt und eine der Elektronenaffinität E der Cl-Atome entsprechende Energie aufwenden muss. Bei der Kondensation des gasförmigen Na wird dessen Sublimationswärme S und bei der Bildung von Cl_2-Molekülen wird deren Dissoziationswärme $(1/2)D$ frei. Schließlich reagieren das feste Na und das gasförmige Cl_2 unter Bildung von kristallinem NaCl miteinander, wobei die Bildungswärme Q frei wird. Die Energiebilanz dieses Kreisprozesses besagt dann

$$U_g - I + E - S - (1/2)D - Q = 0 \quad \text{bzw.} \quad U_g = I - E + S + (1/2)D + Q,$$

wobei die Größen auf der rechten Seite sämtlich experimentell bestimmbar sind. Damit können den theoretisch berechneten Werten von U_g empirische Daten gegenübergestellt und die Relevanz der Theorie überprüft werden (Tab. 2.4).

Tabelle 2.4. *Gitterenergie U_g^{BH} nach dem BORN-HABERschen Kreisprozess und theoretische Gitterenergie U_g^{theor} von Alkalihalogeniden (in kJ/mol).*

	U_g^{BH}	U_g^{theor}		U_g^{BH}	U_g^{theor}		U_g^{BH}	U_g^{theor}
NaCl	766,2	762,0	NaBr	723,4	716,0	NaI	665,7	661,6
KCl	690,9	678,3	KBr	644,8	649,0	KI	602,9	602,9
RbCl	674,1	649,0	RbBr	632,2	619,7	RbI	590,4	577,8

2.3.2. Kovalente Bindung

Zwischen zwei Atomen der gleichen Sorte kann es offensichtlich keine ionare Bindung geben. Trotzdem kennt man auch zwischen gleichen Atomen sehr intensive Bindungen, wie es die Beispiele der Moleküle H_2 (Wasserstoff), F_2 (Fluor), O_2 (Sauerstoff) oder des Diamanten zeigen. Diese Bindung kommt dadurch zustande, dass sich äußere Elektronen der beteiligten Atome zu Paaren verbinden und so gemeinsam im Potentialfeld beider Atome bewegen. Die beteiligten Atome bleiben im Unterschied zur Ionenbindung zumindest im zeitlichen Mittel elektrisch neutral, und man bezeichnet diese Bindung als *kovalente, homöopolare* oder *Atombindung*. Ihre Bindungskraft resultiert nicht so sehr aus der Vereinigung der bindenden Elektronen zu Paaren als vielmehr aus den energetisch günstigen quantenmechanischen Zuständen, den diese Paare im Potentialfeld beider Atome einnehmen können.

Rein schematisch kann man die bindenden Elektronenpaare der Elektronenhülle jedem der beiden Atome gleichzeitig zurechnen. Nach dieser Zählweise ergänzt jedes Atom seine Elektronenhülle durch die Paarbildung auf die Elektronenanzahl des im Periodensystem nächstfolgenden Edelgases mit seiner besonders stabilen Elektronenkonfiguration. Beispielsweise sind im H_2-Molekül die beiden vorhandenen Elektronen zu einem Paar verbunden, das man jedem der beiden H-Atome zurechnen kann; somit ergänzt jedes Atom seine Elektronenhülle auf zwei Elektronen, der Anzahl des nächstfolgenden Edelgases He. Im F_2-Molekül verbindet sich gleichfalls je ein Elektron jedes Atoms zu einem gemeinsamen Elektronenpaar; jedes F-Atom ergänzt so seine Elektronenhülle auf insgesamt zehn Elektronen, der Anzahl des nächstfolgenden Edelgases Ne. Hingegen müssen sich im O_2-Molekül zwei gemeinsame Elektronenpaare bilden, damit jedes O-Atom seine Elektronenhülle auf insgesamt zehn Elektronen ergänzen kann; im N_2-Molekül werden entsprechend drei gemeinsame Elektronenpaare gebildet. Ein Atom kann nicht nur mit Atomen der eigenen Art, sondern auch mit anderen Atomen sowie mit mehreren zugleich gemeinsame Elektronenpaare bilden. Die einzelnen Atome sind jeweils an der Bildung von $z_{E'} - z$ Elektronenpaaren beteiligt (z Ordnungszahl; $z_{E'}$ Ordnungszahl des im Periodensystem nächstfolgenden Edelgases). Dadurch ergibt die kovalente Bindung dieselbe chemische Wertigkeit der Elemente wie die ionare Bindung, doch bestehen zwischen beiden wesentliche Unterschiede in kristallchemischer Hinsicht:

Ein Atom kann nur eine eng begrenzte Anzahl kovalenter Bindungen eingehen, die nur zwischen den beteiligten Atomen wirksam sind; die Bindungen sind in sich abgesättigt. Daraus resultiert eine kleine, durch die Valenz gegebene Koordinationszahl. Zudem sind die Bindungen am Atom noch insoweit lokalisiert, dass sie bestimmte Winkel (sog. Bindungswinkel) zueinander einhalten, was den kristallchemischen Anordnungsmöglichkeiten weitere Bedingungen auferlegt. Ein kovalent einwertiges Atom (wie Wasserstoff oder die Halogene) kann sich nur mit einem weiteren Atom zu einem Molekül verbinden; der Aufbau einer Kristallstruktur aus einwertigen Atomen ist allein durch kovalente Bindungen nicht möglich – dazu bedarf es noch anderer Bindungen zwischen den Molekülen. Kovalent zweiwertige Atome (wie die Chalkogene) können sich höchstens zu Ketten oder Ringen verbinden; kovalent dreiwertige Atome (wie Phosphor oder Arsen) können sich zu Netzwerken vereinigen, und erst die vierwertigen Elemente, wie Kohlenstoff, können zu einer dreidimensionalen Struktur mit einheitlicher kovalenter Bindung zusammentreten.

Ein tieferes Verständnis der kovalenten Bindungen ist nur mit Hilfe der Quantentheorie möglich. Der theoretische Ausgangspunkt ist die Schrödinger-Gleichung , eine Differentialgleichung, die die Beziehung zwischen der quantenmechanischen Wellenfunktion für die Elektronenhülle, dem elektrischen Feld des Atomkerns und der Energie der Schwingungszustände des Elektronenensembles erfasst und damit das räumliche und zeitliche Verhalten des Atoms beschreibt. Bei den Näherungsverfahren zur Lösung der Schrödinger-Gleichung berechnet man im Allgemeinen nur die Wellenfunktionen für einzelne Elektronen. Für solche Wellenfunktionen einzelner Elektronen im Atom hat sich die Bezeichnung *Orbitale* eingebürgert (früher verband sich mit diesem Begriff die Vorstellung einer Umlaufbahn des Elektrons; ein Orbital im modernen Sinne ist ein stationärer Schwingungszustand der Wellenfunktion, mit der das betreffende Elektron beschrieben wird).

Der Zustand eines Atoms (seine Elektronenkonfiguration) wird durch die Angabe von vier Quantenzahlen für jedes Elektron charakterisiert. Jede Quantenzahl (bzw. genauer: jede Kombination der vier Zahlen) kann nach dem PAULI-Prinzip nur von je einem Elektron besetzt sein. Es sind:

a) Die *Hauptquantenzahl n.* Sie bezeichnet die Schale des betreffenden Elektrons. Eine Schale kann mit $2\,n^2$ Elektronen besetzt werden. Die Schalen werden mit großen Buchstaben als K-, L-, M-, N-Schale bezeichnet.
b) Die *Nebenquantenzahl l.* Sie bezeichnet die Unterschale und damit die Art der Orbitale. In jeder Schale der Hauptquantenzahl n gibt es n Unterschalen mit den Nebenquantenzahlen $l = 0, 1, 2, \ldots n{-}1$. Ein Elektron mit $l = 0$ wird als s-Elektron, ein solches mit $l = 1$ als

p-Elektron, mit $l = 2$ als d-Elektron und mit $l = 3$ als f-Elektron bezeichnet. Analog gibt es die Bezeichnungen s-, p-, d-, f-Orbital.

c) Die *magnetische Quantenzahl m*. Sie bezeichnet die jeweils $2\,l + 1$ Atomorbitale innerhalb einer Unterschale mit Werten von $m = -1, ..., 0, ..., +1$.

d) Die *Spinquantenzahl s*. Sie bezeichnet den Elektronenspin, der nur zwei Einstellungen annehmen kann, mit den Werten $s = +1/2$ oder $s = -1/2$.

Die Wellenfunktionen (Orbitale) lassen sich veranschaulichen, indem man ihre Amplitude darstellt (die im Zusammenhang mit ihrer Herleitung aus der SCHRÖDINGER-Gleichung als Eigenfunktion bezeichnet und traditionell mit φ symbolisiert wird). Hierfür gibt es verschiedene Möglichkeiten (Bilder 2.10 und 2.11); sehr anschaulich sind körperliche Modelle der Orbitale, die man gewinnt, indem man eine Fläche durch den Ort legt, an dem φ auf z. B. 10 % seines Maximalwertes abgefallen ist. Man darf bei der Betrachtung dieser Modelle nur nicht vergessen, dass sich die φ-Funktion auch über diesen Körper hinausgehend mit immer kleiner werdenden Werten in den Raum fortsetzt. Das Orbital eines s-Elektrons ist kugelsymmetrisch (Bild 2.10). Das Orbital eines p-Elektrons ist nur rotationssymmetrisch (im Bild 2.11 um die x -Achse) und hat eine zweiteilige Form ähnlich einer Hantel (negative Werte der Eigenfunktion bedeuten lediglich eine Phasenverschiebung der Wellenfunktion um π gegenüber den Bereichen mit positiver Eigenfunktion). Je nach der magnetischen Quantenanzahl $m = -1$; 0 oder +1 haben die Achsen der betreffenden p-Orbitale verschiedene Richtungen, die zueinander senkrecht stehen, und man bezeichnet sie dann als p_x-, p_y- und p_z-Orbitale. Die d- und die f-Orbitale haben kompliziertere Formen. Sind mehrere Elektronen vorhanden, so arrangieren sich deren Orbitale in bestimmter Weise, wobei sich außerdem noch ihre Formen modifizieren können.

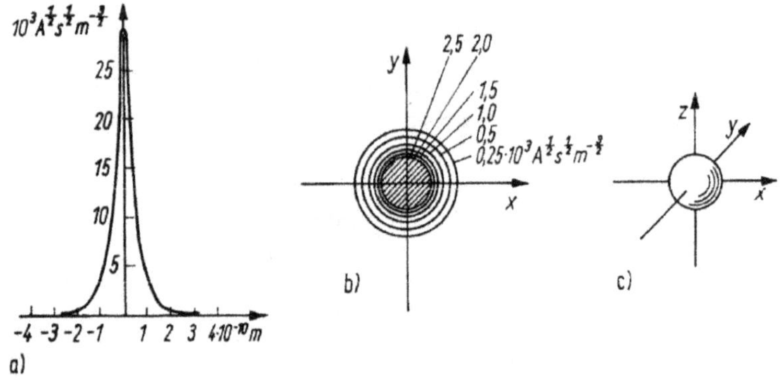

Bild 2.10. *Darstellung der Eigenfunktion eines* s-*Zustandes.*

a) Als Schnitt entlang einer Koordinate durch den Atomkern; b) als Höhenrelief über einem zentralen Schnitt; c) als körperliches Modell.

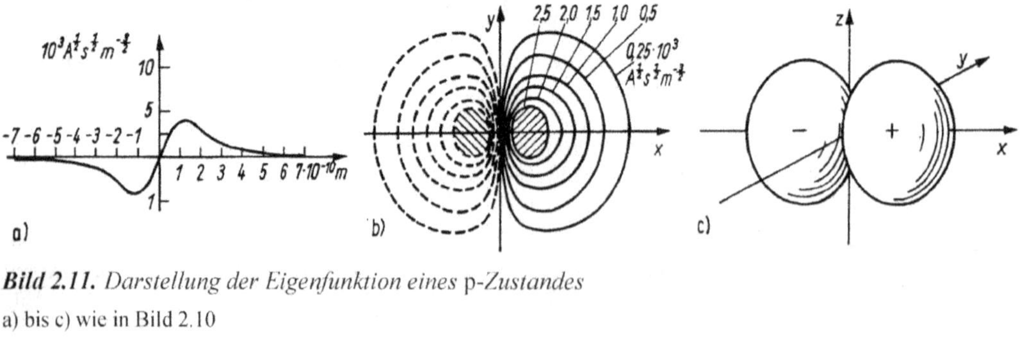

Bild 2.11. *Darstellung der Eigenfunktion eines* p-*Zustandes*

a) bis c) wie in Bild 2.10

Die Amplitude der Wellenfunktion bzw. die Eigenfunktion φ kann als ein Maß für die „Anwesenheit“ des Elektrons an den betreffenden Orten interpretiert werden, d. h. als ein Maß für die Wahrscheinlichkeit, in quantenhafte Wechselwirkungen zu treten (exakt ist die Aufenthaltswahrscheinlichkeit des Elektrons proportional zu φ^2). Das betrifft auch die chemischen bzw. kristallchemischen Wechselbeziehungen zwischen den Atomen, die demnach dann stattfinden, wenn sich die Orbitale ihrer Elektronen gegenseitig „überlappen“, wobei eben die äußeren Elektronen relevant sind, deren Orbitale am weitesten nach außen reichen. Auch die Lokalisierung der Bindungen am Atom wird durch die Orbitale erklärlich, wobei deren Formen allerdings durch die Bindung selbst noch modifiziert werden. Die Formen der Orbitale (s-, p-, d-, f-Orbitale) und damit ihre Bindungseigenschaften werden, wie gesagt, im Wesentlichen durch die Nebenquantenzahl l bestimmt. Zuweilen werden Atombindungen graphisch mit stilisierten Orbitalen dargestellt, beispielsweise

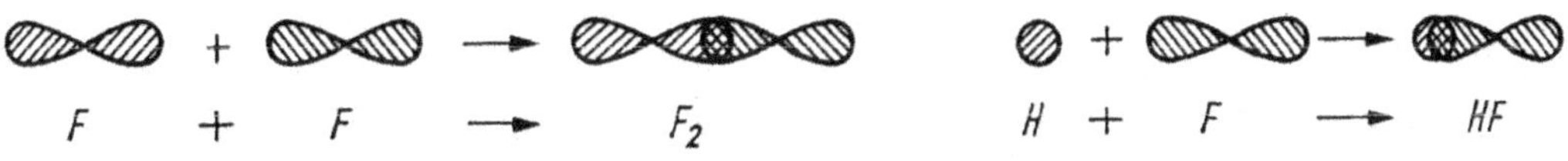

mit den hantelförmigen (äußeren) p_z-Orbitalen des Fluors und dem kugelförmigen s-Orbital des Wasserstoffs; die Überlappung der Orbitale versinnbildlicht die Bindung.

Eine wichtige Rolle für die Bindungseigenschaften spielt außerdem die Spinquantenzahl s: Bei einer kovalenten Bindung schließen sich zwei Elektronen mit entgegengesetztem Spin zu einem Paar zusammen. In einem Atom kann nach dem Pauli-Prinzip jedes Orbital von maximal zwei Elektronen besetzt werden, die eine entgegengesetzte Spinquantenzahl haben. Ist das der Fall und ein betreffendes Orbital also von zwei Elektronen besetzt, dann sind diese beiden Elektronen schon innerhalb des Atoms zu einem Paar mit entgegengesetztem Spin verbunden: solche „gepaarten“ Elektronen haben ihren Spin gewissermaßen abgesättigt und nehmen nicht an einer Bindung mit Elektronen anderer Atome teil; hierfür stehen nur die ungepaarten, „einsamen“ Elektronen derjenigen Orbitale zur Verfügung, die mit nur einem Elektron besetzt sind.

Sehr wesentlich ist in dieser Beziehung, dass manche Atome verschiedene Elektronenkonfigurationen einnehmen können, die sich energetisch nur wenig unterscheiden. So hat ein Kohlenstoffatom normalerweise die Konfiguration $1\ s^2,\ 2\ s^2\ 2\ p_x^1\ 2\ p_y^1$; (zu lesen: in der 1. Schale [K-Schale] zwei s-Elektronen mit gepaarten Spins, in der 2. Schale [L-Schale] zwei s-Elektronen mit gepaarten Spins sowie je ein Elektron im p_x- und im p_y-Orbital, die letzteren beiden ungepaart). In dieser Form wäre Kohlenstoff nur zweiwertig. Nun kann sich die Konfiguration der L-Schale aber dadurch ändern, dass eines der s-Elektronen in das vakante 2 p_z-Orbital übergeht, so dass die Konfiguration $1\ s^2,\ 2\ s^1\ 2\ p_x^1\ 2\ p_y^1\ 2\ p_z^1$ mit vier ungepaarten Elektronen entsteht, die die bekannte Vierwertigkeit des Kohlenstoffs bewirken. Die vier Orbitale der L-Schale arrangieren sich in der im Bild 2.12 dargestellten Weise, in der sie einander äquivalent sind. Man bezeichnet diesen Vorgang als *Hybridisierung* und spricht in diesem Fall von einer sp^3-Hybridbindung (zu lesen: 1 s-Elektron und 3 p-Elektronen). Die vier keulenförmigen Orbitale weisen in Richtung der Ecken eines Tetraeders, was die tetraedrische Koordination der C-Atome und die Bindungswinkel von 109°28′ erklärt, die der Kohlenstoff sowohl in der Diamantstruktur als auch in den aliphatischen Verbindungen bildet. Beim Silicium gibt es gleichfalls die sp^3-Hybridisierung, die für die silikatischen Verbindungen wichtig ist.

Auch bei anderen Elementen kommt es zu Hybridisierungen. Bor hat im Grundzustand die Konfiguration $1\ s^2,\ 2\ s^2,\ 2\ p_x^1$ mit nur einem ungepaarten Elektron. Geht ein s-Elektron in das vakante 2 p_y-Orbital über, dann entsteht ein sp^2-Hybrid mit drei ungepaarten Elektronen in drei äquivalenten Orbitalen, die komplanar auf die Ecken eines gleichseitigen Dreiecks gerichtet sind

– im Gegensatz etwa zu den Bindungsrichtungen der drei p-Orbitale des Stickstoffatoms ($1s^2$, $2s^2$, $2\,p_x^1$, $2\,p_y^1$, $2\,p_z^1$), die eine pyramidenförmige Anordnung z. B. des NH_3-Moleküls mit dem N-Atom an der Spitze bilden. – Beim Beryllium ($1\,s^2$, $2\,s^2$) gehen die beiden s-Elektronen der L-Schale in ein sp-Hybrid über, dessen beide äquivalente Orbitale linear angeordnet sind – wieder im Gegensatz zur gewinkelten Anordnung der beiden p-Bindungen des Sauerstoffatoms ($1s^2$, $2s^2$, $2\,p_x^2$, $2\,p_y^1$, $2\,p_z^1$).

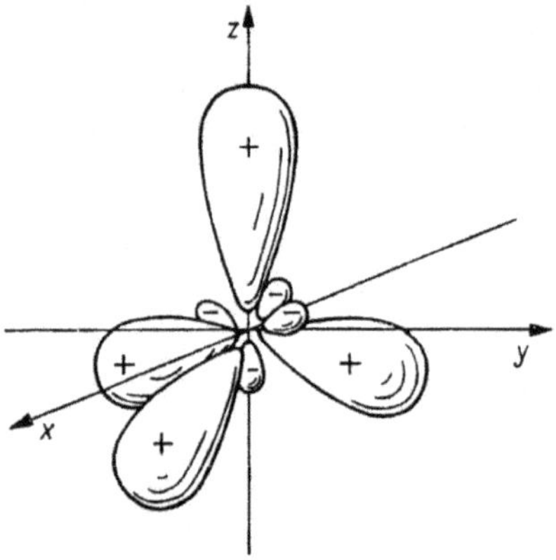

Bild 2.12. *Körperliches Modell der Orbitale der vier Elektronen in einem Kohlenstoffatom im hybridisierten* sp^3*-Zustand.*

Bei Elementen mit höheren Ordnungszahlen können außerdem die d-Orbitale in die Hybridisierung einbezogen werden und bei kovalenten Bindungen mitwirken. Das eröffnet weitere Möglichkeiten für die Betätigung kovalenter Bindungen, deren es dann auch mehr als vier je Atom werden können (vgl. Tab. 2.5). Aus der Anordnung der bindenden Orbitale kann man direkt auf die Koordinationszahl und -geometrie schließen, die aus der Betätigung der kovalenten Bindungen folgt. Quantenmechanische Berechnungen der Hybridisierungszustände von Elementen höherer Ordnungszahl sind schwierig; man leitet die betreffenden Bindungszustände vielmehr empirisch aus den bekannten Kristallstrukturen ab.

Tabelle 2.5. *Konfigurationen von hybridisierten Orbitalen.*

Hybrid	Anzahl der Orbitale	Anordnung der Orbitale
sp	2	linear
sp^2	3	eben zu den Ecken eines gleichseitigen Dreiecks gerichtet
dsp^2	4	eben zu den Ecken eines Quadrats gerichtet
sp^3	4	zu den Ecken eines Tetraeders gerichtet
d^2sp^3	6	zu den Ecken eines Oktaeders gerichtet
sp^3d^2	6	zu den Ecken eines Oktaeders gerichtet
d^4sp	6	zu den Ecken eines trigonalen Prismas gerichtet

Die bisher skizzierte Beschreibung der kovalenten Bindung, die von den Elektronenkonfigurationen der einzelnen Atome ausgeht, wird als *Valenzbindungstheorie* bezeichnet. Eine komplementäre Beschreibung liefert die *Molekülorbitaltheorie*, nach der den Elektronen des Moleküls Molekülorbitale zugeordnet sind, die durch das Molekül als Ganzes bestimmt werden. Quantenmechanisch wird die Wellenfunktion der Bindungselektronen im gemeinsamen Potentialfeld der Atomkerne bzw. der Atomrümpfe des Moleküls betrachtet. Die verschiedenen Molekülorbitale werden als σ-, π-, δ-Orbitale etc. bezeichnet (in Analogie zu den s-, p-, d-Orbitalen der Atome).

2.3.3. Metallische Bindung

Für eine anschauliche Deutung der metallischen Bindung kann man von dem im vorigen Abschnitt entwickelten Modell der Atome mit ihren Orbitalen ausgehen und sich vorstellen, dass bei einer dichten Zusammenlagerung der Atome sich deren äußere Orbitale so weit überlappen, dass sie alle miteinander zusammenhängen. Da Elektronen nicht zu unterscheiden sind, können die betreffenden Valenzelektronen weder einzelnen Atomen zugeordnet noch in bestimmten Atomgruppen lokalisiert werden; die Orbitale sind für die Valenzelektronen „durchgängig" durch den ganzen Kristall. So kommen wir zu einem Modell einer Packung von Atomrümpfen, zwischen denen die Valenzelektronen quasi frei beweglich sind, weshalb man auch von einem „Elektronengas" spricht. Das hervorstechende Merkmal des metallischen Zustandes, die gute elektrische Leitfähigkeit, wird so ohne weiteres verständlich.

Die quantenmechanische Theorie des metallischen Zustandes wurde von BLOCH (1928) ausgebaut, indem er die Wellenfunktion eines Elektrons in einem Potentialfeld ansetzte, das von den Atomrümpfen gebildet wird und sich periodisch über den ganzen Kristall erstreckt.

Folgende Eigenschaften des metallischen Zustandes sind für die Kristallchemie wesentlich: Die metallische Bindung ist ungerichtet und für alle Atome attraktiv (auch für solche verschiedener Sorten); das Prinzip höchstmöglicher Koordination und dichtester Packung gilt uneingeschränkt; es gibt weder Beschränkungen durch Bedingungen der elektrischen Neutralisation (wie bei der Ionenbindung) noch durch solche der Bildung von Elektronenpaaren (wie bei der kovalenten Bindung). Deshalb sind in den Metallstrukturen die metallischen Elemente vielfältig mischbar (Bildung von Legierungen). Intermetallische Phasen haben gewöhnlich einen breiten Stabilitätsbereich ihrer Zusammensetzung. Die Regeln der chemischen Stöchiometrie in Form der konstanten bzw. multiplen Proportionen der Elemente in Verbindungen treffen für die Metallverbindungen nicht zu.

2.3.4. VAN-DER-WAALS-Bindung

Die bisher betrachteten Bindungstypen, die ionare, die kovalente und die metallische Bindung, werden auch als *Hauptvalenzbindungen* oder *Hauptbindungen* bezeichnet. Daneben gibt es noch eine Reihe weiterer Wechselwirkungen zwischen den Atomen (bzw. Ionen und Molekülen). Sie führen gleichfalls zu attraktiven Kräften, die jedoch in ihrer Intensität hinter die Hauptbindungen zurücktreten. Sie werden unter den Bezeichnungen *Nebenvalenzbindungen* oder *Restbindungen* zusammengefasst und können verschiedene Ursachen haben.

Wenn beispielsweise in einem an sich neutralen Molekül die Ladungen unsymmetrisch angeordnet sind, so dass die Schwerpunkte der positiven und der negativen Ladungen nicht zusammenfallen, so stellt das Molekül einen Dipol dar. Bekannte Beispiele dipolartiger Moleküle sind Wasser und Ammoniak. Bei entsprechender Orientierung besteht zwischen solchen Dipolen (wie auch zwischen Dipolen und Ionen) eine elektrostatische Anziehung. Man bezeichnet solche Anziehungskräfte als Dipol-Dipol-Kräfte. Darüber hinaus besteht die Möglichkeit, dass ein Dipolmoment in einem Molekül durch benachbarte Ladungen, also durch Ionen oder andere dipolartige Moleküle erst induziert wird, was eine Anziehungskraft hervorruft (*Induktionskräfte*).

Aber auch dann, wenn sich zwei neutrale Partikeln einander nähern, kommt es zu attraktiven Kräften. Wir müssen uns hierzu vergegenwärtigen, dass ein Atom bzw. Molekül ein System aus schwingenden Ladungen, einen sog. elektrischen Oszillator, darstellt. Nähern sich solche elektrischen Oszillatoren einander, so treten sie durch Influenz ihrer elektrischen Ladungen in Wechselwirkung. Es kommt zu einer Kopplung ihrer Schwingungen und zu einer Verstimmung ihrer ursprünglichen Eigenfrequenzen. Die Gesamtenergie der wechselwirkenden Oszillatoren wird gegenüber dem ungestörten Zustand umso mehr vermindert, je näher sich die Oszillatoren kommen, was eine Attraktion bedeutet (*Dispersionskräfte*). Die quantenmechanische Behandlung durch LONDON (1930) führt auf ein Wechselwirkungspotential $u_g^D \sim 1/d^6$, das umgekehrt proportional zur sechsten Potenz des Partikelabstandes d ist.

Man bezeichnet alle diese Bindungskräfte summarisch als *VAN-DER-WAALS-Kräfte*; sie sind zwischen sämtlichen Partikeln, Atomen, wie Ionen oder Molekülen, wirksam und überlagern sich den anderen Bindungskräften. Gegenüber den Hauptbindungskräften sind sie aber meist so schwach, dass sie allenfalls in Form einer Korrektur bei quantitativen Betrachtungen zu berücksichtigen sind. Wenn hingegen bei Verbindungen mit kovalentem Charakter die kovalenten Hauptbindungen bereits mit der Bildung von Molekülen abgesättigt werden, dann verbleiben nur noch die Van-der-Waals-Kräfte, um die Kohäsion einer Kristallstruktur zu bewirken. Sie sind damit die wesentliche kristallchemische Bindungskraft in den Molekülkristallen sowie auch in den Kristallen der Edelgase. Der geringen Intensität dieser Bindung entsprechen die niedrigen Schmelzpunkte, die geringe Härte und die große thermische Ausdehnung solcher Kristalle.

Nur erwähnt sei, dass man den Nebenvalenzbindungen außer der VAN-DER-WAALS-Bindung noch die Wasserstoffbrückenbindung und die koordinativen Bindungen zurechnet, die an spezielle Gegebenheiten gebunden sind.

2.3.5. Mischbindungen

Wenn wir eben feststellten, dass die VAN-DER-WAALS-Bindung zwischen allen Partikeln einer Kristallstruktur wirksam ist und sich gegebenenfalls den anderen Bindungskräften überlagert, so ist damit gleichzeitig gesagt, dass wir es bei den Bindungszuständen der Atome niemals mit einem Bindungstyp allein zu tun haben. Die zu einer Bindung führenden quantenmechanischen Wechselwirkungen zwischen den Atomen sind komplex, was man in der Form zu beschreiben sucht, dass man einen Bindungszustand jeweils als eine Mischung aus den einzelnen Bindungstypen ansieht, die man als Grenzformen versteht. Begrifflich unterscheiden muss man zwischen dieser Mischung von Bindungstypen in einem bestimmten Bindungszustand und dem Umstand, dass in komplizierten Strukturen zwischen deren verschiedenen Teilen unterschiedliche Bindungsarten wirksam sein können.

Wenden wir uns zunächst den Bindungszuständen zu, die in ihrem Charakter zwischen dem ionaren und dem kovalenten Bindungstyp stehen und als Mischung bzw. Übergang zwischen beiden aufzufassen sind, und betrachten als ein kristallchemisches Beispiel die Reihe der Silberhalogenide: AgF – AgCl – AgBr – AgI. In dieser Reihe gibt es eine charakteristische Abwandlung der Eigenschaften:

- Die Farbe ändert sich von farblos zu gelb, d. h., die optische Absorptionskante verschiebt sich von kürzeren zu längeren Wellenlängen; das weist auf eine Veränderung der Elektronenzustände hin.
- Die berechnete Summe der Ionenradien differiert in zunehmendem Maße mit den gemessenen Ionenabständen, die zunehmend kleiner als die berechneten Werte ausfallen.
- Es besteht eine wachsende Differenz zwischen der theoretisch für Ionenkristalle berechneten und der nach dem BORN-HABERschen Kreisprozess ermittelten Gitterenergie.
- AgF, AgCl und AgBr kristallisieren in der NaCl-Struktur mit der für Ionenkristalle typischen oktaedrischen Koordination; AgI kristallisiert in der ZnS-(Sphalerit-) Struktur mit der typisch kovalenten tetraedrischen Koordination: die „Gerichtetheit“ der Bindungen nimmt zu.

Es ließen sich noch viele weitere Beispiele angeben, die den Übergang von einer vorwiegend ionaren Bindung zu einer solchen mit gemischtem Charakter belegen. Wir können uns den gemischten Bindungszustand in der Weise vorstellen, dass sich die fraglichen Orbitale der beteiligten Atome zunehmend überlappen, wodurch sich die Aufenthaltswahrscheinlichkeit der Bindungselektronen in bestimmten Bereichen zwischen den Atomen vergrößert, d. h., die Bindung wird zunehmend lokalisiert. Die klassische Kristallchemie suchte den Übergang von einer rein ionaren Bindung zu einer solchen mit gemischtem Charakter durch den Begriff der *Polarisation* zu erfassen, worunter man eine Deformation der Elektronenhüllen vor allem der größeren Anionen unter der Einwirkung der kleineren Kationen verstand. In diesem Zusammenhang ordnete man den Ionen einerseits eine bestimmte Polarisierbarkeit, andererseits eine polarisierende Wirkung zu.

Zum Verständnis der gemischten Bindungszustände kann man auch umgekehrt den Übergang von einer kovalenten Bindung zu einer gemischten Bindung betrachten, wozu als Beispiel die Stoffreihe Ge – GaAs – ZnSe dienen mag, die bei gleicher Elektronenanzahl in der ZnS-(Sphalerit-) Struktur (bzw. Ge in der Diamantstruktur) kristallisieren. Während Ge kovalent gebunden ist, gibt es beim ZnSe deutliche ionare Bindungsanteile. Man kann sich hier vorstellen, dass das Atom mit der größeren Elektronenaffinität das Elektronenpaar der kovalenten Bindung stärker zu sich herüberzieht, was der Bindung eine gewisse Polarität verleiht. Das lässt sich z. B. durch die Angabe einer *effektiven Ionenladung* ausdrücken, die dann entsprechend Bruchteile von Elementarladungen beträgt. Von PAULING (1935) wurde die Vorstellung entwickelt, dass rein kovalente Bindungszustände mit rein ionaren Bindungszuständen statistisch wechseln, was als *Resonanz* bezeichnet wurde und zu den Begriffen „Resonanzbindung“ sowie „Resonanzstrukturen“ führte.

Das Konzept der *Elektronegativität* ist ein Versuch, einen gemischten ionar-kovalenten Bindungszustand mit nur einem Parameter quantifizierbar zu beschreiben. Die Elektronegativität χ_i eines Atoms i ist ein Maß für dessen Kraft, in einer Verbindung Elektronen an sich heranzuziehen. χ_i kann aus thermochemischen Daten ermittelt werden. In der Tabelle auf dem hinteren Vorsatzpapier sind von ALLRED und ROCHOW [2.4] berechnete Werte für die einzelnen Elemente des Periodensystems angegeben. Der Bindungscharakter wird durch die Elektronegativitätsdifferenz $\Delta\chi_{ij} = \chi_i - \chi_j$ der beteiligten Atome i und j beschrieben. Je größer diese Differenz, desto größer ist der ionare Bindungsanteil; eine verschwindende Differenz bedeutet eine kovalente Bindung. Beispielsweise haben wir in der Reihe Si (kovalent) – AlP – MgS – NaCl (ionar) die Elektronegativitätsdifferenzen 0 – 0,6 – 1,3 – 2,1. Die größte Elektronegativitätsdifferenz hat CsF mit 3,3; es ist die ausgeprägteste ionare Verbindung.

Eine Bindung kann man außerdem durch ihren ionogenen Bindungsanteil Q_{ij} charakterisieren, das ist der Anteil der elektrostatischen Bindungsenergie an der gesamten Bindungsenergie. Nach PAULING [2.6] besteht die Beziehung:

$$Q_{ij} = 1 - \exp(-0{,}25\,\Delta\chi_{ij}^2)\,,$$

die z. B. für die Bindung Al–O einen ionogenen Bindungsanteil von 64 %, für Si–O von 53 % und für C–O von 22 % liefert. Die Verbindung CsF erreicht demnach einen ionogenen Bindungsanteil von 93 %. Schließlich wurde von PHILLIPS [2.7] und VAN VECHTEN [2.8] noch der Begriff der *Ionizität* einer Bindung eingeführt (vgl. S. 156). Sowohl das Konzept der Elektronegativität als auch das der Ionizität können nur als Näherungen verstanden werden, um die komplizierte Problematik der Bindungszustände überschaubar zu machen

Für die Kristallchemie der Legierungen und intermetallischen Phasen spielen gemischte Bindungen ionar-metallisch und kovalent-metallisch eine wichtige Rolle. So haben die intermetallischen Phasen TiC, LaBi, CaSb, die in der NaCl-Struktur kristallisieren, einen gemischten ionarmetallischen Charakter. Eine instruktive Reihe von Verbindungen, die den Übergang ionar-metallisch illustriert, kristallisiert in der Fluoritstruktur: Li_2O (ionar) – Li_2S – Li_2Se – LiMgAs – Mg_2Ge – Mg_2Sn – Mg_2Pb (metallisch). Einen gemischten Bindungszustand kovalent-metallisch finden wir bei Selen, Tellur, Arsen und vielen Sulfiden, Seleniden, Telluriden, Arseniden und Antimoniden. Ein Parameter für den Charakter einer gemischt kovalent-metallischen Verbindung ist nach MOOSER und PEARSON [2.9] die durchschnittliche Hauptquantenzahl

$$\overline{n} = \sum_i c_i n_i / \sum_i c_i$$

mit n_i als Hauptquantenzahlen der beteiligten Atome und c_i als deren Anzahl in der Formeleinheit. Mit zunehmendem $\overline{n}$ wird die Verbindung metallischer. So bedingen für $\overline{n} = 2$ (also in der Kohlenstoffperiode des Periodensystems) die p-Orbitale bzw. die s-p-Hybridorbitale eine ausgeprägte „Gerichtetheit" der Bindungen, also einen kovalenten Charakter. Mit steigendem $\overline{n}$ werden zunehmend d- und f-Orbitale an den Hybridisierungen beteiligt, und die „Gerichtetheit" der Bindungen nimmt ab. Man bezeichnet diese Beziehung als *Metallisierung* oder *Dehybridisierung*

2.4. Größe der Kristallbausteine

In der Kristallchemie spielt das Konzept einer konkreten Größe der Kristallbausteine (Atome, Ionen, Moleküle) eine entscheidende Rolle. Aufgrund der recht präzisen Kristallstrukturbestimmungen sind auch die gegenseitigen Abstände zwischen den Kristallbausteinen sehr genau bekannt. Bei Strukturen aus nur einer Sorte von Atomen, also bei den Elementstrukturen, kann man aus den interatomaren Abständen unmittelbar auf den Atomradius schließen, indem man den Abstand zwischen den benachbarten Atomen halbiert. Doch können die so gewonnenen Atomradien nicht einfach auf andere Strukturen übertragen werden, denn die Größe der Kristallbausteine, wie sie sich in ihren gegenseitigen Abständen manifestiert, hängt von ihrem elektronischen Zustand, insbesondere vom Bindungszustand, von der Koordination und auch von der Art der Nachbarbausteine ab. So sind Kationen, da sie Elektronen abgegeben haben, bedeutend kleiner als die betreffenden neutralen Atome; Anionen hingegen sind, da sie Elektronen in ihre Hülle aufgenommen haben, größer. Bei einer kovalenten Bindung rücken die Atome in Richtung der Bindung, d. h. in der Richtung der sich überlappenden Bindungsorbitale, besonders eng zusammen. Im Gegensatz dazu sind bei der schwachen VAN-DER-WAALS-Bindung die Abstände zwischen den Atomen größer als bei Hauptvalenzbindungen.

Konsequenterweise unterscheidet man deshalb zwischen Ionenradien, kovalenten Radien, metallischen Radien (häufig als Atomradien bezeichnet) und VAN-DER-WAALS-Radien (Molekülradien).

Ionenradien. In einem Ionenkristall stellt sich der Abstand benachbarter Ionen als Gleichgewicht zwischen der im (Wesentlichen) elektrostatischen Anziehung und der BORNschen Abstoßung ein. Wegen der kurzen Reichweite des Abstoßungspotentials und seines steilen Anstiegs bei einer weiteren Annäherung der Ionen über ihren Gleichgewichtsabstand hinaus kann die Distanz zwischen den Mittelpunkten benachbarter Ionen als Summe der Radien zweier starrer Kugeln interpretiert werden, die sich gegenseitig berühren. Dieses Modell kugelförmiger Ionen mit einem definierten Ionenradius sieht davon ab, dass es auch in Ionenkristallen gewisse geringfügige Überlappungen zwischen äußeren Orbitalen benachbarter Ionen gibt.

Das Problem, die Ionenradien als solche abzuleiten, ist aus der Kenntnis der interatomaren Abstände (also der Radiensummen) allein nicht zu lösen, auch dann nicht, wenn beliebig viele Radiensummen zwischen beliebigen Ionenpaaren gegeben sind. Es bedarf für mindestens einen Ionenradius einer zusätzlichen, unabhängigen Information oder Annahme, woraufhin dann auch die übrigen Ionenradien bzw. die verschiedenen Radienquotienten mittelbar festgelegt werden können. Je nach dieser Zusatzannahme variieren die von verschiedenen Autoren ermittelten Ionenradien.

Die ersten Ionenradien wurden von Wasastjerna (1923) unter Benutzung von Daten molarer Refraktionen berechnet. Unter Benutzung der Ionenradien Wasastjernas für F^- und O^{2-} ermittelte Goldschmidt [2.1] aus den interatomaren Abständen vieler Kristallstrukturen eine umfangreiche Liste von Ionenradien. Einen anderen Weg beschritt Pauling (1927) [2.5]. Er ging von der Annahme aus, dass der Radius R eines Ions einer Beziehung $R = C_n/(z-S)$ folgt; z ist die Ordnungszahl (Kernladung) des Ions. Die Größen C_n (die durch die Hauptquantenzahl n bestimmt sind) und S haben für isoelektronische Ionen den gleichen Wert. Hiermit lassen sich aus den bekannten interatomaren Abständen (Radiensummen) gleichfalls die einzelnen Ionenradien ermitteln, die dann als *univalente Radien* bezeichnet werden. Neben den älteren Werten von Goldschmidt und von Pauling fanden noch die von Ahrens [2.10] publizierten Ionenradien eine breitere Anwendung.

Heute werden vor allem die *effektiven Ionenradien* verwendet, die von Shannon und Prewitt [2.11] unter Verwertung von mehr als tausend interatomaren Abständen berechnet wurden. Sie gehen von einem Standardradius für das O^{2-}-Ion von 0,140 nm in [6]-Koordination aus. Die effektiven Ionenradien (sowie auch die kovalenten, metallischen und van-der-Waals-Radien) sind auf dem hinteren Vorsatzpapier in Verbindung mit dem Periodensystem der Elemente aufgeführt. Der konsequente Bezug auf den vorgegebenen, fixen O^{2-}-Standardradius bringt es mit sich, dass für die effektiven Ionenradien von H^+, N^{5+} und C^{4+} negative Werte erscheinen. Neben den effektiven Ionenradien gibt es noch die *Kristallradien*, die sich auf einen Standardradius für das F^--Ion von 0,119 nm in [6]-Koordination beziehen. Die Kristallradien ergeben sich um jeweils 0,014 nm größer als die effektiven Ionenradien.

Schließlich gibt es noch einen weiteren empirischen Zugang zu den Ionenradien: Wenn bei einer Kristallstrukturbestimmung die Elektronendichte auch in den Gebieten mit geringer Elektronendichte zwischen den Atomen sehr akkurat bestimmt wird (was wegen der Abbrucheffekte der betreffenden Fourier-Entwicklungen und anderer Fehlerquellen schwierig ist – vgl. Abschn. 5.1.9.), dann sollte die Elektronendichte entlang einer Verbindungslinie zwischen den Mittelpunkten zweier benachbarter Ionen durch ein Minimum gehen, das dem Wert 0 nahe kommt (Bild 2.13). Die Distanz zwischen diesem Minimum und dem Mittelpunkt des Ions wird als *empirischer Ionenradius* interpretiert. Wegen der experimentellen Schwierigkeiten kennt man erst wenige zuverlässige Werte, die recht gut mit den von Shannon und Prewitt übereinstimmen, während die Ionenradien (der Kationen) nach Goldschmidt und nach Pauling deutlich kleiner ausfallen (Bild 2.13).

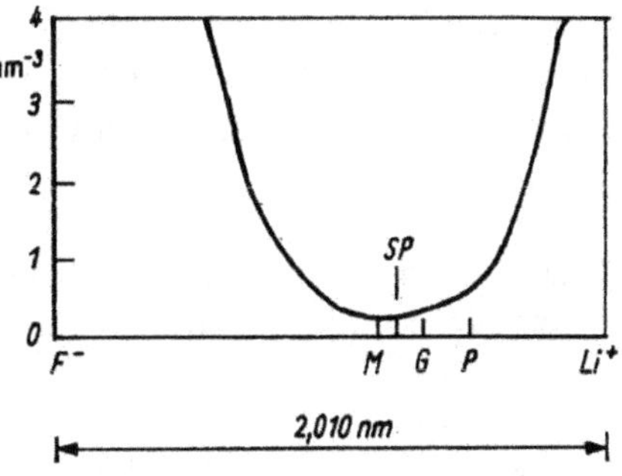

Bild 2.13. *Elektronendichte im* LiF *entlang der Verbindungslinie zwischen einem* F^-*-Ion und einem* Li^+*-Ion.*

M Minimum (entsprechend einem empirischen Ionenradius von 0,92 nm für Li^+); *SP* Ionenradius nach Shannon und Prewitt (0,88 nm); *G* Ionenradius nach Goldschmidt (0,78 nm); *P* Ionenradius nach Pauling (0,60 nm); *e* Elementarladung.

Ionenradien sind letztlich keine beliebig präzisierbaren, physikalischen Größen, sondern vielmehr ein bewährtes und tragfähiges Konzept zur Interpretation von Kristallstrukturen und nicht zuletzt ein wichtiges Hilfsmittel zu ihrer Bestimmung.

Bei der Anwendung der Ionenradien sind noch weitere Faktoren zu berücksichtigen. Es ist klar, dass bei Elementen mit mehreren Wertigkeitsstufen den Ionen der verschiedenen Ladungszustände (Wertigkeiten) auch unterschiedliche Ionenradien zukommen. Auch die Art der Liganden ist von Einfluss, was in der Unterscheidung von effektiven Radien (für O^{2-}-Liganden) und von Kristallradien (für F^--Liganden) zum Ausdruck kommt; für andere Liganden (Anionen) sind andere, spezifische Korrekturen zu berücksichtigen. Schließlich ist auch noch für die Koordination eine Korrektur erforderlich: Die Ionenradien auf dem hinteren Vorsatzpapier gelten – so wie angegeben – meist für die oktaedrische [6]-Koordination; in der [8]- und der [4]-Koordination verhalten sich die Radien wie $R[8] : R[6] : R[4] = 1{,}03 : 1 : 0{,}95$.

Der Vergleich der Ionenradien der chemischen Elemente (hinteres Vorsatzpapier) lässt einige charakteristische Trends erkennen:

Die Ionenradien der meisten Kationen sind kleiner als 0,1 nm, die der meisten Anionen hingegen größer als 0,1 nm; insbesondere beträgt der Ionenradius von O^{2-}, also des auf der Erde häufigsten Elementes, 0,140 nm. In den meisten Ionenkristallen, insbesondere auch in den wichtigsten gesteinsbildenden Mineralen, wird daher der überwiegende Volumenanteil von den Anionen eingenommen, während die Kationen nur Lückenpositionen in den Anionenpackungen besetzen.

Bei Kationen eines Elementes mit mehreren Wertigkeitsstufen nimmt der Ionenradius mit zunehmender Wertigkeit (Ladung) ab, z. B. $R\,(Cr^{2+}) > R\,(Cr^{3+}) > R\,(Cr^{6+})$.

Bei isoelektronischen Anionen haben die mit der größeren negativen Ladung (Wertigkeit) den größeren Ionenradius, z. B. $R(F^-) < R(O^{2-})$; $R(Cl^-) < R(S^{2-})$.

Innerhalb einer Gruppe des Periodensystems (also z. B. bei den Alkalimetallen, den Erdalkalimetallen, den Halogenen, den Chalkogenen etc.) wächst der Ionenradius mit steigender Ordnungszahl. Die Elektronenhülle wird also mit jeder besetzten Schale (Hauptquantenzahl n) größer.

Innerhalb einer Periode (des Periodensystems) nimmt der Ionenradius der Kationen mit steigender Ordnungszahl ab, z. B. $R(Na^+) > R(Mg^{2+}) > R(Al^{3+}) > R(Si^{4+}) > R(P^{5+}) > R(S^{6+}) > R(Cl^{7+})$. Das erklärt sich im angeführten Beispiel aus der Zunahme der Kernladung bei gleicher Elektronenanzahl. Aber auch bei gleichwertigen Ionen gibt es innerhalb einer Periode häufig eine Abnahme der Ionenradien, z. B. $R(Cr^{2+}) > R(Mn^{2+}) > R(Fe^{2+}) > R(Co^{2+}) > R(Ni^{2+}) > R(Cu^{2+})$, da die zunehmende Kernladung die Elektronenhülle pauschal etwas stärker an sich heranzieht. Dieser Effekt ist besonders deutlich in der Reihe der dreiwertigen Ionen der Lanthanoiden ausgeprägt: $R(La^{3+}) = 0{,}105$ nm, $R(Lu^{3+}) = 0{,}086$ nm und wird als *Lanthanoidenkontraktion* bezeichnet (einen ähnlichen Effekt gibt es in der Reihe der Actinoiden). Die Lanthanoidenkontraktion hat einen solchen Betrag, dass sie bei den nachfolgenden Gruppen die Zunahme des Ionenradius durch die Besetzung einer neuen Schale kompensiert: Zr^{4+} und Hf^{4+} sowie Nb^{5+} und Ta^{5+} haben praktisch den gleichen Ionenradius, was die Schwierigkeiten bei ihrer chemischen Trennung erklärt; in Mineralen können sich diese Ionen ohne weiteres ersetzen (geochemische Tarnung).

Im Periodensystem kann man ferner noch „Schrägbeziehungen" zwischen den Ionenradien feststellen: Beispielsweise haben die Ionenpaare $Li^+ - Mg^{2+}$; $Na^+ - Ca^{2+}$; $K^+ - Sr^{2+}$; $Be^{2+} - Al^{3+}$; $B^{3+} - Si^{4+}$; aber auch $O^{2-} - Cl^-$ u. a. ähnliche Ionenradien, was trotz der unterschiedlichen Wertigkeiten zu kristallchemischen Analogien führt.

Kovalente Radien. Der Versuch, die interatomaren Abstände auch bei kovalenten Verbindungen aus den betreffenden Ionenradien zusammenzusetzen, schlägt fehl. Hier gelten andere Abstandsbeziehungen, die durch ein Modell sich berührender, starrer Kugeln nur ungenügend zu beschreiben sind. So bilden die abgeschlossenen, edelgasartigen Schalen des Atomrumpfes einen „harten", kugelförmigen Kern mit einem steilen Abstoßungspotential. Die äußeren Elektronen liefern einen weiteren Beitrag zum Platzanspruch des Atoms in einer Kristallstruktur, wobei die bindenden Elektronenpaare zwischen den kovalent verbundenen Atomen eine Brücke in der Elektronendichte bilden. Der Abstand zwischen den kovalent verbundenen Atomen ist relativ klein, während zu den übrigen benachbarten Atomen ein größerer Abstand eingehalten wird. Diesen Gegebenheiten entsprechen Kalottenmodelle (vgl. Bild 2.35), wie sie als Molekülmodelle weit verbreitet sind. Der Radius der Kalottenkugeln wird als *Wirkungsradius* bezeichnet und ist deutlich größer als der halbe Abstand zwischen den kovalent verbundenen Atomen.

Das Problem besteht darin, die Abstände zwischen den Mittelpunkten kovalent verbundener Atome so in zwei Abschnitte zu teilen, dass man für die einzelnen Atome kovalente „Radien" erhält, mit denen man auch bei anderen Verbindungen die interatomaren Abstände durch Addition der betreffenden Radien berechnen kann.

Wir wollen die kovalenten Radien nur in Kristallstrukturen betrachten und auf Moleküle nicht eingehen. Für die Kristallstrukturen sind vor allem die in Tab. 2.5 aufgeführten Hybridorbitale mit ihrer spezifischen Geometrie wichtig. Von VAN VECHTEN und PHILLIPS [2.12] sind die tetraedrisch koordinierten Strukturen vom Sphalerit- und Wurtzittyp diskutiert worden. In diesen Strukturen bilden die sp^3-Hybridorbitale σ-Bindungen (im Sinne der Molekülorbitaltheorie); Effekte einer π-Bindung oder von freien Elektronenpaaren brauchen hier nicht berücksichtigt zu werden. Außerdem sind die Abstände zu den übernächsten Nachbarn relativ groß, so dass deren Einfluss zu vernachlässigen ist. Die kovalenten Radien dieser Strukturen folgen einer Beziehung $R_c = R(n)/z_{eff}$. Hierin ist z_{eff} die effektive Ladung des betreffenden Atomrumpfes für die Valenzelektronen (z_{eff} beträgt für C 5,7 *e*, für Si 9,85 *e*, für Ge 20,75 *e* und für Sn 22,25 *e*; *e* Elementarladung). $R(n)$ ist ein von der Hauptquantenzahl *n* abhängiger Parameter:

$$R(n) = n^2 z^{C}_{eff} / z_{eff}\, 4a_0$$

mit $z^{C}_{eff} = 5{,}7\, e$ als effektiver Ladung des Kohlenstoffrumpfes; $4a_0$ ist ein einstellbarer, konstanter Parameter. Die nach dieser Methode abgeleiteten kovalenten Radien (hinteres Vorsatzpapier) geben durch Addition die Atomabstände mit einer Genauigkeit von 1 % wieder.

Metallische Radien. Die Radien in metallischen Strukturen (auch als Atomradien bezeichnet) lassen sich unmittelbar aus den betreffenden metallischen Elementstrukturen (Kugelpackungen) ableiten, indem man die Abstände zwischen den Mittelpunkten benachbarter Metallatome halbiert. Sie wurden bereits von GOLDSCHMIDT [2.13] abgeleitet und später von LAVES [2.14] ergänzt (hinteres Vorsatzpapier). Es zeigt sich, dass die metallischen Radien mit der Koordination variieren und (wie auch die anderen Radien) mit geringerer Koordination kleiner werden. Die Radien in den verschiedenen Koordinationen verhalten sich wie $R[12] : R[8] : R[6] : R[4] = 1 : 0{,}97 : 0{,}96 : 0{,}88$. Abweichungen hiervon gibt es vor allem bei den Metallstrukturen der B-Elemente. Meist wird der Radius für die [12]-Koordination (entsprechend den dichtesten Kugelpackungen) angegeben.

Eine vergleichende Übersicht über die metallischen Radien zeigt folgendes: Die Metallradien sind wesentlich größer als die betreffenden Ionenradien und auch größer als die kovalenten Radien. Die Alkalimetalle haben die weitaus größten Radien. Innerhalb einer Periode nimmt der Radius mit steigender Ordnungszahl bei den A-Metallen ab und bei den B-Metallen wieder leicht zu. Innerhalb der Gruppen steigen die Metallradien mit der Hauptquantenzahl. Allerdings kompensiert auch hier die Lanthanoidenkontraktion in den nachfolgenden Gruppen den Anstieg, der sonst beim Übergang von der sechsten zur siebenten Periode zu erwarten wäre.

VAN-DER-WAALS-Radien. In Molekülkristallen und in Edelgaskristallen können die Abstände zwischen nächsten, nicht miteinander verbundenen Atomen durch VAN-DER-WAALS-Radien

(Molekülradien) beschrieben werden. Sie entsprechen den Wirkungsradien der Kalottenmodelle. Nach BONDI [2.15] folgen diese Radien einer Beziehung $R_W = c\lambda_{Br}$ mit c als einer durch die Gruppe im Periodensystem bestimmten Konstante, die Werte zwischen 0,48 und 0,61 annimmt, und der DE-BROGLIE-Wellenlänge des äußeren Valenzelektrons $\lambda_{Br} = h\sqrt{m_e I_0}$ (h PLANCKsches Wirkungsquantum, m_e Elektronenmasse, I_0 erstes Ionisierungspotential des betreffenden Elements). Unter Zusammenfassung der Konstanten erhält man $R_W = k\sqrt{I_0}$. Die so ermittelten Radien (hinteres Vorsatzpapier) führen zu einer guten Übereinstimmung mit den beobachteten intermolekularen Abständen.

2.5. Systematische Kristallchemie

Eine wichtige Aufgabe der Kristallchemie ist es, die beobachteten Kristallstrukturen systematisierend zu beschreiben. Dabei geht es nicht nur darum, die große Anzahl der bekannten und neu bestimmten Kristallstrukturen zu katalogisieren, sondern es sollen auch die Beziehungen zwischen chemischer Zusammensetzung, chemischer Bindung, Geometrie und Symmetrie der Kristallstruktur und physikalischen Eigenschaften deutlich werden. Eine vergleichende Struktursystematik sollte es außerdem ermöglichen, kristallchemische Homologien abzuleiten und Voraussagen zur Struktur und zu den Eigenschaften bei der Synthese neuer Verbindungen zu treffen.

Eine systematische Beschreibung der Kristallstrukturen kann auf verschiedene Weise erfolgen. Die formale Struktursystematik klassifiziert die Strukturen nach ihrem Strukturtyp. Zwei kristalline Stoffe haben den gleichen Strukturtyp, wenn sie zur selben Raumgruppe gehören und die Atome in der Elementarzelle die gleichen Punktlagen besetzen. Man bezeichnet solche Kristallstrukturen als *isotyp* und spricht von *Isotypie*. Die Stöchiometrie isotyper Verbindungen muss übereinstimmen. Hingegen spielen die Art der chemischen Bestandteile, der Charakter der chemischen Bindung, die Abstände zwischen den Atomen usw. bei dieser Klassifizierung keine Rolle. Es ist üblich, einen Strukturtyp nach einem chemischen Element, einer Verbindung oder einem Mineral zu benennen, die diese Struktur aufweisen. Beispiele dafür sind die schon oft genannte NaCl- oder Halitstruktur, in der sehr viele AB-Verbindungen mit unterschiedlichem Bindungscharakter, wie Metallhalogenide, -oxide oder -sulfide, kristallisieren, ferner die CaF_2- oder Fluoritstruktur, die Diamantstruktur, die Cäsiumchloridstruktur, die Calcitstruktur, die Olivinstruktur etc. Man wählt also den Namen oder das chemische Symbol eines kristallinen Stoffes mit dieser Struktur, bzw. bei einem Mineral den Mineralnamen zur Benennung des Strukturtyps.

Eine andere Bezeichnungsweise für Strukturtypen ist die Nomenklatur der Strukturberichte. Sie besteht aus einem lateinischen Großbuchstaben, der die Art der chemischen Verbindung symbolisiert, und einer nachgestellten Zahl für den einzelnen Strukturtyp darin. Folgende Buchstaben werden verwendet: A für Strukturtypen der Elemente, B für Strukturtypen mit der Stöchiometrie AB, C für Strukturtypen mit der Stöchiometrie AB_2, D für Strukturtypen mit Stöchiometrien A_mB_n (wobei zur Kennzeichnung der Stöchiometrie noch eine Zahl nachgestellt wird), E für Strukturtypen ternärer Verbindungen, F, G, H, I und K für Strukturtypen mit Radikalen, L für Strukturtypen von Legierungen und S für Strukturtypen von Silikaten. Tabelle 2.6 bringt eine Auswahl von Strukturtypen mit den Symbolen der Strukturberichte. Die etwas willkürlich anmutende Nummerierung in dieser Symbolik erklärt sich aus der zeitlichen Reihenfolge, in der die Kristallstrukturen bestimmt wurden.

Zwei Kristallstrukturen, die in wesentlichen Zügen übereinstimmen, jedoch die obige Definition der Isotypie nicht streng erfüllen, bezeichnet man als *homöotyp*. Der Begriff der *Homöotypie* ist nicht streng definiert und beinhaltet eine weitgehende Analogie des Bauplanes der Kristall-

Tabelle 2.6. *Strukturtypen nach der Nomenklatur der Strukturberichte (Auswahl).*

Typ	Vertreter	
A1	Kupfer	
A2	Wolfram	
A3	Magnesium	
A4	Diamant	
A5	Zinn (weiß)	
A7	Arsen	
A8	Selen	
A9	Graphit	
A14	Iod	
B1	Halit NaCl	
B2	Caesiumchlorid CsCl	
B3	Sphalerit	} ZnS
B4	Wurtzit	
B8	Nickelin NiAs	
C1	Fluorit CaF_2	
C2	Pyrit FeS_2	
C3	Cuprit Cu_2O	
C4	Rutil TiO_2	
C6	Cadmiumiodid CdI_2	
C7	Molybdänit MoS_2	
C8	Quarz	
C9	Cristobalit	} SiO_2
C10	Tridymit	
C14	$MgZn_2$	
C15	$MgCu_2$	
C36	$MgNi_2$	
$D0_2$	Skutterudit $CoAs_3$	
$D5_1$	Korund Al_2O_3	
$D5_8$	Antimonit Sb_2S_3	
$E1_1$	Chalkopyrit $CuFeS_2$	
$E2_1$	Perowskit $CaTiO_3$	
$E2_2$	Ilmenit $FeTiO_3$	
$G0_1$	Calcit	} $CaCO_3$
$G0_2$	Aragonit	
$H0_1$	Anhydrit $CaSO_4$	
$H0_2$	Baryt $BaSO_4$	
$H1_1$	Spinell $MgAl_2O_4$	
$H4_6$	Gips $CaSO_4 \cdot 2\,H_2O$	
$H5_7$	Apatit $Ca_5(OH)\|(PO_4)_3$	
$L1_0$	CuAu	
$L1_2$	Cu_3Au	
$S1_1$	Zirkon	
$S1_2$	Olivin	
$S4_1$	Diopsid	
$S4_3$	Enstatit	
$S5_1$	Muskovit	

strukturen. Die Diskussion von Homöotypie-Beziehungen gestattet die Beschreibung kristallstruktureller Verwandtschaften und die Ableitung von Kristallstrukturen durch gewisse Veränderungen bzw. Abwandlungen des Grundtyps (Prototyps) einer Struktur, z. B. durch Verschiebungen der Atompositionen („Verzerrungen“) oder Änderungen der Stöchiometrie, wodurch sich die Symmetrie und somit die Raumgruppe der Kristallstruktur ändern.

Eine andere Systematik der Kristallstrukturen stellt die kristallchemischen Beziehungen in den Vordergrund. Nach einer allgemein anerkannten Systematik der Minerale auf kristallchemischer Grundlage (H. STRUNZ) werden diese in neun Klassen gegliedert: Elemente und intermetallische Phasen (sowie Carbide, Nitride, Phosphide), Sulfide (sowie Selenide, Telluride, Arsenide, Antimonide, Wismutide), Halogenide, Oxide (sowie Hydroxide), Nitrate (sowie Carbonate, Borate), Sulfate (sowie Chromate, Molybdate, Wolframate), Phosphate (sowie Arsenate, Vanadate), Silikate und schließlich organische Stoffe. Diese Systematik lässt sich in erweiterter Form auch auf die anderen chemischen Verbindungen anwenden, wobei deren Anzahl gegenüber den rund dreitausend Mineralarten weitaus größer ist. Ein spezieller Strukturtyp kann nach dieser Systematik in verschiedenen Klassen vorkommen, so z. B. die NaCl-Struktur sowohl bei den Halogeniden (NaCl, KCl, AgBr), den Sulfiden (PbS, EuSe, SnTe), den Oxiden (MgO, CdO) als auch bei TiN, ZrC und LiH etc.

In den folgenden Abschnitten wird ein Überblick über die Grundtypen sowie eine Auswahl von häufiger vorkommenden Kristallstrukturen gegeben, wobei die Homöotypie-Beziehungen betont werden und nach folgender Gliederung vorgegangen wird:

- Kristallstrukturen mit vorwiegend metallischer Bindung,
- Kristallstrukturen mit ionarer und kovalenter Bindung,
- Molekülstrukturen.

Zuvor seien noch einige weitere Begriffe kurz erläutert, die für die Entwicklung der Kristallchemie eine wichtige Rolle gespielt haben:

Als *Polymorphie* bezeichnet man das Auftreten verschiedener Kristallstrukturen bei einem chemischen Element oder einer Verbindung. Von Schwefel, Bor oder SiO_2 sind zahlreiche polymorphe Modifikationen bekannt, die zu verschiedenen Strukturtypen gehören und in Abhängigkeit von den thermodynamischen Zustandsbedingungen (Temperatur, Druck) in Erscheinung treten. In kristallchemischer Hinsicht gibt es nach BUERGER [2.16] vier charakteristische Typen von strukturellen Unterschieden zwischen polymorphen Modifikationen:

- Unterschiede im Ordnungsgrad (ungeordnet statistische oder geordnete Verteilung verschiedener Atomsorten auf äquivalenten Positionen einer Kristallstruktur unter Bildung von Überstrukturen). Beispiele: Cu-Au (Legierung); $KAlSi_3O_8$ (Sanidin, monoklin – Mikroklin, triklin); Cu_2FeSnS_4 (Isostannin, kubisch – Stannin, tetragonal).
- Unterschiede in der zweiten Koordinationssphäre. Beispiele: ZnS (Sphalerit – Wurtzit); SiO_2 (Quarz – Coesit).
- Unterschiede in der ersten Koordinationssphäre. Beispiele: $CaCO_3$ (Calcit – Aragonit); SiO_2 (Coesit – Stishovit).
- Unterschiede im Bindungscharakter. Beispiel: Kohlenstoff C (Graphit – Diamant).

Als *Isomorphie* bezeichnet man eine so weitgehende kristallchemische Verwandtschaft von Kristallphasen, dass zwischen ihnen eine lückenlose Mischbarkeit besteht. Isomorphe Phasen sind meist auch isotyp. Die gegenseitige Austauschbarkeit verschiedener Atom- bzw. Ionensorten in einer Kristallphase wird als *Diadochie* bezeichnet. Beide Phänomene führen zur Bildung von *Mischkristallen.* In kristallchemischer Hinsicht unterscheidet man drei Arten von Mischkristallen (wobei Isomorphie an die erste Art gebunden ist):

- *Substitutionsmischkristalle*, bei denen sich die betreffenden Atome auf äquivalenten Positionen in der Kristallstruktur gegenseitig ersetzen. Beispiele: Cu-Au (Legierung) sowie $(Mg,Fe)_2\,[SiO_4]$ (Olivin).
- *Additionsmischkristalle* (Einlagerungsmischkristalle), bei denen Atome mit hinreichend kleinen Radien in Lücken bzw. auf Zwischengitterplätze eingelagert werden. Beispiel: Fe-C (Stahl).
- *Subtraktionsmischkristalle*, bei denen ein Teil der Positionen in der Kristallstruktur nicht besetzt wird. Beispiel: $Fe_{1-x}S$ (Pyrrhotine).

Durch die Bildung von Mischkristallen entstehen im allgemeinen nichtstöchiometrische chemische Verbindungen (sog. Bertholide, im Gegensatz zu den stöchiometrischen Daltoniden).

2.5.1. Kristallstrukturen mit metallischer Bindung

Betrachtet man das Periodensystem der Elemente (hinteres Vorsatzpapier), so ist festzustellen, dass der weit überwiegende Teil der Elemente unter normalen Bedingungen von Druck und Temperatur in Form von Metallen vorliegt, d. h. Strukturen mit metallischer Bindung bildet. Nur wenige Elemente (im rechten oberen Bereich des Periodensystems) sind Nichtmetalle. Auch der größte Teil aller denkbaren binären und polynären Kombinationen von Elementen lässt Strukturen mit überwiegend metallischem Bindungscharakter erwarten. Die Einteilung des Periodensystems in Gruppen, in der sich die Grundzüge der Elektronenkonfiguration widerspiegeln, bringt nicht nur chemische, sondern auch kristallchemische Homologie-Beziehungen zum Ausdruck. Häufig werden die einzelnen Gruppen noch zu größeren Abteilungen zusammengefasst (vgl. hinteres Vorsatzpapier). So bezeichnet man die Elemente der Gruppen Ia und IIa als A-Metalle; sie haben einen besonders unedlen Charakter, d. h. ein niedriges Ionisierungspotential. Die Elemente der Gruppen IIIa bis Ib einschließlich der Lanthaniden und Actinoiden werden als T-Metalle bezeichnet (engl. *transition metals* – Übergangsmetalle, ursprünglich *true metals* – echte Metalle). Alle übrigen Gruppen, die Gruppe der Edelgase ausgenommen, bilden die B-Elemente, zu denen sowohl Metalle als auch die Nichtmetalle gehören. Man unterscheidet noch die B_1-Elemente der Gruppen IIb und IIIb von den B_2-Elementen der Gruppen IVb bis VIIb.

Eine andere Einteilung bezeichnet die Elemente der Gruppen Ia bis IIIa als stark unedle Metalle, die der Gruppen IVa bis Ib als Übergangsmetalle. Alle genannten Metalle werden auch als Metalle I. Art, die verbleibenden (d. h. die B-Metalle) als Metalle II. Art bezeichnet und zusammen von den Nichtmetallen unterschieden.

Die Elemente der Gruppe Ia bezeichnet man als Alkalimetalle, die der Gruppe IIa als Erdalkalimetalle, die der Gruppe IIIa als Erdmetalle, die der Gruppe VIIb als Halogene, die der Gruppe VIb als Chalkogene, die der Gruppe Vb (vornehmlich in älterer Literatur) als Pnictogene, die Verbindungen der letzteren als Halogenide, Chalkogenide bzw. Pnictide.

2.5.1.1. Kristallstrukturen metallischer Elemente

Entsprechend dem im Abschn. 2.3.3. behandelten Charakter der metallischen Bindung, die durch eine ungerichtete Anziehung zwischen den als kugelförmig anzunehmenden Metallatomen gekennzeichnet ist, bilden die Kristallstrukturen der Metalle möglichst dichte Kugelpackungen und kristallisieren zum weitaus überwiegenden Teil in einer der folgenden drei Grundtypen:

- kubisch dichteste Kugelpackung (Kupferstruktur oder A1-Struktur; Bild 2.1),
- hexagonal dichteste Kugelpackung (Magnesiumstruktur oder A3-Struktur; Bild 2.2),
- kubisch innenzentrierte Kugelpackung (Wolframstruktur oder A2-Struktur).

Einige Metalle bilden polymorphe Modifikationen, deren Eigenschaften sich z. T. deutlich unterscheiden. Technisch bedeutsam ist die Polymorphie des Eisens und damit im Zusammenhang das Legierungsverhalten des Systems Eisen-Kohlenstoff: Das δ-Eisen (oberhalb 1390 °C) und das α-Eisen (unterhalb 910 °C) haben die Wolframstruktur, das γ-Eisen (910...1390 °C) hat die Kupferstruktur. Das γ-Eisen vermag Kohlenstoff in Form von Additionsmischkristallen aufzunehmen, wobei bis zu fast einem Zehntel der oktaedrischen Lücken besetzt werden können. Im α-Eisen kann Kohlenstoff hingegen nur in sehr geringem Maße (bis zu 0,1 Atom-%) auf Positionen mit [4]-Koordination additiv eingelagert werden.

Metalle können miteinander im beträchtlichen Umfang Substitutionsmischkristalle bilden. Günstige Voraussetzungen hierfür sind Isotypie und nicht zu große Unterschiede in den Atomradien. Beispielsweise haben Kupfer und Gold aus der Ib-Gruppe die gleiche Kristallstruktur und auch ähnliche metallische Atomradien (Cu: 0,128 nm; Au: 0,144 nm). Sie bilden eine lückenlose Mischkristallreihe. Reines Kupfer hat eine Gitterkonstante von 0,3615 nm, reines Gold eine solche von 0,4078 nm. Die Gitterkonstanten der Cu-Au-Mischkristalle liegen dazwischen, wobei sich ihr Wert linear mit der Zusammensetzung ändert. Diese lineare Beziehung ist auch bei vielen anderen Mischkristallsystemen zu beobachten und wird als *VEGARDsche Regel* bezeichnet. Bei genauen Messungen der Gitterkonstanten zeigen sich allerdings kleine charakteristische Abweichungen vom streng linearen Verlauf (Bild 2.14). Abweichungen zu höheren Werten, wie bei den Systemen Cu-Au und Cu-Pd, deuten darauf hin, dass die Bindungskräfte zwischen verschiedenen Atomen schwächer sind als zwischen gleichen Atomen; bei negativen Abweichungen, wie bei den Systemen Ag-Au, Ag-Pd und Cu-Ni, sind die Bindungskräfte zwischen verschiedenen Atomen stärker als zwischen gleichen Atomen.

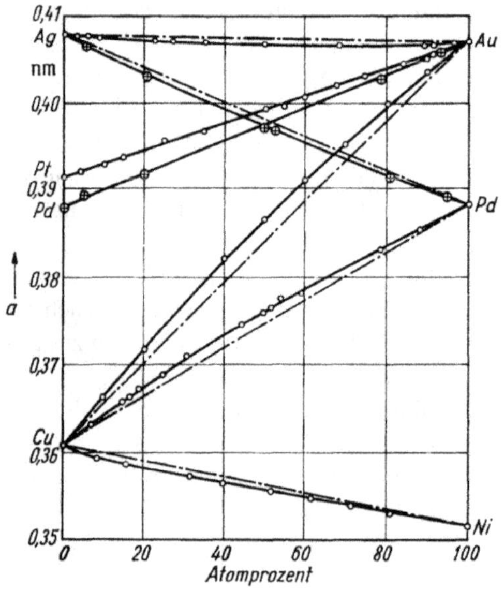

Bild 2.14. *Gitterkonstanten binärer metallischer Mischkristalle.*

Die strichpunktierten Linien entsprechen einer linearen Abhängigkeit von der Zusammensetzung.

Bei Cu-Au-Mischkristallen kann es durch Ordnungsvorgänge zur Bildung von *Überstrukturen* kommen, einer Erscheinung, die auch bei vielen anderen Mischkristallsystemen zu beobachten ist: Bei geringen Goldgehalten im Kupfer besetzen die Goldatome statistisch Positionen der Kupferatome; die Wahrscheinlichkeit, auf einer bestimmten Position in der Struktur ein Goldatom anzutreffen, entspricht dem gegebenen Mischungsverhältnis Cu : Au. Bei hohen Temperaturen gilt das für alle Mischungsverhältnisse Cu : Au der lückenlosen Mischkristallreihe. Bei schneller Abkühlung bleibt diese statistisch regellose Verteilung der Atome erhalten, nicht aber beim Tempern eines Mischkristalls mittlerer Zusammensetzung bei etwa 420 °C: Hier stellt sich in der Verteilung der Cu- und Au-Atome eine bestimmte Ordnung in der Weise ein, dass die Cu-Atome einerseits und die Au-Atome andererseits bevorzugt die Positionen in abwechselnd aufeinander folgenden Schichten (senkrecht zu einer der drei kubischen Achsen) einnehmen. Bei der Zusammensetzung Cu : Au = 1 : 1 ist diese Ordnung vollkommen (Bild 2.15). Derart geordnete Strukturen von Mischkristallen bezeichnet man als Überstrukturen. Eine weitere Überstruktur im System Cu-Au bildet sich bei einem Mischungsverhältnis von 3 : 1, die Cu_3Au-Überstruktur (Bild 2.16).

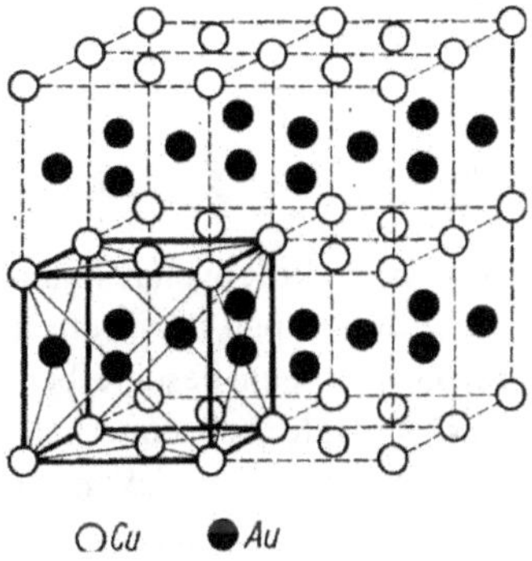

Bild 2.15. CuAu-*Struktur.*

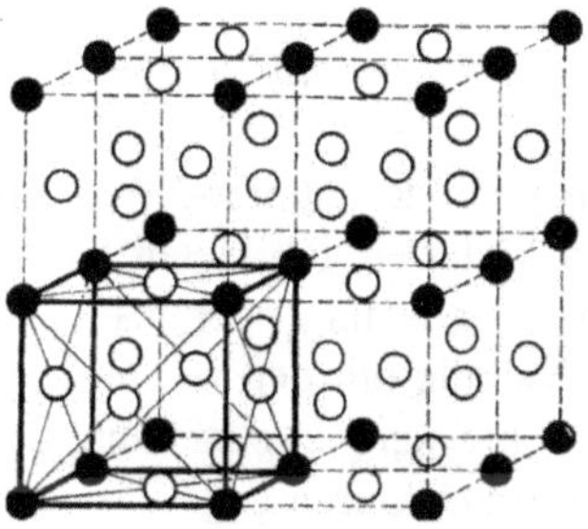

Bild 2.16. Cu_3Au-*Struktur*

Betrachten wir die Symmetrie dieser Überstrukturen: Die CuAu-Überstruktur ist nicht mehr kubisch wie die ungeordnete Phase, sondern tetragonal mit einem Achsenverhältnis c/a = 0,932. Die Cu_3Au-Überstruktur ist kubisch, jedoch mit einem anderen Translationsgitter. Die gegenüber der ungeordneten Struktur verminderte Symmetrie von Überstrukturen führt bei der Beugung von Röntgenstrahlen zum Auftreten von zusätzlichen schwachen Reflexen im Röntgendiagramm, den Überstrukturreflexen oder Überstrukturlinien (vgl. Abschn. 5.1.5.).

Auch die physikalischen Eigenschaften sind bei Mischkristallen mit geordneter gegenüber denen mit statistischer Verteilung der Komponenten unterschiedlich. Beispielsweise ist die geordnete CuAu-Phase weich und dehnbar, wie es die reinen Metalle sind. Die ungeordnete Phase ist härter und spröde. Härte, Zugfestigkeit und Elastizitätsgrenze nehmen mit der Ordnung ab. Die elektrische Leitfähigkeit und die diamagnetische Suszeptibilität nehmen mit der Ordnung zu.

Weitere Beispiele von Überstrukturen bietet das Legierungssystem Eisen-Aluminium. Die kubisch innenzentrierte Struktur des α-Fe (Wolframstruktur) ist im Bild 2.17 in der Form wiedergegeben, dass vier Atompositionen a, b, c und d unterschiedlich gekennzeichnet sind. Bei einem Einbau von Aluminium verteilen sich die Al-Atome (bis zu rd. 19 Atom-%) statistisch auf diese vier Positionen. Bei höheren Gehalten besetzen die Al-Atome bevorzugt die b-Positionen. Die bei einem Verhältnis Fe : Al = 3 : 1 resultierende Überstruktur wird auch als Fe_3Al-Struktur ausgewiesen. Weitere Al-Atome besetzen dann bevorzugt die d-Positionen. Die bei einem Verhältnis Fe : Al = 1 : 1 erreichte Überstruktur entspricht der CsCl-Struktur (Bild 2.38). Höhere Al-Gehalte lassen sich nicht in diese Struktur einbauen, denn α-Eisen (Wolframstruktur) und Aluminium (Kupferstruktur) sind heterotyp und nur partiell mischbar.

Bei der Diskussion von Ordnungsphänomenen in Mischkristallen hat man zwischen *Nahordnung* und *Fernordnung* zu unterscheiden. Die Nahordnung ist durch die Wahrscheinlichkeit gekennzeichnet, mit der die einem Atom benachbarten Positionen in der Struktur durch die verschiedenen Komponenten besetzt werden. Wenn diese Wahrscheinlichkeit vom statistisch zu erwartenden Wert abweicht, muss das nicht notwendig auch eine Fernordnung bedeuten. Bei einer Überstruktur handelt es sich um eine Fernordnung, d. h., die durch den Überstrukturtyp vorgesehene Ordnung bzw. erhöhte Besetzungswahrscheinlichkeit bestimmter Positionen erstreckt sich über makroskopische Bereiche.

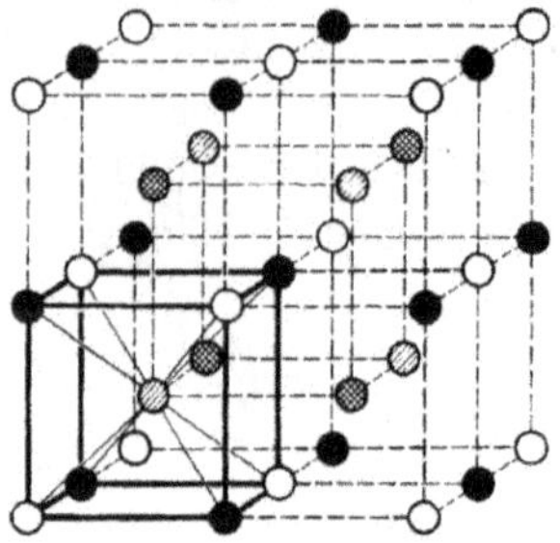

Bild 2.17. *Strukturen im System* Fe-Al *(vgl. Text).*

Die drei Strukturtypen der Kupfer-, Wolfram- und Magnesiumstruktur sind die weitaus häufigsten der von den Metallen gebildeten Kristallstrukturen. Weitere Strukturtypen der Metalle lassen sich als eine Verzerrung oder als Fehlbesetzung dieser drei Grundtypen beschreiben. Schon die meisten Metalle mit der Magnesiumstruktur weisen nicht das ideale Achsenverhältnis der hexagonal dichtesten Kugelpackung $c/a = 1{,}633$ auf, sondern weichen etwas davon ab. Überwiegend sind die Strukturen gegenüber der idealen hexagonal dichtesten Kugelpackung in Richtung der hexagonalen c-Achse etwas gestaucht, wie beim Magnesium ($c/a = 1{,}623$), Rhenium ($c/a = 1{,}615$) oder Zirkonium ($c/a = 1{,}593$). Im Gegensatz dazu sind die Strukturen von Zink und Cadmium mit einem Achsenverhältnis $c/a = 1{,}856$ bzw. 1,886 beträchtlich in Richtung der c-Achse gestreckt. Dadurch haben z. B. die Zn-Atome zu den nächsten Nachbaratomen innerhalb einer hexagonalen Schicht (Bild 2.2) einen Abstand von 0,266 nm, zu den je drei Nachbaratomen in der Schicht darüber und der darunter jedoch einen solchen von 0,291 nm, so dass die [12]-Koordination in eine [6 + 6]-Koordination mit einer Abstandsdifferenz von fast 10 % aufspaltet.

Die Struktur des Quecksilbers (das bei –39 °C kristallisiert) lässt sich als eine verzerrte kubisch dichteste Kugelpackung beschreiben, die in Richtung einer Raumdiagonalen der Elementarzelle gestreckt ist (Bild 2.3), so dass eine trigonale (rhomboedrische) Struktur entsteht. Die [12]-Koordination geht wieder in eine [6 + 6]-Koordination über. Jedes Hg-Atom hat sechs nächste Nachbarn im Abstand von 0,300 nm und sechs weitere im Abstand von 0,347 nm. Die Struktur des Indiums kann gleichfalls als eine verzerrte kubisch dichteste Kugelpackung beschrieben werden, die in Richtung einer Achse etwas gestreckt ist, so dass eine tetragonale Struktur mit einem Achsenverhältnis $c/a = 1{,}08$ entsteht. Die Struktur des α-Mangan (Tieftemperaturmodifikation) lässt sich durch Fehlbesetzung aus der kubisch innenzentrierten Kugelpackung (Wolframstruktur) ableiten. Hierbei entsteht eine gleichfalls kubische Elementarzelle, die aus $3^3 = 27$ Elementarzellen der Wolframstruktur zusammengesetzt ist, in der jedoch (wie hier nicht näher ausgeführt) 20 Atome eine andere Position einnehmen und zusätzlich noch vier Atome eingefügt sind, so dass diese Elementarzelle 58 Mn-Atome enthält.

Die Strukturen der Elemente Arsen, Antimon und Wismut wie auch einer Hochdruckmodifikation des Phosphors lassen sich aus der kubisch primitiven Kugelpackung (in der das α-Polonium kristallisiert) ableiten. Durch eine Verzerrung dieser Struktur in Richtung einer Raumdiagonalen der Elementarzelle spaltet die oktaedrische [6]-Koordination in eine [3 + 3]-Koordination auf. Die Abstandsdifferenzen und die Bindungswinkel nehmen mit fallender Ordnungszahl zu (Tab. 2.7), worin ein wachsender kovalenter Bindungsanteil zum Ausdruck kommt. Die kürzesten Abstände repräsentieren die stärksten Bindungen, durch die die Atome jeweils zu einer gewellten Schicht verbunden sind. Die Arsenstruktur kann deshalb auch als eine Schichtstruktur mit [3]-

Koordination beschrieben werden, wobei die Atome in den Schichten gewinkelte Sechserringe bilden (Bild 2.18).

Tabelle 2.7. *Elemente des Arsen-Strukturtyps.*

	Bindungswinkel	d_1 / nm	d_2 / nm	$(d_2 - d_1) / d_1$
α-Polonium	90°	0,336	0,336	0 %
Wismut	95°	0,310	0,347	12 %
Antimon	96°	0,287	0,337	17 %
Arsen	97°	0,251	0,315	25 %
Phosphor (> 8300 MPa)	104,5°	0,213	0,327	54 %

d_1 Abstand zu nächsten Nachbarn; d_2 Abstand zu zweitnächsten Nachbarn.

Eine Schichtstruktur mit [3]-Koordination besitzt auch der Graphit, die unter normalem Druck stabile Modifikation des Kohlenstoffs (Bild 2.19). Die Schichten sind eben, und die Atome in den Schichten bilden ebene Sechserringe. Die Abstände zwischen nächsten Nachbarn entsprechen mit 0,142 nm denen in aromatischen organischen Verbindungen und weisen auf einen stark kovalenten Bindungscharakter hin. Die Bindung zwischen benachbarten C-Atomen in einer Schicht ist jeweils eine σ-Bindung, die aus einer sp^2-Hybridisierung der C-Atome resultiert, die die ebene Anordnung der Atome mit Bindungswinkeln von 120° bewirkt (vgl. Tab. 2.5). Jedes C-Atom betätigt so drei σ-Bindungen, in die je eines der vier äußeren Elektronen eintritt; das vierte der äußeren Elektronen verbleibt in einem p-Orbital, das senkrecht zur Schicht gerichtet ist. Diese p-Orbitale der einzelnen Atome überlappen sich und führen zu π-Molekülorbitalen, die die Schichten gleichsam bedecken und den teilweise metallischen Bindungscharakter des Graphits bedingen. Die Beweglichkeit der π-Elektronen bewirkt die gute elektrische Leitfähigkeit des Graphits parallel zu den Schichten, die um einen Faktor 10^5 größer ist als senkrecht zu den Schichten.

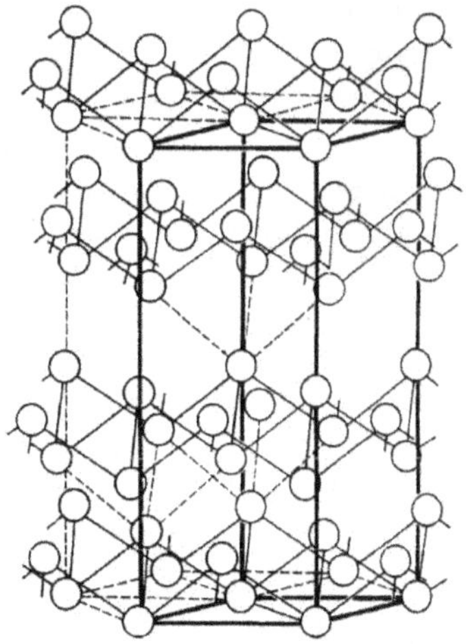

Bild 2.18. *Kristallstruktur von Arsen.*

A bzw. *α*, *B* bzw. *β*, *C* bzw. *γ* bezeichnen die Positionen der Schichten (vgl. Text zu den ZnS-Strukturen S. 151).

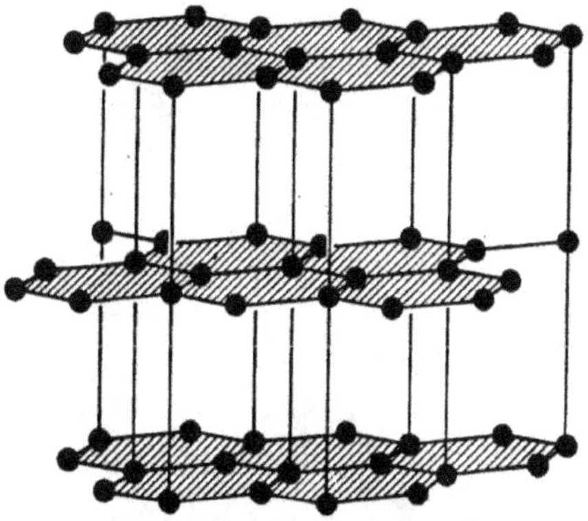

Bild 2.19. *Kristallstruktur von Graphit.*

Der Zusammenhalt zwischen den Schichten beruht nur auf schwachen Restbindungen, was die sehr geringe Härte des Graphits erklärt. Bei der Aufeinanderfolge der Schichten sind verschiedene Stapelfolgen möglich – analog zu den dichtesten Kugelpackungen. Bild 2.19 zeigt den Strukturtyp

2H mit der Schichtfolge ABAB ...; er ist durch eine Identitätsperiode von zwei Schichten und hexagonale Symmetrie gekennzeichnet. Daneben gibt es den Strukturtyp 3R mit der Stapelfolge ABCABC ..., einer Identitätsperiode von drei Schichten und rhomboedrischer Symmetrie.

Einen interessanten Strukturtyp findet man beim Tellur und beim isomorphen Selen. Beide Elemente gehören zur Gruppe VIb im Periodensystem (Chalkogene), und zwei ihrer äußeren Elektronen befinden sich ungepaart in p-Orbitalen, so dass jedes Atom zwei kovalente Bindungen eingehen kann. Das führt zu einer Bildung von (verwiegend kovalent gebundenen) Ketten. Dabei bedingen die p-Orbitale den einzelnen Atomen Bindungswinkel von 102° beim Tellur bzw. 105° beim Selen, so dass die Ketten einen gewinkelten Verlauf mit der Symmetrie einer dreizähligen Schraubenachse haben (Bild 2.20). In einem Kristall sind die Ketten entweder alle rechtssinnig oder alle linkssinnig gewunden (entsprechend einer 3_1- oder einer 3_2-Schraubenachse), so dass es enantiomorphe Formen gibt. Der Zusammenhalt zwischen den Ketten wird durch Restbindungen bewirkt. Ein Atom hat jeweils zwei nächste Nachbarn in der eigenen Kette mit dem Abstand d_1 und vier zweitnächste Nachbarn in benachbarten Ketten mit dem Abstand d_2. Die Abstände verhalten sich beim Tellur wie $d_1 : d_2 = 1 : 1{,}2$, sind also nicht sehr unterschiedlich. Dadurch kommt es zu einer stärkeren elektronischen Kopplung zwischen den Ketten, die den ausgeprägten metallischen Charakter des Tellurs erklärt.

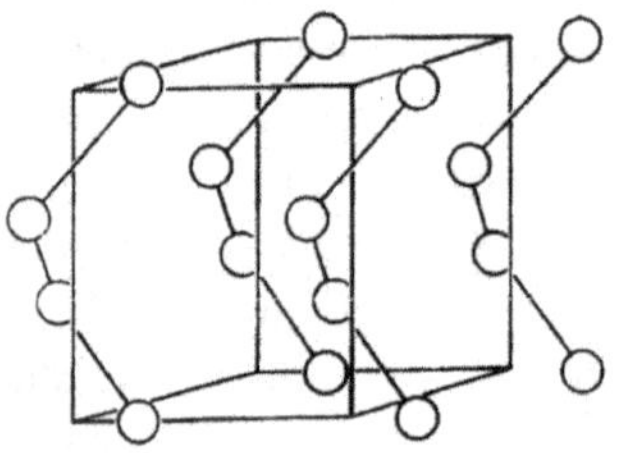

Bild 2.20. *Kristallstruktur von Selen (trigonal).*

Erwähnt seien schließlich noch die Kristallstrukturen von Bor, das eine Vielzahl polymorpher Modifikationen aufweist. Grundmotiv dieser Strukturen sind Gruppen von 12 Boratomen, die die Ecken eines Ikosaeders besetzen und so annähernd kugelförmige Baueinheiten bilden. Im einfachsten Fall der R^{12}-Struktur sind diese Ikosaeder analog einer kubisch dichtesten Kugelpackung aneinandergelagert, die etwas verzerrt ist, so dass eine rhomboedrische Symmetrie resultiert (Bild 2.21). Weitere Strukturtypen entstehen, indem die Ikosaedergruppen durch zusätzliche Boratome verknüpft werden. Eine solche Verknüpfung kann auch durch eine Einlagerung von Metallatomen bewirkt werden, was zu Bor-Metall-Verbindungen mit extremen stöchiometrischen Verhältnissen (NiB_{50}; YB_{66}) führt.

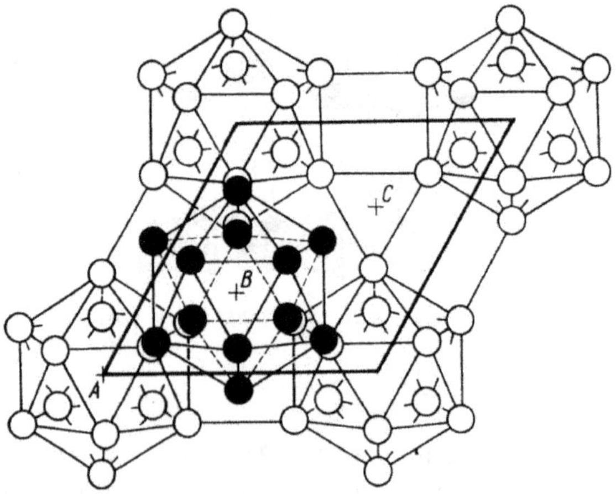

Bild 2.21. *Kristallstruktur der* R^{12}-*Modifikation von Bor.*

Projektion auf die Basis; die ikosaederförmigen Gruppen von je 12 Boratomen sind schichtenförmig mit dem Mittelpunkt in den Positionen A, B und C angeordnet (letztere nicht eingezeichnet).

2.5.1.2. Intermetallische Phasen

Als intermetallische Phasen (auch intermetallische Verbindungen) werden binäre und polynäre Kombinationen metallischer Elemente bezeichnet, in denen die Komponenten soweit geordnet sind, dass sich besondere Strukturtypen ergeben, denen ein bestimmtes stöchiometrisches Verhältnis bzw. eine entsprechende chemische Formel zuzuordnen ist. Die tatsächliche Zusammensetzung der verschiedenen intermetallischen Phasen kann entweder stöchiometrisch eng begrenzt sein oder im Sinne einer Mischkristallbildung stärker variieren. Charakteristisch für intermetallische Phasen sind dicht gepackte Kristallstrukturen mit hohen Koordinationszahlen, die sich meist aus den Grundstrukturtypen der Metalle ableiten lassen.

Drei charakteristische Gruppen sollen im folgenden etwas näher betrachtet werden: die HUME-ROTHERY-Phasen, die ZINTL-Phasen und die LAVES-Phasen. Sie sind jeweils nach ihren ersten Bearbeitern benannt.

Die HUME-ROTHERY-Phasen wurden zuerst am Legierungssystem Cu-Zn (Messing) studiert. In diesem System gibt es neben der den Endgliedern entsprechenden α-Phase (Cu, kubisch dichteste Kugelpackung) und der η-Phase (Zn, hexagonal dichteste Kugelpackung) noch drei weitere Phasen, die β-Phase (CuZn), die γ-Phase (Cu_5Zn_8) und die ε-Phase ($CuZn_3$). Diese Phasen haben hinsichtlich ihrer Zusammensetzung gewisse Stabilitätsbereiche, die durch Mischungslücken voneinander getrennt sind. Die Kristallstruktur der β-Phase ist kubisch und entspricht dem CsCl-Strukturtyp (vgl. Bild 2.38). Die Kristallstruktur der γ-Phase lässt sich ableiten, indem man $3^3 = 27$ Elementarzellen der CsCl-Struktur zusammenfügt; doch bleiben von den 54 Positionen jeweils zwei im statistischen Wechsel unbesetzt, so dass in der (kubischen) Elementarzelle nur 52 Atome enthalten sind. Die Kristallstruktur der ε-Phase entspricht einer hexagonal dichtesten Kugelpackung mit geordneter Verteilung der Atome, die etwas gestaucht ist, so dass das Achsenverhältnis *c*/*a* deutlich kleiner als bei der η-Phase ist.

Die gleichen Phasen finden sich (u. a.) auch im Legierungssystem Cu-Sn (Bronze), allerdings bei anderen Zusammensetzungen, nämlich Cu_5Sn (β-Phase), $Cu_{31}Sn_8$ (γ-Phase) und Cu_3Sn (ε-Phase). Wie sich herausgestellt hat, wird die Bildung der HUME-ROTHERY-Phasen durch die Valenzelektronenkonzentration (VEK), dem Verhältnis der Anzahl der Valenzelektronen zur Anzahl der Atome, bestimmt. Die VEK beträgt bei den β-Phasen 1,5, bei den γ-Phasen 1,61 und bei den ε-Phasen 1,75. Zu den β-Phasen gehören z. B. noch CuBe, CuPd, AgMg, AuZn sowie auch NiAl und FeAl, wobei man bei den letzteren eine VEK von 1,5 nur unter der Voraussetzung erhält, dass die Übergangsmetalle (Ni bzw. Fe) in diesen Phasen keine Valenzelektronen zur Bindung beisteuern. Zu den γ-Phasen gehören (u. a.) noch Ag_5Cd_8 und Ni_5Zn_{21}. Die HUME-ROTHERY-Phasen (β, γ, ε) sind härter und spröder als die betreffenden α- und η-Phasen und haben höhere Schmelzpunkte sowie schlechtere Wärme- und elektrische Leitfähigkeiten. Das weist darauf hin, dass in diesen Phasen auch kovalente Bindungsanteile eine Rolle spielen.

Als ZINTL-Phasen bezeichnet man eine Reihe von intermetallischen Phasen aus A-Metallen und B-Elementen der dritten bis fünften Gruppe des Periodensystems, für die ein relativ enges Einhalten der vom Strukturtyp vorgegebenen Stöchiometrie kennzeichnend ist. Sie entsprechen damit noch eher dem Charakteristikum einer chemischen (intermetallischen) Verbindung, was u. a. auch in einer Kontraktion der metallischen Atomradien (gegenüber denen der reinen Elemente) zum Ausdruck kommt. Eine erste Gruppe von ZINTL-Phasen (LiAg, LiHg, LiTl, MgTl, LiBi etc.) hat die Struktur des β-Messings (CsCl-Struktur), doch bewegt sich ihre VEK (abweichend von den HUME-ROTHERY-Phasen) in einem größeren Bereich von 1 ... 3. Eine zweite Gruppe von ZINTL-Phasen (Li_3Hg, $CaTl_3$, $CaSn_3$, $NaPb_3$ etc.) kristallisiert in den Strukturtypen der Fe_3Al- oder der Cu_3Au-Überstruktur (vgl. Bilder 2.16 und 2.17).

Eine dritte Gruppe von ZINTL-Phasen, wie NaTl, LiAl und LiZn, weist einen besonderen Strukturtyp auf. In der NaTl-Struktur besetzen sowohl die Na-Atome als auch die Tl-Atome jeweils für sich die Positionen einer Diamantstruktur (vgl. Bild 2.31); diese beiden „Teilgitter" sind unter einer gegenseitigen Verschiebung von 1/2, 1/2, 1/2 ineinandergestellt, so dass sowohl die Na-Atome als auch die Tl-Atome gleichermaßen hexaedrisch von je vier Tl- und vier Na-Atomen koordiniert sind. Für eine Verbindung mit überwiegend ionarem Bindungscharakter wäre die NaTl-Struktur energetisch ungünstig.

Als LAVES-Phasen bezeichnet man eine Reihe von intermetallischen Phasen, bei denen die (metallischen) Atomradien eine wichtige Rolle spielen. Hauptsächlich gehören die Laves-Phasen zu drei Strukturtypen, der $MgCu_2$-, der $MgNi_2$- und der $MgZn_2$-Struktur. In der kubischen $MgCu_2$-Struktur (Bild 2.22) besetzen die Mg-Atome die Positionen einer Diamantstruktur (vgl. Bild 2.31), in deren freien Achtelwürfeln je vier Cu-Atome tetraedrisch eingelagert sind; in einer Elementarzelle befinden sich also acht Formeleinheiten $MgCu_2$. Zeichnet man die Atomkugeln im richtigen Größenverhältnis, dann berühren sich einerseits nur Mg-Atome und andererseits nur Cu-Atome untereinander; zwischen den Mg- und den Cu-Atomen gibt es keinen gegenseitigen Kontakt. Die Mg-Atome werden jeweils von vier anderen Mg-Atomen und von zwölf Cu-Atomen umgeben; die Cu-Atome werden jeweils von sechs anderen Cu-Atomen und von sechs Mg-Atomen umgeben, so dass also die Koordination sehr hoch ist. Die $MgCu_2$-Struktur erfordert geometrisch einen Atomradienquotienten:

$R_{Mg} : R_{Cu} = \sqrt{3}/\sqrt{2} = 1{,}225$. Beobachtet werden Werte zwischen 1,0 und 1,4.

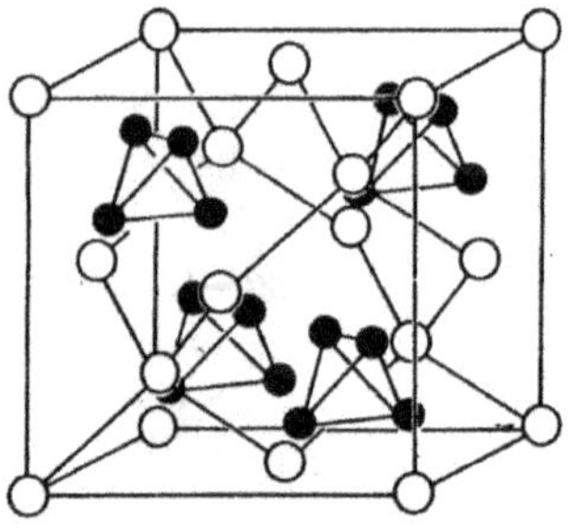

Bild 2.22. $MgCu_2$-*Struktur.*

Die $MgZn_2$-Struktur und die $MgNi_2$-Struktur sind ähnlich gebaut wie die $MgCu_2$-Struktur und haben die gleichen Koordinationsbeziehungen und Radienquotienten. In der hexagonalen $MgZn_2$-Struktur besetzen die Mg-Atome die Positionen einer Wurtzitstruktur (vgl. Bild 2.35), zwischen denen die tetraedrischen Gruppen der Zn-Atome eingelagert sind. Wie bei den dichtesten Kugelpackungen kann man die $MgZn_2$-Struktur in schichtartige Bauverbände untergliedern, die abwechselnd eine Position A oder eine Position B einnehmen und im Rhythmus ABAB ... mit einer Identitätsperiode von zwei Schichten aufeinander folgen. Bei der kubischen $MgCu_2$-Struktur gibt es drei Positionen A, B und C, die im Rhythmus ABCABC ... mit einer Identitätsperiode von drei Schichten aufeinanderfolgen. In der hexagonalen $MgNi_2$-Struktur schließlich lautet die Schichtfolge ABACABAC ... mit einer Identitätsperiode von vier Schichten. Derartige Strukturen mit analogem Bauplan wurden von LAVES als homöotekt bezeichnet.

Einen weiteren interessanten Strukturtyp stellt die kubische Cr_3Si-Struktur dar, die bei intermetallischen Phasen von T-Metallen mit Elementen der III., IV. und V. Hauptgruppe auftritt. Sie wurde früher als A 15-Struktur (β-Wolfram-Struktur) bezeichnet, da bei der seinerzeitigen Strukturbestimmung der Verbindung W_3O die Positionen der leichten O-Atome neben den schweren W-Atomen nicht bestimmt wurden. Die Struktur lässt sich anhand von Bild 2.8 (rechte Elementarzelle) veranschaulichen: Die Si-Atome bilden eine kubisch innenzentrierte Kugelpackung auf den Positionen 0, 0, 0 und 1/2, 1/2, 1/2. Die Cr-Atome besetzen die Hälfte der auf den Würfelflächen gelegenen tetraedrischen Lücken, und zwar in den Positionen:

1/4, 0, 1/2; 3/4, 0, 1/2; 1/2, 1/4, 0; 1/2, 3/4, 0; 0, 1/2, 1/4 und 0, 1/2, 3/4,

so dass sie Ketten bilden, die parallel zu den Würfelkanten in drei zueinander senkrechten Richtungen verlaufen. Jedes Cr-Atom hat dann 2 nächste Nachbarn in der Kette sowie 4 Si-Atome und 8 weitere Cr-Atome in etwas größeren Abständen als Nachbarn, so dass es von insgesamt 14 Atomen koordiniert wird. Die Si-Atome werden von je 12 Cr-Atomen koordiniert. Einige Verbindungen mit dieser Struktur sind Supraleiter mit relativ hoher kritischer Temperatur, wie z. B. Nb_3Ge mit $T_c = 23{,}2$ K.

Wie die Strukturen der metallischen Elemente folgen auch die Strukturen der intermetallischen Phasen weitgehend den Prinzipien einer möglichst hohen Koordination und hohen Raumerfüllung. Während die Raumerfüllung eindeutig definiert ist, trifft das für die Koordination bei komplizierteren Strukturen nicht mehr ohne weiteres zu. Das hängt damit zusammen, dass das Bindungspotential der Metallatome nicht absättigbar ist und über die nächsten Nachbarn hinausreicht. Die Koordinationszahl ist zunächst als Anzahl der nächsten Nachbaratome definiert. Schon bei einer etwas deformierten Struktur, wie den hexagonal dicht gepackten Metallen, deren Achsenverhältnis vom Idealwert der hexagonal dichtesten Kugelpackung $c/a = 1{,}633$ abweicht, haben die zwölf „nächsten" Nachbaratome nicht mehr alle genau den gleichen Abstand; bei komplizierteren Strukturen ist es vollends problematisch, welche Atome noch den „nächsten" Nachbarn zuzurechnen sind und welche nicht mehr. Es ist deshalb sinnvoll, bei der Bestimmung der Koordinationszahl das für ein Atom jeweils wirksame Bindungspotential der koordinierenden Atome mit in Rechnung zu stellen (SCHULZE [2.17]). Die Koordinationszahl ergibt sich dann als Summe über alle (verschieden weit entfernten) Nachbaratome, wobei für jedes Atom ein mit der Entfernung schnell abnehmendes Gewicht einzusetzen ist. Im Allgemeinen werden dabei die Atome bis in die drittnächste Nachbarschaftssphäre (vgl. Tab. 2.1) berücksichtigt.

Die Raumerfüllung einer Struktur wird durch ihr Atomvolumen beschrieben. Das ist das Volumen der Elementarzelle, dividiert durch die Anzahl der in ihr enthaltenen Atome. Das Verhältnis des Atomvolumens einer Struktur zu dem Atomvolumen, wie es anteilig die reinen Elemente einnehmen würden, gibt ein Maß für die Stabilität einer Struktur. Je geringer das Atomvolumen ist, umso stabiler ist eine Struktur. Die LAVES-Phasen erreichen optimale Werte, d. h., sie sind besonders dicht gepackt, was durch die große Anzahl der in diesen Strukturen kristallisierenden Verbindungen bestätigt wird.

2.5.1.3. Sulfidstrukturen

Unter dem Begriff der Sulfidstrukturen werden in der Kristallchemie die Strukturen einer umfangreichen Gruppe binärer und polynärer homologer Verbindungen mit vielfältigen Homöotypie-Beziehungen zusammengefasst. Außer den Sulfiden mit der allgemeinen Formel A_mS_n (A für ein A- oder T-Metall oder ein B-Element) und den homologen Seleniden und Telluriden (zusammengefasst als Chalkogenide) zählt man hierzu auch die Arsenide mit der allgemeinen Formel A_mAs_n und die homologen Antimonide und Wismutide (Pnictide). Einbezogen sind auch komplexe Metall-Arsen-Schwefel-Verbindungen und deren Homologe (sog. Sulfosalze) mit der allgemeinen Formel $A_mB_nAs_pS_q$. A steht für metallische Elemente in [2]- bis [4]-Koordination und B für metallische Elemente in [6]- bis [12]-Koordination. Anstelle von As können auch Sb oder Bi, anstelle von S auch Se oder Te treten.

Die meisten Chalkogenide, Pnictide und Sulfosalze haben ein metallisches Aussehen, hohes Reflexionsvermögen und mittlere bis gute elektrische Leitfähigkeit, was auf den metallischen

Bindungsanteil hinweist. Dem entspricht oft eine größere Breite in der Zusammensetzung in Form von Mischkristallen nach Art intermetallischer Phasen. Hingegen haben andere hierher gehörende Verbindungen einen engen stöchiometrischen Stabilitätsbereich infolge von größeren kovalenten oder ionaren Bindungsanteilen – letzteres bei größeren Elektronegativitätsdifferenzen. Für die Sulfide sind Mischbindungen besonders typisch, wobei die Anteile metallisch/kovalent/ionar sehr unterschiedlich sind, was eine Systematisierung der Sulfidstrukturen nach Homöotypie- und Homologie-Beziehungen erschwert.

Eine formale Systematik nach A. F. WELLS gliedert in isometrische, planare (schichtartige) und lineare (kettenartige) Strukturtypen, bringt aber Homöotypie-Beziehungen nur unbefriedigend zum Ausdruck. Eine kristallstrukturelle Systematik der Sulfide und Sulfosalze nach HELLNER [2.18] geht von dichten Kugelpackungen der Schwefelatome aus, in deren oktaedrischen und tetraedrischen Lücken die Atome der anderen Komponenten eingelagert sind. In manchen Fällen müssen dabei recht massive Deformationen zugelassen werden, so dass nach dieser Systematik oft wichtige Details der Kristallstruktur der Sulfosalze verloren gehen. Für diese geben NOWACKI [2.19] und EDENHARTER [2.20] eine Klassifikation, die auf den Verknüpfungsmöglichkeiten von $(As,Sb,Bi)S_3$-Pyramiden oder $(As,Sb,Bi)S_4$-Tetraedern beruht. Für einfache Sulfidstrukturen hat sich jedoch die geometrische Beschreibung auf der Grundlage von dichten Kugelpackungen der Schwefelatome bewährt. Die Alkalichalkogenide (z. B. Li_2S, Na_2S, K_2S, Rb_2S, Na_2Se, K_2Te) kristallisieren im Strukturtyp des Fluorits (Bild 2.39). Die Schwefelatome (oder deren Homologe) nehmen hier die Position einer kubisch dichtesten Kugelpackung ein, und die Alkaliatome besetzen die tetraedrischen Lücken. Da in dieser Struktur Kationen und Anionen gegenüber dem Fluorit CaF_2 in ihren Positionen vertauscht sind, wird sie auch als Antifluoritstruktur bezeichnet. Entsprechend den großen Elektronegativitätsdifferenzen ($\Delta\chi$ = 1,55 ... 1,10) bei diesen Verbindungen sind die ionaren Bindungsanteile groß, und ihre Eigenschaften entsprechen denen von Ionenverbindungen. Die Erdalkalichalkogenide sowie zahlreiche T-Metallchalkogenide und -pnictide, darunter „valenzmäßige" Verbindungen (z. B. MgS, CaSe, SrTe, LaAs, NdAs, PrBi) und „nicht valenzmäßige" Verbindungen (z. B. LaS, SmSe, MnS, US, ThAs, BiSe, SnAs), kristallisieren in der Kristallstruktur des Galenit PbS (Bleiglanz), die isotyp mit der NaCl-Struktur ist (Bilder 1.1 und 1.2). Die Schwefelatome (oder Homologe) nehmen die Positionen einer kubisch dichtesten Kugelpackung ein, in der die oktaedrischen Lücken durch die Metallatome besetzt sind.

Interessant sind die Bindungsverhältnisse bei PbS (und den homologen $A^{IV}B^{VI}$-Verbindungen). Beim Blei haben die äußeren Elektronen die Konfiguration $5d^{10}6s^2 6p^2$, in der das 6s-Orbital mit einem Elektronenpaar besetzt ist, das sich nicht an der Bindung beteiligt. Das Blei stellt daher nur zwei p-Elektronen für die Bindung zur Verfügung. Das Schwefelatom besitzt vier 3p-Elektronen. Insgesamt liegen also sechs p-Valenzelektronen je Formeleinheit vor, je Atom somit drei. Das entspricht den Verhältnissen bei den Elementen der fünften Gruppe As, Sb und Bi, mit denen die $A^{IV}B^{VI}$-Verbindungen isoelektronisch sind. Beim PbS bildet sich jedoch ein mesomeres σ-Bindungssystem von p-Elektronen aus, dessen Achsen entlang [100] ausgerichtet sind. Daraus resultiert eine [6]-Koordination und nicht eine [3+3]-Koordination wie beim As oder Bi (vgl. Abschn. 2.5.1.1.). Durch die hohe effektive Kernladung in Verbindung mit der niedrigen Hauptquantenzahl n = 3 des Schwefels erfolgt eine stärkere Lokalisierung der p-Elektronen an diesem Atom. Das bedeutet einen teilweise heterovalenten (ionaren) Bindungscharakter, und der Stabilitätsbereich in der Zusammensetzung von PbS und der homologen Chalkogenide (PbSe, PbTe, SnS, SnSe, SnTe) ist relativ schmal. Die genannten Chalkogenide sind alle miteinander lückenlos mischbar, (sowohl bezüglich Pb-Sn als auch bezüglich S-Se-Te) und stellen Halbleiter dar. Dabei ist bemerkenswert, dass die Breite der verbotenen Zone (engl. *gap*) im elektrischen Bändermodell bzw. der Bandabstand bei diesen Mischkristallen sehr klein ist und bei bestimmten Zusammensetzungen (z. B. für $Pb_{0..8}$,$Sn_{0..2}$Te) auf verschwindend kleine Werte zurückgeht. Das hat zu wichtigen Anwendungen dieser sog. schmallückigen Halbleiter als Strahlungsgeneratoren und -detektoren im Infrarotbereich geführt.

Eine deformierte PbS-Struktur, die dem Arsenstrukturtyp analog ist, bildet das rhomboedrische GeTe. Bei dieser Verbindung nähern sich die Bindungswinkel mit steigender Temperatur kontinuierlich dem Wert von 90°, der bei 400 °C erreicht wird. Oberhalb dieser Temperatur ist GeTe kubisch.

Die *ZnS-Strukturen* (Sphalerit bzw. Wurtzit) gehören gleichfalls zu den isometrisch gebauten Sulfidstrukturen. Sie lassen sich als eine kubisch bzw. eine hexagonal dichteste Kugelpackung von Schwefelatomen beschreiben, in der die Zn-Atome die Hälfte der tetraedrischen Lücken besetzen. Auf die ZnS-Strukturen wird in Abschn. 2.5.2.1. eingegangen.

In der Kristallstruktur des kubischen Pentlandit $(Fe, Ni)_9S_8$ bilden die Schwefelatome gleichfalls eine kubisch dichteste Kugelpackung. Die (Fe,Ni)-Atome besetzen in geordneter, jedoch von der Sphaleritstruktur abweichender Weise die Hälfte der tetraedrischen Lücken sowie außerdem ein Achtel der oktaedrischen Lücken.

In der Kristallstruktur des Cooperits PtS (Bild 2.23) besetzen die Pt-Atome die Positionen einer kubisch dichtesten Kugelpackung, die jedoch in einer Kantenrichtung etwas gedehnt ist, so dass eine tetragonale Symmetrie resultiert. Die Schwefelatome besetzen die Positionen der Hälfte der tetraedrischen Lücken in der Weise, dass die Pt-Atome eine (annähernd) quadratische Koordination erhalten.

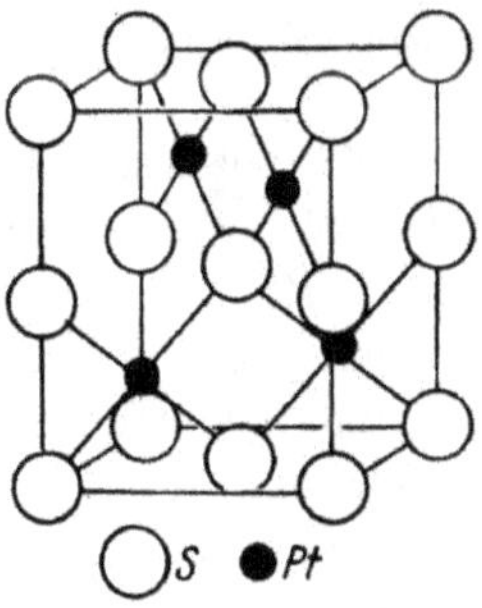

Bild 2.23. *Kristallstruktur von Cooperit* PtS.

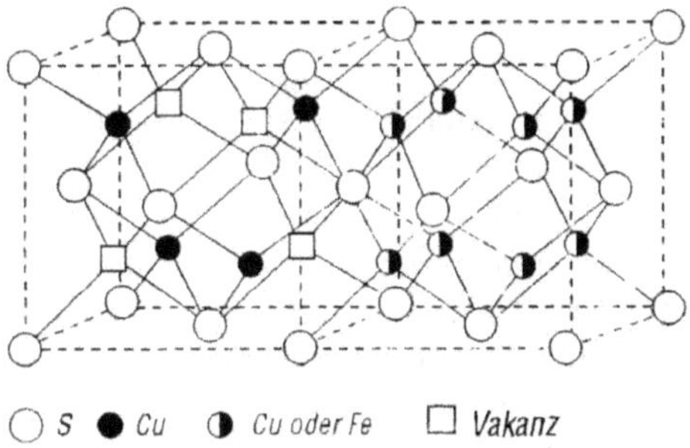

Bild 2.24. *Kristallstruktur des Tieftemperatur-Bornits* Cu_5FeS_4.

Dargestellt ist 1/8 der Elementarzelle.

Eine isometrische Kristallstruktur hat auch der Bornit (Buntkupferkies) Cu_5FeS_4 (Bild 2.24). Sie basiert auf der Antifluoritstruktur (vgl. Bild 2.40), wobei die S-Atome die Positionen einer kubisch dichtesten Kugelpackung und die Cu- und Fe-Atome drei Viertel der tetraedrischen Lücken besetzen. Beim Hochtemperatur-Bornit (>235 °C) sind die Cu- und Fe-Atome sowie die Vakanzen statistisch auf die äquivalenten tetraedrischen Lücken verteilt, und seine Symmetrie ist – wie die der Fluoritstruktur – kubisch. Beim Tieftemperatur-Bornit (<170 °C) ordnen sich die Metallatome und Vakanzen in der Weise, dass abwechselnd in einer Zelle nur vier der Lücken durch Cu-Atome besetzt werden – analog der Struktur des Sphalerits (vgl. Bild 2.34), während in den jeweils benachbarten Zellen die übrigen Cu- und Fe-Atome alle acht Lücken besetzen. Durch diese Ordnung wird die Symmetrie der Struktur erniedrigt: Die Elementarzelle des Tieftemperatur-Bornits vergrößert sich auf das 16-fache, und seine Symmetrie ist nur noch rhombisch.

Einen wichtigen Strukturtyp, auch für Sulfide, stellt die Struktur des NiAs (Nikkelin, Rotnickelkies; Bild 2.25) dar. In dieser Struktur bilden die As-Atome eine hexagonal dichteste Kugelpackung, deren oktaedrische Lücken durch die Ni-Atome besetzt werden. Die Ni-Atome bilden dabei ein Koordinationspolyeder in Form eines trigonalen Prismas (vgl. Bild 2.6). In der NiAs-Struktur kristallisieren viele Sulfide, Selenide, Telluride, Arsenide, Wismutide und Stannide der Übergangsmetalle, die bei vorwiegend metallischem Charakter auch ionare Bindungsanteile aufweisen. Das Achsenverhältnis kann dabei vom idealen Wert der hexagonal dichtesten Kugelpackung, $c/a = 1{,}633$, beträchtlich nach beiden Richtungen abweichen.

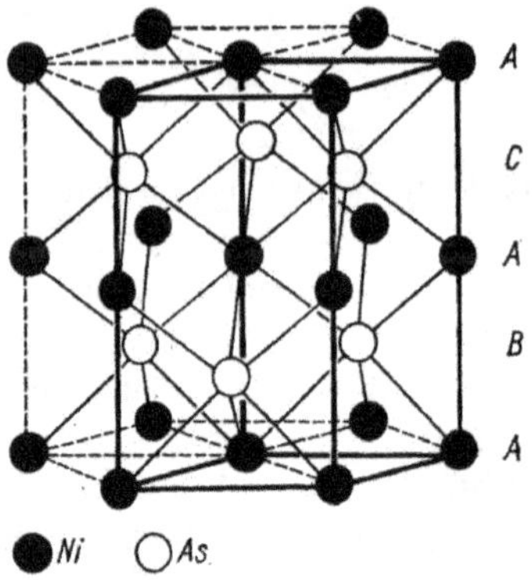

Bild 2.25. *Kristallstruktur von Nickelin* NiAs.

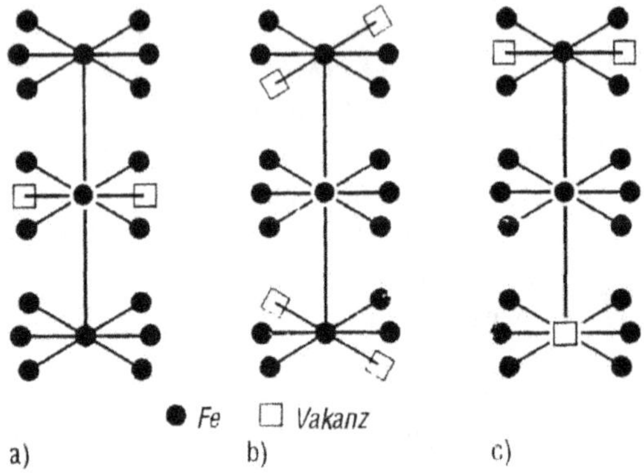

Bild 2.26. *Anordnungen von Vakanzen um ein zentrales* Fe-*Atom in Überstrukturen von Pyrrhotin* $Fe_{1-x}S$.

Es sind nur die Fe-Atome dargestellt (vgl. Bild 2.25).

Die NiAs-Struktur erweist sich hinsichtlich der Stöchiometrie als recht flexibel, so dass sowohl Verbindungen mit einem Metallüberschuss (allgemeine Formel $A_{1+x}B$) als auch solche mit einem Metallunterschuss ($A_{1-x}B$) auftreten. Im Fall eines Metallüberschusses werden noch zusätzlich die Lücken mit trigonal dipyramidaler Koordination der hexagonal dichtesten Kugelpackung (vgl. Bild 2.5) besetzt. Eine vollständige Besetzung aller oktaedrischen und trigonal-dipyramidalen Lücken ergibt die Formel A_2B. Dieser Strukturtyp wird als Ni_2In-Typ bezeichnet und ist typisch metallisch (entsprechend intermetallischen Phasen) mit Achsenverhältnissen von rd. $c/a = 1{,}22$. – Im Fall eines Metallunterschusses wird nur ein Teil der oktaedrischen Lücken der hexagonal dichtesten Kugelpackung besetzt. Dabei sind die Vakanzen jedoch nicht statistisch verteilt, sondern folgen zumindest bei tieferen Temperaturen bestimmten Ordnungsschemata, so dass spezielle Strukturtypen entstehen.

Ein gutes Beispiel für die Nichtstöchiometrie sowie die damit verbundenen Überstrukturen und zugleich das am weitesten verbreitete Mineral mit einer NiAs-Struktur ist der Pyrrhotin (Magnetkies) $Fe_{1-x}S$ mit $x = 0...0{,}15$. Die stöchiometrische Zusammensetzung FeS ($x = 0$) hat das Mineral Troilit. Bei den Überstrukturen der Pyrrhotine wechseln entlang der c-Achse mit Fe-Atomen komplett gefüllte Schichten in regelmäßiger Weise mit solchen, die geordnet die Vakanzen enthalten (Bild 2.26). Hierdurch vermehrfacht sich der Identitätsabstand in c-Richtung, was Anlass zu den Bezeichnungen 6C, 4C etc. gegeben hat, letztere z. B. für den monoklinen Pyrrhotin Fe_7S_8. – Eine Struktur, in der jede vierte Oktaederschicht unbesetzt bleibt, hat der Smythit. Dieser Struktur entspricht die nominelle Formel Fe_3S_4, doch führen Analysen auf Fe_9S_{11}. Jedenfalls hat der Smythit eine ausgeprägte Schichtstruktur und zeigt eine schuppige Ausbildung sowie eine vollkommene Spaltbarkeit nach {0001}.

Bleibt im Bauplan der NiAs-Struktur jede zweite Oktaederschicht unbesetzt, so gelangt man zur Schichtstruktur des Cadmiumdiiodid CdI_2 mit dem Koordinationsverhältnis [6] : [3] (Bild 2.27).

Man kann die Stapelfolge in solchen Schichtstrukturen auch in der Weise beschreiben, dass jeder Schicht der (größeren) Iodatome entsprechend den möglichen Positionen in einer dichtesten Kugelpackung ein Buchstabe A, B oder C zugeordnet wird (vgl. Bild 2.1). In der CdI_2-Struktur bilden die I-Atome eine hexagonal dichteste Kugelpackung mit der Schichtenfolge ABAB ... Den Schichten der (kleineren) Cd-Atome, die in die oktaedrischen Lücken eintreten, seien kleine griechische Buchstaben zugeordnet; sie können im Prinzip die gleichen drei Positionen, gekennzeichnet mit α, β und γ, einnehmen. Den Schichten der unbesetzten oktaedrischen Lücken seien entsprechend die Symbole □ zugeordnet. Die Schichtenfolge der CdI_2-Struktur stellt sich dann folgendermaßen dar: AγB□AγB□ ... Die Identitätsperiode beträgt also ein CdI_2-Schichtpaket. Eine andere Stapelfolge hat die $CdCl_2$-Struktur, in der die (größeren) Cl-Atome eine kubisch dichteste Kugelpackung bilden: AγB□CβA□BαC□ ... Sie hat eine Identitätsperiode von drei Schichtpaketen. Entsprechend sind noch beliebig viele weitere Stapelfolgen denkbar, wie AγB□CαB□ ... oder AγB□CβA□CαB□ ... usw. Solche Schichtstrukturen wurden bei einer Reihe von Dichalkogeniden beobachtet. Die meisten Dichalkogenide sind Halbleiter; andere, z. B. CoS_2, RhS_2, NiS_2, PdS_2 und PtS_2, zeigen metallische Leitfähigkeit.

Einen anderen Typ von Schichtstrukturen repräsentiert Molybdänit (Molybdänglanz) MoS_2 (Bild 2.28). Hier lautet die Schichtfolge AβA□BγB□ ..., jedoch bilden die (größeren) S-Atome (Positionen A und B) keine dichteste Kugelpackung, und die (kleineren) Mo-Atome (Positionen β und γ) sind nicht in oktaedrischen, sondern in trigonal prismatischen Lücken angeordnet.

Die Verbindung FeS_2 bildet zwei besondere isometrische Strukturtypen: Pyrit und Markasit. Die kubische Pyritstruktur (Bild 2.29 a) läßt sich geometrisch aus der NaCl-Struktur ableiten: Die Fe-Atome besetzen die Na-Plätze, während auf den Cl-Positionen hantelartige S_2-Gruppen angeordnet sind. Die Achsen dieser S_2-Hanteln liegen jeweils parallel einer ⟨111⟩-Richtung. Jedes Fe-Atom hat sechs S-Nachbarn im gleichen Abstand. In der Pyritstruktur kristallisieren z. B. die Minerale NiS_2 (Vaesit), CoS_2 (Cattierit), $PtAs_2$ (Sperrylith) und MnS_2 (Hauerit). Eng verwandt mit der Pyritstruktur ist Ullmannit NiSbS; hier ersetzen Ni-Atome die Fe-Atome und SbS-Gruppen die S_2-Gruppen. Die Symmetrie des Pyrits (Kristallklasse $m\bar{3}$) wird dadurch auf die der Kristallklasse 23 beim Ullmannit reduziert. Die Elementarzelle der rhombischen Markasitstruktur (Bild 2.29 b) enthält zwei Fe-Atome in 0, 0, 0 und 1/2, 1/2, 1/2. Die hantelartigen S_2-Gruppen besetzen mit ihren Schwerpunkten die Mitten der längeren Kanten der Elementarzelle und ihre Basis-Flächenmitten. Fe wird von sechs S-Atomen koordiniert. In der Markasitstruktur kristallisieren $FeAs_2$ (Löllingit) und $NiAs_2$ (Rammelsbergit). Eine verwandte Struktur haben FeAsS (Arsenopyrit, Arsenkies) und FeSbS (Gudmundit).

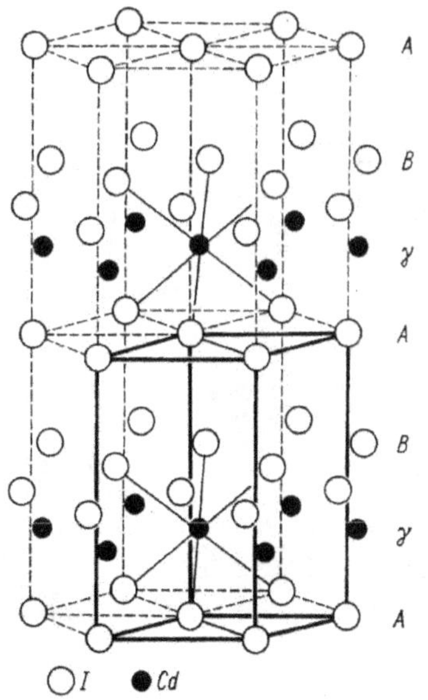

Bild 2.27. *Kristallstruktur von Cadmiumdiiodid* CdI_2.

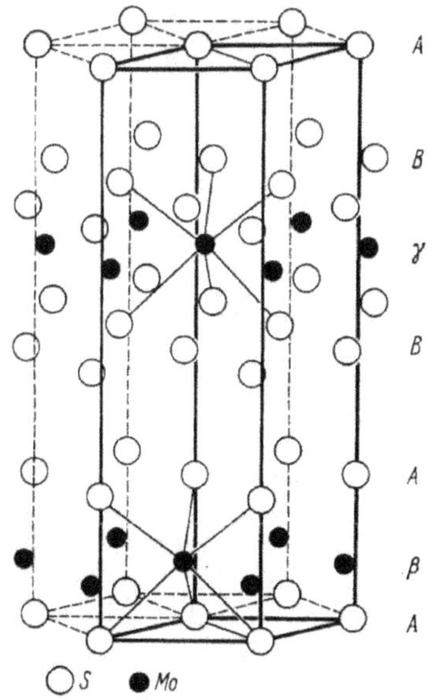

Bild 2.28. *Kristallstruktur von Molybdänit* MoS_2.
A, B bzw. β und γ bezeichnen die Positionen der Schichten (vgl. Text zu den ZnS-Strukturen S. 149).

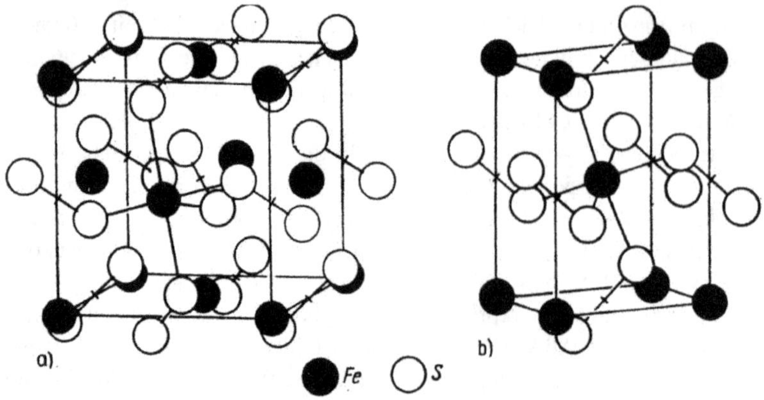

Bild 2.29. *Kristallstrukturen des* FeS_2.
a) Pyrit b) Markasit.

In der Kristallstruktur des kubischen Skutterudits $CoAs_3$ (Bild 2.30) sind gleichfalls je zwei As-Atome hantelartig verknüpft; die Co-Atome besetzen die Positionen eines kubisch primitiven Gitters und sind oktaedrisch von je sechs As-Atomen koordiniert. Die As-Atome haben neben dem Hantelpartner noch zwei Co-Atome als Nachbarn.

Eine typische lineare Sulfidstruktur besitzt der rhombische Antimonit Sb_2S_3 (Antimonglanz, Stibnit). Die Struktur lässt sich am besten durch ihre Bauverbände und deren Anordnung beschreiben: Die Antimon- und Schwefelatome bilden pyramidale Baugruppen, die über gemeinsame Kanten zu Doppelbändern verknüpft sind (Bild 2.31). Innerhalb der Bänder sind die Bindungen weitgehend kovalent, zwischen ihnen wirken Restbindungen. Die Gitterkonstante in Richtung der Bänder (c-Achse) ist relativ klein, und das Achsenverhältnis beträgt rd. $a : b : c = 1 : 1 : 1/3$. Dieser strukturelle Aspekt bedingt den langprismatischen bis nadeligen Habitus der Antimonitkristalle (vgl. Bild 3). Isotyp mit Antimonit ist der Wismutinit Bi_2S_3. Die Baumotive der Antimonitstruktur finden sich auch bei einer Reihe von Sulfosalzen wieder, insbesondere bei den Spießglanzen, die sich gleichfalls durch einen nadeligen bis haarförmigen Habitus auszeichnen. Nicht isotyp mit Sb_2S_3 ist der homologe Auripigment As_2S_3, der eine monokline Schichtstruktur hat, in welcher flach-pyramidale AsS_3-Baueinheiten über die mit S-Atomen besetzten Ecken netzartig verknüpft sind.

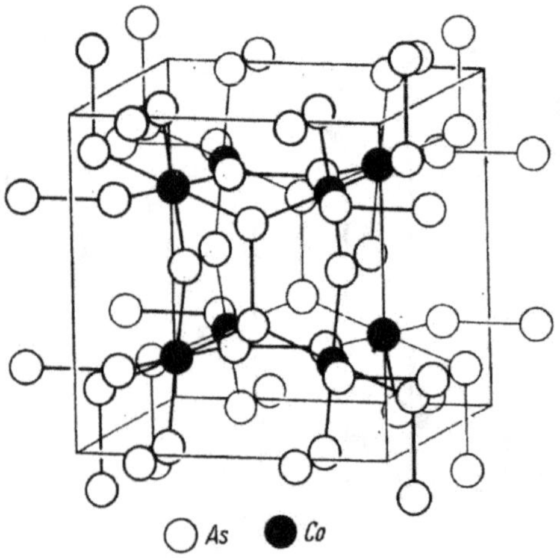

Bild 2.30. *Kristallstruktur von Skutterudit* $CoAs_3$.

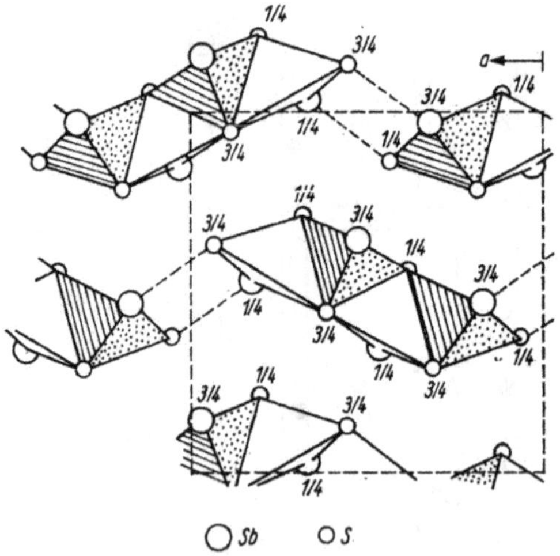

Bild 2.31. *Kristallstruktur von Antimonit* Sb_2S_3. Projektion auf die (001)-Ebene.

Eine lineare (kettenartige) Struktur hat noch das Siliciumdisulfid SiS_2. Die Schwefelatome bilden eine verzerrte kubisch dichteste Kugelpackung, in der ein Viertel der tetraedrischen Lücken durch die Siliciumatome besetzt ist. Diese Besetzung erfolgt in parallelen Reihen, so dass sich Bauverbände aus SiS_4-Tetraedern ergeben, welche über gemeinsame Kanten miteinander zu Ketten verknüpft sind. Es resultiert eine rhombische (pseudotetragonale) Symmetrie. Die Bindung in den Ketten ist ausgeprägt kovalent. Die Kettenstruktur bedingt eine feinfaserige Ausbildung der Kristalle. Isotyp sind $SiSe_2$ und $SiTe_2$ sowie eine synthetisch dargestellte, sehr instabile Modifikation des faserigen SiO_2.

2.5.2. Kristallstrukturen mit kovalenter und ionarer Bindung

Die Verbindungen zwischen Metallen und Nichtmetallen sowie die der Nichtmetalle untereinander haben einen vorwiegend nichtmetallischen Bindungscharakter. Hierzu gehören insbesondere die Verbindungen der metallischen Elemente mit dem Sauerstoff, die den weit überwiegenden Anteil der die Erdkruste zusammensetzenden Minerale und Gesteine ausmachen. Auch bei den nichtmetallischen Verbindungen ist eine differenzierte Skala von Bindungszuständen anzutreffen. Bei Verbindungen von Elementen, zwischen denen eine große Elektronegativitätsdifferenz besteht, ist der Bindungscharakter überwiegend ionar (salzartige Verbindungen). Bei den Verbindungen der Nichtmetalle untereinander sind die Bindungen überwiegend kovalent. Dazwischen stehen viele Verbindungen mit gemischt ionar-kovalentem Bindungscharakter. So sind z. B. im SiO_2, der Verbindung zwischen den beiden häufigsten Elementen der Erdkruste, der ionare und der kovalente Bindungsanteil gleich groß.

Das Verhältnis zwischen den kovalenten (gerichteten) Bindungsanteilen und den ionaren (ungerichteten, elektrostatischen) Bindungsanteilen bestimmt weitgehend die von den einzelnen Verbindungen eingenommenen Kristallstrukturen. Bei ternären bzw. polynären Verbindungen kann zudem dieses Verhältnis zwischen den verschiedenen Atomen unterschiedlich sein, und solche Kristallstrukturen enthalten häufig mehratomige Komplexe, die in sich vorwiegend kovalent gebunden sind, während die Bindungen zu den anderen Komponenten der Struktur überwiegend ionar sind. Bei der systematischen Behandlung der Kristallstrukturen mit ionar-kovalenter Bindung unterteilt man deshalb in

- Kristallstrukturen mit vorwiegend kovalentem Bindungscharakter,
- Kristallstrukturen mit vorwiegend ionarem Bindungscharakter,
- Kristallstrukturen mit Komplexen.

2.5.2.1. Kristallstrukturen mit kovalenter Bindung

Der Grenztyp der kovalenten Bindung ist am klarsten beim Diamant ausgeprägt. Geometrisch lässt sich die Diamantstruktur so beschreiben, dass die Kohlenstoffatome die Positionen zweier kubisch flächenzentrierter Gitter besetzen, die so ineinandergestellt sind, dass sie um ein Viertel einer Raumdiagonalen der Elementarzelle gegeneinander verschoben erscheinen (Bild 2.32). Die Kohlenstoffatome des zweiten „Teilgitters" besetzen dabei jeweils die Positionen jeder zweiten tetraedrischen Lücke des ersten „Teilgitters" und umgekehrt. In der kubisch flächenzentrierten Elementarzelle besetzen mithin die Kohlenstoffatome des zweiten „Teilgitters" die Mittelpunkte jedes zweiten „Achtelwürfels". Alle Kohlenstoffatome werden gleichermaßen tetraedrisch von vier nächsten Nachbarn koordiniert. Die Winkel zwischen den Verbindungslinien zu benachbarten Atomen (Bindungswinkel) ergeben sich sowohl geometrisch aus der Struktur als auch aus den Orbitalen der sp^3-Hybridisierung zu $109°28'$. Aus der Gitterkonstante des Diamant, $a = 0{,}355$ nm, folgt ein Abstand von 0,154 nm zwischen den Mittelpunkten benachbarter Atome. Nähme man an, dass sich die Kohlenstoffatome als starre Kugeln eben berühren, so würde eine sehr geringe Packungsdichte von nur 34 % resultieren. Bei einer kovalenten Bindung überlappen sich jedoch die Bindungsorbitale der Atome, so dass ein Kalottenmodell (wie sie bei der Darstellung der Strukturen organischer Moleküle breite Anwendung finden) besser angemessen ist (Bild 2.34). Ein solches Modell ergibt für die Diamantstruktur eine Raumausfüllung von über 90 %.

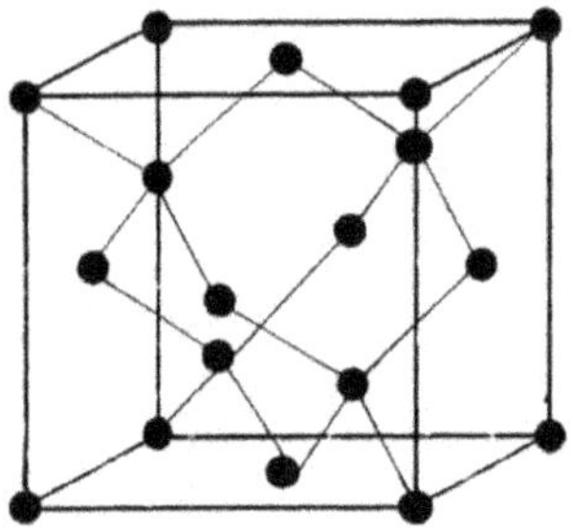

Bild 2.32. *Kristallstruktur von Diamant.*

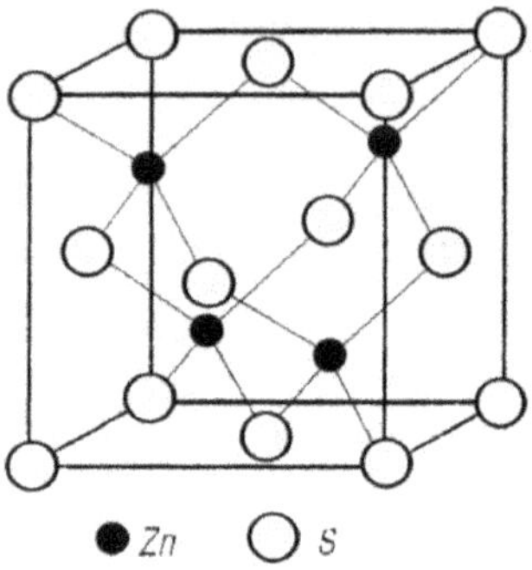

Bild 2.33. *Kristallstruktur von Sphalerit* ZnS *(Zinkblende).*

Stellt man bei der Diamantstruktur die [111]-Richtung senkrecht auf (analog Bild 2.35), so wird deutlich, dass die Kohlenstoffatome gewellte Schichten parallel zur (111)-Ebene bilden. Innerhalb einer Schicht ordnen sich die Kohlenstoffatome zu Sechserringen, die allerdings nicht eben, sondern in „Sesselform" gewinkelt sind. Man erkennt eine gewisse Analogie zur Arsenstruktur (Bild 2.18), bei welcher jedoch die „Welligkeit" der Schichten relativ kleiner und die Abstände zwischen den Schichten relativ größer sind (außerdem ist die gegenseitige Anordnung der Schichten eine andere). Ein Atom ist jeweils an drei Bindungen innerhalb einer Schicht und nur an einer Bindung zwischen den Schichten beteiligt, d. h., die Bindung ist innerhalb der Schichten insgesamt fester als zwischen ihnen. Entsprechend der kubischen Symmetrie der Diamantstruktur gibt es vier äquivalente Scharen von Schichten parallel zu den einzelnen Flächen der Form {111} (Oktaeder), und das Oktaeder tritt beim Diamant auch morphologisch als Wachstums- bzw. Lösungsform sowie durch eine vollkommene Spaltbarkeit nach {111} (vgl. Abschn. 4.6.3.) in Erscheinung.

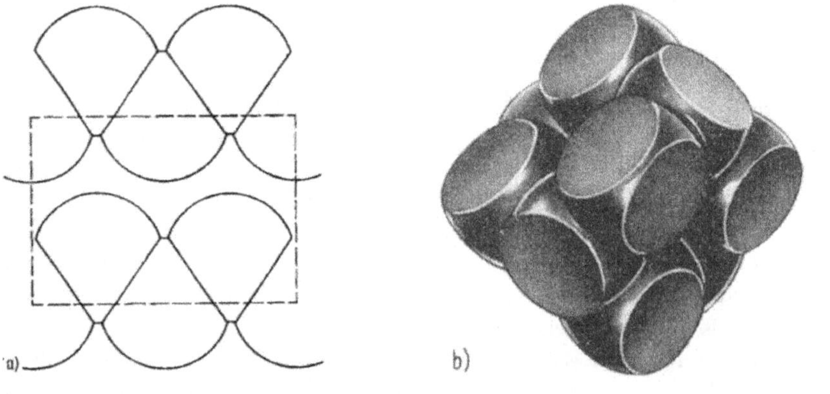

Bild 2.34. *Kalottenmodell der Diamantstruktur.*

a) Schnitt parallel (110); b) Ausschnitt in Form eines Oktaeders. Nach NOLL.

Die Diamantstruktur haben neben Kohlenstoff noch die zur IV. Hauptgruppe des Periodensystems gehörenden Elemente Silicium, Germanium und das graue Zinn (Tieftemperaturmodifikation); die bei Zimmertemperatur stabile tetragonale Modifikation des metallischen weißen Zinns mit [6]-Koordination lässt sich durch eine Verzerrung sowohl aus der Diamantstruktur als auch aus der α-Polonium-Struktur ableiten).

Wenden wir uns nun den Kristallstrukturen von Verbindungen zu, die einen vorwiegend kovalenten Bindungscharakter haben. Die Kristallstruktur des Sphalerits (Zinkblende) ZnS wurde bereits bei den Sulfidstrukturen (S. 145) erwähnt. Sie geht aus der Diamantstruktur hervor, indem die Kohlenstoffatome je zur Hälfte durch Zink- und Schwefelatome ersetzt werden (Bild 2.33). Dadurch wird die Symmetrie gegenüber der Diamantstruktur (Raumgruppe $Fd\bar{3}m$) erniedrigt, und die Sphaleritstruktur gehört zur Raumgruppe $F\bar{4}3m$. In dieser Raumgruppe bzw. der korrespondierenden Kristallklasse $\bar{4}3m$ stellen die [111]-Richtungen polare dreizählige Drehachsen dar. Betrachtet man den auf Bild 2.35 wiedergegebenen Strukturausschnitt, so liegen an der Oberseite, die der (111)-Fläche entspricht, die schwarz dargestellten Atome (z. B. Zn) außen; das ist so bei allen Flächen der Form {111} (positives Tetraeder). Hingegen liegen an der Unterseite, die der $(\bar{1}\bar{1}\bar{1})$-Fläche entspricht, die weiß dargestellten Atome (z. B. S) außen, ebenso bei den übrigen Flächen der Form $\{\bar{1}\bar{1}\bar{1}\}$ (negatives Tetraeder). Die beiden Flächenarten haben deshalb unterschiedliche Eigenschaften und verhalten sich auch beim Kristallwachstum oder bei chemischen Reaktionen (z. B. beim Ätzen) verschieden, was bei den Verbindungen dieses Strukturtyps, zu denen eine Reihe wichtiger Halbleitermaterialien gehört (vgl. Tab. 2.8), bei verfahrenstechnischen Schritten ihrer Herstellung und Verarbeitung zu beachten ist.

Werden in der Sphaleritstruktur der vier Zn-Atome, die ein S-Atom koordinieren, in geordneter Weise durch zwei Cu- und zwei Fe-Atome ersetzt, so resultiert die Kristallstruktur des Chalkopyrits (Kupferkies) $CuFeS_2$. Die Symmetrie dieser Struktur ist nur noch tetragonal. Ein analoger Ersatz der Zn-Atome durch zwei Cu-Atome, ein Fe- und ein Sn-Atom führt zu der gleichfalls tetragonalen Kristallstruktur des Stannins (Zinnkies) Cu_2FeSnS_4. Die tetraedrische Anordnung der Metallatome um ein Schwefelatom folgt in den genannten Strukturen dem Schema

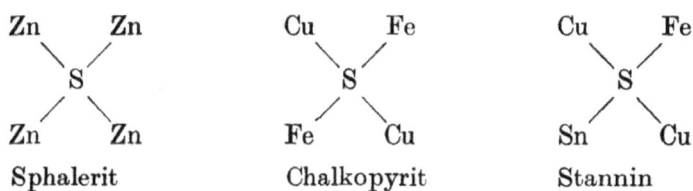

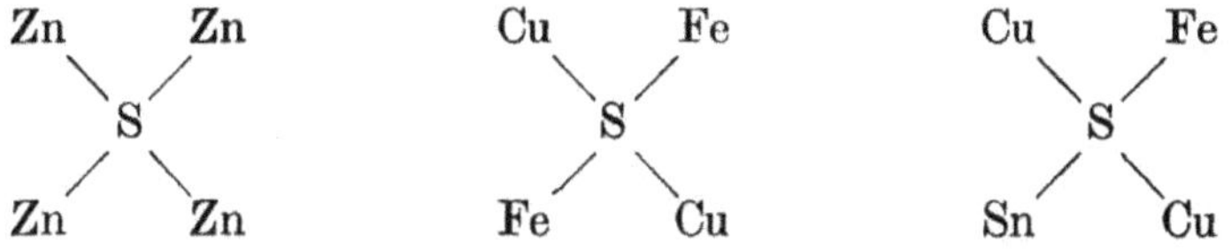

Sphalerit **Chalkopyrit** **Stannin**

Diese Strukturen lassen sich auch als Überstrukturen interpretieren, denn bei hohen Temperaturen gehen sowohl Chalkopyrit als auch Stannin in Phasen mit ungeordneter, statistischer Verteilung der Metallatome über (Ordnungs-Unordnungs-Umwandlungen). Die Symmetrie dieser Hochtemperaturphasen ist wieder kubisch.

Im Bild 2.35 erkennt man ferner, dass die gewellten Schichten in ihrer Stapelfolge drei verschiedene Positionen in der Projektion auf die Basis einnehmen. Seien diese Positionen mit A, B und C bezeichnet, so lautet die Schichtenfolge ABCABC... mit einer Identitätsperiode von drei Schichten (entsprechend der Raumdiagonalen der kubisch flächenzentrierten Elementarzelle). In formaler Analogie zur Stapelfolge der dichtesten Kugelpackungen (vgl. Bild 2.1) lässt sich auch eine Struktur mit der Schichtenfolge ABAB... und einer Identitätsperiode von nur zwei Schichten aufbauen (Bild 2.36); das ist die Kristallstruktur des Wurtzits, einer anderen Modifikation des Zinksulfids ZnS. Die Zn- und die S-Atome besetzen jeweils die Positionen einer hexagonal dichtesten Kugelpackung; beide „Teilgitter" sind (wie bei der Sphaleritstruktur) so ineinandergestellt, dass sie gegenseitig die Positionen tetraedrischer Lücken einnehmen. Die Symmetrie der Wurtzitstruktur ist hexagonal (Raumgruppe $P6_3mc$; Kristallklasse $6mm$) mit einer polaren sechszähligen Drehachse (c-Achse), die an die Stelle einer dreizähligen Drehachse der kubischen Sphaleritstruktur tritt. Entsprechend sind die Flächen (0001) und ($000\overline{1}$) nicht äquivalent und haben unterschiedliche Eigenschaften.

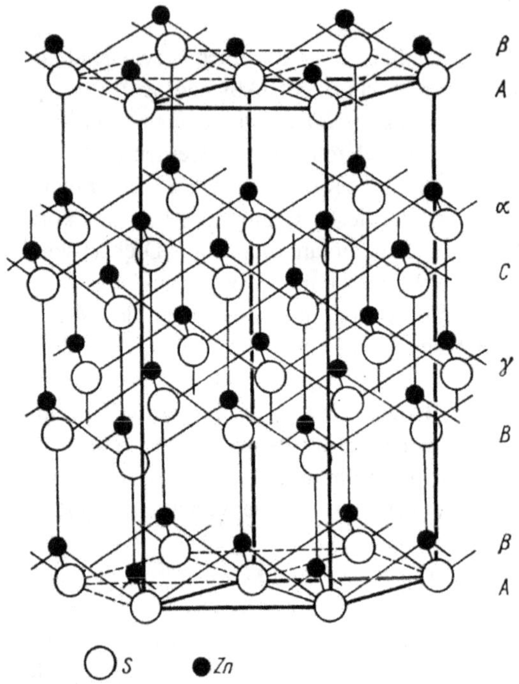

Bild 2.35. *Kristallstruktur von Sphalerit* ZnS *mit vertikal gestellter [111]-Achse.*

Eine dieser Aufstellung entsprechende hexagonale Elementarzelle *hR* (mit rhomboedrischer Zentrierung) der an sich kubischen Struktur ist stärker hervorgehoben. *A*, *B*, *C* bezeichnen die Positionen der S-Schichten, *α*, *β*, *γ* die Positionen der Zn-Schichten.

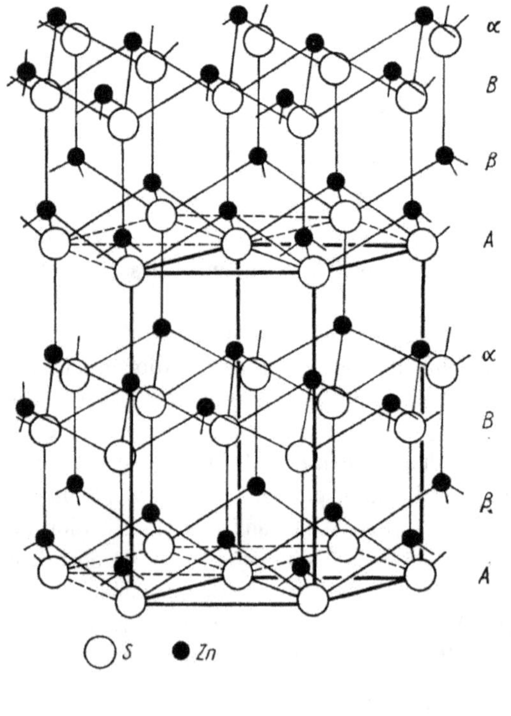

Bild 2.36. *Kristallstruktur von Wurtzit* ZnS.

Eine (primitive) hexagonale Elementarzelle *hP* ist stärker hervorgehoben. *A*, *α*, *B*, *β* wie im Bild 2.35.

Sowohl in der Wurtzit- als auch in der Sphaleritstruktur ist die gegenseitige Koordination der Atome tetraedrisch; Unterschiede in der Anordnung der Atome bestehen erst in der Sphäre der zweitnächsten Nachbarn. Infolgedessen sind die MADELUNG-Konstanten (Tab. 2.3) beider Strukturen fast gleich (1,638 für Sphalerit; 1,641 für Wurtzit), und die Gitterenergien differieren nur wenig.

Das Bauschema der ZnS-Strukturen wird noch deutlicher, wenn man in den Bildern 2.35 und 2.36 die gewellten Schichten als Doppelschichten betrachtet und die Positionen der weißen Atomschichten (S-Atome) jeweils mit *A*, *B* oder *C* und die entsprechenden Positionen der schwarzen Atomschichten (Zn-Atome) mit α, β oder γ kennzeichnet. Die Schichtenfolge der Sphaleritstruktur lautet dann $A\beta\ B\gamma\ C\alpha\ A\beta\ B\gamma\ C\alpha$ ... und die der Wurtzitstruktur $A\beta\ B\alpha\ A\beta\ B\alpha$ ... In dieser Darstellung kommt auch die Polarität der ZnS-Strukturen gut zum Ausdruck.

Trotz ihrer weitgehenden kristallchemischen Ähnlichkeit können sich die Modifikationen des Zinksulfids wegen der grundlegend verschiedenen Symmetrie ihrer Strukturen nicht ohne weiteres durch eine (stetige) Verschiebung von Atompositionen (d. h. displaziv) ineinander umwandeln. Eine Umwandlung kann nur rekonstruktiv durch einen völligen Neubau der Struktur erfolgen, wozu meist beträchtliche Energiebarrieren zu überwinden sind.

Übrigens gibt es auch eine der Wurtzitstruktur analoge diamantähnliche hexagonale Modifikation des Kohlenstoffes, den Lonsdaleit (Raumgruppe $P6_3/mmc$; Kristallklasse $6/mmm$, d. h., die sechszählige Drehachse ist nicht polar). Er findet sich in Meteoriten als Produkt einer Schockwellenmetamorphose und wurde synthetisch bei sehr hohen Drücken (13 GPa) erzeugt.

In formaler Analogie zu den dichtesten Kugelpackungen (S. 113) sind auch für die ZnS-Strukturen noch beliebig viele andere Stapelfolgen denkbar. So sind z. B. beim Zinksulfid selbst die folgenden Stapelfolgen bekannt (wobei wir wieder zur Bezeichnung der gewellten Schichten mit nur einem Großbuchstaben zurückkehren): ZnS-2H (Wurtzit): AB...; ZnS-3K (Sphalerit): ABC...; ZnS-4H: ABAC...; ZnS-6H: ABCACB...; ZnS-15R: ABCACBCABACABCB... Bei dieser Nomenklatur werden die Anzahl der Schichten in einer Identitätsperiode sowie das resultierende Kristallsystem angegeben: H – hexagonal, K – kubisch, R – rhomboedrisch (anstelle von trigonal). Daneben gibt es noch eine Reihe von weiteren Nomenklaturen für solche Stapelfolgen (FICHTNER [2.21]; J. BOHM). Auch unperiodische bzw. fehlgeordnete Stapelfolgen wurden beobachtet.

Derartige Strukturen, die sich wie die ZnS-Strukturen aus den gleichen Baueinheiten und nach den gleichen Prinzipien ihrer gegenseitigen Anordnung aufbauen lassen, werden als *polytype Strukturen* bzw. als *Polytypen* bezeichnet. Die Polytypie kann als Spezialfall der Polymorphie angesehen werden und ist vor allem bei Schichtstrukturen zu beobachten, so beim Graphit, beim CdI_2, beim Molybdänit und bei den Schichtsilikaten. Besonders zahlreiche Polytypen der ZnS-Strukturen wurden beim Siliciumcarbid SiC (Carborund) gefunden, darunter solche mit Stapelfolgen (Identitätsperioden) von Hunderten von Schichten. Die Bildung derart langperiodischer Schichtenfolgen ist mit kristallchemischen Überlegungen allein nicht erklärbar, sondern kommt durch spezielle Wachstumsmechanismen zustande. – Sind in einem Kristallindividuum Bereiche verschiedener Polytypen in paralleler Verwachsung enthalten, wie es z. B. beim SiC häufig vorkommt, so spricht man von *Syntaxie*.

In der Diamantstruktur und den ZnS-Strukturen beruhen die kovalenten Bindungen mit der kennzeichnenden tetraedrischen Koordination auf sp^3-Hybridorbitalen. Zur Bildung der bindenden Elektronenpaare werden je Atom vier Elektronen benötigt. Die Elemente der IV. Gruppe des Periodensystems C, Si, Ge, Sn haben vier äußere Elektronen (Valenzelektronen) und können deshalb die Diamantstruktur bilden. Auch in der Verbindung SiC (Siliciumcarbid) steuern beide Komponenten je Atom vier Valenzelektronen bei. Anders ist es beim ZnS. Hier hat Zn zwei äußere Elektronen und S deren sechs; das sind zusammen acht je Formeleinheit ZnS bzw. im Durchschnitt gleichfalls vier je Atom, wie erforderlich. Allgemein geht diese Bilanz bei einer beliebigen

Verbindung AB immer dann auf, wenn die Komponente A im Periodensystem um ebensoviel Spalten vor der IV. Gruppe steht wie die Komponente B dahinter (GRIMM-SOMMERFELDsche Regel). Bezeichnet N die Gruppe des Periodensystems, dann lassen sich die betreffenden Verbindungen als A^NB^{8-N} formulieren, wie $A^{IV}B^{IV}$ (z. B. SiC), $A^{III}B^{V}$ (BN, AlN, GaP, GaAs, InSb), $A^{II}B^{VI}$ (ZnS, ZnO, BeO, CdTe), $A^{I}B^{VII}$(CuCl, CuBr; vgl. hierzu Tab. 2.8). Auch von polynären Verbindungen (Strukturtypen des Chalkopyrit und Stannin) wird die GRIMM-SOMMERFELDsche Regel eingehalten.

Nun kristallisieren aber längst nicht alle Verbindungen A^NB^{8-N} in einer tetraedrisch koordinierten Struktur, sondern man beobachtet u. a. auch die oktaedrisch koordinierte NaCl-Struktur (NaCl, LiF, MgO, AgCl etc.) und die hexaedrisch koordinierte CsCl-Struktur (CsCl, AgI etc., vgl. Abschn. 2.5.2.2.). Wann kristallisiert eine solche Verbindung in einer tetraedrisch koordinierten Struktur und wann nicht? Das geometrische Konzept der Kugelpackungen gibt hierauf keine Antwort: In vielen Verbindungen mit einer ZnS-Struktur ist der Radienquotient $R_A : R_B$ größer als 0,414, dem Grenzwert für die tetraedrisch koordinierten Lücken in dichtesten Kugelpackungen (vgl. S. 117), es kann sich also bei den betreffenden Strukturen nicht um eine dichte Packung von Kugeln handeln. Die tetraedrische Koordination wird vielmehr durch die Orbitalgeometrie der bindenden Elektronen, d. h. durch die „Gerichtetheit“ der kovalenten Bindung bzw. des kovalenten Bindungsanteils, bedingt. Wie groß muss dieser kovalente Bindungsanteil sein, dass er zu einer tetraedrischen Koordination führt?

Einen ersten Hinweis gibt uns die Elektronegativitätsdifferenz $\Delta\chi = \chi_B - \chi_A$ bzw. die Bestimmung des ionaren Bindungsanteils nach PAULING (vgl. S. 129), doch genügen diese Größen nicht, um den angenommenen Strukturtyp sicher vorauszusagen. Eine recht sichere Voraussage des Strukturtyps gelingt, wenn man nach MOOSER und PEARSON [2.9] die Elektronegativitätsdifferenz $\Delta\chi = \chi_B - \chi_A$ und die durchschnittliche Hauptquantenzahl $\bar{n} = (n_A + n_B)/2$ einer Verbindung zueinander in Beziehung setzt (Bild 2.37): Bei kleinen $\Delta\chi$ und kleinen $\bar{n}$ beobachtet man die tetraedrische Koordination (ZnS-Strukturen), bei großen $\Delta\chi$ und großen $\bar{n}$ die oktaedrische Koordination (NaCl-Struktur); beide Bereiche sind in einem solchen MOOSER-PEARSON-Diagramm überraschend scharf voneinander getrennt. (Entsprechende Diagramme können auch für andere Verbindungen aufgestellt werden, wie für AB_2-Strukturen und andere A_mB_n-Strukturen, in denen sich dann Existenzbereiche für die einzelnen Strukturtypen abgrenzen lassen.)

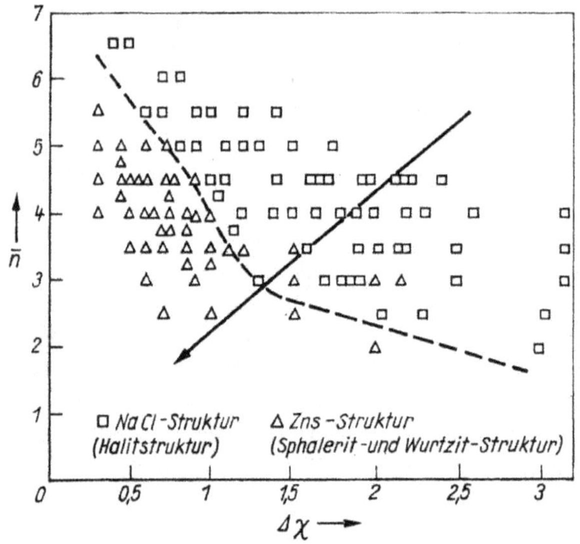

Bild 2.37. *Verteilung von AB-Strukturen in Abhängigkeit von der Elektronegativitätsdifferenz $\Delta\chi$ und der durchschnittlichen Hauptquantenzahl $\bar{n}$.*

Nach MOOSER und PEARSON [2.8].

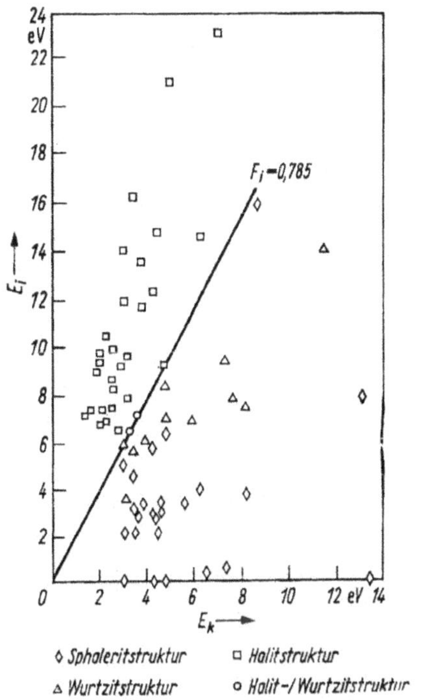

Bild 2.38. *Verteilung von AB-Strukturen in Abhängigkeit von ihren kovalenten und ionaren Energielücken* E_k *bzw.* E_i. Nach PHILLIPS [2.7] und VAN VECHTEN [2.8]; vgl. Tabelle 2.8.

Einen ähnlichen Weg gingen PHILLIPS [2.7] und VAN VECHTEN [2.8], indem sie die kovalente Energielücke E_k und die ionare Energielücke E_i zueinander in Beziehung setzten (Bild 2.38). Diese Parameter verstehen sich im Zusammenhang mit dem Bändermodell der Elektronenzustände im Kristall. Der Abstand zwischen dem Valenzband und dem Leitungsband ist die durchschnittliche Energielücke E_g. Bei den rein kovalent gebundenen Elementen der IV. Gruppe ist $E_g = E_k$ die kovalente Energielücke; die betreffenden Werte sind 13,6 eV (Elektronenvolt) für Diamant, 4,8 eV für Silicium, 4,3 eV für Germanium und 3,1 eV für graues Zinn. Bei den Verbindungen $A^N B^{8-N}$ mit einer gewissen Elektronegativitätsdifferenz $\Delta\chi$ gibt es hingegen eine kovalente Energielücke E_k und eine ionare Energielücke E_i, die sich (was hier nicht näher ausgeführt werden kann) quadratisch zur durchschnittlichen Energielücke ergänzen:

$$E_g^2 = E_k^2 + E_i^2 .$$

Die Werte für die Energielücken werden aus spektroskopischen Daten ermittelt. Die ionare Energielücke E_i steht in einem annähernd linearen Verhältnis zur Elektronegativitätsdifferenz $\Delta\chi$; speziell gilt für AB-Verbindungen mit sp^3-Hybridorbitalen $E_i \approx 5{,}75\ \Delta\chi$ eV. Mit Hilfe dieser Größen werden die Ionizität $f_i = E_i^2/E_g^2$ und der dazu komplementäre kovalente Bindungsanteil $f_k = E_k^2/E_g^2 = 1 - f_i$ einer Verbindung definiert. Trägt man die AB-Verbindungen nach ihren Werten von E_k und E_i in einem Diagramm ein (Bild 2.38), so erscheint der Bereich der tetraedrisch koordinierten ZnS-Strukturen vom Bereich der oktaedrisch koordinierten NaCl-Strukturen durch eine Gerade getrennt, der eine kritische Ionizität $F_i = 0{,}785$ entspricht. Bei Ionizitäten $f_i < 0{,}785$ werden die ZnS-Strukturen bei $f_i > 0{,}785$ wird die NaCl-Struktur beobachtet. Die Verbindung MgSe, die mit $f_i = 0{,}785$ genau auf dieser Linie liegt, kommt sowohl mit der NaCl-Struktur als auch mit der Wurtzitstruktur vor. Im Gebiet der ZnS-Strukturen wird nahe der kritischen Ionizität bevorzugt die Wurtzitstruktur beobachtet, bei niedrigen Ionizitäten (also größerer Kovalenz) die Sphaleritstruktur, ohne dass es allerdings im Diagramm zwischen diesen beiden Strukturtypen eine scharfe Trennungslinie gäbe.

Tabelle 2.8. *Einige Verbindungen vom Typ* $A^N B^{8-N}$ *mit ZnS-Struktur.*

Verbindung	$N/(8-N)$	$Z_1 + Z_2$	$\overline{Z}$	Strukturtyp	Abstand in pm	Ionizität
C (Diamant)	4/4	6 + 6	6	D	154	0
BN	3/5	5 + 7	6	S	157	0,26
BeO	2/6	4 + 8	6	W	165	0,60
SiC	4/4	14 + 6	10	S, W	189	0,18
AlN	3/5	13 + 7	10	W	187	0,45
BP	3/5	5 + 15	10	S		0,01
BeS	2/6	4 + 16	10	S		0,31
Si	4/4	14 + 14	14	D	235	0
AlP	3/5	13 + 15	14	S	236	0,31
(Si, Ge)[1]	4/4	14 + 32	23	D	240	
AlAs	3/5	13 + 33	23	S		0,27
GaP	3/5	31 + 15	23	S	236	0,37
MgSe	2/6	12 + 34	23	W		0,79
ZnS	2/6	30 + 16	23	S, W	235	0,62
CuCl	1/7	29 + 17	23	S, W	235	0,75
Ge	4/4	32 + 32	32	D	245	0
(Si,Sn)[1]	4/4	14 + 50	32	D	258	
GaAs	3/5	31 + 33	32	S	245	0,31
AlSb	3/5	13 + 51	32	S	266	0,43
InP	3/5	49 + 15	32	S		0,42
ZnSe	2/6	30 + 34	32	S, W	245	0,68
MgTe	2/6	12 + 52	32	W	276	0,55
CdS	2/6	48 + 16	32	S, W	252	0,69
CuBr	1/7	29 + 35	32	S, W	246	0,74

N Gruppennummer; $Z_1 + Z_2$ Elektronensumme der beiden Atome einer Verbindung bzw. vom Mischkristall 1 : 1; $\overline{Z}$ mittlere Elektronensumme je Atom; D Diamantstruktur; S Sphaleritstruktur; W Wurtzitstruktur; Abstand zwischen zwei benachbarten Atomen; Ionizität nach PHILLIPS [2.7]; die isoelektronischen Reihen sind durch Linien abgegrenzt.

[1]) Mischkristalle.

In Tab. 2.8 sind einige Verbindungen mit ZnS-Strukturen zusammengestellt; auch hier bestätigt sich der allgemeine Trend, dass mit steigender Elektronensumme sowohl die interatomaren Abstände als auch der metallische Charakter zunehmen.

2.5.2.2. Kristallstrukturen mit ionarer Bindung

Für die Beschreibung und Systematik der Kristallstrukturen mit vorwiegend ionarer Bindung ist es zweckmäßig, von der gegenseitigen Koordination der Ionen auszugehen. Bei den einfach zusammengesetzten ionaren Verbindungen lässt sich der Strukturtyp aus der Diskussion der Koordinationsgeometrie ableiten, wie sie sich aus der Stöchiometrie der Verbindung und dem Verhältnis der Ionenradien ergibt. Auch bei den komplizierter zusammengesetzten Verbindungen kommt der Koordinationsgeometrie eine wichtige Rolle zu. Wie schon gesagt, wird aufgrund des ungerichteten Charakters der elektrostatischen Bindungskräfte jedes Ion von möglichst vielen Ionen der entgegengesetzten Ladung umgeben, die ihrerseits möglichst große Abstände untereinander einhalten. Die Ionen selbst werden in guter Näherung als sich berührende, starre Kugeln mit bestimmten Ionenradien beschrieben.

Da die Ionenradien der Anionen fast durchweg größer sind als die der Kationen (vgl. hinteres Vorsatzpapier), wird die Koordinationsgeometrie der Strukturen mit ionarer Bindung weitgehend durch die Gruppierung der relativ größeren Anionen um die relativ kleineren Kationen geprägt, welche, soweit möglich, in die Lücken der von den Anionen gebildeten Kugelpackungen eintreten.

Ein tieferes Verständnis dieser Strukturen, das über die rein geometrische Betrachtung hinausgeht, ist zu gewinnen, wenn man nach PAULING (1929) den Quotienten $p = z/n$ aus der Ladungszahl z eines Kations und der Anzahl n der es koordinierenden Anionen mit der Ladungszahl y dieser Anionen vergleicht. In kristallchemischer Hinsicht sind drei Fälle zu unterscheiden:

1. $p < y/2$, der Quotient p ist kleiner als die halbe Anionenladungszahl;
2. $p \approx y/2$, der Quotient p ist ungefähr gleich der halben Anionenladungszahl;
3. $p > y/2$, der Quotient p ist größer als die halbe Anionenladungszahl.

Nach EVANS (1948) bezeichnet man die betreffenden Verbindungen oder Kristallstrukturen als isodesmisch ($p < y/2$), mesodesmisch ($p \approx y/2$) bzw. anisodesmisch ($p > y/2$). Diese Unterteilung lässt sich folgendermaßen begründen: Der Hauptteil der elektrostatischen Bindungskraft wirkt nach dem COULOMBschen Gesetz zwischen den benachbarten Kationen und Anionen, was man (nicht ganz streng aber anschaulich) auch so interpretieren kann, dass die Ladungen im wesentlichen schon zwischen den benachbarten, entgegengesetzt geladenen Ionen neutralisiert bzw. abgesättigt werden. Bei einem Kation mit der Ladungszahl z entfallen dabei auf jedes der n Anionen ein Anteil von $p = z/n$ Elementarladungen. Im Fall der isodesmischen Strukturen ($p < y/2$) wird dadurch weniger als die Hälfte der Anionenladung abgesättigt, d. h., der größere Teil der Ladung verbleibt noch für die Absättigung weiterer benachbarter Kationen. Beispielsweise gilt beim NaCl $z = 1$; $y = 1$; $n = 6$ (vgl. Bild 1.2), und es folgt $p = 1/6 < 1/2 = y/2$. Damit handelt es sich um eine typische Koordinationsstruktur, in der nicht nur die kleineren Kationen von den größeren Anionen gleichberechtigt koordiniert werden, sondern umgekehrt auch die größeren Anionen von den (in diesem Beispiel sechs) kleineren Kationen. Auch bei den anderen in diesem Abschnitt angeführten Koordinationsstrukturen ist – wie man leicht nachprüfen kann – die Relation $p < y/2$ erfüllt.

Anders ist es jedoch im Fall der anisodesmischen Strukturen ($p > y/2$). Hier wird bereits durch *ein* benachbartes Kation der überwiegende Teil der Anionenladung abgesättigt; nur der kleinere Rest verbleibt für die Bindungen zu anderen Kationen. Beispielsweise wird im Calcit $CaCO_3$ (Bild 2.46) das sehr kleine C-Ion von drei O-Ionen koordiniert, und mit $z = 4$; $y = 2$; $n = 3$ folgt $p = z/n = 4/3 > 1 = y/2$. Die drei O-Ionen sind also überwiegend an das zentrale C-Ion gebunden. Sie bilden miteinander einen *Komplex*, der in sich stärker gebunden ist als zu den übrigen Bestandteilen der Struktur. Insgesamt trägt dieser Komplex noch zwei negative Elementarladungen $[CO_3]^{2-}$, weshalb man ihn auch als *Komplexion* bezeichnet. In den Komplexionen gibt es stets noch einen merklichen kovalenten Bindungsanteil. Für die Ca-Ionen im Calcit gilt $z = 2$ und $n = 6$ sowie $p = z/n = 1/3 < 1 = y/2$. Die Ca-Ionen bilden im $CaCO_3$ keine Komplexe, ihnen ist nur ein Koordinationspolyeder in Form eines Oktaeders zugeordnet.

Für die mesodesmischen Strukturen mit $p \approx y/2$ bieten die Silikate ein Beispiel, in denen das vierwertige Si-Ion tetraedrisch von vier O-Ionen koordiniert wird. Mit $z = 4$; $y = 2$; $n = 4$ folgt $p = z/n = 1 = y/2$. Auch bei den Silikaten (Abschn. 2.5.2.4.) beobachtet man die Bildung von $[SiO_4]$-Komplexen, doch können diese Komplexe noch miteinander zu größeren Komplexen bzw. Baueinheiten verknüpft werden. Bestimmte O-Ionen sind dabei jeweils gleichzeitig Bestandteil zweier miteinander verknüpfter Komplexe, was eben durch die Beziehung $p \approx y/2$ möglich wird.

Damit ergibt sich folgende Untergliederung der Strukturen mit ionarer Bindung:

1. Koordinationsstrukturen ($p < y/2$),
2. Strukturen mit Komplexen ($p \geq y/2$)
   a) Strukturen mit nicht verknüpften Komplexen ($p > y/2$),
   b) Strukturen mit verknüpfbaren Komplexen ($p \approx y/2$).

Wenden wir uns zunächst den Koordinationsstrukturen zu. Für Verbindungen mit der Stöchiometrie AB (AB-Strukturen) sind die wichtigsten Strukturtypen die ZnS-Strukturen (Bilder 2.35 und 2.36), die NaCl-Struktur (Bild 1.1) und die CsCl-Struktur. Auf die beiden ersten Strukturtypen und deren Koordinationsgeometrie wurde bereits mehrfach eingegangen.

In der CsCl-Struktur (Bild 2.39) besetzen die Cl-Ionen (Anionen) die Ecken der kubischen Elementarzellen, in deren Zentrum sich jeweils ein Cs-Ion (Kation) befindet. Die kürzesten Ionenabstände liegen in Richtung der Raumdiagonalen des Elementarwürfels, und es besteht eine gegenseitige hexaedrische [8]-Koordination. In kristallchemischen Formeln werden häufig die Koordinationen bei den einzelnen Ionen in eckigen Klammern vermerkt, für die genannten Strukturtypen lauten die Formeln $Zn^{[4]}S^{[4]}$, $Na^{[6]}Cl^{[6]}$, $Cs^{[8]}Cl^{[8]}$. Die Koordinationsgeometrie wird weitgehend von den Größenverhältnissen der Ionen bestimmt. Speziell bei den Koordinationsstrukturen gilt die *Radienverhältnisregel* – auch als erste *PAULINGsche Regel* ezeichnet –, wonach der Abstand zwischen Kation und Anion durch die Radiensumme $R_A + R_B$ gegeben ist und die Koordinationszahl durch das Radienverhältnis R_A/R_B bestimmt wird. Wie bereits im Abschn. 2.2. bei der Behandlung der Kugelpackungen mit ihren Lücken abgeleitet, gibt es für die einzelnen Koordinationspolyeder geometrisch bestimmte Grenzwerte der Radienquotienten (Tab. 2.9), unterhalb der das Kation die Lücke zwischen den koordinierenden Anionen nicht ausfüllt, die Koordination also instabil ist. Der CsCl-Strukturtyp ist demnach für einen Bereich der Radienquotienten von $R_A/R_B = 1...0,732$ zu erwarten, der NaCl-Strukturtyp für $R_A/R_B = 0,732...0,414$ und die ZnS-Strukturtypen für $R_A/R_B = 0,414...0,225$.

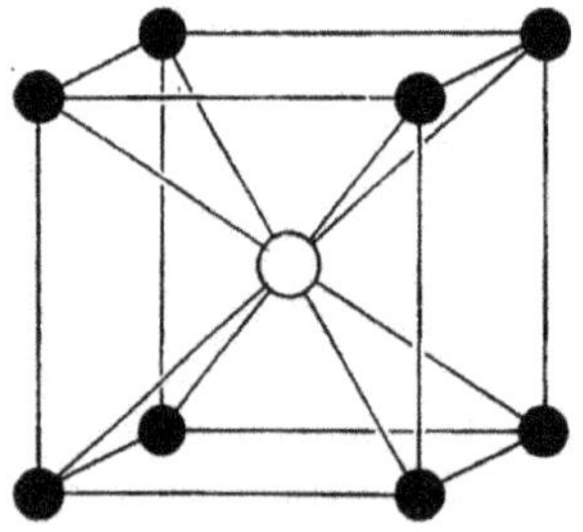

Bild 2.39. *Kristallstruktur von Cesiumchlorid* CsCl.

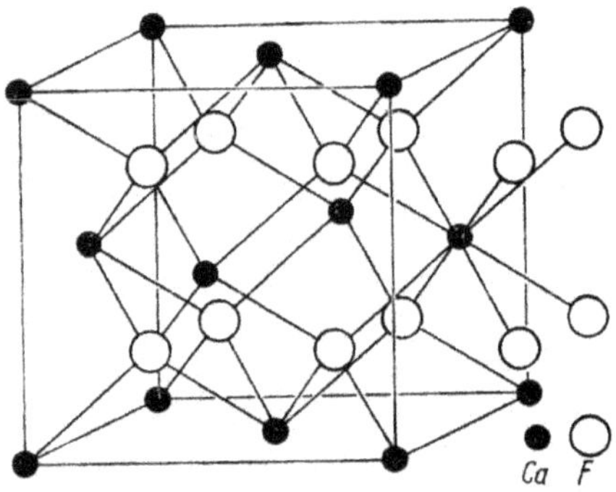

Bild 2.40. *Kristallstruktur von Fluorit* CaF_2.

Tabelle 2.9. *Grenzwerte für Radienquotienten.*

n	Koordination	R_A/R_B
3	trigonal (planar)	0,155
4	tetraedrisch	0,225
6	oktaedrisch	0,414
8	hexaedrisch	0,732
12	kubooktaedrisch	1,0

***Tabelle 2.10.** Strukturen und Radienquotienten R_A/R_B einiger AB-Verbindungen.*

CsCl-Struktur R_A/R_B = 1... 0,732		NaCl-Struktur R_A/R_B = 0,732 ... 0,414								ZnS-Struktur R_A/R_B = 0,414 ...0,225	
CsCl	0,941	CsF	1,278(+)	KBr	0,704	CaS	0,543			ZnS	0,343
CsBr	0,871	RbF	1,120(+)	KI	0,627	CaSe	0,505			CdTe	0,398
CsI	0,775	KF	1,038(+)	SrS	0,617	MgO	0,514			MgTe	0,326
		SrO	0,807(+)	SrSe	0,571	LiF	0,556			BeO	0,229
		BaO	0,971(+)	RbI	0,677	NaCl	0,564			BeS	0,174(–)
		NaF	0,767(+)	CuO	0,714	LiCl	0,409(–)			BeSe	0,162(–)
		RbBr	0,760(+)	NaBr	0,520	LiBr	0,378(–)			BeTe	0,145(–)
		BaS	0,739(+)	NaI	0,464	LiI	0,336(–)				
		KCl	0,762(+)	CaTe	0,452	MgS	0,391(–)				
						MgSe	0,364(–)				

(+) Radienquotient größer; (–) Radienquotient kleiner.

Tabelle 2.10 zeigt, dass bei vielen AB-Verbindungen der beobachtete Strukturtyp dem aufgrund des Radienquotienten zu erwartenden entspricht. Bei einer beachtlichen Anzahl von Verbindungen liegen die Radienquotienten jedoch außerhalb der geometrischen Grenzwerte, wobei der NaCl-Strukturtyp besonders bevorzugt erscheint. Eine Voraussage des Strukturtyps allein mit geometrischen Argumenten ist deshalb unsicher; stets sollte auch der Einfluss der gerichteten (kovalenten) Bindungsanteile, wie er in der Ionizität zum Ausdruck kommt, berücksichtigt werden. Wie schon im Abschn. 2.5.2.1. ausgeführt, spielt der kovalente Bindungsanteil insbesondere bei den ZnS-Strukturen eine wichtige Rolle.

Bei den Koordinationsstrukturen mit der Stöchiometrie AB_2 (AB_2-Strukturen) gibt es eine größere Vielfalt von Strukturtypen, von denen nur auf die wichtigsten eingegangen sei:

In der kubischen Fluoritstruktur CaF_2 (Bild 2.40) besetzen die Ca-Ionen die Positionen eines kubisch flächenzentrierten Gitters und die F-Ionen die Mitten der Achtelwürfel. Diese Struktur wurde bereits bei den Sulfidstrukturen erwähnt und als kubisch dichteste Kugelpackung beschrieben, in der zusätzlich alle tetraedrischen Lücken besetzt sind. Allerdings werden jetzt die Positionen dieser „Lücken" durch die großen F-Ionen eingenommen. Die Ca-Ionen sind hexaedrisch von jeweils acht F-Ionen koordiniert, die F-Ionen tetraedrisch von jeweils vier Ca-Ionen, so dass die kristallchemische Formel als $Ca^{[8]}F_2^{[4]}$ zu schreiben ist. In der Fluoritstruktur kristallisieren zahlreiche Fluoride MF_2 (mit M als Ca, Sr, Ba, Ra, Pb, Cd, Hg, Eu u. a.) und Oxide MO_2 (mit M als Th, U, Ce, Pr, Zr, Hf u. a.). Wie schon gesagt, ist dieser Strukturtyp auch bei den Alkalichalkogeniden mit der allgemeinen Formel $A_2^{[4]}B^{[8]}$ (z. B. Li_2O, Na_2S u. a.) als Antifluoritstruktur sowie bei intermetallischen Phasen zu beobachten.

Die Rutilstruktur $Ti^{[6]}O_2^{[3]}$ (Bild 2.41) ist durch eine oktaedrische Koordination der Ti-Ionen gekennzeichnet; allerdings ist dieses Oktaeder etwas verzerrt, und die Abstände der sechs O-Ionen sind nur annähernd gleich. Die O-Ionen sind jeweils von drei Ti-Ionen in ebener Anordnung umgeben. Die Symmetrie dieser Struktur ist tetragonal (mit einer 4_2-Schraubenachse). Die Rutilstruktur haben viele Oxide MO_2 (mit M als Ge, Sn, Pb, Cr, Mn, Ta, Re, Ru, Os, Ir, Te u. a.) und Fluoride MF_2 (mit M als Mg, Mn, Fe, Co, Ni, Zn, Pd u. a.). Erwähnt sei, dass außer dem Rutil noch zwei andere Modifikationen des TiO_2, der Anatas und der Brookit, vorkommen, in denen die Ti-Ionen gleichfalls (annähernd) oktaedrisch koordiniert sind. Lediglich die Verknüpfung der oktaedrischen Baugruppen ist eine andere. Beim Rutil ist jedes Oktaeder mit zwei anderen durch je eine gemeinsame Kante derart verknüpft, dass sich Ketten parallel zur *c*-Achse ergeben. Beim tetragonalen Anatas ist jedes Oktaeder mit vier weiteren Oktaedern über gemeinsame Kanten verknüpft und bildet so größere, pseudotetraedrische Baueinheiten. Beim rhombischen Brookit ist jedes Oktaeder mit drei weiteren Oktaedern über gemeinsame Kanten derart verknüpft, dass sich Netze parallel (100) ergeben.

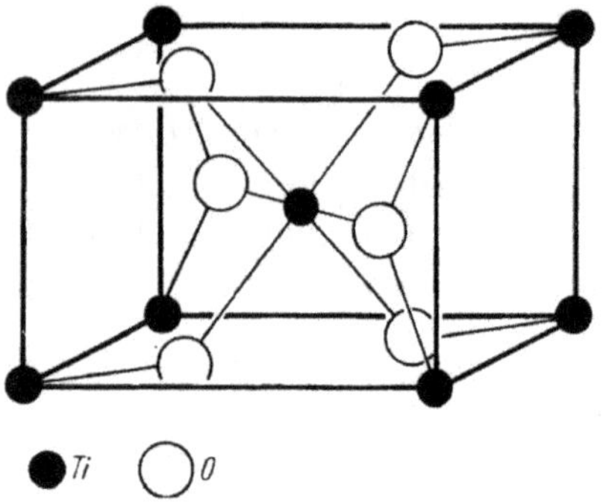

Bild 2.41. *Kristallstruktur von Rutil* TiO_2.

Analog den AB-Strukturen sind die (bezüglich des Kations) oktaedrisch koordinierten TiO_2-Strukturen bei Radienquotienten R_A/R_B = 0,414 ... 0,732 zu erwarten. Bei größeren Radienquotienten beobachtet man die hexaedrisch koordinierte CaF_2-Struktur, bei kleineren Radienquotienten die tetraedrisch koordinierten SiO_2-Strukturen, kristallchemisch $Si^{[4]}O_2^{[2]}$, die im Abschn. 2.5.2.4. behandelt werden.

Von den Koordinationsstrukturen mit der Stöchiometrie AB_3 sei die Struktur des Aluminiumfluorids $Al^{[6]}F_3^{[2]}$ (Bild 2.42) angeführt. Sie hat kubische Symmetrie: die Al-Ionen besetzen die Ecken der Elementarzelle und die F-Ionen deren Kantenmitten. In der (oktaedrisch koordinierten) AlF_3-Struktur oder leicht deformierten Varianten kristallisieren AlF_3, ScF_3, FeF_3, CoF_3, RhF_3, PdF_3; CrO_3, WO_3, ReO_3 u. a.

Von den Strukturen der A_2B_3-Verbindungen sei auf die des α-Al_2O_3 (Korund) eingegangen. Sie lässt sich formal aus der NiAs-Struktur (vgl. Bild 2.25) herleiten. Die O-Ionen bilden (wie dort die As-Ionen) eine hexagonal dichteste Kugelpackung, in deren oktaedrische Lücken die Al-Ionen (wie dort die Ni-Ionen) eintreten. Zum Unterschied von der NiAs-Struktur werden jedoch nicht alle, sondern nur zwei Drittel der oktaedrischen Lücken in geordneter Weise von den Al-Ionen besetzt (Bild 2.43). Dadurch haben die O-Ionen jeweils nur vier benachbarte Al-Ionen, und die kristallchemische Formel ist $Al_2^{[6]}O_3^{[4]}$.

Eine andere interessante A_2B_3-Struktur ist die des Mn_2O_3. Sie ist kubisch mit 16 Formeleinheiten in der Elementarzelle und lässt sich formal aus der CaF_2-Struktur (s. Bild 2.40) ableiten, indem deren Gitterkonstanten vervierfacht, die Elementarzelle also um das 16fache vergrößert werden und ein Viertel der Anionenpositionen (in geordneter Weise) unbesetzt bleiben. Die Koordination der Kationen hat (wie in der CaF_2-Struktur) die Geometrie eines Hexaeders (Würfels), von dem jedoch zwei Ecken unbesetzt sind, so dass die Mn-Ionen nur von jeweils sechs O-Ionen koordiniert sind: $Mn_2^{[6]}O_3^{[4]}$. Die Mn_2O_3-Struktur haben die meisten der Lanthanidenoxide sowie Y_2O_3, In_2O_3 und Tl_2O_3.

Die ternären Verbindungen mit der allgemeinen Formel $A_mB_nC_p$ bilden entsprechend den vielfältigen Möglichkeiten für die Variation der Stöchiometrie und der Größenverhältnisse der Ionen eine große Anzahl von Strukturtypen, und es kann nur auf eine kleine Auswahl von Grundtypen eingegangen werden. Meist handelt es sich um eine Kombination von zwei verschiedenen Kationen A und B mit einem Anion C, für das dann besser X geschrieben wird: $A_mB_nX_p$.

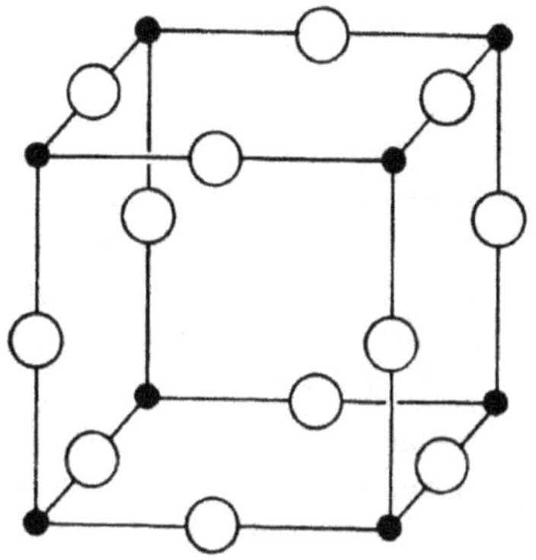

Bild 2.42. *Kristallstruktur von Aluminiumfluorid* AlF_3.

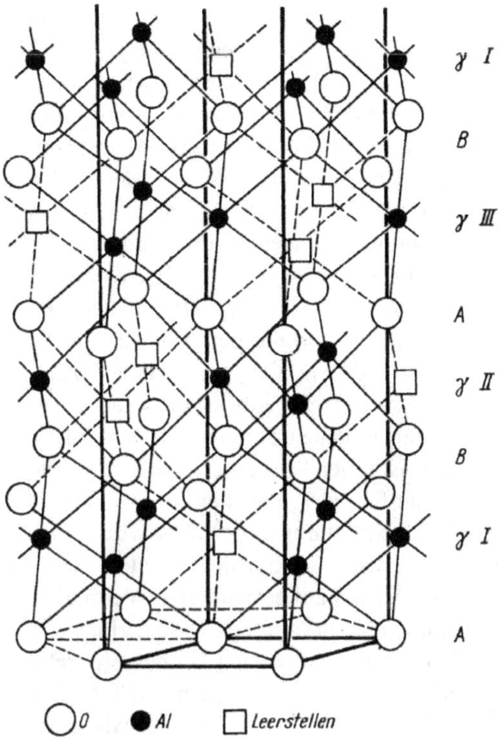

Bild 2.43. *Kristallstruktur von Korund* Al_2O_3.

Es ist die untere Hälfte der hexagonalen Elementarzelle dargestellt; *A* und *B* bezeichnen die Positionen der O-Schicht, *γ* die Position der Al-Schicht und *I, II, III* die Positionen der Leerstellen in der Al-Schicht.

Ein verbreiteter Strukturtyp von Verbindungen mit der Stöchiometrie ABX_3 ist der des Ilmenits $Fe^{[6]}Ti^{[6]}O_3$. Seine Struktur ist eng verwandt mit der des Korunds, nur dass die Positionen der Al-Ionen in geordneter Weise durch Fe- und Ti-Ionen besetzt sind. Dadurch wird die Symmetrie des Korunds, Kristallklasse $\bar{3}m$, auf die Kristallklasse $\bar{3}$ beim Ilmenit vermindert. Die Fe-Ionen können diadoch durch Mg, Mn, Co, Ni oder Cd ersetzt werden, die Endglieder der entsprechenden Mischkristallreihen sind mit Ilmenit isomorph. Bei höheren Temperaturen ist Ilmenit auch mit Fe_2O_3 lückenlos mischbar. Ilmenitstruktur haben außerdem $FeYO_3$, $NiMnO_3$ und $CoMnO_3$.

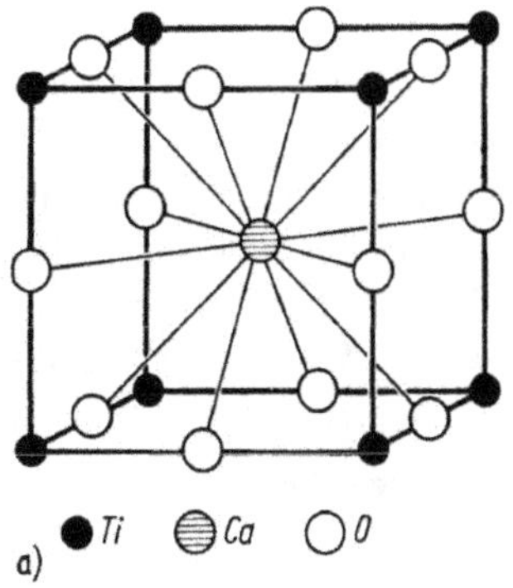

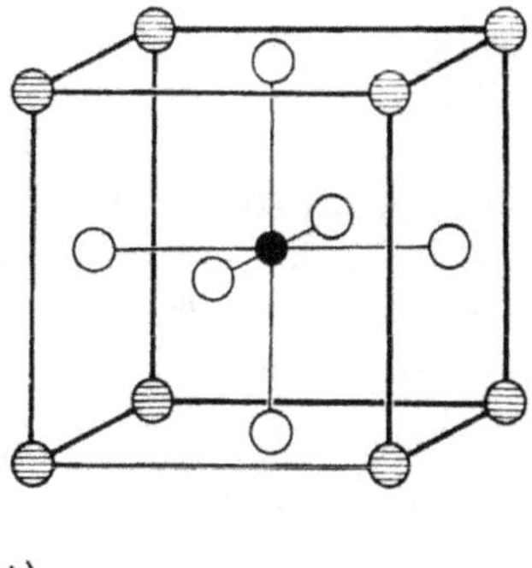

Bild 2.44. *Kristallstruktur von Perowskit* $CaTiO_3$.

a) Elementarzelle mit Ti in 0, 0, 0, (gegenüber b) um 1/2, 1/2, 1/2 verschoben); b) Elementarzelle mit Ca in 0, 0, 0.

In der Ilmenitstruktur haben die A- und B-Kationen eine ähnliche Größe. Sind in einer ABX_3-Verbindung die A-Kationen relativ größer, so tritt die Struktur des Perowskits $CaTiO_3$ (Bild 2.44) auf. In der kubischen Struktur besetzen die (größeren) Ca-Ionen die Ecken des Elementarwürfels, die (kleineren) Ti-Ionen sein Zentrum und die O-Ionen seine Flächenmitten. Die Struktur lässt sich auch so beschreiben, dass die größeren A-Ionen und die O-Ionen zusammen eine kubisch dichteste Kugelpackung bilden, in der ein Viertel der oktaedrischen Lücken mit Ti besetzt ist. Die A-Ionen werden von jeweils zwölf O-Ionen in Form eines Kubooktaeders koordiniert, den O-Ionen sind jeweils vier Ca-Ionen und zwei Ti-Ionen benachbart; die kristallchemische Formel ist demnach $Ca^{[12]}Ti^{[6]}O_3^{[4+2]}$. Aus der Koordinationsgeometrie folgt für die Radiensummen die Beziehung $R_A + R_X = \sqrt{2}\ (R_B + R_X)$. Nach GOLDSCHMIDT (1931) sind hier jedoch gewisse Toleranzen zugelassen, und die Perowskitstruktur kann noch auftreten, wenn die Bedingung in der Form $R_A + R_X = t\sqrt{2}\ (R_B + R_X)$ mit einem Toleranzfaktor $t = 0{,}8...1{,}1$ erfüllt ist.

Interessanterweise gibt es eine ganze Reihe von Varianten bzw. Abwandlungen der Perowskitstruktur, in denen die ursprüngliche Struktur verzerrt erscheint, wobei auch die Symmetrie in charakteristischer Weise vermindert ist. Die hochsymmetrische Perowskitstruktur ist so der Repräsentant für eine ganze Familie von niedriger symmetrischen Strukturen, weshalb sie als *Prototyp* dieser Strukturen bezeichnet wird. Auch der Perowskit $CaTiO_3$ hat bei ca. 20 °C nicht die ideale kubische Struktur der Hochtemperaturphase, sondern eine etwas deformierte, rhombische Struktur. Viele hierher gehörende Verbindungen zeigen Phasenübergänge innerhalb dieser Strukturfamilie, die nur durch gewisse geringe Verschiebungen der Atompositionen zustande kommen. Typisch ist auch, dass sich bei den Vertretern der Perowskitstrukturfamilie die Wertigkeiten der Ionen beinahe beliebig supplementieren können. So gibt es Oxide $A^{2+}B^{4+}O_3$ mit A^{2+} = Ca, Sr, Ba, Pb und B^{4+} = Ti, Zr, Hf, Sn, Ce, wie $BaTiO_3$, $PbZrO_3$, $SrSnO_3$, $BaCeO_3$ u. a., daneben Oxide $A^{3+}B^{3+}O_3$ mit A^{3+} als Lanthaniden und B^{3+} = Al, Sc, V, Cr, Mn, Fe, Co, wie $LaMnO_3$, $YAlO_3$ u. a., sowie Oxide $A^{1+}B^{5+}O_3$ mit A^{1+} = Li, Na, K, Rb und B^{5+} = Nb, Ta, Sb, wie $NaNbO_3$, $KNbO_3$ u. a., ferner Fluoride $K^{1+}B^{2+}F_3$ mit B^{2+} = Mg, Cr, Fe, Co, Ni, Cu, Zn und schließlich Oxidfluoride $A^{1+}Nb[O_2F]$ mit A^{1+} = Li, Na, K. Viele dieser Verbindungen bilden untereinander Mischkristalle und haben interessante festkörperphysikalische Eigenschaften.

Aus der Perowskitstruktur lassen sich auch die Strukturen einer Reihe von polynären Oxiden mit Cu ableiten, die als Supraleiter mit überraschend hohen Sprungtemperaturen (z. T. über 100 K) bekannt geworden sind. Ein Beispiel ist $YBa_2Cu_3O_{7-x}$, in welchem Y und Ba (an deren Stelle auch andere Lanthaniden, Erdalkalien, Bi, Tl und/oder Pb treten können) die Plätze des Ca und Cu die Plätze des Ti in der Perowskitstruktur besetzen. Wesentlich sind Sauerstoff-Fehlstellen in der Nachbarschaft des Cu, so dass die Struktur CuO_6-Oktaeder, CuO_5-Pyramiden und CuO_4-Quadrate enthält, die über Ecken verknüpft sind und lagenweise die Struktur durchziehen.

Ein weiterer wichtiger ternärer Strukturtyp ist der des Spinells Al_2MgO_4, dessen Name im weiteren Sinne auch für andere Verbindungen dieses Strukturtyps mit der allgemeinen Formel A_2BX_4 benutzt wird. Die kubische Spinellstruktur (Bild 2.45) enthält acht Formeleinheiten je Elementarzelle. Die O-Ionen bilden eine kubisch dichteste Kugelpackung, in der 1/2 der oktaedrischen Lücken von den Al-Ionen und 1/8 der tetraedrischen Lücken von den Mg-Ionen in einer bestimmten Ordnung besetzt sind; und zwar nehmen die Mg-Ionen für sich die Positionen einer Diamantstruktur (Bild 2.32) ein. Von den Al-Ionen bilden jeweils vier die Ecken von Tetraedern, die in die freien Achtelwürfel dieser Diamantstruktur hineingestellt erscheinen. Die AlO_6-Oktaeder sind über gemeinsame Ecken miteinander verbunden, während die MgO_4-Tetraeder voneinander isoliert sind. Jedes O-Ion ist von drei Al-Ionen und einem Mg-Ion umgeben, woraus die kristallchemische Formel $Al_2^{[6]}Mg^{[4]}O_4^{[3+1]}$ folgt. Spinellstruktur haben u. a. auch die Verbindungen Al_2CoO_4, Al_2ZnO_4 und Cr_2FeO_4. Nach der Wertigkeit der Kationen bezeichnet man sie als 2-3-Spinelle.

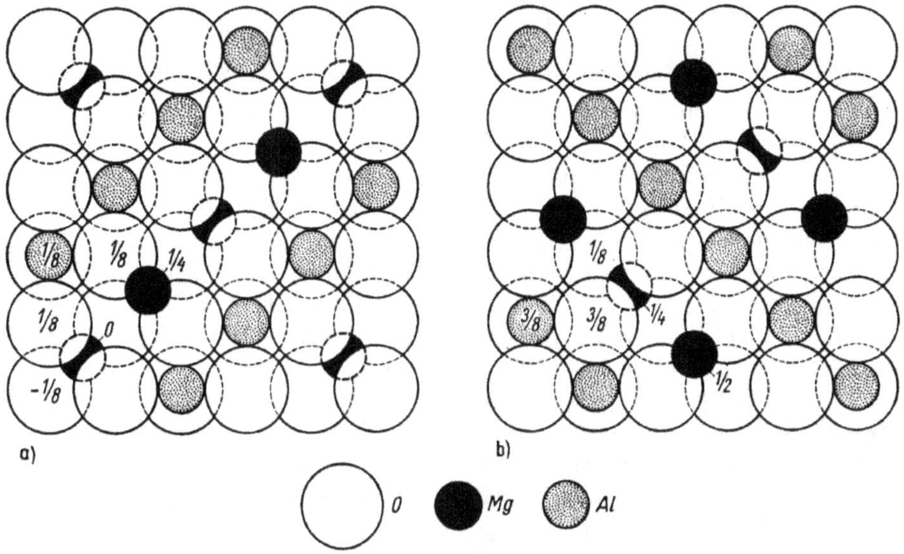

Bild 2.45. *Spinellstruktur: Projektion auf (100).*

a) untere Doppelschicht von dicht gepackten O-Ionen mit oktaedrisch koordinierten Al-Ionen und tetraedrisch koordinierten Mg-Ionen; b) obere über a) folgende Doppelschicht von O-Ionen. Die Elementarzelle ergibt sich durch Übereinanderlegen der beiden Doppelschichten und Wahl des Mg-Ions in a) links unten als Ursprung.

Neben diesen *normalen Spinellen* gibt es solche, in denen die zweiwertigen B-Ionen mit der Hälfte der dreiwertigen A-Ionen die Plätze getauscht haben, entsprechend der kristallchemischen Formel $[BA]^{[6]}A^{[4]}X_4$; man bezeichnet sie als *inverse Spinelle*. Beispiele inverser 2-3-Spinelle sind $[FeGa]GaO_4$, $[NiFe]FeO_4$ und Magnetit Fe_3O_4 bzw. $[Fe^{2+}Fe^{3+}]Fe^{3+}O_4$. Außerdem gibt es bei den *intermediären Spinellen* Übergänge zwischen der normalen und der inversen Verteilung, was bei den folgenden Beispielen intermediärer 2-3-Spinelle formelmäßig so ausgedrückt wird:

$$[Mg_{0,9}Fe^{3+}_{1,1}]Mg_{0,1}Fe^{3+}_{0,9}O_4; \quad [Mn_{0,3}Al_{1,7}]Mn_{0,7}Al_{0,3}O_4; \quad [Ni_{3/4}Al_{5/4}]Ni_{1/4}Al_{3/4}O_4.$$

In der Spinellstruktur kristallisieren zahlreiche weitere Oxidverbindungen. Anstelle des Sauerstoffs können auch Fluor, Schwefel oder Selen auftreten. Eine kleine Auswahl von Beispielen soll diese Variationsbreite veranschaulichen, wobei 2-3-Spinelle am häufigsten sind:

1-2-Spinelle:	$[LiNi]LiF_4$ (invers),
1-6-Spinelle:	Na_2MoO_4, Na_2WO_4 (normal),
2-3-Spinelle:	Al_2MgO_4, Rh_2ZnO_4, Cr_2CdSe_4, V_2CuS_4 (normal), $[FeIn]InS_4$ (invers), In_2MnS_4 (intermediär),
2-4-Spinelle:	$[MgTi]MgO_4$ (invers), Fe_2GeO_4 (normal), Mn_2VO_4 (intermediär).

Schließlich lassen sich noch die Strukturen der γ-Modifikationen von Al_2O_3 und Fe_2O_3 als Spinellstrukturen mit Vakanzen beschreiben, gewissermaßen als $\square$-3-Spinelle. Auf jede Elementarzelle entfallen im Mittel 21 ⅓ Al- bzw. Fe-Ionen, die sich statistisch auf die insgesamt 24 Plätze der A- und B-Ionen je Elementarzelle verteilen; 2 ⅔ der Kationenplätze bleiben im Mittel je Elementarzelle unbesetzt. Die enge Verwandtschaft der Strukturen macht verständlich, dass γ-Al_2O_3 und Spinell Al_2MgO_4 partiell miteinander mischbar sind.

2.5.2.3. Kristallstrukturen mit Komplexen

Wie im vorigen Abschnitt ausgeführt, kommt es unter der Bedingung $z/n \geqq y/2$ in den Kristallstrukturen zur Bildung von Komplexen (z Ladungszahl des Kations, n seine Koordinationszahl, y Ladungszahl des Anions). Bezeichnet man die entsprechenden Verbindungen mit der allgemeinen Formel $A_mB_nX_p$, dann wird die Komplexbildung in kristallchemischer Schreibweise durch eine eckige Klammer symbolisiert: $A_m[B_nX_p]$. Meist hat das komplexbildende B-Kation eine hohe Ladung, ist klein und hat eine entsprechend kleine Koordinationszahl, so dass also der Wert für z_B/n relativ groß wird (die Koordinationszahl n und der Formelindex bei B_n sind hier zwei verschiedene Größen). Vorwiegend handelt es sich bei den B-Atomen um Halbmetalle oder Nichtmetalle, wie C, N, P, S, Cl, Cr, Mn, Si, As, Mo, W, deren Elektronegativitäten mittel bis groß sind (vgl. hinteres Vorsatzpapier). Folglich sind die Elektronegativitätsdifferenzen zu den als Anionen fungierenden X-Atomen (hauptsächlich Sauerstoff oder die Halogene) nur klein, die Bindung innerhalb der Komplexe ist also zu einem beträchtlichen Teil kovalent. Überhaupt sind die Komplexe in sich durch wesentlich stärkere Kräfte gebunden, als sie zwischen den übrigen Bestandteilen der Struktur wirken. Wie das Beispiel der hierher gehörenden Salze der anorganischen Säuren zeigt, bleiben die Komplexe selbst noch in Lösungen als solche erhalten; da sie als Ganzes eine negative Ladung tragen, bezeichnet man sie auch als Komplexion: $[B_nX_p]^{\zeta-}$ mit der Ladungszahl $\zeta = py - nz_B$.

Auch bei der Kristallisation werden die Komplexe bzw. Komplexionen als Ganzes an den wachsenden Kristall angelagert, sie bilden also reale Baueinheiten der Struktur. Zwischen diesen Komplexen sind die (meist größeren) A-Ionen eingelagert, die jedoch der Bedingung $z_A/n < y/2$ entsprechen; sie bilden demzufolge keine Komplexe, sondern sind als Einzelbausteine anzusprechen. Es sei hier noch einmal der Wesensunterschied zwischen den Strukturen mit Komplexen und den im vorigen Abschnitt behandelten Koordinationsstrukturen herausgestellt; in den letzteren gibt es – wie gesagt – keine Komplexe. Beispielsweise liegen im Ilmenit $FeTiO_3$ nicht etwa „Titanationen" $[TiO_3]^{2-}$ vor, sondern das Ti ist (wie auch das Fe) von jeweils sechs O^{2-}-Ionen oktaedrisch koordiniert; der Ilmenit ist deshalb kristallchemische kein „Eisentitanat", sondern vielmehr ein Eisen-Titan-Oxid.

Tabelle 2.11. *Anionenkomplexe.*

Komplex	Gestalt	Beispiele
[BX]	Linear	$[O_2]^{2-}$, $[O_2]^-$, $[CN]^-$
$[BX_2]$	Linear	$[CNS]^-$, $[CNO]^-$, $[ICl_2]^-$
	gewinkelt	$[ClO_2]^-$, $[NO_2]^-$
$[BX_3]$	planar trigonal	$[BO_3]^{3-}$, $[CO_3]^{2-}$, $[NO_3]^-$
	trigonal pyramidal	$[PO_3]^{3-}$, $[AsO_3]^{3-}$, $[SO_3]^{2-}$, $[SeO_3]^{2-}$
		$[ClO_3]^-$, $[BrO_3]^-$, $[IO_3]^-$
$[BX_4]$	tetraedrisch	$[SiO_4]^{4-}$, $[PO_4]^{3-}$, $[AsO_4]^{3-}$, $[VO_4]^{3-}$, $[SO_4]^{2-}$, $[SeO_4]^{2-}$
		$[CrO_4]^{2-}$, $[ClO_4]^-$, $[MnO_4]^-$, $[BF_4]^-$
	deformiert tetraedrisch	$[MoO_4]^{2-}$, $[WO_4]^{2-}$, $[ReO_4]^-$
	planar quadratisch	$[PdCl_4]^{2-}$, $[PtCl_4]^{2-}$, $[Ni(CN)_4]^{2-}$, $[Pt(CN)_4]^{2-}$
$[BX_6]$	oktaedrisch	$[AlF_6]^{3-}$, $[TiF_6]^{2-}$, $[PtCl_6]^{2-}$, $[SiF_6]^{2-}$, $[SnCl_6]^{2-}$
		$[SnI_6]^{2-}$, $[SbF_6]^-$

Die Gestalt der Anionenkomplexe wird weitgehend durch die Anordnung der Bindungsorbitale mit ihren charakteristischen Bindungswinkeln bestimmt, sie steht meist auch im Einklang mit den betreffenden Radienquotienten R_B/R_X. Eine Reihe von Anionenkomplexen ist in Tab. 2.11 aufgeführt. Es ist bezeichnend, dass Komplexe mit der relativ hohen oktaedrischen [6]-Koordination nur mit den einwertigen Halogenen gebildet werden.

Eine kleine Auswahl von Strukturen mit nicht verknüpften Komplexen soll etwas näher betrachtet werden:

Strukturen mit $[BX_3]$-*Komplexen.*

Die Calcitstruktur (Bild 2.47), $CaCO_3$ bzw. kristallchemisch geschrieben $Ca^{[6]}[CO_3]$, lässt sich formal aus der NaCl-Struktur ableiten. Man denke sich die Raumdiagonale der kubischen Elementarzelle der NaCl-Struktur (Bild 1.2) senkrecht als *c*-Achse aufgestellt und etwas gestaucht, so dass die Elementarzelle zu einem Rhomboeder deformiert wird. An die Stelle der Na-Ionen treten die Ca-Ionen und an die Stelle der Cl-Ionen die planaren $[CO_3]$-Komplexe. Die Ca-Ionen sind von jeweils sechs O-Ionen oktaedrisch koordiniert. Die Symmetrie der Calcitstruktur ist trigonal (Kristallklasse $\bar{3}m$), das im Bild 2.46 dargestellte Rhomboeder entspricht der morphologischen Form $\{10\bar{1}1\}$, die auch als Spaltrhomboeder auftritt. Man beachte hier die Analogie in der Spaltbarkeit von Calcit und Steinsalz!

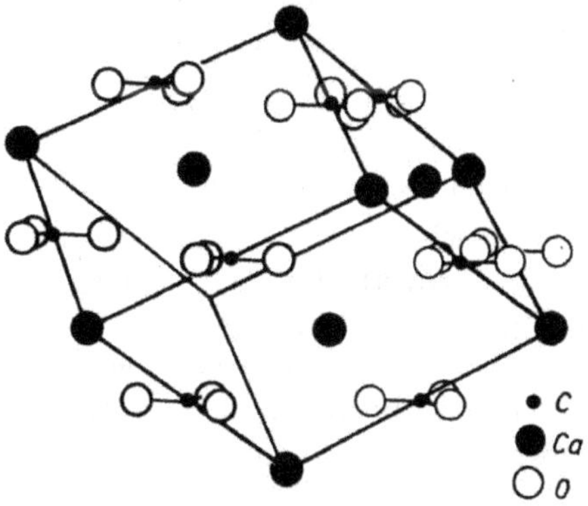

Bild 2.46. *Kristallstruktur von Calcit* $CaCO_3$.

Dargestellt ist eine dem Spaltrhomboeder $\{10\bar{1}1\}$ entsprechende Zelle, die mit der NaCl-Struktur vergleichbar ist.

Das Calciumcarbonat kommt noch in weiteren Modifikationen vor, von denen hier nur der rhombische Aragonit $Ca^{[9]}[CO_3]$ angeführt sei. Die Aragonitstruktur (vgl. Bild 1.128) lässt sich formal aus der hexagonalen NiAs-Struktur (Bild 2.25) ableiten: An die Stelle der As-Atome treten die Ca-Ionen und an die Stelle der Ni-Atome die planaren $[CO_3]$-Komplexe. Infolge einer geringen Verzerrung ist die Symmetrie nur rhombisch, doch sind die Abweichungen von der hexagonalen Symmetrie gering, was man als pseudohexagonal bezeichnet. Die Ca-Ionen sind von neun Sauerstoffionen koordiniert, die sechs verschiedenen $[CO_3]$-Komplexen angehören. Wie Tab. 2.12 zeigt, beobachtet man bei den Carbonaten mit der allgemeinen Formel $A[CO_3]$ bei größeren A-Kationen die Aragonitstruktur, bei kleineren A-Kationen die Calcitstruktur. Das Ca^{2+}-Ion steht dabei gerade an der Grenze.

Betrachtet man die Strukturtypen der ABO_3-Verbindungen unter Einschluss der im vorigen Abschnitt behandelten Koordinationsstrukturen im Zusammenhang, so zeigt sich, dass die gegenseitigen Größenverhältnisse der Ionen ein instruktives Leitprinzip abgeben (Bild 2.47). Zwar lassen sich zwischen den Existenzbereichen der einzelnen Strukturtypen keine scharfen Grenzen ziehen, doch vermittelt das Diagramm immerhin eine qualitative Einsicht in die Beziehungen zwischen den Strukturtypen. (Nicht alle der in diesen und dem folgenden Diagrammen genannten Strukturtypen sind hier im Einzelnen beschrieben; gegebenenfalls greife man auf die weiterführende Literatur zurück!)

Tabelle 2.12. *Auftreten der Aragonit- und der Calcitstruktur in Abhängigkeit vom Kationenradius.*

Calcittyp	Kationenradius in nm	Aragonittyp	Kationenradius in nm
$MgCO_3$	0,072	$CaCO_3$	0,112
$FeCO_3$	0,078	$SrCO_3$	0,125
$ZnCO_3$	0,075	$BaCO_3$	0,142
$MnCO_3$	0,097		
$CaCO_3$	0,108		

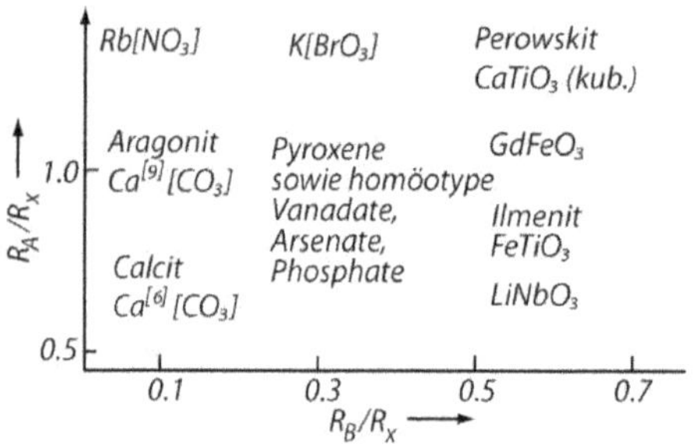

Bild 2.47. *Verteilung der ABO_3-Strukturtypen in Abhängigkeit von den Radienverhältnissen.*

Strukturen mit [BX_4]-Komplexen

Bei den Verbindungen mit der allgemeinen Formel A[BX_4] gibt es eine größere Anzahl von Strukturtypen. In einer ersten Gruppe dieser Strukturtypen beobachtet man reguläre oder nur gering verzerrte [BX_4]-Tetraeder. Hierzu gehört die Struktur des Anhydrits $Ca^{[8]}[SO_4]$ (Bild 2.48). Sie lässt sich formal aus einer deformierten NaCl-Struktur ableiten, in der die Na-Ionen durch Ca-Ionen und die Cl-Ionen durch die tetraedrischen [SO_4]-Komplexe ersetzt sind. Die Ca-Ionen werden von jeweils acht O-Ionen koordiniert; die Symmetrie der Anhydritstruktur, in der z. B. noch die Tieftemperaturform des $NaClO_4$ kristallisiert, ist rhombisch pseudotetragonal.

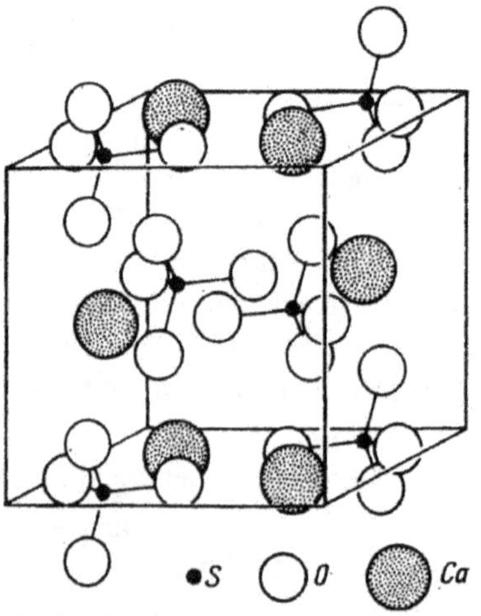

Bild 2.48. *Kristallstruktur von Anhydrit* $CaSO_4$.

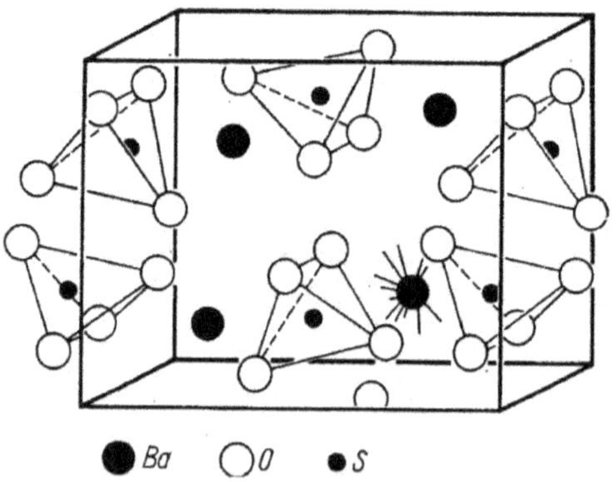

Bild 2.49. *Kristallstruktur von Baryt* $BaSO_4$.

Bei Verbindungen mit (gegenüber der Anhydritstruktur) größeren A-Ionen ist die Struktur des rhombischen Baryts $Ba^{[12]}[SO_4]$ zu beobachten. In dieser Struktur (Bild 2.49) sind die großen Ba-Ionen in etwas unregelmäßiger Form von zwölf O-Ionen umgeben, die jeweils sieben verschiedenen $[SO_4]$-Tetraedern angehören. Beispiele sind $Sr[SO_4]$ (Coelestin), $Pb[SO_4]$ (Anglesit), $Sr[SeO_4]$, $Ba[SeO_4]$, $Pb[SeO_4]$ (Kerstenit), $Sr[CrO_4]$, $Ba[CrO_4]$, $K[MnO_4]$, $Rb[ClO_4]$, $Cs[ClO_4]$, $Ba[BeF_4]$, $Rb[BF_4]$, $Cs[BF_4]$.

Bei (gegenüber der Anhydritstruktur) kleineren B-Ionen tritt die Zirkonstruktur auf. Der tetragonale Zirkon $Zr^{[8]}[SiO_4]$ gehört zu den Inselsilikaten, die $[SiO_4]$-Tetraeder sind nicht miteinander verknüpft. Die Zr-Ionen werden von jeweils acht O-Ionen in Form von $Th[SiO_4]$ (Thorit), $Y[PO_4]$ (Xenotim), $Y[AsO_4]$ (Chernovit), $Y[VO_4]$ (Wakefieldit), $Sc[PO_4]$ und $Ca[CrO_4]$. Monazit $Ce[PO_4]$ repräsentiert einen monoklinen Strukturtyp, isotyp mit $Th[SiO_4]$ (Huttonit) und $Pb[CrO_4]$ (Krokoit).

Wenn sowohl die A-Ionen als auch die B-Ionen klein sind, beobachtet man die $AlPO_4$-Strukturen, die insofern kristallchemisch besonders interessant sind, als sie völlig den (im nächsten Abschnitt zu behandelnden) SiO_2-Strukturen entsprechen, wobei die Si-Ionen je zur Hälfte durch Al und P geordnet ersetzt sind. Zu den meisten SiO_2-Modifikationen wurden auch $AlPO_4$-Analoga gefunden; die dem Quarz entsprechende $AlPO_4$-Modifikation führt den Namen Berlinit.

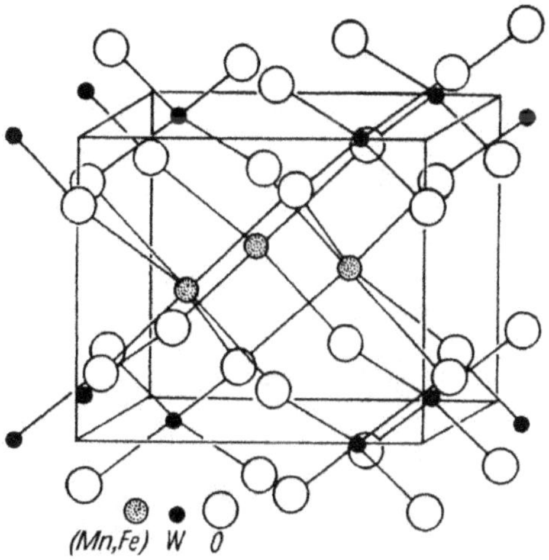

Bild 2.50. *Kristallstruktur von Wolframit* $(Mn, Fe)WO_4$.

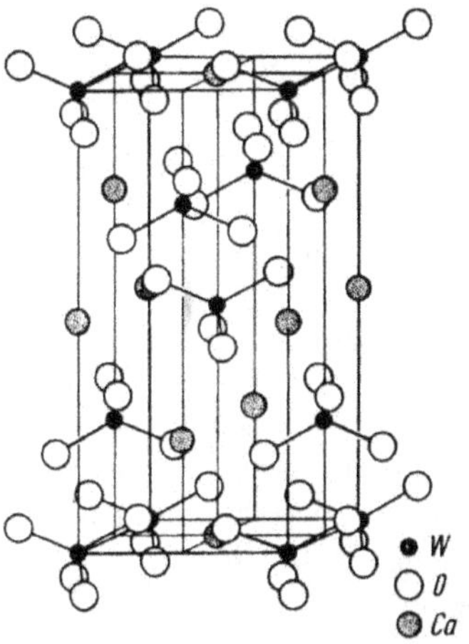

Bild 2.51. *Kristallstruktur von Scheelit* $CaWO_4$.

Die $A[BO_4]$-Verbindungen mit relativ großen B-Ionen hoher Ordnungszahl, wie W, Mo und I, bilden Kristallstrukturen, in denen die $[BO_4]$-Tetraeder stärker verzerrt sind. Sind die A-Ionen relativ groß, so beobachtet man die Kristallstruktur des Scheelits $Ca^{[8]}[WO_4]$, in der die Ca-Ionen von acht O-Ionen koordiniert werden (Bild 2.51). Sind die A-Ionen relativ klein, so tritt die Kristallstruktur des monoklinen Wolframits $(Mn,Fe)^{[6]}[WO_4]$ auf, in der die O-Ionen eine verzerrte hexagonal dichteste Kugelpackung bilden (Bild 2.50). Die Fe-Ionen besetzen (annähernd) oktaedrische Lücken; doch auch die W-Ionen besetzen stärker verzerrte oktaedrische Lücken, von deren Eckpunkten zwei einen um 20% größeren Abstand haben als die übrigen vier, die für sich ein stark gestauchtes Tetraeder bilden. Es zeigt sich hier der Übergang von einer Kristallstruktur mit Komplexen zu einer Koordinationsstruktur, was auch darin zum Ausdruck kommt, dass das Feld der Wolframitstrukturen (Bild 2.52) innerhalb des Feldes des koordinativen Rutilstrukturtyps liegt.

Auf den Bildern 2.52 und 2.53 sind die Existenzbereiche einiger wichtiger Strukturtypen ABX_4 sowie A_2BX_4 in Abhängigkeit von den Radienverhältnissen (mit den Ionenradien von SHANNON und PREWITT [2.11] – vgl. hinteres Vorsatzpapier) dargestellt. Die Strukturtypen mit ausgeprägten Komplexen finden sich im linken oberen Bereich der Diagramme (R_A/R_X groß; R_B/R_X klein): Durch die großen A-Ionen werden die X-Ionen auseinandergedrängt und können keine dichte Packung bilden. Mit größer werdenden B-Ionen erfolgt ein Übergang zu Koordinationsstrukturen. Die in den Diagrammen eingezeichneten Grenzen gelten vor allem für Oxide unter normalen Zustandsbedingungen. Hohe Temperaturen führen zu lockerer gepackten und hohe Drücke zu dichter gepackten Strukturen, wodurch sich die Grenzen entsprechend verschieben. Sehr bedeutungsvoll für die Vorgänge im Erdmantel sind z. B. die Umwandlungen des Olivins (Mg, Fe)$_2$SiO$_4$ in die Spinellstruktur und der Pyroxene (Ca,Mg,Fe)$_2$Si$_2$O$_6$ in die Perowskitstruktur.

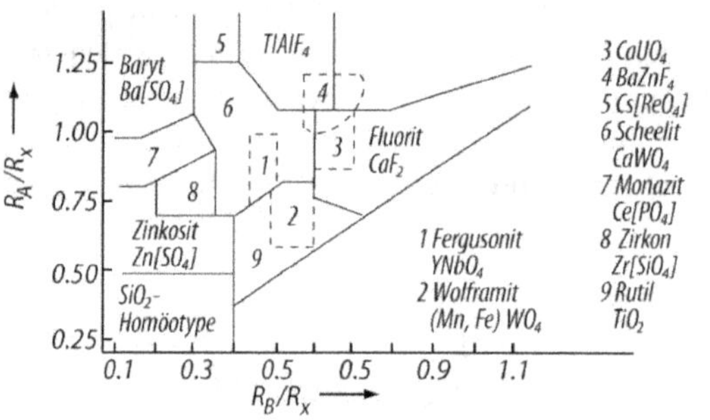

Bild 2.52. *Verteilung der* ABX$_4$*-Strukturtypen in Abhängigkeit von den Radienverhältnissen.*

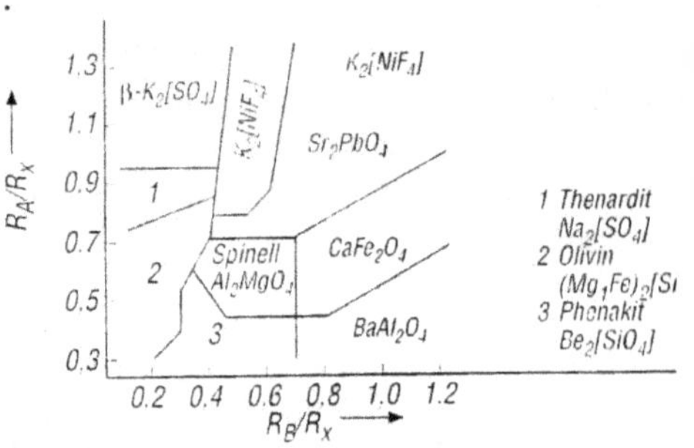

Bild 2.53. *Verteilung der* A$_2$BX$_4$*-Strukturtypen in Abhängigkeit von den Radienverhältnissen.*

2.5.2.4. Kristallstrukturen mit verknüpfbaren Komplexen (Borate, Silikate)

Im vorigen Abschnitt wurden Strukturen der allgemeinen Formel A_m[BX$_p$] betrachtet, in denen die [BX$_p$]-Komplexe durch die dazwischen gelagerten A-Ionen voneinander getrennt waren. Wie vorn ausgeführt, besteht unter der Bedingung $z/n \approx y/2$ außerdem die Möglichkeit, dass die einzelnen Komplexe miteinander zu größeren Baueinheiten verknüpft sind. Meist erfolgt die Verknüpfung in der Weise, dass den miteinander verbundenen [BX$_p$]-Komplexen jeweils ein X-Anion gemeinsam ist: Die Komplexe bzw. die Koordinationspolyeder haben eine gemeinsame Ecke. Eine Verknüpfung von Komplexen durch zwei gemeinsame X-Anionen (gemeinsame Kante) oder gar drei X-Anionen (gemeinsame Fläche) bringt die zentralen, hochgeladenen B-Kationen näher zusammen und ist elektrostatisch ungünstiger; solche Verknüpfungen sind deshalb nur selten zu beobachten (dritte PAULINGsche Regel). Die Einzelkomplexe können miteinander entweder zu endlichen Gruppen oder zu unbegrenzten Bauverbänden verknüpft sein. Die Beschreibung und Klassifizierung der betreffenden Strukturen erfolgt in erster Linie anhand dieser Bauverbände der Anionenkomplexe. Es handelt sich im wesentlichen um die Kristallstrukturen der Borate, aufgebaut aus trigonal planaren [BO$_3$]-Komplexen, der Silikate, aufgebaut aus tetraedrischen [SiO$_4$]-Komplexen, und der homologen Germanate und Phosphate.

Borate

Die vorherrschende Baueinheit der Borate ist der planare [BO$_3$]-Anionenkomplex. Diese Komplexe können entweder isoliert vorliegen oder in der im Bild 2.54 dargestellten Weise miteinander über Ecken oder Kanten verknüpft sein. Liegen die [BO$_3$]-Komplexe isoliert vor (Bild 2.54a), so spricht man von *Inselboraten*. Beispiele hierfür sind der Kotoit Mg$_3$[BO$_3$]$_2$, der Nordenskiöldin CaSn[BO$_3$]$_2$ (isotyp mit Dolomit CaMg[CO$_3$]$_2$) sowie die Verbindungen In[BO$_3$] (isotyp mit Calcit) und La[BO$_3$] (isotyp mit Aragonit).

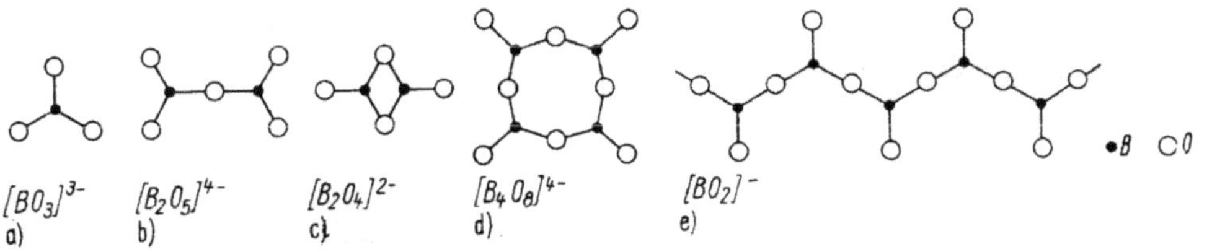

Bild 2.54. *Verknüpfung der* BO_3*-Gruppen.*

Bei einer Verknüpfung der $[BO_3]$-Komplexe zu endlichen Gruppen spricht man von *Gruppenboraten*. Die drei skizzierten Beispiele (Bild 2.54 b bis d) führen zu den Anionenkomplexen $[B_2O_5]^{4-}$ (Verknüpfung von zwei Komplexen über eine Ecke), $[B_2O_4]^{2-}$ (Verknüpfung über eine gemeinsame Kante) und $[B_4O_8]^{4-}$ (Verknüpfung über Ecken zu einem Viererring). Ein Beispiel mit einer eckenverknüpften Zweiergruppe ist der Suanit $Mg_2[B_2O_5]$.

Schließlich sind bei den Kettenboraten die $[BO_3]$-Komplexe über je zwei Ecken zu unbegrenzten Ketten verknüpft (Bild 2.54 e). Beispiele hierfür sind die Verbindungen $Ca\{^1_\infty\}[B_2O_4]$ und $Sr\{^1_\infty\}[B_2O_4]$. Das zusätzliche Symbol $\{^1_\infty\}$ kennzeichnet die Kettenstruktur, die in einer Dimension unendlich ausgedehnt ist. Der Index 2 am Boratom in der Formel drückt gleichzeitig die Identitätsperiode in Längsrichtung der Kette aus. Diese Art der kristallchemischen Symbolik gestattet die Unterscheidung gegenüber einem stöchiometrisch gleichen Gruppenborat mit einer kantenverknüpften Zweiergruppe.

Die Kristallchemie der Borate wird jedoch noch dadurch kompliziert, dass das Bor neben den ebenen Dreieckskomplexen auch tetraedrische Viererkomplexe (analog den $[SiO_4]$-Komplexen) bilden kann. Beispielsweise ist das Inselborat Sinhalit $MgAl[BO_4]$ Isotyp mit Olivin $(Mg,Fe)_2[SiO_4]$ (Bild 2.56). Darüber hinaus können in einer Struktur sowohl $[BO_3]$- als auch $[BO_4]$-Komplexe gleichzeitig vorkommen und miteinander zu Gruppen, Ketten oder Schichten verknüpft sein. Ferner können die O^{2-}-Ionen durch $(OH)^-$-Ionen ersetzt werden. So treten in der Struktur des Borax $Na_2[B_4O_5(OH)_4] \cdot 8H_2O$ jeweils zwei $BO_2(OH)$-Dreiecke und zwei $BO_2(OH)_2$-Tetraeder zu einer Gruppe $[B_4O_5(OH)_4]^{2-}$ zusammen. Diese Gruppen sind miteinander durch Wasserstoffbrücken zu Ketten verbunden, zwischen denen parallele Reihen von $Na^+(H_2O)_6$-Oktaedern eingelagert sind. Die Aufnahme von Kristallwasser ist gleichfalls für viele Borate typisch.

Silikate

Die Erdkruste besteht zu über 90 % aus Silikaten, und ungefähr ein Viertel aller bekannten Minerale sind Silikate. Ihre Kristallchemie ist vielfältig und kompliziert. Früher versuchte man, die Silikate als Verbindungen verschiedener Kieselsäuren zu klassifizieren, doch schufen erst die Ergebnisse der Erforschung ihrer Kristallstrukturen die Grundlage für eine rationelle Klassifikation der Silikate auf struktureller Basis, um die sich unter vielen anderen BRAGG, MACHATSCHKI, SCHIEBOLD, BELOW sowie LIEBAU besondere Verdienste erworben haben (vgl. weiterführende Literatur).

Die charakteristischen und stabilsten Baueinheiten der Silikate sind die $[SiO_4]$-Tetraeder. Sie weichen in den verschiedenen Silikatstrukturen nur minimal von der idealen Form ab; der Abstand Si–O beträgt 0,162 nm, und der Bindungswinkel O–Si–O ist 109,5°. Die Systematik der Silikatstrukturen beruht auf einer Klassifizierung der verschiedenen Bauverbände, die durch die Verknüpfung der $[SiO_4]$-Tetraeder – nahezu ausschließlich über gemeinsame Ecken – entstehen. Eine Ausnahme bildet nur die Struktur des sehr instabilen faserigen SiO_2, das isotyp mit SiS_2 ist und in dem die $[SiO_4]$-Tetraeder über gemeinsame Kanten verknüpft sind. Gelegentlich tritt Si auch in oktaedrischer [6]-Koordination auf, so im Thaumasit $Ca_3[Si(OH)_6]\,[CO_3]\,[SO_4] \cdot 12H_2O$.

Man kennt ferner eine Hochdruckmodifikation des SiO_2, den Stishovit, der isotyp mit Rutil TiO_2 (Bild 2.41) ist, in dem das Si gleichfalls oktaedrisch koordiniert ist. Gleiches gilt für eine Hochdruckmodifikation von Feldspat $KAl^{[6]}Si_3^{[6]}O_8$.

Beim weitaus überwiegenden Teil der Silikatstrukturen bestehen die Bauverbände aus $[SiO_4]$-Tetraedern, die über gemeinsame Ecken verknüpft sind. Aus den verschiedenen, auf Bild 2.55 dargestellten Verknüpfungsmöglichkeiten ergibt sich folgende Gliederung der Silikate:

- Inselsilikate (Mono- oder Nesosilikate) mit nicht verknüpften $[SiO_4]$-Tetraedern,
- Gruppensilikate (Oligo- oder Sorosilikate) mit Gruppen aus zwei oder drei Tetraedern,
- Ringsilikate (Cyclosilikate) mit zu Ringen verknüpften Tetraedern,
- Kettensilikate (Poly- oder Inosilikate) mit unbegrenzten Tetraederketten,
- Schichtsilikate (Phyllosilikate) mit Tetraederschichten,
- Gerüstsilikate (Tektosilikate), in denen die Tetraeder zu einem dreidimensionalen Gerüst verknüpft sind.

Die Summenformeln der dargestellten Anionenkomplexe sind im Bild 2.55 vermerkt. Sie werden üblicherweise in eckige Klammern eingeschlossen und die Symbole der Kationen in der Reihenfolge abnehmender Koordinationszahl vorangestellt. Häufig werden solchen strukturchemischen Formeln noch zusätzliche Symbole angefügt, die die Art der Verknüpfung in den Anionenkomplexen kennzeichnen. Eine detaillierte Systematik und Nomenklatur der Silikatstrukturen von F. LIEBAU, der hier im wesentlichen gefolgt wird, verwendet für deren Klassifizierung acht Parameter; sie werden z. T. auch in die strukturchemischen Formeln eingefügt. Auf die Symbolik wird weiter unten anhand entsprechender Strukturbeispiele näher eingegangen.

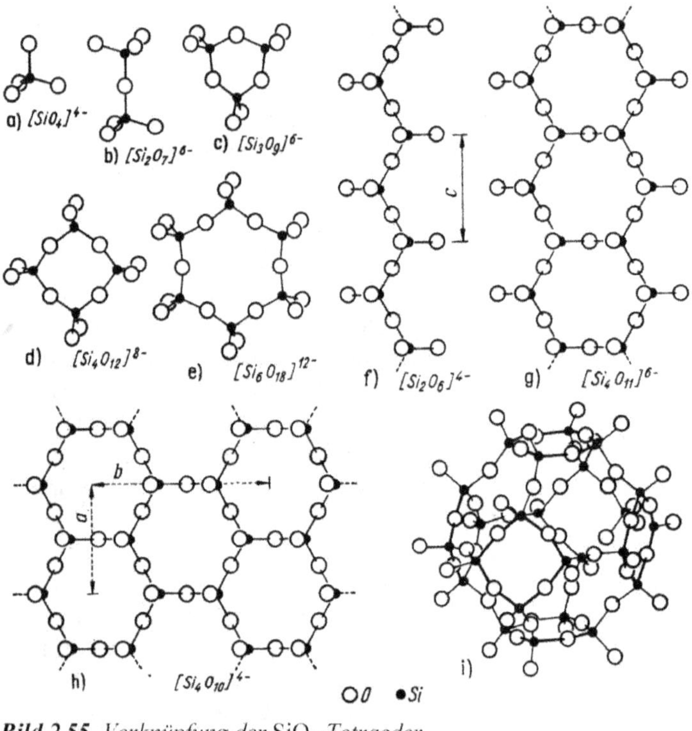

Bild 2.55. *Verknüpfung der* SiO_4*-Tetraeder.*

a) Inselsilikate; b) Gruppensilikate; c) bis e) Ringsilikate; f), g) Kettensilikate; h) Schichtsilikate; i) Gerüstsilikate.

Die Kristallchemie der Silikate wird noch insofern kompliziert, als die Si^{4+}-Ionen in den $[SiO_4]$-Tetraedern im gewissen Umfang diadoch durch andere Ionen, wie B^{3+}, Be^{2+}, Al^{3+}, Ge^{4+}, Fe^{3+}, Ti^{4+}, ersetzt werden können. Eine besondere Rolle spielt dabei das Aluminium, das bis zu einem Verhältnis von $Al^{[4]} : Si^{[4]} = 1 : 1$ in die Anionenkomplexe eintreten kann. Der dabei erforderliche stöchiometrische Ausgleich der Ionenladung erfolgt durch eine gekoppelte Substitution anderer Ionen in der Struktur, z. B. von Ca^{2+} durch Na^+, von Fe^{3+} durch Fe^{2+} oder von Al^{3+} durch Mg^{2+}. Im letzten Fall handelt es sich um Al^{3+}-Ionen, die sich nicht in den $[(Si,Al)O_4]$-Tetraedern, sondern auf anderen, höher koordinierten Plätzen befinden, die gleichfalls von Al^{3+}-Ionen besetzt werden können. Gerade diese Doppelrolle des Aluminiums in den Silikaten macht deutlich, weshalb es nicht möglich war, die Kristallchemie der Silikate nur mit chemisch-analytischen Methoden allein zu erhellen.

Inselsilikate

Ein typischer Vertreter der Inselsilikate ist der *Olivin* $(Mg,Fe)_2^{[6]}[SiO_4]$ (Bild 2.56). In der Olivinstruktur bilden die O-Ionen annähernd eine hexagonal dichteste Kugelpackung, deren Kugelschichten parallel (100), also parallel zur Zeichenebene von Bild 2.56 liegen. Die Spitzen der $[SiO_4]$-Tetraeder weisen abwechselnd nach oben und nach unten. Die größeren Kationen werden von jeweils sechs O-Ionen in Form eines nur geringfügig deformierten Oktaeders koordiniert. Die Symmetrie dieser Struktur ist rhombisch pseudohexagonal. Der Olivin stellt eine lückenlose Reihe von Mischkristallen mit den Endgliedern $Mg_2[SiO_4]$ (Forsterit) und $Fe_2[SiO_4]$ (Fayalit) dar, wobei auch noch andere Ionen, wie Mn, eintreten können. Isotyp mit Olivin ist die Tieftemperaturmodifikation des $Ca_2[SiO_4]$ (Larnit), eines der Hauptbestandteile des Portlandzements. Die verschiedenen Calciumsilikate und ihr Umwandlungsverhalten spielen die Schlüsselrolle in der Kristallchemie der Zemente. Isotyp mit Olivin sind ferner die Verbindungen $Al_2[BeO_4]$ (Chrysoberyll), $LiFe[PO_4]$ (Triphylin), $Na_2[BeF_4]$ und $MgAl[BO_4]$ (Sinhalit).

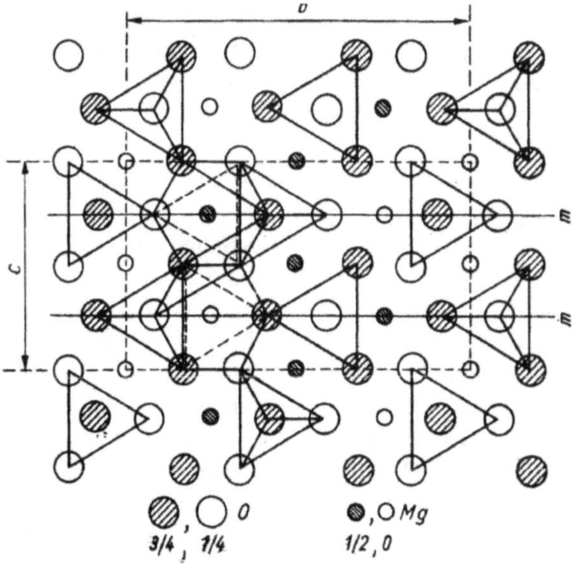

Bild 2.56. *Kristallstruktur von Olivin* Mg_2SiO_4.

Ein weiteres Inselsilikat ist der trigonale Phenakit $Be_2^{[4]}[SiO_4]$. In der Phenakitstruktur bilden die O-Ionen gleichfalls eine dichteste Kugelpackung, in der ein Viertel der tetraedrischen Lücken in geordneter Weise durch Si und Be besetzt wird. Isotyp sind u. a. $Zn_2[SiO_4]$ (Willemit), $Li_2[BeF_4]$ und $Li_2[MoO_4]$.

Eine interessante, variable und auch technisch wichtige Gruppe von Inselsilikaten sind die kubischen *Granate* (Kristallklasse $m\bar{3}m$) mit der allgemeinen Formel $A_3^{[8]}B_2^{[6]}[Z^{[4]}O_4]_3$. Die relativ große Elementarzelle enthält acht dieser Formeleinheiten, weshalb die Granatstruktur schwierig darzustellen ist. Die O-Ionen bilden eine kubisch innenzentrierte Kugelpackung, die Koordinationen der Kationen sind in der Formel angegeben. In den als Minerale vorkommenden Granaten tritt in die A-Positionen Mg^{2+}, Ca^{2+}, Fe^{2+}, Mn^{2+}, in die B-Positionen Al^{3+}, Fe^{3+}, Cr^{3+} und in die Z-Positionen Si^{4+}, wobei vollständige oder weitgehende Mischbarkeiten bestehen. Bekannte Endglieder, die z.T. auch als Edelsteine Verwendung finden, sind $Mg_3Al_2[SiO_4]_3$ (Pyrop), $Fe_3Al_2[SiO_4]_3$ (Almandin) und $Ca_3Al_2[SiO_4]_3$ (Grossular). Granatstruktur besitzen auch einige Germanate, wie $Ca_3Al_2[GeO_4]_3$, Stannate, wie $Ca_3Fe_2^3+[SnO_4]_3$, Arsenate, wie $NaCa_2Mg_2[AsO_4]_3$ (Berzeliit), und Fluoride, wie $Na_3Al_2[LiF_4]_3$ (Kryolithionit). Zu den Granaten zählt ferner eine Reihe von synthetisch hergestellten oxidischen Kristallen, in denen die dreiwertigen Kationen unterschiedlich koordinierte Positionen besetzen, mit den Summenformeln $Y_3Fe_5O_{12}$ (abgekürzt YIG für *yttrium-iron-garnet*), $Y_3Al_5O_{12}$ (YAG), $Gd_3Fe_5O_{12}$ (GIG) und $Gd_3Ga_5O_{12}$ (GGG). Die Oxidgranate haben eine große Bedeutung als ferrimagnetische Materialien, als Laser-Wirtskristalle und als Substratkristalle erlangt.

Gruppensilikate

Unter den Gruppensilikaten am häufigsten sind solche mit der Doppelgruppe $[Si_2O_7]^{6-}$ (Bild 2.55 b), wie $Mn^{[6]}Pb_8^{[8]}[Si_2O_7]_3$ (Barysilit) und $Zn_4^{[4]}[Si_2O_7](OH)_2 \cdot H_2O$ (Hemimorphit). Im monoklinen Epidot $Ca_2^{[8]}(Fe,Al)_3^{[6]}[SiO_4][Si_2O_7]O(OH)$ sowie im rhombischen Zoisit $Ca_2^{[8]}Al_3^{[6]}[SiO_4][Si_2O_7]O(OH)$ findet man sowohl isolierte $[SiO_4]^{4-}$-Komplexe als auch $[Si_2O_7]^{6-}$-Gruppen nebeneinander. Seltener sind Silikate mit Dreiergruppen, wie $Ca_3^{[6]}Be_2^{[4]}[Si_3O_{10}] \cdot (OH)_2$ (Aminoffit), und nur vereinzelt sind Silikate mit noch größeren Anionengruppen gefunden worden, wie die synthetischen $Na_4Sc_2[Si_4O_{13}]$ und $Na_4Sn_2[Si_5O_{16}] \cdot H_2O$. Ihre strukturchemischen Formeln (nach F. LIEBAU) lauten: Na_4Sc_2 {uB, 4t} $[Si_4O_{13}]$ bzw. Na_4Sn_2{uB, 5t} $[Si_5O_{16}] \cdot H_2O$. Hierin bedeutet uB („unbranched") eine unverzweigte Anionengruppe bzw. einen unverzweigten Anionenverband (daneben gibt es noch die Symbole oB für offen verzweigte, lB für schleifenförmig verzweigte, olB für gemischt verzweigte und hB für hybridisiert verzweigte Anionenverbände). Die Symbole 4t bzw. 5t („terminated") bedeuten eine Vierergruppe bzw. eine Fünfergruppe mit offenen Enden (im Gegensatz zu den Ringsilikaten, die ein r erhalten). Der Stöchiometrieindex am Si wird so gewählt, dass er mit der Anzahl der Si-Atome in einer Gruppe übereinstimmt. Etwas komplizierter ist die betreffende Formel für den „offen verzweigten" Zunyit $Al_{12}^{[6]}Al^{[4]}${oB, 3t} $[Si_3O_{10}(SiO_3)_2](OH,F)_{18}O_4Cl$ mit einer linearen $[Si_3O_{10}]$-Dreiergruppe, an deren mittlere $[SiO_4]$-Tetraeder zwei weitere $[SiO_4]$-Tetraeder „angeknüpft" sind.

Wie aus den angeführten Beispielen hervorgeht, enthalten viele Silikate noch zusätzliche Anionen bzw. Anionenkomplexe, wie $(OH)^-$, F^-, $[CO_3]^{2-}$, $[SO_4]^{2-}$ u. a. (die nicht mit den Silikatanionen verknüpft sind). Nach einer anderen, bei H. STRUNZ verwendeten Formelschreibweise werden sämtliche Anionen zusammen in eine eckige Klammer eingeschlossen und gegebenenfalls durch senkrechte Striche voneinander getrennt, wie z. B. $Zn_4[(OH)_2|Si_2O_7] \cdot H_2O$ (Hemimorphit), $Ca_2(Fe,Al)_3[O|OH|SiO_4|Si_2O_7]$ (Epidot) oder $Al_{12}[AlO_3|(OH,F)_{18}Cl|Si_5O_{16}]$ (Zunyit).

Ringsilikate

In den Ringsilikaten mit einfachen Ringen (Bild 2.55 c bis e) haben die Silikatanionenverbände ein Si : O-Verhältnis von 1 : 3, wie es gleichermaßen auch den Kettensilikaten mit einfachen Ketten zukommt. Deshalb wird die Ringnatur in den strukturchemischen Formeln (nach F. LIEBAU) noch besonders durch ein r hervorgehoben. So stellen Benitoit $Ba^{[6]}Ti^{[6]}$ {uB, 1r} $[^3Si_3O_9]$ und der isotype Pabstit $BaSn[Si_3O_9]$ Ringsilikate mit unverzweigten (hierfür {uB}) Dreiereinfachringen (Bild 2.55 c) dar; {1r} symbolisiert einen Einfachring, und die Ringgröße wird als vorderer oberer Index als ^{3}Si vermerkt (Dreierring). Bei Einfachringen stimmt diese Zahl mit dem (unteren) Stöchiometrieindex des Si überein: $[^{3}Si_3O_9]^{6-}$. Dreiereinfachringe hat auch eine Modifikation des $CaSiO_3$, der Pseudowollastonit $Ca_3^{[8]}$ {uB, 1r} $[^{3}Si_3O_9]$. Unverzweigte Verereinfachringe (Bild 2.55 d) finden sich im Axinit $Ca_2^{[8]}Fe^{[6]}Al^{[6]}Al^{[4]}$ {uB, 1r} $[^{4}Si_4O_{12}]BO_3(OH)$.

Silikate mit Fünferringen sind nicht bekannt. Ein bekanntes Mineral mit Sechserringen (s. Bild 2.55 e) ist der Beryll $Al_2^{[6]}Be_3^{[4]}$ {uB, 1r} $[^{6}Si_6O_{18}]$. Die Sechserringe, die längs der *c*-Achse übereinander angeordnet sind, bedingen die hexagonale Symmetrie des Berylls (s. Bild 1.106). Durch die Anordnung der Ringe entstehen in der Struktur relativ weite, leere Kanäle, in die häufig zusätzliche Ionen, wie Li, Cs, Na, (OH) oder Fe, eintreten. Mit dem Beryll strukturell verwandt ist der Cordierit $(Mg,Fe)_2Al_3[AlSi_5O_{18}]$; seine Symmetrie ist rhombisch pseudohexagonal. Ein Viertel der Al-Ionen ersetzt statistisch die betreffenden Si-Positionen in den Sechserringen. Die übrigen Al-Ionen haben aber gleichfalls eine tetraedrische Koordination. Rechnet man diese $[AlO_4]$-Tetraeder dem Anionenkomplex hinzu, dann lässt sich die Struktur des Cordierits auch als Gerüststruktur interpretieren. Sechserringe haben (u. a.) noch der Dioptas $Cu_6^{[6]}[Si_6O_{18}] \cdot 6H_2O$ und der Turmalin $Na^{[10]}Mg_3^{[6]}Al_6^{[6]}[Si_6O_{18}](BO_3)_3(OH,F)_4$ (in welchen anstelle der angegebenen Kationen auch andere Metallionen eintreten können).

Ein Mineral mit Achterringen ist der Muirit $Ba_{10}^{[10]}(Ca,Mn,Ti)_4^{[6]}$ {uB, 1r} $[^{8}Si_8O_{24}](Cl,OH,O)_{12} \cdot 4H_2O$ und ein solches mit Neunerringen der Eudialyt $Na_{12}^{[10]}Ca_6^{[8]}(Fe,Mg)_3^{[6]}Zr_3^{[6]}$ {uB, 1r} $[^{9}Si_9(O,OH)_{27}]$ {uB, 1r} $[^{3}Si_3O_9]$, der gleichzeitig noch Dreierringe (beide Ringe nicht miteinander verknüpft) enthält. Auch Silikate mit Zwölferringen wurden bereits gefunden.

Schließlich sind auch einige Silikate bekannt geworden, in denen die $[SiO_4]$-Tetraeder Doppelringe bilden (gekennzeichnet mit 2r). Hierbei sind zwei gleiche Einfachringe über je eine gemeinsame Ecke ihrer $[SiO_4]$-Tetraeder miteinander verknüpft. Beispiele sind der Steacytit $K^{[10]}(Na,Ca)_2^{[8]}Th^{[6]}$ {uB, 2r} $[^{4}Si_8O_{20}]$ mit Viererdoppelringen und der Osumilith $K^{[10]}Mg_2^{[6]}Al_3^{[6]}$ {uB, 2r} $[^{6}(Al_2Si_{10})O_{30}]$ mit Sechserdoppelringen (als vorgestellter oberer Index wird die Anzahl der $[SiO_4]$-Tetraeder in den Einzelringen angegeben).

Kettensilikate

In den Kettensilikaten sind die $[SiO_4]$-Tetraeder zu unbegrenzt langen Ketten verknüpft. Einfache, unverzweigte Ketten (Bilder 2.55 f, 2.57 a bis k) haben ein Si : O-Verhältnis von 1 : 3 (wie die Einfachringe), und die strukturchemische Formel (nach F. LIEBAU) für den Anionenverband unverzweigter Einfachketten lautet allgemein {uB, 1_∞^1} $[^{P}Si_pO_{3p}]^{2p-}$ (mit {uB} für unverzweigt, {1} für Einfach- und $\{^1_\infty\}$ für Kette). Der vorgestellte obere Index *P* bezeichnet die Periodizität der Anordnung der $[SiO_4]$-Tetraeder in der Kette (die nicht notwendig der betreffenden Gitterkonstante entsprechen muss). Bisher sind Kettensilikate mit $P = 2, 3, 4, 5, 6, 7, 9, 12$ und 24 bekannt geworden. Demgemäß spricht man von Zweier-, Dreier-, Vierer-, Fünferketten etc. Der (untere) Stöchiometrie-Index *p* wird entsprechend einer Kettenperiode gewählt, d. h., bei Einfachketten hat man $p = P$; die Ladungszahl beträgt 2 *p*-, sofern anstelle des Si^{4+} keine anderswertigen Ionen (wie Al^{3+}) in die Tetraeder eintreten. Ein Beispiel für ein Kettensilikat mit Zweiereinfachketten ist die weit verbreitete gesteinsbildende Mineralgruppe der Pyroxene, deren allgemeine Formel

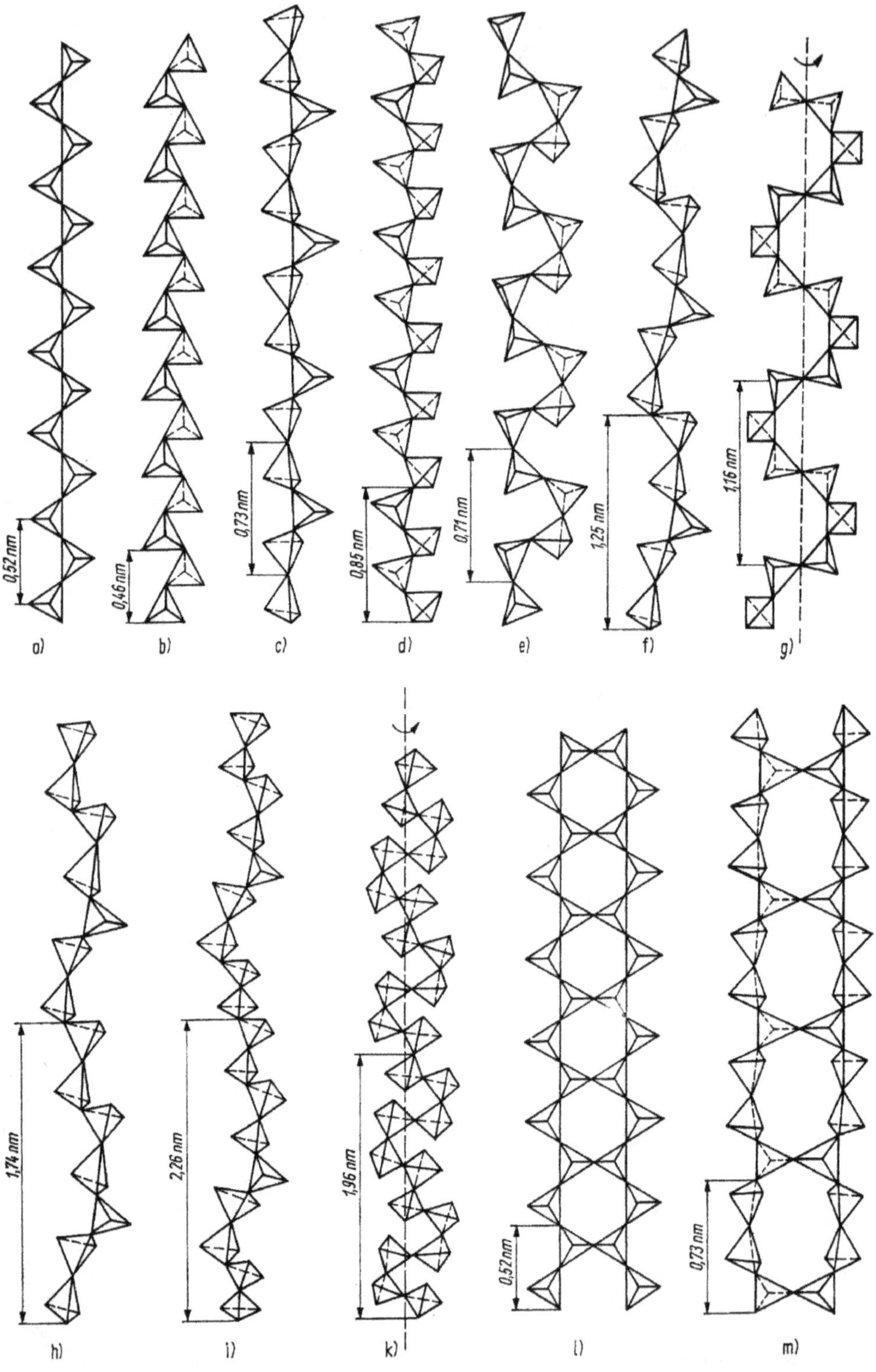

Bild 2.57. *Kettentypen von Kettensilikaten.*

a) bis k) Einfachketten; l) und m) Doppelketten (vgl. Tabelle 2.13).

$X^{[8]}Y^{[6]}\{uB, 1^1_\infty\}$ $[^2Z_2O_6]$ lautet. Z steht für Si und Al in den Anionenketten, X für Na, Ca, Fe^{2+}, Mg und Y für Mg, Fe^{2+}, Fe^{3+}, Al. Beispiele gesteinsbildender Pyroxene sind die Mischkristallreihe der rhombischen Orthopyroxene $(Mg, Fe)_2^{[6]}[Si_2O_6]$ und die monoklinen Klinopyroxene wie Diopsid $Ca^{[8]}Mg^{[6]}[Si_2O_6]$, Jadeit $Na^{[8]}Al^{[6]}$ $[Si_2O_6]$ und die Augite $(Ca,Mg,Fe^{2+},Fe^{3+},Ti,Al)_2^{[6]}[(Si,Al)_2O_6]$. Wie bei den meisten Kettensilikaten tritt bei den Pyroxenen die Kettenrichtung morphologisch durch einen säuligen bis nadeligen Habitus und durch eine ausgeprägte Spaltbarkeit parallel zur Kettenrichtung in Erscheinung. Zu den Kettensilikaten mit einer Dreiereinfachkette gehört der Wollastonit $Ca_3^{[8]}\{uB, 1^1_\infty\}$ $[^3Si_3O_9]$ (im Gegensatz zur Modifikation des Pseudowollastonits mit ringförmigen Anionen – vgl. oben). Weitere Typen von Einfachketten sind im Bild 2.57 und in Tab. 2.13 zusammengestellt. Daneben sind auch zahlreiche Kettensilikate mit verzweigten Einfachketten bekannt geworden (vgl. die weiterführende Literatur).

Werden zwei (unverzweigte) Einfachketten miteinander über gemeinsame Ecken der $[SiO_4]$-Tetraeder verknüpft, so erhält man eine (unverzweigte) Doppelkette (Bild 2.55 g). An der Verknüpfung können entweder alle oder nur ein Teil der Tetraeder beider Einzelketten beteiligt sein. Sei l die Anzahl der Verknüpfungen zwischen den Einzelketten innerhalb einer Kettenperiode, so lautet die allgemeine strukturchemische Formel des Anionenverbandes einer unverzweigten Doppelkette $\{uB, 2^1_\infty\}$ $[^PSi_{2p}O_{6p-l}]^{(4p-2l)-}$ mit $p = P$. Im Beispiel von Bild 2.55 g und Bild 2.57 l handelt es sich um eine Verknüpfung von zwei Zweiereinfachketten (Pyroxenketten) mit P=2 und l=1, und es resultiert eine Zweierdoppelkette $\{uB, 2^1_\infty\}$ $[^2Si_4O_{11}]^{6-}$, welche für die weit verbreitete Mineralgruppe der Amphibole kennzeichnend ist. Zu den chemisch sehr vielfältigen Amphibolen gehören u. a. der rhombische Antophyllit $Mg_7^{[6]}$ $[Si_4O_{11}]_2$ $(OH)_2$, der monokline Aktinolith $Ca_2^{[8]}$ $(Mg,Fe)_5^{[6]}[Si_4O_{11}](OH)_2$ und die monokline Hornblende $(Na,K)^{[8]}_{0,5...1}Ca_2^{[8]}(Mg,Fe^{2+})^{[6]}_{3...4}$ $(Fe^{3+},Al)^{[6]}_{2...1}$ $[AlSi_3O_{11}]_2(O,OH,F)_2$. Verschiedene Amphibole finden sich in feinfaseriger Form als Asbest, was offensichtlich durch ihre Kettenstruktur hervorgerufen wird.

Ein Kettensilikat mit einer Dreierdoppelkette ist der Xonotlit $Ca_6^{[8]}\{uB, 2^1_\infty\}[^3Si_6O_{17}]$, der als Mineral in dichten, faserig verfilzten Massen nur von wenigen Fundpunkten bekannt ist, jedoch als Hydratationsprodukt beim Härten von Portlandzement eine Rolle spielt.

Eine hypothetische Modellstruktur mit einer Einerdoppelkette hätte der (bisher noch nicht dargestellte) Hochtemperatur-Sillimanit $Al^{[6]}\{uB, 2^1_\infty\}$ $[^1(AlSi)O_5]$ mit einer statistischen Verteilung der Si- und Al-Atome auf den Tetraederplätzen in den Einerketten. Im natürlichen Sillimanit (Bild 2.58) ist deren Verteilung jedoch geordnet, so dass diese Struktur besser als ein Inselsilikat mit der strukturchemischen Formel $Al^{[6]}Al^{[4]}[SiO_4]O$ zu interpretieren ist.

Von den zahlreichen weiteren denkbaren Typen von Kettenstrukturen ist schon eine große Anzahl sowohl unter den natürlichen wie synthetischen Silikaten als auch den homologen Germanaten, Phosphaten und Vanadaten beobachtet worden. So kennt man Kristallstrukturen mit Vierer-, Fünfer- oder Sechserdoppelketten, mit Zweierdreifachketten, Dreiervierfachketten etc. (für Beispiele und eine detaillierte Systematik sei auf die weiterführende Literatur, insbesondere F. LIEBAU verwiesen). Es sind auch Kristallstrukturen gefunden worden, in denen Ketten verschiedener Multiplizität, z. B. Einfach- und Doppelketten, nebeneinander vorkommen. Bei der pseudomorphen Hydratisierung von Pyroxenen schließen sich die ursprünglichen Einfachketten zu Vielfachketten zusammen, was fortschreitend zu immer größeren Baueinheiten führt, bis schließlich durch den Zusammenschluss unbegrenzt vieler Einzelketten ein Schichtsilikat, der Talk (s. u.), entsteht. Die Prototypen einer ganzen Reihe von Kettensilikaten mit den verschiedenen Mehrfachketten genügen einer allgemeinen chemischen Summenformel $M^{2+}_{(3m+1)/2}[Si_{2m}\ O_{5m+1}]\ (OH)_{m-1}$ mit M^{2+} als

Tabelle 2.13. *Kettensilikate.*

Bild	Anionenkomplex	Bezeichnung	Beispiel
2.57 a		Zweier-Einfachkette	$Mg_2[Si_2O_6]$ Enstatit
2.55 f	$[Si_2O_6]^{4-}$	(gestreckte Form)	
2.57 b		Zweier-Einfachkette (verkürzte Form)	$Na_4[Si_2O_6]$
2.57 c	$[Si_3O_9]^{6-}$	Dreier-Einfachkette	$Ca_3[Si_3O_9]$ β-Wollastonit
2.57 d	$[Si_4O_{12}]^{8-}$	Vierer-Einfachkette (gestreckte Form)	$Ba_2[Si_4O_8(OH)_4] \cdot 4H_2O$ Krauskopfit[1])
2.57 e		Vierer-Einfachkette (verkürzte Form)	$Sr_2(VO)_2[Si_4O_{12}]$ Haradait
2.57 f	$[Si_5O_{15}]^{10-}$	Fünfer-Einfachkette	$(Mn,Ca)_5\,[Si_5O_{15}]$ Rhodonit
2.57 g	$[Si_6O_{18}]^{12-}$	Sechser-Einfachschraubenkette	$Ca_2Sn_2\,[Si_6O_{18}]$ Stokesit
2.57 h	$[Si_7O_{21}]^{14-}$	Siebener-Einfachkette	$(Fe, Ca)_7\,[Si_7O_{21}]$ Pyroxferroit
2.57 i	$[Si_9O_{27}]^{18-}$	Neuner-Einfachkette	$Fe_9\,[Si_9O_{27}]$ Ferrosilit III (Hochdruckform)
2.57 k	$[Si_{12}O_{36}]^{24-}$	Zwölfer-Einfachkette (verkürzte Form)	$Pb_{12}\,[Si_{12}O_{36}]$ Alamosit
2.57 l 2.55 g	$[Si_4O_{11}]^{6-}$	Zweier-Doppelkette	$Mg_7\,[Si_4O_{11}]_2\,(OH)_2$ Anthophyllit
2.57 m	$[Si_6O_{17}]^{10-}$	Dreier-Doppelkette	$Ca_6\,[Si_6O_{17}]\,(OH)_2$ Xonotlit

[1]) Die (OH)-Ionen treten anstelle von O-Ionen in SiO_4-Tetraeder ein.

ein zweiwertiges Kation; z. B. ergibt sich mit $m = 1$ ein Pyroxen, mit $m = 2$ ein Amphibol usw. bis zu $m = \infty$, dem Talk. Unter der Bezeichnung „Biopyribole " (zusammengesetzt aus Biotit, Pyroxen und Amphibol) werden Silikate zusammengefasst, die modulartig aus den genannten Strukturen aufgebaut sind.

Bild 2.58. *Kristallstruktur von Sillimanit* $Al[AlSiO_5]$.

Schichtsilikate

Formal gelangt man zu den Schichtsilikaten, indem unbegrenzt viele Tetraederketten miteinander zu einem schichtartigen Anionenverband verknüpft werden. Auch die Systematik folgt diesem Schema und klassifiziert die Schichtsilikate nach der Art der Ketten, aus denen sie sich (formal) zusammensetzen. So beziehen sich die Bezeichnungen Zweier-, Dreier-, Vierer- oder Sechserschicht auf die Periode der Aufeinanderfolge der $[SiO_4]$-Tetraeder in den betreffenden Ketten. Die meisten Schichtsilikate enthalten Einfachschichten aus Zweierketten (Pyroxenketten), d. h., es sind Zweiereinfachschichten (Bild 2.55 h), und die strukturchemische Formel (nach F. LIEBAU) für diesen Anionenverband lautet {uB, 1^2_∞} $[^2Si_2O_5]^{2-}$ mit {uB} für unverzweigt, {1} für Einfach- und {$^2_\infty$} für Schicht (in zwei Dimensionen unbegrenzt); durch den vorgestellten oberen Index ^2Si wird die Art der Ketten (hier: Zweierketten) vermerkt. Die Konstruktion der Schichten aus Ketten ist nur formal; innerhalb einer Schicht sind die $[SiO_4]$-Tetraeder über je drei ihrer Ecken miteinander zu einem Netz verknüpft, dessen „Maschen" aus Sechserringen bestehen. Je $[SiO_4]$-Tetraeder bleibt eine Ecke frei (d. h. unverknüpft), und es ist wesentlich, nach welcher Seite der Schicht diese vierte, freie Tetraederecke gerichtet ist. So weisen beim Petalit $Li^{[4]}Al^{[4]}[^2Si_2O_5]$ und beim Sanbornit $Ba^{[12]}[^2Si_2O_5]$ die freien Tetraederecken abwechselnd nach oben und nach unten.

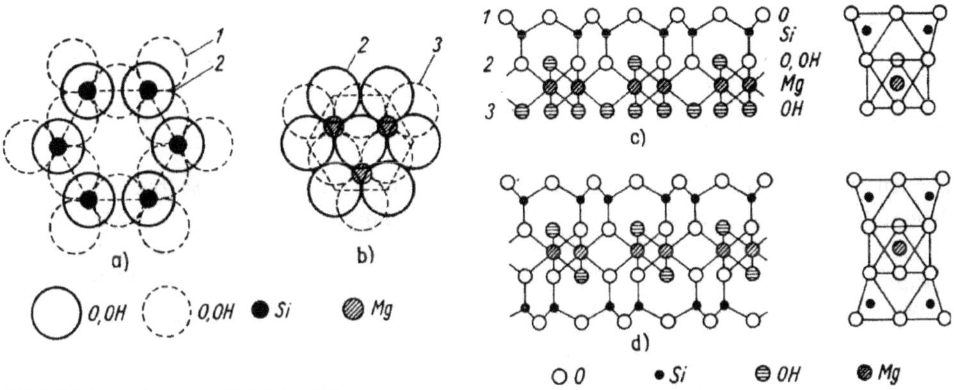

Bild 2.59. *Aufbau von Schichtsilikaten.*

a) Tetraedrisch koordinierte SiO_4-Schicht; b) oktaedrisch koordinierte $Mg(OH)_2$-Schicht (jeweils Draufsicht); c) Zweischichtenstruktur der Zusammensetzung $Mg_3[(OH)_4 \mid Si_2O_5]$; d) Dreischichtenstruktur der Zusammensetzung $Mg_3[(OH)_2 \mid Si_4O_{10}]$ (jeweils Seitenansicht); rechts daneben schematische Darstellung.

Von größerer Bedeutung sind jedoch die Schichtsilikate, in denen die freien Tetraederecken alle zur selben Seite der Schicht weisen, wie bei den Glimmer- und Tonmineralen. Bei diesen Mineralen lagert sich an diese Seite eine Schicht oktaedrisch koordinierter Kationen (Mg^{2+} oder Al^{3+}) an, wobei die Koordinationsoktaeder z. T. von den O-Ionen der „freien" Tetraederecken und z. T. von zusätzlichen $(OH)^-$-Ionen gebildet werden (Bild 2.59). Als Ergebnis entsteht gewissermaßen eine Zweischichtenstruktur mit der Formel $Mg_3^{[6]}\,[^2Si_2O_5](OH)_4$ (Chrysotil, Antigorit) bzw. $Al_2^{[6]}\,[^2Si_2O_5](OH)_4$ (Kaolinit). Im ersten Fall besetzt das Mg^{2+} alle oktaedrischen Lücken der Hydroxidschicht, und man spricht von einer trioktaedrischen Schicht. Im zweiten Fall besetzt das Al^{3+} wegen seiner größeren Ladung nur zwei Drittel dieser oktaedrischen Lücken, und man spricht von einer dioktaedrischen Schicht. Interessant ist, dass beim Chrysotil die Tetraederschicht und die Hydroxidschicht nicht genau aufeinander passen, so dass die Schichten gekrümmt sind und sich zu Röhrchen aufrollen; infolgedessen kann auch der Chrysotil in Form von Asbest ausgebildet sein. Beim Antigorit hingegen wechselt in Abständen von acht bis zehn Tetraedern die Richtung der freien Tetraederecken, und es entstehen wellblechartige Schichten.

Wie im Bild 2.59 d dargestellt, besteht des Weiteren die Möglichkeit, dass zwei Tetraederschichten mit den freien Tetraederecken zueinander gekehrt sind und eine Hydroxidschicht sandwichartig zwischen sich einschließen. So entstehen die Strukturen des trioktaedrischen Talks $Mg_3^{[6]}\,[^2Si_2O_5]_2\,(OH)_2$ und des dioktaedrischen Pyrophyllits $Al_2^{[6]}\,[^2Si_2O_5]_2\,(OH)_2$. Die Schichtpakete sind valenzmäßig jeweils in sich abgesättigt, so dass die Bindung zwischen den Schichten nur durch schwache Restkräfte geschieht; deshalb sind diese Minerale sehr weich.

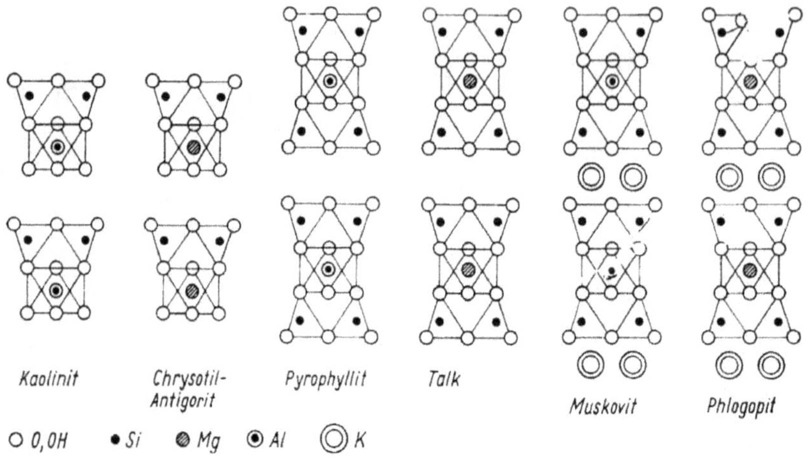

Bild 2.60. *Strukturschemata gesteinsbildender Schichtsilikate.*

Wenn auch in die Tetraeder des Anionenverbandes Al-Ionen (anstelle von Si-Ionen) eintreten, dann erhalten die Schichtpakete insgesamt eine negative Ladung. Sie wird durch den Einbau von großen Kationen, wie K^+, Na^+, Ca^{2+}, Ba^{2+}, zwischen die Schichtpakete kompensiert, wodurch die Mineralgruppe der Glimmer entsteht (Bild 2.60). Die großen Ionen zwischen den Schichtpaketen haben eine [12]-Koordination. Beispiele sind der trioktaedrische Phlogopit $K^{[12]}Mg_3^{[6]}[^2(AlSi_3)O_{10}]\,(OH)_2$, der dioktaedrische Muskovit $K^{[12]}Al_2^{[6]}[^2(AlSi_3)O_{10}]\,(OH)_2$ und der dioktaedrische Margarit $Ca^{[12]}Al_2^{[6]}[^2(AlSi)O_5]_2\,(OH)_2$; in letzterem ist die Hälfte der Si-Ionen in den Tetraederschichten durch Al ersetzt. Die Schichtstruktur der Glimmer spiegelt sich in ihrer bis zu feinsten Blättchen fortsetzbaren Spaltbarkeit wider. Beim Aufeinanderstapeln der Schichten sind verschiedene Varianten möglich, so dass bei den Glimmern die Erscheinung der Polytypie zu beobachten ist.

Einige weitere Schichtsilikate seien noch kurz genannt: Die Struktur des Chlorits $Mg_6^{[6]}\,[^2Si_2O_5]_2(OH)_8$ ergibt sich aus einer abwechselnden Aufeinanderfolge einer „Talkschicht“ und einer $Mg(OH)_2$-Schicht (Brucitschicht), die durch Restkräfte zusammengehalten werden; es ist mithin eine Vierschichtenstruktur. Sie ist nicht zu verwechseln mit einer Viererschicht, also einer Tetraederschicht aus Ketten mit einer Periode von 4 Tetraedern, wie sie z. B. der Apophyllit $K^{[12]}Ca_4^{[8]}[^4Si_4O_{10}]_2\,(F,OH) \cdot 8\,H_2O$ enthält. Sechserschichten findet man beim Manganpyrosmalit $Mn_8^{[6]}[^6Si_6O_{15}]\,(OH,Cl)_{10}$.

Bei allen bisher genannten Schichtsilikaten handelt es sich hinsichtlich der Tetraederschichten um Einfachschichten (Zweiereinfachschicht, Vierereinfachschicht usw.). Neuerdings sind auch Strukturen bekannt geworden, in der zwei solcher Schichten direkt über die bislang freien Tetraederecken zu einer Doppelschicht verknüpft sind, so beim $Ba^{[10]}\,\{uB, 2_\infty^2\}\,[^2(SiAl)O_4]_2$, einer Phase des Hexacelsian. Solche Doppelschichten, in denen alle Ecken der $[SiO_4]$-Tetraeder an der Verknüpfung teilnehmen, entsprechen stöchiometrisch den Gerüstsilikaten. – Hinsichtlich der Vielfalt weiterer Strukturtypen von Schichtsilikaten und ihrer detaillierten Systematik sei wieder auf die weiterführende Literatur (z. B. F. LIEBAU) verwiesen.

Gerüstsilikate

In den Gerüstsilikaten sind die [SiO_4]-Tetraeder zu dreidimensionalen Gerüsten verknüpft. Wie schon die Schichten, lassen sich auch die Gerüste formal aus Tetraederketten konstruieren. Dieses Schema wird für die Systematik der Gerüstsilikate benutzt. So bezieht sich die Bezeichnung Zweier-, Dreier-, Vierer- oder Sechsergerüst auf die Periode der Tetraederanordnung in den das Gerüst (formal) zusammensetzenden Ketten.

In fast allen Gerüstsilikaten sind sämtliche [SiO_4]-Tetraeder über alle vier Ecken miteinander verknüpft, und es sind nur wenige Beispiele bekannt, bei denen das nicht der Fall ist: So ist beim Ussingit $HNa_2\,\{uB,{}^{3}_{\infty}\}\,[{}^{4}(AlSi_3)O_9]$ die Hälfte der Tetraeder nur über drei Ecken mit dem Gerüst verknüpft; es symbolisieren {uB} unverzweigte Ketten, $\{^{3}_{\infty}\}$ einen (in drei Dimensionen unbegrenzt ausgedehnten) gerüstartigen Anionenverband und der vorgestellte obere Index 4 die Periode der Ketten („Vierergerüst"). Wenn sämtliche [SiO_4]-Tetraeder über alle vier Ecken miteinander verknüpft sind, resultiert ein Si : O-Verhältnis von 1 : 2, d. h., das Tetraedergerüst ist valenzmäßig bereits in sich abgesättigt: Es handelt sich um die Modifikationen des SiO_2 (Siliciumdioxid), von denen hier nur auf die wichtigsten eingegangen sei.

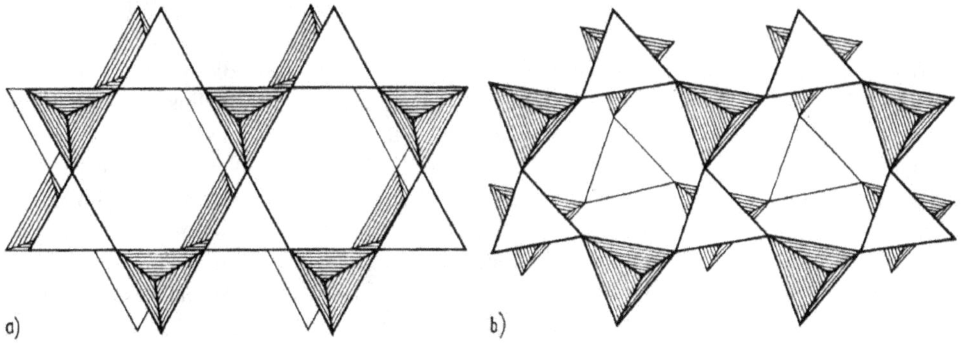

Bild 2.61. *Kristallstruktur von* SiO_2*-Modifikationen.*

a) Hoch-Tridymit, hexagonal; Projektion auf (0001), etwas geneigt; b) Hoch-Cristobalit, kubisch; Projektion auf (111).

Beim Tridymit und beim Cristobalit bestehen die Tetraedergerüste aus Zweierketten (Pyroxenketten), so dass ihre strukturchemische Formel $\{uB,{}^{3}_{\infty}\}\,[{}^{2}Si_2O_4]$ zu schreiben ist. In der hexagonalen Hochtemperaturform des Tridymit (Hoch-Tridymit) verlaufen diese Zweierketten parallel zur (001)-Ebene (Bild 2.61 a), und die Tetraeder benachbarter Ketten sind so miteinander verknüpft, dass sich – wie auch schon bei den Amphibolen, Talk und Glimmern – Sechserringe bilden (die im Bild 2.61 scheinbar frei bleibenden Tetraederecken sind mit weiteren Ketten zum dreidimensionalen Gerüst verknüpft). – In der kubischen Hochtemperaturform des Cristobalits (Hoch-Cristobalit) verlaufen die Zweierketten, die hier etwas gewinkelt sind, parallel zur (111)-Ebene (Bild 2.61 b).

Die Struktur des Quarzes lässt sich aus Dreierketten konstruieren, d. h., es handelt sich um ein Dreiergerüst $\{uB,{}^{3}_{\infty}\}\,[{}^{3}Si_3O_6]$. Die Hochtemperaturmodifikation des Quarzes (Hoch-Quarz) ist hexagonal (Kristallklasse 622) und enthält eine 6_2-Schraubenachse (Bild 2.62 a). Die Quarzstruktur ist enantiomorph: die zu Bild 2.62 a korrelate Struktur enthält 6_4-Schraubenachsen.

Die Tieftemperaturformen der drei genannten SiO_2-Modifikationen gehen aus den entsprechenden Hochtemperaturformen durch eine gewisse gegenseitige Verkippung der Tetraeder hervor. Dadurch werden die in den Hochtemperaturformen geraden Verbindungslinien Si–O–Si gewinkelt, und die Symmetrie der Strukturen vermindert sich. So ist der Tief-Quarz nur trigonal (Kristallklasse 32) und enthält 3_1- bzw. 3_2-Schraubenachsen (Bild 2.62 b). Die Umwandlung von den Hoch- in die Tieftemperaturformen (und umgekehrt) beruht auf nur geringfügigen Verschiebungen der Atompositionen; es handelt sich um displazive Umwandlungen. Solche Umwandlungen erfolgen schnell und reversibel bei einer bestimmten Temperatur, so beim Quarz bei 573°C. Hingegen müssen bei einer Umwandlung von Tridymit in Cristobalit oder in Quarz oder von Cristobalit in Quarz und umgekehrt die Strukturen völlig umgebaut werden; es handelt sich um rekonstruktive Umwandlungen. Solche Umwandlungen müssen eine beträchtliche Energieschwelle überwinden, sie verlaufen nur langsam oder sind gänzlich gehemmt.

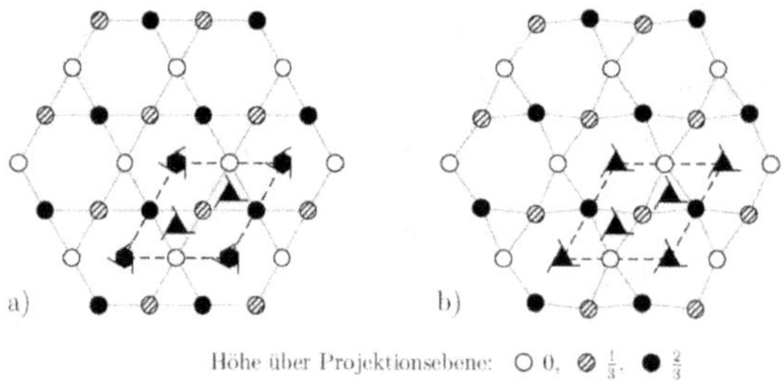

Bild 2.62. *Kristallstruktur von Linksquarz.*

a) Hoch-Quarz, hexagonal; b) (Tief-)Quarz, trigonal; Positionen der Si-Ionen und der drei- bzw. sechszählige Schraubenachsen in Projektion auf (0001); (vgl. auch Bild 1.90 und den zur Kristallklasse 32 dazugehörigen Text!).

Die Struktur des Quarzes besteht aus Dreierketten von SiO_4-Tetraedern, die im Rechtsquarz zu rechtshändigen Wendeln verknüpft sind, und der Tief-Rechtsquarz gehört zur linken Raumgruppe $P3_221$, welche linke (!) Schraubenachsen 3_2 enthält (vgl. Bild 1.124). Tief-Linksquarz gehört zur rechten Raumgruppe $P3_121$ mit rechten Schraubenachsen 3_1, aber linkshändigen Tetraederwendeln (Bild 2.62). Die Umwandlung zwischen der trigonalen Tiefform und der hexagonalen Hochform beruht auf nur geringfügigen Verschiebungen der Atompositionen; es handelt sich um eine sog. displazive Umwandlung. Im Falle des Linksquarzes entstehen dabei aus einem Teil der 3_1-Schraubenachsen solche vom Typ 6_4 Außerdem ist die rechte (!) Raumgruppe $P3_121$ des Tief-Linksquarzes eine Untergruppe der linken (!) Raumgruppe $P6_422$ (!) des Hoch-Linksquarzes (HEANY et al. [2.5]).

Von den weiteren Modifikationen des SiO_2 sei noch der Coesit genannt, der wie der Quarz aus Dreiergerüsten besteht. Er entsteht aus letzterem durch Einwirkung von sehr hohen Drücken und wurden z. B. in der Umgebung der Einschlagkrater großer Meteoriten gefunden. Bereits erwähnt wurden das faserige SiO_2 strukturchemisch $\{uB, 1\,^1_\infty\}$ $[^2Si_2^{[4]}O_4]$ mit über die Kanten verknüpften Tetraedern (SiS_2-Strukturtyp), und der Stichovit $Si^{[6]}O_2$ (Rutilstrukturtyp), der jedoch zu den (isodesmischen) Koordinationsstrukturen zu rechnen ist.

Wenn in die Tetraedergerüste der Gerüstsilikate Al^{3+} anstelle von Si^{4+} eintritt, eröffnet sich ladungsmäßig die Möglichkeit für den Einbau weiterer Kationen in die relativ großen Hohlräume dieser Gerüste. So lässt sich die Struktur des Nephelin $K^{[10]}Na_3^{[10]}$ $[^2(AlSi)O_4]_4$ aus der Struktur des Hoch-Tridymits ableiten und die Struktur des Carnegieits $Na^{[10]}[^2(AlSi)O_4]$ aus der des Hoch-Cristobalits.

Zu den häufigsten Gerüstsilikaten zählt die Mineralgruppe der Feldspäte; sie sind zu rund zwei Dritteln am Aufbau der Erdkruste beteiligt. Die Anionengerüste der Feldspäte lassen sich aus schleifenförmig verzweigten Dreierketten konstruieren, und so lautet die strukturchemische Formel des monoklinen Orthoklas (Kalifeldspat) $K^{[10]}\{1B, 3_\infty\}$ $[^3(AlSi_3)O_8]$. Homöotyp sind die triklinen Plagioklase (Kalknatronfeldspäte), eine Mischkristallreihe zwischen $Na[AlSi_3O_8]$ (Albit) und $Ca[Al_2Si_2O_8]$ (Anorthit). Man beachte, dass der Einbau des zweiwertigen Ca^{2+} anstelle des einwertigen Na^+ mit dem Einbau von weiteren Al^{3+} anstelle von Si^{4+} gekoppelt ist; die allgemeine chemische Formel der Plagioklase lautet entsprechend $Na_{1-x}Ca_x[Al_{1+x}Si_{3-x}O_8]$.

Die Verteilung der Al- und Si-Ionen in den Tetraedergerüsten der Feldspäte ist bei hohen Temperaturen ungeordnet statistisch, bei tiefen Temperaturen jedoch geordnet, wodurch sich die Symmetrie der Struktur vermindert. So kennt man z. B. beim Kalifeldspat eine monokline Hochtemperaturmodifikation (Sanidin) mit statistischer Verteilung und eine trikline Tieftemperaturmodifikation (Mikroklin) mit geordneter Verteilung. Bei den Plagioklasen mittlerer Zusammensetzung gibt es außerdem noch die Möglichkeit einer Ordnung zwischen den Na- und Ca-Ionen und der Ausbildung von Überstrukturen (vgl. S. 136). Die Feldspäte sind ein weiteres Beispiel für Ordnungs-Unordnungs-Umwandlungen. Solche Umwandlungen verlaufen langsam und kontinuierlich über innerkristalline Platzwechselvorgänge und Diffusion. Durch schnelles Abkühlen lassen sich die Hochtemperaturzustände einfrieren und metastabil erhalten.

Eine andere Gruppe der Alumo-Gerüstsilikate sind die Ultramarine, die zusätzliche weitere Anionen bzw. Anionenkomplexe, wie Cl^-, $[SO_4]^{2-}$, $[CO_3]^{2-}$, S^{2-} enthalten. Das Gerüst der Ultramarine (vgl. Bild 2.55 i) ist sehr „locker" und enthält größere Hohlräume, wie aus der schematisierten Darstellung von Bild 2.63 besonders deutlich wird: Die (Si,Al)-Ionen des Gerüstes besetzen die Ecken eines Kubooktaeders, und die Symmetrie der Struktur ist kubisch. Eine typische Formel für Ultramarine ist $Na_8[Al_6Si_6O_{24}]X_2$ mit X für die fremden Anionen.

Bild 2.63. *Strukturschema des Ultramaringerüstes.*
Verbindungslinien zwischen den (Si, Al)-Ionen.

Zu den Gerüstsilikaten gehören des Weiteren die *Zeolithe*. Nach ihrer Struktur, die gewisse Analogien zu den Ultramarinen aufweist, unterscheidet man drei Typen:

1. Würfelzeolithe, wie Analcim $Na[AlSi_2O_6] \cdot H_2O$, Chabasit $Ca[Al_2Si_4O_{12}] \cdot 6H_2O$ und Faujasit $Na_5Ca_3Mg_2[Al_{15}Si_{33}O_{96}] \cdot 58H_2O$ mit kubischer oder pseudokubischer Symmetrie,
2. Blätterzeolithe, wie Heulandit $(Na,K)Ca_4[Al_9Si_{27}O_{72}] \cdot 24H_2O$, und
3. Faserzeolithe, wie Natrolith $Na_2[Al_2Si_3O_{10}] \cdot 2H_2O$, und Thomsonit $NaCa_2[Al_5Si_5O_{20}] \cdot 6H_2O$.

Zeolithe werden in großem Umfang technisch produziert, so der synthetische sog. Zeolith A mit der Formel $Na_{12}[Al_{12}Si_{12}O_{48}] \cdot 27H_2O$. Die Gerüstverknüpfung führt bei den Zeolithen zu übergeordneten Bauverbänden mit größeren Hohlräumen in Form von „Käfigen" und Kanälen. Die Zeolithe werden als „Molekülsiebe" zur Trennung von Molekülgemischen benutzt, wobei die kleineren Moleküle die Kanäle in den Zeolithen passieren können und die größeren zurückgehalten werden. Da die Kanäle in den verschiedenen Zeolithen unterschiedlich groß sind, hat man Molekülsiebe mit sehr spezifischen Trenneigenschaften zur Verfügung. Die Zeolithe vermögen außerdem Wassermoleküle reversibel aufzunehmen und wirken als Ionenaustauscher, was umfangreiche technische Anwendungen gefunden hat, so als Permutite für die Wasserenthärtung.

Eine zusammenfassende Übersicht der Silikate macht deutlich, dass die Vielfalt ihrer Strukturen durch die zahlreichen verschiedenen Verknüpfungsmöglichkeiten der $[SiO_4]$-Tetraeder bedingt ist. Deren Verknüpfung zu Bauverbänden – Grundlage für die Systematik der Silikatstrukturen – ist jedoch nur die eine Seite der Kristallchemie der Silikate. Die zweite Seite ist der Zusammenbau der Anionenverbände mit den übrigen Kationen, für welche passende Koordinationspolyeder entstehen müssen. Anders ausgedrückt: Man hat die Anordnung und Verknüpfung der Koordinationspolyeder der übrigen Kationen sowohl mit den Tetraederverbänden als auch untereinander zu diskutieren, worauf hier nur kurz hingewiesen werden kann. So ist für die Strukturen der gesteinsbildenden Silikatminerale wesentlich, dass die Kantenlängen der $[SiO_4]$-Tetraeder mit den Kantenlängen der $[MgO_6]$- und der $[AlO_6]$-Koordinationsoktaeder gut übereinstimmen. Diese Baueinheiten lassen sich zwanglos zusammenfügen (vgl. z. B. Bilder 2.55 und 2.57), und es ergeben sich relativ einfache und dichte Strukturen, in denen die O-Ionen dichte Kugelpackungen bilden.

Sind größere Kationen, wie Na, K, Ca, Ba, La, Ce etc., am Aufbau einer Silikatstruktur beteiligt, so sind deren Koordinationspolyeder nicht mehr mit einzelnen $[SiO_4]$-Tetraedern kommensurabel. Es entstehen dann kompliziertere, weniger dichte Strukturen, für die eine Verknüpfung der größeren Koordinationspolyeder mit $[Si_2O_7]$-Doppeltetraedern typisch ist. Beispielsweise werden in dem Gruppensilikat Cuspidin $Ca_4^{[6]}[Si_2O_7](OH,F)_2$ die $[CaO_6]$-Koordinationsoktaeder von den $[Si_2O_7]$-Gruppen gebildet. Bei den Kettensilikaten beobachtet man anstelle der sonst vorherrschenden Zweierketten (Pyroxene, Amphibole) beim Eintritt größerer Ionen das Auftreten von Ketten mit längerer Periode, beispielsweise von Dreierketten beim β-Wollastonit und beim Xonotlit (vgl. Tab. 2.13).

Schließlich sei noch einmal darauf hingewiesen, dass sich viele Grundzüge der Kristallchemie der Silikate auch bei den Germanaten und den Phosphaten wieder finden.

2.6. Molekülstrukturen

Molekülstrukturen entstehen, wenn Moleküle als selbständige Baugruppen zu einem Kristall zusammentreten. Die Bindungskräfte innerhalb der Moleküle sind vorwiegend kovalent und viel stärker als die kristallchemischen Bindungskräfte zwischen den Molekülen. Bei den letzteren handelt es sich meist um relativ schwache VAN-DER-WAALS-Kräfte, obwohl in einzelnen Fällen auch elektrovalente oder metallische Bindungsanteile vorkommen können. Den weitaus größten Anteil der Molekülstrukturen bilden naturgemäß die Kristalle der organischen Verbindungen.

Da die VAN-DER-WAALS-Kräfte wenig spezifisch sind, stehen in der Kristallchemie der Molekülkristalle Fragen der Packung der Moleküle im Vordergrund, für deren Behandlung sich die Kalottenmodelle der Moleküle bewährt haben. Dabei sind für die Kalottenmodelle die entsprechenden VAN-DER-WAALSschen Wirkungsradien (Molekülradien, s. Abschn. 2.4.) zu berücksichtigen. Eine Einteilung der Molekülstrukturen lässt sich nach der Gestalt der Moleküle vornehmen. Die Strukturen von Molekülkristallen aus einfachen, annähernd isometrischen Molekülen, wie H_2, O_2, Cl_2, HCl, CO_2, CH_4, $C(CH_4)_4$ u. a. m., lassen sich aus den Bauprinzipien der dichten Kugelpackungen ableiten. Ein instruktives Beispiel für die Packung in Molekülkristallen bietet der rhombische α-Schwefel (Bild 2.64). Er besteht aus S_8-Molekülen in Form gewinkelter Ringe. Diese Ringe sind geldrollenartig übereinander gestapelt, und zwar abwechselnd in den Richtungen [110] und $[1\bar{1}0]$. Eine Elementarzelle enthält 16 S_8-Ringe.

Eine sehr interessante Gruppe von isometrischen Molekülen sind die erst in neuerer Zeit entdeckten *Fullerene*, als Kristalle auch oft als Fullerite bezeichnet. Sie bestehen jeweils aus einer größeren Anzahl von Kohlenstoff-Atomen, wie das häufigste (eigentliche) Fulleren C_{60}. In seinen kugelförmigen Molekülen (Durchmesser 0,71 mm) besetzen die C-Atome die 60 Ecken eines gleichseitigen Polyeders aus 20 Hexagonen und 12 Pentagonen, wie es der bekannten Form eines Fußballs (mit 90 gleich langen Kanten) entspricht. Jedes C-Atom ist trigonal mit 3 Nachbarn im Abstand von 0,144 nm verknüpft, was einer sp^2-Hybridbindung (wie im Graphit mit 0,142 nm) nahe kommt. Die Symmetrie des Moleküls ist die eines regulären Ikosaeders, also gleichzeitig auch kubisch. Als Kristall bilden die C_{60}-Moleküle eine kubisch dichteste Kugelpackung mit einem kubisch flächenzentrieren Gitter (Gitterkonstante a = 1,417 nm, Abstand der Molekülzentren 1,002 nm). Die Dichte ist mit 1,72 g/cm^3 relativ gering (Diamant 3,52 g/cm^3, Graphit 2,26 g/cm^3), was auf die relativ schwachen Bindungen zwischen den Molekülen hinweist. – Das kleinste bekannte Fullerenmolekül C_{20} wird durch ein reguläres Dodekaeder (aus 12 Pentagonen) dargestellt. Die Moleküle der höheren Fullerene C_{70}, C_{76}, C_{78}, etc. bis C_{240} und C_{330} sind nicht mehr kugelförmig, kristallisieren aber auch als dichte Packungen. Die Moleküle und ihre Eigenschaften können durch die Einlagerung anderer Atome und die Anlagerung von organischen Gruppen noch vielfältig modifiziert werden.

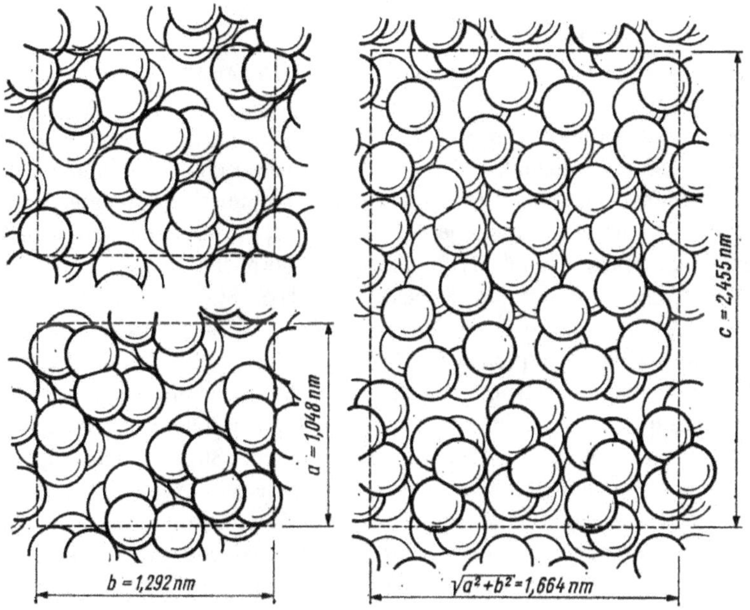

Bild 2.64. *Kristallstruktur vom rhombischen α-Schwefel.*

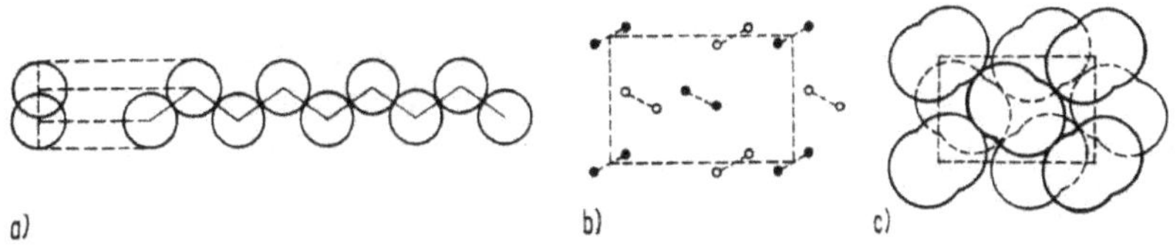

Bild 2.65. *Kristallstruktur von n-Paraffin* $C_{29}H_{60}$.

a) Aufbau einer Paraffinkette; b) Projektion einer Elementarzelle in Kettenrichtung; c) Anordnung der Paraffinketten.

Eine große Gruppe von Molekülstrukturen besteht aus lang gestreckten Molekülen, wie langkettigen Kohlenwasserstoffen, Alkoholen, Ketonen, Estern etc. Bild 2.65 zeigt die Struktur von Kristallen eines *n*-Paraffins, also eines langkettigen aliphatischen Kohlenwasserstoffs, C_nH_{2n+2} (mit $n > 20$). Ein einzelnes Molekül besteht aus einer geraden Zickzackkette von C-Atomen mit dem typischen Tetraederwinkel von 109,5° und einem C-C-Abstand von 0,154 nm wie beim Diamanten. Diese Ketten lagern sich parallel und möglichst dicht zusammen, wobei nach jeder Kettenlänge die azimutalen Orientierungen wechseln.

Molekülstrukturen mit flach gebauten Molekülen bilden viele aromatische Kohlenstoffverbindungen, wie Naphthalen, Anthracen, Phenole, Chinone u. a. m. So bestehen die Moleküle des Anthracens $C_{14}H_{10}$ (Bild 2.66) aus drei ebenen, aromatischen Sechserringen mit einem

C-C-Abstand von 0,142 nm wie beim Graphit. Diese Moleküle sind in der monoklinen Elementarzelle so angeordnet, dass ihre Längsachsen parallel zur c-Achse verlaufen und die Molekülebenen in zwei verschiedenen Orientierungen paarweise parallel liegen.

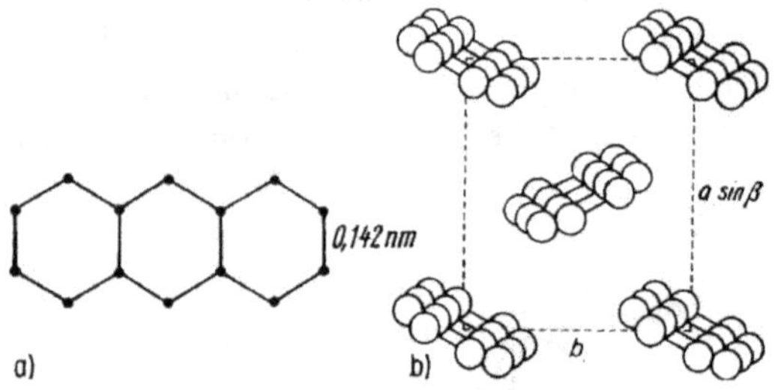

Bild 2.66. *Kristallstruktur von Anthracen* $C_{14}H_{10}$.
a) Anthracen-Molekül; b) Anordnung der Moleküle.

Eine kristallchemisch interessante Gruppe von Molekülstrukturen und kristallinen Hydraten sind die *Clathrate*, auch Käfigstrukturen genannt. Die Moleküle der betreffenden Verbindungen, wie Harnstoff, Chinole, Hydrochinon u. a., bilden ein Gerüst mit Hohlräumen (in gewisser Analogie zu den Zeolithen). In diese Hohlräume können je nach ihrer Größe andere, kleinere Moleküle eingeschlossen werden. So vermögen Chinol, Hydrochinon, p-Fluorphenol u. a. bei der Kristallisation aus Wasser oder anderen Lösungsmitteln Moleküle von H_2S, SO_2, HCl, HBr, HCN, CO_2, C_2H_2, aber auch Edelgase Ar, Kr, Xe, fest einzuschließen, was eine Reihe interessanter Anwendungen, so zur Fixierung radioaktiver Spaltprodukte, eröffnet.

Bei der Untersuchung der Strukturen aus großen, kompliziert gebauten Molekülen steht die Aufklärung der Konstitution und Gestalt dieser Moleküle selbst im Vordergrund. Die Erforschung der Strukturen sehr großer und komplexer Moleküle ist ein besonderer Zweig der Strukturforschung mit eminenter Bedeutung für die Biochemie und die Pharmazie. Als Beispiele für die ersten derartigen komplizierten und langwierigen Strukturbestimmungen seien Insulin und Pepsin genannt. Beim rhomboedrischen Insulin enthält die notwendigerweise große Elementarzelle (a = 4,44 nm; α = 114°48′) ein Molekül mit der relativen Molekülmasse („Molekulargewicht“) von rd. 39700. Beim hexagonalen Pepsin ist die Elementarzelle noch größer (a = 6,7 nm; c = 15,4 nm) und enthält zwölf Moleküle mit einer relativen Molekülmasse von rd. 40000.

Mit Hilfe des Elektronenmikroskops ist nachgewiesen worden, dass sogar Viren kristallähnliche Ordnungszustände einnehmen können, indem sie sich zu dichten Kugelpackungen zusammenlagern. Die Kristallbildung erweist sich hier als ein allgemeines Ordnungsprinzip der Materie, wie es sich auch experimentell durch die bekannten Seifenblasenmodelle oder durch Präparate von Latexkügelchen simulieren lässt.

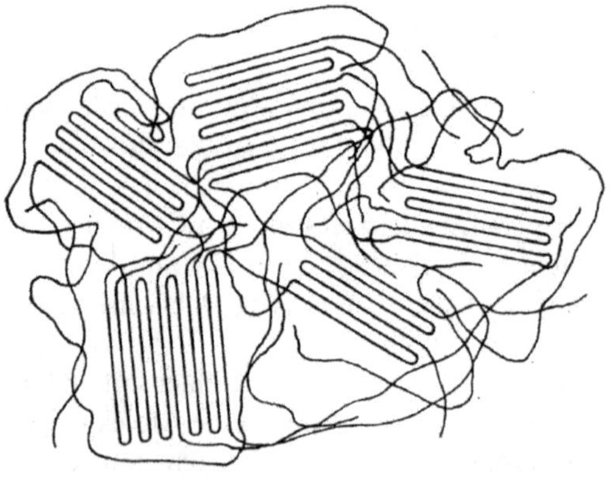

Bild 2.67. *Strukturschema von hochpolymeren Stoffen mit Fransenmizellen.*

Kristalline Ordnungszustände spielen auch bei hochpolymeren Verbindungen bzw. Kunststoffen eine gewisse Rolle. Während viele hochpolymere Stoffe (wie Polystyrol, Polyvinylchlorid u. a.) amorph sind, bildet eine beträchtliche Anzahl, wie Polyethylen, Polypropylen, Polycaprolactam, Terylen u. a., auch kristalline Strukturen. Die langkettigen Moleküle (relative Molekülmassen von $10^2...10^7$ und größer) ordnen sich parallel zueinander in möglichst dichter Packung und durchziehen in Längsrichtung entsprechend ihrer innermolekularen Periodizität viele Elementarzellen. Es ist typisch, dass in der Struktur auch ungeordnete Anteile verbleiben und je nach den Bildungsbedingungen nur ein gewisser Kristallinitätsgrad erreicht wird. So entstehen beim Erstarren der Schmelzen von Hochpolymeren Kristallite mit Abmessungen der Größenordnung von 10 nm, die in amorphes Material eingebettet sind. Da die Polymerenketten Längen bis zu 1 µm aufweisen können, ragen sie über die Kristallite hinaus und können am Aufbau mehrerer Kristallite teilnehmen oder nach Umfaltung wiederholt durch denselben Kristalliten hin- und herlaufen. Es ergibt sich so das Strukturschema der *Fransenmizellen* (Bild 2.67). Der erreichbare Ordnungszustand bzw. Kristallinitätsgrad wird weitgehend durch sterische Gegebenheiten (Beweglichkeit innerhalb der Molekülketten, Vorhandensein von Seitenketten usw.) bestimmt und beeinflusst nachhaltig die Eigenschaften der hochpolymeren Stoffe.

3. Physikalisch-chemische Kristallographie

3.1. Realstrukturen

Bisher haben wir die Kristalle als dreidimensional periodische Anordnung von Atomen beschrieben. Dieses Modell ist für viele Belange ausreichend, doch kann es für einen realen Kristall nur eine Näherung darstellen. Bedenken wir, dass in 1 cm^3 eines Kristalls rd. 10^{23} Atome enthalten sind, die eine mehr oder weniger komplizierte Kristallstruktur zusammensetzen, überrascht es nicht, dass in einem realen Kristall Störungen der exakten atomaren Ordnung auftreten können. Denken wir z. B. nur an Verunreinigungen! Hochreine Kristalle mit einer Reinheit von 99,999 % enthalten bereits 10^{18} Fremdatome je cm^3, die die strenge Ordnung der Kristallstruktur stören. Daneben gibt es noch eine ganze Reihe weiterer Störungen der Kristallstrukturen, die zusammenfassend als *Kristallbaufehler* bezeichnet werden.

In diesem Zusammenhang stellt man dem *Idealkristall* mit einer ungestörten *Idealstruktur* den *Realkristall* mit einer die verschiedenen Störungen enthaltenden *Realstruktur* gegenüber. Grundsätzlich werden alle Abweichungen von einem geometrisch strengen dreidimensional periodischen Gitterbau zu den Erscheinungen der Realstruktur gerechnet. Viele Eigenschaften der Kristalle werden ganz wesentlich von Realstruktur-Erscheinungen beeinflusst, auch wenn nur ein relativ kleiner Anteil der Atome an diesen Störungen beteiligt ist. Solche Eigenschaften, zu denen vor allem Festigkeit und elektronische Eigenschaften zählen, bezeichnet man als *störungsempfindlich*. Hingegen sind andere Eigenschaften, wie etwa die Dichte oder die Lichtbrechung, relativ *störungsunempfindlich*, wenngleich es eine absolute Unempfindlichkeit gegenüber Störungen selbstverständlich nicht gibt. Manchmal wird auch eine Unterscheidung in chemische Baufehler, die durch den Einbau von Fremdatomen hervorgerufen werden, und in physikalische Baufehler, die den Stoffbestand nicht verändern, getroffen. Angesichts der Vielfalt und Differenziertheit der Realstruktur-Erscheinungen ist jedoch mit solchen globalen Klassifikationen nichts gewonnen, sondern es sind spezifische Betrachtungen der Realstruktur und ihrer Auswirkungen erforderlich.

Für die Erscheinungen, die die dreidimensional periodische Ordnung des Gitters durchbrechen, können wir folgenden Katalog aufstellen:

1. *Innere Spannungen.* Kristalle können innere mechanische Spannungen enthalten, die aus elastischen Verzerrungen des Gitters resultieren. Letztere können durch Schwankungen der Zusammensetzung und den damit verbundenen Änderungen der Gitterkonstanten bedingt werden oder eine Folge anderer Baufehler sein, wie sie z. B. durch ungleichmäßige Temperaturverteilungen beim Wachstum des Kristalls entstehen können. Innere Spannungen, die oft beträchtliche Werte annehmen, äußern sich durch den elastooptischen (photoelastischen) Effekt, der in einer Änderung der optischen Eigenschaften durch elastische Spannungen besteht. Durch diesen Effekt kommt es u. a. zur Spannungsdoppelbrechung.
2. *Schwingungen, Phononen.* Thermische oder andere Schwingungen der Atome oder Baugruppen eines Kristalls stellen gleichfalls eine Abweichung von der durch das Gitter vorgegebenen Ordnung dar und sind insofern zu den Phänomenen der Realstruktur zu rechnen. Die Schwingungen in einem Kristall sind vielgestaltig. So können die verschiedenen Atome bzw. Bestandteile einer Kristallstruktur miteinander (also gleichsinnig) oder aber gegenei-

nander schwingen. Schwingungen können des Weiteren auch innerhalb von Atomgruppierungen bzw. molekülartigen Gruppen stattfinden oder in Form von Rotationen oder Librationen solcher Gruppen auftreten. Eine bestimmte Schwingung bzw. Schwingungsart nennt man eine *Mode*. In der Festkörperphysik werden die Schwingungen in einem Kristall als quantenhafte Quasiteilchen behandelt, welche als Phononen bezeichnet werden (in Analogie zur Benennung von Lichtquanten als Photonen). Schwingungen bzw. Phononen, die mit elektromagnetischen Momenten verknüpft sind, bezeichnet man als *optisch aktiv*, andernfalls als *optisch inaktiv*. Je nach dieser Eigenschaft sowie ihrer Energie untersucht man Schwingungen bzw. Phononen mit verschiedenen spektroskopischen Methoden sowie mittels (unelastischer) Streuexperimente. Anhand des Phononenspektrums eines Kristalls lässt sich seine spezifische Wärme ableiten.

3. *Elektronenstörstellen, Exzitonen* und andere *Quasiteilchen*. Störungen der elektronischen Struktur eines Kristalls (Elektronenstörstellen) spielen bei der elektrischen Leitung (vgl. Abschn. 4.8.1.) und bei der Lumineszenz (vgl. Abschn. 4.8.2.) eine entscheidende Rolle und stellen ein Gebiet der Festkörperphysik dar, das sehr umfassend untersucht worden ist. So können gegenüber der ungestörten Elektronenstruktur überschüssige Elektronen auftreten, oder es können Elektronen fehlen *(Elektronenlöcher)*. Überschusselektronen sowie Elektronenlöcher, die beide oft im Zusammenhang mit anderen, insbesondere chemischen Baufehlern stehen, können sich im Kristall bewegen oder auch an bestimmten Stellen der Struktur (sog. Fallen) festgehalten werden. – *Exzitonen* sind elektronische Anregungszustände im Kristall, die in Form einer Welle den Kristall durchlaufen können. Man behandelt die Exzitonen – ähnlich den Phononen – als Quasiteilchen; sie lassen sich auch als ein durch das Gitter wanderndes Paar aus einem Elektron und einem Elektronenloch beschreiben, das durch die gegenseitige Anziehung zusammengehalten wird und ein charakteristisches, wasserstoffähnliches Anregungsspektrum besitzt. Exzitonen können an anderen Störstellen festgehalten („gebunden") werden. – Weitere kollektive Anregungszustände des Elektronenensembles in Kristallen, die als Quasiteilchen behandelt werden, sind *Plasmonen* (Plasmawellen) und *Magnonen* (Spinwellen). Schließlich treten als sekundäre Quasiteilchen *Polaronen* und *Polaritonen* auf. Polaronen entstehen, wenn freie Elektronen oder Elektronenlöcher bei ihrer Bewegung eine Polarisationswirkung ausüben, die ihrerseits durch das Gitter wandert. Polaronen sind somit ein Resultat der Kopplung von Elektronen und Phononen. Hingegen entstehen Polaritonen infolge einer Polarisationswirkung durch Exzitonen oder auch durch Photonen.
4. *Punktdefekte, Zentren*. Unter Punktdefekten versteht man Veränderungen bzw. Störungen des stofflichen Bestandes einzelner Elementarzellen einer Kristallstruktur. Die Ausdehnung solcher Defekte ist nicht wesentlich größer als die Abmessungen der Atome bzw. als die Gitterkonstanten, sie sind gewissermaßen „nulldimensional" oder punktartig. Im Zusammenhang mit an ihnen lokalisierten festkörperphysikalischen Effekten werden gewisse Punktdefekte auch als Zentren (z. B. *Farbzentren*) bezeichnet. Die Punktdefekte werden im Abschn. 3.1.1. ausführlicher behandelt.
5. *Mischkristalle, Verteilungsinhomogenitäten*. Auf die Struktur von Mischkristallen wurde bereits im Abschn. 2.5.1. eingegangen. Wenn die Komponenten eines Mischkristalls sich statistisch in einer Kristallstruktur verteilen, wird dadurch deren strenge Periodizität durchbrochen. Des Weiteren können in Mischkristallen Inhomogenitäten in der Verteilung der Mischkristallkomponenten, also Schwankungen ihrer Zusammensetzung, auftreten. Da alle Kristalle in gewissem Maße Verunreinigungen enthalten, sind sie in dieser Hinsicht als Mischkristalle anzusprechen. Die Verteilungsinhomogenitäten entstehen beim Wachstum der Kristalle, weshalb auf sie im Abschn. 3.2.3. zurückgekommen wird.

6. *Agglomerate, Ausscheidungen.* Wenn Punktdefekte bzw. Fremdatome oder Mischkristallkomponenten in einer höheren Konzentration vorliegen, als sie dem thermodynamischen Gleichgewicht entspricht, und außerdem hinreichend beweglich sind, können sie sich zusammenlagern. Solche Agglomerate, die auch *Cluster* genannt werden, weisen Größen von einigen Atomen bis zu kolloidalen Abmessungen (10...100 nm) auf, und es gibt alle Übergänge bis zur mikroskopischen Ausscheidung einer neuen Phase im Kristall. Hierher gehören auch die *GUINIER-PRESTON-Zonen*, die durch Entmischungsvorgänge in Metall-Legierungen entstehen, wobei sich die (übersättigten) Atome der einen Legierungskomponente zu stäbchen- oder plättchenförmigen Aggregaten zusammenlagern. Solche Vorgänge sind die Ursache für ein Ansteigen der Härte und der Sprödigkeit mancher Legierungen bei Temperaturbehandlungen oder auch beim Altern.
7. *Liniendefekte, Versetzungen.* Kristallbaufehler werden häufig nach ihrer räumlichen Ausdehnung klassifiziert. Nach diesem Einteilungsschema erscheinen als Baufehler mit einer linienhaften Erstreckung die Versetzungen, die im Abschn. 3.1.3. abgehandelt werden.
8. *Flächendefekte.* Zu den Baufehlern mit flächenhafter Ausdehnung zählen Korngrenzen, Zwillingsgrenzen und Stapelfehler (s. Abschn. 3.1.4.). Außerdem gehören auch Grenzen zwischen sekundären Strukturen hierher, wie Antiphasengrenzen, Wände zwischen magnetischen oder ferroelektrischen Domänen u. dgl., worauf in den Abschnitten 4.3.2. und 4.4.2. eingegangen wird.
9. *Kristalloberflächen, Grenzflächen.* Der Abbruch einer Kristallstruktur an der Kristalloberfläche stellt einen besonders abrupten Eingriff gegenüber den Verhältnissen einer ungestörten Struktur dar. Je nach den speziellen Gegebenheiten kann es zu Änderungen der Bindungszustände kommen, und es ist mit Änderungen der Gitterkonstanten im Bereich der Oberfläche zu rechnen. Es sind auch Beispiele nachgewiesen worden, bei denen es an der Oberfläche zur Ausbildung besonderer Strukturen kommt. Auf die umfangreiche Problematik der Struktur und Eigenschaften von Kristalloberflächen kann hier nur hingewiesen werden (vgl. z. B. ergänzende Literatur D. P. WOODRUFF sowie DAVISON und LEVINE [3.1]). Darüber hinaus weist eine Kristalloberfläche noch ihrerseits Störungen auf, wie Punktdefekte, Austrittspunkte von Versetzungen, Korngrenzen, Stufen etc., so dass die Problematik tatsächlich außerordentlich komplex ist. Schließlich ist jede Kristalloberfläche – sofern nicht ganz wirksame Gegenvorkehrungen getroffen wurden – mit einer mehr oder weniger intensiv gebundenen Schicht von adsorbierten Fremdatomen bedeckt.

   Eine ähnlich umfangreiche Problematik bieten die Grenzflächen zwischen zwei verschiedenen Kristallphasen, welche insbesondere im Zusammenhang mit der Epitaxie (dem Aufwachsen) einer Kristallphase auf einer anderen zur Erzeugung von Heterostrukturen eine große technische Bedeutung gewonnen haben (vgl. Abschn. 3.2.6.).
10. *Mikrokristallite* und *Subkristallite.* Eine vielgestaltige und eigene Problematik entsteht, wenn die Kristalle sehr klein werden und in ihren Abmessungen die Größenordnung von Kolloiden ($10^{-7}...10^{-4}$ cm entsprechend $10^3...10^9$ Atomen) erreichen. Infolge ihres kleinen Volumens können neue oder veränderte festkörperphysikalische Effekte auftreten; vor allem wird die Anzahl der an der Oberfläche gelegenen Atome mit deren Gesamtanzahl vergleichbar, und der Anteil exponierter Atome an Kanten und Ecken wird größer. Eine besondere Bedeutung für die Wechselwirkung mit ihrer Umgebung gewinnt auch die Gestalt der Mikrokristalle. Kristalle im Größenbereich von 10^{-9} m werden als *Nanokristalle* bezeichnet.

    Eine wiederum eigene Problematik stellen die Strukturen von glasartigen bzw. amorphen Körpern dar, die durch eine Nahordnung gekennzeichnet sind, sowie die Bildung von Subkristalliten in solchen Körpern; bezüglich dieser Themen sei gleichfalls auf die ergänzende Literatur (z. B. R. VOGEL) verwiesen.

11. *Parakristalle, Metakristalle, Quasikristalle.* Als Parakristalle bezeichnet man nach HOSEMANN [3.2] Kristalle bzw. kristallähnliche Körper, bei denen die Periodizität des Gitters nur „ungefähr" eingehalten wird, etwa in der Weise, dass die Gitterkonstanten um einen Mittelwert schwanken. Solche Parakristalle werden von manchen hochmolekularen Stoffen (Polymeren) gebildet. – Als Metakristalle sollen im Gegensatz dazu kristallisierte bzw. partiell kristallisierte Körper bezeichnet werden, bei denen eine Gitterordnung der Bausteine nur in weniger als drei Dimensionen besteht und eine dreidimensionale Periodizität nicht mehr gewährleistet ist. Ein Beispiel dafür sind die im Abschn. 2.2. erwähnten dichtesten Kugelpackungen mit statistischer Stapelfolge, die bei den Metallen Kobalt und Cer beobachtet werden. Derartige Strukturen gehören nach DORNBERGER-SCHIFF [3.3] zu den sog. *OD-Strukturen*. Das sind Strukturen, bei denen es für die gegenseitige Anordnung benachbarter Bauverbände (z. B. von Schichten) verschiedene alternative Möglichkeiten gibt, die symmetrisch äquivalent sind. OD-Strukturen haben damit eine partielle Fernordnung. – Quasikristalle haben eine in bestimmter Weise geordnete Struktur, die nicht periodisch ist, aber trotzdem (wie jene der gewöhnlichen Kristalle) eine dreidimensionale Fernordnung besitzen (vgl. JANSSEN [3.4]). Das führt zu Beugungsdiagrammen mit fünfzähliger oder zehnzähliger Symmetrie, die es bei periodischen Strukturen nicht gibt. Allen hier genannten Strukturen ist gemeinsam, dass ihre Beugungsdiagramme diskrete Reflexe erkennen lassen, welche Eigenschaft man auch schon zu einer allgemeinen Definition des kristallisierten Zustandes herangezogen hat. – Partielle Ordnungszustände kennzeichnen auch die flüssigen Kristalle (vgl. Abschn. 3.1.4), doch zeigen diese keine Fernordnung.

Diese Vielzahl von Realstruktur-Erscheinungen, die teils allgemeine, teils nur spezielle Bedeutung haben, sind nun nicht isoliert zu betrachten, sondern treten miteinander in Reaktionen und Wechselwirkungen. Alle Vorgänge in Kristallen laufen letzten Endes über Realstrukturen ab. Baufehler und Störungen in einer Kristallstruktur verändern die freie Energie des betreffenden Kristalls und beeinflussen somit seinen thermodynamischen Zustand. Es ist wesentlich, dass gewisse Realstrukturphänomene auch im thermodynamischen Gleichgewicht auftreten können; hierunter fallen nicht nur Wärmeschwingungen, sondern auch strukturelle Baufehler, z. B. Punktdefekte. Eine andere wichtige Eigenschaft einer Realstruktur ist ihre Relaxationszeit, mit der der Gleichgewichtszustand jeweils wiederhergestellt wird. Viele Realstrukturen haben eine so langsame Relaxation, dass sie praktisch unverändert bleiben und so zum morphologischen Erscheinungsbild des betreffenden Kristallindividuums gehören.

In den folgenden Ausführungen stehen vor allem die strukturellen Aspekte der Realstrukturen im Vordergrund, welche auch die Grundlage für ihre physikalisch-chemische Betrachtung bilden, zu deren Vertiefung auf die ergänzende Literatur hingewiesen sei.

3.1.1. Punktdefekte

Stellen wir uns eine Kristallstruktur aus nur einer Atomart vor (z. B. eine Metallstruktur), so besteht der einfachste denkbare Punktdefekt darin, dass irgendwo in der Struktur ein Atom fehlt; statt dessen befindet sich an diesem Platz eine *Leerstelle* (ein Loch; engl. *vacancy*). Derartige Punktdefekte heißen *SCHOTTKY-Defekte*. Umgekehrt kann auch ein zusätzliches Atom in der Struktur vorhanden sein; es befindet sich dann als *Zwischengitteratom* (engl. *interstitial*) auf einem *Zwischengitterplatz*. Derartige Punktdefekte werden mitunter – nicht sehr glücklich – Anti-SCHOTTKY-Defekte genannt. Beide Defekte können auch in der Weise gekoppelt auftreten, dass ein Atom seinen regulären Platz in der Struktur verlassen hat und sich irgendwo anders auf einem Zwischengitterplatz befindet. Man spricht dann von *FRENKEL-Defekten* bzw. FRENKEL-Fehlordnung. In binären und erst recht in polynären Strukturen sind die Punktdefekte verständlicherweise differenzierter, und es ist dann zweckmäßiger, die betreffenden Punktdefekte anstelle der Namensbezeichnungen konkret zu beschreiben (Bild 3.1). In binären Strukturen gibt es u. a. noch die *Anti-Lagen-Defekte* (engl. *anti site defect*), bei denen ein Anion durch ein Kation ersetzt wird (oder umgekehrt), wodurch sich naturgemäß die Stöchiometrie der betreffenden Verbindung verschiebt. Von manchen Autoren werden hiervon noch die *Anti-Struktur-Defekte* unterschieden, bei denen Anion und Kation ihren Platz getauscht haben, was die Stöchiometrie natürlich nicht beeinflusst.

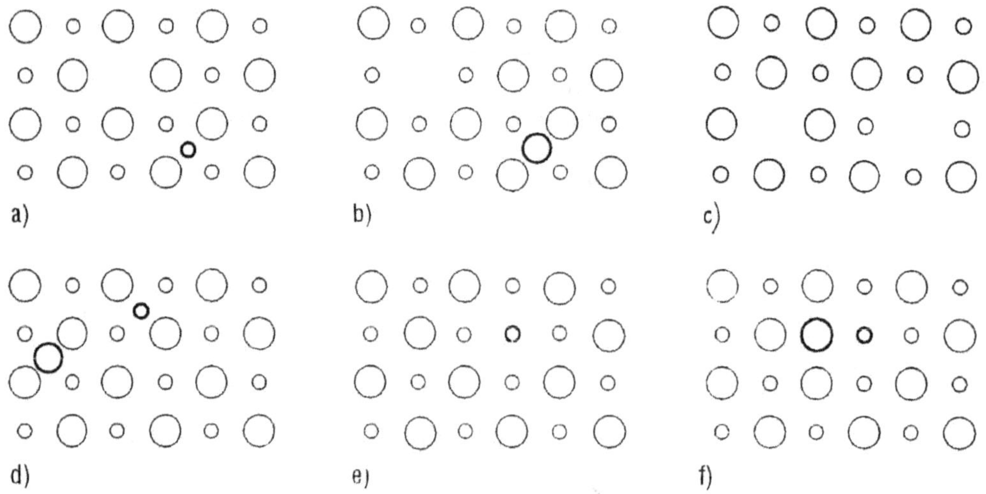

Bild 3.1. *Punktdefekte in binären Ionenkristallen.*

a) FRENKEL-Fehlordnung: Leerstellen im Kationengitter und Kationen auf Zwischengitterplätzen; b) Anti-FRENKEL-Fehlordnung: Leerstellen im Anionengitter und Anionen auf Zwischengitterplätzen; c) SCHOTTKY-Fehlordnung: Leerstellen im Kationen- und Anionengitter; d) Anti-SCHOTTKY-Fehlordnung: Kationen und Anionen auf Zwischengitterplätzen; e) Anti-Lagen-Defekte: Kationen ersetzen Anionen oder umgekehrt; diese Defekte verändern die Stöchiometrie; f) Anti-Struktur-Defekte: Platztausch zwischen Anionen und Kationen.

Punktdefekte wirken in charakteristischer Weise auf den sie umgebenden Kristall ein: So wird die Kristallstruktur um ein größeres Zwischengitteratom elastisch aufgeweitet; um eine Leerstelle zieht sie sich etwas zusammen, was man beides als *elastische Relaxation* bezeichnet. In manchen Fällen wird sogar die Struktur lokal verändert, und es findet eine *Rekonstruktion* statt. Das trifft häufig bei Zwischengitteratomen zu, wenn sie in der betreffenden Struktur keine hinreichend großen Lücken vorfinden, in die sie eintreten können. So kann ein Zwischengitteratom z. B. seinen Platz finden, indem eine Reihe von Atomen in einer bestimmten Gitterrichtung etwas enger zusammenrückt (Bild 3.2 a). Derartige Konfigurationen werden als *Crowdion* bezeichnet. In vielen Fällen teilt sich ein Zwischengitteratom einen Platz in der Struktur mit dem dort bereits vorhandenen Atom, was zu einer hantelförmigen Konfiguration führt (Bild 3.2 b, Position *1*; – obwohl die Zwischengitteratome hier zur Verdeutlichung schraffiert gezeichnet wurden, sind sie selbstverständlich von den übrigen, gleichartigen Atomen nicht unterscheidbar). Wie man sieht, wird durch die Hantelkonfiguration die kubische Symmetrie dieses Gitterplatzes (engl. *site symmetry*) gebrochen, die strukturelle Konfiguration des Zwischengitteratoms hat in diesem Fall nur eine tetragonale Symmetrie. Hingegen würde die Konfiguration eines Zwischengitteratoms in der Position *2* die kubische Symmetrie dieses Gitterplatzes bewahren – und zwar auch dann, wenn das Zwischengitteratom seine Nachbaratome etwas nach außen drängt.

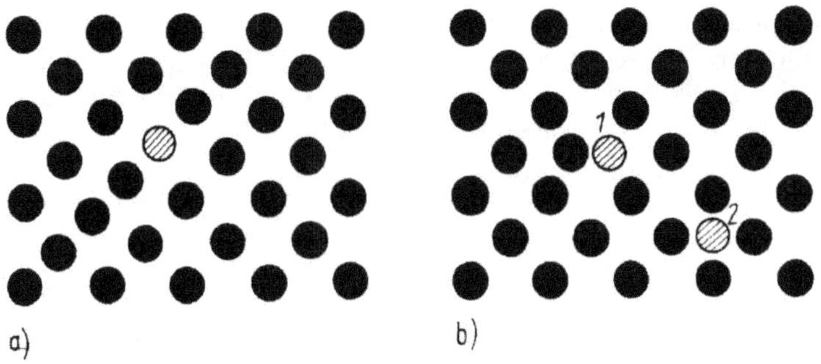

Bild 3.2. *Zwischengitteratome in einer kubisch dichtesten Kugelpackung.*

Blick auf eine (100)-Ebene; schraffiert: zusätzliches Atom (Zwischengitteratom) a) Crowdion; b) hantelförmiges Atompaar auf einem Gitterplatz (*1*) sowie Zwischengitteratom in einer oktaedrischen Lücke (*2*).

Eine wesentliche Eigenschaft der Punktdefekte besteht darin, dass sie auch im Zustand des thermodynamischen Gleichgewichts mit einer gewissen Konzentration im Kristall vorhanden sind. Zur Berechnung dieser Konzentration betrachtet man die freie Energie eines Kristalls, der die betreffenden Defekte enthält, und ermittelt, bei welcher Konzentration die freie Energie bei einer gegebenen Temperatur ihr Minimum erreicht. Diese Rechnung (vgl. z. B. J. BOHM) führt für die Konzentration von Leerstellen (SCHOTTKY-Defekte) in Kristallen aus einer Atomart auf die Beziehung

$$N_S/N = \exp\left(-E_S/kT\right).$$

Hierbei bedeuten N die Anzahl der Atome des Kristalls, N_S die Anzahl der Defekte, mithin N_S/N deren Konzentration, E_S die zur Bildung einer Leerstelle nötige Energie, k die BOLTZMANN-Konstante und T die absolute Temperatur. Für die anderen Defekte kommt man auf ähnliche Exponentialausdrücke, in die als wesentlicher Parameter die jeweilige Bildungsenergie der betrachteten Defekte eintritt, die in der Größenordnung von einigen Elektronenvolt (eV) liegt. Prinzipiell sind alle aufgeführten Typen von Punktdefekten in einem Kristall gleichzeitig zugegen, jedoch überwiegt der Typ, der in der betreffenden Struktur die geringste Bildungsenergie hat. Als Beispiel sei ein Kupferkristall angeführt, in dem die SCHOTTKY-Defekte überwiegen und der bei einer Temperatur von 1100 K (also rd. 250 K unter dem Schmelzpunkt) eine Leerstellenkonzentration von rd. 10^{-5} besitzt. Das bedeutet: Im Mittel bleibt jeder 10^5te Gitterplatz unbesetzt. Die Energie zur Bildung einer Leerstelle in Kupfer beträgt 1,1 eV.

Trägt man in einem Diagramm $\ln(N_S/N)$ gegen $1/T$ auf, so erhält die angegebene Exponentialfunktion die Form einer Geraden, die mit dem Schmelzpunkt beginnt (Bild 3.3). Verfolgt man diese Funktion experimentell vom Schmelzpunkt an (ausgezogene Kurve), so besteht mit fortschreitender Abkühlung zunächst Übereinstimmung mit dem theoretischen Verlauf. Bei einer gewissen Temperatur biegt die experimentelle Kurve jedoch in einen konstanten Wert ab und folgt nicht mehr dem theoretischen Verlauf (gestrichelt). Bei diesen tieferen Temperaturen können die Atome nicht mehr die Diffusions- und Platzwechselvorgänge ausführen, die für die Einstellung der Gleichgewichtskonzentration erforderlich wären. Infolgedessen bleibt eine höhere Konzentration an Defekten „eingefroren“, als dem thermischen Gleichgewicht bei tieferen Temperaturen entspricht. Es ist deshalb nicht möglich, einen besonders defektarmen Kristall etwa dadurch herzustellen, dass man ihn sehr tief abkühlt. Andererseits kann man jedoch durch „Abschrecken“ von hohen Temperaturen entsprechend höhere Konzentrationen von Defekten einfrieren. Die experimentelle Untersuchung der Konzentration von Punktdefekten kann kalorimetrisch, durch präzise Dichtebestimmungen und bei elektrischen Leitern durch Messen des Restwiderstandes bei tiefen Temperaturen erfolgen.

Punktdefekte entstehen nicht nur durch thermische Vorgänge, sondern auch durch Beschuss mit energiereichen Teilchen oder Strahlen und bei mechanischer Verformung. Die Konzentrationen liegen dann selbstverständlich über der des thermischen Gleichgewichts. Da die betroffenen Atome bei diesen Vorgängen zumeist im Gitter verbleiben, wird im Allgemeinen eine FRENKEL-Fehlordnung erzeugt. Auch beim Kristallwachstum können Punktdefekte eingebaut werden.

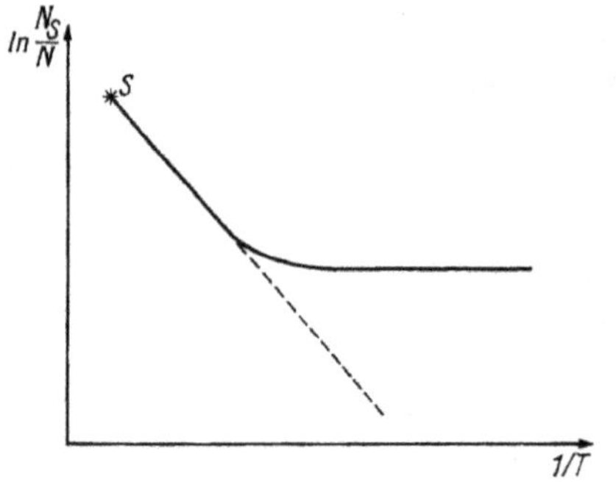

Bild 3.3. *Abhängigkeit der Konzentration von Punktdefekten N_S/N von der Temperatur T.*
S Schmelzpunkt.

Das Ausheilen von überschüssigen Punktdefekten gegenüber dem thermodynamischen Gleichgewicht kann durch eine Rekombination zueinander passender Leerstellen und Zwischengitteratome erfolgen *(Annihilation)*, oder die Punktdefekte scheiden sich an der Oberfläche, an Korngrenzen, an Versetzungen oder an anderen gröberen Baufehlern aus. Wo diese nicht erreichbar sind, kann die Ausscheidung der Punktdefekte auch durch Bildung von Agglomeraten (*Cluster*) geschehen. Alle diese Prozesse sind an Platzwechsel- und Diffusionsvorgänge gebunden. Das thermodynamische Gleichgewicht ist dynamisch; Bildung und Ausheilung von Punktdefekten halten sich die Waage.

Wenden wir uns nun den Punktdefekten zu, die mit Veränderungen der stofflichen Zusammensetzung des Kristalls verbunden sind. Sie werden auch als „chemische" Defekte bezeichnet. Die bisher betrachteten Punktdefekte bewirken, wie man sich leicht überzeugt (mit Ausnahme der Anti-Lagen-Defekte), keinerlei Veränderung der stofflichen Zusammensetzung des Kristalls. Im Gegensatz zu den „chemischen" Defekten bezeichnet man sie deshalb zuweilen als „strukturelle" oder „physikalische" Defekte. „Chemische" Punktdefekte entstehen durch Einbau von Fremdatomen aller Art, sei es auf Gitterplätzen oder auf Zwischengitterplätzen. Eine Änderung der stofflichen Zusammensetzung bzw. der Stöchiometrie wird bereits bewirkt, wenn bei Verbindungen Leerstellen bei nur einer Komponente der Verbindung auftreten. (Man beachte, dass sich im Bild 3.1c die Leerstellen gleichermaßen auf beide Komponenten verteilen!) Allerdings können aus einem Ionenkristall nicht beliebig viele Ionen entfernt werden, ohne das dadurch entstehende Ladungsdefizit auszugleichen. Das kann durch den Einbau von Ionen anderer Wertigkeit oder durch die Aufnahme oder Abgabe von Elektronen geschehen. Derartige Defekte sind dann mit markanten Änderungen der Elektronenstruktur verbunden. Das hat z. B. besondere Bedeutung für die Leitfähigkeit von Isolator- oder Halbleiterkristallen. Außerdem zeigen solche Punktdefekte oft charakteristische spektroskopische Eigenschaften und werden dann als *Farbzentren* bezeichnet.

Das wohl am besten untersuchte Farbzentrum ist das *F-Zentrum*, das in Ionenkristallen vom NaCl-Typ auftritt. Hier fehlt in der Struktur ein Anion (also im NaCl ein Cl^--Ion), und an der verbleibenden Leerstelle befindet sich ein überschüssiges Elektron, das durch die umgebenden positiven Kationen auf diesem Platz festgehalten wird (Bild 3.4). Dadurch ist die elektrische Ladungsneutralität gewährleistet; das Elektron besitzt aber in dieser Position besondere Energiezustände, die sich spektroskopisch durch eine Absorptionsbande, eine *F-Bande*, bemerkbar machen. Diese Bande liegt z. B. für NaCl bei einer Wellenlänge von 465 nm. Außer dem F-Zentrum sind im NaCl noch eine Reihe weiterer Farbzentren gefunden worden, und die Vielfalt der überhaupt bekannt gewordenen Farbzentren ist in der Festkörperphysik kaum mehr zu überblicken. Auch spektroskopisch wirksame molekülartige Gruppierungen – z. T. in diversen Ladungszuständen – werden als Farbzentren oder allgemein als Zentren bezeichnet.

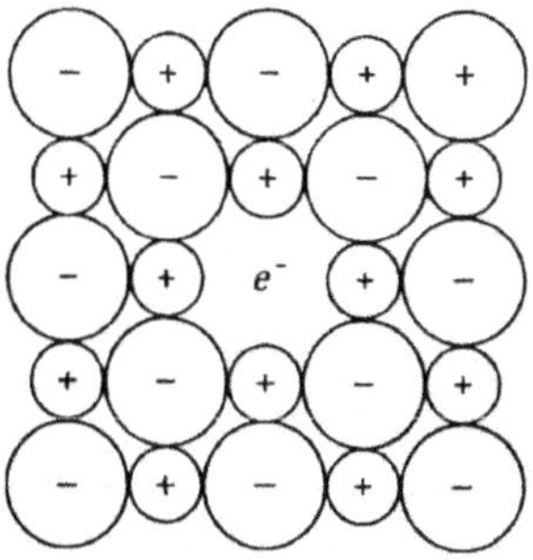

Bild 3.4. *Modell des F-Zentrums in der* NaCl-*Struktur.*

3.1.2. Versetzungen

Versetzungen sind Baufehler, die auf eine ganz spezifische Weise mit dem Gitterbau eines Kristalls zusammenhängen; ihre Beschreibung ist jedoch etwas komplizierter als die der bisher betrachteten Baufehler. Wir führen deshalb ein Gedankenexperiment aus und denken uns einen Kristallblock (Bild 3.5 a) entlang der Fläche *A–B–C–D* zur Hälfte aufgeschnitten. Dann wird die eine Seite des aufgeschnittenen Blockes um einen geringen Betrag nach unten „versetzt" und das Gitter wieder zusammengefügt. Die dazu notwendige Verzerrung des Gitters verteilt sich auf den ganzen Block, so dass eine Störung des Gitterbaus nur entlang der Linie *A–D*, der *Versetzungslinie*, festzustellen ist. Das Aufschneiden und Wiederzusammenfügen des Gitters war schließlich nur ein Gedankenexperiment, wir hätten den Kristallblock zur Erzeugung derselben Versetzung auch von der Linie *A–D* aus nach irgendeiner anderen beliebigen Richtung hin aufschneiden können (von der kleinen Stufe auf der Oberfläche sehen wir ab). Die Versetzungen stellen deshalb im Kristall linienhafte Realstruktur-Erscheinungen dar. Wir können das Gedankenexperiment der Versetzungsbildung noch modifizieren, indem wir die Verschiebung entlang der aufgetrennten Fläche nicht in Richtung *B–C* (wie im Bild 3.5), sondern in Richtung *B–A* vornehmen (Bild 3.6). Die Versetzung erhält dadurch einen anderen Charakter. Der gestörte Strukturbereich erstreckt sich wieder entlang der Versetzungslinie *A–D*; unmittelbar oberhalb dieser Linie gibt es durch die Verschiebung der beiden Gitterteile „zuviel" Atome, unterhalb „zuwenig".

Beide Gedankenexperimente stellen Grenzfälle dar; im Allgemeinen kann man sich die Verschiebung der aufgeschnittenen Gitterteile so vorstellen, dass es Komponenten sowohl in Richtung *B–C* als auch in Richtung *B–A* gibt. Die Verschiebung der beiden Gitterteile gegeneinander heißt *BURGERS-Vektor* und kennzeichnet die Versetzung. Der Grenzfall im Bild 3.5 – BURGERS-Vektor und Versetzungslinie sind parallel zueinander – wird als *Schraubenversetzung* bezeichnet. Der Grenzfall im Bild 3.6 – BURGERS-Vektor und Versetzungslinie stehen senkrecht zueinander –

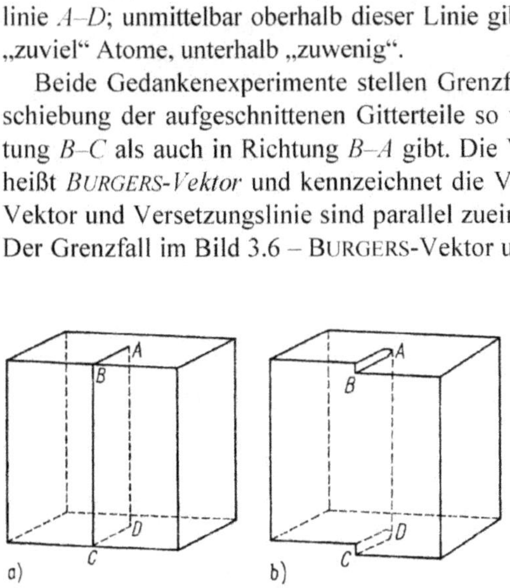

Bild 3.5. *Zur Bildung einer Schraubenversetzung.*

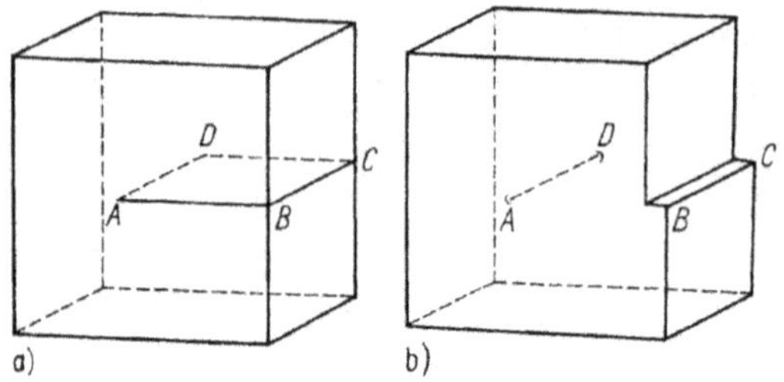

Bild 3.6. *Zur Bildung einer Stufenversetzung.*

wird als *Stufenversetzung* bezeichnet. Im allgemeinen Fall eines beliebigen Winkels zwischen BURGERS-Vektor und Versetzungslinie trägt die Versetzung „gemischten Charakter".

Da bei unseren Gedankenexperimenten die beiden Teile des Gitters nach ihrer Verschiebung immer wieder „richtig" zusammenpassen müssen, stellt der BURGERS-Vektor einen Gittervektor dar, der identische Punkte des Gitters aufeinander bezieht. Der Vollständigkeit halber sei angemerkt, dass im Zusammenhang mit Stapelfehlern (s. Abschn. 3.1.3.) BURGERS-Vektoren mit Teilbeträgen von Gittervektoren auftreten können; die zugehörigen Versetzungen heißen Teilversetzungen.

Unsere Gedankenexperimente hatten den Zweck, das Wesen einer Versetzung (engl. *dislocation*) deutlich zu machen. Die Vorstellung von den Versetzungen ist nun noch dahingehend zu modifizieren, dass die Versetzungslinien im allgemeinen keinen geradlinigen Verlauf durch den Kristall nehmen, sondern gekrümmt sein und auch Knicke aufweisen können. Der BURGERS-Vektor der Versetzung bleibt dabei stets konstant, während sich sein Winkel zur Versetzungslinie und damit der Charakter der Versetzung ändern können. Aus topologischen Gründen kann eine Versetzung nicht einfach im Gitter enden. Die Versetzungslinien müssen entweder bis zur Oberfläche des Kristalls durchlaufen oder sich zu einem Ring schließen; außerdem können sie sich verzweigen.

Als Maß für die in einem Kristall enthaltenen Versetzungen dient die *Versetzungsdichte*, die auf zweierlei Weise formuliert wird: einmal als Gesamtlänge aller Versetzungslinien je Volumeneinheit, zum anderen als Anzahl der Durchstoßpunkte von Versetzungen an der Kristalloberfläche je Flächeneinheit. Nach beiden Definitionen hat die Versetzungsdichte die Dimension einer reziproken Fläche, und die betreffenden Werte stimmen in der Größenordnung überein. Normalerweise haben Kristalle Versetzungsdichten von $10^2 \ldots 10^8$ cm^{-2}; in Metallkristallen trifft man häufig noch höhere Versetzungsdichten, die nach starken Deformationen des Kristalls Werte bis 10^{14} cm^{-2} erreichen können. Immerhin haben bei einer Versetzungsdichte von 10^8 cm^{-2} die in einem Kristallwürfel von 1 cm^3 enthaltenen Versetzungslinien eine Gesamtlänge von 1000 km!

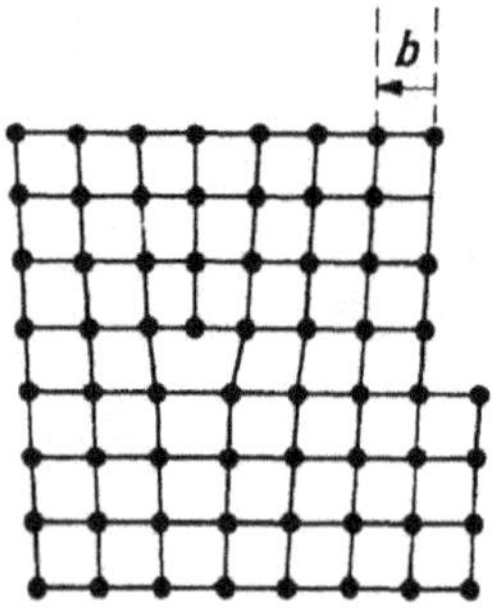

Bild 3.7. *Stufenversetzung in einem kubisch primitiven Gitter.*
b BURGERS-Vektor; die Stufe am Rande ist unwesentlich.

Bisher ist noch die Frage nach der atomaren Struktur im Bereich der Versetzungslinie, dem *Versetzungskern*, offen geblieben. Betrachten wir das Modell einer Stufenversetzung gemäß Bild 3.6 in einem einfachen (primitiven) kubischen Gitter (Bild 3.7): In der oberen Hälfte des

Kristallblocks erscheint hier eine überzählige Gitterebene, die an der Versetzungslinie abbricht. Über die konkrete Anordnung der Atome einer bestimmten Kristallstruktur entlang der Versetzungslinie gibt dieses Gittermodell allerdings noch keine Auskunft. Die Strukturen der Versetzungskerne sind so vielfältig wie die Kristallstrukturen selbst, und es sei in dieser Frage nur auf die weiterführende Literatur hingewiesen.

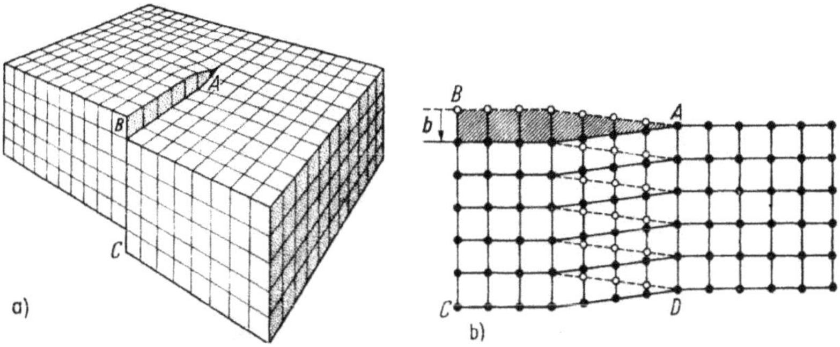

Bild 3.8. *Schraubenversetzung in einem kubisch primitiven Gitter.*

a) Blockbild; b) Seitenriss (***b*** BURGERS-Vektor).

Das Modell einer Schraubenversetzung gemäß Bild 3.5 in einem einfachen (primitiven) kubischen Gitter zeigt Bild 3.8: Ein Gitterblock mit einer Schraubenversetzung besteht nicht wie das ungestörte Gitter aus aufeinander gestapelten Netzebenen, sondern aus einer einzigen Gitterfläche, die sich ähnlich einer Wendeltreppe um die Versetzungslinie windet.

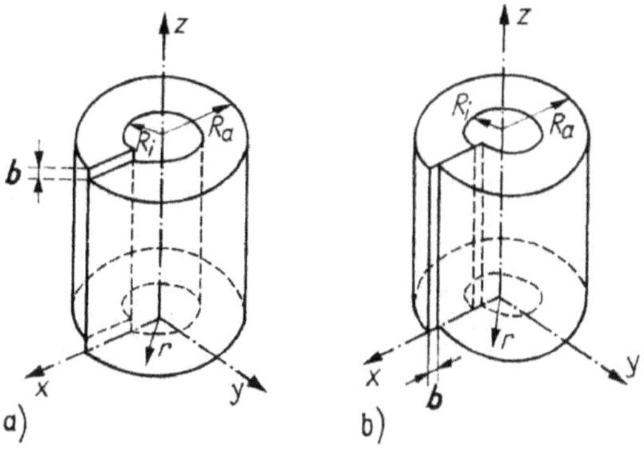

Bild 3.9. *Elastische Deformation eines zylindrischen Volumens um eine Versetzung.*

a) Schraubenversetzung; b) Stufenversetzung; R_i Radius des Versetzungskerns bzw. innerer Radius; R_a äußerer Radius; ***b*** BURGERS-Vektor.

Kristalle mit Versetzungen enthalten (gegenüber solchen mit ungestörter Struktur) eine zusätzliche Energie. Diese Energie rührt größtenteils von der durch die Versetzungen bewirkten elastischen Verspannung des Gitters her, welche sich über den gesamten Kristall verteilt. Zur Berechnung der elastischen Energie einer Versetzung mit einem Burgers-Vektor der Länge b denke man sich die Versetzungslinie (die eine Länge l haben möge) von einem Zylinder der infinitesimalen Dicke dr umgeben. Dieser Zylinder werde der Länge nach aufgeschnitten und entsprechend der Versetzung deformiert (Bild 3.9). Die Arbeit dE_e, die bei einer solchen Verformung gegen die elastischen Kräfte (in einem ungestörten Gitter) zu leisten ist, errechnet sich im Rahmen der Elastizitätstheorie für ein isotropes Kontinuum mit einem Schermodul G und einem POISSON-Verhältnis ν bei einer Schraubenversetzung zu

$$\mathrm{d}E_\mathrm{e}^\mathrm{S} = \frac{Gb^2 l}{4\pi r}\,\mathrm{d}r$$

und bei einer Stufenversetzung zu

$$\mathrm{d}E_\mathrm{e}^\mathrm{St} = \frac{Gb^2 l}{4\pi r\,(1-\nu)}\,\mathrm{d}r\,.$$

Die elastische Energie des gesamten durch die Versetzung verspannten Kristallvolumens erhält man bei der Schraubenversetzung gemäß

$$E_\mathrm{e}^\mathrm{S} = \frac{Gb^2 l}{4\pi}\int_{R_\mathrm{i}}^{R_\mathrm{a}} \frac{\mathrm{d}r}{r} = \frac{Gb^2 l}{4\pi}\ln\frac{R_\mathrm{a}}{R_\mathrm{i}}$$

und bei der Stufenversetzung gemäß

$$E_\mathrm{e}^\mathrm{St} = \frac{Gb^2 l}{4\pi\,(1-\nu)}\int_{R_\mathrm{i}}^{R_\mathrm{a}} \frac{\mathrm{d}r}{r} = \frac{Gb^2 l}{4\pi\,(1-\nu)}\ln\frac{R_\mathrm{a}}{R_\mathrm{i}}\,.$$

Um endliche Werte zu erhalten, muss der Integrationsbereich nach beiden Seiten zu begrenzt werden: Der innere Radius R_i ist dort anzusetzen, wo die elastischen Kräfte, die mit kleiner werdendem Radius r unbegrenzt anwachsen, die kristallchemischen Bindungskräfte überschreiten, d. h., wo der Bereich des Versetzungskerns beginnt. Eine entsprechende Abschätzung ergibt für R_i die Größenordnung von 1 nm. Für den äußeren Radius R_a hätte man bei einer einzelnen Versetzung den Halbmesser des Kristalls zu setzen. Enthält der Kristall jedoch mehr Versetzungen, so überlagern sich deren elastische Spannungsfelder und heben sich z. T. gegenseitig auf; man setzt in diesem Fall für R_a gewöhnlich den halben durchschnittlichen Abstand zwischen den Versetzungslinien ein. Betrachten wir als Beispiel einen Kupferkristall (kubisch dichteste Kugelpackung, Gitterkonstante $a = 0{,}362$ nm; Schubmodul $G = 48{,}3 \cdot 10^9\ \mathrm{Nm}^{-2}$; POISSON-Verhältnis $\nu = 0{,}343$) und nehmen einen äußeren Radius $R_\mathrm{a} = 50\ \mu\mathrm{m}$ (entsprechend einer Versetzungsdichte von $10^4\ \mathrm{cm}^{-2}$) an, so ergibt sich die Energie E_e^S einer Schraubenversetzung mit der Länge l und einem BURGERS-Vektor der Länge $b = 0{,}255$ nm (entsprechend der Länge $b = a/\sqrt{2}$ der kürzesten Gittervektoren in einem kubisch flächenzentrierten Gitter) gemäß:

$$E_\mathrm{e}^\mathrm{S}/l = 2{,}7 \cdot 10^{-9}\ \mathrm{J/m} = 1{,}7 \cdot 10^{10}\ \mathrm{eV/m} \approx 4\ \mathrm{eV}/b\,.$$

Somit enthält der Kristall eine elastische Energie von 4 eV je 0,255 nm der Versetzungslinie. Diese Strecke ist gleich dem Netzebenenabstand der von der Versetzungslinie durchschnittenen {110}-Netzebenen so wie auch dem Durchmesser eines Cu-Atoms. Die Energie E_e^St einer Stufenversetzung mit dem gleichen Burgers-Vektor ist um den Faktor $1/(1-\nu) = 1{,}52$ (für Cu) größer und beträgt damit

$$E_\mathrm{e}^\mathrm{St}/l = 4{,}1 \cdot 10^{-9}\ \mathrm{J/m} = 2{,}6 \cdot 10^{10}\ \mathrm{eV/m} \approx 6\ \mathrm{eV}/b\,.$$

Die Energie einer Versetzung mit gemischtem Charakter liegt zwischen beiden Werten, so dass also der Charakter einer Versetzung ihre Energie nur relativ wenig beeinflusst. Wegen $R_\mathrm{a} >> R_\mathrm{i}$ ändern sich $\ln(R_\mathrm{a}/R_\mathrm{i})$ und damit die Versetzungsenergie bei einer Änderung der für die Rechnung benutzten Radien R_i und R_a gleichfalls nur wenig, so dass es auf deren genaue Werte nicht ankommt und die Versetzungsenergie auch weitgehend unabhängig von der Versetzungsdichte ist.

In Anbetracht dessen sowie der in die Rechnung eingehenden Näherungen (Annahme eines isotropen elastischen Kontinuums sowie einer geraden Versetzungslinie) kann man für die elastische Energie E_e einer (beliebigen) Versetzung näherungsweise schreiben:

$$E_e = \alpha G b^2 l$$

mit einem Faktor α = 0,5 ... 1,5. Gegenüber dieser beträchtlichen elastischen Energie einer Versetzung ist die Energie E_K des Versetzungskerns deutlich geringer. Abschätzungen, die von der Schmelzwärme des im Versetzungskern enthaltenen Kristallmaterials ausgehen, führen auf eine Größenordnung von

$$E_K/l = 0{,}5 \cdot 10^{-3}\ \mathrm{J/m} \approx 0{,}75\ \mathrm{eV}/0{,}255\ \mathrm{nm},$$

das sind nur reichlich 10 % der oben berechneten elastischen Energie. Für Abschätzungen der gesamten Energie $E_D = E_e + E_K$ einer Versetzung kann man E_K auch mit in den Faktor α hineinziehen, wobei für viele Belange $\alpha \approx 1$ angenommen und dann einfach $E_D \approx Gb^2l$ geschrieben werden kann.

Die Versetzungsenergie E_D ist (im Rahmen der Näherung) proportional zur Länge l der Versetzungslinie, so dass sich die Energie der Versetzung durch eine Verkürzung der Versetzungslinie reduziert. Man kann deshalb die Größe E_D/l auch als eine Kraft interpretieren, die bestrebt ist, die Versetzungslinie „straff" zu ziehen. Außerdem ist die Versetzungsenergie E_D proportional zum Quadrat des BURGERS-Vektors b^2. Deshalb bilden sich gewöhnlich nur Versetzungen mit den kleinstmöglichen BURGERS-Vektoren: das sind die jeweils kürzesten Gittervektoren. Beispielsweise enthalten zwei Versetzungen mit den gleichen Burgers-Vektoren $b = a$ zusammen nur halb soviel Energie, wie eine einzige Versetzung mit dem doppelten BURGERS-Vektor $b = 2a$, obwohl beide Anordnungen als solche die gleiche Gesamtversetzung des Gitters bewirken. Versetzungen mit größeren BURGERS-Vektoren sind energetisch ungünstig und treten nur unter besonderen Umständen auf.

Doch auch die Energie der Versetzungen mit den kleinstmöglichen BURGERS-Vektoren ist noch so groß, dass sie durch thermische Fluktuationen selbst bei der Temperatur des Schmelzpunktes praktisch nicht aufgebracht werden kann: Versetzungen gehören nicht zum thermodynamischen Gleichgewichtszustand eines Kristalls – im Gegensatz zu den oben behandelten Punktdefekten.

Versetzungen können (außerhalb des thermodynamischen Gleichgewichts) auf verschiedene Weise entstehen:

- durch Fehlpassungen des Gitters infolge Änderungen der Gitterkonstanten, hervorgerufen durch Schwankungen der Zusammensetzung bei verunreinigten Kristallen oder Mischkristallen;
- durch Weiterwachsen von Versetzungen, die bereits im Keimkristall vorhanden waren (vgl. Abschn. 3.2.2.);
- durch Fehlpassungen beim Aufwachsen auf einen Keimkristall oder auf ein anderes Kristallsubstrat (vgl. Abschn. 3.2.6.);
- durch ein „versetztes" Zusammenwachsen von Dendritenästen und anderen vergröberten Wachstumsformen oder beim Umwachsen von Einschlüssen;
- durch plastische Verformung (vgl. Abschn. 4.7.2.), hervorgerufen u. a. durch thermische Spannungen oder durch einen Modifikationswechsel.

Schließlich können Versetzungen noch durch eine Kondensation von Punktdefekten entstehen: Punktdefekte (Leerstellen, Zwischengitteratome), die im Kristall nach dem Wachstum bzw. infolge Änderung der Zustandsparameter (Abkühlen) in Übersättigung vorhanden sind, neigen zur Ausscheidung. Wenn z. B. im Überschuss vorhandene Leerstellen weder mit Zwischengitteratomen rekombinieren noch durch Diffusion bis an die Oberfläche, an Korngrenzen, an Versetzungen oder an andere gröbere Baufehler gelangen und dort ausgeschieden werden können, dann lagern sie sich (bei hinreichender Beweglichkeit) zu Agglomeraten (Cluster) zusammen. Nach einem häufig zutreffenden Modell sind diese Agglomerate scheibenförmig (Bild 3.10 a); indem das Kristallgitter von oberhalb und unterhalb der Leerstellenscheibe zusammenrückt und sich wieder verbindet, bleibt entlang der Umrandung der Scheibe ein Versetzungsring (engl. *loop* – Schleife) zurück (Bild 3.10 b). Dieses Modell kann noch in verschiedener Weise modifiziert werden. So können umgekehrt anstatt von Leerstellen Zwischengitteratome kondensieren und ein scheibenförmiges Stück einer neuen Gitterebene bilden, das dann gleichfalls von einem Versetzungsring umrandet wird. Wesentlich ist, dass nach solchen Mechanismen Versetzungen in einem Kristall gewissermaßen „von selbst" ohne anderweitige, von außen wirkende Vorgänge entstehen können. Allerdings bleiben die so entstehenden Versetzungsgebilde meist mikroskopisch klein und sind eher den anderen Mikrodefekten (Cluster etc.) zuzurechnen, als dass sie den gewöhnlichen, linienhaft ausgedehnten Versetzungen vergleichbar sind.

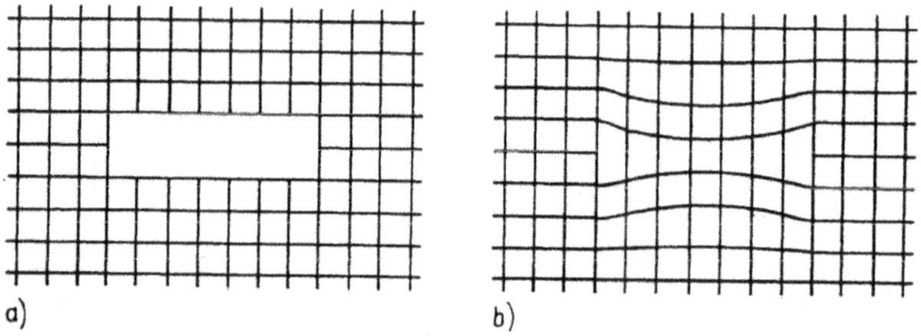

Bild 3.10. *Modell zur Versetzungsbildung durch Kondensation von Leerstellen.*
a) Scheibenförmiges Agglomerat von Leerstellen; b) Bildung eines Versetzungsrings (im Querschnitt).

Versetzungen lassen sich durch röntgenographische und elektronenmikroskopische Methoden beobachten (vgl. Abschnitte 5.2. und 5.3.). In klar durchsichtigen Kristallen können einzelne Versetzungen unter dem Polarisationsmikroskop aufgrund der durch sie verursachten Spannungsdoppelbrechung sichtbar sein. Eine andere Methode zum Nachweis von Versetzungen, die wegen ihrer einfachen Durchführung sehr verbreitet ist, besteht darin, an den Durchstoßpunkten der Versetzungslinien in der Kristalloberfläche Ätzgrübchen zu erzeugen (s. Abschn. 3.2.5.). Ferner ließen sich Versetzungen dadurch nachweisen, dass durch spezielle Verfahren Beimengungen an den Versetzungslinien zur Ausscheidung gebracht und mikroskopisch beobachtet wurden (Dekorationsmethode). Weitere Eigenschaften von Versetzungen werden im Abschn. 4.7.2. behandelt.

3.1.3. Korngrenzen und Stapelfehler

An einer Korngrenze stoßen zwei Kristallindividuen (Körner) aneinander. Um eine Korngrenze phänomenologisch zu kennzeichnen, ist zunächst die gegenseitige Orientierung der aneinandergrenzenden Gitter festzulegen. Das kann durch Angabe einer Drehung (um eine bestimmte Achse) geschehen, durch die beide Gitter miteinander zur Deckung kommen. Das liefert drei Bestimmungsstücke: zwei für die Richtung der Achse, eines für den Drehwinkel. Außerdem ist noch die Lage der Grenze zum Gitter (des einen Korns) zu fixieren, was nochmals zwei Bestimmungsstücke erfordert (z. B. zur Angabe der Flächennormalen der Korngrenze durch zwei Winkelkoordinaten). Somit sind zur vollständigen Kennzeichnung einer Korngrenze insgesamt fünf Bestimmungsstücke erforderlich. Nach dem gegenseitigen Bezug zwischen den Gittern der beiden

Kristallkörner unterscheidet man Kleinwinkelkorngrenzen, Großwinkelkorngrenzen und Zwillingsgrenzen.

Von einer *Kleinwinkelkorngrenze* (*Subkorngrenze*) spricht man, wenn der Unterschied in der Orientierung der aneinandergrenzenden Gitter gering ist und sich im Bereich von Winkelminuten bis zu rd. 4° bewegt. Ein Modell für den Aufbau einer Kleinwinkelkorngrenze erhält man, indem in einem Gitter Stufenversetzungen (vgl. Bild 3.7) in einer Reihe übereinander angeordnet werden (Bild 3.11 a links). Sei D der Abstand zwischen den Versetzungen und b der Betrag ihres BURGERS-Vektors, so ergibt sich zwischen den Subkörnern ein Orientierungsunterschied $\vartheta \approx b/D$. Bei diesem einfachen Modell verläuft die Kleinwinkelkorngrenze symmetrisch durch das Gitter. Bei einem unsymmetrischen Verlauf der Kleinwinkelkorngrenzen treten Stufenversetzungen mit Burgers-Vektoren anderer Richtung hinzu (Bild 3.11 b rechts). In beiden Modellen liegt die Drehachse, mit deren Hilfe sich die Gitter der beiden Subkörner zur Deckung bringen lassen, parallel zur bzw. in der Subkorngrenze. Das ist ein Grenzfall, der als *„tilt"-Korngrenze* (zu übersetzen mit „Kippkorngrenze" oder „Neigungskorngrenze") bezeichnet wird. Der andere Grenzfall besteht darin, dass die betreffende Achse senkrecht auf der Subkorngrenze steht, und wird als *„twist"-Korngrenze* (zu übersetzen mit „Drehkorngrenze" oder „Verschränkungskorngrenze") bezeichnet. Will man den Aufbau einer „twist"-Korngrenze modellhaft erfassen, so kommt man auf ein System von Schraubenversetzungen, die sich gegenseitig durchkreuzen und ein Netzwerk bilden, wie Bild 3.12 im Vergleich mit Bild 3.8 deutlich macht.

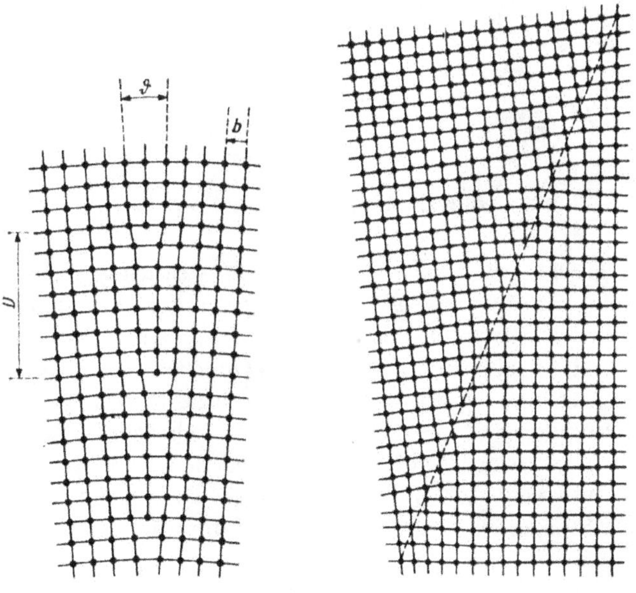

Bild 3.11. *Modell einer Kleinwinkelkorngrenze („tilt"-Korngrenze) in einem kubisch primitiven Gitter.*

a) Symmetrischer Fall; b) unsymmetrischer Fall.

Im allgemeinen hat eine Kleinwinkelkorngrenze sowohl *„tilt"* - als auch *„twist"*-Komponenten und verläuft mehr oder weniger unregelmäßig durch das Kristallvolumen; ihre Struktur besteht aus einem mehr oder weniger dichten Netzwerk von Versetzungen unterschiedlichen Charakters – je nach dem Grad der Verschwenkung der Subkörner.

Die Zusammensetzung eines Kristalls aus Subkörnern bedingt (im Zusammenwirken mit den Einzelversetzungen) eine gewisse Streuung der Orientierung des Kristallgitters über das Volumen des Kristalls: Das ist das Wesen des *Mosaikbaus* (Bild 3.13), ein Begriff, der bereits vor Kenntnis der Versetzungen und Struktur der Subkorngrenzen geprägt wurde.

Von einer *Großwinkelkorngrenze* (oder einer Korngrenze schlechthin) spricht man, wenn die Verschwenkung zwischen den Körnern 4° übersteigt. Die Energie solcher Korngrenzen bewegt

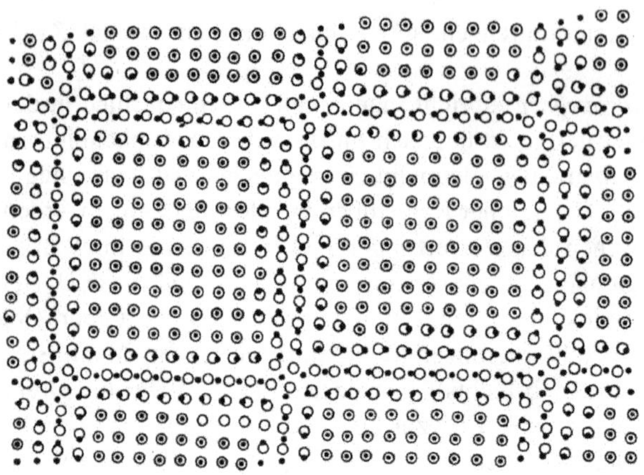

Bild 3.12. *Modell einer „twist"-Korngrenze in einem kubisch primitiven Gitter.*

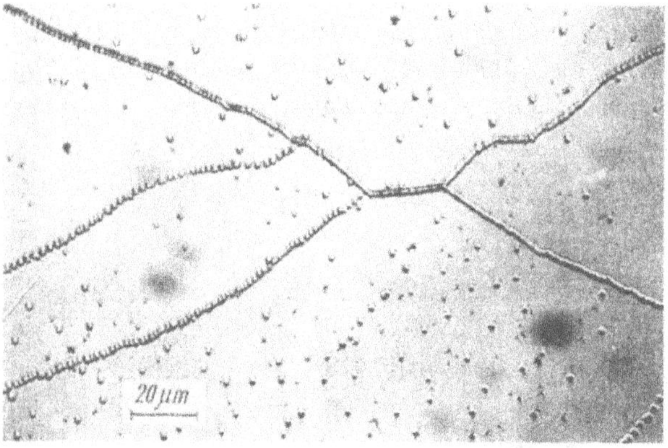

Bild 3.13. *Mosaikbau.*

Kleinwinkelkorngrenzen neben Einzelversetzungen in einem Kristall von Lithiumfluorid LiF; Ätzgrübchen auf einer (100)-Spaltfläche; vgl. Bild 3.44. Foto: BOHM.

sich in der Größenordnung von 0,5 J/m^2. Früher gab es die Vorstellung, dass zwischen den beiden Körnern eine quasi amorphe (glasartige) sog. *BEILBY-Schicht* aus ungeordneten Atomen mit einer Dicke von mehreren Gitterkonstanten besteht. Dann müssten aber die Eigenschaften der Korngrenze (z. B. die Korngrenzenenergie) unabhängig von der gegenseitigen Orientierung der beiden Kristallkörner und der Lage der Korngrenze sein, doch wird das Gegenteil beobachtet. Zudem verhalten sich Kippkorngrenzen („*tilt*"-Korngrenzen) anisotrop, z. B. hinsichtlich einer Diffusion entlang der Korngrenze. Deshalb gehen die verschiedenen Korngrenzenmodelle durchweg davon aus, dass die Struktur der beiden Körner bis unmittelbar an die Korngrenze heranreicht, d. h., auch die Atome in der Grenze lassen sich der Struktur eines der beiden Körner oder u. U. auch beider Körner gleichzeitig zuordnen.

Nach dem *Inselmodell* gibt es entlang der Korngrenze inselförmige Bereiche, in denen es zu einer gittermäßigen Passung zwischen den Körnern kommt, unterbrochen von Bereichen ohne solche Passung.

Verschiedentlich wurden *Versetzungsmodelle* (nach dem Muster der Kleinwinkelkorngrenzen) auch für Großwinkelkorngrenzen vorgeschlagen; sie sind jedoch problematisch: Die Versetzungen müssten nämlich in der Korngrenze so dicht aufeinanderfolgen, dass sich ihre Kernbereiche überlappen und zwischen ihnen kein Platz mehr für einen gittermäßigen Zusammenhang bliebe, und die Eigenschaften von sich überlappenden bzw. miteinander verschmelzenden Versetzungskernen lassen sich nur schwierig erfassen.

Einen sehr instruktiven geometrischen Zugang zum Problem der Struktur von Korngrenzen verschaffen die *Koinzidenzmodelle:* Bei bestimmten gegenseitigen Orientierungen der beiden

Körner, die von ihren Gitterparametern abhängen, kommt es dazu, dass ein Teil der Gitterpunkte beider Körner, zeichnete man beide Gitter über die Korngrenze hinweg übereinander, zusammenfallen (koinzidieren). Diese Punkte bilden für sich ein weitermaschiges Gitter, das Koinzidenzgitter (Bild 3.14). Die betreffenden ausgezeichneten Orientierungen bezeichnet man als Koinzidenzorientierungen. Entlang einer Gitterebene des Koinzidenzgitters kann ohne weiteres eine strukturell weitgehend perfekte Korngrenze mit einer verblüffenden Konkordanz verlaufen (Bild 3.15). Bei einer solchen Koinzidenzkorngrenze sind sowohl die gegenseitige Orientierung der beiden Körner als auch die Lage der Korngrenze genau festgelegt. Weicht eine Korngrenze von dieser festgelegten (symmetrischen) Lage ab, dann besitzt sie Stufen von einer Koinzidenzebene zur nächsten, wie es im Bild 3.15 angedeutet ist. Auch gewisse Abweichungen von der festgelegten Koinzidenzorientierung sind nach diesem Modell möglich; sie werden durch entsprechende Versetzungen in den Korngrenzen aufgefangen.

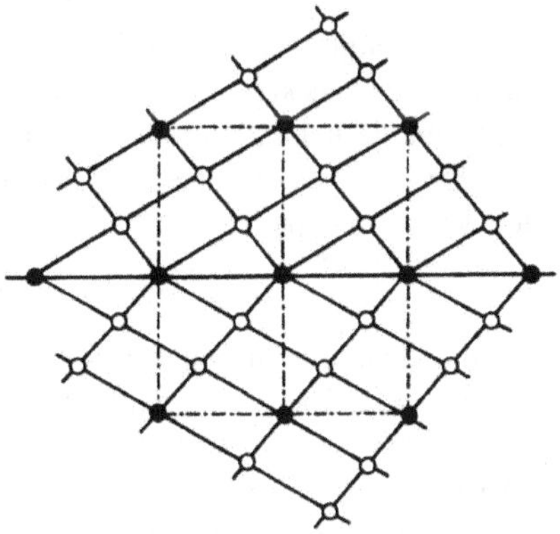

Bild 3.14. *Koinzidenzorientierung zweier Gitter.*

Die Punkte des Koinzidenzgitters sind ausgefüllt gezeichnet.

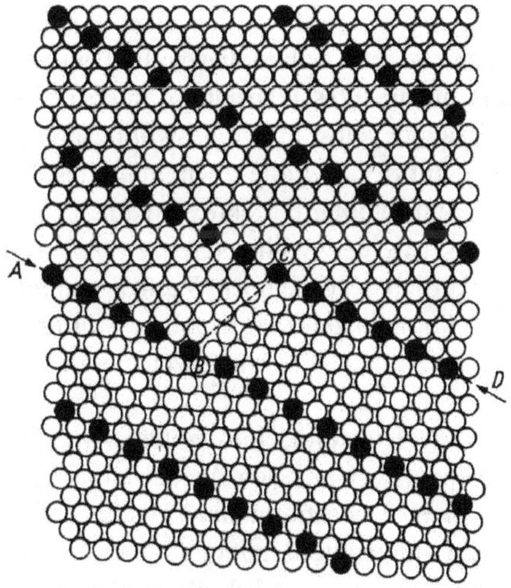

Bild 3.15. *Koinzidenzkorngrenze in einer kubisch raumzentrierten Kugelpackung.*

Koinzidierende Atomlagen sind ausgefüllt gezeichnet. Dargestellt ist eine (110)-Ebene; die Körner sind um 50,5° um [110] gegeneinander gedreht (verkippt); die Korngrenze *A–B–C–D* macht bei *B–C* einen Sprung von einer Koinzidenzgitterebene zur nächsten. Nach BRANDON et al. [3.5].

Einen Schritt weiter geht das *Relaxationsmodell*, bei welchem nach GLEITER [3.6] angenommen wird, dass die Atome in der Korngrenze in eine Lage mit der geringsten freien Energie relaxieren. Es wird auch als *Baueinheitenmodell* bezeichnet: Bei der Relaxation bilden sich definierte Gruppierungen aus wenigen Atomen, sog. Baueinheiten, die sich im Falle einer Koinzidenzkorngrenze mit symmetrischer Lage periodisch wiederholen (Bild 3.16). Wegen der in der Korngrenze vorhandenen monoatomaren Stufen spricht man auch vom *Stufenmodell*. – Für eine Koinzidenzkorngrenze in unsymmetrischer Lage wird auch nach diesem Modell ein Aufbau aus (gegenüber Bild 3.16 gröberen) Stufen angenommen, die sich aus Segmenten in symmetrischer Lage zusammensetzen. Eine Korngrenze, die nicht einer der ausgezeichneten Koinzidenzorientierungen entspricht, besteht nach diesem Modell aus einem Gemisch von zwei Baueinheiten, wie sie sich bei den jeweils benachbarten Koinzidenzorientierungen ausbilden würden.

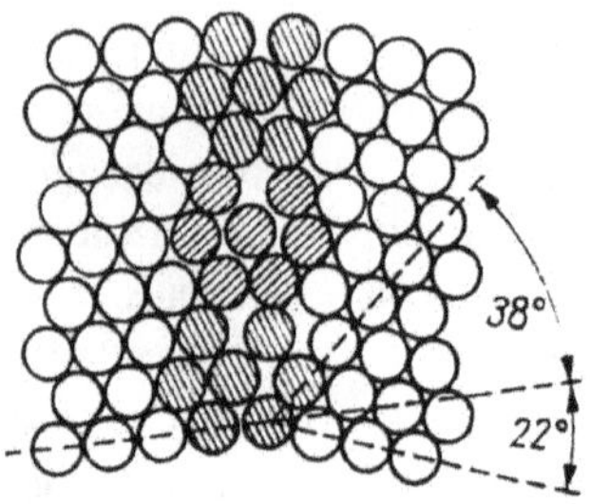

Bild 3.16. *Relaxationsmodell (Baueinheitenmodell).*

Dichteste Kugelpackung (in einer Ebene) mit einer Koinzidenz-Großwinkelkorngrenze entsprechend einer Drehung (gegenseitige Verkippung) von 38° oder 22°; schraffiert: periodisch sich wiederholende Baueinheit entlang der Korngrenze.

Die *Zwillingsgrenzen* sind dadurch gekennzeichnet, dass die aneinandergrenzenden Kristallindividuen von vornherein eine dem betreffenden Zwillingsgesetz entsprechende, genau festgelegte Orientierung zueinander haben (vgl. Abschn. 1.8.). Insofern lassen sich Koinzidenzorientierungen auch als Zwillingsstellungen interpretieren. So entspricht die im Bild 3.14 dargestellte spiegelbildliche Anordnung der beiden Gitter einer Zwillingsstellung nach einer Zwillingsebene, und über die Zwillingsgrenze setzt sich in diesem Fall ein Koinzidenzgitter fort. Bei Strukturen, deren Symmetrie geringer ist als die ihres Translationsgitters (Hemiedrien), gibt es auch die Möglichkeit, dass sich das Translationsgitter selbst über die Zwillingsgrenze hinweg fortsetzt. In den Fällen, in denen die Zwillingsgrenze mit der Zwillingsebene und diese mit einer Gitterebene zusammenfallen, hat die Zwillingsgrenze eine atomar perfekte Struktur. Solche Zwillingsgrenzen werden als *kohärent* bezeichnet. Anderenfalls ist eine Zwillingsgrenze *inkohärent*, insbesondere, wenn sie keinen ebenen, sondern einen willkürlich wechselnden Verlauf nimmt. Inkohärente Zwillingsgrenzen besitzen eine den Großwinkelkorngrenzen vergleichbare Korngrenzenenergie. Bei den atomar perfekten kohärenten Zwillingsgrenzen ist die Korngrenzenenergie hingegen deutlich kleiner.

Die *Stapelfehler* sind eine weitere Art von flächenhaften Kristallbaufehlern. Zu ihrem Verständnis können wir uns den Aufbau einer Kristallstruktur so vorstellen, dass fortlaufend Atomschichten in einer bestimmten Ordnung aufeinander gestapelt werden. Wird diese Stapelfolge einmal nicht eingehalten, indem eine Atomschicht gegenüber der vorangegangenen in einer anderen Position angeordnet wird, als es der richtigen Stapelordnung entspricht, dann resultiert ein flächenhaft ausgedehnter Defekt, ein Stapelfehler.

Ein instruktives Beispiel bieten die dichtesten Kugelpackungen, bei denen Stapelfehler tatsächlich häufig auftreten. Die Aufeinanderfolge von dicht gepackten Kugelschichten wurde vorn anhand der Bilder 2.1 bis 2.3 dargestellt. Eine kubisch dichteste Kugelpackung wird z. B. durch die Folge ...ABCABC... gegeben. Betrachten wir demgegenüber die Folge ...ABCACABC..., dann ist diese Folge in einer dichtesten Kugelpackung zwar ohne weiteres möglich, doch ist die kubische Stapelfolge zwischen der 4. und 5. Schicht nicht ordnungsgemäß eingehalten worden; es resultiert ein Stapelfehler, von dem beide Schichten gleichermaßen betroffen sind.

Stapelfehler sind meist eben und haben eine atomar perfekte Struktur sowie eine entsprechend geringe Energie. Die Stapelfehlerenergien bewegen sich zwischen einigen zehn $\mu J/cm^2$ (Mikrojoule je Quadratzentimeter) für Metalle (Aluminium 17 $\mu J/cm^2$) bis zu sehr geringen Werten bei Schichtenstrukturen mit geringeren Bindungskräften zwischen den Schichten (Graphit 0,05 $\mu J/cm^2$).

Im Gegensatz zu Korngrenzen und Zwillingsgrenzen weisen die Kristallbereiche beiderseits eines Stapelfehlers keinen Unterschied in der Orientierung ihrer Gitter auf. Lediglich eine parallele Verschiebung (Translation) um einen bestimmten Vektor bringt beide Gitter miteinander zur Deckung. Im obigen Beispiel wäre das eine Verschiebung der 5. Schicht (samt allen folgenden Schichten) von der Position C in die Position B (vgl. Bild 2.1). Dieser den Stapelfehler kennzeichnende Verschiebungsvektor wird (wie bei den Versetzungen) als BURGERS-Vektor bezeichnet. Zum Unterschied von den Versetzungen ist der BURGERS-Vektor hier jedoch kein Gittervektor, denn sonst entstünde kein Stapelfehler – wie man sich anhand der Ausführungen zu den Bildern 3.4 und 3.5 verdeutlichen kann. Wenn ein Stapelfehler (entsprechend der Fläche *ABCD* auf diesen Bildern) innerhalb eines Kristalls abbricht, entsteht an seinem Rand (entsprechend der Linie *AD*) eine versetzungsähnliche Struktur, nur dass der BURGERS-Vektor eben kein ganzer Gittervektor ist; man spricht dann von einer unvollständigen oder *Teilversetzung*, von welcher ein Stapelfehler umrandet wird.

Es gibt noch eine Reihe weiterer flächenhafter Kristallbaufehler, bei denen die Gitter der aneinandergrenzenden Kristallbereiche durch eine Translation miteinander zur Deckung gebracht werden. Man bezeichnet sie zusammenfassend als *Translationsgrenzen*. Hierzu gehören u. a. auch die *Antiphasengrenzen*. Sie können in Überstrukturen (vgl. Bilder 2.15 bis 2.17) entstehen, wenn bei deren Herausbildung die Ordnung der Überstruktur in verschiedenen Bereichen in einem anderen „Takt" bzw. in einer anderen Phase einsetzt, also z. B. im Bild 2.15 dergestalt, dass die Cu- und die Au-Positionen vertauscht werden. Antiphasengrenzen bilden entweder eine geschlossene Fläche oder werden (gleich den Stapelfehlern) von *unvollständigen Versetzungen* (*Teilversetzungen*) begrenzt (Bild 3.17). Im Gegensatz zu letzteren werden vollständige Versetzungen in Überstrukturen gelegentlich auch als *Überstrukturversetzungen* oder als *Überversetzungen* bezeichnet. – Zu den Translationsgrenzen gehören schließlich noch die *Scherflächen*. Sie entstehen, wenn man aus einer Struktur gewisse Atomschichten ganz oder teilweise herausnimmt, wie es bei Abweichungen von der Stöchiometrie geschehen kann.

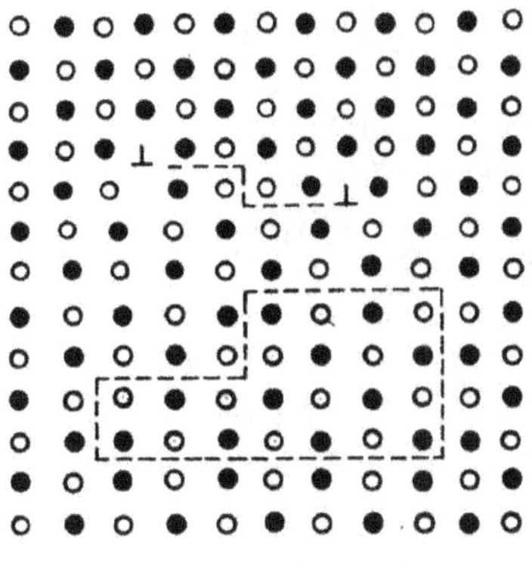

Bild 3.17. *Antiphasengrenzen in einer Überstruktur.*
oben: Antiphasengrenze (gestrichelt), begrenzt durch Teilversetzungen (⊥); unten: geschlossene Antiphasengrenze.

3.1.4. Flüssige Kristalle

Viele organische Substanzen gehen am Schmelzpunkt in *flüssige Kristalle (kristalline Flüssigkeiten)* über. Es sind Flüssigkeiten, die im Gegensatz zu normalen, isotropen Schmelzen trüb erscheinen und durch anisotrope Eigenschaften sowie optische und rheologische Besonderheiten ausgezeichnet sind. Erst bei einer höheren Temperatur, dem *Klarpunkt*, erfolgt ein Übergang in eine isotrope Schmelze. Flüssige Kristalle sind thermodynamisch stabil und werden als Zwischen- oder Mesophasen bezeichnet. Ihr Wesen beruht auf zwei- oder eindimensionalen Ordnungszuständen der Moleküle in der Flüssigkeit.

Man unterscheidet bei den flüssigen Kristallen smektische Phasen (griech. σμηγμα: Schleim), nematische Phasen (griech. νεματος: Faden) und cholesterische Phasen (von Cholesterol). Die *smektischen Phasen* haben eine zweidimensionale Ordnung. Die Moleküle sind über relativ große Bereiche in Schichten angeordnet (Bild 3.18), die sich leicht gegeneinander verschieben lassen. Daraus resultiert ein flüssiges Verhalten, wobei allerdings die Viskosität und die Oberflächenspannung sehr groß sein können. Je nach der Anordnung der Moleküle innerhalb der Schichten unterscheidet man eine Reihe smektischer Zustände, die durch Großbuchstaben (beginnend mit A)

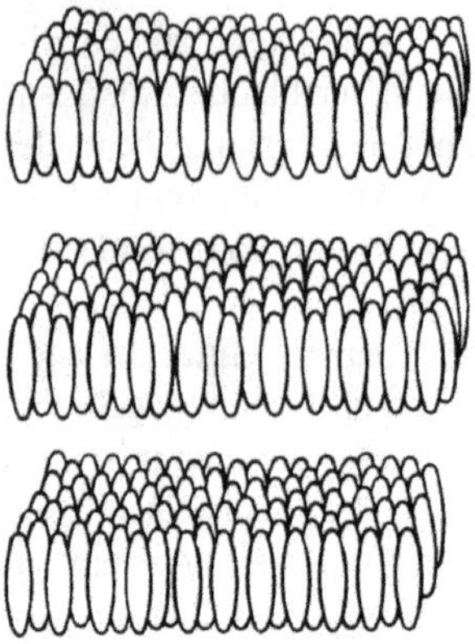

Bild 3.18. *Anordnung der Moleküle in einer smektischen Phase.*
Zur Verdeutlichung wurden die Molekülschichten etwas auseinandergerückt.

spannung sehr gekennzeichnet werden (SACKMANN und DEMUS [3.7]). – Die *nematischen Phasen* weisen hingegen nur eine Parallelorientierung der Längsachsen der Moleküle auf, die sich normalerweise auch nur jeweils über kleinere Bereiche erstreckt (Bild 3.19); sie sind daher viel dünnflüssiger als die smektischen Phasen. Eine Parallelorientierung aller Moleküle über größere Bereiche lässt sich z. B. durch Anwendung elektrischer oder magnetischer Felder erreichen. – Die *cholesterischen Phasen* nehmen eine Zwischenstellung ein. Bei ihnen besteht jeweils innerhalb einer Schicht von Molekülen eine nematische Ordnung; deren Vorzugsrichtung ändert sich jedoch beim Fortschreiten senkrecht zur Schichtung um einen bestimmten Winkelbetrag (Bild 3.20). Diese Ordnung wird durch den chiralen Charakter der Moleküle induziert. Über viele Molekülschichten hinweg ergibt sich so eine kontinuierliche, schraubenartige Umdrehung der Vorzugsrichtung, was ein extrem hohes optisches Drehvermögen, einen Zirkulardichroismus (s. Abschn. 4.5.9.) und eine selektive Reflexion bedingt. Die Wellenlänge dieser selektiven Reflexion entspricht der „Ganghöhe" der Umdrehung, welche sich mit der Temperatur ändert.

Bild 3.19. *Anordnung der Moleküle in einer nematischen Phase.*

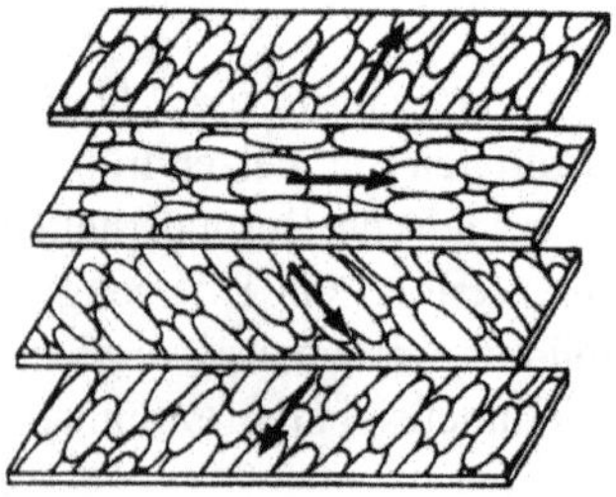

Bild 3.20. *Anordnung der Moleküle in einer cholesterischen Phase.*
Es ist nur etwa jede dreihundertste Molekülschicht wiedergegeben.

Kristallin-flüssige Phasen sind, wie gesagt, bei vielen organischen Substanzen zu beobachten. Dabei tritt im Bereich zwischen Schmelzpunkt und Klarpunkt häufig eine ganze Reihe verschiedener Phasen auf, die sich bei bestimmten Temperaturen ineinander umwandeln (thermotrope flüssige Kristalle). Außerdem gibt es auch in Lösungen kristallinflüssige Phasen (lyotrope flüssige Kristalle) . Für die Bildung kristallin-flüssiger Phasen ist eine große Anisotropie der Polarisierbarkeit der betreffenden Moleküle wesentlich, so dass es sich bei den flüssigen Kristallen meistens um lang gestreckte, planare und vor allem starre Moleküle handelt, vorzugsweise mit einem konjugierten aromatischen System. Die cholesterischen Mesophasen treten vorzugsweise bei Derivaten des Cholesterols auf. Bezüglich der zahlreichen Substanzen, die kristallin-flüssige Phasen bilden, und deren Eigenschaften sei auf die weiterführende Literatur (z. B. D. DEMUS et al. sowie H. D. KOSWIG verwiesen).

Die besonderen Eigenschaften der flüssigen Kristalle eröffnen interessante Anwendungsmöglichkeiten. Die große Temperaturempfindlichkeit der selektiven Reflexion cholesterischer Phasen ermöglicht ihren Einsatz als Temperaturindikatoren in der Medizin, für Infrarot-Bildwandler und in der Werkstoffprüfung. Eine große praktische Bedeutung erlangten bereits nematische Phasen in elektrooptischen Anzeigesystemen, z. B. zur Ziffernanzeige in elektronischen Uhren, Geräten und Armaturen, auf fernbedienten Verkehrs- und Hinweistafeln usw., die sich durch flache Konstruktion und geringen Leistungsverbrauch auszeichnen. Eine solche Zelle für elektrooptische Anzeigen besteht aus zwei Glasplatten, die die Elektroden tragen, zwischen denen sich ein 5...50 μm dicker Film einer nematischen Flüssigkeit befindet. Die Zellen können als Transmissions- oder Reflexionsvorrichtung konstruiert werden; als durchsichtige Elektroden dienen aufgedampfte, elektrisch leitende Schichten aus SnO_2 oder In_2O_3. Wesentlich ist eine einheitliche Orientierung der Moleküle in der flüssigkristallinen Schicht. Es gibt verschiedene Orientierungszustände; die Bilder 3.21 a und 3.21 b zeigen die beiden Grundtypen. Durch Einwirkung elektrischer Felder oder Ströme kommt es zu einer Änderung des Orientierungszustandes in der Schicht und damit zu einer Änderung der optischen Eigenschaften, wobei man eine ganze Reihe von Effekten unterscheiden und ausnutzen kann. Nur zwei Beispiele seien angeführt: Fließt durch eine Flüssigkristallzelle ein elektrischer Strom, so kommt es bei Feldstärken in der Größenordnung von 1 MV/m durch elektrohydrodynamische Wechselwirkung zu einer Störung der parallelen Ordnung der Moleküle bis auf kleinste Bereiche (Bild 3.21 c), die intensive turbulente Bewegungen ausführen und als Streuzentren für Licht wirken. Nach dem Einschalten der Spannung beobachtet man eine starke Zunahme der Streuung, als wandle sich ein durchsichtiges Glas in Milchglas um; der Effekt wird als „dynamische Streuung“ bezeichnet. – Als zweites Beispiel seien homöotrop orientierte Schichten angeführt, deren Orientierung durch ein angelegtes elektrisches Feld infolge elektroelastischer Deformation der Moleküle verändert werden kann (Bild 3.21d). Im Extremfall kommt es zu einem Umklappen in die homogene Orientierung. Nematische Schichten mit einheitlicher Parallelorientierung der Moleküle verhalten sich wie optisch positive einachsige Kristalle (vgl. Abschn. 4.5.). Durch das Umklappen der Orientierung lassen sich zwischen gekreuzten Polarisatoren Kontrastverhältnisse von 1000 : 1 und besser erzielen.

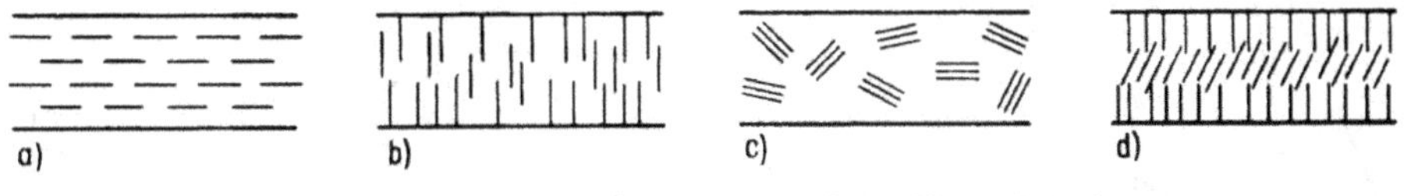

Bild 3.21. *Einige Orientierungsmöglichkeiten flüssig-kristalliner Schichten.*

a) homogene, b) homöotrope, c) inhomogene, dynamisch streuende, d) deformierte homöotrope Orientierung.

Eine den flüssigen Kristallen in gewisser Hinsicht komplementäre Erscheinung sind die *plastischen Kristalle*. Eine Reihe von Kristallen aus kugelähnlichen, „globularen“ Molekülen mit schwachen zwischenmolekularen Bindungskräften erfährt beim Erwärmen einen Übergang in eine plastische Phase. Hierzu gehören CH_4, CCl_4, $C(CH_3)_4$, C_2F_6, Campher und viele weitere organische Substanzen, aber auch anorganische Stoffe wie CO, HCl, H_2S, PH_3, SiF_4, Ar, Xe (TIMMERMANS [3.8]). Die plastischen Kristalle sind meist kubisch und weitgehend isotrop; viele ihrer Eigenschaften (Dielektrizitätskonstante u. a.) entsprechen bereits denen der Schmelze, in die die Kristalle am Schmelzpunkt mit einer sehr geringen Schmelzwärme übergehen, was auf die Ähnlichkeit zwischen plastischer und flüssiger Phase hinweist.

Das Wesen der plastischen Kristalle beruht auf einer dreidimensionalen Ordnung der Moleküle, also einem richtigen Gitter, wobei jedoch bereits alle Rotationsfreiheitsgrade wie in einer Flüssigkeit angeregt sind. Im Gegensatz dazu erreichen bei den flüssigen Kristallen die Moleküle zuerst die Fluidität und erst am Klarpunkt die volle Rotationsfreiheit. So haben wir für das Auftreten von Zwischenphasen das Schema:

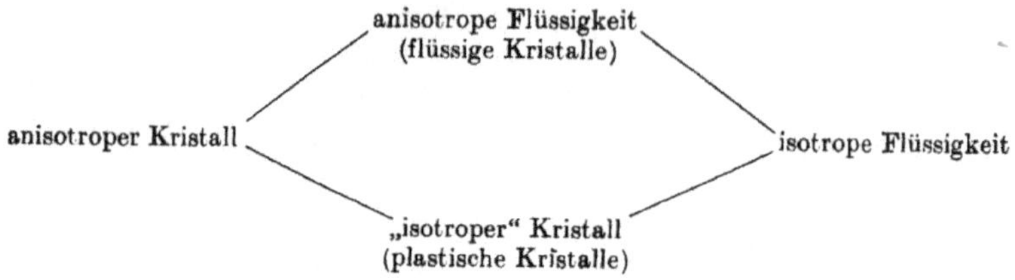

3.2. Kristallisation

Kristallisation bedeutet thermodynamisch den Übergang eines Stoffes aus irgendeinem anderen Zustand in den betreffenden kristallisierten Zustand. Betrachten wir als Beispiel das Zustandsdiagramm des Schwefels (Bild 3.22), in dem die Stabilitätsbereiche der verschiedenen Phasen dargestellt sind. Eine stabile Phase ist nach den Sätzen der Thermodynamik diejenige Phase, die in Abhängigkeit von den Parametern Druck und Temperatur den Zustand mit der kleinsten freien Enthalpie darstellt. Entlang den Grenzen zwischen den Stabilitätsbereichen zweier Phasen im Zustandsdiagramm ist die freie Enthalpie (je Mol) der betreffenden Phasen gleich, sie sind gleichzeitig stabil und befinden sich im thermodynamischen Gleichgewicht.

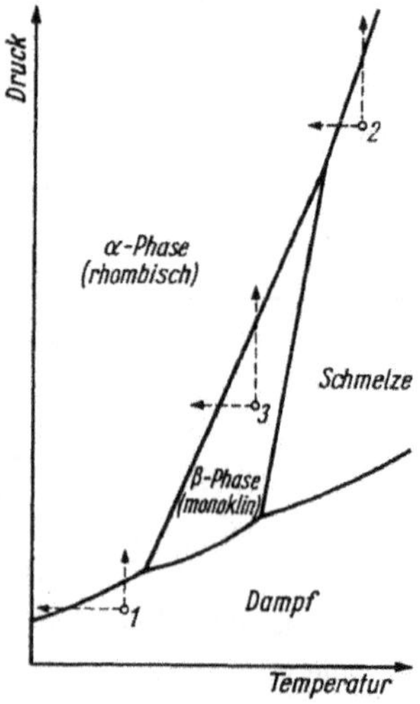

Bild 3.22. *Zustandsdiagramm von Schwefel (nicht maßstabsgetreu).*

Ein Übergang in eine kristallisierte Phase kann entsprechend den Punkten *1*, *2* und *3* im Bild 3.22 aus dem Dampf, aus der Schmelze, aber auch aus einer anderen kristallisierten Phase erfolgen. Bei Mehrstoffsystemen gibt es außerdem noch die Kristallisation aus der Lösung. Im Beispiel des Schwefels kann in allen drei genannten Fällen der Stabilitätsbereich der α-Phase sowohl durch eine Erniedrigung der Temperatur (entlang der Horizontalen) als auch durch eine Erhöhung des Druckes (entlang der Vertikalen) erreicht werden. Damit die Kristallisation stattfindet, muss die betreffende Gleichgewichtskurve überschritten werden. Der Grad dieser *Überschreitung* ist ein ausschlaggebender Parameter für den kinetischen Ablauf der Kristallisation; in Bezug auf den Dampf (oder eine Lösung) wird die Überschreitung als *Übersättigung*, in Bezug auf die Schmelze als *Unterkühlung* angegeben.

3.2.1. Keimbildung

Wenn in einem Stoffsystem die Zustandsvariablen (Temperatur, Druck, in Mehrstoffsystemen auch die Zusammensetzung) derart verändert werden, dass im Zustandsdiagramm die betreffende Gleichgewichtskurve überschritten und der Stabilitätsbereich einer Kristallphase erreicht wird, so setzt die Kristallisation im allgemeinen nicht sofort ein: Erst muss eine gewisse, u. U. sogar beträchtliche Übersättigung oder Unterkühlung erreicht werden, bevor die Kristallisation spontan beginnt. Zwar würde ein bereits vorhandener Kristall schon bei einer sehr kleinen Überschreitung weiterwachsen; die Bildung einer neuen Phase ist jedoch ein besonderer Vorgang, der bei kleinen Überschreitungen gehemmt ist. Verfolgen wir diesen Vorgang experimentell (Bild 3.23): Lösungen von Salol in Methanol verschiedener Konzentration werden von 32 °C – entsprechend den Punkten *1*, *2* und *3* – allmählich abgekühlt. Im Zustandsdiagramm wird damit entlang einer horizontalen Linie die Gleichgewichtskurve (Löslichkeitskurve) erreicht und überschritten, ohne dass zunächst eine Kristallisation stattfindet. Erst bei bestimmten Überschreitungen kommt es zur *spontanen Keimbildung*, indem sich submikroskopische Partikel als Keime der neuen Phase bilden. Diese wachsen sich dann zu größeren Individuen aus. Verbindet man die Punkte, an denen die spontane Keimbildung einsetzt, miteinander, so lässt sich entlang der Löslichkeitskurve ein nach OSTWALD (1897) und MIERS (1906) benannter Bereich abgrenzen, in dem die spontane Kristallisation gehemmt ist und die übersättigte Phase metastabil erhalten bleibt.

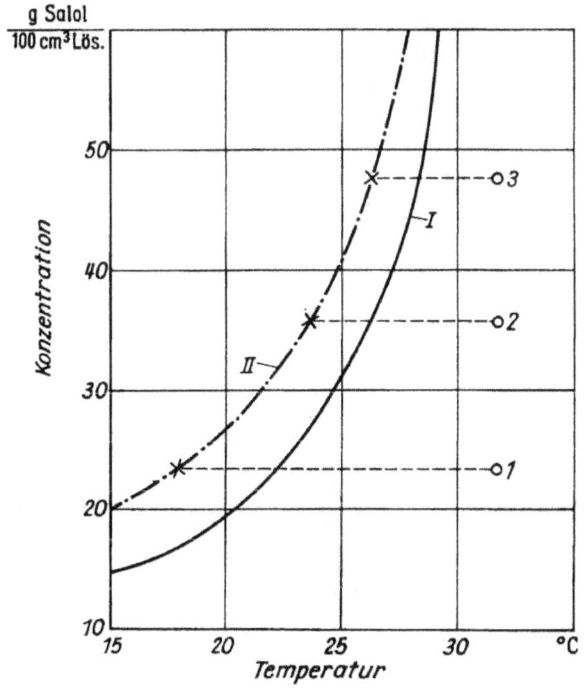

Bild 3.23. *Löslichkeit und Ostwald-Miers-Bereich für Lösungen von Salol in Methanol.*

I Löslichkeitskurve; II Grenze des OSTWALD-MIERS-Bereichs, × Eintritt der spontanen Keimbildung. Nach KLEBER und RAIDT [3.9].

Diese Phänomene werden durch folgende, bereits auf GIBBS (1878) zurückgehende thermodynamische Betrachtung verständlich: In einem Stoffsystem läuft bei gegebener Temperatur und gegebenem Druck ein Vorgang dann spontan (von selbst) ab, wenn dadurch die freie Enthalpie G des Systems abnimmt. Die Bildung eines Keimes ist mit einer Änderung der freien Enthalpie ΔG_K verbunden, die sich aus mehreren Beiträgen zusammensetzt. Zunächst geht ein gewisser Teil des Stoffsystems aus der übersättigten Phase mit der höheren molaren freien Enthalpie in die Kristallphase mit der geringeren molaren freien Enthalpie über, was einen (negativen) Beitrag ΔG_V liefert, der proportional zur Stoffmenge bzw. zum Volumen des Keimes ist. Mit der Formierung des Keimes ist aber auch eine neue Phasengrenze entstanden, deren Grenzflächenenergie einen (positiven) Beitrag ΔG_σ zur Änderung der freien Enthalpie bewirkt, der proportional zur Oberfläche des Keimes und für so kleine Teilchen mit ΔG_V vergleichbar und deshalb wesentlich ist. Außerdem kann der neue Keim bei seiner Formierung elastischen Kräften durch die umgebende Phase ausgesetzt sein, die bei einer Keimbildung in kristallinen oder gasförmigen Phasen beträchtlich sein können, so dass in diesen Fällen ein weiterer (positiver) Beitrag ΔG_e für die elastische Energie zu berücksichtigen ist. Die gesamte Änderung der freien Enthalpie ΔG_K bei der Bildung eines Keimes ergibt sich somit zu:

$$\Delta G_K = \Delta G_V + \Delta G_\sigma + \Delta G_e.$$

Bei einer Keimbildung in gasförmigen oder flüssigen Phasen kann man ΔG_e vernachlässigen, und man erhält dann für einen der Einfachheit halber als kugelförmig angenommenen Keim mit dem Radius r_K, dem Volumen $4\pi r_K^3/3$ und der Oberfläche $4\pi r_K^2$:

$$\Delta G_K = \Delta G_V + \Delta G_\sigma = (4/3)\pi r_K^3 \Delta g/\upsilon + 4\pi r_K^2 \sigma$$

mit Δg als Differenz der molaren freien Enthalpien der beiden Phasen (die einen negativen Wert hat), υ als Molvolumen der Kristallphase und σ als spezifischer freier Grenzflächenenergie, die in Einstoffsystemen mit der Grenzflächenspannung (Oberflächenspannung) identisch ist und hier einfacherweise als konstant und isotrop angenommen wird.

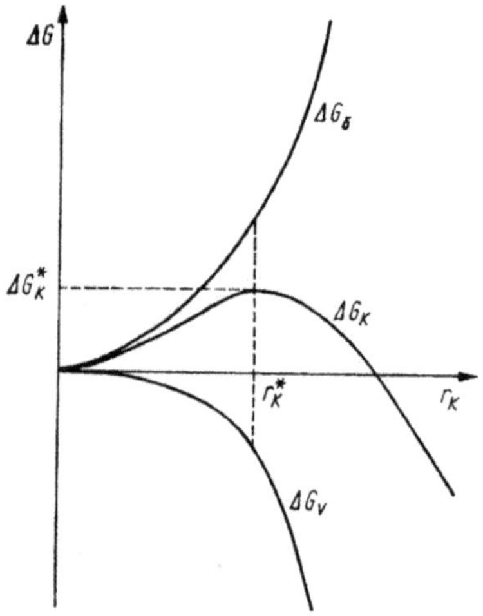

Bild 3.24. *Änderung der freien Enthalpie* ΔG_K *bei der Bildung eines Keimes als Funktion des Keimradius* r_K.

ΔG_σ Oberflächenbeitrag; ΔG_V Volumenbeitrag; ΔG_K^* Keimbildungsarbeit; r_K^* kritischer Keimradius.

Verfolgen wir ΔG_K als Funktion des Keimradius r_K (Bild 3.24), so überwiegt bei kleinen r_K der Oberflächenterm ΔG_σ, d. h., bei der Bildung eines kleinen Keims wird die freie Enthalpie des Systems erhöht, es muss Arbeit aufgewendet werden. Die Funktion durchläuft ein Maximum bei

r_K^*, dem *kritischen Keimradius*. Erst wenn ein Keim unter Aufwendung der *Keimbildungsarbeit* ΔG_K^* diese kritische Größe erreicht hat, wird durch sein weiteres Wachstum die freie Enthalpie des Systems wieder verringert; der Keim ist stabil und wird weiterwachsen. Unterhalb der kritischen Größe sind die Keime instabil, ihre Auflösung ist der thermodynamisch wahrscheinlichere Vorgang; solche Keime werden Subkeime genannt. Differenzieren der Funktion $\Delta G_K(r_K)$ und Aufsuchen der Extremalwerte ergibt:

$$r_K^* = -2\sigma\upsilon/\Delta g \quad \text{und} \quad \Delta G_K^* = (4/3)\pi r_K^{*2}\sigma = 16\,\pi\sigma^3\upsilon^2/3\,(\Delta g)^2\,.$$

Die Differenz der molaren freien Enthalpie Δg wächst mit der Überschreitung (z. B. ist Δg annähernd proportional zur Unterkühlung ΔT), so dass sowohl r_K^* als auch ΔG_K^* mit fortschreitender Überschreitung kleiner werden, was die Keimbildung begünstigt.

Die für die Kristallisation eines übersättigten Systems wesentliche Größe ist die *Keimbildungsgeschwindigkeit* (*Keimbildungshäufigkeit, Keimbildungsrate*) J, das ist die Anzahl der je Zeit- und Volumeneinheit gebildeten wachstumsfähigen Keime; sie sollte proportional zur Konzentration der Subkeime sein, die sich durch thermische Fluktuationen aufbauen und zufallsbedingt die kritische Größe erreichen. Wie EINSTEIN (1910) zeigte, ist die Wahrscheinlichkeit für die Bildung einer atomaren Konfiguration (also z. B. von Subkeimen), die einen Anstieg der freien Enthalpie um ΔG_K mit sich bringt, durch zufallsbedingte Fluktuationen proportional zu $\exp(-\Delta G_K/kT)$ mit k als BOLTZMANN-Konstante), und wir erhalten für die Keimbildungsgeschwindigkeit:

$$J = A_2 \exp(-\Delta G_K^* / kT) = A_2 \exp(-A_1 / kT\Delta g^2)\,.$$

Eine exakte Begründung dieses Ausdrucks und die Festlegung des präexponentiellen Faktors A_2 werden durch die von BECKER und DÖRING [3.10] ausgearbeitete kinetische Theorie der Keimbildung gegeben. Nach dieser Theorie wird die Keimbildung in mikroskopischer Weise als eine molekulare Kettenreaktion behandelt, in der die Keime durch das Zusammentreten und die sukzessive weitere Anlagerung einzelner Teilchen (in Konkurrenz mit der Wiederabtrennung der Teilchen) entstehen. Der obige Ausdruck gilt auch erst nach einer gewissen Induktionszeit, in der sich die Subkeime bis zur kritischen Größe aufbauen; sie ist im allgemeinen sehr kurz, kann jedoch in hochviskosen Medien, wie glasbildenden Schmelzen, oder bei sehr anisotropen Kristallkeimen eine Dauer erreichen, die auch experimentelle Bedeutung hat. In kondensierten Phasen ist außerdem zu berücksichtigen, dass auch für die Diffusion der Teilchen bzw. ihren Übertritt in den Keim eine thermisch aufzubringende Aktivierungsenergie ΔG_D erforderlich ist, wodurch der präexponentielle Faktor A_2 noch nach Art einer ARRHENIUS-Beziehung für thermisch aktivierte Reaktionen um einen Faktor $(kT/h)\exp(-\Delta G_D/kT)$ modifiziert wird (mit h als PLANCKscher Konstante). Zieht man diesen Faktor mit zum Exponentialterm, dann kann man auch schreiben:

$$J = A_2'kT \exp[-(\Delta G_K^* + \Delta G_D) / kT]\,.$$

Nach diesem Ausdruck ist die Keimbildungsgeschwindigkeit J bei kleinen Überschreitungen (Übersättigungen, Unterkühlungen) zunächst verschwindend klein und zeigt erst bei einer gewissen *kritischen Überschreitung* (kritischen Übersättigung, kritischen Unterkühlung) einen außerordentlich steilen Anstieg (Bild 3.25). Das erklärt die Existenz eines metastabilen Übersättigungsbereichs (OSTWALD-MIERS-Bereich). Anstelle einer kritischen Unterkühlung wird häufig die *Keimbildungstemperatur* T^* angegeben. In vielen Fällen erfolgt mit wachsender Überschreitung die Kristallisation so plötzlich, dass es nicht möglich ist, die Keimbildungsgeschwindigkeit J zu messen;

es kann dann nur die kritische Übersättigung oder die kritische Unterkühluug bzw. die Keimbildungstemperatur bestimmt werden. Die Größe der kritischen Keime bewegt sich bei der kritischen Überschreitung in der Größenordnung von 100 Teilchen (Atomen, Molekülen).

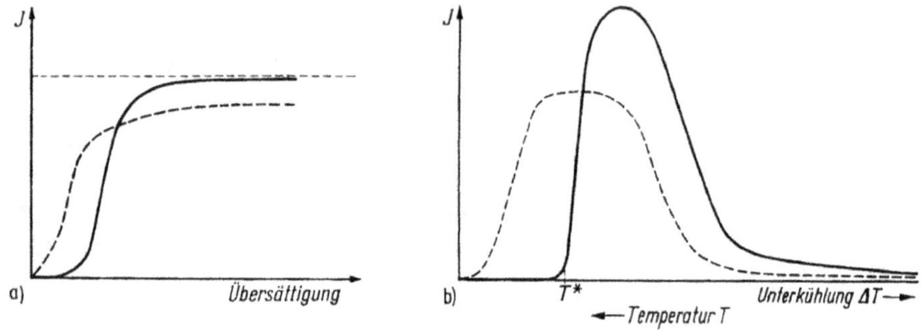

Bild 3.25. *Keimbildungsgeschwindigkeit J.*

a) In Abhängigkeit von einer Übersättigung bei konstanter Temperatur; b) in Abhängigkeit von der Unterkühlung ΔT; (ausgezogen: Keimbildungsgeschwindigkeit; gestrichelt: Wachstumsgeschwindigkeit); T^* Keimbildungstemperatur.

Das weitere Wachstum der überkritischen Keime bzw. auch von makroskopischen Kristallen findet bereits bei kleinen Überschreitungen statt, also auch innerhalb des OSTWALD-MIERS-Bereichs. Bei der Züchtung von Einkristallen muss dieser Bereich möglichst eingehalten werden, um eine störende Neubildung von Keimen zu vermeiden. Um die Kristallisation einzuleiten, wird hierbei häufig ein (makroskopisches) Kristallstück vorgegeben, das manchmal gleichfalls als „Keim" (engl. *seed*) bezeichnet wird; vorzuziehen sind jedoch die Bezeichnungen *Impfkristall* oder *Keimkristall*, im Gegensatz zu den zuvor betrachteten mikroskopischen Keimen (engl. *nucleus*) bei der spontanen Keimbildung.

Verfolgt man den Verlauf der Keimbildungsgeschwindigkeit J in Abhängigkeit von der Temperatur zu größeren Unterkühlungen (Bild 3.22 b), so durchläuft J mit fortschreitender Unterkühlung ein Maximum und fällt dann wieder auf verschwindend kleine Werte ab. Gleiches gilt für die Wachstumsgeschwindigkeit. Auf diese Weise kann bei großen Unterkühlungen ein Zustand erreicht werden, in dem keine Kristallisation mehr stattfindet: Die betreffenden Schmelzen (bzw. auch Lösungen) befinden sich in einem metastabilen, glasartigen Zustand. Es ist von technischer Bedeutung, dass es über längere Zeiträume und vor allem bei etwas erhöhten Temperaturen auch in Gläsern zu einer Keimbildung und damit zu einer unerwünschten *Entglasung* kommen kann. Andererseits sind als Spezialwerkstoffe *Vitrokerame* entwickelt worden, zu deren Herstellung eine gesteuerte Kristallisation im Glas herbeigeführt wird. – Durch verschiedene Kunstgriffe gelingt es heute, vielen Stoffen, so z. B. Metallen, ihre Wärmeenergie so plötzlich zu entziehen, dass sie nicht kristallisieren, sondern in einen amorphen, glasartigen Zustand übergehen, in dem sie besondere und technisch interessante Eigenschaften aufweisen.

Die Theorie der Phasen- und Keimbildung, um deren Entwicklung sich u. a. VOLMER sehr verdient gemacht hat, liefert auch ein Verständnis für die von OSTWALD (1900) aufgestellte *Stufenregel*. Diese Regel besagt, dass Substanzen, die in mehreren Modifikationen existieren, stufenweise derart auskristallisieren, dass zunächst eine instabile (metastabile) Modifikation gebildet wird, die sich dann in die nächststabilere Modifikation umwandelt usw., bis die unter den betreffenden Bedingungen letztlich stabile Modifikation erreicht wird. Die in Erscheinung tretenden metastabilen Modifikationen besitzen die jeweils größte Keimbildungsgeschwindigkeit und vollziehen deshalb die Umwandlung, bevor die stabileren Modifikationen in Erscheinung treten können. Maßgebend ist dabei die unterschiedliche Keimbildungsarbeit der einzelnen Modifikationen, die ihrerseits von der spezifischen Grenzflächenenergie zwischen der Ausgangsphase und den betreffenden Modifikationen abhängt. In geeigneten Fällen lässt es sich durch Vorgabe von Impfkristallen einer bestimmten Modifikation erreichen, dass nur diese Modifikation gebildet wird, da der Vorgang der spontanen Keimbildung entfällt.

Neben der bisher betrachteten *homogenen Keimbildung* innerhalb einer übersättigten Phase gibt es die *heterogene Keimbildung*, bei der sich die Keime an Fremdpartikeln (z. B. Staub), an den Gefäßwänden oder auf kristallinen oder nichtkristallinen Unterlagen (Substraten) abscheiden. Wenn spezifische strukturelle Beziehungen zwischen Unterlage und Keim (bzw. aufwachsendem Kristall) eine Rolle spielen, spricht man von Epitaxie (Abschn. 3.2.6.). Die Keimbildung und das Kristallwachstum auf Substratflächen haben für die Präparation dünner kristalliner Schichten eine außerordentliche Bedeutung erlangt.

Die Beschreibung der heterogenen Keimbildung wird meist in zwei Schritte zerlegt: a) die Bildung einer Adsorptionsschicht aus der übersättigten Phase und b) die Bildung eines kritischen Keimes in der adsorbierten Schicht und sein weiteres Wachstum. Wenn die Adsorptionsenergie sehr groß ist (bei einer Kondensation aus der Gasphase z. B. groß im Vergleich zur Sublimationsenergie der kondensierenden Phase), dann kommt es bereits zu einer schichtweisen Kondensation auf dem Substrat, selbst wenn die betreffende Phase noch untersättigt ist, ohne dass eine Bildung besonderer Keime nötig wäre. Wenn Adsorptions- und Sublimationsenergie vergleichbar sind, bildet sich zuerst eine (nichtkristalline) Adsorptionsschicht, in der es durch Diffusion und zufallsbedingte Fluktuationen zur eigentlichen heterogenen Keimbildung kommt. Gegenüber der homogenen Keimbildung ist jedoch die Oberflächenenergie des Keimes durch seine relativ kleinere spezifische Grenzflächenenergie zur Unterlage geringer, was sowohl seinen kritischen Keimradius r^*_{het} als auch seine Keimbildungsarbeit ΔG^*_{het} verringert. Die Keimbildungshäufigkeit (Keimbildungsgeschwindigkeit) J_{het}, das ist die Anzahl der Keime, die je Zeit- und Flächeneinheit (des Substrats) eine überkritische Größe erreicht, ergibt sich zu

$$J_{\text{het}} = A \exp[(\Delta G_{\text{A}} - \Delta G_{\text{D}})/kT] \exp(-\Delta G^*_{\text{het}}/kT),$$

wobei ΔG_{D} eine Aktivierungsenergie für die Diffusion in der Adsorptionsschicht und ΔG_{A} deren Adsorptionsenergie (entspricht der Aktivierungsenergie für die Desorption) bedeuten. Die heterogene Keimbildungshäufigkeit J_{het} ist also gegenüber der homogenen sowohl durch eine kleinere Keimbildungsarbeit als auch bezüglich des Aktivierungsfaktors begünstigt. Auch J_{het} ist bei kleinen Überschreitungen verschwindend klein und zeigt einen steilen Anstieg bei einem bestimmten kritischen Wert, der wegen des kleineren ΔG^*_{het} eher einsetzt als bei der homogenen Keimbildung. Der kritischen Übersättigung entspricht eine kritische Konzentration der Teilchen in der Adsorptionsschicht bzw. ein kritischer Bedeckungsgrad. Allerdings wird mit dem Einsetzen der Keimbildung die Adsorptionsschicht häufig so schnell entleert, dass der Bedeckungsgrad unter den kritischen Wert sinkt und die Keimbildung wieder aufhört, so dass sich nur das Wachstum der bis dahin gebildeten überkritischen Keime fortsetzt. Weitere Besonderheiten können durch Stufen oder punktartige Zentren auf der Substratoberfläche bedingt werden, an denen die Keimbildungsarbeit lokal verringert ist, so dass es hier zu einer bevorzugten Keimbildung oder auch zu einer Präformierung stabiler Subkeime kommen kann. – Bei hohen Übersättigungen beträgt die kritische Keimgröße nur wenige, u. U. nur zwei Atome; die thermodynamische Keimbildungstheorie ist dann nicht mehr anwendbar, und an ihre Stelle treten molekularkinetische Betrachtungen.

3.2.2. Kristallwachstum

Wir wollen nun das Wachstum eines Kristalls verfolgen, der bereits eine gewisse Größe erreicht hat, und betrachten dazu einen polyedrischen Kristallkörper mit ebenen Flächen. Wenn ein solcher Kristallkörper wächst, verschieben sich seine Flächen parallel nach außen (Bild 3.26). Das Wachstum wird dann durch die Verschiebungsgeschwindigkeit der einzelnen Flächen in Richtung ihrer Flächennormalen beschrieben. Nehmen wir an, dass diese Verschiebungsgeschwindigkeiten konstant, für die verschiedenen Flächen bzw. Formen jedoch unterschiedlich sind, so erkennt man aus Bild 3.26, dass sich die Flächen mit der geringeren Verschiebungsgeschwindigkeit im Laufe des Wachstums relativ ausdehnen, während Flächen mit größeren Verschiebungsgeschwindigkeiten kleiner werden und schließlich sogar verschwinden. Die endgültige *Wachstumsform* des Kristalls wird daher von den Flächen mit den geringsten Verschiebungsgeschwindigkeiten begrenzt sein, wobei selbstverständlich auch noch die gegenseitige Anordnung, d. h. der Flächennormalenwinkel der konkurrierenden Flächen, eine Rolle spielt. Diese kinematische Betrachtung des Kristallwachstums, die auf JOHNSEN (1910) und GROß (1918) zurückgeht, liefert bereits den Schlüssel zur Deutung vieler experimenteller Befunde über die Ausbildung von Tracht und Habitus der Kristalle (vgl. SPANGENBERG [3.11]).

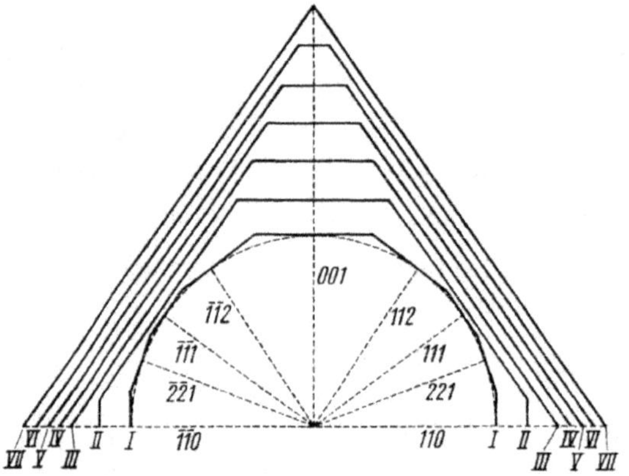

Bild 3.26. *Kinematik des Wachstums eines Kristalls von Kaliumalaun.*

Die relativen Wachstumsgeschwindigkeiten betragen: {111} ≙ 1,0; {110} ≙ 4,8; {001} ≙ 5,3; {221} ≙ 9,5; {112} ≙ 11,0. Die schneller wachsenden Flächen werden allmählich eliminiert, es verbleibt schließlich nur {111}.
Nach SPANGENBERG [3.11].

Die Verschiebungsgeschwindigkeiten zeigen eine z. T. sehr empfindliche Abhängigkeit von den physikalisch-chemischen Parametern bei der Kristallisation. Der wichtigste Parameter ist die Überschreitung; je größer die Überschreitung, desto größer ist die Verschiebungsgeschwindigkeit. Mit zunehmender Überschreitung können sich aber außerdem das Verhältnis der Verschiebungsgeschwindigkeiten verschiedener Flächen und damit deren Bedeutung beim Wachstum verändern. Auch durch geeignete Fremdstoffzusätze, die an den Kristallflächen adsorbiert werden, können sowohl die absoluten Werte als auch die Rangfolge der Verschiebungsgeschwindigkeiten drastisch verändert werden. So kristallisiert z. B. Natriumchlorat $NaClO_3$ aus reiner wässriger Lösung in Würfeln; die Würfelflächen haben also die relativ kleinste Verschiebungsgeschwindigkeit. Bei einem Zusatz geringer Mengen von Natriumsulfat Na_2SO_4 zur Lösung nehmen die Verschiebungsgeschwindigkeiten stark ab (Bild 3.27), außerdem ändert sich ihr Verhältnis derart, dass auch die Flächen der Tetraeder $\{111\}$ bzw. $\{11\bar{1}\}$ auftreten (s. Bild 1.111); wenn der Gehalt an

Na_2SO_4 über 0,5 % liegt, haben die Tetraederflächen sogar die kleinste Verschiebungsgeschwindigkeit und bestimmen die Kristallgestalt. Ein instruktives Beispiel für die Wirkung von Beimengungen liefert das Steinsalz NaCl: Aus reiner wässriger Lösung kristallisiert es in Würfeln, unter Zusatz von Harnstoff jedoch in Oktaedern. Alaun hingegen kristallisiert, wie im Bild 3.26 dargestellt, aus reiner wässriger Lösung in Oktaedern; ein Zusatz von Borax bewirkt die Kristallisation in Würfeln. Zahlreiche weitere Beispiele sind bei H. E. BUCKLEY aufgeführt. Die Änderung von Tracht und Habitus durch äußere Einwirkungen wird als *Exomorphose* bezeichnet.

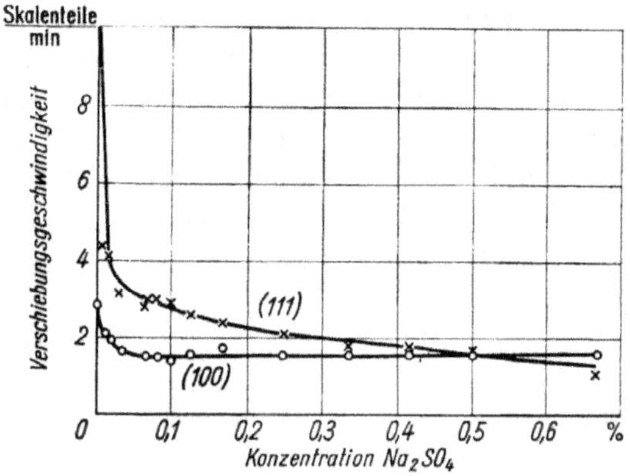

***Bild 3.27.** Verschiebungsgeschwindigkeiten der Flächen (100) und (111) von* $NaClO_3$ *in Abhängigkeit von der Konzentration an* Na_2SO_4.

Nach BLIZNAKOV und KIRKOVA [3.12].

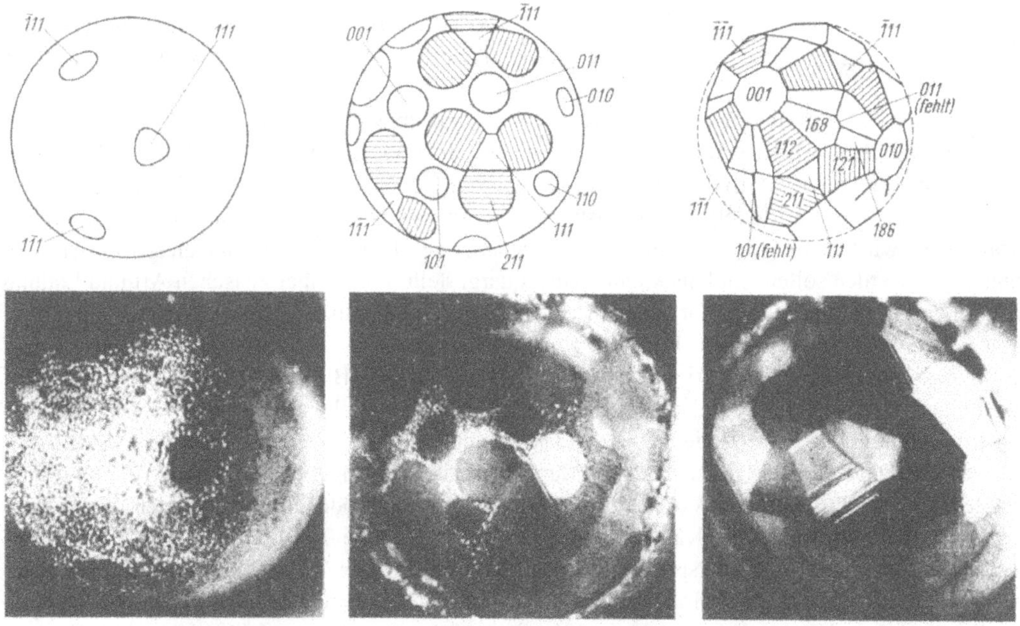

***Bild 3.28.** Elektrolytisches Wachstum eines kugelförmigen Einkristalls von Silber aus einer salpetersauren Silbernitratlösung in drei aufeinander folgenden Wachstumsstadien.*

KAIŠEV et al. [3.13]; s. auch B. HONIGMANN.

Bei Versuchen zur Bestimmung der Verschiebungsgeschwindigkeiten wird oft von einer (künstlich hergestellten) Kristallkugel als Ausgangskörper ausgegangen, weil bei einer Kugel sämtliche Richtungen und Flächen gleichberechtigt vorgegeben werden. Diese Versuche an Kristallkugeln führen jedoch noch auf eine weitere charakteristische Erscheinung: Wenn das Wachstum der Kugel beginnt, dann wird von vornherein nur eine begrenzte Anzahl von Flächen, die wenigen Formen $\{hkl\}$ angehören, ausgebildet. Folgender Vorgang ist zu beobachten (Bild 3.28): Als erstes entstehen an einigen Stellen der Kugel, die bestimmten Flächenpolen entsprechen, blanke Flecken, die sich allmählich ausdehnen und zu glatten Flächen werden. An anderen Stellen bilden sich raue, „vergröberte“ Flächen, die bei näherer Betrachtung stufen- oder terrassenförmig aufgebaut erscheinen. Die übrigen Gebiete zwischen den glatten und den regelmäßig vergröberten Flächen vergröbern in unregelmäßiger Weise und verschwinden allmählich, indem die Flächen sich weiter ausdehnen und zu einem Polyeder zusammenwachsen. Die weitere Selektion der Flächen erfolgt dann nach dem kinematischen Vorgang, in dessen Verlauf schließlich nur ein Teil der ursprünglich angelegten glatten Flächen persistieren, die die geringste Verschiebungsgeschwindigkeit haben.

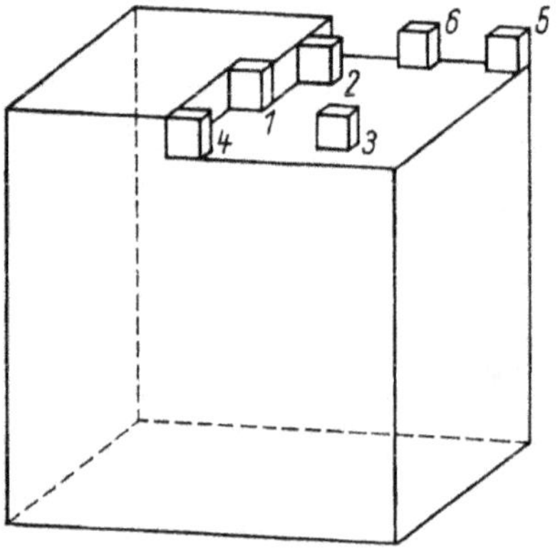

Bild 3.29. *Anlagerungsmöglichkeiten von Gitterbausteinen auf einer Würfelfläche („KOSSEL-Kristall“).*

Es erhebt sich nun die Frage, durch welchen Mechanismus die glatten Kristallflächen gebildet werden. Die Beantwortung dieser Frage folgt aus einer kinetischen Behandlung des Kristallwachstums, die auf Modellvorstellungen von KOSSEL [3.14] und STRANSKI) [3.15] beruht. Wir betrachten bei diesem Modell das Wachstum eines NaCl-Kristalls aus seinem Dampf und gehen von einem würfelförmigen Gitterblock des Kristalls aus. Die Ionen, die an diesen Gitterblock angelagert werden sollen, sind als kleine Würfel dargestellt, ohne dabei zwischen Art und Ladung der Ionen zu unterscheiden. Wir nehmen an, dass die oberste, im Aufbau begriffene Netzebene erst teilweise angebaut ist. Ein Baustein (Ion), der als nächstes zur Anlagerung kommt, findet dann sechs verschiedene Positionen für die Anlagerung vor (Bild 3.29). Diese verschiedenen Positionen unterscheiden sich dadurch, dass sie zu unterschiedlichem Energiegewinn bei der Anlagerung führen. Die betreffenden Energien lassen sich in erster Näherung in Form der elektrostatischen Potentiale der Ionen in den betreffenden Positionen angeben. So beträgt das Potential (ohne Berücksichtigung des Vorzeichens) für ein Ion am Ende einer (isolierten) Ionenkette 0,6932 e^2/r, für ein Ion an der Kante einer (isolierten) Netzebene 0,1144 e^2/r und für ein Ion mitten auf einem Gitterblock (entsprechend Position 3) 0,0662 e^2/r (vgl. S. 126 zur Ableitung der elektrostatischen Energie von Ionengittern); e bedeutet die Ionenladung und r den Abstand benachbarter Ionen. Hieraus lassen sich die Potentiale der Ionen auf den verschiedenen im Bild 3.29 dargestellten Positionen ermitteln. Für den Vergleich kommt es auf den jeweils vor der Größe e^2/r stehenden Faktor an, den wir mit φ_i bezeichnen und der der MADELUNG-Konstante analog ist. Diese Faktoren sind in Tab. 3.1 zusammengestellt.

Tabelle 3.1. *Relative Anlagerungsenergien φi von Gitterbausteinen in verschiedenen Positionen der NaCl-Struktur entsprechend Bild 3.29.*

φ_1	φ_2	φ_3	φ_4	φ_5	φ_6
0,8738[1]	0,1806	0,0662	0,4941	0,2470	0,0903

[1] Dieser Wert entspricht der halben MADELUNG-Konstanten $\alpha/2$ der NaCl-Struktur (vgl. Tabelle 2.3).

Der Vergleich zeigt, dass der Einbau auf Position 1, der sog. *Halbkristalllage*, den günstigsten Schritt darstellt; er wird auch als „wiederholbarer Schritt" bezeichnet. Setzen wir eine gewisse Beweglichkeit der Bausteine entlang der Kristalloberfläche voraus, so ist er auch der wahrscheinlichste Schritt, d. h., beim Wachstum wird zunächst über die wiederholbaren Schritte eine einmal begonnene Ionenkette komplettiert. Erst dann wird eine neue Kette begonnen, wofür im gewählten Modell die Position 4 den günstigsten Ausgangspunkt darstellen würde. Es ist nun wesentlich, dass die φ_i-Werte für den Beginn einer neuen Netzebene besonders klein sind, von welcher Position (3, 5 oder 6) man auch ausgeht. Deshalb ist die Wahrscheinlichkeit, dass eine einmal begonnene Netzebene erst komplettiert wird, bevor irgendwo eine neue begonnen wird, sehr groß, womit das Auftreten ebener Kristallflächen (in diesem Fall der Würfelflächen) erklärt ist. – Für andere Strukturen und andere Bindungsarten ist das soeben betrachtete Modell zu modifizieren, wobei je nach den Gegebenheiten auch Flächen anderer Formen, teils auch mehrerer Formen gleichzeitig als glatt wachsende Flächen abgeleitet werden können. Ferner können anhand dieses molekularkinetischen Modells die Einflüsse einer Variation der physikalisch-chemischen Parameter, von adsorbierten Beimengungen und von einer Solvatation erfasst werden, indem ihr Effekt auf die bei der Anlagerung der Bausteine frei werdende Energie analysiert wird.

Für den umgekehrten Vorgang, die Entfernung eines Bausteins vom Kristall, muss eine *Abtrennungsarbeit* aufgewendet werden, die dem Betrag nach mit der bei der Anlagerung gewonnenen Energie übereinstimmt. Von STRANSKI und KAISCHEV) [3.16] wurde eine mittlere Abtrennungsarbeit $\overline{\varphi}$ (je Baustein) eingeführt. Für große Kristalle nähert sich der (relative) Wert von $\overline{\varphi}$ dem Betrag von φ_1, den wir jetzt (ohne Beachtung des Vorzeichens) als (relative) Abtrennungsarbeit aus der Halbkristalllage interpretieren, da die wiederholbaren Schritte in ihrer Anzahl bei weitem überwiegen; für kleine Kristalle bleibt $\overline{\varphi}$ unter diesem Betrag. Wir können nun in einer thermodynamischen Betrachtung davon ausgehen, dass für Positionen der Bausteine mit $\varphi_i > \overline{\varphi}$ eine größere Wahrscheinlichkeit zur Anlagerung als zur Abtrennung besteht, während für Positionen mit $\varphi_i < \overline{\varphi}$ das Umgekehrte der Fall ist. In einem Gedankenexperiment entfernen wir von einem Kristallkörper beliebiger Form alle Bausteine auf Positionen mit $\varphi_i < \overline{\varphi}$ und variieren anschließend die Größe der so entstehenden Kristallflächen so lange, bis für alle Flächen die gleiche mittlere Abtrennarbeit (pro Baustein) resultiert. Auf diese Weise kommen wir zur *Gleichgewichtsform* eines Kristalls als diejenige Form eines Kristalls, die mit der umgebenden Phase unter den gegebenen physikalisch-chemischen Bedingungen im Gleichgewicht ist. (An einer Gleichgewichtsform sind im Allgemeinen mehrere kristallographische Formen $\{hkl\}$ beteiligt.) Alle an der Gleichgewichtsform beteiligten Flächen besitzen den gleichen Dampfdruck; die Gleichgewichtsform stellt den Körper mit der geringsten freien Oberflächenenergie dar, den man aus einem Kristall bei konstantem Volumen formen kann. Bezeichnen wir die spezifische freie Oberflächenenergie einer Fläche mit σ_i und ihren Flächeninhalt mit A_i, so wird für die Gleichgewichtsform die Summe $\Sigma\sigma_i A_i$ über alle Flächen ein Minimum. (Bei Kristallen sind die spezifische freie Oberflächenenergie und die spezifische freie Oberflächenenthalpie praktisch gleich und entsprechen der Oberflächenspannung.) Hieraus folgt für die Gleichgewichtsform die Bedingung

$$\sigma_i A_i = \text{const}$$

und, da der Flächeninhalt A_i einer Polyederfläche umgekehrt proportional zu ihrer Distanz d_i vom Mittelpunkt ist, auch:

$$\sigma_i/d_i = \text{const.}$$

Deshalb kann man die Gleichgewichtsform sehr einfach nach der Methode von WULFF (1895) konstruieren: Von irgendeinem Punkt im Innern zeichnet man die Flächennormalen der in Frage kommenden Flächen und trägt auf ihnen Distanzen proportional zu σ_i ab; durch die so gewonnenen Punkte legt man die betreffenden Flächen und erhält unmittelbar das Gleichgewichtspolyeder (Bild 3.30). Flächen mit einer zu großen spezifischen freien Oberflächenenergie, z. B. σ_2, können nicht auftreten.

Die atomar glatten Kristallflächen, wie sie dem Modell von KOSSEL und STRANSKI) entsprechen, werden auch als *singuläre Flächen* bezeichnet. Trägt man nämlich die spezifische freie Oberflächenenergie als Funktion der kristallographischen Orientierung der betreffenden Flächennormalen auf (punktierte Kurve im Bild 3.30), dann sind die singulären Flächen durch spitze Minima von σ gekennzeichnet.

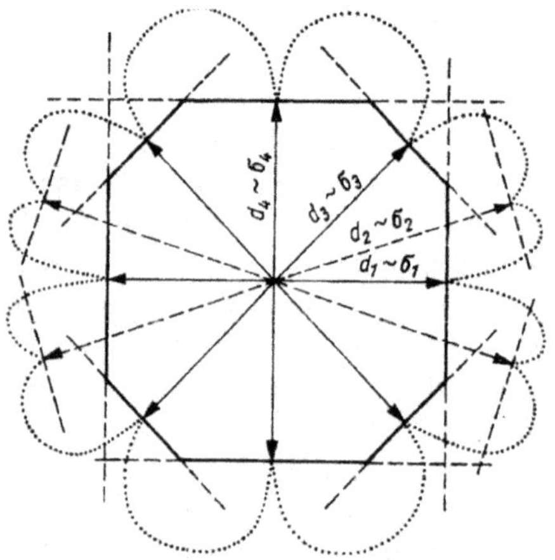

Bild 3.30. *WULFFsche Konstruktion des Gleichgewichtspolyeders (zweidimensional).*

punktiert: Verlauf der spezifischen freien Oberflächenenergie in Abhängigkeit von der Orientierung.

Die spezifische freie Oberflächenenergie σ hängt neben der Energie auch von der Entropie der Atomanordnung an der Oberfläche und damit von der Temperatur ab, so dass sich die Gleichgewichtsform mit der Temperatur ändert. Es kann der Fall eintreten, dass bei höheren Temperaturen nicht eine atomar glatte, singuläre Fläche, sondern eine atomar raue Fläche die geringste spezifische freie Energie (bzw. spezifische freie Enthalpie) aufweist und somit thermodynamisch stabil ist. Bei einer solchen atomar rauen Fläche sind die äußerste Gitterebene oder mehrere äußere Gitterebenen nur unvollständig mit Gitterbausteinen besetzt, so dass man sich die Kristalloberfläche gewissermaßen als eine Gebirgslandschaft vorzustellen hat Ein molekularstatistisches Modell für die Anordnung der Gitterbausteine an der Kristalloberfläche von JACKSON [3.17] führt auf einen Parameter α, der den Ausschlag dafür gibt, ob eine atomar raue oder eine atomar glatte Fläche stabil ist. Für den Fall einer Grenzfläche Kristall/Schmelze ergibt sich dieser JACKSON-Faktor zu $\alpha \approx L/kT_S$ und wird im Wesentlichen durch die betreffende Schmelzwärme L und Schmelztemperatur T_S bestimmt (k BOLTZMANN-Konstante). Während für Werte von $\alpha > 2$ eine atomar glatte Fläche stabil ist, wird hingegen für $\alpha < 2$ eine atomar raue Fläche stabil. Diese letzte Bedingung ist z. B. für viele Metalle, die nur eine geringe Schmelzwärme haben, erfüllt, so dass sie aus ihrer Schmelze mit einer rauen Grenzfläche kristallisieren. Im Gegensatz dazu haben die meisten Nichtmetalle und Verbindungen eine höhere Schmelzwärme, somit ein größeres α und folglich das Bestreben, glatte Flächen auszubilden. Mit wachsender Temperatur wird der JACKSON-Faktor kleiner, so dass u. U. auch bei den letzteren Kristallen der kritische Wert α_{krit} unterschritten wird und ein Übergang von einer atomar glatten zu einer atomar rauen Grenzfläche (engl. *roughening transition*) stattfindet. Während von JACKSON [3.17] ein Wert $\alpha_{krit} = 2$ angegeben wurde, liefern andere Grenzflächenmodelle etwas größere Werte bis $\alpha_{krit} = 3{,}5$.

Obwohl die Gleichgewichtsform aus thermodynamischen Betrachtungen abgeleitet wurde und nur für kleine Kristallkörper eine unmittelbare Bedeutung hat, stellt sie einen wichtigen Schlüssel zum Verständnis des Kristallwachstums und der zu beobachtenden Wachstumsformen dar. In den meisten Fällen wird eine Wachstumsform aus Flächen der Gleichgewichtsform gebildet, von der allerdings nur die Flächen mit den kleinsten Verschiebungsgeschwindigkeiten in Erscheinung treten. Die Erklärung dieser Verschiebungsgeschwindigkeiten ist Ziel der Kristallwachstumstheorien.

Wodurch werden nun die Verschiebungsgeschwindigkeiten der einzelnen Flächen bestimmt? Nach dem Modell von KOSSEL und STRANSKI ist der entscheidende Teilvorgang beim Beginn einer neuen Netzebene zu erwarten, wenn die vorhergehende Schicht komplett und somit atomar glatt ist (vgl. Bild 3.29). Der Energiegewinn bei der Anlagerung eines Bausteins auf einer glatten Fläche hat (relativ zu φ_i und damit auch zu $\overline{\varphi}$ einen so kleinen Betrag, dass die Wahrscheinlichkeit einer Wiederabtrennung, bevor es zur Anlagerung weiterer Bausteine kommt, groß ist. Erst wenn zufällig eine gewisse kritische Anzahl von Bausteinen zusammentritt, ergibt das eine stabile Anordnung, so dass das Wachstum einer neuen Schicht mit der Bildung eines (zweidimensionalen) *Flächenkeimes* zu beginnen hat. Die Bildung von Flächenkeimen kann als ein zweidimensionales Analogon der homogenen Keimbildung behandelt werden (vgl. Abschn. 3.2.1.). Anstelle der Oberflächenenergie der dreidimensionalen Keime tritt bei den Flächenkeimen eine Randenergie proportional zur Länge ihrer Umrandung. Diese Betrachtung liefert für die Anzahl J' der je Zeit- und Flächeneinheit gebildeten Keime einen Exponentialausdruck der Gestalt

$$J' = A' \exp(-\Delta G'^{*}/kT)$$

mit A' als einer Größe, in die u. a. die Aktivierungsenergie für eine Diffusion der adsorbierten Teilchen entlang der Kristallfläche zu den Anlagerungsstellen hin (VOLMER-Diffusion) eingeht; $\Delta G'^{*}$ ist die Keimbildungsarbeit für den Flächenkeim und ergibt sich als näherungsweise umgekehrt proportional zur Überschreitung. Deshalb ist die Bildungsgeschwindigkeit von Flächenkeimen eine sehr empfindliche Funktion der Überschreitung. Nachdem sich der Flächenkeim gebildet hat, erfolgt die Komplettierung der einmal angefangenen Schicht sehr schnell, so dass die Bildungsgeschwindigkeit der Flächenkeime den geschwindigkeitsbestimmenden Schritt für das Wachstum der Kristallflächen darstellt. Für deren Verschiebungsgeschwindigkeit erhält man somit eine exponentielle Abhängigkeit von der Überschreitung.

Obwohl die Bildung von Flächenkeimen schon experimentell nachgewiesen wurde, wachsen in vielen Fällen die Kristalle bereits bei so geringen Überschreitungen, dass sie für eine Flächenkeimbildung bei weitem nicht ausreichen würde. Es ist eine wohlbekannte Erfahrung, dass gut ausgebildete Kristalle gerade bei geringen Überschreitungen entstehen, bei denen die zweidimensionale Keimbildung noch keine Rolle spielen kann. Hier muss also ein Wachstumsmechanismus vorliegen, der die Flächenkeimbildung umgeht und bei dem sich die Stufen auf der Kristallfläche, an denen eine energetisch günstige Anlagerung von Bausteinen erfolgen kann, ständig regenerieren. An einem Idealkristall ist ein solcher Mechanismus offenbar nicht möglich. Grundsätzlich anders ist die Situation für eine Fläche, in der Versetzungen mit einer Schraubenkomponente (s. Abschn. 3.1.2.) austreten. Betrachten wir noch einmal das Bild 3.8 als einen Gitterblock mit einer Schraubenversetzung im Sinne des Modells von KOSSEL und STRANSKI). Die Fläche weist eine Stufe auf, die durch die Anlagerung weiterer Bausteine nie verschwindet. Das ist der Ausgangspunkt der von BURTON, CABRERA und FRANK [3.18] begründeten die Theorie des *Spiralwachstums*. Verfolgt man nämlich die Entwicklung einer solchen von einer Schraubenversetzung herrührenden Stufe auf einer Kristallfläche, so zeigt sich, dass sich die Stufe durch die Anlagerung weiterer Bausteine zu einer Spirale aufwindet (Bild 3.31). Wachstumsspiralen mit größeren Stufenhöhen (rd. 10 nm) sind schon seit längerer Zeit von Siliciumcarbid (Carborund, SiC; Bild 3.32) und anderen Verbindungen, vorwiegend solchen mit Schichtstrukturen, bekannt. Ein Nachweis von Spiralstufen monoatomarer Höhe im Sinne der Wachstumstheorie wurde erstmals von BETHGE [3.20] an Spaltflächen von Steinsalz, NaCl, durch Abdampfen – einem dem Wachstum analogen Vorgang – und anschließende Dekoration der Stufen erbracht (Bild 3.33).

Verfolgt man das Spiralwachstum quantitativ, so ergibt sich als Resultat, dass die Verschiebungsgeschwindigkeit einer nach diesem Mechanismus wachsenden Fläche proportional zum Quadrat der Überschreitung wächst. Eine quadratische Abhängigkeit der Verschiebungsgeschwindigkeit von der Überschreitung ist ganz allgemein ein Indiz dafür, dass das Wachstum durch die molekularkinetischen Vorgänge an einer atomar glatten Kristallfläche bestimmt wird. Demgegenüber führt eine Kristallisation an einer atomar rauen Wachstumsfront, die jedem auftreffenden Baustein eine gleichmäßige Dichte von Positionen für die Anlagerung bietet, zu einer linearen Abhängigkeit der Verschiebungsgeschwindigkeit von der Überschreitung.

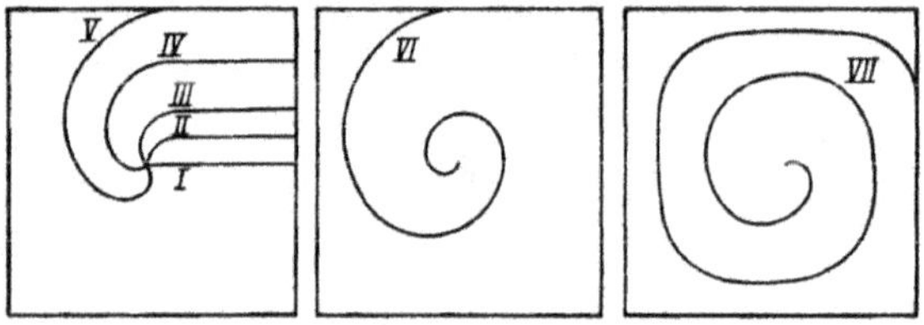

Bild 3.31. *Entwicklungsphase einer Wachstumsspirale.*

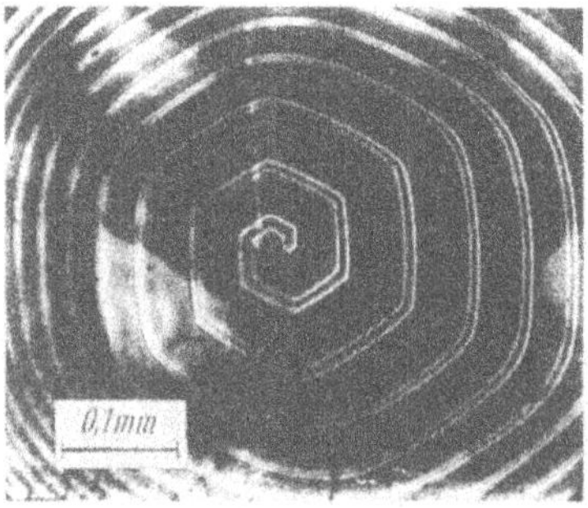

Bild 3.32. *Wachstumsspirale auf einer (0001)-Fläche von Carborund* SiC.

Aufn.: KALB [3.19].

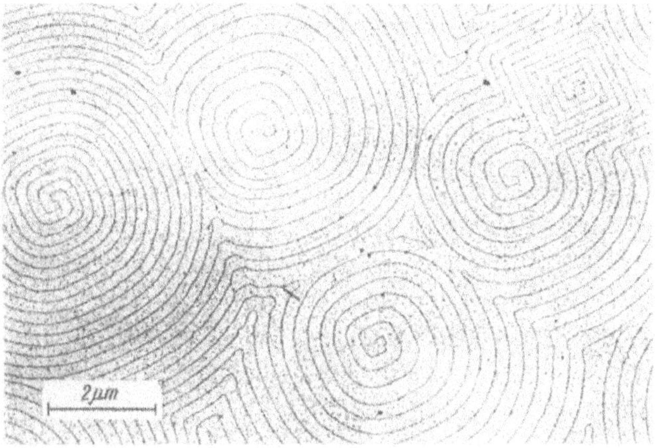

Bild 3.33. *Abdampfspiralen auf einer (100)-Spaltfläche von Halit* NaCl.

Die Spiralstruktur wird durch Schraubenversetzungen mit verschiedenen BURGERS-Vektoren hervorgerufen. Das Abdampfen erfolgte im Vakuum, anschließend wurden die Stufen durch den Niederschlag von Goldpartikeln, der bevorzugt an diesen Stufen stattfindet, „dekoriert“ und im Elektronenmikroskop beobachtet. Aufn.: BETHGE [3.20].

Infolge der verschiedensten Ursachen kann es bei einer Kristallisation zur Ausbildung morphologischer Besonderheiten kommen. Bei Kristallen mit mehr oder weniger glatten Flächen werden alle Abweichungen vom ebenen Bau dieser Flächen als *Akzessorien* bezeichnet; sie stehen im Zusammenhang mit Störungen des Gitterbaus an der Oberfläche. Häufig sind terrassenförmige Bildungen (Bild 3.34). Wir können bei diesem Beispiel im Zentrum der Terrassen eine Anhäufung stärkerer Störungen annehmen, die die Anlagerung von Bausteinen begünstigt hat; die Ausbreitung der angefangenen Schichten über die Kristallfläche konnte damit nicht Schritt halten. Wenn die Stufen fein genug ausgebildet sind, können glatte Flächen vorgetäuscht werden, deren Pole dann sehr nahe bei dem Pol der betreffenden Ausgangsfläche (mit einfachen Indizes) liegen, weshalb sie als *Vicinalflächen* bezeichnet werden. (Die Angabe MILLERscher Indizes für Vicinalflächen, die dann recht große Zahlen enthalten, ist wenig sinnvoll.) Akzessorien spiegeln die Symmetrie der betreffenden Kristallfläche wider, weshalb sie zur Bestimmung der Kristallklasse herangezogen werden.

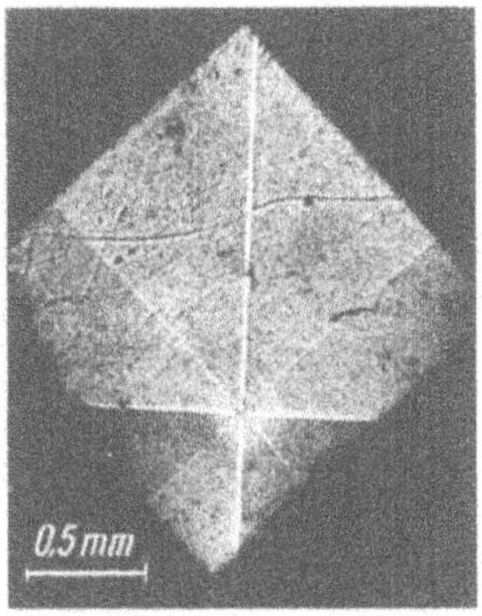

Bild 3.34. *Vicinalpyramide.*
(100)-Fläche von Analcim $NaAlSi_2O_6 \cdot H_2O$, *Kristallklasse* $m\bar{3}m$.
Aufn.: Kalb [3.19].

Neben den molekularkinetischen Vorgängen an der Grenzfläche des wachsenden Kristalls spielen Transportvorgänge bei der Kristallisation eine wichtige Rolle und können u. U. geschwindigkeitsbestimmend sein. Dazu gehört in erster Linie der Materialtransport von der umgebenden Phase zum wachsenden Kristall. Der Transport kann sowohl durch Diffusion als auch durch Konvektion erfolgen und wird durch die diesbezüglichen Eigenschaften der umgebenden Phase geprägt. Zu berücksichtigen ist gegebenenfalls auch der Transport von Komponenten, die in den Kristall nicht oder nur in geringer Konzentration eingebaut und deshalb vor der Phasengrenze angereichert werden, vom Kristall weg. Zu beachten ist ferner der Transport der auftreffenden Bausteine entlang der Kristalloberfläche zu den energetisch günstigsten Anbaupositionen und nicht zuletzt der Transport von Wärme.

Bei einem polyedrisch wachsenden Kristall erhalten gewöhnlich die Ecken und Kanten den stärksten Materialzustrom. Können die Vorgänge, die die auftreffenden Bausteine zu den energetisch günstigsten Anbaupositionen führen, mit dem Materialzustrom nicht Schritt halten, kommt es zum *Skelettwachstum*, bei dem die Flächen unter Bevorzugung des Wachstums an Kanten und Ecken unvollständig ausgebildet werden. Bei den *Hohlformen* werden nur noch die Kanten vollständig ausgebildet und so die Kristallgestalt im Wesentlichen bewahrt (Bild 3.35). Unter noch extremeren Bedingungen wachsen nur Äste weiter, die von den Ecken des Kristalls ausgehen und sich auch verzweigen können; die Schneesterne (s. Bild 7) sind ein allbekanntes Beispiel. Zu einem ähnlichen Erscheinungsbild führt das Wachstum von *Dendriten* (Bild 3.36). Dendriten wachsen bei sehr großen Überschreitungen, z. B. in stark unterkühlten Schmelzen oder stark unterkühlten, konzentrierten Lösungen. Die Äste der Dendriten wachsen in den Richtungen, in denen die schnellste Kristallisation möglich ist, und mit großen Geschwindigkeiten, die die Größenordnung von cm/s erreichen. Auch hierbei sind bestimmte einfach indizierte kristallographische Richtungen ausgezeichnet, hauptsächlich solche senkrecht auf morphologisch wichtigen Flächen. Ausschlaggebend sind vor allem die Ableitung der Kristallisationswärme und kinetische Besonderheiten eines so schnellen Phasenübergangs, weniger der Materialtransport. Häufig werden im Laufe der fortschreitenden Kristallisation die Zwischenräume zwischen den Dendritenästen nachträglich aufgefüllt, so dass dann die dendritischen Strukturen in massiven Kristallkörpern enthalten sind und z. B. beim Ätzen sichtbar werden. – Den Dendriten an die Seite zu stellen ist ein Wachstum dünner Blättchen, bei denen ein Wachstum in einer bestimmten Ebene bevorzugt ist. Das kann durch ein zweidimensionales Versetzungsnetzwerk, aber auch durch eine Zwillingsgrenze bewirkt werden. Die Herstellung von dünnen Kristallbändern (engl. *ribbon*) aus Silicium, die eine (oder einige) Zwillingsgrenze(n) enthalten und mit relativ großer Geschwindigkeit aus der Schmelze gezogen werden, spielt in der Halbleitertechnik eine Rolle.

Bild 3.35. *Hohlformen an* KCl-Kristallen.

Foto: BAUTSCH.

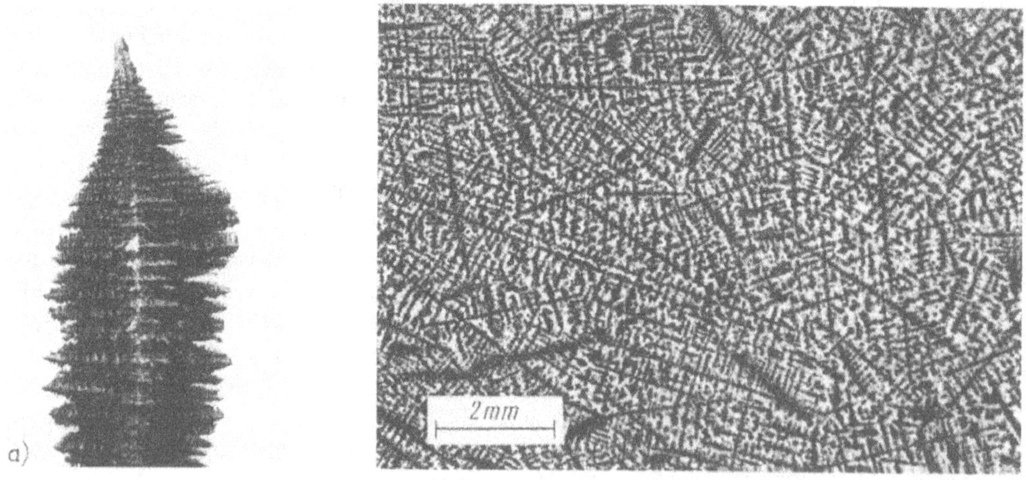

Bild 3.36. *Dendriten.*

a) Eisendendrit; b) dendritisches Gefüge in einem Gussstahlblock. Aufn.: ECKSTEIN und SPIES [3.21].

Bild 3.37. *Whiskers aus α-Eisen.*
Hergestellt durch Reduktion von Eisenbromid $FeBr_2$ bei 720 °C. Aufn.: SEARS und BRENNER [3.22].

Unter besonderen Bedingungen können Kristalle, bei denen ein nadelförmiger Habitus sonst keineswegs typisch ist, in Gestalt von feinen, haarförmigen Individuen, die als *Whiskers* (Haarkristalle) bezeichnet werden, wachsen (Bild 3.37). Whiskers sind bei den verschiedensten Substanzen, wie Metallen, Salzen und anderen Verbindungen, beobachtet worden. Ihre Durchmesser liegen zwischen 0,01 µm und 100 µm, während ihre Länge die Größenordnung von Zentimetern erreichen kann. Sie wachsen bevorzugt in ihrer Längsrichtung, während der Anbau auf den Seitenflächen entweder völlig unterdrückt ist oder in gewissem Maße erst nachträglich geschieht. Es gibt Whiskers, die entlang ihrer Achse eine einzelne (oder einige wenige) Schraubenversetzung(en) enthalten, die an der Spitze des Whiskers ein Spiralwachstum bewirkt, wobei das Material längs der Seitenfläche zur Spitze transportiert werden muss. Es gibt aber auch Whiskers ohne Schraubenversetzungen, bei denen das bevorzugte Wachstum an der Spitze nach einem anderen Mechanismus zustande kommt. Schließlich gibt es auch Whiskers, die nicht an der Spitze, sondern an ihrer Basis wachsen, den wachsenden Kristall gewissermaßen emporstemmend. Es kommt vor, dass Whiskers „von selbst" beim Tempern oder auch nur Lagern auf massiven Unterlagen wachsen, wobei als Triebkraft der Abbau irgendwelcher Potentialunterschiede anzunehmen ist, wie sie als Folge unbeweglicher Korngrenzen, anisotroper thermischer und mechanischer Spannungen, behinderter Rekristallisation, insbesondere in dünnen Schichten, auftreten können.

3.2.3. Kristallisation in Mehrstoffsystemen

Bei der Kristallisation in Mehrstoffsystemen (so bei der Kristallisation aus Lösungen, von Mischkristallen oder auch von Kristallen mit Verunreinigungen) gibt es eine Reihe von Phänomenen, die damit zusammenhängen, dass die entstehende Kristallphase im allgemeinen eine andere Zusammensetzung hat als die Ausgangsphase, aus der die Kristallisation stattfindet. Diese Phänomene seien im Folgenden am Beispiel von Zweistoffsystemen erläutert. Der Zustand eines Zweistoffsystems wird durch drei unabhängig variable thermodynamische Parameter bestimmt: Temperatur, Druck und Zusammensetzung. Ein Zustandsdiagramm wäre dementsprechend dreidimensional („Zustandsraum"). Für viele Belange genügt jedoch die Darstellung eines Schnittes durch diesen Zustandsraum bei Normaldruck, in der nur die Abhängigkeit der Phasenbeziehungen von der Temperatur und der Zusammensetzung zum Ausdruck kommt (Bild 3.38).

Betrachten wir zunächst die Kristallisation eines Mischkristalls mit *lückenloser (isomorpher) Mischbarkeit* beider Komponenten (Bild 3.38a). Der Stabilitätsbereich der flüssigen Phase (Schmelze) wird durch die *Liquiduskurve* begrenzt, der Stabilitätsbereich der festen Phase (Mischkristall) durch die *Soliduskurve*. Gehen wir von einem Punkt *1* im Stabilitätsbereich der flüssigen Phase (Schmelze) entsprechend der Zusammensetzung x_A aus, so erreichen wir durch Abkühlen (also entlang der Vertikalen) die Liquiduskurve im Punkt *A*. Im Gleichgewicht damit befindet sich eine Kristallphase der Zusammensetzung x_B entsprechend dem Punkt *B* auf der Soliduskurve. Wir wollen annehmen, dass mit dem Überschreiten der Liquiduskurve die Kristallisation sofort einsetzt und hinreichend langsam verläuft, so dass sich die Kristallphase mit der Gleichgewichtszusammensetzung ausscheidet. Dadurch verschiebt sich in einem geschlossenen System die Zusammensetzung der flüssigen Phase allmählich nach rechts. Um die Kristallisation aufrechtzuerhalten, müssen wir weiter abkühlen, so dass sich der Zustand der flüssigen Phase entlang der Liquiduskurve in Richtung auf den Punkt *C* verschiebt. Damit verschiebt sich auch der Gleichgewichtszustand der Kristallphase entlang der Soliduskurve in Richtung auf den Punkt *D*. Das heißt, es ändert sich zum einen stetig die Zusammensetzung des sich ausscheidenden Mischkristalls, zum anderen entspricht aber auch die Zusammensetzung der zuerst ausgeschiedenen Kristallsubstanz nicht mehr dem Gleichgewicht. Zur Herstellung des Gleichgewichts müsste außerdem noch ein ständiger Stoffaustausch zwischen Kristall und Schmelze stattfinden. Nehmen wir an, dass dieser Stoffaustausch stattfindet, dann endet die Kristallisation auf der Horizontalen *C–D*; das letzte erstarrende Tröpfchen hat die Zusammensetzung x_C, und das Kristallisat hat mit dem Punkt *D* wieder die Ausgangszusammensetzung x_A erreicht. Bei Kristallisationsexperimenten im Laboratorium sind in den meisten Fällen die Reaktionszeiten zu kurz, um diesen Stoffaustausch stattfinden zu lassen. Als Folge kommt es zu Inhomogenitäten in der Zusammensetzung des Kristalls, und die Kristallisation endet im Zustandsdiagramm nicht an der Horizontalen *C–D*, sondern reicht noch über diese Punkte hinweg.

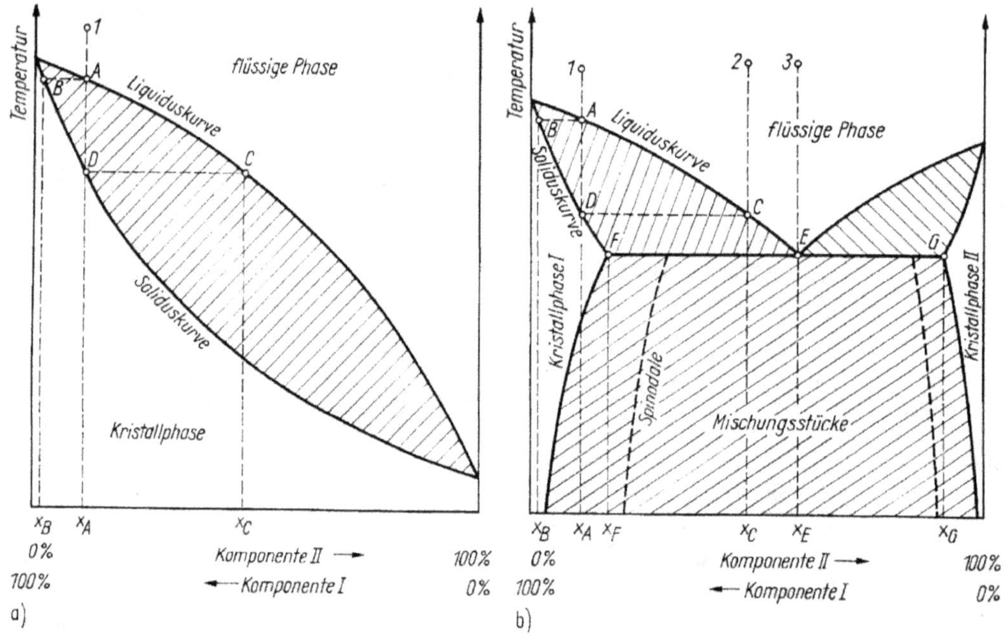

***Bild 3.38**. Zustandsdiagramme von Zweistoffsystemen.*

a) Lückenlose (isomorphe) Mischbarkeit; b) begrenzte Mischbarkeit mit Mischungslücke und Eutektikum; gestrichelt: Spinodale (vgl. Abschn. 3.3.1.).

Ein anderes Beispiel eines Zweistoffsystems, das durch eine begrenzte Mischbarkeit in der festen Phase und eine Mischungslücke gekennzeichnet ist, zeigt Bild 3.38b. Im Fall einer Zusammensetzung x_A (entsprechend dem Punkt *1*) mit einem kleinen Gehalt der Komponente II verläuft die Kristallisation analog, wie für Bild 3.38a diskutiert. Auf die anderen Fälle (entsprechend den Punkten *2* und *3*) wird später zurückzukommen sein.

Das Verhältnis der Konzentration einer Komponente im Kristall zu der in der Ausgangsphase wird als *Verteilungskoeffizient* bezeichnet. Im Fall des thermodynamischen Gleichgewichts spricht man vom *Gleichgewichtsverteilungskoeffizienten* k_0. Im Beispiel von Bild 3.38 hätte man also $k_0^{\mathrm{II}} = x_B/x_A < 1$ (für die Komponente II), wobei die Konzentration hier durch den Molenbruch x ausgedrückt ist. Bei der Verwendung anderer Konzentrationsmaße würde sich der Wert von k_0 entsprechend ändern. Für die Komponente I erhielte man einen Gleichgewichtsverteilungskoeffizienten

$$k_0^{\mathrm{I}} = (1 - x_B)/(1 - x_A) > 1 .$$

Bei Kristallisationsexperimenten, die stets mit einer gewissen Überschreitung des Gleichgewichts verbunden sind und mit endlicher Geschwindigkeit ablaufen müssen, kommt aber nicht der Gleichgewichtsverteilungskoeffizient k_0 zur Geltung, sondern ein *effektiver Verteilungskoeffizient* k_{eff}, der von der Wachstumskinetik an der Phasengrenze, von der Wachstumsgeschwindigkeit und von den Transportvorgängen (Diffusion, Konvektion) in der Ausgangsphase abhängt. Nach BURTON, PRIM, SLICHTER [3.23] gilt unter gewissen, hier nicht näher ausgeführten Voraussetzungen:

$$k_{\mathrm{eff}} = k_0/[k_0 + (1 - k_0)\exp(-\upsilon\delta/D)]$$

mit υ als Wachstumsgeschwindigkeit (Verschiebungsgeschwindigkeit der Phasengrenze), D als Diffusionskoeffizient der betreffenden Komponente und δ als eine charakteristische Länge in der Größenordnung von 0,1 mm. Häufig wird δ als Dicke einer Diffusionsgrenzschicht vor der Phasengrenze interpretiert, was jedoch nicht immer mit der Realität übereinzustimmen braucht. Für $\upsilon\delta/D \ll 1$ (geringe Wachstumsgeschwindigkeit, gute Durchmischung der Ausgangsphase) erhält man $k_{\mathrm{eff}} \approx k_0$; für $\upsilon\delta/D \gg 1$ (große Wachstumsgeschwindigkeit, schlechte Durchmischung der Ausgangsphase) erhält man $k_{\mathrm{eff}} \approx 1$. Bei Kenntnis von k_{eff} lässt sich aus den gegebenen Randbedingungen eines Kristallisationsexperimentes die Konzentration der betreffenden Komponente im Kristall berechnen. Betrachten wir z. B. die Erstarrung einer Schmelze, die eine Komponente mit einem effektiven Verteilungskoeffizienten $k_{\mathrm{eff}} \neq 1$ enthält: Die betreffende Komponente wird in den Kristall mit einer anderen Konzentration als in der Ausgangsphase eingebaut, wodurch sie sich je nach dem Wert von k_{eff} in der Schmelze entweder an- oder abreichert. Infolgedessen ändert sich mit fortschreitender Kristallisation auch die Konzentration der Komponente im Kristall. Die analytische Behandlung des Problems (unter Voraussetzung eines konstanten k_{eff}) führt auf einen Konzentrationsverlauf:

$$c_{\mathrm{Kr}}(x) = k_{\mathrm{eff}} c_0 (1 - x)^{k_{\mathrm{eff}} - 1}$$

mit $c_{\mathrm{Kr}}(x)$ als Konzentration der betrachteten Komponente in Abhängigkeit von dem jeweils erstarrten Anteil x der Schmelze; c_0 ist die Anfangskonzentration in der Schmelze (Bild 3.39). Die Änderung der Zusammensetzung eines Kristalls von innen nach außen wird als *Zonarbau* bezeichnet. Sofern aus einer Schmelze ein stabförmiger Kristall wächst (wie auf Bild 3.46 b und 3.46 c), kann x auch als ein Maß für die jeweilige Länge des kristallisierten Stabes gelten. Für Beimengungen mit einem sehr kleinen effektiven Verteilungskoeffizienten $k_{\mathrm{eff}} \ll 1$ ist die Kristallisation am Anfang mit einem beachtlichen Reinigungseffekt verbunden. Dieser Reinigungseffekt lässt sich noch beträchtlich verstärken, wenn die Kristallisation in Form des *Zonenschmelzens* durchgeführt wird (PFANN [3.24]). Hierbei wird in einer stabförmigen Probe nur eine schmale Zone aufgeschmolzen (vgl. Bild 3.46 d), die man durch eine Bewegung der Heizvorrichtung oder des Stabes von einem Ende des Stabes zum anderen wandern lässt. Dieser Vorgang wird so oft wiederholt, bis sich nach 10 bis 30 Zonendurchgängen die Verteilung nicht mehr ändert. Die analytische Behandlung ergibt dann im Stab einen Konzentrationsverlauf:

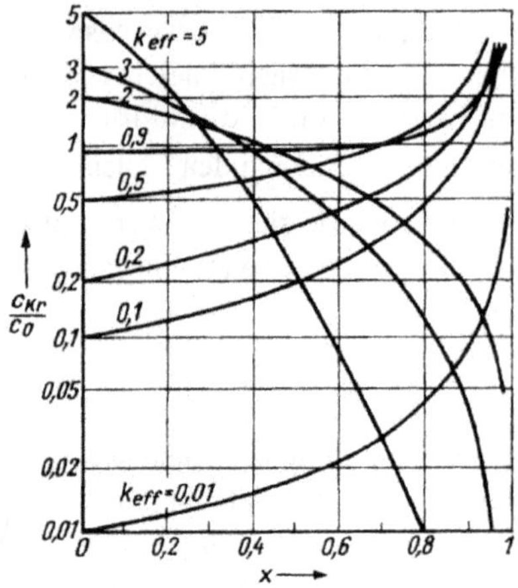

Bild 3.39. *Konzentrationsverlauf einer gelösten Komponente in einem aus der Schmelze kristallisierten Stab.*

c_{Kr} Konzentration im Kristall; c_0 Ausgangskonzentration in der Schmelze; x kristallisierter Anteil.

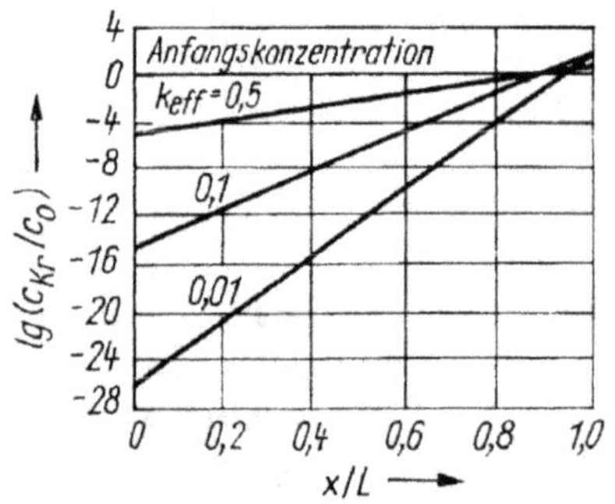

Bild 3.40. *Konzentrationsverlauf einer gelösten Komponente in einem zonengeschmolzenen Stab nach einer größeren Anzahl von Zonendurchgängen.*

c_{Kr} Konzentration nach dem Zonenschmelzen; c_0 Ausgangskonzentration im Stab vor dem Zonenschmelzen; L Stablänge; berechnet für eine Zonenlänge $l = L/10$.

$$c_{Kr}(x) = A\exp(Bx)$$

mit $A = c_0 k_{eff} L/l$ und $Bl/[\exp(Bl) - 1] = k_{eff}$ sowie der (konstanten) Ausgangskonzentration c_0 im Stab, der Stablänge L und der Zonenlänge l (Bild 3.40).

Die bisher betrachteten Konzentrationsverläufe verstehen sich für einen konstanten effektiven Verteilungskoeffizienten k_{eff}, d. h. für ideal gleichmäßige Wachstumsbedingungen, insbesondere auch für eine konstante Wachstumsgeschwindigkeit (Verschiebungsgeschwindigkeit) v. Wenn v (oder die anderen Wachstumsbedingungen) nicht konstant sind, sondern fluktuieren, dann schwankt auch k_{eff}, und es kommt zu entsprechenden Verteilungsinhomogenitäten. Bei Kristallisationsexperimenten treten sehr häufig lokale, kurzzeitige Fluktuationen von v auf, die sich in der Größenordnung von Sekunden bewegen. Sie führen zu typischen Verteilungsinhomogenitäten, die dem Verlauf der jeweiligen Phasengrenze während des Wachstums folgen, so dass sie in einem Längsschnitt des Kristalls als (mikroskopische) *Wachstumsstreifen* (engl. *striations*) erscheinen.

Die Ursachen für die Fluktuationen der Wachstumsgeschwindigkeit v sind komplex. Bei Kristallen, die im Laboratorium unter Anwendung einer Rotationsbewegung gezüchtet wurden, liegt die Ursache in dem niemals ideal gleichmäßigen Temperaturfeld. Der wachsende Kristall wird bei der Rotation durch Gebiete mit geringfügigen Temperaturunterschieden bewegt. In diesem Fall haben die Streifen eine ganz regelmäßige Folge, die durch das Verhältnis zwischen Rotations- und (mittlerer) Wachstumsgeschwindigkeit bestimmt wird; die Flächen gleicher Konzentration durchsetzen schraubenartig den Kristall (Bild 3.41). Jedoch treten Fluktuationen auch dann auf, wenn die Rotation vermieden wird. Die Ursachen sind dann in Konvektionsströmen in der Nährphase oder anderen Instabilitäten zu suchen, die fast immer vorhanden sind.

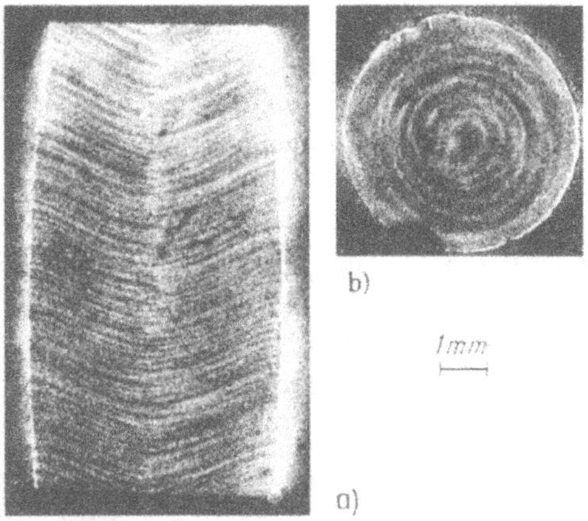

Bild 3.41. *Rotationsstreifen in einem Einkristall von Molybdän.*

Gezüchtet nach der Floating-Zone-Methode mit Elektronenheizung und dotiert mit radioaktivem Wolfram; Autoradiographie. Aufn.: BARTHEL und JURISCH [3.25].

Für die Züchtung von homogenen Kristallen sucht man die Konvektion möglichst zu unterdrücken, was bei einer elektrisch leitenden Schmelze durch die Anwendung eines Magnetfeldes geschehen kann.

Ein weiterer Anlass für die Bildung von Inhomogenitäten ist dann gegeben, wenn der Kristall nicht mit einer glatten, sondern mit einer vergröberten Wachstumsfront wächst. Ein Mechanismus für das Entstehen von Vergröberungen besteht darin, dass sich Komponenten mit einem Verteilungskoeffizienten $k_{\text{eff}} < 1$ bei der Kristallisation vor der Wachstumsfront anreichern (Bild 3.42). Infolgedessen kommt es dort zu einer Erniedrigung der Schmelztemperatur (Erstarrungstemperatur). Um die Kristallisation fortzusetzen, muss die Temperatur der Wachstumsfront auf diese erniedrigte Erstarrungstemperatur (bzw. noch etwas darunter) abgesenkt werden. Je nach dem Temperaturgradienten in der Schmelze kann deren Temperatur entweder vollständig oberhalb (I) oder teilweise unterhalb (II) der Kurve der Erstarrungstemperatur verlaufen. Im letzteren Fall spricht man von *konstitutioneller Unterkühlung*, und eine ebene Wachstumsfront ist instabil: Bildet sich auf letzterer zufällig irgendein kleiner Vorsprung, dann wächst er sofort schneller als seine Umgebung. Die Bedingung für das Auftreten einer konstitutionellen Unterkühlung lautet nach TILLER et al. [3.26]:

$$G/v \leq c_{\text{Kr}} m_{\text{L}}(1 - k_0)/k_0 D,$$

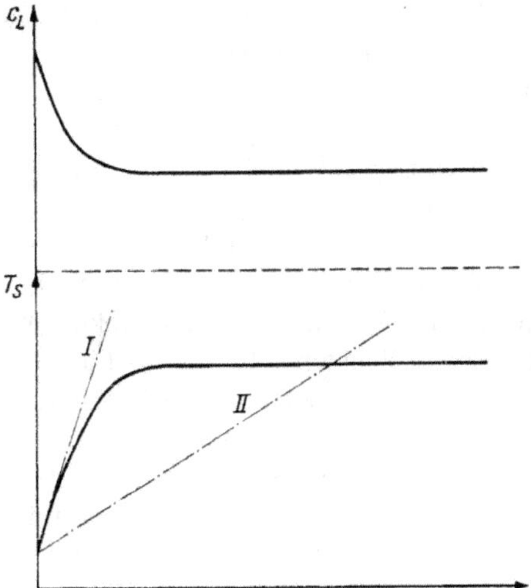

Bild 3.42. *Konstitutionelle Unterkühlung.*

Abhängigkeit der Schmelztemperatur (Erstarrungstemperatur) T_s von der Konzentration c_L einer Beimengung in der flüssigen Phase vor der Wachstumsfront; *I, II* mögliche Verläufe für die Temperatur vor der Wachstumsfront.

d. h., das Verhältnis des Temperaturgradienten G in der Schmelze zur Verschiebungsgeschwindigkeit v darf einen bestimmten Wert nicht unterschreiten, damit die Wachstumsfront eben bleibt; m_L ist die Steigung der Liquiduskurve im betreffenden Zustandsdiagramm, k_0 der Gleichgewichtsverteilungskoeffizient und D der Diffusionskoeffizient der betreffenden Komponente in der Schmelze. Eine Abschätzung zeigt, dass bereits bei einem Gehalt von nur 0,5 Atom-% an Beimengungen oder Verunreinigungen unter normalen Kristallisationsbedingungen mit konstitutioneller Unterkühlung und Vergröberungen zu rechnen ist. Bei Metallen treten Vergröberungen häufig in Gestalt einer charakteristischen *Zellbildung* auf (Bild 3.43). In anderen Fällen folgen die Vergröberungen der Symmetrie und Morphologie des wachsenden Kristalls (Bild 3.44). In allen Fällen verursachen die Vergröberungen entsprechende Verteilungsinhomogenitäten, die sich dann in der Wachstumsrichtung durch den Kristall ziehen. Häufig bewirken die Vergröberungen noch weitere Baufehler, die bis zur Ausscheidung von Fremdphasen führen können.

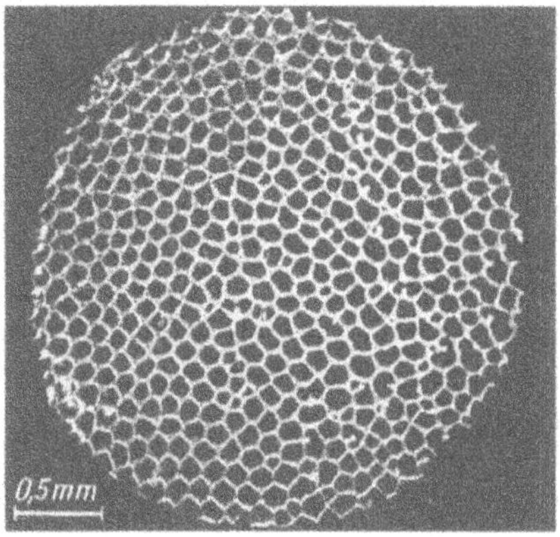

Bild 3.43. *Zellenförmige Vergröberung der Wachstumsfront eines Aluminiumkristalls.*

Aufn.: BARTHEL und SCHARFENBERG [3.27].

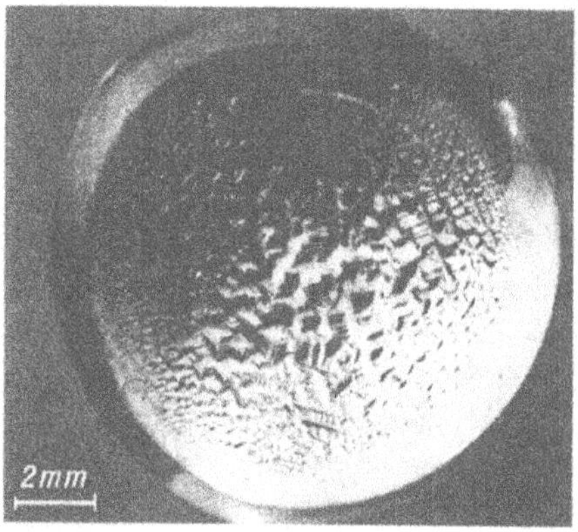

Bild 3.44. *Mikromorphologische Vergröberung der Wachstumsfront.*

Kristall aus $LiNbO_3$; Wachstumsfront senkrecht zur c-Achse mit dreizähliger Symmetrie. Foto: BOHM.

Zum Verständnis der Ausscheidung anderer Phasen betrachten wir noch einmal das Zustandsdiagramm im Bild 3.38b, das zwei verschiedene feste Phasen (Kristallphasen) sowie eine Mischungslücke aufweist: Die Kristallisation einer flüssigen Phase (Schmelze) mit einem geringen Gehalt der Komponente II entsprechend dem Punkt *1* im Zustandsdiagramm bzw. der Zusammensetzung x_A verläuft noch analog der Kristallisation in einem System ohne Mischungslücke, wie im Bild 3.38a. Anders jedoch bei einer Schmelze mit einem höheren Gehalt der Komponente II entsprechend dem Punkt *2* bzw. der Zusammensetzung x_C: Zunächst scheidet sich eine Kristallphase entsprechend dem Punkt D mit der Zusammensetzung x_D aus (im Bild ist $x_D = x_A$). Mit dem Fortschreiten der Kristallisation erreicht der Zustand der Schmelze den eutektischen Punkt E, in welchem sich die beiden Liquiduskurven schneiden. Die betreffende Temperatur bezeichnet die Eutektikale F–G, welche die Mischungslücke nach oben abschneidet. Bei weiterer Abkühlung kristallisieren gleichzeitig beide Kristallphasen entsprechend den Punkten F bzw. G und der Zusammensetzung x_F bzw. x_G und bilden ein *Eutektikum*, in welchem die Kristallite beider Phasen als ein inniges Gemenge im mikroskopischen Größenbereich vorliegen (Bild 3.45). Solche polykristallinen Aggregate, wie die Eutektika sie darstellen, werden durch ihre Struktur und ihre Textur gekennzeichnet. Die *Struktur* beschreibt in diesem Zusammenhang die Größe und Form der Kristallite (hat also in diesem Fall nichts mit der „Kristallstruktur" zu tun), die *Textur* beschreibt die Anordnung und Lage der Kristallite. Die Strukturen und Texturen der Eutektika sind sehr mannigfaltig, woraus interessante Eigenschaften resultieren können. Zur Präparation eines Eutektikums geht man von vornherein von dessen Zusammensetzung x_E entsprechend dem Punkt *3* aus. Die Erstarrungstemperatur eines Eutektikums liegt oft bedeutend niedriger als die Erstarrungstemperaturen (Schmelzpunkte) der reinen Komponenten.

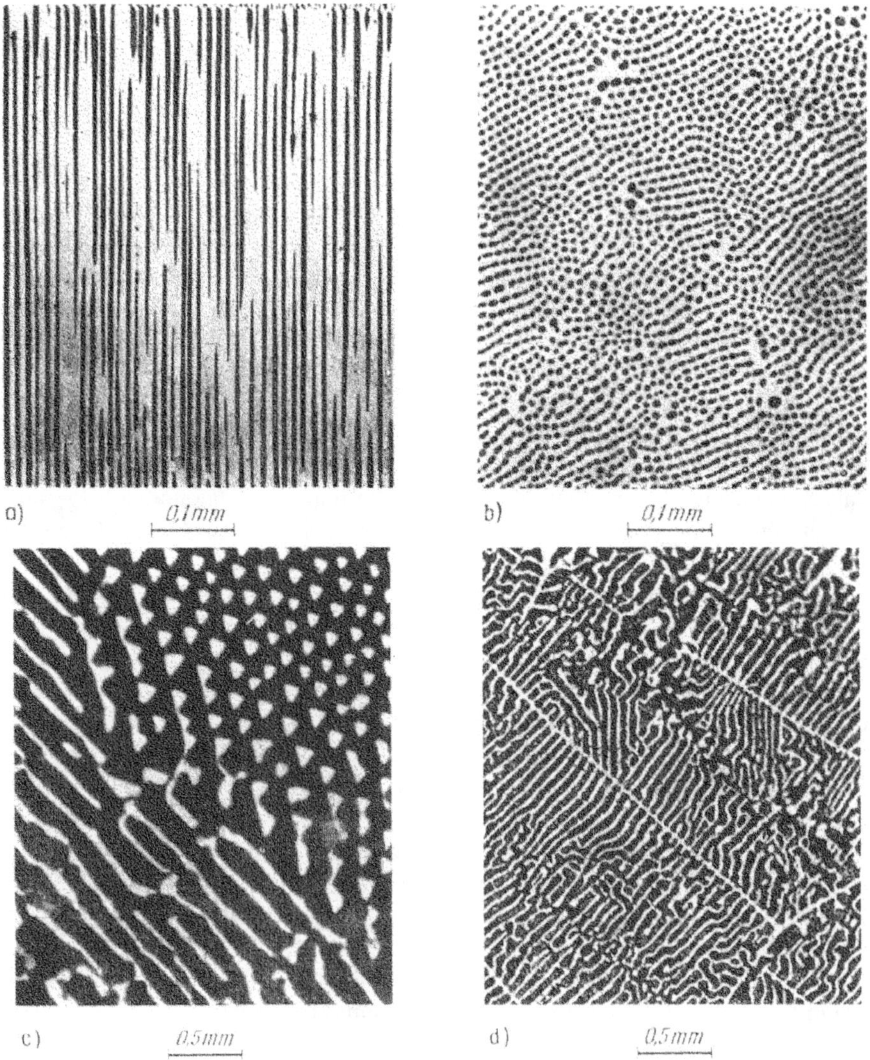

Bild 3.45. *Strukturen von Eutektika.*

a), b) Eutektikum im System Mn-Sb-Bi: nadelförmige Struktur der Phase MnSb in einer Matrix der Phase (Sb,Bi); a) Längsschnitt; b) Querschnitt bezüglich der Erstarrungsrichtung; Erstarrungsgeschwindigkeit $2 \cdot 10^{-6}$ m/s. Aufn.: DURAND-CHARRE [3.28]; c) Eutektikum im System Sb-In; Übergang einer lamellenförmigen Struktur der Phase InSb in eine stabförmige Struktur in einer Matrix der Phase Sb; Querschnitt; Erstarrungsgeschwindigkeit $2 \cdot 10^{-6}$ m/s; d) Eutektikum im System Bi-Pb: komplexe Struktur der Phase Bi in einer Matrix der Phase Pb_2Bi; Querschnitt; Erstarrungsgeschwindigkeit $2 \cdot 10^{-6}$ m/s. Aufn.: FIDLER [3.29].

In Stoffsystemen aus mehr als zwei Komponenten können auch Eutektika aus mehr als zwei verschiedenen Phasen auftreten. Derart komplexe Phasenbeziehungen sind für Tiefengesteine typisch, die aus einem vielkomponentigen Magma kristallisiert sind. Bei weiterer Abkühlung unterhalb der Temperatur der Eutektikalen (vgl. Bild 3.38b) gelangt man sowohl von *F* als auch von *G* in den Bereich der Mischungslücke, d. h., beide Kristallphasen werden instabil und neigen zur Entmischung. Das gilt letztlich auch für Kristalle der Zusammensetzung $x_A = x_D$, wenn sie mit fortschreitender Abkühlung in den Bereich der Mischungslücke gelangen. Allerdings kommt es (in endlicher Zeit) nur dann zu einer Entmischung, wenn die Komponenten in der Kristallphase eine hinreichende Beweglichkeit besitzen (vgl. Abschn. 3.3.1.).

3.2.4. Kristallzüchtung

Die zielgerichtete Herstellung von Kristallen, die Kristallzüchtung, ist nicht nur für die Erforschung des Kristallzustandes und der Kristalleigenschaften von besonderem Interesse. Vielmehr haben *Einkristalle*, wie man größere Kristallindividuen zu nennen pflegt, in zunehmendem Maße für technische Zwecke Verwendung gefunden und stellen für viele technische Entwicklungen ein Schlüsselmaterial dar, für das kein Ersatz möglich ist. Nur in wenigen Fällen können Einkristalle aus Naturvorräten verwendet werden. Für die meisten Zwecke werden die benötigten Einkristalle synthetisch hergestellt. So werden Kristalle aus Alkalihalogeniden für optische Zwecke oder aus Silicium als Halbleitermaterial im Weltmaßstab in Mengen von einigen hundert Tonnen je Jahr in technisch hochentwickelten Züchtungsverfahren produziert. Andererseits werden Einkristalle spezieller Substanzen manchmal nur als Einzelexemplare in bestimmten Laboratorien hergestellt. Mit großer Intensität wird daran gearbeitet, die Züchtungsverfahren zu verbessern, und die Liste der gezüchteten Substanzen erweitert sich ständig.

Die Anwendungsgebiete von Einkristallen sind sehr vielfältig; eine Auswahl gibt die folgende Zusammenstellung:

- *Hartstoffe, Lagersteine, Ziehsteine* etc. (besondere Härte und Festigkeit): Aluminiumoxid (Saphir) Al_2O_3, Borazon BN, Diamant, Siliciumcarbid SiC;
- *Schmucksteine* (Härte, Farbe, Lichtbrechung, Dispersion, „Schönheit“): Aluminiumoxid (Rubin, Saphir), Beryll (Smaragd), Rutil TiO_2, Spinelle, Titanate, Yttriumaluminium-Granat $Y_3Al_5O_{12}$ (YAG), Zirkondioxid ZrO_2;
- *Halbleiter*: Bleizinntellurid (Pb,Sn)Te, Galliumarsenid GaAs, Galliumphosphid GaP, Germanium, Indiumantimonid InSb, Indiumphosphid InP, Selen, Silicium, Siliciumcarbid, Vanadinoxide sowie eine Reihe ternärer Verbindungen bzw. Mischkristalle;
- *Isolationsmaterial* (elektrische Durchschlagsfestigkeit): Glimmer;
- *Unterlagen (Substrate)* für die Epitaxie dünner Schichten: Aluminiumoxid, Gadoliniumgallium-Granat $Gd_3Ga_5O_{12}$ (GGG), Spinelle, Silicium; Galliumarsenid;
- *optische Medien* (Lichtbrechung, Dispersion, Transparenz im IR oder UV): Aluminiumoxid (Saphir), Bariumfluorid BaF_2, Calciumfluorid (Fluorit) CaF_2, Kaliumaluminiumsulfat (Alaun), Kaliumbromid KBr, Lithiumfluorid LiF, Natriumchlorid NaCl, Quarz SiO_2, Thalliumbromiodid Tl(Br,I) (KRS-5), Zinkselenid ZnSe;
- *polarisationsoptische Medien* (Doppelbrechung): Calcit (Kalkspat) $CaCO_3$, Kalomel Hg_2Cl_2, Gips, Glimmer, Quarz;
- *elektrooptische* und *nichtlineare optische Medien*: Ammoniumdihydrogenphosphat $NH_4H_2PO_4$ (ADP), Bariumnatriumniobat $Ba_2NaNb_5O_{15}$ (Banana), Kaliumpentaborat $KB_5O_8 \cdot 4H_2O$, Kaliumdihydrogenphosphat KH_2PO_4 (KDP), auch deuteriert (KD*P, DKDP), Kaliumtantalatniobat $K(Ta,Nb)O_3$ (KTN), Kaliumtitanylphosphat $KTiOPO_4$ (KTP), Lithiumformiatmonohydrat $LiHCOOH \cdot H_2O$ (LFM), Lithiumiodat $LiIO_3$, Lithiumniobat $LiNbO_3$, Li-

thiumtantalat $LiTaO_3$, Silberantimonsulfid Ag_3SbS_3 (Pyrargyrit), Silberarsensulfid Ag_3AsS_3 (Proustit), Strontiumbariumniobat (Sr,Ba) Nb_2O_6 (SBN), Bariumborat β-BaB_2O_4;
- *elektroakustische Medien*: Bleimolybdat $PbMoO_4$, Ferrite, Kaliumnatriumtartrat (Seignettesalz), Lithiumniobat, Lithiumtantalat, Quarz, Tellurdioxid TeO_2, Wismutgermanat $Bi_{12}GeO_{20}$, Langasit $La_3Ga_5SiO_{14}$;
- *Strahlungsdetektoren (Pyroelektrika)*: Bleigermanat $Pb_5Ge_3O_{11}$, Lithiumniobat, Strontiumbariumniobat (SBN), Triglycinsulfat (TGS);
- *Strahlungsgeneratoren* und *-wandler* (Luminophore, Laser, Maser, Szintillatoren): eine Reihe von Halbleiterkristallen sowie Aluminiumoxid (Rubin), Calciumfluorid (Fluorit), Natriumiodid NaI, Quecksilberiodid Hg_2I_2, Yttriumaluminium-Granat (YAG), Wismutgermanat $Bi_4Ge_3O_{12}$, Alexandrit Al_2BeO_4, Wolframate, Zinksilikat (Willemit), Zinksulfid, Anthracen, Stilben;
- *Speicherkristalle* für die Datenverarbeitung: Alkalihalogenide, Calciumfluorid (Fluorit), ferrimagnetische Granate, Lithiumniobat, Wismuttitaniumoxid $Bi_4Ti_3O_{12}$;
- *Monochromatoren* für Röntgenstrahlen und Neutronen: Aluminium, Calciumfluorid, Kupfer, Lithiumfluorid, Quarz, Wismut, Ethylendiamintartrat (EDT).

Auf die Verfahren der Einkristallzüchtung soll hier nur kurz eingegangen werden (vgl. weiterführende Literatur, z. B. K.-TH. WILKE/J. BOHM). Man kann Kristalle aus einer gasförmigen Phase, aus der Schmelze, aus Lösungen und durch Umwandlung einer festen (kristallisierten) Phase züchten. Die Vielzahl der zur Kristallzüchtung herangezogenen Substanzen bedingen wegen ihrer unterschiedlichen physikalisch-chemischen Eigenschaften eine Vielzahl von Züchtungsverfahren. Ihre Wahl und apparative Gestaltung hängen weitgehend von den an den Kristall gestellten Anforderungen hinsichtlich der Abmessungen, der Reinheit und nicht zuletzt der Realstruktur ab. Die Züchtung kleinerer Kristalle undefinierter Qualität bietet bei den meisten Substanzen keine besonderen Schwierigkeiten und kann prinzipiell in jedem einschlägigen Laboratorium vorgenommen werden. Erst vom Maß der zu erfüllenden Qualitätsforderungen hängt der methodische und technologische Aufwand bei der Züchtung ab. Der Stand der Kristallzüchtung wird heute durch hoch entwickelte und aufwendige Apparaturen und Verfahren bestimmt, die nicht nur für die einzelnen Züchtungsmethoden, sondern oft sogar für einzelne Substanzen und Anwendungszwecke spezifisch sind. Es ist charakteristisch, dass nur in den fortgeschrittensten Industriestaaten Herstellungsstätten für Kristalle entstanden sind, die die Züchtung auf einem hohen verfahrenstechnischen Niveau betreiben, wozu u. a. eine jahrelange Erfahrung und Entwicklung gehören.

Die *Kristallzüchtung aus der Schmelze* hat sowohl hinsichtlich der verfahrenstechnischen Differenziertheit und Reife als auch nach der Qualität und technischen Bedeutung weitaus den Vorrang vor den anderen Züchtungsmethoden. Die Grundzüge der verschiedenen Verfahren zur Züchtung aus der Schmelze sind im Bild 3.46 zusammengestellt. Das älteste zur technischen Reife entwickelte und nach ihrem Erfinder VERNEUIL benannte Verfahren (Bild 3.46a) gestattet die Züchtung von Substanzen mit sehr hohen Schmelzpunkten. Einer Knallgasflamme, in der Temperaturen bis 2200 °C erreicht werden, wird die pulverförmige Ausgangssubstanz zugeführt. Das in der Flamme geschmolzene Material fällt in Form kleiner Tröpfchen auf den Kristall, der von einer feinen Schmelzhaut bedeckt wird, und kristallisiert dort an.

Die Anordnung ist von einem wärmedämmenden Aufbau umgeben. Nach dem VERNEUIL-Verfahren werden seit Beginn des Jahrhunderts synthetische Schmucksteine aus Korund Al_2O_3 und Spinell $MgAl_2O_4$ mit verschiedenen färbenden Zusätzen sowie Lagersteine für die Uhrenindustrie gefertigt. Auch Rutil TiO_2, Scheelit $CaWO_4$ und weitere oxidische Verbindungen wurden nach diesem Verfahren gezüchtet. Eine durchgreifende technologische Verbesserung des Verfahrens brachte die Züchtung von Laserstäben aus Rubin mit sich. Das technologisch ausschlaggebende Detail des Verfahrens bei der Züchtung langer Stäbe ist die Gewährleistung einer gleichmäßigen Pulverzufuhr über Zeiträume von mehreren Tagen. Eine zusätzliche Beheizung des Ofenraums soll ein Zerspringen größerer Kristalle verhindern. Früher ging man bei der Züchtung von einem Schamottestift aus, dem eine zufällige Keimauslese im „Stiel" der „Birne" folgte. Heute wird durchweg ein dünner, stabförmiger Keimkristall mit definierter Ordnung vorgegeben. Charakteristisch für VERNEUIL-Kristalle sind der Einschluss von Bläschen sowie das Auftreten von Subkorngrenzen, d. h., die Kristalle haben eine Realstruktur mit relativ groben Störungen. Schließlich gibt es Varianten des VERNEUIL-Verfahrens, bei denen keine Flamme brennt, sondern dem von einem Gasstrom getragenen Pulver die Energie auf andere Weise, z. B. durch eine Gasentladung („Plasmafackel"), zugeführt wird.

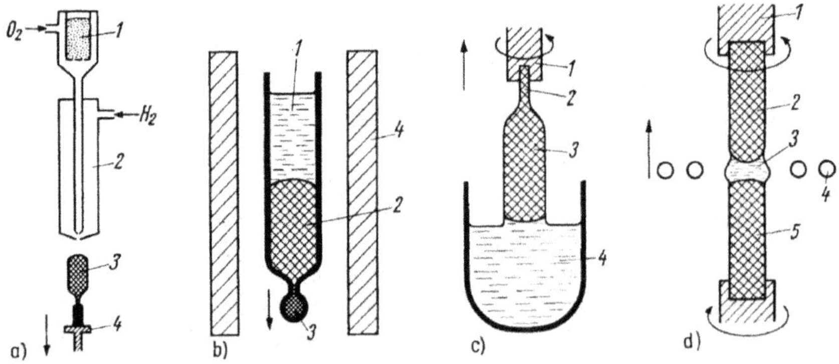

Bild 3.46. *Verfahren zur Züchtung von Kristallen aus der Schmelze (schematisch).*

a) VERNEUIL-Verfahren: 1 Behälter für das pulverförmige Ausgangsmaterial mit Siebboden (das Pulver wird von einem nicht dargestellten Rüttelmechanismus durch das Sieb getrieben); 2 Brenner; 3 wachsender Kristall; 4 Halterung mit Absenkvorrichtung; der Kristall ist von einer keramischen Muffel umgeben, die nicht dargestellt ist; b) BRIDGMAN-Verfahren: 1 Tiegel mit Schmelze; 2 wachsender Kristall; 3 Ansatz zur Keimauslese; 4 Ofen; c) CZOCHRALSKI-Verfahren: 1 Keimhalter mit Rotations- und Ziehvorrichtung; 2 Keimkristall; 3 wachsender Kristall; 4 Tiegel mit Schmelze; der Tiegel ist von einer Heizvorrichtung umgeben, die nicht dargestellt ist; meistens befindet sich die gesamte Anordnung in einem Rezipienten; d) tiegelfreies Zonenschmelzen oder Floating-Zone-Verfahren: 1 Halterung; 2 aufschmelzender Kristallstab; 3 Schmelzzone; 4 Hochfrequenzspule; 5 wachsender Kristallstab.

Die Züchtungsverfahren durch gerichtete Erstarrung aus der Schmelze in einem Tiegel (Bild 3.46b) sind in zahlreichen Varianten ausgearbeitet und werden – je nach Ausführung – mit den Namen von STÖBER (1925), BRIDGMAN (1923) oder STOCKBARGER (1936) verbunden. Die Schmelze befindet sich in einem Tiegel und wird langsam abgekühlt, wobei ein Temperaturgradient dafür sorgt, dass die Kristallisation am Tiegelboden beginnt und nach oben fortschreitet. Auf Bild 3.46 b beginnt die Kristallisation polykristallin in der Kugel unten am Tiegel, durch die Verjüngung erfolgt eine zufällige Keimauslese, so dass im eigentlichen Tiegel ein einkristallines Wachstum stattfindet. Bei den meisten Substanzen kann man auf eine derartige Keimauslese verzichten; man erhält Einkristalle auch in Tiegeln, die in einer Spitze oder sogar nur mit einer Rundung enden. Auch die Züchtung mit vorgegebenen Keimkristallen (die dann während des Einschmelzens gekühlt werden müssen) ist möglich. Der Tiegel kann stationär in einem Temperaturfeld abgekühlt werden, oder er wird innerhalb des Ofens aus einem heißeren in einen kälteren Bereich bewegt, bzw. der Ofen bewegt sich (bei ruhendem Tiegel) in der entsprechenden Weise. Alle diese Verfahren nutzt man in erster Linie für die Züchtung von Kristallen aus Metallen, Legierungen, aber auch von Halogeniden von z. T. beträchtlicher Größe (10 kg und mehr). Gegenüber den anderen Züchtungsverfahren aus der Schmelze erfordert die gerichtete Erstarrung zunächst den geringsten technischen Aufwand. Die Methode wurde durch eine genaue Temperaturregelung, bei der Schwankungen peinlich vermieden werden, und durch die Einrichtung verschiedener Temperaturzonen im Ofen, die unabhängig voneinander reguliert werden können, verbessert. Hinzu kommt eine Kontrolle der Lage und Gestalt der Wachstumsfront. Im Allgemeinen lässt sich eine relativ grobe Realstruktur mit Subkorngrenzen infolge Wechselwirkung mit dem Tiegel, vor allem wegen dessen unterschiedlicher Wärmeausdehnung, nicht vermeiden. Im Vergleich zu den anderen Züchtungsverfahren aus der Schmelze können mit der Erstarrung im Tiegel – bei sorgfältiger Temperaturregelung – die kleinsten Wachstumsgeschwindigkeiten (unter 2 mm/h) realisiert werden. – Es gibt auch Varianten, bei denen der Tiegel nicht senkrecht, sondern waagerecht in Form eines offenen Schiffchens angeordnet wird.

Große Bedeutung haben die Verfahren des Ziehens aus der Schmelze (Bild 3.46 c): Die Schmelze befindet sich in einem Tiegel bei einer Temperatur wenig oberhalb des Schmelzpunktes; in diese Schmelze taucht von oben ein stabförmiger Keimkristall, an den die Substanz ankristallisiert. Im Allgemeinen rotiert der wachsende Kristall und wird mit fortschreitender Kristallisation langsam nach oben gezogen. Mit den Namen von NACKEN (1915) und KYROPOULOS (1926) werden Varianten verbunden, bei denen die Wärme in den Keimkristall und in einen gekühlten Keimhalter abgeleitet wird und der Kristall infolgedessen in die Schmelze hineinwächst. Am bedeutungsvollsten ist die nach CZOCHRALSKI) (1918) bezeichnete Variante geworden, bei der die Ziehgeschwindigkeit mit der Wachstumsgeschwindigkeit genau Schritt hält, so dass die Kristallisation gerade in dem Schmelzmeniskus stattfindet, der mit dem Kristall etwas emporgehoben wird. Nach dem CZOCHRALSKI-Verfahren, für das technisch anspruchsvolle und aufwendige Anlagen entwickelt worden sind, werden Einkristalle der Halbleiter Germanium und Silicium und vieler anderer Substanzen gezüchtet. Da der Kristall ohne Berührung des Tiegels frei wächst und relativ günstige Voraussetzungen für eine gleichmäßige Gestaltung und Kontrolle des Temperaturfeldes und des Züchtungsvorgangs bestehen, bietet das Verfahren die günstigsten Voraussetzungen für die Züchtung von Kristallen mit einer wenig gestörten Realstruktur. So ist es gelungen, Kristalle frei von Versetzungen zu züchten. Die Entwicklung des Verfahrens richtet sich – neben einer Automatisierung der Anlagen – auf hohe Temperaturen (Züchtung von Rubin, Schmelzpunkt 2050 °C; Spinell, Schmelzpunkt 2100 °C; Yttriumaluminium-Granat, Schmelzpunkt 1950 °C, gezüchtet unter Verwendung von Tiegeln aus Iridium) und auf die Anwendung von Druck für die Züchtung von zersetzlichen Verbindungen (z. B. ZnS, CdS, ZnSe, GaAs, GaP als interessante Halbleiter). Besondere Erwähnung verdient die Variante, durch eine *Schmelzschutzschicht* (engl. *liquid encapsulation*) das Ausdampfen einer flüchtigen Komponente aus der Schmelze zu unterdrücken. Hierfür hat sich bisher Bortrioxid B_2O_3 bewährt, das die Schmelze bedeckt und auch den wachsenden Kristall benetzt, der durch diese Schicht hindurch in seine Schmelze taucht.

Keinerlei Tiegel benötigt man beim Verfahren des Schwebezonenschmelzens (engl. *floating zone* – Bild 3.46 d): Ein zylindrischer, an seinen beiden Enden gehalterter Stab wird nur in einer schmalen Zone aufgeschmolzen; diese Schmelzzone durchwandert dann – durch Bewegen entweder des Stabes oder der Heizvorrichtung – den Stab, meistens von unten nach oben. Das Zonenschmelzen wurde vor allem für die Hochreinigung von Halbleitersubstanzen entwickelt und ist für deren Herstellung der wesentliche Verfahrensschritt geworden. Der Vorgang des Zonenschmelzens wird zur Reinigung mehrmals hintereinander ausgeführt, und erst beim letzten Durchgang wird Wert darauf gelegt, dass ein Einkristall entsteht; das untere Stabende muss dabei einkristallin vorgegeben sein, um die Rolle des Keimkristalls übernehmen zu können. Insbesondere die Produktion von Halbleitersilicium wird auf technisch hoch entwickelten, weitgehend automatisch arbeitenden Anlagen vorgenommen. Die Entwicklung ist einmal darauf gerichtet, den Durchmesser der Stäbe zu vergrößern, wobei heute bereits 200 mm („8 Zoll“ und mehr erreicht werden, zum anderen ist man bestrebt, die Realstruktur der Kristalle zu verbessern; die Voraussetzungen dafür sind wegen der starken Temperaturgradienten relativ ungünstig. Neben Silicium ist das Schwebezonenschmelzen, wenn auch in weitaus bescheidenerem Umfang, auf viele andere Substanzen zur Reinigung und Darstellung von Einkristallen angewendet und eine ganze Reihe von Varianten für das Heizsystem entwickelt worden. Im Bild 3.46 d sind die Windungen einer von einem Hochfrequenzgenerator gespeisten Hochfrequenzspule angedeutet, mittels der direkt im Stab Wirbelströme induziert werden, die die Wärme erzeugen. Ist die Substanz ein Isolator, so muss die Hochfrequenzenergie von einem geeigneten Suszeptor (z. B. einem Graphitring) aufgenommen werden, der dann die Wärme abstrahlt. Es werden auch andere Heizsysteme angewendet. Für Substanzen mit niedrigerem Schmelzpunkt genügen einfache Heizspulen. Für Substanzen mit hohen und sehr hohen Schmelzpunkten wurden Heizsysteme mit Elektronenstrahlung, Wärmestrahlung (Lichtofen, Sonnenofen, Laserstrahlung) oder einer elektrischen Bogenentladung konstruiert. Besondere Erwähnung verdient die Züchtung hochreiner Einkristalle aus Wolfram, Molybdän und Rhenium durch Zonenschmelzen mit Elektronenstrahlung. – Schließlich wird das Zonenschmelzen zur Reinigung und zur Einkristallzüchtung auch in Tiegeln durchgeführt, und zwar sowohl in vertikaler als auch in horizontaler Anordnung; letzteres ist sogar die ursprüngliche Form des Zonenschmelzens (PFANN [3.24]).

Die *Kristallzüchtung aus Lösungen*, vornehmlich aus wässrigen Lösungen, ist bereits in den dreißiger Jahren zu einer relativ hohen Perfektion geführt worden. Sie wird noch heute nach den gleichen Methoden für Substanzen angewendet, die nicht aus der Schmelze gezüchtet werden können, weil sie sich z. B. nicht schmelzen lassen oder während der Abkühlung auf Raumtemperatur Phasenübergänge erleiden. Je nach dem Verlauf der Löslichkeitskurve in Abhängigkeit von der Temperatur wird die für die Kristallisation notwendige Übersättigung durch Abkühlen oder Verdunsten des Lösungsmittels hergestellt. In jedem Fall ist eine sehr genaue Temperaturregelung erforderlich, um gute Resultate zu erzielen. Bei dem Verdunstungsverfahren wird bei konstanter Temperatur ein Strom getrockneten Gases über die Oberfläche der Lösung geleitet. Bei dem Abkühlungsverfahren wird eine bei höherer Temperatur gesättigte Lösung über einen Zyklus von mehreren Wochen auf Raumtemperatur abgekühlt. Andere Varianten arbeiten mit mehreren Gefäßen, in denen die Lösung umläuft. Prinzipiell gibt es dabei ein sog. Sättigungsgefäß, in dem die Lösung bei einer geeigneten Temperatur mit der zu lösenden Substanz gesättigt wird, und ein Kristallisationsgefäß, das auf einer tieferen Temperatur gehalten wird, wodurch sich die Übersättigung einstellt und der Kristall unter konstanten Bedingungen wachsen kann. Meistens werden als Keimkristalle recht große Kristallplatten verwendet, die in bestimmten Orientierungen aus großen Kristallen herausgesägt werden. In größerem Maßstab werden aus wässrigen Lösungen Kristalle von Alaun, Seignettesalz und anderen Tartraten, Ammoniumdihydrogenphosphat (ADP), Kaliumdihydrogenphosphat (KDP), Iodsäure, Lithiumiodat, Triglycinsulfat u. a. gezüchtet, teilweise in respektabler Größe mit Abmessungen bis 50 cm. Bemerkenswert ist die Züchtung von deuteriertem KDP aus Lösungen in „schwerem Wasser“, das als KD*P oder DKDP bezeichnet wird und bessere elektrooptische Eigenschaften als normales KDP hat. – In der chemischen Stoffwirtschaft spielt die Kristallisation aus Lösungen aller Art eine wichtige Rolle (Kalisalze, synthetische Düngemittel, Soda und viele andere Chemikalien) und ist zu großtechnischen Verfahren ausgebaut worden. Im Gegensatz zur Züchtung von Einkristallen spricht man hier von *Massenkristallisation.*

Für die Kristallzüchtung von schwer löslichen Verbindungen werden Diffusionsverfahren angewendet, bei denen die Komponenten in einer geeigneten Anordnung in der Lösung zueinander diffundieren und in einer Reaktionszone auskristallisieren. Bemerkenswert sind Varianten, bei denen man die Diffusion (und Kristallisation) in einem Gel stattfinden lässt, in dem keine Konvektion auftreten kann und die Diffusion langsamer vonstatten geht und besser kontrollierbar ist als in beweglichen Lösungen.

Ein spezielles Verfahren der Kristallisation aus heißen wässrigen Lösungen unter erhöhtem Druck ist die *Hydrothermalsynthese*, die bereits seit den vierziger Jahren im technischen Maßstab, hauptsächlich zur Züchtung von Quarz, in einem Druckbereich von 20 ... 200 MPa und bei Temperaturen von 300 ... 500 °C in Autoklaven aus Spezialstählen betrieben wird. Der Druck wird durch die Überhitzung der Lösung im Autoklaven erzeugt, wobei die Lösung je nach der Temperatur einen überkritischen Zustand erreichen kann.

Außer wässrigen Lösungen können auch Lösungen in anderen Lösungsmitteln zur Kristallzüchtung dienen, z. B. Schmelzen geeigneter Substanzen bei höheren Temperaturen. Aus derartigen *„Schmelzlösungen"* oder *Hochtemperaturlösungen* sind im Laboratorium Kristalle von zahlreichen Substanzen gezüchtet worden. Die Züchtung größerer einwandfreier Kristalle aus Schmelzlösungen bietet beträchtliche Schwierigkeiten; das Verfahren hat jedoch eine wichtige technische Bedeutung für die Abscheidung von Epitaxieschichten (Abschn. 3.2.6.). Um eine Kristallisation aus schmelzflüssiger Lösung handelt es sich auch bei dem VLS-Verfahren (engl. *vapour-liquid-solid*): Die zu kristallisierende Komponente gelangt aus einer Gasphase in eine Schicht von Schmelzlösungsmittel, aus dem die Kristallisation auf einer Unterlage erfolgt. Schließlich kann man auch eine Schicht von Schmelzlösung durch einen kompakten Kristallkörper hindurchwandern lassen, ähnlich der Anordnung beim Zonenschmelzen; die schmelzflüssige Zone kann dabei durch eine (relative) Bewegung der Heizvorrichtung (engl. *travelling heater*) oder in einem Temperaturgradienten selbsttätig (engl. *travelling solvent*) bewegt werden.

Eine ganz spezielle Entwicklung stellen die *Hochdruck-Hochtemperatur-Synthesen* dar. Die Synthese künstlicher Diamanten, die in den fünfziger Jahren ungefähr gleichzeitig in einigen Laboratorien gelang, krönt eine langwierige apparative Entwicklung, die erst durch den Einsatz neuartiger Werkstoffe, wie Spezialstähle, Carboloy (in Cobalt gebundenes Wolframcarbid) und Pyrophyllit (als Dichtungsmittel), zum Erfolg gebracht werden konnte. Heute werden in Apparaturen mit konischen Hochdruckstempeln verschiedener Konstruktion (deren berühmteste die „Belt-Apparatur" ist) Drücke bis 20000 MPa bei Temperaturen bis 2000 °C über Reaktionszeiten bis zu einigen Stunden erreicht. Ein beträchtlicher Anteil des Weltverbrauchs an Industriediamanten wird bereits auf synthetischem Wege erzeugt. Die Diamanten kristallisieren bei diesen Synthesen aus einer Metallschmelze (vor allem Nickel), in der sich der Kohlenstoff löst, so dass der Vorgang als Kristallisation aus einer Schmelzlösung betrachtet werden kann. Andere Ergebnisse der Hochdrucksynthesen sind die Herstellung von „Borazon", kubischem Bornitrid (BN), das eine ähnliche Härte wie Diamant aufweist, sowie Hochdruckmodifikationen einer Reihe von Verbindungen und Mineralen.

Schließlich ist noch die *Elektrokristallisation* zu erwähnen, die gleichfalls aus Lösungen bzw. aus Schmelzlösungen vorgenommen und in der Technik zur Raffination von Metallen sowie zur Herstellung metallischer Überzüge umfangreich angewendet wird, jedoch zur Züchtung von Einkristallen bisher kaum Anwendung gefunden hat.

Die *Kristallzüchtung aus der Gasphase*, die theoretisch am besten überschaubar ist, findet im Allgemeinen schon bei der Züchtung kleinerer Kristalle ihre Grenzen. Die Züchtung größerer, einwandfreier Kristalle ist bisher erst in wenigen Laboratorien mit beträchtlichem verfahrenstechnischem Aufwand gelungen. Das wesentliche technische Anwendungsgebiet ist in der Präparation von Epitaxieschichten zu sehen. Die gebräuchlichen Züchtungsverfahren sind die Sublimation in geschlossenen oder offenen Systemen mit oder ohne Verwendung von Trägergasen sowie chemische Reaktionen, die sich am wachsenden Kristall abspielen. Zu diesen Verfahren gehört eine Zersetzung flüchtiger Verbindungen an einem heißen Draht, der durch Stromdurchgang erhitzt wird. Besonders interessant sind Verfahren der Kristallzüchtung durch *chemische Transportreaktionen*. Grundlage einer Transportreaktion ist eine chemische Gleichgewichtsreaktion, z. B.

$$2\ WO_3(\text{fest}) + 2\ Cl_2(\text{gasf.}) \rightleftharpoons 2\ WO_2Cl_2(\text{gasf.}) + O_2(\text{gasf.}),$$

deren Partner auf der einen Seite des Gleichgewichts (hier der rechten) sämtlich gasförmig sind. Bei der Transportreaktion reagiert ein Bodenkörper an einer Stelle der Versuchsanordnung mit der Temperatur T_1 unter Bildung der gasförmigen Reaktionsprodukte („Hinreaktion"), diese gelangen durch Diffusion und Konvektion, auch unter Mitwirkung von Trägergasen, in einen Bereich der Versuchsanordnung mit der Temperatur T_2, wo die „Rückreaktion" stattfindet und die feste Phase wieder ausgeschieden wird. Je nach Lage des Gleichgewichts bzw. je nach den Reaktionsenthalpien ist T_1 oder T_2 die höhere Temperatur, d. h., der Transport kann in Richtung auf den wärmeren oder den kälteren Teil der Versuchsanordnung hin geschehen.

Eine *Kristallzüchtung aus fester Phase* wird nur in einzelnen, speziellen Fällen angewendet. So können Verfahren, die durch eine „Sammelkristallisation" beim Tempern eine Kornvergrößerung polykristalliner Materialien bewirken, kaum als Züchtungsverfahren angesprochen werden. Insbesondere für die Züchtung von Einkristallen aus α-Eisen (die wegen des Übergangs von der γ-Modifikation nicht aus der Schmelze gezüchtet werden können) wird das sog. *Strain-anneal-Verfahren* angewendet. Hierbei wird eine polykristalline Probe einer bestimmten, sog. „kritischen" Verformung unterworfen und danach eine Temperung durchgeführt, bei der die Probe einen steilen Temperaturgradienten durchläuft; dabei findet eine Rekristallisation statt, die unter günstigen Bedingungen so geleitet werden kann, dass die Probe im wesentlichen zu einem Einkristall umgewandelt wird.

3.2.5. Auflösung und Ätzung

Die Auflösung oder der Abbau eines Kristalls kann als der reziproke Vorgang zum Kristallwachstum aufgefasst werden. Betrachten wir daraufhin noch einmal das Modell von KOSSEL und STRANSKI) (Bild 3.29), so ist auch bei einem Abbau die Herausbildung glatter Kristallflächen zu erwarten: An einen von glatten Flächen begrenzten Gitterblock sind sämtliche Bausteine (auch die an den Ecken und Kanten) fester gebunden als in der Halbkristalllage; der Abbau einer einmal angebrochenen Gitterebene ist gegenüber dem Beginn des Abbaus einer neuen Gitterebene der wahrscheinlichere Vorgang. Letzterer wiederum muss bei einem perfekten Kristall – in völliger Analogie zum Wachstum – mit der Bildung eines *Lochkeimes* einer bestimmten kritischen Größe beginnen. Allerdings wirken sich Störungen bei der Auflösung nachhaltiger aus als beim Wachstum, so dass es experimentell schwieriger ist, *Auflösungskörper* von Kristallen zu erhalten, die allseitig polyedrisch ausgebildet sind (Bild 3.47). Die Flächen von Auflösungskörpern bleiben meistens gerundet, da stets ein verstärkter Abbau von den Kanten und Ecken her eintritt. Hinzu kommt, dass sich gegenüber dem Wachstum die kinematische Situation umkehrt: Wie man sich anhand von Bild 3.26 verdeutlichen kann, dominieren bei der Auflösung eines Konvexkörpers die Flächen mit den *schnellsten* Verschiebungsgeschwindigkeiten. Eine vollständige kinematische Analogie zum Wachstum eines Konvexkörpers erhält man bei der Auflösung eines Konkavkörpers! Das konnte experimentell durch Auflösungsversuche an Hohlhalbkugeln, die in größere Kristalle hineingebohrt wurden, bestätigt werden.

Der modellmäßige Auflösungsvorgang eines Kristalls ist realiter starken Störungen unterworfen, indem der Abbau bevorzugt an Realstrukturen, wie Ausscheidungen, Punktdefektcluster, Subkorn-, Zwillings- und Domänengrenzen, Versetzungen usw., angreift. Ein besonderes Phänomen ist dabei das Auftreten von *Ätzgrübchen* (engl. *etch pits*). Die typischen Ätzgrübchen haben charakteristische Formen, die von den jeweiligen Bedingungen abhängen (Bilder 3.48 und 3.49). Sie sind an morphologisch wichtige Flächen gebunden und spiegeln die Symmetrie der Kristallfläche wider. Ätzgrübchen lassen sich am besten auf frischen Spaltflächen erzeugen. Sie entwi-

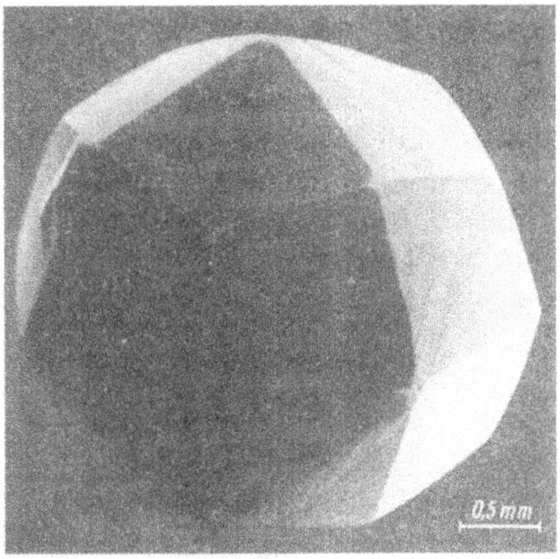

Bild 3.47. *Lösungskörper aus einer Einkristallkugel von Periklas MgO (Kristallklasse m $\bar{3}$ m).*

Ungefähre Indizierung ⌊833⌉. Zur Unterscheidung von Gleichgewichts- und Wachstumsformen {*hkl*} wurden von R. B. HEIMANN besondere Klammern für die Symbolisierung von Lösungsformen ⌊*hkl*⌉ eingeführt. Ätzmittel: 15 Vol.-% konz. H_2SO_4, 15 Vol.-% H_2O, 70 Vol.-% gesättigte NH_4Cl-Lösung; Ätzdauer: 10 Tage bei 25 °C.
Foto: HEIMANN, Stereo-Scan.

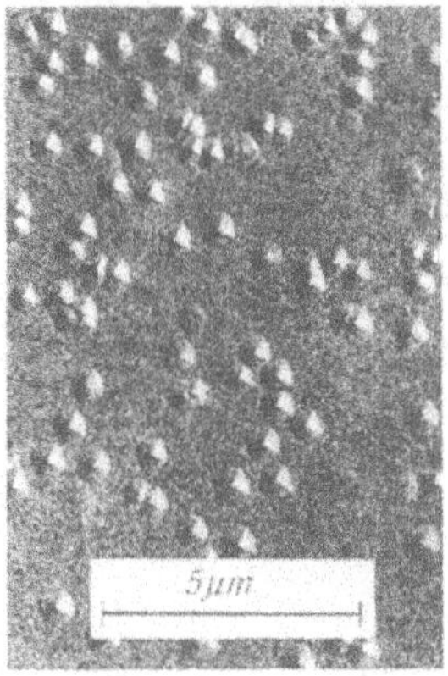

Bild 3.48. *Ätzgrübchen auf einer (100)-Spaltfläche von Lithiumfluorid LiF (Kristallklasse* m $\bar{3}$ m*).*

Ätzmittel: Lösung von 0,01 Masse-% $FeCl_3$ in H_2O; Ätzdauer: 7 s bei 45 °C; elektronenmikroskopische Abdruckaufnahme. Foto: BOHM.

Bild 3.49. *Ätzgrübchen auf Siliciumcarbid* SiC.

a) α-SiC (Kristallklasse (6*mm*), Ätzgrübchen auf (0001);
b) β-SiC (Kristallklasse $\bar{4}$ 3*m*), Ätzgrübchen auf (111).
Ätzung mit geschmolzenem Natriumperoxid Na_2O_2
3 min bei 480 °C; Mikrofotografie in polarisiertem Auflicht. Foto: BOHM und FRICKE.

ckeln sich an den Stellen, wo Versetzungen die Kristalloberfläche durchstoßen und dadurch die Bildung von Lochkeimen erleichtert wird; jedoch müssen für die Ausbildung definierter Atzgrübchen noch weitere diffizile Voraussetzungen eingehalten werden: Die betreffende (ungestörte) Fläche darf nur eine relativ kleine (negative) Verschiebungsgeschwindigkeit aufweisen, und der laterale Abbau der Gitterebenen, der von den an der Versetzung entstehenden Lochkeimen ausgeht, muss sich langsamer vollziehen, als normalerweise zu erwarten wäre. Beispielsweise kommt es bei den im Bild 3.33 dargestellten, von Versetzungen ausgehenden Abdampfstrukturen nicht zur Ausbildung von Ätzgrübchen, diese Strukturen konnten nur durch die spezielle Präparationstechnik sichtbar gemacht werden. Die für die Bildung von Ätzgrübchen notwendige Verminderung des lateralen Abbaus wird durch Komponenten des Ätzmittels bewirkt, die bevorzugt an den vom Lochkeim ausgehenden Stufen adsorbiert werden und deren weiteren Abbau hemmen. Letztlich müssen also die Geschwindigkeiten von drei Vorgängen richtig miteinander koordiniert sein: die des vertikalen und des lateralen Abbaus der Schichten und die der Lochkeimbildung an der Versetzung. Deshalb ist es in manchen Fällen sehr schwierig, geeignete Ätzmittel zu finden. Es gibt keine allgemeingültigen Rezepte, und man bleibt auf ein mehr oder weniger systematisches Probieren angewiesen. Als Ätzmittel werden konzentrierte oder verdünnte Säuren oder Alkalien, aber auch neutrale wässrige oder organische Lösungen in den verschiedensten Mischungen und mit mannigfaltigen Beimengungen, schließlich auch Schmelzen benutzt.

Wegen ihrer relativ einfachen Handhabung auch an größeren, massiven Kristallproben ist die Erzeugung von Ätzgrübchen zu einer Standardmethode für den Nachweis von Versetzungen geworden (BOHM [3.30], JOHNSTON [3.31], SCHAARWÄCHTER [3.32]). Da es sich um einen indirekten Nachweis handelt, muss die Korrelation zwischen Ätzgrübchen und Versetzungen möglichst durch eine andere Nachweismethode sichergestellt sein. Für eine Korrelation zwischen Versetzungen und Ätzgrübchen sprechen gegebenenfalls folgende Indizien:

a) Alle Ätzgrübchen haben die gleiche Größe (da sie alle gleichzeitig zu wachsen beginnen) und enden in einer Spitze.
b) Nach einem Poliervorgang, der die zuerst entstandenen Ätzgrübchen einebnet, und erneutem Ätzen entstehen die Ätzgrübchen an denselben Stellen.
c) Werden Spaltflächen geätzt, dann bilden sich auf den beim Spalten entstehenden gegenüberliegenden Flächenpaaren spiegelbildliche Anordnungen der Ätzgrübchen.
d) Dünne Kristallplättchen zeigen auf Ober- und Unterseite korrespondierende Anordnungen von Ätzgrübchen.
e) Die Ätzgrübchen sind z. T. in Kleinwinkelkorngrenzen oder in Gleitebenen aufgereiht.

Ist eine Korrespondenz zwischen Ätzgrübchen und Versetzungen sichergestellt, sind noch folgende Fragen zu klären: Bewirken alle Versetzungen oder nur ein Teil die Ausbildung von Ätzgrübchen (Unterschiede im BURGERS-Vektor, im Winkel der Versetzungslinie zur Oberfläche und zwischen frischen und – durch Anlagerung von Fremdatomen – gealterten Versetzungen)? Entsteht evtl. ein Teil der Ätzgrübchen durch andere Ursachen als durch Versetzungen?

Durch die gleichen oder ähnlichen Ätzmittel wie für Ätzgrübchen lassen sich auch Korngrenzen, Zwillingsgrenzen und gegebenenfalls Stapelfehler, Domänengrenzen etc. sichtbar machen.

Im Gegensatz dazu wird eine Auflösung von Kristallen unter Bedingungen, bei denen Ungleichmäßigkeiten aller Art möglichst eingeebnet und Störungen nicht hervorgehoben werden, als *chemisches Polieren* bezeichnet; bei leitenden Kristallen wird häufig *elektrolytisches Polieren* angewendet (andererseits können durch elektrolytische „Ätzung" unter geeigneten Bedingungen auch Ätzgrübchen erzeugt werden). Für die Abtragung von Kristalloberflächen werden außerdem das Abdampfen im Vakuum und ein Beschuss mit Ionen (gleichfalls im Vakuum) angewendet, hauptsächlich zur Präparation von sauberen Oberflächen, die frei von adsorbierten Fremdatomen sein sollen (vgl. weiterführende Literatur, z. B. R. B. HEIMANN, K. SANGWAL).

3.2.6. Epitaxie, Topotaxie

Unter Epitaxie versteht man das gesetzmäßig orientierte Aufwachsen eines Filmes (Gast, Adsorbat, Schicht) auf einem kristallinen Substrat (Wirt). Sind Gast- und Wirtskristall kristallographisch und chemisch identisch, so wird das Wachstum als *Homoepitaxie* bezeichnet. Die Bezeichnungsweise ist dabei nicht immer exakt; denn dieser Begriff wird oft auch dann verwendet, wenn sich Substrat und Schicht chemisch geringfügig unterscheiden, wie es bei der Fertigung von Halbleiter-Bauelementen oft der Fall ist (z. B. $Ga_{1-x}In_xAs$ auf GaAs). *Heteroepitaxie* beschreibt das Wachstum auf artfremden Substraten. Speziell für den letzteren Fall sind die Grenzfläche (G) (engl. *interface*) (Bild 3.50) und die hier ablaufenden energetischen Wechselwirkungsvorgänge zwischen beiden Materialien für Keimbildungsvorgang und Wachstumsmechanismus der Schicht von entscheidender Bedeutung. So lässt sich die Energiebilanz bei der Bildung der Konfiguration im oberen Teil von Bild 3.50 durch Abscheidung von <1 Monolage Adsorbat (A) auf dem Substrat (S) unter Vernachlässigung elastischer Verzerrungen definieren nach

$$\Delta\sigma = \tau\sum_i L_i + A(\sigma_G - \sigma_S)\,,$$

wobei A die Flächensumme aller Adsorbatinseln ist, und σ_G beziehungsweise σ_S die spezifischen freien Oberflächenenergien von Grenzfläche und Substrat darstellen. L_i ist die Größe der Grenzflächen (Oberfläche, Umfang) der i-ten Adsorbatinsel mit spezifischer Grenzflächenenergie $\tau \approx \sigma_A$. Weitere Adsorbat-Atome können sich vorerst maximal bis zum Bedeckungsgrad 1 Monolage entweder zwischen den vorhandenen Inseln oder auf diesen Inseln anlagern. Die Anlagerung erfolgt primär an zufälligen Positionen der Probenoberfläche, das heißt sowohl in tiefer liegenden Substrat-Bereichen als auch auf schon gewachsenen Adsorbatinseln. Oft ist die Aktivierungsenergie für Oberflächendiffusion der neu angelagerten Adsorbat-Atome gering, so dass diese schnell zu einer energetisch vorteilhaften endgültigen Position wandern können. In der Regel ist dies eine Position am Rande einer schon vorhandenen Insel, was eine Analogie zur Halbkristallage im Volumenkristall darstellt. SCHWOEBEL [3.33] wies aber darauf hin, dass für die Diffusion von auf einer Insel angelagerten Adsorbat-Atomen hinab zum Fuße dieser Insel (also in die energetisch günstigste Position) oft eine hohe Aktivierungsenergie nötig ist. Eine solche *SCHWOEBEL-Barriere* kann, neben dem oben genannten Gleichgewicht der freien Oberflächenenergien ein Grund dafür sein, dass einmal gebildete Inseln bevorzugt weiter wachsen.

Auch für nachfolgende Schichten lässt sich eine analoge energetische Betrachtung durchführen. Dabei ist jedoch zu beachten, dass dann wegen der zumindest teilweisen Bedeckung der Substratoberfläche durch eine oder mehrere Adsorbatschichten σ_S durch einen korrigierten Term σ_S^* zu ersetzen ist. Hierin ist eine Ursache dafür zu sehen, dass sich nach Abscheidung einer oder weniger geschlossener Adsorbatschichten der Wachstumsmechanismus spontan ändern kann.

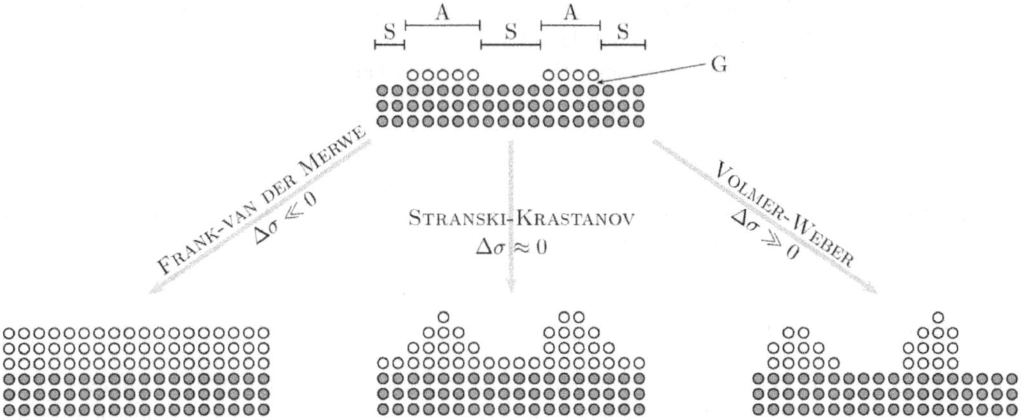

Bild 3.50. *Wachstumsmechanismen bei der Epitaxie.*

Oben: Das Substrat (S) ist partiell (<1 Monolage) von einer Adsorbatschicht (A) bedeckt. Unten: Je nach Größe der spezifischen freien Oberflächenenergien σ_S, σ_A und der spezifischen Grenzflächenenergie σ_G kann das Wachstum nach verschiedenen Mechanismen stattfinden.

Zur Klassifizierung der Wachstumsvorgänge epitaktischer Systeme dient allgemein eine Einteilung in drei Wachstumsmodi, die von BAUER [3.34] vorgeschlagen wurden.

Demnach unterscheidet man:

- Für $\Delta\sigma << 0$: Lagenwachstum, zweidimensionales Wachstum (FRANK-VAN DER MERWE), starke Wechselwirkung zwischen Schicht und Substrat (größer als innerhalb der Schicht), vollständige Benetzung des Substrates.
- Für $\Delta\sigma >> 0$: Inselwachstum, dreidimensionales Wachstum (VOLMER-WEBER), geringe Wechselwirkung zwischen Schicht und Substrat, keine vollständige Benetzung des Substrates, Clusterbildung als Folge der Mobilität der Adsorbatteilchen auf der Substratoberfläche. Das System kann durch das „Freihalten" von möglichst viel Substratoberfläche mit geringer Oberflächenenergie die Gesamtoberflächenenergie klein halten.
- Für $\Delta\sigma \approx 0$: Lagenwachstum in einer oder wenigen Schichten, gefolgt von Inselwachstum oberhalb dieser Benetzungsschicht (engl. *wetting layer*) (STRANSKI-KRASTANOV). Grund des Wechsels kann die Verringerung der Wechselwirkung später aufwachsener Schichten mit dem inzwischen weiter entfernten Substrat sein.

Aus dem Verhältnis der Grenzflächenenergien der beteiligten Komponenten läßt sich nach dem Verfahren von BAUER abschätzen, nach welchem Wachstumsmechanismus ein epitaktisches System wächst, sofern keine kinetischen Hemmungen vorliegen. Die Größe der Grenzflächenenergie σ_G ist im Allgemeinen viel geringer als die der Oberflächenenergien σ_A, σ_S und fällt oft erst dann entscheidend ins Gewicht, wenn die Differenz zwischen σ_A und σ_S gering ist, etwa bei Homoepitaxie. Für Homoepitaie ist zunächst grundsätzlich reines Lagenwachstum zu erwarten, da hier $\sigma_G = 0$ gilt. Im Kontrast dazu führt $\sigma_G = \sigma_S$ zu reinem Inselwachstum, aus entropischen Gründen tritt zusätzlich zwischen den Inseln Abstoßung auf. Die Grenzflächen-Energie σ_G wird vor allem dann groß, wenn sich Substrat und Schicht deutlich unterscheiden. Dies ist in der Regel dann gegeben, wenn in beiden Substanzen unterschiedliche Bindungsverhältnisse vorherrschen. Aber auch bei ähnlichen Bindungsverhältnissen können große σ_G auftreten, falls sich die Atomabstände oder Gitterkonstanten von Substrat (a_S) und Adsorbat beziehungsweise Schicht (a_A) stark unterscheiden. Die aufwachsende Schicht ist dann Zug- ($a_A < a_S$) oder Druckspannungen ($a_A > a_S$) unterworfen. Die genaue Berechnung der daraus folgenden elastischen Energiebeiträge ρ_{elast} zu σ_G erfordert die Beschreibung der elastischen Verzerrung ε als Tensor; aber in guter Näherung kann für den Fall, dass die Schicht kohärent (pseudomorph) auf dem Substrat aufwächst,

$$\rho_{elast} = (1/2)E\varepsilon^2$$

angenommen werden, womit die elastische Energiedichte ρ_{elast} nur linear vom YOUNGschen Modul E und quadratisch von der elastischen Verzerrung ε abhängt, die hier einer Fehlpassung (engl. *misfit*) f:

$$\varepsilon \approx f = (a_A - a_S)/a_S$$

entspricht. Schon für mäßige Fehlpassungen von etwa 1% kann ρ_{elast} die Größenordnung einiger 100 J/mol erreichen und damit das Gleichgewicht der freien Oberflächenenergien deutlich beeinflussen. Als Bedingung für pseudomorphes Wachstum gilt $f < f_S$, wobei f_S die sogenannte Stabilitätsgrenze darstellt. Oft wird $|f_S| \approx 9\%$ angenommen, aber der Betrag dieses Grenzwertes verringert sich mit zunehmender Schichtdicke und ist für negative Fehlpassungen (Atomabstände in der Schicht kleiner als im Substrat) eher größer, für positive Fehlpassungen eher kleiner. Für $|f| > |f_S|$ tritt plastische Relaxation der Schicht durch Bildung von Fehlpassungs-Versetzungen (engl. *misfit dislocations*) ein.

Natürliche Beispiele gesetzmäßig orientierter Aufwachsungen bzw. „Verwachsungen" von Kristallen verschiedener Art sind zuerst aus der Mineralwelt bekannt geworden; so verwächst Albit $NaAlSi_3O_8$ (Kristallklasse $\bar{1}$) orientiert mit Orthoklas $KAlSi_3O_8$ ($2/m$), wobei jeweils die

(010)-Flächen und die [001]-Kanten der beiden Partner parallel orientiert sind. Zahlreiche weitere Beispiele wurden durch v. VULTÉE [3.35] zusammengestellt. Hierzu gesellten sich experimentelle Beispiele aus den Laboratorien: Lässt man auf einer Rhomboederfläche von Kalkspat $CaCO_3$ aus einer wässrigen Lösung Natriumnitrat $NaNO_3$ auskristallisieren, so scheiden sich Rhomboeder von $NaNO_3$ ab, die so orientiert sind, dass die Gitter der beiden isotypen Kristalle parallel zueinander liegen. Andere markante Beispiele sind die orientierte Abscheidung von Alkalihalogeniden aus wässriger Lösung auf frischen Spaltflächen von Glimmer oder von Flußspat, die orientierte Abscheidung von Eis aus der Dampfphase auf unterkühlten Kristallen von Bleiiodid PbI_2 (Bild 3.51), die für die Erzeugung von künstlichem Regen eine Rolle spielt, die orientierte Abscheidung einer Reihe von Metallen beim Aufdampfen auf Spaltflächen von Alkalihalogeniden sowie orientierte Aufwachsungen organischer Substanzen auf Ionenkristallen, z. B. von Alizarin auf NaCl (Bild 3.52). Das Gesetz der Aufwachsung lautet hier (in der allgemein üblichen Formulierung): (010)-Alizarin || (001)-NaCl und [001]-Alizarin || [110]-NaCl.

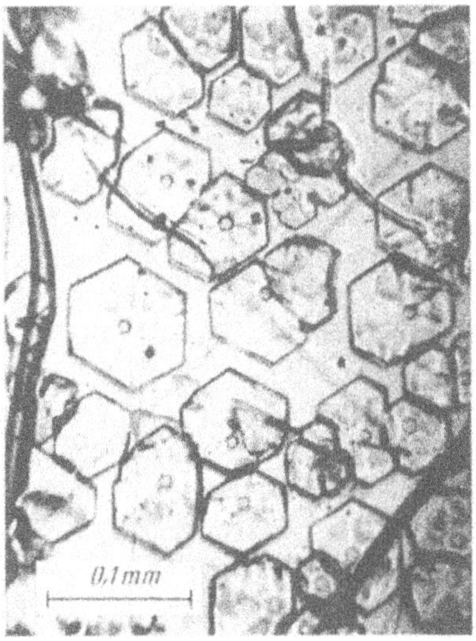

Bild 3.51. *Orientierte Aufwachsung von Eis auf der Basisfläche von Bleiiodid* PbI_2.
Aufn.: KLEBER und WEIS [3.34].

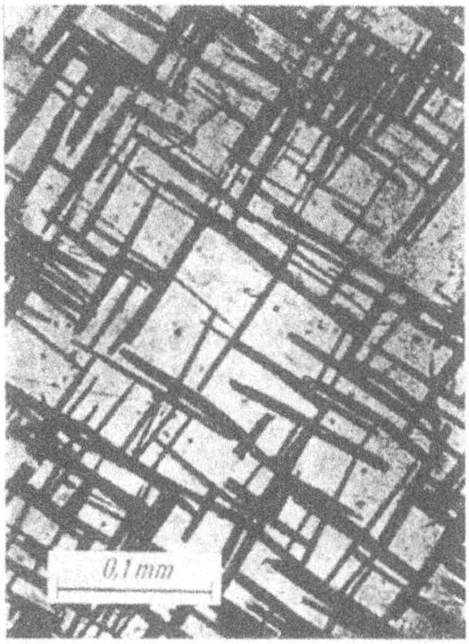

Bild 3.52. *Orientierte Aufwachsung von Alizarin auf einer (100)-Fläche von Halit* NaCl.
Aufn: NEUHAUS [3.35].

Bei den orientierten Verwachsungen der Mineralwelt sind die Partner meistens gleichzeitig auskristallisiert, und sie stellen Eutektika dar, die mit einer gesetzmäßigen Orientierung der Komponenten auskristallisieren. Bei der technisch durchgeführten Epitaxie wird auf einem vorgegebenen Kristall (Unterlage, Träger, Substrat) eine zweite kristallisierte Phase (Gast, Deposit) aus einem dispersen Zustand abgeschieden. Neben den Fällen, wie sie auf den Bildern dargestellt sind, bei denen sich einzelne Kriställchen orientiert abscheiden, gibt es die technisch oft angestrebte Möglichkeit, dass das Deposit eine geschlossene Schicht (einen Film) bildet, deren einkristalline Struktur und Orientierung durch Elektronen- oder Röntgenbeugung nachzuweisen sind. Eine große technische Bedeutung hat die Epitaxie von Halbleiterschichten für die Herstellung integrierter Bauelemente erlangt. So werden die meisten elektronischen Bauelemente heute nach der „Planar-Epitaxie-Technik" gefertigt, wobei manche dieser Bauelemente oft aus einer ganzen Folge von epitaktischen Schichten aus Metallen, Halbleitern und Isolatoren bestehen. Neben einfachen Verdampfungsverfahren (engl. *physical vapour deposition*, PVD) kommen dabei auch Methoden zum Einsatz, bei denen die abzuscheidende Substanz aus flüchtigen Ausgangsstoffen (*Precursor*) erst unmittelbar an der Substratoberfläche gebildet und dort abgeschieden wird. Durch solche Verfahren der chemischen Abscheidung (engl. *Chemical Vapour Deposition*, CVD), wird für manche Substanzen Epitaxie überhaupt erst möglich, wenn direkte Verdampfung wegen zuvor erfolgender Zersetzung nicht möglich ist.

Es mag zunächst überraschen, dass Epitaxie auch zwischen Partnern mit grundlegend verschiedenem kristallchemischem Charakter stattfinden kann (vgl. NEUHAUS [3.37]), wenngleich u. U. nur bei Einhaltung diffiziler Versuchsbedingungen. Ein erstes Verständnis zur Deutung des außerordentlich umfangreichen Beobachtungsmaterials brachte die Vorstellung, dass die Epitaxie durch eine – mehr oder weniger genaue – Übereinstimmung von Gitterabständen entlang den verwachsenden Netzebenen bedingt wird, und zwar am günstigsten durch eine zweidimensionale geometrische Analogie (Bild 3.53). Zunächst hat man solchen strukturgeometrischen Beziehungen die ausschlaggebende Rolle für eine Epitaxie zugemessen. Inzwischen sind Beispiele bekannt geworden, bei denen sich trotz genauer Übereinstimmung entsprechender Gitterabstände zwischen beiden Partnern keine Epitaxie erreichen lässt; außerdem ist beim Auftreten von Epitaxie einer Substanz auf einer zweiten nicht von vornherein gewährleistet, dass auch die umgekehrte Epitaxie der zweiten Substanz auf der ersten durchgeführt werden kann. Andererseits gibt es zahlreiche Beispiele, dass eine Epitaxie trotz größerer Unterschiede (bis zu 15 %) in den betreffenden Gitterparametern (*Fehlpassung*, engl. *misfit*) zustande kommt. Nach dem Modell von FRANK und VAN DER MERWE [3.38] werden die Gitterparameter der aufwachsenden Atomschicht durch eine elastische Deformation im Potentialfeld des Substrats dessen Gitterparametern angepasst, so dass die Atomschicht gewissermaßen „pseudomorph" aufwächst. Wenn jedoch die Differenzen zwischen den (undeformierten) Gitterparametern von Substrat und Deposit rd. 5 % überschreiten, verbleibt trotz dieser elastischen Deformation noch eine gewisse effektive Fehlpassung, die dann durch eine periodische Anordnung von sog. *Fehlpassungsversetzungen*- (engl. *misfit dislocations*) in der Grenzfläche aufgenommen wird. Auch die im Substratkristall gegebenenfalls bereits vorhandenen Versetzungen spielen dabei eine Rolle (vgl. z. B. WOLTERSDORF [3.39]). Neben den strukturgeometrischen Beziehungen haben sich als weitere wichtige Parameter für eine Epitaxie die Realstruktur der Oberfläche des Substrats (Stufen, Adsorbate), die Temperatur und die Aufwachsgeschwindigkeit erwiesen. Bei einer Abscheidung des Deposits aus der gasförmigen Phase (VPE – eng. *vapour phase epitaxy*) lässt sich die Temperatur des Substrats über große Bereiche variieren – im Gegensatz zur Abscheidung aus einer Lösung oder Schmelzlösung (LPE – engl. *liquid phase epitaxy*). Eine besondere Technik ist die Abscheidung aus einem Molekularstrahl (MBE – engl. *molecular beam epitaxy*).

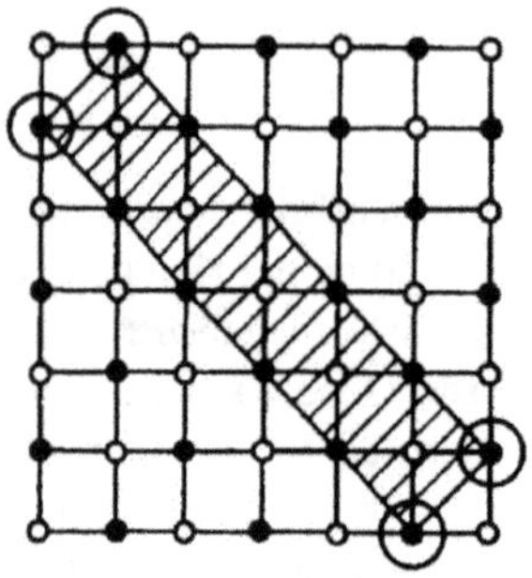

Bild 3.53. *Strukturbeziehungen der Verwachsungsflächen bei der orientierten Aufwachsung von Alizarin auf Halit.*

Es ist die Auflage einer Elementarmasche von Alizarin mit den Gitterkonstanten $a = 2{,}1$ nm und $c = 0{,}375$ nm auf einer (100)-Netzebene von NaCl dargestellt. Bei NaCl beträgt der Abstand zweier gleichnamiger Ionen auf der (100)-Fläche in Richtung der Flächendiagonalen 0,398 nm und korrespondiert mit c von Alizarin. Die Distanz $5 \cdot 0{,}398$ nm $= 1{,}99$ nm korrespondiert mit a von Alizarin.

Oft wird eine vollständig orientierte Abscheidung erst beim Überschreiten bestimmter kritischer Temperaturen erreicht. Als Vorstufe kann es zu einer Abscheidung kommen, bei der sich die Orientierungen statistisch um eine Vorzugsorientierung gruppieren, so dass wir von Verwachsungstexturen sprechen können. In Abhängigkeit von der Temperatur können auch unterschiedliche Verwachsungsgesetze wirksam werden; u. U. können Verwachsungen nach verschiedenen Gesetzen gleichzeitig nebeneinander auftreten, insbesondere bei höheren Temperaturen.

Die molekularkinetischen Vorgänge bei einer Epitaxie sind ziemlich kompliziert. Der Initialvorgang ist eine heterogene Keimbildung (s. Abschn. 3.2.1.) auf der Unterlage. Die kritische Keimgröße kann dabei sehr gering sein und sich u. U. in der Größenordnung von einigen Atomen bewegen, so dass zahlreiche Keime gebildet werden. In vielen Fällen folgen die einzelnen Keime zwar der durch das Verwachsungsgesetz gegebenen Orientierung der Verwachsungsflächen, jedoch ist die azimutale Orientierung innerhalb der Verwachsungsebene noch nicht ausgeprägt. Mit zunehmender Abscheidung nimmt zunächst die Keimanzahl zu, ohne dass die Keime wesentlich wachsen, die durchschnittliche azimutale Orientierung verbessert sich dabei nur geringfügig. Wenn die Keime so zahlreich werden, dass sie miteinander in Kontakt kommen, findet ein „Zusammenlaufen" (*Koaleszenz*) der Keime statt, wobei gleichzeitig die richtige azimutale Orientierung hergestellt wird. Die Kristallite erlangen in dieser Phase eine flüssigkeitsähnliche Beweglichkeit und stellen die azimutale Orientierung durch eine Drehung her. Die letzte Phase bei der Entstehung von Epitaxieschichten ist das Auffüllen (engl. *filling in*) der noch freien Zwischenräume in der Schicht und das weitere Dickenwachstum, wobei gegebenenfalls Keime, die die richtige azimutale Orientierung nicht vollzogen haben, überwachsen werden. – Es versteht sich, dass angesichts der Vielfalt von Epitaxievorgängen auch andere Abläufe auftreten und die komplexen Wachstumsvorgänge eine vielfältige Realstruktur bedingen.

Insbesondere in der Halbleitertechnologie ist es gebräuchlich, auf einen entsprechend präparierten Kristall eine Schicht aus der gleichen Substanz, jedoch mit anderer Dotierung und anderen elektronischen Eigenschaften orientiert abzuscheiden, gewissermaßen als Parallelverwachsung. Auch hierfür wird der Begriff Epitaxie oder, spezifiziert, *Homoepitaxie* verwendet. Will man den Gegensatz zur Homoepitaxie betonen, dann wird die orientierte Abscheidung verschiedenartiger Substanzen als *Heteroepitaxie* bezeichnet. Ferner gibt es Vorgänge, bei denen durch eine chemische Reaktion der Oberflächenschicht des Substratkristalls mit einer anderen Substanz eine orientierte Reaktionsschicht auf dem Kristall entsteht; sie werden als *Chemoepitaxie* bezeichnet. Es ist ferner gelungen, eine orientierte Abscheidung auf einem ansonsten indifferenten Substrat zu erhalten, in das man zuvor ein feines Strichgitter eingeritzt hatte, wofür der Begriff *Graphoepitaxie* geprägt wurde.

Ein mit der Epitaxie verwandter Vorgang ist die Bildung von *Adsorptionsmischkristallen*. Man versteht darunter Mischkristalle, bei denen eine Gastkomponente in einen kristallchemisch völlig verschiedenartigen Wirtskristall orientiert mit einer bestimmten strukturgeometrischen Relation eingelagert wird. Diese Einlagerung geschieht durch eine heterogene Keimbildung und Abscheidung einer Schicht mit einer Dicke von wenigen Atomlagen; diese Schicht wird vom Wirtskristall wieder überwachsen, und der Vorgang wiederholt sich gelegentlich. Es ist charakteristisch, dass diese Abscheidung auch bei einer Untersättigung der Gastkomponente in der umgebenden Phase stattfinden kann. Bekannte Beispiele sind der Einbau der Farbstoffe Eosin und Fluoreszein in Bleiazetat.

Strukturelle Relationen spielen ferner bei der Bildung *orientierter Ausscheidungen* eine Rolle. Sie können in Kristallen entstehen, die Beimengungen in Form fester Lösungen enthalten, wenn deren Löslichkeitsbereich überschritten wird (Bild 3.54). Derartige Vorgänge werden als *Endotaxie* bezeichnet. Des weiteren werden Reaktionen aller Art in Kristallen, insbesondere chemische Reaktionen, die – in situ – zu einer neuen kristallisierten Phase mit einer strukturellen Orientierungsrelation zum Ausgangskristall führen, als *Topotaxie* bezeichnet (Kleber [3.41]). So führt die Entwässerung von Brucit $Mg(OH)_2$ (Kristallklasse $\bar{3}\,m$) zu Periklas MgO ($m\,\bar{3}\,m$), wobei bestimmte Strukturrelationen zwischen beiden Partnern aufrechterhalten bleiben. Bei den Silikaten kennt man ganze topotaktische Reaktionsreihen, bei denen die einzelnen Kristallphasen unter weitgehender Erhaltung von Elementen der Ausgangsstruktur aufeinanderfolgen. – Schließlich gibt es noch den Begriff der *Heterotaxie*, worunter alle Vorgänge zusammengefasst werden, die von einer heterogenen Keimbildung ausgehen und zu einem gesetzmäßig orientierten Verband verschiedener Kristallarten führen (KLEBER [3.41]).

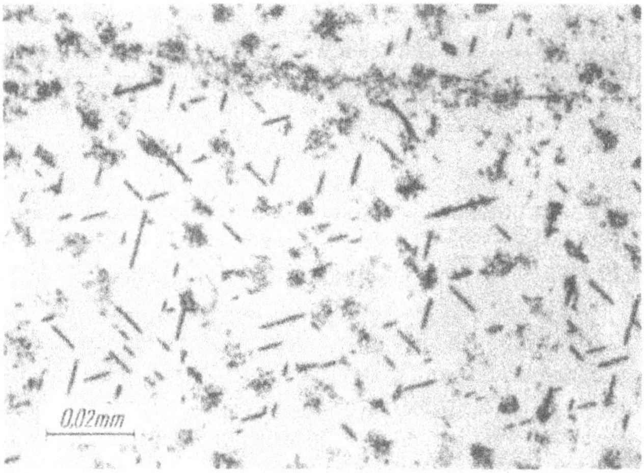

Bild 3.54. *Orientierte Ausscheidungen in Zirkondiborid* ZrB_2.

Die Natur der Ausscheidungen ist nicht eindeutig geklärt, es kann sich um ZrB, ZrN oder ZrO handeln.
Aufn.: HAGGERTY et al. [3.40].

3.3. Vorgänge in Kristallen

Für die Vorgänge in Kristallen, die durch physikalisch-chemische Betrachtungen zu erschließen sind, können wir folgenden Katalog aufstellen:

1. *Diffusion* einschließlich *Selbstdiffusion*. Sie ist die Grundlage aller Vorgänge in Kristallen, die substantiellen Charakter tragen (Abschn. 3.3.1.).
2. *Reaktionen von Realstrukturen* einschließlich von Vorgängen ihrer Entstehung, Bewegung und Ausheilung. Hierzu gehört auch die *Erholung* (s. S. 325).
3. *Rekristallisation*. Im engeren Sinne bezeichnet die Rekristallisation eine Umkristallisation ohne Änderung der Modifikation. Zur Abgrenzung gegenüber Erscheinungen, wie Erholung, Polygonisation, Aushärten usw., ist eine Rekristallisation dadurch charakterisiert, dass sich Großwinkelkorngrenzen im Material verschieben. Die treibende Kraft beruht auf dem Abbau von Korngrenzenenergie, von Verformungsenergie oder anderen Fehlordnungsenergien. Im weiteren Sinne wird mit Rekristallisation auch eine Umkristallisation infolge einer Modifikationsänderung bezeichnet.
4. *Phasenübergänge*. Im kristallisierten Zustand können in Abhängigkeit von den thermodynamischen Parametern Phasenübergänge auftreten. Hierzu gehören Änderungen der Modifikation, aber auch Übergänge, die ohne Änderung der Kristallstruktur verlaufen, z. B. Übergänge, die magnetische Kristalle bei der CURIE-Temperatur oder der NEEL-Temperatur erfahren (Abschn. 3.3.2.). Bleibt bei einem Phasenübergang die alte Kristallgestalt erhalten und stimmt dann nicht mehr mit der neuen Kristallstruktur überein, liegt eine *Paramorphose* vor.

5. *Chemische Reaktionen in Kristallen (Festkörperreaktionen).* Hierzu gehören die thermischen Zersetzungen und Entwässerungsreaktionen, Oxydationsreaktionen, Ausscheidungen und Reaktionen zwischen festen Phasen. Bleibt bei einer substantiellen Umwandlung eines Kristalls die alte Kristallgestalt erhalten, liegt eine *Pseudomorphose* vor.
6. *Vorgänge bei Einwirkung ionisierender Strahlung* (Abschn. 3.3.3.).
7. *Vorgänge infolge mechanischer Bearbeitung.* Bei einer mechanischen Bearbeitung von Kristallen, z. B. durch Mahlen, kommt es unter Aufnahme von Reibungs- und Stoßenergie zu Veränderungen der Struktur im Bereich der Oberfläche. Die Vorgänge, die beim mechanischen Eingriff in das Gefüge fester Körper ablaufen, werden als *Tribomechanik* bezeichnet. Allgemeiner umfasst der Begriff der *Tribophysik* die Wechselwirkungen zwischen mechanischen Eingriffen und physikalischen Erscheinungen, wozu Änderungen des Kristallgefüges bis zu einer Amorphisierung, kristallchemische Umwandlungen, dynamische Vorgänge lokaler Aufschmelzung und lokaler Bildung plasmaartiger Zustände während des Eingriffs, Emission von Elektronen *(Exoelektronen)* und von Licht *(Tribolumineszenz)* gehören. Schließlich können aus mechanischen Eingriffen chemische Aktivierungen und Reaktionen resultieren, die unter *Tribochemie* zusammengefasst werden.

3.3.1. Diffusion in Kristallen

Im Gegensatz zur Diffusion in gasförmigen und flüssigen Phasen, denen eine mehr oder weniger freie Beweglichkeit der Atome oder Moleküle inhärent ist, erhebt sich bei Kristallen sofort die Frage nach dem Bewegungsmechanismus bei einer Diffusion. Der einfachste Mechanismus besteht theoretisch darin, dass zwei benachbarte Atome ihre Plätze tauschen. Wegen der mit einem direkten Platzwechsel verbundenen starken Verzerrung des Gitters sind jedoch so hohe Aktivierungsenergien erforderlich, dass dieser Mechanismus im Allgemeinen nicht in Frage kommt (Tab. 3.2). Die geringsten Aktivierungsenergien erfordert in vielen Fällen der Leerstellenmechanismus: Ein Atom rückt in eine benachbarte Leerstelle und so weiter, so dass der Vorgang formell auch als eine Diffusion von Leerstellen betrachtet werden kann. Des weiteren können sich Atome durch Sprünge über Zwischengitterplätze bewegen; hierfür weist Tabelle 3.2 wieder eine sehr große Aktivierungsenergie aus; jedoch gibt es auch Systeme, z. B. Einlagerungsmischkristalle, in denen für die kleinere Atomart (bzw. Ionenart) der Zwischengittermechanismus so geringe Aktivierungsenergien benötigt, dass er gegenüber dem Leerstellenmechanismus den Vorrang erhalten kann. Schließlich sind auch Mechanismen diskutiert worden, in denen Gruppen von Atomen simultan eine kollektive Bewegung ausführen. So ist z. B. ein „Ringtausch" denkbar, bei dem mehrere Atome in ringförmiger Anordnung gemeinsam um einen Platz in diesem Ring weiterrücken, wofür sich eine überraschend niedrige Aktivierungsenergie errechnet. Die Aktivierungsenergien für die Diffusion bewegen sich in vielen Fällen in der Größenordnung der Schmelz- oder Sublimationswärme und sind für vergleichbare Substanzen annähernd proportional der Schmelztemperatur.

Tabelle 3.2. *Aktivierungsenergien E_A für verschiedene Mechanismen der Selbstdiffusion in Kupfer.*

Diffusionsmechanismus	E_A in eV
Direkter Platzwechsel	11,0
Leerstellendiffusion	2,8
Zwischengitterdiffusion	10,0
Ringmechanismus mit vier Atomen	3,9

Ein Realkristall bietet aber neben der Diffusion durch das (bis auf Punktdefekte) ungestörte Gitter (*Volumendiffusion*) noch andere Wege für die Bewegung von Atomen. So gibt es die Möglichkeit einer Diffusion entlang von Versetzungen *(Pipe-Diffusion)*, entlang von Korngrenzen aller Art und entlang der Oberfläche *(VOLMER-Diffusion)*, deren Aktivierungsenergien beträchtlich unter denen der Volumendiffusion liegen können. Infolgedessen kann die Diffusion in Kristallen einen sehr komplexen Vorgang darstellen, worin die topographischen Besonderheiten der beteiligten Realstrukturerscheinungen zur Auswirkung kommen.

Die Diffusion ist ein irreversibler Vorgang, zu dessen exakter Beschreibung, insbesondere in Festkörpern, auf die weiterführende Literatur (z. B. ROSENBERGER, PAUFLER, SCHMALZRIED, SHEWMON, ENGELS, WILKE/BOHM) verwiesen sei. Bei der Diffusion resultiert aus der ungeordnet-statistischen Bewegung der Teilchen ein Netto-Teilchenstrom (Diffusionsstrom) $j_i = N_i/At$, welcher die Zahl N_i der in der Zeit t durch eine Fläche A in der Richtung x netto hindurchtretenden Teilchen der Sorte i bezeichnet. Nach dem 1. FICKschen Gesetz (FICK1855) ist dieser Teilchenstrom dem Gradienten $\partial c_i/\partial x$ der Teilchendichte $c_i = N_i/V$ proportional:

$$j_i = -D_i(\partial c_i / \partial x)$$

(das negative Vorzeichen wird gesetzt, weil der Teilchenstrom j_i dem Gradienten $(\partial c_i/\partial x)$ entgegengerichtet ist). Der partielle Diffusionskoeffizient $-D_i$ (der Teilchensorte i) hängt dabei sowohl von der Konzentration (Teilchendichte) c_i der Komponente (Teilchensorte) i selbst als auch von den Konzentrationen und den Konzentrationsgradienten aller übrigen Komponenten des Systems ab. Lediglich in stark verdünnten (also annähernd idealen) und bezüglich der übrigen Komponenten homogenen Lösungen bzw. auch bei der Selbstdiffusion entfällt diese Abhängigkeit, und man hat dann einen (idealen) Komponentendiffusionskoeffizienten D_i^{id}. Für ein binäres System (aus den Komponenten 1 und 2) kann das 1. FICKsche Gesetz auch mit Hilfe nur eines gemeinsamen oder chemischen Diffusionskoeffizienten D_{12} formuliert werden, der sich aus den betreffenden partiellen Diffusionskoeffizienten D_1 und D_2 nach der DARKENschen Formel ergibt (welche allerdings bei Festkörpern nicht uneingeschränkt anwendbar ist):

$$D_{12} = x_2 D_1 + x_1 D_2$$

(mit den Molenbrüchen x_1 und x_2 der beiden Komponenten).

In vielen Festkörpern bewegen sich die Diffusionskoeffizienten (bei rd. 500 °C) in der Größenordnung von 10^{-12} m²/s und hängen sowohl von der Temperatur als auch vom Druck ab. (Für wässrige Lösungen sowie Metall- oder Salzschmelzen sind hingegen Diffusionskoeffizienten um 10^{-8} m²/s typisch.) Die Temperaturabhängigkeit wird durch eine ARRHENIUS-Beziehung wiedergegeben:

$$D_i = D_i^0 \exp(-E_\mathrm{A}^{(i)}/kT) .$$

Demnach erhält man beim Auftragen von $\ln D_i$ gegen $1/T$ eine Gerade. Die Größe D_i^0 wird als Frequenzfaktor bezeichnet und lässt sich durch eine Betrachtung der Wärmeschwingungen erschließen; $E_\mathrm{A}^{(i)}$ ist die oben diskutierte Aktivierungsenergie (bzw. Aktivierungsenthalpie) für die Diffusion.

Bei Kristallen, die nicht zum kubischen Kristallsystem gehören, ist schließlich noch zu berücksichtigen, dass die Diffusion anisotrop, also richtungsabhängig ist. Ein solches Beispiel bietet das Wismut (Kristallklasse $\bar{3}\,m$), für das bei der Selbstdiffusion $D_i^0 = 1{,}2 \cdot 10^{-3}$ cm²/s parallel zur c-Achse und $D_i^0 = 6{,}9 \cdot 10^{-4}$ cm²/s senkrecht zur c-Achse sowie Aktivierungsenergien $E_\mathrm{A} = 1{,}3$ eV parallel zu c und $E_\mathrm{A} = 6{,}1$ eV senkrecht zu c festgestellt wurden. Bei einer Formulierung der Diffusionsgesetze in drei Dimensionen werden der Teilchenstrom und der Konzentrationsgradient durch Vektoren beschrieben, und der Diffusionskoeffizient stellt einen polaren Tensor zweiter Stufe dar (vgl. die Formulierung der Wärmeleitung im Abschn. 4.2.2.). Wir beschränken uns hier einfacherweise auf die eindimensionale (isotrope) Beschreibung.

Da bei einer Diffusion Teilchen weder erzeugt noch vernichtet werden, gilt als Erhaltungssatz die Kontinuitätsgleichung:

$$\delta c_i / \delta t + \delta j_i / \delta x = 0.$$

Einsetzen des 1. FICKschen Gesetzes liefert mit:

$$\delta c_i / \delta t = (\delta/\delta x)[D_i(\delta c_i / \delta t)]$$

das 2.FICKsche Gesetz, welches den Zeitablauf einer Diffusion beschreibt. Der Diffusionskoeffizient D_i darf nur dann als konstant vorausgesetzt und vor die Differentialoperatoren gezogen werden, wenn er unabhängig vom Ort, d. h. wegen $\partial c_i / \partial x \neq 0$ auch unabhängig von der Konzentration ist. Gerade das ist aber insbesondere bei Festkörpern im Allgemeinen nicht der Fall. Somit ist die sonst übliche Formulierung des 2. FICKschen Gesetzes

$$\delta c_i / \delta t = D_i (\delta^2 c_i / \delta x^2)$$

bei Festkörpern nur unter der Voraussetzung weitgehend idealer Mischbarkeit, wie z. B. bei der Selbstdiffusion, anwendbar. Für Lösungen des FICKschen Differentialansatzes unter den jeweiligen Randbedingungen sei auf die einschlägige weiterführende Literatur (z. B. P. PAUFLER, G. E. R. SCHULZE, H. SCHMALZRIED, J. BOHM) verwiesen. Für viele Versuchsanordnungen ist typisch, dass sich zwei Proben A und B mit unterschiedlichen Ausgangskonzentrationen c_i^A und c_i^B der betrachteten Komponente entlang einer ebenen Kontaktfläche berühren, durch welche hindurch die Diffusion vor sich geht (Bild 3.55). Insoweit die Proben senkrecht zur Kontaktfläche als unbegrenzt bzw. als groß gegen $\sqrt{2D_i t}$ (dem mittleren während der Zeit t von den Teilchen zurückgelegten Diffusionsweg) angenommen werden können, erhält man als Lösung ein parabolisches Zeit-Abstands-Gesetz der Form:

$$x_c = a_c \sqrt{t}\ ,$$

wonach x_c die Distanz von der Kontaktfläche ($x = 0$) darstellt, in welcher nach Ablauf der Zeit t eine bestimmte Konzentration c_i^0 (zwischen c_i^A und c_i^B) anzutreffen ist; a_c ist eine Konstante, die von dem für c_i^0 gewählten Wert und dem Diffusionskoeffizienten D_i abhängig ist. Diese

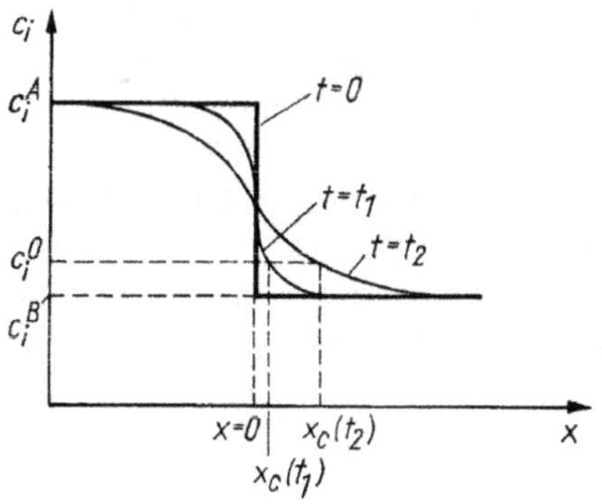

Bild 3.55. *Verlauf der Konzentration* c_i *bei „eindimensionaler" Diffusion.*

Konzentrationsverläufe für $t = 0$ (Beginn der Diffusion) und nach einer Diffusionszeit $t = t_1$ sowie $t = t_2 > t_1$.

parabolische Abhängigkeit der Distanz x_c von der Zeit t ist gleichzeitig ein Kriterium dafür, ob eine ungestörte Volumendiffusion vorliegt. Diese Lösung ist allerdings an die Voraussetzung eines konstanten, von der Konzentration unabhängigen partiellen Diffusionskoeffizienten D_i gebunden, welche jeweils nur für einen gewissen begrenzten Konzentrationsbereich angenommen werden kann.

Die Konzentrationsabhängigkeit des partiellen Diffusionskoeffizienten D_i wird durch thermodynamische Betrachtungen erschlossen. Wir wollen nur das Ergebnis zur Kenntnis nehmen:

$$D_i = B_i kT\,(1 + \delta \ln f_i / \delta \ln x_i\,).$$

B_i ist ein temperaturabhängiger Faktor (bzw. bei anisotropen Kristallen ein Tensor zweiter Stufe), der als Beweglichkeit bezeichnet wird; x_i ist jetzt der Molenbruch und f_i der thermodynamische Aktivitätskoeffizient der Komponente *i*. Der Klammerausdruck wird *thermodynamischer Faktor* genannt und bringt die Konzentrationsabhängigkeit zum Ausdruck. Bei idealer Mischbarkeit wird dieser Faktor 1 und entfällt. Es ist wesentlich, dass der Faktor auch negativ werden kann. Dann kommt es zu einer „Bergauf"-Diffusion: Konzentrationsunterschiede werden nicht ausgeglichen, sondern verstärkt, und die Folge ist eine Entmischung. Der Bereich im Zustandsdiagramm, in dem diese Entmischung stattfindet, wird durch eine Kurve, die *Spinodale*, abgegrenzt (vgl. Bild 3.38 b). Entlang dieser Kurve gilt:

$$\delta \ln f_i / \delta \ln x_i \text{ bzw. } D_i = 0$$

Bei der spinodalen Entmischung bedarf es keiner Keimbildung für eine neu entstehende Phase.

In vielen Systemen sind die partiellen Diffusionskoeffizienten D_i der einzelnen Komponenten recht unterschiedlich. So ist z. B. in Einlagerungsmischkristallen von Kohlenstoff in Eisen der partielle Diffusionskoeffizient des Kohlenstoffs um mehrere Zehnerpotenzen größer als der des Eisens, und es diffundieren praktisch nur die Kohlenstoffatome. Geringere Unterschiede sind naturgemäß für Substitutionsmischkristalle aus kristallchemisch ähnlichen Komponenten zu erwarten; aber auch in Messing ist z. B. die Beweglichkeit der Zinkatome dreimal größer als die der Kupferatome.

Unterschiedliche partielle Diffusionskoeffizienten D_i bewirken einen resultierenden Netto-Materialtransport durch eine Bezugsfläche, die auf die äußeren Probenbegrenzungen festgelegt ist. Infolgedessen wird der Probenteil mit der höheren Konzentration an der langsamer diffundierenden Komponente sein Volumen vergrößern, während der Probenteil mit der höheren Konzentration an der schneller diffundierenden Komponente sein Volumen verkleinert (*KIRKENDALL-Effekt*; Bild 3.56). Hier kann es sogar zu einer Bildung von Löchern und Poren im vorher massiven Material kommen. Im Zusammenhang mit dem KIRKENDALL-Effekt wird auch verständlich, dass die Diffusionskoeffizienten in solchen Fällen erheblich vom hydrostatischen Druck abhängen. Insbesondere kann der KIRKENDALL-Effekt bei einer Diffusion durch verschiedene Phasen und über Phasengrenzen hinweg eine Rolle spielen; letztere wird als *Mehrphasendiffusion* bezeichnet und ist die Grundlage vieler Festkörperreaktionen. Beispielsweise können durch Mehrphasendiffusion neue Phasen präpariert werden, die u. U. auch metastabil sein können und auf anderen Reaktionswegen nicht zugänglich sind (HEUMANN [3.42]).

Erwähnt sei schließlich noch, daß eine Diffusion nicht nur durch Konzentrationsgradienten, sondern auch durch einen Temperaturgradienten angetrieben wird, was als *Thermodiffusion* oder *SORET-Effekt* bezeichnet wird. Umgekehrt entsteht ein Temperaturgradient, wenn in einem ursprünglich isothermen System (vermöge von Konzentrationsgradienten) eine Diffusion stattfindet *(DUFOUR-Effekt)*.

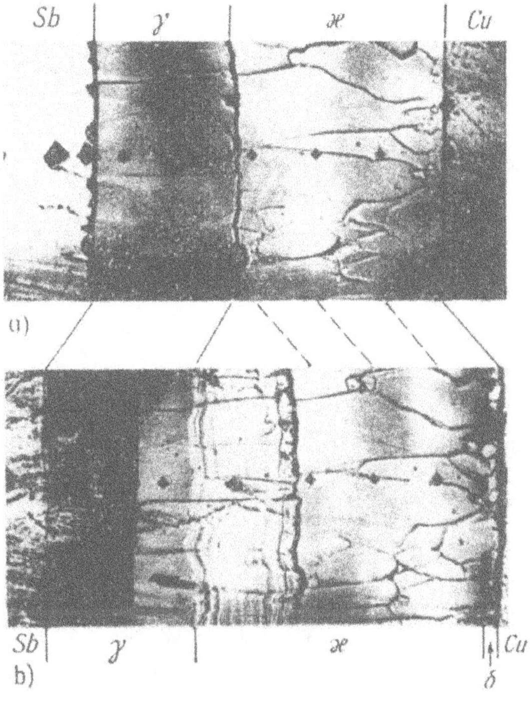

Bild 3.56. *Mehrphasendiffusion im System Antimon - Kupfer.*

a) Vor, b) nach einer Temperung bei 390 °C. Zwischen den Endgliedern Sb und Cu wachsen die Mischkristallphasen γ, κ und δ. Entlang der Probenmitte dienen Härteeindrücke als Markierung; ihre Verschiebung demonstriert den KIRKENDALL-Effekt. Aufn.: HEUMANN [3.40].

3.3.2. Phasenübergänge

Ein homogenes Stoffsystem in einem bestimmten Zustand, der durch die thermodynamischen Zustandsvariablen gegeben ist, wird als *Phase* bezeichnet. Als unabhängige Zustandsvariable dienen meistens Temperatur, Druck und Zusammensetzung (bei Mehrstoffsystemen); bei physikalischen Betrachtungen treten weitere Zustandsvariablen, wie elektrisches oder magnetisches Feld, hinzu. Die anderen Zustandsgrößen, wie Volumen, Energie, Enthalpie, Entropie, freie Energie, freie Enthalpie, aber auch Polarisation und Magnetisierung, sind dann Funktionen der unabhängigen Zustandsvariablen (vgl. Lehrbücher der Thermodynamik).

Innerhalb einer Phase ändern sich die Eigenschaften des Systems nicht oder nur kontinuierlich. Allerdings birgt die Definition des Phasenbegriffs bei Kristallen eine Reihe von Problemen. So erhebt sich die Frage, in welcher Weise Korngrenzen, an denen sich die Orientierung anisotroper Eigenschaften diskontinuierlich ändert, wie ein Wechsel zwischen verschiedenen Stapelfolgen (Syntaxie) oder wie Adsorptions- und Epitaxieschichten zu interpretieren sind.

Ein *Phasenübergang* ist per definitionem dann gegeben, wenn bei einer Änderung der unabhängigen Variablen in mindestens einer der Zustandsfunktionen eine Unstetigkeit auftritt. Die Art dieser Unstetigkeit wird zur Klassifizierung der Phasenübergänge benutzt. Tritt bei einem Phasenübergang eine Unstetigkeit (in Form eines Sprungs) in der ersten Ableitung der freien Enthalpie G auf (bei Benutzung von Druck p und Temperatur T als unabhängige Variablen), so handelt es sich um einen *Übergang 1. Ordnung* (Umwandlung 1. Grades) (Bild 3.57). In Anbetracht der allgemeinen thermodynamischen Beziehungen

$$(\delta G/\delta p)_T = V \text{ und } (\delta G/\delta p)_p = -S$$

(die Indizes bezeichnen die konstant gehaltenen Variablen) bedeutet das bei einem Phasenübergang infolge Änderung des Drucks p einen Sprung im Volumen V, bei einem Phasenübergang infolge Änderung der Temperatur T einen Sprung in der Entropie S. Letzteres ist gemäß der thermodynamischen Beziehung $T\Delta S = \Delta H$ gleichbedeutend mit dem Auftreten einer (latenten) Umwandlungswärme ΔH, was daher gleichfalls für einen Phasenübergang 1. Ordnung kennzeichnend ist.

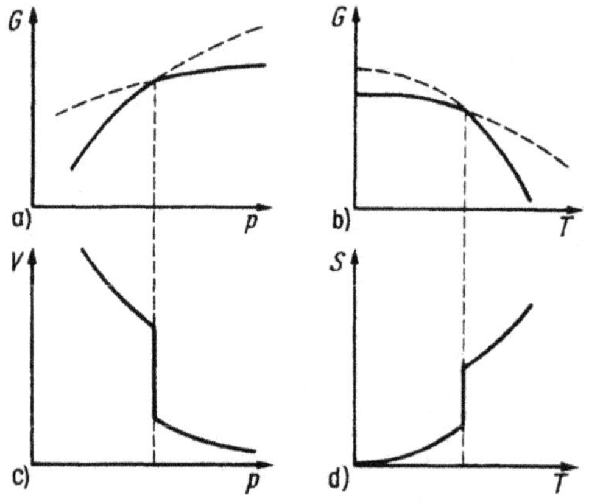

Bild 3.57. *Phasenübergang 1. Ordnung.*

a) Verlauf der freien Enthalpie G in Abhängigkeit vom Druck p (bei konstanter Temperatur);
b) Verlauf der freien Enthalpie G in Abhängigkeit von der Temperatur T (bei konstantem Druck);
c) Verlauf des Volumens $V = (\delta G/\delta p)_T$ in Abhängigkeit vom Druck p (bei konstanter Temperatur);
d) Verlauf der Entropie $S = -(\delta G/\delta T)_p$ in Abhängigkeit von der Temperatur T (bei konstantem Druck).

Phasenübergänge höherer Ordnung oder kontinuierliche Übergänge sind dadurch gekennzeichnet, dass die ersten Ableitungen von G – also V bei einer Änderung von p und S bzw. H (Enthalpie) bei einer Änderung von T – stetig verlaufen. Charakteristisch ist dann der Verlauf der zweiten Ableitungen von G. Im Fall eines Phasenübergangs durch Druckänderung kann hierfür gemäß:

$$(\delta^2 G/\delta p^2)_T = (\delta V/\delta p)_T = V\kappa_T$$

der Verlauf der isothermen Kompressibilität κ_T verfolgt werden. Im Fall eines Phasenübergangs durch Temperaturänderung ist gemäß:

$$(\delta^2 G/\delta T^2)_p = -(\delta S/\delta T)_p = -(1/T)(\delta H/\delta T)_p = -(C_p/T)$$

der Verlauf der spezifischen Wärme Cp (bei konstantem Druck) kennzeichnend. Zeigen die Funktionen $S(T)$ bzw. $H(T)$ einen Knick, so tritt im Verlauf von $Cp(T)$ entsprechend ein Sprung auf (Übergang 2. Ordnung; eine derartige Nummerierung der Übergänge höherer Ordnung wird aber in der modernen Literatur nicht mehr wahrgenommen). Weiterhin gibt es Übergänge, bei denen die Funktion $Cp(T)$ einen Verlauf zeigt, der in seiner Form an den griechischen Buchstaben λ erinnert („*λ-Umwandlungen*", Bild 3.58). Sodann gibt es Übergänge, bei denen $Cp(T)$ eine Singularität zeigt und (theoretisch) über alle Grenzen wächst (Bild 3.59). Ein derartiger Verlauf ist insbesondere im Zusammenhang mit kritischen Phänomenen zu beobachten. Hierzu gehört das Verhalten eines fluiden Systems (Gas/Flüssigkeit) am kritischen Punkt. Es wird dadurch gekennzeichnet, dass eine charakteristische Größe, die als *Ordnungsparameter* bezeichnet wird, mit Annäherung an die kritische Temperatur verschwindet. Beispielsweise dient als Ordnungsparameter in fluiden Systemen der Unterschied ρ_{fl} - ρ_g zwischen den Dichten ρ_{fl} bzw. ρ_g der flüssigen bzw. der gasförmigen Phase als Funktion der Temperatur, der bei der *kritischen Temperatur* T_c verschwindet.

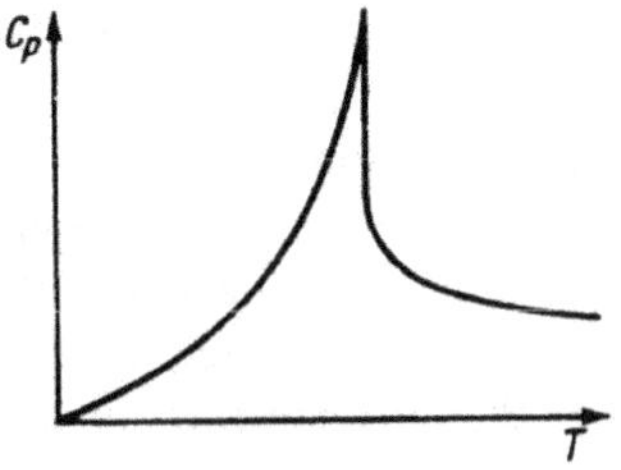

Bild 3.58. *λ-Umwandlung.*

Verlauf der spezifischen Wärme (bei konstantem Druck) $C_p = T(\delta S/\delta T)_p$ in Abhängigkeit von der Temperatur T.

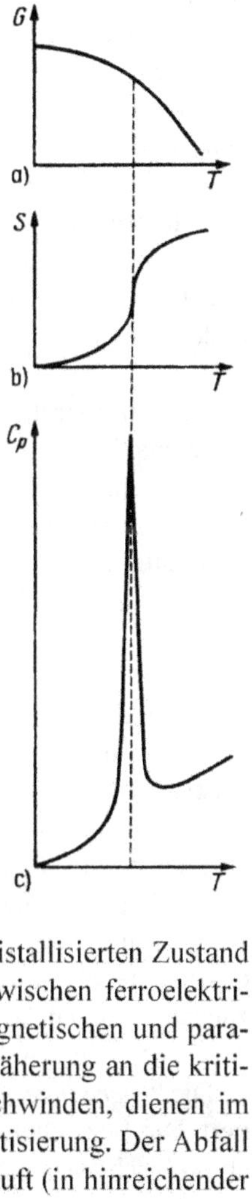

Bild 3.59. *Phasenübergang bei kritischem Verhalten*

a) Verlauf der freien Enthalpie G in Abhängigkeit von der Temperatur T (bei konstantem Druck); b) Verlauf der Entropie $S = -(\delta G/\delta T)_p$ in Abhängigkeit von der Temperatur T (bei konstantem Druck); c) Verlauf der spezifischen Wärme (bei konstantem Druck) $C_p = T(\delta S/\delta T)_p$ in Abhängigkeit von der Temperatur T

Für uns ist wesentlich, dass auch eine Reihe von Phasenübergängen im kristallisierten Zustand mit kritischen Phänomenen verknüpft ist. Hierzu gehören die Übergänge zwischen ferroelektrischen und paraelektrischen Phasen (Abschn. 4.3.2.) sowie zwischen ferromagnetischen und paramagnetischen Phasen (Abschn. 4.4.2.). Als Ordnungsparameter, die mit Annäherung an die kritische Temperatur T_c (die hier als CURIE-Temperatur bezeichnet wird) verschwinden, dienen im ersten Fall die spontane Polarisation und im zweiten Fall die spontane Magnetisierung. Der Abfall der als Ordnungsparameter dienenden Größe mit der Annäherung an T_c verläuft (in hinreichender Nähe von T_c) nach einer Potenzfunktion des Temperaturunterschieds $\Delta T = T_c - T$ (vgl. Bild 4.7), die für das Beispiel eines Übergangs ferroelektrisch – paraelektrisch wie folgt formuliert wird:

$$P = A_p(-\Theta)^\beta.$$

P bedeutet spontane Polarisation, A_p eine Konstante und $\Theta = (T - T_c)/T_c$; β ist ein *kritischer Exponent* , der sich in der Größenordnung von 0,3 ... 0,5 bewegt. Auch andere zugeordnete Größen zeigen einen charakteristischen Verlauf, so beim betrachteten Beispiel die Dielektrizitätskonstante ε. Die Formulierung der Potenzfunktion lautet für $\varepsilon - 1 = \chi'$ (s. Abschn. 4.3.2.):

$$\chi' = A'_\varepsilon(-\Theta)^{-\gamma'} \quad \text{für } T < T_c \quad \text{und}$$

$$\chi' = A_\varepsilon \Theta^{-\gamma} \quad \text{für } T > T_c$$

mit A_ε bzw. A'_ε als Konstanten und γ bzw. γ' wiederum als kritische Exponenten (die nach dieser Formulierung als solche stets positiv sind). γ und γ' bewegen sich in der Größenordnung von 1,1 ... 1,4. Auch die Funktion der spezifischen Wärme $C_p(T)$ zeigt einen ähnlichen Verlauf (Bild 3.59c). Für die betreffenden kritischen Exponenten werden hier (in der Formulierung für C_V, der spezifischen Wärme bei konstantem Volumen) meistens die Symbole α und α' verwendet; sie bewegen sich in der Größenordnung von 0...0,2. Es gibt noch eine Reihe weiterer „kritischer Exponenten", zwischen denen Relationen auf thermodynamischer Grundlage existieren. Es überrascht zunächst, dass sich die entsprechenden kritischen Exponenten für die verschiedenen Substanzen und die verschiedenartigen kritischen Phänomene (hierzu gehören noch Entmischungsvorgänge, Übergänge zur Supraleitung u. a.) nur sehr wenig unterscheiden oder sogar den gleichen Wert haben. Das hängt damit zusammen, dass sich diese Vorgänge nach analogen Modellen vollziehen, in denen thermische Schwankungen der Korrelation der atomaren Komponenten des betrachteten Systems eine wesentliche Rolle spielen. Die Theorie der kritischen Phänomene ist noch in der Entwicklung.

Bei einer strukturellen Betrachtung von Übergängen zwischen kristallisierten Phasen ist es zweckmäßig, zwischen diskontinuierlichen Übergängen, Übergängen durch Scherung und kontinuierlichen Übergängen zu unterscheiden.

Bei den *diskontinuierlichen Übergängen* bildet sich eine wesentlich andere Kristallstruktur, die sich völlig neu aufbaut (rekonstruktive Übergänge). Oft zerfällt der Kristall dabei in ein polykristallines Aggregat. Diese Übergänge benötigen relativ hohe Aktivierungsenergien, so dass sie häufig gehemmt sind und die Ausgangsphase metastabil erhalten bleibt. Kennzeichnend ist, dass sich zunächst Keime der neuen Phase bilden müssen und beide Phasen durch eine Grenzfläche getrennt sind. Die Keimbildung in einer kristallinen Ausgangsphase stellt einen besonderen Problemkreis dar. Die Keimbildungsarbeit ΔG_K (vgl. Abschn. 3.2.1.) wird maßgeblich durch den elastischen Anteil ΔG_e beeinflusst. Der Beitrag der Grenzflächenenergie ΔG_σ verkleinert sich, wenn sich sog. *kohärente Keime* bilden, die sich analog der Epitaxie (vgl. Abschn. 3.2.6.) durch eine elastische Verzerrung den Gitterparametern der Ausgangsphase (zumindest entlang einer Verwachsungsebene) anpassen; allerdings wird hierdurch ΔG_e vergrößert. Nun wachsen ΔG_e mit dem Volumen des Keims, also mit der 3. Potenz seiner Abmessungen, $\Delta G\sigma$ hingegen mit seiner Oberfläche, also quadratisch mit den Abmessungen, an. Deshalb kann man annehmen, dass sich zunächst (wegen $\Delta G_e < \Delta G_\sigma$) kohärente Keime in Form kleiner Plättchen bilden, die später (wenn $\Delta G_e > \Delta G_\sigma$ wird) inkohärent weiterwachsen.

Die *Übergänge durch Scherung* werden durch die *martensitischen Umwandlungen* repräsentiert. Die Bezeichnung leitet sich von den metallurgisch bedeutsamen Umwandlungen des Eisens ab (kubisch flächenzentrierte γ-Phase [Austenit] in kubisch raumzentrierte α-Phase [α-Martensit] oder hexagonal dicht gepackte ε-Phase [ε-Martensit]). Heute versteht man darunter allgemein Umwandlungen, die durch korrelierte Bewegungen der Gitterbausteine vonstatten gehen, die kleiner sind als die Gitterkonstante; diffusionsartige und Platzwechselvorgänge sind dabei ausdrücklich unwesentlich. Martensitische Umwandlungen zeigen u. a. die Elemente Fe, Co, Ce, Sm und weitere Seltenerdmetalle sowie eine Reihe von Legierungen. Beispielsweise erfolgt bei der Umwandlung γ-Fe in ε-Fe eine Verschiebung von dicht gepackten (111)-Atom-Doppelschichten um einen Betrag von 0,259 nm in der Richtung $[11\bar{2}]$ (Gitterkonstante von γ-Fe $a = 0{,}366$ nm), also gemäß Bild 2.1 (S. 110) von einer Position B in eine Position C. Dadurch geht die kubische in die hexagonale Stapelfolge über; dies entspricht einer Scherung des Gitters um 19°28'. Der Mechanismus der Verschiebung ist der mechanischen Zwillingsbildung (vgl. Abschn. 4.6.2.) analog: Durch den Kristalle bewegen sich Teilversetzungen, deren BURGERS-Vektor der Verschiebung entspricht und die das gesamte umzuwandelnde Volumen Doppelschicht für Doppelschicht überstreichen. Martensitische Umwandlungen werden in starkem Maße vom Druck beeinflusst, insbesondere von gerichtetem Druck (Stress). Die Umwandlungsgeschwindigkeiten sind viel größer als bei thermisch aktivierten (diffusionsartigen) Umwandlungen.

Bei den *kontinuierlichen Übergängen* bleibt die Kristallstruktur im Wesentlichen erhalten. Hierzu gehören vor allem die Übergänge in eine geordnete Phase, d. h. in eine Überstruktur, und die sog. displaziven Umwandlungen, bei denen sich lediglich die Positionen von Atomen verschieben. Beiden Typen von Übergängen ist gemeinsam, dass die Ordnung, d. h. die Spezifikation des strukturellen Bauplans, anwächst und die Symmetrie, d. h. die Menge der Symmetrieoperationen in der Struktur, abnimmt. Die höher symmetrische Ausgangsstruktur (sie stellt meist auch die Hochtemperaturphase dar), aus der sich die (theoretisch beliebig vielen) niedriger symmetrischen Strukturen ableiten lassen, wird in dieser Hinsicht als *Prototyp* bezeichnet. Wegen der Symmetrieverminderung kommt es häufig zur Ausbildung von Domänen, worauf in Abschn. 4.3.2. näher eingegangen wird.

Die kontinuierlichen Übergänge bedürfen keiner Keimbildung: Übergänge in eine geordnete Phase erfolgen schrittweise durch diffusionsartige Bewegungen einzelner Atome und verlaufen entsprechend langsam. Hingegen verlaufen displazive Übergänge schnell und reversibel. Sie erfolgen durch eine *Modulation* (Änderung) der Struktur in analoger Weise, wie man sich eine Modulation durch thermische Schwingungen (Phononen) vorstellen kann, indem sich der Struktur eine (in diesem Falle stationäre) Verzerrungs- bzw. Verschiebungswelle überlagert. Häufig (wie z. B. beim α-β-Übergang des Quarzes) folgen in einem engen Temperaturbereich von wenigen Zehntel K mehrere verschiedene modulierte Phasen aufeinander. Wenn die Wellenlänge der Modulation in keinem rationalen Verhältnis zu den Gitterkonstanten der Ausgangsstruktur steht, spricht man von *inkommensurablen Phasen*.

Die *Keimbildung in kristallisierten Phasen* stellt einen besonderen Problemkreis dar. Bei völlig kohärenten Übergängen entfällt eine Keimbildung im eigentlichen Sinne, und die Formierung der neuen Phase wird durch andere Betrachtungen (z. B. von Fluktuationen) erschlossen. Bei stärkeren Änderungen des Gitters bzw. der Gitterparameter lässt sich zwar eine Keimbildungsarbeit angeben, in die vor allem auch elastische Beiträge eingehen; eine homogene Keimbildung gibt es in Kristallen jedoch kaum, sondern die Keime werden durch spezielle Vorgänge formiert. Von großer Bedeutung sind strukturspezifische Relationen zwischen den beteiligten Phasen, die unter den Begriff der Topotaxie fallen. Praktisch findet die Keimbildung stets im Zusammenhang mit Erscheinungen der Realstruktur statt. Gitterbaufehler, wie Korngrenzen, Stapelfehler, Versetzungen oder Cluster von Punktdefekten, können die Energie für die Formierung der neuen Phase wesentlich herabsetzen; in speziellen Fällen werden Strukturelemente der neuen Phase durch Stapelfehler oder bestimmte Versetzungsanordnungen bereits vorgebildet.

3.3.3. Strahlenwirkung

Unter Strahlenwirkung versteht man die Wirkung ionisierender Strahlen. Zu ihnen zählen Röntgenstrahlen, α-, β- und γ-Strahlen, Strahlen von Protonen, Neutronen, Kernspaltfragmenten etc., deren Quanten bzw. Korpuskeln eine hohe Energie besitzen ($10^2...10^8$ eV und mehr), so dass sie in einem durchstrahlten Stoff Atome zu ionisieren vermögen. Durchdringt diese Strahlung einen Kristall oder wird in ihm absorbiert, so wird diese Energie teilweise oder ganz auf den Kristall übertragen. Hierbei kann eine Reihe von Vorgängen ablaufen, die um so intensiver sind, je geringer die Energie der Strahlungsteilchen ist; d. h., hochenergetische Strahlung wird im allgemeinen weniger stark absorbiert bzw. hat eine größere Reichweite im Kristall als eine entsprechende niederenergetische Strahlung.

Neutronen und sehr hochenergetische andere Strahlen können in Atomkerne eindringen und Kernreaktionen oder -spaltungen auslösen, wobei weitere ionisierende Strahlung emittiert wird. Die neuen Atomkerne erhalten eine hohe kinetische Energie und verlassen ihren Gitterplatz und oft auch den Kristall als *Rückstoßatome*.

Bei einer Energieaufnahme durch die Elektronenhülle kommt es zu einer Anregung von Atomen oder, wie schon gesagt, zur Ionisierung. Das hat bei Metallen, die an sich schon freie Elektronen enthalten, keine merklichen Auswirkungen, sehr wohl aber bei den Isolatorkristallen mit ihrer differenzierten elektronischen Struktur (Leitfähigkeit, Verfärbung, Lumineszenz).

Der überwiegende Teil der Strahlungsenergie wird jedoch durch eine elastische Impulsübertragung auf die Atome abgegeben; man bezeichnet das als *Stoß*. Entlang der Flugbahn der Primärteilchen werden einzelne Atome von ihren Gitterplätzen gestoßen, die ihrerseits weitere Atome von ihren Plätzen stoßen können (Kaskade) und schließlich auf Zwischengitterplätzen verbleiben; es entstehen also FRENKEL-Defekte. Theoretische Berechnungen haben ergeben, dass sich die ausgelösten Stoßwellen entlang dicht gepackter Atomreihen im Gitter fortpflanzen; sie werden gewissermaßen auf diese Gitterrichtungen fokussiert und deshalb *Fokussonen* genannt. Wenn die Energie der Stoßwelle genügend groß ist, können die Atome von ihren Plätzen weg in Richtung der Stoßfortpflanzung zusammengedrängt werden. Solche Atomgruppierungen, die meist nur kurzzeitig auftreten, werden als *Crowdion* bezeichnet (vgl. Bild 3.2 a). An dem Ort, an dem das Primärteilchen zur Ruhe kommt, gibt es seine restliche Energie in einem tröpfchenförmigen Bereich (engl. spike) von rd. 10 nm Durchmesser ab, der kurzzeitig lokal überhitzt und aufgeschmolzen wird und in dem eine völlig zerstörte Struktur geringerer Dichte verbleibt (Bild 3.60).

Die durch Strahlung bewirkten Defekte können je nach der Temperatur entweder ganz oder zum Teil durch thermisch aktivierte Vorgänge ausheilen oder aber sich ansammeln. Im letzten kann Fall durch fortgesetzte Bestrahlung eine beträchtliche Energie (*WIGNER-Energie*) gespeichert werden, die u. U. in einer heftigen Reaktion freigesetzt wird. Das muss z. B. bei der Konstruktion kerntechnischer Anlagen berücksichtigt werden. Durch Temperungen lassen sich die Ausheilungsvorgänge beschleunigen und die WIGNER-Energie abbauen. Bei manchen Kristallarten führt die Strahlenwirkung zu Phasenumwandlungen (HAUSER und SCHENK [3.43]) oder zur Zerstörung von Überstrukturen. Andere Kristallarten werden durch eine fortgesetzte Strahleneinwirkung völlig amorph und werden dann als *isotropisiert* oder als *metamikt* bezeichnet. Es gibt Minerale, z. B. Zirkon $ZrSiO_4$ und Fergusonit $Y(Nb,Ta)O_4$, die manchmal Beimengungen radioaktiver Elemente (Th, U) enthalten und durch deren Strahlung in geologischen Zeiträumen isotropisiert worden sind. Werden solche Kristalle erhitzt, so glühen sie plötzlich auf und stellen ihr Gitter wieder her.

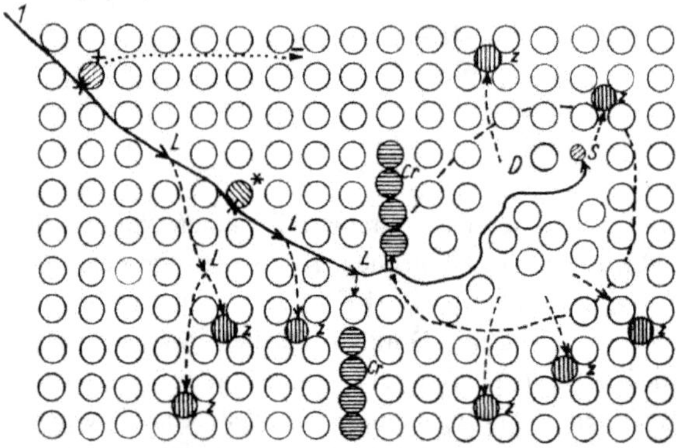

Bild 3.60. *Strahlenwirkung in einem Kristall (schematisch).*

1 Bahn des einfallenden Strahlungsteilchens; +ionisiertes Atom; – freies Elektron; * angeregtes Atom; *L* Leerstelle; *Z* Zwischengitteratom; *Cr* Crowdion; *D* Displazierungsbereich ; *S* abgebremstes Strahlungsteilchen.

Erwähnt sei hier noch der MÖSSBAUER-Effekt, das ist die rückstoßfreie Absorption oder Emission von γ-Quanten durch Atome, die in einem Kristallgitter gebunden sind. Bei tiefen Temperaturen wird der Rückstoß vom gesamten Kristall aufgenommen, wodurch die Rückstoßenergie wegen dessen relativ großer Masse (Impulserhaltung) praktisch null ist. Der Effekt ermöglicht sehr genaue γ-spektroskopische Messungen.

4. Kristallphysik

Die Physik als Wissenschaftsdisziplin enthält als ihr wohl umfangreichstes Teilgebiet die *Festkörperphysik*. Die Objekte festkörperphysikalischer Untersuchungen sind naturgemäß in ihrer überwiegenden Mehrheit Kristalle. Wenn kristallographische Eigenheiten und Betrachtungsweisen im Vordergrund stehen, spricht man von *Kristallphysik*, wobei es nicht zweckmäßig ist, die Kristallphysik gegenüber der Festkörperphysik besonders abzugrenzen. Wir wollen unser Augenmerk auf diejenigen kristallphysikalischen Erscheinungen konzentrieren, bei denen die kristallographischen Beziehungen besonders hervortreten.

In der Einleitung haben wir festgestellt, dass Kristalle homogene anisotrope Körper sind. Diese Begriffsbestimmung ist physikalischer Natur und hat für die Kristallphysik eine grundsätzliche Bedeutung: Das physikalische Verhalten in Kristallen ist als Folge ihres Gitterbaus und der dadurch gewährleisteten Fernordnung der Atome im Allgemeinen richtungsabhängig. Deshalb ist für eine klare Erfassung kristallphysikalischer Zusammenhänge der Bezug auf einen *Einkristall* – sowohl in theoretischer als auch weitgehend in experimenteller Hinsicht – Voraussetzung. Selbstverständlich können nur solche kristallphysikalischen Größen und Effekte richtungsabhängig sein, denen eine Richtung zugeordnet werden kann. Größen, denen keine Richtung zugeordnet ist, nennt man *Skalare*. Skalare Größen sind Masse, Dichte, Konzentration, spezifische Wärme, Temperatur, Entropie, Gitterenergie, Schmelzwärme, chemisches Potential u. a. m. In der Kristallphysik gibt es jedoch viele Größen, denen eine Richtung zuzuordnen ist und die den Charakter von *Vektoren* haben. Die Eigenschaften der Kristalle, die die Beziehungen zwischen den vektoriellen, richtungsabhängigen Größen bestimmen, werden durch *Tensoren* wiedergegeben; Tensoren stellen den adäquaten Formalismus zur Beschreibung anisotroper Kristalleigenschaften dar. Wem der Umgang mit Tensoren nicht vertraut ist, darf sich durch diesen Formalismus nicht den Blick auf das Wesen der betreffenden Eigenschaften und Erscheinungen verstellen lassen. In vielen Fällen kann man auf die umfassende Darstellung der Anisotropie und einen expliziten Tensorformalismus verzichten, wenn man sich nur der Anisotropie bewusst bleibt; in anderen-Fällen macht gerade die Anisotropie erst das Wesen der Erscheinung aus, wofür die gesamte Kristalloptik ein markantes Beispiel bietet. Einige grundlegende Eigenschaften von Tensoren (2. Stufe) werden später am Beispiel der thermischen Ausdehnung (Abschn. 4.2.1.) und der Wärmeleitung von Kristallen (Abschn. 4.2.2.) erörtert.

4.1. Dichte

Als einzige skalare Größe wollen wir auf die Dichte eingehen, welche u. a. zu diagnostischen Zwecken (Minerale, Edelsteine) und bei der Strukturbestimmung herangezogen wird. Die Dichte eines Körpers ist als Quotient aus seiner Masse und seinem Volumen definiert, ihre Maßeinheit ist traditionsgemäß $g/cm^3 = 10^3\ kg/m^3$. Zu ihrer Bestimmung werden folgende Methoden angewendet:

Methode der hydrostatischen Waage. Der Kristall wird an einem Faden aufgehängt und mit einer Analysenwaage einmal an Luft und sodann in Wasser gewogen. Sind m_L bzw. m_W die bei diesen Wägungen ermittelten Gewichte, so ergibt sich die Dichte ρ zu:

$$\rho = (m_L \rho_W)/(m_L - m_W),$$

wobei formell die Dichte des Wassers mit $\rho_W = 1$ g/cm^3 (bei 4 °C) eingeht. Die Methode liefert nur dann zuverlässige Werte, wenn die Masse der Kristallprobe mindestens 1g beträgt.

Pyknometermethode: Ein Pyknometer ist ein kleines Glasgefäß von 2...20 cm^3 Inhalt, das mit einem eingeschliffenen Stopfen verschlossen wird, der von einer Kapillare durchzogen ist. Dadurch wird eine genau reproduzierbare Auffüllung des Pyknometers mit Wasser gewährleistet. Durch Wägungen werden die Gewichte m_P des nur mit Wasser gefüllten Pyknometers, das Gewicht m_L der Kristallprobe (die hierbei auch in Form feiner Körner vorliegen kann) und das Gewicht m_A des Pyknometers nach dem Einbringen der Probe und anschließender Wiederauffüllung mit Wasser bestimmt. Dann gilt:

$$\rho = (m_L \rho_W) / (m_P + m_L - m_W).$$

Bei wasserlöslichen Substanzen wird anstelle des Wassers eine andere geeignete Flüssigkeit von bekannter Dichte verwendet; in die angegebenen Gleichungen ist dann statt ρ_W die Dichte der betreffenden Flüssigkeit einzusetzen.

Schwebemethode: Die zu untersuchende Probe wird in eine Flüssigkeit („schwere Lösung") gebracht, deren Dichte durch Mischen zweier Komponenten so lange variiert wird, bis der Kristall darin schwebt; sodann wird die Dichte der Flüssigkeit bestimmt. Das kann mit Hilfe des Pyknometers, der WESTPHALschen Waage oder sehr einfach, aber weniger genau, mit sog. Indikatoren erfolgen, einem Satz von Glas- und Mineralwürfelchen bekannter Dichte. Schließlich kann die Dichte der Flüssigkeit auch indirekt durch Messung des Brechungsindex bestimmt werden. Für die Schwebemethode genügt ein winziges Körnchen einer Probe. Das Problem besteht darin, „schwere Lösungen" genügender Dichte zu finden, die durchsichtig und bequem verdünnbar sein müssen. Bekannt geworden sind vor allem folgende „schwere Lösungen":

THOULETsche Lösung: Wässrige Lösung von Kaliumquecksilberiodid, maximale Dichte 3,196 g/cm^3, verdünnbar mit Wasser, zersetzt Sulfide.

CLERICI-Lösung: Wässrige Lösung von Thalliummalonat und Thalliumformiat im Molverhältnis 1 : 1, maximale Dichte 4,2 ... 4,5 g/cm^3, (bei Erwärmung) verdünnbar mit Wasser, giftig!

BRAUNsche Lösung: Methyleniodid, maximale Dichte 3,32 g/cm^3, verdünnbar mit Ether oder Toluen, geeignet für wasserlösliche Substanzen.

ROHRBACHsche Lösung: Wässrige Lösung von Bariumquecksilberiodid, maximale Dichte 3,57 g/cm^3, verdünnbar mit Wasser.

Bei allen Methoden muss man auf die Benetzbarkeit der Proben durch die Flüssigkeit achten; eine ungenügende Benetzung führt zu Fehlern bei der Dichtebestimmung.

Der experimentell zu ermittelnden Dichte kann die *röntgenographische Dichte* (kurz: *Röntgendichte*) gegenübergestellt werden. Sie wird als Quotient aus der Masse der in einer Elementarzelle gemäß der Strukturbestimmung enthaltenen Atome und dem Volumen der Elementarzelle gebildet. Meistens ergibt sich die Röntgendichte als etwas größer als die experimentell gemessene Dichte. Das ist ein Hinweis auf die Realstruktur (Leerstellen) sowie auf Poren, Einschlüsse von Gasbläschen, von Mutterlauge etc.

In der Anfangsphase einer röntgenographischen Strukturbestimmung (vgl. Abschn. 5.1.8.) schließt man aus der experimentell ermittelten Dichte ρ und dem sich aus den Gitterparametern ergebenden Volumen V einer Elementarzelle auf die Anzahl Z der Formeleinheiten (und damit auf die Anzahl der Atome) in der Elementarzelle:

$$Z = \rho V N_L / M$$

mit der LOSCHMIDTschen Zahl $N_L = 6{,}023 \cdot 10^{23}$ und der Molmasse M einer Formeleinheit (der Zahlenwert von M in Gramm entspricht dem „Molekulargewicht"); die chemische Formel und damit M sind gegebenenfalls bei einem unbekannten Kristall durch eine chemische Analyse zu ermitteln.

4.2. Thermische Ausdehnung und Wärmeleitung

4.2.1. Thermische Ausdehnung

Wir wollen uns nun den richtungsabhängigen Eigenschaften der Kristalle zuwenden und betrachten als erstes die thermische Ausdehnung. (Wärmeausdehnung, thermische Dilatation). Bei diesem Phänomen kommt die Anisotropie der Kristalle anschaulich zum Ausdruck. Wird ein Kristallstab der Länge l_0 von einer Temperatur T_0 auf die Temperatur T gebracht, dann ändert sich seine Länge von l_0 auf l, und der Stab erfährt eine relative Längenänderung $\Delta l/l_0 = (l-l_0)/l_0$ gemäß:

$$(l - l_0)/l = \Delta l/l_0 = \alpha\Delta T \text{ bzw. } l = l_0(1 + \alpha\Delta T)$$

mit der Temperaturänderung $\Delta T = T - T_0$; die Größe α ist eine Materialeigenschaft, der *lineare thermische Ausdehnungskoeffizient*. Eine solche Beziehung gilt für alle Körper; für Kristalle ist jedoch wesentlich, dass α von der Richtung abhängt, in der der Stab aus dem Kristall herausgeschnitten worden ist. Je nach der Orientierung des Stabes in Bezug auf den Kristall bzw. dessen Achsen kann es beträchtliche Unterschiede zwischen den zu beobachtenden Ausdehnungskoeffizienten geben (Tab. 4.1). Beim Calcit und beim Graphit zieht sich der Kristall in den Richtungen senkrecht zur c-Achse beim Erwärmen sogar etwas zusammen! Dementsprechend nimmt α in diesen Richtungen einen negativen Wert an.

Die in Tab. 4.1 angegebenen Werte für α treffen für einen mittleren Temperaturbereich von rd. 0...100 °C zu. Über größere Temperaturbereiche bleiben die thermischen Ausdehnungskoeffizienten im Allgemeinen nicht konstant. Bei atomistischer Betrachtung ist die thermische Ausdehnung auf eine Verstärkung der Wärmeschwingungen der Kristallbausteine mit der Temperatur zurückzuführen. Bei Kristallen mit Ketten- oder Schichtenstrukturen ist deshalb die Anisotropie der Wärmeausdehnung ohne weiteres verständlich, und es überrascht nicht, dass z. B. bei $Ca(OH)_2$ und $Mg(OH)_2$, welche Schichtstrukturen bilden, die größten Ausdehnungskoeffizienten senkrecht zu den Schichten, also parallel zur c-Achse beobachtet werden. Die Calcitstruktur (vgl. Bild 2.45) ist wegen der parallelen Anordnung der planaren CO_3-Komplexe gleichfalls ausgesprochen anisotrop, was sich entsprechend in den Ausdehnungskoeffizienten widerspiegelt. Im Gegensatz dazu ist die Struktur des Chrysoberyll (Olivinstruktur, vgl. Bild 2.55) relativ isometrisch („pseudokubisch"), und die Ausdehnungskoeffizienten unterscheiden sich nur wenig. Die Metalle Cd und Zn, die in der hexagonal dichtesten Kugelpackung kristallisieren, zeigen eine markante Anisotropie der thermischen Ausdehnung; ihr Achsenverhältnis weicht mit $c/a \approx 1{,}9$ deutlich vom theoretischen Wert $c/a = 1{,}633$ der hexagonal dichtesten Kugelpackung ab, was auf einen schichtartigen Charakter der Struktur von Cd und Zn hinweist.

Zur Beschreibung der thermischen Ausdehnung eines Kristalls denken wir uns aus dem Kristall eine Kugel mit dem Radius R_0 herausgeschnitten und erwärmt: Wegen der Anisotropie der thermischen Ausdehnung wird die Kugel dabei nicht nur größer, sondern sie verändert außerdem ihre Form und wird zu einem im Allgemeinen dreiachsigen Ellipsoid (vgl. Bild 4.23). Seien α_a, α_b

Tabelle 4.1. *Lineare thermische Ausdehnungskoeffizienten α einiger Kristallarten.*

Mineral	Kristallklasse	Ausdehnungskoeffizient α in 10^{-6} K^{-1}		
		α		
Diamant C	$m\bar{3}m$	2,5		
Steinsalz NaCl	$m\bar{3}m$	40		
Fluorit CaF_2	$m\bar{3}m$	19		
Quarzglas SiO_2	(zum Vergleich)	0,5		
		$\alpha_{\parallel}$	$\alpha_{\perp}$	
Quarz SiO_2	32	9	14	
Cadmium Cd	$6/mmm$	49	17	
Zink Zn	$6/mmm$	55	14	
Eis H_2O	$6mm$ bzw. $6/mmm$		64	
Graphit C	$6/mmm$ bzw. $\bar{3}m$	26	−1,2	
Brucit $Mg(OH)_2$	$\bar{3}m$	45	11	
Portlandit $Ca(OH)_2$	$\bar{3}m$	33	10	
Calcit $CaCO_3$	$\bar{3}m$	26	−6	
		α_a	α_b	α_c
Aragonit	mmm	10	16	33
Chrysoberyll	mmm	6,0	6,0	5,2

$\alpha_{\parallel}$ Ausdehnungskoeffizient parallel zur *c*-Achse;
$\alpha_{\perp}$ Ausdehnungskoeffizient senkrecht zur *c*-Achse;
α_a, α_b, α_c Ausdehnungskoeffizienten in Richtung der *a*-, *b*- bzw. *c*-Achse.

und α_c die Ausdehnungskoeffizienten in den Richtungen der drei (zueinander senkrechten) Hauptachsen des Ellipsoids, so haben diese Hauptachsen die Längen:

$$R_0(1 + \alpha_a\Delta T),\ R_0(1 + \alpha_b\Delta T) \text{ und } R_0(1 + \alpha_c\Delta T).$$

Ein zentraler Schnitt durch das Ellipsoid senkrecht zu einer Hauptachse (Bild 4.1) wird als *Hauptschnitt* und die genannten Ausdehnungskoeffizienten α_a, α_b, α_c in Richtungen der Hauptachsen werden als *Hauptausdehnungskoeffizienten* bezeichnet. Benutzen wir die Hauptachsen des Ellipsoids als (orthogonales) Koordinatensystem, so stellt Bild 4.1 einen Hauptschnitt senkrecht zur *a*-Achse dar, in welchem entlang der *b*- und *c*-Achse die Hauptausdehnungskoeffizienten α_b bzw. α_c gemessen werden. Ein Punkt X in diesem Hauptschnitt auf der ursprünglichen Kugeloberfläche, zu dem der Vektor $\boldsymbol{r}$ mit den Komponenten x_2 und x_3 führe, wandert beim Erwärmen entlang dem Vektor $\boldsymbol{u}$ (mit den Komponenten u_2 und u_3) in die Position X' auf der Oberfläche des Ellipsoids. Zum Punkt X' führe der Vektor $\boldsymbol{r}'$ mit den Komponenten x_2' und x_3' in Richtung der Hauptachsen, deshalb gilt:

$$x_2' = x_2\,(1+\alpha_b\Delta T) \quad \text{sowie} \quad x_3' = x_3\,(1+\alpha_c\Delta T)$$

und somit für die Komponenten des Vektors $\boldsymbol{u}$:

$$u_2 = \alpha_b\Delta T x_2 \text{ sowie } u_3 = \alpha_c\Delta T x_3.$$

Sofern die Punkte X und X' nicht (wie im Bild 4.1) auf einem Hauptschnitt liegen, sondern irgendeine beliebige Lage auf der Kugel bzw. dem Ellipsoid einnehmen, haben die Vektoren $\boldsymbol{r}$, $\boldsymbol{r}'$

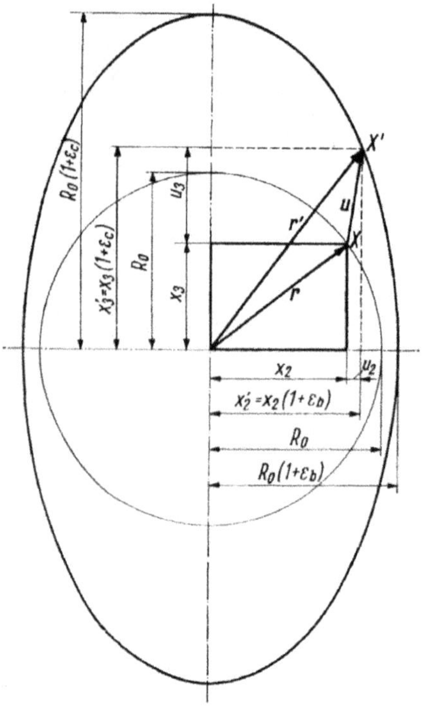

Bild 4.1. Vektoren zur Beschreibung der thermischen Ausdehnung.
Erläuterung im Text.

und ***u*** noch jeweils eine dritte Komponente x_1, x_1' bzw. u_1 in Richtung der a-Achse, in welcher der Hauptausdehnungskoeffizient α_a gemessen wird, und es gilt:

$$x_1' = x_1\ (1+\alpha_a \Delta T) \quad \text{sowie} \quad u_1 = \alpha_a \Delta T x_1.$$

Setzen wir $\alpha_a\Delta T = \varepsilon_a$, $\alpha_b\Delta T = \varepsilon_b$ und $\alpha_c\Delta T = \varepsilon_c$, so folgt:

$$x_1' = x_1\ (1+\varepsilon_a),\quad x_2' = x_2\ (1+\varepsilon_b),\quad x_3' = x_3\ (1+\varepsilon_c),$$

und die Komponenten des Vektors u lauten

$$u_1 = \varepsilon_a x_1,\ u_2 = \varepsilon_b x_2,\ u_3 = \varepsilon_c x_3.$$

Die Deformation wird also in der Weise beschrieben, dass einem Vektor ***r*** ein Vektor ***u*** zugeordnet wird, der im Allgemeinen nicht nur eine andere Länge, sondern auch eine andere Richtung hat. Die Zuordnung geschieht nach einem Formalismus, der die Komponenten von ***u*** linear (über die Koeffizienten ε_a, ε_b und ε_c) mit den Komponenten von ***r*** verknüpft. Das ist das Charakteristikum eines Tensors, der in diesem Zusammenhang *Deformationstensor (Verzerrungstensor)* genannt wird und durch die Koeffizienten ε_a, ε_b und ε_c bezüglich der Hauptachsen des Ellipsoids bestimmt ist. Bezeichnet man diesen Tensor symbolisch mit ε, so kann man für die Verknüpfung der Vektoren ***u*** und ***r*** auch schreiben:

$$\boldsymbol{u} = \varepsilon \cdot \boldsymbol{r}.$$

Allerdings stellt sich diese Verknüpfung nur dann in der einfachen Weise $u_1 = \varepsilon_a x_1$; $u_2 = \varepsilon_b x_2$; $u_3 = \varepsilon_c x_3$ dar, wenn als Koordinatensystem die Hauptachsen des Ellipsoids benutzt werden (die wir fortan als Hauptachsen des Tensors bezeichnen wollen). Transformiert man die Beziehung zwischen den Vektorkomponenten auf ein anderes Koordinatensystem (was hier nicht im einzelnen ausgeführt wird), so gelangt man zu einem Ausdruck der Form:

$$u_1 = \varepsilon_{11}x_1 + \varepsilon_{12}x_2 + \varepsilon_{13}x_3$$
$$u_2 = \varepsilon_{21}x_1 + \varepsilon_{22}x_2 + \varepsilon_{23}x_3$$
$$u_3 = \varepsilon_{31}x_1 + \varepsilon_{32}x_2 + \varepsilon_{33}x_3$$

wobei man die Nummerierung der Koeffizienten zweckmäßigerweise mit zwei Indizes als ε_{ij} vornimmt. Nach diesem allgemeinen Schema ist also jede Komponente von $\boldsymbol{u}$ mit allen Komponenten von $\boldsymbol{r}$ linear verknüpft. Diese Verknüpfung lässt sich auch summarisch als

$$u_i = \sum_j \varepsilon_{ij} x_j$$

schreiben. In der Literatur wird mitunter außerdem noch das Summenzeichen unter der Konvention fortgelassen, dass über doppelt auftretende Indizes – hier also über j – zu summieren ist, also:

$$u_i = \sum_j \varepsilon_{ij} x_j \mathrel{\hat{=}} \varepsilon_{ij} x_j$$

Die Koeffizienten ε_{ij} repräsentieren in einem gegebenen Koordinatensystem den betreffenden Tensor und werden als seine Komponenten bezeichnet. Es ist üblich, sie in Form einer (quadratischen) Matrix zu schreiben, so dass sich eine formale Analogie zur vorn ausgeführten Matrixdarstellung von Symmetrieoperationen ergibt. Schreibt man wie dort die Komponenten der Vektoren $\boldsymbol{u}$ und $\boldsymbol{r}$ als Spaltenmatrix, so lässt sich auch hier das Kalkül der Matrixmultiplikation anwenden:

$$\begin{pmatrix} u_1 \\ u_2 \\ u_3 \end{pmatrix} = \begin{pmatrix} \varepsilon_{11} & \varepsilon_{12} & \varepsilon_{13} \\ \varepsilon_{21} & \varepsilon_{22} & \varepsilon_{23} \\ \varepsilon_{31} & \varepsilon_{32} & \varepsilon_{33} \end{pmatrix} \begin{pmatrix} x_1 \\ x_2 \\ x_3 \end{pmatrix}$$

Die Beschreibung kristallphysikalischer Eigenschaften und Phänomene erfolgt durchweg mit Hilfe eines orthonormierten (kartesischen) Koordinatensystems, dessen Basisvektoren $\boldsymbol{e}_1$, $\boldsymbol{e}_2$, $\boldsymbol{e}_3$ gleich lang sind und senkrecht zueinander stehen; es entspricht somit einem kubischen Achsensystem. In den anderen Kristallsystemen wird das orthonormierte „kristallphysikalische" Koordinatensystem in seiner Orientierung möglichst zweckmäßig auf bestimmte kristallographische Elemente des betrachteten Kristalls festgelegt (Tab. 4.2). Die folgenden Ausführungen beziehen sich stets auf ein entsprechendes orthonormiertes Koordinatensystem.

Bei einer thermischen Deformation sind (im Rahmen des linearen Ansatzes) die Komponenten ε_{ij} des Deformationstensors proportional zur Temperaturänderung ΔT:

$$\varepsilon_{ij} = \alpha_{ij} \Delta T.$$

Die Koeffizienten α_{ij} repräsentieren damit ihrerseits einen Tensor, den Tensor der linearen thermischen Ausdehnungskoeffizienten, symbolisch:

$$\boldsymbol{\alpha} = \varepsilon / \Delta T.$$

Die Änderung der Temperatur eines Kristalls (oder eines anderen Körpers) bewirkt nicht nur eine Änderung seiner Abmessungen, sondern auch eine Änderung seines Volumens gemäß:

$$(V - V_0)/V_0 = \Delta V/V_0 = \beta \Delta T \text{ bzw. } V = V_0 (1 + \beta \Delta T)$$

mit der Volumenänderung $\Delta T = V - V_0$ sowie V_0 als Volumen des Kristalls vor und V als sein Volumen nach der Temperaturänderung $\Delta T = T - T_0$. Die Größe β ist ein Skalar und wird als kubischer oder *Volumenausdehnungskoeffizient* bezeichnet. Ein quaderförmiges Volumenelement des Kristalls, dessen Kanten l_a, l_b und l_c parallel zu den Hauptachsen des Tensors der linearen

Tabelle 4.2. *Orthonormierte kristallphysikalische Koordinatensysteme.*

Kristallsystem		Orthonormierte Basisvektoren e_1	e_2	e_3 [1)]
Triklin[2)]		∥ (010) und ⊥ [001]	⊥ (010)	∥ [001]
Monoklin[3)]	$\beta \neq 90°$	⊥ (100)	∥ [010]	∥ [001]
	$\gamma \neq 90$	∥ [100]	⊥ (010)	∥ [001]
Rhombisch		∥ [100]	∥ [010]	∥ [001]
Tetragonal		∥ [100]	∥ [010]	∥ [001]
Hexagonal[4)]		∥ [10.0] bzw. ⊥ $(2\bar{1}\bar{1}0)$	∥ [12.0] bzw. ⊥ $(01\bar{1}0)$	∥ [00.1] bzw. ⊥ (0001)
Rhomboedrisch[5)]		∥ $[1\bar{1}.0]$	∥ $[11.\bar{2}]$	∥ [111]
Kubisch		∥ [100]	∥ [010]	∥ [001]

[1)] Der Basisvektor $\boldsymbol{e}_3$ entspricht stets der kristallographischen c-Achse.
[2)] Vgl. Bild 1.30.
[3)] $\beta \neq 90°$; $\boldsymbol{b} \perp \boldsymbol{a}$; $\boldsymbol{b} \perp c$; „kristallographische" Aufstellung; $\gamma \neq 90°$; $\boldsymbol{c} \perp \boldsymbol{a}$; $\boldsymbol{c} \perp \boldsymbol{b}$; „kristallphysikalische" Aufstellung.
[4)] Vgl. Bild 1.33. [5)] rhomboedrische (MILLERsche) Indizierung, vgl. Abschnitt 1.3.3.

thermischen Ausdehnungskoeffizienten verlaufen, hat vor der Temperaturänderung das Volumen $V_0 = l_{a0} l_{b0} l_{c0}$ und nach der Temperaturänderung das Volumen:

$$V = l_a l_b l_c = l_{a0}\,(1 + \alpha_a \Delta T)\; l_{b0}\,(1 + \alpha_b \Delta T)\; l_{c0}\,(1 + \alpha_c \Delta T)$$

bzw. unter Vernachlässigung der kleinen Größen höherer Ordnung:

$$V = V_0\,(1 + \alpha_a \Delta T + \alpha_b \Delta T + \alpha_c \Delta T) = V_0\,[1 + (\alpha_a + \alpha_b + \alpha_c)\,\Delta T].$$

Folglich hat man als Volumenausdehnungskoeffizient

$$\beta = \alpha_a + \alpha_b + \alpha_c = \alpha_{11} + \alpha_{22} + \alpha_{33}$$

mit $\alpha_a \equiv \alpha_{11}$; $\alpha_b \equiv \alpha_{22}$; $\alpha_c \equiv \alpha_{33}$ (in der Hauptachsendarstellung).

Die Summe der Koeffizienten $\alpha_{11} + \alpha_{22} + \alpha_{33}$ in der Diagonalen einer Tensormatrix wird als Spur (abgekürzt Sp) bezeichnet und ist invariant gegenüber Transformationen des Koordinatensystems, d. h., die obige Beziehung gilt allgemein und auch dann, wenn die übrigen Tensorkomponenten α_{ij} (mit $i \neq j$) verschieden von null sind. Für die relative Volumenänderung ergibt sich somit:

$$\Delta V / V_0 = (\alpha_{11} + \alpha_{22} + \alpha_{33})\,\Delta T = \Delta T\, \mathrm{Sp}\boldsymbol{\alpha}$$

bzw. auch:

$$\Delta V / V_0 = \varepsilon_{11} + \varepsilon_{22} + \varepsilon_{33} = \mathrm{Sp}\boldsymbol{\varepsilon}.$$

Für isotrope Körper und (wie noch gezeigt wird) auch für kubische Kristalle hat man mit:

$\alpha_a = \alpha_b = \alpha_c = \alpha$ bzw. $\mathrm{Sp}\boldsymbol{\alpha} = 3\alpha$ einfach:
$\beta = 3\alpha$ bzw. $\Delta V / V_0 = 3\alpha \Delta T$.

4.2.2. Symmetrie kristallphysikalischer Eigenschaften

Geht man (wie im vorigen Abschnitt ausgeführt) von der Hauptachsendarstellung einer (thermischen) Deformation $u_1 = \varepsilon_a x_1$; $u_2 = \varepsilon_b x_2$; $u_3 = \varepsilon_c x_3$ aus und transformiert sie auf ein beliebiges anderes Koordinatensystem $u_i = \Sigma \varepsilon_{ij} x_j$ (was, wie gesagt, nicht im Einzelnen ausgeführt wurde), so ergibt sich zwischen den einzelnen Tensorkomponenten stets die Beziehung $\varepsilon_{ij} = \varepsilon_{ji}$ bzw. explizit $\varepsilon_{12} = \varepsilon_{21}$; $\varepsilon_{13} = \varepsilon_{31}$; $\varepsilon_{23} = \varepsilon_{32}$. Ein Tensor, dessen Komponenten dieser Beziehung genügen, wird als symmetrischer Tensor (2. Stufe) bezeichnet. Ein solcher Tensor hat also im allgemeinen nur sechs unabhängige Komponenten – in Übereinstimmung damit, dass ein Ellipsoid durch sechs Bestimmungsstücke gegeben ist (z. B. durch die Längen seiner drei Hauptachsen sowie drei Winkelkoordinaten für deren Orientierung im gewählten Koordinatensystem). Offenbar rührt diese Symmetrie des Tensors ε bereits von der Form der Hauptachsendarstellung bzw. letztlich von der physikalischen Natur der thermischen Deformation her. Diese „innere" Symmetrie des Tensors bzw. des Phänomens der thermischen Deformation kommt auch in der Symmetrie des zu seiner Beschreibung benutzten dreiachsigen Ellipsoids zum Ausdruck, welche der Symmetrie der rhombischen Kristallklasse *mmm* entspricht.

Der Vollständigkeit halber sei angemerkt, dass im allgemeinen Fall einer beliebigen Deformation der den Deformationszustand beschreibende Tensor nicht symmetrisch zu sein braucht, was als „schiefsymmetrisch" bezeichnet wird. Der Deformationstensor wird dann auch *Verrückungstensor* genannt und sei mit u, seine Komponenten seien mit u_{ij} symbolisiert, und im Allgemeinen ist $u_{ij} \neq u_{ji}$. Bei einer homogenen Deformation besteht dann zwischen dem Ortsvektor r und dem Verrückungsvektor $\boldsymbol{u}$ die Beziehung $\boldsymbol{u} = \mathrm{u} \cdot \boldsymbol{r}$ bzw. $u_i = \Sigma u_{ij} x_j$. Wie jeder schiefsymmetrische Tensor lässt sich der Verrückungstensor **u** gemäß $\mathbf{u} = \boldsymbol{\varepsilon} + \boldsymbol{\omega}$ bzw. $u_{ij} = \varepsilon_{ij} + \omega_{ij}$ aus einem symmetrischen Anteil ε mit $\varepsilon_{ij} = (u_{ij} + u_{ji})/2$ (folglich $\varepsilon_{ij} = \varepsilon_{ji}$) und einem antisymmetrischen Anteil **ω** mit $\omega_{ij} = (u_{ij} - u_{ji})/2$ (folglich $\omega_{ij} = -\omega_{ji}$) zusammensetzen. Der antisymmetrische Anteil **ω** beschreibt (wie hier nicht näher ausgeführt) die mit einer beliebigen Deformation des Körpers verbundene Rotation (Verdrehung) eines betrachteten Volumenelements. Der symmetrische Anteil ε beschreibt die Deformation (Verzerrung) des Volumenelements und wird deshalb *Verzerrungstensor* genannt. In vielen Fällen, so auch bei der thermischen Deformation (in einem homogenen Temperaturfeld), hat man es nur mit dem (symmetrischen) Verzerrungstensor ε zu tun, und die Bezeichnungen „Deformationstensor" und „Verzerrungstensor" werden dann gleichbedeutend benutzt.

Eine kristallphysikalische Eigenschaft hat aber nicht nur eine ihr von vornherein eigene innere Symmetrie, sondern muss auch die Symmetrie des betreffenden Kristalls zum Ausdruck bringen bzw. darf ihr nicht widersprechen *(NEUMANNsches Prinzip)*. So kann sich z. B. durch eine Temperaturänderung die Kristallklasse (Punktgruppe) eines Kristalls nicht verändern, es sei denn, es findet ein Phasenübergang statt. Im kubischen Kristallsystem ändert sich deshalb bei der thermischen Deformation lediglich die Gitterkonstante a. Im tetragonalen, trigonalen und hexagonalen Kristallsystem (den „wirteligen" Kristallsystemen) ändern sich sowohl die Gitterkonstanten a und c als auch das Achsenverhältnis c/a, d. h., die thermische Deformation macht sich auch morphologisch bemerkbar. Beispielsweise ändert sich beim Calcit (Kristallklasse $\bar{3}m$) beim Erwärmen von 10 °C auf 110 °C der Winkel zwischen den Rhomboederflächen um 8,5 Winkelminuten. Im rhombischen Kristallsystem ändern sich sowohl die Gitterkonstanten a, b, c als auch die Achsenverhältnisse a/b und c/b, im monoklinen Kristallsystem außerdem der „monokline" Winkel β und im triklinen Kristallsystem alle drei Winkel α, β, γ zwischen den Basisvektoren.

Die Symmetrieelemente der einzelnen Kristallklassen setzen zusätzlich zur „inneren" Symmetriebedingung $\varepsilon_{ij} = \varepsilon_{ji}$ weitere Bedingungen für die Tensorkomponenten ε_{ij}.

Betrachten wir als Beispiel die Wirkung einer Spiegelebene senkrecht zur kristallographischen *b*-Achse bzw. zum „kristallphysikalischen" Basisvektor $\boldsymbol{e}_2$ (monoklines Kristallsystem – vgl. Tab. 4.2). Zu einem Vektor $\boldsymbol{r}$ mit den Komponenten x_1, x_2, x_3 muss es hier stets einen spiegelbildlichen Vektor $\tilde{\boldsymbol{r}}$ mit den Komponenten $x_1, -x_2, x_3$ und zum Vektor $\boldsymbol{u}$ mit den Komponenten u_1, u_2, u_3 einen spiegelbildlichen Vektor $\tilde{\boldsymbol{u}}$ mit den Komponenten $u_1, -u_2, u_3$ geben. Beide Vektorpaare sind durch denselben Deformationstensor miteinander verknüpft:

$$\boldsymbol{u} = \boldsymbol{\varepsilon} \cdot \boldsymbol{r} \text{ sowie } \tilde{\boldsymbol{u}} = \boldsymbol{\varepsilon} \cdot \tilde{\boldsymbol{r}}$$

oder ausgeschrieben:

$$\begin{aligned} u_1 &= \varepsilon_{11}x_1 + \varepsilon_{12}x_2 + \varepsilon_{13}x_3 \\ u_2 &= \varepsilon_{21}x_1 + \varepsilon_{22}x_2 + \varepsilon_{23}x_3 \\ u_3 &= \varepsilon_{31}x_1 + \varepsilon_{32}x_2 + \varepsilon_{33}x_3 \end{aligned} \quad \text{sowie} \quad \begin{aligned} u_1 &= \varepsilon_{11}x_1 - \varepsilon_{12}x_2 + \varepsilon_{13}x_3 \\ -u_2 &= \varepsilon_{21}x_1 - \varepsilon_{22}x_2 + \varepsilon_{23}x_3 \\ u_3 &= \varepsilon_{31}x_1 - \varepsilon_{32}x_2 + \varepsilon_{33}x_3 \end{aligned}$$

Sollen alle Gleichungen simultan gelten, ergibt der Vergleich der Koeffizienten $\varepsilon_{12} = -\varepsilon_{12}$, $\varepsilon_{21} = -\varepsilon_{21}$, $\varepsilon_{23} = -\varepsilon_{23}$ und $\varepsilon_{32} = -\varepsilon_{32}$, was nur durch $\varepsilon_{12} = \varepsilon_{21} = \varepsilon_{23} = \varepsilon_{32} = 0$ erfüllt werden kann. Mit der allgemeinen Beziehung $\varepsilon_{31} = \varepsilon_{13}$ folgt somit für den Verzerrungstensor in der Kristallklasse *m* das Koeffizientenschema:

$$\begin{pmatrix} \varepsilon_{11} & 0 & \varepsilon_{13} \\ 0 & \varepsilon_{22} & 0 \\ \varepsilon_{13} & 0 & \varepsilon_{33} \end{pmatrix}$$

mit nur noch vier unabhängigen Komponenten. Genauso lässt sich zeigen, dass eine zweizählige Achse auf dasselbe Koeffizientenschema führt, das mithin für alle Kristallklassen des monoklinen Systems zutreffend ist.

Eine systematische Diskussion aller Kristallklassen führt auf die in Tab. 4.3 zusammengestellten Koeffizientenschemata, welche die „äußere" Symmetrie des Tensors ausdrücken. Dieser durch die Kristallsymmetrie bedingten äußeren Symmetrie muss auch die Form des Ellipsoids folgen, in das eine aus dem Kristall gefertigte Kugel bei einer Temperaturänderung übergeht: Im triklinen Kristallsystem ist es ein dreiachsiges Ellipsoid mit beliebiger Orientierung sowohl zu den kristallographischen Achsen als auch zum kristallphysikalischen Koordinatensystem (man beachte, dass sich die Bezeichnung der Hauptwerte des Tensors als ε_a, ε_b, ε_c auf die Hauptachsen des Ellipsoids bzw. Tensors, nicht jedoch auf die kristallographischen Achsen bezieht). Im monoklinen Kristallsystem haben wir gleichfalls ein dreiachsiges Ellipsoid, doch ist dessen eine Hauptachse parallel zur kristallographischen *b*-Achse festgelegt (wobei es sich um eine beliebige der drei Hauptachsen handeln kann). Nur so ist die Kristallsymmetrie auch in der Symmetrie des Ellipsoids enthalten. Im rhombischen Kristallsystem ist es ein dreiachsiges Ellipsoid, dessen Hauptachsen alle drei parallel zu den kristallographischen Achsen festgelegt sind, so dass die Orientierung des Ellipsoids invariant ist. Im tetragonalen Kristallsystem bedingt die Symmetrie einer vierzähligen Drehachse ein Ellipsoid mit zwei gleich langen Hauptachsen; das ist aber ein Rotationsellipsoid (vgl. Bild 4.25). Auch im trigonalen und hexagonalen Kristallsystem ist nur ein Rotationsellipsoid mit der Symmetrie der drei bzw. sechszähligen Drehachse verträglich. (Entsprechendes gilt für Drehinversionsachsen $\overline{4}$, $\overline{3}$, $\overline{6}$). Der Symmetrie des kubischen Kristallsystems schließlich kann nur ein Ellipsoid mit drei gleich langen Hauptachsen genügen; das ist aber eine Kugel. Im kubischen Kristallsystem sind deshalb die thermischen Ausdehnungskoeffizienten in allen Richtungen die gleichen. Hinsichtlich der thermischen Ausdehnung verhalten sich die Kristalle des kubischen Kristallsystems isotrop.

Tabelle 4.3. *Gestalt von polaren symmetrischen Tensoren 2. Stufe.*

Kristall-system	Tensorfläche[1])	Symmetrie des Tensors[2])	Schema der Komponenten[3]) $\varepsilon_{ij} = \varepsilon_{ji}$	Bezug zu den Hauptwerten	Anzahl der unabhängigen Komponenten
Triklin	Dreiachsiges Ellipsoid in beliebiger Lage	*mmm*	$\begin{pmatrix} \varepsilon_{11} & \varepsilon_{12} & \varepsilon_{13} \\ \varepsilon_{12} & \varepsilon_{22} & \varepsilon_{23} \\ \varepsilon_{13} & \varepsilon_{23} & \varepsilon_{33} \end{pmatrix}$	–	6
Monoklin[4]) $\beta \neq 90°$	dreiachsiges Ellipsoid, eine Hauptachse ‖ zur *b*-Achse	*mmm*	$\begin{pmatrix} \varepsilon_{11} & 0 & \varepsilon_{13} \\ 0 & \varepsilon_{22} & 0 \\ \varepsilon_{13} & 0 & \varepsilon_{33} \end{pmatrix}$	$\varepsilon_{22} = \varepsilon_b$	4
$\gamma \neq 90°$	dreiachsiges Ellipsoid, eine Hauptachse ‖ zur *c*-Achse		$\begin{pmatrix} \varepsilon_{11} & \varepsilon_{12} & 0 \\ \varepsilon_{12} & \varepsilon_{22} & 0 \\ 0 & 0 & \varepsilon_{33} \end{pmatrix}$	$\varepsilon_{33} = \varepsilon_c$	
Rhombisch	dreiachsiges Ellipsoid, Hauptachsen ‖ zur *a*-, *b*- und *c*-Achse	*mmm*	$\begin{pmatrix} \varepsilon_{11} & 0 & 0 \\ 0 & \varepsilon_{22} & 0 \\ 0 & 0 & \varepsilon_{33} \end{pmatrix}$	$\varepsilon_{11} = \varepsilon_a$ $\varepsilon_{22} = \varepsilon_b$ $\varepsilon_{33} = \varepsilon_c$	3
Tetragonal Trigonal Hexagonal	Rotationsellipsoid, Rotationsachse ‖ zur *c*-Achse	∞/mm	$\begin{pmatrix} \varepsilon_{11} & 0 & 0 \\ 0 & \varepsilon_{11} & 0 \\ 0 & 0 & \varepsilon_{33} \end{pmatrix}$	$\varepsilon_{11} = \varepsilon_a = \varepsilon_b = \varepsilon_\perp$ $\varepsilon_{33} = \varepsilon_c = \varepsilon_\parallel$	2
Kubisch	Kugel	$m\bar{\infty}$	$\begin{pmatrix} \varepsilon_{11} & 0 & 0 \\ 0 & \varepsilon_{11} & 0 \\ 0 & 0 & \varepsilon_{11} \end{pmatrix}$	$\varepsilon_{11} = \varepsilon$	1

[1]) Form des aus einer Kugel bei einer Temperaturänderung entstehenden Körpers sowie der im Abschnitt 4.2.3. behandelten Repräsentationsflächen des Tensors.
[2]) Vgl. Abschnitt 4.2.2.
[3]) Für ein orthonormiertes Basissystem entsprechend Tabelle 4.2.
[4]) $\beta \neq 90°$; $\boldsymbol{b} \perp \boldsymbol{a}$; $\boldsymbol{b} \perp \boldsymbol{c}$; „kristallographische" Aufstellung;
$\gamma \neq 90°$; $\boldsymbol{c} \perp \boldsymbol{a}$; $\boldsymbol{c} \perp \boldsymbol{b}$; „kristallphysikalische" Aufstellung.

Betrachten wir die Symmetrie eines Rotationsellipsoids oder eines anderen rotationssymmetrischen Körpers: Bereits nach einer Drehung um einen infinitesimal kleinen Winkel kommt ein solcher Körper mit sich zur Deckung. Die betreffende Rotationsachse ist gewissermaßen eine Drehachse mit der Zähligkeit ∞, mit welchem Zeichen man eine solche Drehachse symbolisiert. Die Menge aller Symmetrieoperationen eines rotationssymmetrischen Körpers ist unbegrenzt und bildet eine sog. *kontinuierliche Punktgruppe*. Ein Rotationsellipsoid hat als Symmetrieelemente außerdem noch eine Spiegelebene senkrecht zur Rotationsachse sowie unbegrenzt viele Spiegelebenen, die sich in dieser Achse schneiden, und unbegrenzt viele zweizählige Drehachsen senkrecht dazu. Entsprechend symbolisiert man diese kontinuierliche Punktgruppe mit $\frac{\infty}{m}\frac{2}{m}$ oder abgekürzt ∞/mm. Die systematische Untersuchung der Symmetrien anderer rotationssymmetrischer Körper (Kegel, Zylinder, Kugel etc. – Bild 4.2) führt auf insgesamt sieben kontinuierliche

Punktgruppen oder CURIE-Gruppen (Tab. 4.4). Wie die Beispiele der Tabelle zeigen, beschreiben die kontinuierlichen Punktgruppen die Symmetrie kristallphysikalischer Eigenschaften wie auch von physikalischen Phänomenen überhaupt. Sie werden ferner dazu herangezogen, die Symmetrie von Texturen, das sind polykristalline Aggregate mit bestimmten bevorzugten Orientierungen der Kristallite, von flüssigen Kristallen oder von anderen anisotropen Objekten bzw. von deren Eigenschaften zu charakterisieren.

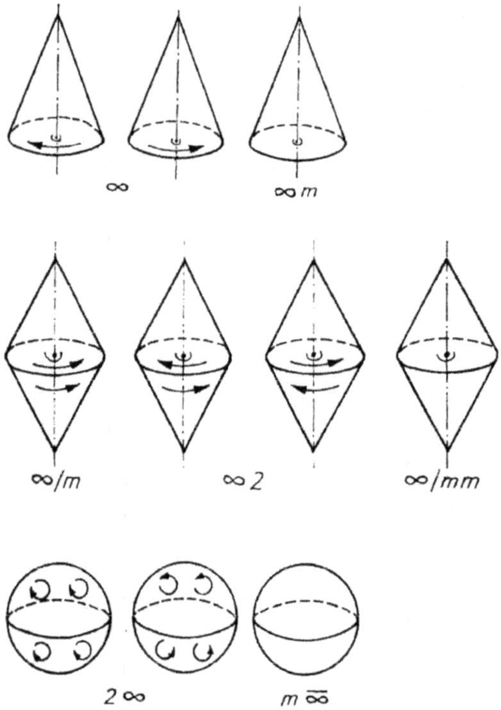

Bild 4.2. *Geometrische Darstellung der kontinuierlichen Punktgruppen (Curie-Gruppen).*

∞ rotierender Kegel (Links- und Rechtsform); ∞*m* (ruhender) Kegel; ∞/*m* rotierender Doppelkegel; ∞2 „antirotierender" Doppelkegel (Links- und Rechtsform); ∞/*mm* (ruhender) Doppelkegel; 2∞ (um mindestens zwei verschiedene Achsen) rotierende Kugel; *m*∞̄ (ruhende) Kugel; vgl. auch Tab. 4.4.

Nach dem NEUMANNSCHEN Prinzip muss die (äußere) Symmetriegruppe einer Eigenschaft $\{G_E\}$ die Symmetriegruppe des Kristalls $\{G_K\}$ enthalten, symbolisch:

$$\{G_E\} \supseteq \{G_K\}$$

(wobei es sich bei $\{G_E\}$ um eine kontinuierliche Symmetriegruppe handeln kann). Die Symmetriegruppe $\{G_E\}$ einer Eigenschaft kann nicht kleiner sein als die Symmetriegruppe des Kristalls. Sei $\{G_I\}$ die Gruppe der inneren Symmetrie dieser Eigenschaft, so muss trivialerweise auch $\{G_E\} \supseteq \{G_I\}$ erfüllt sein. Das von NEUMANN (1833) zunächst heuristisch benutzte Prinzip wurde von CURIE (1894) erweitert, indem er auch den Einfluss einer Einwirkung auf die Symmetrie des Kristalls in die Betrachtung einbezog. Sei $\{G_F\}$ die Symmetriegruppe der Einwirkung (z. B. eines Feldes) ohne den Kristall, so wird die Symmetriegruppe $\{G_{KF}\}$ des Kristalls in diesem Feld nur die Symmetrieelemente enthalten, die der Symmetriegruppe $\{G_F\}$ des Feldes und der Symmetriegruppe $\{G_K\}$ des Kristalls ohne diese Einwirkung gemeinsam sind, in der Symbolik der Gruppentheorie: $\{G_{KF}\}=\{G_F\}\cap\{G_K\}$ (Durchschnitt). Sei $\{G_{EF}\}$ die Symmetriegruppe der Eigenschaft im Feld, so kann man also schreiben:

$$\{G_{EF}\} \supseteq \{G_{KF}\} = \{G_F\} \cap \{G_K\},$$

Tabelle 4.4. *Kontinuierliche Punktgruppen (Curie-Gruppen).*

Vollständiges Symbol	Kurzsymbol	Andere gebräuchliche Symbole	Symbol nach SCHOENFLIES	Inversionszentrum	Enantiomorphie	Optische Aktivität	Piezoelektrizität	Pyroelektrizität	Beispiele
∞	∞		C_∞	–	+	+	+	+	nematischer flüssiger Kristall aus optisch aktiven, polaren Molekülen
$\frac{\infty}{m}$	∞/m	$\bar{\infty}$	$C_{\infty h}$ S_∞ $C_{\infty i}$	+	–	–	–	–	nematischer flüssiger Kristall aus paramagnetischen Molekülen
$\infty 2$	$\infty 2$	$\infty 22$	D_∞	–	+	+	+	–	nematischer flüssiger Kristall aus optisch aktiven Molekülen
∞m	∞m	∞mm	$C_{\infty v}$	–	–	–	+	+	nematischer flüssiger Kristall aus polaren Molekülen
$\frac{\infty}{m}\frac{2}{m}$	∞/mm	$\bar{\infty}m$ $\bar{\infty}\frac{2}{m}$ ∞/mmm	$D_{\infty h}$	+	–	–	–	–	nematischer flüssiger Kristall
2∞	2∞	$\infty\infty$ $\infty\infty\infty$	K	–	+	+	–	–	optisch aktive Flüssigkeit
$\frac{2}{m}\bar{\infty}$	$m\bar{\infty}$	$\bar{\infty}\bar{\infty}$ $\infty\infty m$ $\frac{\infty}{m}\frac{\infty}{m}\frac{\infty}{m}$	K_h	+	–	–	–	–	isotrope Flüssigkeit

Vollständiges Symbol und Kurzsymbol entsprechend den *International Tables for Crystallography*;
$\bar{\infty} \equiv \infty/m$ bezeichnet eine Drehinversionsachse der Ordnung ∞; vgl. auch Bild 4.2.

was zusammenfassend als Prinzip von NEUMANN-CURIE, gelegentlich auch als Prinzip von NEUMANN-MINNIGERODE-CURIE bezeichnet wird. Die Symmetriegruppe $\{G_{EF}\}$ lässt sich auch als die Symmetrie des betreffenden kristallphysikalischen Effekts interpretieren, bzw. es kann ganz allgemein $\{G_K\}$ als Symmetrie eines physikalischen Objektes, $\{G_F\}$ als Symmetrie einer Einwirkung, $\{G_{KF}\}$ als Symmetrie der Anordnung und $\{G_{EF}\}$ als Symmetrie der resultierenden Eigenschaft bzw. des resultierenden Effekts interpretiert werden. Die Symmetriegruppe $\{G_{KF}\}$ einer Anordnung ist in vielen Fällen deutlich kleiner, sowohl als $\{G_F\}$ als auch als $\{G_K\}$ jeweils für sich, was von CURIE als *Dissymmetrie* bezeichnet wurde. Oft macht diese „Symmetriebrechung" die Beobachtung einer Eigenschaft bzw. eines Effekts überhaupt erst möglich. Weitere Einzelheiten des Einflusses der Symmetrie auf kristallphysikalische Eigenschaften haben BRANDMÜLLER und WINTER [4.1] ausführlich behandelt (vgl. auch I. S. SHELUDEV).

4.2.3. Wärmeleitung

Eine weitere, im Allgemeinen anisotrope thermische Eigenschaft der Kristalle ist ihre Wärmeleitfähigkeit oder ihr Wärmeleitvermögen. Die Wärmeleitfähigkeit bestimmt die Wärmemenge Q, die während der Zeit t durch einen Kristallstab mit dem Querschnitt A und der Länge l fließt, wenn zwischen seinen Enden eine Temperaturdifferenz ΔT besteht:

$$Q = \lambda A t \Delta T / l.$$

Die Größe λ ist eine richtungsabhängige Materialeigenschaft und wird als *Wärmeleitzahl, Wärmeleitfähigkeitskoeffizient* oder kurz als *Wärmeleitfähigkeit* bezeichnet. Mit der Maßeinheit W/(m · K) gibt λ die Wärmemenge in Wattsekunden (Joule) an, die in 1 s durch einen Stab von 1 m Länge und 1 m^2 Querschnitt fließt, wenn die Temperaturdifferenz zwischen den Stabenden 1 K beträgt. Durch Einführen der Wärmestromdichte (Wärmeflussdichte) $j^Q = Q/At$ erhält man:

$$j^Q = \lambda \Delta T / l \text{ bzw. } \lambda = j^Q l / \Delta T.$$

Die Wärmestromdichte j^Q ist demnach proportional zu $\Delta T/l$, dem Temperaturgefälle (Temperaturgradient). Eine aus der Wärmeleitfähigkeit λ abgeleitete und deshalb gleichfalls richtungsabhängige Eigenschaft ist die Temperaturleitfähigkeit (Temperaturleitzahl) $a = \lambda/\rho c$ (mit der Dichte ρ und der spezifischen Wärmekapazität c), die häufig anstelle von λ bei der Behandlung der Wärmeleitung benutzt wird.

Tabelle 4.5. *Wärmeleitfähigkeit λ einiger fester Körper.*

Substanz			λ in W/(m · K)	Substanz			λ in W/(m · K)
Silber			419	NaCl			6,5
Kupfer		20°C	386	GaP			77
		−183°C	466	InAs			6,7
Nickel		20°C	83,8	SiC		0°C	71,3
		800°C	46,2			100°C	58,4
$Cu_{90}Ni_{10}$		20°C	58,4	Al_2O_3	$\perp c$		31,2
(Legierung)		100°C	75,5	(Korund)	$\parallel c$		38,9
$Cu_{60}Ni_{40}$		20°C	22,6	$CaCO_3$	$\perp c$		4,2
(Konstantan)		100°C	25,6	(Calcit)	$\parallel c$		5,0
Zink	$\perp c$		120,4	H_2O (Eis)	$\perp c$	0°C	1,9
	$\parallel c$		124,2		$\parallel c$		2,3
Messing			109	Quarz	$\perp c$	0°C	7,25
Eisen			73,3			100°C	5,58
Wolfram			168	Quarz	$\parallel c$	0°C	13,2
Cesium			18,4			100°C	9,03
Germanium			54,2	Quarzglas			1,38
Silicium			136,5	Schamotte		300°C	0,93
Diamant		300 K	545,3			1200°C	1,45
		55 K	3 000	Sand			0,3
Graphit	$\perp c$		355	Microtherm			0,007
	$\parallel c$		89,4	Luft (zum Vergleich)			0,0256

Die Werte der Tabelle sind unkritisch verschiedenen Quellen entnommen. Werte ohne Temperaturangabe gelten für Zimmertemperatur. 1 W/(m · K) = 2,39 · 10^{-3} cal/(cm s grd) = 0,86 kcal/(m h grd).

In Tab. 4.5 sind die Wärmeleitfähigkeiten einiger Festkörper zusammengestellt. Die größten Werte erreichen Metalle, nur übertroffen vom Diamant. Auffällig ist der Rückgang von λ bei Legierungen gegenüber den reinen Komponenten. Ionenkristalle und die übrigen kovalenten Kristalle haben nur eine geringe Wärmeleitfähigkeit. Charakteristisch ist die bessere Wärmeleitfähigkeit von kristallisierten gegenüber glasigen Phasen (SiO_2). Vergleichen wir das Wärmeleitvermögen mit der Kristallstruktur, so treffen wir die größere Wärmeleitfähigkeit in den Richtungen dichtester Packung und stärkster Bindungskräfte an, z. B. bei Schichtstrukturen parallel zu den Schichten und bei Kettenstrukturen parallel zu den Ketten.

Die Wärmeleitfähigkeit erweist sich als stark temperaturabhängig: Bei Kristallen nimmt λ mit steigender Temperatur ab; hingegen wächst λ bei Gläsern, Keramiken etc., aber auch bei Legierungen mit der Temperatur an. Mit abnehmender Temperatur wächst λ bei Kristallen z. T. sehr stark an, um im Bereich von 10...100 K ein Maximum zu durchlaufen, dessen Form und Höhe empfindlich von der Reinheit, von Baufehlern und anderen Realstrukturerscheinungen abhängt. Mit Annäherung an den absoluten Nullpunkt verschwindet die Wärmeleitfähigkeit bei allen Körpern.

Die experimentelle Bestimmung der absoluten Wärmeleitfähigkeit ist nicht ganz einfach, weshalb in der Literatur differierende Angaben anzutreffen sind. Hingegen stammt von DE SENARMONT (1847) eine einfache Methode, um das relative Wärmeleitvermögen festzustellen: Eine Kristallfläche wird mit einer dünnen Wachsschicht überzogen und auf das fest gewordene Wachs die Spitze eines heißen Nagels gedrückt. Die Spitze wirkt als punktförmige Wärmequelle, und das Wachs beginnt von innen nach außen fortschreitend zu schmelzen. Wenn man den Nagel entfernt und damit die Wärmezufuhr unterbricht, bildet sich beim Wiedererstarren an der Grenze zwischen geschmolzenem und ungeschmolzenem Wachs eine kleine Wulst, die die Lage der Schmelzisotherme im Moment des Unterbrechens bezeichnet. Bei anisotropen Kristallen ist das eine Ellipse (Bild 4.3). Denkt man sich diesen Versuch durch Schnitte in verschiedenen Richtungen auf drei Dimensionen ergänzt, so gelangt man auf ein im allgemeinen dreiachsiges Ellipsoid, das in den einzelnen Kristallsystemen denselben Symmetriebedingungen unterliegt wie das Ellipsoid, das bei der im vorigen Abschnitt behandelten thermischen Ausdehnung aus einer Kristallkugel entsteht (vgl. Tab. 4.3).

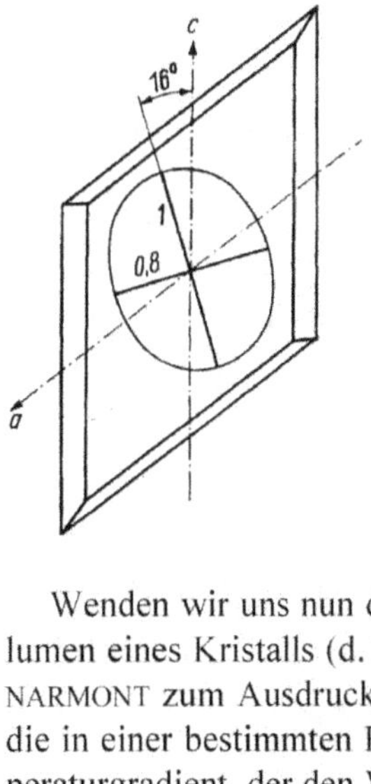

Bild 4.3. *Schmelzisotherme in einer Wachsschicht auf einer (010)- Fläche von Gips (Kristallklasse 2/m).*

Wenden wir uns nun der phänomenologischen Beschreibung der Wärmeleitung durch das Volumen eines Kristalls (d. h. eines anisotropen Körpers) zu, wie sie in dem Experiment von DE SENARMONT zum Ausdruck kommt: Die oben eingeführte Wärmestromdichte j^Q ist ein Vektor, der die in einer bestimmten Richtung je Zeit und Querschnitt transportierte Wärme angibt. Der Temperaturgradient, der den Wärmestrom bewirkt, hat gleichfalls eine bestimmte Richtung, es handelt sich auch um einen Vektor, welcher als grad T oder ∇T symbolisiert wird. Die Komponenten dieses Vektors sind die Temperaturgefälle in Richtung der Koordinatenachsen und werden durch die betreffenden partiellen Ableitungen $\delta T/\delta x_1$, $\delta T/\delta x_2$, $\delta T/\delta x_3$ dargestellt (die Schreibweise der Koordinaten als x_1, x_2, x_3 anstelle von x, y, z ist hinsichtlich der folgenden Summenausdrücke vorzuziehen). Durch seine Komponenten ist der Temperaturgradient folgendermaßen auszudrücken:

$$\text{grad}\, T \equiv \nabla T = \frac{\partial T}{\partial x_1} \boldsymbol{e}_1 + \frac{\partial T}{\partial x_2} \boldsymbol{e}_2 + \frac{\partial T}{\partial x_3} \boldsymbol{e}_3$$

mit den Basisvektoren (Einheitsvektoren) $\boldsymbol{e}_1$, $\boldsymbol{e}_2$, $\boldsymbol{e}_3$ des gewählten (orthonormierten) Koordinatensystems. Im Folgenden wird für den Temperaturgradienten das kürzere Symbol ∇T bevorzugt (das Zeichen ∇ symbolisiert die Operation der Gradientenbildung und führt die Bezeichnung *Nablaoperator*).

Die beiden Vektoren $\boldsymbol{j}^Q$ und ∇T sind über den Tensor der Wärmeleitfähigkeit $\boldsymbol{\lambda}$ linear miteinander verknüpft, symbolisch:

$$\boldsymbol{j}^Q = -\boldsymbol{\lambda} \nabla T.$$

Das negative Vorzeichen resultiert aus der Konvention, dass die positive Richtung des Temperaturgradienten ∇T von der niedrigeren zur höheren Temperatur weist, der Wärmefluss aber umgekehrt von der höheren zur niedrigeren Temperatur erfolgt. Bedingt durch die Anisotropie der Wärmeleitfähigkeit, haben die Vektoren $\boldsymbol{j}^Q$ und $-\nabla T$ im Allgemeinen unterschiedliche Richtungen.

Es handelt sich bei den Vektoren $\boldsymbol{j}^Q$ und ∇T (wie auch bei dem vorn zur Beschreibung der thermischen Deformation eingeführten Ortsvektor $\boldsymbol{r}$ und dem Verrückungsvektor $\boldsymbol{u}$) um polare Vektoren; das sind Vektoren, die bei einer Umkehr (Inversion) des Koordinatensystems ihr Vorzeichen wechseln (im Gegensatz zu axialen Vektoren). Ein Tensor, der – wie der Wärmeleitfähigkeitstensor $\boldsymbol{\lambda}$ (sowie auch der Verzerrungstensor ε) – zwei polare Vektoren miteinander verknüpft, wird (im Unterschied zu anderen Tensoren) als polarer Tensor zweiter Stufe bezeichnet.

Durch die Komponenten des Wärmeleitfähigkeitstensors λ_{ij} werden die Komponenten der Wärmestromdichte j_i^Q linear mit den Komponenten des Temperaturgradienten $\delta T/\delta x_j$ verknüpft, summarisch:

$$j_i^Q = \sum_j -\lambda_{ij} \frac{\partial T}{\partial x_j}; \quad i, j = 1,\ 2,\ 3.$$

Aufgrund der physikalischen Natur der Wärmeleitung gilt $\lambda_{ij} = \lambda_{ji}$, d. h., der Leitfähigkeitstensor $\boldsymbol{\lambda}$ ist symmetrisch, und die Form des Tensors genügt in den einzelnen Kristallsystemen gleichfalls den in Tab. 4.3 aufgeführten Symmetriebedingungen.

Die durch $\lambda_{ij} = \lambda_{ji}$ dargestellte Symmetrie der Wärmeleitung ist Ausdruck eines allgemeinen, nach ONSAGER (1931) benannten Symmetrieprinzips, das auch für andere Transportvorgänge (elektrische Leitung, Diffusion) zutreffend ist.

4.2.4. Darstellung von Tensoren

Am Beispiel des Wärmeleitfähigkeitstensors $\boldsymbol{\lambda}$ soll im Folgenden auf die verschiedenen Möglichkeiten zur graphischen Veranschaulichung eines symmetrischen Tensors 2. Stufe durch Repräsentationsflächen eingegangen werden.

Den Komponenten λ_{ij} eines symmetrischen Tensors 2. Stufe lässt sich eine quadratische Form gemäß

$$\sum_{i,j} \lambda_{ij} x_i x_j = 1, \quad i, j = 1,\ 2,\ 3; \quad \lambda_{ij} = \lambda_{ji}$$

zuordnen. Sie stellt die analytische Gleichung für eine Fläche 2. Grades dar, die einen symmetrischen Tensor unabhängig vom gewählten Koordinatensystem charakterisiert (bei einem schiefsymmetrischen Tensor mit $\lambda_{ij} \neq \lambda_{ji}$ würden sich die antisymmetrischen Anteile bei der Summenbildung gegenseitig aufheben und deshalb nicht mit in die quadratische Form eingehen). Wählen wir die Hauptachsen des Tensors als Koordinatensystem, so erhält die quadratische Form die einfache Gestalt

$$\lambda_{11} x_1^2 + \lambda_{22} x_2^2 + \lambda_{33} x_3^2 = \lambda_a x_1^2 + \lambda_b x_2^2 + \lambda_c x_3^2 = 1$$

mit den Hauptwerten $\lambda_a \equiv \lambda_{11}$, $\lambda_b \equiv \lambda_{22}$, $\lambda_c \equiv \lambda_{33}$ sowie $\lambda_{ij} = 0$ für $i \neq j$. Vergleicht man diesen Ausdruck mit der allgemeinen analytischen Gleichung für ein Ellipsoid

$$x_1^2/a^2 + x_2^2/b^2 + x_3^2/c^2 = 1\,,$$

so ist unschwer zu erkennen, dass es sich bei der charakteristischen Fläche um ein Ellipsoid handelt, dessen Hauptachsen die Halbmesser $1/\sqrt{\lambda_a}$; $1/\sqrt{\lambda_b}$ und $1/\sqrt{\lambda_c}$ haben (Bild 4.4; ein Ellipsoid entsteht, sofern λ_a, λ_b, $\lambda_c > 0$ sind; andernfalls würde man stattdessen ein einschaliges oder ein zweischaliges Hyperboloid erhalten). Diese charakteristische Fläche hat dieselbe Symmetrie wie der Tensor, d. h., bei den wirteligen Kristallsystemen handelt es sich um ein Rotationsellipsoid und beim kubischen Kristallsystem um eine Kugel; im letzteren Fall ist die Wärmeleitung isotrop.

Wir fragen nun nach der Komponente j_r^Q der Wärmestromdichte in Richtung des negativen Temperaturgradienten $-\nabla T$, welche man beim eingangs angeführten Experiment zur Wärmeleitung durch einen Kristallstab messen würde. Gemäß der Beziehung $j_r^Q = \lambda_r\,|\nabla T|$ stellt $\lambda_r = j_r^Q/|\nabla T|$ gewissermaßen die in der Richtung des Temperaturgradienten wirksame Komponente des Wärmeleitfähigkeitstensors $\boldsymbol{\lambda}$ dar, die auch als Projektion des Tensors $\boldsymbol{\lambda}$ auf den Vektor $-\nabla T$ bezeichnet wird. Setzen wir der einfacheren Schreibweise halber für den negativen Temperaturgradienten $-\nabla T \equiv \boldsymbol{G}$ und für seinen Betrag $|\nabla T| = G$, so erhält man die Komponente j_r^Q als inneres Produkt des Vektors $\boldsymbol{j}^Q$ mit dem Einheitsvektor $\boldsymbol{G}/G$:

$$j_r^Q = \boldsymbol{j}^Q \cdot \boldsymbol{G}/G = \sum_i j_i^Q G_i = \sum_{i,j} \lambda_{ij} G_j G_i / G, \quad i, j = 1,\ 2,\ 3\,,$$

mit den Komponenten j_i^Q des Vektors $\boldsymbol{j}^Q$ und den Komponenten $G_i = -\delta T/\delta x_i$ des negativen Temperaturgradienten $\boldsymbol{G}$ sowie unter Beachtung von $j_i^Q = \sum \lambda_{ij} G_j$, und man hat:

$$\lambda_r = j_r^Q/G = \sum_{i,j} \lambda_{ij} G_i G_j / G^2.$$

Substituiert man (in einem orthonormierten Basissystem) für die Komponenten $G_i = G \cos\rho_i$ mit den Winkeln ρ_i zwischen dem Vektor $\boldsymbol{G}$ und den Basisvektoren $\boldsymbol{e}_i$ (Richtungskosinus), so ergibt sich

$$\lambda_r = \sum_{i,j} \lambda_{ij} \cos\rho_i \cos\rho_j\,.$$

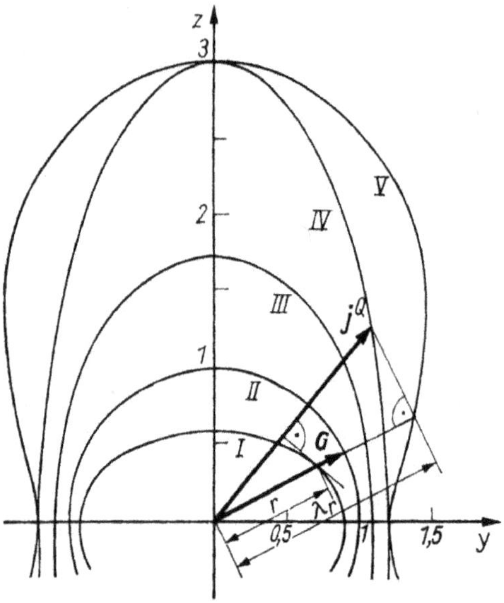

Bild 4.4. *Repräsentationsflächen eines symmetrischen Tensors 2. Stufe.*
Dargestellt ist ein Hauptschnitt senkrecht zur x-Achse für λ_b=1,2 und λ_c=3 sowie $|G|$ = 1.
I charakteristische Tensorfläche (Länge der Hauptachsen: $1/\sqrt{\lambda_b} = 0{,}91$ und $1/\sqrt{\lambda_c} = 0{,}58$; *II* Einheitskugel (Kreis);
III charakteristische Fläche des reziproken Tensors (Länge der Hauptachsen $\sqrt{\lambda_b} = 1{,}10$ und $\sqrt{\lambda_c} = 1{,}73$;);
IV Größenellipsoid (Länge der Hauptachsen: λ_b = 1,2 und λ_c = 3); V Indexfläche (Ovaloid).

Substituiert man in gleicher Weise in der obigen quadratischen Form der charakteristischen Fläche x_i=$r\cos\rho_i$ (mit denselben Winkeln ρ_i):

$$\sum_{i,j} \lambda_{ij} x_i x_j = \sum_{i,j} \lambda_{ij} r^2 \cos\rho_i \cos\rho_j,$$

so ergibt der Vergleich mit dem vorigen Ausdruck

$$\lambda_r = 1/r^2 \quad \text{bzw.} \quad j_r^Q = G/r^2,$$

wobei r den Betrag des zur charakteristischen Fläche führenden Ortsvektors $\boldsymbol{r}$ parallel zum Vektor $\boldsymbol{G}$ darstellt. Tragen wir λ_r für alle Richtungen ab, so erhalten wir die sog. *Indexfläche*. In dem auf Bild 4.4 dargestellten Hauptschnitt gilt ρ_1 = 90° sowie ρ_2 = 90° - ρ_3, und man hat im Hauptachsensystem

$$\lambda_r = \lambda_{22}\sin^2\rho_3 + \lambda_{33}\cos^2\rho_3 = \lambda_b \sin^2\rho_3 + \lambda_c \cos^2\rho_3 = \lambda_b + (\lambda_c - \lambda_b)\cos^2\rho_3$$

mit den Hauptwerten $\lambda_b \equiv \lambda_{22}$ und $\lambda_c \equiv \lambda_{33}$. Letzteres zeigt, dass die Indexfläche im Allgemeinen kein Ellipsoid ist. Trotzdem genügt sie den gleichen Symmetriebeziehungen wie die charakteristische Fläche und kann wie diese als Repräsentationsfläche des Tensors dienen. In den wirteligen Kristallsystemen ist die Indexfläche ein Rotationskörper, und wir haben dann dementsprechend:

$$\lambda_r = \lambda_\perp \sin^2\rho_c + \lambda_\parallel \cos^2\rho_c = \lambda_\perp + (\lambda_\parallel - \lambda_\perp)\cos^2\rho_c$$

mit $\lambda_\perp \equiv \lambda_b = \lambda_a$ und $\lambda_\parallel \equiv \lambda_c$ sowie dem Winkel $\rho_c \equiv \rho_3$ zur c-Achse (Rotationsachse).

Durchläuft der Einheitsvektor $\boldsymbol{G}/G$ alle Richtungen, so beschreiben seine Endpunkte eine Kugel, d. h., seine Komponenten G_i/G erfüllen im Hauptachsensystem die Bedingung:

$$(G_1/G)^2 + (G_2/G)^2 + (G_3/G)^2 = 1.$$

Substituieren wir $j_1^Q = \lambda_a G_1, j_2^Q = \lambda_b G_2, j_3^Q = \lambda_c G_3$, so erhalten wir mit:

$$(j_1^Q/G)^2/\lambda_a^2 + (j_2^Q/G)^2/\lambda_b^2 + (j_3^Q/G)^2/\lambda_c^2 = 1$$

die Gleichung eines Ellipsoids mit den Halbmessern λ_a, λ_b und λ_c, das der Indexfläche eingeschrieben ist und dessen Oberfläche durch die Endpunkte der Vektoren $\boldsymbol{j}^Q/G$ beschrieben wird (vgl. Bild 4.4). Es wird als *Größenellipsoid* bezeichnet und kann gleichfalls als Repräsentationsfläche des Tensors benutzt werden.

Schließlich kann man – analog zur elektrischen Leitung – der Wärmeleitfähigkeit einen *Wärmewiderstand* gegenüberstellen. Bei einem isotropen Körper hat man: $j^Q = G/w$ bzw. $G = wj^Q$ mit dem Wärmewiderstand $w = 1/\lambda$ als dem Reziproken der Wärmeleitfähigkeit λ. Bei einem anisotropen Körper ist der Wärmewiderstand $\mathbf{w}$ (wie auch die Wärmeleitfähigkeit $\boldsymbol{\lambda}$) ein polarer Tensor zweiter Stufe, der die beiden Vektoren $\boldsymbol{G}$ und $\boldsymbol{j}^Q$ miteinander verknüpft, symbolisch:

$$\boldsymbol{G} = \mathbf{w}\boldsymbol{j}^Q \quad \text{bzw.} \quad G_i = \sum_j w_{ij} j_j^Q \quad \text{für} \quad i, j = 1, 2, 3$$

(mit $\boldsymbol{G} \equiv -\nabla T$ bzw. $G_i \equiv -\partial T/\partial x_i$; der Summationsindex j ist nicht zu verwechseln mit den Komponenten j_i^Q !). Definieren wir zu einem gegebenen Tensor $\boldsymbol{\lambda}$ einen reziproken Tensor $\boldsymbol{\lambda}^{-1}$ gemäß

$$\boldsymbol{\lambda}^{-1}\boldsymbol{\lambda} = \mathbf{E} \quad \text{(Einheitstensor) bzw.} \quad \sum_k \lambda_{ik}^{(-1)} \lambda_{kj} = \delta_{ij}$$

mit $\delta_{ij} = 1$ für $i = j$ und $\delta_{ij} = 0$ für $i \neq j$ (KRONECKER-Symbol), so gilt mit $\boldsymbol{j}^Q = \boldsymbol{\lambda G}$ auch:

$$\boldsymbol{\lambda}^{-1}\boldsymbol{j}^Q = \boldsymbol{\lambda}^{-1}\boldsymbol{\lambda G} = \boldsymbol{G}.$$

Ein Vergleich mit $\boldsymbol{G} = \mathbf{w}\boldsymbol{j}^Q$ zeigt, dass dann auch $\boldsymbol{\lambda}^{-1} = \mathbf{w}$ gelten muss; d. h., der Wärmewiderstandstensor $\mathbf{w}$ ist der reziproke Tensor des Wärmeleitfähigkeitstensors $\boldsymbol{\lambda}$ und umgekehrt, (denn es ist $(\boldsymbol{\lambda}^{-1})^{-1} = \boldsymbol{\lambda} = \mathbf{w}^{-1}$). Die Hauptwerte beider Tensoren sind einander reziprok:

$$w_a = 1/\lambda_a;\ w_b = 1/\lambda_b;\ w_c = 1/\lambda_c.$$

In einem anderen als dem Hauptachsensystem ist zur Bestimmung der Tensorkomponenten w_{ij} aus den λ_{ij} ein System linearer Gleichungen zu lösen, was darauf hinausläuft, die zur Matrix der λ_{ij} inverse Matrix zu bilden. Das geschieht nach dem Schema

$$w_{ij} = \frac{(-1)^{i+j}\,\Delta_{ji}^{\lambda}}{|\lambda_{ij}|}.$$

Im Nenner steht die Determinante der Matrix der λ_{ij}, und Δ_{ij}^{λ} soll eine Unterdeterminante symbolisieren, die man aus letzterer durch Streichen der j-ten Zeile und der i-ten Spalte bildet, also z. B.

$$w_{23} = -\begin{vmatrix} \lambda_{11} & \lambda_{13} \\ \lambda_{21} & \lambda_{23} \end{vmatrix} \Bigg/ \begin{vmatrix} \lambda_{11} & \lambda_{12} & \lambda_{13} \\ \lambda_{21} & \lambda_{22} & \lambda_{23} \\ \lambda_{31} & \lambda_{32} & \lambda_{33} \end{vmatrix}.$$

Nach demselben Schema ist übrigens bei der Matrixdarstellung von Symmetrieoperationen die Matrix zur Darstellung der inversen Symmetrieoperation zu bilden (vgl. Abschn. 1.5.2.).

Auch dem Wärmewiderstandstensor **w** kann man gemäß $\sum w_{ij}x_ix_j$ eine quadratische Form zuordnen, welche seine charakteristische Fläche darstellt. Im Hauptachsensystem hat diese quadratische Form die Gestalt:

$$w_{11}x_1^2 + w_{22}x_2^2 + w_{33}x_3^2 = w_a x_1^2 + w_b x_2^2 + w_c x_3^2 = 1,$$

d. h., es handelt sich um ein Ellipsoid, dessen Hauptachsen die folgenden Halbmesser haben:

$$1/\sqrt{w_a} = \sqrt{\lambda_a};\ 1/\sqrt{w_b} = \sqrt{\lambda_b};\ 1/\sqrt{w_c} = \sqrt{\lambda_c}.$$

Auch dieses Ellipsoid kann zur Darstellung sowohl des Tensors **w** als auch des Tensors **λ** herangezogen werden (vgl. Bild 4.4).

Nun läßt sich noch zeigen (vgl. z. B. W. KLEBER/K. MEYER/W. SCHOENBORN), dass beim zuvor geschilderten Wärmeleitungsversuch von DE SENARMONT mit einer punktförmigen Wärmequelle die Isothermen (die sich als Schmelzwulst abzeichnen – vgl. Bild 4.3) die Gestalt der zuletzt genannten, zum Wärmewiderstandstensor gehörenden charakteristischen Fläche haben. Das Verhältnis der Hauptachsen der Schmelzellipse gibt demnach das Verhältnis der Wurzeln aus den betreffenden Wärmeleitfähigkeiten an. Wenn man beispielsweise einen solchen Schmelzversuch auf einer Prismenfläche von Graphit (Kristallklasse 6/*mmm*) ausführte, so würde man eine Schmelzellipse beobachten, deren Hauptachsen im Verhältnis $1:2 = \sqrt{\lambda_c} : \sqrt{\lambda_a} = \sqrt{\lambda_\parallel} : \sqrt{\lambda_\perp}$ stehen, d. h., die Wärmeleitfähigkeiten stehen im Verhältnis $\lambda_c : \lambda_a = \lambda_\parallel : \lambda_\perp = 1:4$.

Die Wärmeleitfähigkeit von Graphit ist also ausgeprägt anisotrop, wobei man die größere Wärmeleitfähigkeit senkrecht zur *c*-Achse, also parallel zu den Schichten in der Struktur (vgl. Bild 2.19) beobachtet. Im Bild 4.3 verhalten sich die Halbmesser der Schmelzellipse wie 1 : 0,8, was einem Verhältnis der betreffenden Hauptwärmeleitfähigkeiten von 1 : 0,64 entspricht.

4.3. Elektrische Eigenschaften von Kristallen

4.3.1. Elektrische Leitung

Die elektrische Leitung in Kristallen wird phänomenologisch durch denselben Formalismus beschrieben wie die Wärmeleitung. Anstelle der Wärmestromdichte j^Q tritt jetzt der Vektor der elektrischen Stromdichte **j** (elektrischer Strom pro Fläche), anstelle der Temperatur **T** das elektrische Potential φ, die beide durch den Tensor der elektrischen Leitfähigkeit σ (anstelle des Wärmeleitfähigkeitstensors λ) verknüpft sind, so dass wir zu schreiben haben:

$$j = -\boldsymbol{\sigma}\nabla\varphi \quad \text{bzw.} \quad j_i = -\sum_j \sigma_{ij}\frac{\delta\varphi}{\delta x_j} \quad \text{für} \quad i, j = 1,\ 2,\ 3$$

mit dem Gradienten des elektrischen Potentials $\nabla\varphi \equiv \text{grad}\ \varphi$ (die Komponenten j_i sind vom Summationsindex ^{j} zu unterscheiden). Nun stellt aber der (negative) Gradient des elektrischen Potentials die elektrische Feldstärke $\boldsymbol{E} = -\nabla\varphi$ dar, ein Vektor mit den Komponenten $E_i = -\delta\varphi/\delta x_i$. Die vorige Beziehung geht dann über in:

$$\boldsymbol{j} = \boldsymbol{\sigma E} \quad \text{bzw.} \quad j_i = \sum_j \sigma_{ij} E_j$$

mit den Komponenten σ_{ij} des Leitfähigkeitstensors $\boldsymbol{\sigma}$. Wie bei der Wärmeleitfähigkeit handelt es sich um einen polaren symmetrischen Tensor 2. Stufe ($\sigma_{ij} = \sigma_{ji}$), der in den einzelnen Kristallsystemen gleichfalls den in Tab. 4.3 aufgeführten Symmetriebedingungen genügt. In einem anisotropen Kristall sind im Allgemeinen die Vektoren $\boldsymbol{E}$ (Feldstärke) und $\boldsymbol{j}$ (Stromdichte) nicht parallel. Wollen wir die Feldstärke $\boldsymbol{E}$ in Abhängigkeit von der Stromdichte $\boldsymbol{j}$ ausdrücken, so ist anstelle des Wärmewiderstandstensors $\mathbf{w}$ der Tensor des elektrischen Widerstandes $\boldsymbol{\rho}$ einzusetzen, und wir erhalten:

$$\boldsymbol{E} = \boldsymbol{\rho j} \quad \text{bzw.} \quad E_i = \sum_j \rho_{ij} j_i$$

als kristallphysikalische Formulierung des OHMschen Gesetzes; es gilt $\boldsymbol{\rho} = \boldsymbol{\sigma}^{-1}$; der Widerstandstensor $\boldsymbol{\rho}$ ist der reziproke Tensor des Leitfähigkeitstensors $\boldsymbol{\sigma}$ (und umgekehrt).

Die elektrische Leitfähigkeit von Kristallen variiert innerhalb ungewöhnlich weiter Grenzen. So beträgt die Leitfähigkeit von metallischem Silber, einem guten metallischen *Leiter*, $6 \cdot 10^7\ (\Omega \cdot m)^{-1}$, die Leitfähigkeit von Quarz, einem *Isolator*, beträgt hingegen senkrecht zur *c*-Achse nur $3 \cdot 10^{-15}$ $(\Omega \cdot m)^{-1}$. Das ist ein Unterschied von 22 Größenordnungen! Neben den metallischen Leitern [Leitfähigkeiten $10^5 ... 10^8\ (\Omega \cdot m)^{-1}$] und den Isolatoren [Leitfähigkeiten $10^{-20} ... 10^{-10}\ (\Omega \cdot m)^{-1}$] gibt es die *Halbleiter* mit Leitfähigkeiten von $10^{-10} ... 10^5\ (\Omega \cdot m)^{-1}$. Die Leitfähigkeit von Metallen nimmt bei tiefen Temperaturen noch beträchtlich zu. Reine Metalle erreichen dabei einen *Restwiderstand* von $10^{-10}\ \Omega \cdot m$, d. h. eine Leitfähigkeit von $10^{10}\ (\Omega \cdot m)^{-1}$. Schließlich ist mit dem Phänomen der *Supraleitung*, die bei einer Reihe von Substanzen bei sehr tiefen Temperaturen eintritt, eine Erhöhung der Leitfähigkeit um bis zu weiteren zehn Größenordnungen verknüpft.

Der Transport von Ladungen durch einen Leiter kann durch Elektronen oder durch Ionen erfolgen. Die gute Leitfähigkeit der Metalle wird durch (quasi) freie Elektronen bewirkt (vgl. weiterführende Literatur).

Die Leitung durch Ionen spielt bei Festkörpern meist nur eine untergeordnete Rolle. Sie erfolgt durch eine Diffusion von Ionen durch den Kristall, für die meist beträchtliche Aktivierungsenergien erforderlich sind (vgl. Abschn. 3.3.1.), und wird von elektrolytischen Erscheinungen begleitet. Ionenkristalle, wie NaCl, haben bei Zimmertemperatur eine *Ionenleitfähigkeit* von nur rd. $10^{-13}\ (\Omega \cdot m)^{-1}$, die mit steigender Temperatur allerdings beträchtlich zunimmt.

Es gibt jedoch auch Festkörper mit außergewöhnlich großen Ionenleitfähigkeiten, die (bei Zimmertemperatur) die Größenordnung von $1\ (\Omega \cdot m)^{-1}$ erreichen und damit den flüssigen Elektrolyten vergleichbar sind. Sie werden als *Festkörperelektrolyte* (auch *Superionenleiter*) bezeichnet. Der zuerst bekannt gewordene Festkörperelektrolyt ist Silberiodid, AgI; es kristallisiert unterhalb 146 °C in der (hexagonalen) Wurtzistruktur (Bild 2.37) und hat eine (ausschließlich von den Ag^+-Ionen getragene) Leitfähigkeit von rd. $10^{-2}\ (\Omega \cdot m)^{-1}$. Oberhalb 146 °C erfolgt ein Übergang in eine kubische Phase, wobei die Leitfähigkeit um vier Größenordnungen auf über $100\ (\Omega \cdot m)^{-1}$ anwächst. In dieser Phase besetzen nur die Iodionen feste Positionen, zwischen denen sich die Silberionen quasi flüssigkeitsartig bewegen. – Der beste bisher bekannte Superionenleiter bei Zimmertemperatur ist die Verbindung $RbAg_4I_5$ mit $20\ (\Omega \cdot m)^{-1}$. Von großem Interesse als Festkörperelektrolyt für Na^+-Ionen ist das Na-β-Aluminiumoxid, das chemisch annähernd der Formel $Na_2O \cdot 11Al_2O_3$ entspricht. Seine Struktur besteht aus Schichten von γ-Al_2O_3, die durch einzelne Sauerstoffbrücken fest miteinander verbunden sind, während sich die Na^+-Ionen in dem verbleibenden Raum dieser Zwischenschicht leicht bewegen können. Festkörperelektrolyte werden in elektrochemischen Batterien, für elektrochemische Sensoren, als Membranen in Brennstoff- und elektrolytischen Zellen u. a. m. angewendet.

4.3.2. Elektrische Polarisation, Pyroelektrizität, Ferroelektrizität

Steht ein elektrisch nicht leitender Körper, der in diesem Zusammenhang als *Dielektrikum* bezeichnet wird, unter der Einwirkung eines elektrischen Feldes, so verschieben sich die in dem Körper enthaltenen elektrischen Ladungen; er wird polarisiert. Da es in einem Nichtleiter, im Gegensatz zu einem Leiter, keine frei beweglichen Ladungsträger gibt, können die Ladungen nur so weit aus ihrer Gleichgewichtslage verschoben werden, bis die dabei auftretende rücktreibende Kraft derjenigen entspricht, die durch das elektrische Feld ausgeübt wird. Da positive und negative Ladungen in entgegengesetzter Richtung verschoben werden, entstehen im Innern des Kristalls elektrische Dipole, und an den in Feldrichtung gegenüberliegenden Oberflächen treten entgegengesetzte Ladungen in Erscheinung, die jedoch nicht abgeleitet werden können: Der Kristall trägt auch makroskopisch ein Dipolmoment. Das makroskopische Dipolmoment pro Volumen wird als *Polarisation* bezeichnet. Zur Polarisation können drei Mechanismen beitragen: die Verschiebung der Elektronenhüllen gegenüber den Atomkernen, die gegenseitige Verschiebung von Ionen und eine Orientierung bereits vorhandener molekularer Dipole.

Bei einem isotropen Körper erhält man die Polarisation P unter Einwirkung einer elektrischen Feldstärke E als:

$$P = \varepsilon_0 \chi^e E.$$

Hierbei ist χ^e die *dielektrische Suszeptibilität* und stellt eine Materialeigenschaft des Dielektrikums dar; ε_0 ist die elektrische Feldkonstante oder Dielektrizitätskonstante des Vakuums [$\varepsilon_0 = 8{,}854 \cdot 10^{-12}$ A · s/(V · m)], durch deren Einfügung man χ^e als dimensionslose Zahl erhält; E bezeichnet die (makroskopische) elektrische Feldstärke im Dielektrikum. Bei einem anisotropen Körper ist zu berücksichtigen, dass einem Dipolmoment eine Richtung zugeordnet ist: Es ist ein Vektor. Damit ist auch die Polarisation $\boldsymbol{P}$ (ebenso wie die elektrische Feldstärke $\boldsymbol{E}$) ein Vektor. Die Suszeptibilität wird als anisotrope Materialeigenschaft, die zwei Vektoren miteinander verknüpft, durch einen (polaren) Tensor (2. Stufe) dargestellt, symbolisch:

$$\boldsymbol{P} = \varepsilon_0 \boldsymbol{\chi}^e \boldsymbol{E} \text{ bzw. für die Komponenten } P_i = \varepsilon_0 \sum_j \chi_{ij}^e E_j\,.$$

Der Tensor der dielektrischen Suszeptibilität $\boldsymbol{\chi}^e$ ist symmetrisch ($\chi_{ij}^e = \chi_{ji}^e$) und hat im Allgemeinen sechs unabhängige Komponenten, die in den einzelnen Kristallsystemen den in Tab. 4.3 aufgeführten Symmetriebeziehungen genügen.

Polarisation und Suszeptibilität werden häufig durch Kapazitätsmessungen erschlossen: Füllt man den Raum zwischen den Platten eines Kondensators mit einem Dielektrikum aus, so erhöht sich seine Kapazität. Das Verhältnis der Kapazität des mit einem Dielektrikum gefüllten Kondensators zu der des leeren Kondensators (im Vakuum) wird als *Dielektrizitätszahl* oder *relative Dielektrizitätskonstante* ε_r bezeichnet. Daneben gibt es die *absolute Dielektrizitätskonstante* oder *Permittivität* $\varepsilon = \varepsilon_0\varepsilon_r$. Suszeptibilität χ^e und ε_r bzw. ε hängen im isotropen Fall wie folgt zusammen (vgl. Lehrbücher der Physik):

$$\chi^e = \varepsilon_r - 1 = \varepsilon/\varepsilon_0 - 1.$$

Auch ε_r und ε sind Materialeigenschaften, die bei einem anisotropen Körper durch einen (polaren) symmetrischen Tensor (2. Stufe) darzustellen sind; für die betreffenden Tensorkomponenten gilt der Zusammenhang:

$$\chi_{ij}^e = \varepsilon_{rij} - \delta_{ij} = \varepsilon_{ij}/\varepsilon_0 - \delta_{ij}$$

mit $\delta_{ij} = 1$ für $i = j$ und $\delta_{ij} = 0$ für $i \neq j$ (*KRONECKER-Symbol*). Beide Tensoren stellen gemäß:

$$\boldsymbol{D} = \varepsilon_0 \boldsymbol{\varepsilon}_r \boldsymbol{E} = \boldsymbol{\varepsilon} \boldsymbol{E}$$

die Beziehung zwischen dem Vektor der elektrischen Feldstärke $\boldsymbol{E}$ und der dielektrischen Verschiebung $\boldsymbol{D} = \varepsilon_0 \boldsymbol{E} + \boldsymbol{P}$ her.

Bei den meisten Kristallen hat ε_r Werte zwischen 1 und 100. Bei einer reinen Verschiebungspolarisation hängt ε_r mit der im Abschn. 2.3.5. erwähnten Polarisierbarkeit der Atome bzw. Ionen des Kristalls zusammen (vgl. Lehrbücher der Physik).

Aus der Proportionalität von $\boldsymbol{P}$ und $\boldsymbol{E}$ folgt, dass die Polarisation bei Wegnahme des Feldes wieder verschwindet. Nun gibt es jedoch Kristalle, die aufgrund ihrer Struktur auch dann eine Polarisation aufweisen, wenn kein äußeres Feld auf sie einwirkt. Wie kann man sich diese *spontane Polarisation* erklären? Bei allen Verbindungen mit einer gewissen Ionizität (vgl. Abschn. 2.5.2.1.) treten zwischen den verschiedenartigen Atomen bzw. Ionen Dipolmomente auf. Man kann sich ohne weiteres vorstellen, dass ein kleines Volumenelement eines NaCl-Kristalls, das gerade ein Na- und ein Cl-Ion enthält, eine beträchtliche Polarisation aufweist. Aufgrund der Symmetrie der NaCl-Struktur heben sich aber alle Dipolmomente einer Elementarzelle gegenseitig auf; die resultierende Polarisation wird null. Eine makroskopische spontane Polarisation ist aufgrund der Kristallsymmetrie nur in solchen Strukturen möglich, die durch eine singuläre (polare) Richtung ausgezeichnet sind. Das sind solche Richtungen, denen als morphologische Form ein Pedion zugeordnet ist. Damit entfallen von vornherein alle Kristallklassen mit einem Symmetriezentrum sowie alle kubischen Kristallklassen; aber auch in Kristallklassen wie 222, $\bar{4}$ etc. kann keine spontane Polarisation auftreten. Die verbleibenden zehn „polaren" oder „pyroelektrischen" Kristallklassen, in denen also (mindestens) ein Pedion auftritt, sind in Tab. 4.6 mit den für die spontane Polarisation möglichen Richtungen zusammengestellt. Außerdem kann eine spontane Polarisation auch in polykristallinen Körpern (z. B. Keramiken) aus polaren Kristallen auftreten, wenn deren Textur eine polare Richtung auszeichnet.

Tabelle 4.6. *Kristallklassen mit Pyroelektrizität.*

Punktgruppen[1])	Komponenten der spontanen Polarisation[2])	Richtung
1	P_1, P_2, P_3	jede Richtung
m	P_1, P_3	⊥ zur b-Achse (d. h. in der Spiegelebene)
2	P_2	‖ zur b-Achse (d. h. ‖ zur zweizähligen Drehachse)
$mm2$ 3, $3m$ 4, $4mm$ 6, $6mm$ ∞, ∞m	P_3	‖ zur c-Achse

[1]) Einschließlich der kontinuierlichen Punktgruppen (Texturen mit Pyroelektrizität).
[2]) Entsprechendes gilt für den Vektor der pyroelektrischen Koeffizienten.

Prinzipiell sollte ein Kristall, der eine spontane Polarisation aufweist, an den polaren Enden eine elektrostatische Ladung zeigen. Diese Ladung wird jedoch infolge unvollständiger Isolation, Adsorption geladener Partikel usw. kompensiert und lässt sich nicht ohne weiteres feststellen. Hingegen ändert sich der Wert der spontanen Polarisation bei einer Änderung der Temperatur. Das bedeutet eine zusätzliche Verschiebung von Ladungen, die als *pyroelektrischer Effekt* an den polaren Enden des Kristalls unmittelbar nach der Temperaturänderung nachgewiesen werden können. Der Effekt wurde durch AEPINUS (1756) am Turmalin (Kristallklasse $3m$) entdeckt.

Der pyroelektrische Effekt lässt sich folgendermaßen nachweisen: Ein Turmalinkristall wird auf ca. 120 °C erwärmt und während des Abkühlens (in trockener Luft) durch einen Baumwollbeutel mit einem feingepulverten Gemisch von Schwefel und Mennige bestäubt. Durch Reibung laden sich die Schwefelteilchen negativ, die Mennigeteilchen positiv auf: Die gelben Schwefelteilchen haften deshalb am positiv geladenen, die roten Mennigeteilchen am negativ geladenen Ende des Kristalls. Beim Erwärmen kehrt sich der Effekt um. AEPINUS bezeichnete das sich beim Erwärmen positiv aufladende Ende als das *analoge*, das andere als das *antiloge* Ende des Kristalls.

Heute bevorzugt man für einen raschen qualitativen Test eine Abkühlung mit flüssiger Luft: Der zu untersuchende Kristall wird auf einem Metall-Löffel kurz in flüssige Luft getaucht; sind Ladungen entstanden, dann haftet der Kristall anschließend am Löffel; in freier Atmosphäre kondensieren Eispartikel so auf dem Kristall, dass sie Fäden in Richtung der elektrischen Feldlinien bilden. Zur quantitativen Messung des pyroelektrischen Effekts bedient man sich heute elektrodynamischer Methoden nach der Anwendung kurzer Wärmeimpulse.

Allerdings stellt sich dem einwandfreien Nachweis der Pyroelektrizität eine systematische Schwierigkeit entgegen. Die Beobachtung des „wahren" oder primären pyroelektrischen Effekts ist an die Bedingung konstanten Volumens gebunden, die sich experimentell kaum verwirklichen lässt. Bei einer Erwärmung unter konstantem Druck wird der primäre Effekt infolge der thermischen Deformation durch einen piezoelektrischen Effekt (Abschn. 4.3.3.) überlagert. Mit Sicherheit kann man daher beim Auftreten pyroelektrischer Erscheinungen nur folgern, dass die betreffende Kristallart kein Symmetriezentrum besitzt. Umgekehrt ist es aber nicht zulässig, aus dem Ausbleiben pyroelektrischer Erscheinungen auf das Vorliegen eines Symmetriezentrums zu schließen, da ja die Möglichkeit besteht, dass der Effekt für den Nachweis nur zu schwach ist.

Die phänomenologische Beschreibung des pyroelektrischen Effekts erfolgt (sowohl für den primären als auch für den zusammengesetzten Effekt) mit Hilfe eines *pyroelektrischen Koeffizienten* $\boldsymbol{p}$, der die Änderung der (spontanen) Polarisation $\Delta \boldsymbol{P}$ (einem Vektor) mit der Änderung der Temperatur ΔT (einem Skalar) verknüpft und deshalb selbst einen Vektor darstellt:

$$\Delta \boldsymbol{P} = \boldsymbol{p}\Delta T \text{ bzw. } \Delta P_i = p_i \Delta T$$

mit den betreffenden Vektorkomponenten ΔP_i bzw. p_i. Die Komponenten p_i lassen sich in der Form:

$$p_i = \partial P_i / \partial T$$

ausdrücken und stellen eine Materialeigenschaft dar. Mit Ausnahme der Kristallklassen 1 und m gibt es jedoch nur eine Komponente $p_3 = p$ in Richtung der c-Achse (bei der Kristallklasse 2 in Richtung der b-Achse), so dass wir es dann tatsächlich mit jeweils nur einem pyroelektrischen Koeffizienten zu tun haben.

Turmalin hat (bei Zimmertemperatur) einen pyroelektrischen Koeffizienten $p = 3{,}8 \cdot 10^{-6}$ As/(m^2 · K). Pyroelektrika finden technische Anwendungen in Detektoren für Wärmestrahlung, Laserkalorimetern und anderen thermoelektrischen Messgeräten, wozu man Kristalle mit möglichst großen pyroelektrischen Koeffizienten heranzieht, wie Triglycinsulfat (TGS), $p = 0{,}2 \cdot 10^{-3}$ As/(m^2 · K), Lithiumniobat $LiNbO_3$ $p = 0{,}083 \cdot 10^{-3}$ As/(m^2 · K), Strontiumbariumniobat (Sr,Ba)NbO_3 (SBN), Mischkristall, p bis $3 \cdot 10^{-3}$ As/(m^2 · K), Bleilanthanzirkontitanoxid (Pb,La)(Zr, Ti)O_3 (PLZT), Mischkristall-Keramik; p bis $1{,}7 \cdot 10^{-3}$ As/(m^2 · K).

Die spontane Polarisation selbst hat einen Betrag P, der beispielsweise bei den in neuerer Zeit vielfach untersuchten Alkali- und Erdalkaliniobaten 0,1…1 As/m^2 beträgt. Wollten wir dieselbe Polarisation mit einem von außen angelegten elektrischen Feld induzieren, so ergibt die Abschätzung (mit $\varepsilon_r = 10 \ldots 100$), dass hierzu eine Feldstärke in der Größenordnung von 10^9 V/m nötig wäre! Diese enormen Feldstärken sind auch als „innere Felder" interpretiert worden, die in einem Pyroelektrikum herrschen, wobei eine derartige Betrachtungsweise allerdings problematisch ist.

Der Betrag der spontanen Polarisation P nimmt mit steigender Temperatur im Allgemeinen ab, woraus eben der pyroelektrische Effekt resultiert. Die Änderung der spontanen Polarisation infolge einer Temperaturänderung von 1 K hat immerhin einen Betrag, der einer angelegten elektrischen Feldstärke in der Größenordnung von 10^5 V/m entspräche. Auch der Betrag des pyroelektrischen Koeffizienten p nimmt mit steigender Temperatur im Allgemeinen ab.

Tabelle 4.7. *Einige ferroelektrische Kristallarten.*

Substanz	Kristallklasse der ferroelektrischen Phase	Kristallklasse der paraelektrischen Phase	CURIE-Temperatur in °C
Bariumtitanat $BaTiO_3$	$4mm$ [1)]	$m\bar{3}m$	120
Lithiumniobat $LiNbO_3$	$3m$	$\bar{3}m$	1 140
Bariumnatriumniobat (Banana) $Ba_2NaNb_5O_{15}$	$4mm$ [2)]	$4/mmm$	570
Strontiumbariumniobat (SBN) $Sr_{1-x}Ba_xNb_2O_6$	$4mm$	$4/mmm$	20...100 [3)]
Gadoliniummolybdat (GMO) $Gd_2(MoO_4)_3$	$mm2$	$\bar{4}2m$	159
Kaliumdihydrogenphosphat (KDP) KH_2PO_4	$mm2$	$\bar{4}2m$	– 150
Kaliumdideuteriumphosphat (KD*P) KD_2PO_4	$mm2$	$\bar{4}2m$	–60
(TGS) Triglycinsulfat	2	$2/m$	47
Kaliumnatriumtartrat (Seignettesalz)	2	222	24...–16 [4)]
Bleigermanat (BGO) $Pb_5Ge_3O_{11}$	3	$\bar{6}$	178

[1)] $BaTiO_3$ zeigt weitere Phasenübergänge bei 5 °C (nach $mm2$) und bei –80 °C (nach $3m$); auch diese Phasen sind ferroelektrisch.
[2)] $Ba_2NaNb_5O_{15}$ zeigt einen weiteren Phasenübergang bei 300 °C (nach $mm2$); auch diese Phase ist ferroelektrisch.
[3)] In Abhängigkeit von der Zusammensetzung für den Bereich x=0,25...0,75
[4)] Es gibt einen oberen und einen unteren CURIE-Punkt, unterhalb –16 °C geht Seignettesalz wieder in eine paraelektrische Phase (Kristallklasse 222) über.

Eine spezielle Gruppe pyroelektrischer Kristalle sind die *ferroelektrischen (seignetteelektrischen)* Kristalle. Sie zeichnen sich gegenüber den gewöhnlichen Pyroelektrika dadurch aus, dass die Orientierung ihrer spontanen Polarisation durch ein angelegtes elektrisches Feld in eine andere Richtung (meist in die Gegenrichtung) umgeklappt werden kann. Das bedeutet, dass die Teile der Kristallstruktur, von denen die Polarisation ausgeht, einem Umklappvorgang unterliegen, der die Orientierung der Struktur bezüglich der Richtung der spontanen Polarisation umkehrt. Beim *Seignettesalz*, an dem die Ferroelektrizität entdeckt wurde, und einer Reihe anderer Verbindungen, wie KDP und TGS (Tab. 4.7), ist die spontane Polarisation auf unsymmetrische Wasserstoff-Brückenbindungen O–H...O zurückzuführen, die ein Dipolmoment besitzen. Das „*Umpolen*" wird durch eine Umordnung der Protonen in den Brückenbindungen erreicht, so dass das resultierende Dipolmoment dann umgekehrt gerichtet ist. Bei den ferroelektrischen Oxidverbindungen (Titanate, Niobate, Tantalate) kommt die spontane Polarisation durch eine Unsymmetrie (Dissymmetrie) der Koordinationspolyeder zustande, die die Sauerstoffionen um die Kationen bilden. Ein instruktives Beispiel bietet das Lithiumniobat $LiNbO_3$, dessen Struktur sich formal vom Perowskittyp $CaTiO_3$ (vgl. Bild 2.45) herleiten lässt: Anstelle des Ca tritt Li, und anstelle des Ti tritt Nb, doch sind die Positionen der Ionen gegenüber denen in der idealen kubischen Perowskitstruktur derart verschoben, dass nur noch eine trigonale Symmetrie verbleibt und die polare Kristallklasse 3*m* resultiert. Man kann die Struktur des $LiNbO_3$ auch als Ketten von über Flächen verknüpften Oktaedern aus Sauerstoffionen beschreiben, die sich in Richtung der *c*-Achse erstrecken (Bild 4.5). Im Innern dieser Sauerstoffoktaeder befinden sich die Kationen, wobei sie jedoch eine Lage außerhalb des Oktaederzentrums einnehmen. Insbesondere die Li-Ionen nehmen eine so stark azentrische Lage ein, dass sie eigentlich nur noch einseitig von drei O-Ionen koordiniert sind. Die Polarität der Struktur des $LiNbO_3$ kommt im Bild 4.5c deutlich zum Ausdruck. Beim Umpolen treten die Li-Ionen durch die benachbarte O-Schicht hindurch auf deren andere Seite, so dass sich die Polarität umkehrt (Bild 4.5d). Es ist verständlich, dass dieses Umpolen im Fall des $LiNbO_3$ durch ein elektrostatisches Feld erst bei relativ hohen Temperaturen (über 1100 °C) vorgenommen werden kann, wenn die Lücken in der O-Schicht durch starke Wärmeschwingungen „aufgeweitet" sind; bei tieferen Temperaturen ist die Polarität „eingefroren" und nicht ohne weiteres umzukehren.

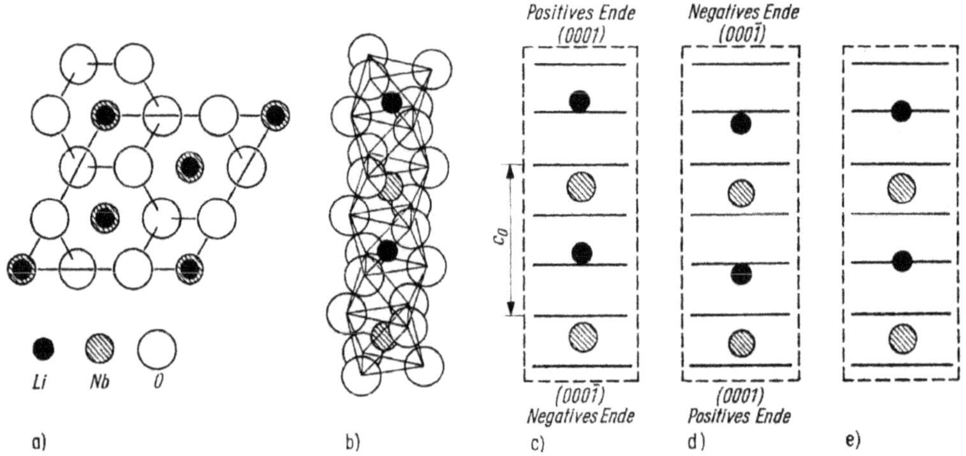

Bild 4.5. *Struktur von Lithiumniobat* $LiNbO_3$ *nach* ABRAHAMS *et al.* [*4.2*].

a) Elementarzelle (idealisiert; Projektion in Richtung der *c*-Achse; Li und Nb liegen übereinander); b) Folge von verzerrten Koordinationsoktaedern in Richtung der *c*-Achse; c) Schema der Anordnung der Ionen und Richtung der spontanen Polarisation; die ausgezogenen Linien stellen die Ebenen dar, in denen die O-Ionen angeordnet sind; d) Schema der Anordnung der Ionen nach dem Umpolen; e) Schema der Anordnung in der paraelektrischen Phase.

Betrachten wir noch einmal den Vorgang der „Umpolung" von Ferroelektrika phänomenologisch, indem wir den Betrag der Polarisation *P* gegenüber dem der angelegten Feldstärke *E* auftragen (Bild 4.6). Beginnen wir beim Punkt *1* mit der spontanen Polarisation $-P_0$ und legen in der entgegengesetzten Richtung ein allmählich wachsendes Feld an, so ändert sich die Polarisation zunächst praktisch nicht. Bei einer gewissen Feldstärke, die neben der Substanz von der Temperatur und anderen Parametern abhängt, geschieht die Umpolung, und die Polarisation erreicht sehr rasch den Wert $+P_0$. Bei weiterer Erhöhung des Feldes ändert sich die Polarisation praktisch nicht mehr; denn der zur Feldstärke proportionale Betrag der Verschiebungspolarisation ist um Größenordnungen geringer und lässt sich in dem betrachteten Maßstab nicht darstellen. Bei einer Abnahme des Feldes bleibt wiederum die spontane Polarisation $+P_0$ erhalten, bis bei einer entsprechenden negativen Feldstärke das Umpolen in die erste Richtung erfolgt. Diese Hysterese der Polarisation gegenüber der Feldstärke ist der *ferroelektrische Effekt* und entspricht formell der Hysterese der Magnetisierung gegenüber einem angelegten Magnetfeld bei den Ferromagnetika (vgl. Abschn. 4.5.2.).

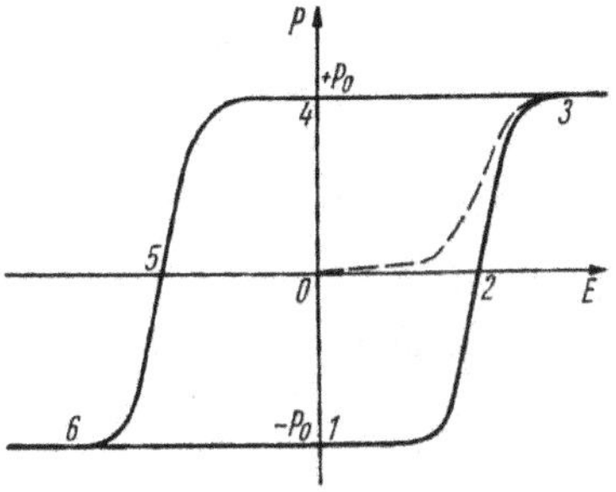

Bild 4.6. *Hysterese der Polarisation P gegenüber der Feldstärke E bei Ferroelektrika.*

Der Umstand, daß sich Ferroelektrika durch ein elektrisches Feld umpolen lassen, weist darauf hin, dass die Struktur gegenüber den damit verbundenen Veränderungen nicht sehr stabil sein kann. In der Tat treten bei Ferroelektrika häufig Phasenübergänge auf, die mit Veränderungen dieser weniger stabilen Relationen in der Struktur verknüpft sind. Typisch für Ferroelektrika ist ein Phasenübergang in eine Hochtemperaturphase mit höherer Symmetrie, in der die spontane Polarisation entfällt. In Analogie zu den Ferromagnetika nennt man die Übergangstemperatur *CURIE-Temperatur* und die Hochtemperaturphase die *paraelektrische Phase*. Sie ist z. B. beim $LiNbO_3$ dadurch gekennzeichnet, dass die Li-Ionen durch die bei höherer Temperatur genügend großen Lücken in der benachbarten Sauerstoffschicht hindurchschwingen; ihre Position liegt damit (im zeitlichen Mittel) innerhalb der Sauerstoffschicht (s. Bild 4.5 e). Die höhere Symmetrie dieser Anordnung ist sofort zu erkennen.

In theoretischen Ansätzen der Festkörperphysik wird in diesem Zusammenhang die Frequenz dieser Schwingungen in der paraelektrischen Phase mit abnehmender Temperatur verfolgt. Das Potential für diese sog. „weichen" Schwingungsmoden (engl. *soft mode*) erhält durch anharmonische Beiträge mit Annäherung an die CURIE-Temperatur eine solche Form, dass die Frequenz der betreffenden Mode gegen Null geht und die Schwingung bei der CURIE-Temperatur gewissermaßen in einer polaren Position „erstarrt". Mit derartigen strukturellen Instabilitäten, die den Charakter kritischer Phänomene (vgl. Abschn. 3.3.2.) tragen, hängt es auch zusammen, dass in der Umgebung der Curie-Temperatur die Polarisierbarkeit besonders groß wird, und zwar nicht die der Einzelionen, sondern die von bestimmten Gruppierungen in der Struktur. Die Folge sind anomal große Werte für die Dielektrizitätskonstante (Werte von 10^3 und mehr! Bild 4.7) sowie für elektrooptische, nichtlineare optische und piezoelektrische Koeffizienten, weshalb die Ferroelektrika als Medien für eine ganze Reihe von Anwendungen (Ultraschallgeber, akustische und optische Frequenzvervielfacher, dielektrische Verstärker, akustische und optische Frequenzmodulatoren, elektrooptische Modulatoren und Schalter u. a. m.) eine außerordentlich wichtige Rolle spielen.

Der Übergang der paraelektrischen in die ferroelektrische Phase vollzieht sich unter normalen Bedingungen nun nicht in der Weise, dass aus einem paraelektrischen Einkristall ein ferroelektrischer Einkristall mit einer einheitlichen Orientierung der spontanen Polarisation entsteht, sondern innerhalb des Kristalls bilden sich Bereiche, sog. *Domänen*, in denen die Orientierung der spontanen Polarisation einheitlich ist, während die Orientierung von Domäne zu Domäne wechselt. Die Orientierung der Domänen zueinander lässt sich aus der (höheren) Symmetrie der paraelektrischen Phase herleiten, und die Domänen stehen zueinander in der Relation von Zwillingen mit entsprechenden Zwillingsgesetzen (s. Abschn. 1.8.): Die verschiedenen Domänen werden durch

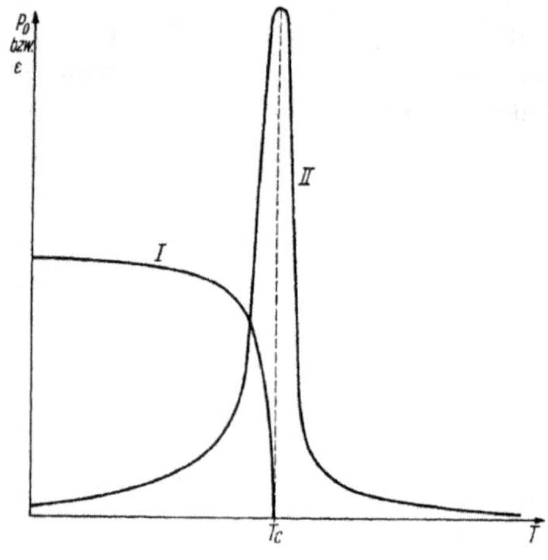

Bild 4.7. *Spontane Polarisation P_0(I) und Dielektrizitätskonstante ε (II) eines Ferroelektrikums in der Umgebung der* Curie*-Temperatur T_C.*

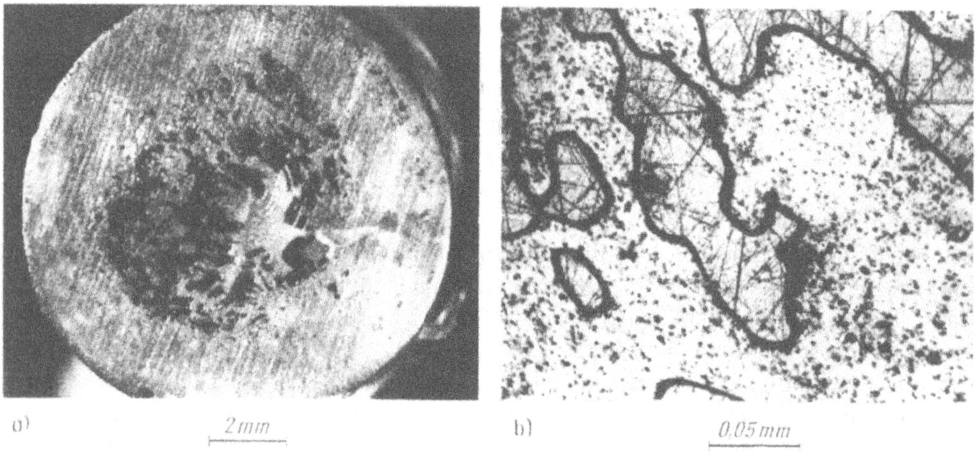

Bild 4.8. *Ferroelektrische Domänen auf einer angeschliffenen (0001)-Fläche eines Einkristalls von Lithiumniobat* $LiNbO_3$.

a) Verteilung der Domänen über den Querschnitt des Kristalls (gezüchtet nach dem CZOCHRALSKI-Verfahren;
b) Vergrößerung eines Ausschnitts. Die Domänen der positiven Orientierung (dunkel) sind kaum abgetragen, so dass noch die Schleifspuren erkennbar sind. Die Domänen der negativen Orientierung (heller) sind stärker abgetragen und zeigen Ätzhügelchen, geätzt mit einer Mischung aus HF und HNO_3 bei 110 °C (mikroskopische Aufnahme im Auflicht). Foto: BOHM und SCHUBERT.

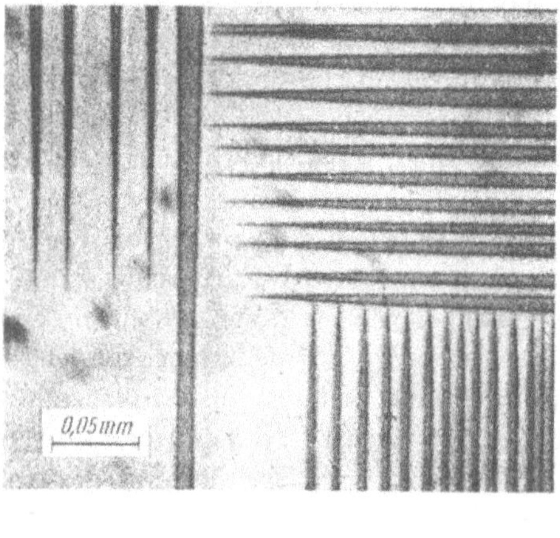

Bild 4.9. *Ferroelektrische Domänen in Gadoliniummolybdat* (GMO) $Gd_2(MoO_4)_3$.

Polarisationsmikroskopische Aufnahme bei gekreuzten Polarisatoren. Foto: BOHM und KÜRSTEN [4.3].

diejenigen Symmetrieoperationen aufeinander abgebildet (zur Deckung gebracht), die beim Übergang von der höher symmetrischen *Paraphase* in die niedriger symmetrische *Ferrophase* in Wegfall kommen. Die Domänen können nach verschiedenen Methoden sichtbar gemacht werden (Bilder 4.8 und 4.9). In einem aus vielen Domänen zusammengesetzten Kristall hebt sich die spontane Polarisation über größere Bereiche hinweg auf. Man kann den Eindomänen-Zustand durch „Polen" mit einem elektrischen Feld unter den gleichen Bedingungen wie beim „Umpolen" erreichen; die Polarisation folgt dann der im Bild 4.6 gestrichelt eingetragenen „jungfräulichen" Kurve von *0* nach *3*. Ein anderes Verfahren zur Präparation von Eindomänen-Kristallen besteht darin, die paraelektrische Phase des Kristalls unter Einwirkung eines elektrischen Feldes über die Curie-Temperatur hinweg in den ferroelektrischen Zustand hinein abkühlen zu lassen.

An dieser Stelle sind außerdem die *antiferroelektrischen Phasen* zu erwähnen. Bei ihnen sind Strukturelemente mit Dipolmomenten, wie sie den Ferroelektrika entsprechen, in alternierender Folge mit antiparalleler Orientierung angeordnet. Die resultierende makroskopische Polarisation ist Null, doch zeichnen sich die betreffenden Substanzen durch dielektrische Anomalien aus. Ein Vertreter ist Ammoniumdihydrogenphosphat (ADP) $NH_4H_2PO_4$.

Ferner gibt es Kristalle, bei denen ein ferroelektrischer Effekt mit einem *ferroelastischen Effekt* gekoppelt erscheint. Ein Vertreter ist Gadoliniummolybdat (GMO) Gd_2 $(MoO_4)_3$. Am CURIE-Punkt (159 °C) kommt es durch den Übergang von der tetragonalen zur rhombischen Symmetrie zu einer spontanen Deformation, deren Orientierung sich beim Umpolen mittels eines angelegten elektrischen Feldes gleichfalls ändert. Man kann den Orientierungszustand aber auch durch Einwirken eines gerichteten Druckes verändern, so dass der ferroelastische Effekt durch eine Hysterese der Deformation gegenüber mechanischen Spannungen (Stress) gekennzeichnet ist. Die regelmäßige Domänenstruktur in (ungepoltem) GMO (Bild 4.9) ist eine Folge der spontanen Deformation und der im Zusammenhang mit ihr auftretenden Kräfte. Ein ferroelastischer Effekt kann auch unabhängig vom ferroelektrischen Effekt auftreten, z. B. beim Neodympentaphosphat NdP_5O_{14}, das bei 177 °C von einer rhombischen („paraelastischen") Phase (Kristallklasse *mmm*) in eine monokline, ferroelastische Phase (Kristallklasse *2/m*) übergeht, in der keine Ferroelektrizität auftreten kann. Eine Veränderung des Orientierungszustandes kann hier nur auf mechanischem Wege erfolgen.

4.3.3. Piezoelektrizität

Der von JAQUES CURIE und seinem Bruder PIERRE CURIE (1880) nachgewiesene *piezoelektrische Effekt* (kurz: *Piezoeffekt*; (von griech. πιεζω drücken, pressen) lässt sich in folgender Weise beobachten: Man schneidet aus einem Quarzkristall (Kristallklasse 32; vgl. Bild 1.90) eine Platte senkrecht zu einer der drei zweizähligen polaren Drehachsen (d. h. senkrecht zur kristallographischen *a*-Achse) heraus. Im (orthonormierten) kristallphysikalischen Basissystem mit den Basisvektoren e_1, e_2, e_3 (vgl. Tab. 4.2) werden e_1 parallel zur *a*-Achse, e_3 parallel zur *c*-Achse und e_2 senkrecht zu beiden angenommen. In der physikalischen Literatur werden diese orthonormierten Achsen auch als *X*-, *Y*- und *Z*-Achse bezeichnet. Wird die Quarzplatte nun in Richtung der *X*-Achse - auch *elektrische Achse* genannt - zusammengedrückt, dann erscheinen auf den beiden normal zur Achse liegenden Flächen Ladungen, und zwar ergibt beim Quarz ein Druck von 1 N/m^2 eine Ladungsdichte von $2{,}3 \cdot 10^{-12}$ As/m^2 *(longitudinaler Piezoeffekt)*. Wird auf die Platte in der *X*-Richtung ein Zug ausgeübt, dann kehren sich die Vorzeichen der Ladungen um. Ein Druck in Richtung der *Y*-Achse erzeugt gleichfalls elektrische Ladungen auf den Flächen senkrecht zur *X*-Achse *(transversaler Piezoeffekt)* , und zwar (im Fall der Kristallklasse 32) von gleichem Betrag, aber entgegengesetztem Vorzeichen wie beim longitudinalen Piezoeffekt. Der Piezoeffekt lässt sich umkehren *(reziproker piezoelektrischer Effekt)*: Legt man an eine Quarzplatte in den entsprechenden Richtungen ein elektrisches Feld an, dann zeigt die Platte eine Kontraktion bzw. Dilatation; auch hierbei gibt es den longitudinalen und den transversalen Effekt.

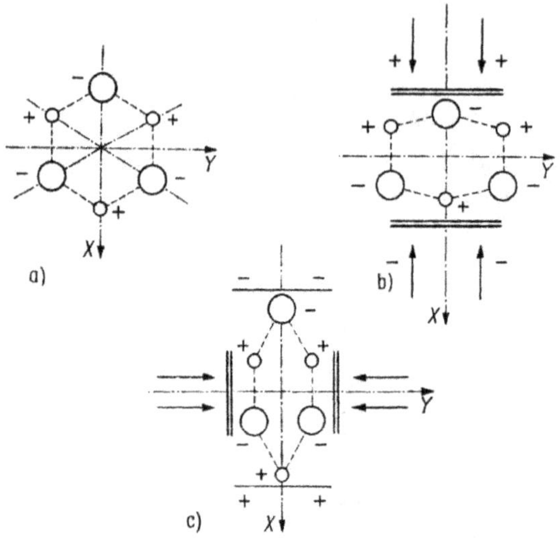

Bild 4.10. *Strukturmodell zur Deutung des Piezoeffekts beim Quarz.*

a) Detail der Quarzstruktur (schematisch); dargestellt sind die Ladungsschwerpunkte der Si-Ionen (+) und der O-Ionen (–) in einer Projektion auf die (0001)-Ebene; b) Druck in Richtung der X-Achse; c) Druck in Richtung der Y-Achse.

Das Zustandekommen des Piezoeffekts sei durch ein stark vereinfachtes Modell der Quarzstruktur veranschaulicht (Bild 4.10 a): Übt man auf die im Bild dargestellte Gruppierung der Ladungsschwerpunkte in Richtung einer elektrischen Achse (X-Achse) einen Druck aus, so kommt es zu einer Verschiebung von Ladungen (Bild 4.10 b), die als elektrostatische Oberflächenladungen in Erscheinung treten. Übt man den Druck in Richtung der Y-Achse aus, so kommt es gleichfalls zu einer Verschiebung von Ladungen in Richtung der X-Achse (Bild 4.10 c), jedoch mit einem umgekehrten Vorzeichen. Auch der reziproke Piezoeffekt kann mit Hilfe dieses Modells veranschaulicht werden.

Bei der phänomenologischen Beschreibung des piezoelektrischen Effekts betrachtet man die durch die Verschiebung der Ladungen im Kristall hervorgerufene Polarisation in Abhängigkeit von der auf den Kristall ausgeübten mechanischen Spannung (Druck, Zug oder Scherspannung). Zunächst ist dafür der mechanische Spannungszustand umfassend zu beschreiben. Hierzu betrachten wir die an einem würfelförmigen Volumenelement des Kristalls angreifenden mechanischen Kräfte (Bild 4.11). Diese Kräfte werden in Komponenten zerlegt, die senkrecht (Normalkomponenten) oder tangential (Scherkomponenten) an den Würfelflächen angreifen. Die betreffenden Spannungen erhält man als Kraft pro Fläche und bezeichnet mit σ_{ij} diejenige Spannungskomponente, deren Kraftkomponente parallel zu $\boldsymbol{e}_i$ gerichtet ist und an der zu $\boldsymbol{e}_j$ senkrechten Fläche angreift. Die Komponenten σ_{ij} mit $i = j$ stellen Normalkomponenten, solche mit $i \neq j$ Scherkomponenten dar. Bei einem homogenen Spannungszustand haben die Spannungen an gegenüberliegenden Würfelflächen den gleichen Betrag bei entgegengesetzter Richtung, so dass wir negative i und j nicht zu berücksichtigen brauchen: Die σ_{ij} mit $i, j = 1, 2, 3$ beschreiben den Spannungszustand vollständig und bilden die Komponenten eines polaren Tensors zweiter Stufe, des *Spannungstensors* $\boldsymbol{\sigma}$. Der Spannungstensor ist symmetrisch: $\sigma_{ij} = \sigma_{ji}$, so dass im Allgemeinen nur sechs der neun Komponenten unabhängig sind; sie genügen außerdem in den einzelnen Kristallsystemen den in Tab. 4.3 aufgeführten Symmetriebeziehungen. (Wie man sich anhand von Bild 4.11 veranschaulichen kann, würde eine Unsymmetrie $\sigma_{ij} \neq \sigma_{ji}$ zu einem Drehmoment um die zu $\boldsymbol{e}_i$ und $\boldsymbol{e}_j$ senkrechte Achse führen, und der betreffende Körper könnte nicht im statischen Gleichgewicht sein.) Übrigens hat der Spannungstensor eines unter einem hydrostatischen Druck p stehenden Körpers die

Gestalt $\sigma_{ii} = -p$ ($i = 1, 2, 3$) sowie $\sigma_{ij} = 0$ ($i \neq j$), denn der Druck wirkt als Normalkomponente gleichermaßen auf alle Würfelflächen in der Richtung entgegengesetzt zu den Achsen.

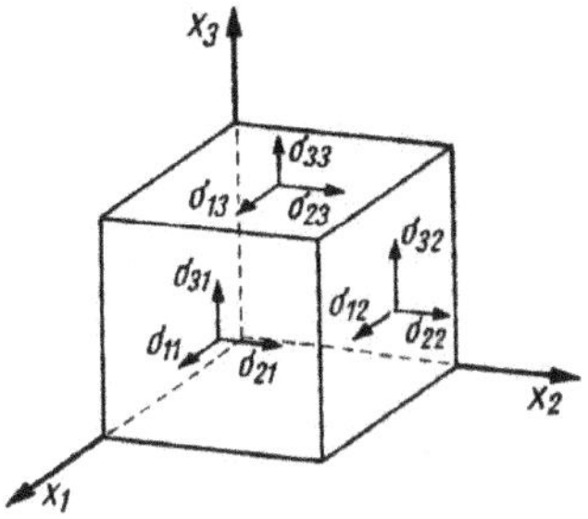

Bild 4.11. *Die Komponenten des Spannungstensors.*

Die durch den piezoelektrischen Effekt hervorgerufene Polarisation ***P***, ein Vektor mit den Komponenten P_i, ist im Allgemeinen eine (lineare) Funktion sämtlicher Komponenten des Spannungstensors:

$$P_i = \sum_{j,k} d_{ijk}\sigma_{jk}; \quad i, j, k = 1, 2, 3.$$

Die Summation ist sowohl über j als auch über k auszuführen, z. B. für die Komponente P_1 ausgeschrieben also

$$\begin{aligned} P_1 = \; & d_{111}\sigma_{11} + d_{112}\sigma_{12} + d_{113}\sigma_{13} \\ & + d_{121}\sigma_{21} + d_{122}\sigma_{22} + d_{123}\sigma_{23} \\ & + d_{131}\sigma_{31} + d_{132}\sigma_{32} + d_{133}\sigma_{33} \end{aligned}$$

Die insgesamt 27 d_{ijk} werden als *piezoelektrische Moduln* (gelegentlich auch als *piezoelektrische Koeffizienten*) bezeichnet. Sie vermitteln als Materialkonstanten eine lineare Beziehung zwischen einem (polaren) Tensor 2. Stufe und einem (polaren) Vektor (der in diesem Zusammenhang auch als Tensor 1. Stufe bezeichnet wird) und stellen einen (polaren) Tensor 3. Stufe dar, symbolisch:

$$\boldsymbol{P} = \mathbf{d} : \boldsymbol{\sigma},$$

wobei der Doppelpunkt die zweifache Summation bezüglich der Komponenten (in der Tensoranalysis „*Verjüngung*" genannt) andeuten soll.

Aus der (inneren) Symmetrie des Spannungstensors $\sigma_{jk} = \sigma_{kj}$ folgt auf dem Wege einer thermodynamischen Betrachtung für den Tensor der piezoelektrischen Moduln die innere Symmetrie $d_{ijk} = d_{ikj}$. Daraus folgt, dass von den 27 Koeffizienten d_{ijk} nur deren 18 unabhängig sein können. Die Symmetrie des Kristalls setzt indessen noch weitere Bedingungen für die äußere Symmetrie des Tensors. Die Diskussion führt zu dem Resultat, dass in den Kristallklassen mit einem Inversionszentrum sämtliche Komponenten eines polaren Tensors 3. Stufe verschwinden: In diesen Kristallklassen gibt es keinen (linearen) piezoelektrischen Effekt. Infolge der inneren Symmetrie $d_{ijk} = d_{ikj}$ scheidet auch noch die Kristallklasse 432 aus, so dass der piezoelektrische Effekt nur in 20 Kristallklassen in Erscheinung treten kann. In diesen Kristallklassen wird gegebenenfalls durch die äußere Symmetrie die Menge der unabhängigen Tensorkomponenten weiter eingeschränkt, nach deren Art und Anzahl („Gestalt" des Tensors) sich 16 Typen von Piezoelektrika unterscheiden lassen (Tab. 4.8). Außer Einkristallen können auch polykristalline Körper (Texturen), deren Symmetrie einer der kontinuierlichen Punktgruppen ∞, ∞m oder $\infty 2$ entspricht, einen piezoelektrischen Effekt zeigen. Von technischer Bedeutung ist die PZT-Keramik, die aus Mischkristallen $Pb(Zr,Ti)O_3$ mit regelloser Orientierung besteht. Die erforderliche polare Symmetrie wird durch eine Polarisation („Polung") der Keramik bei höherer Temperatur in einem starken äußeren elektrischen Feld erreicht, die nach dem Abkühlen auch nach Wegnahme des Feldes erhalten bleibt. Kristalle bzw. Körper, die den in Tab. 4.8 aufgeführten 20 Kristallklassen oder drei Klassen von Texturen angehören, können piezoelektrische Eigenschaften aufweisen, müssen es aber nicht.

Tabelle 4.8. *Kristallklassen mit Piezoelektrizität.*

Punktgruppen[1])	1	m	2	3	$mm2$	4	$\bar{4}$	$3m$	222	$4mm$ $6mm$ ∞m	$\bar{4}2m$	32	$\bar{6}$	422 622 $\infty 2$	$\bar{6}m2$	23 $\bar{4}3m$
Anzahl der unabhängigen Tensorkomponenten	18	10	8	6	5	4	4	4	3	3	2	2	2	1	1	1

[1]) Punktgruppen unterteilt nach der Gestalt des piezoelektrischen Tensors unter Einschluss der kontinuierlichen Punktgruppen (Texturen).
Bei den Rubriken mit gleicher Anzahl der unabhängigen Tensorkomponenten unterscheiden sich diese – wie hier nicht näher ausgeführt – durch ihre Indizes.

Der reziproke piezoelektrische Effekt wird gewöhnlich durch die lineare Beziehung zwischen der elektrischen Feldstärke $\boldsymbol{E}$ (einem Vektor) und der durch sie bewirkten Deformation (Verzerrung) beschrieben, wobei letztere durch den im Abschn. 4.2.1. eingeführten *Verzerrungstensor* $\boldsymbol{\varepsilon}$ erfasst wird:

$$\boldsymbol{\varepsilon} = \boldsymbol{E} \cdot \mathbf{d} \quad \text{bzw.} \quad \varepsilon_{jk} = \sum_i E_i d_{ijk}; \quad i, j, k = 1, 2, 3 .$$

Wie sich durch eine thermodynamische Überlegung zeigen lässt, haben bei dieser Form der Nummerierung (Summation über den ersten Index) die Komponenten d_{ijk} unter gewissen Voraussetzungen (u. a. $\boldsymbol{E}$ = const) jeweils denselben Wert wie die Komponenten d_{ijk} zur Beschreibung des direkten piezoelektrischen Effekts, so dass man zur Beschreibung beider Effekte, des direkten wie des reziproken piezoelektrischen Effekts, mit einem Tensor (3. Stufe), dem Tensor der piezoelektrischen Moduln **d**, auskommt. Außerdem beziehen sich bei dieser Schreibweise der erste Index einer Komponente d_{ijk} stets auf die elektrischen Größen (E_i bzw. P_i), die letzten beiden Indizes stets auf die mechanischen Größen (ε_{jk} bzw. σ_{jk}).

Diese Vorteile rechtfertigen das Vorgehen, den direkten Piezoeffekt in bezug auf den Spannungstensor $\boldsymbol{\sigma}$ zu beschreiben, den reziproken Piezoeffekt hingegen in Bezug auf den Verzerrungstensor $\boldsymbol{\varepsilon}$. Wenn man den reziproken Piezoeffekt gleichfalls in Bezug auf den Spannungstensor $\boldsymbol{\sigma}$ beschreiben wollte, müsste man einen anderen Tensor (3. Stufe) benutzen. Insgesamt hat man die folgenden alternativen Möglichkeiten zur Beschreibung:
für den (direkten) piezoelektrischen Effekt:

$$\boldsymbol{P} = \mathbf{d} : \boldsymbol{\sigma}; \ \boldsymbol{P} = \mathbf{f} : \boldsymbol{\varepsilon}; \ \boldsymbol{E} = -\mathbf{g} : \boldsymbol{\sigma}; \ \boldsymbol{E} = -\mathbf{h} : \boldsymbol{\varepsilon},$$

für den reziproken piezoelektrischen Effekt:

$$\boldsymbol{\varepsilon} = \boldsymbol{E} \cdot \mathbf{d}; \ \boldsymbol{\sigma} = -\boldsymbol{E} \cdot \mathbf{f}; \ \boldsymbol{\varepsilon} = \boldsymbol{P} \cdot \mathbf{g}; \ \boldsymbol{\sigma} = -\boldsymbol{P} \cdot \mathbf{h}$$

mit den Tensoren (3. Stufe) **d**, **f**, **g** und **h**. Die Komponenten von **f** und **h** werden als *piezoelektrische Konstanten,* die von **g** als *piezoelektrische Koeffizienten* bezeichnet; sie stellen Materialkonstanten dar, die miteinander sowie mit den piezoelektrischen Moduln d_{ijk} korreliert sind.

Matrixschreibweise: Die Symmetrien der verschiedenen Tensorkomponenten, wie z. B. $\sigma_{ij} = \sigma_{ji}$ bzw. $\varepsilon_{ij} = \varepsilon_{ji}$ und $d_{ijk} = d_{ikj}$ können nach W. VOIGT (1928) dazu benutzt werden, zur Vereinfachung die betreffenden Indexpaare zu je einem Index nach folgendem Schema zusammenfassen:

$\sigma_\lambda = \sigma_{ij}$ $(i, j = 1, 2, 3; \lambda = 1,\ldots,6)$, also:
$\sigma_1 = \sigma_{11}$; $\sigma_2 = \sigma_{22}$; $\sigma_3 = \sigma_{33}$; $\sigma_4 = \sigma_{23} = \sigma_{32}$; $\sigma_5 = \sigma_{13} = \sigma_{31}$; $\sigma_6 = \sigma_{12} = \sigma_{21}$,

d. h., die Komponenten mit $\lambda = 1, 2, 3$ sind Normalkomponenten, jene mit $\lambda = 4, 5, 6$ sind *Scherkomponenten* (vgl. Bild 4.11).

$\varepsilon_\lambda = \varepsilon_{ij}$ für $(i = j)$; $\varepsilon_\lambda = 2\varepsilon_{ij}$ für $(i \neq j)$ $(i, j = 1, 2, 3; \lambda = 1,\ldots,6)$, also:
$\varepsilon_1 = \varepsilon_{11}$; $\varepsilon_2 = \varepsilon_{22}$; $\varepsilon_3 = \varepsilon_{33}$; $\varepsilon_4 = 2\varepsilon_{23} = 2\varepsilon_{32}$; $\varepsilon_5 = 2\varepsilon_{13} = 2\varepsilon_{31}$; $\varepsilon_6 = 2\varepsilon_{12} = 2\varepsilon_{21}$ sowie:

$d_{i\lambda} = d_{ijk}$ für $j = k$ und $\lambda = j = k = 1, 2, 3$
$d_{i\lambda} = 2d_{ijk}$ für $j \neq k$ und $\lambda = 9 - (j + k) = 4, 5, 6$.

Beispielsweise ergeben sich so $d_{11} = d_{111}$ oder $d_{14} = 2d_{123}$ etc. Das sind 18 Komponenten, die als eine Matrix aus 3 Zeilen und 6 Spalten geschrieben werden können. Die Faktoren 2 werden eingefügt, damit die betreffenden Gleichungen weiter wie bisher gelten und in der gleichen Form geschrieben werden können.

Damit gelangt man für den direkten sowie den reziproken Piezoeffekt zur folgenden Schreibweise:

$$P_i = \sum_\lambda d_{i\lambda}\sigma_\lambda \quad \text{bzw.} \quad \varepsilon_\lambda = \sum_i E_i d_{i\lambda} \,,$$

symbolisch:

$$\boldsymbol{P} = \boldsymbol{d} \cdot \boldsymbol{\sigma} \text{ bzw. } \boldsymbol{\varepsilon} = \boldsymbol{E} \cdot \boldsymbol{d},$$

denn es handelt sich um keine Tensoren mehr, sondern nur um Matrizen. (Es empfiehlt sich, für Berechnungen oder Symetriebetrachtungen zum Tensorkalkül zurückzukehren!)

Beim übersichtlichen Kalkül der Matrixmultiplikation bildet man: Spaltenmatrix der P_i gleich 3×6-Matrix der $d_{i\lambda}$ mal Spaltenmatrix der σ_λ bzw. Zeilenmatrix der ε_λ gleich Spaltenmatrix der E_i mal 3×6-Matrix der $d_{i\lambda}$. Auch bei dieser Schreibweise bezieht sich der erste Index i einer Komponente $d_{i\lambda}$ stets auf die elektrischen Größen (P_i bzw. E_i) und der zweite Index λ stets auf die mechanischen Größen (σ_λ bzw. ε_λ), so dass man schon an den Indizes die Art des durch die betreffende Komponente vermittelten piezoelektrischen Effekts ablesen kann. Hierbei lassen sich vier Typen von Komponenten unterscheiden (Bild 4.12). In Tab. 4.9 ist die 3×6-Matrix der piezoelektrischen Moduln $d_{i\lambda}$ unter Angabe des betreffenden Typs ausgeführt. Nicht jeder Typ ist in jeder der „piezoelektrischen“ Kristallklassen möglich. Übrigens kann ein allseitiger, hydrostatischer Druck einen Piezoeffekt nur in solchen Kristallen (bzw. Texturen) bewirken, die gleichzeitig pyroelektrisch sind (vgl. Tab. 4.6).

Wegen seiner großen technischen Bedeutung als Piezoelektrikum sei noch einmal auf den Quarz (Kristallklasse 32) zurückgekommen. In dieser Kristallklasse hat die Matrix der $d_{i\lambda}$ die Gestalt (vgl. Tab. 4.9)

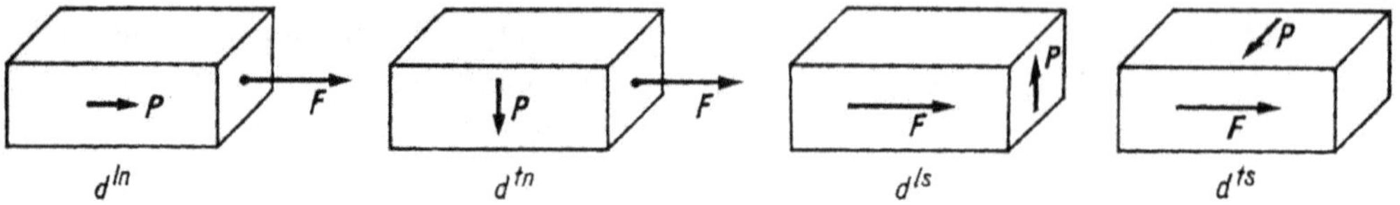

Bild 4.12. *Typen des piezoelektrischen Effekts.*

d^{ln} Polarisation *P* parallel zur Normalkraft *F*; d^{tn} Polarisation *P* transversal (senkrecht) zur Normalkraft *F*; d^{ls} Polarisation *P* parallel zur „Schubspannungsachse" der Scherkraft (Schubkraft) *F*; d^{ts} Polarisation *P* transversal (senkrecht) zur „Schubspannungsachse" der Scherkraft (Schubkraft) *F*.

Tabelle 4.9. *Die piezoelektrischen Moduln $d_{i\lambda}$.*

σ_{ik}	σ_{11}	σ_{22}	σ_{33}	$\sigma_{23} = \sigma_{32}$	$\sigma_{13} = \sigma_{31}$	$\sigma_{12} = \sigma_{21}$
σ_λ	σ_1	σ_2	σ_3	σ_4	σ_5	σ_6
P_1	d_{11}^{ln}	d_{12}^{tn}	d_{13}^{tn}	d_{14}^{ls}	d_{15}^{ts}	d_{16}^{ts}
P_2	d_{21}^{tn}	d_{22}^{ln}	d_{23}^{tn}	d_{24}^{ts}	d_{25}^{ls}	d_{26}^{ts}
P_3	d_{31}^{tn}	d_{32}^{tn}	d_{33}^{ln}	d_{34}^{ts}	d_{35}^{ts}	d_{36}^{ls}

l Longitudinaler, t transversaler piezoelektrischer Effekt; n Normalspannung; s Scherspannung.

$$\begin{pmatrix} d_{11}^{\text{ln}} & -d_{11}^{\text{tn}} & 0 & d_{14}^{\text{ls}} & 0 & 0 \\ 0 & 0 & 0 & 0 & -d_{14}^{\text{ls}} & -2d_{11}^{\text{ts}} \\ 0 & 0 & 0 & 0 & 0 & 0 \end{pmatrix}$$

mit zwei (temperaturabhängigen) Materialkonstanten $d_{11} = 2{,}91 \cdot 10^{-12}$ As/N und $d_{14} = -\,0{,}727 \cdot 10^{-12}$ As/N. Mit steigender Temperatur nehmen diese Werte ab (bei 300 °C beträgt $d_{11} = 1{,}83 \cdot 10^{-12}$ As/N), um bei 573 °C, dem Übergang in die Hochtemperaturphase, zu verschwinden. Der Hochquarz (Kristallklasse 622) zeigt keinen piezoelektrischen Effekt, obwohl er in dieser Kristallklasse gleichfalls möglich wäre. Alle Komponenten $d_{i\lambda}$ wechseln (in der Kristallklasse 32) sowohl bei einem Übergang vom Linksquarz zum Rechtsquarz (vgl. Bild 1.90) als auch bei einer Umkehr der Orientierung der *X*-Achse (bzw. des Basisvektors $\boldsymbol{e}_1$) ihr Vorzeichen. Deren positive Richtung wird heute allgemein so festgelegt, dass bei einem Rechtsquarz $d_{11} = d_{111} > 0$, also positiv, wird. Allerdings wird hierin nicht immer einheitlich verfahren, weshalb in dieser Frage auf die weiterführende Literatur verwiesen sei (z. B. W. VOIGT; W. G. CADY; W. P. MASON; P. W. FORSBERGH; JU. SIROTIN/M. P. SHASKOL'SKAJA; M. P. SHASKOL'SKAJA; P. PAUFLER).

Die durch einen Tensor 3. Stufe verkörperten kristallphysikalischen Eigenschaften lassen sich nicht durch eine einfache Fläche darstellen, wie bei den symmetrischen Tensoren 2. Stufe, doch gibt es Möglichkeiten zu ihrer Darstellung mit Hilfe von mehrschaligen Flächen (WONDRATSCHEK [4.4]). Oft ist es zweckmäßig, jeweils nur einen Teil der piezoelektrischen Eigenschaften graphisch zu veranschaulichen, beispielsweise die Größe des longitudinalen Effekts d_{r}^{ln} in Abhängigkeit von der Richtung. Beim Quarz wird diese Funktion durch eine Fläche dritter Ordnung dargestellt, die aus drei keulenförmigen Segmenten in Richtung der zweizähligen Drehachsen („elektrischen" Achsen) besteht (Bild 4.13). Da die piezoelektrischen Eigenschaften empfindlich von der Orientierung abhängen, ist es wesentlich, einen für die vorgesehene Anwendung optimalen „Schnitt" der betreffenden Kristallprobe auszuwählen. Hierfür haben sich bestimmte Bezeichnungen eingebürgert: Ein *X*-, *Y*- oder *Z*-Schnitt bezeichnet eine Platte senkrecht zur betreffenden Achse. Ein L-Schnitt schließt gleiche Winkel mit allen drei Achsen ein (entsprechend einer (111)-Fläche in einem kubischen Achsensystem); außerdem gibt es noch eine Reihe spezieller Schnittlagen (Bild 4.14).

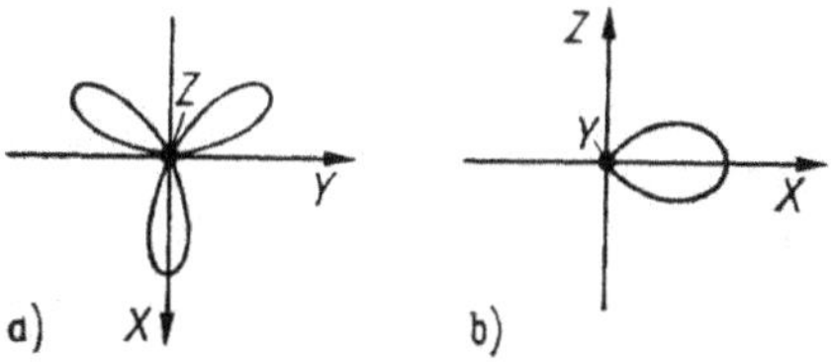

Bild 4.13. *Schnittkurven der charakteristischen Fläche des longitudinalen piezoelektrischen Effekts von Quarz.*

a) Mit der X-Y-Ebene; b) mit der X-Z-Ebene.

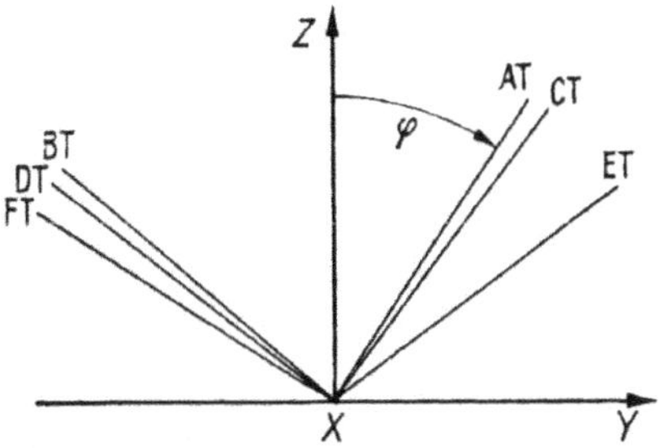

Bild 4.14. *Schnitte von Quarzplatten für piezoelektrische Anwendungen.*

AT ($\varphi = 35°15'$); BT (–49°); CT (38°); DT (–52°); ET (56°); FT (–57°).

Ein weiterer piezoelektrischer Kristall, der in neuerer Zeit technische Bedeutung erlangt hat, ist das schon als Ferroelektrikum erwähnte Lithiumniobat (Kristallklasse $3m$). Die Matrix seiner piezoelektrischen Moduln d_{ik} hat die Gestalt (Basisvektor e_1 senkrecht zur Spiegelebene m):

$$\begin{pmatrix} 0 & 0 & 0 & 0 & d_{15} & -2d_{22} \\ -d_{22} & d_{22} & 0 & d_{15} & 0 & 0 \\ d_{31} & d_{31} & d_{33} & 0 & 0 & 0 \end{pmatrix}$$

mit den Materialkonstanten $d_{15} = 69{,}2 \cdot 10^{-12}$ As/N; $d_{31} = -0{,}85 \cdot 10^{-12}$ As/N; $d_{22} = 20{,}8 \cdot 10^{-12}$ As/N und $d_{33} = 6{,}0 \cdot 10^{-12}$ As/N, die z. T. deutlich größer sind als beim Quarz. Schließlich sei noch erwähnt, dass beim Seignettesalz $NaKC_4H_4O_6 \cdot 4H_2O$ (Kristallklasse 222) der größte seiner piezoelektrischen Moduln $d_{14} = 383 \cdot 10^{-12}$ As/N und beim Antimonsulfidiodid SbSI (Kristallklasse $2mm$) $d_{33} = 1300 \cdot 10^{-12}$ As/N beträgt (M. P. Shaskol'skaja).

4.4. Optische Eigenschaften von Kristallen

4.4.1. Kristalloptik

Die Kristalloptik befasst sich mit der Ausbreitung und Fortpflanzung elektromagnetischer Wellen – dem Licht – in Kristallen, d. h. in einem anisotropen Medium. Der durch die Quantentheorie begründete korpuskulare Aspekt des Lichts spielt in der Kristalloptik keine Rolle; wesentlich ist die Wellennatur des Lichts, wie sie von Huygens (1690) erkannt wurde.

Die Lichtwellen werden als räumlich und zeitlich veränderliche elektromagnetische Felder durch die Maxwellschen Gleichungen beschrieben. Die Lösung der Maxwellschen Gleichungen für die Fortpflanzung von Lichtwellen in einem anisotropen optischen Medium und die theoretische Ableitung der kristalloptischen Erscheinungen werden u. a. bei M. Born gegeben. Die wesentlichen Wechselwirkungen zwischen dem Licht und einem durchstrahlten Medium erfolgen über die elektrische Polarisation des Mediums durch das elektrische Feld der elektromagnetischen Wellen. Die maßgebliche Materialeigenschaft für die Kristalloptik ist damit die dielektrische

Permittivität ε bzw. die (relative) Dielektrizitätskonstante ε_r, die in anisotropen Kristallen einen polaren symmetrischen Tensor 2. Stufe darstellen (vgl. Abschn. 4.3.2.). Bei der Behandlung der Kristalloptik wird im Allgemeinen eine lineare Abhängigkeit der Polarisation $\boldsymbol{P}$ von der elektrischen Feldstärke $\boldsymbol{E}$ angenommen und die Absorption im durchstrahlten Medium vernachlässigt.

4.4.1.1. Lichtbrechung

Betrachten wir zunächst die Ausbreitung von Licht in einem isotropen Medium: Eine Lichtwelle besteht aus miteinander verknüpften Schwingungen elektrischer und magnetischer Felder, die zueinander senkrecht gerichtet sind und sich mit einer endlichen Geschwindigkeit, der *Lichtgeschwindigkeit*, ausbreiten. Im Vakuum beträgt die Lichtgeschwindigkeit $c = 3 \cdot 10^8$ m/s. Die Schwingungen sind transversal, d. h., die Schwingungsrichtungen stehen senkrecht auf der Fortpflanzungsrichtung. Die Entfernung zweier benachbarter Punkte in der Fortpflanzungsrichtung, die sich im gleichen Schwingungszustand (der gleichen *Phase*) befinden, heißt *Wellenlänge*. Die Wellenlängen des sichtbaren Lichts liegen (im Vakuum) zwischen 400 nm (Violett) und 800 nm (Rot). Licht einer bestimmten Wellenlänge wird als *monochromatisch* bezeichnet. Die Anzahl der an einem Punkt pro Zeit ausgeführten Schwingungen ist die *Schwingungszahl* oder *Frequenz*. Lichtgeschwindigkeit υ, Frequenz ν und Wellenlänge λ sind gemäß $\upsilon = \nu\lambda$ miteinander verknüpft. Danach ist υ also die *Phasengeschwindigkeit* des Lichts, mit der sich ein bestimmter Schwingungszustand (eine Phase) durch den Raum bewegt. Neben den genannten Größen wird in der Spektroskopie noch die Wellenzahl $\nu' = 1/\lambda$ benutzt. Während ν vom Ausbreitungsmedium unabhängig ist, hängen ν' sowie υ und λ vom Ausbreitungsmedium ab.

In einem optisch isotropen Medium breitet sich eine elektromagnetische Welle, die von einem Punkt ausgeht, kugelförmig aus. Die Fortpflanzung einer Welle durch ein Medium geschieht nach dem Prinzip von HUYGENS (1690) in der Weise, dass von jedem Punkt einer Wellenfront eine eigene, kugelförmige Welle ausgeht. Alle diese Wellen überlagern sich, so dass die fortschreitende Wellenfront jeweils durch die „Einhüllende" gebildet wird, die die kugelförmigen Teilwellen umschließt. Bei einer ebenen Wellenfront (Bild 4.15) ist die „Einhüllende" die Tangentialebene an die kugelförmigen Teilwellen; senkrecht auf ihr steht die Wellennormale $\boldsymbol{N}$. Ist υ die Ausbreitungsgeschwindigkeit (Lichtgeschwindigkeit), dann ist nach einer Zeit t die Wellenfront um die Distanz υt in der Richtung von $\boldsymbol{N}$ fortgeschritten.

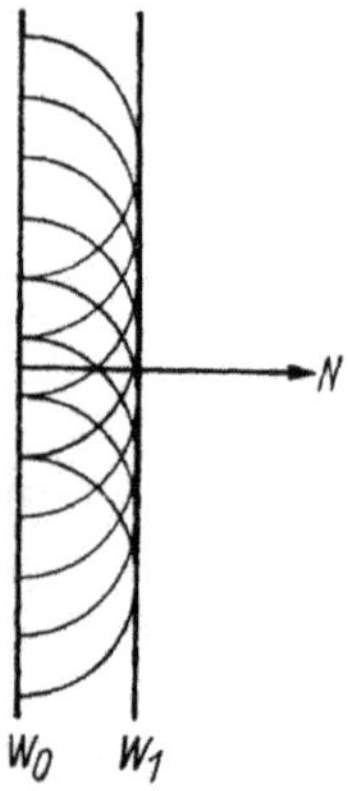

Bild 4.15. *HUYGENSsche Konstruktion für die Fortpflanzung einer ebenen Welle im isotropen Medium.*

W_0 Wellenfront zur Zeit t = 0; W_1 Wellenfront zur Zeit t = t_1; N Wellennormale.

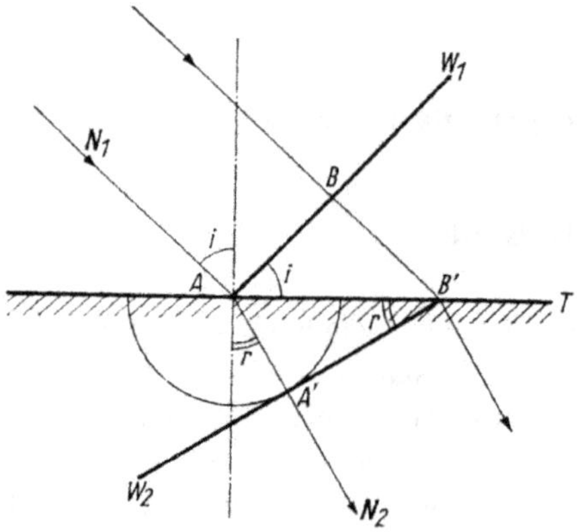

Bild 4.16. *HUYGENSsche Konstruktion für die Lichtbrechung an einer ebenen Grenzfläche zwischen zwei isotropen Medien.*

W_1 Einfallende Wellenfront; W_2 gebrochene Wellenfront; N_1 und N_2 Wellennormalen.

Ein Lichtstrahl (Lichtbündel), der von einem optischen Medium in ein anderes übertritt, verädert im Allgemeinen seine Richtung; er wird gebrochen. Diese als *Lichtbrechung* bezeichnete Erscheinung lässt sich nach dem HUYGENSschen Prinzip folgendermaßen erklären: Trifft eine ebene Wellenfront $\boldsymbol{W}_1$ (Bild 4.16) auf die ebene Grenzfläche T zwischen zwei optischen Medien, in denen die Lichtgeschwindigkeiten υ_1 und υ_2 unterschiedlich sind, so breitet sich im zweiten Medium um den Punkt A eine Kugelwelle mit der Geschwindigkeit υ_2 aus. Die Wellenfront durchlaufe im ersten Medium während der Zeit t die Distanz $BB' = \upsilon_1 t$. In derselben Zeit hat die Kugelwelle um A den Radius $AA' = \upsilon_2 t$ erreicht; folglich bezeichnet die Tangente $B'A'$ die Wellefront W' im zweiten Medium. Die beiden Wellennormalen $\boldsymbol{N}_1$ und $\boldsymbol{N}_2$ haben unterschiedliche Richtungen. Der Winkel, den $\boldsymbol{N}_1$ und das Einfallslot auf die Grenzfläche miteinander einschließen, ist der *Einfallswinkel i*; der Winkel zwischen $\boldsymbol{N}_2$ und dem Einfallslot ist der *Brechungswinkel r*. Der Winkel i tritt auch im Dreieck BAB' auf (paarweise senkrecht aufeinander stehende Schenkel), und es gilt $\sin i = BB'/AB' = \upsilon_1 t/AB'$. *Entsprechend gilt* im Dreieck $AB'A'$, in dem auch der Winkel r auftritt, $\sin r = AA'/AB' = \upsilon_2 t/AB'$. Daraus folgt:

$$\sin i/\sin r = \upsilon_1/\upsilon_2 = \text{const.}$$

Das ist das *Brechungsgesetz* von SNELLIUS (1610): Das Verhältnis zwischen den Sinus von Einfallswinkel und Brechungswinkel ist konstant und gleich dem Verhältnis der Fortpflanzungsgeschwindigkeiten in den beiden Medien. Ein senkrecht einfallender Lichtstrahl ($i = 0$) wird nicht gebrochen ($r = 0$). Ist das erste Medium ein Vakuum, also $\upsilon_1 = c$ (Lichtgeschwindigkeit im Vakuum), so wird durch

$$\sin i/\sin r = c/\upsilon_2 = n$$

der *Brechungsindex n* definiert. Er ist demnach umgekehrt proportional zur Fortpflanzungsgeschwindigkeit des Lichts im betreffenden Medium. Für die Brechung an der Grenzfläche zweier Medien gilt mithin auch:

$$\sin i/\sin r = \upsilon_1/\upsilon_2 = n_2/n_1.$$

Der Brechungsindex n ist eine Materialkonstante und mit der (relativen) Dielektrizitätskonstante ε_r isotroper Medien durch die Beziehung $n^2 = \varepsilon_r$ verknüpft. Bei den meisten flüssigen und festen Stoffen hat der Brechungsindex einen Wert im Bereich von $n = 1{,}3...3$. Der Brechungsindex ist temperaturabhängig und wird – von Ausnahmen abgesehen – mit steigender Wellenlänge kleiner (*Dispersion*).

Zur Messung von n genügt es für praktische Belange meist, den Brechungsindex eines Mediums gegen Luft zu ermitteln. Der Brechungsindex von Luft beträgt 1,000294, so dass nur bei präzisen Messungen eine Korrektur erforderlich ist. Solche Präzisionsmessungen führt man auf einkreisigen Goniometern an prismenförmigen Probekörpern aus. Eine andere Methode zur Ermittlung des Brechungsindex beruht auf der Messung des Grenzwinkels der Totalreflexion. Betrachten wir noch einmal Bild 4.16: Es stellt den Fall $\upsilon_1 > \upsilon_2$, d. h. $n_1 < n_2$ dar; hieraus folgt $i > r$. Hingegen folgt für den Fall $\upsilon_1 < \upsilon_2$, d. h. $n_1 > n_2$, die Relation $i < r$. (Hierzu hat man sich vorzustellen, dass im Bild 4.16 die Welle in umgekehrter Richtung aus dem unteren in das obere Medium läuft, und in der Benennung i mit r zu vertauschen.) Wird in diesem Fall der Einfallswinkel i vergrößert, so ergibt sich bei einem bestimmten Wert i_t ein Brechungswinkel $r_t = 90°$ („streifende Brechung“). Wellen, die mit einem Einfallswinkel $i > i_t$ einfallen, treten nicht mehr in das zweite Medium über, sondern werden mit ihrer gesamten Intensität reflektiert *(Totalreflexion)*. Wegen $\sin r_t = \sin 90° = 1$ gilt:

$$\frac{\sin i}{\sin r} = \frac{\upsilon_1}{\upsilon_2} = \frac{n_2}{n_1} = \frac{\sin i_t}{\sin r_t} = \sin i_t \qquad \text{oder} \qquad n_2 = n_1 \sin i_t.$$

Ist n_1 bekannt, so lässt sich n_2 durch Messung von i_t, dem Grenzwinkel der Totalreflexion, bestimmen; die betreffenden Messgeräte nennt man *Totalrefraktometer*. Das Kernstück eines Totalrefraktometers ist ein optischer Prüfkörper mit einem möglichst großen Brechungsindex n_1, der größer sein muss als der zu bestimmende Brechungsindex n_2 des zu untersuchenden Probekörpers. Auf diesen Prüfkörper wird der Probekörper mit einer Immersionsflüssigkeit aufgesetzt, deren Brechungsindex gleichfalls größer als n_2 sein muss. Gegenüber den Prismenmethoden muss am Probekörper also nur eine ebene Fläche vorhanden sein.

In der Praxis wird außerdem häufig die *Einbettungsmethode (Immersionsmethode)* zum Messen von n benutzt (vgl. Abschn. 4.4.1.6.).

4.4.1.2. Doppelbrechung und Polarisation

Im Jahre 1669 entdeckte BARTHOLIN an einem Spaltrhomboeder von Calcit die *Doppelbrechung*: Ein Lichtstrahl (Lichtbündel), der den Kristall durchdringt, wird bei der Brechung in zwei Strahlen zerlegt (Bild 4.17). Betrachtet man eine punktförmige Lichtquelle durch das Spaltrhomboeder, so sind zwei Lichtpunkte zu sehen. Die nähere Untersuchung zeigt, dass der eine Strahl dem SNELLIUSschen Brechungsgesetz folgt, er wird als *ordentlicher Strahl* bezeichnet; für den zweiten Strahl gilt dieses Brechungsgesetz nicht, und er wird als *außerordentlicher Strahl* bezeichnet. Der außerordentliche Strahl wird auch bei senkrechtem Einfall gebrochen und verläuft dabei in einer Ebene, die durch den einfallenden Strahl und die c-Achse des Kristalls aufgespannt wird (Hauptschnitt): Dreht man den Kristall um die Richtung des einfallenden Strahls, so bleibt der ordentliche Strahl an seiner Position, während der außerordentliche Strahl mit herumwandert.

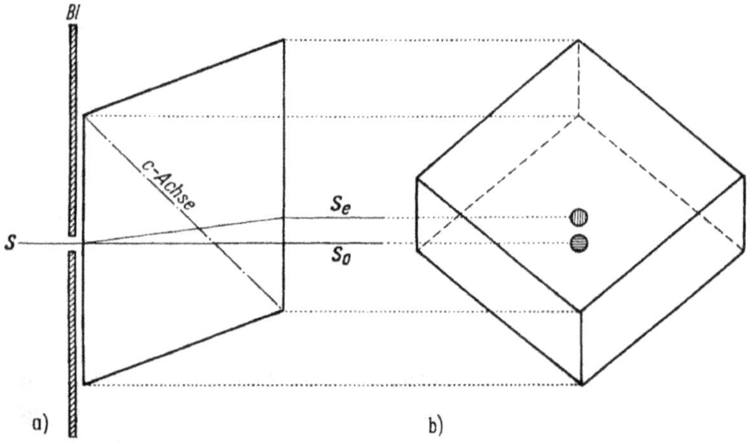

Bild 4.17. *Doppelbrechung beim Calcit.*

a) Strahlengang beim Durchgang des Lichts durch ein Spaltrhomboeder $\{10\bar{1}1\}$ von Calcit (Schnitt); S einfallender Strahl (Lichtbündel); S_e außerordentlicher Strahl (Lichtbündel); S_o ordentlicher Strahl (Lichtbündel); *Bl* Blende; b) Bild einer punktförmigen Lichtquelle, betrachtet durch ein Spaltrhomboeder von Calcit.

Zur Erklärung der Doppelbrechung nahm HUYGENS an, dass sich im Kristall zwei Wellen ausbreiten: Die zum ordentlichen Strahl gehörende Welle pflanzt sich wie in einem optisch isotropen Medium in allen Richtungen mit der gleichen Geschwindigkeit fort. Nimmt man an, dass die Welle von einem Punkt ausgeht, dann hat die Wellenfront, die in diesem Fall als *Wellenfläche*, *Strahlenfläche* oder auch *Strahlengeschwindigkeitsfläche* bezeichnet wird, die Gestalt einer Kugel. Hingegen ist die Geschwindigkeit, mit der sich die zum außerordentlichen Strahl gehörende

Welle im Kristall fortpflanzt, von der Richtung abhängig: Geht die Welle von einem Punkt aus, dann hat die Wellenfläche (Strahlenfläche) die Gestalt eines Rotationsellipsoids. Dieses Rotationsellipsoid hat eine bestimmte Orientierung im Kristall: Seine Rotationsachse, die als *optische Achse* bezeichnet wird, fällt mit der c-Achse des Kristalls zusammen; die Länge der Rotationsachse stimmt mit dem Durchmesser der kugelförmigen Wellenfläche des ordentlichen Strahls überein.

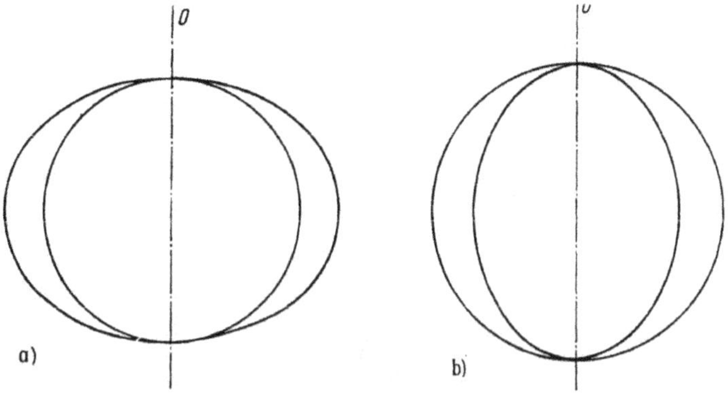

Bild 4.18. *Schnitt durch die Strahlenfläche (Wellenfläche).*

a) Eines optisch einachsig negativen Kristalls; b) eines optisch einachsig positiven Kristalls. Die Strahlenfläche ergibt sich durch Rotation um die optische Achse O.

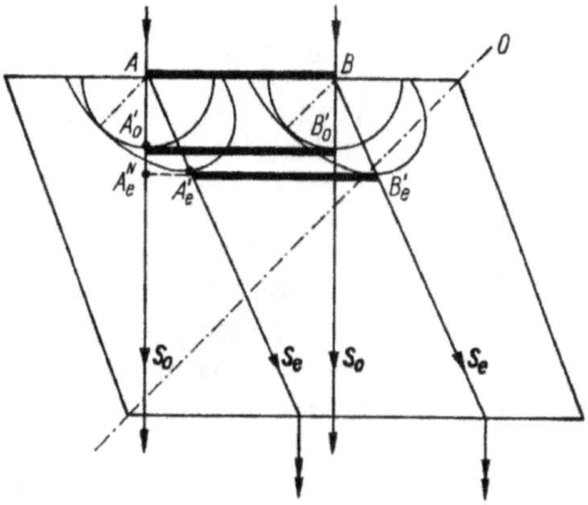

Bild 4.19. *Huygenssche Konstruktion für die Fortpflanzung von Licht in einem Calcitrhomboeder* $\{10\bar{1}1\}$ *bei senkrechtem Einfall.*

O optische Achse (c-Achse); S_o ordentlicher Strahl; S_e außerordentlicher Strahl. Zur Verdeutlichung der Konstruktion ist die Exzentrizität des Ellipsoids für die Strahlenflächen des außerordentlichen Strahls übertrieben dargestellt (vgl. Bild 4.18.).

Nach dem HUYGENSschen Prinzip breitet sich also in einem Calcitkristall um jeden Punkt, der von einer sich fortpflanzenden Lichtwelle erfasst wird, eine doppelte oder – wie man sagt – *zweischalige Wellenfläche (Strahlenfläche)* aus. Sie besteht aus einem Rotationsellipsoid, dem eine Kugel eingeschrieben ist (Bild 4.18 a). Beide berühren sich an den Durchstoßpunkten der optischen Achse (c-Achse). Die HUYGENSsche Konstruktion der Fortpflanzung einer senkrecht einfallenden Lichtwelle in Calcit ist im Bild 4.19 ausgeführt. Die beiden Wellenfronten (für den ordentlichen und für den außerordentlichen Strahl) ergeben sich als gemeinsame Tangenten an die betreffenden Wellenflächen. Sie pflanzen sich parallel zueinander und parallel zur einfallenden Wellenfront mit verschiedenen Geschwindigkeiten durch den Kristall fort; ihre Wellennormalen stimmen also im Fall senkrechter Inzidenz überein.

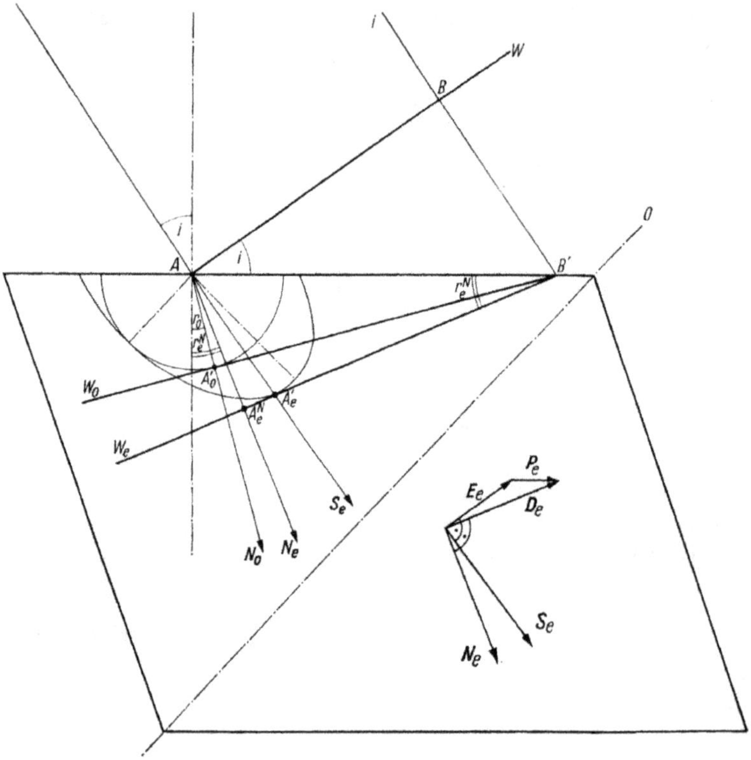

Bild 4.20. *Fortpflanzung von Licht in Calcit bei schrägem Einfall.*

O Optische Achse (*c*-Achse); *W* einfallende Wellenfront; W_o Wellenfront der ordentlichen Welle; W_e Wellenfront der außerordentlichen Welle. Zur Verdeutlichung der Konstruktion ist die Exzentrizität des Ellipsoids für die Stralenflächen des außerordentlichen Strahls übertrieben dargestellt. In der rechten Bildhälfte sind die Beziehungen zwischen den Vektoren S_e, N_e, E_e, D_e und P_e der außerordentlichen Welle dargestellt (vgl. Text).

Bei schräger Inzidenz sind im Allgemeinen nicht nur die Strahlrichtungen, sondern auch die Wellennormalen des ordentlichen und des außerordentlichen Strahls verschieden (Bild 4.20). Beim außerordentlichen Strahl unterscheidet sich außerdem die Strahlengeschwindigkeit $\upsilon_e = \overline{AA'}_e/t$ von der Wellennormalengeschwindigkeit (kurz: Normalengeschwindigkeit) $\upsilon_e^N = \overline{AA_e^N}/t$. Wie aus Bild 4.20 im Vergleich mit Bild 4.16 hervorgeht, gilt für die Wellennormalen und die Normalengeschwindigkeit (im Gegensatz zu den Strahlenrichtungen und -geschwindigkeiten) auch beim außerordentlichen Strahl das Brechungsgesetz:

$$\sin i / \sin r_e^N = c/\upsilon_e^N = n_e'.$$

mit c als Lichtgeschwindigkei und n_e' als Brechungsindex der außerordentlichen Welle. Sei n_o der Brechungsindex der ordentlichen Welle, dann wird die Größe der Doppelbrechung durch die Differenz der Brechungsindizes $\Delta n' = n_e' - n_o$ angegeben.

Für eine Brechung an der Grenze zweier Medien gilt entsprechend:

$$\sin i_e^N / \sin r_e^N = \upsilon_{e\,1}^N / \upsilon_{e\,2}^N = n'_{e2}/n'_{e1}$$

mit n'_{e1} und n'_{e2} als Brechungsindizes der außerordentlichen Welle in den beiden Medien in den betreffenden Ausbreitungsrichtungen. In der Kristalloptik werden deshalb meistens die Wellennormalen und die Normalengeschwindigkeiten betrachtet.

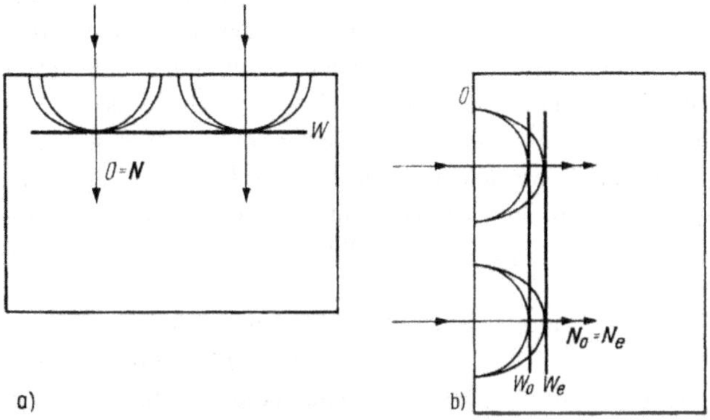

Bild 4.21. *Grenzfälle für die Fortpflanzungsrichtung von Licht in Calcit.*

a) Parallel zur optischen Achse (*c*-Achse); b) senkrecht zur optischen Achse (*c*-Achse).

Für die Fortpflanzung von Lichtwellen gibt es zwei Grenzfälle: 1. Wenn die Fortpflanzung in der Richtung der optischen Achse erfolgt, kann keine Unterscheidung zwischen einer ordentlichen und einer außerordentlichen Welle getroffen werden (Bild 4.21 a); es gibt nur eine Wellenfront. In Richtung der *c*-Achse verhält sich Calcit also wie ein optisch isotropes Medium. 2. Wenn die Fortpflanzung senkrecht zur optischen Achse erfolgt, ist der Unterschied in den Geschwindigkeiten der ordentlichen und der außerordentlichen Welle am größten (Bild 4.21 b). Der Brechungsindex der außerordentlichen Welle wird in diesem Fall auch als außerordentlicher Brechungsindex n_e schlechthin bezeichnet. n_e sowie n_o sind Materialkonstanten; die Werte von Calcit sind n_e = 1,4864 und n_o = 1,6584 (gemessen im Licht der D-Linie von Na mit einer Wellenlänge von 589,3 nm). Für alle übrigen Fortpflanzungsrichtungen nimmt der Brechungsindex n'_e der außerordentlichen Welle einen Wert zwischen n_e und n_o an. Im Fall der Fortpflanzung senkrecht zur optischen Achse ist die Doppelbrechung $\Delta n = n_e - n_o$ am stärksten und gleichfalls eine Materialkonstante; für Calcit ergibt sich Δn = 1,4864 – 1,6583 = – 0,172, eine im Vergleich zu anderen Kristallen sehr starke Doppelbrechung. Auf das negative Vorzeichen wird gleich noch zurückzukommen sein. Allerdings stimmen bei einer Fortpflanzung senkrecht zur optischen Achse die Strahlenrichtungen der ordentlichen und der außerordentlichen Welle überein (s. Bild 4.21 b): Obwohl die Doppelbrechung am stärksten ist, findet keine Aufspaltung in einen ordentlichen und außerordentlichen Strahl statt. Eine Strahlaufspaltung gibt es also nur in Fortpflanzungsrichtungen zwischen den Grenzfällen parallel und senkrecht zur optischen Achse; sie erreicht ein Maximum, wenn die Wellennormalen mit der optischen Achse einen Winkel $\text{v} = \arctan (n_e/n_o)$ einschließen (zur Ableitung vgl. D. S. BELJANKIN/W. P. PETROW). Für Calcit ergibt sich v = 41°52′ und eine maximale Strahlaufspaltung von 6°16′. Ein senkrecht auf eine Fläche des Spaltrhomboeders $\{10\bar{1}1\}$ auffallender Lichtstrahl kommt der Richtung der maximalen Strahlaufspaltung sehr nahe, die Strahlaufspaltung beträgt hier 6°14′. (In den Bildern 4.19 und 4.20 ist auch die Strahlaufspaltung übertrieben dargestellt.) Calcit gehört, wie gesagt, zu den stark doppelbrechenden Kristallen. Für den schwach doppelbrechenden Quarz mit n_o = 1,5442 und n_e = 1,5533 erreicht die Aufspaltung zwischen ordentlichem und außerordentlichem Strahl dagegen nur einen Maximalwert von 0°20′ und lässt sich deshalb nicht so einfach wie beim Calcit beobachten.

Aufgrund der Definition der Doppelbrechung, $\Delta n = n_e - n_o$, erhält Δn bei Calcit ein negatives Vorzeichen. Aus diesem Grund bezeichnet man Calcit als *optisch negativ* bzw. spricht man von einem *negativen optischen Charakter*. Das bedeutet, die Geschwindigkeit der außerordentlichen Welle ist stets größer als die der ordentlichen Welle. Beim Quarz sind die Verhältnisse umgekehrt: Dessen Doppelbrechung $\Delta n = n_e - n_o = 1{,}5533 - 1{,}5442 = +\,0{,}0091$ ist positiv, und man bezeichnet ihn deshalb als *optisch positiv* bzw. spricht von einem *positiven optischen* Charakter. Die Geschwindigkeit der außerordentlichen Welle ist beim Quarz kleiner als die der ordentlichen Welle. Die zweischalige Wellenfläche (Strahlenfläche) für die Fortpflanzung der von einem Punkt ausgehenden Wellen besteht aus einer Kugel für die ordentliche Welle und aus einem Rotationsellipsoid für die außerordentliche Welle, das diesmal jedoch innerhalb einer Kugel liegt (Bild 4.18b). Kugel und Rotationsellipsoid berühren sich an den Durchstoßpunkten der optischen Achse.

Kristalle, wie Calcit oder Quarz, deren optische Eigenschaften in der beschriebenen Weise durch eine optische Achse gekennzeichnet sind, werden als *optisch einachsig* bezeichnet. Es handelt sich dabei um die Kristalle des tetragonalen, des trigonalen und des hexagonalen Kristallsystems (der „wirteligen“ Kristallsysteme), und die optische Achse fällt stets mit der kristallographischen *c*-Achse zusammen.

Die Lichtbündel, die gemäß Bild 4.17 einen doppelbrechenden Kristall durchlaufen, haben noch eine weitere charakteristische Eigenschaft: Ihr Licht ist *linear polarisiert*. In gewöhnlichem (unpolarisiertem) Licht wechselt nicht nur ständig die Größe, sondern auch die Richtung des elektrischen Feldvektors, die *Schwingungsrichtung*; unpolarisiertes Licht enthält praktisch alle beliebigen Schwingungsrichtungen (senkrecht zur Fortpflanzungsrichtung). Entsprechendes gilt für den magnetischen Feldvektor. Fortpflanzungsrichtung und Schwingungsrichtung (des elektrischen Feldvektors) spannen die jeweilige *Schwingungsebene* auf. Bei einer linearen Polarisation behält die Schwingungsebene ständig ihre Lage bei und verändert sich nicht. Die Projektionen sämtlicher in einer polarisierten Lichtwelle auftretenden elektrischen Feldvektoren auf eine Ebene senkrecht zur Fortpflanzungsrichtung liegen auf einer Geraden. Die Ebene senkrecht zu dieser Geraden, die also senkrecht auf der Schwingungsebene steht und die Fortpflanzungsrichtung enthält, wird als *Polarisationsebene* bezeichnet; in dieser Ebene schwingt der magnetische Feldvektor einer linear polarisierten Lichtwelle.

In einem optisch anisotropen Medium hat man zwischen der Richtung des Strahls $\boldsymbol{S}$ und der Wellennormalen $\boldsymbol{N}$, die in diesem Zusammenhang als Vektoren betrachtet werden sollen, zu unterscheiden. Der elektrische Feldvektor $\boldsymbol{E}$ schwingt senkrecht zur Strahlrichtung $\boldsymbol{S}$. Senkrecht zur Wellennormalen $\boldsymbol{N}$, also in der Wellenfront, schwingt der Vektor der dielektrischen Verschiebung $\boldsymbol{D} = \varepsilon \boldsymbol{E} = \varepsilon_0 \boldsymbol{E} + \boldsymbol{P}$ (vgl. Abschn. 4.3.2.). Die Vektoren $\boldsymbol{E}$, $\boldsymbol{S}$, $\boldsymbol{D}$, $\boldsymbol{P}$ und $\boldsymbol{N}$ liegen in der Schwingungsebene; senkrecht zu dieser Ebene schwingt der magnetische Feldvektor $\boldsymbol{H}$. Die nähere Untersuchung zeigt, dass bei der Doppelbrechung die Schwingungsebenen der beiden entstehenden Lichtwellen senkrecht aufeinander stehen. Bei optisch einachsigen Kristallen, wie Calcit oder Quarz, liegt die optische Achse (d. h. die *c*-Achse des Kristalls) in der Schwingungsebene der außerordentlichen Welle, die mit einem Hauptschnitt zusammenfällt. Die Schwingungsebene der ordentlichen Welle steht senkrecht auf diesem Hauptschnitt. Die beiden Schwingungsebenen sind im Bild 4.17 b durch die Schraffur innerhalb der Bildpunkte angedeutet.

Zur *Erzeugung linear polarisierten Lichts* könnte man ein Lichtbündel gemäß Bild 4.17 durch ein Spaltrhomboeder von Calcit hindurchtreten lassen und hinter dem Kristall eines der beiden entstehenden Bündel abdecken. Für Bündel mit einem etwas größeren Querschnitt würde man jedoch wegen der geringen Strahlaufspaltung von 6°14′ sehr dicke Kristalle benötigen, um eine komplette Trennung der beiden Bündel herbeizuführen. Eine effektivere Trennung der beiden senkrecht zueinander polarisierten Lichtbündel ist mit geeigneten Prismenkombinationen möglich. Am bekanntesten ist das „Nicolsche Prisma“ (Bild 4.22): Ein Spaltrhomboeder aus Calcit mit geeigneten Abmessungen, an dem die Orientierung der Endflächen durch Abschleifen noch etwas verändert wurde, wird durch einen Schnitt in einer bestimmten Orientierung in zwei Teile zerlegt und mit Kanadabalsam wieder zusammengekittet, so dass letzten Endes das Calcitrhomboeder von einer dünnen Schicht aus *Kanadabalsam* (einem optischen Kitt mit einem Brechungsindex n = 1,54) durchzogen wird. Der Schnitt und die Strahlenrichtungen sind so gewählt, dass der Brechungsindex der außerordentlichen Welle den gleichen Wert, n'_e = 1,54, erhält und die Welle deshalb die Schicht aus Kanadabalsam ohne Brechung durchläuft. Hingegen hat die ordentliche Welle mit n_0 = 1,66 einen bedeutend größeren Brechungsindex und trifft auf die Schicht aus Kanadabalsam unter einem Winkel, bei dem sie Totalreflexion erfährt, und wird dann an der geschwärzten Fassung des Prismas absorbiert. Es gibt noch verschiedene andere Varianten von Polarisationsprismen (z. B. nach HARTNACK/PRAZMOWSKI sowie GLAN/THOMPSON).

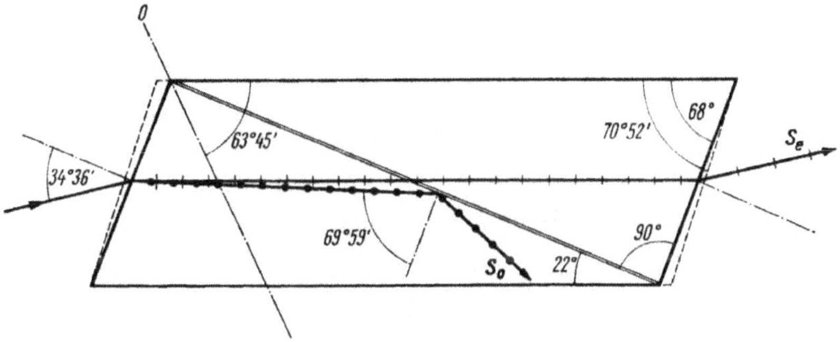

Bild 4.22. *NICOLsches Prisma (Originalkonstruktion von NICOL).*
O Optische Achse; S_e außerordentlicher Strahl; S_0 ordentlicher Strahl. Nach P. RAMDOHR/H. STRUNZ.

Neben diesen Prismen für höchste Ansprüche werden heute überwiegend die billigeren *Polarisationsfilter* verwendet. Sie beruhen auf der unterschiedlichen Absorption der ordentlichen und der außerordentlichen Welle in manchen doppelbrechenden Kristallen (*Pleochroismus* oder *Dichroismus*). Eine Substanz mit extrem unterschiedlicher Absorption ist „Herapathit" (Periodid des Chininsulfats), das in Form dünner Kristallplättchen oder dünner Folien aus Nitrozellulose mit orientiert eingelagerten Herapathitnädelchen als Polarisationsfilter verwendet wird. Andere Polarisationsfilter sind Folien aus organischen Substanzen mit langkettigen Molekülen und geeigneten eingelagerten Farbstoffen; durch einen Streckungsprozess werden die langkettigen Moleküle gerichtet und dabei die eingelagerten Farbstoffmoleküle orientiert, wodurch künstlich ein starker Pleochroismus hervorgerufen wird.

4.4.1.3. Ellipsoide von FRESNEL und von FLETCHER (Indikatrix)

Bisher wurden die kristalloptischen Eigenschaften optisch einachsiger Kristalle betrachtet. Wie schon anschaulich aus der Gestalt der zweischaligen Wellenflächen (Strahlenflächen) hervorgeht (vgl. Bild 4.18), sind diese Eigenschaften rotationssymmetrisch und genügen der (kontinuierlichen) Symmetriegruppe ∞/mm. Optisch einachsig sind die Kristalle der „wirteligen" Kristallsysteme. Bei den Kristallen der niedriger symmetrischen Kristallsysteme ist auch eine niedrigere Symmetrie ihrer optischen Eigenschaften zu erwarten. Für eine allgemeingültige Darstellung der optischen Eigenschaften von Kristallen ist es zweckmäßig, sich auf die Repräsentationsflächen für den Tensor der relativen Dielektrizitätskonstante ε_r zu beziehen. Wie im Abschn. 4.2.3. für den Tensor der Wärmeleitfähigkeit ausgeführt, kann man aus den Komponenten eines polaren symmetrischen Tensors 2. Stufe eine quadratische Form bilden, die die Gleichung für die sog. charakteristische Fläche des Tensors darstellt. Unter den gegebenen Voraussetzungen handelt es sich um ein im Allgemeinen dreiachsiges Ellipsoid, das *FRESNELsche Ellipsoid*. Wählt man das Koordinatensystem so, dass es mit den Hauptachsen dieses Ellipsoids zusammenfällt, und bezeichnet die Komponenten des Tensors bezüglich dieser Hauptachsen mit ε_{ra}, ε_{rb}, ε_{rc}, so lautet die Gleichung des FRESNELschen Ellipsoids:

$$\varepsilon_{ra}x^2 + \varepsilon_{rb}y^2 + \varepsilon_{rc}z^2 = 1.$$

Die Halbmesser der Hauptachsen des Ellipsoids betragen $1/\sqrt{\varepsilon_{ra}}$, $1/\sqrt{\varepsilon_{rb}}$ bzw. $1/\sqrt{\varepsilon_{rc}}$. Auf die Bedeutung dieses von FRESNEL (1815) eingeführten Ellipsoids als kristallographische Bezugsfläche wird im Abschn. 4.4.1.4. näher eingegangen.

Die kristalloptischen Eigenschaften lassen sich besonders übersichtlich darstellen, wenn man von dem zu $\boldsymbol{\varepsilon}_r$ reziproken Tensor ausgeht. Auch diesem reziproken Tensor $\boldsymbol{\varepsilon}_r^{-1}$ kann man mittels seiner quadratischen Form eine charakteristische Fläche zuordnen, die gleichfalls ein im Allgemeinen dreiachsiges Ellipsoid darstellt (Bild 4.23). Es wurde von FLETCHER (1891) eingeführt und *Indikatrix* genannt. Bezogen auf die Hauptachsen, lautet die Gleichung der Indikatrix

$$x^2/\varepsilon_{ra}+y^2/\varepsilon_{rb}+z^2/\varepsilon_{rc} = 1.$$

Die Halbmesser der Hauptachsen der Indikatrix betragen $\sqrt{\varepsilon_{ra}}$, $\sqrt{\varepsilon_{rb}}$, bzw. $\sqrt{\varepsilon_{rc}}$. Diese Beträge sind gemäß den Beziehungen $\sqrt{\varepsilon_{ra}} = n_\alpha$; $\sqrt{\varepsilon_{rb}} = n_\beta$; $\sqrt{\varepsilon_{rc}} = n_\gamma$ die sog. *Hauptbrechungsindizes* des betreffenden Kristalls. Ein Hauptbrechungsindex ist der Brechungsindex einer Welle, die in Richtung der betreffenden Hauptachse der Indikatrix schwingt. Die Indizierung der Hauptbrechungsindizes wird stets so vorgenommen, dass $n_\alpha \le n_\beta \le n_\gamma$ gilt; sofern sie unterschiedlich sind, ist also n_α stets der kleinste, n_γ der größte und n_β der mittlere Hauptbrechungsindex. (In der Literatur werden außerdem noch die Bezeichnungen n_1, n_2, n_3; n_a, n_b, n_c; n_x, n_y, n_z; n_X, n_Y, n_Z; N_α, N_β, N_γ; N_x, N_y, N_z; N_X, N_Y, N_Z; N_p, N_m, N_g oder α, β, γ verwendet!) Trotz der engen Beziehungen zu einem Tensor bilden die Brechungsindizes als solche keinen Tensor.

Anhand der Indikatrix kann das Verhalten von Lichtwellen beliebiger Fortpflanzungsrichtung im Kristall sehr anschaulich verfolgt werden. Die Wellennormale $\boldsymbol{N}$ der betreffenden Lichtwelle wird durch den Mittelpunkt der Indikatrix gelegt und eine zu $\boldsymbol{N}$ senkrechte Ebene (entsprechend einer Wellenfront) durch den Mittelpunkt konstruiert, die die Indikatrix diametral durchschneidet. Die Schnittfigur eines Ellipsoids mit einer Ebene ist im Allgemeinen eine Ellipse (Bild 4.24). Die beiden zueinander senkrechten Achsen dieser Schnittellipse geben die Schwingungsrichtungen der beiden zu $\boldsymbol{N}$ gehörenden Wellen an, die den Kristall durchlaufen. Die Halbmesser stellen den Brechungsindex der in der betreffenden Achsenrichtung schwingenden Welle dar. Der von der längeren Achse der Schnittellipse dargestellte größere Brechungsindex wird als n'_γ bezeichnet und gehört zur langsameren Welle; der von der kürzeren Achse der Schnittellipse dargestellte kleinere Brechungsindex wird als n'_α bezeichnet und gehört zur schnelleren Welle. Eine Unterscheidung in eine ordentliche und eine außerordentliche Welle gibt es von vornherein nicht; bei einem dreiachsigen Ellipsoid verhalten sich beide Wellen im Allgemeinen „außerordentlich".

Da die Indikatrix die Eigenschaften eines Kristalls darstellt, muss sie nach dem NEUMANNschen Prinzips auch der Symmetrie des betreffenden Kristalls genügen: In den einzelnen Kristallsystemen gelten für die Indikatrix (wie auch für das Ellipsoid von FRESNEL) die in Tab. 4.2 aufgeführten Beziehungen (wobei es keinen Unterschied macht, dass dort das Symbol ε für die Komponenten des Verzerrungstensors benutzt wurde).

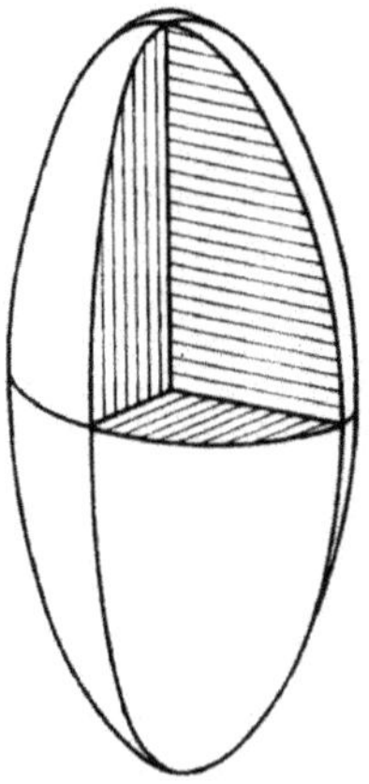

Bild 4.23. *Dreiachsiges Ellipsoid.*

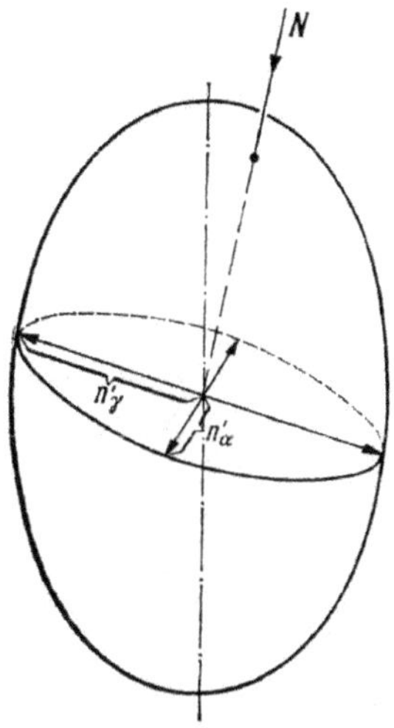

Bild 4.24. *Dreiachsiges Ellipsoid (Indikatrix) mit Schnittellipse zur Konstruktion der beiden zur Wellennormalen* **N** *gehörenden Schwingungsrichtungen.*

Im rhombischen, monoklinen und triklinen Kristallsystem ist die Indikatrix, wie gesagt, ein dreiachsiges Ellipsoid mit Hauptachsen unterschiedlicher Länge, und wir haben drei unterschiedliche Hauptbrechungsindizes $n_\alpha < n_\beta < n_\gamma$. Im rhombischen Kristallsystem müssen die Hauptachsen der Indikatrix mit den (orthogonalen) kristallographischen Achsen übereinstimmen. Im monoklinen Kristallsystem fällt nur die kristallographische b-Achse mit einer der drei Hauptachsen der Indikatrix zusammen. Im triklinen Kristallsystem gibt es keine Bedingungen für die Orientierung der Indikatrix gegenüber den kristallographischen Achsen. Wie im Abschn. 4.4.1.4. näher ausgeführt wird, sind die Kristalle des triklinen, monoklinen und rhombischen Kristallsystems optisch zweiachsig. (Merke: Eine dreiachsige Indikatrix gehört zu einem optisch zweiachsigen Kristall!)

In den wirteligen Kristallsystemen (tetragonal, trigonal, hexagonal) ist die Indikatrix ein Rotationsellipsoid (Bild 4.25). Die Rotationsachse fällt mit der c-Achse zusammen und ist die optische Achse; die Kristalle sind optisch einachsig. Eine Ebene senkrecht zur optischen Achse durch den Mittelpunkt der Indikatrix schneidet diese in einem Kreis: Für alle Schwingungsrichtungen senkrecht zur optischen Achse ergibt sich der gleiche Brechungsindex n_o. Eine Welle, die sich parallel zur optischen Achse fortpflanzt, verhält sich wie in einem isotropen Medium. Es gibt in dieser Richtung weder Polarisation noch Doppelbrechung. Der Halbmesser der Rotationsachse des Ellipsoids gibt den Brechungsindex n_e für eine Welle an, die parallel zur optischen Achse schwingt. Ist die Rotationsachse länger als der dazu senkrechte Durchmesser des Rotationsellipsoids (Bild 4.25a), gilt $n_e > n_o$; $n_e = n_\gamma$; $n_o = n_\alpha = n_\beta$ sowie $\Delta n = n_e - n_o > 0$; der Kristall ist optisch positiv. Ist die Rotationsachse kürzer als der dazu senkrechte Durchmesser des Rotationsellipsoids (Bild 4.25 b), so gilt $n_e < n_o$; $n_e = n_\alpha$; $n_o = n_\gamma = n_\beta$ sowie $\Delta n = n_e - n_o < 0$; der Kristall ist optisch negativ. Für irgendeine beliebige Richtung der Wellennormalen **N** schneidet die zu **N** senkrechte Diametralebene die Indikatrix in einer Ellipse, deren eine Achse stets in der „Äquatorebene" liegt, so dass der Halbmesser immer dieselbe Länge n_o hat. Damit hat man die Schwingungsrichtung und den Brechungsindex der zu **N** gehörenden ordentlichen Welle; diese hat also für alle Richtungen von **N** denselben Wert. Der Halbmesser der anderen Achse der Schnittellipse hat eine Länge n'_e, die zwischen n_e und n_o liegt; damit hat man die Schwingungsrichtung und den Brechungsindex der zu **N** gehörenden außerordentlichen Welle. Schwingungsrichtung, Wellennormale **N**, und

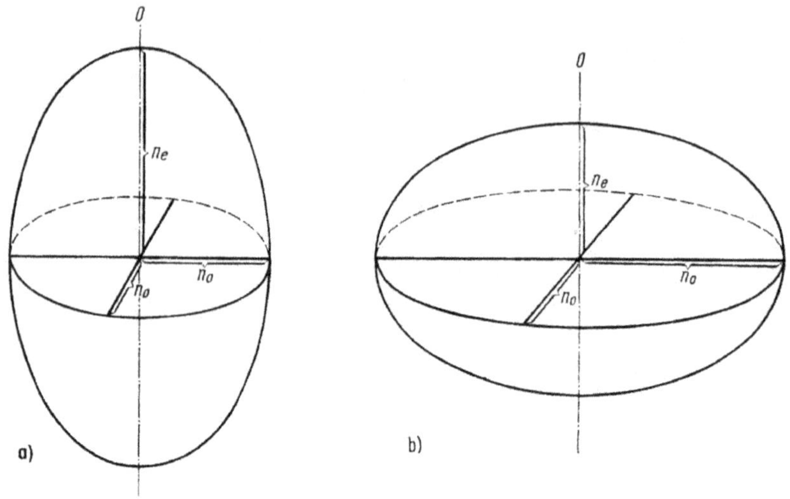

Bild 4.25. *Indikatrix a) eines optisch einachsig positiven Kristalls, b) eines optisch einachsig negativen Kristalls.*

O Optische Achse.

optische Achse liegen in einer Ebene, dem Hauptschnitt. Man vergegenwärtige sich, dass mittels der Indikatrix für optisch einachsige Kristalle dieselben Ergebnisse erhalten werden wie im Abschn. 4.4.1.2. anhand der zweischaligen Strahlenfläche (Wellenfläche nach HUYGENS)!

Im kubischen Kristallsystem hat die Indikatrix die Gestalt einer Kugel: Jeder Schnitt mit einer Ebene ist ein Kreis; die Brechungsindizes sind für sämtliche Schwingungsrichtungen gleich, und es gibt keine Doppelbrechung. Die Kristalle des kubischen Kristallsystems sind optisch isotrop.

Die Aussagen über die Symmetrie der Indikatrix und damit über die optischen Eigenschaften verstehen sich für ungestörte, homogene Kristalle. Wird durch Inhomogenitäten oder durch äußere Felder die Symmetrie des Kristalls vermindert, so kann sich auch sein optischer Charakter ändern, und kubische Kristalle können doppelbrechend, optisch einachsige Kristalle können optisch zweiachsig werden. Insbesondere werden kubische Kristalle (wie auch andere optisch isotrope Medien, z. B. Gläser) unter der Einwirkung mechanischer Spannungen doppelbrechend *(Spannungsdoppelbrechung)*.

Eine Doppelbrechung gibt es auch bei flüssigen Kristallen sowie bei bestimmten Texturen. Interessanterweise zeigen faserförmige Texturen, die aus verschiedenen Phasen zusammengesetzt sind, auch dann eine Doppelbrechung, wenn diese Phasen für sich optisch isotrop (also nicht doppelbrechend) sind, sofern sich die Brechungsindzies der Phasen unterscheiden *(Aggregatdoppelbrechung)*. Im allgemeinen resultiert die Doppelbrechung einer Textur sowohl aus der Eigendoppelbrechung ihrer Bestandteile als auch aus der Aggregatdoppelbrechung. Faserförmige Texturen sind meist optisch einachsig positiv.

4.4.1.4. Optisch zweiachsige Kristalle

Betrachten wir nun die kristalloptischen Eigenschaften von Kristallen, deren Indikatrix durch ein dreiachsiges Ellipsoid dargestellt wird: Anders als bei den optisch einachsigen Kristallen ist in allen drei Hauptachsenrichtungen der Indikatrix eine Doppelbrechung zu beobachten. Entsprechend der Relation der Hauptbrechungsindizes $n_\alpha < n_\beta < n_\gamma$ ist die Doppelbrechung am größten, wenn die Wellennormale $\boldsymbol{N}$ die Richtung der zu n_β gehörenden Hauptachse hat, nämlich $\Delta n_b = n_\gamma - n_\alpha$ (vgl. Bild 4.24). In Richtung der beiden anderen Hauptachsen findet man die Doppelbrechungen $\Delta n_a = n_\gamma - n_\beta$ bzw. $\Delta n_c = n_\beta - n_\alpha$. Doch gibt es auch bei einer dreiachsigen Indikatrix Richtungen, in denen keine Doppelbrechung zu beobachten ist. Um sie zu finden, wird die Wellennormale N zwischen den Richtungen der Hauptachsen von n_γ und n_α variiert. Die zugehörigen Schnittellipsen haben alle eine gemeinsame Achse in Richtung der Hauptachse von n_β (Bild 4.26) und damit für die betreffende Schwingungsrichtung denselben Brechungsindex n_β. Der Brechungsindex der zweiten, dazu senkrechten Schwingungsrichtung entspricht dem anderen Halbmesser der Schnittellipse und bewegt sich zwischen n_α und n_γ. Wegen $n_\alpha < n_\beta < n_\gamma$ gibt es dabei eine Richtung von N, in der auch der zweite Brechungsindex gerade den Wert n_β annimmt. In diesem Fall wird die Schnittellipse zu einem Kreis, und es gibt keine Doppelbrechung. An einem dreiachsigen Ellipsoid gibt es zwei solcher Kreisschnitte (Bild 4.26). Die zugehörigen Wellennormalen N_0^1 und N_0^2, in denen es also keine Doppelbrechung gibt, heißen *optische Achsen*, auch *primäre optische Achsen* oder *Binormalen*. Die betreffenden Kristalle nennt man *optisch zweiachsig*.

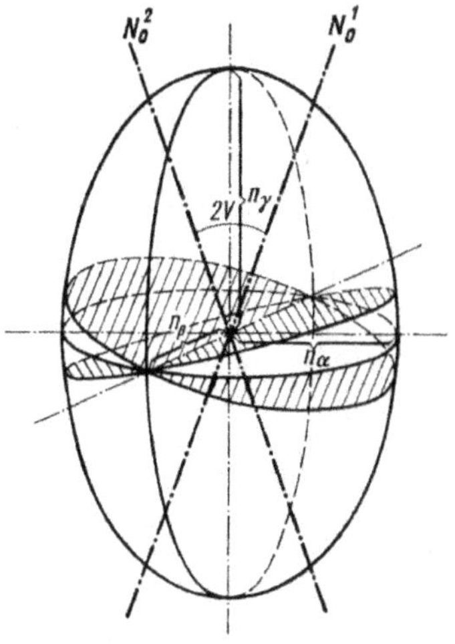

Bild 4.26. Dreiachsiges Ellipsoid (Indikatrix) mit den beiden Kreisschnitten und den zugehörigen Binormalen N_0^1 und N_0^2.

Die optischen Achsen schließen den *optischen Achsenwinkel* $2V$ ein. In der Literatur wird als $2V$ gewöhnlich der jeweilige spitze Winkel zwischen N_0^1 und N_0^2 angegeben; er ist gleich den Hauptbrechungsindizes eine kennzeichnende Materialeigenschaft. In der durch die optischen Achsen bestimmten optischen Achsenebene liegen stets die Hauptachsen von n_γ und n_α, die die Winkel zwischen den optischen Achsen halbieren und deshalb als *positive* (n_γ) bzw. *negative Bisektrix* (n_α) bezeichnet werden. Diejenige von ihnen, die den spitzen Winkel halbiert, heißt außerdem *spitze Bisektrix* oder *erste Mittellinie*; diejenige, die den stumpfen Winkel halbiert, heißt *stumpfe Bisektrix* oder *zweite Mittellinie*. Die Hauptachse von n_β steht stets senkrecht auf der optischen Achsenebene und heißt *optische Normale*. Ist die Hauptachse von n_γ die spitze Bisektrix ($2V_\gamma \leq 90°$), so nennt man den Kristall *optisch (zweiachsig) positiv*; ist die Hauptachse von n_γ die stumpfe Bisektrix ($2V_\gamma > 90°$), so nennt man den Kristall *optisch (zweiachsig) negativ*. $2V_\gamma$ ist dabei derjenige Achsenwinkel, der die Hauptachse von n_γ als Bisektrix hat; er berechnet sich aufgrund der geometrischen Zusammenhänge in einem Ellipsoid aus den Hauptbrechungsindizes gemäß:

$$\sin^2 V_\gamma = \frac{n_\gamma^2\,(n_\beta^2 - n_\alpha^2)}{n_\beta^2\,(n_\gamma^2 - n_\alpha^2)} = \frac{1/n_\alpha^2 - 1/n_\beta^2}{1/n_\alpha^2 - 1/n_\gamma^2} \quad \text{bzw.} \quad \tan^2 V_\gamma = \frac{1/n_\alpha^2 - 1/n_\beta^2}{1/n_\beta^2 - 1/n_\gamma^2}\,.$$

Näherungsweise gelten auch die etwas einfacheren *MALLARDschen Formeln* , in die nur die Doppelbrechungen in den einzelnen Hauptschnitten eingehen:

$$\sin^2 V_\gamma \approx \frac{n_\beta - n_\alpha}{n_\gamma - n_\alpha} = \frac{\Delta n_c}{\Delta n_b}; \quad \cos^2 V_\gamma \approx \frac{n_\gamma - n_\beta}{n_\gamma - n_\alpha} = \frac{\Delta n_a}{\Delta n_b}; \quad \tan^2 V_\gamma \approx \frac{n_\beta - n_\alpha}{n_\gamma - n_\beta} = \frac{\Delta n_c}{\Delta n_a}.$$

Mit ihrer Hilfe kann man z. B. bei Kenntnis des optischen Achsenwinkels, der Doppelbrechung eines Hauptschnitts und eines Hauptbrechungsindex die Indikatrix eines zweiachsigen Kristalls näherungsweise berechnen.

Wenden wir uns noch einmal dem Ellipsoid von FRESNEL zu: Die Hauptachsen dieses Ellipsoids stimmen in ihrer Richtung mit jenen der Indikatrix überein, ihre Halbmesser entsprechen jedoch den reziproken Hauptbrechungsindizes und damit den Hauptlichtgeschwindigkeiten (Hauptphasengeschwindigkeiten) υ_a, υ_b, υ_c:

$$1/\sqrt{\varepsilon_{ra}} = 1/n_\alpha = \upsilon_a/c; \quad 1/\sqrt{\varepsilon_{rb}} = 1/n_\beta = \upsilon_b/c; \quad 1/\sqrt{\varepsilon_{rc}} = 1/n_\gamma = \upsilon_c/c$$

mit der Lichtgeschwindigkeit c im Vakuum. Mit Hilfe des Ellipsoids von FRESNEL kann man deshalb die (zweischalige) Strahlenfläche (Wellenfläche) ableiten, die für die HUYGENSsche Konstruktion der Lichtausbreitung (analog den Bildern 4.19 und 4.20) benötigt wird. Hierzu geht man genauso vor wie bei der Ermittlung der Brechungsindizes aus der Indikatrix (vgl. Bild 4.24). Anstelle der Wellennormalen $\boldsymbol{N}$ tritt jetzt die Strahlrichtung $\boldsymbol{S}$; senkrecht zu $\boldsymbol{S}$ wird eine Diametralebene durch das Fresnelsche Ellipsoid gelegt. Die Achsen der Schnittellipse geben die beiden Schwingungsrichtungen und deren Halbmesser die Strahlengeschwindigkeiten für die Strahlrichtung $\boldsymbol{S}$ an. Tragen wir die beiden Geschwindigkeiten entlang von $\boldsymbol{S}$ ab und lassen $\boldsymbol{S}$ alle Richtungen durchlaufen, so erhalten wir die zweischalige Strahlenfläche (Wellenfläche) eines optisch zweiachsigen Kristalls (Bild 4.27). Sie erfüllt die gleiche Funktion wie die Strahlenfläche (Wellenfläche) eines optisch einachsigen Kristalls (vgl. Bild 4.18), stellt jedoch eine Fläche 4. Ordnung dar.

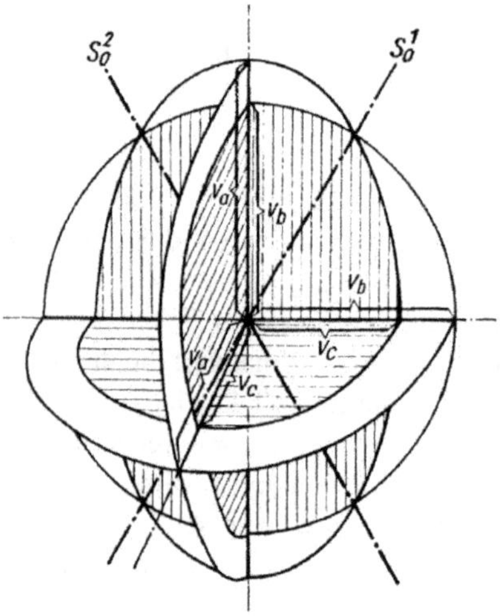

Bild 4.27. *Strahlenfläche (Wellenfläche) eines optisch zweiachsigen Kristalls.*

$\boldsymbol{S}_0^1$ und $\boldsymbol{S}_0^2$ Biradialen.

Auch am Fresnelschen Ellipsoid gibt es zwei kreisförmige Schnitte: Für die zu diesen Schnitten senkrechten Strahlrichtungen $\boldsymbol{S}_0^1$ und $\boldsymbol{S}_0^2$ gibt es nur eine Strahlengeschwindigkeit; sie heißen *Biradialen* oder *sekundäre optische Achsen*. In den Richtungen der Biradialen berühren sich die innere und die äußere Schale der Strahlenfläche: Die äußere Schale ist an diesen Berührungspunkten gleich einem Nabel eingetieft, während sich die innere Schale dieser Eintiefung entgegengewölbt. Die Biradialen fallen im Allgemeinen nicht mit den Binormalen zusammen, liegen jedoch wie diese in der optischen Achsenebene und schließen einen Achsenwinkel $2V'_\gamma$ ein, der sich zu:

$$\tan V'_\gamma = (n_\alpha/n_\gamma)\tan V_\gamma \quad \text{bzw.} \quad \tan^2 V'_\gamma = \frac{1-(n_\alpha/n_\beta)^2}{(n_\gamma/n_\beta)^2 - 1}$$

berechnet. Deshalb findet man bei optisch zweiachsigen Kristallen keine Richtung völliger optischer Isotropie wie bei den einachsigen Kristallen in Richtung ihrer optischen Achse. Bei Ausbreitungsrichtungen bzw. Strahlrichtungen nahe den optischen Achsen kommt es überdies zu besonderen Erscheinungen: Ein Lichtstrahl (Lichtbündel), der in einer Anordnung gemäß Bild 4.28 einen optisch zweiachsigen Kristall durchdringt und dessen Wellennormale die Richtung einer Binormalen (z. B. $\boldsymbol{N}_0^1$) hat, verwandelt sich in einen Strahlenkegel. Alle Strahlen entlang einem bestimmten Kegelmantel haben nach der HUYGENSschen Konstruktion (die hier nicht im einzelnen dargestellt wird) dieselbe Wellennormalenrichtung $\boldsymbol{N}_0^1$: Die Tangentialebene senkrecht zu $\boldsymbol{N}_0^1$ an die äußere Schale der Strahlenfläche deckt die nabelförmige Vertiefung am Austrittspunkt von $\boldsymbol{S}_0^1$ gerade zu und berührt die äußere Schale nicht nur an einem Punkt, sondern entlang einem Kreis. Hinter einer senkrecht zu $\boldsymbol{N}_0^1$ geschnittenen Kristallplatte beobachten wir deshalb einen Lichtring mit bestimmten Schwingungsrichtungen, die sich umlaufend verändern (Bild 4.28b). Diese Erscheinung wird *innere konische Refraktion* genannt.

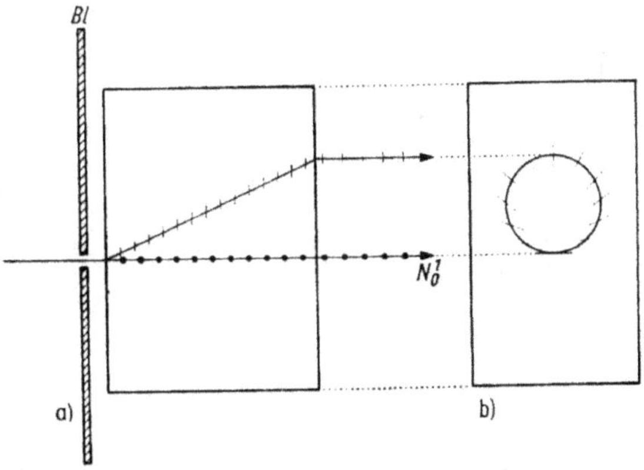

Bild 4.28. *Innere konische Refraktion.*

a) Strahlengang (Schnitt); b) Seitenansicht mit Lichtring; $\boldsymbol{N}_0^1$ Richtung einer Binormalen; *Bl* Blende. Die Schwingungsrichtungen im Schnitt und im Lichtring sind angedeutet (im Experiment erscheint der Lichtring aus hier nicht dargelegten Gründen doppelt).

Andererseits ergibt sich die Strahlrichtung einer Biradialen (z. B. $\boldsymbol{S}_0^1$) nach der HUYGENSschen Konstruktion (die hier gleichfalls nicht dargestellt wird) gleichzeitig für eine ganze Mannigfaltigkeit von Wellenfronten im Kristall. Die Normalen dieser Wellenfronten bilden wiederum einen Kegelmantel. Lässt man ein divergentes Lichtbündel, das alle diese Wellenfronten enthält, in den Kristall eintreten und blendet einen Strahl durch den Kristall in Richtung $\boldsymbol{S}_0^1$ aus (Bild 4.29), dann wandelt sich dieser Strahl beim Austritt aus dem Kristall entsprechend den zugehörigen Wellenfronten in einen Strahlenkegel um: Man beobachtet hinter dem Kristall wiederum einen Lichtring, der sich diesmal mit zunehmender Entfernung vom Kristall immer weiter öffnet. Diese Erscheinung wird *äußere konische Refraktion* genannt. Die Winkelbeziehungen bei den konischen Refraktionen sind noch einmal im Bild 4.30 zusammengestellt. Als Beispiel finden wir für die Kristalle von Schwefel (Kristallklasse *mmm*): $n_\gamma = c/v_a = 2{,}2483$; $n_\beta = c/v_b = 2{,}0401$; $n_\alpha = c/v_c = 1{,}9598$; $2V = 69°05'$; $2V' = 61°56'$; $\varphi_N = 6°56'$; $\varphi_S = 7°20'$ (alle Werte für die Wellenlänge der D-Linie von Na; *c* Lichtgeschwindigkeit im Vakuum).

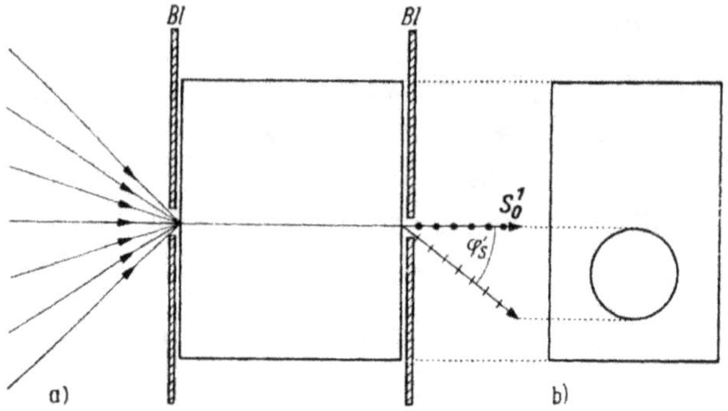

Bild 4.29. *Äußere konische Refraktion.*

a) Strahlengang (Schnitt); b) Seitenansicht mit Lichtring; S_0^1 Richtung einer Biradialen; *Bl* Blende. Der Winkel φ_S' ist wegen der Brechung beim Übergang Kristall – Luft größer als φ_S im Bild 4.30.

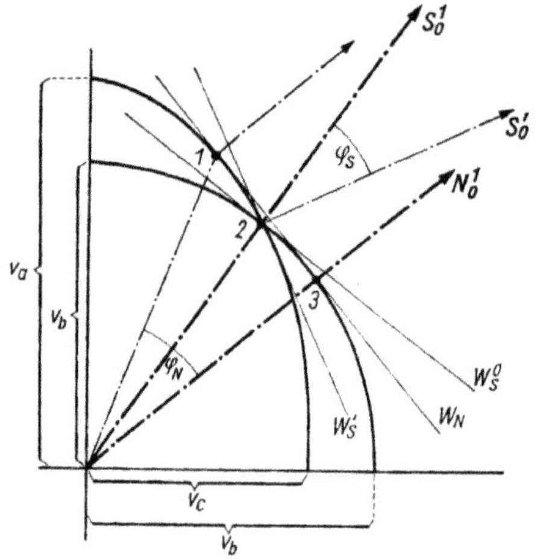

Bild 4.30. *Winkelbeziehungen bei den konischen Refraktionen.*

Teilschnitt durch die doppelschalige Strahlenfläche, vgl. Bild 4.27. φ_N Winkel der inneren konischen Refraktion; φ_S Winkel der äußeren konischen Refraktion; N_0^1 Richtung einer Binormalen (primäre optische Achse); S_0^1 Richtung einer Biradialen (sekundäre optische Achse); W_N Wellenfront des Kegels der inneren konischen Refraktion (Tangente an die Ellipse im Punkt *1* und an die Kugel im Punkt *3*); W_S^0 und W_S' zwei Wellenfronten des Kegels der äußeren konischen Refraktion (Tangente an die Ellipse und an die Kugel im Punkt *2*).

4.4.1.5. Das Polarisationsmikroskop

Kristalloptische Experimente und Beobachtungen werden praktisch ausschließlich mit polarisiertem Licht vorgenommen. Wichtige optische Bauelemente sind dabei *Polarisatoren*, die – vor dem Kristall – zur Erzeugung von polarisiertem Licht dienen oder – hinter dem Kristall – zur Analyse des Schwingungszustandes des Lichts benutzt und dann als *Analysator* bezeichnet werden. Als weitere polarisationsoptische Bauelemente werden *Kompensatoren* verwendet, die den Schwingungszustand der Lichtwellen in bestimmter Weise verändern. Zum Beobachten und Messen kristalloptischer Eigenschaften, vornehmlich zur Diagnose von Mineralen und anderen Materialien, spielt das *Polarisationsmikroskop* eine wichtige Rolle. Es vereint die Funktion und die Bauteile eines gewöhnlichen Mikroskops – Objektiv, Tubus, Okular – mit verschiedenen polarisationsoptischen Einrichtungen (Bild 4.31). Der Polarisator befindet sich unter dem drehbaren Objekttisch zwischen einer lichtstarken Beleuchtungseinrichtung und dem Kondensor, dessen Apertur verstellbar ist. Das Objekt wird mit dem Objekttisch gemeinsam gedreht, so dass die Schwingungsrichtungen optisch anisotroper Kristalle gegenüber dem Polarisator beliebig eingestellt werden können. Der Objekttisch ist zentrierbar und besitzt eine Gradeinteilung; seine Stellung kann gegen ein Fadenkreuz im Okular abgelesen werden.

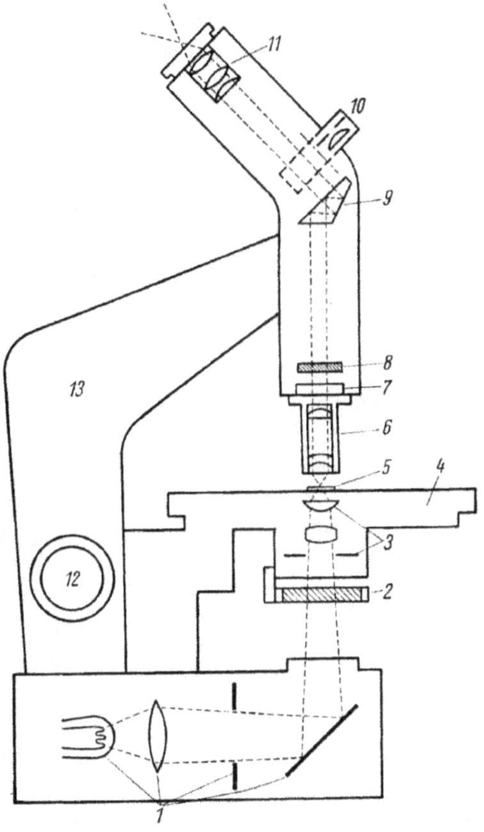

Bild 4.31. *Polarisationsmikroskop mit Strahlengang (Schema).*

1 Beleuchtungseinrichtung mit Lichtquelle, Kollektor, Leuchtfeldblende und Spiegel; *2* Polarisator; *3* Kondensor mit Kondensor-Aperturblende; *4* drehbarer Objekttisch; *5* Objekt; *6* Objektiv; *7* Einschub für Kompensator; *8* Analysator; *9* Umlenkprisma; *10* einklappbare AMICI-BERTRAND-Linse mit Tubus-Irisblende; *11* Okular; *12* „Tubustrieb“ (bei modernen Mikroskopen wird nicht der Tubus, sondern der Objekttisch samt Kondensor bewegt); *13* Stativ.

Das Objektiv ist auswechselbar. Die verschiedenen Objektive nehmen vom Objekt unterschiedlich weit geöffnete Strahlenbündel auf: die schwächeren Objektive schmale, die stärkeren weite. Der Öffnungswinkel wird nach ERNST ABBÉ) (1873) durch die *numerische Apertur* $A = n \sin\alpha_n$ gekennzeichnet: n ist der Brechungsindex des Mediums (Luft, Wasser oder Öl) zwischen

Objekt und Objektiv, α_n die Neigung des Grenzstrahls in diesem Medium gegen die Mikroskopachse. Auf den Objektiven sind jeweils ihre Eigenvergrößerung und Apertur angegeben, z. B. 10/0,25; 63/0,85; 90/1,20 (Wasser) oder 100/1,30 (Öl). Für Messungen müssen die Objektive völlig frei von Spannungsdoppelbrechung sein (gewöhnliche Objektive sind es häufig nicht!). Unmittelbar über dem Objektiv hat der Tubus einen Schlitz zum Einschieben von Kompensatoren. Darauf folgt ein zweites Polarisationsfilter, der Analysator; er kann ein- und ausgeklappt sowie gedreht werden. Die Schwingungsrichtungen von Polarisator und Analysator stehen in der gebräuchlichen Arbeitsstellung senkrecht zueinander (gekreuzte Polarisatoren oder „gekreuzte NICOLS") und werden dabei parallel zum Fadenkreuz im Okular eingestellt. Zur bequemeren Beobachtung können die Mikroskope einen Schrägtubus haben; der Strahlengang wird durch ein Umlenkprisma geknickt. Vor dem Okular kann eine Linse, die von AMICI und BERTRAND eingeführte *AMICI-BERTRAND-Linse*, in den Tubus eingeschoben werden. An verschiedenen Stellen des Mikroskops sind Blenden angebracht, die zur Eingrenzung des Gesichtsfeldes oder zur Begrenzung der Apertur der abbildenden Strahlen dienen. Je eine solche Blende befindet sich vor dem Polarisator, im Kondensor und an der AMICI-BERTRAND-Linse und bei manchen Mikroskopen auch im Objektiv und im Gesichtsfeld des Okulars.

Das Polarisationsmikroskop gestattet zwei Einstellungsmöglichkeiten. Die *orthoskopische Einstellung* entspricht der üblichen mikroskopischen Beobachtungsweise; es wird ein vergrößertes Bild des Präparats betrachtet. Die Vergrößerung ergibt sich als Produkt der Vergrößerungen von Objektiv und Okular. Der Kondensor wird auf eine geringe Apertur eingestellt, und die Divergenz des Strahlenbündels, das das Präparat durchdringt, bleibt gleichfalls gering („paralleles Licht"). Bei der *konoskopischen Einstellung* wird das Präparat von einem stark konvergierenden Strahlenbündel durchsetzt, zu dessen Erzeugung der Kondensor auf eine hohe Apertur eingestellt wird. Es wird auch kein Bild des Objektes, sondern – bei gekreuzten Polarisatoren – die Interferenzfigur in der hinteren Brennebene des Objektes betrachtet; hierzu wird die AMICI-BERTRAND-Linse in den Tubus eingeschoben.

Die geschilderten Einstellungen werden bei der Durchlichtmikroskopie angewendet und setzen durchsichtige Objekte voraus. Vornehmlich werden *Dünnschliffe* untersucht; das sind geschliffene Präparate, meistens mit einer Dicke von 20...30 μm. Bei stark absorbierenden, undurchsichtigen (opaken) Materialien wird die *Auflichtmikroskopie* (auch *Metall-* oder *Erzmikroskopie* genannt) angewendet. Hierbei wird das Objekt – ein ebener, möglichst relieffrei polierter Anschliff – mit einem *Opakilluminator* von oben durch das Objektiv hindurch beleuchtet. Aus einer Beleuchtungseinrichtung tritt das Licht, nachdem es gegebenenfalls einen Polarisator passiert hat, von der Seite in den Tubus ein, wo es durch ein kleines Prisma oder Glasplättchen umgelenkt wird. Beobachtet wird also im reflektierten Licht.

Bei Untersuchungen von Dünnschliffen oder Körnerpräparaten ist es von Nachteil, dass die Kristalle nur in den zufällig vorgegebenen Schnittlagen zu beobachten sind. Es wird daher nur selten gelingen, im Polarisationsmikroskop ohne weiteres die genaue Lage der Indikatrix in einem Kristall zu ermitteln. In solchen Fällen führt der *Universaldrehtisch* („U-Tisch") nach FEDOROV (1893) weiter. Der U-Tisch wird auf den Objekttisch geschraubt und gestattet es, das Objekt um – je nach Ausführung – zwei bis fünf Achsen in alle Richtungen zu drehen (Bild 4.32). Dadurch kann das Objekt in nahezu jede beliebige Lage zur Mikroskopachse und zu den Schwingungsrichtungen der Polarisatoren gebracht und Orientierung und Form der Indikatrix ermittelt werden, insbesondere die Lage der optischen Achsen und der Achsenwinkel. Kristallographische Bezugsrichtungen (Spaltrisse, Zwillingsebenen) können gleichfalls eingemessen werden. Das Objekt wird in dem U-Tisch mit einer Immersionsflüssigkeit zwischen zwei Kugelsegmenten aus Glas mit einem dem Objekt ähnlichen Brechungsindex aufgenommen, um eine Totalreflexion an der Grenze Kristall – Luft bei den Schrägstellungen zu vermeiden.

Bild 4.32. *Vierkreisiger Universaldrehtisch.*

Rechts oben: oberes Halbkugelsegment mit Parallelführer; rechts unten: unteres Halbkugelsegment. Hersteller: Carl Zeiss Jena.

4.4.1.6. Orthoskopie

Bei orthoskopischen Beobachtungen – vornehmlich ist an das Polarisationsmikroskop gedacht – haben die den Kristall durchsetzenden Strahlen eine geringe Divergenz; zur Beschreibung der Beobachtungen genügt es, von der Annahme paralleler Strahlen auszugehen.

Bestimmung von Brechungsindizes. Die Bestimmung von Brechungsindizes, die sehr empfindliche Merkmale zur Charakterisierung und Unterscheidung von Kristallen darstellen, erfolgt in orthoskopischer Anordnung. Bei ihrer Messung in polarisiertem Licht erhält man die Brechungsindizes n'_α und n'_γ für die der betreffenden Wellennormalen zugeordneten Schwingungsrichtungen (vgl. Bild 4.24). Einzelheiten dieser Messungen entnehme man der weiterführenden Literatur (z. B. F. RAAZ/H. TERTSCH und F. RINNE/M. BEREK). Erwähnt sei, dass nach der Methode der Totalreflexion (vgl. Abschn. 4.4.1.1) an einer beliebig orientierten Schnittfläche eines doppelbrechenden Kristalls alle Hauptbrechungsindizes bestimmt werden können.

Von besonderer Bedeutung für die Bestimmung der Brechungsindizes mikroskopischer Präparate ist die *Immersionsmethode*. Die Kristallkörnchen werden auf einen Objektträger gestreut, ein Tropfen der *Immersionsflüssigkeit* wird hinzugegeben und mit einem Deckgläschen abgedeckt. Das zu bestimmende Korn wird zwischen gekreuzten Polarisatoren in Auslöschungsstellung (siehe weiter unten) gebracht, dann wird der Analysator herausgeklappt und das Korn beobachtet. Wenn die Konturen der Probe scharf und deutlich zu erkennen sind, dann sind die Brechungsindizes von Flüssigkeit und Probe verschieden. Die Konturen verschwinden, wenn die Brechungsindizes übereinstimmen. Es muss also eine Immersionsflüssigkeit mit dem gleichen Brechungsindex gefunden werden. Man verwendet dazu entweder einen Satz von Flüssigkeiten mit bekanntem Brechungsindex, oder es werden Flüssigkeiten mit unterschiedlichen Brechungsindizes gemischt, und der Brechungsindex der Mischung wird danach mit einem Refraktometer gemessen. Einige günstige Flüssigkeitssysteme für derartige Mischungen, die sich auch bei längerem Aufbewahren kaum verändern, sind in Tab. 4.10 mit den erreichbaren Brechzahlintervallen angeführt. Es ist unbequem, bei der Immersionsmethode die Flüssigkeiten zu wechseln. Daher sind Methoden entwickelt worden, um den Brechungsindex der Flüssigkeit durch eine Veränderung der Temperatur zu variieren, wozu einmal ein Heiztisch, zum anderen eine Immersionsflüssigkeit mit einem hohen Temperaturkoeffizienten des Brechungsindex erforderlich sind. Bei der sog. *Doppelvariationsmethode* nach EMMONS [4.5] werden sowohl die Temperatur als auch die Wellenlänge variiert.

Tabelle 4.10. *Immersionsflüssigkeiten für die mikroskopische Bestimmung von Brechungsindizes.*

Immersionsflüssigkeit (Mischung)	Bereich des Brechungsindex
Wasser – Glyzerol	1,33 ... 1,48
Paraffinöl – α-Bromnaphthalen	1,48 ... 1,66
α-Bromnapthalen – Diiodmethan (Methyleniodid)	1,66 ... 1,74
Diiodmethan mit gelöstem Schwefel und Phosphor	1,74 ... 2,07
Schmelzen von Schwefel – Selen – Arsenselenid	1,93 ... 3,17

Für die Zuverlässigkeit der Immersionsmethode ist ausschlaggebend, dass das Verschwinden der Kristallkonturen möglichst genau eingegrenzt wird. Die Empfindlichkeit der Beobachtung kann durch Verstellen der Beleuchtungseinrichtung, durch schiefe Beleuchtung sowie durch Einschieben einer Halbblende in den Tubus über dem Objekt gesteigert werden.

Einen wertvollen Hinweis bei der Beobachtung gibt die *BECKEsche Linie*: An der Grenze zwischen zwei Medien mit unterschiedlichen Brechungsindizes ist ein heller Lichtsaum zu beobachten, der durch ein Zusammenspiel von Brechung, Totalreflexion und Beugung zustande kommt. Ist die Grenze scharf eingestellt, so sieht man den Lichtsaum an der Seite des höher brechenden Mediums. Verändert man die Einstellungsschärfe, so verschiebt sich der Lichtsaum. Es gilt die Regel: Beim ***H***eben des Tubus wandert die Beckesche Linie in das ***h***öher brechende Medium. Beim ***S***enken des Tubus verschiebt sie sich dagegen in das ***s***chwächer brechende Medium. Auch in einem Dünnschliff können mit Hilfe der Beckeschen Linie die Brechungsindizes durch Vergleich mit benachbarten, bekannten Kristallen oder mit dem Einbettungsmittel (z. B. Kanadabalsam mit $n = 1{,}54$) eingegrenzt werden

Kristalle zwischen gekreuzten Polarisatoren. Sind die Schwingungsrichtungen von Polarisator und Analysator genau senkrecht zueinander eingestellt (gekreuzte Polarisatoren), so herrscht – ohne Präparat – Dunkelheit: Die durch den Polarisator vorgegebene Schwingungsrichtung kann den Analysator nicht passieren und wird ausgelöscht. Wenn als Objekt ein optisch isotroper Kristall oder ein doppelbrechender Kristall, dessen (primäre) optische Achse mit der Beobachtungsrichtung übereinstimmt, eingesetzt wird, ändert sich diese Situation nicht: Die durch den Polarisator vorgegebene Schwingungsrichtung wird im Kristall nicht verändert und im Analysator vernichtet. Der Kristall bleibt dunkel, auch beim Drehen des Objekttisches.

Die Situation ändert sich jedoch grundlegend, wenn ein doppelbrechender Kristall in einer Richtung außerhalb seiner optischen Achse(n) beobachtet wird (Bild 4.33). Eine in den Kristall eintretende Lichtwelle mit der Schwingungsrichtung P des Polarisators wird im Kristall entsprechend dem zutreffenden Schnitt der Indikatrix (vgl. Bild 4.24) in zwei Wellen mit den zueinander senkrechten Schwingungsrichtungen D_1 und D_2 zerlegt, die die Brechungsindizes n'_α bzw. n'_γ haben und den Kristall mit unterschiedlichen Normalengeschwindigkeiten:

$$\upsilon_1^{\mathrm{N}} = c/n'_\alpha \text{ bzw. } \upsilon_2^{\mathrm{N}} = c/n'_\gamma$$

durchlaufen (c Lichtgeschwindigkeit im Vakuum).

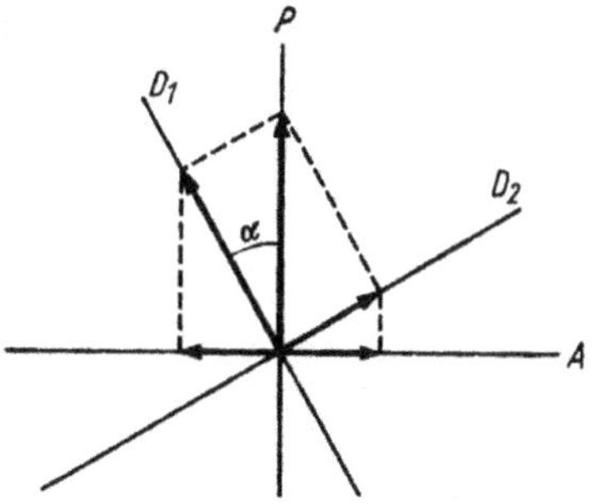

Bild 4.33. *Lichtdurchgang durch eine Kristallplatte.*

Projektion in Richtung der Wellennormalen sowie der Mikroskopachse.

Eine Kristallplatte der Dicke d wird von einer Wellenfront der schnelleren Welle in der Zeit $t_1 = d/\upsilon_1^{\mathrm{N}} = dn'_\alpha/c$, von der zugehörigen Wellenfront der langsameren Welle hingegen in der Zeit $t_2 = d/\upsilon_2^{\mathrm{N}} = dn'_\gamma/c$ durchlaufen. Wenn die langsamere Wellenfront die Kristallplatte verlässt, hat die schnellere Wellenfront außerhalb der Kristallplatte (im Vakuum) einen Vorsprung von:

$$\Gamma = (t_2 - t_1)\, c = d\ (n'_\gamma - n'_\alpha) = d\Delta n' \,.$$

Γ wird als *Gangunterschied* bezeichnet; $\Delta n' = n'_\gamma - n'_\alpha$ ist die Doppelbrechung des betreffenden Kristallschnitts. Beide Wellen sind kohärent und kommen hinter dem Kristall zur Interferenz. Infolge des Gangunterschieds haben die interferierenden Wellen jedoch eine gewisse gegenseitige Phasenverschiebung erfahren, so dass bei ihrer Interferenz im Allgemeinen nicht wieder dieselbe Welle entsteht, wie sie in den Kristall eingetreten ist. Nehmen wir zunächst an, es gibt keinen Gangunterschied ($\Gamma = 0$), so folgt aus Bild 4.33, dass die resultierende Welle wieder die Schwingungsrichtung des Polarisators hat; sie wird im Analysator ausgelöscht. Dasselbe muss eintreten, wenn der Gangunterschied gerade eine Wellenlänge oder ein ganzes Vielfaches der Wellenlänge λ beträgt, also die Bedingung $\Gamma = m\lambda$ (m ganze Zahl) erfüllt ist. In allen anderen Fällen ($\Gamma \neq m\lambda$) hat die resultierende Welle im Allgemeinen auch Komponenten in der Schwingungsrichtung des Analysators und wird deshalb nicht völlig ausgelöscht: Wir beobachten eine gewisse Aufhellung. Diese Aufhellung zwischen gekreuzten Polarisatoren ist ein empfindliches Kennzeichen für eine (auch sehr schwache) Doppelbrechung. Das Maximum der Helligkeit wird erreicht, wenn der Gangunterschied eine halbe Wellenlänge oder ungeradzahlige Vielfache davon beträgt: $\Gamma = (2m-1)\,\lambda/2$.

Die Helligkeit hängt aber nicht nur von Γ, sondern auch vom Winkel α (vgl. Bild 4.33) zwischen den Schwingungsrichtungen des Polarisators und im Kristall ab. Bei der Umpolarisation im Kristall ist die Komponente für D_1 proportional zu $\cos\alpha$, die Komponente für D_2 proportional zu $\sin\alpha$. Für die Schwingungsrichtung des Analysators sind deren Komponenten hingegen proportional zu $\sin\alpha$ bzw. zu $\cos\alpha$. Damit wird die Helligkeit (bei konstantem Γ) proportional zur Funktion $\cos\alpha\cdot\sin\alpha$. Diese Funktion hat ein Maximum bei $\alpha = 45°$ und wird Null für $\alpha = 0°$ und $\alpha = 90°$. Wenn die Schwingungsebenen im Kristallschnitt mit jenen der Polarisation übereinstimmen, wird also Dunkelheit beobachtet (Auslöschungsstellung). Bei einer vollen Umdrehung der Kristallplatte um die Mikroskopachse (Drehung des Objekttisches) um 360° kommt der Kristall viermal in eine Auslöschungsstellung. Dieser vierfache Wechsel von Auslöschung und Aufhellung ist ein sicheres Kennzeichen für eine Doppelbrechung.

Durch Einstellen einer Auslöschungsstellung ist die Orientierung der beiden Schwingungsrichtungen in einem Kristallschnitt leicht zu bestimmen und auch gegenüber morphologischen Elementen am Kristall (Kanten, Spaltrisse) festzulegen. Den Winkel zwischen einer durch die Auslöschungsstellung bestimmten Schwingungsrichtung im Kristall und einer geeigneten morphologischen Richtung bezeichnet man als *Auslöschungsschiefe* und unterscheidet in diesem

Zusammenhang *gerade Auslöschung, schiefe Auslöschung* und *symmetrische Auslöschung* (Bild 4.34). Die Auslöschungsschiefe wird unter Benutzung der Gradeinteilung am Objekttisch gemessen und liefert Hinweise zur Ermittlung des Kristallsystems.

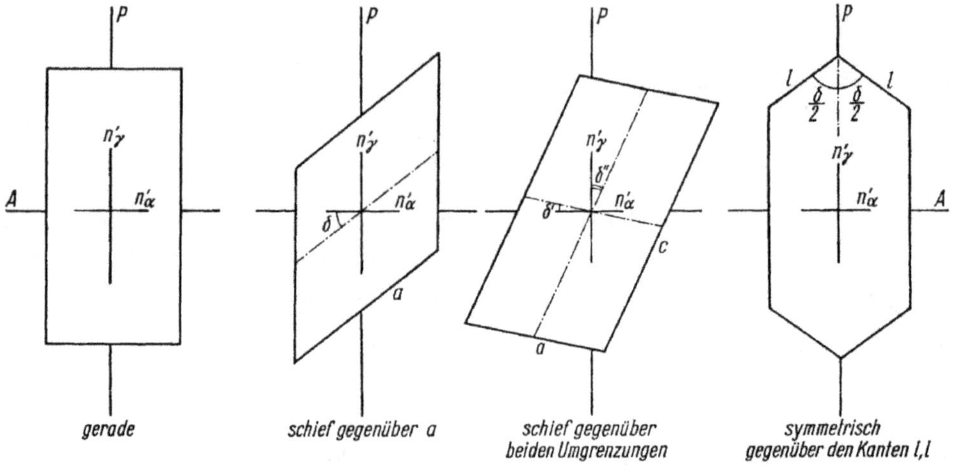

Bild 4.34. *Auslöschungsstellungen von Kristallschnitten.*

Erwähnt sei, dass manche Kristalle infolge örtlicher Schwankungen der Schwingungsrichtungen eine ungleichmäßige sog. *undulöse Auslöschung* zeigen. Die Dunkelstellung läuft beim Drehen „undulierend" durch den Kristall. Die Erscheinung ist auf örtliche Änderungen der Brechungsindizes infolge von mechanischen Spannungen oder von Inhomogenitäten in der chemischen Zusammensetzung zurückzuführen.

Interferenzfarben und Kompensatoren. Für eine doppelbrechende Kristallplatte zwischen gekreuzten Polarisatoren haben wir $\Gamma = m\lambda$ als Bedingung für eine Auslöschung festgestellt (Γ Gangunterschied; λ Wellenlänge; m ganze Zahl). Verwendet man bei der Beobachtung kein monochromatisches, sondern weißes Licht, das alle Wellenlängen enthält, so tritt folgender Effekt auf: Bei einem durch die Kristallplatte gegebenen Gangunterschied Γ werden alle Wellen ausgelöscht, die der Bedingung $\lambda = \Gamma/m$ genügen. Löscht man aber in weißem Licht bestimmte Wellenlängenbereiche aus, dann erscheint es farbig; man beobachtet hinter dem Analysator eine *Interferenzfarbe*. Zerlegt man das Licht hinter dem Analysator in einem Spektroskop, so zeigt das Spektrum eine Reihe schmaler, dunkler Streifen *(MÜLLERsche Streifen)*, die den ausgelöschten Wellenlängen entsprechen. Bei einem kleinen Γ in der Größenordnung der Wellenlängen des sichtbaren Lichts gibt es gemäß der Bedingung $\lambda = \Gamma/m$ nur einen oder wenige solcher Auslöschungsstreifen; bei einem großen Γ sind zahlreiche Auslöschungsstreifen über das gesamte Spektrum verteilt. Infolgedessen ändert sich mit zunehmendem Gangunterschied die Interferenzfarbe in charakteristischer Weise (vgl. beigelegte Farbtafel): Bei $\Gamma = 0$ herrscht Dunkelheit; bei kleinem Gangunterschied erscheint zunächst eine ungefärbte Aufhellung (Grau), bei mittleren Gangunterschieden folgen lebhafte Interferenzfarben (Gelb, Rot, Violett, Blau, Grün), die sich in etwas helleren Farbtönen wiederholen, bis die Interferenzfarben bei großen Gangunterschieden immer „weißlicher" werden. Der geübte Beobachter kann anhand der Interferenzfarbe den Gangunterschied abschätzen, wobei er die z. T. subtilen Unterschiede zwischen den Interferenzfarben 1., 2. und höherer Ordnung kennen muss (vgl. Farbtafel). Die diagonalen Linien in der Farbtafel entsprechen den Funktionen $\Gamma = d\Delta n'$ mit der Doppelbrechung $\Delta n'$ als Parameter. Aus der Interferenzfarbe kann man also auf Γ und bei bekannter Dicke d der Kristallplatte auf die Doppelbrechung $\Delta n'$ des Kristallschnitts schließen; das kann z. B. zur Identifizierung von Kristallarten beitragen. Bei Kenntnis von $\Delta n'$ kann man aus der Interferenzfarbe auf d (z. B. die „Schliffdicke" bei der Anfertigung von Dünnschliffen) schließen. Kristalle mit einer stärkeren Dispersion der Doppelbrechung (s. Abschn. 4.5.1.7) zeigen anomale Interferenzfarben, die von den auf der Farbtafel dargestellten normalen Interferenzfarben abweichen. Anomale Interferenzfarben zeigen u. a. die Minerale Chrysoberyll $BeAl_2O_4$ und Sanidin $KAlSi_3O_8$.

Mit der Festlegung der Schwingungsrichtungen in einem Kristallschnitt mittels der Auslöschungsstellung kennt man noch nicht die Zuordnung von n'_γ und n'_α, d. h., man weiß nicht, welche Schwingungsrichtung der langsameren Welle (n'_γ) und welche der schnelleren (n'_α) zugehört. Eine solche Bestimmung kann mit Hilfe von Kompensatoren geschehen. Einfach gestaltet sich die Verwendung eines *Gipsplättchens* „Rot 1. Ordnung". Das ist ein Spaltplättchen von Gips parallel zu (010), dessen Dicke d gerade so groß ist, dass zwischen gekreuzten Polarisatoren das empfindliche Rot 1. Ordnung erscheint ($\Gamma = 551$ nm). Die Richtungen von n_γ oder n_α des Gipsplättchens sind jeweils markiert. Zunächst stellt man (ohne Hilfsplättchen) bei gekreuzten Polarisatoren die Auslöschungsstellung des zu untersuchenden Kristallschnitts ein. Sodann dreht man den Kristall (Objekttisch) um 45°, also bis zur maximalen Aufhellung (Diagonalstellung). Nun wird – gleichfalls unter 45° zu den Schwingungsrichtungen der Polarisatoren – das Gipsplättchen Rot 1. Ordnung über das Präparat geschoben. Dabei sind zwei Fälle möglich (Bild 4.35):

1. n'_γ (Kristall) || n_γ (Gips) und n'_α (Kristall) || n_α (Gips),
2. n'_γ (Kristall) || n_α (Gips) und n'_α (Kristall) || n_γ (Gips).

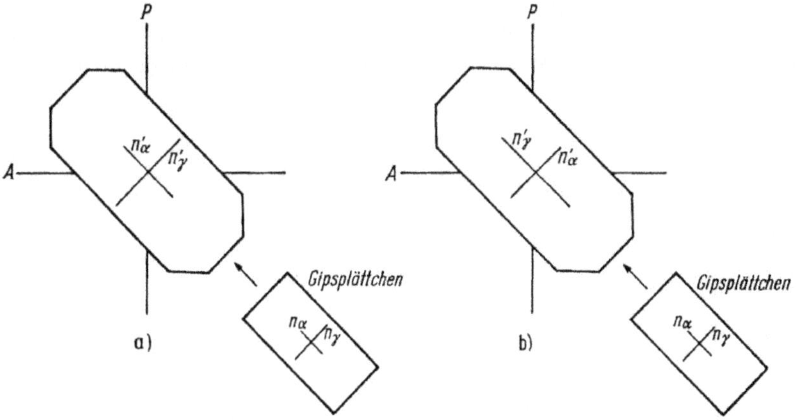

Bild 4.35. *Unterscheidung der Richtungen von* n'_α *und* n'_γ *mit Hilfe des Gipsplättchens.*
a) Additionsstellung (Interferenzfarben steigen); b) Subtraktionsstellung (Interferenzfarben fallen).

Im Fall 1 wird der Gangunterschied beim Durchgang durch das Gipsplättchen vergrößert; denn die schnellere Welle im Kristall ist auch im Gips die schnellere. Entsprechendes gilt für die langsamere Welle. Im Fall 2 wird dagegen der Gangunterschied verkleinert: Die schnellere Welle im Kristall ist im Gipsplättchen die langsamere, und die langsamere Welle im Kristall ist im Gipsplättchen die schnellere. In beiden Fällen ändert sich die Interferenzfarbe in unterschiedlicher Weise, wie man unmittelbar aus der Farbtafel ablesen kann: Liefert z. B. der Kristall einen Gangunterschied von etwa 100...200 nm (graue Interferenzfarbe), so verändert sich die Farbe des Gipsplättchens vom Rot 1. Ordnung im Fall 1 nach Blau, im Fall 2 hingegen nach Gelb. Im Fall 1 (Vergrößerung des Gangunterschieds) spricht man von *steigenden Interferenzfarben* (*Additions-*

stellung), im Fall 2 (Verringerung des Gangunterschieds) von *fallenden Interferenzfarben* (*Subtraktionsstellung*).

Der *λ/4-Kompensator* („*λ/4-Plättchen*") ist ein *Glimmerplättchen*, das den Gangunterschied um λ/4 einer bestimmten angegebenen Wellenlänge verändert. Er wird am günstigsten angewendet, wenn das Objekt Interferenzfarben Ende der 1. Ordnung bis Anfang der 2. Ordnung zeigt.

Bei stärkerer Doppelbrechung des Kristalls werden Kompensatoren eingesetzt, mit deren Hilfe der Gangunterschied kontinuierlich verändert werden kann, z. B. der *Quarzkeil*. Bei ihm wird die Änderung des Gangunterschieds durch die Dickenänderung erzielt. Schiebt man den Quarzkeil in den Tubusschlitz (in Diagonalstellung) ein, so nimmt der Gangunterschied zu. Befindet sich der Kristallschnitt zum Quarzkeil in Subtraktionslage, so fällt die Interferenzfarbe stetig, bis schließlich völlige Kompensation eintritt. Trägt der Quarzkeil eine Skaleneinteilung, die auf Gangunterschiede geeicht wird, so lässt sich der Gangunterschied des Kristallschnitts unmittelbar ablesen.

Andere über mehrere Ordnungen kontinuierlich verstellbare Kompensatoren, wie der *BEREK-Kompensator*, oder der *EHRINGHAUS-Kompensator* enthalten ein neigbares, doppelbrechendes Kristallplättchen. Durch Drehen an einem Triebknopf wird die Neigung des Plättchens zur Tubusachse verändert und der Gangunterschied auf diese Weise kontinuierlich variiert.

4.4.1.7. Konoskopie

Bei konoskopischer Beobachtung – gekreuzte Polarisatoren, konvergente Objektdurchstrahlung, eingeschobene AMICI-BERTRAND-Linse (Bild 4.36) – werden gleichzeitig alle Wellen erfasst, deren Wellennormalen innerhalb eines größeren Winkelbereichs liegen. In der hinteren Brennebene des Objektes entsteht ein charakteristisches Interferenzbild, das Informationen über die kristalloptischen Eigenschaften für Wellennormalen eines größeren Winkelbereichs enthält.

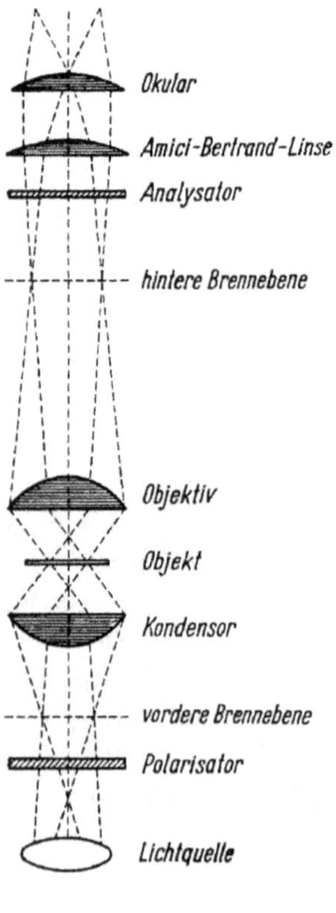

Bild 4.36. *Schema des Strahlengangs im Polarisationsmikroskop bei konoskopischer Anordnung.*

Optisch einachsige Kristalle. Das Interferenzbild eines senkrecht zur optischen Achse geschnittenen Kristalls zeigt in monochromatischem Licht ein dunkles Kreuz, dessen Mittelpunkt von konzentrischen dunklen Ringen umgeben ist (Bild 4.37). Beim Drehen des Objekttisches ändert sich das Interferenzbild nicht. Der Mittelpunkt ist dunkel, weil in Richtung der optischen Achse keine Doppelbrechung stattfindet, und es kann kein Gangunterschied entstehen: $\Delta n' = 0$; $\Gamma = 0$. Außerdem besteht für alle Wellennormalen, deren Schwingungsrichtungen gemäß dem zugehörigen Indikatrixschnitt senkrecht bzw. parallel zu den Schwingungsebenen der Polarisatoren stehen, Auslöschung. So entsteht das schwarze Kreuz, dessen Balken (*Isogyren*) parallel zu den Schwingungsrichtungen der Polarisatoren verlaufen. Lage und Form der Indikatrixschnitte für die verschiedenen Richtungen der Wellennormalen sind schematisch im Bild 4.38 dargestellt. Trägt man die Schwingungsrichtungen für alle Wellennormalen auf der Oberfläche einer Polkugel ein – sog. *Skiodromen* nach BECKE (1895) – dann verlaufen die Schwingungsrichtungen der außerordentlichen Wellen stets entlang den Meridianen auf der Polkugel durch die optische Achse; die Schwingungsrichtungen der ordentlichen Wellen verlaufen entlang den Breitenkreisen um die optische Achse. Aus dem Bild kann man unmittelbar den Verlauf der ausgelöschten Bereiche (Isogyren) ablesen.

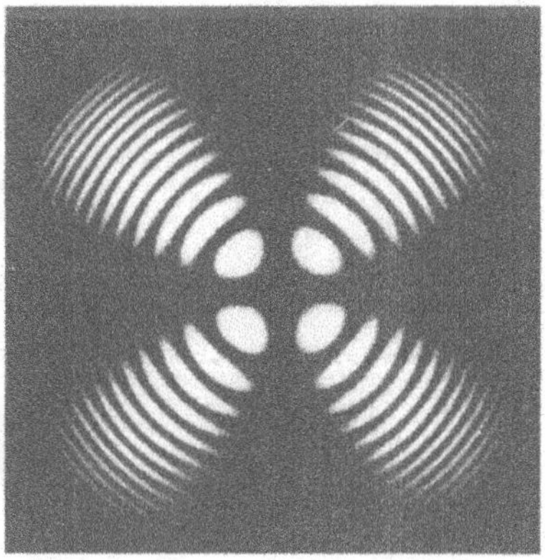

Bild 4.37. *Konoskopisches Interferenzbild einer senkrecht zur optischen Achse geschnittenen Platte eines optisch einachsigen Kristalls (Calcit).*

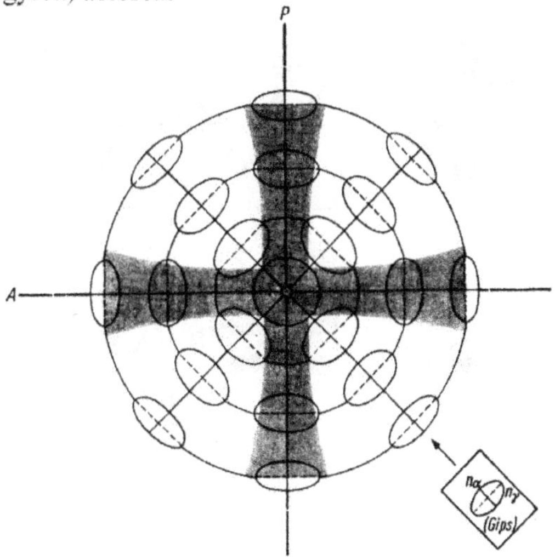

Bild 4.38. *Lage und Form der Indikatrixschnitte bei konoskopischer Beobachtung eines optisch einachsig negativen Kristalls sowie eines Kompensators „Gips Rot 1. Ordnung".*

Zwischen den Isogyren sind nun noch die Stellen im Interferenzbild dunkel, in denen der Gangunterschied in der betreffenden Richtung ein ganzzahliges Vielfaches der Wellenlänge ist ($\Gamma = m\lambda$). Da die Indikatrix rotationssymmetrisch ist, liegen diese Richtungen auf konzentrischen Kreisen um die optische Achse, die nach außen immer dichter aufeinanderfolgen: Mit zunehmender Neigung der Wellennormalen gegenüber der optischen Achse nimmt die Doppelbrechung zu, außerdem wird der Lichtweg in der Kristallplatte bei schrägem Durchgang länger ($\Gamma = \Delta n'd$). Die Ringe folgen umso dichter aufeinander, je stärker die Doppelbrechung des betreffenden Kristalls und je dicker die Kristallplatte ist. Verwendet man statt des monochromatischen Lichts weißes Licht, so erscheint anstelle der Ringe von innen nach außen die Folge der Interferenzfarben eines Keils, entsprechend der Farbtafel am Ende des Buches. Das Isogyrenkreuz bleibt schwarz.

Die Interferenzbilder von Schnitten schräg zur optischen Achse kann man aus der entsprechenden Projektion des Skiodromennetzes herleiten. Meistens ist nur ein Balken des Isogyrenkreuzes zu beobachten, der sich beim Drehen des Objekttisches, bei nicht zu starker Neigung des Schnittes zur optischen Achse, nahezu parallel zu sich selbst verschiebt, bis schließlich der zweite Balken erscheint (Bild 4.39). Die Balken bleiben also nahezu parallel zu den Schwingungsrichtungen der Polarisatoren. Bei stärkerer Neigung des Schnittes zur optischen Achse verschiebt sich beim Drehen des Objekttisches das achsenferne Ende des Balkens etwas rascher (es „schwänzelt").

Der optische Charakter lässt sich an Schnitten senkrecht oder mit geringer Neigung zur optischen Achse mit einem Kompensator in weißem Licht sehr einfach bestimmen. Der Kompensator wird wieder in der 45°-Stellung eingeschoben. Benutzt man ein Gipsplättchen „Rot 1. Ordnung", so ist das Ergebnis (für einen negativen Kristall) aus Bild 4.38 abzulesen: Wo die Indikatrixschnitte von Gips und Kristall konform sind, steigt die Interferenzfarbe, wo die Indikatrixschnitte von Gips und Kristall gegensinnig sind, fällt die Interferenzfarbe; das vordem schwarze Isogyrenkreuz erscheint in der Interferenzfarbe des Gipsplättchens, also Rot (Bild 4.40a). Bei einem optisch einachsig positiven Kristall sind die Verhältnisse umgekehrt (Bild 4.40b); man kann die Farbverteilung aus einer ähnlichen Skizze wie Bild 4.38 ableiten, indem man alle dort dargestellten Indikatrixschnitte (außer dem des Gipsplättchens) um 90° dreht.

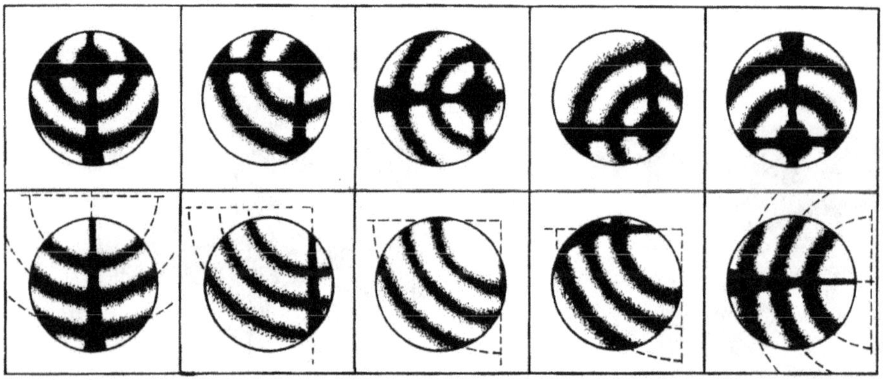

Bild 4.39. *Konoskopische Interferenzbilder optisch einachsiger Kristalle bei Drehung des Objekttisches.*
Obere Reihe: Schnitt mit geringer Neigung zur optischen Achse; untere Reihe: Schnitt mit stärkerer Neigung zur optischen Achse.

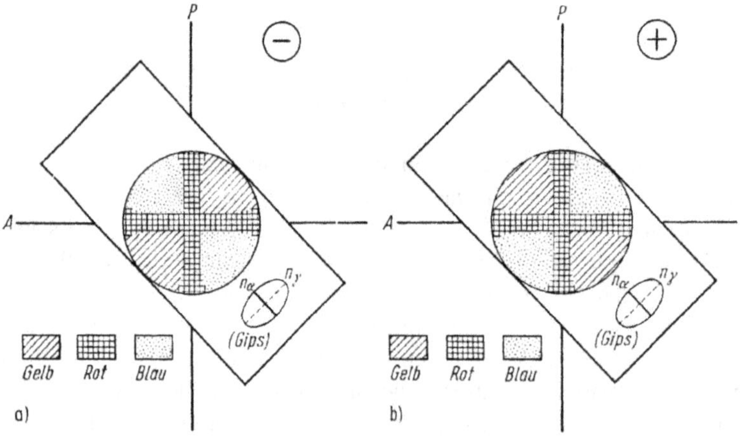

Bild 4.40. *Konoskopisches Interferenzbild mit übergelegtem Gipsplättchen „Rot 1. Ordnung".*
a) Eines optisch einachsig negativen Kristalls; b) eines optisch einachsig positiven Kristalls.

Optisch zweiachsige Kristalle. Die konoskopischen Interferenzbilder optisch zweiachsiger Kristalle sind komplizierter als die einachsiger Kristalle. Bei einem Schnitt senkrecht zur spitzen Bisektrix erscheint Bild 4.41 a, sofern die optische Achsenebene mit der Schwingungsebene eines Polarisators übereinstimmt (Normalstellung); im Gegensatz zu den Interferenzbildern einachsiger Kristalle sind die Balken jedoch unterschiedlich breit. Dreht man den Kristall um 45° (Diagonalstellung), so öffnet sich die kreuzähnliche Figur zu zwei hyperbelähnlichen Ästen (Bild 4.41b). Die Durchstoßpunkte der (primären) optischen Achsen sind im Scheitelpunkt der Hyperbeln gut zu erkennen. Die Kurven gleichen Gangunterschieds um diese Achsen stellen *CASSINIsche Kurven* dar; diejenige, die gerade die spitze Bisektrix kreuzt, ist eine *Lemniskate*. Wird statt monochromatischen Lichts weißes Licht verwendet, dann erscheinen im Bereich dieser Kurven die Interferenzfarben. Der Verlauf der Isogyren wird verständlich, wenn man die Indikatrixschnitte für die verschiedenen Richtungen auf einer Polkugel betrachtet (Bild 4.42). Die Achsen der Indikatrixschnitte verlaufen parallel zu zwei Sätzen konfokaler Kugelellipsen, die sich in jedem Punkt senkrecht durchschneiden und deren Tangenten die betreffenden Schwingungsrichtungen angeben. Aus dem Bild können wir den Verlauf der ausgelöschten Bereiche (Isogyren) unmittelbar ablesen. Der Abstand der Durchstoßpunkte der optischen Achsen liefert – je nach der in der benutzten Anordnung gegebenen Vergrößerung – ein Maß für den Achsenwinkel $2V$. Wegen der Lichtbrechung an der Grenze Kristall – Luft wird jedoch nicht der Winkel $2V$ zwischen den Achsen als solcher wirksam, sondern es tritt ein scheinbarer Achsenwinkel $2E$ auf, der durch $\sin E = n_\beta \sin V$ gegeben ist.

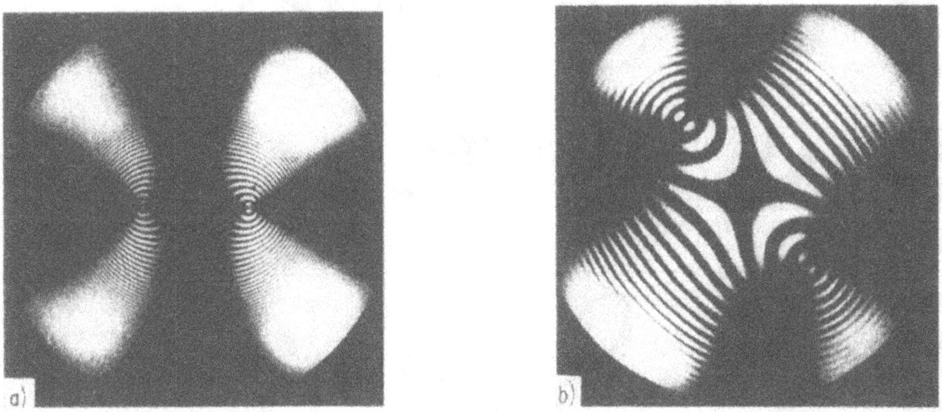

Bild 4.41. *Konoskopische Interferenzbilder optisch zweiachsiger Kristalle senkrecht zur spitzen Bisektrix.*
a) Normalstellung: Achsenebene und Schwingungsebene des Analysators stimmen überein (Cerussit);
b) Diagonalstellung: Achsenebene und Schwingungsebene der Polarisatoren schließen einen Winkel von 45° ein (Aragonit).

Das Verhalten der konoskopischen Interferenzbilder optisch zweiachsiger Kristallplatten in verschiedenen Schnittlagen beim Drehen des Objekttisches geht aus Bild 4.43 hervor. Bemerkenswert ist dabei, dass sich die dunklen Balken nicht parallel zu sich und den Schwingungsebenen der Polarisatoren verschieben – wie bei einachsigen Kristallen –, sondern hin- und herpendeln. Verwechslungen mit einachsigen Kristallen sind allerdings möglich, wenn deren Schnitt ungefähr parallel zur optischen Achse verläuft.

Auch bei optisch zweiachsigen Kristallen lässt sich der optische Charakter ermitteln. Am besten sind dafür Schnitte ungefähr senkrecht zur spitzen Bisektrix oder zu einer der optischen Achsen geeignet. Es genügt, wenn ein Hyperbelast der Isogyren im Blickfeld ist; seine konvexe Seite ist stets der spitzen Bisektrix, die konkave Seite der stumpfen Bisektrix zugekehrt. Die optische

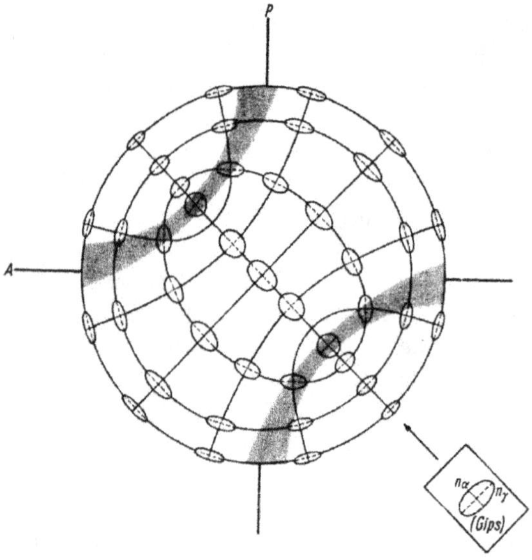

Bild 4.42. *Lage und Form der Indikatrixschnitte bei konoskopischer Beobachtung eines optisch zweiachsig negativen Kristalls sowie eines Kompensators „Gips Rot 1. Ordnung".*

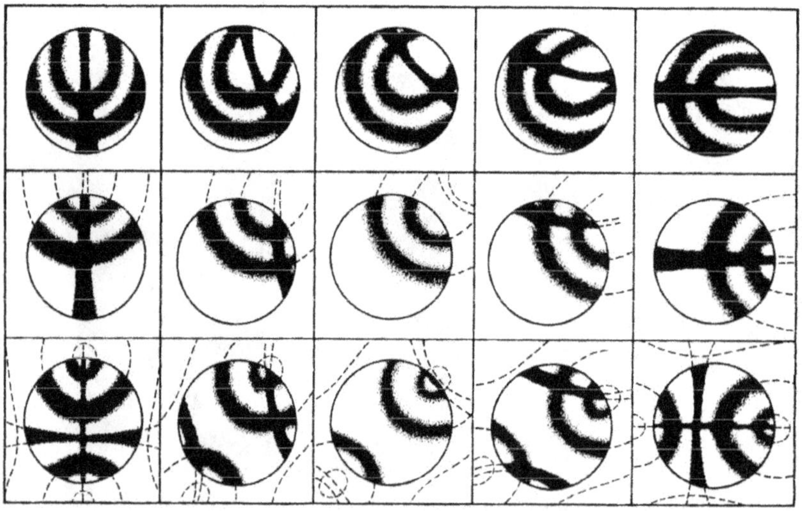

Bild 4.43. *Konoskopische Interferenzbilder optisch zweiachsiger Kristalle bei Drehung des Objekttisches.*
Obere Reihe: Schnitt fast senkrecht zu einer optischen Achse; mittlere Reihe: Schnitt mit schiefem Achsenaustritt; untere Reihe: Schnitt fast senkrecht zur spitzen Bisektrix.

Achsenebene wird in 45°-Stellung gebracht. Lage und Form der Indikatrixschnitte für die verschiedenen Richtungen eines optisch negativen Kristalls sind im Bild 4.42 dargestellt. Schieben wir einen Kompensator (z. B. ein Gipsplättchen „Rot 1. Ordnung") darüber, so sehen wir, wo die Interferenzfarben steigen (gleichsinnige Orientierung der Indikatrixschnitte von Kristall und Kompensator) und wo sie fallen (gegensinnige Orientierung der Indikatrixschnitte). Die Orientierung der Indikatrixschnitte des Kristalls wechselt beim Überschreiten des Hyperbelastes entlang der optischen Achsenebene, so dass wir Interferenzfarben entsprechend Bild 4.44a erhalten. Lage und Form der Indikatrixschnitte eines optisch zweiachsig positiven Kristalls erhält man, indem man alle Schnitte (außer dem des Gipsplättchens) im Bild 4.42 um 90° dreht; man kann auch hier entsprechend Bild 4.44b die Änderung der Interferenzfarben ablesen.

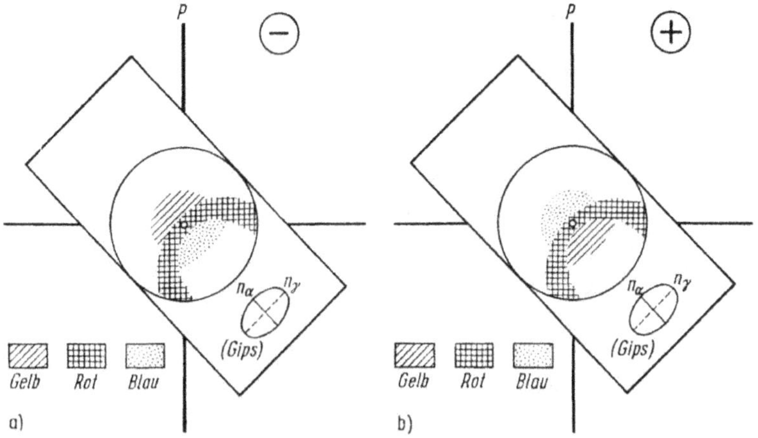

Bild 4.44. *Konoskopisches Interferenzbild mit übergelegtem Gipsplättchen „Rot 1. Ordnung".*

a) Eines optisch zweiachsig negativen Kristalls; b) eines optisch zweiachsig positiven Kristalls.

Die Brechungsindizes der Kristalle (wie auch anderer optischer Medien) verändern sich als Materialeigenschaft mit der Wellenlänge bzw. Frequenz des Lichts, was als *Dispersion* bezeichnet wird. Hieraus entstehen weitere charakteristische Phänomene bei der konoskopischen Beobachtung optischer Achsenbilder. Einer Dispersion unterliegen auch die von den Brechungsindizes abhängigen Größen: die Doppelbrechung, der optische Achsenwinkel, die Abmessungen der Indikatrix und – bei Kristallen des monoklinen und triklinen Systems – auch die Orientierung der Indikatrix.

Eine extrem starke Dispersion des optischen Achsenwinkels zeigt z. B. der rhombische Brookit. Im rhombischen Kristallsystem stimmen bekanntlich die Hauptachsen der Indikatrix stets mit den kristallographischen Achsen überein. Der Dispersion unterliegt jedoch nicht nur die Größe der Brechungsindizes, sondern auch ihr gegenseitiges Größenverhältnis, wodurch sich der optische Achsenwinkel ändert. Beim Brookit liegt für rotes Licht die optische Achsenebene parallel zu (001); 2 V wird mit abnehmender Wellenlänge kleiner und erreicht für gelbgrünes Licht den Wert null (Einachsigkeit), um sich für grünes und blaues Licht in (010) als optische Achsenebene zu öffnen.

Im monoklinen Kristallsystem ändert sich – wie gesagt – mit der Wellenlänge auch die Lage der Indikatrix. Da jedoch stets eine Hauptachse der Indikatrix mit der kristallographischen b-Achse zusammenfällt, kann man bei monoklinen Kristallen die folgenden drei Fälle unterscheiden:

Geneigte Dispersion. Die optische Normale (Hauptachse von n_β) fällt mit der b-Achse zusammen; infolgedessen bleibt die optische Achsenebene unverändert (Bild 4.45).

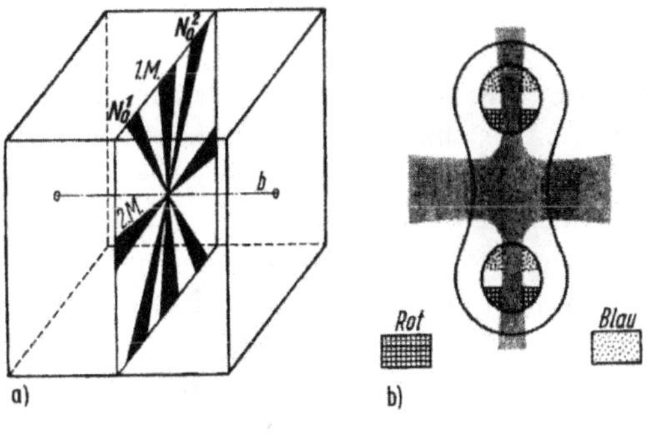

Bild 4.45. *Geneigte Dispersion (optische Normale = b-Achse).*

a) Schema; b) konoskopisches Interferenzbild.

Gekreuzte Dispersion. Die spitze Bisektrix (Hauptachse von n_γ oder n_α) fällt mit der *b*-Achse zusammen; infolgedessen dreht sich die optische Achsenebene mit Veränderung der Wellenlänge um die *b*-Achse (Bild 4.46).

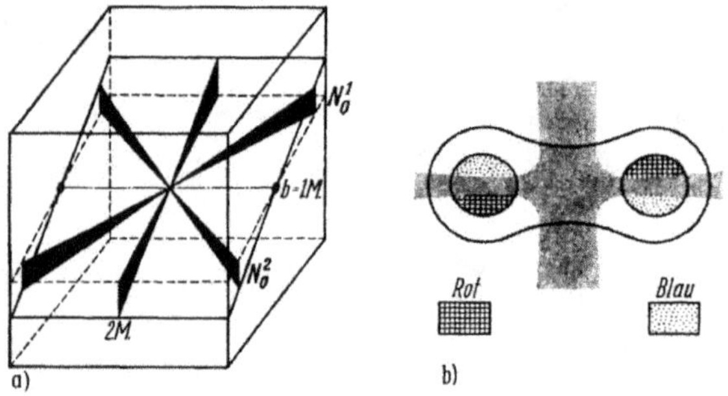

Bild 4.46. *Gekreuzte Dispersion (spitze Bisektrix = b-Achse).*

a) Schema; b) konoskopisches Interferenzbild.

Horizontale Dispersion. Die stumpfe Bisektrix (Hauptachse von n_α oder n_γ) fällt mit der *b*-Achse zusammen; die optische Achsenebene dreht sich gleichfalls um die *b*-Achse; in einem Schnitt ungefähr senkrecht zur spitzen Bisektrix erscheint die optische Achsenebene parallel zu sich verschoben (Bild 4.47).

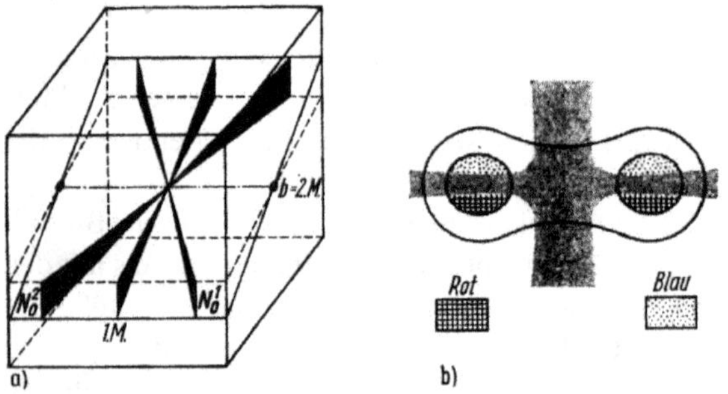

Bild 4.47. *Horizontale Dispersion (stumpfe Bisektrix = b-Achse).*

a) Schema; b) konoskopisches Interferenzbild.

Im triklinen Kristallsystem gibt es keine Bedingungen für die Veränderung der Lage der Indikatrix mit der Wellenlänge, und man spricht von *schiefer* oder *asymmetrischer Dispersion.*

Wie viele andere Materialeigenschaften ändern sich die Brechungsindizes sowie die von ihnen abhängigen Größen auch mit den physikalisch-chemischen Zustandsgrößen Druck und Temperatur. Ein Beispiel extremer Abhängigkeit des optischen Achsenwinkels $2V$ von der Temperatur bietet der monokline Gips: $2V$ beträgt bei Raumtemperatur 62° und fällt auf 0° bei 116° C (für rotes Licht).

4.4.2. Optische Aktivität (Gyrotropie)

Betrachtet man nach ARAGO (1811) eine rd. 1 mm dicke Quarzplatte, die senkrecht zur optischen Achse geschnitten ist (Quarz ist optisch einachsig positiv; Kristallklasse 32), zwischen gekreuzten Polarisatoren mit monochromatischem Licht, so stellt man keine Dunkelheit, sondern Aufhellung fest – im Gegensatz zu den bisherigen Ausführungen über die Eigenschaften optisch einachsiger Kristalle. Im konoskopischen Interferenzbild (Bild 4.48) erscheint die Mitte des Isogyrenkreuzes, die der Richtung der optischen Achse entspricht, aufgehellt (vgl. hingegen Bild 4.37!). Auch durch Drehen der Platte bzw. des Objekttisches lässt sich keine Auslöschung erreichen, wohl aber durch Drehen des Analysators um einen bestimmten Winkel. Demnach wird also die Schwin-

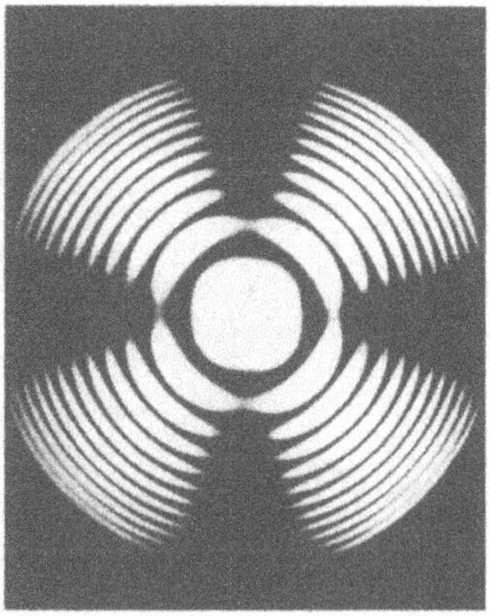

Bild 4.48. *Konoskopisches Interferenzbild einer Quarzplatte, senkrecht zur optischen Achse geschnitten.*

gungsebene beim Durchgang durch die Quarzplatte gedreht, was als *optische Aktivität* oder *Gyrotropie* bezeichnet wird. Der Drehwinkel φ der Schwingungsebene um die Wellennormale ist proportional zur Dicke d der Platte und hat denselben Wert in Hin- und Rückrichtung:

$$\varphi = \rho d.$$

Der Faktor ρ heißt *spezifische Drehung* *(Drehvermögen)*; er stellt eine Materialeigenschaft dar und hängt von der Wellenlänge ab, und zwar wird ρ mit kleiner werdender Wellenlänge größer und beträgt z. B. für Quarz 18°/mm in rotem Licht, 28°/mm in grünem Licht und 44°/mm in violettem Licht *(Rotationsdispersion)*. In weißem Licht zeigt die Quarzplatte eine Interferenzfarbe, die sich beim Drehen des Analysators ändert. Ein positives Vorzeichen von ρ bedeutet eine Drehung nach rechts (im Uhrzeigersinn), wenn man dem Strahl entgegenblickt. Beispielsweise dreht ein Rechtsquarz (s. Bild 1.90) die Schwingungsebene nach rechts, ein Linksquarz hingegen nach links. (Die gleichlautende Zuordnung rechts-rechts bzw. links-links ist zufällig.)

Zur Erklärung der optischen Aktivität wird die Ausbreitung von zirkular polarisierten Wellen in einem Kristall betrachtet. Eine *zirkular polarisierte* Welle ist eine Welle, in der der Feldvektor $\boldsymbol{E}$, auf eine Ebene senkrecht zur Fortpflanzungsrichtung projiziert, auf einem Kreis umläuft; d. h., die Feldvektoren bilden in einer zirkular polarisierten Welle eine Schraube. Man kann eine zirkular polarisierte Welle erzeugen, indem man zwei senkrecht zueinander linear polarisierte, kohärente Wellen gleicher Amplitude mit einem Gangunterschied von $\lambda/4$ miteinander interferieren lässt (Bild 4.49). Demnach erhält man zirkular polarisiertes Licht nach Passage durch ein „*$\lambda/4$-Plättchen*".

Wie Bild 4.50 zu entnehmen ist, lässt sich eine linear polarisierte Welle in zwei gegenläufige, zirkular polarisierte Wellen aufspalten. Beide Wellen durchlaufen einen optisch aktiven Kristall mit unterschiedlicher Geschwindigkeit, so dass man ihnen auch unterschiedliche Brechungsindizes n_r (für die rechtsläufige) und n_l (für die linksläufige Welle) zuordnen kann. Infolge der unterschiedlichen Geschwindigkeit haben beide Wellen beim Verlassen des Kristalls einen Gangunterschied; ihre Superposition gemäß Bild 4.50 ergibt wieder eine linear polarisierte Welle, deren Schwingungsebene jedoch gegenüber der der Ausgangswelle gedreht erscheint. Die aus diesem Vorgang abzuleitende spezifische Drehung ρ (angegeben im Bogenmaß) ist umgekehrt proportional zur Wellenlänge λ_{vac} (im Vakuum):

$$\rho = \pi\,(n_l - n_r)/\lambda_{vac},$$

worin gleichzeitig die normale *Rotationsdispersion* zum Ausdruck kommt.

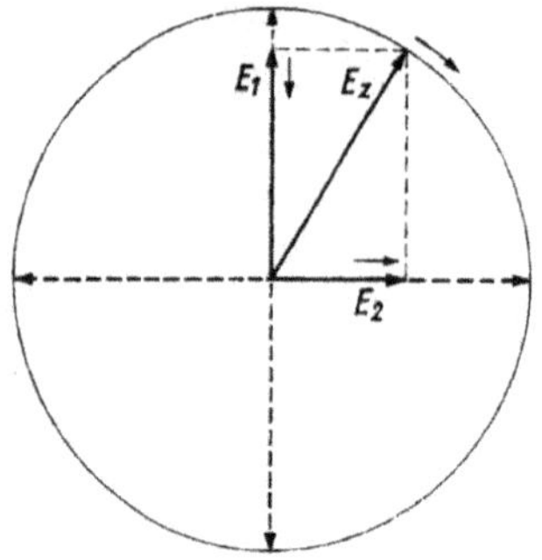

Bild 4.49. *Superposition zweier linearer und senkrecht zueinander polarisierter Wellen (Vektoren* $\mathbf{E}_1$ *und* $\mathbf{E}_2$*) mit einem Gangunterschied von λ/4 zu einer zirkular polarisierten Welle (Vektor* $\mathbf{E}_z$*).*
Projektion in Fortpflanzungsrichtung.

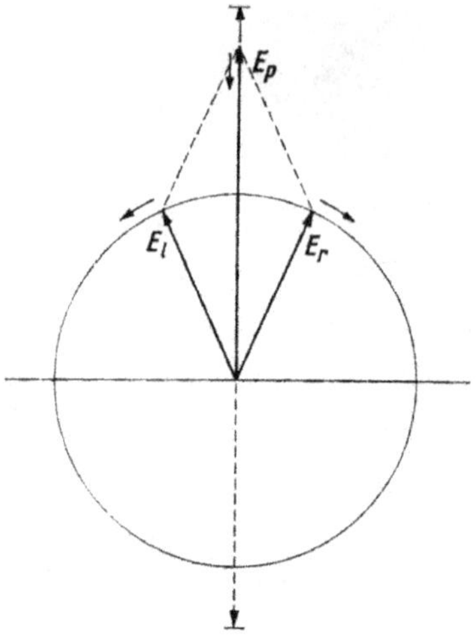

Bild 4.50. *Aufspaltung einer linear polarisierten Welle (Vektor* $\mathbf{E}_p$*) in zwei gegenläufige zirkular polarisierte Wellen (Vektoren* $\mathbf{E}_l$ *und* $\mathbf{E}_r$*).*
Projektion in Fortpflanzungsrichtung.

Die optische Aktivität von Kristallen wird meist in Richtung einer optischen Achse beobachtet, in der bekanntlich die gewöhnliche Doppelbrechung verschwindet. Für eine beliebige Ausbreitungsrichtung (außerhalb einer optischen Achse) gibt es, wie bei allen doppelbrechenden Kristallen, zwei Wellen mit unterschiedlicher Ausbreitungsgeschwindigkeit, die jedoch bei einem optisch aktiven Kristall im allgemeinen *elliptisch polarisiert* sind (d. h., der elektrische Feldvektor beschreibt eine Ellipse). Der Effekt der optischen Aktivität auf die Ausbreitungsgeschwindigkeiten der beiden Wellen ist allerdings im Vergleich zu dem der gewöhnlichen Doppelbrechung nur sehr klein und deshalb schwierig zu beobachten.

Die Beschreibung der optischen Aktivität erfolgt in voller Allgemeinheit mit Hilfe des *Gyrationstensors*, eines symmetrischen axialen Tensors (Pseudotensors) 2. Stufe. Ohne auf Einzelheiten einzugehen (vgl. die weiterführende Literatur) sei festgestellt, dass die optische Aktivität als eine Materialeigenschaft aus Symmetriegründen an die folgenden 15 Kristallklassen gebunden ist: 1, 2, *m*, 222, *mm*2, 3, 32 (z. B. Quarz), 4, $\bar{4}$, 422, $\bar{4}2m$, 6, 622, 23, 432 (vgl. vorderes Vorsatzpapier). Demnach ist die optische Aktivität u. a. in sämtlichen 11 Kristallklassen mit Enantiomorphie zu beobachten (die als Symmetrieelemente ausschließlich Drehachsen aufweisen). Dazu gehören auch die beiden kubischen Kristallklassen 432 und 23, deren Kristalle bekanntlich optisch isotrop sind (z. B. Natriumchlorat $NaClO_3$, vgl. Bild 1.109). Bemerkenswert ist auch, dass beim Rohrzucker (Kristallklasse 2; optisch zweiachsig) die spezifische Drehung ρ in Übereinstimmung mit der Kristallsymmetrie in den Richtungen der beiden optischen Achsen verschieden ist und 5,4°/mm in Richtung der einen, hingegen –1,6°/mm in Richtung der anderen optischen Achse beträgt. Ein außergewöhnlich großes Drehvermögen zeigt ferner Zinnober (Kristallklasse 32) mit 555°/mm (bei λ = 589,3 nm). In den Kristallklassen $\bar{4}$ und $\bar{4}2m$ gibt es eine optische Aktivität aus Symmetriegründen nur außerhalb der optischen Achsen. Sie wurde von KOBAYASHI et al. [4.6] an KH_2PO_4 (KDP, Kristallklasse $\bar{4}2m$) mit einer empfindlichen polarisationsoptischen Methode (neben der viel stärkeren gewöhnlichen Doppelbrechung) gemessen.

Die Erscheinung der optischen Aktivität ist nicht nur an Kristalle gebunden, sondern findet sich auch bei Flüssigkeiten, die aus (jeweils der einen Sorte von) enantiomorphen Molekülen bestehen oder diese enthalten. Die makroskopische Symmetrie einer solchen optisch aktiven Flüssigkeit entspricht der (kontinuierlichen) Punktgruppe $\infty\infty$ (vgl. Tab. 4.4). Den Effekt der optischen Aktivität zeigen auch flüssige Kristalle sowie Texturen, wenn ihre Symmetrie einer der (kontinuierlichen) Punktgruppen ∞, $\infty 2$ oder $2\infty\infty$ entspricht. Die optische Aktivität von Kristallen, wie Quarz, die keine enantiomorphen (chiralen) Moleküle enthalten, ist eine Folge der Enantiomorphie (Chiralität, „Händigkeit") ihrer Struktur.

Wenn in einem optisch aktiven Medium die gegenläufigen, zirkular polarisierten Wellen unterschiedlich stark absorbiert werden, spricht man von *Zirkulardichroismus*; er tritt vor allem im Bereich von Absorptionsbanden auf. Hierdurch entsteht elliptisch polarisiertes Licht, und es kommt zu einem anomalen Verlauf der Rotationsdispersion (COTTON-Effekt).

Unabhängig von der Eigenschaft der optischen Aktivität wird die Schwingungsrichtung einer Lichtwelle auch beim Durchlaufen eines optischen Mediums gedreht, das sich in einem magnetischen Feld befindet *(FARADAY-Effekt)*. Ein Magnetfeld kann an einem Kristall von außen angelegt werden oder auch infolge einer spontanen Magnetisierung (vgl. Abschn. 4.5.) im Kristall vorhanden sein. Im Gegensatz zur optischen Aktivität ist eine Umkehr der Ausbreitungsrichtung mit einer Umkehr des Drehsinns verbunden.

Erwähnt sei noch, dass es auch akustisch aktive Kristalle gibt, in denen die Polarisationsebene einer transversalen akustischen Welle gedreht wird. Diese *akustische Aktivität* wird durch einen axialen Tensor 5. Stufe beschrieben (KUMARASWAMY und KRISHNAMURTHY [4.7]) und tritt in allen Kristallklassen ohne Symmetriezentrum auf.

4.4.3. Reflexion

Zur Untersuchung der optischen Eigenschaften von stark absorbierenden bzw. undurchsichtigen Kristallen wird die Reflexion herangezogen. Die Reflexion an Kristallen hängt in komplizierter Weise von der Wellenlänge, dem Einfallswinkel und der Polarisation des einfallenden Lichts sowie der Orientierung, dem Absorptionsvermögen und der Oberflächenbeschaffenheit des Kristalls ab. Für eine ausführliche Darstellung sei auf die weiterführende Literatur (z. B. G. SZIVESSY, A. SOMMERFELD, M. BORN/E. WOLF) verwiesen. Hier sei nur festgestellt, dass eine in ein absorbierendes anisotropes optisches Medium eintretende Lichtwelle im Allgemeinen in zwei Wellen aufgespalten wird, die elliptisch polarisiert sind. Auch die an der Grenzfläche reflektierte Teilwelle ist im Allgemeinen elliptisch polarisiert; diesbezügliche Untersuchungsmethoden werden als *Ellipsometrie* bezeichnet. Die Beschreibung von Brechung und Reflexion erfolgt mit Hilfe eines komplexen Brechungsindex:

$$\hat{n} = n + \mathrm{i}\kappa = n + \mathrm{i}n\kappa'$$

(beide Definitionen sind gebräuchlich; $\mathrm{i} = \sqrt{-1}$ ist die imaginäre Einheit; sowohl n als auch κ bzw. κ' sind reell und in anisotropen Medien richtungsabhängig). Der Realteil n beschreibt wie bisher die Phasengeschwindigkeit $\upsilon = c/n$ im Medium (c Lichtgeschwindigkeit im Vakuum). Bei stark absorbierenden Medien ist $n < 1$ (beispielsweise bewegt sich der Brechungsindex von Metallen im Bereich von 0,1 ... 0,9), so dass die Phasengeschwindigkeit υ im Medium dann größer ist als die Lichtgeschwindigkeit c im Vakuum. Die Größen κ bzw. κ' sind ein Maß für das Absorptionsvermögen des Mediums und mit dem (linearen) Absorptionskoeffizienten μ durch die von der Wellenlänge λ abhängige Beziehung:

$$\mu = 4\,\pi\,\kappa/\lambda = 4\,\pi\,n\kappa'/\lambda$$

verbunden. Sei I_e die Intensität der einfallenden Welle, I_r die der reflektierten Welle und I_d die Intensität der in das Medium eintretenden Welle, so wird infolge der Absorption die Intensität I nach dem Durchdringen einer Schicht der Dicke d auf den Wert:

$$I = I_d \exp(-\mu d)$$

verringert. In der Literatur werden sowohl μ als auch κ bzw. $\kappa' = \kappa/n$ als *Absorptionskoeffizient*, daneben auch als *Extinktionskoeffizient*, *Absorptionsindex* oder *Extinktionsindex* bezeichnet, wobei der Gebrauch und die Unterscheidung der Begriffe nicht einheitlich sind.

In der Praxis werden stark absorbierende bzw. undurchsichtige Kristalle im Anschliff unter dem Auflichtmikroskop (vgl. Abschn. 4.4.1.5.) untersucht (sog. Erzmikroskopie). Die Erscheinungen und ihre Unterschiede sind hierbei häufig sehr subtil und nur von einem geübten Beobachter einwandfrei zu erkennen. Eines der wichtigsten Merkmale ist das *Reflexionsvermögen* $R = I_r/I_e$. Für senkrechten Lichteinfall auf eine ebene, spiegelglatte Oberfläche folgt das Reflexionsvermögen bei isotropen Medien dem BEERschen Gesetz:

$$R = \frac{(n-1)^2 + \kappa^2}{(n+1)^2 + \kappa^2} = \frac{(n-1)^2 + n^2\kappa'^2}{(n+1)^2 + n^2\kappa'^2}$$

(beide Formen sind gebräuchlich). Soweit diese Formel auch für anisotrope Medien als Näherung gelten kann, ist ihr zu entnehmen, dass die Reflexion sowohl mit zunehmendem Brechungsindex n als auch mit zunehmendem κ wächst. Bei durchsichtigen Kristallen ($\kappa \approx 0$) ist allein n ausschlaggebend; z. B. ergibt sich für Quarz ($n \approx 1{,}55$) $R = 0{,}04$, für Diamant ($n \approx 2{,}4$) $R = 0{,}17$. Bei stark absorbierenden Medien ist die Reflexion bedeutend höher: So hat κ bei Metallen mit der Wellenlänge λ wachsende Werte im Bereich von 2...10, so dass R Werte nahe 1 erreicht.

Ein Ausdruck des Reflexionsvermögens ist der *Glanz* der Kristalle. In der mineralogischen Praxis werden eine ganze Reihe von Nuancen des Glanzes unterschieden. Im Wesentlichen unterscheidet man *Glasglanz*, wie ihn die meisten klar durchsichtigen Kristalle mit mittleren Brechungsindizes zeigen, *Diamantglanz*, der für durchsichtige Kristalle mit hohen Brechungsindizes typisch ist, und *Metallglanz*, der an Kristalle mit hohem Absorptionsindex gebunden ist.

Die *Farben* der opaken Kristalle im Auflicht zeigen sehr zarte Tönungen und erfordern zu ihrer Charakterisierung große Erfahrung; bei der Verwendung von Immersionen werden die Farbnuancen meist deutlicher. Unter *Bireflexion (Reflexionspleochroismus)* versteht man die Erscheinung, dass die Kristalle im polarisierten Licht beim Drehen des Objekttisches Helligkeit und Farbe ändern (Beobachtung mit einem Polarisator). Unter Verwendung des zweiten Polarisators (Analysator) werden *Anisotropieeffekte* beobachtet. Sie können auch an Kristallen auftreten, die kubisch sind, also anderweitig als optisch isotrop gelten (z. B. Cuprit Cu_2O, Pyrit FeS_2). Die Anisotropieeffekte sind schwierig zu erklären, sie liefern jedoch wertvolle Hinweise für die Identifizierung von Kristallen. *Innenreflexe* zeigen Kristalle, die nicht völlig undurchsichtig sind; die Reflexe kommen nicht von der Oberfläche, sondern aus dem Innern und geben die Farbe dünnster Splitter im durchfallenden Licht wieder. Sie entsprechen in ihrer Farbe häufig der des Striches. Der *Strich* ist ein wichtiges qualitatives Kennzeichen zur Mineralbestimmung: Viele dunkle bzw. opake Minerale liefern beim feinsten Zerreiben auf unglasiertem Porzellan (*Strichtafel*) ein Pulver von charakteristischer, oft überraschend lebhafter Farbe.

4.4.4. Elektrooptischer und elastooptischer Effekt

Die optischen Messmethoden sind sehr empfindlich, so dass bereits relativ geringe Änderungen der kristalloptischen Eigenschaften, wie sie durch äußere elektrische Felder oder durch mechanische Spannungen hervorgerufen werden, der Beobachtung zugänglich sind.

Man beschreibt diese Effekte durch die mit ihnen verbundenen (geringen) Änderungen der Indikatrix. Letztere ist (gemäß Abschn. 4.4.1.3.) die charakteristische Fläche des reziproken Tensors der relativen Dielektrizitätskonstante $\boldsymbol{\varepsilon}_r^{-1} \equiv \boldsymbol{\eta}$, die analytisch (in einem kristallphysikalischen Koordinatensystem allgemeiner Lage) durch die quadratische Form:

$$\sum_{ij} \eta_{ij} x_i x_j = 1$$

dargestellt wird; η_{ij} sind die Komponenten des reziproken Tensors (vgl. Abschn. 4.2.3.). Sei $\boldsymbol{\eta}^0$ der reziproke Tensor ohne Einwirkung mit den Komponenten η_{ij}^0, so wird dessen Änderung:

$$\Delta\boldsymbol{\eta} = \boldsymbol{\eta} - \boldsymbol{\eta}^0 \text{ bzw. } \Delta\eta_{ij} = \eta_{ij} - \eta_{ij}^0$$

durch ein elektrisches Feld $\boldsymbol{E}$ mit den Komponenten E_k durch den Ansatz.

$$\Delta\eta_{ij} = \sum_k r_{ijk} E_k \quad \text{bzw. symbolisch} \quad \Delta\boldsymbol{\eta} = \mathbf{r} \bullet \boldsymbol{E}$$

erfasst (*elektrooptischer Effekt 1. Ordnung* bzw. *linearer elektrooptischer Effekt* oder *POCKELS-Effekt*). Die elektrooptischen Konstanten r_{ijk} stellen als Materialeigenschaft einen polaren Tensor 3. Stufe dar. Wegen $\eta_{ij} = \eta_{ji}$ gilt auch $r_{ijk} = r_{jik}$, d. h., der Tensor hat die gleiche Symmetrie wie der Tensor des reziproken piezoelektrischen Effekts (Abschn. 4.3.3.): Folglich kann der lineare elektrooptische Effekt nur in den Kristallklassen mit Piezoelektrizität auftreten (vgl. Tab. 4.8). Von den insgesamt 27 r_{ijk} ($i, j, k = 1, 2, 3$) können nur 18 unabhängig sein; letztere werden mitunter mit Hilfe von nur zwei Indizes als r_{mk} ($m = 1, ..., 6$; $k = 1, 2, 3$) umnummeriert und lassen sich dann in Gestalt einer 6 × 3-Matrix schreiben. Die elektrooptischen Koeffizienten bewegen sich in der Größenordnung von 10^{-12} m/V; einen relativ großen linearen elektrooptischen Effekt zeigen u. a. die in Tab. 4.11 aufgeführten („nichtlinearen optischen") Kristalle (vgl. BOHATY [4.8]).

Der *elastooptische Effekt* (auch: *fotoelastischer Effekt*) wird durch die Beziehung zwischen den Änderungen der Indikatrix $\Delta\boldsymbol{\eta}$ und der elastischen Verzerrung (Deformation) $\boldsymbol{\varepsilon}$ beschrieben:

$$\Delta\eta_{ij} = \sum_{k,l} q_{ijkl} \varepsilon_{kl} \quad \text{bzw. symbolisch} \quad \Delta\boldsymbol{\eta} = \mathbf{q} : \boldsymbol{\varepsilon}$$

mit dem (im Abschn. 4.2.1. eingeführten) Verzerrungstensor $\boldsymbol{\varepsilon}$ mit den Komponenten ε_{kl}. Die elastooptischen Konstanten p_{ijkl} repräsentieren einen (polaren) Tensor 4. Stufe, der zwei (polare) Tensoren 2. Stufe miteinander verknüpft; der Doppelpunkt symbolisiert die zweifache Summation („Verjüngung"). Zwischen den insgesamt 81 p_{ijkl} ($i, j, k, l = 1, 2, 3$) gelten die Relationen $p_{ijkl} = p_{jikl} = p_{ijlk} = p_{jilk}$, so dass nur deren 36 unabhängig sein können. Der elastooptische Effekt kann in allen Kristallklassen sowie in isotropen Körpern auftreten und ist die Ursache der bereits erwähnten *Spannungsdoppelbrechung*.

Eine alternative Beschreibung erhält man gemäß:

$$\Delta\eta_{ij} = \sum_{k,l} q_{ijkl} \sigma_{kl} \quad \text{bzw. symbolisch} \quad \Delta\boldsymbol{\eta} = \mathbf{q} : \boldsymbol{\sigma}$$

mit Hilfe des (im Abschn. 4.3.3. eingeführten) Spannungstensors mit $\boldsymbol{\sigma}$ den Komponenten σ_{ij} und den *piezooptischen Konstanten* q_{ijkl}, die den *piezooptischen Tensor* **q** darstellen. Man spricht dann auch vom *piezooptischen Effekt*. Die beiden Tensoren **p** und **q** lassen sich gemäß:

$p_{ijkl} = \sum_{m,n} q_{ijmn} c_{mnkl}$ ineinander überführen, wie man durch Einsetzen von:

$\sigma_{mn} = \sum_{k,l} c_{mnkl} \varepsilon_{kl}$ mit den elastischen Konstanten c_{mnkl} (vgl. Abschn. 4.6.1.) erkennt.

Betrachten wir noch einmal den linearen elektrooptischen Effekt, der, wie gesagt, an die Kristallklassen mit Piezoelektrizität gebunden ist: Piezoelektrische Kristalle werden durch ein elektrisches Feld deformiert, so dass sich dem eigentlichen elektrooptischen Effekt noch ein sekundärer elastooptischer Effekt von etwa gleicher Größe überlagert. Mit der Beziehung $\varepsilon_{lm} = \sum_k d_{klm} E_k$ für den reziproken piezoelektrischen Effekt (Abschn. 4.3.3.) erhält man für den zusammengesetzten elektrooptischen Effekt:

$$\Delta \eta_{ij} = \sum_k (r_{ijk} + \sum_{l,m} p_{ijlm} d_{klm})\, E_k \ .$$

Der sekundäre Effekt kann vermieden werden, wenn man anstelle eines statischen elektrischen Feldes ein Wechselfeld mit einer Frequenz oberhalb der mechanischen Resonanzfrequenz des Kristalls anlegt: Der Kristall bleibt dann undeformiert, und der wahre elektrooptische Effekt tritt in Erscheinung.

Neben dem linearen elektrooptischen Effekt (POCKELS-Effekt) als Effekt 1. Ordnung gibt es stets noch einen elektrooptischen Effekt 2. Ordnung, der quadratisch von der elektrischen Feldstärke E abhängt und auch als *quadratischer elektrooptischer Effekt* oder *KERR-Effekt* bezeichnet wird. Man beschreibt ihn gemäß:

$$\Delta \eta_{ij} = \sum_{k,l} R_{ijkl} E_k E_l$$

durch einen Tensor 4. Stufe mit den Komponenten R_{ijkl}, der in seiner Symmetrie dem piezooptischen Tensor entspricht; d. h. der quadratische elektrooptische Effekt kann in allen Kristallklassen und isotropen Medien (darunter auch in Flüssigkeiten) auftreten. Er ist jedoch meist deutlich geringer als der Effekt 1. Ordnung (in den piezoelektrischen Medien), weshalb letztere für Anwendungen interessanter sind.

Sowohl der elektrooptische als auch der elastooptische Effekt können nicht nur eine quantitative, sondern auch eine qualitative Änderung der Indikatrix bewirken: So können optisch isotrope Medien doppelbrechend und optisch einachsige Medien optisch zweiachsig werden. Welche Möglichkeit entsprechend der Symmetrie des Kristalls und der Einwirkung realisiert ist, bestimmt sich nach dem Prinzip von NEUMANN–CURIE (vgl. Abschn. 4.2.2.). Anordnungen zur Beobachtung der betreffenden Effekte sind z. B. bei S. HAUSSÜHL ausgeführt.

Durch eine Veränderung der Indikatrix, d. h. der Brechungsindizes, ändert sich die optische Weglänge im durchstrahlten Kristall. Man kann deshalb mit Hilfe des elektrooptischen Effekts eine elektrisch gesteuerte Phasenmodulation des Lichts vornehmen. Diese Phasenmodulation ist für die beiden in einem doppelbrechenden Kristall entstehenden Wellen unterschiedlich, so dass es bei ihrer Interferenz in Anordnungen mit gekreuzten Polarisatoren auch zu einer Amplitudenmodulation kommt (elektrooptische Modulatoren; vgl. KAMINOW und TURNER [4.9]). Von einem „elektrooptischen Schalter" spricht man, wenn durch das Ein- und Ausschalten einer festgelegten elektrischen Spannung (der sog. *Halbwellenspannung*) gerade der Übergang von einer Modulationsstellung maximaler Helligkeit zu einer solchen maximaler Auslöschung oder umgekehrt erfolgt. Elektrooptische Bauelemente gewinnen eine zunehmende Bedeutung in der Optoelektronik sowie in nachgeordneten Anwendungen im wissenschaftlichen Gerätebau, in der Datenverarbeitung, der Informationsübertragung u. a. m.

4.4.5. Nichtlineare Optik

Die Beschreibung der dielektrischen Eigenschaften im Abschn. 4.3.2. sowie der Kristalloptik im Abschn. 4.4.1. beruht auf der Annahme einer linearen Beziehung (d. h. einer Proportionalität) zwischen der elektrischen Feldstärke E und der durch sie hervorgerufenen Polarisation $P = \varepsilon_0\chi^e E$ bzw. der dielektrischen Verschiebung $D = \varepsilon E = \varepsilon_0\varepsilon_r E$ mit der relativen Dielektrizitätskonstanten $\varepsilon_r = \chi^e + 1$ und der (linearen) dielektrischen Suszeptibilität χ^e. Hierbei stellen χ^e bzw. ε_r Materialeigenschaften dar, die als unabhängig von der Größe der einwirkenden Feldstärke E angenommen werden. Diese Linearität ist auch der Tensorschreibweise eigen, die zur Darstellung des anisotropen Verhaltens benötigt wird: Die betreffenden Tensorkomponenten χ^e_{ij} bzw. ε_{rij} sind als Materialkonstanten nicht von der Größe der Komponenten der elektrischen Feldstärke E_i abhängig.

Ein linearer Ansatz stellt nur eine Näherung dar, die jedoch für die Beschreibung vieler Eigenschaften ausreichend ist; d. h., die Abweichungen von einem linearen Verhalten sind so gering, dass sie nicht berücksichtigt zu werden brauchen.

Allgemein wird zu erwarten sein, dass Abweichungen von einem linearen Verhalten dann deutlich werden, wenn die Einwirkung, also die elektrische Feldstärke E, groß ist. In der Optik ist diese Voraussetzung bei der Anwendung von Laserstrahlung gegeben. Mit dem im hohen Grad kohärenten und monochromatischen Laserlicht lassen sich sehr große Feldstärken in den elektromagnetischen Wellen erreichen, so dass in entsprechenden Anordnungen *nichtlineare optische Effekte* beobachtet werden können.

Auch bei den nichtlinearen optischen Effekten vollzieht sich die Wechselwirkung zwischen den elektromagnetischen Lichtwellen und einem durchstrahlten dielektrischen Medium über eine elektrische Polarisation des Mediums. Eine nichtlineare Abhängigkeit der Polarisation P von der Feldstärke E wird (für den isotropen Fall) durch die folgende Potenzreihe beschrieben:

$$P = \chi^{(1)}E + \chi^{(2)}E^2 + \chi^{(3)}E^3 \ldots$$

Hierin ist $\chi^{(1)}$ die lineare (dielektrische) Suszeptibilität im Sinne des Abschnitts 4.3.2., die in diesem Zusammenhang als absolute, dimensionsbehaftete Größe formuliert wird; im Vergleich zum Abschn. 4.3.2. gilt $\chi^{(1)} = \varepsilon_0\chi^e$ mit ε_0 als Dielektrizitätskonstanten des Vakuums; $\chi^{(2)}$, $\chi^{(3)}$ ... sind die *nichtlinearen Suszeptibilitäten* der verschiedenen Ordnung, die die Abweichungen vom linearen Verhalten zum Ausdruck bringen. Zum Beschreiben der nichtlinearen optischen Effekte in Kristallen ist allerdings noch deren Anisotropie wesentlich; d. h., Polarisation und elektrisches Feld sind durch Vektoren darzustellen und die verschiedenen Suszeptibilitäten durch entsprechende Tensoren höher Stufe. Das führt für die betreffenden Komponenten zu folgender Darstellung der Potenzreihe:

$$P_i = \sum_j \chi^{(1)}_{ij}E_j + \sum_{j,k} \chi^{(2)}_{ijk}E_jE_k + \sum_{j,k,l} \chi^{(3)}_{ijkl}E_jE_kE_l \ldots \qquad (i, j, k, l = 1,\ 2,\ 3).$$

Die Koeffizienten $\chi^{(1)}_{ij} = \varepsilon_0\chi_{ij}$ entsprechen den aus Abschn. 4.3.2. bekannten Komponenten des Tensors (2. Stufe) für die lineare dielektrische Suszeptibilität (die über $\varepsilon_{rij} = \chi_{ij} + \delta_{ij}$ die Indikatrix, d. h. die gewöhnlichen kristalloptischen Eigenschaften, bestimmen); $\chi^{(2)}_{ijk}$ sind die Komponenten eines Tensors 3. Stufe und $\chi^{(3)}_{ijkl}$ die eines solchen 4. Stufe. (Auch andere nichtlineare Effekte werden mit Hilfe eines analogen sog. multilinearen Ansatzes beschrieben.)

Die *nichtlinearen optischen Effekte 2. Ordnung* werden durch den Tensor 3. Stufe der nichtlinearen dielektrischen Suszeptibilität 2. Ordnung mit den Komponenten $\chi^{(2)}_{ijk}$ beschrieben. Für sie gilt die Relation $\chi^{(2)}_{ijk} = \chi^{(2)}_{ikj}$, so dass die Symmetrie dieses Tensors der des piezoelektrischen Effekts entspricht (vgl. Tab. 4.8). Das bedeutet, dass die nichtlinearen optischen Effekte 2. Ordnung an die Kristallklassen mit Piezoelektrizität gebunden sind und in Kristallen mit einem Inversionszentrum sowie in der Kristallklasse 432 nicht auftreten können.

In der Literatur werden die nichtlinearen Suszeptibilitäten 2. Ordnung häufig durch die Größen $\chi'^{(2)}_{ijk} = \chi^{(2)}_{ijk}/2\varepsilon_0$ (Maßeinheit m/V) ausgedrückt. Außerdem ist es üblich, die insgesamt 18 unabhängigen Komponenten $\chi'^{(2)}_{ijk}$ so umzunummerieren, dass sie nur zwei Indizes erhalten: $\chi'^{(2)}_{ijk} = d_{im}$ mit $m = j = k = 1, 2, 3$ für $j = k$ und $m = 9 - (j + k) = 4, 5, 6$ für $j \neq k$.

Bei den gebräuchlichen „nichtlinearen" Kristallen bewegen sich die Werte der d_{im} in der Größenordnung 10^{-12} m/V (Tab. 4.11).

Der wohl auffälligste nichtlineare optische Effekt ist die *Generation der Zweiten Harmonischen* (engl. *second harmonic generation*, SHG). Man versteht hierunter die Umwandlung einer Lichtwelle der Frequenz ω in eine solche mit der doppelten Frequenz 2ω in einem *nichtlinearen optischen Medium*. (In der einschlägigen Literatur ist es üblich, anstelle der gewöhnlichen Frequenz v die Winkelfrequenz $\omega = 2\pi v$ zu benutzen.) Das Entstehen dieser Welle kann man sich folgendermaßen verständlich machen: Man betrachte eine Lichtwelle der Frequenz ω, deren elektrischer Feldvektor nur die Komponente E_1 haben möge und die an irgendeinem Punkt im Innern des Mediums durch eine periodische Funktion $E_1 = E_0 \cos\omega t$ wiedergegeben sei. Das Feld E_1 erzeugt eine entsprechende Polarisation mit den Komponenten P_1, P_2, P_3, von denen z. B. P_1 gemäß dem obigen Ansatz durch

$$P_1 = \chi^{(1)}_{11} E_1 + \chi^{(2)}_{111} E_1^2 + \ldots = \chi^{(1)}_{11} E_0 \cos\omega t + \chi^{(2)}_{111} E_0^2 \cos^2 \omega t + \ldots$$

wiedergegeben wird. Der zweite Term ist die nichtlineare Polarisation; sie besteht wegen der allgemeinen Beziehung $\cos^2\omega t = 1/2 + \cos(2\omega t)/2$ aus einem konstanten Anteil $\chi^{(2)}_{111} E_0^2/2$ (sog. *optische Gleichrichtung*) und einem periodischen Anteil, der mit der doppelten Frequenz 2ω schwingt. Diese Schwingung ist gewöhnlich fest mit der Grundwelle verknüpft und kann sich nur als „gebundene Welle" fortpflanzen. Nur dann, wenn die Welle der Frequenz 2ω mit der Indikatrix für diese doppelte Frequenz und den zugehörigen Schwingungsrichtungen verträglich ist, kommt es zur Ausbreitung einer sog. freien Welle. Eine besondere Situation ist dann gegeben, wenn die Grundwelle (ω) und die Oberwelle (2ω) in einer bestimmten Richtung dieselbe Fortpflanzungsgeschwindigkeit (Phasengeschwindigkeit) besitzen. In diesem Fall kann die Grundwelle während des ganzen Weges durch den Kristall phasengerecht zur Verstärkung der Oberwelle beitragen, und der ansonsten sehr kleine Effekt wird um Zehnerpotenzen vergrößert. Man bezeichnet diese für die praktische Frequenzverdoppelung von Laserstrahlung wichtige Situation als *Phasenanpassung* (engl. *phase matching*). Im allgemeinen haben Wellen unterschiedlicher Frequenz wegen der Dispersion der Brechungsindizes verschiedene Phasengeschwindigkeiten. Eine Phasenanpassung gibt es nur in bestimmten ausgezeichneten Richtungen, die man erhält, indem man die für die beiden Frequenzen ω und 2ω zutreffenden Wellenflächen (Strahlenlächen) miteinander zum Schnitt bringt (vgl. Bilder 4.25 und 4.27). Nur wenn die Anisotropie der Brechungsindizes und ihre Dispersion bestimmte Voraussetzungen erfüllen, kommt es überhaupt zu einem Schnitt der Wellenflächen, und die zugehörigen Schwingungsrichtungen sind bei normaler Dispersion verschieden. Optisch zweiachsige Kristalle bieten wegen der breiteren Variation ihrer Anisotropie bessere Voraussetzungen für eine Phasenanpassung. Nach HOBDEN [4.11] kann man 13 Typen der Phasenanpassung unterscheiden.

Tabelle 4.11. *Relative Komponenten* d_{im}/d_{36}^{KDP} *der nichtlinearen dielektrischen Suszeptibilität 2. Ordnung bei der Generation der Zweiten Harmonischen (nach MINCK et al. [4.10]).*

Kristall	Kristallklasse	Laserwellenlänge der Messung in μm	$d'_{im} = d_{im}/d_{36}^{KDP}$
KH_2PO_4 (KDP)	$\bar{4}\,2m$	0,69[1])	d'_{36} = 1,00
			d'_{14} = 0,95
		1,06[2])	d'_{36} = 1,00
			d'_{14} = 1,01
$NH_4H_2PO_4$ (ADP)	$\bar{4}\,2m$	1,06	d'_{36} = 0,93
			d'_{14} = 0,89
$LiNbO_3$	$3m$	1,06	d'_{22} = 6,3
			d'_{31} = 11,9
CdS	$6mm$	1,06	d'_{15} = 35
			d'_{31} = 32
			d'_{33} = 63
GaAs	$\bar{4}\,3m$	1,06	d'_{14} = 560
		10,6[3])	d'_{14} = 294
Se	32	10,6	d'_{11} = 63
Te	32	10,6	d'_{11} = 4 230

Die Komponenten sind relativ zu d_{36} von KDP, gemessen bei einer Wellenlänge von 0,6328 μm, angegeben; der absolute Wert liegt bei $d_{36}^{KDP} \approx 10^{-12}$ m/V. Die Messung absoluter Werte ist mit gewissen Schwierigkeiten verknüpft.

[1]) Wellenlänge eines Rubinlasers; [2]) Wellenlänge eines Lasers mit Nd-Dotierung; [3]) Wellenlänge des CO_2-Gaslasers.

Der für eine Frequenzverdoppelung günstige Effekt der Phasenanpassung wird allerdings bei kleineren Strahlquerschnitten dadurch wieder gemindert, dass die Strahlen infolge der Doppelbrechung auseinander laufen. Deshalb ist es von besonderer Bedeutung, dass man in Kristallen aus Lithiumniobat $LiNbO_3$ auch in der Richtung senkrecht zur optischen Achse zu einer Phasenanpassung gelangen kann, in der der ordentliche und der außerordentliche Strahl nicht auseinander laufen. Dabei wird die starke Temperaturabhängigkeit der Brechung und Doppelbrechung in $LiNbO_3$ ausgenutzt, und man stellt eine Temperatur ein, bei der die betreffenden Brechungsindizes gerade übereinstimmen.

Weitere nichtlineare optische Effekte erhält man, indem man in einem geeigneten „nichtlinearen“ Medium zwei Wellen verschiedener Frequenzen ω_1 und ω_2 überlagert. Sie bewirken (neben der linearen) eine nichtlineare Polarisation, die mit einer Frequenz ω_3 schwingt, was man durch den Ansatz:

$$P_i^{(2)}(\omega_3) = \sum_{j,k} \chi_{ijk}^{(2)} E_j(\omega_1) E_k(\omega_2)$$

beschreibt. Wie sich zeigen lässt, gilt die Bedingung:

$\omega_3 = \omega_1 + \omega_2$ (Summenfrequenz) oder $\omega_3 = \omega_1 - \omega_2$ (Differenzfrequenz).

Die Generation der Summenfrequenz hat Anwendung als Wandler für Infrarotstrahlung gefunden, wobei die Infrarotstrahlung (ω_1) in einem Kristall mit einer geeigneten, konstanten Laserstrahlung (ω_2) überlagert wird und die „gewandelte" Strahlung (ω_3) im sichtbaren Spektralbereich beobachtet werden kann. Die Generation einer Differenzfrequenz findet umgekehrte Anwendung: Durch Überlagerung zweier Laserstrahlen, deren Frequenzen ω_1 und ω_2 nahe beieinander liegen, lässt sich als Differenzfrequenz ω_3 eine intensive Strahlung im Infrarot oder sogar im fernen Infrarot erzeugen.

Ein weiteres wichtiges nichtlineares Phänomen sind die *parametrischen Effekte*. Hierbei wird eine intensive Laserstrahlung als „*Pumpfrequenz*" in einen „nichtlinearen" Kristall eingestrahlt, und gemäß dem allgemeinen Zusammenhang zwischen jeweils drei Wellen treten zwei neue Wellen auf, deren Frequenzen als „*Signalfrequenz*" und als „*IDLERfrequenz*" bezeichnet werden. Die betreffenden Wellen müssen wieder bestimmte Bedingungen hinsichtlich der nunmehr drei Phasengeschwindigkeiten erfüllen; letztere lassen sich gleichfalls mittels der Temperatur des Kristalls verändern. Auf diese Weise sind Lichtquellen konstruiert worden, die über einen großen Frequenzbereich kontinuierlich abstimmbar sind, und zwar unter Bewahrung der besonderen Eigenschaften des Laserlichts *(parametrischer Oszillator)*.

Schließlich stellt der im Abschn. 4.4.4. behandelte elektrooptische Effekt 1. Ordnung (POCKELS-Effekt) im Grunde gleichfalls einen nichtlinearen optischen Effekt (2. Ordnung) dar: Man kann nämlich das dort angelegte elektrische Gleichfeld als eine Welle mit der Frequenz $\omega_2 = 0$ interpretieren, das einer Lichtwelle der Frequenz ω_1 überlagert wird und damit deren Polarisationswirkung verändert (wobei hier wegen $\omega_3 = \omega_1 + \omega_2 = \omega_1$ die Frequenz unverändert bleibt). Dementsprechend lassen sich die elektrooptischen Koeffizienten r_{ijk} aus den nichtlinearen Suszeptibilitäten χ_{ijk} berechnen.

Auf nichtlineare optische Effekte höherer Ordnung sei hier nur kurz hingewiesen. So wird die nichtlineare Suszeptibilität 3. Ordnung durch einen Tensor 4. Stufe mit den Komponenten $\chi_{ijkl}^{(3)}$ beschrieben. In der Literatur werden meistens die Koeffizienten $\chi_{ijkl}'^{(3)} = \chi_{ijkl}^{(3)}/4\varepsilon_0$ angegeben, die sich in der Größenordnung von 10^{-23} m²/V² bewegen. Nichtlineare Effekte 3. Ordnung sind also sehr klein, können aber (im Gegensatz zu den Effekten 2. Ordnung) in allen Kristallklassen und in isotropen Medien auftreten. (In einigen Flüssigkeiten, die für den KERR-Effekt herangezogen werden, wie Nitrobenzol, werden für die Suszeptibilität 3. Ordnung anomal große Werte von 10^{-20} m²/V² erreicht; sie beruhen auf einer Orientierung von polaren Molekülen im Gegensatz zu einer gewöhnlichen Polarisation der Elektronenwolken von Atomen.) Durch die nichtlineare Polarisation 3. Ordnung wird im Allgemeinen eine Wechselwirkung zwischen vier Wellen vermittelt, welche verschiedene Frequenzen haben können. Zwischen diesen vier Frequenzen lassen sich auf verschiedene Weise Summen- oder Differenzrelationen aufstellen. Welcher der denkbaren Effekte in Erscheinung tritt, wird durch die Bedingungen der Phasenanpassung bestimmt. Zu erwähnen sind hier u. a. die Generation der Dritten Harmonischen, also einer Welle dreifacher Frequenz, ferner die Generation der Zweiten Harmonischen bei gleichzeitigem Anlegen einer elektrischen Gleichspannung, die so auch in Kristallen möglich wird, die nicht zu den „piezoelektrischen" Kristallklassen gehören. Die Änderung der Brechungsindizes durch ein elektrisches Gleichfeld ergibt den bereits erwähnten quadratischen elektrooptischen Effekt (KERR-Effekt).

Außerdem ist beobachtet worden, dass ein intensiver Laserstrahl die Brechungsindizes im durchstrahlten Medium derart verändert, dass vermöge seiner ortsabhängigen Intensität ein Effekt auf die Fortpflanzung des Strahls selbst ausgeübt wird. Bei hinreichender Intensität führt dieser Effekt zu einer *Selbstfokussierung* des Laserstrahls, der sich dabei zu einem engen Lichtfaden zusammenzieht. Diese Selbstfokussierung konzentriert den Energiefluss auf ein kleines Volumen und kann dadurch Schäden in dem durchstrahlten Medium hervorrufen (engl. *optical damage*).

Eine Veränderung der Eigenschaften eines optischen Mediums bis hin zur Beschädigung kann auch anderweitig durch intensive Lichteinwirkung, z. B. durch Laserstrahlung, hervorgerufen werden. Durch stärkere Lichtintensitäten bewirkte, bleibende lokale Änderungen der Brechungsindizes werden als *photorefraktiver Effekt* bezeichnet. Kristalle oder andere Medien, die bei Bestrahlung mit Licht geeigneter Wellenlänge ihr Absorptionsspektrum ändern (Verfärbung oder Entfärbung), werden als *photochrom* oder *phototrop* bezeichnet. Beide Effekte können permanent oder reversibel sein und finden (mit Hilfe von Lasern und elektrooptischen Bauelementen) Anwendung in optisch adressierbaren Informationsspeichern (KISS [4.12]).

4.5. Magnetische Eigenschaften von Kristallen

4.5.1. Magnetisierung, Diamagnetismus, Paramagnetismus

Die magnetischen Eigenschaften der Kristalle (wie auch anderer Stoffe) beruhen in komplexer Weise auf den quantenmechanischen Eigenschaften der Elektronen (Bahnmoment und Spin). Die Atomkerne tragen im Vergleich dazu nur in sehr geringem Maße (Faktor 10^{-3}) zu den magnetischen Eigenschaften bei. Die phänomenologische Beschreibung der magnetischen Erscheinungen kann in weitgehender Analogie zu den dielektrischen Erscheinungen erfolgen (vgl. Abschn. 4.3.2.) – ungeachtet ihrer komplizierteren und andersartigen physikalischen Natur.

Steht ein Kristall oder ein anderer Stoff unter der Einwirkung eines magnetischen Feldes, so wird in ihm ein magnetisches Moment erzeugt, d. h., der Stoff wird selbst magnetisch. Das in diesem Stoff pro Volumeneinheit erzeugte magnetische Moment J ist (bei den meisten Stoffen) proportional zur magnetischen Feldstärke H:

$$J = \mu_0 \chi^{\mathrm{m}} H.$$

Hierbei ist H das in dem Stoff wirksame *Magnetfeld*; χ^{m} ist die *magnetische Suszeptibilität* (die von der elektrischen Suszeptibilität χ^{e} trotz des allgemein gebräuchlichen gleichen Symbols χ zu unterscheiden ist); durch die Einfügung der *magnetischen Induktionskonstante* (*Permeabilität* des Vakuums) μ_0 :

$$\mu_0 = 4\pi \cdot 10^{-7}\ \mathrm{Vs/(A \cdot m)} \approx 1{,}256 \cdot 10^{-6}\ \mathrm{Vs/(A \cdot m)}$$

erhält man χ^{m} als dimensionslose Zahl.

Von der *magnetischen Polarisation* J ist (im Internationalen Einheitensystem) die *Magnetisierung* M zu unterscheiden, die durch:

$$M = \chi^{\mathrm{m}} H = J/\mu_0$$

gegeben ist.

Bei Kristallen ist die magnetische Suszeptibilität eine im Allgemeinen anisotrope Materialeigenschaft, die die Vektoren $\boldsymbol{H}$ und $\boldsymbol{J}$ zueinander in Beziehung setzt und durch einen polaren Tensor 2. Stufe darzustellen ist, symbolisch:

$$\boldsymbol{J} = \boldsymbol{\chi}^{\mathrm{m}} \boldsymbol{H} \text{ bzw. für die Komponenten: } J_i = \mu_0 \sum_j \chi_{ij}^{\mathrm{m}} H_j .$$

Der Tensor der magnetischen Suszeptibilität ist symmetrisch ($\chi_{ij}^{\mathrm{m}} = \chi_{ji}^{\mathrm{m}}$) und hat im Allgemeinen sechs unabhängige Komponenten, die in den einzelnen Kristallsystemen den in Tab. 4.3 aufgeführten Bedingungen genügen.

In Analogie zur Beschreibung der dielektrischen Phänomene (Tab. 4.12) führt man noch eine weitere (der dielektrischen Verschiebung $\boldsymbol{D}$ entsprechende) vektorielle Größe ein, die *magnetische Induktion* $\boldsymbol{B}$:

$$\boldsymbol{B} = \boldsymbol{\mu}\boldsymbol{H} = \mu_0\boldsymbol{\mu}_{\mathrm{r}}\boldsymbol{H} = \mu_0\boldsymbol{H} + \boldsymbol{J} = \mu_0(\boldsymbol{H} + \boldsymbol{M})$$

mit den Tensoren (2. Stufe) der relativen Permeabilität $\boldsymbol{\mu}_{\mathrm{r}}$ bzw. der (absoluten) Permeabilität $\boldsymbol{\mu}$. Bei isotropen Stoffen gilt:

$$\mu_{\mathrm{r}} = \mu/\mu_0 = \chi^{\mathrm{m}} + 1;$$

bei anisotropen Kristallen besteht zwischen den Tensorkomponenten der Zusammenhang:

$$\mu_{\mathrm{r}ij} = \mu_{ij}/\mu_0 = \chi_{ij}^{\mathrm{m}} + \delta_{ij} \quad \text{mit } \delta_{ij} = 1 \text{ für } i = j \text{ und } \delta_{ij} = 0 \text{ für } i \neq j.$$

Tabelle 4.12. *Analogie von elektrischen und magnetischen Größen und Eigenschaften.*

Elektrische Größen bzw. Eigenschaften	E	P	$\boldsymbol{P}/\varepsilon_0$	D	χ^{e}	ε_0	ε	ε_{r}	p	d
Magnetische Größen bzw. Eigenschaften	H	J	M	B	χ^{m}	μ_0	μ	μ_{r}	q	Q

Bedeutung der Symbole wie im Text; ***p*** pyroelektrischer Koeffizient; ***d*** piezoelektrische Moduln; ***q*** pyromagnetischer Koeffizient; ***Q*** piezomagnetische Moduln (die letzteren beiden magnetischen Eigenschaften sind hier nicht näher behandelt; vgl. z. B. P. PAUFLER).

Die Kristalle (und anderen Stoffe) können hinsichtlich ihrer magnetischen Suszeptibilität in mehrere Gruppen eingeteilt werden. Bei den meisten Stoffen ist die magnetische Suszeptibilität (im Vergleich zur elektrischen Suszeptibilität) sehr klein und bewegt sich bei Kristallen im Bereich von $\chi^{\mathrm{m}} = -10^{-5}...+10^{-3}$; sie ist also positiver wie negativer Werte fähig.

Die *diamagnetischen Stoffe* sind durch eine negative magnetische Suszeptibilität $\chi^{\mathrm{m}} < 0$ gekennzeichnet (bei anisotropen Kristallen sind dann sämtliche Komponenten $\chi_{ij}^{\mathrm{m}} < 0$). Hierher gehören z. B. Halit (Steinsalz), Fluorit, Calcit, Quarz, Eis. Man erkennt diamagnetische Kristalle daran, dass sie durch die magnetischen Kräfte in einem inhomogenen Magnetfeld aus dem Bereich hoher Feldstärke hinausgedrängt werden. Die Atome bzw. Ionen eines diamagnetischen Kristalls besitzen ohne Einwirkung eines äußeren Magnetfeldes kein eigenes magnetisches Moment; es wird erst durch die magnetische Induktion im Magnetfeld erzeugt. Die diamagnetische Suszeptibilität ist von der Temperatur weitgehend unabhängig, sofern das Volumen konstant gehalten wird.

Die *paramagnetischen Stoffe* sind durch eine positive magnetische Suszeptibilität $\chi^{\mathrm{m}} > 0$ (bzw. alle $\chi_{ij}^{\mathrm{m}} > 0$) gekennzeichnet. Sie enthalten in ihrer Struktur Atome (bzw. Ionen), die bereits unabhängig von einem äußeren Magnetfeld ein eigenes magnetisches Moment besitzen. Diese permanenten magnetischen Momente der paramagnetischen Atome (Ionen) sind zunächst ungeordnet, so dass kein makroskopisches Moment resultiert. Die positive Suszeptibilität der paramagnetischen Stoffe kommt dadurch zustande, dass die atomaren Momente in einem angelegten Magnetfeld je nach dessen Stärke ausgerichtet werden. Daneben existiert stets ein kleiner (negativer) diamagnetischer Beitrag zur Suszeptibilität, der jedoch überdeckt wird. Charakteristisch ist das

Temperaturverhalten paramagnetischer Kristalle; denn die Wärmebewegung wirkt der Ausrichtung der atomaren Momente durch das angelegte Magnetfeld entgegen. Die paramagnetische Suszeptibilität erweist sich als umgekehrt proportional zur (absoluten) Temperatur:

$$\chi^{\mathrm{m}} = C/T$$

mit der *CURIE-Konstanten* C, die sich bei Kristallen in der Größenordnung von $10^{-4}...10^{-1}$ K bewegt. Im anisotropen Fall gilt:

$$\chi_{ij}^{\mathrm{m}} = C_{ij}/T \ .$$

Paramagnetische Kristalle werden in inhomogenen Magnetfeldern in den Bereich hoher Feldstärken hineingezogen; hierher gehören Aluminium, Platin, Siderit, Beryll, Olivin, Granat, Augit, Pyrit. Paramagnetische Kristalle können von diamagnetischen mit Hilfe eines Elektromagneten getrennt werden, was bei der Aufbereitung von Eisenerzen ausgedehnte technische Anwendung findet.

4.5.2. Ferromagnetismus, Antiferromagnetismus, Ferrimagnetismus

Die bisher betrachtete diamagnetische oder paramagnetische Suszeptibilität ist letztlich eine Eigenschaft der einzelnen Atome (bzw. Ionen oder Moleküle) selbst; sie ist deshalb bei allen Stoffen vorhanden. Hingegen beruhen die im Folgenden zu betrachtenden magnetischen Eigenschaften auf einer Ordnung und einem kooperativen Zusammenwirken der permanenten magnetischen Momente eines größeren Ensembles von Atomen. Die Effekte sind dementsprechend groß und an Stoffe gebunden, die paramagnetische Atome enthalten. Die Ordnung der permanenten magnetischen Momente wird durch eine interatomare quantenmechanische Wechselwirkung der Elektronenspins bewirkt, die sich dabei in bestimmter Weise ausrichten, so dass man auch von einer Ordnung der Spins spricht. Damit die Wechselwirkung der Spins gegenüber den ungeordneten thermischen Bewegungen dominieren kann, ist eine gewisse räumliche Dichte der Atome erforderlich, wie sie insbesondere in Kristallstrukturen gegeben ist.

Die *Ferromagnetika* sind durch eine parallele Anordnung der permanenten magnetischen Momente bzw. der wechselwirkenden Spins gekennzeichnet. Typische Ferromagnetika sind Eisen, Nickel und Cobalt sowie deren Legierungen. Auch gewisse Verbindungen sonst nicht ferromagnetischer Übergangsmetalle, wie CrTe und MnP, zeigen ferromagnetische Eigenschaften.

Der streng parallelen Anordnung folgen alle betreffenden Spins, doch erstreckt sich eine bestimmte Orientierung (wie bei den Ferroelektrika) gewöhnlich immer nur auf gewisse Bereiche, die *WEIßschen Bezirke* oder ferromagnetischen Domänen, zwischen denen die Orientierung beliebig wechselt (im Gegensatz zu den Ferroelektrika, bei denen diese Orientierung Zwillingsrelationen folgt).

Die ferromagnetischen Domänen können nach verschiedenen Methoden sichtbar gemacht werden (Bild 4.51) Ein Zusammenhang der Domänenstruktur mit anderen Störungen und Realstrukturerscheinungen ist auf diesem Bild unverkennbar. An den Grenzen der Domänen, den *BLOCH-Wänden*, erfolgt der Übergang in die andere Spinorientierung nicht sprunghaft, sondern kontinuierlich über eine Distanz in der Größenordnung von 100 Gitterkonstanten; die BLOCH-Wände haben also eine gewisse Dicke.

Im unmagnetisierten Zustand kompensieren sich die Momente der WEIßschen Bezirke untereinander. Unter dem Einfluss eines äußeren Magnetfeldes kommt es zu einer Ausrichtung der magnetischen Momente der verschiedenen WEIßschen Bezirke. Diese Ausrichtung erfolgt nach zwei Mechanismen: Einmal wachsen durch eine Verschiebung der BLOCH-Wände diejenigen WEIßschen

Bezirke, deren Moment zum angelegten Magnetfeld günstig orientiert ist; zum anderen erfolgt eine Rotation der magnetischen Momente der WEIßschen Bezirke in die Richtung des angelegten Magnetfeldes. Bei niedrigen Feldstärken dominiert der erste, bei hohen Feldstärken der letzte Mechanismus. Die Ausrichtungsvorgänge verlaufen, wie BARKHAUSEN zeigte, unstetig *(BARKHAUSEN-Sprünge)* und zeigen eine ausgeprägte Abhängigkeit von der kristallographischen Richtung, in der die Magnetisierung vorgenommen wird. Es existieren Richtungen besonders *leichter Magnetisierbarkeit*. Beim kubisch raumzentrierten α-Eisen sind das die ⟨100⟩-Richtungen, während die ⟨111⟩-Richtungen für die Magnetisierung am ungünstigsten sind. Beim kubisch flächenzentrierten Nickel dagegen liegt die Richtung leichter Magnetisierbarkeit parallel ⟨111⟩ und beim hexagonal dicht gepackten Cobalt parallel zur *c*-Achse. Demnach existieren beim α-Fe sechs, beim Ni acht und beim Co nur zwei Richtungen leichter Magnetisierbarkeit.

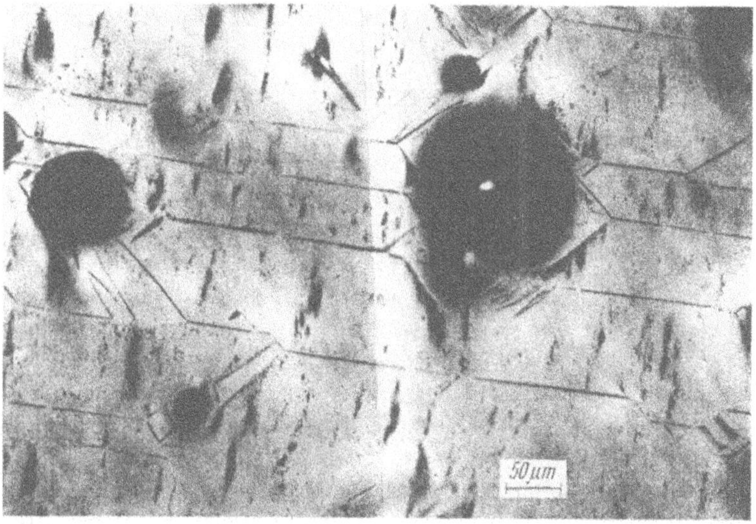

Bild 4.51. *Ferromagnetische Domänen auf einer (100)-Fläche eines Einkristalls aus Eisen-Silicium.* „BITTER-Muster", Niederschlag feiner ferromagnetischer Teilchen aus einer flüssigen Suspension auf die Kristalloberfläche. Aufn.: TRÄUBLE [4.13.].

Die Ausrichtung der WEIßschen Bezirke führt zu einer positiven Magnetisierung, die jene paramagnetischer Kristalle um Größenordnungen übertrifft. Durch die Beziehung $\chi^m = \partial M / \partial H$ lässt sich auch den Ferromagnetika formal eine magnetische Suszeptibilität zuordnen, die große positive Werte annimmt. Doch ist der für die Dia- und Paramagnetika geltende lineare Zusammenhang zwischen Feld und Magnetisierung keineswegs mehr zutreffend: χ^m ist nicht konstant, sondern stark von der Feldstärke H abhängig, und die Magnetisierung M zeigt eine typische Hysterese (Bild 4.52).

Bei einem Ferromagnetikum mit regellos orientierten WEIßschen Bezirken folgt die Magnetisierung der „jungfräulichen" Kurve von 0 nach 1 und erreicht eine *Sättigungsmagnetisierung* M_S, wenn sämtliche WEIßschen Bezirke ausgerichtet sind. Geht man mit dem Magnetfeld zurück (Kurve 1–2), so bleibt deren Orientierung teilweise erhalten, und auch für $H = 0$ bleibt eine gewisse Magnetisierung M_0 bestehen *(Remanenz)*. Die Magnetisierung geht erst mit dem Anlegen eines *Koerzitivfeldes* mit dem Betrag H_0 in der entgegengesetzten Richtung wieder auf den Wert null zurück usw. Wie schon angedeutet, ist die Form der Hystereseschleifen stark von der kristallographischen Orientierung der Richtung abhängig, in der die Magnetisierung vorgenommen wird.

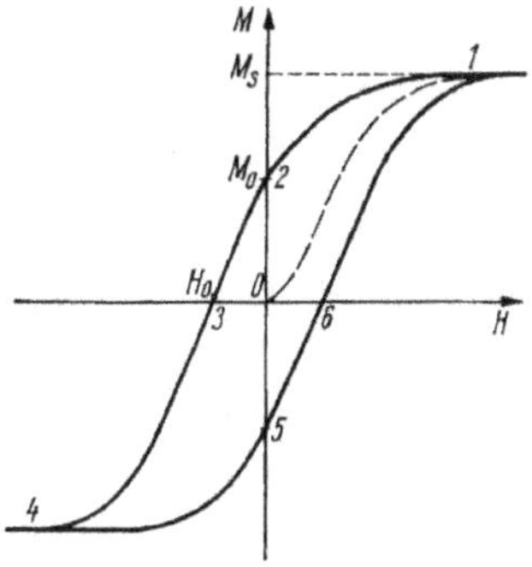

Bild 4.52. *Magnetisierung M eines Ferromagneten in Abhängigkeit von einem Magnetfeld H (Hysterese).*

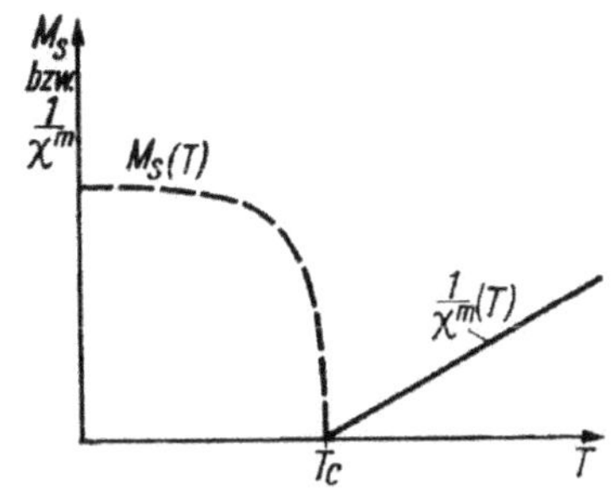

Bild 4.53. *Verlauf der spontanen Magnetisierung (Sättigungsmagnetisierung) M_S eines Ferromagneten bei Annäherung an die* CURIE*-Temperatur T_C und der reziproken Suszeptibilität $1/\chi^m$ oberhalb T_C in der paraelektrischen Phase.*

Die Suszeptibilität kann in den Bereichen des steilen Anstiegs der Hysteresekurven je nach Material Werte von $+10^6$ und mehr erreichen (man vergleiche demgegenüber die paramagnetischen Suszeptibilitäten).

Die Sättigungsmagnetisierung M_S ist temperaturabhängig und nimmt mit steigender Temperatur ab. Bei einer bestimmten Temperatur T_C, der CURIE-Temperatur (768°C für Fe; 360°C für Ni), bricht die Ordnung der Spins zusammen; der Ferromagnetismus verschwindet, und der Kristall wird paramagnetisch. Die Suszeptibilität folgt dann einem CURIE-WEIßschen Gesetz:' $\chi^m = C/(T - T_C)$ (Bild 4.53). Bei Einkristallen ist die magnetische Suszeptibilität eine im allgemeinen anisotrope Materialeigenschaft und, wie im vorigen Abschnitt ausgeführt, durch einen Tensor darzustellen. Magnetische Phasenübergänge zählen zu den kritischen Phänomenen (vgl. Abschn. 3.3.2.).

Eine parallele Anordnung der Spins, wie sie bei den Ferromagnetika vorliegt, ist nicht die einzige Möglichkeit einer Ordnung der Spins. Es gibt weiterhin die Möglichkeit, dass sich die Spins und damit die magnetischen Momente benachbarter (paramagnetischer) Atome entgegengesetzt (antiparallel) ausrichten (Bild 4.54). Welche dieser beiden Möglichkeiten auftritt, hängt von dem Vorzeichen eines sog. Austauschintegrals ab, das bei der quantentheoretischen Behandlung des Problems erscheint und die Wechselwirkungen zwischen den Spins erfasst. Erstmals wurde eine solche antiparallele Spinordnung bei den Mn^{2+}-Ionen in Manganoxid MnO beobachtet. MnO kristallisiert in der NaCl-Struktur, und die Spins der Mn^{2+}-Ionen sind in einer (111)-Ebene jeweils alle parallel zu einer Flächendiagonalen des Elementarwürfels orientiert, z. B. parallel $[1\bar{1}0]$. In der nächsten Ebene ist die Orientierung entgegengesetzt, also parallel $[\bar{1}10]$ (Bild 4.55). Die Orientierung wechselt hier von Ebene zu Ebene. Antiparallele Spinordnungen lassen sich auch auf andere Weise herstellen, z. B. durch eine Umkehr der Spinorientierungen zwischen benachbarten Ketten oder durch Wechsel der Spins innerhalb einer Kette. Man hat inzwischen zahlreiche derartige Substanzen festgestellt, die als *Antiferromagnetika* bezeichnet werden. Die Anordnung der Spins lässt sich durch Neutronenbeugung (s. Abschn. 5.3.3.) nachweisen.

Antiferromagnetika können (wie Antiferroelektrika) kein resultierendes, spontanes makroskopisches Moment besitzen; sie heben sich jedoch durch magnetische Anomalien von den Paramagnetika ab. Charakteristisch ist der Verlauf ihrer Suszeptibilität in Abhängigkeit von der Temperatur (Bild 4.56): χ^m nimmt bis zu einer gewissen Temperatur T_N, der *NEEL-Temperatur*, zu; bei T_N bricht die antiferromagnetische Ordnung zusammen, die Substanz wird paramagnetisch, und χ^m nimmt mit steigender Temperatur wieder ab; bei T_N zeigt χ^m ein Maximum. Unter dem Einfluss der Temperatur oder äußerer Felder können antiferromagnetische Spinordnungen in andere antiferromagnetische Spinordnungen oder auch in eine ferromagnetische Spinordnung übergehen. Derartige Übergänge nennt man *metamagnetisch*; sie sind meistens bei sehr tiefen Temperaturen zu beobachten.

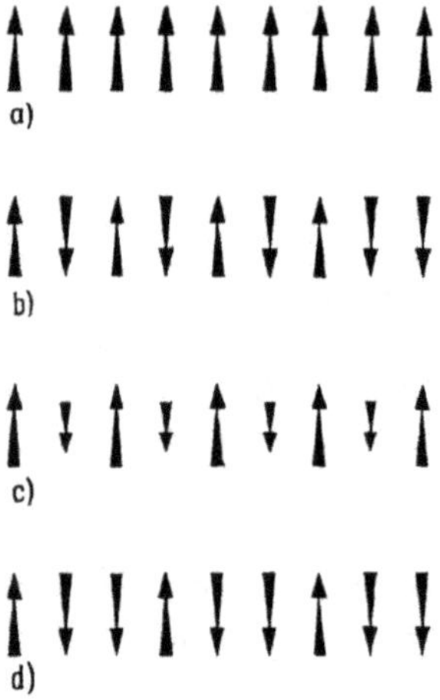

Bild 4.54. *Schema der Spinordnung.*

a) In Ferromagnetika; b) in Antiferromagnetika; c) und d) in Ferrimagnetika.

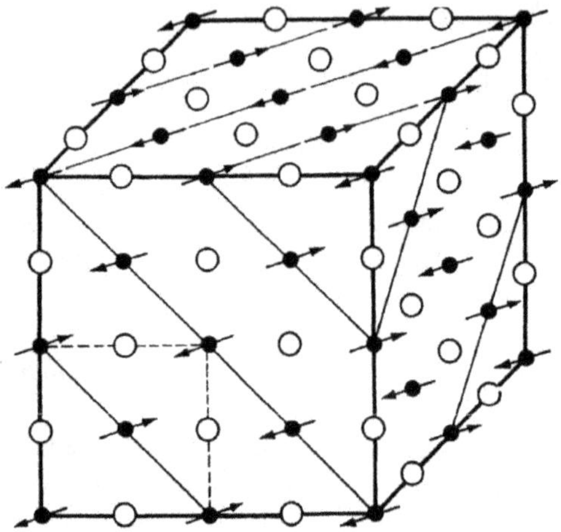

Bild 4.55. *Anordnung der Spins der* Mn^{2+}*-Ionen im Manganoxid* MnO.

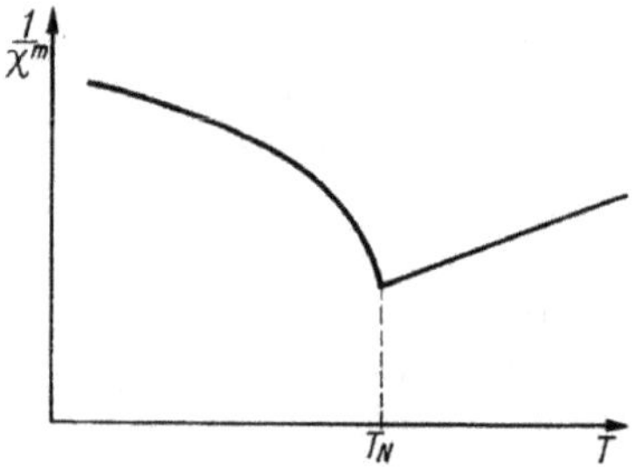

Bild 4.56. *Verlauf der reziproken Suszeptibilität* $1/\chi^m$ *eines Antiferromagneten in Abhängigkeit von der Temperatur.*

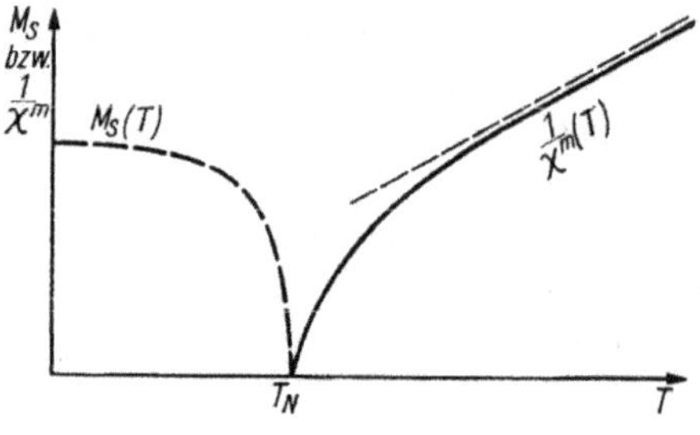

Bild 4.57. *Verlauf der spontanen Magnetisierung (Sättigungsmagnetisierung)* M_S *und der reziproken Suszeptibilität* $1/\chi^m$ *bei einem Ferrimagneten.*

Schließlich werden noch die *Ferrimagnetika* unterschieden. Zu ihrem Verständnis geht man am besten vom Schema der antiferromagnetischen Spinordnung aus: Wenn bei einem solchen Ordnungsschema verschiedenartige Atome mit unterschiedlichen Momenten beteiligt sind (Bild 4.54c) oder die Anzahl der atomaren Momente für die beiden Richtungen unterschiedlich ist (Bild 4.54d), resultieren eine spontane Magnetisierung und ein den Ferromagnetika ähnliches Verhalten. Gegenüber den gewöhnlichen Ferromagnetika zeigen die Ferrimagnetika gewisse Anomalien, die am deutlichsten im Verlauf der Suszeptibilität oberhalb der Temperatur T_N, die gleichfalls als NEEL-Temperatur bezeichnet wird und bei der die spontane Magnetisierung verschwindet, zum Ausdruck kommen (Bild 4.57.): Der lineare Verlauf $1/\chi^m$ gegen T wird erst allmählich erreicht. Ferrimagnetisches Verhalten zeigen z. B. Legierungen von Übergangsmetallen mit Seltenerdmetallen sowie eine Reihe von Kristallen mit Spinellstruktur. In dieser Struktur (vgl. Bild 2.46) eröffnen die verschiedenartigen Positionen der Metallionen und die vielfältigen Varianten ihrer Besetzung die Möglichkeit ferrimagnetischer Ordnungen. Entsprechende magnetische Werkstoffe haben als Ferrite in der Hochfrequenztechnik eine große praktische Bedeutung erlangt; sie vereinen eine hohe magnetische Suszeptibilität mit einem hohen elektrischen Widerstand (im Gegensatz zu den metallischen Ferromagneten, die elektrisch leitend sind).

Neben den parallelen und antiparallelen Spinordnungen sind an den verschiedenen Stoffsystemen mit paramagnetischen Atomen insbesondere bei tiefen Temperaturen noch andere Spinordnungen gefunden worden. So gibt es magnetische Phasen mit zueinander verkippten Anordnungen der Spins; des weiteren gibt es Spinordnungen, bei denen die Orientierung der Spins von einem Atom zum nächsten um einen bestimmten Winkel gedreht ist – in gewisser Analogie zu den cholesterischen Phasen flüssiger Kristalle (Abschn. 3.1.4.). Es kann vorkommen, dass die Periodizität solcher Spinordnungen nicht mit der der Kristallstruktur übereinstimmt und auch in keinem rationalen Verhältnis zu ihr steht; man spricht dann von einer *inkommensurablen Phase* (dieser Begriff ist nicht nur auf Spinordnungen beschränkt).

4.5.3. Symmetrie von Magnetika, Antisymmetrie, Farbsymmetrie

Betrachten wir die Struktur des MnO (Bild 4.55) noch einmal im Hinblick auf ihre Symmetrie: Wie NaCl gehört MnO zur kubischen Kristallklasse $m\overline{3}m$ bzw. zur Raumgruppe $Fm\overline{3}m$. Damit wird die Symmetrie der Anordnung der Atome oder Ionen bzw. auch die Symmetrie der Elektronendichte beschrieben. Die Symmetrie der Spinordnung im antiferromagnetischen Zustand bleibt dabei unberücksichtigt. Untersuchen wir, welche Symmetrieoperationen und -elemente der NaCl-Struktur auch noch auf die Spinordnung im MnO zutreffen, dann verbleibt schließlich nur eine monokline Symmetrie. Eine solche Beschreibung der Symmetrie des antiferromagnetischen MnO bliebe aber unbefriedigend, da so die offensichtlich sehr hohe Symmetrie der Struktur überhaupt nicht zum Ausdruck kommen würde. Deshalb werden die bisherigen Symmetriebetrachtungen erweitert, indem solche Symmetrieoperationen eingeführt werden, die nicht nur die räumlichen Positionen der Atome, sondern gegebenenfalls auch die Orientierung ihrer Spins zur Deckung bringen. Bei diesem Verfahren werden einem Atom neben seinen Ortskoordinaten weitere Parameter zugeordnet, die die Orientierung seines Spins beschreiben, und die verallgemeinerten Symmetrieoperationen wirken sowohl auf die Ortskoordinaten als auch auf die Orientierungsparameter für den Spin ein.

Wir wollen uns auf die Betrachtung der Symmetrie von solchen Spinordnungen beschränken, in denen wie beim MnO nur parallele oder antiparallele Orientierungen der Spins auftreten. Für die Beschreibung dieser Orientierung genügt dann ein Parameter, der nur zwei Werte anzunehmen braucht: symbolisch z. B. +1 für die eine Spinorientierung und –1 für die entgegengesetzte Spinorientierung (der Zahlenwert 1 ist dabei völlig unerheblich). Eine *verallgemeinerte Symmetrieoperation* besteht dann aus einer räumlichen Bewegung, die – wie bisher – äquivalente Atome mit sich zur Deckung bringt, sowie einen zusätzlichen Operator, der den Parameter der Spinorientierung entweder belässt oder aber umkehrt. Im letzteren Fall spricht man von einer *Antisymmetrieoperation (AS-Operation)*. Die Aufeinanderfolge der gleichen Antisymmetrieoperationen führt auf die *Antisymmetrieelemente*. Die zweimalige Ausführung einer Antisymmetrieoperation ergibt dabei wieder eine Operation, die den Orientierungsparameter nicht umkehrt. Insofern gehören zu jedem Antisymmetrieelement sowohl Antisymmetrieoperationen, die den Orientierungsparameter umkehren, als auch gewöhnliche Symmetrieoperationen, die dies nicht tun. Die Kombination von Antisymmetrieelementen miteinander bzw. die Kombination von Antisymmetrieelementen mit gewöhnlichen Symmetrieelementen führt auf die *Antisymmetriegruppen (AS-Gruppen)*. Die Symbolisierung der Antisymmetrieelemente geschieht auf zweierlei Weise: Die Symbole der korrespondierenden gewöhnlichen Symmetrieelemente werden entweder mit einem Beistrich versehen oder unterstrichen, z. B. m' oder $\underline{m}$ für eine *Antisymmetriespiegelebene* , $4'$ oder $\underline{4}$ für eine vierzählige *Antisymmetriedrehachse*. Es gibt auch *Antisymmetrietranslationen*, die eine Translation mit Umkehr des Orientierungsparameters bedingen.

Bei einer graphischen Darstellung kann die Antisymmetrie durch zwei verschiedene Farben zum Ausdruck gebracht werden, und da es am naheliegendsten war, die „Farben" Schwarz und Weiß zu verwenden, bezeichnet man die AS-Gruppen auch als *Schwarz-Weiß-Gruppen*. Diese Darstellung ist von A. V. SCHUBNIKOV eingeführt worden, weswegen die AS-Gruppen auch als *SCHUBNIKOV-Gruppen* bezeichnet werden [4.14]. Bei einer Schwarz-Weiß-Darstellung des antiferromagnetischen MnO (Bild 4.55) hätte man alle Mn-Ionen der einen Spinorientierung weiß, alle Mn-Ionen der entgegengesetzten Spinorientierung schwarz darzustellen; da das magnetische Moment der O-Ionen null ist, ist deren Farbqualität nicht relevant („*grau*").

Die systematische Untersuchung führt auf insgesamt 1421 *Antisymmetrieraumgruppen* (Schwarz-Weiß-Raumgruppen) für die magnetischen Strukturen; hierzu zählen 1191 AS-Raumgruppen, die durch Verteilungen weißer und schwarzer Punkte darzustellen sind, und 230 Raumgruppen, in denen die Spins alle in der gleichen Richtung orientiert sind, die also mit einer Farbe auskommen und gar keine echten AS-Operationen enthalten; sie entsprechen genau den 230 gewöhnlichen Raumgruppen. Außerdem führt die Kombination von Antisymmetrieelementen aber noch auf weitere Gruppen, die schwarze und weiße Gitterpunkte aufeinander abbilden: Die Gitterpunkte sind gewissermaßen „grau", ihnen kann kein Moment mit einer Orientierung zugeordnet werden; es gibt insgesamt 230 „graue" Raumgruppen , die wiederum genau den gewöhnlichen Raumgruppen entsprechen. Addiert man sie zu den 1421 „magnetischen" AS-Raumgruppen, so kommt man auf insgesamt 1651 Antisymmetrieraumgruppen (BELOW et al. [4.14]), die von V. A. KOPCIK tabuliert worden sind.

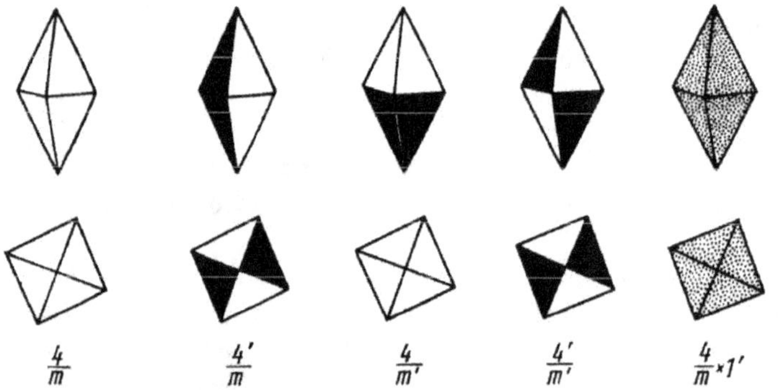

Bild 4.58. *Die antisymmetrischen tetragonalen Dipyramiden, Seitenansicht und Draufsicht.*
$4/m$ Einfarbig; $4'/m$, $4/m'$ und $4'/m'$ zweifarbig; $4/m \times 1'$ grau.

Die zweifarbigen AS-Raumgruppen sind 22 zweifarbigen Translationsgittern zuzuordnen (AS-BRAVAIS-Gitter); hinzu kommen die 14 einfarbigen und noch 14 „graue" Translationsgitter. Das ergibt dann 36 „magnetische" AS-BRAVAIS-Gitter und 50 AS-BRAVAIS-Gitter insgesamt. Den AS-Raumgruppen sind ferner die *AS-Punktgruppen* oder *„magnetischen" Kristallklassen* an die Seite zu stellen, die die makroskopische Symmetrie antisymmetrischer Strukturen zum Ausdruck bringen. Analog den „normalen" Punktgruppen lassen sich auch die AS-Punktgruppen durch Polyeder repräsentieren, und zwar durch zweifarbige (schwarz-weiße) Polyeder. Als Beispiel zeigt Bild 4.58 die zweifarbigen Polyeder, die sich aus der Punktgruppe $4/m$, repräsentiert durch eine tetragonale Dipyramide, ableiten lassen. Insgesamt gibt es 58 AS-Punktgruppen, die durch zweifarbige Polyeder darzustellen sind. Hinzu kommen die 32 einfarbigen Punktgruppen, so dass es zusammen 90 „magnetische" Kristallklassen gibt. Entsprechend gibt es auch wieder 32 „graue" Punktgruppen; die Gesamtanzahl der AS-Punktgruppen beträgt damit 122.

Die AS-Gruppen sind nicht nur zur Beschreibung der Symmetrie von Anordnungen magnetischer Momente geeignet, sondern können auch herangezogen werden, um die Symmetrie von anderen Eigenschaften zu erfassen, sofern die betreffende Eigenschaft zwei Werte annehmen kann, die im Zusammenhang mit den räumlichen Symmetrieoperationen wechseln. Ein Beispiel sind die Anordnungen elektrischer Dipolmomente entgegengesetzter Richtung (Antiferroelektrika).

Es ist jedoch zu beachten, dass bei derartigen Betrachtungen „axiale" und „polare" Eigenschaften unterschieden werden müssen. So werden beispielsweise die elektrische Feldstärke $\boldsymbol{E}$, die elektrische Polarisation $\boldsymbol{P}$ und die dielektrische Verschiebung $\boldsymbol{D}$ durch *polare Vektoren* dargestellt. Ein polarer Vektor ist (entsprechend dem gewöhnlichen Vektorbegriff) durch Betrag und Richtung gekennzeichnet. Bei der magnetischen Feldstärke $\boldsymbol{H}$, der Magnetisierung $\boldsymbol{M}$ und der magnetischen Induktion $\boldsymbol{B}$ handelt es sich hingegen um *axiale Vektoren (Pseudovektoren)*. Ein axialer Vektor hat neben seinem Betrag nur eine Achse und einen Drehsinn (Bild 4.59); erst durch die Konvention einer Rechtsschraube in einem rechtshändigen Koordinatensystem wird ihm, gewissermaßen künstlich, eine Richtung zugeordnet.

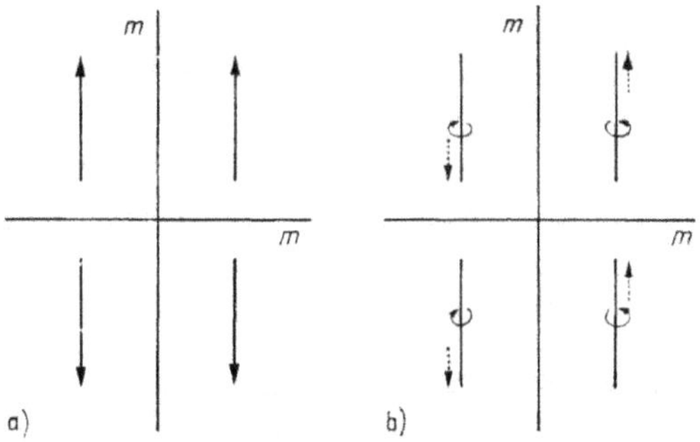

Bild 4.59. *Spiegelung von Vektoren.*
a) Polarer Vektor; b) axialer Vektor.

Beide Vektortypen unterscheiden sich durch ihre Symmetrie und ihr Transformationsverhalten. Ein polarer Vektor hat (für sich allein) die Symmetrie der kontinuierlichen Punktgruppe ∞m (vgl. Bild 4.2 und Tab. 4.4); er kehrt bei einer Spiegelung an einer zu ihm senkrechten Spiegelebene seine Richtung (sein Vorzeichen) um und ist gegenüber einer Spiegelung an einer parallelen Spiegelebene invariant. Bei einer Inversion des Koordinatensystems (Transformation der Basisvektoren $e_1' = -e_1$; $e_2' = -e_2$; $e_3' = -e_3$) wechseln die Komponenten eines polaren Vektors ihr Vorzeichen. Ein axialer Vektor hat die Symmetrie der Punktgruppe ∞/m; er bleibt bei einer Spiegelung an einer senkrechten Spiegelebene invariant und kehrt bei einer Spiegelung an einer parallelen Spiegelebene seinen Drehsinn um. Bei einer Inversion des Koordinatensystems bleiben die Vorzeichen der Komponenten eines axialen Vektors unverändert. Die Spiegelung eines axialen Vektors hat man anschaulich so vorzunehmen, dass man den darstellenden Vektorpfeil spiegelt und gleichzeitig umkehrt (vgl. Bild 4.59). Entsprechendes gilt für alle (räumlichen) Symmetrieoperationen, die durch eine Matrix mit der Determinanten -1 (vgl. Abschn. 1.5.4.) dargestellt werden (also Inversion und Drehinversion). Daraus folgt, dass bei der Beschreibung von Spinordnungen mittels Antisymmetriegruppen die Operation einer gewöhnlichen Spiegelung den den Spin darstellenden Vektorpfeil zusätzlich noch umkehrt, eine AS-Spiegelung ihn belässt. Diese Zusammenhänge sind bei DONNAY et al. [4.15] ausführlich dargestellt. Die Symmetriegruppen von komplizierteren, nichtkollinearen Spinordnungen, die über das Konzept der Antisymmetrie hinausgehen, werden von KITZ [4.16] behandelt.

Bei der Beschreibung anisotroper kristallphysikalischer Eigenschaften durch Tensoren hat man generell zwischen polaren und *axialen Tensoren* (*Pseudotensoren*) zu unterscheiden. Hierfür gibt es folgende Definitionen: Ein Tensor 2. Stufe ordnet einem gegebenen Vektor einen anderen Vektor linear zu. Ein Tensor *n*-ter Stufe ordnet einem gegebenen Vektor einen Tensor (n – 1)-ter Stufe linear zu. In diesem Zusammenhang bezeichnet man einen Vektor auch als Tensor 1. Stufe und einen Skalar als Tensor 0. Stufe. Dann verknüpft allgemein ein Tensor *n*-ter Stufe einen Tensor *m*-ter Stufe mit einem Tensor (n–m)-ter Stufe. Ein polarer Tensor 2. Stufe verknüpft entweder zwei polare Vektoren oder zwei axiale Vektoren miteinander. Dementsprechend sind sowohl die dielektrische Suszeptibilität χ^{e} als auch die magnetische Suszeptibilität χ^{m} beides polare Tensoren 2. Stufe. Bei einer Inversion des Koordinatensystems bleiben die Vorzeichen der Komponenten eines polaren Tensors 2. Stufe ungeändert. Ein axialer Tensor 2. Stufe verknüpft einen polaren mit einem axialen Vektor (oder umgekehrt); bei einer Inversion des Koordinatensystems kehren sich die Vorzeichen seiner Komponenten um. Allgemein verknüpft ein polarer Tensor (*n*-ter Stufe) entweder zwei polare oder zwei axiale Tensoren (also zwei Tensoren gleichen Typs). Ein axialer Tensor (*n*-ter Stufe) verknüpft zwei Tensoren gemischten Typs. Polare Tensoren ungeradzahliger Stufe kehren bei einer Inversion des Koordinatensystems die Vorzeichen ihrer Komponenten um, polare Tensoren geradzahliger Stufe nicht. Axiale Tensoren (Pseudotensoren) geradzahliger Stufe kehren bei einer Inversion des Koordinatensystems die Vorzeichen ihrer Komponenten um, axiale Tensoren ungeradzahliger Stufe nicht. Dementsprechend behält eine skalare Eigenschaft (z. B. der thermische Volumenausdehnungskoeffizient β – Abschn. 4.2.1.) als „polarer Tensor 0. Stufe" bei einer Inversion des Koordinatensystems ihr Vorzeichen bei. Außerdem gibt es pseudoskalare Eigenschaften (z. B. das Drehvermögen ρ einer optisch aktiven isotropen Flüssigkeit – Abschn. 4.4.2.), die als „axialer Tensor 0. Stufe" bei einer Inversion des Koordinatensystems ihr Vorzeichen umkehren.

Das Konzept der kristallographischen Symmetriegruppen ist noch über die AS-Gruppen hinaus verallgemeinert worden (vgl. NIGGLI und WONDRATSCHEK [4.17], BOHM [4.18]). Betrachtet man die Transformation einer zusätzlichen Eigenschaft, die mehr als zweier diskreter Werte fähig ist (z. B. die Orientierung von Spins in beliebigen Richtungen), so gelangt man zu den *Farbgruppen*. Die Farbgruppen werden graphisch unter Verwendung von mehr als zwei Farben dargestellt (ausführlich behandelt von A. L. LOEB sowie A. M. ZAMORZAEV et al.), wobei jede Farbe einen bestimmten Wert der betrachteten Eigenschaft repräsentiert. Schließlich kann man auch mehrere Eigenschaften gleichzeitig betrachten und gelangt so zu den *„mehrfachen Symmetriegruppen"* („mehrfache AS-Gruppen" etc.), die z. B. auch dafür geeignet sind, das Transformationsverhalten von tensoriellen Eigenschaften zu beschreiben (A. M. ZAMORZAEV).

Man kann eine zusätzliche Eigenschaft nicht nur durch eine Farbe, sondern auch algebraisch durch eine zusätzliche Koordinate beschreiben, indem man die Dimension des Transformationsraumes (algebraisch) entsprechend erweitert. Auf diese Weise gelangt man zu *mehrdimensionalen* (d. h. mehr als dreidimensionalen) *Symmetriegruppen*. Man kann algebraisch auch Gitter in beliebig vielen Dimensionen definieren und deren Symmetrieeigenschaften (gleichfalls auf algebraische Weise) studieren, was als „*n*-dimensionale Kristallographie" bezeichnet wird (WONDRATSCHEK et al. [4.19], H. BROWN et al., R. L. E. SCHWARZENBERGER). Es gibt 227 vierdimensionale kristallographische Punktgruppen („Kristallklassen"), 64 vierdimensionale Translationsgruppen („BRAVAIS-Gitter") und 4783 vierdimensionale Raumgruppen. Übrigens kennt man schon seit langem geometrisch-anschaulich die 17 zweidimensionalen Raumgruppen *(Ebenengruppen)* und 10 zweidimensionale kristallographische Punktgruppen (vgl. Tab. 1.8). Die 17 Ebenengruppen beschreiben z. B. die Symmetrie von periodischen Ornamenten und von Tapetenmustern. Zu den verallgemeinerten Symmetriegruppen sei auf die weiterführende Literatur zum Abschn. 1. (Gruppentheorie und Symmetriegruppen) hingewiesen.

4.6. Mechanische Eigenschaften von Kristallen

Wird ein Kristall durch mechanische Spannungen, wie Druck oder Zug, beansprucht, so erleidet er Formänderungen, bzw. er erfährt eine Deformation. Soweit diese Formänderungen reversibel sind, d. h. wieder verschwinden, wenn die Beanspruchung aufhört, sprechen wir von einer *elastischen Deformation* oder *elastischen Verzerrung*. Formänderungen, die nach der Beanspruchung verbleiben, werden als *plastische Deformation* bezeichnet.

Legt man beispielsweise an einen stabförmigen kristallinen Probekörper der Länge l eine *Zugspannung* σ (Kraft pro Fläche des Stabquerschnitts) an, so beobachtet man eine Längenänderung (*Dilatation*) Δl. Verfolgt man die betreffende Dehnung $\varepsilon = \Delta l/l$ in Abhängigkeit von der Spannung σ (Bild 4.60), so stellt man bei kleinen Spannungen einen (annähernd) linearen Zusammenhang fest (*HOOKEscher Bereich*). Die Dehnung ε ist in diesem Bereich elastischer Natur; d. h., wenn die Spannung σ abgesetzt wird, geht auch ε auf null zurück. Mit zunehmender Spannung σ biegt die Kurve vom linearen Verlauf ab, und es treten in zunehmendem Maße plastische Beiträge zur Deformation in Erscheinung: Bei einer Entlastung geht ε nicht mehr auf null zurück, und es zeigt sich eine *Hysterese*. Da der Beginn der plastischen Deformation nicht präzise zu erfassen ist, definiert man als *Elastizitätsgrenze* (auch: *Anelastizitätsgrenze*) $\sigma_{0,2\%}$ diejenige Spannung, die (nach der Entlastung) eine bleibende Verformung von 0,2 % hervorruft. Meistens setzt wenig oberhalb von $\sigma_{0,2\%}$ eine stärkere plastische Deformation ein, wofür man die Bezeichnung *Streckgrenze* verwendet. Die Spannung σ_{max} am Maximum der Kurve bezeichnet die *Zerreißfestigkeit* der Probe. Die Kurve im Bild 4.60 ist typisch für ein metallisches Werkstück. Bei anderen Werkstoffen kann es bereits nach einem kurzen elastischen Anstieg zu einem Bruch kommen, ohne dass eine nennenswerte plastische Deformation zu beobachten ist *(Sprödbruch)*.

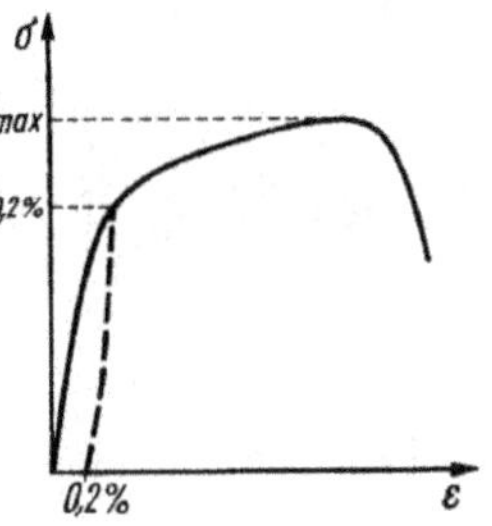

Bild 4.60. *Zerreißdiagramm (Abhängigkeit der Dehnung ε von einer mechanischen Spannung σ).*

4.6.1. Elastizität

Eine elastische Deformation ist (in erster Näherung) proportional zur mechanischen Spannung. Wird, wie oben ausgeführt, ein Stab der Länge l durch eine Zugspannung σ in Richtung der Stabachse belastet, so erfährt er eine Längenänderung (Dilatation) Δl, und für die elastische Dehnung $\varepsilon = \Delta l/l$ gilt das *HOOKEsche Gesetz*:

$$\varepsilon = \Delta l/l = s\sigma \text{ oder } \sigma = E\,\Delta l/l = E\varepsilon$$

mit $s=1/E$; s ist der *Elastizitätskoeffizient* und E der *Elastizitätsmodul* (*YOUNGscher Modul*).

Bei Kristallen sind die elastischen Eigenschaften anisotrop, und die Elastizitätsmoduln sind von der Richtung abhängig, in der der Probestab aus dem Kristall herausgeschnitten wurde. Trägt man auf bestimmten Kristallflächen den Betrag des Elastizitätsmoduls in Richtung des jeweiligen Radiusvektors ab, so erhält man Figuren entsprechend Bild 4.61, die die Symmetrie der betreffenden Kristallflächen widerspiegeln. Ergänzt man diese Figuren für alle Richtungen im Kristall auf drei Dimensionen, so kommt man auf „Elastizitätsmodulkörper“ (Bild 4.62), die gleichfalls der Symmetrie des Kristalls folgen. Es sind Flächen 4. Grades, die auch im kubischen Kristallsystem von der Kugelgestalt abweichen – im Gegensatz zu den Flächen 2. Grades (Ellipsoide), welche die Eigenschaftstensoren 2. Stufe darstellen und im kubischen Kristallsystem kugelförmig sind, d. h. auf ein isotropes Verhalten führen. Bemerkenswert ist der Umstand, dass die Modulkörper trotz gleichen Strukturtyps sehr verschiedenartig geformt sein können (vgl. Au gegenüber Al oder Mg gegenüber Zn): Die elastischen Eigenschaften reagieren empfindlich auf Unterschiede der in einem Kristall wirkenden Bindungskräfte.

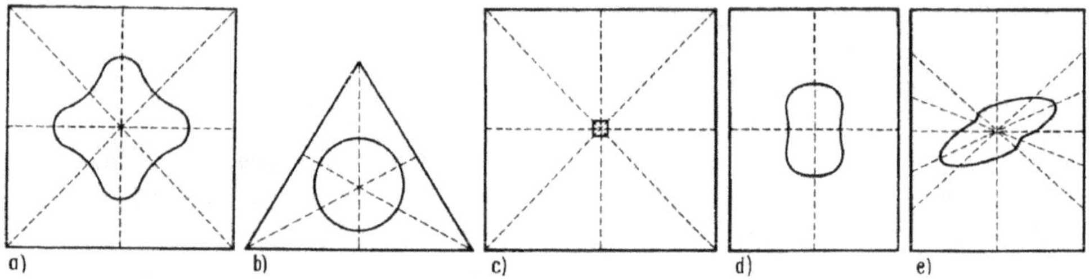

Bild 4.61. *Elastizitätsfiguren auf Flächen einiger Kristallarten.*

a) Auf (100) von Fluorit (Klasse $m\bar{3}m$); b) auf (111) von Fluorit; c) auf (100) von Chromalaun (Klasse $m\bar{3}$); d) auf (010) von Baryt (Klasse *mmm*); e) auf ($11\bar{2}0$) von Calcit (Klasse $\bar{3}m$).

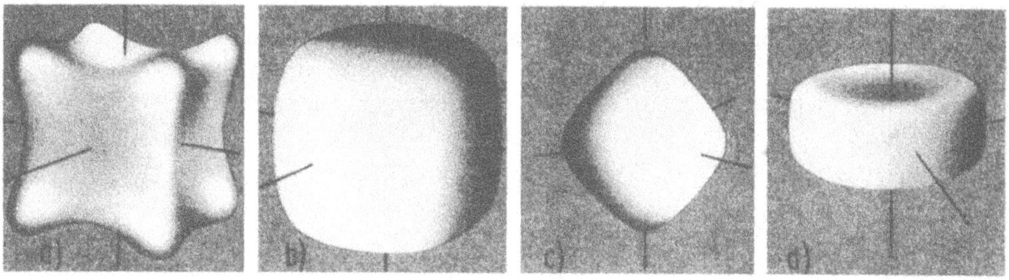

Bild 4.62. *Elastizitätsmodulkörper.*

a) Von Gold; b) von Aluminium; c) von Magnesium; d) von Zink.
Die abgebildeten Körper haben bei a) und b) (Klasse $m\bar{3}m$) die Symmetrie eines Würfels, bei c) und d) (Klasse 6/*mmm*) sind sie rotationssymmetrisch.

Für eine umfassende phänomenologische Beschreibung der elastischen Eigenschaften eines Kristalls als eines anisotropen Körpers ist sein Spannungszustand zu seinem Deformationszustand in Beziehung zu setzen. Der Spannungszustand wird durch den (im Abschn. 4.3.3. eingeführten) Spannungstensor $\boldsymbol{\sigma}$ mit den Komponenten σ_{ij} beschrieben. Der Deformationszustand wird durch den (im Abschn. 4.2.1. eingeführten) Deformationstensor (Verzerrungstensor) $\boldsymbol{\varepsilon}$ mit den Komponenten ε_{ij} beschrieben. Ein linearer Ansatz, der jede Komponente σ_{ij} mit jeder Komponente ε_{ij} in Beziehung setzt, hat dann die Form:

$$\varepsilon_{ij} = \sum_{k,l} s_{ijkl}\sigma_{kl} \quad \text{bzw. symbolisch} \quad \boldsymbol{\varepsilon} = \mathbf{s} : \boldsymbol{\sigma}$$

bzw. $i, j, k, l = 1, 2, 3$

$$\sigma_{ij} = \sum_{k,l} c_{ijkl}\varepsilon_{kl} \quad \text{bzw. symbolisch} \quad \boldsymbol{\sigma} = \mathbf{c} : \boldsymbol{\varepsilon}$$

als gleichberechtigte kristallphysikalische Formulierungen des Hookeschen Gesetzes. Die s_{ijkl} bezeichnet man als elastische Koeffizienten (auch: Elastizitätskoeffizienten, elastische Nachgiebigkeiten oder elastische Moduln), die c_{ijkl} als elastische Konstanten (auch: Elastizitätsmoduln). Beide stellen (polare) Tensoren 4. Stufe dar, die zueinander reziprok sind. Aus der Symmetrie des Deformationstensors $\varepsilon_{ij} = \varepsilon_{ji}$ folgt $s_{ijkl} = s_{jikl}$. Aus der Symmetrie des Spannungstensors $\sigma_{kl} = \sigma_{lk}$ folgt $s_{ijkl} = s_{ijlk}$, d. h., sowohl die vorderen als auch die hinteren Indizes sind vertauschbar. Durch eine Betrachtung der Deformationsenergie lässt sich außerdem zeigen, dass auch $s_{ijkl} = s_{klij}$ gelten muss, d. h., das vordere Indexpaar ist mit dem hinteren vertauschbar. Zwischen den c_{ijkl} gelten die gleichen Beziehungen. Zufolge dieser inneren Symmetrien der Elastizitätstensoren können von den $3^4 = 81$ Komponenten nur deren 21 unabhängig sein. Im allgemeinen Fall eines triklinen Kristalls werden dessen elastische Eigenschaften also durch 21 Materialkonstanten beschrieben, die gegebenenfalls jede für sich bestimmt werden müssen, was u. U. für eine Messung aller Konstanten eine geeignete Strategie erfordert (vgl. z. B. S. Haussühl). In den einzelnen Kristallklassen wird gegebenenfalls durch die äußere Symmetrie (Neumannsches Prinzip) die Menge der unabhängigen Tensorkomponenten reduziert, nach deren Art und Anzahl („Gestalt" des Tensors) man zehn Typen des elastischen Verhaltens fester Körper unterscheiden kann (vgl. Tab. 4.13). Hierbei sind die isotropen Körper und Texturen (kontinuierliche Punktgruppen) mit einbezogen.

Tabelle 4.13. *Typen des elastischen Verhaltens fester Körper.*

Kristallsystem	Triklin	Monoklin	Rhombisch	Trigonal		Tetragonal		Hexagonal	Kubisch	Isotrop
Kristallklasse	alle Klassen	alle Klassen	alle Klassen	3 $\bar{3}$	32 $3m$ $\bar{3}\,m$	4 $\bar{4}$ $4/m$	$4mm$ $\bar{4}\,2m$ 422 $4/mmm$	alle Klassen*)	alle Klassen	**)
Unabhängige Komponenten[1])	21	13	9	7	6	7	6	5	3	2

*) Sowie die „wirteligen" kontinuierlichen Punktgruppen ∞; ∞/m; $\infty 2$; ∞m; ∞/mm;
**) kontinuierliche Punktgruppen 2∞ und $m\,\overline{\infty}$ (vgl. Bild 4.2). [1]) Bei den Typen mit gleicher Anzahl unabhängiger Tensorkomponenten unterscheiden sich diese durch ihre Indizes.

Die *Matrixschreibweise* (vgl. in Abschn. 4.3.3!) kann auch hier vereinfachend benutzt werden, um auf Grund der Symmetrien der verschiedenen Tensorkomponenten vertauschbare Indexpaare zu je einem Index μ oder ν zusammenzufassen. Die Spannungen σ_μ und die Dehnungen ε_ν (mit μ, $\nu = 1,\ldots,6$) erhält man wie in Abschn. 4.3.3 (S. 270) und die $c_{\mu\nu}$ sowie $s_{\mu\nu}$ nach folgenden Schemata:

$$
\begin{aligned}
c_{\mu\sigma} = c_{ijkl} \quad \text{mit} \quad & \mu = i(=j) = 1,\ 2,\ 3 \quad \text{für} \quad i = j,\\
& \mu = 9-(i+j) = 4,\ 5,\ 6 \quad \text{für} \quad i \neq j,\\
& \nu = k(=l) = 1,\ 2,\ 3 \quad \text{für} \quad k = l,\\
& \nu = 9-(k+l) = 4,\ 5,\ 6 \quad \text{für} \quad k \neq l;
\end{aligned}
$$

$$
\begin{aligned}
s_{\mu\nu} = s_{ijkl}(2-\delta_{ij})\,(2-\delta_{kl}) \quad & \text{mit } \mu,\ \nu \text{ wie bei den } c_{\mu\nu},\\
& \delta_{ij},\ \delta_{kl} = 1 \quad \text{für} \quad i = j \quad \text{bzw.} \quad k = l,\\
& \delta_{ij},\ \delta_{kl} = 0 \quad \text{für} \quad i \neq j \quad \text{bzw.} \quad k \neq l.
\end{aligned}
$$

Beispielsweise gelten $s_{21} = s_{2211}$; $s_{25} = 2s_{2213}$; $s_{64} = 4s_{1223}$ etc.

Damit erhält das HOOKEsche Gesetz die einfache Form:

$$\sigma_\mu = \sum_\nu c_{\mu\nu}\varepsilon_\nu \quad \text{bzw.} \quad \varepsilon_\mu = \sum_\nu s_{\mu\nu}\sigma_\nu$$

mit $c_{\mu\nu} = c_{\nu\mu}$ sowie $s_{\mu\nu} = s_{\nu\mu}$. Die $c_{\mu\nu}$ bzw. $s_{\mu\nu}$ können in Form von 6 × 6-Matrizen geschrieben werden, die zueinander invers sind:

$$sc = \boldsymbol{1}$$

mit der Einheitsmatrix $\boldsymbol{1}$ (zur Berechnung einer inversen Matrix vgl. S. 258). Auch hier handelt es sich nicht mehr um Tensoren, sondern nur um Matrizen.

Die elastischen Eigenschaften *isotroper Körper* werden üblicherweise (vgl. Lehrbücher der Physik) durch den *Elastizitätsmodul* $E = 1/s_{11}$, den *Torsionsmodul* $G = 1/2\ (s_{11}-s_{12})$ und das *POISSON-Verhältnis* $\nu = -s_{12}/s_{11}$ beschrieben. Nur zwei dieser Größen sind unabhängig, und es gilt (bei isotropen Körpern)

$$2\,G = E/(1 + \nu).$$

Diese Beziehung gilt im allgemeinen nicht für Kristalle, auch nicht für die kubischen.

Erwähnt sei, dass es auch *nichtlineare elastische Phänomene* gibt, die auf geringen Abweichungen vom HOOKEschen Gesetz beruhen. Sie führen u. a. zur Generation von Harmonischen bei der Ausbreitung von Schallwellen.

Schließlich sei noch das Phänomen der *Superelastizität* angeführt: Gewisse kristalline Körper können eine anomal große, reversible Deformation dadurch erfahren, dass ihre Struktur der Formänderung durch eine martensitische Umwandlung (S. 240) folgt – analog der im nächsten Abschnitt zu behandelnden plastischen Zwillingsgleitung. Bei Wegnahme der mechanischen Spannung gehen die martensitische Umwandlung und die damit verbundene Deformation wieder zurück, bei der Zwillingsgleitung jedoch nicht. Auf demselben Mechanismus beruht das sog. *Formgedächtnis* gewisser Werkstoffe: Die Deformation wird hier gleichfalls durch eine martensitische Umwandlung bewirkt, die aber nach Wegnahme der Spannung zunächst bestehen bleibt; erst nach einer Erhöhung der Temperatur erfolgen die rückläufige martensitische Reaktion und die Rückkehr in die alte Form. Die Superelastizität ist daher als eine reversible Plastizität anzusprechen.

4.6.2. Plastizität

Die Plastizität der Kristalle, die zu ihrer bleibenden Verformung führt, spielt in Natur und Technik eine große Rolle. Beispielsweise wird die Bewegung der Gletscher durch die Plastizität der Eiskristalle verständlich. Metalle werden im kristallisierten Zustand verformt, zu Drähten gezogen, zu Folien, Blechen und Röhren gewalzt usw. Die Grundvorgänge der plastischen Deformation sind durch systematische Untersuchungen an Einkristallen erschlossen worden. Bild 4.63 zeigt einige Einkristallstäbe, die durch eine Zugspannung plastisch deformiert (gestreckt) worden sind. Die Deformation ist durch ein „Abgleiten“ entlang bestimmter Gitterebenen (Gleitebenen) in einer bestimmten Richtung (Gleitrichtung) erfolgt, wie es das Modell im Bild 4.64 verdeutlicht. Es ist wesentlich, dass der gittermäßige Zusammenhang des Kristalls bei einer Gleitung erhalten bleibt, von untergeordneten, kleineren Störungen einmal abgesehen. Bei fortgesetzter Streckung drehen die Gleitebene und die Gleitrichtung allmählich in Richtung auf die Stabachse (Zugrichtung), der Stab wird dünner und sein ursprünglich kreisförmiger Querschnitt elliptisch.

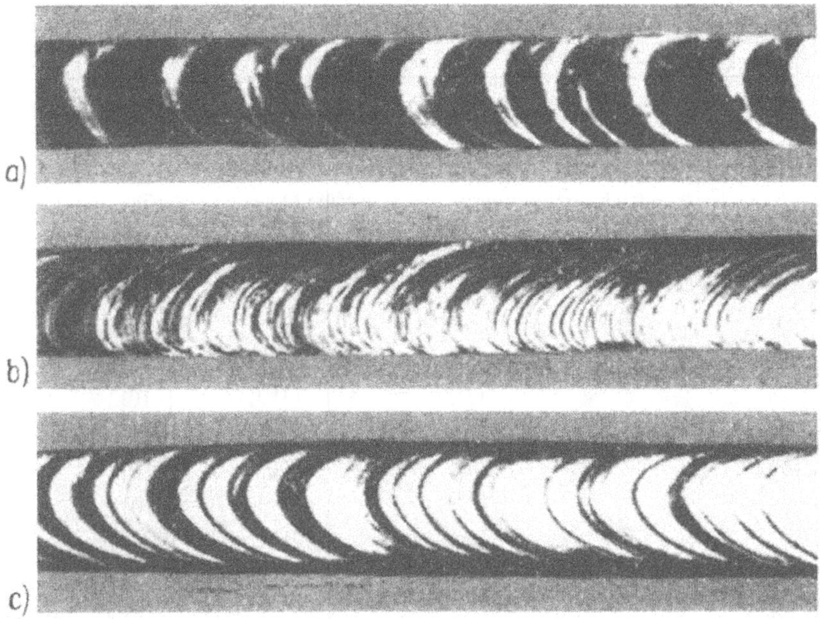

Bild 4.63. *Einkristallstäbe von Metallen, verformt im Zugversuch.*

a) β-Zinn; b) Wismut; c) Zink

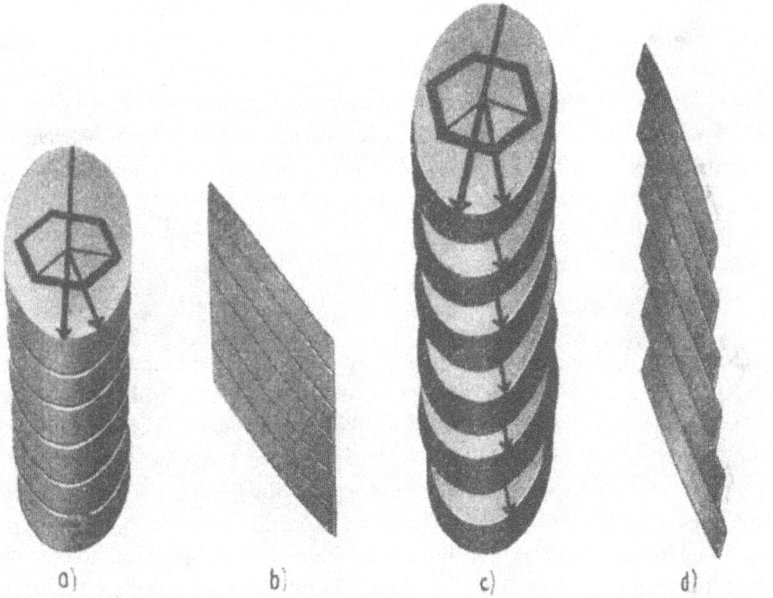

Bild 4.64. *Modell der mechanischen Gleitung durch Translation.*

a) und c) schräge Draufsicht; b) und d) Seitenansicht; a) und b) vor, c) und d) nach der Gleitung. Die Translationsrichtung ist durch einen Pfeil angegeben. Man beachte das Einkippen der Gleitrichtung in die Zugrichtung (Richtung der Stabachse).

Tabelle 4.14. Gleitsysteme einiger Kristallarten.

Kristallart	Kristallklasse	Struktur	Gleitsystem[1]	
Al, Cu, Ag, Au, γ-Fe	$m\bar{3}m$	kubisch dichteste Kugelpackung	(111)	$[10\bar{1}]$
W, Mo, α-Fe	$m\bar{3}m$	kubisch innenzentrierte	(112)	$[1\bar{1}1]$
		Kugelpackung	(110)	$[1\bar{1}1]$
Mg, Zn, Cd, Be, Re	$6/mmm$	hexagonal dichteste Kugelpackung	(0001)	[10.0]
			$(01\bar{1}1)$	[10.0]
			$(01\bar{1}0)$	[10.0]
Halit NaCl	$m\bar{3}m$	NaCl-Strukturtyp	(110)	$[1\bar{1}0]$
			(100)	[011]
Bleiglanz PbS	$m\bar{3}m$	NaCl-Strukturtyp	(100)	[010]
Anhydrit $CaSO_4$	mmm		(001)	[010]
Gips $CaSO_4 \cdot 2H_2O$	$2/m$		(010)	[001]
Cyanit Al_2SiO_5	$\bar{1}$		(100)	[001]

[1]) Es ist nur jeweils eines der symmetrisch äquivalenten Gleitsysteme angegeben.

Gleitebene und -richtung bilden zusammen das *Gleitsystem*. Meistens handelt es sich bei den Gleitflächen um relativ dicht besetzte Netzebenen und bei den Gleitrichtungen um dichtbesetzte Gittergeraden (Tab. 4.14). Bei manchen Kristallarten kommen verschiedenartige Gleitsysteme vor, außerdem gibt es, zumindest bei den höhersymmetrischen Kristallklassen, zu einem bestimmten Gleitsystem meistens noch eine Reihe symmetrisch äquivalenter Gleitsysteme. Welches der potentiellen Gleitsysteme betätigt wird, hängt davon ab, für welches Gleitsystem sich in der jeweiligen Anordnung die größte Schubspannung (Scherspannung) ergibt; denn es handelt sich bei der Gleitung um eine reine Scherbewegung. Aus einfachen geometrischen Zusammenhängen folgt für die im Gleitsystem wirksame Schubspannung τ:

$$\tau = \sigma \cos\varphi \cos\lambda = \mu\sigma$$

mit σ als der in Stabrichtung angelegten Zugspannung (bzw. auch als gerichteter Druck), φ als Winkel zwischen der Stabachse und der Normalen der Gleitebene und λ als Winkel zwischen der Stabachse und der Gleitrichtung. Die Größe $\mu = \cos\varphi \cos\lambda$ bezeichnet man als *Orientierungsfaktor*. Die Schubspannung τ kann nur einen maximalen Wert $\tau_{max} = 0{,}5\ \sigma$ erreichen, nämlich bei $\varphi = \lambda = 45°$. Wie bereits erwähnt, drehen Gleitebene und -richtung bei fortgesetzter Gleitung in Richtung auf die Stabachse, so dass spätestens von dem Moment an, da τ_{max} erreicht wurde, der Orientierungsfaktor für das betreffende Gleitsystem immer kleiner und damit ungünstiger wird. Schließlich wird der Punkt erreicht, an dem auf ein anderes Gleitsystem eine größere Schubspannung als auf das zuerst betätigte entfällt, so dass dann jenes betätigt wird *(Quergleitung)*.

Bei einer experimentellen Untersuchung des Gleitvorgangs wird ein Einkristallstab in einer entsprechenden Apparatur mit konstanter Geschwindigkeit gedehnt (in die Länge gezogen) und die dafür notwendige Spannung σ gemessen. Diese Dehnungsspannung wird auf die im Gleitsystem wirkende Schubspannung τ umgerechnet, die in Abhängigkeit von der jeweiligen Abgleitung a graphisch aufgetragen wird (Bild 4.65). Die *Abgleitung* ist der Quotient aus der Gleitstrecke s (gemessen in der Gleitrichtung) und der Dicke h des betrachteten, der Gleitung unterworfenen Kristallbereichs (gemessen senkrecht zur Gleitebene): $a = s/h$. Die so gewonnene *Gleitkurve* oder

Verfestigungskurve hat vor allem bei reinen Kristallen einen charakteristischen Verlauf: Nach einem kurzen elastischen Anstieg beginnt mit dem Erreichen einer gewissen *kritischen Schubspannung* τ_0 der Gleitvorgang. Die Abgleitung schreitet im *Bereich I* der Gleitkurve fort, ohne dass sich die nötige Schubspannung wesentlich erhöht; dann schließt sich ein *Bereich II* an, in dem die Schubspannung τ linear mit der Abgleitung a steigt und gegenüber der kritischen Schubspannung den mehrfachen Wert erreichen kann *(Verfestigung)*. Die Steigung der Gleitkurve $\vartheta = d\tau/da$ ist der *Verfestigungskoeffizient*. Schließlich biegt die Gleitkurve im *Bereich III* wieder vom linearen Verlauf ab, bevor es zum Zerreißen der Probe kommt. Neben der Gleitkurve wird auch eine sog. *Kriechkurve* aufgenommen, bei der die Probe mit einer konstanten Spannung belastet und die Abgleitung in Abhängigkeit von der Zeit verfolgt wird.

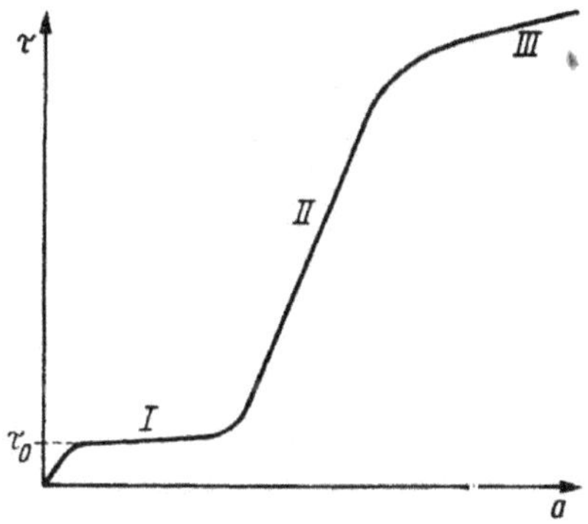

Bild 4.65. *Gleitkurve (schematisch).*
a Abgleitung; τ Schubspannung; τ_0 kritische Schubspannung.

Vergleicht man die so gewonnenen Daten mit theoretisch zu erwartenden Werten, die sich aus der Annahme ergeben würden, dass die als Gleitebene fungierenden Gitterebenen einfach als Ganzes übereinander hinweggleiten (wie es im Bild 4.63 angedeutet ist), so zeigt sich eine markante Diskrepanz: Zu erwarten wären kritische Schubspannungen in der Größenordnung von 10^9 N/m^2, gemessen werden hingegen Werte in der Größenordnung von nur 10^6 N/m^2! Das einfache Modell des Übereinandergleitens kompletter Gitterebenen kann also keinesfalls zutreffen, außerdem vermag es auch nicht das Verfestigungsverhalten zu erklären.

Der tatsächliche Verformungsmechanismus besteht in einer Bewegung von Versetzungen (s. Abschn. 3.1.2.) entlang den Gleitebenen. Die Bildserie 4.66 zeigt schematisch die Bewegung einer Stufenversetzung (vgl. Bild 3.6) durch einen Gitterblock. Im Ergebnis dieser Bewegung ist der obere Teil des Gitterblocks gegenüber dem unteren um den BURGERS-Vektor verschoben worden, und an der Oberfläche ist nach diesem Vorgang eine entsprechende Gleitstufe entstanden. Die im Bild 4.63 sichtbaren Stufen sind allerdings viel gröber und das Ergebnis einer Bewegung von sehr vielen einzelnen Versetzungen entlang einer bzw. mehreren benachbarten Gitterebenen. Analysiert man die Bewegungsmöglichkeiten der verschiedenen Versetzungstypen genauer, so findet man, dass ein Gleiten von Versetzungen (mit Ausnahme von Schraubenversetzungen) jeweils nur in der Ebene möglich ist, die durch den BURGERS-Vektor und die Versetzungslinie aufgespannt wird; die so definierte Gleitebene einer Versetzung muss also mit der Gleitebene des Verformungsvorgangs übereinstimmen. Bewegungen von Versetzungen außerhalb ihrer Gleitebene werden als *Klettern* bezeichnet. Das Klettern ist mit einer Erzeugung von Punktdefekten verbunden und energetisch ungünstiger als das Gleiten. Unabhängig von den Vorgängen der plastischen Verformung gibt es auch ein sog. *passives Klettern* von Versetzungen, bei welchem sich überschüssige Punktdefekte an den Versetzungen ausscheiden. Lediglich Schraubenversetzungen, bei welchen BURGERS-Vektor und Versetzungslinie parallel sind, können in jeder Richtung gleiten, doch gibt es auch für Schraubenversetzungen bevorzugte Gleitebenen, in denen die kritische Schubspannung am kleinsten ist.

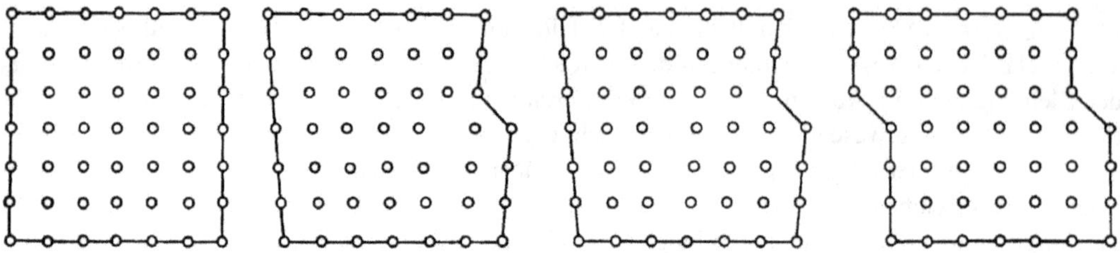

Bild 4.66. *Abgleiten eines Gitterblocks durch Bewegung einer Stufenversetzung (schematisch).*

Bei der Diskussion des Verformungsmechanismus durch die Bewegung von Versetzungen stößt man auf den Umstand, dass die Dichte der normalerweise in einem Kristall enthaltenen Versetzungen ($10^2...10^6/\text{cm}^2$) nicht ausreichend ist, um die beobachteten Verformungen zu erklären. Gleichzeitig mit der Bewegung der Versetzungen müssen bei einer Verformung auch noch Prozesse stattfinden, die für eine Vermehrfachung der Versetzungsdichte sorgen (*Versetzungsmultiplikation*). Für diese Multiplikation sind verschiedene Modelle, sog. *Versetzungsquellen*, vorgeschlagen und in einzelnen Fällen auch nachgewiesen worden. Namentlich erwähnt sei hier nur die *FRANK-READ-Quelle*, von welcher ringförmige Versetzungslinien (Versetzungsschleifen, engl. *dislocation loops*) ausgesandt werden, die sich ausdehnend die Gleitebene überstreichen. Stärkere Verformungen geschehen meist nach dem Mechanismus des mehrfachen Quergleitens (engl. *multiple cross glide*) von Versetzungen: Eine mehr oder weniger geradlinige Versetzung stößt bei ihrer Gleitbewegung auf ein Hindernis, das einen kurzen Abschnitt der Versetzungslinie festhält, während die übrigen Teile der Versetzungslinie weitere Bereiche der Gleitebene überstreichen; die Versetzungslinie wird dadurch länger. Schließlich weicht der festgehaltene Teil durch Quergleiten auf eine benachbarte parallele Gleitebene aus und überstreicht dann diese Gleitebene gleichfalls. Durch Wiederholung dieses Vorgangs wird die Gesamtlänge der im Volumen enthaltenen Versetzungslinien, d. h. die Versetzungsdichte, immer größer. In stark verformten Kristallen findet man Versetzungsdichten von $10^{12}/\text{cm}^2$ und mehr.

Der Versetzungsmechanismus erklärt sowohl die beobachteten Schubspannungen als auch das Verfestigungsverhalten. Und zwar wird die Schubspannung durch den Widerstand bestimmt, der der Gleitbewegung einer Versetzung durch das elastische Spannungsfeld der übrigen Versetzungen im Kristall entgegengesetzt wird. Im Bereich I (Bild 4.67) der leichten Verformbarkeit bewegen sich – von den Versetzungsquellen ausgehend – relativ lange und gestreckte Versetzungsabschnitte durch den ansonsten noch ungestörten Kristall. Hierbei nimmt die Versetzungsdichte ständig zu; wenn das ganze Volumen von Versetzungen durchsetzt ist, behindern sie sich gegenseitig in ihrer Bewegung, indem sie sich durchschneiden usw., woraus eine zunehmende Verfestigung resultiert: Die Gleitkurve geht in den Bereich II (Bild 4.68) über. Der Bereich III (Bild 4.69) schließlich wird durch Reaktionen der nunmehr sehr dicht liegenden Versetzungen gekennzeichnet, die zu ihrer Zusammenballung führen.

Noch ausgeprägter ist die Zusammenballung der Versetzungen in Kristallproben, die bei Ermüdungsversuchen einer Vielzahl von Verformungszyklen unterworfen wurden (Bild 4.70).

Ein stark verformter Kristall hat nicht nur eine größere Versetzungsdichte und besondere mechanische Eigenschaften, sondern auch einen höheren Energieinhalt als ein unverformter Kristall. Durch Temperbehandlungen lassen sich die Versetzungsdichte und die anderen im Gefolge der Verformung entstandenen Defekte wieder reduzieren und die ursprünglichen Eigenschaften wenigstens z. T. wiederherstellen; diesen Vorgang bezeichnet man als *Erholung*. Im Gegensatz dazu wird eine Beeinträchtigung der mechanischen Eigenschaften durch eine langzeitige mechanische Beanspruchung und allmähliche Speicherung der strukturellen Defekte als *Ermüdung* bezeichnet.

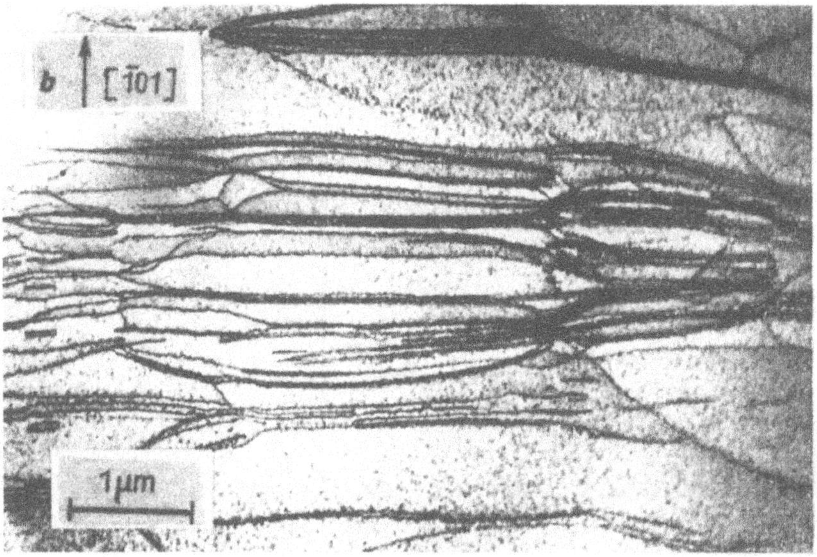

Bild 4.67. *Versetzungsstruktur in Kupfer im Bereich I der Gleitkurve.*

Verformt bei 78 K bis τ = 1,08 MPa und a = 0,044; elektronenmikroskopische Durchstrahlungsaufnahme der Hauptgleitebene (111) im entlasteten Zustand; b Richtung des BURGERS-Vektors (1 / 2) [$\bar{1}$01] (Gleitvektor). Aufn.: ESSMANN [4.20].

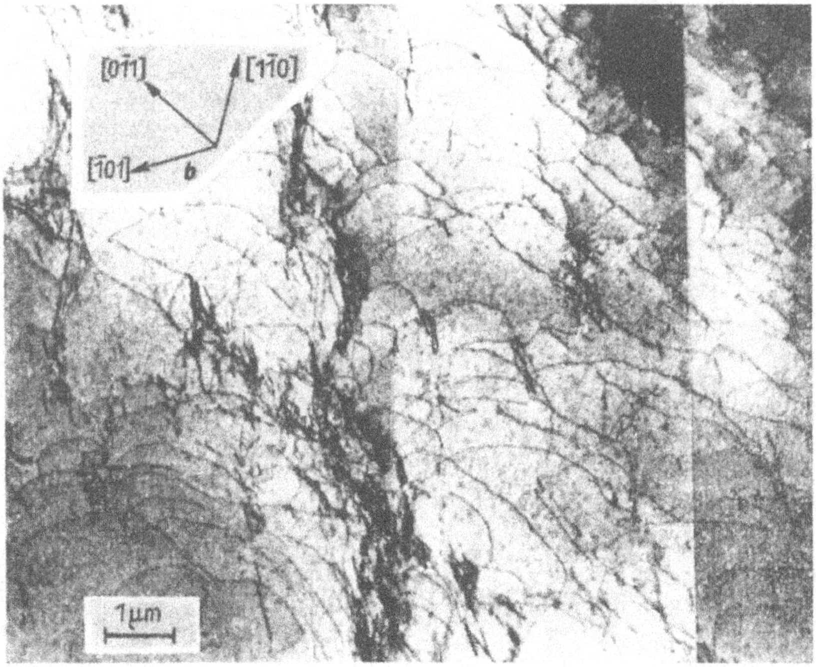

Bild 4.68. *Versetzungsstruktur in Kupfer im Bereich II der Gleitkurve.*

Verformt bei 78 K bis τ = 11,8 MPa und a = 0,15; elektronenmikroskopische Durchstrahlungsaufnahme der Hauptgleitebene ($\bar{1}$11) nach Fixierung der Versetzungsstruktur im belasteten Zustand durch Bestrahlung mit Neutronen; b Richtung des BURGERS-Vektors (1 / 2) [$\bar{1}$01] (Gleitvektor). Aufn.: MUGHRABI [4.21].

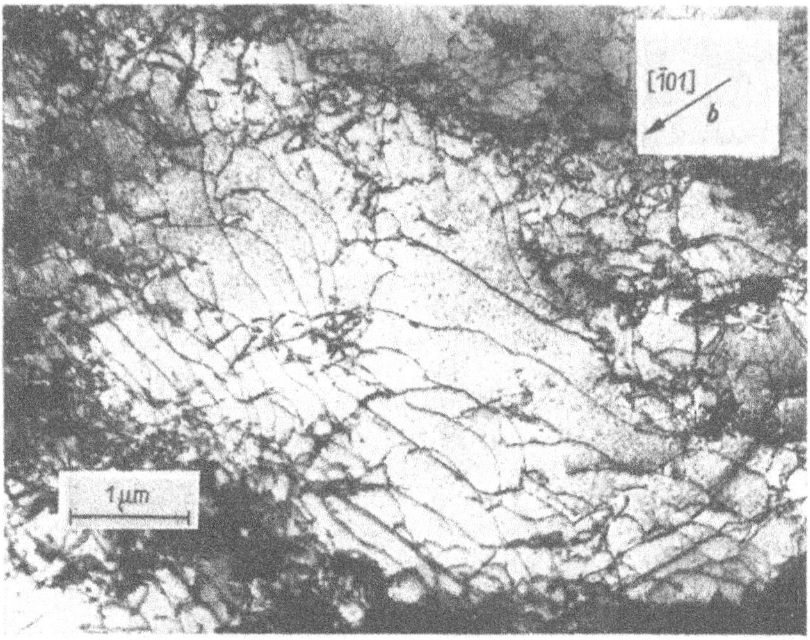

Bild 4.69. *Versetzungsstruktur in Kupfer im Bereich III der Gleitkurve.*

Verformt bei Raumtemperatur bis $\tau = 43{,}1$ MPa und $a = 0{,}43$; elektronenmikroskopische Durchstrahlungsaufnahme der Hauptgleitebene (111) im entlasteten Zustand; *b* Richtung des BURGERS-Vektors $(1/2)[\bar{1}01]$ (Gleitvektor). Aufn.: ESSMANN [4.22].

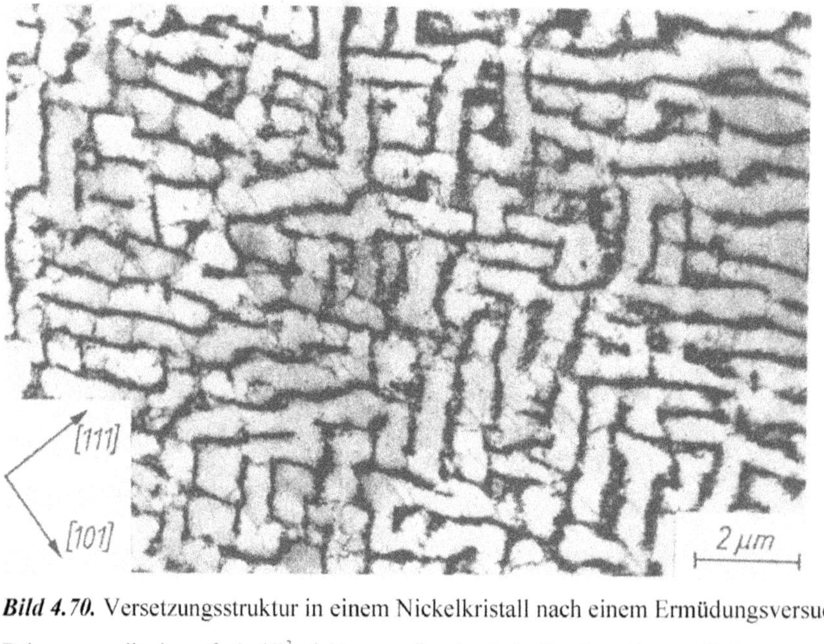

Bild 4.70. Versetzungsstruktur in einem Nickelkristall nach einem Ermüdungsversuch.

Dehnungsamplitude $\varepsilon = 2{,}6 \cdot 10^{-3}$; elektronenmikroskopische Durchstrahlungsaufnahme. Aufn.: MECKE und BLOCHWITZ [4.23].

Bei den bisher betrachteten Gleitvorgängen erfuhren die von der Gleitung betroffenen Kristallbereiche eine Verschiebung um einen (oder mehrere) Translationsvektor(en) des Gitters, d. h., die Translationssymmetrie bzw. das Gitter des Kristalls blieb (abgesehen von der Zunahme der Versetzungen und anderer Defekte) im wesentlichen erhalten (Bild 4.71 a). Es gibt jedoch auch Gleitbewegungen, bei denen der Gleitvektor keinen ganzen Gittervektor, sondern nur den Teil eines solchen darstellt. In diesem Fall wird die Translationssymmetrie durch den Gleitvorgang gestört, und zwischen den bei der Gleitung gegeneinander verschobenen Kristallbereichen entsteht ein *Stapelfehler* (vgl. Abschn. 3.1.3.). Auch ein solcher Gleitvorgang erfolgt durch die Bewegung (das Gleiten) von Versetzungen; da der Gleitvektor ***b*** (BURGERS-Vektor) jedoch nur Teil eines Gittervektors ist, spricht man von *Teilversetzungen*.

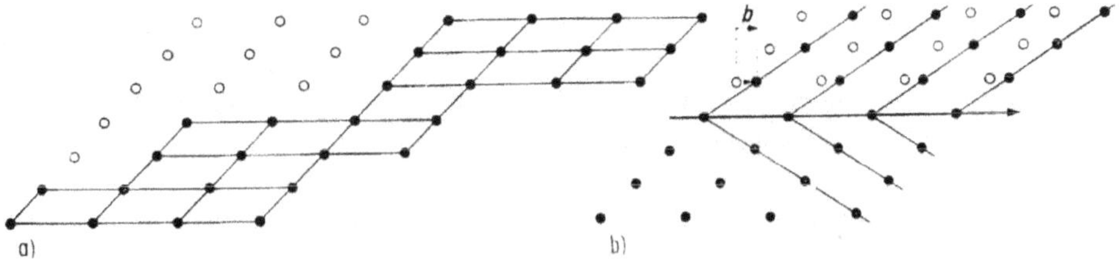

Bild 4.71. *Bewegung der Gitterpunkte.*

a) Bei mechanischer Translation; b) bei mechanischer Zwillingsbildung; **b** Gleitvektor.

Eine spezielle Situation tritt ein, wenn durch das Gleiten von Teilversetzungen die betroffenen Kristallbereiche in die Position einer Zwillingsstellung geschoben werden (*Zwillingsgleitung* oder *mechanische Zwillingsbildung*, Bild 4.71 b). Das Bild ist in der Weise zu interpretieren, dass in jeder Gitterebene des oberen, abgeglittenen Teils eine (einmalige) Verschiebung um den Vektor ***b*** geschehen ist: Jede Gitterebene wird von einer *Teilversetzung* mit dem BURGERS-Vektor ***b*** überstrichen. Die mechanische Zwillingsbildung setzt also eine streng gleichmäßige, homogene Deformation voraus. Unregelmäßigkeiten, wie das Auslassen einer Gitterebene beim Gleitvorgang, führen gleichfalls zu Stapelfehlern. Die mechanische Zwillingsbildung lässt sich auch anhand eines (makroskopischen) Scheibenmodells veranschaulichen (Bild 4.72). Sie tritt bevorzugt bei Kristallen mit niedriger Symmetrie auf und ist vor allem am Calcit bekannt geworden.

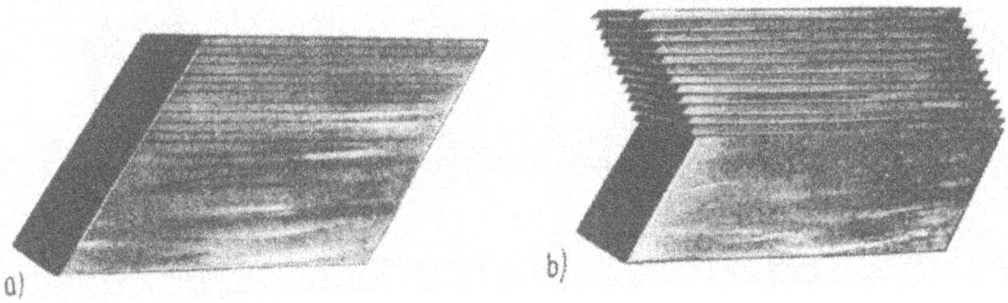

Bild 4.72. *Modell der mechanischen Zwillingsbildung.*

a) Vor, b) nach der Zwillingsgleitung (Schiebung).

4.6.3. Härte und Spaltbarkeit

Ohne Zweifel gehört die *Härte* zu den praktisch wichtigsten Eigenschaften der Kristalle, doch ist es theoretisch und experimentell schwierig, sie exakt zu erfassen. Allgemein kommt in der Härte ein

Widerstand zum Ausdruck, den der Kristall mechanischen Eingriffen entgegensetzt. Hierbei wirken verschiedene anisotrope Eigenschaften, wie Elastizität, Plastizität, Bruchfestigkeit, Spaltbarkeit, in komplexer Weise zusammen, und je nach der Versuchsanordnung bei der Messung werden verschiedene Härtearten unterschieden. Als *Ritzhärte* wird der Widerstand bezeichnet, den der Kristall dem Ritzen entgegensetzt. Zur qualitativen Bestimmung gibt es eine von MOHS (1810) zusammengestellte Skala von zehn Standardmineralen mit zunehmender Ritzhärte (Tab. 4.15), und es wird geprüft, von welchem dieser Standardminerale sich die Probe gerade noch ritzen lässt. Materialien bis zur Härte 2 sind mit dem Fingernagel ritzbar, bis zur Härte 5 mit dem Messer; Materialien ab Härte 6 ritzen Fensterglas. Quantitativ wird die Ritzhärte mit *Sklerometern* gemessen. Der zu untersuchende Kristall wird mit einer möglichst ebenen Fläche unter einer belasteten Stahl- oder Diamantspitze vorbeibewegt und so eine Ritzfurche erzeugt. Als Maß werden Breite oder Tiefe der Ritzfurche bestimmt oder das Belastungsgewicht angegeben. Diese Härtemessung ermöglicht es, die Ritzhärte in verschiedenen Richtungen auf der Kristallfläche zu ermitteln. Trägt man die ermittelten Werte in den entsprechenden Richtungen auf, so werden „Härtekurven" gewonnen (Bild 4.73), die die Symmetrie der betreffenden Kristallfläche widerspiegeln müssen; Richtung und Gegenrichtung können dabei durchaus unterschiedliche Werte zukommen. Ein bekanntes Beispiel für die Anisotropie der Ritzhärte bietet der Cyanit (Disthen) Al_2SiO_5. Auf (100) beträgt parallel [001] die Mohs-Härte 4,5, parallel [010] hingegen 6,5; auf (010) liegt sie bei 7!

Tabelle 4.15. *Härteskala von* MOHS. *Nach P.* RAMDOHR/*H.* STRUNZ.

Mineral	Formel	Kristallklasse	Ritzhärte nach MOHS	Schleifhärte nach ROSIWAL	Mittelwerte[1)]	Geometrische Reihe[2)]
Talk	$Mg_3[(OH)_2\|Si_4O_{10}]$	$2/m$	1	0,03	1,08	1,56
Gips	$CaSO_4{\cdot}2H_2O$	$2/m$	2	1,04	2,36	3,12
Calcit	$CaCO_3$	$\bar{3}\,m$	3	3,75	6,99	6,25
Flußspat	CaF_2	$m\,\bar{3}\,m$	4	4,2	12,1	12,5
Apatit	$Ca_5[(F,Cl,OH)\|PO_4)_3]$	$6/m$	5	5,4	25,7	25,0
Feldspat	$KAlSi_3O_8$	$2/m$	6	30,8	49,5	50,0
Quarz	SiO_2	32	7	100	100	100
Topas	$Al_2[F_2\|SiO_4]$	*mmm*	8	146	143	200
Korund	Al_2O_3	$\bar{3}\,m$	9	833	342	400
Diamant	C	$m\,\bar{3}\,m$	10	117000	[3)]	800

[1)] Mittelwerte aus acht verschiedenen Methoden der Härtemessung nach TRÖGER.

[2)] Zum Vergleich.

[3)] Sklerometer- und Schleifmethode ergeben 100 000, die Eindruckmethode (nach drei verschiedenen Verfahren) jedoch nur ≈850.

Eine andere Härteart ist die *Schleifhärte*, die den Widerstand eines Kristalls gegen das Abschleifen zum Ausdruck bringt. Zu ihrer Bestimmung wird eine gegebene Menge eines Schleifmittels auf eine zu untersuchende Fläche gebracht und bis zur Unwirksamkeit verschliffen (Bild 4.74); als Maß wird der erreichbare Schleifverlust angegeben. Bei der *Bohrhärte* wiederum wird die Anzahl der Umdrehungen einer Diamantschneide angegeben, die nötig ist, um aus einer Kristallfläche ein Loch bestimmter Tiefe auszubohren.

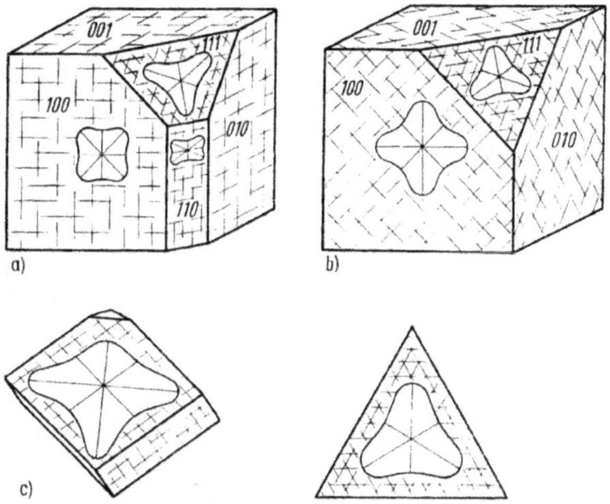

Bild 4.73. *Härtekurven.*

a) Halit NaCl (Klasse $m\,\bar{3}\,m$), Spaltbarkeit nach {100}; b) Fluorit CaF_2 (Klasse $m\,\bar{3}\,m$), Spaltbarkeit nach {111}; c) Calcit $CaCO_3$ (Klasse $\bar{3}\,m$), Spaltbarkeit nach {10$\bar{1}$1}.

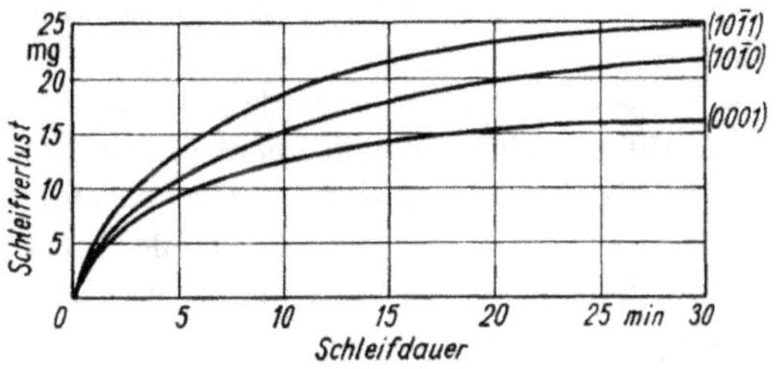

Bild 4.74. *Schleifverluste von Quarz in Abhängigkeit von Schleifdauer und Flächenlage.*

In der Werkstoffprüfung spielen *Eindruckhärten* eine wichtige Rolle. Bei der *BRINELL-Härte* misst man die bleibende Eindruckfläche, die mit einer Kugel unter vorgegebener Belastung erzeugt wird. Anstelle der Kugel kann als Eindruckkörper ein Kegel oder eine Pyramide *(VICKERS-Härte)* verwendet werden. Die ROCKWELL-Härte B bzw. C wird mit einer Stahlkugel bzw. einer Diamant-Pyramide gemessen, wofür das betreffende Messgerät gemeinsam von HUGH M. ROCKWELL und STANLEY P. ROCKWELL eingeführt wurde. Bei einem *Mikrohärteprüfer* ist an der Frontlinse eines Mikroskopobjektivs eine kleine Diamantpyramide montiert. Die zu prüfende Stelle, beispielsweise bei polykristallinen Werkstoffen, kann unter dem Mikroskop ausgesucht und durch den Eindruck der Pyramide auf ihre Härte untersucht werden. Mit einem Pendelsklerometer schließlich wird die sog. *Pendelhärte* gemessen: Ein Pendel ruht mit einer Schneide auf der zu untersuchenden Kristallfläche und wird in Schwingungen versetzt. Je weicher der Kristall ist, um so größer ist die Dämpfung der Pendelschwingungen. Daneben gibt es auch dynamische Prüfmethoden mittels eines Schlages mit einem hammerartigen Instrument: Die Schlaghärte wird mit einem Kugelschlag- oder BAUMANN-Hammer sowie einem POLDI-Hammer (POLDI-Härte) gemessen. Außerdem gibt es die Rückprallhärte und die Fallhärte oder Skleroskophärte. Bei Angaben von Härtezahlen sollte man beachten, ob sie sich auf die Maßeinheiten kp oder N beziehen.

Bestimmt man die Härte der Minerale der MOHSschen Skala quantitativ, so liefern die verschiedenen genannten Methoden recht unterschiedliche, nicht gut vergleichbare Zahlen; doch hat sich gezeigt, dass die Mittelwerte aus den verschiedenen Methoden ungefähr einer geometrischen Progression folgen (Tab. 4.15). In jedem Fall ist der Schritt zwischen den Stufen 9 und 10 in der MOHSschen Skala der weitaus größte, was speziell für Hartstoffe relevant ist. Eine Härte größer als 9 haben Siliciumcarbid SiC (Carborund), Bornitrid BN (Borazon) und die Wolframcarbide W_2C und WC (Carboloy in Bindung mit Co); Titancarbid TiC und Wolframborid WB erreichen die Härte 9.

So komplex, wie sich die theoretische und experimentelle Erfassung der Eigenschaft der Härte darstellt, ist auch ihre strukturelle Deutung. Bei Kristallen desselben Strukturtyps lassen sich einige Abhängigkeiten feststellen: Die Härte ist um so größer, je kleiner die Abstände der Atome (bzw. Ionen) sind und je größer deren Wertigkeit (bzw. Ladung) ist. Allgemein bedingt eine große Gitterenergie auch eine große Härte. Nach PLENDL und GIELISSE [4.24] stellt die volumenspezifische Gitterenergie U_g/V ein brauchbares absolutes Maß für die Härte dar. (Wird die Gitterenergie U_g auf 1 mol bezogen, so ist für V das Molvolumen einzusetzen.)

Andere Autoren führen die Härte auf die Oberflächenenergie zurück und benutzen als absolutes Maß für die Härte den Quotienten E/A aus der beim Zerkleinern von Kristallen aufgewandten Energie E zur neu gebildeten Oberfläche A. In vielen Fällen erweist sich dieser Quotient als proportional zur spezifischen Oberflächenenergie γ. Auch die *Abriebfestigkeit* von Kristallen steht in Beziehung zur spezifischen Oberflächenenergie γ: Unter bestimmten Voraussetzungen sind beim gegenseitigen Schleifen zweier verschiedenartiger Kristalle die Abriebvolumina V_1 und V_2 umgekehrt proportional zu den betreffenden spezifischen Oberflächenenergien ($V_1/V_2 = \gamma_2/\gamma_1$), so dass z. B. bei Kenntnis von γ_1 für eine Kristallart durch Abriebmessungen γ_2 einer zweiten Kristallart ungefähr bestimmt werden kann (W. D. KUSNEZOW).

Unter *Spaltbarkeit* versteht man die Eigentümlichkeit vieler Kristallarten, bei mechanischen Einwirkungen (Druck, Zug, Schlag) entlang bestimmten Gitterebenen zu spalten. Es entstehen dabei verhältnismäßig ebene Spaltflächen, und es ist nachgewiesen worden, dass Spaltflächen über relativ große Bereiche atomar glatt sein können. Auf Kristallflächen, die von der Spaltfläche geschnitten werden, kann die Spaltbarkeit durch Ausbildung von *Spaltrissen* zum Ausdruck kommen, die als präzise kristallographische Bezugsrichtungen (z. B. bei der Messung der Auslöschungsschiefe, s. S. 315) dienen können. Im Bild 4.73 sind einige Spaltbarkeiten angegeben und die Spaltrisse angedeutet. Die Spaltbarkeit wird häufig als Erkennungsmerkmal zur Identifizierung von Mineralen herangezogen. So unterscheiden sich die einander sehr ähnlichen Silikatminerale der Pyroxene und Amphibole, die alle nach {110} spalten, durch den Winkel von 87° bzw. 56°, den die Spaltflächen miteinander einschließen. Qualitativ unterscheidet man vollkommene, gute, deutliche und angedeutete Spaltbarkeiten. Experimentell zeigen sich sämtliche Spaltbarkeiten eines Kristalls, wenn man eine Kugel herstellt und sie eine gewisse Zeit lang in einer Kugelmühle (gefüllt mit kleineren Stahlkugeln) oder auf ähnliche Weise mechanisch beansprucht; hierbei werden alle Spaltflächen angesprochen, die sich dann bei einer reflexionsgoniometrischen Untersuchung der Kugel abzeichnen.

Als Spaltflächen treten meistens einfach indizierte, dicht mit Atomen besetzte Gitterebenen (Netzebenen) in Erscheinung, die oft auch morphologisch als Wachstumsflächen bedeutsam sind. Im Allgemeinen haben die am dichtesten besetzten Gitterebenen in einer Struktur den relativ größten Abstand voneinander (vgl. Abschn. 1.9.4.), und es ist deshalb verständlich, dass die Kohäsion zwischen solchen Gitterebenen ein Minimum erreicht. Bei vielen Kristallarten ist der Zusammenhang zwischen Spaltbarkeit und Struktur sehr augenfällig. Kristalle mit Schichtenstrukturen (Graphit, Schichtsilikate) zeigen auffallend vollkommene Spaltbarkeiten parallel zu den Schichten, Kristalle mit Kettenstrukturen (Pyroxene, Amphibole) zeigen prismatische Spaltbarkeiten.

Schwieriger ist die Spaltbarkeit von isometrisch gebauten Strukturen, wie den einfachen Ionenkristallen, zu deuten. Betrachten wir daraufhin die NaCl-Struktur (Spaltbarkeit nach {100}, Bild 4.75). Nach einer Hypothese von STARK kommen bei einer geringfügigen gegenseitigen Verschiebung von Strukturbereichen infolge einer mechanischen Einwirkung entlang einer (100)-Fläche jeweils gleichartig geladene Ionen in unmittelbare Nachbarschaft, und durch die elektrostatische Abstoßung trennt sich das Gitter. Beim Fluorit CaF_2 (Spaltbarkeit nach {111}, Bild 4.76) gibt es eine analoge Situation bezüglich der (111)-Ebenen: Eine geringfügige Verschiebung entlang der gestrichelten Ebene bringt die Anionen in unmittelbare Nachbarschaft. Obwohl derartige Betrachtungen noch spezifiziert und auch auf andere Strukturtypen angewandt worden sind, gewähren sie allein keinen Zutritt zum tatsächlichen Vorgang einer Spaltung und zu den quantitati-

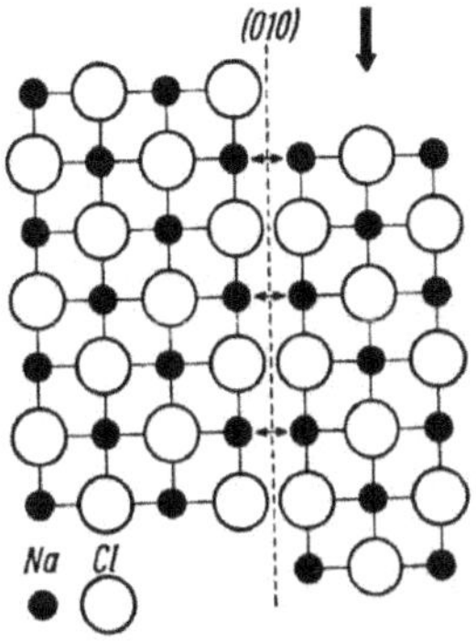

Bild 4.75. *Strukturelle Deutung zur Spaltbarkeit von NaCl.*

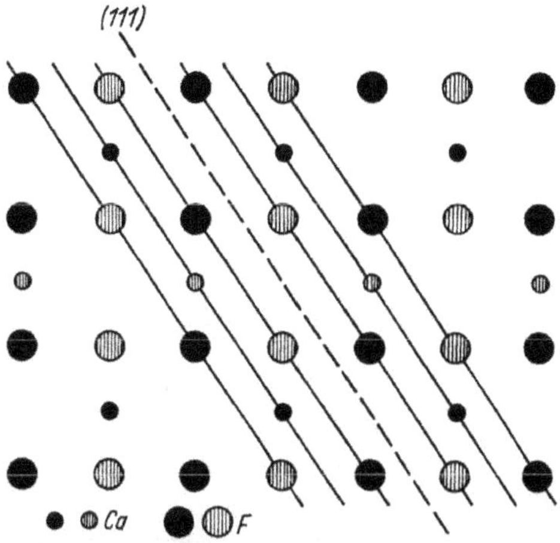

Bild 4.76. *Netzebenenfolge parallel (111) von Fluorit, Projektion auf (110).*

ven Verhältnissen. Den Schlüssel zu kinetischen Betrachtungen von Spaltvorgängen liefern spezielle Versetzungsreaktionen. Läuft etwa durch Verformungsprozesse eine Anzahl von Versetzungen gegen ein Hindernis auf, so können sich die elastischen Spannungen der einzelnen Versetzungen zu so hohen Werten summieren, dass die Kohäsion der Struktur überwunden wird. Es gibt auch Mechanismen, bei denen gleitfähige Versetzungen auf verschiedenen, sich schneidenden Gleitebenen zueinander laufen und sich beim Aufeinandertreffen zu einer neuen Versetzung vereinigen, die nicht gleitfähig ist; auch hierbei können sich die Versetzungen aufstauen. Bild 4.77 zeigt schematisch eine Gruppe von vier Stufenversetzungen (vgl. Bild 3.5), die vereinigt unmittelbar einen keilförmigen Riss in der Struktur bedeuten. Obwohl eine derartige Versetzungsanordnung in der Realität kaum entstehen dürfte, sind analoge Vorgänge, die zu einer lokalen Konzentration von Versetzungen führen, für die Auslösung von Spaltrissen anzunehmen. Eine weitere Frage ist die nach der Ausbreitung des Spaltrisses unter einwirkenden Spannungen; auch hier ist die Mitwirkung von Versetzungen, die sich im Rissgrund bewegen, diskutiert worden.

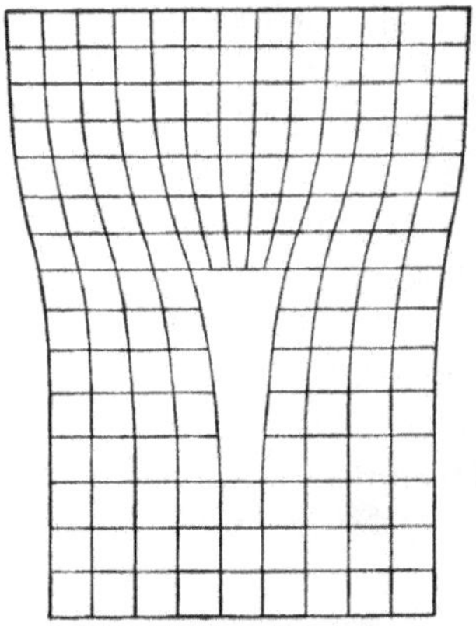

Bild 4.77. *Vereinigung von vier (einfachen) Stufenversetzungen als Entstehungsmechanismus für einen Riss.*

Durch mäßigen Druck lassen sich auf Kristallflächen *Druckfiguren*, durch einen scharfen Schlag mit einer Spitze *Schlagfiguren* erzeugen. Die entstehenden Risse entsprechen teils Gleitflächen, teils Spaltflächen und spiegeln die Symmetrie der Kristallflächen wider, so dass sie zur Festlegung der kristallographischen Orientierung herangezogen werden können.

5. Strukturanalyse von Kristallen

5.1. Röntgenkristallstrukturanalyse

5.1.1. Röntgenstrahlen und ihre Erzeugung

Bei Experimenten mit einer Katodenstrahlröhre wurden von WILHELM CONRAD RÖNTGEN (1895) unsichtbare Strahlen mit beträchtlichem Durchdringungsvermögen entdeckt. Sie vermochten Photoplatten zu schwärzen, Gase zu ionisieren und an geeignetem Material Fluoreszenz hervorzurufen. Er nannte sie X-Strahlen. Heute bezeichnet man sie in den meisten Sprachen nach ihrem Entdecker als *Röntgenstrahlen.* Sie sind (wie das sichtbare Licht) ein Teil des Spektrums der elektromagnetischen Strahlung und umfassen einen Wellenlängenbereich von rd. 10^{-9} m...$5 \cdot 10^{-12}$m. Zu größeren Wellenlängen schließt sich der Bereich des ultravioletten Lichts an, zu kleineren Wellenlängen der Bereich der γ-Strahlen. Das entspricht gemäß der Beziehung $\nu \cdot \lambda = c$ einer Frequenz ν zwischen 10^{18} und 10^{20} Hz (λ Wellenlänge; c Lichtgeschwindigkeit im Vakuum).

Die Röntgenstrahlen sind gegenüber dem sichtbaren Licht wesentlich energiereicher und haben Photonenenergien von 5000...500 000 eV (gegenüber rd. 2 eV beim sichtbaren Licht; 1 eV = $1{,}6 \cdot 10^{-19}$ J). Das Durchdringungsvermögen nimmt mit kürzer werdender Wellenlänge zu und ist für die energiereicheren, kurzwelligen *„harten" Röntgenstrahlen* größer als für die langwelligen *„weichen" Röntgenstrahlen.* In der Medizin werden deshalb zum *„Durchleuchten"* harte Röntgenstrahlen verwendet. Auch in der zerstörungsfreien Materialprüfung benutzt man harte Röntgenstrahlen oder γ-Strahlen, um z. B. Poren, Risse, Lunker, Einschlüsse etc. in Werkstücken festzustellen, Schweißnähte zu prüfen usw. Analog arbeitet die *Mikroradiographie*, bei der eine dünne, ebene Probe durchstrahlt und das Röntgenbild aufgenommen und vergrößert wird. Es lassen sich so z. B. Verteilungsinhomogenitäten, Ausscheidungen, kleine Poren etc. nachweisen.

Für die spezifischen Untersuchungsmethoden zur Bestimmung von Kristallstrukturen mit Röntgenstrahlen (Röntgenkristallstrukturanalyse) kommt im Wesentlichen nur ein schmaler Wellenlängenbereich von 0,03...0,5 nm, also eine relativ weiche Röntgenstrahlung, in Betracht.

Röntgenstrahlen entstehen beim Eindringen energiereicher Elektronen in irgendwelche Materialien und werden in *Röntgenröhren* erzeugt (Bild 5.1). In einem evakuierten Glaskolben *9* ist eine Glühkatode *6* mit einer Heizstromzuführung *10* eingelassen. Durch den einstellbaren Heizstrom wird die Katode zum Glühen gebracht und emittiert Elektronen. Diese Elektronen werden durch eine zwischen *Katode* und *Anode* (*„Antikatode"*) *3* angelegte hohe Spannung (10...60 kV) beschleunigt und fokussiert auf die Anode geschossen. Auf diese Weise fließt durch die Röhre der *Röhrenstrom.* Beim Auftreffen der Elektronen auf die Anode (Target) entsteht die Röntgenstrahlung, die aus der Röntgenröhre durch seitliche Fenster *5* austritt. Sie bestehen aus Beryllium oder einem speziellen Li-Be-Boratglas, um die Absorption gering zu halten. Allerdings wird nur der geringere Teil der kinetischen Energie der Elektronen in Röntgenstrahlung umgewandelt; der größte Teil ihrer Energie wird in Wärme umgesetzt, so dass die Anode gekühlt werden muss. Die Wärmeableitung begrenzt die erreichbare Elektronenstromdichte und damit die *maximale Strahldichte* der Röhre. Durch die Verkleinerung des *Brennfleckes* (*Fokus*) auf der Anode lässt sich die Strahldichte erhöhen (*Feinfokus-* oder *Mikrofokusröhren*). Wesentlich höhere Leistungen und

Strahldichten werden heute durch *Drehanodenröhren* erreicht, bei denen das Target als rotierender Zylinder gestaltet ist, wodurch die Wärme besser verteilt und abgeleitet wird.

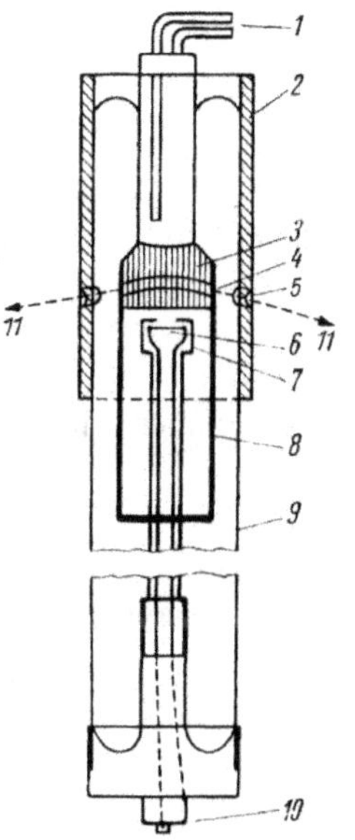

Bild 5.1. *Aufbau einer Röntgenröhre.*

1 Wasserkühlung; *2* Schutzmantel; *3* Anodenklotz (Target); *4* Strahlenaustritt; *5* Austrittsfenster; *6* Glühkatode; *7* Fokussierungskappe; *8* Metallrohr; *9* Glaskolben; *10* Fassung für die Heizstromzuführung; *11* austretende Röntgenstrahlung.

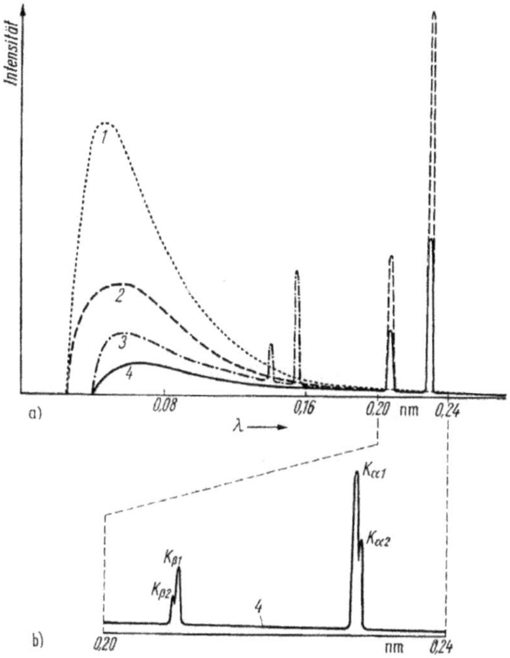

Bild 5.2. *Emissionsspektren von Röntgenröhren mit verschiedenem Anodenmaterial.*

a) Übersicht; b) Spreizung der Abszissenachse zwischen 0,20 nm und 0,24 nm zur Darstellung der K_α- und K_β-Aufspaltung. *1* Wolfram und *2* Chrom bei einer Spannung von rd. 50 kV; *3* Kupfer und *4* Chrom bei einer Spannung von rd. 30 kV.

Das Spektrum der Röntgenstrahlen, das von der Anode emittiert wird (Emissionsspektrum), wird vom Material der Anode und von der Beschleunigungsspannung bestimmt. Die verschiedenen Emissionsspektren sind einander ähnlich und weisen zwei Komponenten auf (Bild 5.2): Die erste Komponente bildet einen kontinuierlichen Untergrund („weiße“ Röntgenstrahlung), der bei einer gewissen Wellenlänge einsetzt, die von der Beschleunigungsspannung bestimmt wird. Die Intensität der weißen Röntgenstrahlung steigt von dieser minimalen Wellenlänge steil an, erreicht ein Maximum und fällt zu längeren Wellenlängen allmählich ab. Ein Erhöhen der Beschleunigungsspannung führt zu einer allgemeinen Erhöhung der Intensität und zu einer Verschiebung der minimalen Wellenlänge sowie des Intensitätsmaximums der weißen Strahlung zu kleineren Wellenlängen. Die zweite Komponente besteht aus scharfen Maxima (Spektrallinien), die über den Untergrund herausragen. Ihre Intensität wächst mit steigender Anregungsspannung gleichfalls, ihre Anzahl und ihre Wellenlängen verändern sich dabei jedoch nicht und werden nur durch das Anodenmaterial bestimmt. Diese Komponente des Emissionsspektrums wird als *charakteristische Röntgenstrahlung* bezeichnet. Beide Komponenten der Röntgenspektren entstehen im Target auf unterschiedliche Weise.

Die *weiße Röntgenstrahlung* erscheint beim Abbremsen der Elektronen in der Oberflächenschicht des Targets und wird daher auch als *Bremsspektrum* bzw. *Bremsstrahlung* bezeichnet. Die Elektronen geben dabei ihre kinetische Energie meistens in einer Reihe von Einzelschritten ab. Es ist aber auch möglich, dass ein Elektron seine gesamte Energie auf einmal als ein Quant abstrahlt. Durch diesen Vorgang wird die untere Grenze des Bremsspektrums bedingt. Nach dem Durchfallen der Röhrenspannung U beträgt die kinetische Energie eines Elektrons eU (e Elektronenladung), die die maximale Energie für ein emittiertes Röntgenquant darstellt:

$$eU = h\nu_{max}.$$

Dabei ist h das PLANCKsche Wirkungsquantum und ν_{max} die maximale Frequenz der emittierten weißen Röntgenstrahlung. Für die *minimale Wellenlänge* $\lambda_{min} = c/\nu_{max}$ (c Lichtgeschwindigkeit) folgt:

$$eU = hc/\lambda_{min} \quad \text{bzw.} \quad \lambda_{min}U = hc/e.$$

Der Ausdruck hc/e ist konstant und beträgt $12{,}4 \cdot 10^{-7}$ V · m. Mit diesem Wert können wir λ_{min} unmittelbar aus der Röhrenspannung U errechnen:

$$\lambda_{min} = 12{,}4 \cdot 10^{-7}\ \text{V} \cdot \text{m}/U.$$

Die gesamte ausgestrahlte Intensität I ist proportional der Ordnungszahl Z des Targets, dem Quadrat der Röhrenspannung U und dem Röhrenstrom i:

$$I \sim ZU^2\text{i}.$$

Die Strahlungsintensität nimmt also beispielsweise vom Chrom (Z = 24) über Kupfer (Z = 29) zum Wolfram (Z = 74) zu (vgl. Bild 5.2a) und verlagert sich mit steigender Ordnungszahl und zunehmender Spannung immer mehr zum kurzwelligen Teil des Bremsspektrums. Als Nutzeffekt einer Röntgenröhre wird das Verhältnis der Gesamtintensität I zur Leistung $W = iU$ bezeichnet; er beträgt meist nur wenige Promille.

Die charakteristische Röntgenstrahlung besteht bei den gebräuchlichen Targets unter gewöhnlichen Bedingungen aus zwei Linien, die in Dubletten aufgelöst werden können (Bild 5.2 b). Die Intensitäten dieser Linien verhalten sich ungefähr wie:

$$I(K_{\alpha1}) : I(K_{\alpha2}) : I(K_{\beta1}) : I(K_{\beta2}) = 100 : 50 : 30 : 15.$$

Die Spektren der charakteristischen Röntgenstrahlung zeigen viele Parallelen zu den Emissionsspektren in anderen Wellenlängenbereichen. Die betreffenden Linien resultieren aus Elektronenübergängen eines Atoms von einem Energieniveau in ein anderes. Die Energiedifferenz dieser Niveaus entspricht der Energie des ausgesandten Photons und damit einer bestimmten Wellenlänge. Bei der charakteristischen Röntgenstrahlung vollziehen sich diese Übergänge zwischen den inneren Schalen der Atome des Targets. Gewöhnlich sind diese Schalen alle voll besetzt, und die eingeschossenen Elektronen müssen eine beträchtliche Energie besitzen, um die in diesen Schalen gebundenen Elektronen herauszuschlagen und dort freie Energieniveaus zu erzeugen. In diese können dann Elektronen aus höheren Niveaus unter Emission eines entsprechenden Photons übergehen. Für jedes Element gibt es deshalb eine minimale Anregungsenergie für die charakteristische Strahlung, die z. B. beim Kupfer einer Röhrenspannung von 9,0 kV entspricht; d. h., es ist eine Energie von 9,0 keV erforderlich, um ein Elektron aus der innersten Schale (der K-Schale) zu entfernen. Das freie Niveau in der K-Schale wird sofort durch ein Elektron aus einer höheren Schale besetzt und die Energiedifferenz ΔE zwischen beiden Niveaus als Photon mit einer charakteristischen Wellenlänge λ_{ch} abgestrahlt:

$$E = h\nu_{ch} = hc/\lambda_{ch}.$$

Die K_α-Linie entspricht dabei dem Übergang von Elektronen aus der L-Schale auf die K-Schale, die K_β-Linien dem Übergang von der M-Schale auf die K-Schale usw. (Bild 5.3a). Die Wellenlängen λ_{ch} der charakteristischen Linien der einzelnen Elemente (Tab. 5.1) sind umgekehrt proportional dem Quadrat der Ordnungszahl Z (Gesetz von MOSELEY 1913). Deshalb kann das charakteristische Röntgenspektrum zur Bestimmung der chemischen Zusammensetzung von Kristallen und anderen Materialien herangezogen werden *(Röntgenemissionsspektralanalyse)*.

Als eine andere Quelle von Röntgenstrahlen ist in neuerer Zeit die *Synchrotronstrahlung* erschlossen worden: Die in einem Synchrotron (Teilchenbeschleuniger) mit relativistischen Geschwindigkeiten umlaufenden Elektronen emittieren bei ihrer Ablenkung durch ein Magnetfeld eine elektromagnetische Strahlung mit einer sehr hohen Intensität auch im Röntgenbereich.

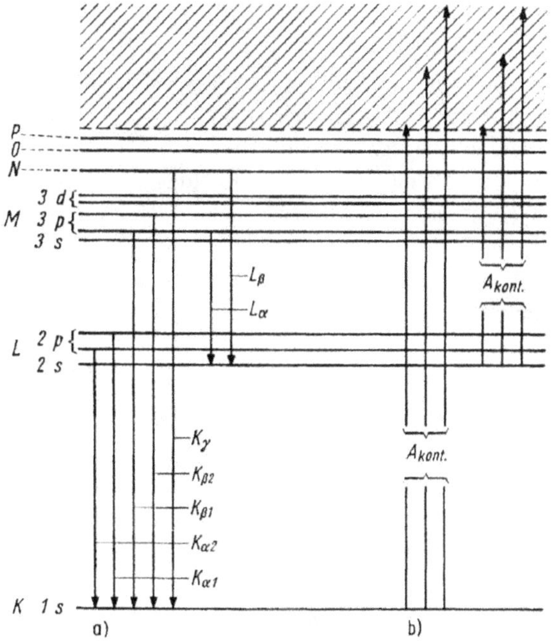

Bild 5.3. *Energieniveaus eines Atoms*

a) Schema zur Emission von Röntgenstrahlen durch Elektronenübergänge zwischen inneren Schalen;

b) Schema zur Absorption von Röntgenstrahlen; K, L, M, N, O, P Bezeichnung der Schalen von innen nach außen

Tabelle 5.1. *Anodenmaterialien in Röntgenröhren.*

Element	Z	λ_{ch} in nm			U_{min}	λ_{AK}	Filter[1])
		$K_{\alpha 1}$	$K_{\alpha 2}$	K_β	in kV	in nm	
W	74	0,0209	0,0214	0,0184	69,3	0,0178	Hf
Ag	47	0,0559	0,0564	0,0497	25,5	0,0485	Rh
Mo	42	0,0709	0,0714	0,0632	20,0	0,0620	Zr
Cu	29	0,1541	0,1544	0,1392	9,0	0,1380	Ni
Ni	28	0,1658	0,1662	0,1500	8,3	0,1487	Co
Co	27	0,1789	0,1793	0,1621	7,7	0,1607	Fe
Fe	26	0,1936	0,1940	0,1757	7,1	0,1743	Mn
Cr	24	0,2290	0,2294	0,2085	6,0	0,2070	V

λ_{ch} Wellenlänge der charakteristischen Strahlung; U_{min} minimale Anregungsspannung;
λ_{AK} Lage der Absorptionskante des Anodenmaterials; Z Ordnungszahl.
[1]) Filter zur Absorption der K_β-Strahlung.

Von praktischer Bedeutung bei allen Untersuchungen ist die Absorption der Röntgenstrahlen beim Durchgang durch ein Medium. Die Absorption, bei der verschiedene Vorgänge zusammenwirken, lässt sich für monochromatische Strahlung durch ein Exponentialgesetz beschreiben: $I = I_0 \exp(-\mu d)$.

Hierbei bedeuten I_0 die eingestrahlte Intensität, I die jeweilige Intensität nach dem Durchdringen einer Schicht der Dicke d und μ den *Absorptionskoeffizienten*. Bei gleicher chemischer Zusammensetzung ist der Absorptionskoeffizient der Dichte ρ des absorbierenden Stoffes proportional, und wir definieren $\mu/\rho = \mu_M$ als *Massenabsorptionskoeffizient (Massenschwächungskoeffizient)*, der das Absorptionsvermögen der verschiedenen Elemente zum Ausdruck bringt; μ_M wächst mit der Ordnungszahl. Für ein gegebenes Element steigt μ_M mit der Wellenlänge der Röntgenstrahlung an (Kurve *2* im Bild 5.4). Bei bestimmten Wellenlängen wird dieser Anstieg durch einen scharfen Abfall unterbrochen. Diese *Absorptionskanten* erscheinen in den Absorptionsspektren der einzelnen Elemente bei Wellenlängen, bei denen die Energie der absorbierten Röntgenphotonen gerade ausreicht, um Elektronen aus einer bestimmten inneren Schale zu entfernen (Bild 5.3 b). Dadurch werden freie Energieniveaus auf inneren Schalen erzeugt, die von Elektronen aus höheren Schalen unter Emission der charakteristischen Strahlung des Materials wieder aufgefüllt werden *(Röntgenfluoreszenz)*. Die Fluoreszenzstrahlung ist stets langwelliger als die absorbierte Strahlung und kann zur Bestimmung der chemischen Zusammensetzung des absorbierten Materials dienen *(Röntgenfluoreszenzanalyse)*.

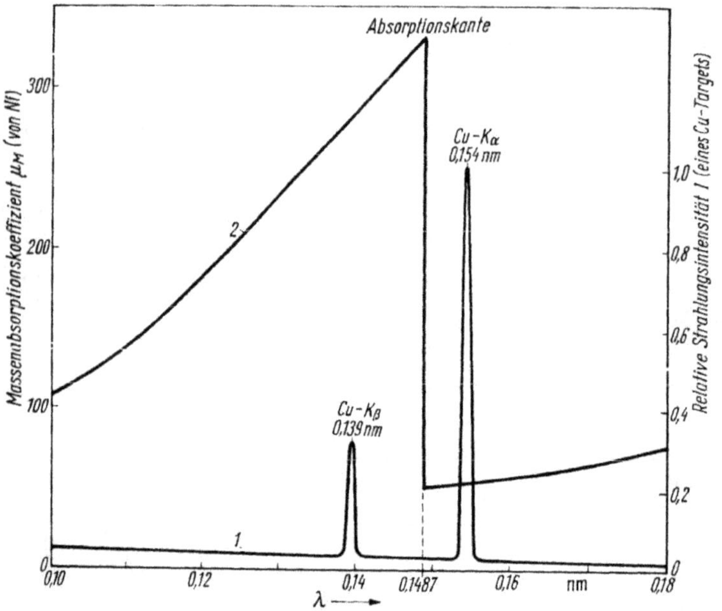

Bild 5.4. *Absorption der K_β-Komponente der charakteristischen Röntgenstrahlung von einem* Cu-*Target durch ein Filter aus Nickel.*

1 Emissionsspektrum von Kupfer; 2 Absorptionsspektrum von Nickel (Ausschnitt).

Die Charakteristika der Röntgenabsorptionsspektren benutzt man zur Herstellung von *Filtern*. Man verwendet hierfür ein Element, dessen Absorptionskante gerade zwischen den Wellenlängen der K_α- und der K_β-Linien des Targetmaterials liegt (Kurve *1* im Bild 5.4); in diesem Fall werden die K_β-Linien und ein großer Teil des Bremsspektrums absorbiert, und es verbleibt mit den K_α-Linien eine für viele Experimente ausreichend monochromatische Röntgenstrahlung. In Tab. 5.1 sind in der letzten Spalte geeignete Filtermaterialien für das jeweilige Targetelement angeführt.

5.1.2. Beugung von Röntgenstrahlen an einem Gitter

Wenn Röntgenstrahlen auf ein Objekt treffen, dann werden sie gemäß ihrer Wellennatur gebeugt. Physikalisch beruht diese Beugung auf einer Streuung der elektromagnetischen Röntgenwellen an den im Objekt enthaltenen Elektronen: Die Elektronen führen im Feld der Röntgenwelle erzwungene Schwingungen aus und werden so ihrerseits zum Ausgangspunkt von sekundären Wellen gleicher Frequenz und Wellenlänge wie die primäre Strahlung, die sich dann gegenseitig zu den jeweiligen Beugungsphänomenen überlagern. Die erzwungenen Schwingungen der Atomkerne bleiben wegen ihrer relativ großen Massen so klein, daß ihr Betrag zur Streuung zu vernachlässigen ist.

Beugungsphänomene sind ganz allein immer dann besonders prägnant, wenn die Abmessungen der beugenden Strukturen mit der Wellenlänge der gebeugten Strahlung vergleichbar sind. Nun entsprechen die Wellenlängen von weicher Röntgenstrahlung (0,03...0,5 nm) in ihrer Größenordnung sowohl den Radien der Atome bzw. Ionen als auch den Gitterkonstanten (vgl. Tab. 5.1 sowie hinteres Vorsatzpapier).

Die dreidimensional periodische Anordnung der Atome in einer Kristallstruktur, d. h. der Gitterbau der Kristalle, bedingt darüber hinaus besondere, für den kristallisierten Zustand spezifische Beugungsphänomene, die der Beugung von Licht an einem Strichgitter analog sind. Mit der Entdeckung der Beugung von Röntgenstrahlen an Kristallen durch v. LAUE, FRIEDRICH und KNIPPING (1912) wurden sowohl der Gitterbau der Kristalle als auch die Wellennatur der Röntgenstrahlen experimentell bewiesen.

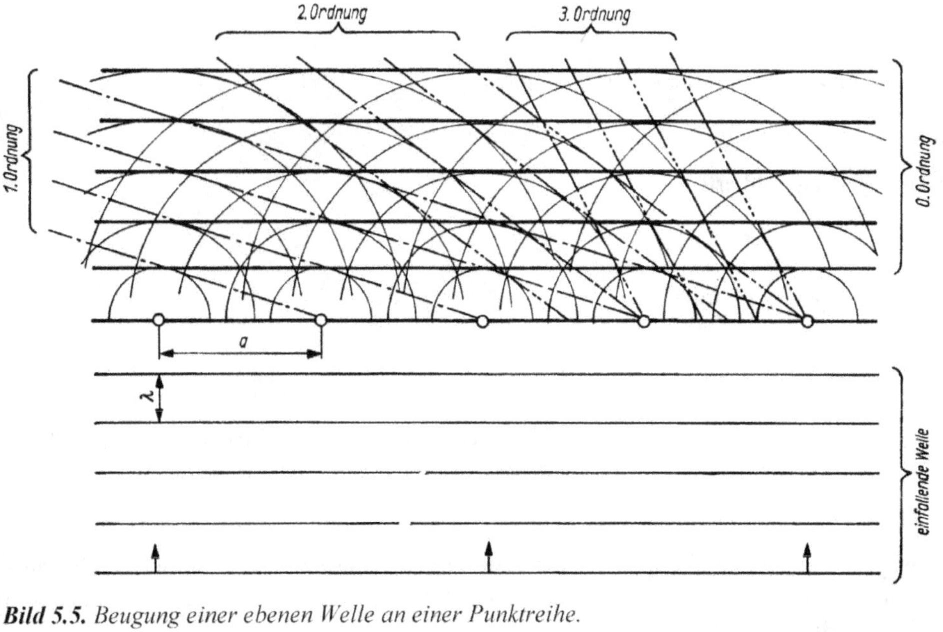

Bild 5.5. *Beugung einer ebenen Welle an einer Punktreihe.*

Es ist nur ein Teil der gebeugten Wellenfronten gezeichnet.

Um die Beugung einer Welle an einem dreidimensionalen Gitter zu verstehen, betrachten wir zunächst die Beugung an einem eindimensionalen Gitter in Form von punktförmigen Streuzentren, die entlang einer Geraden unter dem gleichen Abstand a aufgereiht sind (Bild 5.5). Trifft eine ebene Welle auf diese Punktreihe, so geht von jedem der punktförmigen Streuzentren eine sekundäre Welle aus, die sich kugelförmig ausbreitet. (Die Phasengeschwindigkeiten von Röntgenwellen in Kristallen sind nahezu isotrop, so dass die Wellennormalen mit den Strahlrichtungen zusammenfallen; auch die Brechung von Röntgenstrahlen ist vernachlässigbar klein, d. h., die Brechungsindizes liegen nahe beim Wert 1.) Die gestreuten Wellen überlagern sich und löschen sich durch Interferenz im Allgemeinen gegenseitig aus. Nur entlang der gemeinsamen Tangenten an die Kugelwellen schwingen alle gestreuten Wellen mit gleicher Phase und vereinigen sich jeweils zu einer gemeinsamen, abgebeugten Welle. Wie aus Bild 5.5 hervorgeht, gibt es gemeinsame Tangentialebenen in einer Reihe verschiedener Richtungen, die man als Ordnung der Beugung unterscheidet. Sie haben alle die gleiche Wellenlänge λ wie die einfallende primäre Welle. Ergänzt man die Darstellung in der Dimension senkrecht zur Zeichenebene, dann bilden die resultierenden Wellenfronten jeweils einen Kegelmantel (die kugelförmigen Streuwellen breiten sich auch in die untere Bildhälfte aus, was der Übersichtlichkeit halber nicht gezeichnet wurde). Im Bild 5.6 sind die Verhältnisse noch einmal für die betreffenden Strahlrichtungen (Wellennormalen) dargestellt, wobei jedoch die Strahlrichtung der einfallenden primären Welle einen beliebigen Winkel φ_{a0} mit der beugenden Punktreihe einschließen möge. Außerdem ist eine der kegelförmigen Wellenfronten der abgebeugten Welle 1. Ordnung eingezeichnet. Die auf dieser Wellenfront senkrecht stehenden, abgebeugten Strahlen bilden ihrerseits einen Kegel mit einem gewissen Öffnungswinkel $2\varphi_a$. Der Gangunterschied zwischen zwei an benachbarten Punkten gestreuten Wellen beträgt (im Fall der 1. Beugungsordnung) genau eine volle Wellenlänge λ. Aus Bild 5.6 ergibt sich dieser Gangunterschied zu

$$s - t = a \cos \varphi_a - a \cos \varphi_{a0} = a (\cos \varphi_a - \cos \varphi_{a0}) = \lambda.$$

Analog lautet die Bedingung für die abgebeugte Welle 2. Ordnung

$$a (\cos \varphi_a - \cos \varphi_{a0}) = 2\lambda,$$

bzw. allgemein müssen die gebeugten Wellen die Bedingung

$$a (\cos\varphi_a - \cos\varphi_{a0}) = h\lambda$$

mit h als einer ganzen Zahl erfüllen.

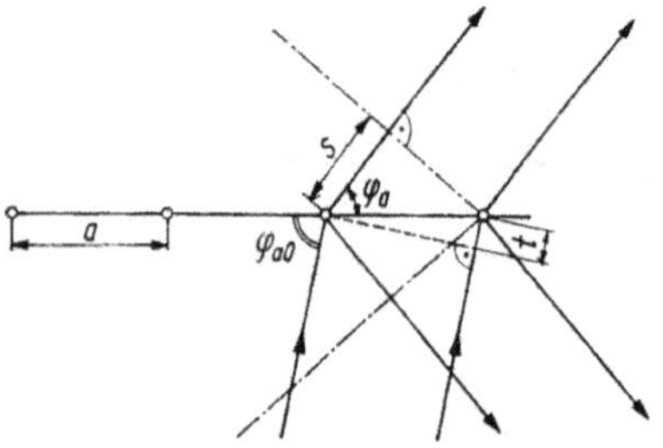

Bild 5.6. *Wellennormalen (Strahlrichtungen) bei der Beugung einer ebenen Welle an einer Punktreihe*

Gehen wir nun zu einem dreidimensionalen Gitter über, dann setzt jede Gittergerade eine analoge Bedingung für die Beugung, die alle simultan erfüllt sein müssen, für die Gittergeraden in Richtung der drei Basisvektoren $\boldsymbol{a}$, $\boldsymbol{b}$ und $\boldsymbol{c}$ also

$$a (\cos \varphi_a - \cos \varphi_{a0}) = h\lambda,$$
$$b (\cos \varphi_b - \cos \varphi_{b0}) = k\lambda,$$
$$c (\cos \varphi_c - \cos \varphi_{c0}) = l\lambda.$$

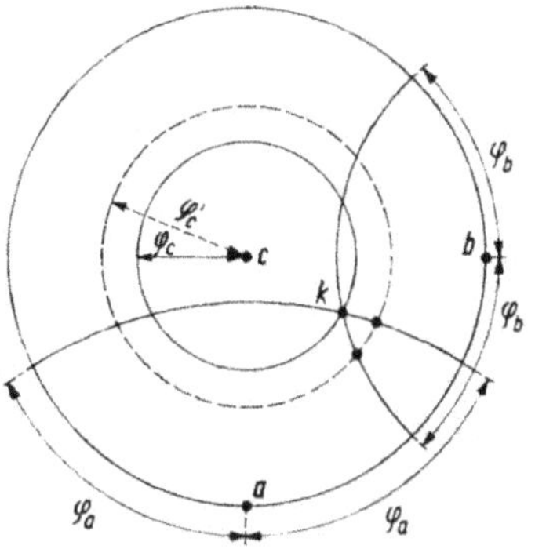

Bild 5.7. *Stereographische Darstellung der Laue- Bedingungen für die Beugung an einem Gitter.*

k gibt die Richtung der gemeinsamen Schnittlinie von drei Kegeln um die Schnittvektoren a, b und c an.

In diesen drei sog. *LAUE-Gleichungen* bezeichnen φ_{a0}, φ_{b0} und φ_{c0} die Winkel zwischen dem einfallenden Primärstrahl und den betreffenden Basisvektoren sowie φ_a, φ_b und φ_c die Winkel zwischen dem abgebeugten Strahl und den Basisvektoren; h, k und l sind ganze Zahlen. Die Gleichungen für alle übrigen Gittergeraden ergeben sich als Linearkombinationen der obigen drei Gleichungen, so dass sie keine neuen Bedingungen mehr setzen. Aber selbst diese drei Gleichungen sind im Allgemeinen nicht simultan erfüllt. Jede einzelne Gleichung setzt im konkreten Fall die Bedingung für einen Strahlenkegel gemäß Bild 5.6, der sich in der Richtung des betreffenden Basisvektors öffnet. Zwei sich in verschiedene Richtungen öffnende Strahlenkegel haben im Allgemeinen nur zwei Strahlen in den Richtungen ihrer Schnittlinien gemeinsam. Im Bild 5.7 haben z. B. der Strahlenkegel um den Basisvektor $\boldsymbol{a}$ und jener um den Basisvektor $\boldsymbol{b}$ einen gemeinsamen Strahl in Richtung $\boldsymbol{k}$ (die zweite Schnittrichtung der beiden Kegel fällt außerhalb des dargestellten Stereogramms). Ein sich in einer dritten Richtung um den Basisvektor $\boldsymbol{c}$ unter einem beliebigen Winkel φ_c' öffnender Strahlenkegel (gestrichelter Kreis) schneidet die ersten beiden Strahlenkegel im allgemeinen in anderen Richtungen und enthält die Richtung $\boldsymbol{k}$ nicht; d. h., die LAUE-Gleichungen sind nicht alle drei simultan erfüllt, und es kommt nirgends zu einer konstruktiven Interferenz zwischen den gestreuten Wellen. Nur in speziellen Fällen, wenn bestimmte Relationen zwischen den Gittervektoren, der Primärstrahlrichtung und der Wellenlänge λ eingehalten werden, kommt es dazu, dass alle drei Strahlenkegel eine Strahlrichtung $\boldsymbol{k}$ gemeinsam haben. Nur in solchen Fällen (auf die noch explizit zurückgekommen wird) sind die Laue-Gleichungen alle drei simultan erfüllt, d. h., es gibt eine Schar gemeinsamer Tangentialebenen an die von den einzelnen streuenden Gitterpunkten ausgehenden Kugelwellen entsprechend einer bestimmten abgebeugten Strahlrichtung $\boldsymbol{k}$, und man spricht in solchen Fällen auch von „*Interferenzen*".

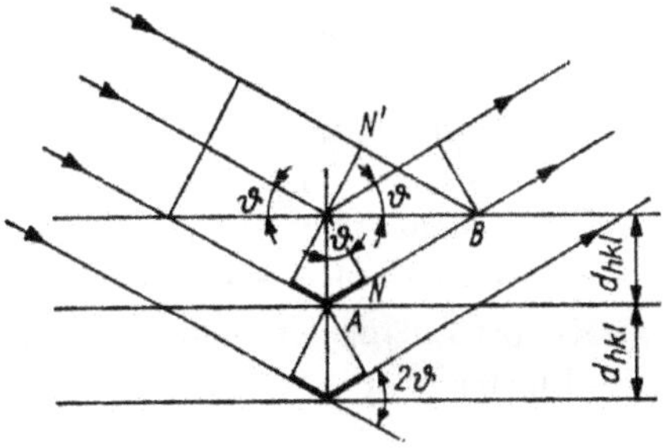

Bild 5.8. *Reflexion einer ebenen Röntgenwelle an einer Netzebenenschar.*

Es sind nur die betreffenden Strahlrichtungen sowie die Netzebenen (ohne Gitterpunkte) dargestellt.

Zu einer den LAUE-Gleichungen gleichwertigen Beziehung gelangt man nach BRAGG (1913), indem man die Beugung von Röntgenstrahlen als eine (partielle) Reflexion der Röntgenwellen an den Netzebenenscharen des Gitters beschreibt. Wenn eine ebene Röntgenwelle einen Kristall durchdringt und unter einem Winkel ϑ auf eine Netzebenenschar mit dem Netzebenenabstand d_{hkl}

trifft (Bild 5.8), dann wird an jeder Netzebene ein gewisser kleiner Teil der Intensität der einfallenden Welle spiegelnd reflektiert. Die an den einzelnen Netzebenen reflektierten Wellen überlagern sich und löschen sich durch Interferenz im Allgemeinen gegenseitig aus. Eine konstruktive Interferenz, bei der sich die reflektierten Wellen phasenrichtig addieren, findet nur dann statt, wenn der Gangunterschied zwischen den an benachbarten Netzebenen reflektierten Wellen jeweils ein ganzzahliges Vielfaches der Wellenlänge λ beträgt. Dieser Gangunterschied entspricht offensichtlich der im Bild 5.8 fett hervorgehobenen Strecke, denn es gilt $BN = BN'$. Nun gilt auch $AN = d_{hkl} \sin \vartheta$, und der Gangunterschied beträgt mithin $2d_{hkl} \sin \vartheta$. Die Bedingung, dass eine Reflexion tatsächlich auftritt und ein Reflex zu beobachten ist, lautet also

$$2d_{hkl} \sin \vartheta = n\lambda$$

und wird als *BRAGGsche Gleichung* bezeichnet; n ist eine ganze Zahl (Ordnung der Interferenz); ϑ wird in diesem Fall als *Glanzwinkel* bezeichnet. Der Winkel zwischen dem einfallenden und dem reflektierten Strahl (*Ablenkungswinkel*) beträgt 2ϑ.

Wie im Abschn. 5.1.4. gezeigt wird, bringen sowohl die BRAGGsche Gleichung als auch die LAUE-Gleichungen dieselben Bedingungen für die Beugung (Reflexion) von Röntgenstrahlen zum Ausdruck und sind gewissermaßen identisch. Die ganzen Zahlen h, k, l der LAUE-Gleichungen sind die mit der ganzen Zahl n (Ordnung der Interferenz) der BRAGGschen Gleichung multiplizierten MILLERschen Indizes der reflektierenden Netzebenenschar. Beispielsweise bedeutet 200 die 2. Ordnung der Reflexion an (100) oder 333 die 3. Ordnung der Reflexion an (111). In diesem Sinne werden die Indextripel *hkl* ohne Klammer geschrieben und als *LAUE-Symbole* bezeichnet.

Zur Ableitung der Beugungsbedingungen nach v. LAUE oder BRAGG wurde davon ausgegangen, dass am Ort eines Interferenzmaximums die von den als Streuzentren angenommenen Gitterpunkten ausgehenden Streuwellen mit gleicher Phase zusammenkommen, wobei sich die Strecken, die sie durchlaufen haben, um ganzzahlige Vielfache der Wellenlänge unterscheiden. Man erhält so Aussagen über die Geometrie des Beugungsmusters einerseits und über die Netzebenenabstände und Gitterparameter andererseits und ihre gegenseitige Relation. Diese Form der Betrachtung wird als *geometrische Theorie* der Röntgenbeugung bezeichnet und bedeutet eine sehr weitgehende Vereinfachung der Streuvorgänge. Etwas detaillierter ist die *kinematische Theorie*. Sie ist gleichfalls geometrischen Charakters, betrachtet jedoch nicht mehr nur die Streuung an Gitterpunkten, sondern auch an den im Volumen des Kristalls verteilten Atomen bzw. deren Elektronen und kommt so auch zu Aussagen über die Intensität der Reflexe. Für viele Probleme der Röntgenbeugung, so für die Kristallstrukturanalyse, sind die Ansätze der geometrischen und der kinematischen Theorie ausreichend, so dass sich die folgenden Darlegungen im Rahmen dieser Theorien bewegen.

Das physikalische Verhalten von elektromagnetischen Wellen in Kristallen wird von der *dynamischen Theorie* beschrieben, die von P. P. EWALD und auch von C. G. DARWIN entwickelt wurde. Diese Theorie sucht nach Lösungen der MAXWELLschen Gleichungen unter den Bedingungen einer periodischen Elektronendichte und liefert Aussagen über die Ausbreitung der Wellenfelder im Kristall, über den Energietransport, über den Energieverlust der Primärwelle infolge Reflexion *(primäre Extinktion)* sowie über das Entstehen der reflektierten Welle. Sie ist damit die Grundlage für ein tieferes Verständnis der Wechselwirkung von Röntgenstrahlen und Kristallen.

Es ist bemerkenswert, dass die Röntgenwellenfelder in Kristallen im Sinne der dynamischen Theorie erst verhältnismäßig spät experimentell nachgewiesen werden konnten. Gewöhnlich wird die strenge Periodizität einer Kristallstruktur durch Realstrukturphänomene, wie Versetzungen und Mosaikbau, so weit gestört, dass die von der dynamischen Theorie beschriebenen Wellenfelder in den meisten Kristallen schon nach kurzen Distanzen wieder zerfallen. Die Beobachtung dieser Wellenfelder gelang schließlich an nahezu idealen Kristallen, die nur wenige Baufehler enthielten. Ein Beispiel ist der von BORRMANN (1941) gefundene Effekt der *anomalen Absorption*: Bei der Ausbreitung der Wellenfelder durch den ganzen Kristall ist die Absorption von Röntgenstrahlen im Interferenzfall gegenüber der normalen Absorption verändert (verringert).

5.1.3. Röntgenographische Aufnahmemethoden

Die BRAGGsche Gleichung $n\lambda = 2d_{hkl} \sin\vartheta$ macht deutlich, dass an einer gegebenen Netzebenenschar *hkl* mit einem bestimmten Netzebenenabstand d_{hkl} eine Reflexion dann und nur dann auftritt, wenn für eine bestimmte Wellenlänge λ ein bestimmter Glanzwinkel ϑ eingehalten wird. Gleichzeitig zeigt sie, auf welche Weise Reflexionen (Interferenzen) zu erhalten sind:

a) Bei festgehaltenem ϑ wird λ variiert (LAUE-Methode).
b) Bei festgehaltenem λ (monochromatisches Röntgenlicht) wird ϑ variiert. Die Variation von ϑ kann entweder durch Drehen des Kristalls erreicht werden (Drehkristallmethoden) oder dadurch, dass eine große Anzahl kleiner Kristalle in beliebiger Orientierung (ein Kristallpulver) durchstrahlt wird (Pulver-Methoden).

5.1.3.1. LAUE-Methode

Bei der *LAUE-Methode* wird ein feststehender (orientierter) Einkristall mit weißem Röntgenlicht (Bremsstrahlung) durchstrahlt (Bild 5.9). Im kontinuierlichen Spektrum des Primärstrahls gibt es dann für jede Netzebenenschar mit einem bestimmten Netzebenenabstand d_{hkl} eine passende Wellenlänge λ, die die BRAGGsche Reflexionsbedingung erfüllt. Die Netzebenenschar reflektiert nur die Wellen der betreffenden Wellenlänge. Die abgebeugten Strahlen treffen auf eine photographische Platte auf und erzeugen dort einen Schwärzungsfleck (Interferenzfleck, LAUE-Fleck, „Reflex"; Bild 5.10). Auf diese Weise erhält man eine Projektion der Netzebenen eines Kristalls (ein *LAUE-Diagramm*), aus dem sich ohne Schwierigkeit die ϑ-Werte der einzelnen Reflexe bestimmen lassen: Ein reflektierter Strahl erscheint gegenüber dem Primärstrahl um den Winkel 2ϑ abgelenkt (vgl. Bild 5.9a), und der Abstand eines Reflexes vom Mittelpunkt des Laue-Diagramms beträgt $R\tan 2\vartheta$ (mit R als Abstand zwischen Kristall und Film). Die zur Reflexion kommende Wellenlänge λ bleibt unbekannt, so dass sich die Netzebenenabstände d_{hkl} der reflektierenden Netzebenenscharen nicht unmittelbar aus dem LAUE-Diagramm ablesen lassen. Hingegen können die Reflexe aufgrund ihrer Winkelkoordinaten – analog einer goniometrischen Messung – identifiziert und mit Indizes versehen (indiziert) werden. Der Abstand des Reflexes einer Netzebenenschar mit der Poldistanz ρ vom Mittelpunkt des Laue-Diagramms beträgt $-R\tan 2\rho$ (vgl. Bild 5.9c; es gilt $\vartheta = 90° - \rho$). Bei größeren oder stark absorbierenden Kristallproben wird anstelle der Durchstrahlung die *Rückstrahltechnik* bevorzugt, bei der die vom Kristall zur Seite des einfallenden Strahls hin abgebeugten Strahlen aufgenommen werden; der Film wird hierbei zwischen Blende und Kristall (Position F' im Bild 5.9c) angeordnet. In diesem Fall hat der Reflex einer Netzebenenschar mit der Poldistanz ρ' einen Abstand $R \tan 2\rho'$ vom Mittelpunkt des Laue-Diagramms (Bild 5.9 d). Als Hilfsmittel zur Auswertung kann – analog dem WULFFschen Netz – die LAUE-Projektion eines Netzes aus Längen- und Breitenkreisen (der Polkugel) benutzt werden, welche als *GRENNIGER-Netz* bezeichnet wird.

Da das LAUE-Diagramm eine Projektion der Netzebenen darstellt, muss es die Symmetrie des Kristalls zum Ausdruck bringen. Durchstrahlt man z. B. einen Kristall in der Richtung einer Spie-

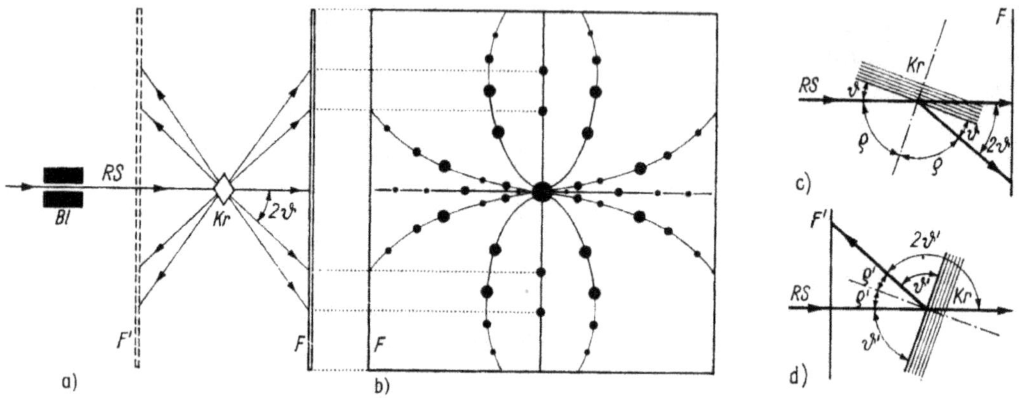

Bild 5.9. *LAUE-Methode.*

a) Aufnahmeanordnung; b) LAUE-Diagramm (schematisch); c) Winkelbeziehungen bei der Durchstrahltechnik; d) bei der Rückstrahltechnik; *Bl* Blende; *RS* Röntgenstrahl; *Kr* Kristall; *F* Film (Durchstrahltechnik); *F'* Anordnung des Films bei der Rückstrahltechnik; ϑ Glanzwinkel; ρ bzw. ρ' Winkel zwischen Netzebenennormalen und Primärstrahl. Die im LAUE-Diagramm angedeuteten Kurven verbinden jeweils Reflexe einer Zone und stellen Kegelschnitte dar (vgl. weiterführende Literatur, z. B. MCKIE/MCKIE).

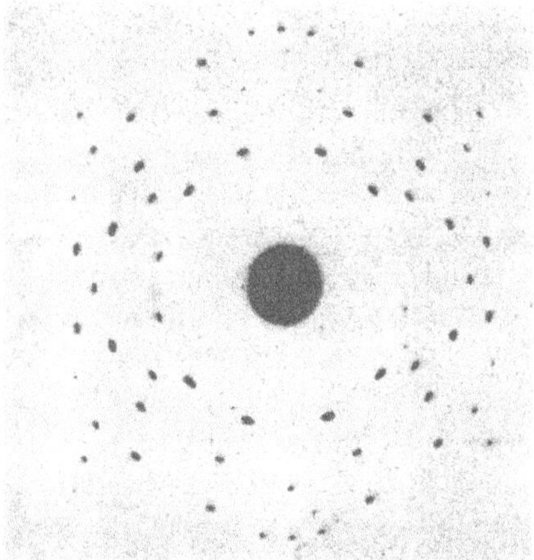

Bild 5.10. *LAUE-Diagramm.*

Einkristall von Aragonit (Kristallklasse *mmm*), durchstrahlt in Richtung der *c*-Achse (photographisches Negativ).

gelebene, so zeigt auch das LAUE-Diagramm eine solche. Entsprechendes gilt für Drehachsen. Allerdings besteht in den meisten Fällen kein Unterschied zwischen den Reflexionen an der „Vorderseite" und der „Rückseite" einer Netzebenenschar, so dass die Reflexe *hkl* und $\overline{hkl}$ jeweils einander äquivalent sind (*FRIEDELsches Gesetz* – für Ausnahmen vgl. den letzten Absatz von Abschn. 5.1.8.2.). Das hat zur Folge, dass die röntgenographisch (z. B. durch LAUE-Aufnahmen in verschiedenen Richtungen) ermittelte Symmetrie stets ein Inversionszentrum enthält – auch dann, wenn die betreffende Kristallstruktur nicht zentrosymmetrisch ist. Man kann daher anhand ihrer „LAUE-Symmetrie" nur elf Klassen von Kristallen (*LAUE-Klassen*) unterscheiden; sie entsprechen den elf Kristallklassen mit einem Symmetriezentrum (vgl. vorderes Vorsatzpapier). Die LAUE-Symmetrie der übrigen Kristallklassen ergibt sich durch Hinzufügen des Inversionszentrums zu den Symmetrieelementen der betreffenden Kristallklasse (Tab. 5.2). – Die LAUE-Methode wird hauptsächlich zur Symmetriebestimmung und zur Ermittlung der kristallographischen Orientierung von Einkristallproben sowie bei der Untersuchung von Texturen polykristalliner Materialien angewendet.

Tabelle 5.2. *Die* LAUE*-Gruppen und ihre azentrischen Untergruppen.*

Kristallsystem	LAUE-Gruppe	Azentrische Untergruppen
Triklin	$\bar{1}$	1
Monoklin	$2/m$	$2, m$
Rhombisch	mmm	$222, mm2$
Tetragonal	$4/m$	$4, \bar{4}$
	$4/mmm$	$4mm, \bar{4}m2, 422$
Trigonal	$\bar{3}$	3
	$\bar{3}m$	$3m, 32$
Hexagonal	$6/m$	$6, \bar{6}$
	$6/mmm$	$6mm, \bar{6}m2, 622$
Kubisch	$m\bar{3}$	23
	$m\bar{3}m$	$\bar{4}3m, 432$

5.1.3.2. Drehkristallmethoden

Bei den Drehkristallmethoden wird durchweg monochromatische Röntgenstrahlung verwendet und damit eine bestimmte Wellenlänge λ vorgegeben. Der zu untersuchende Einkristall wird so justiert, dass eine wichtige Zone senkrecht zum Primärstrahl orientiert ist ($\varphi_{a0} = 90°$; vgl. Bild 5.6), und dann um die Zonenachse gedreht (Bild 5.11). Wählen wir die a-Achse (mit der Gitterkonstanten a) als Drehachse, so erhält man aus der Laue-Gleichung $a(\cos\varphi_a - \cos\varphi_{a0}) = h\lambda$ wegen $\varphi_{a0} = 90°$ die Beziehung $\cos\varphi_a = h\lambda/a$. Mithin ergibt sich für alle Reflexe mit konstantem h der gleiche Beugungswinkel φ_a; alle diese Reflexe liegen auf einem zur a-Achse koaxialen Kegel. Umgibt man den Kristall mit einem zylindrischen Film, dessen Zylinderachse mit der Drehachse des Kristalls zusammenfällt, so liegen die Reflexe mit konstantem h auf einer Linie, der *Schichtlinie*. Für $h = 0$ ($\varphi_a = 90°$) entartet der Kegel zu einer Ebene; die abgebeugten Strahlen liegen in der Ebene senkrecht zur Drehachse. In dieser Ebene liegt auch der Primärstrahl, so dass die entsprechende Schichtlinie (0. Schichtlinie oder „Äquator“) durch den Primärstrahlfleck des Films geht. Auf ihr liegen die Reflexe $0kl$ unseres Beispiels.

Die 1. Schichtlinien ($h = 1$ bzw. $h = -1$) liegen im gleichen Abstand über und unter dem Äquator (Reflexe $1kl$ bzw. $\bar{1}kl$). Analoges gilt für die 2. Schichtlinien usw. Aus dem Schichtlinienabstand S zwischen zwei zusammengehörenden Schichtlinien und dem Abstand R zwischen Kristall und Film (Radius der zylindrischen Aufnahmekammer) kann leicht die Gitterkonstante a berechnet werden. Es ist (vgl. Bild 5.6):

$$\tan(90° - \varphi_a) = S/2R \text{ bzw. } \tan\varphi_a = 2R/S.$$

Hieraus kann φ_a bestimmt werden und damit schließlich a gemäß:

$$a = h\lambda/\cos\varphi_a.$$

Auf diesem Wege können die Gitterkonstanten eines Kristalls ermittelt werden, indem nacheinander Drehkristallaufnahmen um alle drei Achsen angefertigt werden.

Mitunter ist es zweckmäßig, den Kristall nicht um volle 360°, sondern nur um einen begrenzten Winkelbereich (z. B. 30°) zu schwenken (*Schwenkaufnahme*, Bild 5.12). Dadurch reduziert sich die Anzahl der Reflexe, was die Auswertung erleichtert.

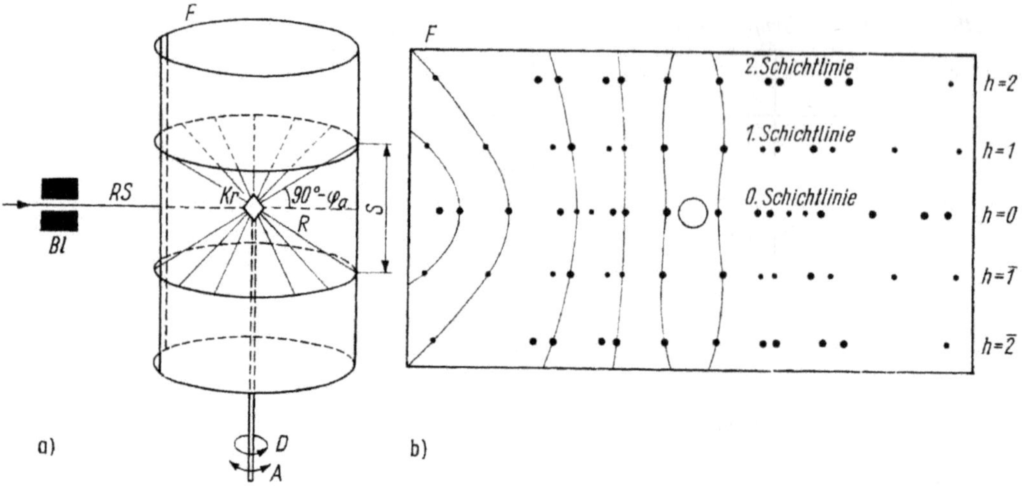

Bild 5.11. *Drehkristallmethode.*

a) Aufnahmeanordnung: *Bl* Blende; *RS* Röntgenstrahl; *F* zylindrischer Film; *Kr* Kristall (der Kristall befindet sich auf einem Goniometerkopf zur Justierung); *R* Radius der Röntgenkammer; *S* Schichtlinienabstand der 1. Schichtlinien; *D* Rotationsbewegung bei einer Drehkristallaufnahme (oben) und bei einer Schwenkaufnahme (unten); *A* Drehachse. b) Drehkristallaufnahme (schematisch) mit Reflexen der 0., 1. und 2. Schichtlinie bei der Drehung des Kristalls um die *a*-Achse. Die angedeuteten Kurven (*BERNAL-Netz*) verbinden bei einer zu den übrigen Achsen orthogonalen *a*-Achse Reflexe mit konstanten *k* und *l*.

Bild 5.12. *Schwenkaufnahme eines Einkristalls von* $AsN_8C_{43}H_{26}$.

Raumgruppe *P*1; Schwenkachse *b*; Schwenkwinkel 5°; photographisches Positiv. Foto: KULPE.

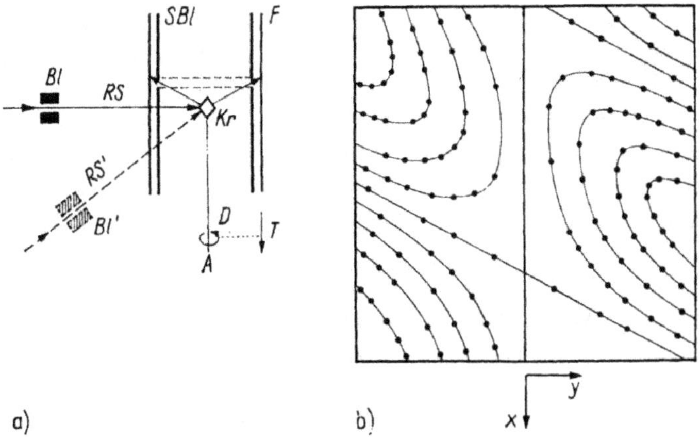

Bild 5.13. *WEISSENBERG-Methode.*

a) Anordnung; b) WEISSENBERG-Aufnahme (schematisch).
RS Röntgenstrahl; *Bl* Blende; *Kr* Kristall; *S Bl* Schichtlinienblende (feststehend); *F* Film; *A* Drehachse; *D* Drehung des Kristalls; *T* Translation des Films; *RS'* und *Bl'* Röntgenstrahl und Blende bei der *Equi-inclination-Technik.*

Die Auswertung von Drehkristallaufnahmen, insbesondere die Indizierung der Reflexe, ist mit dem Problem verbunden, dass aus der Aufnahme nicht ersichtlich ist, in welcher Stellung beim Drehen des Kristalls die einzelnen Reflexe „aufgeleuchtet" haben. Bei einer Schwenkaufnahme hat man es mit einer geringeren Anzahl von Reflexen zu tun, so dass deren Identifizierung, d. h. deren Indizierung, eher möglich ist.

Das Problem der Indizierung wird auf elegante Weise durch die nach WEISSENBERG (1924) benannte Methode gelöst. Zwischen Kristall und Film wird eine Ringblende derart angeordnet, dass nur die Reflexe einer Schichtlinie die Blende passieren und den Film erreichen können (Bild 5.13; die einzustellende Position der Ringblende muss gegebenenfalls zuvor durch eine gewöhnliche Drehkristallaufnahme ermittelt werden). Während der Aufnahme wird nun der Film synchron mit der Drehung des Kristalls, parallel zur Drehachse bzw. zur Achse der zylindrischen Aufnahmekammer bewegt. Auf diese Weise verteilen sich die Reflexe der betreffenden Schichtlinie über die ganze Fläche des Films, und ihre Position ist eindeutig mit der Stellung des Kristalls korreliert, so dass sich sowohl die Winkelkoordinaten als auch die Indizes der reflektierenden Netzebenenschar bestimmen lassen. Der Drehwinkel w des Kristalls und die Koordinate x auf dem Film, parallel zur Bewegungsrichtung, sind einander proportional:

$$x = Cw,$$

wobei gewöhnlich $C = 90\ \text{mm}/\pi \triangleq 0{,}5$ mm pro Grad gewählt wird, so dass einer Drehung des Kristalls um 180° eine Translation des Films um 90 mm entspricht. Die Koordinate y auf dem Film, senkrecht zu x bzw. zur Bewegungsrichtung, wird durch den jeweiligen Glanzwinkel ϑ bzw. den Ablenkungswinkel 2ϑ des reflektierten Strahls bestimmt. Für eine Aufnahme der 0. Schichtlinie gilt:

$$y = 2\vartheta R \text{ (mit } \vartheta \text{ im Bogenmaß).}$$

Gewöhnlich wählt man den Abstand zwischen Kristall und Film (Kammerradius) $R = 90\ \text{mm}/\pi = 28{,}65$ mm, so dass dann (für die 0. Schichtlinie) der Zahlenwert von y in Millimeter dem Zahlenwert des Glanzwinkels ϑ in Winkelgrad entspricht. Bei den höheren Schichtlinien ist dieser Zusammenhang etwas komplizierter. Für die explizite Auswertung und Indizierung einer

WEISSENBERG-Aufnahme sei auf die weiterführende Literatur verwiesen (z. B. M. J. BUERGER; S. HAUSSÜHL; K. H. JOST). Üblicherweise wird eine WEISSENBERG-Kammer nicht wie auf Bild 5.13 (zum besseren Vergleich mit Bild 5.11) senkrecht, sondern waagerecht angeordnet, so dass dann auf dem Film die Koordinate x horizontal und die Koordinate y vertikal gemessen werden (Bild 5.14). Die Reflexe ordnen sich zu typischen Kurvenzügen, welche (was hier vorweggenommen sei) jeweils einer reziproken Gittergeraden entsprechen (vgl. Abschn. 5.1.4.). Anhand dieser Kurvenzüge lässt sich die Indizierung der Reflexe bei einiger Übung oft unmittelbar durch bloße Inspektion durchführen.

Der Primärstrahl wird bei der WEISSENBERG-Methode normalerweise senkrecht zur Drehachse des Kristalls gerichtet. In manchen Fällen wird jedoch (aus später zu erläuternden Gründen) ein bestimmter, von 90° verschiedener Winkel zwischen Primärstrahl und Drehachse eingestellt (*Equi-inclination-Technik*; zur schrägen Durchführung des Primärstrahls ist die Ringblende noch mit einem Längsschlitz versehen). Da bei der WEISSENBERG-Methode die Winkelstellung des Kristalls registriert wird, wird sie auch als *Goniometermethode* bezeichnet.

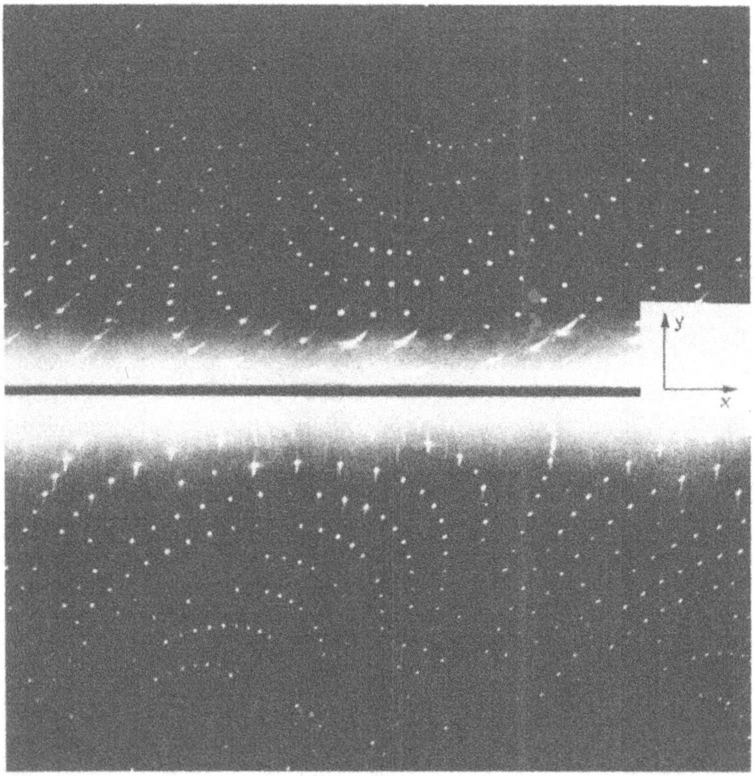

Bild 5.14. *Weissenberg-Aufnahme eines Einkristalls von* $AsN_8C_{43}H_{26}$.

Schwenkachse b; Schicht ($h2l$). Foto: KULPE.

Eine weitere Goniometermethode ist die Methode von SCHIEBOLD und SAUTER (1933). Deren Anordnung entspricht im wesentlichen der von Bild 5.9; der Kristall wird jedoch um eine Achse senkrecht zum (monochromatischen) Primärstrahl gedreht, und synchron mit dem Kristall dreht sich der (ebene) Film um den Primärstrahl als Achse. Zwischen Kristall und Film werden außerdem Blenden zur Auswahl bestimmter „Schichtlinien" (bzw. hier: Reflexionskegel) angebracht. Aus den Koordinaten eines Reflexes auf dem Film lassen sich gleichfalls seine Indizes ableiten.

5.1.3.3. Pulvermethoden

Bei den Pulvermethoden wird monochromatische Röntgenstrahlung an einem pulverförmigen Präparat gebeugt. In dem feinkörnigen Pulver finden sich stets Kriställchen, die zufällig so orientiert sind, dass sie für irgend welche Netzebenenscharen die BRAGGsche Beugungsbedingung $2d_{hkl} \sin\vartheta = n\lambda$ erfüllen. Zudem wird das Präparat während der Aufnahme meist noch gedreht, was eine weitere Variation der Kristallorientierungen liefert. Alle für eine bestimmte Netzebenenschar *hkl* zufällig in Reflexionsstellung befindlichen Kriställchen reflektieren unter dem gleichen Glanzwinkel ϑ_{hkl} bzw. unter dem gleichen Ablenkungswinkel $2\vartheta_{hkl}$. Mithin bilden die reflektierten Strahlen einen Kegel um den Primärstrahl mit dem Öffnungswinkel $4\vartheta_{hkl}$. Die Reflexionen der verschiedenen Netzebenenscharen bilden somit eine Schar koaxialer Kegel um den Primärstrahl. Brächte man diese Kegelschar zum Schnitt mit einem ebenen Film senkrecht zum Primärstrahl, so würde auf diesem eine Schar konzentrischer Ringe entstehen. Praktischerweise benutzt man jedoch einen Filmstreifen, der zylindrisch um das Präparat gelegt wird (Methode nach DEBYE und SCHERRER (1916); Bild 5.15).

Die auf diesem Film entstehenden „Interferenzlinien" sind dann die Schnittkurven der Reflexionskegel mit dem betreffenden Zylinder. Um zu vermeiden, dass der Primärstrahl direkt auf den Film fällt, wird gegenüber der Eintrittsöffnung ein Loch in den Filmstreifen gestanzt.

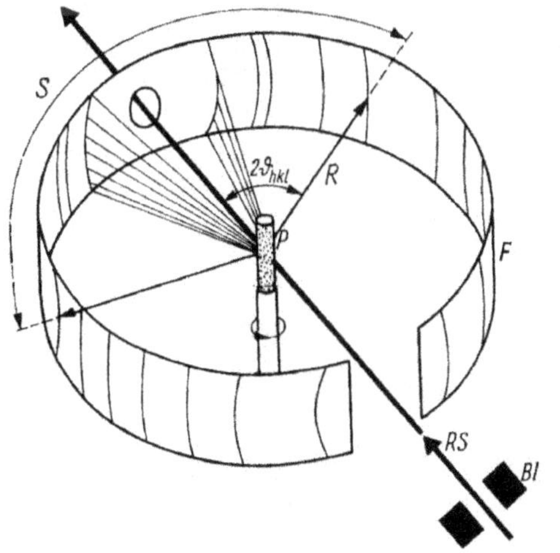

Bild 5.15. *Debye-Scherrer-Methode.*

RS Röntgenstrahl; *Bl* Blende; *P* Pulverpräparat; *R* Kammerradius; *F* Film; *S* Abstand zusammengehörender Interferenzlinien auf dem Film.

Sei S der Abstand zwischen zwei zusammengehörigen Interferenzlinien auf dem Film (der auch als *Pulverdiagramm* oder *DEBYE-SCHERRER-Diagramm* bezeichnet wird), so gilt:

$$S = 4\vartheta R \text{ (mit } \vartheta \text{ im Bogenmaß).}$$

Gewöhnlich wählt man den Filmradius (Kammerradius) $R = 90$ mm/π = 28,65 mm, so dass dann der Zahlenwert von S in Millimeter dem Zahlenwert des Ablenkungswinkels 2ϑ in Winkelgrad entspricht. Aus der Braggschen Gleichung erhält man dann die Werte für die Netzebenenabstände d_{hkl} der reflektierenden Netzebenenscharen.

Üblicherweise wird der Film so in eine DEBYE-SCHERRER-Kammer eingelegt, dass sich die Interferenzlinien wie im Bild 5.15 symmetrisch um die Eintritts- und Austrittsöffnungen verteilen (Bild 5.16 oben). Zur besseren Korrektur von Abweichungen des Filmdurchmessers vom exakten Wert (z. B. durch Schrumpfen beim Entwickeln) kann der Film auch asymmetrisch um 90° versetzt eingelegt werden (Bild 5.16 unten).

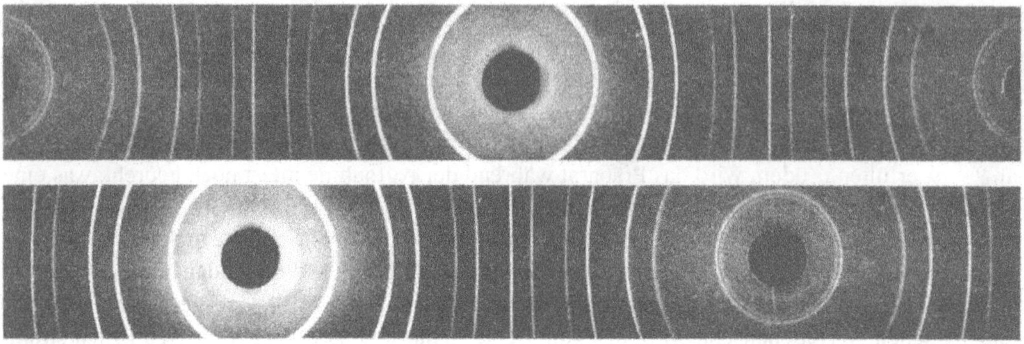

Bild 5.16. *DEBYE-SCHERRER-Aufnahme eines Pulverpräparats von Silicium.*

Oben symmetrische, unten asymmetrische Anordnung.

Eine bedeutende Erhöhung der Messgenauigkeit erreicht man durch die fokussierenden Methoden, die sowohl auf eine schärfere Abbildung der Interferenzlinien als auch auf eine Erhöhung der Linienintensität abzielen. Eine gewisse Unschärfe bzw. Breite der Interferenzlinien wird u. a. durch die Divergenz des Primärstrahls sowie durch die räumliche Ausdehnung des Pulverpräparates verursacht. Nach SEEMANN und BOHLIN (1919) erreicht man eine Fokussierung, wenn Eintrittsspalt, Präparat und Abbildungsort (Film) auf der Peripherie eines Kreises angeordnet werden (Bild 5.17). Ergänzt man die Anordnung in der dritten Dimension, so handelt es sich um einen Zylinder, wobei die Fokussierungsbedingungen exakt nur jeweils in der Ebene senkrecht zur Zylinderachse eingehalten sind. Zur Erzeugung der Primärstrahlung benutzt man zweckmäßig eine Röntgenröhre mit einem Strichfokus (parallel zur Zylinderachse bzw. zum Eintrittsspalt).

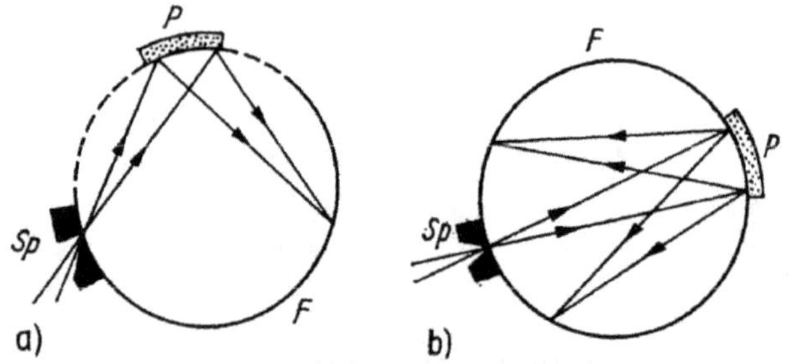

Bild 5.17. Fokussierende Anordnung nach SEEMANN und BOHLIN.

a) Asymmetrischer, b) symmetrischer Strahlengang *Sp* Spalt; *P* Pulverpräparat; *F* Film.

Bei der Methode nach GUINIER (1939) wird außerdem ein fokussierender Monochromator benutzt (Bild 5.18). Um eine für anspruchsvolle Aufgaben hinreichend monochromatische Primärstrahlung zu erzeugen, genügt die Anwendung von Filtern (s. Abschn. 5.1.1.) nicht. Hingegen ist ein an einem Einkristall reflektierter Röntgenstrahl weitgehend monochromatisch. Für einen lichtstarken Monochromator benutzt man deshalb eine intensitätsstarke Reflexion an einem Einkristall, welcher möglichst wenige Gitterstörungen enthält. Das betreffende Kristallplättchen (z. B. aus Quarz oder aus Silicium) wird zunächst etwas gebogen, und zwar derart, dass die reflektierende Netzebenenschar senkrecht zum Krümmungsradius steht. Dann wird auf der Konkavseite des gebogenen Plättchens noch ein zylindrischer Hohlschliff angebracht, der gegenüber der Biegung der Netzebenen die doppelte Krümmung, d. h. den halben Krümmungsradius hat (Bild 5.19). Auf diese Weise erfüllt der Monochromator sowohl die Reflexionsbedingung (Einfallswinkel gleich Ausfallswinkel) als auch die Fokussierungsbedingung. Nach der GUINIER-Methode können sowohl Durchstrahlungs- als auch Rückstrahlungsaufnahmen hergestellt werden.

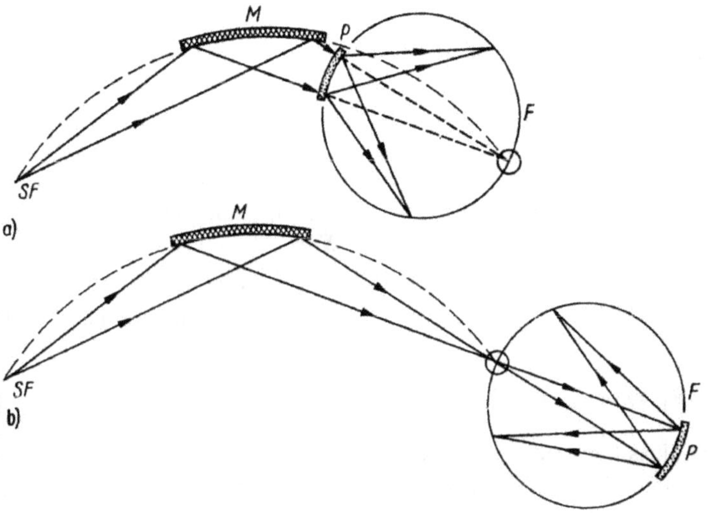

Bild 5.18. *GUINIER-Methode.*

a) Anordnung bei symmetrischer Durchstrahlung; b) Anordnung bei symmetrischer Rückstrahlung. *M* Monochromator; *F* Film; *SF* Brennfleck (Strichfokus) der Röntgenröhre.

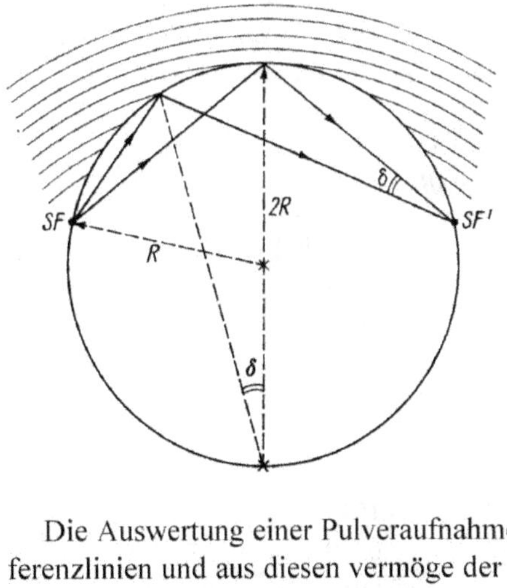

Bild 5.19. *Reflexions- und Fokussierungsbedingung bei einem Monochromatorkristall.*

SF Strichfokus der Röntgenröhre; *SF'* Projektion des Strichfokus. Die Krümmung der reflektierenden Netzebenenschar ist übertrieben dargestellt.

Die Auswertung einer Pulveraufnahme liefert zunächst die Glanzwinkel ϑ der einzelnen Interferenzlinien und aus diesen vermöge der BRAGGschen Gleichung die betreffenden Netzebenenabstände d_{hkl} (wobei die Indizes hkl zunächst noch unbekannt sind). Ein solcher Satz von d-Werten ist für jede Kristallart charakteristisch und kann gewissermaßen als ein „Steckbrief" zu ihrer Identifizierung dienen. Von Vorteil ist dabei, dass für eine Pulveraufnahme nur wenig polykristallines Material benötigt wird. Die Identifizierung der betreffenden Kristallsubstanz erfolgt durch den Vergleich mit den Aufnahmen bekannter Substanzen bzw. mit deren d-Werten, die in umfangreichen Tafelwerken und Datenbänken erfasst sind [5.1]. Am bekanntesten ist die Datensammlung PDF des ICDD (früher wurden sie als JCPDS bzw. ASTM-Index bezeichnet) mit Datensätzen (d-Werten) für bislang ca. 600 000 Substanzen. Daneben gibt es noch eine Reihe weiterer Datenbanken, in denen auch Beugungsdaten von Einkristallen und Informationen über ihre Struktur gespeichert sind (vgl. [5.1]). Der Vergleich experimentell ermittelter *d*-Werte mit den in einer Datenbank gespeicherten erfolgt zweckmäßig mit Hilfe eines Computers. Mit Hilfe von Pulveraufnahmen und Vergleich der *d*-Werte lassen sich nicht nur einzelne Kristallsubstanzen, sondern gegebenenfalls auch Gemische mehrerer kristalliner Phasen identifizieren (röntgenographische Gemisch- oder Phasenanalyse; vgl. Abschn. 5.1.3.4.).

Mit der Identifizierung einer Pulveraufnahme anhand einer Datensammlung erhält man aus letzterer zugleich mit den Gitterparametern auch die Indizes der einzelnen Interferenzlinien. Zur Indizierung des Pulverdiagramms einer völlig unbekannten Kristallphase wird im Prinzip so vorgegangen, dass man versucht, den Interferenzlinien einen Satz von Indizes widerspruchsfrei zuzuordnen; damit hat man dann gegebenenfalls auch die Gitterparameter bestimmt. Das lässt sich für das kubische Kristallsystem ohne weiteres auf folgende Weise durchführen: Durch Ausmessen des Pulverdiagramms erhalten wir für die Interferenzlinien die Werte des Glanzwinkels ϑ und hieraus $\sin^2\vartheta$. Quadrieren der BRAGGschen Gleichung liefert: $\sin^2\vartheta = (\lambda/2d_{hkl})^2$. Im kubischen Kristallsystem gilt außerdem (vgl. Abschn. 1.9.4.) $d_{hkl}^2 = a^2/(h^2+k^2+l^2)$, und man erhält durch Einsetzen:

$$\sin^2\vartheta = (\lambda/2a)^2\,(h^2+k^2+l^2) = Q(h^2+k^2+l^2);$$

d. h., $\sin^2\vartheta$ erscheint als Produkt eines konstanten Faktors $Q = (\lambda/2a)^2$ und einer ganzen Zahl $h^2 + k^2 + l^2$. Durch Vergleich der einzelnen Werte von $\sin^2\vartheta$ lässt sich der Faktor Q herausfinden, und dem verbleibenden ganzzahligen Faktor kann dann ohne weiteres jeweils ein passendes Indextripel zugeordnet werden. Das ist in Tab. 5.3 am Beispiel eines Pulverdiagramms von Silicium ausgeführt. Aus $Q = 0{,}0202 = (\lambda/2a)^2$ erhält man mit $\lambda = 0{,}154$ die Gitterkonstante $a = 0{,}542$ nm.

Die Indizierung von Pulverdiagrammen unbekannter Kristalle mit niedrigerer Symmetrie ist komplizierter, und es sei hier auf die ergänzende Literatur verwiesen. Bei tetragonalen, trigonalen und hexagonalen Kristallen lässt sich die Methode von HULL (1921) anwenden, welche versucht, den gemessenen Satz der Werte von $\sin^2\vartheta$ graphisch mit einer Schar sog. *HULLscher Kurven* zur Koinzidenz zu bringen.

Tabelle 5.3. *Auswertung einer Pulveraufnahme von Silicium (vgl. Bild 5.16).*

ϑ	$\sin^2\vartheta$	$Q\cdot(h^2+k^2+l^2)$	hkl	d_{hkl}^{exp} in nm	d_{hkl}^{theor} in nm
14,25°	0,0608	0,0203 · 3	111	0,3128	0,3129
23,75°	0,1622	0,0203 · 8	220	0,1912	0,1916
28,25°	0,2240	0,0204 · 11	113	0,1627	0,1634
34,70°	0,3241	0,0203 · 16	400	0,1353	0,1355
38,30°	0,3841	0,0202 · 19	133	0,1242	0,1243
44,10°	0,4843	0,0202 · 24	244	0,1106	0,1106
47,60°	0,5453	0,0202 · 27	115; 333	0,1043	0,1043
53,40°	0,6445	0,0202 · 32	440	0,0959	0,0958
57,15°	0,7058	0,0202 · 35	135	0,0917	0,0916
63,80°	0,8051	0,0201 · 40	620	0,0858	0,0857
68,30°	0,8633	0,0201 · 43	335	0,0829	0,0827
79,10°	0,9642	0,0201 · 48	444	0,0784	0,0782

Cu-K_α-Strahlung mit $\lambda = 0{,}154$ nm; $d_{hkl}^{exp} = \lambda/2\sin\vartheta$; $d_{hkl}^{theor} = a/\sqrt{h^2+k^2+l^2}$; $a = 0{,}542$ nm.

Für den allgemeinen Fall eines triklinen Kristalls gibt es die Methode nach ITO [5.2], bei welcher man zunächst den Interferenzlinien mit den kleinsten beobachteten Beugungswinkeln willkürlich z. B. die Indizes 100 und 010 zuordnet und dann untersucht, welche der übrigen Interferenzlinien sich (im Vergleich der d-Werte) als $hk0$ indizieren lassen. Von den verbleibenden Interferenzlinien wird wiederum eine bisher nicht indizierte willkürlich als 001 bezeichnet und damit versucht, die Indizierung aller Interferenzlinien widerspruchsfrei durchzuführen. Sollte sich das als nicht möglich erweisen, muss man versuchen, mit einer anderen Zuordnung der Indizes 100, 010 und 001 neu beginnend zum Ziel zu gelangen. Die Methode (auf deren Einzelheiten hier nicht näher eingegangen sei) erscheint mühevoll, ist aber mit Hilfe von programmgesteuerten Rechnern, die relativ schnell verschiedene Indizierungsansätze durchspielen können, durchaus praktikabel. Voraussetzung ist allerdings, dass ein experimenteller Satz von d-Werten mit guter Genauigkeit auch noch bei größeren Beugungswinkeln zur Verfügung steht.

5.1.3.4. Zählrohrgoniometermethoden

Bei den bisher besprochenen röntgenographischen Aufnahmemethoden wurde die abgebeugte Röntgenstrahlung durch einen photographischen Film registriert. Die Registrierung von Röntgenstrahlung kann auch mit einem *Zählrohr* erfolgen. Hierbei wird das Ionisationsvermögen der Röntgenstrahlung ausgenutzt. Ein Zählrohr ist eine mit einem geeigneten Gasgemisch (unter vermindertem Druck) gefüllte Kammer, in der axial ein Metalldraht eingespannt ist. Zwischen dem Draht und der Kammerwand liegt eine Hochspannung an. Ein Röntgenquant (Photon), das durch ein mit einer dünnen Folie bedecktes Fenster in die Kammer eindringt, erzeugt in dem Gas Ionen. In dem hohen elektrischen Feld werden die Ionen beschleunigt, bilden durch Stoßionisation weitere Ionen und bewirken einen stoßförmigen Entladungsstrom zwischen Draht und Kammerwand. Entweder wird der Entladungsstrom gemessen (Ionisationskammer), oder die Stromstöße werden einzeln gezählt (Zählrohr). Ähnliche Eigenschaften wie die Ionisationsmessgeräte haben die Szintillationszähler. Hier treffen die Röntgenquanten auf einen Detektor, der ihre Energie in Fluoreszenzlicht umwandelt. Die entstandenen Lichtquanten lösen auf einer Photokatode Photoelektronen aus, deren Strom in einem Sekundärelektronenvervielfacher (engl. *multiplier*) verstärkt wird. Zum Nachweis der Röntgenstrahlung können außerdem Halbleiterdetektoren sowie pyroelektrische Detektoren verwendet werden. Die von den genannten Messgeräten ausgehenden elektrischen Impulse werden elektronisch aufbereitet und in geeigneter Weise registriert (s. Bild 5.23).

Das Zählrohr bzw. ein entsprechender Detektor befindet sich auf einem Goniometer (vgl. Abschn. 1.2.2.), mit welchem bei der Messung ein vorgesehener Winkelbereich durchfahren wird (Zählrohrgoniometer). Auf diese Weise sind die Stellung des Kristalls bzw. Kristallpräparats und die Stellung des Zählrohrs stets miteinander korreliert. Die Zählrohrgoniometermethoden sind den photographischen Methoden sowohl hinsichtlich der Intensitätsmessung als auch des Winkelauflösungsvermögens (man erreicht eine Auflösung besser als eine Winkelminute) überlegen, und sie bieten in Verbindung mit Einrichtungen zur Datenverarbeitung und entsprechenden Rechenprogrammen weitgehende Möglichkeiten zur Automatisierung sowohl der Aufnahmeverfahren als auch der Datenauswertung.

Weitere Fortschritte bei den Aufnahmemethoden wurden durch die Entwicklung von energiedispersiven Detektoren sowie von großflächigen, ortsauflösenden Detektoren erzielt, mittels letzterer kann auf die Bewegungen des Detektors mit ihren apparativen Problemen weitgehend verzichtet und die Aufnahmezeit stark herabgesetzt werden.

Bei der *BRAGG-Methode* wird der Kristall so justiert, dass sich eine bestimmte Netzebenenschar hkl in Reflexionsstellung (Einfallswinkel gleich Ausfallwinkel) befindet (Bild 5.20). Der Kristall wird nun um eine Achse senkrecht zur Reflexionsebene gedreht, wobei das Zählrohr mit der doppelten Winkelgeschwindigkeit mitläuft, so dass der reflektierte Strahl stets in das Zählrohr fällt. Bei monochromatischer Röntgenstrahlung mit einer bestimmten Wellenlänge λ findet eine Reflexion immer dann statt, wenn die BRAGGsche Gleichung $2d_{hkl}\sin\vartheta = n$ erfüllt ist. Beim Durchdrehen des Kristalls (samt Zählrohr) erscheinen also die Reflexe nh, nk, nl (mit n als einer ganzen Zahl), d. h. die Reflexe höherer Ordnung der Netzebenenschar *hkl*. Der Strichfokus der Röntgenröhre bzw. der Eintrittsspalt, der Kristall und das Zählrohr liegen auf einem Kreis (Fokussierungskreis), was als Fokussierungsprinzip nach BRAGG und BRENTANO bezeichnet wird und der Fokussierungsbedingung nach SEEMANN und BOHLIN entspricht.

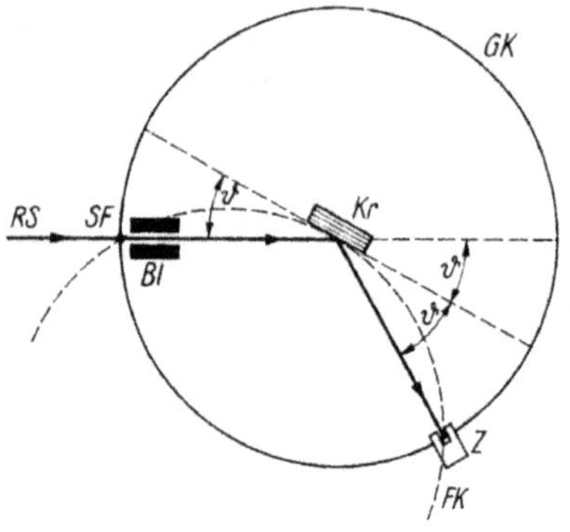

Bild 5.20. *BRAGG-Methode.*

SF Strichfokus der Röntgenröhre; *Bl* Blende; *Kr* Kristall; *Z* Zählrohr; ϑ Glanzwinkel; *GK* Goniometerkreis; *FK* Fokussierungskreis.

Die BRAGG-Methode wird u. a. zur präzisen Bestimmung von Netzebenenabständen d_{hkl} und damit der Gitterkonstanten benutzt. Für Präzisionsbestimmungen eignen sich besonders die Reflexe im Rückstrahlbereich (Glanzwinkel ϑ nahe 90°): Durch Differenzieren der BRAGGschen Gleichung erhält man $\partial d_{hkl}/\partial\vartheta = -d_{hkl}\cot\vartheta$. Der Ausdruck für $\vartheta = 90°$ verschwindet, d. h., die Fehler in der Messung von ϑ wirken sich im Rückstrahlbereich nur wenig aus. Die Winkelskala des Goniometers wird zweckmäßig mit Hilfe der Reflexe eines Standardkristalls (z. B. aus Quarz oder Silicium) kalibriert.

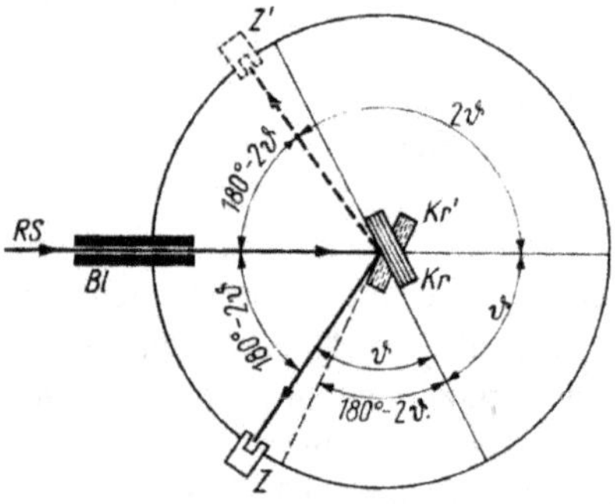

Bild 5.21. *Methode zur Präzisionsbestimmung von Gitterkonstanten nach BOND.*

Eine spezielle Anordnung für die Präzisionsbestimmung von Netzebenenabständen bzw. von Gitterkonstanten wurde von BOND [5.3] angegeben (Bild 5.21). Es wird mit einem scharf kollimierten Primärstrahl gearbeitet und mit dem fest eingestellten, weit geöffneten Zählrohr das Erscheinen des Intensitätsmaximums eines bestimmten Reflexes beim Drehen des Kristalls beobachtet. Gemessen wird der Winkel $180° - 2\vartheta$, um den der Kristall gedreht werden muss, um von einer Reflexionsstellung in die dazu symmetrische Reflexionsstellung zu gelangen. Bei sorgfältiger Justierung des Kristalls lassen sich so Gitterkonstanten mit einer Präzision von $\Delta a/a = 10^{-6}$ bestimmen.

Eine weitere Variante zur Präzisionsbestimmung von Gitterkonstanten ist die SÖLLER-Blendenmethode (BERGER [5.4]). Bei dieser Methode werden der einfallende und der reflektierte Strahl mit einer *SÖLLER-Blende* (einer speziellen, aus Lamellen bestehenden Blende, die einen Röntgenstrahl mit sehr geringer Diverganz ausblendet) abgetastet und ihr Intensitätsprofil gemessen. Diese Methode kann auch auf stärker gestörte Einkristalle angewendet werden; dank der relativ großen Öffnung einer SÖLLER-Blende können integrale Messwerte von größeren Probenbereichen sowie von beliebig geformten Probenoberflächen gewonnen werden.

Mit Hilfe von Präzisionsbestimmungen der Gitterkonstanten kann z. B. deren Abhängigkeit von äußeren Parametern, wie Temperatur, Druck, mechanische Spannungen, elektrische und magnetische Felder etc., oder von der Zusammensetzung verfolgt werden.

Die BRAGG-Methode wird zweckmäßigerweise auch zur präzisen Bestimmung der kristallographischen Orientierung größerer Einkristallproben herangezogen. Hierzu werden irgendwelche stärkeren Reflexe aufgesucht (die anhand ihres Netzebenenabstandes d_{hkl} zu identifizieren sind) und deren Relation zu äußeren Bezugselementen (wie angeschliffenen Flächen) festgelegt.

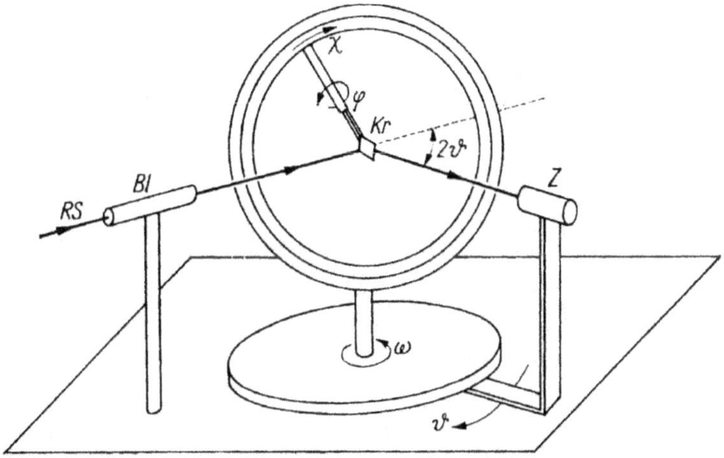

Bild 5.22. *Schema eines Vierkreisgoniometers.*

RS Röntgenstrahl; *Bl* Blende; *Kr* Kristall; *Z* Zählrohr (Detektor); φ, χ, ω, ϑ Winkelbewegung der vier Goniometerkreise; 2ϑ Ablenkungswinkel.

Zur Ermittlung von Beugungsdaten von Einkristallen für die Strukturbestimmung werden mehrkreisige Diffraktometer (Bild 5.22) eingesetzt, die heute fast durchweg an die Stelle von Drehkristall- und WEISSENBERG-Aufnahmen getreten sind. Für Routineaufnahmen werden mit Hilfe eines Rechners und geeigneter Steuermotoren Kristall und Zählrohr (bzw. Detektor) in die Reflexionsstellungen der einzelnen Reflexe gefahren und deren Intensitäten automatisch gemessen. Moderne Geräte sind mit Hilfe entsprechender Computerprogramme in der Lage, sowohl den Kristall selbständig zu justieren als auch alle wichtigen Korrekturen an den gemessenen Intensitäten vorzunehmen und die Messdaten sofort in Strukturfaktoren umzurechnen (vgl. Abschn. 5.1.6.).

Zählrohrgoniometer werden außerdem als weitgehend automatisierte Analysengeräte für die quantitative Phasenanalyse von Pulvergemischen eingesetzt. Die Anordnung entspricht dabei der von Bild 5.20, nur dass anstelle des Einkristalls ein Pulverpräparat tritt. Bei der Herstellung der Pulverpräparate muss man darauf achten, dass die Verteilung der Einzelkörner statistisch isotrop ist und keine Orientierungen bevorzugt sind, da derartige Textureffekte die Intensitäten der Interferenzlinien erheblich verändern können. Die einzelnen Komponenten (Phasen) eines Pulvergemisches liefern ihr eigenes Pulverdiagramm (Bild 5.23), und es ist möglich, durch Messen der Intensitäten kennzeichnender Interferenzlinien den Anteil x einer Phase am Gemisch zu bestimmen, wobei folgender Zusammenhang besteht:

$$x = I_x \overline{\mu_M} / I_0 \mu_M$$

mit I_x als der gemessenen Intensität einer Interferenzlinie, I_0 als Intensität derselben Interferenzlinie bei einer Aufnahme der reinen, ungemischten Phase, μ_M als deren Massenabsorptionskoeffizient (vgl. Abschn. 5.1.1.) und $\overline{\mu_M}$ als (mittlerer) Massenabsorptionskoeffizient des Gemisches.

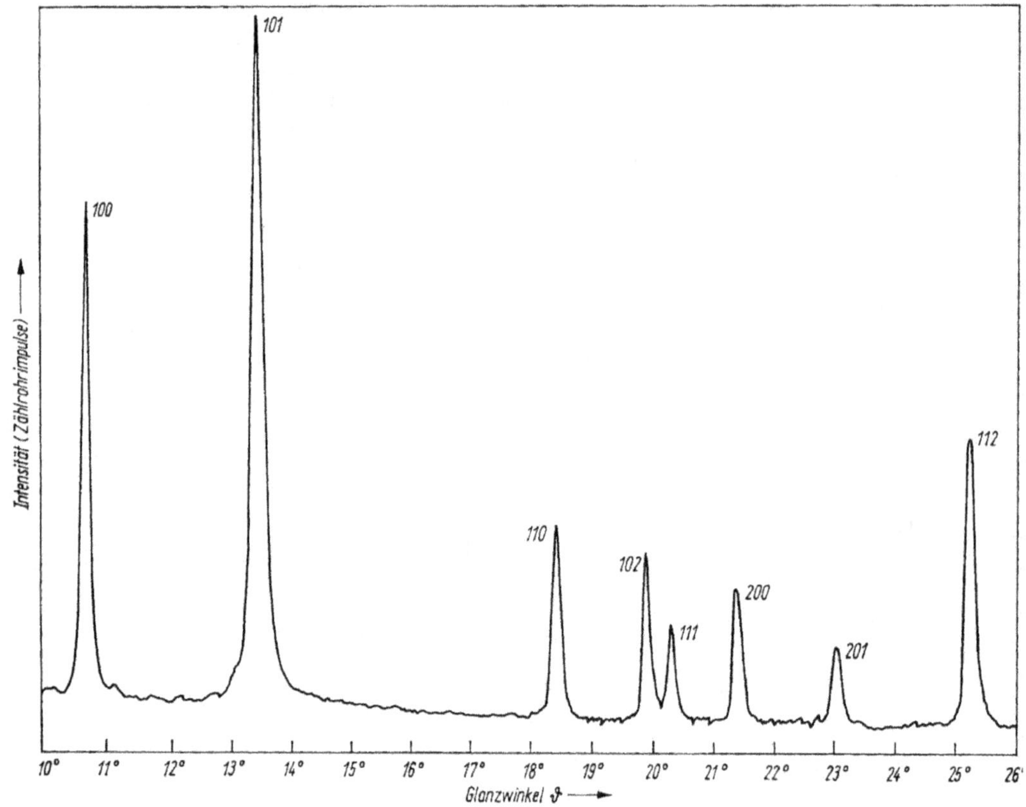

Bild 5.23. *Zählrohraufnahme eines Pulverpräparats von Quarz (Ausschnitt).*

Die Breite der Interferenzlinien in einem Pulverdiagramm hängt von der Kristallgröße ab. Wenn die mittlere Teilchengröße 10^{-4} mm unterschreitet, werden die Interferenzlinien bei der gewöhnlichen Aufnahmetechnik breiter und verwaschener. Das liefert die Möglichkeit, die Kristallitgröße in einem feinkörnigen Material zu bestimmen.

5.1.4. Reziprokes Gitter

Bei der Beschreibung und Diskussion von Beugungsphänomenen an Kristallen bedient man sich eines besonderen mathematischen Hilfsmittels, des reziproken Gitters. Hiermit hat es folgende Bewandtnis: Ein (primitives) Gitter sei durch seine Basisvektoren $\boldsymbol{a}$, $\boldsymbol{b}$, $\boldsymbol{c}$ gegeben. Zur Beschreibung der Netzebenenscharen dieses Gitters verfährt man nun analog der vorn ausgeführten Darstellung der Kristallflächen durch ihre Flächennormalen. Eine Netzebenenschar *hkl* wird durch einen Vektor $\boldsymbol{h}$ dargestellt, der auf der Netzebenenschar senkrecht steht und dessen Länge gleich dem reziproken Netzebenenabstand $1/d_{hkl}$ ist. Die nähere Betrachtung zeigt (was noch zu beweisen sein wird), dass die Endpunkte aller dieser Vektoren, trägt man sie von einem gemeinsamen Ursprung aus ab, ihrerseits ein Gitter bilden, das als *reziprokes Gitter* bezeichnet wird. Die Basisvektoren $\boldsymbol{a}^*$, $\boldsymbol{b}^*$, $\boldsymbol{c}^*$ des reziproken Gitters stehen in folgenden Relationen zu den Basisvektoren $\boldsymbol{a}$, $\boldsymbol{b}$, $\boldsymbol{c}$ des ursprünglichen Gitters:

$\boldsymbol{a}^*$ steht senkrecht auf $\boldsymbol{b}$ und $\boldsymbol{c}$ (also senkrecht auf der Netzebenenschar 100),
$\boldsymbol{b}^*$ steht senkrecht auf $\boldsymbol{c}$ und $\boldsymbol{a}$ (also senkrecht auf der Netzebenenschar 010),
$\boldsymbol{c}^*$ steht senkrecht auf $\boldsymbol{a}$ und $\boldsymbol{b}$ (also senkrecht auf der Netzebenenschar 001).

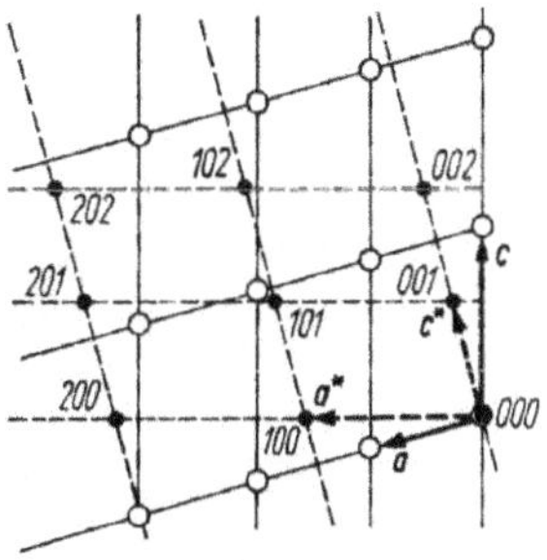

Bild 5.24. *Zweidimensionales Gitter (leere Punkte) und zugehöriges reziprokes Gitter (volle Punkte).*

Bild 5.24 zeigt diese Relationen am Beispiel der *ac*-Gitterebene eines monoklinen Kristalls (die Vektoren $\boldsymbol{b}$ und $\boldsymbol{b}^*$ haben in diesem Fall beide dieselbe Richtung senkrecht auf $\boldsymbol{a}$ und $\boldsymbol{c}$, also senkrecht zur Zeichenebene).

Die Längen der reziproken Basisvektoren ergeben sich aus dem geometrischen Zusammenhang wie folgt:

$$a^* = 1/d_{100} = bc\sin\alpha/V;\ b^* = 1/d_{010} = ca\sin\beta/V;\ c^* = 1/d_{001} = ab\sin\gamma/V \text{ mit:}$$
$$V = abc\sqrt{1-\cos^2\alpha-\cos^2\beta-\cos^2\gamma+2\cos\alpha\cos\beta\cos\gamma}$$

als Volumen der Elementarzelle des ursprünglichen Gitters; α ist wie üblich der Winkel zwischen den Basisvektoren $\boldsymbol{b}$ und $\boldsymbol{c}$, β zwischen $\boldsymbol{c}$ und $\boldsymbol{a}$ und γ zwischen $\boldsymbol{a}$ und $\boldsymbol{b}$. In einem rechtwinkligen Gitter gilt $a^* = 1/a$; $b^* = 1/b$; $c^* = 1/c$. Die Winkel im reziproken Gitter errechnen sich zu:

$$\cos\alpha^* = \frac{\cos\beta\cos\gamma-\cos\alpha}{\sin\beta\sin\gamma};\ \cos\beta^* = \frac{\cos\gamma\cos\alpha-\cos\beta}{\sin\gamma\sin\alpha};\ \cos\gamma^* = \frac{\cos\alpha\cos\beta-\cos\gamma}{\sin\alpha\sin\beta}.$$

Außerdem gilt für das Volumen der *reziproken Elementarzelle* $V^* = 1/V$. Das ursprüngliche Kristallgitter stellt seinerseits das reziproke Gitter des reziproken Gitters dar.

In der Schreibweise der Vektorrechnung werden die Basisvektoren des reziproken Gitters wie folgt dargestellt:

$$\boldsymbol{a}^* = \frac{\boldsymbol{b}\times\boldsymbol{c}}{V};\quad \boldsymbol{b}^* = \frac{\boldsymbol{c}\times\boldsymbol{a}}{V};\quad \boldsymbol{c}^* = \frac{\boldsymbol{a}\times\boldsymbol{b}}{V}$$

mit den entsprechenden Vektorprodukten (Kreuzprodukten). Ein *Vektorprodukt* $\boldsymbol{a} \times \boldsymbol{b}$ ist definitionsgemäß ein sowohl auf $\boldsymbol{a}$ als auch auf $\boldsymbol{b}$ senkrechter Vektor der Länge $ab\sin\gamma$. Bildet man die inneren Produkte zwischen den ursprünglichen Basisvektoren und den reziproken Basisvektoren, so ergibt sich $\boldsymbol{a}\cdot\boldsymbol{a}^* = \boldsymbol{a}\cdot(\boldsymbol{b}\times\boldsymbol{c})/V = 1$ mit dem sog. Spatprodukt $\boldsymbol{a}\cdot(\boldsymbol{b}\times\boldsymbol{c}) = V$, und man hat entsprechend:

$$\boldsymbol{a}\cdot\boldsymbol{a}^* = \boldsymbol{b}\cdot\boldsymbol{b}^* = \boldsymbol{c}\cdot\boldsymbol{c}^* = 1 \text{ sowie:}$$
$$\mathbf{a}\cdot\mathbf{b}^* = \mathbf{a}\cdot\mathbf{c}^* = \mathbf{b}\cdot\mathbf{c}^* = \mathbf{b}\cdot\mathbf{a}^* = \mathbf{c}\cdot\mathbf{a}^* = \mathbf{c}\cdot\mathbf{b}^* = 0,$$

da die inneren Produkte zwischen zueinander senkrechten Vektoren verschwinden.

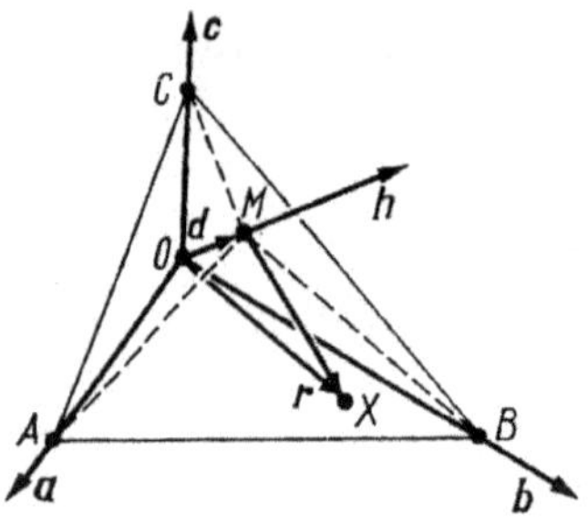

Bild 5.25. *Achsenabschnitte und Normalenvektor einer Fläche.*

Die noch ausstehenden Beweise lassen sich am einfachsten unter Benutzung der Vektoralgebra führen: Das reziproke Gitter bzw. die reziproken Basisvektoren $\boldsymbol{a}^*$, $\boldsymbol{b}^*$, $\boldsymbol{c}^*$ seien per Definition durch die oben genannten Relationen zu den Basisvektoren $\boldsymbol{a}$, $\boldsymbol{b}$, $\boldsymbol{c}$ des Kristallgitters gegeben. Zu einem Punkt des reziproken Gitters führe der Vektor $\boldsymbol{h}$:

$$\mathbf{h} = h\mathbf{a}^* + k\mathbf{b}^* + l\mathbf{c}^*$$

mit h, k, l als irgendwelchen ganzen Zahlen. Jedem solchen reziproken Gitterpunkt kann eine Fläche bzw. Netzebene (hkl) eindeutig zugeordnet werden, die die Achsenabschnitte $\overrightarrow{OA} = m\boldsymbol{a} = \boldsymbol{a}/h$; $\overrightarrow{OB} = n\boldsymbol{b} = \boldsymbol{b}/k$; $\overrightarrow{OC} = p\boldsymbol{c} = \boldsymbol{c}/l$ bildet (ausgedrückt als Vektoren vom Ursprung; Bild 5.25). Diese Fläche wird z. B. durch die Vektoren $\overrightarrow{CA} = \boldsymbol{a}/h - \boldsymbol{c}/l$ und $\overrightarrow{CB} = \boldsymbol{b}/k - \boldsymbol{c}/l$ aufgespannt. Bilden wir die inneren Produkte dieser Vektoren mit dem reziproken Gittervektor $\boldsymbol{h}$, so ergibt sich:

$$(\mathbf{a}/h - \mathbf{c}/l) \cdot \mathbf{h} = (\mathbf{a}/h - \mathbf{c}/l) \cdot (h\mathbf{a}^* + k\mathbf{b}^* + l\mathbf{c}^*) = 0 \text{ sowie}$$
$$(\mathbf{b}/k - \mathbf{c}/l) \cdot \mathbf{h} = (\mathbf{b}/k - \mathbf{c}/l) \cdot (h\mathbf{a}^* + k\mathbf{b}^* + l\mathbf{c}^*) = 0,$$

womit gezeigt ist, dass der Vektor $\boldsymbol{h}$ senkrecht auf der Fläche (hkl) steht, also in Richtung der Flächennormalen $\overrightarrow{OM} = \boldsymbol{d}$ verläuft. Der Abstand $|\boldsymbol{d}| = d_{hkl}$ dieser Fläche vom Ursprung ist die Projektion z. B. des Vektors $\overrightarrow{OA} = \boldsymbol{a}/h$ auf den Vektor $\boldsymbol{h}$, die nach den Regeln der Vektoralgebra durch das innere Produkt mit dem Einheitsvektor $\boldsymbol{h}/|\boldsymbol{h}|$ dargestellt werden kann:

$$d_{hkl} = (\boldsymbol{a}/h) \cdot (\boldsymbol{h}/|\boldsymbol{h}|) = 1/|\boldsymbol{h}| \text{ bzw. } |\boldsymbol{h}| = 1/d_{hkl} \text{ und somit } \boldsymbol{h} = \boldsymbol{d}/d_{hkl}^2\,;$$

denn es ist $\boldsymbol{a} \cdot \boldsymbol{h} = \boldsymbol{a} \cdot (h\boldsymbol{a}^* + k\boldsymbol{b}^* + l\boldsymbol{c}^*) = h$. Wenn die h, k, l teilerfremd sind, dann ist die Fläche (hkl) mit den Achsenabschnitten $\boldsymbol{a}/h$, $\boldsymbol{b}/k$, $\boldsymbol{c}/l$ die dem Ursprung nächstgelegene Gitterebene der Netzebenenschar hkl; ihr Abstand d_{hkl} vom Ursprung (der ja selbst ein Gitterpunkt ist) stellt den betreffenden Netzebenenabstand dar. Zur Berechnung von Netzebenenabständen bildet man:

$$1/d_{hkl}^2 = \boldsymbol{h}^2 = (h\boldsymbol{a}^* + k\boldsymbol{b}^* + l\boldsymbol{c}^*)^2 = [h\,(\boldsymbol{b} \times \boldsymbol{c}) + k\,(\boldsymbol{c} \times \boldsymbol{a}) + l\,(\boldsymbol{a} \times \boldsymbol{b})]^2/V^2.$$

Die Ausführung dieser Vektorprodukte nach den Regeln der Vektoralgebra ergibt unter Berücksichtigung der Gittermetrik der einzelnen Kristallsysteme die auf S. 110/111 angeführten Formeln für die Netzebenenabstände d_{hkl}.

Sei $\overrightarrow{OX} = \boldsymbol{r} = x\boldsymbol{a} + y\boldsymbol{b} + z\boldsymbol{c}$ ein Vektor, der vom Ursprung O zu einem beliebigen Punkt X auf der Fläche (hkl) führt, so sind die Vektoren $\overrightarrow{OM} = \boldsymbol{d}$ und $\overrightarrow{MX} = \boldsymbol{r} - \boldsymbol{d}$ orthogonal, d. h., ihr inneres Produkt verschwindet:

$$\boldsymbol{d} \cdot (\boldsymbol{r} - \boldsymbol{d}) = 0 \text{ bzw. } \boldsymbol{d} \cdot \boldsymbol{r} = \boldsymbol{d}^2 = d_{hkl}^2\,.$$

Nach Substitution von $\boldsymbol{h} = \boldsymbol{d}/d_{hkl}^2$ kann man dafür schreiben:

$$\boldsymbol{h} \cdot \boldsymbol{r} = 1$$

bzw. ausgeführt:

$$h \cdot r = (h\mathbf{a}^* + k\mathbf{b}^* + l\mathbf{c}^*) \cdot (x\mathbf{a} + y\mathbf{b} + z\mathbf{c}) = hx + ky + lz = 1$$

als die vorn mehrfach benutzte Form der Ebenengleichung.

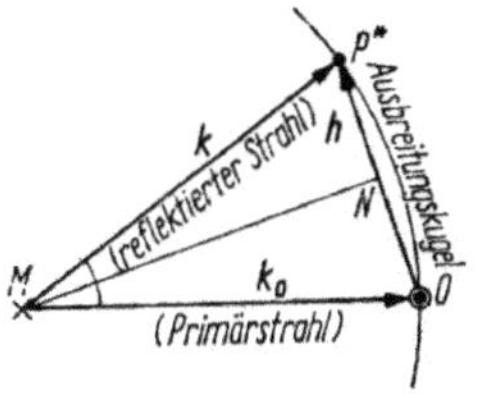

Bild 5.26. *Ewaldsche Konstruktion.*

Die Bedeutung des reziproken Gitters für die Diskussion von Beugungseffekten erhellt die im Bild 5.26 dargestellte Konstruktion von EWALD (1913): Man zeichne einen Vektor $\overrightarrow{MO} = \boldsymbol{k}_0$, der die Richtung des Primärstrahls (d. h. der Wellennormalen der einfallenden ebenen Röntgenwelle) und die Länge $|k_0| = 1/\lambda$ (reziproke Wellenlänge der Röntgenstrahlung) hat, und lege seinen Endpunkt O in den Ursprung des reziproken Gitters des betreffenden Kristalls. Um seinen Anfangspunkt M als Mittelpunkt konstruiere man eine Kugel mit dem Radius $1/\lambda$, die sog. *Ausbreitungskugel*, auf deren Oberfläche also der Punkt O liegt. P^* sei irgendein weiterer Punkt des reziproken Gitters, zu dem der Vektor $\overrightarrow{OP^*} = \boldsymbol{h}$ führt, der bekanntlich die Länge $|\boldsymbol{h}| = 1/d_{hkl}$ hat. Außerdem sei MN die Normale von M auf $\overrightarrow{OP^*}$. Sofern nun der Fall eintritt, dass der Punkt P^* gleichfalls auf der Ausbreitungskugel liegt (wie im Bild 5.26 gezeichnet), dann ist die Länge der Strecke $ON = 1/2\ d_{hkl}$, und im Dreieck MNO gilt:

$$\sin\sphericalangle OMN = ON/OM = (1/2d_{hkl})/(1/\lambda) = \lambda/2d_{hkl}.$$

Der Vergleich mit der BRAGGschen Gleichung $2d_{hkl}\sin\vartheta = \lambda$ bzw. $\sin\vartheta = \lambda/2\ d_{hkl}$ (die Ordnung n der Reflexion ist im Netzebenen abstand d_{hkl} bereits enthalten) zeigt, dass in diesem Fall der Winkel $\sphericalangle OMN$ den Glanzwinkel ϑ darstellt. Damit ist $\sphericalangle OMP^* = 2\vartheta$, und der Vektor $\overrightarrow{MP^*} = \boldsymbol{k}$ stellt die Richtung des abgebeugten (reflektierten) Strahls dar. Die BRAGGsche Gleichung und damit die Bedingungen für eine Reflexion sind also dann (und nur dann) erfüllt, wenn der reziproke Gitterpunkt der betreffenden Netzebenenschar *hkl* auf der Ausbreitungskugel liegt; ihre Konstruktion liefert außerdem die Richtung des abgebeugten Strahls. Aus Bild 5.26 entnimmt man auch unmittelbar die Vektorbeziehung

$$\boldsymbol{k} - \boldsymbol{k}_0 = \boldsymbol{h}$$

als eine sehr einfache, vektorielle Form der Beugungsbedingung, die der BRAGGschen Gleichung bzw. den LAUE-Gleichungen gleichwertig ist. Letzteres lässt sich sehr einfach mit den Mitteln der Vektoralgebra anhand von Bild 5.6 zeigen: In die dort abgeleitete LAUE-Gleichung:

$$a\,(\cos\varphi_a - \cos\varphi_{a0}) = h\lambda$$

werden die inneren Produkte $\boldsymbol{a} \cdot \boldsymbol{k} = (a/\lambda)\cos\varphi_a$ und $\boldsymbol{a} \cdot \boldsymbol{k}_0 = (a/\lambda)\cos\varphi_{a0}$ (wegen $|\boldsymbol{k}| = |\boldsymbol{k}_0| = 1/\lambda$) eingesetzt:

$$\boldsymbol{a} \cdot (\boldsymbol{k} - \boldsymbol{k}_0) = \boldsymbol{a} \cdot \boldsymbol{k} - \boldsymbol{a} \cdot \boldsymbol{k}_0 = (a/\lambda)(\cos\varphi_a - \cos\varphi_{a0}) = h.$$

Genauso erhält man $\boldsymbol{b} \cdot (\boldsymbol{k} - \boldsymbol{k}_0) = k$ und $\boldsymbol{c} \cdot (\boldsymbol{k} - \boldsymbol{k}_0) = l$. Den Vektor $\boldsymbol{k} - \boldsymbol{k}_0 = \chi$ denke man sich mit reziproken Basisvektoren geschrieben:

$$\chi = \mu \boldsymbol{a}^* + \nu \boldsymbol{b}^* + \xi \boldsymbol{c}^*,$$

wobei μ, ν und ξ zunächst nicht bekannt sind. Durch Bildung innerer Produkte erhält man:

$$\boldsymbol{a} \cdot \chi = \boldsymbol{a} \cdot (\boldsymbol{k} - \boldsymbol{k}_0) = \boldsymbol{a} \cdot (\mu \boldsymbol{a}^* + \nu \boldsymbol{b}^* + \xi \boldsymbol{c}^*) = \mu$$

(wegen $\boldsymbol{a} \cdot \boldsymbol{a}^* = 1$; $\boldsymbol{a} \cdot \boldsymbol{b}^* = \boldsymbol{a} \cdot \boldsymbol{c}^* = 0$), folglich hat man $\mu = h$ und genauso $\nu = k$ und $\xi = l$. Der Vektor $\chi = \boldsymbol{k} - \boldsymbol{k}_0$ ist also der der Netzebenenschar hkl zugeordnete Gittervektor $\boldsymbol{h}$ des reziproken Gitters, so dass aus den LAUE-Gleichungen die nämliche Bedingung $\boldsymbol{k} - \boldsymbol{k}_0 = \boldsymbol{h}$ folgt. Bildet man:

$$\boldsymbol{h}^2 = 1/d_{hkl}^2 = (\boldsymbol{k} - \boldsymbol{k}_0)^2 = \boldsymbol{k}^2 + \boldsymbol{k}_0^2 - 2\boldsymbol{k}\boldsymbol{k}_0 = 2k^2(1 - \cos 2\vartheta),$$

so erhält man wegen $\boldsymbol{k}^2 = \boldsymbol{k}_0^2 = 1/\lambda^2$ und $1 - \cos 2\vartheta = 2\sin^2\vartheta$ mit:

$$1/d_{hkl}^2 = 4\sin^2\vartheta / \lambda^2 \quad \text{bzw.} \quad \sin\vartheta = \lambda/2d_{hkl}$$

wieder die BRAGGsche Gleichung. Damit ist gezeigt, dass die LAUE-Gleichungen und die BRAGGsche Gleichung sowie die Vektorbedingung $\boldsymbol{k} - \boldsymbol{k}_0 = \boldsymbol{h}$ einander gleichwertig sind.

Mit Hilfe der EWALDschen Konstruktion ist es verhältnismäßig einfach, die unter bestimmten gegebenen Versuchsbedingungen auftretenden Reflexionen zu überblicken. Zunächst besteht bei einer beliebigen Anordnung von $\boldsymbol{k}_0$ (Primärstrahlrichtung) und Kristall (Lage des reziproken Gitters) und einer fest vorgegebenen Wellenlänge λ (monochromatische Röntgenstrahlung) nur eine geringe Wahrscheinlichkeit dafür, dass überhaupt ein Punkt P^* des reziproken Gitters auf der Ausbreitungskugel liegt und eine Reflexion stattfindet.

Bei der LAUE-Methode richtet man deshalb „weiße" Röntgenstrahlung, die alle Wellenlängen innerhalb eines bestimmten Wellenlängenbereiches enthält, auf den Kristall. Jeder dieser Wellenlängen entspricht eine eigene Ausbreitungskugel. Es ergibt sich eine dichte Serie von Kugeln, die sich alle im Ursprung des reziproken Gitters berühren und deren Mittelpunkte auf der Richtung des Primärstrahls liegen (Bild 5.27). Alle Punkte des reziproken Gitters in dem Volumenbereich zwischen der Oberfläche der kleinsten Kugel (für die größte Wellenlänge) und der Oberfläche der größten Kugel (für die kleinste Wellenlänge) liegen jeweils auf der Ausbreitungskugel für eine der vorhandenen Wellenlängen und geben so alle gleichzeitig Anlass zu je einer Reflexion. Reziproke Gitterpunkte außerhalb dieses Volumenbereichs können hingegen keine Reflexion bewirken. Liegt ein reziproker Gitterpunkt zufällig auf einer Ausbreitungskugel für eine Wellenlänge der intensitätsstarken charakteristischen Strahlung des betreffenden Anodenmaterials (vgl. Bild 5.2), so ist dieser Reflex außergewöhnlich stark.

Bei den Pulvermethoden arbeitet man mit monochromatischer Röntgenstrahlung, also mit einer bestimmten Wellenlänge λ, und es gibt nur eine Ausbreitungskugel (Bild 5.28). Im Präparat sind die Kriställchen regellos nach allen Richtungen orientiert; außerdem wird es noch gedreht. Das bedeutet, dass die reziproken Gitter für die einzelnen Kriställchen ebenso regellos orientiert sind, nur ihr Ursprung O ist festgelegt. Die Positionen eines reziproken Gitterpunktes hkl verteilen sich dabei regellos über die Oberfläche einer Kugel mit O als Mittelpunkt und dem Radius $1/d_{hkl}$. Diese Kugeln schneiden die Ausbreitungskugel in Kreisen, und die abgebeugten Strahlen der Reflexionen hkl bilden die Mäntel von koaxialen Kreiskegeln (entsprechend Bild 5.15). Dem Bild 5.28 kann man entnehmen, dass nur solche reziproken Gitterpunkte Interferenzlinien liefern können, deren Entfernung vom Ursprung O kleiner oder gleich $2/\lambda$ ist (denn die Länge des Primärstrahlvektors beträgt $|\boldsymbol{k}_0| = 1/\lambda$); d. h., es gilt $1/d_{hkl} \leqq 2/\lambda$ oder $2d_{hkl} \geqq \lambda$ (wegen $\sin\vartheta \leqq 1$ ergibt sich dies auch schon unmittelbar aus der BRAGGschen Gleichung). In den Bildern 5.27 und 5.28 sind die reziproken Gitter und die Ausbreitungskugel (für die charakteristische Wellenlänge) nebeneinander im gleichen Maßstab gezeichnet, was deutlich macht, dass bei der LAUE-Methode im allgemeinen auch Reflexe mit vergleichsweise höheren Indizes als bei den Pulvermethoden auftreten.

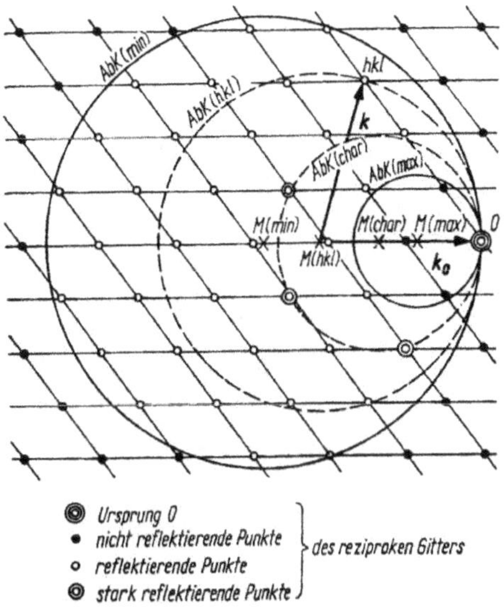

Bild 5.27. *Die LAUE-Methode in der Ewaldschen Konstruktion.*

Schnitt durch die 0. Schicht des reziproken Gitters. *AbK* Ausbreitungskugeln für die minimale, die maximale sowie eine charakteristische Wellenlänge; *M* Mittelpunkt der Ausbreitungskugeln. Der Primärstrahlvektor $\boldsymbol{k}_0$ und der Vektor $\boldsymbol{k}$ für den abgebeugten Strahl sind nur für einen ausgewählten Reflex *hkl* gezeichnet, sie sind jeweils vom Mittelpunkt *M*(*hkl*) der betreffenden Ausbreitungskugel abgetragen.

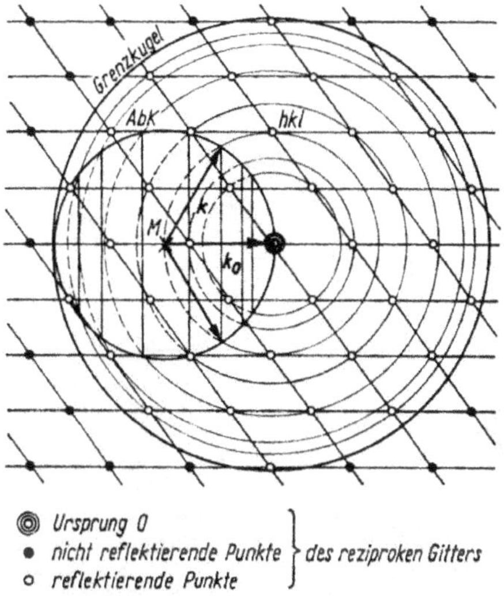

Bild 5.28. *Die DEBYE-SCHERRER-Methode in der EWALDschen Konstruktion.*

Schnitt durch die 0. Schicht des reziproken Gitters. *AbK* Ausbreitungskugel für die monochromatische Strahlung, d. h. für eine charakteristische Wellenlänge; *M* Mittelpunkt der Ausbreitungskugel. Bei sehr eng beieinander liegenden Reflexionskugeln ist nur deren eine eingezeichnet. Die Vektoren $\boldsymbol{k}$ für die abgebeugte Strahlung bilden jeweils einen Kegel mit der Spitze in *M*, von denen nur einer für eine ausgewählte Reflexion (Pulverlinie) *hkl* gezeichnet ist.

Bei den Drehkristallmethoden arbeitet man gleichfalls mit monochromatischer Röntgenstrahlung, und es gibt nur eine (durch die Wellenlänge λ bestimmte) Ausbreitungskugel (Bild 5.29). Der Drehung des Kristalls um eine Achse durch *M* entspricht in der EWALDschen Konstruktion eine Drehung des reziproken Gitters um eine Achse durch seinen Ursprung *O*, wobei die Achsen senkrecht zur Zeichenebene stehen mögen. Man kann sich aber auch umgekehrt vorstellen, dass das reziproke Gitter festgehalten und statt dessen die Ausbreitungskugel um *O* herumgedreht wird; letztere beschreibt dabei einen ringförmigen Torus, im Querschnitt ähnlich einem ∞-Zeichen. Im Laufe einer Umdrehung kommen alle reziproken Gitterpunkte auf oder innerhalb dieses Torus zur Reflexion. Das hat für die höheren Schichten des reziproken Gitters zur Konsequenz, dass nicht nur reziproke Gitterpunkte mit zu großen *hkl*, sondern auch solche mit zu kleinen *hkl* außerhalb des Torus bleiben und so von der Ausbreitungskugel nicht berührt werden (im Gegensatz zu den Pulvermethoden, Bild 5.28), d. h., die betreffenden reziproken Gitterpunkte führen zu keiner Reflexion. Dieser „blinde Fleck" auf den Aufnahmen höherer reziproker Gitterschichten lässt sich (was hier nicht näher erläutert wird) vermeiden, indem der Primärstrahl nicht wie im Bild 5.29

senkrecht, sondern unter einem gewissen Winkel $\overline{\mu}_n \neq 90°$ auf die Drehachse gerichtet wird *(Equi-inclination-Methode)*. Dieser Winkel ist durch:

$$\overline{\mu}_n = 90° - \mu_n \quad \text{sowie} \quad \sin\mu_n = d_n^*/2 \text{ bestimmt;}$$

d_n^* bezeichnet den Abstand der aufzunehmenden n-ten Schicht von der 0. Schicht.

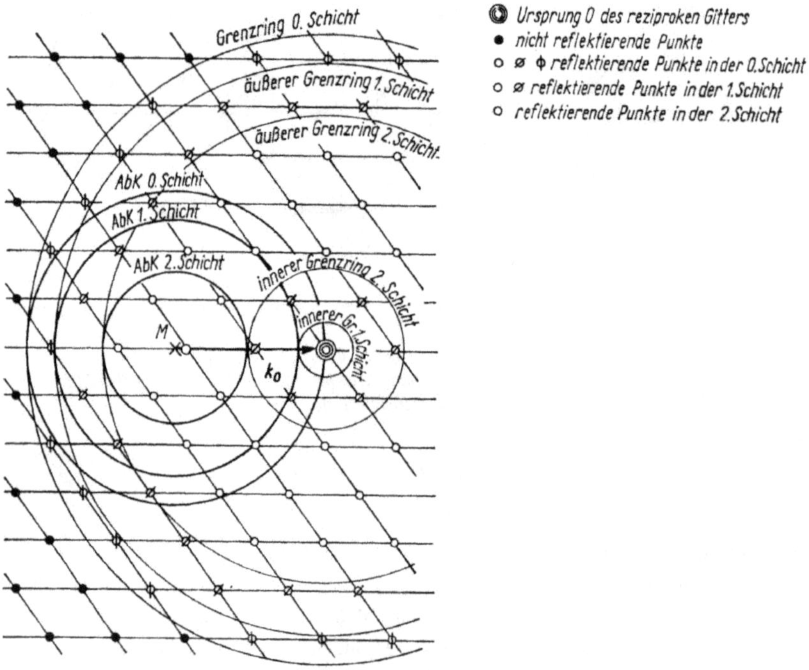

Bild 5.29. *Die Drehkristallmethode in der* EWALD*schen Konstruktion.*

AbK Schnitte durch die Ausbreitungskugel in Höhe der 0., 1. und 2. Schicht des reziproken Gitters.

Die Röntgendiagramme von Einkristallen stellen letztlich Abbildungen des reziproken Gitters dar, die in einer für die einzelnen Aufnahmemethoden spezifischen Weise verzerrt sind. Die Aufnahmemethoden von Röntgendiagrammen lassen sich auf sinnreiche Weise auch so gestalten, dass man zu einer unverzerrten Abbildung bzw. Projektion des reziproken Gitters gelangt. Die Grundbedingung hierfür ist, dass das Röntgendiagramm auf einem Planfilm erzeugt wird, der parallel zur aufzunehmenden reziproken Gitterschicht angeordnet ist und die Bewegung des reziproken Gitters (in der EWALDschen Konstruktion) während der Aufnahme synchron mit vollzieht. Solche Aufnahmemethoden bezeichnet man als *retigraphische* Methoden und die betreffenden Röntgenkameras als *Retigraphen* (*Netzschreiber*).

Beim *Rotationsretigraphen* nach DE JONG und BOUMAN (1938) wird der Kristall um eine Achse gedreht, die mit der Primärstrahlrichtung $\boldsymbol{k}_0$ einen bestimmten Winkel $\overline{\mu}_n$ einschließt (ähnlich der *Equi-inclination-Methode*; Bild 5.30). Die Ausbreitungskugel und das reziproke Gitter sind in einem solchen Maßstab gezeichnet, dass die aufzunehmende reziproke Gitterschicht mit dem (ebenen) Film zusammenfällt. Der Drehung des Kristalls entspricht in der EWALDschen Konstruktion eine Drehung des reziproken Gitters um eine parallele Achse durch seinen Ursprung O, die vom Film synchron mitvollzogen werden muss. Es gibt also zwei parallele, synchron laufende Drehachsen, deren Abstand (für Aufnahmen verschiedener Schichtlinien) variierbar sein muss. Die reflektierten Strahlen bilden jeweils einen Kegel mit dem Öffnungswinkel $2\bar{\mu}_0$ und werden durch eine Ringblende ausgeblendet. Durch das Zusammenlegen von Film und reziproker Gitterebene im Bild 5.30 wird unmittelbar deutlich, dass letztere in dem betreffenden Maßstab unverzerrt abgebildet wird.

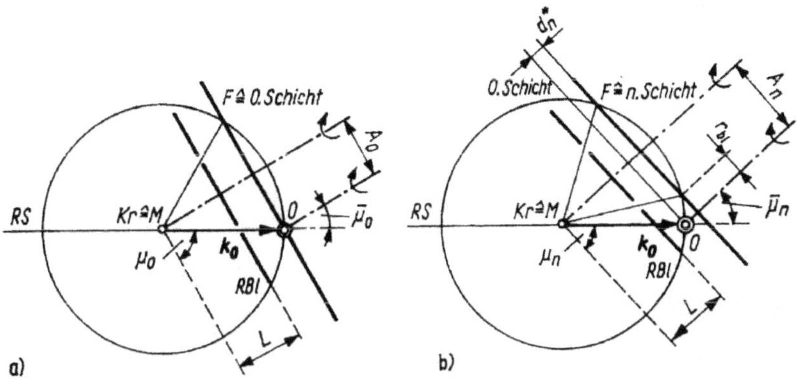

Bild 5.30. *Methode nach* DE JONG-BOUMAN *in der* EWALD*schen Konstruktion.*

a) Aufnahme der 0. Schicht; b) Aufnahme der *n*. Schicht des reziproken Gitters. *RS* Röntgenstrahl; *Kr* Kristall; *RBl* Ringblende (Schichtblende); *F* Film; *A* Abstand der Drehachsen von Kristall und Film; *L* Abstand der Ringblende vom Kristall; r_{bl} Radius des blinden Flecks; k_0 Primärstrahlvektor; $\bar{\mu}_n = 90° - \mu_n$ Winkel zwischen Primärstrahl und Kristallachse bzw. Filmnormalen; d_n^* Abstand zwischen der 0. und *n*. Schicht des reziproken Gitters.
Nach K. H. JOST.

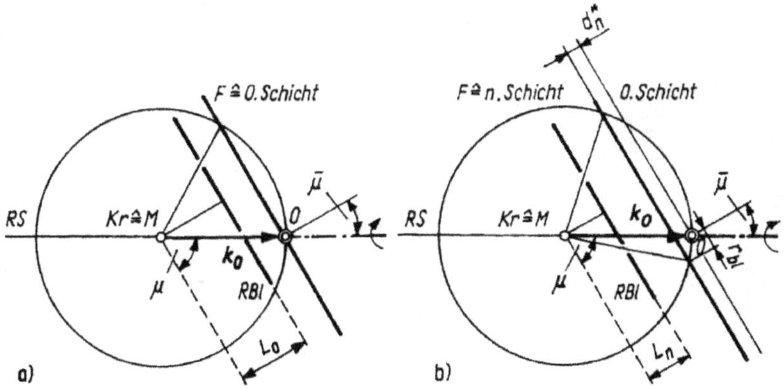

Bild 5.31. *Methode nach* BUERGER *(Präzessionsmethode) in der* EWALD*schen Konstruktion.*

a) Aufnahme der 0. Schicht; b) Aufnahme der n. Schicht des reziproken Gitters Erläuterungen wie zum Bild 5.30.
Nach K. H. JOST.

Beim *Präzessionsretigraphen* nach BUERGER (1944) schließt der Primärstrahl mit der interessierenden Kristallachse gleichfalls einen bestimmten Winkel $\bar{\mu}$ ein (Bild 5.31). Kristallachse und Filmnormale stehen parallel und werden beide gemeinsam um die Richtung $\boldsymbol{k}_0$ des Primärstrahls gedreht. Durch eine Parallelogrammführung wird erreicht, dass sich Kristallachse und Filmnormale synchron bewegen (Bild 5.32). Sie führen dabei eine Präzessionsbewegung um $\boldsymbol{k}_0$ aus und beschreiben je einen Kegelmantel mit dem Öffnungswinkel $2\bar{\mu}$. Die Spitze des Kegelmantels, den die Kristallachse beschreibt, liegt in M, die Spitze des Kegelmantels, den die Filmnormale beschreibt, liegt in O, dem Ursprung des reziproken Gitters in der EWALDschen Konstruktion (Bild 5.31). Die Bewegung des Films folgt also wieder genau der Präzessionsbewegung der reziproken Gitterschicht, die damit unverzerrt abgebildet wird (Bild 5.33). Während die ringförmige Schichtlinienblende beim Rotationsretigraphen stationär bleibt, ist sie beim Präzessionsretigraphen mit der Kristallhalterung verbunden und vollzieht die Bewegungen des Kristalls mit.

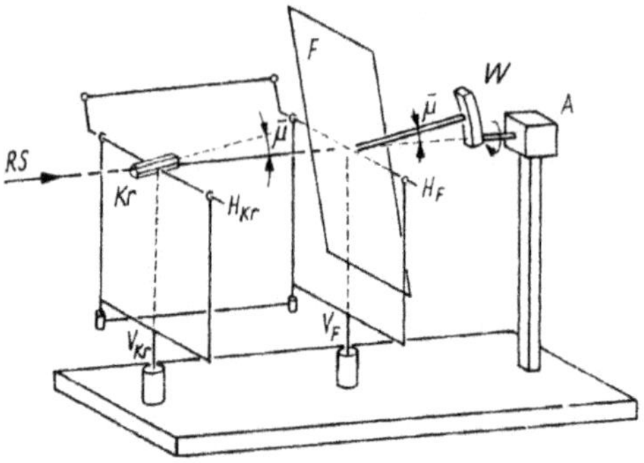

Bild 5.32. *Schema einer Präzessionskamera.*

RS Röntgenstrahl; *Kr* Kristall; *F* Film; *W* Vorrichtung zum Einstellen des Präzessionswinkels $\bar{\mu}$; *A* Antrieb für die Drehachse. Die synchrone Präzessionsbewegung von Kristall und Film wird mittels der Horizontalachsen H_{Kr} bzw. H_F und der Vertikalachsen V_{Kr} bzw. V_F bewerkstelligt. Die Führungsstangen zwischen beiden Kardanlagern zwingen Film und Kristall zu synchronen Bewegungen. Nicht dargestellt ist die mit der Kristallhalterung fest verbundene Ringblende, die die Präzessionsbewegung gleichfalls mitmacht (vgl. Bild 5.31).

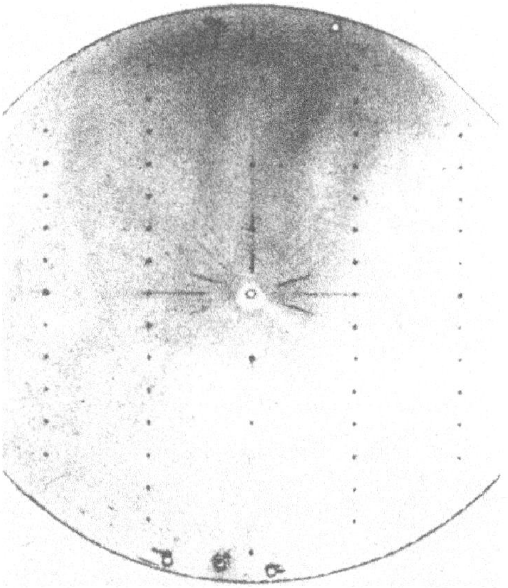

Bild 5.33. *Präzessionsaufnahme eines Kristalls von Calciumcyclotetraphosphat* $Ca_2[P_4O_{12}] \cdot 4\,H_2O$.

Raumgruppe $P2_1/n$; 0. Schicht; photographisches Negativ. Foto: N. SCHNEIDER.

Die retigraphischen Methoden sind besonders geeignet, eine Übersicht über das reziproke Gitter, dessen Symmetrie und die systematischen Auslöschungen (vgl. Abschn. 5.1.5.) zu erhalten.

5.1.5. Auslöschungsgesetze

Bei den bisherigen Betrachtungen zur Beugung von Röntgenstrahlen wurde ein primitives Translationsgitter (*P*-Gitter; vgl. Abschn. 1.1.2.) zugrunde gelegt. Wie gezeigt wurde, lassen sich die Reflexionen *hkl* einem reziproken Gitter zuordnen, und die *h*, *k*, *l* durchlaufen alle ganzen Zahlen. Wenn wir nun zur Beschreibung ein und desselben Gitters anstelle einer primitiven Elementarzelle (mit den Basisvektoren ***A***, ***B***, ***C***) eine zentrierte benutzen, bedeutet das eine Vergrößerung der Elementarzelle, und wir haben auch entsprechend größere Basisvektoren ***a***, ***b***, ***c***. Für das reziproke Gitter folgt das Umgekehrte: Die durch die reziproken Vektoren ***a****, ***b****, ***c**** aufgespannte reziproke Zelle ist kleiner als die durch ***A****, ***B****, ***C**** aufgespannte reziproke Zelle, d. h., die reziproken Gitterpunkte des Systems ***a****, ***b****, ***c**** für das zentrierte Gitter liegen dichter als die mit Reflexen besetzten Gitterpunkte des Systems ***A****, ***B****, ***C**** für das primitive Gitter. Nun können selbstverständlich durch eine andere Wahl des Bezugssystems allein keine neuen Reflexe entstehen, was bedeutet, dass für den Teil der reziproken Gitterpunkte des Systems ***a****, ***b****, ***c****, die nicht auf die Punkte des primitiven Systems ***A****, ***B****, ***C**** fallen, keine Reflexionen erscheinen dürfen: sie sind „ausgelöscht". Diese „Auslöschungen" sind also kein physikalischer Vorgang, sondern kommen nur durch die Wahl eines Bezugssystems mit zentrierter Elementarzelle zustande. Um welche Reflexionen es sich dabei für die einzelnen Zentrierungstypen (vgl. Abschn. 1.1.2.) handelt, wird durch Auslöschungsgesetze (Auslöschungsregeln) beschrieben (Tab. 5.4).

Als Beispiel betrachten wir ein basisflächenzentriertes *C*-Gitter, das von den Basisvektoren ***a***, ***b***, ***c*** aufgespannt werde (vgl. Bild 1.3; dargestellt ist die zentrierte *a*-*b*-Ebene). Eine primitive Elementarzelle wird z. B. durch die Basisvektoren $\boldsymbol{A} = (\boldsymbol{a} + \boldsymbol{b})/2$ (halbe Flächendiagonale); $\boldsymbol{B} = \boldsymbol{b}$ und $\boldsymbol{C} = \boldsymbol{c}$ aufgespannt; es gilt also auch $2\boldsymbol{A} = \boldsymbol{a} + \boldsymbol{b}$. Bei einem Wechsel des Bezugssystems transformieren sich die MILLERschen Indizes wie die Basisvektoren (ein Beweis für diesen allgemeingültigen Satz wird hier nicht gebracht; seine Richtigkeit für den Fall des gewählten Beispiels kann man leicht nachprüfen). Seien *h*, *k*, *l* die Indizes für das zentrierte System und *H*, *K*, *L* die für das primitive System, so gilt mithin $h + k = 2H$, $k = K$ und $l = L$. Reflexe gibt es für alle Kombinationen ganzer Zahlen *H*, *K*, *L*. Durchläuft *H* alle ganzen Zahlen, dann durchläuft $2H = h + k$ alle geraden Zahlen; es gibt also nur Reflexe, wenn die Summe der beiden Indizes $h + k$ geradzahlig ist. Das ist nur der Fall, wenn *h* und *k* entweder beide geradzahlig oder beide ungeradzahlig sind; sind sie hingegen „gemischt", erscheint die Reflexion ausgelöscht. Diese Bedingung gilt allgemein für alle Reflexionen, weshalb man sie als *allgemeines Auslöschungsgesetz* bezeichnet.

Analog erhält man für ein basisflächenzentriertes *A*-Gitter die Bedingung $k + l = 2\,K$ und für ein basisflächenzentriertes *B*-Gitter die Bedingung $l + h = 2\,L$ (in Tab. 5.4 wird anstelle von *H*, *K*, *L* einheitlich einfach *n* geschrieben). Bei einem innenzentrierten *I*-Gitter erhält man eine primitive Zelle durch die Transformation $\boldsymbol{A} = \boldsymbol{a}$; $\boldsymbol{B} = \boldsymbol{b}$; $\boldsymbol{C} = (\boldsymbol{a} + \boldsymbol{b} + \boldsymbol{c})/2$ (halbe Körperdiagonale), woraus die Bedingung $h + k + l = 2L$ für das Erscheinen von Reflexen folgt. Schließlich erhält man bei einem flächenzentrierten *F*-Gitter eine primitive Zelle $\boldsymbol{A} = (\boldsymbol{a} + \boldsymbol{b})/2$; $\boldsymbol{B} = (\boldsymbol{b} + \boldsymbol{c})/2$; $\boldsymbol{C} = (\boldsymbol{c} + \boldsymbol{a})/2$, und die Bedingungen $h + k = 2H$, $k + l = 2K$, $l + h = 2L$ gelten simultan, was nur dann erfüllt ist, wenn die *h*, *k*, *l* entweder sämtlich gerade oder sämtlich ungerade Zahlen sind. So kann man also anhand der allgemeinen Auslöschungen eindeutig den Gittertyp eines Kristalls bestimmen.

Außerdem geben auch Gleitspiegelebenen und Schraubenachsen zu systematischen Auslöschungen Anlass, die aber jeweils nur bestimmte Serien von Reflexen erfassen *(spezielle Auslöschungsgesetze)*. Beispielsweise wird durch eine zweizählige Schraubenachse 2_1 der Abstand der Netzebenen in Richtung dieser Achse halbiert (vgl. Bild 1.126). Hat die 2_1-Achse die Orientierung [001] (*c*-Achse), so erscheint bei einer Reflexion an den Netzebenenscharen 00*l* (vgl. Bild 5.8) die Gitterkonstante *c* praktisch halbiert, wodurch sich (nur für die Reflexserie 00*l*) die reziproke Gitterkonstante *c** verdoppelt: Reflexe mit ungeradem *l* erscheinen ausgelöscht. Analog leiten sich die in Tab. 5.4 aufgeführten speziellen Auslöschungen der anderen Schraubenachsen (vgl. Bild 1.124) ab. Nur wenig modifiziert sind die Verhältnisse bei einer Gleitspiegelebene, beispielsweise (010) mit der Gleitkomponente $c/2$ (vgl. Bild 1.125). Durch die Gleitspiegelebene wird aber hier nicht allein der Netzebenenabstand in c-Richtung halbiert, sondern der aller Netzebenenscharen $h0l$ der Zone parallel zur b-Achse. Die Bedingung $l = 2n$ (also gerade) gilt also für die Reflexserie $h0l$ (in Tab. 5.4 unter c).

Tabelle 5.4. *Allgemeine und spezielle Auslöschungsgesetze (Reflexionsbedingungen).*

Vom Translationsgitter gegebene Bedingungen für mögliche Reflexe (integrale Auslöschungen).

Gittertyp	Beobachtbare Reflexe	Ausgelöschte Reflexe
P	h, k, l beliebig	keine
I	$h + k + l = 2n$	$h + k + l = 2n + 1$
F	$h + k = 2n$, $k + l = 2n$, $h + l = 2n$ bzw. h, k, l alle gerade oder alle ungerade	$h + k = 2n + 1$, $k + l = 2n + 1$, $h + l = 2n + 1$
A	$k + l = 2n$	$k + l = 2n + 1$
B	$h + l = 2n$	$h + l = 2n + 1$
C	$h + k = 2n$	$h + k = 2n + 1$
R[1])	$-h + k + l = 3n$ (obverse Aufstellung)	
	$h - k + 1 = 3n$ (reverse Aufstellung)	

[1]) Diese Bedingungen beziehen sich auf ein hexagonales Achsensystem bzw. BRAVAISsche Indizes (vgl. Abschn. 1.3.3.). Bei einem rhomboedrischen Achsensystem gibt es (wie bei einem P-Gitter) keine integralen Bedingungen.

Durch Gleitspiegelebenen gegebene Bedingungen für mögliche Reflexe (zonale Auslöschungen).

Gleitspiegelebene Symbol	Orientierung	Betroffene Reflexe	Reflexionsbedingungen (beobachtbare Reflexe)
a	(010)	$h0l$	$h = 2n$
	(001)	$hk0$	$h = 2n$
	$\{1\bar{1}0\}$[2])	hhl[2])	$l = 2n$
		hkk	$h = 2n$
		hkh	$k = 2n$
	$(01\bar{1})$, (011)	hkk, $hk\bar{k}$	$h = 2n$
b	(100)	$0kl$	$k = 2n$
	(001)	$hk0$	$k = 2n$
	$\{1\bar{1}0\}$[2])	hhl[2])	$l = 2n$
		hkk	$h = 2n$
		hkh	$k = 2n$
	$(\bar{1}01)$, (101)	hkh, $\bar{h}kh$	$k = 2n$
c	(100)	$0kl$	$l = 2n$
	(010)	$h0l$	$l = 2n$
	$(1\bar{1}0)$, (110)	hhl, $\bar{h}hl$	$l = 2n$
	$\{11\bar{2}0\}$[1])	$h\bar{h}0l$, $0k\bar{k}l$, $\bar{h}0hl$[1])	$l = 2n$
	$\{1\bar{1}00\}$[1])	$hh\overline{2h}l$, $\overline{2h}hhl$, $h\overline{2h}hl$[1])	$l = 2n$
	$\{1\bar{1}0\}$[2])	hhl[2]	$l = 2n$
		hkk	$h = 2n$
		hkh	$k = 2n$

Gleitspiegelebene Symbol	Orientierung	Betroffene Reflexe	Reflexionsbedingungen (beobachtbare Reflexe)
n	(100)	$0kl$	$k + l = 2n$
	(010)	$h0l$	$h + l = 2n$
	(001)	$hk0$	$h + k = 2n$
	$\{1\bar{1}0\}$[2])	hhl[2])	$l = 2n$
		hkk	$h = 2n$
		hkh	$k = 2n$
	$(1\bar{1}0)$, (110)	hhl, $h\bar{h}l$	$l = 2n$
	$(01\bar{1})$, (011)	hkk, $hk\bar{k}$	$h = 2n$
	$(\bar{1}01)$, (101)	hkh, $\bar{h}kh$	$k = 2n$
d	(100)	$0kl$	$k + l = 4n$ $(k, l = 2n)$
	(010)	$h0l$	$h + l = 4n$ $(h, l = 2n)$
	(001)	$hk0$	$h + k = 4n$ $(h, k = 2n)$
	$(1\bar{1}0)$, (110)	hhl, hhl	$2h + l = 4n$
	$(01\bar{1})$, (011)	hkk, hkk	$2k + h = 4n$
	$(\bar{1}01)$, (101)	hkh, hkh	$2h + k = 4n$

[1]) hexagonales Achsensystem bzw. BRAVAISsche Indizes; [2]) rhomboedrisches Achsensystem bzw. MILLERsche Indizes.

Durch Schraubenachsen gegebene Bedingungen für mögliche Reflexe (seriale Auslöschungen).

Schraubenachse Symbol	Orientierung	Betroffene Reflexe	Reflexionsbedingungen (beobachtbare Reflexe)
2_1	[100]	$h00$	$h = 2n$
	[010]	$0k0$	$k = 2n$
	[001]	$00l$	$l = 2n$
4_1, 4_3	[100]	$h00$	$h = 4n$
	[010]	$0k0$	$k = 4n$
	[001]	$00l$	$l = 4n$
4_2	[100]	$h00$	$h = 2n$
	[010]	$0k0$	$k = 2n$
	[001]	$00l$	$l = 2n$
3_1, 3_2	[00.1]	$00l$	$l = 3n$
6_1, 6_5	[00.1]	$000l$	$l = 6n$
6_2, 6_4	[00.1]	$000l$	$l = 3n$
6_3	[00.1]	$000l$	$l = 2n$

Die allgemeinen und speziellen Auslöschungen können auch abgeleitet werden, indem gemäß Abschn. 5.1.7. die Strukturamplituden $F_{hkl} = \Sigma f_j\, e^{2\pi i(hx_j + ky_j + lz_j)}$ mit den aus den Gittertypen bzw. den Gleitsymmetrieelementen folgenden Koordinaten x_j, y_j, z_j äquivalenter Punktlagen berechnet werden.

Aufgrund der zu beobachtenden allgemeinen und speziellen Auslöschungen lässt sich – allerdings nicht immer eindeutig – auf die Raumgruppe des Kristalls schließen. Da gewöhnliche Drehachsen und Spiegelebenen keine Auslöschungen veranlassen und die Beugungsphänomene an sich zentrosymmetrisch sind, kann man z. B. nicht zwischen den Raumgruppen $P2_1$ und $P2_1/m$ oder zwischen *Pa* und *P2/a* unterscheiden. Sind andererseits z. B. bei einem monoklinen Kristall keine Auslöschungen festzustellen, so kann man zwar alle eben genannten Raumgruppen ausschließen, hat aber stattdessen noch *P*2, *Pm* und *P2/m* zur Auswahl.

Erwähnt sei, dass ein abgebeugter, hinreichend intensiver Röntgenstrahl bei seinem Weg durch den Kristall seinerseits als Primärstrahl wirken und zu eigenen Reflexionen Anlass geben kann *(Umweganregung)*. Unter gewissen Umständen können auf diese Weise Reflexionen erscheinen, die nach den Auslöschungsregeln eigentlich verboten sein sollten (*RENNINGER-Effekt*). Anhand der Auslöschungsgesetze lassen sich auch die bei geordneten Phasen auftretenden *Überstrukturlinien* deuten: Beispielsweise sind in der ungeordneten Phase von Cu_3Au die Cu- und Au-Atome statistisch auf die Plätze eines kubisch flächenzentrierten Gitters verteilt, und wir beobachten nur die Reflexe mit *h, k, l* „ungemischt". Die geordnete Phase Cu_3Au (vgl. Bild 2.16) hat jedoch nur noch die Symmetrie des kubisch primitiven Gitters, so dass auch Reflexe mit *h, k, l* „gemischt" (wie 100; 210; 211 etc.) schwach in Erscheinung treten; das sind die Überstrukturlinien (in einem DEBYE-SCHERRER-Diagramm).

5.1.6. Intensitäten von Röntgenreflexen

In den vorangegangenen Abschnitten wurde im Rahmen der geometrischen Theorie der Röntgenbeugung dargelegt, wie aus den Beugungsdiagrammen die Abmessungen der Elementarzelle bzw. das Gitter des beugenden Kristalls ermittelt werden können. Aus den systematischen Auslöschungen ergeben sich der Typ des Translationsgitters und – nicht immer eindeutig – die Raumgruppe. Die Strukturanalyse eines Kristalls hat darüber hinaus die Ermittlung der Positionen der einzelnen Atome innerhalb der Elementarzelle zum Ziel. Hierzu ist die Kenntnis der Intensitäten möglichst vieler Reflexe *hkl* nötig. Die Messung der Intensitäten von Röntgenreflexen ist mit verschiedenen Problemen verbunden. Für die photographischen Aufnahmemethoden werden spezielle, meistens doppelseitig beschichtete Röntgenfilme verwendet. Als Maß für die Intensität eines Röntgenreflexes dient die im Film hervorgerufene Schwärzung S, die mit einem Mikrophotometer gemessen wird. S ist der Logarithmus des Quotienten der beim Photometrieren des entwickelten Films auffallenden Lichtintensität I_0 zur durchgelassenen Lichtintensität I an der Stelle des Reflexes: $S = \lg(I_0/I)$. Selbstverständlich ist die Schwärzung nur ein relatives Maß für die Intensität der Röntgenreflexe und hängt außerdem von Primärstrahlintensität, Expositionsdauer, Entwicklung, Filmsorte und weiteren Faktoren ab. Eine absolute Eichung ist problematisch, jedoch ist zur Auswertung verschiedener Aufnahmen eines Kristalls eine Eichung auf einen relativen Standard unumgänglich.

Bei Zählrohren oder anderen Detektoren treten Probleme der zeitlichen Konstanz der Messwerte und gerätespezifische Korrekturen in den Vordergrund.

Für die Strukturanalyse wird durchweg die integrale Intensität I_{hkl} eines Reflexes *hkl* angegeben; sie entspricht dem Inhalt des Flächenstücks zwischen der Intensitätskurve $I(\vartheta)$ und dem Untergrund im Bereich des Glanzwinkels ϑ im Bild 5.23. Die integrale Intensität wird sowohl von der Struktur des beugenden Kristalls als auch noch von einer Reihe weiterer geometrischer und physikalischer Faktoren bestimmt.

Der seitens der Struktur in die Intensität eingehende Faktor wird *Strukturfaktor* genannt. Die quantitative Bestimmung der Strukturfaktoren aus den Intensitäten der Röntgenreflexe ist die Voraussetzung der Strukturanalyse, weshalb die übrigen eingehenden Faktoren summarisch als Korrekturfaktoren bezeichnet werden, obwohl sie die Intensitäten I_{hkl} maßgeblich mitbestimmen. Hierzu gehören:

Flächenhäufigkeitszahl H. Die Flächen bzw. Netzebenenscharen einer Form $\{hkl\}$, die bekanntlich symmetrieäquivalent sind, haben folglich alle den gleichen d-Wert und damit denselben Glanzwinkel ϑ. Ihre Reflexe fallen daher bei den Pulvermethoden, aber teilweise auch bei den

Drehkristallmethoden zusammen. Das spielt vor allem bei hochsymmetrischen Kristallen eine Rolle und ist durch eine entsprechende Flächenhäufigkeitszahl *(Häufigkeitsfaktor)* H zu berücksichtigen.

Polarisationsfaktor P. Die Streuung von Röntgenstrahlen erfolgt durch die Elektronen im Kristall. Diese werden durch die Wirkung des elektrischen Feldes der (elektromagnetischen) Röntgenwelle zu Schwingungen und damit zur Emission einer Dipolstrahlung angeregt. Die Intensität einer Dipolstrahlung ist senkrecht zur Schwingungsrichtung des Dipols am größten, in Schwingungsrichtung null und folgt einem $\cos^2$-Gesetz. Zerlegen wir die einfallende Intensität I_0 in eine Komponente $I_{0\perp}$ mit senkrecht und eine Komponente $I_{0\parallel}$ mit parallel zur (von $\boldsymbol{k}_0$ und $\boldsymbol{k}$ aufgespannten) Beugungsebene schwingendem elektrischem Feld, so gilt für die in die Richtung von $\boldsymbol{k}$ emittierten Intensitätskomponenten $I_\perp \sim I_{0\perp}$ und $I_\parallel \sim I_{0\parallel}\cos^2 2\vartheta$ (denn der Winkel zwischen $\boldsymbol{k}_0$ und $\boldsymbol{k}$ beträgt 2ϑ, vgl. Bild 5.26). Bei unpolarisierter Primärstrahlung gilt $I_{0\perp} = I_{0\parallel} = I_0/2$ und somit $I = I_\perp + I_\parallel$ bzw. $I = I_0\,(1 + \cos^2 2\vartheta)/2$. Der Faktor $P = (1 + \cos^2 \vartheta)/2$ heißt *Polarisationsfaktor*. Die abgebeugte Strahlung ist zu einem gewissen Grad polarisiert. Verwendet man einen Monochromator, so bewirkt dieser bereits eine gewisse Polarisation des auf das Untersuchungsobjekt treffenden Primärstrahls, und der Polarisationsfaktor ist entsprechend zu modifizieren.

LORENTZ-Faktor L. Bei einer Drehbewegung des Kristalls, wie sie zu den meisten Aufnahmemethoden gehört, verweilen die einzelnen reflektierenden Netzebenenscharen *hkl* verschieden lange in Reflexionsstellung, was sich auf die Intensität des Reflexes auswirkt. Das wird dadurch bedingt, dass auch eine monochromatische Primärstrahlung in praxi eine gewisse Linienbreite und eine gewisse Divergenz besitzt. Das lässt sich dadurch berücksichtigen, dass man der Oberfläche der Ausbreitungskugel (vgl. Bild 5.26) eine gewisse effektive Dicke zuschreibt, bei deren Durchlaufen durch den reziproken Gitterpunkt P^* die betreffende Netzebenenschar aufleuchtet. Die Zeit für das Durchlaufen und damit die Intensität des Reflexes sind umgekehrt proportional zur Geschwindigkeit v des reziproken Gitterpunktes P^* infolge der Drehbewegung. Wirksam ist hierbei offenbar die Geschwindigkeitskomponente v_k in Richtung des Vektors $\boldsymbol{k}$, so dass wir schreiben können $I \sim 1/v_k$. Wenn das reziproke Gitter um eine senkrecht auf $\boldsymbol{k}_0$ und $\boldsymbol{h}$ stehende Achse durch den Punkt O gedreht wird, ist die Geschwindigkeit v des Punktes P^* proportional zu seinem Abstand $|\boldsymbol{h}|$ von der Achse: $v \sim |\boldsymbol{h}|$. Seine Bewegungsrichtung ist parallel zu NM und schließt mithin mit $\boldsymbol{k}$ den Winkel ϑ ein, so dass für die Komponente $v_k = v\cos\vartheta$ gilt. Wegen $|\boldsymbol{h}| = 2\sin\vartheta/\lambda$ (BRAGGsche Gleichung) haben wir schließlich

$$I \sim 1/(v\cos\vartheta) \sim 1/(|\boldsymbol{h}|\cos\vartheta) = \lambda/(2\sin\vartheta\cos\vartheta) = \lambda/\sin 2\vartheta.$$

Der Faktor $L = \lambda/\sin 2\vartheta$ bzw. $L' = 1/\sin 2\vartheta$ ist der *LORENTZ-Faktor*; er ist bei anderen Bewegungen entsprechend zu modifizieren.

Geometrischer Faktor G. Die Geometrie der verschiedenen Aufnahmemethoden und -varianten führt zu spezifischen geometrischen Faktoren. Hier soll nur auf einen geometrischen Faktor G näher eingegangen werden, der allgemein bei Pulveraufnahmen auftritt. Bei einer Pulveraufnahme verteilt sich die von allen jeweils reflektierenden Kriställchen ausgehende Intensität einer Linie *hkl* auf einen Kegelmantel mit dem Öffnungswinkel 4ϑ (vgl. Bild 5.15). Die auf einem zylindrischen Film gemessene Intensitätsdichte der Linie ist umso größer, je kleiner der Öffnungswinkel ist, und somit proportional zu $1/\sin 2\vartheta$. Die Flächennormalen der reflektierenden Netzebenenscharen bilden gleichfalls einen Kegel mit dem Öffnungswinkel $180° - 2\vartheta$. Je größer dieser Öffnungswinkel ist, umso mehr Kriställchen befinden sich (bei einer regellos statistischen Orientierung) in Reflexionsstellung, d. h., um so größer ist die Intensität der Linie, was auf einen

Faktor $\cos\vartheta$ führt. Zusammengefasst erhält man also für die besprochene Anordnung einen geometrischen Faktor $G = \cos\vartheta/\sin 2\vartheta$.

Absorptionsfaktor A. Durch verschiedene Absorptionsvorgänge verlieren bei einer Röntgenaufnahme sowohl der Primärstrahl als auch die abgebeugten Strahlen auf ihrem Weg durch den Kristall Intensität. Bei monochromatischer Strahlung gilt ein Exponentialgesetz: $I = I_0 \exp(-\mu d)$ mit μ als (linearer) Absorptionskoeffizient und d als Weglänge der Strahlen im Kristall. Der jeweilige Absorptionsfaktor $A = \exp(-\mu d)$ muss als Funktion von μ, ϑ und den Abmessungen der Probe berechnet werden und findet sich für eine Reihe von speziellen Präparatformen (Kugel, Zylinder, Platte) in den *International Tables* aufgeführt; auch gibt es für moderne Röntgenausrüstungen entsprechende Rechenprogramme. Bei Kenntnis der chemischen Zusammensetzung kann der lineare Absorptionskoeffizient gemäß $\mu = \rho\mu_M$ aus der Dichte ρ und dem Massenschwächungskoeffizienten μ_M berechnet werden; μ_M lässt sich aus den einzelnen Massenschwächungskoeffizienten der beteiligten Elemente ermitteln. Bei der Reflexion an einer ebenen Platte (BRAGG-Methode), bei der die Röntgenstrahlung gleichfalls eine gewisse Tiefe ins Material eindringt, beträgt der Absorptionsfaktor einfach $A = 1/2\mu$. Bei der Strukturanalyse arbeitet man vorzugsweise mit sehr kleinen, kugelförmigen Kristallen, deren Absorption vernachlässigt werden kann.

Extinktionsfaktor E. Außer durch die gewöhnliche Massenabsorption erleidet der Primärstrahl im Reflexionsfall auf seinem Weg durch den Kristall Intensitätsverluste durch die Erzeugung der abgebeugten Sekundärstrahlen, was durch einen Extinktionsfaktor zu berücksichtigen ist. Im Modellfall eines störungsfreien Kristalls (Idealkristall), bei dem die dynamische Theorie anzuwenden ist, spricht man von *primärer Extinktion*. Im Modellfall eines Mosaikkristalls, bei dem der Kristall aus kleinen, etwas gegeneinander verkippten Blöcken besteht, spricht man von *sekundärer Extinktion*. Der Extinktionsfaktor E, der schwierig exakt zu erfassen ist, kann bei der Beugung an kleinen Kristallkugeln vernachlässigt werden und spielt auch bei Pulverpräparaten kaum eine Rolle.

Temperaturfaktor T. Die thermische Bewegung der Gitterbausteine hat einen starken Einfluss auf die Reflexintensitäten, was durch einen Temperaturfaktor T zum Ausdruck gebracht wird, auf den am Ende von Abschn. 5.1.7. eingegangen wird.

Fasst man die genannten Korrekturfaktoren zusammen, so gelangt man zu folgender Intensitätsformel für die Röntgenreflexe:

$$I_{hkl} = K\, I_0\, H\, P\, L\, G\, A\, E\, T\, |F_{hkl}|^2,$$

worin I_0 die Primärintensität, K einen Eich- bzw. Skalenfaktor und die letzte Größe den *Strukturfaktor* darstellen.

5.1.7. Strukturfaktor

Im Abschn. 5.1.2. haben wir zur Ableitung der LAUE-Gleichungen anhand von Bild 5.6 die Interferenz von Wellen betrachtet, die an den Punkten eines Translationsgitters gestreut werden. Wir betrachten nun den allgemeinen Fall der Streuung an einer Struktur mit zwei streuenden Punkten (Atomen) beliebiger Lage in der Elementarzelle. Wir legen den ersten Punkt in den Ursprung des Translationsgitters; der zweite Punkt habe die (beliebigen) Koordinaten x_2, y_2, z_2. Die am ersten

Punkt (Ursprung) in der Richtung von $\boldsymbol{k}$ (vgl. Abschn. 5.1.4.) gestreute Welle lässt sich z. B. für ihren elektrischen Feldanteil E durch:

$$E_1 = E_0 f_1 \cos 2\pi(s/\lambda - \nu t)$$

beschreiben, wobei der Faktor f_1 das Streuvermögen des betreffenden Atoms ausdrückt und s den Abstand vom Ursprung, λ die Wellenlänge, ν die Frequenz und t die Zeit bedeuten. Für die am zweiten Punkt (Atom) gestreute Welle gilt dann:

$$E_2 = E_0 f_2 \cos 2\pi(s/\lambda - \nu t + \alpha_2)$$

mit f_2 als Streuvermögen des zweiten Atoms und der Phasendifferenz $\alpha_2 = \Delta s/\lambda$, in die die Wegdifferenz (der *Gangunterschied*) Δs für Primär- und Sekundärstrahl eingeht. Analog zum Bild 5.6 beträgt dieser Gangunterschied:

$$\Delta s = r_2\,(\cos\varphi_r - \cos\varphi_{r0})$$

mit r_2 (anstelle von a im Bild 5.6) als Abstand des zweiten streuenden Punktes vom Ursprung, und die Phasendifferenz ist:

$$\alpha_2 = r_2\,(\cos\varphi_r - \cos\varphi_{r0})/\lambda.$$

Gehen wir zur Vektorschreibweise über, indem wir wie im Abschn. 5.1.4. die Vektoren $\boldsymbol{k}_0$ (in Primärstrahlrichtung) und $\boldsymbol{k}$ (in Sekundärstrahlrichtung), beide mit der Länge $1/\lambda$, und den vom Ursprung zum zweiten streuenden Punkt führenden Vektor $\boldsymbol{r}_2 = x_2\boldsymbol{a} + y_2\boldsymbol{b} + z_2\boldsymbol{c}$ benutzen, und setzen in den Ausdruck für α_2 die inneren Produkte $\boldsymbol{k}\cdot\boldsymbol{r}_2 = (r_2/\lambda)\cos\varphi_r$ sowie $\boldsymbol{k}_0\cdot\boldsymbol{r}_2 = (r_2/\lambda)\cos\varphi_{r0}$ ein, so erhalten wir für die Phasendifferenz:

$$\alpha_2 = (\boldsymbol{k} - \boldsymbol{k}_0)\cdot\boldsymbol{r}_2 = \boldsymbol{h}\cdot\boldsymbol{r}_2$$

mit $\boldsymbol{k} - \boldsymbol{k}_0 = \boldsymbol{h} = h\boldsymbol{a}^* + k\boldsymbol{b}^* + l\boldsymbol{c}^*$ (vgl. Abschn. 5.1.4.). Die Ausführung des inneren Produktes liefert unmittelbar:

$$\alpha_2 = \boldsymbol{h}\cdot\boldsymbol{r}_2 = hx_2 + ky_2 + lz_2.$$

Haben wir in der Elementarzelle nun nicht nur zwei, sondern N streuende Punkte (Atome) mit den Koordinaten x_j, y_j, z_j ($j = 1,\ldots,N$), so geht von jedem dieser Punkte eine gestreute Teilwelle aus:

$$E_j = E_0 f_j \cos 2\pi(s/\lambda - \nu t + \alpha_j) \text{ mit } \alpha_j = hx_j + ky_j + lz_j.$$

Alle diese Teilwellen überlagern sich zu einer resultierenden, an der Elementarzelle gestreuten Welle:

$$E = E_0 \sum_{j=1}^{N} f_j \cos 2\pi(s/\lambda - \nu t + \alpha_j)\,.$$

Die von den einzelnen Elementarzellen herrührenden Teilwellen überlagern sich nun ihrerseits, indem sie sich in den durch die Interferenzbedingung $\boldsymbol{k} - \boldsymbol{k}_0 = \boldsymbol{h}$ festgelegten Richtungen alle zu einer Gesamtwelle $E' = K'E$ addieren (K' ist die Anzahl der beugenden Elementarzellen). Mit $E'_0 = K'E_0$ kann man dann ebenso schreiben:

$$E' = E'_0 \sum_{j=1}^{N} f_j \cos 2\pi(s/\lambda - \nu t + \alpha_j)\,.$$

Zur Erleichterung der Rechnung wird die cos-Funktion als komplexe Exponentialfunktion nach dem allgemeinen Schema $e^{i\varphi} = \cos\varphi + i\sin\varphi$ ausgedrückt (EULERsche Formel); i ist das

Symbol für die imaginäre Einheit $\sqrt{-1}$). Die Funktion $\cos\varphi$ stellt den Realteil der komplexen Zahl $e^{i\varphi}$ dar, symbolisch: $\cos\varphi = \text{Re}\,[e^{i\varphi}]$. Nach den Rechenregeln für komplexe Zahlen folgt dann:

$$E' = E'_0 \sum_j f_j \,\text{Re}\,[e^{2\pi i(s/\lambda - \nu t + \alpha_j)}] = E'_0 \,\text{Re}\,[e^{2\pi i(s/\lambda - \nu t)} \sum_j f_j e^{2\pi i \alpha_j}].$$

Die sich hierbei ergebende komplexe Größe:

$$F_{hkl} = \sum_j f_j \, e^{2\pi i \alpha_j} = \sum_j f_j \, e^{2\pi i (\boldsymbol{h} \cdot \boldsymbol{r}_j)} = \sum_j f_j \, e^{2\pi i (hx_j + ky_j + lz_j)}$$

wird als *Strukturamplitude* des Reflexes *hkl* bezeichnet. Das Quadrat seines Betrages $|F_{hkl}|^2$ ist, wie gleich gezeigt wird, der *Strukturfaktor*. Manchmal wird auch F_{hkl} selbst als Strukturfaktor und der Betrag $|F_{hkl}|$ als Strukturamplitude bezeichnet.

Für eine komplexe Zahl gilt $F_{hkl} = |F_{hkl}|\, e^{2\pi i \alpha}$ mit $|F_{hkl}|$ als (reellem) Betrag der komplexen Zahl und α als (hier nicht näher bestimmte) Phase.

Setzen wir diesen Ausdruck wieder in E' ein, so folgt:

$$\begin{aligned} E' &= E'_0 \,\text{Re}\,[e^{2\pi i(s/\lambda - \nu t)} |F_{hkl}|\, e^{2\pi i \alpha}] = E'_0 \,|F_{hkl}|\, \text{Re}\,[e^{2\pi i(s/\lambda - \nu t) + \alpha}] \\ &= E'_0 \,|F_{hkl}| \cos 2\pi(s/\lambda - \nu t + \alpha), \end{aligned}$$

d. h., die gestreute Welle schwingt mit der Amplitude $E'_0\,|F_{hkl}|$. Die Intensität (Strahlungsleistung) einer elektromagnetischen Welle ist bekanntlich proportional dem Quadrat ihrer Schwingungsamplitude, so dass wir die grundlegende Beziehung:

$$\text{I}_{hkl} \sim |\text{F}_{hkl}|^2$$

erhalten: Die Intensität I_{hkl} einer Reflexion *hkl* ist proportional zu $|F_{hkl}|^2$. Nach den Rechenregeln für komplexe Zahlen gilt:

$$|F_{hkl}|^2 = F_{hkl} \tilde{F}_{hkl} \,,$$

worin $\tilde{F}_{hkl}$ die zu F_{hkl} konjugiert komplexe Zahl bedeutet. Bildet man die Ausdrücke:

$$F_{\overline{hkl}} = \sum_j f_j \, e^{2\pi i(-hx_j - ky_j - lz_j)} = |F_{hkl}|\, e^{-2\pi i \alpha} = \tilde{F}_{hkl} \text{ und}$$

$$\tilde{F}_{\overline{hkl}} = \sum_j f_j \, e^{-2\pi i(-hx_j - ky_j - lz_j)} = |F_{hkl}|\, e^{2\pi i \alpha} = F_{hkl} \text{, so folgt mit}$$

$$|F_{\overline{hkl}}|^2 = F_{\overline{hkl}} \tilde{F}_{\overline{hkl}} = \tilde{F}_{hkl} F_{hkl} = |F_{hkl}|^2$$

das nach FRIEDEL (1913) benannte Gesetz: Die Intensitäten zweier Reflexe *hkl* und $\overline{hkl}$ sind einander gleich, und das Phänomen der Beugung von Röntgenstrahlen ist hinsichtlich der Reflexintensitäten auch bei nicht zentrosymmetrischen Kristallen inversionssymmetrisch, woraus sich die LAUE-Symmetrie der Röntgendiagramme (vgl. Tab. 5.2) erklärt.

Die in den einzelnen Summengliedern der Strukturamplitude F_{hkl} auftretenden (reellen) Faktoren f_j werden *Atomformfaktoren* genannt und drücken das Streuvermögen der einzelnen streuenden Punkte aus. Identifiziert man diese streuenden Punkte mit Atomen (Ionen), so sollte, da die Streuung durch die Elektronen bewirkt wird, deren Streuvermögen der Anzahl ihrer Elektronen Z_j proportional sein. Z_j ist bei neutralen Atomen gleich der Ordnungszahl des Periodensystems und bei Ionen entsprechend größer oder kleiner. Atome mit kleiner Ordnungszahl („leichte" Atome) haben deshalb nur ein geringes Streuvermögen und sind röntgenographisch schwierig zu erfassen; so ist z. B. die Bestimmung der Position von Wasserstoffatomen in einer Struktur kaum möglich.

Schwierig ist auch die Unterscheidung von Ionen gleicher Elektronenanzahl, z. B. von Mg^{2+} und Al^{3+} in der Verbindung $MgAl_2O_4$ (Spinell). Wenn in einer Struktur „schwere" Atome mit großer Ordnungszahl vorhanden sind, wird der Hauptanteil der Streuung durch diese bewirkt.

Nun ist die Elektronenladung eines Atoms aber nicht in einem Punkt konzentriert, sondern über das gesamte Volumen des Atoms verteilt, so daß bereits die an den einzelnen Volumenelementen des Atoms gestreuten Teilwellen einen Phasenunterschied aufweisen und miteinander interferieren. Die theoretische Behandlung dieses Problems liefert:

$$f_j = Z_j/(1 + 4\pi^2 R_j^2 \sin^2\vartheta/\lambda^2),$$

d. h., die Atomformfaktoren vermindern sich mit wachsendem Glanzwinkel ϑ. R_j ist eine dem Atomradius (Ionenradius) entsprechende Länge, so dass also die Atomformfaktoren großer Atome (Ionen) schneller abfallen als solche von kleinen. Die Atomformfaktoren der Elemente und ihrer Ionen, wie sie aus verfeinerten Elektronendichten abgeleitet wurden, sind in den *International Tables* angegeben.

Anhand der Atomformfaktoren lässt sich auch der Einfluss der Temperatur, d. h. der thermischen Schwingungen der Gitterbausteine, auf die Reflexintensitäten (*Temperaturfaktor*) behandeln. Die exakte Berechnung setzt eine detaillierte Kenntnis der Struktur voraus. Näherungsweise gilt der Ansatz

$$f_j'(T) = f_j \exp(-B \sin^2\vartheta/\lambda^2)$$

in den ein von der Temperatur abhängiger sog. isotroper *DEBYE-WALLER-Faktor B* eingeführt ist. Das bedeutet, dass sich die effektiven Atomformfaktoren $f_j'(T)$ abermals mit zunehmendem Glanzwinkel vermindern. Zur ersten Korrektur von gemessenen Reflexintensitäten arbeitet man zunächst mit einem einheitlichen Wert von B, im weiteren Verlauf einer Strukturbestimmung wird B für die einzelnen Atomarten spezifiziert.

5.1.8. Bestimmung von Atompositionen

5.1.8.1. Strukturvorschlag

Die Hauptaufgabe einer Strukturanalyse ist die Bestimmung der Koordinaten (Parameter) x_j, y_j, z_j der einzelnen Atome in der Elementarzelle. Diese Koordinaten lassen sich jedoch im Allgemeinen nicht unmittelbar aus den experimentell zugänglichen Werten der $|F_{hkl}|^2$ berechnen. Man kann jedoch umgekehrt so verfahren, dass man ein hypothetisches, mit der festgestellten Raumgruppe verträgliches und kristallchemisch plausibles Modell der Struktur entwirft, hieraus die zu erwartenden Werte $|F_{hkl}|^2$ berechnet und mit den experimentell beobachteten Intensitäten vergleicht. Beispielsweise errechnen sich für die NaCl-Struktur (Bild 1.2) mit den Koordinaten:

0, 0, 0; 1/2, 1/2, 0; 0, 1/2, 1/2; 1/2, 0, 1/2 für Cl^- und
1/2, 1/2, 1/2; 1/2, 0, 0; 0, 1/2, 0; 0, 0 1/2 für Na^+

die Strukturfaktoren gemäß:

$$F_{hkl} = \sum_j f_j e^{2\pi i(hx_j + ky_j + lz_j)} =$$

$$= f_{Cl-}(1 + e^{\pi i(h+k)} + e^{\pi i(k+l)} + e^{\pi i(l+k)} + f_{Na+}(e^{\pi i(h+k+l)} + e^{\pi ih} + e^{\pi ik} + e^{\pi il})$$

Wegen $e^{2\pi in} = 1$ für n gerade und $e^{2\pi in} = -1$ für n ungerade resultieren:

$F_{hkl} = 0$ für gemischte Indizes (in Übereinstimmung mit der allgemeinen Auslöschungsregel für ein flächenzentriertes Gitter),
$F_{hkl} = 4\,(f_{Cl^-} + f_{Na^+}) \approx 112$ für gerade Indizes,
$F_{hkl} = 4\,(f_{Cl^-} - f_{Na^+}) \approx 32$ für ungerade Indizes.

Die ungefähren Zahlenwerte gelten für kleine Werte von $\sin\vartheta/\lambda$, für die man $f_{Cl^-} \approx 18$ und $f_{Na^+} \approx 10$ (Anzahl ihrer Elektronen) annehmen kann.

Ist ein sinnvoller, mit den Reflexintensitäten grob übereinstimmender Strukturvorschlag gefunden, so kann versucht werden, durch eine sukzessive Veränderung der Atomkoordinaten die Übereinstimmung zu verbessern (die Koordinaten der NaCl-Struktur sind allerdings nicht variierbar). Bei Strukturen mit vielen Atomen in der Elementarzelle und zahlreichen freien, variierbaren Parametern ist der Rechenaufwand für dieses Verfahren (engl. *trial and error*) beträchtlich, läßt sich aber heute auch bei komplizierteren Strukturen mit Hilfe von Computern ohne weiteres bewältigen. Steht ein hinreichend großer Computer zur Verfügung, so kann man sogar gänzlich auf einen detaillierten Strukturvorschlag verzichten und rigoros alle fraglichen Parametern so lange variieren, bis eine hinreichende Übereinstimmung zwischen den berechneten und beobachteten Strukturfaktoren eintritt.

Als Maß für die Übereinstimmung eines sowohl nach der Methode *trial and error* als auch nach anderen Methoden erarbeiteten Strukturvorschlages mit dem Experiment wird der Ausdruck

$$R' = \sum_{h,k,l,} W_{hkl}\,(|F_{hkl,\text{berechn}}| - |F_{hkl,\text{beob}}|)^2$$

gebildet, in dem die Quadrate der Abweichungen zwischen berechneten und beobachteten Werten summiert werden; die Wichtefaktoren W_{hkl} berücksichtigen die Fehler der experimentellen Messungen. Man kann nun versuchen, den Ausdruck R' mittels besonderer Verfahren zur *Strukturverfeinerung* zu minimieren, wobei nicht nur die Lageparameter, sondern auch die Atomformfaktoren durch die Einführung individueller anisotroper DEBYE-WALLER-Faktoren für die thermischen Bewegungen variiert werden. Die schließlich erreichte Güte bzw. relative Zuverlässigkeit einer Strukturbestimmung wird durch den sog. *R-Faktor*

$$R = \Big(\sum_{h,k,l,} \big||F_{hkl,\text{berechn}}| - |F_{hkl,\text{beob}}|\big|\Big) \Big/ \sum_{h,k,l,} |F_{hkl,\text{beob}}|$$

zum Ausdruck gebracht. Als guter Standard für einen R-Faktor gilt heute ein Wert bei $R = 0{,}05$; die besten bisher erreichten Werte liegen bei $R = 0{,}01$. Gelegentlich wird der R-Faktor auch in Prozent ausgedrückt.

5.1.8.2. FOURIER-Synthese und PATTERSON-Methoden

Wie im Abschn. 5.1.7. ausgeführt, werden die Strukturamplituden gemäß

$$F_{hkl} = \sum_j f_j\, \mathrm{e}^{2\pi i(hx_j + ky_j + lz_j)}$$

durch eine Summation über alle Atome einer Elementarzelle gewonnen, wobei die Atomformfaktoren f_j deren Elektronenanzahl und räumliche Ausdehnung berücksichtigen. Stattdessen kann man aber auch annehmen, dass die Elektronen in Gestalt einer kontinuierlichen räumlichen Dichtefunktion $\rho(x, y, z)$ über das ganze Volumen der Elementarzelle verteilt sind. Jedes (infinitesimale) Volumenelement $\mathrm{d}V$ streut dann unter Einwirkung einer primären Röntgenwelle proportional zur betreffenden Elektronendichte, und statt der Summe über alle Atome in der Elementarzelle bilden wir ein entsprechendes Integral über das Volumen der Elementarzelle, so dass man für die Strukturamplitude auch schreiben kann:

$$F_{hkl} = \int_{\text{Zelle}} \rho(x, y, z)\, e^{2\pi i(hx+ky+lz)} \mathrm{d}V .$$

Zum leichteren Verständnis betrachten wir einen analogen eindimensionalen Ausdruck:

$$F_h = \int_{r=0}^{a} \rho(x)\, e^{2\pi i hx} \mathrm{d}r = a \int_{x=0}^{1} \rho(x)\, e^{2\pi i hx} \mathrm{d}x$$

mit $\rho(x)$ als einer linearen, periodischen Dichte entlang der a-Achse und $\mathrm{d}r$ als Linienelement auf dieser Achse; die Integration ist analog über die Strecke einer Gitterkonstante a auszuführen. Substituieren wir die Variable $r = ax$ bzw. $\mathrm{d}r = a\mathrm{d}x$, so ist zwischen den Grenzen 0 und 1 zu integrieren. Die Dichte $\rho(x)$ kann als eine periodische Funktion durch eine FOURIER-Reihe dargestellt werden:

$$\rho(x) = \sum_{p=-\infty}^{+\infty} \Phi(p)\, e^{-2\pi i px} .$$

(p durchläuft alle ganzen Zahlen; das negative Vorzeichen im Exponenten hat zunächst nur eine interne Bedeutung für die Nummerierung der p.) Diese Reihe wird anstelle von $\rho(x)$ in den obigen Ausdruck für F_h eingesetzt:

$$F_h = a \int_0^1 \sum_p \Phi(p)\, e^{-2\pi i px}\, e^{2\pi i hx} \mathrm{d}x = a \sum_p \Phi(p) \int_0^1 e^{2\pi i(h-p)x} \mathrm{d}x .$$

Der Wert des begrenzten Integrals ist + 1 für $h = p$ und 0 für $h \neq p$, so dass von der Summe $\sum_p$ nur ein Glied, nämlich $\Phi(p = h)$, verbleibt. Damit haben wir:

$$F_h = a\, \Phi(p = h),$$

d. h., die Strukturamplituden stellen bis auf den Faktor a die FOURIER-Koeffizienten $\Phi(p)$ (in der entsprechenden Nummerierung) für die FOURIER-Entwicklung der Dichtefunktion $\rho(x)$ dar, so dass wir schreiben können:

$$\rho(x) = \frac{1}{a} \sum_{h=-\infty}^{+\infty} F_h\, e^{-2\pi i hx} .$$

Übertragen wir diese Betrachtung auf drei Dimensionen (was hier nicht im Einzelnen ausgeführt wird), so erhalten wir:

$$\rho(x, y, z) = \frac{1}{V} \sum_{h,k,l=-\infty}^{+\infty} F_{hkl}\, e^{-2\pi i(hx+ky+lz)}$$

mit V als Volumen der Elementarzelle. Man kann also die Elektronendichte und damit die für eine Struktur wesentlichen Informationen (vgl. Bild 5.34) als FOURIER-Reihe aus den Strukturamplituden F_{hkl} berechnen. Der Ausführung einer solchen FOURIER-Synthese stellt sich jedoch die prinzipielle Schwierigkeit entgegen, dass experimentell aus den gemessenen Intensitäten I_{hkl} nur die Strukturfaktoren $|F_{hkl}|^2$ bzw. die Beträge $|F_{hkl}|$ der Strukturamplituden, nicht aber ihre Phasenwinkel zugänglich sind (*Phasenproblem* der Strukturanalyse). Da außerdem der Radius der Ausbreitungskugel der EWALDschen Konstruktion mit $1/\lambda$ begrenzt ist, steht auch nur eine begrenzte Anzahl von Strukturfaktoren zur Verfügung, so dass bei einer entsprechenden FOURIER-Synthese noch *Abbrucheffekte* hingenommen werden müssen, die jedoch einer Strukturanalyse nicht so hinderlich sind wie das Phasenproblem.

Bei zentrosymmetrischen Strukturen vereinfacht sich das Phasenproblem zu einer Frage des Vorzeichens: In diesem Fall gilt wegen der Inversionssymmetrie $F_{\overline{hkl}} = F_{hkl}$. Da andererseits allgemein $F_{\overline{hkl}} = \tilde{F}_{hkl}$ gilt (konjugiert komplex), muss auch $F_{hkl} = \tilde{F}_{hkl}$ erfüllt sein, was nur möglich ist, wenn F_{hkl} eine reelle Zahl darstellt. Deshalb haben wir bei zentrosymmetrischen Kristallen reelle Strukturamplituden, für die gemäß $F_{hkl} = \pm\,|F_{hkl}|$ nur das Vorzeichen unbekannt ist. Bei der FOURIER-Entwicklung heben sich die Imaginärteile wegen

$$F_{\overline{hkl}}\,\mathrm{i}\sin 2\pi\,(\bar{k}x + \bar{h}y + \bar{l}z) = -\,F_{hkl}\,\mathrm{i}\sin 2\pi\,(hx + ky + lz)$$

gegenseitig paarweise auf, und es verbleibt:

$$\rho(x,\,y,\,z) = \frac{1}{V}\sum_{h,k,l} \pm\,|F_{hkl}|\,\cos 2\pi\,(hx + ky + lz)$$

als FOURIER-Darstellung der Elektronendichte zentrosymmetrischer Kristalle.

Häufig ist es zweckmäßig, die FOURIER-Synthese der Elektronendichte $\rho(x, y, z)$ nicht für den dreidimensionalen Kristallraum als solchen auszuführen, sondern zweidimensionale *Projektionen* der Elektronendichte längs einer kristallographischen Achse zu berechnen, was auf eine Integration der Elektronendichte entlang der Projektionsrichtung hinausläuft. So ergibt sich z. B. die Projektion $\overline{\rho(x, y)}$ in Richtung der c-Achse auf die ab-Ebene, also auf die Fläche (001), als:

$$\overline{\rho(x,\,y)} = \int_{r=0}^{c} \rho(x,\,y,\,z)\,\mathrm{d}r\,,$$

wobei die Integrationsvariable r in Richtung der c-Achse läuft. Substitution von $r = zc$ und Einsetzen der Fourier-Entwicklung für $\rho(x, y, z)$ führen auf:

$$\overline{\rho(x,\,y)} = \frac{c}{V}\int_0^1 \sum_{h,k,l} F_{hkl}\mathrm{e}^{-2\pi\mathrm{i}(hx+ky+lz)}\,\mathrm{d}z = \frac{c}{V}\sum_{h,k,l} F_{hkl}\mathrm{e}^{-2\pi\mathrm{i}(hx+ky)}\int_0^1 \mathrm{e}^{-2\pi\mathrm{i}lz}\mathrm{d}z\,.$$

Das letzte Integral hat den Wert 1 für $l = 0$ und den Wert 0 für $l \neq 0$, so dass von der Summe nur die Glieder mit $l = 0$ verbleiben:

$$\overline{\rho(x,\,y)} = \frac{c}{V}\sum_{h,k} F_{hk0}\mathrm{e}^{-2\pi\mathrm{i}(hx+ky)}\,.$$

Entsprechend erhält man die Projektion der Elektronendichte auf die Fläche (100):

$$\overline{\rho(y,\,z)} = \frac{a}{V}\sum_{k,l} F_{0kl}\mathrm{e}^{-2\pi\mathrm{i}(ky+lz)}$$

und auf die Fläche (010):

$$\overline{\rho(x,\,z)} = \frac{b}{V}\sum_{h,l} F_{h0l}\mathrm{e}^{-2\pi\mathrm{i}(hx+lz)}\,.$$

Projektionen lassen sich nicht nur leichter darstellen als eine dreidimensionale Dichteverteilung, sondern erfordern auch einen geringeren Rechenaufwand und vor allem weniger Daten, denn es gehen ja nur die Strukturamplituden der Reflexe der jeweils 0. Schicht bezüglich der Projektionsachse ein. Auch die Ausdrücke für die betreffenden Strukturfaktoren, z. B.:

$$F_{hk0} = \sum f_j \mathrm{e}^{2\pi \mathrm{i}(hx_j + ky_j)}$$

vereinfachen sich, was die Interpretation und Diskussion des Phasenproblems erleichtert. Projektionen der Elektronendichte werden gewöhnlich durch Linien gleicher Elektronendichte anschaulich dargestellt (Bild 5.34). Die Stellen maximaler Elektronendichte werden als die Schwerpunktslagen des betreffenden Atoms interpretiert. Zur Identifizierung der Atome kann man die Elektronendichte in der Umgebung der Maxima integrieren und vergleichen. Zur Klärung von Strukturdetails lassen sich außerdem Schnitte durch die dreidimensionale Elektronendichte berechnen.

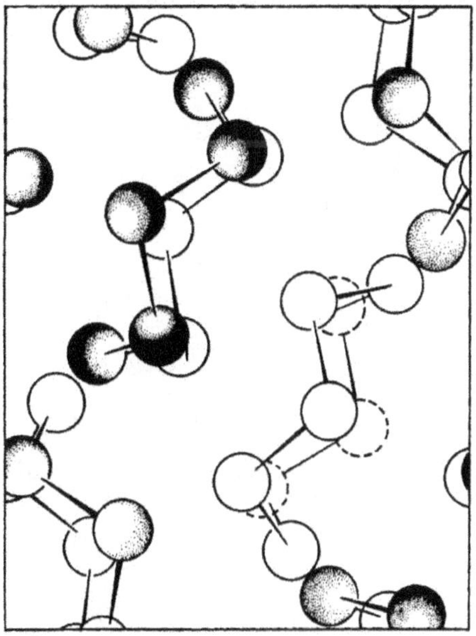
a)

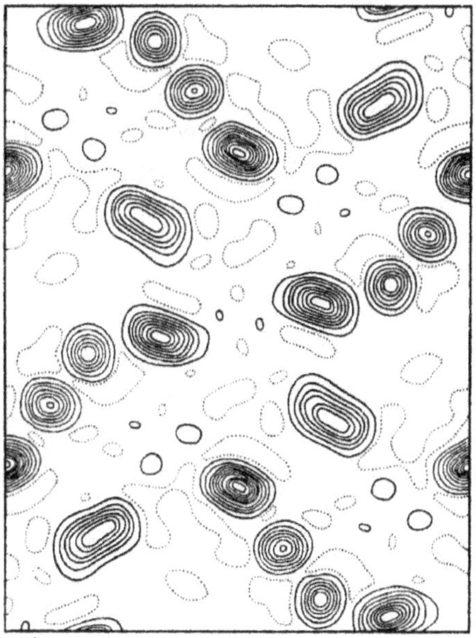
b)

Bild 5.34. *Struktur des α-Selens.*

a) Projektion auf (100); b) entsprechende Projektion der Elektronendichte.

Die Positionen von leichten Atomen mit wenigen Elektronen kommen in einer gewöhnlichen Darstellung der Elektronendichte häufig nur ungenügend zum Ausdruck. Es gibt dann die Möglichkeit, eine *Differenz-FOURIER-Synthese* zu berechnen, bei der von der Elektronendichte die Anteile der schweren Atome abgezogen werden:

$$\Delta\rho(x,y,z) = \frac{1}{V} \sum_{h,k,l} (F_{hkl} - F'_{hkl})\, \mathrm{e}^{-2\pi \mathrm{i}(hx+ky+lz)} ,$$

wobei man

$$F'_{hkl} = \sum_{j=1}^{N'} f_j \mathrm{e}^{2\pi \mathrm{i}(hx_j + ky_j + lz_j)}$$

aus den schon bekannten Positionen der schweren Atome berechnet. Allerdings erhalten Abbruch- und sonstige Fehler in Differenzsynthesen naturgemäß ein stärkeres Gewicht, so dass sie mit Vorsicht zu interpretieren sind.

Wegen des Phasenproblems kann eine FOURIER-Synthese in der Praxis nur schrittweise erfolgen. Im ersten Schritt wird eine Synthese in der Weise versucht, dass zunächst nur für einen Teil der Reflexe vorläufige Phasenfaktoren bzw. (bei Inversionssymmetrie) Vorzeichen eingesetzt werden, die aus einem hypothetischen Strukturvorschlag *(Trial-and-error-Methode)* oder nach einer der nachfolgend skizzierten Methoden abgeleitet wurden. Im günstigen Fall kann in einer so gewonnenen Elektronendichte die Position einiger Atome näherungsweise erkannt und der Strukturvorschlag verbessert werden. Das wiederum gestattet die Bestimmung weiterer und genauerer Phasenfaktoren, mit denen dann eine nächste Synthese versucht wird, usw., bis man sukzessive zu einem befriedigenden Resultat gelangt. Die Rechenarbeit wird heute von Computern geleistet, wobei gute und strategisch vorteilhafte Programme eine wichtige Rolle spielen.

Besonders günstige Voraussetzungen bieten Strukturen, die ein schweres Atom je Elementarzelle enthalten, denn die Phasenfaktoren der meisten F_{hkl} werden dann annähernd durch die am schweren Atom gestreuten Teilwellen bestimmt. Man kann deshalb in eine erste FOURIER-Synthese Phasenfaktoren eingeben, die allein auf das schwere Atom Bezug nehmen (Schweratommethode). In manchen Fällen synthetisch zugänglicher Kristalle ist es auch gelungen, ein schweres Atom isomorph einzuführen und mit seiner Hilfe die Struktur zu lösen. Informationen über die Phasenfaktoren lassen sich ferner durch den Vergleich von Reflexintensitäten isomorpher Kristalle gewinnen (Methode des isomorphen Ersatzes).

Der indirekten Bestimmung von Phasenfaktoren dienen auch die nach PATTERSON (1934) benannten Methoden. Wir wollen wieder ein eindimensionales Analogon betrachten und bilden die *PATTERSON-Funktion*:

$$P(u) = \int_0^a \rho(x)\ \rho\ (x+u)\ \mathrm{d}r = a \int_0^1 \rho(x)\ \rho\ (x+u)\ \mathrm{d}x$$

mit $r = xa$. Im Integranden steht das Produkt der Elektronendichte an der Stelle x mit der Elektronendichte an der Stelle $(x + u)$. Einsetzen der betreffenden Fourier-Reihen für $\rho(x)$ und $\rho(x + u)$ ergibt:

$$P(u) = a \int_0^1 \left(\frac{1}{a} \sum_h F_h \mathrm{e}^{-2\pi i h x} \right) \left(\frac{1}{a} \sum_g F_g \mathrm{e}^{-2\pi i g (x+u)} \right) \mathrm{d}x = \frac{1}{a} \sum_h \sum_g F_h F_g \mathrm{e}^{-2\pi i g u} \int_0^1 \mathrm{e}^{-2\pi i (h+g) x}\,\mathrm{d}x\,,$$

wobei h und g verwendet werden, um zwischen den Summationsindizes der beiden Summen zu unterscheiden. Das Integral hat den Wert +1 für $g = -h$ und den Wert 0 für $g \neq -h$, so dass nur die Summenglieder mit $g = -h$ verbleiben:

$$P(u) = \frac{1}{a} \sum_h F_h F_{\bar{h}} \mathrm{e}^{2\pi i h u} = \frac{1}{a} \sum_h |F_h|^2\ \mathrm{e}^{2\pi i h u}$$

mit $F_{\bar{h}} = \tilde{F}_h$ (konjugiert komplex) sowie $F_h \tilde{F}_h = |F_h|^2$. In diesem Ausdruck heben sich die Imaginärteile wegen $|F_{\bar{h}}|^2\ i \sin 2\pi \bar{h} u = -|F_h|^2\ i \sin 2\pi h u$ *mit* $|F_{\bar{h}}|^2 = |F_h|^2$ gegenseitig paarweise auf, und es verbleibt:

$$P(u) = \frac{1}{a} \sum_{h=-\infty}^{+\infty} |F_h|^2 \cos 2\pi h u\,.$$

Der analoge Ausdruck für eine dreidimensionale PATTERSON-Funktion lautet:

$$P(u,v,w) = \frac{1}{V}\sum_{h,k,l} |F_{hkl}|^2 \cos 2\pi\,(hu + kv + lw)\ ,$$

d. h., die PATTERSON-Funktion wird durch eine FOURIER-Reihe dargestellt, in die die Strukturfaktoren $|F_{hkl}|^2 \sim I_{hkl}$ direkt eingehen. Die PATTERSON-Funktion kann also unmittelbar aus den (korrigierten) experimentellen Intensitäten berechnet werden. Entsprechend lassen sich auch Projektionen der PATTERSON-Funktion erstellen, z. B.:

$$\overline{P(u,v)} = \frac{c}{V}\sum_{h,k} |F_{hk0}|^2 \cos 2\pi\,(hu + kv)\ .$$

Welche Informationen lassen sich nun einer PATTERSON-Funktion entnehmen? Aus ihrer ursprünglichen Definition folgt, dass diese Funktion immer dann einen großen Wert annehmen wird, wenn sowohl $\rho(x)$ bzw. $\rho(x, y, z)$ als auch $\rho(x + u, y + v, z + w)$ beide groß sind. Das heißt, die Funktion $P(u, \upsilon, w)$ zeigt dann ein Maximum, wenn der Vektor $\boldsymbol{u} = u\boldsymbol{a} + \upsilon\boldsymbol{b} + w\boldsymbol{c}$ jeweils zwei Maxima der Elektronendichtefunktion (d. h. zwei Atompositionen) verbindet. Durch die Maxima der PATTERSON-Funktion werden also die Abstandsvektoren zwischen den Atomen einer Struktur abgebildet (Bild 5.35); ihre Höhe ist proportional zur Häufigkeit dieses Abstandsvektors sowie zum Produkt der Elektronenzahlen (bzw. Atomformfaktoren) der beiden Atome, so dass die Abstandsvektoren zwischen schweren Atomen besonders auffallen. Allerdings sind die Maxima der Patterson-Funktion meist zahlreich und nicht immer gut ausgeprägt, was die Interpretation erschwert. Deshalb gibt es rechnerische Prozeduren, die PATTERSON-Funktion zu „verschärfen" bzw. „zuzuspitzen" sowie durch die Konstruktion von „bildsuchenden" Funktionen (Superpositionsfunktion, Produktfunktion, Minimumfunktion) Strukturmotive aus der PATTERSON-Funktion zu erkennen.

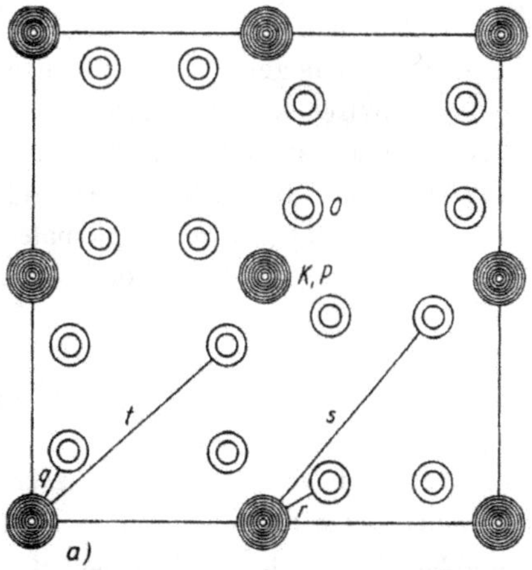

***Bild 5.35.** Struktur von Kaliumdihydrogenphosphat* KH_2PO_4 *(KDP).*

a) Projektion der Elektronendichte auf (001) (schematisch); b) Projektion der PATTERSON-Funktion auf (001).

Zur Strukturaufklärung wird ferner die *anomale Streuung* (*anomale Dispersion*) von Röntgenstrahlen herangezogen. Normalerweise schwingen die streuenden Atome einer Struktur als elektrische Dipole in Gegenphase zur anregenden primären Röntgenwelle: Die von den einzelnen Atomen ausgehenden elementaren Streuwellen zeigen alle einen Phasensprung π zur einfallenden

Primärwelle. Hieraus folgt auch für nicht zentrosymmetrische Strukturen das FRIEDELsche Gesetz $|F_{hkl}|^2 = |F_{\overline{hkl}}|^2$, wonach die Intensitäten von Reflexionen an der „Vorderseite“ und an der „Rückseite“ einer Netzebenenschar einander gleich sind. Die Voraussetzung einer an allen Atomen phasengleichen Streuung ist jedoch nicht mehr erfüllt, wenn die Struktur neben normal streuenden Atomen auch solche enthält, deren Absorptionskante in der Nähe der Wellenlänge der Röntgenstrahlung liegt. Wegen der dann intensiven Wechselwirkung zeigen die von den betreffenden Atomen ausgehenden elementaren Streuwellen eine spezifische Phasenverschiebung. Die betreffenden Erscheinungen werden dadurch beschrieben, dass man komplexe Atomformfaktoren $f_j = f'_j + if''_j$ einführt. Der jeweilige Realteil f'_j entspricht dabei im Wesentlichen den bisherigen (reellen) Atomformfaktoren, durch den Imaginärteil f''_j werden die anomalen Effekte, also insbesondere die Phasenverschiebungen, berücksichtigt. Berechnet man die Strukturamplituden gemäß:

$$F_{hkl} = \Sigma f_j e^{2\pi i(hx+ky+lz)})$$

mit komplexen Atomformfaktoren, so zeigt sich, dass dann die Beziehung $|F_{hkl}|^2 = |F_{\overline{hkl}}|^2$ nicht mehr allgemein gültig bleibt. Zwischen beiden Strukturfaktoren besteht eine sog. BIJVOET-Differenz D_{hkl}, die sich, wie hier nicht näher ausgeführt, folgendermaßen errechnet:

$$D_{hkl} = |F_{hkl}|^2 - |F_{\overline{hkl}}|^2 = 2\sum_{j\neq k}(f'_j f''_k - f'_k f''_j)\sin 2\pi\,[h(x_j - x_k) + k(y_j - y_k) + l(z_j + z_k)].$$

Die Diskussion dieses Ausdrucks zeigt, dass die BIJVOET-Differenzen im Fall zentrosymmetrischer Strukturen sowie im Fall von Strukturen aus nur einer Atomart verschwinden. In den anderen Fällen genügt es bereits, wenn eine anomal streuende Atomart mit einem nichtverschwindenden Imaginärteil f''_j vorhanden ist, um beobachtbare BIJVOET-Differenzen zu erzeugen, was sich durch die Wahl der Wellenlänge nahe einer Absorptionskante einer der in der Struktur enthaltenen Atomarten meist erreichen lässt. Entsprechende PATTERSON-Synthesen geben nicht nur Hinweise auf die Positionen der anomalen Streuzentren, sondern gestatten auch eine Bestimmung der *absoluten Konfiguration*. Hierunter versteht man die Zuordnung einer nicht zentrosymmetrischen Struktur zu einem makroskopischen Bezugssystem, wie den morphologischen Kristallachsen, also z. B. die Bestimmung der absoluten Konfigurationen von Rechts- und von Linksweinsäure, die Unterscheidung von enantiomorphen Schraubenachsen, die Zuordnung von „Oberseite“ und „Unterseite“ einer Netzebenenschar zu einer polaren Richtung usw. Das Auftreten anomaler Streuung, d. h. von BIJVOET-Differenzen, ist außerdem ein sicherer Hinweis darauf, dass kein Symmetriezentrum vorhanden ist.

5.1.8.3. Direkte Methoden der Strukturbestimmung

Eine andere Art des Herangehens an das Phasenproblem sind die direkten Methoden. Nach diesen Methoden werden Aussagen über Phasenfaktoren bzw. Vorzeichen der Strukturamplituden aufgrund von allgemeinen Eigenschaften der FOURIER-Darstellungen direkt aus den beobachteten Reflexintensitäten abgeleitet. Die direkten Methoden können hier nur kurz gestreift werden. So führt die Anwendung der in der Mathematik wohlbekannten CAUCHY-SCHWARZschen Ungleichung auf die Strukturamplituden zu den Ungleichungen von HARKER und KASPER [5.5]. Hierbei werden *unitäre Strukturamplituden* $U_{hkl}=F_{hkl}/Z$ oder $U_{hkl}=F_{hkl}/\Sigma f_j$ betrachtet, die also den gleichen Phasenfaktor wie F_{hkl}, jedoch einen mittels der Anzahl Z der Elektronen in der Elementarzelle oder der Summe der Atomformfaktoren f_j normierten Betrag haben. Die dann folgende allgemeine Ungleichung $|U_{hkl}|^2 \leq 1$ ist noch trivial. Die Berücksichtigung der Kristallsymmetrie führt auf eine

Reihe weiterer sog. HARKER-KASPER-Ungleichungen. So gilt für zentrosymmetrische Kristalle (bei denen die Strukturamplituden reell sind) die Ungleichung:

$$U_{hkl}^2 \leqq 1/2 + (1/2)U_{2h2k2l} \quad \text{bzw.} \quad U_h^2 \leqq 1/2 + (1/2)U_{2h} ,$$

wenn wir zur Vereinfachung einstellige Indizes $h \triangleq hkl$ einführen. Sofern nun $U_h^2 > 1/2$, also $|U_h| = \sqrt{U_h^2} > 0{,}71$ wird, muss U_{2h} positiv sein, um die Ungleichung zu erfüllen. Aber auch z. B. für $|U_h| > 0{,}6$ und $|U_{2h}| > 0{,}3$ muss U_h positiv sein usw. Weitere Ungleichungen lassen sich für Summen und für Differenzen unitärer Strukturamplituden ableiten, aus denen wieder Schlüsse auf die Vorzeichen gezogen werden können. Seien s_h das Vorzeichen einer unitären Strukturamplitude U_h, s_g das Vorzeichen einer anderen Amplitude U_g und s_{h+g} das Vorzeichen der Amplitude U_{h+g}, deren Indizes jeweils die Summe der betreffenden Indizes von U_h und U_g sind, schließlich analog s_{h-g} das Vorzeichen von U_{h-g}, so sind die Relationen:

$$s_h s_g s_{h+g} = +1 \text{ und } \quad s_h s_g s_{h-g} = +1$$

(*Signumtripelprodukte*) beide oder wenigstens eine von ihnen mit einer gewissen Wahrscheinlichkeit erfüllt, die umso größer ist, je stärker die beteiligten Reflexe sind.

Bei zentrosymmetrischen Strukturen hat außerdem die Wahl des Ursprungs eine Bedeutung für die Vorzeichen der (reellen) Strukturamplitude. Der Ursprung wird gewöhnlich in ein Symmetriezentrum gelegt, von denen es jedoch in jeder Elementarzelle mehrere gibt. Verlegt man den Ursprung in ein anderes dieser Symmetriezentren, so ändert ein bestimmter Teil der Strukturamplituden seine Vorzeichen, die anderen hingegen nicht. Letztere werden – nicht sehr glücklich – als *Strukturinvarianten* bezeichnet, worunter man außerdem auch Signumtripelpunkte versteht, die ihr Vorzeichen nicht ändern. Unter gewissen Voraussetzungen kann man die Vorzeichen von irgend drei der nicht strukturinvarianten Strukturamplituden frei wählen (wodurch dann der Ursprung festgelegt ist).

Schließlich lassen sich im Rahmen der direkten Methoden noch statistische Beziehungen ausnutzen, die zwischen den Phasenfaktoren (Vorzeichen) der Strukturamplituden existieren und letztlich darauf beruhen, dass die Elektronendichte $\rho(x,y,z)$ keine beliebig willkürliche Funktion ist; sie ist z. B. stets positiv und bleibt unter einem gewissen Maximalwert. So diskutierte SAYRE [5.6] eine hypothetische Struktur mit einer quadrierten Elektronendichte $\rho^2(x,y,z)$, die der Funktion $\rho(x,y,z)$ morphologisch ähnlich ist (Lage der Maxima) und deshalb auf dieselben Phasenfaktoren führen muss. Ein Ergebnis ist, dass bei zentrosymmetrischen Strukturen die Vorzeichenbeziehung:

$$s_{h+g} = s_g s_h$$

statistisch für einen großen Teil entsprechender Kombinationen von Strukturamplituden erfüllt ist. Eine ähnliche statistische Beziehung lautet nach ZACHARIASEN [5.7]:

$$s_{h+g} = s\langle s_h s_g\rangle ,$$

wonach das Vorzeichen s_{h+g} mit dem Vorzeichen des Mittelwertes $\langle s_h s_g\rangle$ aller Signumsprodukte übereinstimmt, deren Indizes sich zu der festgehaltenen Indizierung $_{h+g}$ ergänzen. HAUPTMANN und KARLE [5.8] leiteten die Phasenbeziehungen:

$$s(E_{2h}) = s(E_h^2 - 1) \quad \text{und} \quad s(E_h) = s(\sum_g E_g E_{h+g})$$

ab (die sich wiederum statistisch verifizieren), wobei *normalisierte Strukturamplituden* $E_h = F_h/\sqrt{\langle|F_h|^2\rangle}$ benutzt werden; unter der Wurzel steht der Mittelwert eines Satzes von Strukturfaktoren. Die in ihrer weiteren Spezifizierung teilweise komplizierten statistischen Beziehungen sind durch die moderne Computertechnik, mit der sich z. B. auch zahlreiche alternative Vorzeichensätze durchspielen lassen, einer breiten Anwendung erschlossen worden, und die Entwicklung der statistischen Methoden ist im raschen Fortschritt begriffen.

5.2. Röntgenographische Untersuchung der Realstruktur

In den vorhergehenden Abschnitten wurden die Zusammenhänge zwischen der Beugung von Röntgenstrahlen und der „Idealstruktur" der Kristalle behandelt, worunter man eine ungestörte, dreidimensional periodische Struktur versteht, in der die Atome Positionen einnehmen, die deren räumlichen und zeitlichen Mittelwerten entsprechen. Die Beugungsphänomene werden aber auch von der Realstruktur der Kristalle beeinflusst, zu der alle Abweichungen vom ungestörten, dreidimensional periodischen Gitterbau gerechnet werden (vgl. Abschn. 3.1.). Solche Störungen sind mit Verzerrungen des Gitters verbunden, wodurch sich zum einen die Orientierung und der Abstand der reflektierenden Netzebenen verändern, was zu einer Verschiebung bzw. Verbreiterung der Reflexe führt (Orientierungseffekte); zum anderen wird die Kohärenz der an verschiedenen Punkten des Kristalls gestreuten Wellen beeinträchtigt, wodurch die Intensität der abgebeugten Strahlung beeinflusst wird (Extinktionseffekte).

Die Methoden zur Untersuchung der Realstruktur können nach der Art der Anordnung und Registrierung eingeteilt werden in solche, die die Beugungseffekte von dem zu untersuchenden Kristallvolumen integral erfassen und damit zu summarischen Aussagen führen, und in solche, die die einzelnen im Kristall enthaltenen Baufehler direkt abbilden (topographische Methoden). Dabei wird fast ausschließlich monochromatische Röntgenstrahlung benutzt.

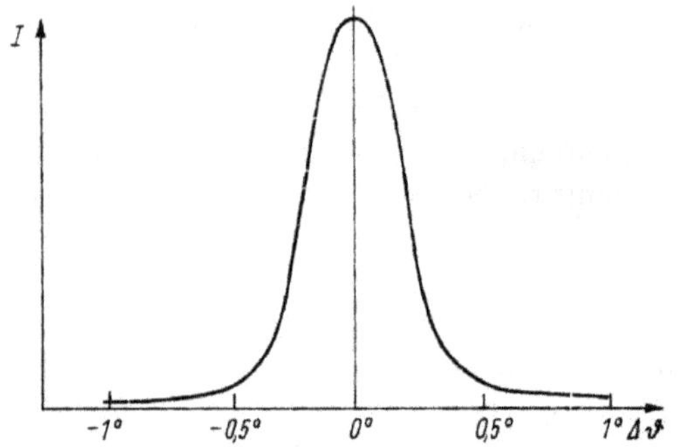

Bild 5.36. *Rocking-Kurve (Reflexionskurve).*

Die Stellung $\Delta\vartheta = 0°$ entspricht dem Glanzwinkel ϑ des betreffenden Reflexes.

Die zuerst genannten *integralen Methoden* beruhen auf der Messung von Beugungskurven (*Rocking-Kurven*; Bild 5.36). Die Rocking-Kurve eines Reflexes wird aufgenommen, indem das die abgebeugte Intensität I registrierende Zählrohr fest auf den Ablenkungswinkel 2ϑ der betreffenden Reflexion eingestellt und der Kristall durch die Reflexionsstellung beim Glanzwinkel ϑ (BRAGG-Winkel) hindurchgedreht wird. Durch Störungen des Gitterbaus wird die Form der Rocking-Kurve gegenüber der eines ungestörten Kristalls verändert. Besteht der Kristall beispielsweise aus kleinen, wenig gegeneinander verkippten Bereichen (Mosaikbau), dann werden beim Durchfahren des Reflexionsbereiches um den Glanzwinkel ϑ die einzelnen in ihrer Orientierung etwas streuenden Mosaikblöcke in verschiedenen Momenten „aufglänzen", und die Rocking-Kurve, zu der sich die einzelnen Teilreflexionen integrieren, erstreckt sich über einen entsprechend breiten Winkelbereich; man bezeichnet die Halbwertsbreite der Rocking-Kurve in diesem Zusammenhang als „*Mosaikbreite*". Auch die durch Versetzungen bewirkten Verzerrungen des Kristallgitters wirken sich auf die Rocking-Kurve aus, so dass man unter gewissen Voraussetzungen Informationen über die Versetzungsdichte gewinnen kann.

Während für die Rocking-Kurven von Mosaikkristallen Breiten in der Größenordnung eines Winkelgrades typisch sind, wurden an versetzungsfreien Kristallen schon Kurven mit Breiten kleiner als eine Winkelminute aufgenommen. Voraussetzung dafür ist, dass auch die spektrale Breite und Divergenz der primären Röntgenstrahlung entsprechend klein ist, was durch eine vorausgehende Reflexion des Primärstrahls an einem oder mehreren vorgeschalteten, möglichst perfekten Kristallen erreicht wird (Doppel- oder Mehrkristalldiffraktometrie). Zur Ergänzung der Reflexionskurve (eines abgebeugten Strahls) wird beim Rocking-Experiment zuweilen auch die Transmissionskurve des ungebeugten Strahls aufgenommen.

Bei den *topographischen Methoden (Röntgenbeugungstopographie)* wird der Kristall so in einer Reflexionsstellung (für einen geeigneten, starken Reflex) angeordnet, dass größere Bereiche von der Röntgenstrahlung erfasst und im „Licht" der abgebeugten Strahlung auf einem Film abgebildet werden. Die Abbildung auf dem Film (*Topogramm*) hat ungefähr die natürliche Größe, kann aber bis zu einem durch die Körnung der Filmschicht begrenzten Maßstab nachvergrößert werden. Auf den Topogrammen zeichnen sich die einzelnen Defekte (Ausscheidungen, Versetzungen, Stapelfehler, Mosaikstrukturen, Domänen etc.) durch spezifische Kontraste ab, zu deren Entstehung Beugungs- und Extinktionseffekte in komplexer Weise zusammenwirken. Die Erklärung der Kontrastphänomene erfolgt anhand der dynamischen Theorie der Röntgenbeugung. Entsprechend der hohen Empfindlichkeit der Röntgenbeugung gegenüber geringen Verschwenkungen und Abstandsänderungen der Netzebenen werden weitreichende Verzerrungsfelder um die Defekte abgebildet. Eine Versetzungslinie liefert z. B. einen Kontrast mit einer Bildbreite von 3...10 μm je nach Aufnahmemethode.

Von den zahlreichen röntgentopographischen Techniken und Varianten sollen drei Standardmethoden in der Ordnung zunehmenden Auflösungsvermögens besprochen werden: die *BERG-BARRETT-Methode*, die *LANG-Methode* und die Doppelkristallmethoden.

Die nach BERG (1931) und BARRETT (1945) benannte Methode ist am einfachsten zu handhaben (Bild 5.37). Die (monochromatische) Röntgenstrahlung geht als ein relativ breites Parallelstrahlenbündel von einem in der Einfallsebene liegenden Strichfokus (auf der Anode der Röntgenröhre) aus. Meist wird die Variante angewendet, dass die Strahlung an der Kristalloberfläche reflektiert wird (Bild 5.37a). Ein Problem besteht darin, dass die gewöhnlich als monochromatische Strahlung benutzte K_α-Linie (vgl. Bild 5.2) aus zwei Komponenten $K_{\alpha1}$ und $K_{\alpha2}$ besteht, so dass sich die Bilder verdoppeln. Um diese Bildaufspaltung zu unterdrücken, wird der Film so nahe wie möglich an den Kristall herangebracht, und der Röntgenstrahl trifft sehr flach auf die Kristalloberfläche. Die Methode ist sehr gut zur Untersuchung von Mosaikstrukturen geeignet (Bilder 5.38 und 5.39), wobei die Kontraste an den Subkorngrenzen durch die Überlappung der Bilder der einzelnen Subkörner infolge deren Orientierungsunterschiede entstehen. Es lassen sich aber auch feinere Defekte, wie Versetzungen, in der reflektierenden Oberflächenschicht abbilden. Bei der Transmissions-Variante (Bild 5.37b) muss der Film eine gewisse Distanz haben, um die Primärstrahlung eliminieren zu können, und es sind besondere Maßnahmen erforderlich, um eine der Komponenten $K_{\alpha1}$ oder $K_{\alpha2}$ auszuschalten.

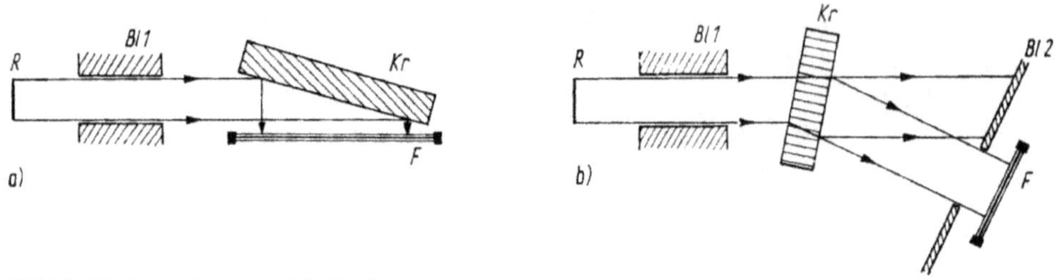

Bild 5.37. *Berg-Barrett-Methode.*

a) In Reflexion; b) in Transmission. *R* Strichfokus der Röntgenröhre; *Bl 1* Kollimatorblende; *Bl 2* Primärstrahlblende; *Kr* Kristall (die Schraffur im Kristall deutet die Lage der reflektierenden Netzebenenschar an); *F* Film.

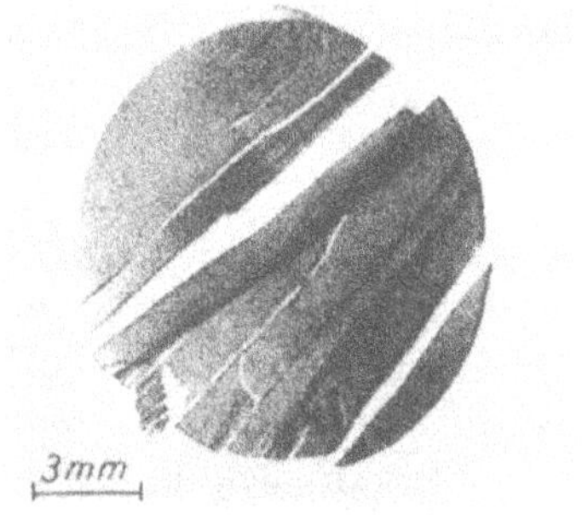

Bild 5.38. *Substruktur eines synthetischen Rubinkristalls.*

Berg-Barrett-Topogramm (in Reflexion) vom Querschnitt eines Kristallstabes, gezüchtet nach dem Verneuil-Verfahren.
Foto: H. G. Schneider.

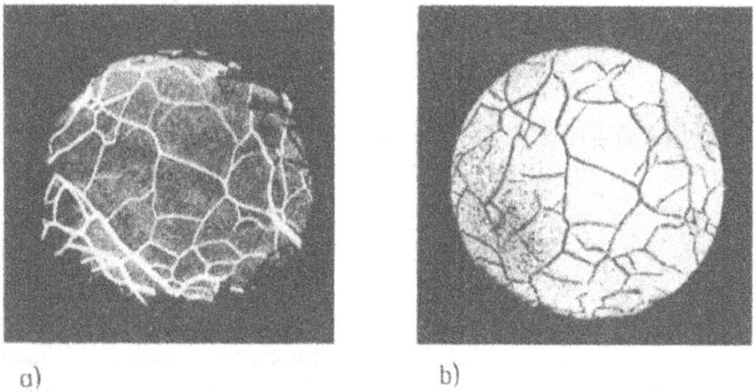

a) b)

Bild 5.39. *Substruktur eines Wolframkristalls.*

a) Berg-Barrett-Topogramm (in Reflexion) vom Querschnitt eines stabförmigen Einkristalls, gezüchtet nach dem Floating-Zone-Verfahren durch Schmelzen mit Elektronenstrahlen; b) Subkorngrenzen an derselben Probe, sichtbar gemacht durch elektrolytisches Ätzen, zum Vergleich. Aufn.: Wadewitz [5.9].

Die Methode nach Lang [5.10] wird heute vorwiegend zur Transmissionstopographie benutzt (Bild 5.40). Die Divergenz eines schmalen Primärstrahlbündels wird durch eine Kollimatorblende auf einen Wert von rd. $5 \cdot 10^{-4}$ rad begrenzt, wodurch (bei Verwendung der $K_{\alpha 1}$-Linie) die $K_{\alpha 2}$-Linie ausgeschaltet wird. Die Reflexionsstellung wird mit Hilfe eines Zählrohrs eingestellt. Zur Abbildung gelangt nur ein schmaler Streifen des Kristalls. Durch eine simultane Parallelbewegung von Kristall und Film auf einem gemeinsamen Schlitten wird ein größerer Kristallbereich abgefahren und gelangt zur Abbildung, wobei die Blende unbewegt bleibt; dieses Verfahren erfordert allerdings relativ lange Aufnahmezeiten. Die Lang-Topographie liefert eindrucksvolle Abbildungen von Versetzungen und anderen Kristalldefekten (Bild 5.41). Erwähnenswert ist, dass man unter Ausnutzung zweier geeigneter Reflexionen stereographische Bildpaare anfertigen kann.

Die LANG-Methode gibt es auch in Varianten, bei denen die Strahlung an der Kristalloberfläche reflektiert wird.

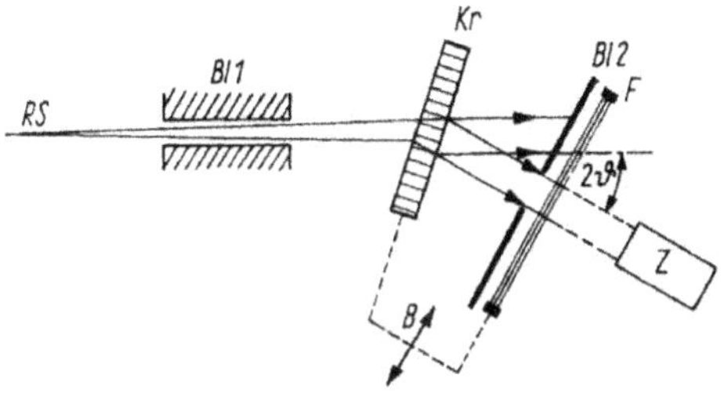

Bild 5.40. *LANG-Methode.*

RS Röntgenstrahl; *Bl 1* Kollimatorblende; *Kr* Kristall; *Bl 2* Schlitzblende; *F* Film; *Z* Zählrohr zur Justierung; *B* Mechanismus zur simultanen Parallelbewegung von Kristall und Film.

Bild 5.41. *Versetzungen in einem Siliciumkristall.*

LANG-Topogramm entsprechend Bild 5.40 von einem Keimkristall („Dünnhals") für das Floating-Zone-Verfahren (vgl. Bild 3.46). Die Versetzungsdichte nimmt mit fortschreitender Ziehlänge (von unten nach oben) ab; Durchmesser des Kristallstabes rd. 3,5 mm; Dicke der Kristallscheibe für das Topogramm rd. 0,8 mm. Aufn.: MÖHLING und NOACK.

Durch die *Doppelkristallmethoden* (BOND und ANDRUS [5.11]; BONSE und KAPPLER [5.12]) lässt sich die Empfindlichkeit für die Abbildung sehr kleiner Gitterverzerrungen, die bei den Einkristallmethoden letztlich durch die Divergenz des Primärstrahls begrenzt ist, beträchtlich steigern. In den verschiedenen Anordnungen (Bild 5.42) dient der erste, möglichst perfekte Kristall als Monochromator, der eine Strahlung sehr geringer Divergenz liefert; der zweite Kristall ist das eigentliche Untersuchungsobjekt. Doppelkristallmethoden stellen hohe Ansprüche an die Präzision des Versuchsaufbaus und der Justierung (Bild 5.43).

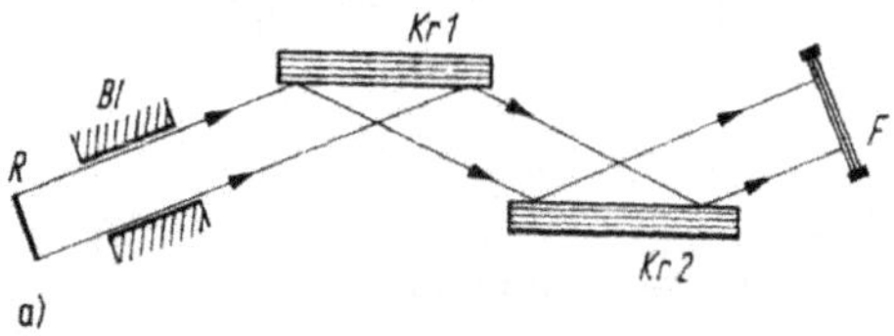

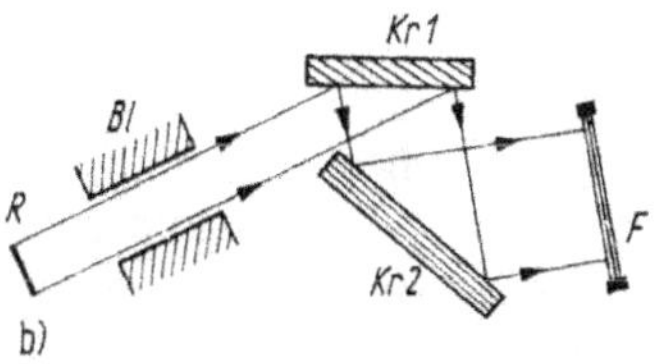

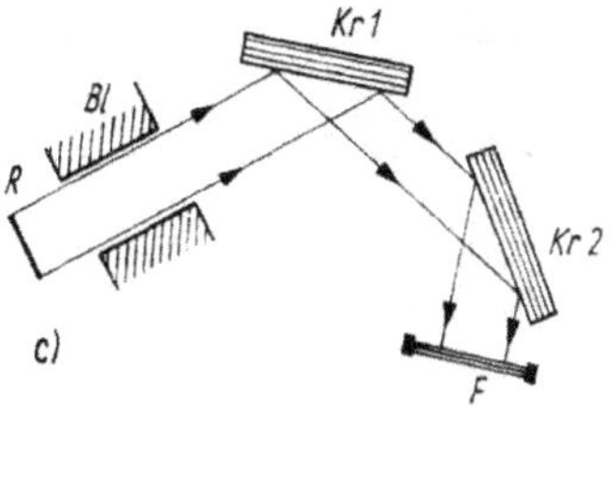

Bild 5.42. *Doppelkristallmethode.*

a) Parallele (+ –)-Anordnung; b) asymmetrische (+ –)-Anordnung; c) + +)-Anordnung.

R Strichfokus der Röntgenröhre; *Kr 1* perfekter Kristall; *Kr 2* zu untersuchender Kristall; *F* Film.

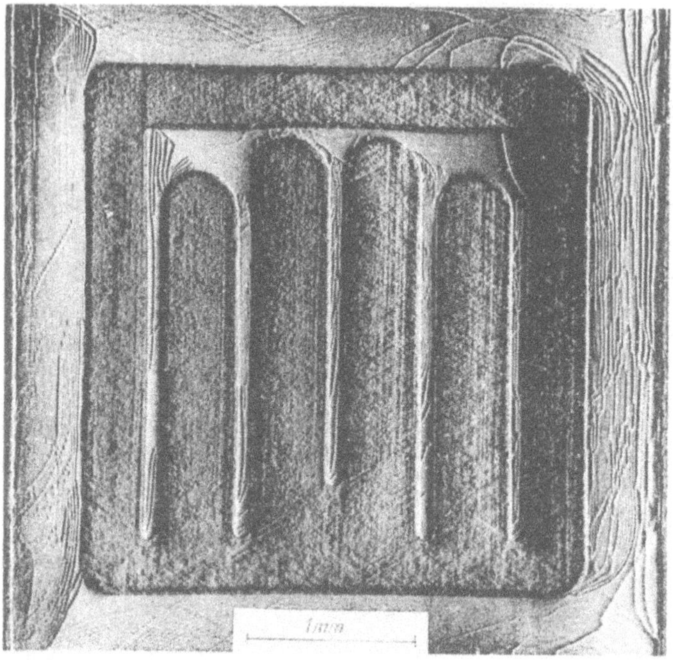

Bild 5.43. *Versetzungen in der Umgebung einer Diffusionsstruktur in einem elektronischen Bauelement aus Silicium.*

Doppelkristalltopogramm entsprechend Bild 5.42. Aufn.: MÖHLING und MOHR.

Moderne Entwicklungen in der Röntgentopographie sind darauf gerichtet, durch den Einsatz hochintensiver Röntgenquellen die Expositionszeiten zu verkürzen. Topographien hinreichender Intensität und Kontraste lassen sich auf speziellen Konversionsschirmen direkt in optische Bilder umwandeln (ähnlich wie in der medizinischen Röntgentechnik) oder mit geeigneten Photokatoden videotechnisch aufnehmen und zeitgleich auf einem Bildschirm wiedergeben. Erwähnt sei hier die erstmals von TUOMI et al. [5.31] bekanntgemachte *Synchrotron-Topographie*: Die in einem Synchrotron entstehende elektromagnetische Strahlung hat eine so hohe Intensität im Röntgenbereich, dass topographische Aufnahmen mit Expositionszeiten nur von Sekunden angefertigt werden können.

5.3. Untersuchung von Kristallen mit Korpuskularstrahlen

Die Untersuchung von Kristallen mit Korpuskularstrahlen, in erster Linie mit Elektronenstrahlen, gewinnt zunehmend Bedeutung. Infolge der quantenmechanischen Doppelnatur von Welle und Teilchen entspricht nach DE BROGLIE einem Teilchen mit der Masse m und der Geschwindigkeit v eine Welle mit der Wellenlänge $\lambda = h/mv$ (h ist das PLANCKsche Wirkungsquantum). Die Wellenlänge ist also umso kürzer, je größer die Masse und die Geschwindigkeit des Teilchens sind. Bei hohen Teilchengeschwindigkeiten ist deren relativistische Masse:

$$m = m_0/\sqrt{1-(v/c)^2}$$

einzusetzen (m_0 Ruhemasse; c Lichtgeschwindigkeit). Die Wellenlänge λ lässt sich auch durch die kinetische Energie E des Teilchens ausdrücken:

$$\lambda = h/\sqrt{2\, m_0 E(1 + E/2m_0c^2)}\,.$$

Der relativistische Faktor in der Klammer spielt nur bei hohen Teilchenenergien (wie sie z. B. im Höchstspannungs-Elektronenmikroskop erreicht werden) eine Rolle. Elektronen, die in einem elektrischen Feld durch eine Spannung U beschleunigt worden sind, haben die (kinetische) Energie $E=eU$ (e Elementarladung), und man erhält die Wellenlänge λ_e von Elektronenstrahlen durch Einsetzen der betreffenden Werte als:

$$\lambda_e = 1{,}225\ \text{nm}/\sqrt{(U/\text{V})\ (1+10^{-6}\ U/\text{V})}.$$

Hieraus ergibt sich z. B. für eine Beschleunigungsspannung von 1 kV (also für eine Elektronenenergie von 1 keV) eine Wellenlänge von 0,039 nm, für 10 kV von 0,012 nm, für 100 kV von 0,004 nm und für 1 MV von 0,0009 nm.

Die Wellenlängen von schweren Teilchen, wie Neutronen, sind bei gleicher Energie zufolge ihrer größeren Masse wesentlich kleiner, so dass für Beugungsexperimente an Kristallen langsame thermische Neutronen geringer Energie benutzt werden, deren Wellenlänge (z. B. 0,18 nm bei 0,025 eV) mit den Gitterkonstanten von Kristallen vergleichbar sind.

5.3.1. Elektronenmikroskopie

Die Auflösung einer wellenoptischen Abbildung wird wegen der stets wirksamen Beugungserscheinungen u. a. von der Wellenlänge der benutzten Strahlung bestimmt. So ist das Auflösungsvermögen eines Lichtmikroskopes durch die Wellenlänge des Lichts auf eine Größenordnung von 0,1 μm begrenzt. Für elektromagnetische Strahlung kürzerer Wellenlänge mangelt es an geeigneten brechenden Medien, so dass sich beispielsweise ein „Röntgenmikroskop" nicht auf eine dem Lichtmikroskop analoge Weise konstruieren lässt. Hingegen werden Elektronenstrahlen, die gleichfalls die erwünschten kürzeren Wellenlängen besitzen, sowohl durch elektrische als auch durch magnetische Felder abgelenkt und lassen sich durch geeignete inhomogene, rotationssymmetrische Felder fokussieren. Dadurch sind die Voraussetzungen für eine direkte elektronenoptische Abbildung im submikroskopischen Bereich gegeben.

Ein Elektronenmikroskop entspricht in seinem prinzipiellen Aufbau (Bild 5.44) dem Lichtmikroskop. Die Bauteile, die die fokussierenden Felder erzeugen, werden gleichfalls als Linsen („Elektronenlinsen") bezeichnet. In modernen Elektronenmikroskopen werden fast ausschließlich magnetische Linsen benutzt, die durch eisengekapselte Stromspulen realisiert werden. Die Elektronenquelle („Elektronenkanone") enthält eine Glühkatode und eine Anode, zwischen denen die angelegte Beschleunigungsspannung (bei konventionellen Elektronenmikroskopen 30...100 kV) wirkt. Die Elektronen werden durch Kondensorlinsen fokussiert und treffen als intensiver monochromatischer Strahl mit kleiner Apertur auf das Objekt (typisch sind Strahldurchmesser von 1...100 μm und Strahlströme von $10^{-7}...10^{-6}$ A). Die Objektivlinse erzeugt ein Bild (*Zwischenbild*), das durch eine Zwischenlinse abermals vergrößert und durch die Projektivlinse auf einen Leuchtschirm bzw. eine Aufnahmeplatte abgebildet wird (Bild 5.44 a). Die gesamte Anordnung befindet sich unter Hochvakuum, um die Streuung von Elektronen an Luftmolekülen und elektrische Überschläge zu vermeiden.

Das Auflösungsvermögen eines Elektronenmikroskops wird durch die Abbildungsfehler der Elektronenlinsen, vor allem durch den Öffnungsfehler des Objektives bestimmt. Spitzengeräte erreichen eine Auflösung von 0,2...0,3 nm (das ist die Größenordnung der Atomabstände in Kristallen) bei einer förderlichen Vergrößerung von 1 : 1 Million. Das Auflösungsvermögen von Routinegeräten ist gewöhnlich um eine Größenordnung schlechter.

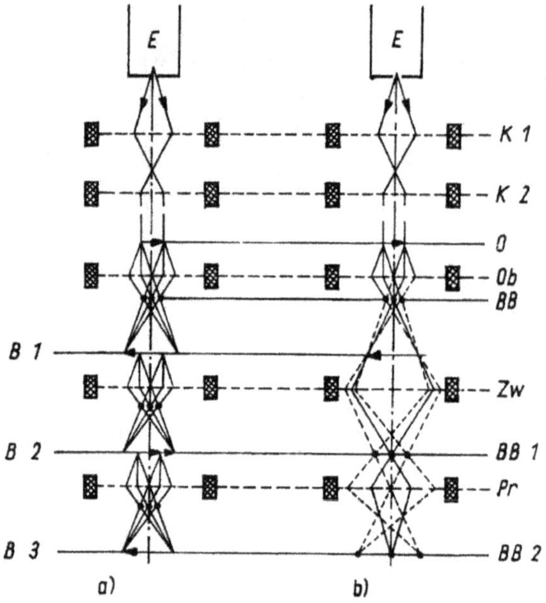

Bild 5.44. *Schema eines Elektronenmikroskops.*

a) Abbildung des Objektes; b) Abbildung des Beugungsbildes. *E* Elektronenquelle („Elektronenkanone"); *K1, K2* Kondensoren; *O* Objekt; *Ob* Objektiv; *BB* Beugungsbild; *B1* einstufig vergrößerte Abbildung des Objektes; *Zw* Zwischenlinse; *B2* zweistufig vergrößerte Abbildung des Objektes; *BB1* einstufig vergrößerte Abbildung des Beugungsbildes; *Pr* Projektiv; *B3* dreistufig vergrößerte Abbildung des Objektes (auf dem Bildschirm); *BB2* zweistufig vergrößerte Abbildung des Beugungsbildes (auf dem Bildschirm).

Elektronen unterliegen im fraglichen Energiebereich bis 100 keV in allen Stoffen einer starken Absorption bzw. Streuung, so dass sie nur dünne Schichten bis zu maximal 1 μm Dicke durchdringen können. Das stellt entsprechende Anforderungen an die Objektpräparation, und man unterscheidet Transmissions- und Abdrucktechniken. Bei der als erste entwickelten *Abdrucktechnik* wird von der zu untersuchenden Probe ein Abdruck in Form eines dünnen Films hergestellt, der dann im Mikroskop durchstrahlt wird, wobei die Details der Oberflächenmorphologie der Probe sichtbar werden (Bild 5.45). Für die Herstellung der Abdruckfilme (Lackschichten, Aufdampfschichten) gibt es ausgefeilte Verfahren. Der Bildkontrast entsteht hauptsächlich durch die Streuung der Elektronen in dem (amorphen) Abdruckfilm, wobei die in größere Winkel gestreuten Elektronen von einer in der hinteren Brennebene des Objektivs angeordneten Kontrastblende aufgefangen und von der Bildebene ferngehalten werden (*Streuabsorptionskontrast*). Dieser Kontrast spiegelt die durch das Oberflächenrelief bedingten Dickenunterschiede des Abdruckfilms wider und kann durch schräges Bedampfen des Abdrucks mit Schwermetallen noch verstärkt werden. Mit den Abdruckverfahren lässt sich ein laterales Auflösungsvermögen von 10...15 nm und ein Stufenauflösungsvermögen von 1...2 nm erreichen.

Bei der *Transmissionstechnik* wird eine hinreichende dünne Probe direkt durchstrahlt. Die Beobachtung des Objekts und seiner Realstruktur erfolgt in situ, so dass es auch die Möglichkeit gibt, deren Veränderungen während einschlägiger Experimente zu verfolgen, die direkt im Mikroskop ausgeführt werden (z. B. Erwärmen durch den Elektronenstrahl, Biege- und Dehnungsexperimente usw.). Falls das Objekt nicht von vornherein als dünne Schicht vorliegt, muss es chemisch bzw. elektrochemisch „abgedünnt" werden (auf 1 μm bei leichten Stoffen, auf 0,01 μm bei

Schwermetallen), oder es wird eine Ultradünnschnitt-Technik angewendet. Allerdings erhebt sich dann die Frage, inwieweit die Strukturen in einer derart dünnen Schicht noch für die in der massiven Probe repräsentativ sind. Da das Durchdringungsvermögen der Elektronenstrahlen mit zunehmender Beschleunigungsspannung wächst, wurden Höchstspannungs-Elektronenmikroskope entwickelt, die mit Spannungen von einigen Megavolt arbeiten und die Durchstrahlung massiverer Proben mit einer Dicke bis zu einigen Mikrometern gestatten.

Bild 5.45. *Elektronenmikroskopische Gefügeaufnahme eines Elektroporzellans.*

Abdrucktechnik (Triafol/-C/Pt-Abdruck); Mullit (nadelig und tafelig) und Tridymit (rundes Korn) in Glasmatrix. Aufn.: HADAN.

Zum Bildkontrast tragen neben dem Streuabsorptionskontrast bei kristallinen Objekten vor allem Beugungskontraste bei: Wie im nächsten Abschnitt ausgeführt, wird der Elektronenstrahl vermöge des Gitterbaus der Kristalle je nach dessen Orientierung in definierter Weise gebeugt. Bei der *Hellfeldabbildung* werden die abgebeugten Elektronen von der in der Ebene des Beugungsbildes angeordneten Kontrastblende abgefangen, so dass stark beugende Details dunkel erscheinen. Bei der *Dunkelfeldabbildung* wird hingegen die Kontrastblende so eingestellt, dass ein bestimmter abgebeugter Strahl (entsprechend einem bestimmten „Beugungsreflex") hindurchtritt und das Bild erzeugt, während die anderen abgebeugten Strahlen einschließlich des „Primärstrahls" (0. Beugungsordnung) unterdrückt werden. Gitterfehler liefern analog wie bei der Röntgenbeugungstopographie typische Beugungskontraste, so Versetzungen (vgl. Bilder 4.67 bis 4.70), Stapelfehler (Bild 5.46), Zwillingsgrenzen, Antiphasengrenzen etc. Die Breite des Kontrastes einer Versetzungslinie beträgt hierbei rd. 1 nm und ist wesentlich geringer als bei der Röntgentopographie, so dass eine elektronenmikroskopische Untersuchung vor allem bei großen Versetzungsdichten angebracht ist. Der Bildkontrast in der hochauflösenden Elektronenmikroskopie (*Gitterabbildungstechnik*, Bild 5.47) schließlich kommt durch die Interferenz der ungebeugten mit den abgebeugten Elektronenwellen zustande; es handelt sich um eine Abbildung im Sinne der Theorie von ABBÉ. Die Gitterabbildungstechnik wird theoretisch anhand der sog. Kontrastübertragungsfunktion behandelt und stellt hohe Anforderungen an die Abbildungsqualitäten des Gerätes. Bei der Zweistrahltechnik werden zur Abbildung einer Netzebenenschar nur das Strahlenbündel 0. Ordnung und das abgebeugte Strahlenbündel 1. Ordnung zur Interferenz gebracht, und es entstehen Interferenzstreifen, die ein Bild der betreffenden Netzebenenschar darstellen. Störungen in der Netzebenenfolge, z. B. Versetzungen, bilden sich direkt ab. Durch die Überlagerung mehrerer Beugungsordnungen (Mehrstrahltechnik) ist es möglich, die atomaren Perioden (Netzebenenscharen) in mehreren Richtungen gleichzeitig abzubilden.

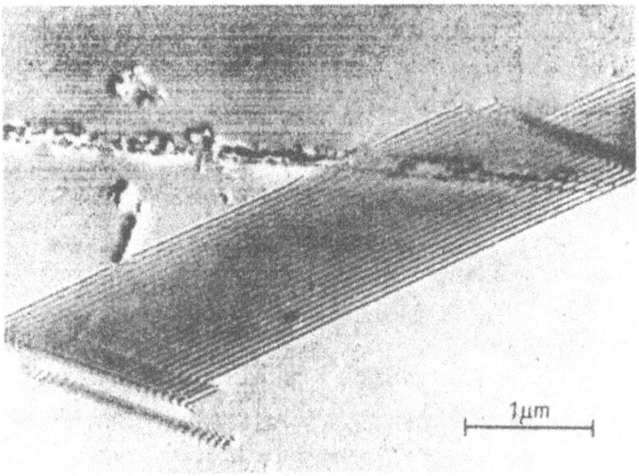

Bild 5.46. *Stapelfehler in einer Silicium-Epitaxieschicht.*

Hellfeldaufnahme im Höchstspannungs-Elektronenmikroskop. Aufn.: BARTSCH.

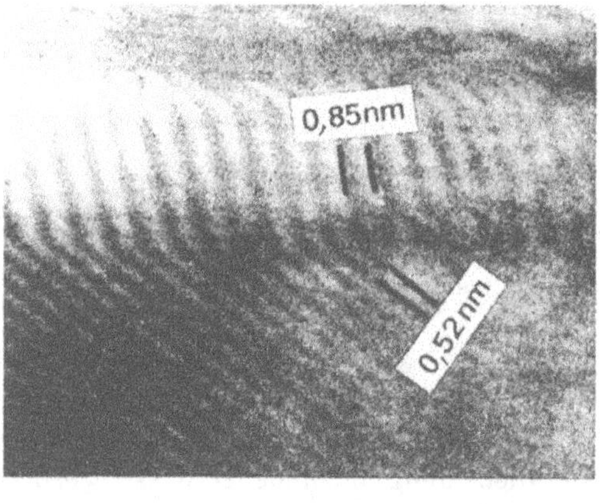

Bild 5.47. *Abbildung von Netzebenen mittels hochauflösender Elektronenmikroskopie.*

Entmischungslamelle aus Granat (Netzebenenabstand 0,85 nm) in einem Pyroxen (Netzebenenabstand 0,52 nm). Aufn.: REICHE und BAUTSCH [5.14].

Es sind inzwischen noch weitere Varianten des Elektronenmikroskops entwickelt worden, in neuerer Zeit auch unter umfangreichem Einsatz von Elektronik. So gibt es eine Phasenkontrasttechnik, bei der wie in der Lichtmikroskopie mit einem $\lambda/4$ „Plättchen" gearbeitet wird, und eine Interferenzmikroskopie, bei der mit Hilfe eines elektrostatischen Biprismas der Strahlengang aufgeteilt wird. Es gibt Zusatzeinrichtungen, mit denen die am Objekt unelastisch gestreuten Elektronen aufgefangen und analysiert werden (Energieanalyse- bzw. Energieverlust-Elektronenmikroskopie). Bei der *Reflexionselektronenmikroskopie* wird die Oberfläche einer massiven Probe, die unter einem flachen Winkel zum Elektronenstrahl angeordnet ist, mittels der reflektierten Elektronen direkt abgebildet. Morphologische Details der Oberfläche werden mit hohem Kontrast, jedoch relativ geringer Auflösung abgebildet; es lassen sich auch Beugungsbilder gewinnen. Eine besondere Variante ist das *Spiegelelektronenmikroskop*: Die Objektoberfläche wird auf einem elektrischen Potential gehalten, das negativer ist als das der Katode. Der auf das Objekt gerichtete Elektronenstrahl wird deshalb bereits kurz vor dessen Oberfläche zurückgespiegelt und liefert ein mittelbares Bild vom Relief oder von elektrischen Inhomogenitäten der Oberfläche.

Die wohl universellste Anwendung hat das *Rasterelektronenmikroskop* (Scanning-Elektronenmikroskop) gefunden, das es auch schon in kleinen, handlichen Ausführungen gibt. Sein Funktionsprinzip beruht darauf, dass ein feiner Elektronenstrahl (Elektronensonde, Strahldurchmesser 0,1...100 nm, Strahlstrom $10^{-12}...10^{-9}$ A) zeilenförmig über das Objekt geführt wird; die zurückgestreuten Elektronen (bzw. bei der weniger benutzten Transmissionsvariante die durchdringenden Elektronen) werden aufgefangen und in elektronische Signale umgesetzt, die videotechnisch auf einem Bildschirm zu einem Bild zusammengesetzt werden. Das so gewonnene Bild zeigt das Oberflächenrelief mit einer verblüffenden Tiefenschärfe (Bild 5.48). Die laterale Auflösung, die den Strahldurchmesser nicht unterschreiten kann, wird durch die Elektronendiffusion im Objekt in Reflexion auf 10 nm, in Transmission auf 1 nm begrenzt. Die gestreuten Elektronen können auch winkel- und energiedispersiv aufgenommen werden, was weitere Varianten für die Bilderzeugung, z. B. durch die Aufnahme von Sekundärelektronen oder AUGER-Elektronen, eröffnet. Schließlich können auch der vom Objekt abfließende Strom sowie die Änderung der Leitfähigkeit des Objekts unter Einwirkung des Elektronenstrahls als Bildsignal benutzt werden. Darüber hinaus sind Zusatzvorrichtungen möglich, mit denen außerdem die Lumineszenzstrahlung (Katodolumineszenz) vom Objekt aufgefangen wird.

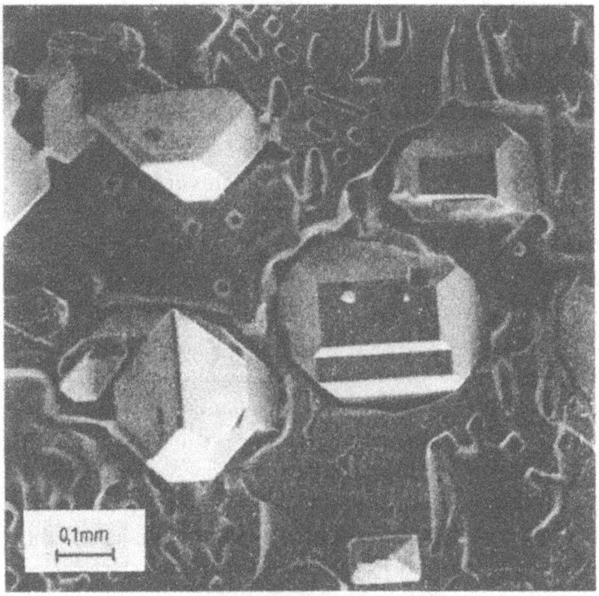

Bild 5.48. *Rasterelektronenmikroskopische Aufnahme einer aufgewachsenen Schicht von* $Ga_{1-x}Al_xAs$.

Aufn.: Johansen und Hermann.

Nach einem ähnlichen Prinzip arbeitet der *Elektronenstrahl-Mikroanalysator* (*Mikrosonde*), bei dem gleichfalls ein feiner Elektronenstrahl mit einem Durchmesser von 0,1 bis 1 µm zeilenförmig über die Probe geführt wird. Aufgenommen wird die vom Elektronenstrahl angeregte charakteristische Röntgenstrahlung der in der Probe enthaltenen Elemente und mit einem Röntgenspektrometer analysiert. Auf diese Weise lässt sich die Zusammensetzung kleiner Volumenbereiche (rd. 1 μm^3) mit großer Empfindlichkeit bestimmen und die Verteilung der Elemente in der Probe mit hohem Auflösungsvermögen aufzeichnen.

Eine weitere Variante ist die *Emissions-Elektronenmikroskopie*. Hierbei bildet das Objekt die Katode, die Rolle der Anode übernimmt das sog. Immersionsobjektiv (Katodenlinse), welches die emittierten Elektronen sowohl beschleunigt als auch fokussiert. Die Elektronenemission vom Objekt kann thermisch, aber auch durch Bestrahlung mit Ultraviolett- oder korpuskularer Strahlung angeregt werden. Ein sehr einfaches Aufbauprinzip (ohne Elektronenlinsen) haben die *Feldemissionsmikroskope*: Hierbei wird das Objekt (meist ein hochschmelzendes Metall) als Katode zu einer feinen Spitze ausgebildet. Vor der Spitze herrscht eine so hohe elektrische Feldstärke, dass Elektronen aus der Metallspitze austreten; sie werden radial von der Spitze weg beschleunigt und treffen direkt auf den als Anode fungierenden Leuchtschirm. Bei Spitzenradien von 10^{-7} m und einer Beschleunigungsspannung von einigen Kilovolt erreicht man Vergrößerungen bis zu 1 : 1 Million und ein Auflösungsvermögen von einigen Nanometern. Noch um eine Größenordnung besser (bis zu 0,15 nm) ist das Auflösungsvermögen des *Feldionenmikroskops*: Hier wird die Metallspitze als Anode auf positives Potential gebracht. In dem hohen elektrischen Feld vor der Spitze erfahren Atome des Restgases eine Feldionisation und werden dann als Ionen beschleunigt. Die Feldionisation wird von den lokalen Mikrofeldern der Oberfläche so stark beeinflusst, dass wegen des dadurch bedingten hohen Auflösungsvermögens einzelne Atome und Moleküle an der Oberfläche abgebildet werden. Durch hinreichend hohe Feldstärkeimpulse gelingt es ferner, Atome oder Moleküle von der Spitze abzulösen (Felddesorption), und es sind Geräte entwickelt worden, die zusätzlich ein Massenspektrometer enthalten, mit dem die abgelösten Atome analysiert werden können (Atomsonden-Feldionenmikroskop).

5.3.2. Elektronenbeugung

Die Beugung von Elektronenstrahlen an einem Kristallgitter folgt denselben geometrischen Gesetzmäßigkeiten wie die Beugung von Röntgenstrahlen, so dass die in den Abschnitten 5.1.2. und 5.1.4. behandelte geometrische Theorie der Röntgenbeugung auch auf die Beugung von Elektronen angewendet werden kann. Allerdings erfolgt die Streuung der Elektronen vorwiegend an den Atomkernen und ist im fraglichen Energiebereich um Größenordnungen intensiver als die Streuung von Röntgenstrahlen, die vorwiegend an den Elektronen der Atomhülle geschieht. Die Beugungsphänomene sind deshalb so intensiv, dass sie im Elektronenmikroskop direkt beobachtet oder mit Belichtungszeiten von nur Sekunden aufgenommen werden können, allerdings können wegen der starken Streuung auch nur sehr dünne Kristalle durchstrahlt werden.

Im Elektronenmikroskop entsteht das *Beugungsbild* (wie bei einem Lichtmikroskop) in der hinteren Brennebene des Objektivs, in der jeweils alle vom Objekt ausgehenden parallelen Strahlen einer bestimmten Richtung zu einem Punkt vereinigt werden (s. Bild 5.44 b). Aus der BRAGGschen Gleichung $n\lambda = 2d_{hkl}\sin\vartheta$ folgt, dass wegen der vergleichsweise kürzeren Wellenlängen der Elektronenstrahlen (λ = 0,004...0,007 nm) die Glanzwinkel ϑ sehr viel kleiner sind als für die entsprechenden Reflexe bei den längerwelligen Röntgenstrahlen (λ=0,05...0,2 nm); praktisch bleibt ϑ auf Werte unter 5° beschränkt. Das primäre Beugungsbild in der Brennebene des Objektivs ist deshalb nur klein und wird durch die *Zwischenlinse* vergrößert, wobei die Stärke dieser Linse jetzt gegenüber Bild 5.44 a verringert und so eingestellt wird, dass das vergrößerte Beugungsbild in der Gegenstandsebene des Projektivs entsteht, von dem es abermals vergrößert auf dem Leuchtschirm abgebildet wird. Das Elektronenmikroskop hat so den Vorteil, durch ein einfaches Umschalten der Zwischenlinse wahlweise entweder das Objekt oder sein Beugungsbild auf dem Leuchtschirm abbilden zu können. Es gibt auch Geräteausführungen mit einer besonderen Diffraktionslinse zur Erzeugung des Beugungsbildes. Ferner gibt es Beugungsverfahren, bei denen die Elektronenstrahlen nur durch ein Kondensorsystem entweder auf das Objekt oder auf den Bildschirm fokussiert werden und zwischen den beiden letzteren keine weiteren Linsen eingeschaltet sind (sog. *linsenloser Strahlengang*), was den Anordnungen zur Röntgenbeugung am ehesten nahe kommt. Auch mit dem Reflexionselektronenmikroskop lassen sich Beugungsbilder aufnehmen.

Führt man für die Beugung von Elektronenstrahlen die EWALDsche Konstruktion aus (vgl. Bild 5.26), so ist zu beachten, dass wegen der geringen Größe der beugenden Bereiche die Beugungsbedingung $\boldsymbol{k} - \boldsymbol{k}_0 = \boldsymbol{h}$ (vgl. Abschn. 5.1.4.) nur annähernd erfüllt sein muss, und man erhält bereits dann einen Reflex, wenn die EWALD-Kugel in der Nähe eines reziproken Gitterpunktes verläuft (was man durch eine gewisse Ausdehnung der reziproken Gitterpunkte berücksichtigen kann.) Es gibt deshalb im Elektronenmikroskop trotz der sehr kleinen Energiebreite und Winkeldivergenz der Elektronenstrahlen stets irgendwelche Beugungsbilder, ohne dass, wie bei Röntgenstrahlen, noch besondere Maßnahmen (z. B. Drehkristallmethoden) angewendet werden müssen. Wegen der kleinen Wellenlänge der Elektronenstrahlen wird in der Ewaldschen Konstruktion der Radius der Ausbreitungskugel $|\boldsymbol{k}_0| = 1/\lambda$ sehr groß im Vergleich zum reziproken Gitter, so dass sich die Kugeloberfläche praktisch als eine Ebene senkrecht zum Primärstrahl darstellt (Bild 5.49). Fällt wie in dem Bild diese Ebene bei einer entsprechenden Orientierung des Kristalls mit einer Ebene des reziproken Gitters zusammen, so geben alle reziproken Gitterpunkte dieser Ebene gleichzeitig zu Reflexionen Anlass, und man erhält ein nahezu unverzerrtes Bild der reziproken Gitterebene, ähnlich einem retigraphischen Röntgendiagramm, in einer den Aufnahmebedingungen entsprechenden Vergrößerung (Bild 5.50).

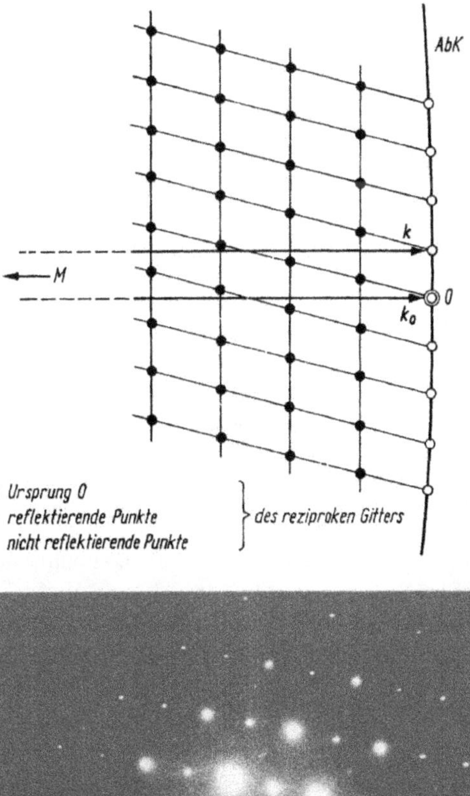

Bild 5.49. *Elektronenbeugung in der* E*WALD*-*schen Konstruktion.*

AbK Ausbreitungskugel (mit sehr großem Radius); *M* Richtung zum Mittelpunkt der Ausbreitungskugel; k_0 Primärstrahlvektor; k Vektor für einen gebeugten Strahl. Die Länge dieser im Punkt *M* ansetzenden Vektoren $|k_0| = |k| = 1/\lambda$ ist sehr groß im Verhältnis zur Länge der reziproken Gittervektoren.

Bild 5.50. *Elektronenbeugungsaufnahme eines Einkristalls von Pyroxferroit.*

Mineral in einer Bodenprobe vom Mond, mitgebracht von der sowjetischen Mission „Luna 20". Aufn.: BAUTSCH et al. [5.15].

Gemäß Bild 5.44b ergibt sich im Beugungsbild der Abstand r eines Reflexes vom Primärstrahlfleck aus dem Ablenkungswinkel 2ϑ und der Brennweite f des Objektivs als $r = f\tan 2\vartheta$. Für kleine Winkel gilt $\tan 2\vartheta \approx \sin 2\vartheta \approx 2\sin\vartheta \approx r/f$, und wir erhalten aus der BRAGGschen Gleichung $2d_{hkl}\sin\vartheta = \lambda$ die Beziehung $rd_{hkl} = \lambda f$ (worin der Netzebenenabstand d_{hkl} jetzt die Ordnung n der Reflexion mit enthalten soll). Multiplizieren mit dem Vergrößerungsfaktor des Beugungsbildes auf dem Leuchtschirm ergibt $Rd_{hkl} = \lambda F$ mit R als Abstand zwischen Reflex und Primärstrahlfleck auf dem Leuchtschirm und λF als *Kamerakonstante*, die durch die Aufnahmebedingungen bestimmt ist (im linsenlosen Strahlengang entspricht F dem Abstand zwischen Objekt und Leuchtschirm). Mittels der Kamerakonstante kann man also den zu einem Reflexabstand R zugehörigen Netzebenenabstand d_{hkl} unmittelbar angeben.

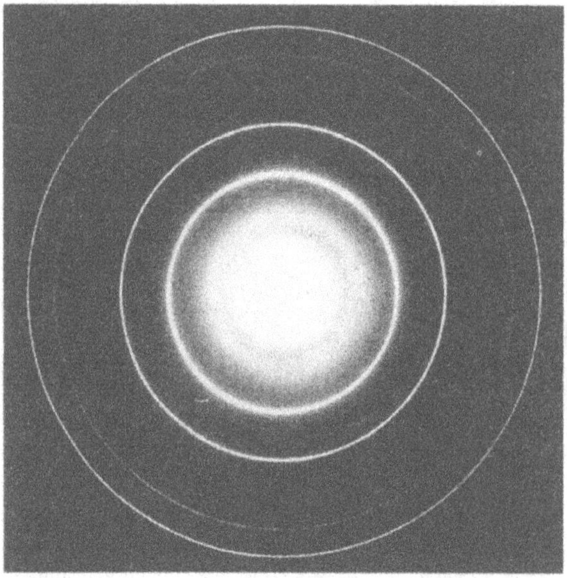

Bild 5.51. Elektronenbeugungsaufnahme einer polykristallinen Aluminiumaufdampfschicht.
Aufn.: RAETHER.

Bei der Beugung an feinkristallinen Objekten entstehen analog zur röntgenographischen DEBYE-SCHERRER-Methode Beugungsringe (Bild 5.51).

Die entsprechende EWALDsche Konstruktion ergibt sich aus Bild 5.28, indem anstelle der Ausbreitungskugel eine Ebene durch den Ursprung O gezeichnet wird, auf der sich die Ringe für die einzelnen Reflexe direkt abzeichnen. Aus dem Radius R der Ringe auf dem Bildschirm kann man wieder gemäß $d_{hkl} = \lambda F/R$ mit Hilfe der Kamerakonstanten direkt auf die zugehörigen Netzebenenabstände schließen und z. B. (durch Vergleich mit bekannten d-Werten) zur Phasenanalyse benutzen.

Neben der bisher besprochenen Beugung von hochenergetischen Elektronen (10…100 keV) wird zur Untersuchung von Kristalloberflächen auch die Beugung von niederenergetischen, „langsamen" Elektronen genutzt, deren Energien nur 5...500 eV betragen, entsprechend den Wellenlängen von 0,55...0,055 nm. Die intensive Streuung der niederenergetischen Elektronen an den Atomen bedingt eine sehr geringe Eindringtiefe von nur 0,3...1 nm, so dass nur wenige Atomschichten an der Oberfläche zur Reflexion beitragen. Zum Vermeiden der Streuung von Elektronen an Gasatomen und vor allem zur Erhaltung einer sauberen Oberfläche wird ein Ultrahochvakuum von $10^{-7}\ldots10^{-10}$ Pa benötigt, um die Adsorption von Restgasen zu unterbinden; auch die Präparation der Oberfläche erfordert entsprechende Bedingungen.

Da die Elektronenwellen nur um wenige Atomschichten in den Kristall eindringen, können die Beugungsphänomene nur die zweidimensionale Periodizität der Kristalloberfläche widerspiegeln, während die Periodizität der Kristallstruktur in der Richtung zum Kristallinneren ohne Einfluss bleibt. Das bedeutet, dass das die Beugungsphänomene beschreibende reziproke Gitter (vgl. Abschn. 5.1.4.) nur in der Ebene parallel zur beugenden Oberfläche diskret ist. In der Richtung senkrecht zur Oberfläche, auf die sich die Periodizität der Kristallstruktur nicht auswirken kann, ist das reziproke „Gitter" nicht mehr diskret, sondern kontinuierlich: Es besteht aus Stäben senkrecht zur Kristalloberfläche. In der EWALDschen Konstruktion (vgl. Bild 5.26) gibt es abgebeugte Strahlen in den Richtungen auf die Durchstoßpunkte der reziproken Gitterstäbe durch die Ausbreitungskugel (Bild 5.52). Der Radius der Ausbreitungskugel ist für langsame Elektronen wieder den Längen der reziproken Gittervektoren vergleichbar. Wird das Beugungsbild auf einem kugelförmigen Leuchtschirm aufgenommen (hier in der Größe der Ausbreitungskugel gezeichnet), der durch ein Fenster orthogonal beobachtet wird, so erhält man eine unverzerrte Projektion des zweidimensionalen Gitters der Kristalloberfläche. Dem Bild 5.5 entnimmt man die entsprechende Beugungsbedingung:

$$\hat{\boldsymbol{k}} - \hat{\boldsymbol{k}}_0 = \hat{\boldsymbol{h}},$$

worin $\hat{\boldsymbol{k}}_0$ die Projektion des Primärstrahlvektors $\boldsymbol{k}_0$ und $\hat{\boldsymbol{k}}$ die Projektion des Vektors $\boldsymbol{k}$ des abgebeugten Strahls auf die Ebene der Kristalloberfläche bedeuten;

$$\hat{\boldsymbol{h}} = h\hat{\boldsymbol{a}}^* + k\hat{\boldsymbol{b}}^*$$

ist ein Gittervektor des zweidimensionalen reziproken Gitters der Kristalloberfläche.

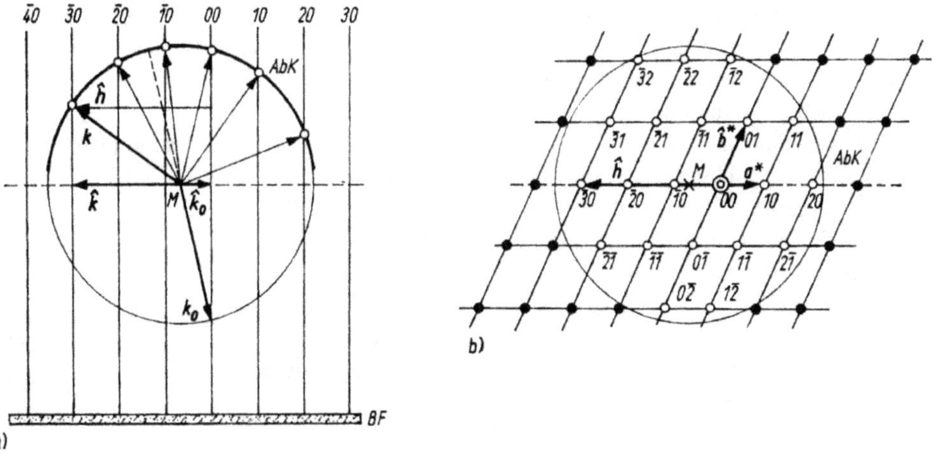

Bild 5.52. *Beugung langsamer Elektronen* (LEED) *in der* EWALD*schen Konstruktion.*

a) Schnitt durch die Einfallsebene; b) Draufsicht (Reflexprojektion).

AbK Ausbreitungskugel, auf a) gleichzeitig Leuchtschirm; *BF* Beobachtungsfenster (bzw. Spotphotometer); *M* Mittelpunkt der Ausbreitungskugel; k_0 Primärstrahlvektor; k Vektor für den abgebeugten Strahl (ausgeführt für den Reflex $\bar{3}0$), $\hat{\boldsymbol{k}}_0$ bzw. $\hat{\boldsymbol{k}}$ deren Projektion auf die beugende Oberfläche (Kristalloberfläche); $\hat{\boldsymbol{a}}^*$, $\hat{\boldsymbol{b}}^*$ Basisvektoren; $\hat{\boldsymbol{h}}$ Gittervektor (für $\bar{3}0$) des reziproken Gitters der Kristalloberfläche.

Die Beugung langsamer Elektronen wird angewendet, um die Struktur von Kristalloberflächen, aber auch von Adsorptions-, Chemisorptions-, Epitaxieschichten u. dgl. zu untersuchen. So wurde festgestellt, dass bei manchen Kristallen (z. B. bei Silicium) die Atome in der Oberfläche gegenüber den Atompositionen im Volumen veränderte Positionen einnehmen, welche Erscheinung als *Oberflächenrekonstruktion* bezeichnet wird.

5.3.3. Neutronenbeugung

Gleich den Elektronen können auch Neutronen an den Atomen eines Kristallgitters gestreut werden, und es kommt infolge ihrer Wellennatur zu Interferenzen, deren Beschreibung nach der gleichen geometrischen Theorie erfolgt, wie bisher für die Röntgen- und Elektronenstrahlen ausgeführt. Entsprechend den korrespondierenden Wellenlängen (vgl. Abschn. 5.3.) kommen für Beugungsexperimente langsame thermische Neutronen mit Energien unter 0,1 eV in Betracht, wie sie in ausreichenden Flussdichten von Atomreaktoren nach Abbremsung in einer „thermischen Säule" geliefert werden. Die Absorption von Neutronenstrahlen ist in den meisten Stoffen sehr klein, so dass große Kristallvolumina durchstrahlt werden können.

Die Streuung der Neutronen vollzieht sich an den Atomkernen, wobei es wegen der elektrischen Neutralität der Neutronen keine COULOMBsche Wechselwirkung mit den Atomkernen gibt – im Gegensatz zur Streuung von Elektronen. Die Streuquerschnitte (Atomformfaktoren) sind für die einzelnen Atomkerne spezifisch, so dass mit Neutronenstrahlen auch Isotope zu unterscheiden sind. Der Streuquerschnitt von Wasserstoffkernen und anderen leichten Atomkernen ist dem der schwereren Atomkerne vergleichbar, so dass die Beugung von Neutronen zur Bestimmung der Positionen von Wasserstoff (bzw. Protonen) in Kristallstrukturen herangezogen wird. Da das Neutron ein Spinmoment besitzt, wird die Streuung auch von der Spinorientierung streuender paramagnetischer Atome (Ionen) beeinflusst und kann zur Untersuchung der magnetischen Ordnung in einem Kristallgitter (vgl. Abschn. 4.5.3.) herangezogen werden.

Ein prinzipieller Nachteil für eine Kristallstrukturbestimmung mit Neutronen ist – neben den benötigten größeren experimentellen Anlagen – darin zu sehen, dass die Atomformfaktoren nicht von $\sin\vartheta/\lambda$ abhängen und insbesondere nicht, wie bei der Beugung von Röntgenstrahlen, mit wachsendem $\sin\vartheta/\lambda$ (also mit größer werdenden Indizes) abfallen. Das verstärkt die Abbrucheffekte bei den FOURIER-Synthesen.

Außerdem haben manche Atome negative Atomformfaktoren, was vor allem die Deutung der PATTERSON-Synthesen erschwert. Aus diesen Gründen werden vor allem direkte oder *Trial-and-error*-Methoden angewandt. Die Strukturanalyse mit Neutronen bleibt bevorzugt Fragestellungen vorbehalten, die sich mit Röntgenstrahlen nicht klären lassen.

Beugungsexperimente beruhen auf einer elastischen Streuung, bei der das gestreute Neutron keine Energie verliert. Daneben gibt es auch eine unelastische Streuung, bei der die gestreuten Neutronen Energie abgeben, durch die das Kristallgitter zu Schwingungen angeregt wird. Die unelastische Streuung von Neutronen wird deshalb zur Untersuchung des Phononenspektrums von Kristallen herangezogen.

An dieser Stelle sei noch der Effekt der *Kanalleitung* (engl. *channelling*) erwähnt. Korpuskeln mit einer gewissen Energie (Protonen, α-Teilchen usw.) können einen Kristall parallel zu wichtigen Gitterebenen oder zu wichtigen Gitterrichtungen (engl. *channels*) unter Beachtung bestimmter Winkelrelationen durchdringen, wobei die Absorption drastisch vermindert ist. Der Vorgang zeigt Analogien zur anomalen Absorption von Röntgen- und Elektronenstrahlen, die jedoch auf einer elektromagnetischen Wechselwirkung beruhen, während die Kanalleitung von elastischen mechanischen Wechselwirkungen ausgeht.

5.4. Physikalische Methoden zur Strukturanalyse

Zur Aufklärung der Struktur von Kristallen einschließlich ihrer Zusammensetzung, ihrer Realstruktur, der Struktur von Oberflächen etc. wird neben den in den vorangegangenen Abschnitten behandelten Methoden der Beugung von Röntgen- und Korpuskularstrahlen noch eine Reihe weiterer Untersuchungs- und Analysenmethoden eingesetzt, die hier nur in einer tabellarischen Übersicht vorgestellt werden sollen (Tab. 5.5).

Zur näheren Beschreibung der einzelnen Methoden, für welche spezielle, hoch entwickelte Apparaturen geschaffen wurden, sei auf die weiterführende Literatur verwiesen.

In der Fachliteratur haben sich zur Bezeichnung der Untersuchungs- und Analysenmethoden Abkürzungen (sog. Akronyme) eingebürgert, die in Tab. 5.5 ohne Übersetzung mit angegeben wurden. Sie werden allerdings nicht immer einheitlich verwendet, auch gibt es oft mehrere verschiedene Abkürzungen für die gleichen oder doch sehr ähnlichen Methoden. Eine umfangreiche Zusammenstellung solcher Akronyme gab u. a. BOHM in [5.16].

Tabelle 5.5. *Physikalische Methoden zur Festkörperanalyse (Auswahl).*

Untersuchungs- bzw. Anregungsmittel	Beobachtung von: elektromagnetischer Strahlung	Elektronen	Ionen
Elektrisches Feld	*E* Elektrolumineszenz EL	*E* Feldelektronenmikroskopie FEM *E* Raster-Tunnelmikroskopie RTM, STM	*E* Feldionenmikroskopie FIM *E* Feldionen-Spektroskopie FIS
Elektromagnetische Strahlung	*A* kernmagnetische Resonanz NMR *A* Elektronenspinresonanz ESR, EPR *E* Atom-Emissionsspektroskopie AES *A* Atom-Absorptionsspektroskopie AAS *D* Röntgendiffraktometrie XRD; Röntgenkristallstrukturanalyse RKSA *S* Röntgenkleinwinkelstreuung RKS, RKWS, XSAS, SAXS *D* Röntgentopographie XRT, XTT *E* Röntgenfluoreszenzanalyse RFA, XRFA *A* Röntgenabsorptionsspektroskopie EXAFS, XANES *A* MÖSSBAUER-Spektroskopie MOSS	*E* Photoelektronen-Spektroskopie PES, UPS, XPS	*E* lichtinduzierte Desorption LID, PSD

Tabelle 5.5. *(Fortsetzung).*

Untersuchungs- bzw. Anregungsmittel	Beobachtung von: elektromagnetischer Strahlung	Elektronen	Ionen
Elektronen	*E* Kathodolumineszenz KL, CL *E* Röntgenemissionsspektroskopie XES *E* Elektronenstrahlmikroanalyse ESMA, EPMA *E* Austrittspotentialspektroskopie APS *E* Positronen-Annihilation PA, PASCA	*S, A* Elektronenmikroskopie ELMI, EM, TEM; hochauflösende Elektronenmikroskopie HRTEM, ARM; Höchstspannungs-Elektronenmikroskopie HVEM, HEM *S, E, A* Rasterelektronenmikroskopie REM, SEM *D* Beugung schneller Elektronen HEED, RHEED, TED *D* Beugung langsamer Elektronen LEED *I, D* Beugung unelastisch gestreuter langsamer Elektronen ILEED *I* Energieverlust-Elektronenspektroskopie EELS, EEVA *E* AUGER-Elektronenspektroskopie AES	*E* elektronenstimulierte Ionenemission ESIE *E* elektronenstimulierte Ionendesorption ESID, ESD
Ionen	*E* ioneninduzierte Röntgenemission IIX, IIR, IEX	*E* ioneninduzierte Elektronenemission (Ionenneutralisationsspektroskopie) INS	*S* Ionen-reflexionsspektroskopie IRS, ISS
	E protoneninduzierte Röntgenemission PIR, PIX *E* protoneninduzierte γ-Strahlenemission PIGE		*S, I* Ionometrie (RUTHERFORD-Rückstreuung) RBS, HEIS *E* Sekundärionen-Massenspektroskopie SIMS

E Emission, *A* Absorption, *S* elastische Streuung, *D* Beugung, *I* unelastische Streuung.

6. Literaturverzeichnis

Lehrbücher der Kristallographie und Allgemeinen Mineralogie

Backhaus, K.-O.: Wörterbuch Kristallografie. Englisch-Deutsch-Französisch-Russisch. – Berlin: Verlag Technik 1972.

Battey, M. H.: Mineralogy for Students. 2. Aufl. – Edinburgh: Oliver and Boyd 1978.

Bohm, J.: Akronyme und Abbreviata. 3. erw. Aufl. – Freiberg: TU Bergakademie 2007. ISBN 978-3-86012-303-4.

Bruhns, W.; Ramdohr; P.: Kristallographie. 6. Aufl. – Berlin: Walter de Gruyter 1965.

Correns, C. W.: Einführung in die Mineralogie. 2. Aufl. – Berlin etc.: Springer-Verlag 1968.

Dent Glasser; L. S.: Crystallography and its Applications. – New York: Van Nostrand 1977.

Dyar, D; Gunter, M; D. Tasa, D.: Mineralogy and Optical Mineralogy. – Chantilly (VA, USA): Mineralogical Society of America 2008. ISBN 978-0-939950-81-2.

Fabian, E.: Die Entdeckung der Kristalle. – Leipzig: Deutscher Verlag für Grundstoffindustrie 1986.

Gay, P.: The Crystalline State. – Edinburgh: Oliver and Boyd 1972. ISBN 0-05-002433-7.

Giacovazzo, C. (Ed.): Fundamentals of Crystallography. – Oxford: Oxford University Press 2002.

Groth, P. H von: Entwicklungsgeschichte der mineralogischen Wissenschaften (Nachdruck d. Ausgabe von 1926). – Berlin/Heidelberg: Springer-Verlag 1966.

Kleber, W.; Bautsch, H.-J.; Bohm, J.: Einführung in die Kristallographie. 18., stark bearbeitete. Auflage. – Berlin: Verlag Technik. 1998. ISBN 3-341-01205-2.

Leutwein, F.; Sommer-Kulazewski, C.: Allgemeine Mineralogie. 3. Aufl. – Bergakademie Freiberg 1973.

McKie, S.; McKie, Chr.: Crystalline Solids. – London: Thomas Nelson 1974.

Nesse, W. D.: Introduction To Mineralogy. – Oxford: Oxford University Press 1999.

Niggli, P.: Lehrbuch der Mineralogie und Kristallchemie. 3. Aufl. – Berlin: Gebrüder Borntraeger 1941. ISBN 0-17-761001-8.

Okrusch, M,; Matthes, S;: Mineralogie. – Berlin etc.: Springer-Verlag 2009. ISBN 3540782001; EAN 978-3-540-78200-1.

Phillips, F. C.: An Introduction to Crystallography. 4. Aufl. – Edinburgh: Oliver and Boyd 1971. ISBN 0-05-002-358-6.

Putnis, A.: Introduction to Mineral Sciences. – Cambridge: University Press 1992.

Ramdohr, P.; Strunz, H.: Klockmanns Lehrbuch der Mineralogie. 18. Aufl. – Stuttgart: Ferdinand Enke Verlag 2002. ISBN 3827413443.

Rath, R.: Kristallographie. – Eindhoven: Philips 1965.

Rösler, H.-J.: Lehrbuch der Mineralogie. 3. Aufl. – Leipzig: Deutscher Verlag für Grundstoffindustrie 1985. 5. Aufl. – Berlin etc.: Spektrum Akademischer Verlag (Springer-Verlag) 1991.

Sands, D. E.: Introduction to Crystallography. – New York: W. A. Benjamin 1969. Reprint: Dover Pubn. Inc. 1994.

Shaskol'skaja, M. P.: Kristallografija. – Moskva: Izd. Vysshaja shkola 1976.

Steadman, R.: Crystallography. – New York: Van Nostrand 1982.

Strübel, G.: Mineralogie: Grundlagen und Methoden. 2. Aufl. – Stuttgart: Enke-Verlag 1995.

Vainshtein, B. K. (Ed.): Sovremennaja Kristallografija (4 Bde.). – Moskva: Izd. Nauka 1979 – 1981. Übers.: Modern Crystallography. Vol. 1: Fundamentals of Crystals. Vol. 2: Structure of Crystals. Vol 3: Crystal Growth. Vol. 4: Physical Properties of Crystals. – Berlin etc.: Springer-Verlag 1983. Vol. 1 2nd. Ed. 1994. ISBN 3-540-56558-2.

Weiterführende Literatur zum Abschnitt 1. Kristallstrukturlehre und Kristallmorphologie

Alle oben aufgeführten Lehrbücher sowie:

Bishop, A. C.: Crystal Morphology. – Oxford: Pergamon Press 1973.

Boisen, M. B.; Gibbs, G. V.: Mathematical Crystallography. Rev. in Mineralogy (Ed. H. Ribbe) Vol. 15. – Washington: Mineralog. Soc. of Amer. 1985.

Borchardt, R.; Turowski, S.: Kristallmodelle. – München: Oldenbourg 2008. ISBN 978-3-486-58449-3.

Borchardt-Ott, W.: Kristallographie. 7. Aufl. – Berlin etc.: Springer-Verlag 2009. ISBN 978-3-540-78279-7.

Buerger, M. J.: Elementary Crystallography. 2. Aufl. – New York: John Wiley & Sons 1963.

Buerger, M. J.: Introduction to Crystal Geometry. New York: McGraw-Hill 1971.

Buerger, M. J.: Kristallographie. Eine Einführung in die geometrische und röntgenographische Kristallkunde (Übers. v. K. Weber). – Berlin, New York: Walter de Gruyter 1977. ISBN 3-11-004286-8.

Burzlaff, H.; Zimmermann, H.: Kristallographie – Grundlagen und Anwendung, Bd. I Symmetrielehre. Stuttgart: Georg Thieme Verlag 1977. ISBN 3-13-540.

Burzlaff, H.; Zimmermann, H.: Kristallsymmetrie, Kristallstruktur. – Erlangen: Verlag Rudolf Merkel Univ. Buchhandlg. 1986. ISBN 3-87539-027-X.

Engel, P.: Geometrie Crystallography. – Dordrecht etc.: D. Reidel Publ. Comp. 1987. ISBN 90-277-2339-7.

Fischer, E.: Einführung in die geometrische Kristallographie. – Berlin: Akademie-Verlag 1956.

Fischer, E.: Einführung in die mathematischen Hilfsmittel der Kristallographie. – Freiberg: Bergakademie Freiberg 1966.

Goldtschmidt, V.: Atlas der Kristallformen. – Heidelberg: Carl Winter Universitätsbuchhandlung 1913 bis 1923.

Goldschmidt, V.; Himmel, H.; Müller, K.: Kursus der Kristallometrie. – Berlin: Gebrüder Borntraeger 1934.

Hammond, C.: The Basics of Crystallography and Diffraction. – Oxford: Oxford University Press 2001. ISBN 978-0-19-850552-5.

Harsch, G.; Schmidt, R.: Kristallgeometrie. – Frankfurt/Main: Verlage Moritz Diesterweg/Otto Salle 1981.

Haussühl, S.: Kristallgeometrie. – Weinheim/Bergstr.: Verlag Chemie: Physik-Verlag 1977. ISBN 3-527-21064-4.

International Tables for X-Ray Crystallography. Vol. I bis IV. – Birmingham: Kynoch Press 1952, 1959, 1962, 1974.

International Tables for Crystallography (Ed.: Th. Hahn). Vol. A: Space-Group Symmetrie. 2. Aufl. – Dordrecht etc.: D. Reidel Publ. Comp. 1987. ISBN 90-277-2280-3.

Johari, O.; Thomas, G.: The Stereographic Projection and its Applications. – New York: Wiley-Interscience 1969.

Niggli, P.: Geometrische Kristallographie des Diskontinuums. – Leipzig: Gebrüder Borntraeger 1919.

Parker, R. L.: Kristallzeichnen. – Berlin: Gebr. Borntraeger 1929.

Paufler, P.; Leuschner, D.: Kristallographische Grundbegriffe der Festkörperphysik. – Berlin: Akademie-Verlag 1975.

Prince, E.: Mathematical Techniques in Crystallography and Materials Science. – Berlin etc.: Springer-Verlag 1982.
Quenstedt, F. A.: Methode der Kristallographie. – Saarbrücken: VDM Verlag Dr. Müller 2007. ISBN 978-3-8364-2886-6.
Rosenfeld, B. A.; Sergejewa, N. D.: Stereographie Projection. – Moskva: Izd. Mir 1978.
Schroeder, R.: Krystallometrisches Praktikum. – Berlin etc.: Springer-Verlag 1950.
Schumann, H.: Kristallgeometrie. – Leipzig: Deutscher Verlag für Grundstoffindustrie 1980.
Sommerfeldt, E.: Geometrische Kristallographie. – Leipzig: Wilhelm Engelmann 1906.
Tertsch, H.: Die stereographische Projektion in der Kristallkunde. – Wiesbaden: Verlag für Angew. Wissensch. 1954.

Gruppentheorie und Symmetriegruppen

Berger, M.; Ehrenberg, L.: Theorie und Anwendung der Symmetriegruppen. – Leipzig: BSB B. G. Teubner Verlagsgesellsch. 1981.
Birman, J. L.: Theorie of Space Groups and Lattice Dynamics. – Berlin etc.: Springer-Verlag 1984.
Brown, H.; Bülow, R.; Neubüser, J.; Wondratschek, H.; Zassenhaus, H.: Crystallographic Groups of Four-dimensional Space. – New York etc.: John Wiley 1978. ISBN 0-471-03095-3.
Burkhardt, J. J.: Die Bewegungsgruppen der Kristallographie. – Basel: Verlag Birkhäuser 1947.
Burkhardt, J. J.: Die Symmetrie der Kristalle. – Basel etc.: Birkhäuser Verlag 1988.
Burns, G.; Glaser, A. M.: Space Groups for Solid State Scientists. – New York etc.: Academic Press 1978.
Chatterjee, S. K.: Crystallography and the World of Symmetry. – Berlin etc.: Springer-Verlag 2008. ISBN. 978-3-540-69898-2.
Conway, J. H.; Sloane, N. J. A.: Sphere Packings, Lattices and Groups. – New York etc.: Springer-Verlag 1988.
Cracknell, A. P.: Applied Group Theory. – Oxford: Pergamon Press 1969.
Fischer, W.; Burzlaff, H.; Hellner, E.; Donnay, J. D. H.: Space Groups and Lattice Complexes. – Washington: Nat. Bureau of Standards 1973.
Hargittai, I.; Hargittai, M.: Symmetry through the Eyes of a Chemist. – New York: Plenum Press 1995. ISBN 0-306-44851-1.
Janssen, T.: Crystallographic Groups. – Amsterdam, London: North-Holland 1973. ISBN 0-7204-0194-1.
Klemm, M.: Symmetrien von Ornamenten und Kristallen. – Berlin etc.: Springer-Verlag 1982.
Knox, R. S.; Gold, A.: Symmetry in the Solid State. – New York, Amsterdam: W. A. Benjamin 1964.
Kopcik, V. A.: Shubnikovskie gruppy. Moskva: Izd. Moskovskogo Universiteta 1966.
Ljubarski, G. J.: Anwendungen der Gruppentheorie in der Physik. – Berlin: Deutscher Verlag der Wissenschaften 1962.
Loeb, A. L.: Color and Symmetry. – New York etc: John Wiley & Sons 1971.
Lomont, J. S.: Application of Finite Groups. – New York, London: Academic Press 1959.
Ludwig, W.; Falter, C.: Symmetries in Physics. Group Theory Applied to Physical Problems. – Berlin etc.: Springer-Verlag 1988.
Mathiak, K.; Stingl, P.: Gruppentheorie für Chemiker, Physiko-Chemiker, Mineralogen. 2. Aufl. – Berlin: Deutscher Verlag der Wissenschaften 1970.
Nicolle, J.: Die Symmetrie und ihre Anwendung. – Berlin: Deutscher Verlag der Wissenschaften 1954.
Nussbaum, A.: Applied Group Theory for Chemists, Physicists and Engineers. – Englewood Cliffs: Prentice Hall 1971.

SCHOLZ, E.: Symmetrie, Gruppe, Dualität. – Basel: Birkhäuser Verlag 1990. ISBN 978-3-7643-1974-8.
SCHWARZENBERGER, R. L. E.: N-dimensional Crystallography. – San Francisco etc.: Pitman 1980. ISBN 0-8224-8468-4.
SPEISER, A.: Die Theorie der Gruppen von endlicher Ordnung. – Basel, Stuttgart: Verlag Birkhäuser 1956.
STREITWOLF, H.-W.: Gruppentheorie in der Festkörperphysik. – Leipzig: Akadem. Verlagsgesellsch. Geest & Portig 1967.
SHUBNIKOV, A. V.: Simmetrija i Antisimmetrija Konečnych Figur. – Moskva: Izd. AN 1951.
SHUBNIKOV, A. V.: Kopcik, V. A.: Simmetrija v Nauke i Iskusstve. 2. Aufl. – Moskva: Izd. Nauka 1972.
TUROWSKI, S.; BORCHARDT, R.: Symmetrielehre der Kristallographie. – München: Oldenbourg-Verlag 1999. ISBN 978-3-486-24648-3.
WEYL, H.: Symmetrie. – Princeton: University Press 1952.
WHITTAKER, E. J. W.: An Atlas of Hyperstereograms of the Four-dimensional Crystal Classes. – Oxford: Clarendon Press 1985.
ZAMORZAEV, A. M.: Teorija prostoj i kratnoj Antisimmetrii. – Kishinev: Izd. Shtiinca 1976.
ZAMORZAEV, A. M.; GALJARSKIJ E. I.; PALISTRANT, A. F.: Cvetnaja Simmetrija, ee Obobshzhenija i Prilozhenija. – Kishinev: Izd. Shtiinca 1978.

Weiterführende Literatur zum Abschnitt 2. Kristallchemie

Lehrbücher und Monographien

ADAMS, D. M.: Inorganic Solids. – London etc.: John Wiley & Sons 1974.
BEISER, A.: Atome, Moleküle, Festkörper. – Braunschweig, Wiesbaden: Friedr. Vieweg & Sohn 1983.
BLOSS, F. D.: Crystallography and Crystal Chemistry. – New York: Holt Rinehart & Winston 1971.
BOKIJ, G. B.: Kristallochimija. 3. Aufl. – Moskva: Izd. Nauka 1971.
BUNN, C. W.: Chemical Crystallography. 2. Aufl. – Oxford: Clarendon Press 1961.
COTTON, F. A.; WILKINSON, G.: Advanced Inorganic Chemistry. 4. Aufl. – New York: John Wiley & Sons 1980.
COULSON, C. A.: Die chemische Bindung. – Stuttgart: S. Hirzel Verlag 1969.
DONALDSEN, J. D.; ROSS, S. D.: Symmetrie und Stereochemistry. – London: Intertext 1972.
DORAIN, P. B.: Symmetrie und anorganische Strukturchemie. – Berlin: Akademie-Verlag 1972.
ECERT, E.; LINDNER, J. H.: Strukturen der Materie und ihre Symmetrie. – Nieder-Ramstadt: Bildstudio 1976.
EVANS, R. C.: Einführung in die Kristallchemie. – Berlin, New York: Walter de Gruyter 1976.
GORJUNOVA, N. A.: Halbleiter mit diamantähnlicher Struktur. – Leipzig: B. G. Teubner Verlagsgesellsch. 1971.
GRAY, H. B.: Elektronen und chemische Bindung. – Berlin, New York: Walter de Gruyter 1973.
GREIG, D.: Elektronen in Metallen und Halbleitern. – Berlin: Akademie-Verlag 1971.
GRIFFEN, O. T.: Silicate Crystal Chemistry. – Oxford: University Press 1992.
GROSSMANN, G.: Struktur und Bindung – Atome und Moleküle. – Leipzig: Deutscher Verlag für Grundstoffindustrie 1973.
GROTH, P. H. VON: Tabellarische Übersicht der Mineralien nach ihren krystallographisch-chemischen Beziehungen. – Saarbrücken: VDM Verlag Dr. Müller 2007. ISBN 978-3-8364-3796-7.
HABERDITZL, W.: Bausteine der Materie und chemische Bindung. – Berlin: Deutscher Verlag der Wissenschaften 1972.

Hafner, J.; Hulliger, F.; Jensen, J. B.; Majewski, J. A.; Matgis, K.; Villars, P.; Vogl, P.: The Structure of Binary Compounds. – North Holland 1989. ISBN 0-444-87478-X.

HARTMANN, H.: Die chemische Bindung. – Berlin etc.: Springer-Verlag 1964.

HUME-ROTHERY, W.: Atomic Theory for Students of Metallurgy. 4. Aufl. – London: Institute of Metals 1962.

HUME-ROTHERY, W.: Elements of Structural Metallurgy. – London: Institute of Metals 1961.

JAFFÉ, H. H.; ORCHIN, M.: Symmetrie in der Chemie. 2. Aufl. – Heidelberg: Hüthig-Verlag 1973.

JAFFEE, H. W.: Crystal Chemistry. – Cambridge: University Press 1989.

KITAIGORODSKIJ, A. I.: Molekülkristalle. – Berlin: Akademie-Verlag 1979.

KLEBER, W.: Kristallchemie. Leipzig. B. G. Teubner Verlagsgesellsch. 1963.

KREBS, H.: Grundzüge der anorganischen Kristallchemie. – Stuttgart: Ferdinand Enke Verlag 1968.

LIEBAU, F.: Structural Chemistry of Silicates. – Berlin etc.: Springer-Verlag 1985. ISBN 3-540-13747-5.

MÜLLER, U.: Anorganische Strukturchemie. – Stuttgart: B. G. Teubner 1991. ISBN 3-519-03512-X.

MURRELL, J. N.; KETTLE, S. F. A.; TEDDER, J. M.: Valence Theory. – London etc.: John Wiley & Sons 1965.

PARTHÉ, E.: Elements of Inorganic Structural Chemistry. – Petit-Lanay: K. Sutter-Parthé 1990.

PAULING, L.: The Nature of the Chemical Bond. 3. Aufl. – Ithaca: Cornell University Press 1960 (deutsche Übersetzung: Verlag Chemie, Weinheim 1962).

PEARSON, W. B.: The Crystal Chemistry and Physics of Metals and Alloys. – New York etc.: John Wiley & Sons 1972.

PHILLIPS, J. C.: Covalent Bonding in Crystals. Molecules and Polymers. – Chicago: University of Chicago Press 1970.

SEEL, F.: Atomic Structure and Chemical Bonding. 3. Aufl. – London: Methuen Monographs 1963.

SIELER, J., et al.: Struktur und Bindung – Aggregierte Systeme und Stoffsystematik. – Leipzig: Deutscher Verlag für Grundstoffindustrie 1973.

SPICE, J. E.: Chemische Bindung und Struktur. – Leipzig: Akadem. Verlagsgesellsch. Geest & Portig 1970.

SUCHET, J. P.: Crystal Chemistry and Semiconduction in Transition Metal Binary Compounds. – London: Academic Press 1971.

VAINSHTEIN, B. K. (Ed.): Modern Crystallography. Vol. 2: Structure of Crystals. – Berlin etc.: Springer-Verlag 1983.

VERMA, A. R.; KRISHNA, P.: Polymorphism and Polytypism in Crystals. – New York etc.: John Wiley & Sons 1966.

WEISS, A.; WITTE, U.: Kristallstruktur und chemische Bindung. – Weinheim/Bergstr.: Verlag Chemie 1983.

WELLS, A. F.: Structural Inorganic Chemistry. 5. Aufl. – Oxford: Clarendon Press. 1984.

Kristallstrukturen

BELOV, N. V.: Crystal Chemistry of Large-Cation Silicates. – New York: Consultants Bureau 1961.

BRAGG, L.; CLARINGBULL, G. F.: Crystal Structures of Minerals. – London: Bell 1965.

CRACKNELL, A. P.: Crystals and their Structures. – Oxford: Pergamon Press 1969.

DONOHUE, J.: The Structures of the Elements. – New York etc.: John Wiley & Sons 1974.

DURIF, A.: Crystal Chemistry of Condensed Phosphates. – New York: Plenum Press 1995. ISBN 0-306-44878-5.

HÖLZEL, A. R.: Systematics of Minerals: Data, Literature, Crystallography. – Mainz: Eigenverlag 1989.

HUME-ROTHERY, W.; RAYNER, G. V.: The Structure of Metals and Alloys. 4. Aufl. – London: Institute of Metals 1962.

HYDE, B. G.; STEN, A.: Inorganic Crystal Structures. – Chichester: John Wiley & Sons 1989.

LIMA-DE-FARIA, J.: Structural Mineralogy. – Dordrecht etc.: Kluwer Academic Publishers 1994.

MÜLLER, O.; ROY, R.: The Major Ternary Structural Families. – Berlin etc: Springer-Verlag 1974.

SCHUBERT, K.: Kristallstrukturen zweikomponentiger Phasen. – Berlin etc.: Springer-Verlag 1964.

Strukturberichte der Z. Kristallographie. Bd. 1 – 7 (1931–1943); fortgesetzt als Structure Reports Bd. 8, ab 1956.

STRUNZ, H.: Mineralogische Tabellen. 7. Aufl. – Leipzig: Akadem. Verlagsgesellsch. Geest & Portig K.-G. 1978.

STRUNZ, H.; NICKEL, E.H.: Mineralogical Tables. 9.Ed. – Stuttgart: E.Schweizerbart'sche Verlagsbuchhandlung 2001. ISBN 3-510-65188-X.; ISBN-13: 9783510651887.

WYCKOFF, R. W. G.: Crystal Structures. Vol. 1 – 6. 2. Aufl. – New York: Interscience Publishers 1963–1968.

Weiterführende Literatur zum Abschnitt 3. Physikalisch-chemische Kristallographie

Lehrbücher und Monographien

AMTHAUER, G.; PAVICEVIC, M.K. (Hrsg.): Physikalisch-chemische Untersuchungsmethoden in den Geowissenschaften. Bd.2. – Stuttgart: E.Schweizerbart'sche Verlagsbuchhandlung 2001. ISBN 3-510-65199-5.

BORG, R. K.; DIENES, G. J.: An Introduction to Solid State Diffusion. – Boston etc.: Academic Press 1988.

BROSTOW, W.: Einstieg in die moderne Werkstoffwissenschaft. – Leipzig: Deutscher Verlag für Grundstoffindustrie 1986.

CAHN, R. W. (Ed.): Physical Metallurgy. – Amsterdam: North-Holland 1965.

CHIGRINOV, V. G.; SHMELIOVA, D. V.; PASECHNIK, S. V.: Liquid Crystals. – Weinheim: Wiley-Verlag Chemie- Physik-Verlag 2009. ISBN 978-3-527-40720-0.

DEMUS, D.; DEMUS, H.; ZASCHKE, H.: Flüssige Kristalle in Tabellen. 2. Aufl. – Leipzig: Deutscher Verlag für Grundstoffindustrie 1976.

DEMUS, D.; RICHTER, L.: Textures of Liquid Crystals. – Weinheim/Bergstr.: Verlag Chemie 1978.

ENGELS, S.: Anorganische Festkörperreaktionen. – Berlin: Akademie-Verlag 1981.

FELTZ, A.: Amorphe und glasartige Festkörper. – Berlin: Akademie-Verlag 1983.

FINDLAY, A.: Die Phasenregel und ihre Anwendungen. 9. Aufl. – Weinheim/Bergstraße: Verlag Chemie 1958.

GEBHARDT, W.; KREY, U.: Phasenübergänge und kritische Phänomene. – Braunschweig, Wiesbaden: Friedr. Vieweg 1980.

GEGUZIN, J. E.: Grundzüge der Diffusion in Kristallen. – Leipzig: Deutscher Verlag für Grundstoffindustrie 1977.

KOCHINSKI, J.: Theorie of Symmetry Changes at Continuous Phase Transitions. – Warszawa: Polish Sc. Publ.; Amsterdam: Elsevier Sc. Publ. 1983.

KOSMELLA, S.; KÖTZ, J.: Polyelectrolytes and Nanoparticles. – Berlin etc.: Springer-Verlag 2007. ISBN 978-3-540-46381-8.

KOSWIG, H. D.: Flüssige Kristalle. Eine Einführung in ihre Anwendung. – Berlin: Deutscher Verlag der Wissenschaften 1985.

MEYER, K.: Physikalisch-chemische Kristallographie. 2. Aufl. – Leipzig: Deutscher Verlag für Grundstoffindustrie 1977.

NIEDERMAYER, R.; MAYER, H. (Hrsg.): Grundprobleme der Physik dünner Schichten. – Göttingen: Vandenhoeck & Ruprecht 1966.
NOWICK, A. S.; BURTON, J. J.: Diffusion in Solids. – London, New York: Academic Press 1975.
PAUFLER, F.: Phasendiagramme. – Berlin: Akademie-Verlag 1981.
PAVICEVIC, M. K.; AMTHAUER, G. (Hrsg.): Physikalisch-chemische Untersuchungsmethoden in den Geowissenschaften. Bd.1. – Stuttgart: E.Schweizerbart'sche Verlagsbuchhandlung 2000. ISBN 3-510-65196-0.
RAO, C. N. R.; RAO, K. J.: Phase Transitions in Solids. – New York: McGraw-Hill 1978.
SAEVA, F. D. (Ed.): Liquid Crystals, the Fourth State of Matter. – New York: Dekker 1979.
SCHMALZRIED, H.: Festkörperreaktionen. – Berlin: Akademie-Verlag 1978.
SCHMALZRIED, H.; NAVROLSKY, A.: Festkörperthermodynamik. – Berlin: Akademie-Verlag 1978.
SCHUMANN, H.: Metallographie. 11. Aufl. – Leipzig: Deutscher Verlag für Grundstoffindustrie 1983.
SCHWABE, K.: Physikalische Chemie I. – Berlin: Akademie-Verlag 1986.
SCHEWMON, P.: Diffusion in Solids. – New York: McGraw-Hill 1963.
SKROTZKI, B.; HORNBOGEN, E.: Mikro- und Nanoskopie der Werkstoffe. – Berlin etc.: Springer-Verlag 2009. ISBN 978-3-540-89945-7.
STARK, J. P.: Solid State Diffusion. – New York, London: John Wiley & Sons 1976.
STEGEMEYER, H.: Flüssige Kristalle: Struktur, Eigenschaften und Bedeutung. – Wiesbaden: Westdeutscher Verlag 1977.
SYROMYATNIKOV, V. N.; IZYUMOV, Y. A.: Phase Transitions and Crystal Symmetry. – Berlin etc.: Springer-Verlag 1990. ISBN 978-0-79-230542-2.
UBBELOHDE, A. R.: Melting and Crystal Structure. – Oxford: Clarendon Press 1965.
VOGEL, R.: Die heterogenen Gleichgewichte. 2. Aufl. – Leipzig: Akadem. Verlagsgesellsch. Geest & Portig 1959.
VOGEL, W.: Struktur und Kristallisation der Gläser. 2. Aufl. – Leipzig: Deutscher Verlag für Grundstoffindustrie 1971.
WALLACE, D. C.: Thermodynamics of Crystals. – New York, London: John Wiley & Sons 1972.
WOODRUFF, D. P.: The Solid-Liquid Interface. – Cambridge University Press 1973. ISBN 0-521-20123-3.
ZHDANOV, S. I. (Ed.): Liquid Crystal Chemistry and Physics. – Oxford: Pergamon Press 1981.
ZHDANOVA, S. I.: Zhidkie kristally. – Moskva: Izd. Khimija 1979.

Kristallbaufehler

BOHM, J.: Realstruktur von Kristallen. – Stuttgart: E. Schweizerbart'sche Verlagsbuchhandlung 1995. ISBN 3-510-65160-X.
BOLLMANN, W.: Crystal Defects and Crystalline Interfaces. – New York etc.: Springer-Verlag 1970.
BRAUER, K. H.: Ätzresultate an Kristallen der Glimmergruppe. – Berlin: Akademie-Verlag 1971.
FRIEDEL, J.: Dislocations. – Oxford, Frankfurt (M.): Pergamon Press 1964.
GITTUS, J.: Irradiation Effects in Crystalline Solids. – New York, London: John Wiley & Sons 1978.
GREENWOOD, N. N.: Ionenkristalle, Gitterdefekte und nichtstöchiometrische Verbindungen. – Weinheim/Bergstraße: Verlag Chemie 1973.
HENDERSON, B.: Defects in Crystalline Solids. – London: Arnold 1972.
HIRTH, J. P.; LOTHE, J.: Theory of Dislocations. – New York etc.: McGraw-Hill 1968.
HULL; D.: Introduction to Dislocations. 2. Aufl. – Oxford etc.: Pergamon Press 1975. ISBN 0-08-018129-5.
KELLY, A.; GROVES, G. W.: Crystallography and Crystal Defects. – London: Longman 1970.
KRÖGER, F. A.: The Chemistry of Imperfect Crystals. Vol. 1 – 3. – Amsterdam: North-Holland 1974.

LEHMANN, CH.: Defects in Crystalline Solids. – Amsterdam: North-Holland 1977.
MROWEC, S.: Defects and Diffusion in Solids. – Warszawa: Polish Sc. Publ.; Amsterdam: Elsevier Sc. Publ. 1980.
NABARRO, F. R. N.: Theory of Crystal Dislocations. – Oxford: Clarendon Press 1967.
NABARRO, F. R. N. (Ed.): Dislocations in Solids. Vol. 1 – 7. – Amsterdam: North-Holland 1980–1986.
OVERHOF, H.; SPAETH, J. M.: Point Defects in Semiconductors and Insulators. – Berlin etc.: Springer-Verlag 2003. ISBN 978-3-540-42695-0.
SANGWAL, K.: Etching of Crystals. – Amsterdam, New York: North-Holland 1987. ISBN 0-444-87018-0.
SCHNEIDER, H. G.: Strukturen kristalliner Phasengrenzen. – Leipzig: Deutscher Verlag für Grundstoffindustrie 1976.
SEEGER, A.: Theorie der Gitterfehlstellen. In: Handbuch der Physik (Hrsg.: S. FLÜGGE), Bd. VII, Teil I (Kristallphysik), S. 383 – 665. – Berlin etc.: Springer-Verlag 1955.
SEEGER, A.; SCHUMACHER, D.; SCHILLING, W.; DIEHL, S. (Hrsg.): Vacancies and Interstitials in Metals. – Amsterdam, New York: North-Holland 1970.
SØRENSEN, O. T.: Nonstoichiometric Oxides. – New York, London: Academic Press 1981.
TEODOSIN, C.: Elastic Models of Crystal Defects. – Berlin etc.: Springer-Verlag 1982.
WATTS, R. K.: Point Defects. – London, New York: John Wiley & Sons 1977.
ZUBOV, L. M.: Nonlinear Theory of Dislocations and Disclinations in Elastic Bodies. – Berlin etc.: Springer-Verlag 1997. ISBN 978-3-540-62684-8.

Kristallwachstum und Kristallzüchtung

BALANDIN, G. F.: Kristallisation und Kristallstruktur in Gußstücken. – Leipzig: Deutscher Verlag für Grundstoffindustrie 1975.
BARDSLEY, W.; HURLE, D. T. J.; MULLIN, J. B. (Eds.): Crystal Growth: A Tutorial Approach. – Amsterdam: North-Holland 1979.
BAUMANN, K. H.; VOIGT, H.: Technische Massenkristallisation. – Berlin: Akademie-Verlag 1984.
BELOV, N. V.: Processy real'nogo Kristalloobrazovanija. – Moskva: Izd- Nauka 1977.
BRICE, J. C.: The Growth of Crystals from Liquids. – Amsterdam, London: North-Holland 1973. ISBN 0-7204-1455-5.
BRICE, J. C.: Crystal Growth Processes. – Glasgow, London: Blackie & Son; New York: Wiley 1986.
BRINKMANN, A.W.; CARLES, J.: The growth of crystals from the vapour. – Progr. in Crystal Growth and Characterization of Materials **37** (1998) S. 169-209.
BUCKLEY, H. E.: Crystal Growth. – New York: John Wiley & Sons 1951.
CHALMERS, B.: Principles of Solidification. – New York etc.: John Wiley & Sons 1964.
ELWELL, D.; SCHEEL, H. J.: Crystal Growth from High-Temperature Solutions. – London, New York: Academic Press 1975. ISBN 0-12-237550-8.
ELWELL, D.: Man-Made Gemstones. – Harwood 1979.
FAKTOR, M. M..; GARRETT, I.: Growth of Crystals from the Vapour. – London: Chapman and Hall 1974.
GILMAN, J. (Ed.): The Art and Science of Growing Crystals. – New York, London: J. Wiley & Sons 1963.
GIVARGIZOV, E. I.: Highly Anisotropic Crystals. – Dordrecht: D. Reidel Publ. Comp. 1986.
HADAMOVSKY, H.-F. (Hrsg.): Werkstoffe der Halbleiter-Technik. – Leipzig: Deutscher Verlag für Grundstoffindustrie 1985.
HANNAY, N. B. (Hrsg.): Treatise on Solid State Chemistry. Vol. 5 Changes of State. – New York, London: Plenum Press 1975. ISBN 0-306-35055-6.

HARTMANN, P. (Hrsg.): Crystal Growth. – Amsterdam, London: North Holland 1973. ISBN 0-7204-1821-6.

HEIMANN, R. B.: Auflösung von Kristallen. – Wien, New York: Springer-Verlag 1975. ISBN 3-211-81278-4.

HEIN, K.; BUHRIG, E. (Hrsg.): Kristallisation aus Schmelzen. – Leipzig: Deutscher Verlag für Grundstoffindustrie 1983.

HEINISCH, H. K.: Crystal Growth in Gels. – London: The Pennsylvania State University Press 1970.

HIRTH J. P.; POUND, G. M.: Condensation and Evaporation. Nucleation and Growth Kinetics. – Oxford: Pergamon Press 1963.

HONIGMANN, B.: Gleichgewichts- und Wachstumsformen von Kristallen. – Darmstadt: Steinkopff-Verlag 1958.

HOOK, A. V.: Crystallization: Theory and Practice. – New York, London: Reinhold Publishing Corporation 1961.

HURLE, D. T. J.: Crystal Pulling from the Melt. – Berlin etc.: Springer-Verlag 1993.

HURLE, D. T. J. (Ed.): Handbook of Crystal Growth. 6 Vol. – Amsterdam etc.: North Holland 1993 – 1994. ISBN 0-44-89933-2.

ICKERT, L.; SCHNEIDER, H. G.: Wachstum einkristalliner Schichten. – Leipzig: Deutscher Verlag für Grundstoffindustrie 1983.

JACKSON, K. A.: Theory of Crystal Growth. – New York, London: Plenum Press 1975.

KALIKMANOV, V. I.: Nucleation Theory. – Berlin etc.: Springer-Verlag 2010. ISBN 978-90-481-3642-1.

KOZLOVA, A. G.: Rost i morfologija kristallov. 3. Aufl. – Moskva: Moskovskogo Universiteta 1980.

LAUDISE, A.: The Growth of Single Crystals. – Englewood Cliffs: Prentice Hall 1970.

LEMMLEJN, G. G.: Morfologija i genezis kristallov. – Moskva: Izd. Nauka 1973.

LOBACHEV, A. N.: Issledovanie Processov Kristallizacii v Gidrotermal'nych Uslovijakh. – Moskva: Izd. Nauka 1970. Crystallization Processes under Hydrothermal Conditions. – New York, London: Consultants Bureau 1973. ISBN 0-306-10892-5.

LÖWE, H.; KAPPEL, P.; ZACH, D.: Halbleiterätzverfahren. – Berlin: Akademie-Verlag 1990.

MATZ, G.: Kristallisation. 2. Aufl. – Berlin etc.: Springer-Verlag 1969.

MULLIN, J. W.: Crystallization. 2. Aufl. – London: Butterworth 1972.

MULLIN, J. W. (Ed.): Industrial Crystallisation. – New York, London: Plenum Press 1976.

MUTAFTSCHIEV, B.: The Atomistic Nature of Crystal Growth. – Berlin etc.: Springer-Verlag 2001. ISBN 978-3-540-66496-3.

NASSAU, K.: Gems Made by Man. – Radnor (USA): Chilton Book 1980.

NIELSEN, A. E.: Kinetics of Precipitation. – Oxford etc.: Pergamon Press 1964.

NÝVLT, J.: Industrial Crystallization from Solutions. – London: Butterworth 1971.

NÝVLT, J.: Solid-Liquid Phase Equilibria. – Prag: Verlag d. Akad. d. Wissensch. 1977.

PAMPLIN, R. P. (Ed.): Crystal Growth. 2. Aufl. – Oxford etc.: Pergamon Press 1980. ISBN 0-08-017003-X.

PFANN, W. G.: Zone Melting. – New York: John Wiley & Sons 1957.

PFEIFFER, H.; KLUPSCH, TH.; HAUBENREISER, W.: Microscopic Theory of Crystal Growth. – Berlin: Akademie-Verlag 1989.

RICHTER, W; SITTER, H.; HERMAN M. A.: Epitaxy. – Berlin etc.: Springer-Verlag 2004. ISBN 978-3-540-67821-2.

ROSENBERGER, F.: Fundamentals of Crystal Growth. I. – Berlin etc.: Springer-Verlag 1979. ISBN 3-540-09023-1.

RUDOLPH, P.: Profilzüchtung von Einkristallen. – Berlin: Akademie-Verlag 1982.

SAMSONOV G.V.; VINITSKII I.M.: Handbook of Refractory Compounds. – New York: Plenum 1980.

SANGWAL, K.: Etching of Crystals. – Amsterdam etc.: North-Holland 1987. ISBN 0-444-87018-0.

SCHÄFER, H.: Chemische Transportreaktionen. – Weinheim/Bergstraße: Verlag Chemie 1962.

SCHILDKNECHT, H.: Zonenschmelzen. – Weinheim/Bergstraße: Verlag Chemie 1964.
SCHNEIDER, H. G.: Epitaxie – Endotaxie. – Leipzig: Deutscher Verlag für Grundstoffindustrie 1969.
SCHNEIDER, H. G.; RUTH, V. (Hrsg.): Advances in Epitaxy and Endotaxy. – Leipzig: Deutscher Verlag für Grundstoffindustrie 1971.
SCHNEIDER, H. G.; RUTH, V.; KORMANY, T. (Eds.): Advances in Epitaxy and Endotaxy. – Amsterdam: Elsevier 1990.
SMAKULA, A.: Einkristalle – Wachstum, Herstellung und Anwendung. – Berlin etc.: Springer-Verlag 1962.
STRICKLAND-CONSTABLE, R. F.: Kinetics and Mechanism of Crystallization. – London, New York: Academic Press 1968.
STRUZEK-KRÄHENBÜHL, F.: Oszillation und Kristallisation – Paderborn: Ferdinand-Schöningh Verlag 2009. ISBN 978-3-506-76870-4.
TARJÁN, I.; MÁTRAI, M.: Laboratory Manual on Crystal Growth. – Akadémiai Kiadó Budapest 1972.
TATARCHENKO, V. A.: Shaped Crystal Growth. – Berlin etc.: Springer-Verlag 1993. ISBN 978-0-79-232419-5.
TAVARE, N. S.: Industrial Crystallization. – New York: Plenum Press 1995. ISBN 0-306-44861-0.
TILLER, W. A.: Principles of Solidification; in: The Art and Science of Growing Crystals (Ed. GILMAN, J. J.). – New York, London: J. Wiley & Sons 1963.
TIMOFEEVA, V. A.: Rost kristallov iz rastvorov – rasplavov. – Moskva: Izd. Nauka 1978.
VAINSHTEIN, B. K. (Ed.): Modern Crystallography. Vol. 3: Crystal Growth. – Berlin etc.: Springer-Verlag 1983.
VOLMER, M.: Kinetik der Phasenbildung. – Dresden, Leipzig: Th. Steinkopff-Verlag 1939.
WILKE, K.-TH.; BOHM, J.: Kristallzüchtung. 2. Aufl. – Berlin: Deutscher Verlag der Wissenschaften und Köln: Verlag Harri Deutsch 1988. ISBN 3-87144-971-7; ISBN-13: 9783871449710.
WÖHLECKE, M; VOLK, T: Lithium Niobate. – Berlin etc.: Springer-Verlag 2008. ISBN 978-3-540-70765-3 .

Weiterführende Literatur zum Abschnitt 4. Kristallphysik

Lehrbücher

ASHCROFT, N. W.; MERMIN, D. N.: Festkörperphysik. 3. Aufl. – München: Oldenbourg Verlag 2007. ISBN 978-3-486-58273-4.
BHAGAVANTAM, S.: Crystal Symmetry and Physical Properties. – London, New York: Academic Press 1966.
BHAGAVANTAM, S.; VENKATARAYUDU, T.: Theory of Groups and its Application for Physical Problems. New York, London: Academic Press 1969.
BILLINGS, A. R.: Tensor Properties of Materials. – London, New York: John Wiley & Sons 1969.
COLEMAN, R. V.: Solid State Physics. – London, New York: Academic Press 1973.
CZYCHOLL, G.: Theoretische Festkörperphysik. – Berlin etc.: Springer-Verlag 2008. ISBN 978-3-540-74789-5.
EISENKOLB, F. (Hrsg.): Einführung in die Werkstoffkunde. Bde. 1 bis 5. – Berlin: Verlag Technik 1959 bis 1970.
GROTH, P. H. VON: Physikalische Kristallographie. – Leipzig: W. Engelmann 1876.
GROTH, P. H. VON: Elemente der Physikalischen und Chemischen Kristallographie. – München, Berlin: R. Oldenbourg Verlag 1921.
HALL, H. E.: Solid State Physics. – London, New York: John Wiley & Sons 1974.
HAUSSÜHL, S.: Kristallphysik. – Weinheim: Verlag Chemie; Verlag Physik 1983. ISBN 3-527-21087-3.

HAUSSÜHL, S.: Physical Properties of Crystals. – Weinheim: Wiley-Verlag Chemie- Physik-Verlag 2007. ISBN 978-3-527-40543-5.
HELLWEGE, K. H.: Einführung in die Festkörperphysik. 3. Aufl. – Berlin etc.: Springer-Verlag 1988.
HERZOG, P; KOPITZKI, K.: Einführung in die Festkörperphysik. 6. Aufl. – Wiesbaden: Vieweg + Teubner Verlag 2007. ISBN 978-3-83510144-9.
HUNKLINGER, S.: Festkörperphysik. 2. Aufl. – München: Oldenbourg Verlag 2009. ISBN 978-3-486-59045-6.
JURETSCHKE, H. J.: Crystal Physics. – London, Amsterdam: W. A. Benjamin 1974.
KITTEL, C.; FONG, C. Y.: Quantentheorie der Festkörper. – München: Oldenbourg Verlag 1989.
KITTEL, C.: Einführung in die Festkörperphysik. 14. Aufl. – München: Oldenbourg Verlag 2006. ISBN 978-3-486-57723-5.
KLEBER, W.: Angewandte Gitterphysik. 3. Aufl. – Berlin: Walter de Gruyter 1960.
KLEBER, W.; MEYER, K.; SCHOENBORN, W.: Einführung in die Kristallphysik. – Berlin: Akademie-Verlag 1968.
KREHER, K.: Festkörperphysik. – Berlin: Akademie-Verlag 1973.
KREHER, K.: Festkörperphysik. In: Lehrbuch der Physik von E. Grimsehl (Hrsg.: A. LÖSCHE). Bd. 4 Struktur der Materie. 17. Aufl. – Leipzig: B. G. Teubner Verlagsges. 1988.
LINDNER, H.: Grundriß der Festkörperphysik. – Leipzig: Fachbuchverlag 1978.
LUDWIG, W.: Festkörperphysik. 2. Aufl. – Wiesbaden: Akadem. Verlagsges. Athenaion 1978.
MADELUNG, O.: Festkörpertheorie I u. II. – Berlin etc.: Springer-Verlag 1972.
NYE, J. F.: Physical Properties of Crystals. – Oxford: Clarendon Press 1957.
PAUFLER, P.: Physikalische Kristallographie. – Berlin: Akademie-Verlag 1986.
SCHATT, W.: Einführung in die Werkstoffwissenschaft. – Leipzig: Deutscher Verlag für Grundstoffindustrie 1972.
SCHILLING, H.: Festkörperphysik – Leipzig: Fachbuchverlag 1976.
SCHULZE, G. E. R.: Metallphysik. 2. Aufl. – Berlin: Akademie-Verlag 1974.
SHASKOESKAJA, M. P.: Ocherki o Svojstvakh Kristallov. – Moskva: Izd. Nauka 1976.
SIROTIN, JU. I.; SHASKOL'SKAJA, M. P.: Osnovy kristallofiziki. 2. Aufl. – Moskva: Izd. Nauka 1979.
VAINSHTEIN, B. K. (Ed.): Modern Crystallography. Vol. 4: Physical Properties of Crystals. – Berlin etc.: Springer-Verlag 1983.
VOIGT, W.: Lehrbuch der Kristallphysik. 2. Aufl. – Leipzig 1928; Nachdr. New York: Johnson Reprint Corp. u. Teubner 1966.
VOIGT, W.: Die fundmentalen physikalischen Eigenschaften der Kristalle in elementarer Darstellung. – Saarbrücken: VDM Verlag Dr. Müller 2008. ISBN 978-3-8364-3899-5.
WEISSMANTEL, C.; HAMANN, C.; Grundlagen der Festkörperphysik. – Berlin: Deutscher Verlag der Wissenschaften 1979.
WOOSTER, W. A.: Experimentelle Kristallphysik. – Berlin: Deutscher Verlag der Wissenschaften 1958.
WOOSTER, W. A.: Tensors and Group Theory for the Physical Properties of Crystals. – Oxford: University Press 1973.
ZIMAN, J. M.: Prinzipien der Festkörpertheorie. – Berlin: Akademie-Verlag 1977 und Köln: Verlag Harri Deutsch 1975.

Monographien

BIRSS, R. R.: Symmetry and Magnetism. – Amsterdam: North-Holland 1964.
BONSTEDT-KUPLETSKAJA, E. M.: Die Bestimmung des spezifischen Gewichts von Mineralien. – Jena: Gustav Fischer Verlag 1954.
CADY, W. G.: Piezoelectricity. – New York: McGraw-Hill 1946.

CHAKRAVERTY, A. S.: Introduction to the Magnetic Properties of Solids. – New York, London: John Wiley & Sons 1980.

COCHRAN, W.: The Dynamics of Atoms in Crystals. – London: Arnold 1977.

COWLEY, J. M.: Modulated Structures. – Americ. Inst. of Physics 1979.

CRACKNELL, A. P.: Magnetism in Crystalline Materials. – Oxford: Pergamon Press 1975.

CRANGLE, J.: The Magnetic Properties of Solids. – London: Arnold 1977.

FATUZZO, E.; MERZ, W. J.: Ferroelectricity. – Amsterdam: North-Holland 1967.

GEBALLE, T. H.; WHITE, R. M.: Long Range in Solids. – London, New York: Academic Press 1979.

HAASEN, P.: Physikalische Metallkunde. – Berlin: Akademie-Verlag 1985.

HARRISON, W. A.: Electronic Structure and Properties of Solids. – Freeman 1980.

HERRMANN, R.; PREPPERNAU, U.: Elektronen im Kristall. – Berlin: Akademie-Verlag 1979.

JÄGER, E.; PERTHEL, R.: Magnetische Eigenschaften von Festkörpern. – Berlin: Akademie-Verlag 1983.

JONA, F.; SHIRANE, G.: Ferroelectric Crystals. – Oxford, New York: Pergamon Press 1962.

JONES, H.: The Theorie of Brillouin Zones and Electronic States in Crystals. 2. Aufl. – Amsterdam, New York: North-Holland 1975.

KAMINSKIJ, A. A.: Lazernye kristally. – Moskva: Izd. Nauka 1975. Übers.: Laser Crystals. – Berlin etc.: Springer-Verlag 1981. ISBN 3-540-09576-4.

KONRAD, H.: Härteprüfung an Metallen und Kunststoffen. – Renningen: Expert-Verlag 2007. ISBN: 3-8169-2550-2; 978-3-8169-2550-7.

KOSEVICH, A. M.: Dislokacii v teorii uprugosti. – Kiev: Izd. Naukova Dumka 1978.

KREHER, K.: Elektronen und Photonen in Halbleitern und Isolatoren. – Berlin: Akademie-Verlag 1986.

KRISHNAN, R. S. et al.: Thermal Expansion of Crystals. – Oxford, New York: Pergamon Press 1979.

KUSNEZOW, W. D.: Einfluß der Oberflächenenergie auf das Verhalten fester Körper. – Berlin: Akademie-Verlag 1961.

MARTIN, H. J.: Die Ferroelektrika. – Leipzig: Akad. Verlagsgesellsch. Geest & Portig 1964.

MASON, W. P.: Piezoelectric Crystals and their Applications to Ultrasonics. – New York: Van Nostrand 1950.

NARASIMHAMURTY, T. S.: Photoelastic and Electrooptic Properties of Crystals. – New York, London: Plenum Press 1981.

PAUFLER, P.; SCHULZE, G. E. R.: Physikalische Grundlagen mechanischer Festkörpereigenschaften, I und II. – Berlin: Akademie-Verlag 1978.

PAUL, H.: Nichtlineare Optik (2 Bde.). – Berlin: Akademie-Verlag 1973.

PUNIN, V.; SHTUKENBERG, A.; KAHR, B.: Optically Anomalous Crystals. – Berlin etc.: Springer-Verlag 2007. ISBN 978-1-40-205287-3.

SCHUBERT, M.; WILHELMI, B.: Einführung in die nichtlineare Optik. – Leipzig: B. G. Teubner Verlagsgesellsch. 1971.

SHELUDEW, I. S.: Elektrische Kristalle. – Berlin: Akademie-Verlag 1975.

SHEN, Y. R.: The Principles of Nonlinear Optics. – New York, London: John Wiley & Sons 1984.

SHERWOOD, J. N. (Ed.): The Plastically Crystalline State. – New York, London: John Wiley & Sons 1979.

SMOLENSKIJ, G. A.; KRAJNIK, N. N.: Ferroelektrika und Antiferroelektrika. – Leipzig: B. G. Teubner Verlagsgesellsch. 1972.

SONIN, A. S.; STRUKOW, B. A.: Einführung in die Ferroelektrizität. – Berlin: Akademie-Verlag 1974.

STOLZ, H.: Einführung in die Vielelektronen-Theorie der Kristalle. – Berlin: Akademie-Verlag 1974.

TERTSCH, H.: Die Festigkeitserscheinungen der Kristalle. – Wien: Springer-Verlag 1947.

VLADIMIROV, V. I.: Einführung in die physikalische Theorie der Plastizität und Festigkeit. – Leipzig: Deutscher Verlag für Grundstoffindustrie 1976.

ZHELUDEV, I. S. (Hrsg. J. BOHM): Kristallphysik und Symmetrie. – Akademie-Verlag 1990. ISBN 3-05-500688-7.

Kristalloptik

BELJANKIN, D. S.; PETROW, W. P.: Kristalloptik. – Berlin: Verlag Technik 1954.

BEREK, M.: Mikroskopische Mineralbestimmung mit Hilfe der Universaldrehtischmethoden. – Berlin: Gebrüder Borntraeger 1924.

BEYER, H. (Hrsg.): Handbuch der Mikroskopie. – Berlin: Verlag Technik 1973.

BLOSS, F. D.: An Introduction to the Methods of Optical Crystallography. – New York: Holt, Rinehart & Winston 1961.

BORN, M.: Optik. Ein Lehrbuch der elektromagnetischen Lichttheorie. 3. Aufl. – Berlin etc.: Springer-Verlag 1965.

BORN, M.; WOLF, E.: Principles of Optics. 2. Aufl. – Oxford etc.: Pergamon Press 1964.

BUCHWALD, E.: Einführung in die Kristalloptik. – Berlin: Walter de Gruyter 1963.

BURRI, C.: Das Polarisationsmikroskop. – Basel: Verlag Birkhäuser 1950.

EMONS, H.-H.; KEUNE, H.; SEYFARTH, H.-H.: Chemische Mikroskopie. – Leipzig: Deutscher Verlag für Grundstoffindustrie 1973.

FREUND, H. (Hrsg.): Handbuch der Mikroskopie in der Technik. 8 Bde. – Frankfurt (M.): Umschau Verlag 1957 bis 1968.

GALOPIN, R. E.; HENRY, N. F. M.: Microscopie Analysis of the Opaque Minerals. – Cambridge: Jeffer & Sons 1972.

GAY, P.: An Introduction to Crystal Optics. – London: Longmans 1967.

GOBRECHT, H. (Hrsg.): Lehrbuch der Experimentalphysik von BERGMANN/SCHAEFER. Bd. III Optik (Bearb. K. WEBER). – Berlin, New York: Walter de Gruyter 1974.

HAAS, H.: Polarisationsoptik. – Berlin: Verlag Technik 1953.

HARTSHORNE, N. H.; STUART, A.: Crystals and the Polarising Microscop. 4. Aufl. – London: Arnold 1970.

KÄSTNER, F.: Einführung in den Gebrauch des Polarisationsmikroskops. – Leipzig: Fachbuchverlag 1953.

KERR, P. F.: Optical Mineralogy. – New York etc.: McGraw-Hill 1959.

KORDES, E.: Optische Daten zur Bestimmung anorganischer Substanzen mit dem Polarisationsmikroskop. – Weinheim/Bergstraße: Verlag Chemie 1960.

MARMASSE, C.: Microscopes and their Uses. – Gordon & Breach 1980.

MCCRONE, W. C. et al.: Polarised Light Microscopy. – Ann Arbor Sience Publ. 1978.

MOENKE, H.; MOENKE, L.: Optische Bestimmungsverfahren und Geräte für Mineralogen und Chemiker. – Leipzig: Akadem. Verlagsgesellsch. Geest & Portig 1965.

MÜLLER, G.; RAITH, M.: Methoden der Dünnschliffmikroskopie. 5. Aufl. – Köln: Sven von Loga 1993.

POCKELS, F.: Lehrbuch der Kristalloptik. – Leipzig: Teubner 1906.

RAAZ, F.; TERTSCH, H.: Geometrische Kristallographie und Kristalloptik. 2. Aufl. – Wien: Springer-Verlag 1951.

RAMACHANDRAN, G. N.; RAMESHAN, S.: Crystal Optics. In: Handbuch der Physik (Hrsg.: S. FLÜGGE). Bd. XXV, Teil 1. – Berlin etc.: Springer-Verlag 1961.

RATH, R.: Theoretische Grundlagen der allgemeinen Kristalldiagnose im durchfallenden Licht. – Berlin etc.: Springer-Verlag 1969.

RINNE, F.; BEREK, M.; SCHUMANN, H.; KORDNER, F.: Anleitung zur allgemeinen Polarisationsmikroskopie der Festkörper im Durchlicht. 3. Aufl. – Stuttgart: E. Schweizerbart'sche Verlagsbuchhandlung 1973.

SARANTSCHINA, G. M.: Die Fedorow-Methode. – Berlin: Deutscher Verlag der Wissenschaften 1963.

SHURCLIFF, W. A.; BALLARD, S. S.: Polarized Light. – Princeton: Van Nostrand 1964.

SOMMERFELD, A.: Optik. – Leipzig 1964.

STOIBER, R. E.; MORSE, S. A.: Crystal Identification with the Polarizing Microscope. – New York, London: Chapman & Hall 1994.
SZIVESZY, G.: Kristalloptik im Handbuch der Physik von GEIGER/SCHEEL. – Berlin 1928.
TRÖGER, W. E.: Optische Bestimmung der gesteinsbildenden Minerale. Teil 1. Bestimmungstabellen. 5. Aufl. – Stuttgart: E. Schweizerbart'sche Verlagsbuchhandlung 1982.
WACHROMEJEW, S. A.: Erzmikroskopie. – Berlin: Verlag Technik 1954.
WAHLSTROM, E. E.: Optical Crystallography. 5. Aufl. – New York: John Wiley & Sons 1979.
WINCHELL, A. N.: Elements of Optical Mineralogy. Vol. I bis III. – New York: John Wiley & Sons 1957.
WOOD, E. A.: Crystals and Light. 2. Aufl. – Princeton etc.: Van Nostrand 1977.

Weiterführende Literatur zum Abschnitt 5. Strukturanalyse von Kristallen

Kristallstrukturanalyse

Unter Kristallstrukturlehre verzeichnete Titel sowie:

ALLMANN, R.; KERN, A: Röntgen-Pulverdiffraktometrie. 2. Aufl. – Berlin etc: Springer-Verlag 2002. ISBN 3-54043-967-6; EAN 9783540439676.
AMOROS, J. L.; BUERGER, M. J.; AMOROS, C. DE: The Laue Method. – New York: Academic Press 1975.
AZAROFF, L. V.: Elements of X-ray Crystallography. – New York: McGraw-Hill 1968.
AZAROFF, L. V.: X-ray Diffraction. – New York: McGraw-Hill 1974.
BERTIN, E. P.: Principles and Practice of X-ray Spectrometric Analysis. London: Heyden, New York: Plenum Press 1970.
BORN, E.; PAUL, G.: Röntgenbeugung am Realkristall. – München: Verlag Thiemig 1979.
BRAGG, L.: The Development of X-ray Analysis. – London: Bell & Sons 1975.
BROWN, J. G.: X-ray and their Applications. – New York, London: Plenum Press 1975.
BRÜMMER, O.; STEPHANIK, H. (Hrsg.): Dynamische Interferenztheorie. – Leipzig: Akadem. Verlagsgesellsch. Geest & Portig 1976.
BUERGER, M. J.: Crystal Structure Analysis. – New York, London: John Wiley & Sons 1960.
BUERGER, N. J.: X-ray Crystallography. 2. Aufl. – New York: John Wiley & Sons 1962.
BUERGER, M. J.: The Precession Method in X-ray Crystallography. – New York, London: John Wiley & Sons 1964.
Chang, S. L.: X-Ray Multiple-Wave Diffraction. – Berlin etc.: Springer-Verlag 2004. ISBN 978-3-540-21196-9.
DUNITZ, J. D.: X-ray Analysis and the Structure of Organic Molecules. – Cornell Univ. Press 1979.
Feranchuk, I. D.; Ulyanenkov, A. P.; Baryshevsky, V.G.: Parametric X-Ray Radiation in Crystals. – Berlin etc.: Springer-Verlag 2005. ISBN 978-3-540-26905-2.
FRANK-KAMENECKIJ, V. A.: Rukovodstvo po rentgenovskomu Issledovaniju Mineralov. – Leningrad: Izd. Nedra 1975.
GIACOVAZZO, C.: Direct Methods in Crystallography. – London: Academic Press 1980.
GUINIER, A.: X-Ray Diffraction. – San Francisco: Freeman 1963.
HABERMEHL, G.; GÖTTLICHER, S.; KLINGBEIL, E.: Röntgenstrukturanalyse organischer Verbindungen. – Berlin: Springer-Verlag 1973.
HAUPTMANN, H. A.: Crystal Structure Determination. – New York, London: Plenum Press 1972.
HAUSSÜHL, S.: Kristallstrukturbestimmung. ISBN 3-87664-576-X.

HENRY, N. F. M.; LIPSON, H.; WOOSTER, W. A.: The Interpretation of X-Ray Diffraction Photographs. – London: Macmillan 1960.

HOSEMANN; R.; BAGCHI, S. N.: Direct Analysis of Diffraction by Matter. – Amsterdam: North-Holland 1962.

JOST, K.-H.: Röntgenbeugung an Kristallen. – Berlin: Akademie-Verlag 1975.

KRISCHNER, H.: Einführung in die Röntgenfeinstrukturanalyse. 3. Aufl. – Braunschweig, Wiesbaden: Friedr. Vieweg & Sohn 1987.

KRISCHNER, H.: Einführung in die Röntgenfeinstrukturanalyse. 4. Aufl. – Braunschweig: Vieweg 1990.

LADD, M. F.; PALMER, R. A.: Structure Determination by X-ray Crystallography. – New York, London: Plenum Press 1977.

LADD, M. F.; PALMER, R. A. (Eds.): Theorie and Practice of Direct Methods in Crystallography. – New York, London: Plenum Press 1980.

LADD, M. E. C.; PALMER, R. A.: Structure Determination by X-ray Crystallography. 3rd Ed. – New York: Plenum Press 1997. ISBN 0-306-44751-6.

LAUE, M. v.: Röntgenstrahlinterferenzen. 3. Aufl. – Frankfurt (M.): Akadem. Verlagsgesellsch. 1960.

LIPSON, M. S.: Crystals and X-Rays. – London, Winchester: Wykeham Publications 1970.

LIPSON, H.; COCHRAN, W.: The Determination of Crystal Structures. – London: Bell & Sons 1966.

LIPSON, H.; STEEPLE, H.: Interpretation of X-ray Powder Diffraction Patterns. – London: Macmillan 1970.

LUGER, P.: Modern X-ray Analysis of Single Crystals. – Berlin, New York: Walter de Gruyter 1980.

MASSA, W.: Kristallstrukturbestimmung. – Wiesbaden: Vieweg+Teubner Verlag 2009. ISBN 3834806498; EAN 978-3-8348-0649-9.

MEISEL, A.; LEONHARDT, G.; SZARGAN, R.: Röntgenspektren und chemische Bindung. – Leipzig: Akad. Verlagsges. Geest & Portig 1977.

MILBURN, G. H. W.: X-ray Crystallography. – London, Boston: Butterworths 1973.

NEEF, H.: Grundlagen und Anwendung der Röntgen-Feinstruktur-Analyse. 2. Aufl. – München: R. Oldenbourg 1962.

NUFFIELD, E. W.: X-Ray Diffraction Methods. – New York: John Wiley & Sons 1966.

NOWACKI, W.: Fouriersynthese von Kristallen. – Basel: Verlag Birkhäuser 1952.

PINSKER, Z. G.: Dynamical Scattering of X-ray in Crystals. – Berlin etc.: Springer-Verlag 1978.

RAAZ, F.: Röntgenkristallographie. – Berlin, New York: Walter de Gruyter 1975.

RAMACHANDRAN, G. N.; SRINAVASAN, R.: Fourier Methods in Crystallography. – New York, London: John Wiley & Sons 1970.

SCHULTZ, J. M.: Diffraction for Materials Scientists. – Prentice Hall 1981.

SCHWARTZ, L. H.; COHEN, J. B.: Diffraction from Materials. – London, New York: Academic Press 1977.

STOUT, G. H.; JENSEN, L. H.: X-ray Structure Determination. – London; Macmillan 1972.

WILSON, A. J. C.: Elements of X-ray Crystallography. – Addison Wesley 1970.

WILSON, A. J. C.: Mathematical Theory of X-ray Powder Diffractometry. – Eindhoven: Philips 1963.

WÖLFEL, E. R.: Theorie und Praxis der Röntgenstrukturanalyse. 3. Aufl. – Braunschweig: Friedr. Vieweg & Sohn 1987.

WOOD, E. A.: Crystal Orientation Manual. – New York, London: Columbia Univers. Press 1963.

WOOLFSSON, M. M.: An Introduction to X-Ray Crystallography. – Cambridge: University Press 1970.

ZACHARIASEN, W. H.: Theory of X-ray Diffraction in Crystals. – New York: Dover Publ. 1967.

ZHDANOV, G. S.; ILJUSHIN, A. S.; NIKITINA, S. V.: Difrakcionnyj i rezonansnyj strukturnyj Analiz. – Moskva: Nauka 1980.

Realstrukturanalyse und physikalische Untersuchungsmethoden

AMELINCKX, L.; et al.: Modern Diffraction and Imaging Techniques in Material Science. – Amsterdam: North-Holland 1970.

ANDERSEN, C. A.: Microprobe Analysis. – New York etc.: John Wiley & Sons 1973.

ASH, E. A. (Ed.): Scanned Image Microscopy. Vol. 2: Imaging and Diffraction Techniques: – London, New York: Academic Press 1980.

AULEYTNER, J.: X-Ray Methods in the Study of Defects in Single Crystals. – Warschau: PWN – Polish Scientific Publishers 1967.

AUTHIER, A.: X-ray Optics. – Berlin etc.: Springer-Verlag 1977.

BACON, G. E.: Neutron Scattering in Chemistry. – London, Boston: Butterworth 1977.

BARB, D.: Grundlagen und Anwendung der Mössbauerspektroskopie. – Berlin: Akademie-Verlag; Bukarest. Ed. Academiei 1980.

BARRETT, C. S.; MASSALSKI, T. B.: Struktur of Metals. 3. Ed. – Oxford: Pergamaon Press 1980.

Bennewitz, B.; Hug, H.;Meyer, E.: Scaning Probe Microscopy – Berlin etc.: Springer-Verlag 2003. ISBN 978-3-540-43180-0.

BETHGE, H.; HEYDENREICH, J. (Hrsg.): Elektronenmikroskopie in der Festkörperphysik. – Berlin: Deutscher Verlag der Wissenschaften 1982.

BIRKS, L. S.: Electron Probe Microanalysis. – New York: John Wiley & Sons 1971.

BOHM, J.: Realstruktur von Kristallen. – Stuttgart: E. Schweizerbart'sche Verlagybuchhandlung 1995. ISBN 3-510-65160-X

BRÜMMER, O.; HEYDENREICH, J.; KREBS, K. H.; SCHNEIDER, H. G. (Hrsg.): Festkörperanalyse mit Elektronen, Ionen und Röntgenstrahlen. – Berlin: Deutscher Verlag der Wissenschaften 1980.

BRÜMMER, O. (Hrsg.): Mikroanalyse mit Elektronen und Ionensonden. – Leipzig: Deutscher Verlag für Grundstoffindustrie 1978.

BRÜMMER, O.; STEPHANIK, H.: Dynamische Interferenztheorie. – Leipzig: Akadem. Verlagsgesellsch. Geest & Portig 1976.

CARLSON, T. A.: Photoelectron and Auger Spectroscopy. – New York: Plenum Press 1975.

CARTER, C. B.; WILLIAMS, D. B.: Transmission Electron Microscopy. – Berlin etc.: Springer-Verlag 2009. ISBN 978-0-38-776502-0.

COLLIEX, C.: Elektronenmikroskopie. – Stuttgart: Wissenschaftliche Verlagsgesellschaft 2008. ISBN 978-3-8047-2399-3.

COWLEY, J. M.: Diffraction Physics. 2. Aufl. – Amsterdam: North-Holland 1981.

DAHL, P.: Introduction to Electron and Ion Optics. – New York, London: Academic Press 1973.

DANZER, K.; THAN, E.; MOLCH, D.; KÜCHLER L.; KÖNIG, H.: Analytik – Systematischer Überblick. 2. Aufl. – Leipzig: Akademische Verlagsgesellsch. Geest & Portig 1987.

DORSET, D. L.: Structural Electron Crystallography. – New York: Plenum Press 1995. ISBN 0-306-45049-6.

ECHLIN, P.: Handbook of Sample Preparation for Scanning Electron Microscopy and X-Ray Microanalysis. – Berlin etc.: Springer-Verlag 2009. ISBN 978-0-38-785730-5.

EGERTON, R.: Physical Principles of Electron Microscopy. – Berlin etc.: Springer-Verlag 2008. ISBN 978-0-38-725800-3.

ERTL, G.; KÜPPERS, J.: Low Energy Electrons and Surface Chemistry. – Weinheim/Bergstraße: Verlag Chemie 1974.

GLOCKNER, R.: Materialprüfung mit Röntgenstrahlen. 5. Aufl. – Berlin etc.: Springer-Verlag 1985.

GOLDSTEIN, J. et al.: Scanning Electron Microscopy and X-ray Analysis. – New York, London: Plenum Press 1981.

GRASSENBAUER, M.; DUDEK, H. J.; EBEL, M. F.: Angewandte Oberflächenanalyse mit SIMS, AES and XPS. – Berlin: Akademie-Verlag; Berlin etc.: Springer-Verlag 1986.

HEIDE, K.: Dynamische thermische Analysenmethoden. – Leipzig: Deutscher Verlag für Grundstoffindustrie 1982.

HORNBOGEN, E.: Durchstrahlungselektronenmikroskopie fester Stoffe. – Weinheim/Bergstraße: Verlag Chemie 1971.

HOSOYA, S.; FITAKA, Y.; HASHIZUME, H.: X-ray Instrumentation for the Photon Factory. Dynamic Analysis of Microstructures in Matter. – Dordrecht: D. Reidel Publ. Comp. 1986.

HOVE VAN, M. A.; TONG, S. Y.: Surface Crystallography be LEED. – Berlin etc.: Springer-Verlag 1979.

HOWE, J. M.; FULTZ, B.: Transmission Electron Microscopy and Diffractometry of Materials. – Berlin etc.: Springer-Verlag 2007. ISBN 978-3-540-73885-5.

HUKINS, D. W. L.: X-ray Diffraction by Disordered and Ordered Systems. – Oxford, New York: Pergamon Press 1981.

KAUPP, G.: Atomic Force Microscopy, Scanning Nearfield Optical Microscopy and Nanoscratching. – Berlin etc.: Springer-Verlag 2006. ISBN 978-3-540-28405.

KÖNIGSBERGER, D. C.; PRIN$_s$, R. (Eds.): X-ray Absorption. Principles, Applications, Techniques of EXAFS, SEXAFS and XANES. – New York: John Wiley & Sons 1988.

KOSTORZ, G. (Ed.): Neutron Scattering. – London, New York: Academic Press 1979.

LORETTO, M. H.; SMALLMAN, R. E.: Defect Analysis in Electron Microscopy. – Chapman & Hall 1975.

MALISSA, D. R.; ISASI, I. A.: Handbuch der mikrochemischen Methoden. – Wien, New York: Springer-Verlag 1966.

MÜLLER, E. W.; TSONG, T. T.: Field-Ion Microscopy. – New York: American Elsevier Publishing Comp. 1969.

MÜLLER, R.: Spektrochemische Analysen mit Röntgenfluoreszenz. – München, Wien: R. Oldenbourg Verlag 1967.

PENDREY, J. B.: Low Energy Electron Diffraction. – London, New York: Academic Press 1974.

PICHT, J.; HEYDENREICH, J.: Einführung in die Elektronenmikroskopie. – Berlin: Verlag Technik 1966.

POULSEN, H. F.: Three-Dimensional X-Ray Diffraction Microscopy. – Berlin etc.: Springer-Verlag 2004. ISBN 978-3-540-22330-6.

QUEISSER, H.-J. (Ed.): X-Ray Optics – Application to Solids. – Berlin etc.: Springer-Verlag 1977. ISBN 3-540-08462-2.

REED, S., L. B.: Electron Microprobe Analysis. – Cambridge: University Press 1975.

REIMER, L.: Scanning Electron Microscopy. – Berlin etc.: Springer-Verlag 1998. ISBN 978-3-540-63976-3.

SCHULTZE, D.: Differentialthermoanalyse. 2. Aufl. – Berlin: Deutscher Verlag der Wissenschaften 1971.

SCOTT, V. D.; LOVE, G. (Eds.): Quantitative Electron-Probe Microanalysis. – Chichester: Ellis Horwood 1983.

SEVIER, K. D.: Low Energy Electron Spectrometry. – New York: John Wiley & Sons 1972.

SPENCE, J. C. H.: Experimental High Resolution Electron Microscopy. – OUP 1981.

TANNER, B. K.: X-ray diffraction topography. – Oxford etc.: Pergamon Press 1976.

THÜMMEL, H.-W.: Durchgang von Elektronen- und Betastrahlung durch Materienschichten. – Berlin: Akademie-Verlag 1974.

WAGNER, R.: Field-Ion Microscopy in Materials Science. – Berlin etc.: Springer-Verlag 1982.

WELLS, O. C.: Scanning Electron Microscopy. – New York: McGraw Hill 1974.

Zitierte Literatur

[1.1] BOHM, J.; WADEWITZ, H.: Bestimmung von kristallographischen Elementen stabförmiger kubischer Einkristalle. Teil I, II, III. Krist. u. Techn. **1** (1966) S. 333–345; **1** (1966) S. 657–663; **2** (1967) S. 131–149.

[1.2] WHITTAKER, E. J. W.: The stereographic projection. Cardiff: University College Cardiff Press 1984.

[1.3] SCHMIDT, W.: Gefügestatistik. Tschermaks Miner. Petrogr. Mitt. **38** (1925) S. 329.

[1.4] NICHOLAS, F. J.: The simplicity of Miller-Bravais indexing. Acta Cryst. **21** (1966) S. 880 u. 881.

[1.5] NICHOLAS, F. J.: The indexing of hexagonal crystals. phys. stat. sol. **(a)** **1** (1970) S. 563–571.

[1.6] BOHM, M.; BOHM, J.: CRYSCOMP-CRYSDRAW: Universal PC-Software for geometric crystallography. – 15th European Crystallographic Meeting (ECM-15), Dresden, 28. 8. – 2. 9. 1994 (Abstr. S. 575) München: R. Oldenbourg Verlag 1994. – Apfelweg 10, D-12524 Berlin, Germany.

[1.7] SHAPE SOFTWARE. – 521 Hidden Valley Road, Kingsport, TN 37663, USA.

[1.8] NIGGLI, A.: Zur Topologie, Metrik und Symmetrie der einfachen Kristallformen. Schweiz. Mineralog. u. Petrogr. Mitt. **43** (1963) S. 49–58.

[1.9] KLEBER, W.: Zum Problem der polaren Hemiedrie. Chemie der Erde **18** (1956) S. 167–178. Über Hypomorphie. Wiss. Z. Humboldt-Univ. Berlin **5** (1955/56) S. 1–3.

[1.10] CARNALL, W. T. et al.: A new series of anhydrous double nitrate salts of the lanthanides. Structural and spectral characterization. Inorg. Chem. **12** (1973) S. 560–564.

[1.11] WONDRATSCHEK, H.; NEUBÜSER, J.: Determination of the symmetry elements of a space group from the „general positions" listed in the „International Tables for X-Ray Crystallography. Vol. I". Acta Cryst. **23** (1967) S. 349–352.

[1.12] HELLNER, E.: Descriptive symbols for crystal-structure types and homeotypes based on lattice complexes. Acta Cryst. **19** (1965) S. 703–712.

[1.13] DONNAY, J. D. H.; HELLNER, E.; NIGGLI, A.: Symbolism for lattice complexes, revised by a Kiel symposium. Z. Kristallogr. **123** (1966) S. 255–262.

[1.14] WONDRATSCHEK, H.: Crystallographic orbits, lattice complexes and orbit types. Comm. math. Chem. 1980, S. 121–125.

[1.15] DONNAY, J. D. H.; HARKER, D.: A new law of crystal morphology extending the law of Bravais. J. Mineral. Soc. Amer. 22 (1937) S. 446–467.

[1.16] NIGGLI, P.: Beziehungen zwischen Wachstumsformen und Struktur der Kristalle. Z. anorg. allg. Chemie **110** (1920) S. 55–80.

[1.17] KLEBER, W.: Die Korrespondenz zwischen Morphologie und Struktur der Kristalle. Naturwiss. **42** (1955) S. 170–173.

[1.18] HARTMANN, P.; PERDOK, W. G.: On the relation between structure and morphology of crystals I. Acta Cryst. **8** (1955) S. 49–52.

[2.1] GOLDTSCHMIDT, V. M.: Geochemische Verteilungsgesetze der Elemente. VII: Die Gesetze der Kristallchemie. Skrifter Norsk Vid. Akad. Oslo, I Mat. Naturv. Kl. 1926, Nr. 2; VIII: Untersuchungen über Bau und Eigenschaften von Kristallen. ibid. 1927, Nr. 8.

[2.2] LAVES, F.: Crystal Structure and Atomic Size. In: Theory of Alloy Phases. Amer. Soc. Metals (Cleveland, Ohio) 1955, S. 124–198.

[2.3] HO, S.-M.; DOUGLAS, B. E.: A broader view of close packing to include body-centered and simple cubic systems. Journ. Chem. Educ. **45** (1968) S. 474–476.

[2.4] ALLRED, A. L.; ROCHOW, E. G.: A scale of electronegativity based on electrostatic force. Journ. Inorgan. Nucl. Chem. **5** (1958) S. 264–280.

[2.5] HEANY, P.J.; PREWITT, C.T.; GIBBS, G.V.: Silica.- Rev. Mineralogy (Mineralog. Soc. Americ.) **29** (1994) S. 6–12.

[2.6] PAULING, L.: Die Natur der chemischen Bindung, 2. Aufl. Weinheim/Bergstraße: Verlag Chemie 1964.

[2.7] PHILLIPS, J. C.: Ionicity of the Chemical Bond in Crystals. Rev. Mod. Phys. **42** (1970) S. 317–356.

[2.8] VAN VECHTEN, J. A.: Quantum dielectric theory of electronegativity in covalent systems. II. Ionization potentials and interband transition energies. Phys. Rev. **187** (1969) S. 1007–1020.

[2.9] MOOSER, E.; PEARSON, W. B.: On the crystal chemistry of normal valence compounds. Acta Cryst. **12** (1959) S. 1015–1022.

[2.10] AHRENS, L. H.: The use of ionization potentials. I. Ionic radii of the elements. Geochim. Cosmochim. Acta **2** (1952) S. 155–169.

[2.11] SHANNON, R. D.; PREWITT, C. T.: Effective ionic radii in oxides and fluorides. Acta Cryst. **B 25** (1969) S. 925–946; Revised values of effective ionic radii. Acta Cryst. **B 26** (1970) S. 1046–1048.

[2.12] VAN VECHTEN, J. A.; PHILLIPS, J. C.: New Set of Tetrahedral Covalent Radii. Phys. Rev. **B 2** (1970) S. 2160–2167.

[2.13] GOLDSCHMIDT, V. M.: Über Atomabstände in Metallen. Z. Phys. Chem. **133** (1928) S. 397–419.

[2.14] LAVES, F.: Fünfundzwanzig Jahre Laue-Diagramme. Naturwiss. **25** (1937) S. 721–733.

[2.15] BONDI, A.: Van der Waals volumes and radii. J. Phys. Chem. **68** (1964) S. 441–451.

[2.16] BUERGER, M. J.: Polymorphism and phase transformations. Fortschr. Miner. **39** (1961) S. 9–24.

[2.17] SCHULZE, G. E. R.; WIETING, J.: Über Bauprinzipien des $CuZn_2$-Gitters. Z. Metallk. **52** (1961) S. 743–746.

[2.18] HELLNER, E.: Über ein strukturelles Einteilungsprinzip für sulfidische Erze. Naturwiss. **45** (1958), S. 38; Journ. Geol. **66** (1958) S. 503–525.

[2.19] NOWACKI, W.: Zur Klassifikation und Kristallchemie der Sulfosalze. Schweiz. Miner. Petrogr. Mitt. **49** (1969) S. 109–156.

[2.20] EDENHARTER, A.: Fortschritte auf dem Gebiete der Kristallchemie der Sulfosalze. Schweiz. Min. Petr. Mitt. **56** (1976) S. 195–217.

[2.21] FICHTNER, K.: A new polytype notation for CdI_2 type structures. Cryst. Res. Technol. **18** (1983) S. 77–84.

[3.1] DAVISON, S. G.; LEVINE, S. D.: Surface states. Solid State Physics **25** (1970) S. 2–149.

[3.2] HOSEMANN, R.: Röntgenographische Untersuchungen der Ordnungszustände in Polymeren. Ber. Bunsen-Ges. f. phys. Chemie **74** (1970) S. 755–767.

[3.3] DORNBERGER-SCHIFF, K.: Order disorder structures (OD-Strukturen). Acta Cryst. **9** (1956) S. 593–601. Grundzüge einer Theorie der OD-Strukturen aus Schichten. Abh. Dtsch. Akad. Wiss. Nr. 3, Berlin 1964.

[3.4] JANSSEN, T.: Crystallography of quasi-crystals. Acta Cryst. A **42** (1986) S. 261–271.

[3.5] BRANDON, D. G.; et al.: A field ion microscope study of atomic configuration at grain boundaries. Acta Metall. **12** (1964) S. 813.

[3.6] GLEITER, H.: Die atomistische Struktur von Großwinkelkorngrenzen. Phys. Blätter **28** (1972) S. 201–211.

[3.7] SACKMANN, H.; DEMUS, D.: Eigenschaften und Strukturen thermotroper kristallinflüssiger Zustände. Fortschr. chem. Forsch. **12** (1969) S. 349–386.

[3.8] TIMMERMANNS, J.: Plastic crystals: a historical review. J. Phys. Chem. Solids **18** (1961) S. 1–8.

[3.9] KLEBER, W.; RAIDT, H.: Über den Einfluß des Lösungsmittels auf die exogene Symmetrie von Salol. Z. phys. Chem. **222** (1963) S. 1–14.

[3.10] BECKER, R.; DÖRING, W.: Kinetische Behandlung der Keimbildung in übersättigten Dämpfen. Ann. Phys. **24** (1935) S. 719–752.

[3.11] SPANGENBERG, K.: Wachstum und Auflösung der Kristalle. In: Handwörterbuch der Naturwissenschaften. 2. Aufl., Bd. 10, S. 362–401. Jena: Gustav Fischer Verlag 1935.

[3.12] BLIZNAKOV, G.: Die Kristalltracht und die Adsorption fremder Beimischungen. Fortschr. Min. 36 (1958) S. 149–191.

[3.13] KAIŠEV, R.; BUDEVSKI, E.; MALINOVSKI, S.: Elektrolytische Wachstumsformen von kugelförmigen Silbereinkristallen. C. R. Acad. Bulg. Sci. **2** (1949) S. 29–32.

[3.14] KOSSEL, W.: Zur Theorie des Kristallwachstums. Nachr. Ges. Wiss. Göttingen, Math.-phys. Klasse (1927) S. 135–143.

[3.15] STRANSKI, I. N.: Zur Theorie des Kristallwachstums. Z. Phys. Chem. **136** (1928) S. 259 ff.

[3.16] STRANSKI, I. N.; KAIŠEV, R.: a) Über den Mechanismus des Gleichgewichts kleiner Kriställchen. Z. phys. Chem. **B 26** (1934) S. 100–116 u. 312–316. b) Gleichgewichtsform und Wachstumsform der Kristalle. Ann. Phys. **23** (1935) S. 330–338.

[3.17] JACKSON, K. A.: Liquid Metals and Solidification. Amer. Soc. Metals (Cleveland) 1958 S. 174–180.

[3.18] BURTON, W. K.; CABRERA, N.: Crystal growth and surface structure. Disc. Faraday Soc. **5** (1949) S. 33–48. FRANK, F. C.: The influence of dislocations on crystal growth. Disc. Faraday Soc. **5** (1949) S. 48–54.

[3.19] KALB, G.: Die Bedeutung der Vizinalerscheinungen für die Bestimmung der Symmetrie und Formenentwicklung der Kristallarten. Z. Krist. **89** (1934) S. 400–409.

[3.20] BETHGE, H.: Oberflächenstrukturen und Kristallbaufehler im elektronenmikroskopischen Bild, untersucht am NaCl. phys. stat. sol. **2** (1962) S. 3–27 u. 775–820.

[3.21] ECKSTEIN, H.-J.; SPIES, H.-J.: Dendritenmorphologie und Mikroseigerung bei dentritischer Erstarrung von Stahl. In: Kristallisation. Leipzig: VEB Deutscher Verlag für Grundstoffindustrie 1969, S. 95–111.

[3.22] SEARS, G. W.; BRENNER, S. S.: Metal whiskers. Metal Progr. **70** (1956) S. 85–89.

[3.23] BURTON, J. A. et al.: The distribution of solute in crystals grown from the melt. J. Chem. Phys. **21** (1953) S. 1987–1991.

[3.24] PFANN, W. G.: Zone melting. New York: J. Wiley & Sons.

[3.25] BARTHEL, J.; JURISCH, M.: Oszillation der Erstarrungsgeschwindigkeit beim Kristallwachstum aus der Schmelze mit rotierendem Keimkristall. Krist. u. Techn. **8** (1973) S. 199–206.

[3.26] TILLER, W. A. et al.: The redistribution of solute atoms during the solidification of metals. Acta metallurg. **1** (1953) S. 428–437.

[3.27] BARTHEL, J.; SCHARFENBERG, R.: Autoradiographische Beobachtungen der Verteilung der Verunreinigungen in aus der Schmelze gewachsenen Aluminium-Einkristallen. In: Ausscheidungsvorgänge in Legierungen. Berlin: Akademie-Verlag 1964, S. 222–230.

[3.28] DURAND-CHARRE, M.; DURAND, F.: Effects of growth rate on the morphology of monovariant eutectics: MnSb – (Sb,Bi) and MnSb – (Sb,Sn). J. Crystal Growth **13/14** (1972) S. 747–750.

[3.29] FIDLER, R. S. et al.: The thermodynamics and morphologies of eutectics containing compound phases. J. Crystal Growth **13/14** (1972) S. 739–746.

[3.30] BOHM, J.: Experimentelle Verfahren zur unmittelbaren Untersuchung von Versetzungen. Fortschr. Min. **38** (1960) S. 82–95.

[3.31] JOHNSTON, W. G.: Dislocation etch pits in non metallic crystals. Progr. in Ceram. Sci. (Oxford) Vol. **2** (1961) S. 3–75.

[3.32] SCHAARWÄCHTER, W.: Zum Mechanismus der Versetzungsätzung. phys. stat. sol. **12** (1965) S. 375–382 u. 865–876.

[3.33] SCHWOEBEL, R. L.; SHIPSEY, E. J.: Step motion on crystal surfaces. J. Appl. Phys. **37** (1966). S. 3682-3686.

[3.34] BAUER, E.: Phänomenologische Theorie der Kristallabscheidung an Oberflächen. Z. Kristallogr. **110** (1958) 372-394.

[3.35] VULTÉE, J. v.: Die orientierten Verwachsungen der Mineralien. Fortschr. Min. **29/30** (1950/51) S. 297–378.

[3.36] KLEBER, W.; WEIS, J.: Keimbildung und Epitaxie von Eis. Z. Krist. **110** (1958) S. 30–46.

[3.37] NEUHAUS, A.: Orientierte Substanzabscheidung (Epitaxie). Fortschr. Min. **29/30** (1950/51) S. 136–296.

[3.38] FRANK, F. C.; MERWE, H. J. VAN DER: One-dimensional dislocations, I u. II. Proc. Royal Soc. (London) **A 198** (1959) S. 205–225.

[3.39] WOLTERSDORF, J.: Misfit accomodation at interfaces by dislocations. Applic. Surface Sc. **11/12** (1982) S. 495–516.

[3.40] HAGGERTY, J. S.; O'BRIEN, J. L.; WENCKUS, J. F.: Growth and characterization of single crystal ZrB_2. J. Cryst. Growth **3/4** (1968) S. 291–294.

[3.41] KLEBER, W.: Über orientierte heterogene Keimbildung in kristallisierten Phasen. Forschg. Fortschr. **36** (1962) S. 257–262.

[3.42] HEUMANN, TH.: Mehrphasen-Diffusion in: Diffusion in metallischen Werkstoffen. S. 129–142. Leipzig: VEB Dtsch. Verlag f. Grundstoffind. 1970.

[3.43] HAUSER, O.; SCHENK, M.: Strahleninduzierte Phasenumwandlungen. Kernenergie **6** (1963) S. 655–667; phys. stat. sol. **18** (1966) S. 547–555.

[4.1] BRANDMÜLLER, J.; WINTER, F. X.: Influence of symmetry on the static and dynamic properties of crystals. Z. Kristallogr. **172** (1985) S. 191–231.

[4.2] ABRAHAMS, S. C.; REDDY, J. M.; BERNSTEIN, J. L.: Ferroelectric lithium niobate 3. Single crystal X-ray diffraction study at 24 °C. J. Phys. Chem. Solids **27** (1966) S. 997–1012.

[4.3] BOHM, J.; KÜRSTEN, H.-D.: Domänen II. Art in ferroelektrischem Gadoliniummolybdat. phys. stat. sol. (a) **19** (1973) S. 179–183.

[4.4] WONDRATSCHEK, H.: Über die Möglichkeit der Beschreibung kristallphysikalischer Eigenschaften durch Flächen. Z. Kristallogr. **110** (1958) S. 127–135.

[4.5] EMMONS, R. C.: The double variation method. Amer. Mineral. **14** (1929) S. 482 bis 490.

[4.6] KOBAYASHI, J.; TAKAHASHI, T.; HOSOKAWA, T.; UESU, Y.: A new method for measuring the optical activity of crystals and the optical activity of KH_2PO_4. J. Appl. Phys. **49** (1978) S. 809–815.

[4.7] KUMARASWAMY, K.; KRISHNAMURTHY, N.: The acoustic gyrotropic tensor in crystals. Acta Cryst. A **36** (1980) S. 760–762.

[4.8] BOHATÝ, L.: Crystallographic aspects of the linear electro-optic effect. Z. Kristallogr. **166** (1984) S. 97–119.

[4.9] KAMINOW, J. P.; TURNER, E. H.: Electrooptic light modulators. Proc. IEEE **54** (1966) S. 1374–1390.

[4.10] MINCK, R. W.; TERHUNE, R. W.; WANG, C. C.: Nonlinear optics. Appl. Optics **5** (1966) S. 1595–1612.

[4.11] HOBDEN, M. V.: Phase-matched second-harmonic generation in biaxial crystals. J. appl. Phys. **38** (1967) S. 4365–4372.

[4.12] KISS, Z. J.: Photochromic materials for quantum electronics. IEEE Journal QE–5 (1969) S. 12–17.

[4.13] TRÄUBLE, H.: Der Einfluß innerer Spannungen und der Feldstärke auf die magnetische Bereichsstruktur von Eisen-Silizium-Einkristallen. Z. Metallk. **53** (1962) S. 211–231.

[4.14] BELOV, N. V.; NERONOVA, N. N.; SMIRNOVA, T. S.: Šubnikovskie gruppy (Die Schubnikow-Gruppen). Kristallografija **2** (1957) S. 315–325.

[4.15] DONNAY, G.; et al.: Symmetry of magnetic structures: Magnetic structure of chalcopyrite. Phys. Rev. **112** (1958) S. 1917–1923.

[4.16] KITZ, A.: Über die Symmetriegruppen von Spinverteilungen. phys. stat. sol. **10** (1965) S. 455–466.

[4.17] NIGGLI, A.; WONDRATSCHEK, H.: Eine Verallgemeinerung der Punktgruppen I und II. Z. Krist. **114** (1960) S. 215–231; **115** (1961) S. 1–20.

[4.18] BOHM, J.: Zur Systematik der kristallographischen Symmetriegruppenarten. Neues Jb. Mineral. Abh. **100** (1963) S. 113–124.
Zur Anzahl kristallographischer Symmetriegruppenarten. Z. Kristallogr. **150** (1979) S. 115–123.

[4.19] WONDRATSCHEK, H.; BÜLOW, R.; NEUBÜSER, J.: On crystallography in higher dimensions. Acta Cryst. A **27** (1971) S. 517–535.

[4.20] ESSMANN, U.: Elektronenmikroskopische Untersuchung der Versetzungsanordnung in plastisch verformten Kupfereinkristallen. Acta Metall. **12** (1964) S. 1468–1470.

[4.21] MUGHRABI, H.: Elektronenmikroskopische Untersuchung der Versetzungsanordnung verformter Kupfereinkristalle im belasteten Zustand. Phil. Mag. **23** (1971) S. 897–929.

[4.22] ESSMANN, U.: Versetzungsanordnung in plastisch verformten Kupfereinkristallen. phys. stat. sol. **3** (1963) S. 932–949.

[4.23] MECKE, K.; BLOCHWITZ, C.: Saturation dislocation structures in cyclically deformed nickel single crystals of different orientations. Cryst. Res. Technol. **17** (1982) S. 743–758.

[4.24] PLENDL, J. N.; GIELISSE, J. P.: Hardness of nonmetallic solids on an atomic basis. Phys. Rev. **125** (1962) S. 828–832.

[5.1] Kristallographische Datenbanken (Stand 2010):

1. NIST Standard Reference Database 3, NIST Crystal Data, National Institute of Standards and Technology (bis 1988: National Bureau of Standards - NBS), GAITHERSBURG, MD 20899-1070, USA. – Datensätze von 237 671 anorganischen und organischen kristallinen Materialien.
2. ICDD International Centre for Diffraction Data (bis 1978 Joint Committee on Powder Diffraction Standards – JCPDS sowie: American Society for Testing and Materials-ASTM), Swarthmore, PA 19073-3273, USA. - Powder Diffraction Files (PDF).- Datensätze von 594 380 anorganischen Substanzen (auch Mineralien) und Organika.
3. CSD Cambridge Structural Database, The Cambridge Crystallographic Data Centre, Cambridge, CB2 1EZ, UK. - Datensätze von 469 611 meist organischen Verbindungen mit „kleinen Molekülen“ (keine makromolekularen Stoffe).
4. ICSD Inorganic Crystal Structure Database, Fachinformationszentrum Karlsruhe (FIZ), D-76344 Eggenstein-Leopoldshafen, Deutschland. – Datensätze von 120000 Strukturen meist anorganischer Substanzen in 4860 Strukturtypen.
5. PDB Protein Data Bank, Rutgers University, Piscataway, NJ 08854-8087, USA. – Datensätze von 59618 Strukturen biologischer Makromoleküle.

[5.2] ITO, T.: X-ray studies in polymorphism. Maruzen Comp. Tokyo 1950 S. 187–228.

[5.3] BOND, W. L.: Precision lattice constant determination. Acta Cryst. **13** (1960) S. 814–818.

[5.4] BERGER, H.: A method for precision lattice-parameter measurement of single crystals. J. Appl. Cryst. **17** (1984) S. 451–455.

[5.5] HARKER, D.; KASPER, J. S.: Phases of Fourier coefficients directly from crystal diffraction data. J. Chem. Phys. **15** (1947) S. 882–884 u. Acta Cryst. **1** (1948) S. 70–75.

[5.6] SAYRE, D.: The squaring method: a new method for phase determination. Acta Cryst. **5** (1952) S. 60–65.

[5.7] ZACHARIASEN, W. H.: A new analytical method for solving complex crystal structures. Acta Cryst. **5** (1952) S. 68–73.

[5.8] HAUPTMANN, H.; KARLE, J.: A unified algebraic approach to the phase problem. Acta Cryst. **10** (1957) S. 267–270.

[5.9] WADEWITZ, H.: Zum Ätzverhalten von Kleinwinkelkorngrenzen in Wolfram. In: Realstruktur und Eigenschaften von Reinststoffen. Berlin: Akademie-Verlag 1967.

[5.10] LANG, A. R.: The projection topograph: a new method in X-ray diffraction microradiography. Acta Cryst. **12** (1959) S. 249–250.

[5.11] BOND, W. L.; ANDRUS, J.: Structural imperfections in quartz crystals. Amer. Mineralog. **37** (1952) S. 622–632.

[5.12] BONSE, U.; KAPPLER, E.: Röntgenographische Abbildung des Verzerrungsfeldes einzelner Versetzungen in Germanium-Einkristallen. Z. Naturforschg. **13 a** (1958) S. 348–349.

[5.13] TUOMI, T.; NAUKKARINEN, K.; RABE, P.: Use of synchrotron radiation in X-ray diffraction topography. phys. stat. sol. (a) **25** (1974) S. 93–106.

[5.14] REICHE, M.; BAUTSCH, H.-J.: Electron microscopical investigations of garnet exsolution in pyroxenes. Phys. Chem. Mineral. **6** (1982).

[5.15] REICHE, M.; MESSERSCHMIDT, A.; BAUTSCH, H.-J.: Pyroxferroit in einem Anorthosit-Fragment der Luna 20-Probe. Z. geol. Wiss. **6** (1978) S. 709–718.

[5.16] BOHM, J.: Akronyme und Abbreviata. 3. erw. Aufl. – Freiberg: TU Bergakademie 2007. ISBN 978-3-86012-303-4.

7. Sachwörterverzeichnis

Die kursiven Seitenzahlen verweisen auf Abbildungen.

Erläuterungen zum Periodensystem der Elemente

v Van-der-Waals-Radien nach Bondi [2.14]; m metallische Radien; c kovalente Radien nach van Vechten und Phillips [2.11]; z^+ bzw. z^- effektive Ionenradien nach Shannon und Prewitt [2.10]; Elektronegativitäten nach Allred und Rochow [2.4]; Radien in pm (Pikometer).

Struktursymbole:

○ A1, kubisch dichteste Kugelpackung
⊡ A2, kubisch innenzentrierte Kugelpackung
⬢ A3, hexagonal dichteste Kugelpackung
▽ A4, Diamantstruktur
◇ A7, Arsenstruktur
≀ Kettenstruktur
∿ Schichtstruktur
∞ Molekülstruktur
✕ andere Struktur

Tabellenanhang

Potenz-Vorsätze für Maßeinheiten

Faktor	ausgeschrieben	in Worten	Vorsatz	Symbol
1,0E+24	1 000 000 000 000 000 000 000 000	Quadrillionfaches	Yotta	Y
1,0E+21	1 000 000 000 000 000 000 000	Trilliardenfaches	Zetta	Z
1,0E+18	1 000 000 000 000 000 000	Trillionfaches	Exa	E
1,0E+15	1 000 000 000 000 000	Billiardenfaches	Peta	P
1,0E+12	1 000 000 000 000	Billionenfaches	Tera	T
1,0E+9	1 000 000 000	Milliardenfaches	Giga	G
1,0E+6	1 000 000	Millionenfaches	Mega	M
1,0E+3	1 000	Tausendfaches	Kilo	k
1,0E+2	100	Hundertfaches	Hekto	h
1,0E+1	10	Zehnfaches	Deka	da
1,0E 0	1	(Referenz-Maßeinheit)	(kein)	–
1,0E-1	0,1	Zehntel	Dezi	d
1,0E-2	0,01	Hundertstel	Zenti	c
1,0E-3	0,001	Tausendstel	Milli	m
1,0E-6	0,000 001	Millionstel	Mikro	µ
1,0E-9	0,000 000 001	Milliardstel	Nano	n
1,0E-12	0,000 000 000 001	Billionstel	Piko	p
1,0E-15	0,000 000 000 000 001	Billiardstel	Femto	f
1,0E-18	0,000 000 000 000 000 001	Trillionstel	Atto	a
1,0E-21	0,000 000 000 000 000 000 001	Trilliardstel	Zepto	z
1,0E-24	0,000 000 000 000 000 000 000 001	Quadrillionstel	Yocto	y

Deutsche und amerikanisch-englische Namen für Potenzen

Potenz	deutsch	amerikan. –engl.
10^3	Tausend	thousand
10^6	Million	million
10^9	Milliarde	**billion**
10^{12}	**Billion**	**trillion**
10^{15}	Billiarde	quatrillion
10^{18}	**Trillion**	quintillion
10^{21}	Trilliarde	sextillion
10^{24}	Quadrillion	septillion
10^{27}	Quadrilliarde	octillion
10^{30}	Quintillion	nonillion

Atomnamen der Actinoide (Ordnungszahl 89 – 103) und Transactinoide (Ordnungszahl 104 – 118).

Ordnungs-zahl	Symbol	Name
89	Ac	Actinium
90	Th	Thorium
91	Pa	Protactinium
92	U	Uran
93	Np	Neptunium
94	Pu	Plutonium
95	Am	Americium
96	Cm	Curium
97	Bk	Berkelium
98	Cf	Californium
99	Es	Einsteinium
100	Fm	Fermium
101	Md	Mendelevium
102	No	Nobelium
103	Lr	Lawrencium
104	Rf (früher Unq, Ku)	Rutherfordium (früher Unnilquadium, Kurtschatovium)
105	Db (früher Unp, Ns, Ha, Jl)	Dubnium (früher Unnilpentium, Nielsbohrium, Hahnium, Joliotium)
106	Sg (früher Unh)	Seaborgium (früher Unnilhexium)
107	Bh (früher Uns)	Bohrium (früher Unnilseptium)
108	Hs (früher Uno)	Hassium (früher Unniloctium)
109	Mt (früher Une)	Meitnerium (früher Unnilenium)
110	Ds (früher Uun)	Darmstadtium (früher Ununnilium)
111	Rg (früher Uuu)	Roentgenium (früher Unununbium)
112	Cn (früher Uub)	Copernicium (früher Ununbium)
113	Uut	Ununtrium
114	Uuq	Ununquadium
115	Uup	Ununpentium
116	Uuh	Ununhexium
117	Uus	Ununseptium
118	Uuo	Ununoctium

Die Beilagen:
„Das Wulffsche Netz“
„Das Schmidtsche Netz“ sowie
„Doppelbrechung und Interferenzfarbe“
können von der Homepage des Verlages (www.oldenbourg-verlag.de) kostenfrei als PDF heruntergeladen werden.

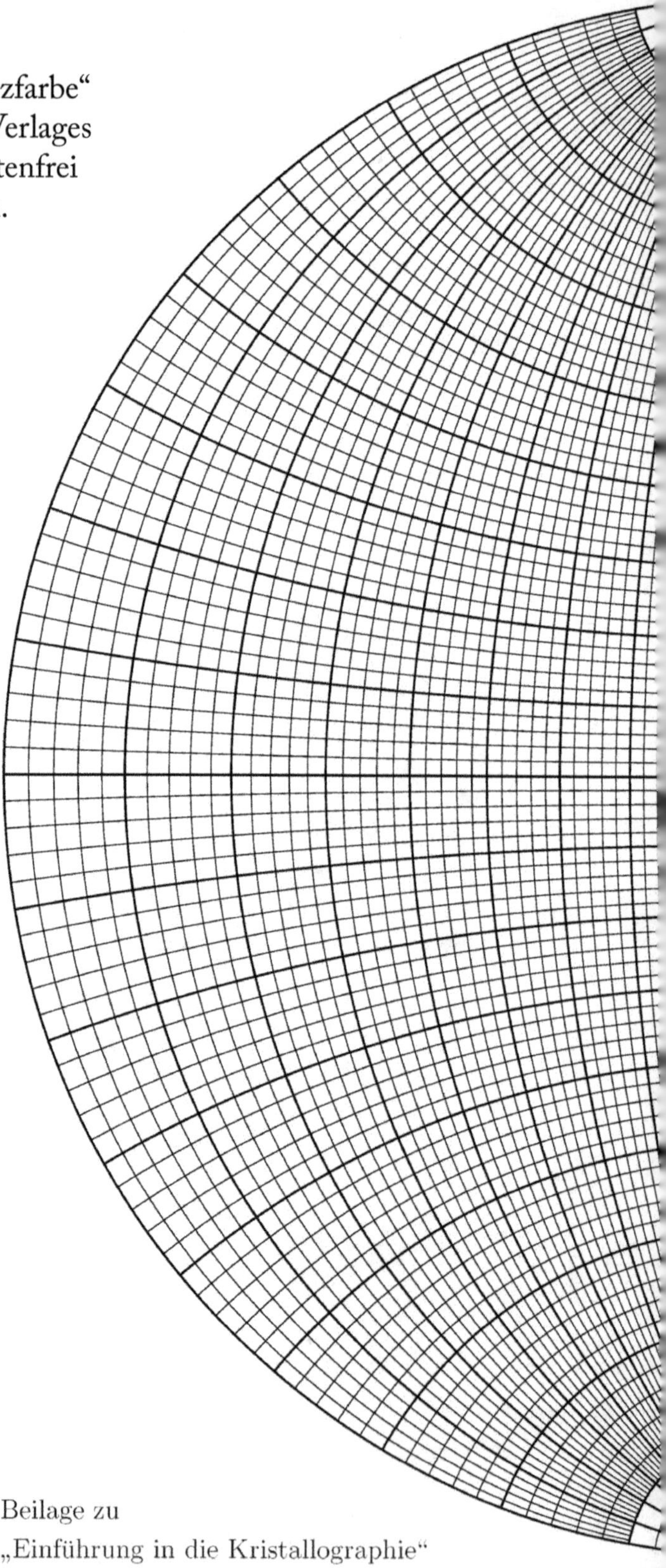

Beilage zu
„Einführung in die Kristallographie“
Oldenbourg Verlag München

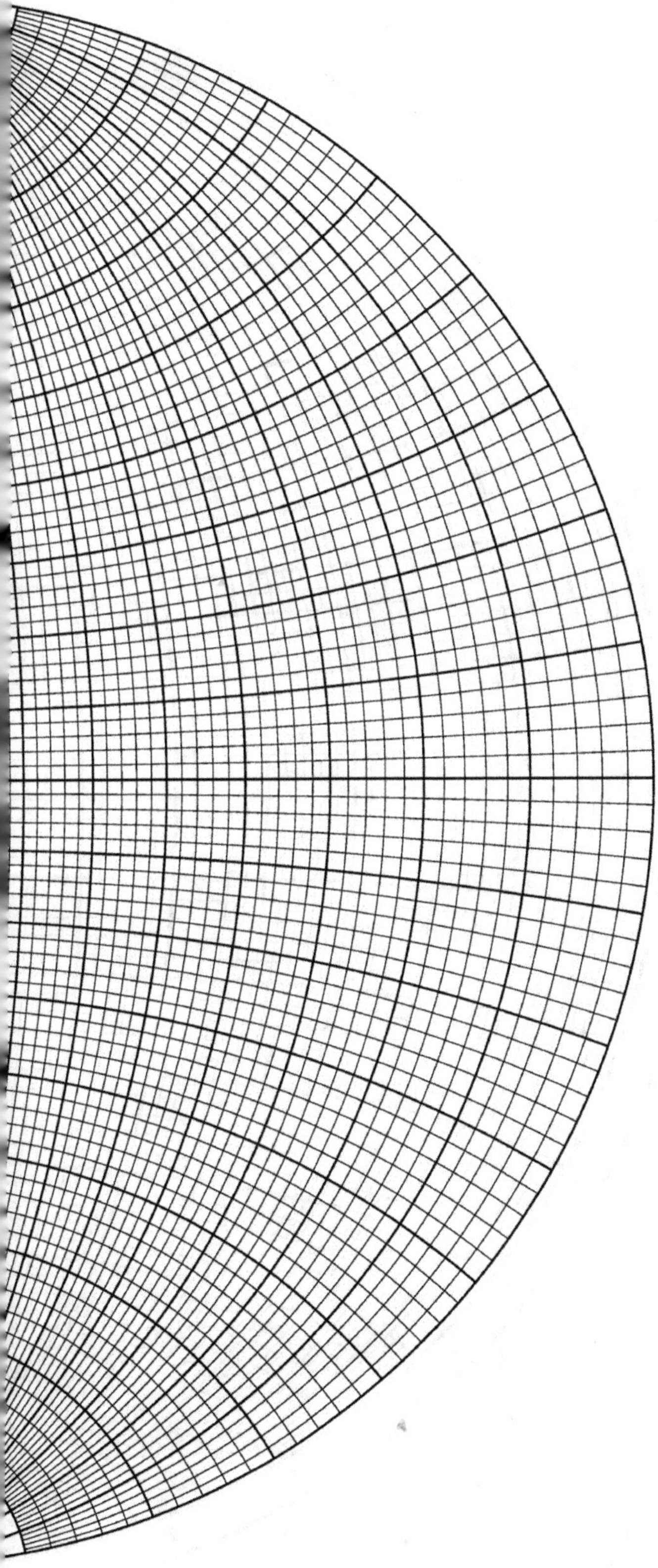

Das WULFFsche Netz

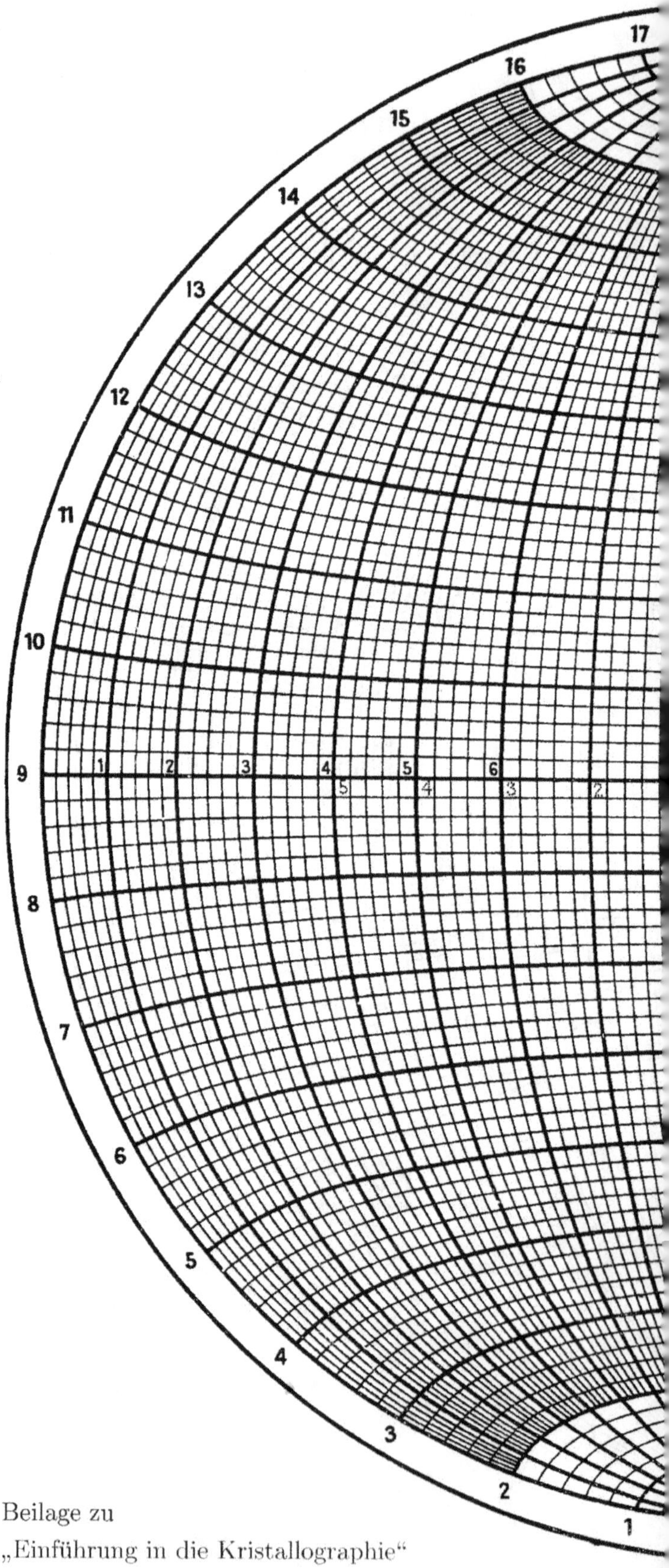

Beilage zu
„Einführung in die Kristallographie“
Oldenbourg Verlag München

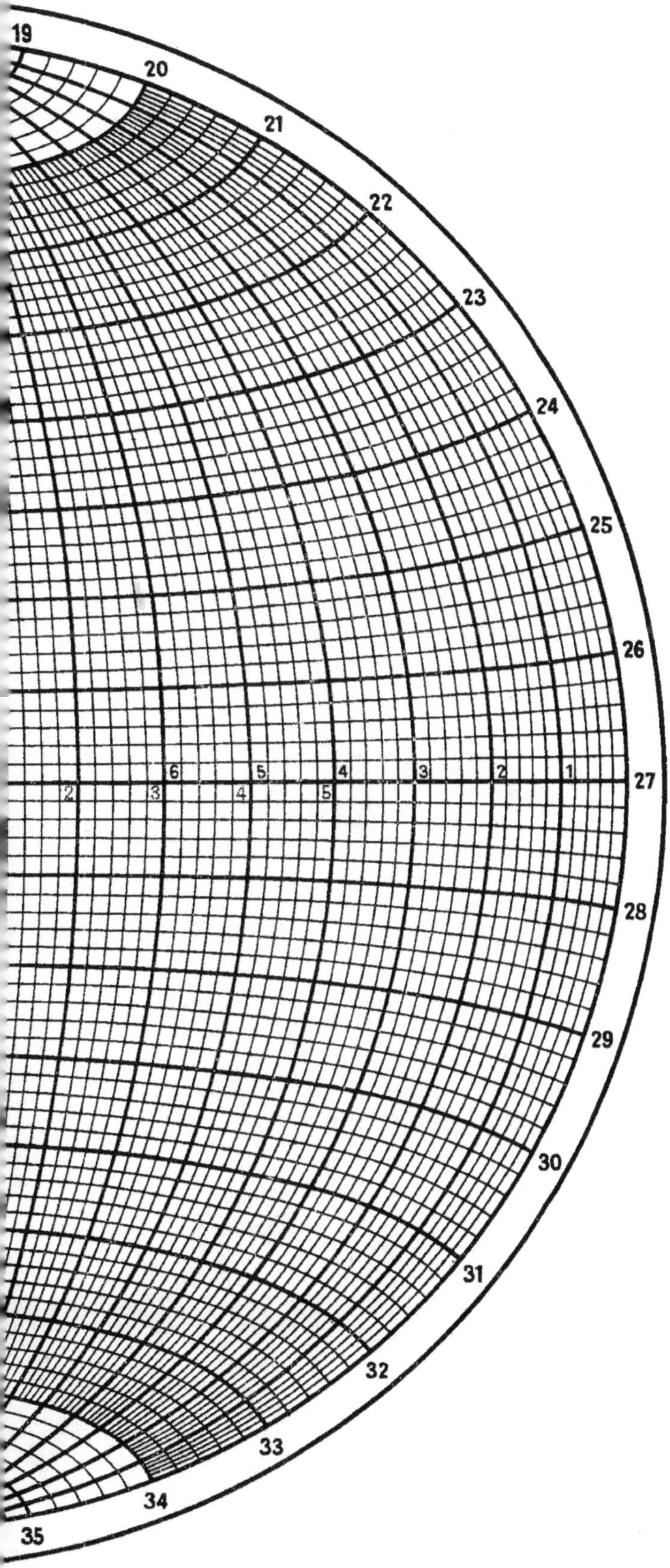

Das SCHMIDTsche Netz

Doppelbrechung und Interferenzfarbe

Beilage zu
„Einführung in die Kristallographie“

Oldenbourg Verlag München

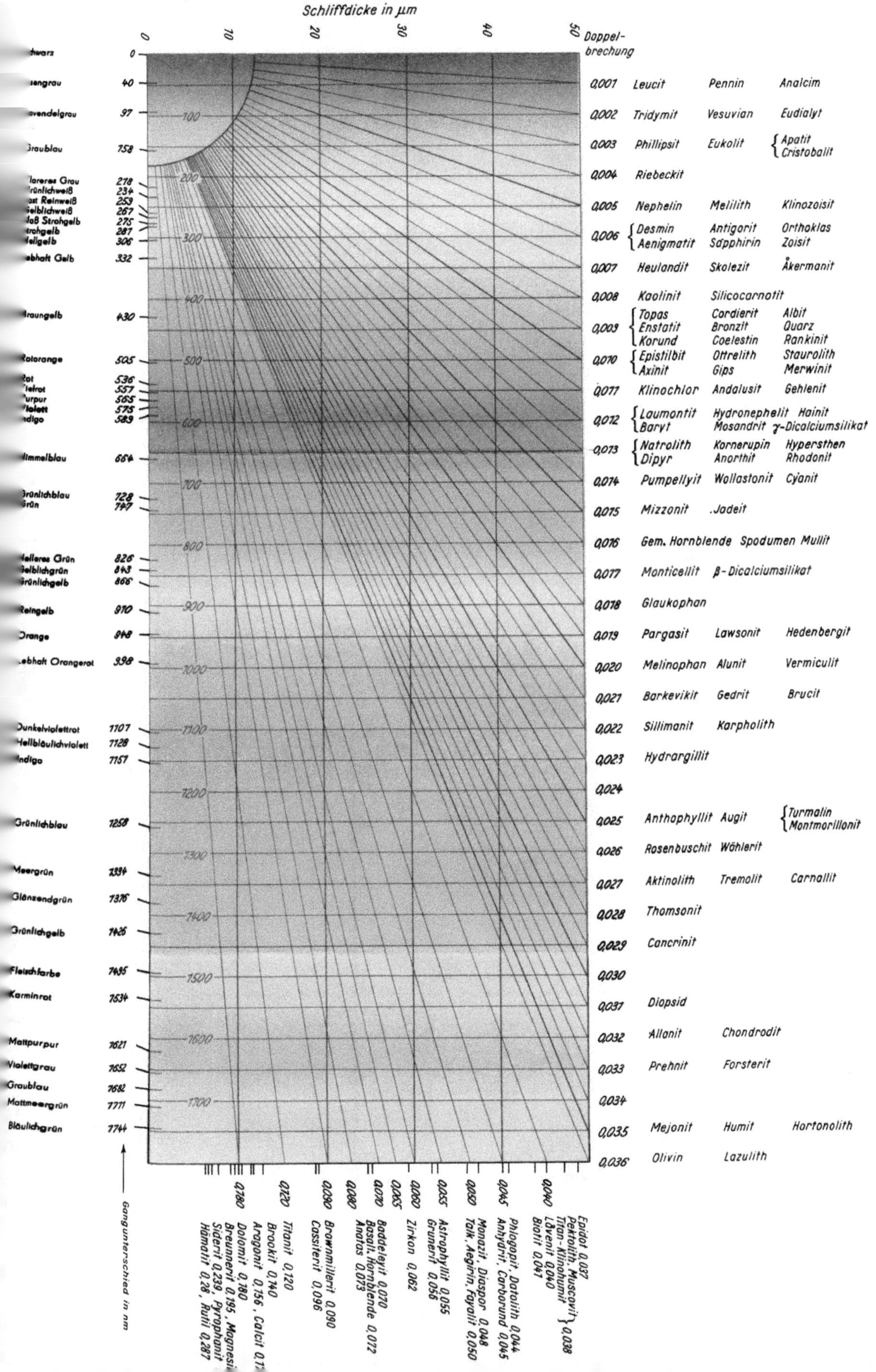

Schliffdicke in µm
0 10 20 30 40 50
Doppel-brechung
0,001 Leucit Pennin Analcim
0,002 Tridymit Vesuvian Eudialyt
0,003 Phillipsit Eukolit Apatit Cristobalit
0,004 Riebeckit
0,005 Nephelin Melilith Klinozoisit
0,006 Desmin Aenigmatit Antigorit Sapphirin Orthoklas Zoisit
0,007 Heulandit Skolezit Åkermanit
0,008 Kaolinit Silicocarnotit
0,009 Topas Enstatit Korund Cordierit Bronzit Coelestin Albit Quarz Rankinit
0,010 Epistilbit Axinit Ottrelith Gips Staurolith Merwinit
0,011 Klinochlor Andalusit Gehlenit
0,012 Laumontit Baryt Hydronephelit Mosandrit Hainit γ-Dicalciumsilikat
0,013 Natrolith Dipyr Kornerupin Anorthit Hypersthen Rhodonit
0,014 Pumpellyit Wollastonit Cyanit
0,015 Mizzonit Jadeit
0,016 Gem. Hornblende Spodumen Mullit
0,017 Monticellit β-Dicalciumsilikat
0,018 Glaukophan
0,019 Pargasit Lawsonit Hedenbergit
0,020 Melinophan Alunit Vermiculit
0,021 Barkevikit Gedrit Brucit
0,022 Sillimanit Karpholith
0,023 Hydrargillit
0,024
0,025 Anthophyllit Augit Turmalin Montmorillonit
0,026 Rosenbuschit Wöhlerit
0,027 Aktinolith Tremolit Carnallit
0,028 Thomsonit
0,029 Cancrinit
0,030
0,031 Diopsid
0,032 Allanit Chondrodit
0,033 Prehnit Forsterit
0,034
0,035 Mejonit Humit Hortonolith
0,036 Olivin Lazulith
100 200 300 400 500 600 700 800 900 1000 1100 1200 1300 1400 1500 1600 1700
chwarz 0
sengrau 40
avendelgrau 97
Graublau 158
Klareres Grau 218
rünlichweiß 234
ast Reinweiß 259
Gelblichweiß 267
laß Strohgelb 275
trohgelb 281
Hellgelb 306
ebhaft Gelb 332
Braungelb 430
Rotorange 505
Rot 536
Tiefrot 551
urpur 565
Violett 575
ndigo 589
Himmelblau 664
Grünlichblau 728
Grün 747
Helleres Grün 826
Gelblichgrün 843
Grünlichgelb 866
Reingelb 910
Orange 948
Lebhaft Orangerot 998
Dunkelviolettrot 1101
Hellbläulichviolett 1128
Indigo 1151
Grünlichblau 1258
Meergrün 1334
Glänzendgrün 1376
Grünlichgelb 1426
Fleischfarbe 1495
Karminrot 1534
Mattpurpur 1621
Violettgrau 1652
Graublau 1682
Mattmeergrün 1711
Bläulichgrün 1744
Gangunterschied in nm
0,180 0,120 0,090 0,080 0,070 0,065 0,060 0,055 0,050 0,045 0,040
Epidot 0,037
Pektolith, Muscovit, Titan-Klinohumit 0,038
Lövenit 0,040
Biotit 0,041
Phlogopit, Datolith 0,044
Anhydrit, Carborund 0,045
Monazit, Diaspor 0,048
Talk, Aegirin, Fayalit 0,050
Astrophyllit 0,055
Grunerit 0,056
Zirkon 0,062
Baddeleyit 0,070
Basalt. Hornblende 0,072
Anatas 0,073
Brownmillerit 0,090
Cassiterit 0,096
Titanit 0,120
Brookit 0,140
Aragonit 0,156, Calcit 0,1
Dolomit 0,180
Breunnerit 0,195, Magnesi
Siderit 0,239, Pyrophanit
Hämatit 0,28, Rutil 0,287

Periodensystem der Elemente

Periode / Edelgasrumpf	A-Metalle: I a	A-Metalle: II a	T-Metalle: III a	T-Metalle: IV a	T-Metalle: V a	T-Metalle: VI a	
1	1 H 1,01 2,20 v 120 1+ [1] −38						
2 $1s^2$	3 Li 6,94 0,97 m [8] 152 1+ [6] 74 ⊡ ○ ⬡	4 Be 9,01 1,47 m [12] 112 c [4] 98 2+ [4] 27 ⊡ ⬡ ×					
3 $2s^2 2p^6$	11 Na 22,99 1,01 m [8] 185 1+ [6] 102 [8] 116 ⊡ ⬡	12 Mg 24,30 1,23 m [12] 160 c [4] 130 2+ [6] 72 ⬡					
4 $3s^2 3p^6$	19 K 39,10 0,91 m [8] 231 1+ [6] 138 [12] 160 ⊡	20 Ca 40,08 1,04 m [12] 196 c [4] 133 2+ [8] 112 ○ ⬡ ⊡ ×	21 Sc 44,96 1,20 m [12] 165 3+ [6] 75 [8] 87 ⬡ ⊡	22 Ti 47,90 1,32 m [8] 145 3+ [6] 67 4+ [6] 61 ⊡ ⬡	23 V 50,94 1,45 m [8] 131 4+ [6] 59 5+ [4] 36 ⊡	24 Cr 52,00 1,56 m [12] 125 3+ [6] 62 6+ [4] 30 ⬡ ⊡ ×	25 M m [2+ 3+ ○ ⊡
5 $3d^{10} 4s^2 4p^6$	37 Rb 85,47 0,89 m [8] 249 1+ [6] 149 [12] 173 ⊡	38 Sr 87,62 0,99 m [12] 215 c [4] 169 2+ [8] 125 ○ ⬡ ⊡	39 Y 88,91 1,11 m [12] 182 3+ [6] 90 [8] 102 ⬡ ⊡	40 Zr 91,22 1,22 m [8] 158 4+ [6] 72 ⊡ ⬡	41 Nb 92,91 1,23 m [8] 143 4+ [6] 69 5+ [6] 64 ⊡	42 Mo 95,94 1,30 m [8] 136 4+ [6] 65 6+ [4] 42 ⊡	43 Tc m [4+ ⬡
6 $4d^{10} 5s^2 5p^6$	55 Cs 132,91 0,86 m [8] 263 1+ [8] 182 [12] 188 ⊡	56 Ba 137,34 0,97 m [8] 217 2+ [8] 142 [12] 160 ⊡	57 La 138,91 1,08 m [12] 187 3+ [6] 105 [8] 118 ⬡ ○ ⊡	72 Hf 178,49 1,23 m [12] 158 4+ [6] 71 ⊡ ⬡	73 Ta 180,95 1,33 m [8] 143 4+ [6] 66 5+ [6] 64 ⊡	74 W 183,85 1,40 m [8] 137 4+ [6] 65 6+ [4] 42 ⊡	75 Re m [4+ 7+ ⬡
7 $4f^{14} 5d^{10} 6s^2 6p^6$	87 Fr 223 1+ [6] (180) ⊡	88 Ra 226 0,97 2+ [8] 148 [12] 164 ⊡	89 Ac 227 1,00 m [12] 188 3+ [6] (118) ○	104 Rf 267	105 Db 268	106 Sg 271	107 Bh
	stark unedle Metalle			Metalle I. Art			

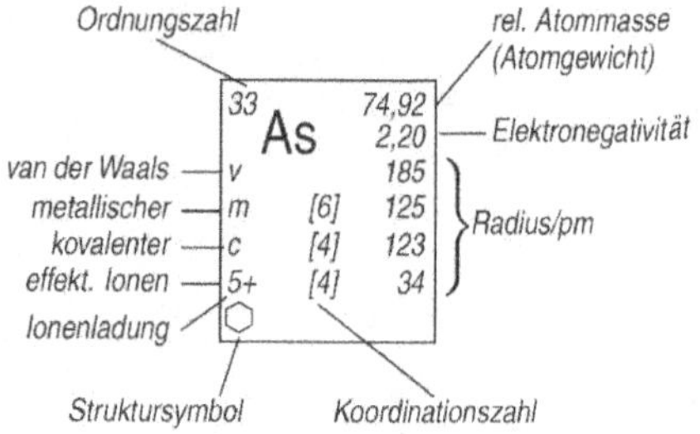

Lanthaniden (Seltene Erdmetalle)	58 Ce 140,1 1,06 m [12] 182 3+ [6] 101 ○ ⬡	59 Pr 140,8 1,07 m [12] 182 3+ [6] 101 ⬡ ⊡	60 Nd 144,2 1,07 m [12] 181 3+ [6] 98 ⬡ ⊡	61 Pr 3+
Aktiniden	90 Th 232 1,11 m [12] 180 4+ [6] 100 ○ ⊡	91 Pa 231 1,14 m [12] 161 4+ [6] 98 ×	92 U 238 1,22 m [8] 150 6+ [6] 73 × ⊡	93 Np m 3+ ×

erungen hinter dem Sachwörterverzeichnis)

					B-Elemente					Edelgase
	VIIIa		*Ib*	*IIb*	*IIIb*	*IVb*	*Vb*	*VIb*	*VIIb*	*VIIIb*
									1 H 1,01 2,20 v 120 ∞ ⬡ ○	2 He 4,00 v 140 ⬡
					5 B 10,81 2,01 c [4] 85 3+ [3] 2 [4] 12 ×	6 C 12,01 2,50 v 170 c [4] 77 4+ [3] −8 ▽ ∿	7 N 14,01 3,07 v 155 c [4] 72 5+ [3] −12 ∞ ○	8 O 16,00 3,50 v 152 c [4] 68 2− [6] 140 ∞	9 F 18,00 4,10 v 147 c [4] 67 1− [6] 133 ∞	10 Ne 20,18 v 154 ○
					13 Al 26,98 1,47 m [12] 143 c [4] 123 3+ [4] 39 ○	14 Si 28,09 1,74 v 210 c [4] 117 4+ [4] 26 ▽	15 P 30,97 2,06 v 180 c [4] 113 5+ [4] 17 ∞ ◇	16 S 32,06 2,44 v 180 c 113 6+ [4] 12 ≷ ∞	17 Cl 35,45 2,95 v 175 c [4] 113 1− [6] 181 ∞	18 Ar 39,95 v 188 ○
5,85 1,64 124 78 55	27 Co 58,93 1,70 m [12] 125 2+ [6] 76 ○ ⬡	28 Ni 58,71 1,75 m [12] 124 2+ [6] 69 ○ ⬡	29 Cu 63,55 1,75 m [12] 128 c [4] 123 2+ [6] 73 ○	30 Zn 65,37 1,66 m [12] 139 c [4] 123 2+ [6] 75 ⬡	31 Ga 69,72 1,82 m [12] 135 c [4] 123 3+ [6] 62 ×	32 Ge 72,59 2,02 m [12] 139 c [4] 123 4+ [4] 40 ▽	33 As 74,92 2,20 m [6] 125 c [4] 123 5+ [4] 34 ◇	34 Se 78,96 2,48 v 190 c [4] 123 6+ [4] 29 ≷	35 Br 79,90 2,64 v 185 c [4] 123 1− [6] 196 ∞	36 Kr 83,80 v 202 ○
1,07 1,42 134 62	45 Rh 102,91 1,45 m [12] 134 2+ [6] 75 ⬡	46 Pd 106,9 1,35 m [12] 137 2+ [6] 69 ⬡	47 Ag 107,87 1,42 m [12] 144 c [4] 141 1+ [6] 115 ○	48 Cd 112,40 1,46 m [12] 156 c [4] 141 2+ [6] 95 ⬡	49 In 114,82 1,49 m [12] 165 c [4] 141 3+ [6] 80 ×	50 Sn 118,69 1,72 m [12] 159 c [4] 141 4+ [6] 69 ▽ ×	51 Sb 121,75 1,82 m [6] 145 c [4] 141 5+ [6] 61 ◇	52 Te 127,60 2,01 v 206 c [4] 141 6+ [6] 56 ≷	53 I 126,90 2,21 v 198 c [4] 141 1− [6] 220 ∞	54 Xe 131,30 v 216 ○
90,2 1,52 135 63	77 Ir 192,2 1,55 m [12] 135 4+ [6] 63 ○	78 Pt 195,1 1,44 m [12] 138 4+ [6] 63 ○	79 Au 197 1,42 m [12] 144 1+ [6] 137 ○	80 Hg 200,5 1,44 m [12] 155 2+ [6] 102 ○ ×	81 Tl 204,4 1,44 m [12] 171 3+ [6] 88 ⬡ ⊡	82 Pb 207,2 1,55 m [12] 175 2+ [6] 118 [12] 149 ○	83 Bi 209 1,67 m [6] 155 3+ [6] 102 ◇	84 Po 209 1,76 m [6] 168 4+ [8] 108 ×	85 At 210 1,96 7+ [6] 62	86 Rn 222 ○
270	109 Mt 276	110 Ds 281	111 Rg 280	112 Cn 285	113 Uut 284	114 Uuq 289	115 Uup 288	116 Uuh 293	117 Uus 292	118 Uuo 294
	Metalle I. Art				*Metalle II. Art*				*Nichtmetalle*	

50,4 1,07 181 96	63 Eu 152 1,01 m [8] 200 3+ [6] 95 ⊡	64 Gd 157,3 1,11 m [12] 181 3+ [6] 94 ⬡ ⊡	65 Tb 158,9 1,10 m [12] 180 3+ [6] 93 ⬡	66 Dy 162,5 1,10 m [12] 178 3+ [6] 91 ⬡	67 Ho 164,9 1,10 m [12] 177 3+ [6] 90 ⬡	68 Er 167,3 1,11 m [12] 176 3+ [6] 89 ⬡	69 Tm 168,9 1,11 m [12] 174 3+ [6] 88 ⬡ ○	70 Yb 173 1,06 m [12] 194 3+ [6] 87 ○ ⊡	71 Lu 175 1,14 m [12] 173 3+ [6] 86 ⬡
244 1,22 157 101	95 Am 243 1,2 m [12] 182 3+ [6] 100 ○ ×	96 Cm 247 1,2 3+ [6] 98 ×	97 Bk 247 1,2 3+ [6] 96	98 Cf 251 1,2 3+ [6] 95	99 Es 252 1,2	100 Fm 257 1,2	101 Md 256 1,2	102 No 255	103 Lr 256

www.ingramcontent.com/pod-product-compliance
Lightning Source LLC
Chambersburg PA
CBHW081221220326
41598CB00037B/6856